Lechner, Gehrke, Nordmeier – Makromolekulare Chemie

Sebastian Seiffert • Markus Susoff •
Claudia Kummerlöwe
Hrsg.

Lechner, Gehrke, Nordmeier – Makromolekulare Chemie

Ein Lehrbuch für Chemiker, Physiker, Materialwissenschaftler und Verfahrenstechniker

7. Auflage

Springer Spektrum

Hrsg.
Sebastian Seiffert
Department Chemie
Johannes Gutenberg-Universität Mainz
Mainz, Deutschland

Markus Susoff
Labor für Kunststoffprüfung und Polymerphysik
Hochschule Osnabrück
Osnabrück, Deutschland

Claudia Kummerlöwe
Ingenieurwissenschaften und Inform
Hochschule Osnabrück
Osnabrück, Deutschland

ISBN 978-3-662-69247-9 ISBN 978-3-662-69248-6 (eBook)
https://doi.org/10.1007/978-3-662-69248-6

Die Deutsche Nationalbibliothek verzeichnet diese Publikation in der Deutschen Nationalbibliografie; detaillierte bibliografische Daten sind im Internet über https://portal.dnb.de abrufbar.

Planung/Lektorat: Sinem Toksabay
Springer Spektrum ist ein Imprint der eingetragenen Gesellschaft Springer-Verlag GmbH, DE und ist ein Teil von Springer Nature.
Die Anschrift der Gesellschaft ist: Heidelberger Platz 3, 14197 Berlin, Germany

Vorwort zur ersten Auflage

Dieses Lehrbuch der Makromolekularen Chemie ist aus einer fruchtbaren Zusammenarbeit der Abteilungen Technische Chemie der Universität Greifswald und Physikalische Chemie der Universität Osnabrück im Zeitraum November 1991 bis Mai 1993 entstanden. Abschn. 5.5 ist von R. Heering, Universität Greifswald, Abschn. 7.5 von S. Jovanovic, Universität Belgrad, und Kap. 8 von U. Guhr, A. Lappe, D. Vesper und B. Willenberg, EWvK, Wiesbaden verfasst worden. Wir danken den Kollegen für ihre ausgezeichneten Beiträge. Kap. 3 und 6 sowie Abschn. 7.1, 7.2, 7.3 und 7.4 wurden von K. Gehrke, Kap. 2, Abschn. 4.1 und 4.2, 5.1, 5.2 und 5.3 von E. Nordmeier, Abschn. 5.4 von M. D. Lechner und Abschn. 4.3 von M. D. Lechner und E. Nordmeier verfasst.

Vorrangiges Ziel des vorliegenden Werks war die Bereitstellung eines bislang nicht verfügbaren echten Lehrbuchs der Physik und Chemie der Makromoleküle für Studenten, Chemiker und Physiker. Hierbei wurde allergrößter Wert darauf gelegt, dass die Phänomene, Theorien und experimentellen Methoden der Makromolekularen Chemie von Grund auf dargestellt werden. Der vorgesehene Umfang des Lehrbuchs ließ allerdings keinen grundlegenden Exkurs über die allgemein verwendeten physikalisch-chemischen Methoden wie UV/VIS-, IR- und NMR-Spektroskopie zu; hierzu wird auf die gängigen Lehrbücher der Physikalischen Chemie verwiesen. Bei diesen Methoden werden lediglich die Anwendungen in der Makromolekularen Chemie beschrieben.

Der Aufbau des Lehrbuchs folgt dem einfachen Prinzip *Struktur – Synthese – Eigenschaften*. Zunächst werden in Kap. 2 nach den Grundbegriffen die Begriffe Konstitution, Konfiguration und Konformation behandelt. In Kap. 3 werden alle Syntheseprinzipien beschrieben, und es wird eine Einführung in die Polyreaktionstechnik gegeben. Die Eigenschaften der Makromoleküle nehmen einen verhältnismäßig breiten Raum ein und sind in Lösungs- und Festkörpereigenschaften unterteilt. In Kap. 4 wird auf die Verteilungsfunktionen der Makromolekülkette, die Thermodynamik von Polymerlösungen und alle wichtigen Messmethoden und Theorien zur Charakterisierung eingegangen. In Kap. 5 werden nach den grundlegenden Strukturen die thermischen, mechanischen, rheologischen, viskoelastischen, optischen und elektrischen Eigenschaften sowie Umwandlungen behandelt. Dieses Kapitel enthält auch eine Einführung in die großtechnische Verarbeitung von Makromolekülen. Das Lehrbuch schließt mit kurzen Beiträgen zu den aktuellen und für die Praxis wichtigen Aspekten „Qualitative Analyse von Makromolekülen", „Reaktionen an Makromolekülen" und „Wiederverwertung von Kunststoffen".

Es ist unter anderem unser Wunsch, dass die oft unsachlich geführte Diskussion über Vorteile, Nachteile und Umweltverträglichkeit der Kunststoffe mit diesem Buch auf eine sachliche, wissenschaftliche Grundlage gestellt wird.

Dieses Buch wurde in Greifswald und Osnabrück mit dem wissenschaftlichen Textverarbeitungssystem WI-TEX 4.01 gesetzt und vom Verlag im Direkt-Offset gedruckt. Für viele Anregungen und gestaltungstechnische Hinweise danken wir Herrn Dr. J. Habicht vom Birkhäuser Verlag. Das arbeitsaufwendige Setzen der Manuskripte und das Zeichnen der Abbildungen haben Frau Dr. M. Dembecki, Frau L. Schlösser, Frau Cl. Kerrinnes, Frau M. Möller, Frau E. Möller und die Herren W. Baré, M. Karge, T. Schindler und J. Buchholz vorgenommen. Für das sorgfältige Korrekturlesen und für Verbesserungsvorschläge danken wir Frau Dr. M. Dembecki und Herrn Dr. K. Schröder.

Wir danken den Herausgebern und Verlagen der Zeitschriften *Scientific American*, *European Polymer Journal*, *Journal of the American Chemical Society*, *Journal of Chemical Physics, Journal of Polymer Science*, *Polymer, Canadian Journal of Chemistry*, *Scientific American*, *Solid State Physics*, *Annals of the New York Academy of Sciences* und *Transactions of the Faraday Society* sowie der Bücher *Physical Chemistry of Macromolecules* von C. Tanford (Wiley), *Polymeranalytik* von M. Hoffmann, H. Krömer, R. Kuhn (Thieme), *Introduction to Polymers* von R. J. Young (Chapman and Hall), *Treatise on Materials Science and Technology* von J. H. Magill (Academic Press), *Makromoleküle* von H. G. Elias (Hüthig und Wepf), *Mechanics of Polymers* von R. G. C. Arridge (Clarendon Press), *Polymer Science and Materials* von A. V. Tobolsky, H. F. Mark (R.E. Krieger Publishing Company) und *The Physics of Rubber Elasticity* von L. R. G. Treloar (Clarendon Press) für die Erlaubnis, einzelne Abbildungen zu verwenden. Die Zahlenwerte für einige Tabellen wurden dem Buch *Polymer Handbook* von J. Brandrup und E. H. Immergut (Hrsg.) (Wiley) entnommen.

November 1993

M. D. Lechner
K. Gehrke
E. Nordmeier

Vorwort zur 6. Auflage

Im Januar 2017 erreichte uns die Anfrage von Herrn Prof. M. D. Lechner, fortan das Werk *Makromolekulare Chemie* zu übernehmen und in eine 6. Auflage zu bringen. Bei der Umsetzung dieser ehrenvollen Aufgabe stand für uns im Fokus, die Vorauflage vor allem im Hinblick auf eine illustrativ-konzeptuelle Verbildlichung der von Lechner und Mitautoren zuvor gründlich und umfassend vorgelegten physikalisch-chemischen Behandlung zu ergänzen. Überdies wurden Teile des Buchs umstrukturiert, neu zusammengefasst, um neue Inhalte (bspw. Biopolymere) ergänzt und auf den neuesten wissenschaftlichen und technologischen Stand gebracht (bspw. in Kap. 6). Als Resultat ist eine in vielen Teilen ergänzte und revidierte 6. Auflage entstanden, die die etablierten Stärken und Alleinstellungsmerkmale der Vorversionen, vor allem deren inhaltliche Breite und umfassende Abdeckung auch von physikalisch-chemischen Grundlagen sowie deren mathematische Korrektheit, vollumfänglich beibehält. Wir hoffen, damit die Meilensteinarbeit der Originalherausgeber und -autoren synergistisch weiterzuentwickeln.

Das Werk ist auch in elektronischer Form unter www.SpringerLink.de als pdf-Files verfügbar. Mithilfe einer Volltextsuche lässt sich innerhalb des gesamten Buchs nach Begriffen suchen. Weiterhin sind unter www.SpringerLink.de ausdruckbare Anhänge zu einzelnen Kapiteln des Buchs, die nicht in gedruckter Form vorliegen, als elektronisches Zusatzmaterial erhältlich. Für die vielen Anregungen, gestaltungstechnischen Hinweise und Korrekturvorschläge bedanken wir uns bei Herrn Dr. R. Münz vom Springer Verlag.

Juni 2019

Sebastian Seiffert
Claudia Kummerlöwe
Norbert Vennemann

Vorwort zur 7. Auflage

Die 7. Auflage dieses Buchklassikers führt dessen weitgehende Überarbeitung der Vorauflage fort. Der Abschnitt zu industriellen Polymersynthesen in Kap. 3 wurde aktualisiert, und die Inhalte zur Polymerverarbeitung (Abschn. 5.6) wurden neu gestaltet. Kap. 6 erhielt eine neue Struktur und breiteren Fokus, von Kunststoffrecycling zur themenübergreifenden Nachhaltigkeit. Weiterhin wurde ein komplett neues Kapitel zu supramolekularen Polymeren hinzugenommen, die seit etwa der Jahrtausendwende eine neue Stoffklasse konstituieren und den Kreis zur kolloidalen Auffassung polymerer Materie aus der Zeit vor Staudinger schließen.

Juni 2024

Sebastian Seiffert
Claudia Kummerlöwe
Markus Susoff

Inhaltsverzeichnis

Autorenverzeichnis

Dr. F. Adams Institut für Polymerchemie, Universität Stuttgart, Stuttgart, Deutschland

Prof. Dr. R. Bourdon Fakultät für Ingenieurwissenschaften und Informatik, Hochschule Osnabrück, Osnabrück, Deutschland

Prof. Dr. J. C. Brendel Lehrstuhl Makromolekulare Chemie I, Universität Bayreuth, Bayreuth, Deutschland

S. Cieplik BKV Plattform für Kunststoff und Verwertung, BKV GmbH, Frankfurt am Main, Deutschland

Prof. Dr. H.-J. Endres Institut für Kunststoff- und Kreislauftechnik, Leibniz Universität Hannover, Garbsen, Deutschland

Prof. Dr. C. Kummerlöwe Fakultät für Ingenieurwissenschaften und Informatik, Hochschule Osnabrück, Osnabrück, Deutschland

Dr. S. Mayer BASF SE, Ludwigshafen, Deutschland

PD Dr. W. Schärtl Department Chemie, Johannes Gutenberg-Universität Mainz, Mainz, Deutschland

U. Schlotter BKV Plattform für Kunststoff und Verwertung, BKV GmbH, Frankfurt am Main, Deutschland

Prof. Dr. S. Seiffert Department Chemie, Johannes Gutenberg-Universität Mainz, Mainz, Deutschland

Prof. Dr. M. Susoff Fakultät für Ingenieurwissenschaften und Informatik, Hochschule Osnabrück, Osnabrück, Deutschland

Prof. Dr. N. Vennemann Fakultät für Ingenieurwissenschaften und Informatik, Hochschule Osnabrück, Osnabrück, Deutschland

Dr. K. Wittstock BASF SE, Ludwigshafen, Deutschland

1 Einführung

S. Seiffert

Die Makromolekulare Chemie beschäftigt sich mit der Struktur, der Synthese und den Eigenschaften von großen Molekülen. Der Begriff des großen Moleküls ist nicht genau festgelegt; im Allgemeinen werden Moleküle mit Molmassen ab 1000–10.000 g mol^{-1} als große Moleküle bezeichnet. Ein besonderer Typus von Makromolekülen besteht aus gleichartigen Atomgruppen, sog. Wiederholungseinheiten, die durch Atombindungen (Hauptvalenzbindungen) miteinander verknüpft sind; solche Makromoleküle heißen Polymere, abgeleitet vom griechischen *poly* („viel") und *meros* („Teil"). Nach Definition durch die IUPAC (International Union of Pure and Applied Chemistry) ist ein Polymer eine Substanz, die aus Bausteinen aufgebaut ist, die sich durch vielfache Wiederholung von konstitutiven Einheiten auszeichnen und die so groß sind, dass sich ihre Eigenschaften bei Zugabe oder Wegnahme einer oder weniger der konstitutiven Einheiten nicht wesentlich ändern. Als konstitutive Einheit oder konstitutives Strukturelement wird dabei die kleinste regelmäßig wiederkehrende Einheit bezeichnet, die den Aufbau der Polymerkette vollständig beschreibt. Demnach sind Polymere ein spezieller, sehr wichtiger Vertreter von Makromolekülen; sie bilden den Kerngegenstand des vorliegenden Buchs. Wir verwenden im Folgenden die Begriffe „Polymer" und „Makromolekül" synonym, was in der Polymerwissenschaft und der Makromolekularen Chemie oft üblich ist. Streng genommen ist dies aber nicht vollends sauber: Jedes Polymer ist ein Makromolekül (d. h. ein großes Molekül), aber nicht jedes Makromolekül ist ein Polymer (d. h. ein großes Molekül, das durch Verknüpfung vieler gleicher Wiederholungseinheiten aufgebaut ist).

S. Seiffert (✉)
Department Chemie, Johannes Gutenberg-Universität Mainz, Mainz, Deutschland
E-Mail: sebastian.seiffert@uni-mainz.de

S. Seiffert et al. (Hrsg.), *Lechner, Gehrke, Nordmeier – Makromolekulare Chemie*,
https://doi.org/10.1007/978-3-662-69248-6_1

Analog zur niedermolekularen Chemie können wir unterscheiden zwischen anorganischen und organischen Makromolekülen. Demnach wird bei der Synthese von Makromolekülen auf die Methoden der Organischen und Anorganischen Chemie zugegriffen. Bezüglich der Strukturaufklärung und der Eigenschaften von Makromolekülen bedienen wir uns der Methoden der Physikalischen Chemie. Darüber hinaus hat die Makromolekulare Chemie, bedingt durch die oftmals völlig anderen Eigenschaften der Makromoleküle im Vergleich zu ihren niedermolekularen Vorläufern, eine Vielzahl von eigenen Methoden entwickelt. Diese Methoden werden in diesem Lehrbuch ausführlich behandelt. Die nicht polymerspezifischen physikalischen Methoden können in den Lehrbüchern der Physikalischen Chemie und die anorganischen und organischen Methoden der niedermolekularen Chemie in den Lehrbüchern der Anorganischen und Organischen Chemie nachgelesen werden.

Die Geschichte der Makromolekularen Chemie ist lang und reicht im Grunde bis ins Altertum zurück, in dem Menschen bereits makromolekulare Stoffe aus der Natur nutzten und verarbeiteten – allerdings noch völlig ohne Wissen um deren makromolekulare Beschaffenheit. Ein erstes konkretes Datum kann mit der Vulkanisierung des natürlichen Kautschuks durch C. Goodyear angegeben werden (Patenterteilung 15. Juni 1844). Nachdem überdies H. V. Regnault Anfang des 19. Jahrhunderts Polyvinylchlorid durch Bestrahlung von Vinylchlorid erhalten hatte und L. H. Baekeland seit 1910 ein vollsynthetisches Phenol-Formaldehyd-Harz, das Bakelit, produzierte, prägte schließlich H. Staudinger in den 1920er-Jahren den Begriff „Makromolekül"; er entwickelte und publizierte die grundlegenden Vorstellungen über die chemische Struktur der Makromoleküle. Die Behauptung Staudingers, dass es sich bei makromolekularen Stoffen um große Moleküle handelt, die durch kovalente Bindungen zusammengehalten werden, war zunächst heftig umstritten. Die später vielfach bewiesenen Vorstellungen Staudingers setzten sich letztlich aber durch, wurden im Jahr 1953 mit dem Chemie-Nobelpreis gewürdigt und ermöglichten eine weitere stürmische wissenschaftliche Entwicklung und technische Produktion der Kunststoffe seit Mitte des 20. Jahrhunderts.

In den 1950er-Jahren brachten K. Ziegler und G. Natta das ziemlich reaktionsträge Ethylen mit metallorganischen Katalysatoren zur Reaktion zum Polyethylen und leiteten damit die Entwicklung zum Massenkunststoff ein. Parallel dazu wurden zahlreiche grundlegende Arbeiten zum Verständnis der Struktur, der Reaktionsmechanismen und der Eigenschaften von Makromolekülen durchgeführt. Herausragend und stellvertretend für zahlreiche Forscher und Arbeitsgruppen in dieser frühen Blütephase des Gebiets der Makromolekularen Chemie stehen P. J. Flory, H. Mark, G. V. Schulz und B. H. Zimm. Weitere Entwicklungen wurden in den Folgejahrzehnten in mannigfaltiger Weise vollzogen, beispielsweise durch P. G. de Gennes (Polymerdynamik sowie disziplinübergreifende Skalentheorien und Prägung des Begriffs „weiche Materie"; Physik-Nobelpreis für Gesamtwerk zu Ordnungsphänomenen in komplexen Fluiden 1991), J. M. Lehn (nicht kovalent verknüpfte Polymere; Chemie-Nobelpreis gemeinsam mit D. J. Cram und C. J. Pedersen für die Entwicklung der Supramolekularen Chemie 1987), K. Matyjaszewski (kontrollierter Aufbau von Polymeren) und M. Rubinstein (Theorien zur Polymerstruktur und -dynamik durch Renormierungs- und Skalenansätze).

Struktur der Makromoleküle

2

S. Seiffert

2.1 Grundbegriffe

Ein **Polymer** besteht aus einer großen Anzahl kleinerer Moleküleinheiten. Diese Grundbausteine sind miteinander verknüpft und bilden im einfachsten Fall eine lineare Kette. Die chemische Substanz, welche die Grundbausteine liefert, heißt **Monomer**. Im Fall des Polyvinylchlorids (PVC)

$\cdots - CH_2 - CHCl - CH_2 - CHCl_2 - CH_2 - CHCl - CH_2 - CHCl - CH_2 - CHCl - CH_2 - CHCl - CH_2 - CHCl_2 - \cdots$

ist z. B. das Vinylchlorid ($CH_2 = CHCl$) das Monomer und die Moleküleinheit $-CH_2-CHCl-$ der **Grundbaustein**. Das kleinste periodisch wiederkehrende Teil eines Makromoleküls heißt **Strukturelement**. Beim PVC sind Strukturelement und Grundbaustein identisch. Das Strukturelement kann aber auch kleiner oder größer als der Grundbaustein sein. Einige Beispiele zeigt Tab. 2.1.

Die Verknüpfung der Grundbausteine in Polymeren ist klassisch durch kovalente chemische Bindungen realisiert – eben diese Erkenntnis ist die Grundlage von Hermann Staudingers nobelpreistragender makromolekularer Hypothese. Seit etwa der letzten Jahrtausendwende gewinnen aber auch Vertreter von nichtkovalent verknüpften Polymeren, sog. supramolekularen oder „lebenden" Polymeren, immer mehr Bedeutung. Mit J.-M. Lehn war es wiederum ein Chemie-Nobelpreisträger, der dieses Gebiet begründet hat; maßgebliche Beiträge wurden darüber hinaus von E. W. Meijer erbracht.

S. Seiffert (✉)
Department Chemie, Johannes Gutenberg-Universität Mainz, Mainz, Deutschland
E-Mail: sebastian.seiffert@uni-mainz.de

S. Seiffert et al. (Hrsg.), *Lechner, Gehrke, Nordmeier – Makromolekulare Chemie*,
https://doi.org/10.1007/978-3-662-69248-6_2

Tab. 2.1 Monomere, Grundbausteine und Strukturelemente einiger Makromoleküle

Monomere	Grundbausteine	Strukturelemente
$CH_2 = CHCl$	$–CH_2 - CHCl–$	$–CH_2 - CHCl–$
$CH_2 = CH_2$	$–CH_2 - CH_2–$	$–CH_2–$
$H_2N - (CH_2)_6 - NH_2+$ $HOOC - (CH_2)_4 - COOH$	$-NH - (CH_2)_6 - NH-+$ $–CO - (CH_2)_4 - CO–$	$-NH - (CH_2)_6 - NH - CO - (CH_2)_4 - CO–$

2.1.1 Klassifizierung der Makromoleküle

Größe Makromoleküle lassen sich bezüglich ihrer Größe in drei Klassen unterteilen. Sind nur zwei, drei oder einige wenige Grundbausteine durch Hauptvalenzen miteinander verknüpft, so heißen die Produkte Dimere, Trimere oder allgemein Oligomere. Makromoleküle mit einer Molmasse zwischen $1 \cdot 10^3$ und $1 \cdot 10^4$ g mol^{-1} heißen Pleionomere. Ist die Molmasse des Makromoleküls größer als $1 \cdot 10^4$ g mol^{-1}, so sprechen wir von Polymeren.

Herkunft Makromoleküle können anorganischer oder organischer Natur sein. Bei den organischen Polymeren unterscheiden wir natürliche Polymere oder Biopolymere, chemisch modifizierte Polymere und synthetische Polymere. Da von allen Elementen der Kohlenstoff aufgrund seiner Elektronenkonfiguration für die Polymersynthese besonders gut geeignet ist, kommt den organischen Makromolekülen die weitaus größere Bedeutung zu. Viele der synthetisch hergestellten Polymere haben in ihrem Produktionsvolumen inzwischen solche Dimensionen gewonnen, dass sie als Massenpolymere bezeichnet werden können. Dazu zählen unter anderem Polyethylen, Polypropylen, Polyvinylchlorid und Polystyrol.

Biopolymere bilden die Grundlage aller lebenden Organismen. Sie lassen sich nach ihren Grundbausteinen in Polydiene, Polysaccharide, Polypeptide (Proteine) und Polynukleotide gliedern. Die Natur ist in der Lage, diese komplizierten Makromoleküle hochspezifisch und reproduzierbar herzustellen. Die Komplexität der Biopolymere ist die Voraussetzung für die Vielfalt des Lebens; ja, das Leben selbst beruht auf der Bildung, der Umwandlung und dem Abbau natürlicher Polymere sowie dem Auf- und Abbau höherkomplexer funktionaler Einheiten aus ihnen. Staudinger sagte im Jahr 1938 trefflich:

> „Wenn auch die Darstellung von Millionen von Stoffen möglich ist, deren Moleküle aus hundert oder einigen hundert Atomen aufgebaut sind, so bliebe dieses Gebiet der niedermolekularen organischen Chemie trotzdem nur die Vorstufe der eigentlichen organischen Chemie, nämlich der Chemie der Stoffe, die für die Lebensprozesse von grundlegender Bedeutung sind. Denn in letzteren Verbindungen liegen Moleküle vor, die nicht aus einigen hundert, sondern aus Tausenden, Zehntausenden und vielleicht sogar Millionen von Atomen bestehen.“ (Staudinger 1939)

Die natürlichen Polymere oder Biopolymere werden unterteilt in:

1. **Polydiene:** Naturkautschuk, Guttapercha, Balata
2. **Polysaccharide, Lignin:** Stärke, Cellulose, Glykogen, Dextran, Pektin, Alginsäure, Chitin, Heparin, Hyaluronsäure, Agar-Agar
3. **Polypeptide (Proteine):** Enzyme, Hormone, Seide, Keratin, Kollagen, Myosin, Hämoglobin, Albumine, Globuline, Toxine
4. **Polynukleotide:** Desoxyribonukleinsäure (DNA, DNS), Ribonukleinsäure (RNA, RNS)

Zu den chemisch modifizierten Biopolymeren gehören: Celluloseether, Nitrocellulose, Stärkederivate, Viskoseseide, Zellwolle, Celluloid. Struktur, Synthese und Eigenschaften von Biopolymeren und modifizierten Biopolymeren sind in Abschn. 3.4 dargestellt.

Beispiele für synthetische Polymere sind: Polyacrylamid, Polyacrylsäure, Polybutadien, Polymethacrylsäure, Polyethylenimine, Polystyrol, Polysulfonsäure, Polytetrafluorethylen, Polyvinylalkohol, Polyvinylchlorid, Polyvinylpyrrolidon.

Molekulare Struktur Bezüglich der molekularen Struktur unterscheiden wir lineare, verzweigte und vernetzte Polymere. Die molekulare Struktur wird durch die Art der Synthese der Makromoleküle und die chemische Struktur der verwendeten Monomere bestimmt.

Verarbeitung und Anwendungseigenschaften Aus der molekularen Struktur leitet sich eine Klassifizierung der Polymere in Thermoplaste, Elastomere und Duromere ab. Thermoplaste sind lineare oder verzweigte Makromoleküle, die im festen Zustand amorph oder teilkristallin seien können und sich bei Temperaturen oberhalb der Glasumwandlungstemperatur bzw. Schmelztemperatur plastisch verformen lassen. Elastomere sind weitmaschig vernetzte Makromoleküle. Duromere hingegen sind engmaschig vernetzte Polymere. Chemisch vernetzte Polymere sind nicht mehr plastisch verformbar.

Zusammensetzung Makromoleküle, die nur aus einer Sorte von Grundbausteinen bestehen, werden als Uni- oder Homopolymere bezeichnet. Ein Polymer, das verschiedene Sorten von Grundbausteinen enthält, heißt Hetero- oder Copolymer. Besteht ein Copolymer aus zwei, drei oder vier verschiedenen Sorten von Grundbausteinen, so wird genauer von Bi-, Ter- oder Quartärpolymeren gesprochen.

2.1.2 Nomenklatur

2.1.2.1 Anorganische Makromoleküle

Zu den anorganischen Makromolekülen zählen z. B. die Polyphosphate und die Silikone. Das Strukturelement eines anorganischen Makromoleküls besteht aus einem **Zentralatom** und den zugehörigen **Liganden**. Aufgrund eines Beschlusses der International Union of Pure and Applied Chemistry (IUPAC) ist das Zentralatom dabei dasjenige Atom, welches in der Folge bzw. Sequenz

→	F	Cl	Br	I	At	O	S	Se	Te	Po	N	P	As	Sb	Bi	C	Si
	Ge	Sn	Pb	B	Al	Ga	In	Tl	Zn	Cd	Hg	Cu	Ag	Au	Ni	Pd	Pt
	Co	Rh	Ir	Fe	Ru	Os	Mn	Tc	Re	Cr	Mo	W	V	Nb	Ta	Ti	Zr
	Hf	Sc	Y	La	Lu	Ac	Lr	Be	Mg	Ca	Sr	Ba	Ra	Li	Na	K	Rb
	Cs	Fr	He	Ne	Ar	Kr	Xe	Rn	→								

an letzter Stelle steht. Die Liganden sind entweder Brücken- oder Seitengruppen. Diese werden stets in alphabetischer Reihenfolge angeordnet, wobei die Brückengruppe zur Unterscheidung von der Seitengruppe ein μ vor ihrem Namen erhält. Wenn ein Ligand sowohl als Brücken- als auch als Seitengruppe vorkommt, wird er zuerst als Brückengruppe genannt.

Anorganische Makromoleküle besitzen meist eine bestimmte Raumstruktur oder Dimensionalität. Diese wird bei der Namensbildung durch eine kursiv geschriebene Vorsilbe berücksichtigt. *Cyclo*, *Catena*, *Phyllo* und *Tecto* bezeichnen dabei ringförmige, einsträngige, flächenförmige und netzförmige Polymere. Wenn die Polymere mehrsträngig sind, wird jeder Strang wie bei Einzelketten benannt. Die Verbindungsgruppen zwischen den einzelnen Strängen erhalten vor ihrem Ligandennamen das Symbol μ', und die beiden jeweils miteinander verknüpften Zentralatome werden kursiv geschrieben. Anwendungsbeispiele für die Nomenklatur anorganischer Makromoleküle gibt Tab. 2.2.

Tab. 2.2 Trivial- und IUPAC-Namen einiger anorganischer Makromoleküle

Strukturelement	Trivialname	IUPAC-Name
–S–	Polymerer Schwefel	*Catena*-poly(schwefel)
$–SiF_2–$	Siliciumfluorid	*Catena*-poly(difluorsilicium)
$–O – Si(CH_3)_2–$	Polydimethylsiloxan, Silikon	*Catena*-poly[μ-oxy-dimethylsilicium(IV)]
$–O – Si(C_6H_5)_2–$	Polydiphenylsiloxan	*Catena*-poly[μ-oxy-diphenylsilicium(IV)]
–NC – Ag–	Silbercyanid	*Catena*-poly[μ-cyano-NC-silber (I)]
$NC – CH_3$ | –Cu – Cl– | | –Cl – Cu– | $NC – CH_3$	–	Bis(Cu–Cl′, Cl–Cu′) {*Catena*-poly[acetonitril-chlorkupfer(I)]}

2.1.2.2 Organische Makromoleküle

Die konventionelle Nomenklatur der Makromoleküle hat sich empirisch entwickelt. Die Benennung des Polymers erfolgt dabei entweder nach dem Namen des Monomers, aus dem das Polymer hergestellt wurde, oder nach dem Namen des Strukturelements, aus dem das Polymer besteht. Nach der ersten Art sind z. B. die Bezeichnungen Polystyrol, Polyacrylnitril und Polybutadien gebildet. Beispiele für die nach den Strukturelementen benannten Verbindungen sind das Polyethylenterephthalat und das Polyphenylenoxid.

Im Laufe der letzten 100 Jahre wurden immer kompliziertere Makromoleküle synthetisiert. Es wurde deshalb notwendig, eine systematische Nomenklatur zu entwickeln. Diese geht von den sich im Makromolekül wiederholenden, in ihrer Konstitution gleichartigen Strukturelementen aus. Die Benennung der Strukturelemente erfolgt dabei weitgehend nach der IUPAC-Nomenklatur niedermolekularer organischer Moleküle. Das kleinste Strukturelement eines unverzweigten organischen Moleküls ist ein bivalentes Radikal. So stehen z. B. −O− für oxy-, −S− für thio- und −CO− für Carbonylradikale. Der Name des Makromoleküls ergibt sich dann aus der Vorsilbe „Poly" und der in Klammern gesetzten Aufeinanderfolge der Namen dieser einfachen bivalenten Radikale. Für die Reihenfolge der Strukturelemente wurden bestimmte Prioritätsregeln festgelegt. So steht in dem Fall, dass das Polymer mehrere Strukturelemente enthält, der Name des Strukturelements mit der höchsten Priorität links und der Name des Elements mit der niedrigsten Priorität rechts. Heterocyclische Ringe besitzen die höchste Priorität. Es folgen Kettenstücke mit Heteroatomen, carbocyclische Ringe und schließlich Ketten, die nur aus Kohlenstoffatomen bestehen. Einige Beispiele für die Anwendung der IUPAC-Nomenklatur zeigt Tab. 2.3.

2.1.3 Polymerisationsgrad und Molmasse

Der **Polymerisationsgrad** P gibt die Anzahl der Grundbausteine pro Polymermolekül an. Er steht mit der Molmasse M des Makromoleküls und der Molmasse M_0 der Grundbausteine in Beziehung. Für Homopolymere gilt:

$$P = M / M_0 \tag{2.1}$$

Enthält das Polymermolekül Grundbausteine verschiedener Molmassen, so müssen wir ihre Anteile einzeln bestimmen, um zum Polymerisationsgrad zu gelangen.

Die einzelnen Polymermoleküle eines Präparates besitzen in der Regel unterschiedliche Polymerisationsgrade. Die Häufigkeit, mit der eine bestimmte Molmasse in einem Präparat auftritt, wird durch die **Molmassenverteilung** erfasst. Diese hängt von der Herstellungsweise des Präparats ab und lässt sich experimentell ermitteln.

Tab. 2.3 IUPAC- und Trivialnamen organischer Makromoleküle und Biopolymere

Strukturelement	IUPAC-Name Trivialname	Strukturelement	IUPAC-Name Trivialname
$–CH_2–$	Poly(methylen) Polyethylen	$–CH_2 – CH = CH – CH_2–$	Poly(1-butylen) Poly (1,4-butadien)
$–CH – CH_2–$ | CH_3	Poly(propylen)	$–CH_2 – C = CH – CH_2–$ | CH_3	Poly(1,4-isopren) Kautschuk
CH_3 | $–C – CH_2–$ | CH_3	Poly(isobutylen)	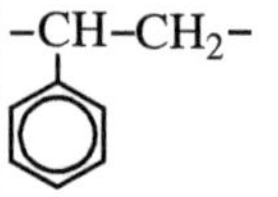	Poly(1-phenylethylen) Polystyrol
$–CH – CH_2–$ | COOH	Poly(acrylsäure)	$–CH – CH_2–$ | $COOH_3$	Poly(methylacrylat)
$–CH – CH_2–$ | $COOH_2$	Poly(acrylamid)	$–CH – CH_2–$ | CN	Poly(acrylnitril)
CH_3 | $–C – CH_2–$ | COOH	Poly(methacrylsäure)	CH_3 | $–C – CH_2–$ | $COOCH_3$	Poly (methylmethacrylat)
$–CF_2–$	Poly(methylidenfluorid) Polytetrafluorethylen		
$–O – CH_2–$	Poly(oxymethylen) Polyformaldehyd	$–O – CH_2 – CH_2–$	Poly(oxyethylen) Polyethylenglykol
$–CH – CH_2–$ | Cl	Poly(1-chlorethylen) Polyvinylchlorid	–Cl | –C – CH2– | Cl	Poly (1-dichlorethylen) Polyvinylidenchlorid
$–CH – CH_2–$ | OH	Poly(vinylalkohol)	$–CH – CH_2–$ | $OOCCH_3$	Poly(vinylacetat)
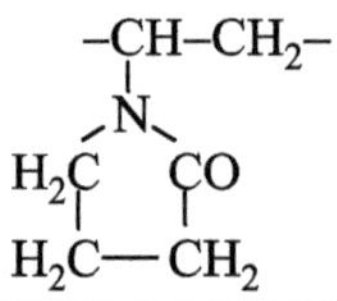	Poly(vinylpyrrolidon)	$–CO – (CH_2)_5 – NH–$	Poly(ε-Caprolactam) Nylon 6
$–NH – (CH_2)_6 – NH – CO – (CH_2)_4 – CO–$		Poly(hexamethylen-Adipinsäureamid); Nylon 66	

(Fortsetzung)

Tab. 2.3 (Fortsetzung)

Strukturelement	IUPAC-Name Trivialname	Strukturelement	IUPAC-Name Trivialname
$-NH-(CH_2)_6-NH-CO-(CH_2)_8-CO-$		Poly(hexamethylen-Sebacinsäureamid); Nylon 610	
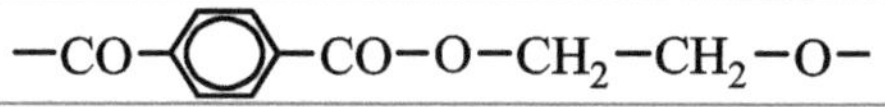		Poly(ethylenterephthalat); Polyester	
$-CO-(CH_2)_4-CO-O-CH_2-CH_2-O-$		Poly(ethylenadipat); Polyester	
$-CO-NH-(CH_2)_6-NH-CO-O-(CH_2)_4-O-$		Poly(tetramethylenhexamethylen-Urethan)	
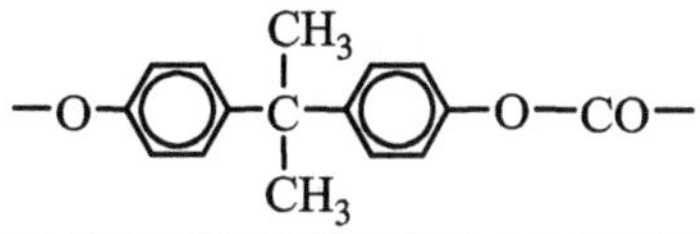		Poly(4,4-*iso*-Propyliden-Diphenylencarbonat) Bisphenol A Polycarbonat	
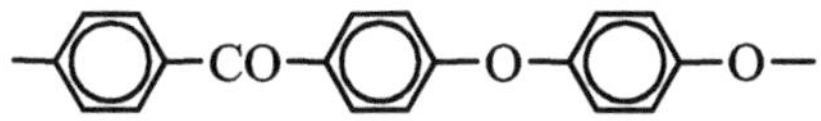		Poly(etheretherketon)	
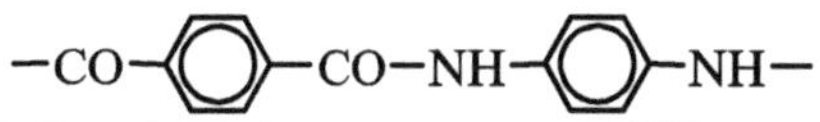		Poly(*p*-phenylenterephthalamid); KEVLAR	
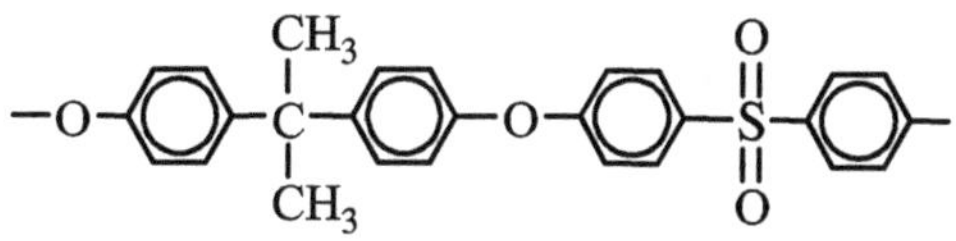		Polysulfon	
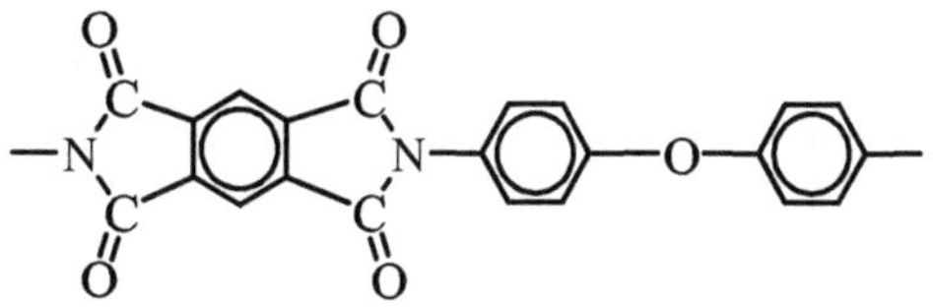		Polyimid	

2.1.3.1 Das Zahlenmittel M_n

Jede Molmassenverteilung lässt sich durch bestimmte Parameter wie z. B. Mittelwert und Streuung um den Mittelwert (z. B. quantifiziert als Standardabweichung, Varianz oder Halbwertsbreite) charakterisieren. In der Probe treten Makromoleküle mit den Molmassen M_1, M_2, M_3, . . .M_k auf. M_1 bis M_k seien der Größe nach geordnet. Das **Zahlenmittel der Molmasse**, M_n, ist dann wie folgt definiert:

$$M_\text{n} \equiv \sum_{i=1}^{k} N_i \, M_i \Big/ \sum_{i=1}^{k} N_i \tag{2.2}$$

Hierbei bezeichnet N_i die Anzahl der Makromoleküle in der Probe, die die Molmasse M_i besitzen, wobei M_k die größte vorkommende Molmasse ist. Wir können also sagen, dass M_n das gewogene arithmetische Mittel der Molmasse einer Probe ist, bei dem die Molmassenwerte M_i mit ihren absoluten Häufigkeiten N_i gewichtet werden. Experimentell lässt sich M_n beispielsweise mithilfe der Methode der Osmose bestimmen. Der Index n steht dabei als Abkürzung des englischen Begriffs *number average*.

N_i ist über die Beziehung $N_i = n_i N_\mathrm{A}$ mit der Molzahl n_i und der Avogadro-Konstante N_A verknüpft. Wir können deshalb auch schreiben:

$$M_\mathrm{n} = \sum_{i=1}^{k} n_i\, M_i \Big/ \sum_{i=1}^{k} n_i = \sum_{i=1}^{k} x_i\, M_i \quad \text{mit} \quad \sum_{i=1}^{k} x_i = 1 \;\text{ und }\; x_i = n_i \Big/ \sum_{i=1}^{k} n_i \qquad (2.3)$$

Das bedeutet: M_n ist identisch mit dem Mittelwert der Zahlenverteilung oder der Häufigkeitsverteilung der Molmasse.

Statistische Kennzahlen (Lage- und Streuungsparameter) von Verteilungen lassen sich allgemein als Momente dieser Verteilungen definieren. So ist z. B. das ν-te Moment ${}^{n}\mu_\nu$ um den Nullpunkt einer Molmassenverteilung so definiert:

$${}^{n}\mu_\nu \equiv \sum_{i=1}^{k} n_i\, M_i^\nu \Big/ \sum_{i=1}^{k} n_i = \sum_{i=1}^{k} x_i\, M_i^\nu \qquad (2.4)$$

Hierbei ist ν eine ganze Zahl.

Setzen wir in Gl. 2.4 $\nu = 1$, so erkennen wir, dass ${}^{n}\mu_\nu = M_\mathrm{n}$ ist. M_n ist also das erste Moment der häufigkeitsgewichteten Molmassenverteilung.

2.1.3.2 Das Massenmittel M_w

Wir wollen mit m_i die Gesamtmasse der Makromoleküle mit der Molmasse M_i bezeichnen. Die Summe $\sum m_i$ ist dann identisch mit der Gesamtmasse der Probe, und das Verhältnis $w_i = m_i / \sum m_i$ gibt den Massenanteil oder den Massenbruch der Makromoleküle mit der Molmasse M_i in der Probe an. Hieraus leitet sich das **massengemittelte Molmassenmittel** M_w ab. Der Index w steht dabei als Abkürzung für *weight average*. Es gilt:

$$M_\mathrm{w} \equiv \sum_{i=1}^{k} m_i\, M_i \Big/ \sum_{i=1}^{k} m_i = \sum_{i=1}^{k} w_i\, M_i \quad \text{mit} \quad \sum_{i=1}^{k} w_i = \sum_{i=1}^{k} m_i \Big/ \sum_{i=1}^{k} m_i = 1 \qquad (2.5)$$

Wir können also sagen, dass M_w das gewogene arithmetische Mittel der Molmassen einer Probe ist, bei dem die Molmassenwerte M_i mit ihren Massenbrüchen w_i gewichtet werden.

Verwenden wir die Stoffmenge n_i, so ergibt sich für M_w mit der Beziehung $m_i = n_i M_i$:

$$M_\mathrm{w} \equiv \sum_{i=1}^{k} m_i\, M_i \Big/ \sum_{i=1}^{k} m_i = \sum_{i=1}^{k} n_i\, M_i^2 \Big/ \sum_{i=1}^{k} n_i M_i = {}^{\mathrm{n}}\mu_2 / {}^{\mathrm{n}}\mu_1 \qquad (2.6)$$

M_w ist also identisch mit dem Verhältnis ${}^{\mathrm{n}}\mu_2/{}^{\mathrm{n}}\mu_1$ aus dem zweiten und ersten Moment um den Nullpunkt der n-gewichteten Molmassenverteilung.

Analog dem ν-ten Moment der Molzahlverteilung der Molmasse können wir auch das ν-te Moment der w-gewichteten Molmassenverteilung definieren. Es gilt:

$$^{\mathrm{w}}\mu_\nu \equiv \sum_{i=1}^{k} m_i M_i^\nu \Big/ \sum_{i=1}^{k} m_i = \sum_{i=1}^{k} w_i M_i^\nu \tag{2.7}$$

Für M_w bedeutet dies: M_w ist gleich dem ersten Moment der w-gewichteten Molmassenverteilung. Experimentell kann M_w z. B. mithilfe der Methode der statischen Lichtstreuung bestimmt werden.

2.1.3.3 Das Zentrifugenmittel M_z und die allgemeine Form für Mittelwerte

Eine weniger anschauliche Bedeutung hat der „Zentrifugenmittelwert der Molmasse", M_z. Wir führen dazu die Größe $z_i = w_i M_i = m_i M_i / \sum m_i$ ein und definieren M_z als das erste Moment einer z-gewichteten Molmassenverteilung:

$$M_\mathrm{z} \equiv {}^{\mathrm{z}}\mu_1 = \sum_{i=1}^{k} z_i M_i \Big/ \sum_{i=1}^{k} z_i = \sum_{i=1}^{k} m_i M_i^2 \Big/ \sum_{i=1}^{k} m_i M_i = \sum_{i=1}^{k} n_i M_i^3 \Big/ \sum_{i=1}^{k} n_i M_i^2 \tag{2.8}$$

Der Index z steht dabei für Zentrifugenmittel, da M_z aus Messungen des Sedimentationsgleichgewichts mithilfe einer analytischen Ultrazentrifuge bestimmt werden kann.

In ähnlicher Weise lassen sich weitere Molmassenmittelwerte definieren. Die allgemeine Form für den Mittelwert der Molmasse lautet:

$$\begin{aligned} M_\beta &\equiv \sum_{i=1}^{k} z_i M_i^{\beta-1} \Big/ \sum_{i=1}^{k} z_i M_i^{\beta-2} = \sum_{i=1}^{k} w_i M_i^{\beta} \Big/ \sum_{i=1}^{k} w_i M_i^{\beta-1} = \sum_{i=1}^{k} m_i M_i^{\beta} \Big/ \sum_{i=1}^{k} m_i M_i^{\beta-1} \\ &= \sum_{i=1}^{k} x_i M_i^{\beta-1} \Big/ \sum_{i=1}^{k} x_i M_i^{\beta} = \sum_{i=1}^{k} n_i M_i^{\beta} \Big/ \sum_{i=1}^{k} n_i M_i^{\beta-1} \end{aligned} \tag{2.9}$$

Für $\beta = 0$ ist $M_\beta = M_\mathrm{n}$, für $\beta = 1$ gilt $M_\beta = M_\mathrm{w}$, und für $\beta = 2$ ist $M_\beta = M_\mathrm{z}$. Die Mittelwerte M_β mit $\beta = 3{,}4, \ldots$ werden mit $M_{\mathrm{z}+1}$, $M_{\mathrm{z}+2}, \ldots$ bezeichnet. Es ist natürlich auch möglich, Mittelwerte von anderen physikalischen Größen als der Molmasse zu bilden. Eine solche Größe kann z. B. der Trägheitsradius R oder der Translationsdiffusionskoeffizient D sein. Wir bezeichnen sie im Folgenden mit A. Der allgemeine Mittelwert A_β der Größe A besitzt dann in Analogie zu Gl. 2.9 folgende Form:

$$A_\beta \equiv \sum_{i=1}^{k} w_i M_i^{\beta-1} A_i \Big/ \sum_{i=1}^{k} w_i M_i^{\beta-1} = \sum_{i=1}^{k} x_i M_i^{\beta} A_i \Big/ \sum_{i=1}^{k} x_i M_i^{\beta-1} \tag{2.10}$$

A_i ist dabei der Messwert von A, den wir erhalten, wenn die Probe nur aus Molekülen mit der Molmasse M_i besteht. Wenn wir $A = M$ setzen, geht Gl. 2.10 in Gl. 2.9 über.

2.1.3.4 Darstellung der Mittelwerte als Momente

Zusammenfassend können wir für die Molmassen M_n, M_w und M_z schreiben:

$$M_\mathrm{n} = {}^\mathrm{n}\mu_1 = {}^\mathrm{w}\mu_0/{}^\mathrm{w}\mu_{-1} = {}^\mathrm{z}\mu_{-1}/{}^\mathrm{z}\mu_{-2} \tag{2.11}$$

$$M_w = {}^w\mu_1 = {}^n\mu_2/{}^n\mu_1 = {}^\mathrm{z}\mu_0/{}^\mathrm{z}\mu_{-1} \tag{2.12}$$

$$M_z = {}^\mathrm{z}\mu_1 = {}^\mathrm{w}\mu_2/{}^\mathrm{w}\mu_1 \quad = {}^\mathrm{n}\mu_3/{}^\mathrm{n}\mu_2 \tag{2.13}$$

Alle bisher betrachteten Molmassenmittelwerte sind durch das erste Moment der jeweiligen Verteilung bestimmt. Sie werden daher als einmomentige Mittelwerte bezeichnet. Es gibt aber auch mehrmomentige und zusammengesetzte Mittelwerte, die in der Makromolekularen Chemie eine Rolle spielen. Auf diese wollen wir hier aber nicht eingehen. Es sei stattdessen erwähnt, dass auch Molmassenmomente mit nicht ganzzahliger Ordnung existieren. Ein praktisch relevanter derartiger Molmassenmittelwert ist das Viskositätsmittel M_η. Es ist definiert als

$$M_\eta \equiv \left(\sum_{i=1}^{k} m_i\, M_i^a \Big/ \sum_{i=1}^{k} m_i\right)^{1/a} = \left(\sum_{i=1}^{k} w_i\, M_i^a\right)^{1/a} \tag{2.14}$$

wobei a eine positive rationale Zahl ist, die in der Regel einen Wert zwischen 0,5 und 0,9 annimmt. Generell gilt:

$$M_\mathrm{n} \le M_\eta \le M_\mathrm{w} \le M_\mathrm{z} \tag{2.15}$$

2.1.3.5 Die Uneinheitlichkeit *U*

Ein Maß für die Breite einer Molmassenverteilung ist deren **Standardabweichung** σ. Dabei umfasst 6 σ ein Intervall, in dem mehr als 99 % aller Molmassenwerte der Verteilung liegen. σ selbst ist gleich der Wurzel aus der Streuung (alternativ auch als Varianz bezeichnet) σ^2 der Verteilung. Es gilt folgende Beziehung:

$$\begin{aligned} \sigma^2 &\equiv \sum_{i=1}^{k} n_i\,(M_i - M_\mathrm{n}) \Big/ \sum_{i=1}^{k} n_i = \sum_{i=1}^{k} n_i\,\left(M_i^2 - 2M_iM_\mathrm{n} + M_\mathrm{n}^2\right) \Big/ \sum_{i=1}^{k} n_i \\ &= \left({}^\mathrm{n}\mu_2/{}^\mathrm{n}\mu_1\right){}^\mathrm{n}\mu_1 - 2\,{}^\mathrm{n}\mu_1\,M_\mathrm{n} + M_\mathrm{n}^2 = M_\mathrm{n}(M_\mathrm{w} - M_\mathrm{n}) \end{aligned} \tag{2.16}$$

Häufig wird anstelle von σ die **Uneinheitlichkeit** U benutzt. Diese ist definiert als:

$$U \equiv (M_w/M_n) - 1 \tag{2.17}$$

Mit Gl. 2.16 folgt daraus:

$$\sigma = \sqrt{\sigma^2} = \sqrt{M_n^2 U} = M_n \sqrt{U} \tag{2.18}$$

Die „Breite“ einer Molmassenverteilung ist demnach proportional zum n-gewichteten Molmassenmittel M_n und zur Wurzel aus der Uneinheitlichkeit U.

Besitzen alle Makromoleküle einer Probe die gleiche Molmasse, so gilt $M_n = M_w = M_z$ und $U = 0$. Eine solche Probe wird als **monodispers** bezüglich der Molmasse bezeichnet. Diese Formulierung ist im Grunde genommen intrinsisch widersprüchlich, da der Wortteil „dispers“ auf eine Verteilung hindeutet, die aber im monodispersen Fall gerade nicht vorliegt (bzw. unendlich schmal ist). Dennoch wollen wir diesen Begriff hier verwenden, da er sehr gebräuchlich ist. Die technisch interessanten Polymere besitzen dagegen eine Uneinheitlichkeit, die deutlich größer als 0 ist. In diesem Fall wird gesagt, dass sie **polydispers** oder molekular uneinheitlich bezüglich der Molmasse sind. Polymere werden nahezu monodispers genannt, wenn $U \in [0; 0{,}1]$ ist. Solche Polymere entstehen z. B. bei der anionischen Polymerisation. Polykondensate und radikalisch hergestellte Polymere sind dagegen deutlich polydispers. So ist der U-Wert eines Hochdruckpolyethylens oft größer als 30.

2.1.3.6 Beispiele

Die Mittelwerte der Molmasse und die Uneinheitlichkeit besitzen in der Polymerchemie eine sehr große Bedeutung. Es ist deshalb aufschlussreich, den Einfluss unterschiedlich verteilter Molmassenanteile auf M_n, M_w, M_z und U zu untersuchen. Wir betrachten dazu drei verschiedene Proben, die w_1-Anteile Moleküle der Masse M_1, w_2-Anteile Moleküle der Masse M_2 und w_3-Anteile Moleküle der Masse M_3 enthalten. Im Einzelnen soll gelten:

	$M_1 = 1 \cdot 10^4$ g mol^{-1}	$M_2 = 5 \cdot 10^5$ g mol^{-1}	$M_3 = 2 \cdot 10^7$ g mol^{-1}
mit	(1) $w_1 = 0{,}10$	$w_2 = 0{,}90$	$w_3 = 0{,}00$
	(2) $w_1 = 0{,}00$	$w_2 = 0{,}90$	$w_3 = 0{,}10$
	(3) $w_1 = 0{,}05$	$w_2 = 0{,}90$	$w_3 = 0{,}05$

Für M_n, M_w, M_z und U werden dann die in Tab. 2.4 angegebenen Werte erhalten. Beispiel (1) zeigt, dass sich die Massen- und Zentrifugenmittelwerte M_w und M_z kaum von der Molmasse M_2 der Hauptkomponente unterscheiden, wenn die Probe nur eine kleine Beimengung ($w_1 = 0{,}1$) an Pleionomeren enthält. Umgekehrt zeigen Beispiel (2) und (3), wie drastisch sich M_n und M_w vergrößern, wenn die Probe eine Anzahl sehr großer Makromoleküle enthält. Mikrogele oder Staubpartikel können daher bei Messungen sehr

Tab. 2.4 M_n –, M_w –, M_z– und U-Werte der Verteilungen (1), (2) und (3)

Verteilung	$10^{-5} \cdot M_n/(g/mol)$	$10^{-5} \cdot M_w/(g/mol)$	$10^{-5} \cdot M_z/(g/mol)$	U
(1)	0,85	4,51	4,99	4,3
(2)	5,54	24,50	164,18	3,4
(3)	1,47	14,50	139,48	8,9

störend sein. Die Uneinheitlichkeit U der Verteilung (3) ist etwa doppelt so groß wie diejenige der Verteilungen (1) und (2). Dies war zu erwarten, da Verteilung (3) im Vergleich zu den Verteilungen (1) und (2) ein deutlich größeres Molmassenintervall $[M_1, M_3]$ umfasst.

2.1.3.7 Gewichtete Polymerisationsgrade

Die Überlegungen der vorangegangenen Abschnitte können ohne Weiteres auch auf den Polymerisationsgrad P übertragen werden. So gilt für das Massenmittel von P:

$$P_w = \sum_{i=1}^{k} m_i\, p_i \Big/ \sum_{i=1}^{k} m_i = \sum_{i=1}^{k} w_i\, p_i \tag{2.19}$$

Dabei ist P_i der Polymerisationsgrad eines Makromoleküls der Molmasse M_i. Für Homopolymere vereinfacht sich Gl. 2.19 zu $P_w = M_w/M_0$, denn mit $P_i = M_i/M_0$ folgt:

$$P_w = \sum_{i=1}^{k} w_i p_i = \sum_{i=1}^{k} w_i\,(M_i/M_0) = M_w/M_0 \tag{2.20}$$

Ferner gilt für Homopolymere:

$$P_n = M_n/M_0 \quad \text{und} \quad P_z = M_z/M_0 \tag{2.21}$$

2.1.4 Differenzielle und integrale Verteilungen

w_i sei der Massenbruch aller Polymermoleküle mit der Molmasse M_i in einer Polymerprobe, d. h., w_i ist der Massenanteil der Masse m_i an der Gesamtmasse der Polymerprobe. Wie groß w_i im Einzelfall ist, hängt von der Art des benutzten Syntheseverfahrens ab. Im Allgemeinen ergeben sich für die verschiedenen M_i einer Probe unterschiedliche w_i. Es ist deshalb zweckmäßig, die Funktion $w(M)$ einzuführen:

$$w(M) = \begin{cases} w_i \text{ für } M = M_i \text{ und } i = 1{,}2, 3, \ldots, k \\ 0 \text{ für alle anderen } M \end{cases} \tag{2.22}$$

Die Funktion $w(M)$ heißt differenzielle Verteilungsfunktion der Molmasse. Sie lässt sich durch ein Stabdiagramm grafisch darstellen. Zwei Beispiele zeigen Abb. 2.1 und 2.2.

Wenn wir die Massenanteile w_i, beginnend bei $w_0 = 0$ bis $W_j(j \leq k)$, addieren, erhalten wir den Anteil aller Molmassen des Intervalls $[0, M_j]$ an der Gesamtmasse der Probe. Die Funktion $W(M_j)$, die wir auf diese Weise erhalten, wird integrale Verteilungsfunktion der Molmasse genannt. Sie ist gemäß Gl. 2.22 durch die Beziehung

$$W(M_j) = \sum_{i=0}^{j} w\,(M_i) \tag{2.23}$$

mit der differenziellen Verteilung $w(M)$ verknüpft, wobei $w(0) = 0$ ist. $W(M)$ ist eine Treppenfunktion, wie in Abb. 2.3 und 2.4 zu sehen ist. Sie besitzt Sprungstellen dort, wo $w(M_i) \neq 0$ ist. Zwischen den Sprungstellen ist $W(M)$ eine Konstante, d. h. unabhängig von M.

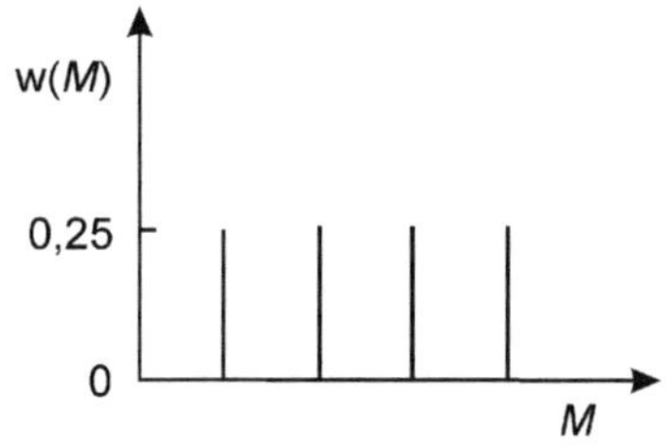

Abb. 2.1 Gleichmäßige Verteilung

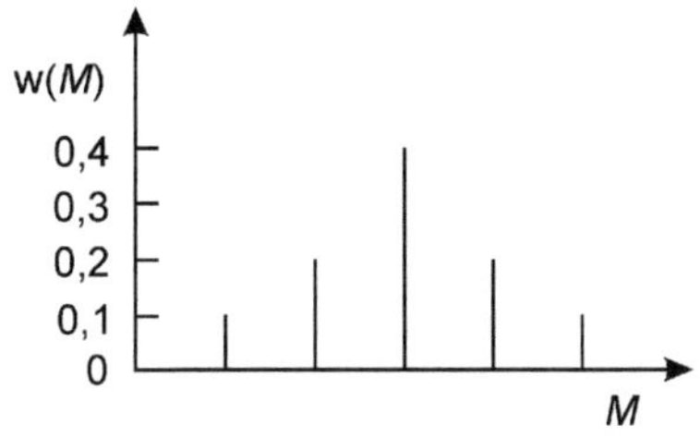

Abb. 2.2 Symmetrische Verteilung

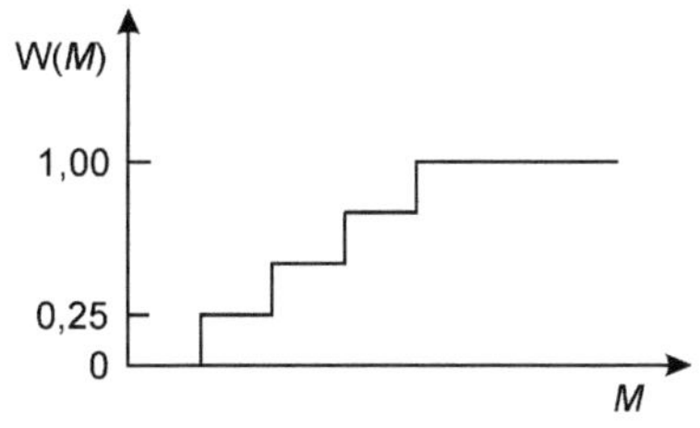

Abb. 2.3 Integrale Verteilung der Funktion $w(M)$ aus Abb. 2.1

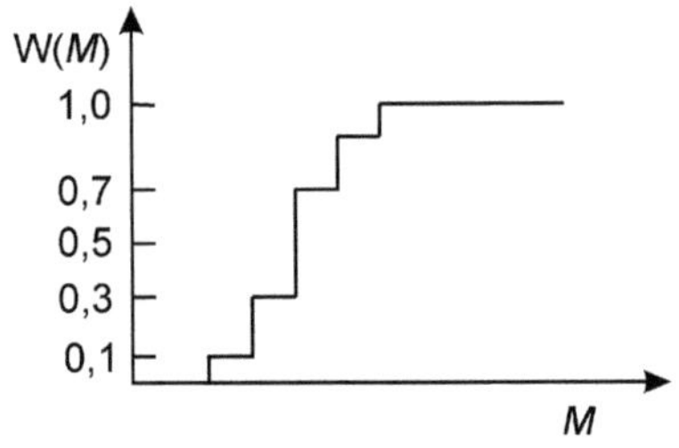

Abb. 2.4 Integrale Verteilung der Funktion $w(M)$ aus Abb. 2.2

Im Grenzfall $M \to \infty$ konvergiert jede integrale Verteilungsfunktion $W(M)$ gegen eins. Das ist klar, denn für alle $i \geq k$ ist $W(M)$ gleich dem Massenanteil der Gesamtmasse der Probe an sich selbst, und dieser ist natürlich gleich eins.

Bei den real vorkommenden Polymeren ist das Intervall $[M_1, M_k]$ im Vergleich zu dem Intervall $[0, \infty]$ sehr klein. Die auftretenden M_i liegen also meist sehr dicht beieinander. Außerdem ist die Anzahl der in einer Probe vorhandenen Moleküle sehr groß (einige 10^{23} Teilchen). Wir machen deshalb keinen großen Fehler, wenn wir die real existierende diskrete Massenbruchfunktion $w(M)$ durch eine stetige Verteilung ersetzen. Dabei ist allerdings zu fordern, dass unsere stetige „Ersatzverteilung" links von M_1 und rechts von M_k mit abnehmendem bzw. steigendem M genügend schnell gegen null konvergiert.

Die integrale Verteilungsfunktion der Molmasse $W(M)$ geht bei dieser Vereinfachung ebenfalls in eine stetige Funktion über. Anstelle von Gl. 2.23 können wir schreiben:

$$W(M) = \int_0^M w(\widetilde{M})\mathrm{d}\widetilde{M} \quad \text{mit} \quad W(M) = \int_0^\infty w(\widetilde{M})\mathrm{d}\widetilde{M} = 1 \tag{2.24}$$

$w(\widetilde{M})\,\mathrm{d}\widetilde{M}$ ist der Massenanteil der Makromoleküle mit der Molmasse zwischen $\widetilde{M}$ und $\widetilde{M} + \mathrm{d}\widetilde{M}$. Da die Funktionen $W(M)$ und $w(M)$ stetig sind, folgt durch Differenziation von $W(M)$ nach M:

$$\mathrm{d}W(M)/\mathrm{d}M = w(M) \tag{2.25}$$

Die differenzielle Verteilung $w(M)$ ist also gleich der ersten Ableitung der integralen Verteilung $W(M)$ nach M. Die Namensgebungen „differenzielle" und „integrale" Verteilung werden somit verständlich. Es sei aber erwähnt, dass in der Mathematik $w(M)$ Dichtefunktion und lediglich $W(M)$ Verteilungsfunktion genannt werden.

Wenn $w(M)$ eine stetige Funktion ist, gilt in Analogie zu Gl. 2.3, 2.5, 2.8 und 2.9:

$$M_\mathrm{n} = 1/\int_0^\infty w(M)M^{-1}\,\mathrm{d}M \quad ; \quad M_\mathrm{w} = \int_0^\infty w(M)M\,\mathrm{d}M \tag{2.26}$$

$$M_z = \int_0^\infty w(M)\, M^2\, \mathrm{d}M \bigg/ \int_0^\infty w(M)\, M\, \mathrm{d}(M) \quad ; \quad M_\beta = \int_0^\infty w(M)\, M^\beta\, \mathrm{d}M \bigg/ \int_0^\infty w(M)\, M^{\beta-1}\, \mathrm{d}M$$

$$\text{mit } \beta = 0,1,2,\ldots \quad \text{und} \quad \int_0^\infty w(M)\, \mathrm{d}M = 1$$

Jede andere Messgröße A ist jetzt eine stetige Funktion der Molmasse M. In Analogie zu Gl. 2.9 gilt deshalb:

$$A_\beta = \int_0^\infty w(M)\, M^{\beta-1} A(M)\, \mathrm{d}M \bigg/ \int_0^\infty w(M) M^{\beta-1}\, \mathrm{d}M \tag{2.27}$$

A_β ist dabei eine Größe, die nicht mehr von M, wohl aber noch von anderen Parametern abhängt. Für $A = M$ geht Gl. 2.27 in Gl. 2.26 über.

Molmassenverteilungen $w(M)$, die in ihrer Form gänzlich verschieden sind, können dieselben Werte für M_n, M_w, M_z, M_β und A_β liefern. Die bloße Kenntnis von M_n, M_w, M_z, M_β und A_β reicht deshalb nicht aus, um eine Polymerprobe zu charakterisieren. Dazu muss der Verlauf der Funktion $w(M)$ sehr genau bekannt sein. Geeignete Messmethoden sind z. B. die Gelpermeationschromatografie (GPC), die Fällungstitration und die Ultrazentrifugation.

Die Gestalt bzw. Form einer Molmassenverteilung $w(M)$ wird u. a. durch den Reaktionsmechanismus und die dem Syntheseverfahren des Polymers zugrunde liegenden Reaktionsbedingungen bestimmt. So wird für $w(M)$ eine Poisson-Verteilung erhalten, wenn die Anzahl der wachsenden Ketten konstant ist, die Anlagerung eines Monomers nicht von der Kettenlänge abhängt und außerdem alle Ketten gleichzeitig gestartet werden. Es gilt:

$$w(M) = \mathrm{e}^{-\sigma^2} \sigma^{2(M/M_0)} / (M/M_0)! \tag{2.28}$$

wobei σ^2 die Streuung der Verteilung, M_0 die Molmasse einer Monomereinheit und „!“ das Fakultätszeichen bedeuten. Für die Uneinheitlichkeit U einer Poisson-Verteilung gilt $U = 1/P_n$. U wird also kleiner, wenn der Zahlenmittelwert P_n des Polymerisationsgrads größer wird. Im Grenzfall $P_n \to \infty$ konvergiert U gegen null. Dieser Fall tritt bei anionisch hergestellten Polymeren auf, wenn alle Ketten gleichzeitig gestartet werden und kein Abbruch erfolgt.

Real existierende Molmassenverteilungen werden häufig gut durch die 3-Parameter-Verteilung von Hosemann und Schramek beschrieben. Für sie gilt:

Tab. 2.5 Hosemann-Schramek-Verteilungen

Parameter C	Art der Verteilung
0,1–0,5	Wesslau-, Wurzelverteilung
1	Schulz-Flory-, Gamma-Verteilung
2	Gauß-, Maxwell-, Poisson-Verteilung

$$w(M) = C\, B^{(k+1)/C}\, \Gamma^{-1}[(k+1)/C] M^k \exp\left(-B\, M^C\right) \tag{2.29}$$

$$\text{mit} \quad \Gamma(k+1) = \int_0^\infty \exp(-x) x^k \,\mathrm{d}x \tag{2.30}$$

Ihre Molmassenmittel sind:

$$M_\mathrm{n} = \Gamma[(k+1)/C]\, \Gamma^{-1}(k/C)\, B^{-(1/C)}; \quad M_\mathrm{w} = \Gamma[(k+2)/C]\, \Gamma^{-1}[(k+1)/C]\, B^{-(1/C)}$$

$$M_z = \Gamma[(k+3)/C]\ \Gamma^{-1}[(k+2)/C]\ B^{-(1/C)} \tag{2.31}$$

Der große Vorteil der Hosemann-Schramek-Molmassenverteilung liegt darin, dass sie bei geeigneter Wahl des Parameters C viele 2-Parameter-Verteilungen mit befriedigender Genauigkeit approximiert. Die Kenntnis der Parameter C, B und k oder M_n, M_w und M_z reicht zur vollständigen Beschreibung der Hosemann-Schramek-Molmassenverteilung aus. Einige Beispiele zeigt Tab. 2.5.

Es sei noch erwähnt, dass das Experiment oft mehrgipflige, d. h. bi-, tri- und mehrmodale Verteilungen liefert. Diese lässt sich durch Superposition (Überlagerung) geeigneter unimodaler Molmassenverteilungen beschreiben.

2.2 Konstitution

Die Konstitution eines Makromoleküls gibt Auskunft über die Art und die Anordnung der Grundbausteine und die dadurch bedingte Molekularstruktur. Makromoleküle, welche die gleichen Sorten von Grundbausteinen in jeweils gleicher Anzahl besitzen, können durchaus verschiedene Konstitutionen aufweisen. Die Grundbausteine können entweder zu linearen Ketten oder zu Molekülen mit einer komplizierten Verzweigungsstruktur verknüpft sein. Letzteres ist dann der Fall, wenn die Grundbausteine drei oder mehr reaktionsfähige funktionelle Gruppen besitzen. Enthält das Makromolekül verschiedene Sorten von Grundbausteinen, so können diese zusätzlich statistisch oder regelmäßig innerhalb der Molekülkette angeordnet sein.

2.2.1 Konstitutionsisomerie

Verbindungen, die durch die gleiche Summenformel, jedoch durch unterschiedliche Konstitutionsformeln beschrieben werden, heißen Konstitutionsisomere. Bei Copolymeren, die sich aus nur zwei Grundbausteinen A und B in jeweils gleicher Anzahl zusammensetzen, sind z. B. die Makromoleküle

$$\ldots - A - B - A - B - A - B - A - B - A - B - A - B - \ldots$$

und

$$\ldots - A - A - B - B - A - A - B - B - A - A - B - B - \ldots$$

zueinander konstitutionsisomer. Aber auch lineare Homopolymere können unter gewissen Umständen eine Konstitutionsisomerie aufweisen. Das ist bei Grundbausteinen möglich, die zwei verschiedene Enden besitzen. Ein Beispiel ist der folgende Vinylbaustein:

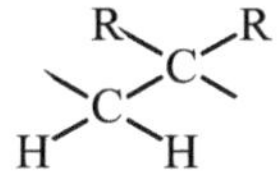

Das linke C-Atom trägt zwei Wasserstoffatome und das rechte C-Atom zwei Kohlenwasserstoffrestgruppen R. Bei symmetrischen Bausteinen, wie dem Ethylen, sind die Enden dagegen gleich.

In der Polymerchemie wurde sich darauf geeinigt, das C-Atom mit den größeren Substituenten als **Kopf** und das andere Ende eines Monomers als **Schwanz** zu bezeichnen. Das bedeutet für unseren Vinylbaustein, dass das linke C-Atom den Schwanz und das rechte C-Atom den Kopf darstellt.

Die Verknüpfung zweier asymmetrischer Monomere wie bspw. Styrol und Methylmethacrylat (Abb. 2.5) kann auf insgesamt drei verschiedene Weisen erfolgen. Der Kopf des einen Monomers kann mit dem Schwanz des anderen Monomers verknüpft werden. Es ergibt sich eine Kopf-Schwanz- bzw. Schwanz-Kopf-Struktur. Genauso gut ist es möglich, dass sich der Kopf eines Monomers mit dem Kopf eines anderen Monomers oder der Schwanz eines Monomers mit dem Schwanz des nächsten Monomers verbindet. Ist dies der Fall, so sprechen wir von einer Kopf-Kopf- oder Schwanz-Schwanz-Verknüpfung.

Polymerisation von Propen zu Poly(propylen) Wird Propen mithilfe eines Ziegler-Natta-Katalysators zu Poly(propylen) polymerisiert, entsteht eine Kopf-Schwanz-Struktur. Die Synthese erfolgt dabei praktisch vollständig über 1,2- oder 2,1-Additionen:

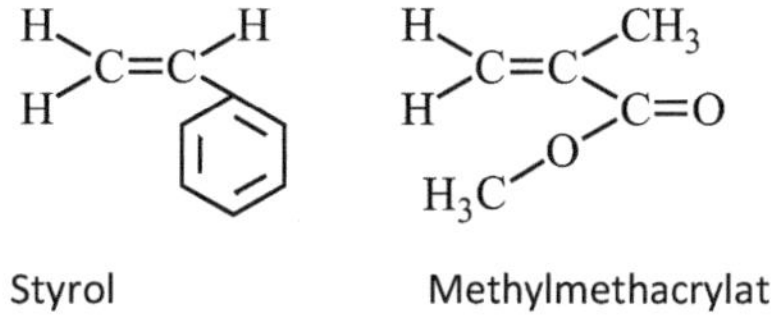

Abb. 2.5 Zwei Monomere mit Kopf und Schwanz. Das linke C-Atom ist in beiden Fällen der Schwanz und das rechte C-Atom der Kopf

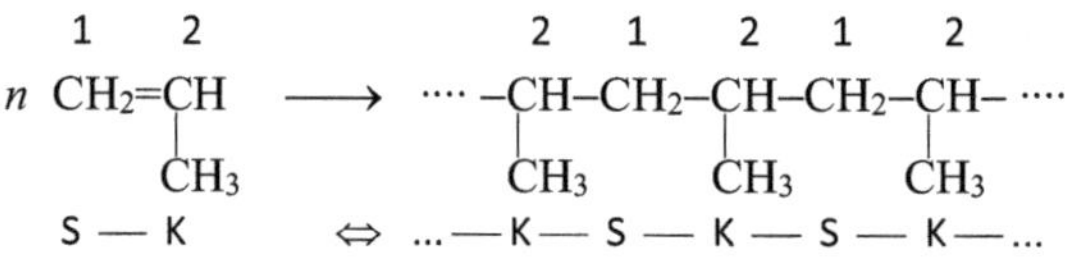

$$n \text{ CH}_2=\overset{1}{\text{CH}} \xrightarrow{} \cdots -\overset{2}{\text{CH}}-\overset{1}{\text{CH}_2}-\overset{2}{\text{CH}}-\overset{1}{\text{CH}_2}-\overset{2}{\text{CH}}- \cdots$$
$$\phantom{n \text{ CH}_2=\text{CH }}\underset{\text{CH}_3}{|} \underset{\text{CH}_3}{|} \underset{\text{CH}_3}{|} \underset{\text{CH}_3}{|}$$
$$\text{S} - \text{K} \quad \Leftrightarrow \quad \ldots \text{K} - \text{S} - \text{K} - \text{S} - \text{K} - \ldots$$

Polymerisation von Ethylen und 2-Buten zu Poly(1,2-dimethylbuten) Die Polymerisation von Ethylen und 2-Buten liefert ein Kopf-Kopf- oder Schwanz-Schwanz-Poly(propylen). Es wird Poly(1,2-dimethylbutylen) genannt.

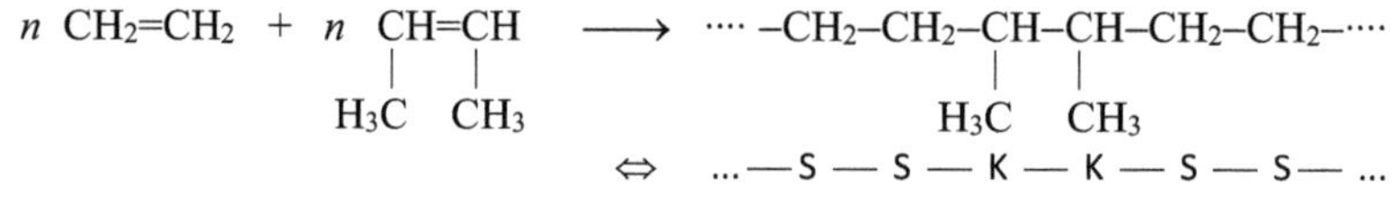

$$n \text{ CH}_2=\text{CH}_2 + n \text{ CH}=\text{CH} \xrightarrow{} \cdots -\text{CH}_2-\text{CH}_2-\text{CH}-\text{CH}-\text{CH}_2-\text{CH}_2- \cdots$$
$$ \underset{\text{H}_3\text{C}}{|} \underset{\text{CH}_3}{|} \underset{\text{H}_3\text{C}}{|} \underset{\text{CH}_3}{|}$$
$$\Leftrightarrow \quad \ldots - \text{S} - \text{S} - \text{K} - \text{K} - \text{S} - \text{S} - \ldots$$

Polymerisation von Poly(1,2-dimethylbuten) durch Hydrierung von 2,3-Dimethylbutadien Bei den meisten Homopolymeren mit asymmetrischen Grundbausteinen ist die Kopf-Schwanz-Struktur aufgrund der besseren Raumausnutzung weitaus häufiger vertreten als die Kopf-Kopf- oder die Schwanz-Schwanz-Struktur. Homopolymere, die wie das Poly(propylen) eine regelmäßige Anordnung der Kopf-Schwanz-Verknüpfung aufweisen, heißen strukturreguläre Polymere. Erfolgt die Verknüpfung von Kopf und Schwanz dagegen statistisch, so sprechen wir von strukturirregulären Homopolymeren.

$$n \text{ CH}_2=\text{C}-\text{C}=\text{CH}_2 \xrightarrow{+\text{H}_2} \cdots -\text{CH}_2-\text{CH}-\text{CH}-\text{CH}_2- \cdots$$
$$ \underset{\text{H}_3\text{C}}{|} \underset{\text{CH}_3}{|} \underset{\text{CH}_3}{|} \underset{\text{CH}_3}{|}$$
$$\Leftrightarrow \quad \cdots - \text{S} - \text{K} - \text{K} - \text{S} - \cdots$$

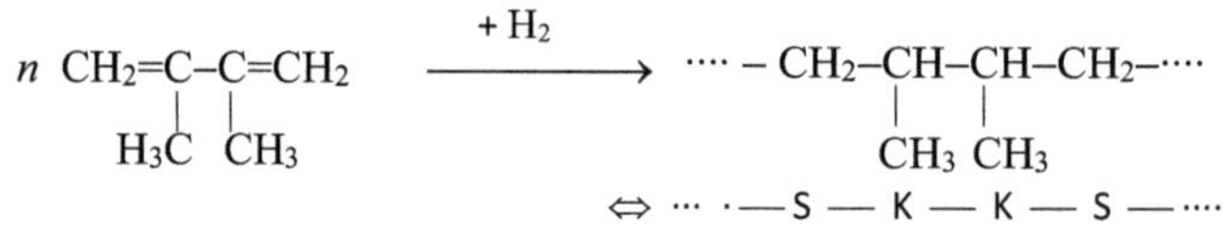

2.2.2 Copolymere

Sind an einer Polymerisation zwei oder mehrere verschiedene Monomere beteiligt, liegt eine Copolymerisation vor. Die beteiligten Monomere heißen Comonomere und die erhaltenen Produkte Copolymere. Im Einzelnen können wir zwischen Bi-, Tri-, Quartärpolymeren usw. unterscheiden, je nachdem, ob das Copolymer aus zwei, drei, vier usw. Sorten von Comonomeren entstanden ist.

In den meisten Fällen ist ein Copolymerpräparat heterogen bezüglich der Zusammensetzung der aus den Comonomeren hervorgegangenen Grundbausteine, und zwar sowohl in Bezug auf die Molmasse als auch auf die Konstitution. Die Aufeinanderfolge der Grundbausteine innerhalb eines Copolymers heißt Sequenz. Bei binären Copolymeren werden vier verschiedene Arten unterschieden.

2.2.2.1 Statistische Bipolymere

Die Grundbausteine A und B sind statistisch, d. h. zufällig entlang der Polymerkette verteilt. Die Sequenz der Bausteine kann dabei einer Markoff-Statistik 0., 1., 2., ... Ordnung folgen. Copolymere mit einer Markoff-Statistik nullter Ordnung heißen Bernoulli-Copolymere. Ein Bernoulli-Prozess liegt dann vor, wenn die Wahrscheinlichkeit, dass am wachsenden Kettenende des sich bildenden Copolymers eine AA- oder BB-Diade entsteht, nicht davon abhängt, welche Sequenz die vorhergehenden Bausteine besitzen. Ein Markoff-Prozess n-ter Ordnung ist demgegenüber dadurch gekennzeichnet, dass auch die Art des ersten, zweiten, ..., n-ten Grundbausteins, vom wachsenden Kettenende aus gezählt, für die Wahrscheinlichkeit der Anlagerung eines neuen Comonomers zu berücksichtigen ist. Auch Nicht-Markoff'sche Prozesse sind denkbar und anscheinend manchmal realisiert.

Modell eines statistischen Copolymers $\cdots - \mathrm{A} - \mathrm{A} - \mathrm{B} - \mathrm{A} - \mathrm{B} - \mathrm{B} - \mathrm{B} - \mathrm{A} - \mathrm{B} - \mathrm{A} - \mathrm{A} - \mathrm{B} - \mathrm{A} - \mathrm{B} - \mathrm{B} - \mathrm{A} - \cdots$

2.2.2.2 Alternierende Bipolymere

Die Grundbausteine A und B wechseln sich regelmäßig in der Polymerkette ab. Sie stellen Sonderfälle der periodischen Copolymere dar, bei denen sich zwei verschiedene kürzere oder längere Sequenzen aus Grundbausteinen periodisch wiederholen. Periodische Copolymere können, abgesehen von ihrer Herstellungsweise, als Homopolymere betrachtet werden, wenn die sich jeweils wiederholende Sequenz (A-B und A-A-B im Beispiel) als Grundbaustein aufgefasst wird.

Modell eines alternierenden und eines periodischen Bipolymers $\cdots - \mathrm{A} - \mathrm{B} - \mathrm{A} - \mathrm{B} - \mathrm{A} - \mathrm{B} - \mathrm{A} - \mathrm{B} - \mathrm{A} - \mathrm{B} - \mathrm{A} - \mathrm{B} - \mathrm{A} - \mathrm{B} - \mathrm{A} - \mathrm{B} - \cdots$

$\cdots - \mathrm{A} - \mathrm{A} - \mathrm{B} - \mathrm{A} - \mathrm{A} - \mathrm{B} - \mathrm{A} - \mathrm{A} - \mathrm{B} - \mathrm{A} - \mathrm{A} - \mathrm{B} - \mathrm{A} - \mathrm{A} - \mathrm{B} - \mathrm{A} - \cdots$

2.2.2.3 Gradientbipolymere

Die Grundbausteine A und B sind so entlang der Polymerkette verteilt, dass der Anteil der A-Grundbausteine pro Längeneinheit kontinuierlich abnimmt, wenn ein hypothetischer Beobachter die Kette von dem einen Ende bis zu dem anderen abschreitet. Blockbipolymere sind Extremfälle dieser Gradientbipolymere. Sie bestehen aus Blöcken gleicher Grundbausteine, die an ihren Enden miteinander verknüpft sind. Die Blockzahl N_{B} ist definiert als die mittlere Anzahl der Blöcke pro 100 Grundbausteine. Es gilt:

$$N_{\mathrm{B}} \equiv \frac{\text{Summe der Bindungen zwischen gleichen Grundbausteinen} \cdot 100}{\text{Summe der Bindungen aller Grundbausteine}}$$

Modell eines Gradientbipolymers

$$\cdots - A - A - B - A - B - A - A - B - B - B - A - B - B - B - B - \cdots$$

Modell eines Blockbipolymers

$$\cdots - A - A - A - A - A - A - A - A - B - B - B - B - B - B - B - B - \cdots$$

2.2.2.4 Propf- oder Graftcopolymere

Pfropfcopolymere sind verzweigte Copolymere, bei denen an die Hauptkette verschiedene Seitenzweige aufgepfropft sind. Die Hauptkette ist meist ein Homo- oder ein statistisches Copolymer. Die Synthese erfolgt dabei so, dass zuerst die Hauptkette synthetisiert wird und in einer Nachreaktion die Seitenketten an die Hauptkette angebaut werden. Pfropfcopolymere heißen deshalb auch Mehrschritt-Copolymere.

Copolymere besitzen in der Natur und in der Technik eine große Bedeutung. Wichtige Biocopolymere sind z. B. die Proteine. Sie bestehen aus 20 verschiedenen α-Aminosäuren, die in unregelmäßiger Sequenz angeordnet sind. Die synthetischen Copolymere werden meist gezielt hergestellt, um Polymere mit bestimmten Eigenschaften zu erzeugen, welche die zugehörigen Homopolymere nicht besitzen. Dazu zählen z. B. Eigenschaften wie Wärmebeständigkeit, elektrische Leitfähigkeit oder biologische Abbaubarkeit.

Modelle für Pfropfcopolymere

```
····–A–A–A–A–A–A–A–A– ····          ····–A–B–A–B–B–A–A–B–B–B–A– ····
        |        |                          |           |
        B        B                          A           B
        |        |                          |           |
        B        B                          B           B
        |        |                          |           |
        B        B                          B           B
        |                                   |
        B                                   A
        |
        B
```

2.2.3 Molekularstruktur

Die Moleküle einer Polymerprobe können bei gleicher chemischer Zusammensetzung und Sequenz der Grundbausteine verschiedene Molekularstrukturen bzw. Architekturen aufweisen. Wir unterscheiden dabei zwischen linearen Ketten, verzweigten Ketten und Netzwerken.

2.2.3.1 Lineare Makromoleküle

Lineare Makromoleküle entstehen, wenn die Monomere nur zwei reaktionsfähige funktionelle Gruppen besitzen. Keiner der gebildeten Grundbausteine kann dabei mit mehr als zwei Nachbargrundbausteinen verknüpft werden. Zwei Beispiele für lineare Makromoleküle sind *Catena*-poly-(schwefel) und Poly(vinylpyrrolidon). Sind die beiden Enden einer linearen Kette miteinander verbunden, so liegt ein lineares geschlossenes Polymer vor. Solche Polymere heißen Ringpolymere.

2.2.3.2 Verzweigte Makromoleküle

Reagieren tri-, quartär- oder polyfunktionelle Monomere miteinander, so bilden sich verzweigte Makromoleküle. Die Grundbausteine besitzen dann gleichzeitig drei, vier oder mehr nächste Nachbargrundbausteine, sodass einige Grundbausteine Verzweigungspunkte darstellen können. Diese bilden den Ausgangspunkt für drei oder mehr lineare Polymerteilketten. Sie werden oft auch Untereinheiten des Polymers genannt. Die Untereinheiten können alle gleich lang, aber auch verschieden lang sein. Sie reichen entweder von einem Verzweigungspunkt zum nächsten oder von einem Verzweigungspunkt zu einem Kettenende. Nach der topologischen Anordnung der Kettenuntereinheiten unterscheiden wir zwischen Kamm-, Stern- und Baumpolymeren. Ihre Molekularstrukturen sind in Abb. 2.6 skizziert.

Ein Kamm-Makromolekül besteht aus einer Hauptkette und mehreren Seitenketten. Die Verzweigungspunkte sind entweder äquidistant oder statistisch längs der Hauptkette

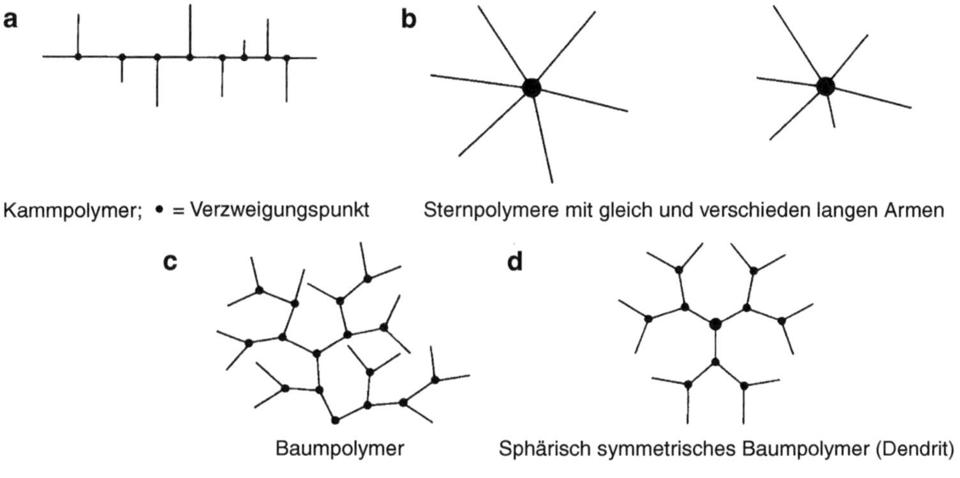

Abb. 2.6 Einige Molekularstrukturen für verzweigte Makromoleküle. (**a**) Kammpolymer, (**b**) Sternpolymere mit gleich und verschieden langen Armen, (**c**) Baumpolymer, (**d**) sphärisch symmetrisches Baumpolymer. • = Verzweigungspunkt

verteilt. Die Seitenketten können kurz oder lang sein. Im ersten Fall wird von einer Kurzketten- und im zweiten Fall von einer Langkettenverzweigung gesprochen. Eine kurze Seitenkette ist ein Oligomer, das aus ein bis zehn Grundbausteinen besteht. Eine lange Seitenkette kann sowohl ein Pleionomer als auch ein Polymer sein. Ein sehr bekanntes Kammpolymer ist das Hochdruckpolyethylen. Es besitzt viele sehr kurze wie auch einen geringen Anteil sehr langer Seitenketten.

Stern-Makromoleküle besitzen einen zentralen Verzweigungspunkt, von dem mehrere gleich oder verschieden lange Ketten (Arme) ausgehen. Ihre Synthese ist nicht ganz einfach. Sie werden entweder durch die Kopplung vorgeformter „Arme“ an die zentrale Einheit oder durch sternförmiges Wachstum aus dieser Einheit erhalten. Ein Beispiel für eine Sternbildung ist die Aktivierung von Divinylbenzol und die anschließende Aufpolymerisation von Vinylverbindungen.

Sternförmige Makromoleküle, die eine Folgeverzweigung aufweisen, heißen Baummoleküle. Sie besitzen eine Baumwurzel, von der ausgehend die anderen Grundbausteine kaskadenartig angeordnet sind. Sind die Grundbausteine sphärisch symmetrisch um die Baumwurzel verteilt, so sprechen wir von Dendriten.

Der mittlere Polymerisationsgrad baumartiger Polymere Die Grundbausteine eines Baumpolymers, die den gleichen Pfadlängenabstand von der Baumwurzel aufweisen, werden als zur selben Generation gehörend bezeichnet. Die Baumwurzel bildet dabei die nullte Generation. Da jeder Grundbaustein eines Baummoleküls als die Baumwurzel betrachtet werden kann, lässt sich für jedes einzelne Polymermolekül einer Probe eine ganze Klasse äquivalenter Baumdiagramme zeichnen.

Um den mittleren Polymerisationsgrad P_{w} eines Baumpolymers zu berechnen, gehen wir deshalb wie folgt vor: Wir bezeichnen die Anzahl der Grundbausteine der n-ten Generation eines Baummoleküls mit dem Polymerisationsgrad P, bei dem in der Baumdarstellung ein mit j bezeichneter Grundbaustein die Baumwurzel bildet, mit $N_P^j(n)$. Die mittlere Anzahl der Grundbausteine $< N_P(n) >$ der n-ten Generation aller Polymerbäume desselben Polymermoleküls ist dann gleich:

$$< N_P(n) > = (1/P) \sum_{j=1}^{P} N_P^j(n) \tag{2.32}$$

Die Polymerprobe ist in der Regel polydispers bezüglich des Polymerisationsgrads. Wir müssen deshalb die $< N_P(n) >$ über alle vorkommende P mitteln. Dies ergibt den massengemittelten „Polymerisationsgrad der n-ten Generation“:

$$< N(n) > = \sum_{P=1}^{\infty} w_P < N_P(n) > \tag{2.33}$$

wobei w_P der Massenbruch der Polymermoleküle mit dem Polymerisationsgrad P in der Probe ist.

Der massengemittelte Polymerisationsgrad P_w des Baummoleküls ergibt sich dann als die Summe aller $< N(n) >$. Es gilt:

$$P_w = \sum_{n=0}^{\infty} < N(n) > = \sum_{n=0}^{\infty} \sum_{P=1}^{\infty} \sum_{j=1}^{P} (w_P/P) N_P^j(n) \tag{2.34}$$

Baumpolymere mit zufälliger Verzweigung/Gelierung Wir betrachten die Polymerisation von Baumpolymeren aus Monomeren, die jeweils f funktionelle Gruppen für die Reaktion mit einem anderen Monomer besitzen. Die Reaktionsbereitschaft sei für alle funktionellen Gruppen eines Monomers gleich. Jedes Monomer, das die Wurzel des späteren Baumpolymers darstellt, kann demnach maximal f freie Monomere an sich binden. Diese bilden die erste Generation des Baumpolymers. Den Monomeren bzw. Grundbausteinen der ersten Generation stehen noch $f - 1$ funktionelle Gruppen zur Verfügung, die mit anderen Monomeren zur zweiten Generation weiterreagieren können, da ja eine funktionelle Gruppe der ersten Generation die Bindung mit der nullten Generation herstellt. Entsprechendes gilt für die Monomere aller höheren Generationen.

Wir nehmen einfach an, dass die Wahrscheinlichkeit α dafür, dass eine funktionelle Gruppe eines Monomers eine Bindung mit der funktionellen Gruppe eines anderen Monomers eingeht, in allen Generationen gleich ist. Das ist praktisch nie der Fall, weil die Bindungswahrscheinlichkeit von der Konzentration der noch nicht gebundenen freien Monomere abhängt. Wir müssen α deshalb als eine über alle Generationen gemittelte Bindungswahrscheinlichkeit betrachten, um die oben geforderte Gleichwahrscheinlichkeit für alle Generationen annehmen zu können.

Jede der f funktionellen Gruppen der Baumwurzel bzw. des Startmonomers besitzt die gleiche Wahrscheinlichkeit α, eine Bindung mit einem freien Monomer einzugehen. Der mittlere Polymerisationsgrad der ersten Generation ist somit gleich $< N(1) > = \alpha f$. Das bedeutet: Für die zweite Generation ist $< N(2) > = < N(1) > \alpha(f - 1)$, da ja jeder Grundbaustein der ersten Generation im Mittel $\alpha\ (f - 1)$ Monomere bindet. Diese Prozedur können wir weiter fortsetzen. Wir erhalten schließlich für die n-te Generation

$$< N(n) > = \alpha f [\alpha(f - 1)]^{n-1} \quad \text{mit} \quad n \geq 1 \tag{2.35}$$

Wenn wir diesen Ausdruck in Gl. 2.34 einsetzen, ergibt sich P_w zu:

$$P_w = 1 + \alpha f \sum_{(n=1)}^{\infty} [\alpha(f - 1)]^{(n-1)} \tag{2.36}$$

Wir nehmen an, dass $\alpha(f-1)$ kleiner als eins bzw. $\alpha < 1/(f-1)$ ist. Die Summe in Gl. 2.36 stellt somit eine geometrische Reihe der Form $S = \sum_{i=1}^{\infty} q^n$ mit $q = \alpha(f-1) < 1$ dar. Für diese gilt: $S = 1/(1-q)$. Es folgt:

$$P_w = 1 + \alpha f/1 - \alpha(f-1) = 1 + \alpha/1 - \alpha(f-1) \text{ mit } f \geq 3 \text{ und } \alpha < 1/(f-1) \quad (2.37)$$

Gl. 2.37 wurde von Stockmayer abgeleitet und heißt deshalb Stockmayer-Gleichung.

Die für die Polymerisation eines Baumpolymers benutzten Monomere besitzen in der Regel drei oder vier funktionelle Gruppen. Es ist deshalb interessant, für diese Werte den Einfluss von α auf P_w zu untersuchen. Im Fall einer echten Polymerisation ist P_w größer als 1000. Die Bindungswahrscheinlichkeit α besitzt dann nach Tab. 2.6 einen Wert, der in der Nähe des kritischen Werts $\alpha_k = 1/(f-1)$ liegt. Letzterer ergibt sich aus der Grenzwertbetrachtung zu $\lim_{\alpha \to \alpha_k} P_w = \infty$.

Für $f = 3$ ist $\alpha_k = 0{,}5$, und für $f = 4$ ist $\alpha_k = 0{,}33$. In der unmittelbaren Nähe der kritischen Bindungswahrscheinlichkeit α_k wird P_w sehr groß. Die Polymerprobe besteht dann aus sehr wenigen, im Extremfall aus einem einzigen Riesenmakromolekül. Dieser Effekt heißt Gelierung. Er lässt sich experimentell beobachten, wenn z. B. geladene Polymere (Polyelektrolyte) unterschiedlichen Ladungsvorzeichens in Lösung miteinander gemischt werden. Es entstehen „Riesenaggregate", die zu einer flockigen Masse ausfallen.

2.2.3.3 Netzwerke

Sind alle Polymermoleküle einer Probe durch intermolekulare Bindungen zu einem einzigen „Riesenmakromolekül" verbunden, so liegt ein **Netzwerk** vor. Die Bindungen können dabei von chemischer oder von physikalischer Natur sein oder lediglich physikalische Kettenverhakungen darstellen; dies ist in Abb. 2.7 gegenübergestellt.

Chemische Netzwerke bilden sich bei Polymerisationen, an denen neben bi- auch tri- und höherfunktionelle Monomere beteiligt sind. Es können aber auch vormals lineare Polymermoleküle durch eine seitenständige Nachpolymerisation so miteinander verknüpft

Tab. 2.6 P_w als Funktion von α und f

α	0	0,1	0,2	0,3	0,4	0,45	0,5
$f = 3$	1,0	1,4	2,0	3,3	7,0	14,5	∞
$f = 4$	1,0	1,6	3,0	13,0	–	–	–

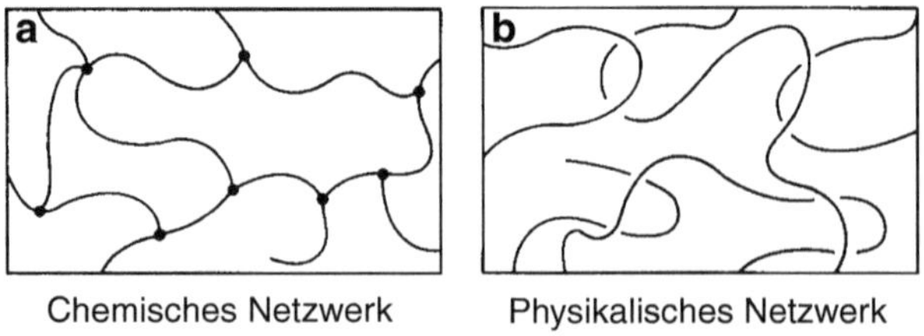

Abb. 2.7 Chemisches Netzwerk (**a**) und physikalisches Verhakungsnetzwerk (**b**)

werden, dass die Einzelmoleküle an zwei oder mehr Stellen über Brückenketten verbunden sind. Diese Vernetzungsbrücken können kurz oder lang sein.

Physikalische Netzwerke entstehen z. B. bei der Assoziation von Polymermolekülen. Sie werden durch Wasserstoffbrückenbindungen, durch Coulomb- oder Van-der-Waals-Kräfte zusammengehalten. Physikalische Netzwerke sind aber auch solche Netzwerke, die durch einfache Verhakung oder Verschlaufung von Polymermolekülen entstehen. Verhakungen treten dann auf, wenn die Kettenlänge einen von der Kettensteifigkeit abhängigen Mindestwert überschreitet; in einer Verhakungsnetzwerklösung muss überdies die Konzentration hoch genug sein, meist etwa ein Zwei- bis Zehnfaches der Konzentration, die für Überlappung der einzelnen Knäuel notwendig ist.

Eine vernetzte Polymerprobe besteht im Prinzip aus nur einem einzigen Molekül. Eine Charakterisierung durch die Molmasse ist deshalb nicht sinnvoll. Zur Beschreibung eines Netzwerks gehören dagegen die Bestimmung der **Netzwerkdichte**, d. h. die Anzahl der Vernetzungspunkte pro Volumeneinheit, sowie die Beschreibung der Netzwerkstruktur. So können die Vernetzungspunkte statistisch oder geordnet über das Netzwerk verteilt sein. Weiter interessieren die mittlere Länge der Brückenketten und der Dehnungsgrad des Netzwerks.

Nach diesen Eigenschaften werden Netzwerke in elastische Gummis (**Elastomere**) und harte Werkstoffe unterteilt. Gummielastische Stoffe wie z. B. Kautschuke sind weitmaschig vernetzt. Sie erweichen oberhalb einer bestimmten Temperatur, der sog. Glastemperatur. Die harten bzw. spröden Netzwerke sind sehr dicht vernetzt. Sie sind deshalb oft temperaturbeständig.

Chemische Netzwerke sind in allen Lösemitteln unlöslich, aber im Allgemeinen quellbar. Gequollene Netzwerke werden auch als Gele bezeichnet. Der **Quellungsgrad** ist definiert als das Verhältnis aus der Masse des gequollenen Gels zu der Masse des trockenen (ungequollenen) Gels. Er kann bei Hydrogelen (in Wasser gequollene Gele) Werte annehmen, die größer als 100 sind (Superabsorber). Der Quellungsgrad ist dabei umso größer, je mehr geladene Gruppen das Netzwerk enthält. Wichtige Anwendungsgebiete für Hydrogele sind z. B. Kosmetikartikel und Babywindeln.

Die ungeordneten und die geordneten dreidimensionalen Netzwerke sind relativ leicht zu synthetisieren. Es existieren aber auch zweidimensionale Netzwerke. Sie sind bedeutend schwerer zugänglich, da die Kettenverknüpfung nur über planare sp^2-Kohlenstoffatome erfolgen darf. Die einfachste Form einer zweidimensionalen Vernetzung stellen die Leiterpolymere dar. Es werden dabei zwei lineare Ketten durch Brückenbindungen, die wie Leitersprossen angeordnet sind, zusammengehalten. Ein Beispiel zeigt Abb. 2.8.

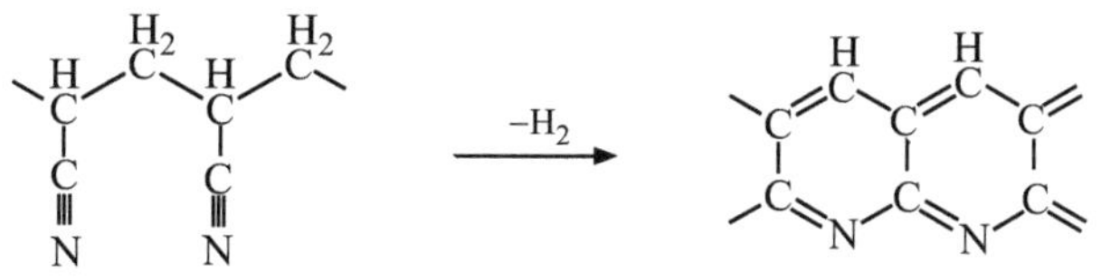

Abb. 2.8 Entstehung von Leiterpolymeren

2.3 Konfiguration

2.3.1 Definition

Die sp³-Kohlenstoffatome der Grundbausteine eines Makromoleküls besitzen jeweils vier Substituenten, die in den Ecken eines Tetraeders um das jeweilige C-Atom angeordnet sind. Wenn alle Substituenten verschieden sind, können sich zwei verschiedene räumliche Anordnungen des Tetraeders ausbilden, die zueinander spiegelbildlich sind. Ein Beispiel zeigt Abb. 2.9. Das zentrale Kohlenstoffatom (•) bildet in einem solchen Fall ein Stereoisomeriezentrum. Es heißt deshalb auch asymmetrisches C-Atom.

Ein Makromolekül kann sehr viele asymmetrische C-Atome enthalten. Die räumliche Anordnung der Substituenten zweier aufeinanderfolgender asymmetrischer C-Atome ist dabei zum Teil gleich und zum Teil verschieden. Ein hypothetischer Beobachter, der die Polymerkette entlanggeht, sieht daher eine bestimmte Aufeinanderfolge von Tetraedersymmetrien. Diese Aufeinanderfolge heißt **Konfiguration**. Sie kann nur geändert werden, wenn Bindungen geöffnet und andere anschließend neu geknüpft werden. Makromoleküle mit gleicher Konstitution können sich also in Bezug auf ihre Konfiguration unterscheiden. Wir sprechen in einem solchen Fall von Konfigurationsisomeren oder allgemein von makromolekularer Stereoisomerie.

Die asymmetrischen C-Atome bzw. ihre Tetraederstrukturen können statistisch oder geordnet entlang der Polymerkette angeordnet sein. Im ersten Fall wird von ataktischen und im zweiten Fall von taktischen Polymeren gesprochen. Die Grundbausteine eines Polymers besitzen zudem oft mehr als nur ein Stereoisomeriezentrum. Die Polymere heißen deshalb mono-, di- oder n-taktisch, wenn sie ein, zwei oder n Stereoisomeriezentren pro Grundbaustein besitzen und wenn diese geordnet entlang der Kette angeordnet sind.

2.3.2 Monotaktische Polymere

Wir betrachten als Beispiel das folgende Polymer:

$$R_n-CH_2-\overset{H}{\underset{R}{C^*}}-CH_2-\overset{H}{\underset{R}{C^*}}-R_m$$

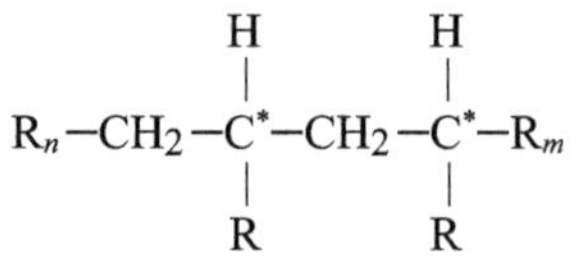

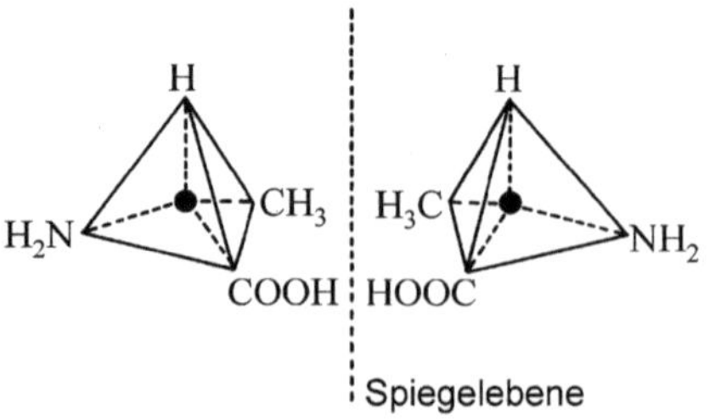

Abb. 2.9 Stereoisomerie des Alanins

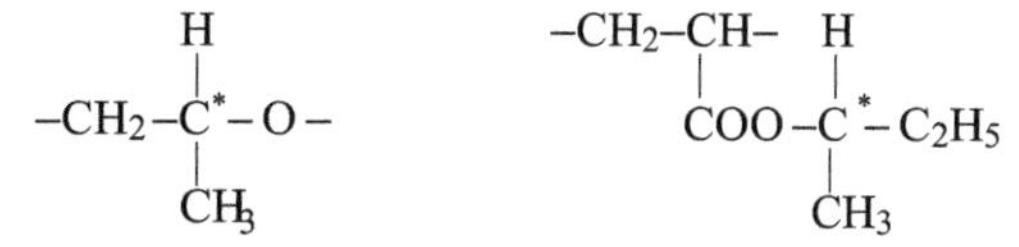

Abb. 2.10 Echte (optische aktive) asymmetrische C-Atome

Dabei sind R_n und R_m lineare Kohlenwasserstoffketten mit n und m Grundbausteinen. Dieses aus Vinylmonomeren aufgebaute Polymer besitzt pro Grundbaustein ein asymmetrisches C-Atom. Es ist durch ein Sternchen gekennzeichnet und besitzt nach Voraussetzung vier verschiedene Substituenten: ein Wasserstoffatom, eine Restgruppe R und zwei Kohlenwasserstoffketten. Letztere unterscheiden sich nur in der Zahl ihrer Kettenglieder. In der unmittelbaren Nachbarschaft zum asymmetrischen C-Atom besitzen diese beiden Substituenten die gleiche Struktur. Diese C-Atome werden deshalb pseudoasymmetrisch genannt. Sie sind nicht optisch aktiv, d. h., sie drehen die Ebene des polarisierten Lichts nicht.

„Echte asymmetrische Kohlenstoffatome" treten bei entsprechend asymmetrischer Struktur der Grundbausteine auf. Solche C-Atome sind optisch aktiv, d. h., sie drehen die Ebene von polarisiertem Licht. Die Asymmetrie kann dabei in der Molekülkette oder in einem Substituenten liegen. Zwei Beispiele zeigt Abb. 2.10.

Die Konfiguration eines Polymers kann auf verschiedene Weise grafisch dargestellt werden. Am deutlichsten lässt sich die tetraedrische Struktur der asymmetrischen bzw. der pseudoasymmetrischen C-Atome eines Polymermoleküls in der Natta-Projektion erkennen. Hierbei wird die Kohlenstoffkette in Zickzackform auf der Papierebene ausgebreitet. Zwei der Substituenten eines betrachteten C-Atoms liegen dann in der Ebene. Von den zwei übrigen Substituenten befindet sich einer oberhalb und der andere unterhalb der Papierebene, was durch keilförmige bzw. punktierte Striche angedeutet wird. Im Beispiel des Vinylpolymers befindet sich also entweder das Wasserstoffatom oder die Restgruppe R oberhalb der Papierebene und der andere Substituent unterhalb der Ebene. Es gibt dafür drei Möglichkeiten der Anordnung für die Substituenten H und R. Wenn die Konfiguration der pseudoasymmetrischen C-Atome statistisch ist, sind die Substituenten H und R regellos über und unter der Papierebene verteilt. Das Polymer ist *a*taktisch.

Haben die pseudoasymmetrischen C-Atome die gleiche Tetraederanordnung, so stehen alle Substituenten R oberhalb bzw. unterhalb der Ebene. Diese Konfiguration heißt *iso*taktisch. Die dritte Möglichkeit besteht darin, dass sich die Tetraederanordnung der aufeinanderfolgenden pseudoasymmetrischen C-Atome alternierend ändert. Die Substituenten R befinden sich dann abwechselnd ober- oder unterhalb der Papierebene. Diese Konfiguration heißt *syndio*taktisch. Einige Beispiele für taktische Vinylpolymere zeigt Abb. 2.11.

Eine andere Darstellung, welche die räumliche Anordnung der Substituenten R und H gut ausdrückt, ist die Newman-Projektion. Hierbei werden jeweils zwei aufeinanderfolgende C-Atome der Hauptkette eines Polymers in gestaffelter Form zur Deckung gebracht und aus Gründen der Anschaulichkeit durch eine dazwischengelegte Scheibe voneinander getrennt. Ein Beispiel für eine Newman-Projektion zeigt Abb. 2.12.

Die dritte Möglichkeit, die Konfiguration von Polymeren grafisch darzustellen, ist die Fischer-Projektion. Die Kohlenstofftetraeder werden hierbei mit der Kante, deren zwei

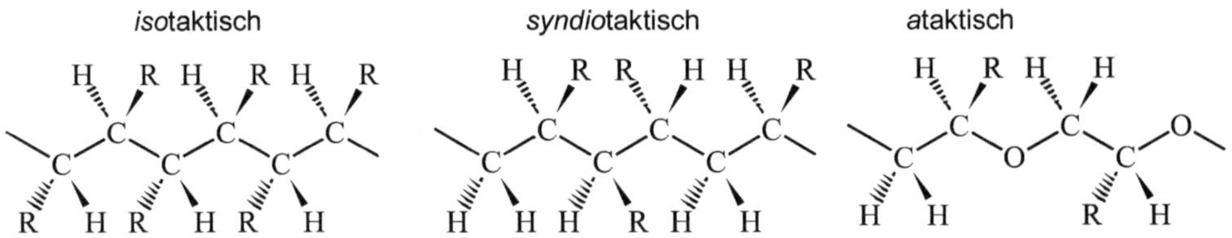

Abb. 2.11 Taktische Vinylpolymere

Abb. 2.12 Ein *syndio*taktisches Vinylpolymer in der Newman-Projektion

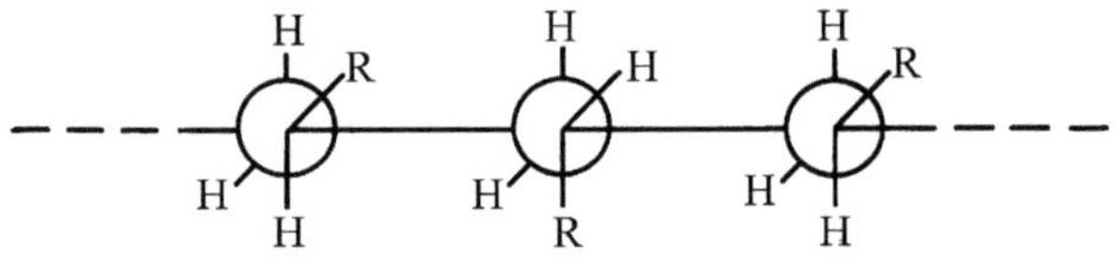

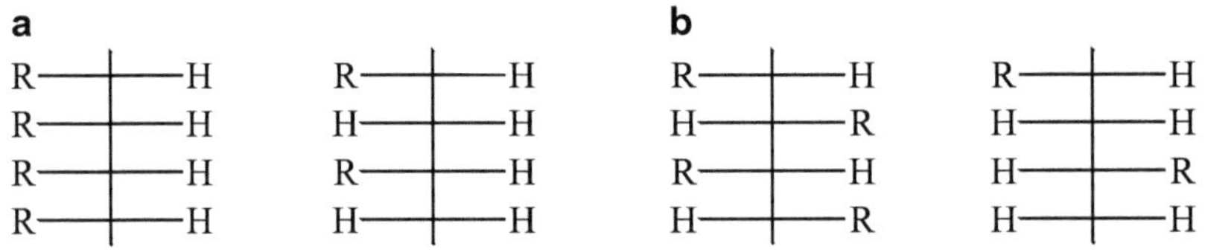

Abb. 2.13 Darstellung von *iso*- (**a**) und *syndio*taktischen Vinylpolymeren (**b**) in der Fischer-Projektion

Ecken die Kohlenwasserstoffketten als Substituenten tragen, so auf die Papierebene gelegt, dass die zentral angeordneten pseudoasymmetrischen C-Atome über der Mitte dieser Kante stehen. Die beiden anderen Substituenten stehen aus der Papierebene nach oben heraus. Anschließend werden das zentrale C-Atom und die Substituenten H und R senkrecht auf die Ebene projiziert. Die Substituenten H und R liegen dann entweder rechts oder links von der Hauptkette. Einige Beispiele für eine Fischer-Projektion zeigt Abb. 2.13.

2.3.3 Ditaktische Polymere

Als Beispiel für ein polytaktisches Polymer betrachten wir ditaktische Vinylpolymere. Die Grundbausteine besitzen in diesem Fall jeweils zwei pseudoasymmetrische C-Atome. Ein einfaches Beispiel ist folgender Baustein:

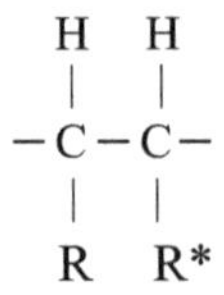

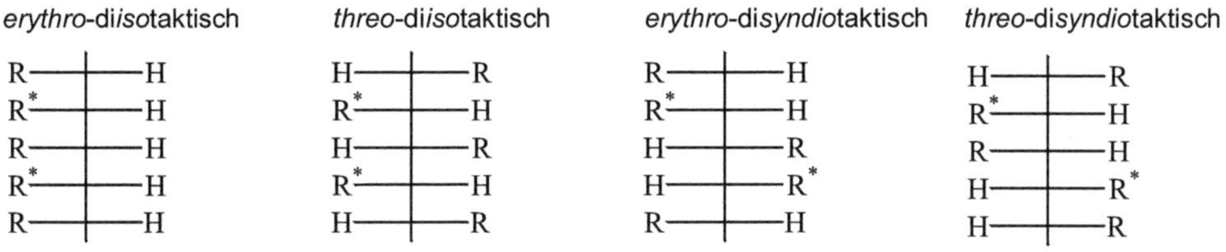

Abb. 2.14 Beispiele für ditaktische Polymere; hier: Darstellung von *erythro*-di*iso*taktischen, *threo*-di*iso*taktischen, *erythro*-di*syndio*taktischen und *threo*-di*syndio*taktischen Polymeren in der Fischer-Projektion

Bei diesem Baustein sind die Restgruppen R und R* verschieden. Die Konfiguration kann ataktisch oder taktisch in Bezug auf die Substituenten R und R* sein, wenn diese getrennt voneinander betrachtet werden. Bei den ditaktischen Polymeren ist die Konfiguration dabei derart, dass die Aufeinanderfolge der Substituenten R und R* in der Fischer-Projektion eine Ordnung aufweist. Bei den ditaktischen Polymeren ist die Konfiguration dagegen gänzlich ungeordnet.

Die di*iso*- und die di*syndio*taktischen Konfigurationen können jeweils in *erythro*- und *threo*ditaktische Konfigurationen unterteilt werden. Bei einem *erythro*-di*iso*taktischen Polymer liegen in der Fischer-Projektion alle Substituenten R und R* auf derselben Seite der Hauptkette (in Abb. 2.14 als Gerade dargestellt). Ein Polymer heißt dagegen *threo*-di*iso*taktisch, wenn die beiden pseudoasymmetrischen C-Atome immer abwechselnd die entgegengesetzte Tetraederkonfiguration entlang der Hauptkette aufweisen. Für die Fischer-Projektion bedeutet dies: Die Substituenten R und R* liegen jeweils auf verschiedenen Seiten der Geraden, welche die Hauptkette bildet.

Ein Polymer heißt di*syndio*taktisch, wenn die Aufeinanderfolge der Tetraederkonfiguration der beiden asymmetrischen bzw. pseudoasymmetrischen C-Atome derart ist, dass das Polymer *syndio*taktisch bezüglich der Konfiguration beider C-Atome ist, wenn diese getrennt voneinander betrachtet werden. Auch hier kann analog zu den di*iso*taktischen Polymeren zwischen *erythro*- und *threosyndio*taktischen Polymeren unterschieden werden. Die zugehörigen Fischer-Projektionen zeigt Abb. 2.14. Wir erkennen, dass die di*syndio*-taktischen Konfigurationen für Polymere mit dem Grundbaustein –RHC – CHR*– bis auf die Endgruppe identisch sind. Die Vorsilben „*erythro*" und „*threo*" können also in diesem Fall weggelassen werden.

2.3.4 Ataktische Polymere

Polymere, die eine taktische Anordnung der asymmetrischen bzw. pseudoasymmetrischen C-Atome aufweisen, sind sehr selten. Im Allgemeinen ist eine mehr oder weniger große Anzahl der Stereoisomeriezentren unregelmäßig in Bezug auf die Taktizität in die Polymerkette eingebunden.

Tab. 2.7 Konfigurative Triaden

DDD, LLL bzw. mm	*Iso*taktische Triade mit zwei *iso*taktischen Verknüpfungen
DDL, LLD, DLL, LDD oder mr und rm	*Hetero*taktische Triade mit einer *iso*taktischen und einer *Syndio*taktischen Verknüpfung
DLD, LDL bzw. rr	*Syndio*taktische Triade mit zwei *syndio*taktischen Verknüpfungen

Ein Maß für die konfigurative Unordnung einer Kette ist der relative Anteil der im Polymer vorkommenden taktischen Diaden, Triaden, Tetraden usw. Eine Diade ist dabei eine Teilpolymerkette, die zwei aufeinanderfolgende Stereoisomeriezentren enthält. Diese ist bei einem Vinylpolymer identisch mit der Folge zweier Grundbausteine. Bei der Fischer-Projektion tritt jedes Stereoisomeriezentrum in zwei Konfigurationen auf. Die Restgruppe R kann rechts oder links von der Hauptkette stehen.

Ist die Aufeinanderfolge von zwei Konfigurationen gleich, tritt also DD oder LL auf, so liegt eine *iso*taktische oder eine *meso*-Diade vor. Die Bezeichnungen L und D stehen dabei für die lateinischen Wörter *laevus* (links) und *dexter* (rechts). Sind zwei aufeinanderfolgende Konfigurationen ungleich, tritt also DL oder LD auf, so ist die Verknüpfung *syndio*taktisch, und die Diade heißt racemisch (r-Diade). Experimentell zugänglich sind jedoch nur Triaden. Diese können wir in drei Gruppen unterteilen (Tab. 2.7).

Die wichtigste Messmethode zur Bestimmung der Taktizität eines Polymers ist die NMR-Spektroskopie. Eine *iso*taktische Triade liefert ein anderes Signal als eine *syndio*taktische Triade oder ein einzelner Grundbaustein. Als Maß für die Taktizität dient dabei der Massenbruch an *iso*taktischen Triaden. Liegt dieser bei 80–90 %, so nennt sich das Polymer bereits *iso*taktisch. Lassen die Messergebnisse darauf schließen, dass sich längere Sequenzen der einen Triade mit denen einer anderen Triade abwechseln, so wird das Polymer als Stereoblockpolymer bezeichnet.

2.3.5 *Cis-trans*-Isomerie

Wir haben bis jetzt nur die Stereoisomerie betrachtet, die auf der Asymmetrie bzw. Pseudoasymmetrie tetraedischer C-Atome beruht. Es existiert aber noch eine zweite Stereoisomerie, die durch die verschiedenen Anordnungsmöglichkeiten der Substituenten an einer Kohlenstoffdoppelbindung zustande kommt. Befinden sich alle C-Atome bezüglich der Doppelbindung in *cis*- oder *trans*-Stellung, so wird von einem *cis*- oder *trans*-taktischen Polymer gesprochen. Ein wichtiges Beispiel ist das Polybutadien, das als *cis*- und auch als *trans*-taktisches Polymer vorkommt.

Polybutadien kann, wie Abb. 2.15 zeigt, auch als 1,2-Polybutadien vorkommen, wobei die Doppelbindung in der Vinylseitengruppe sitzt. Möglich ist dabei sowohl eine *iso*taktische als auch eine *syndio*taktische Konfiguration. Es gibt aber auch *a*taktisches 1,2-Polybutadien und Polybutadiene, die alle möglichen Konfigurationen im gleichen Polymer aufweisen. Die Konfiguration hat dabei im Allgemeinen einen großen Einfluss auf die

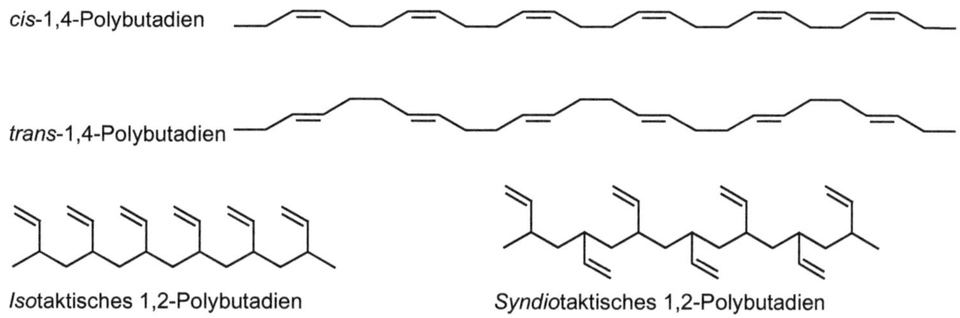

Abb. 2.15 Verschiedene Polybutadiene

makroskopischen Eigenschaften der Polymere. So ist z. B. reines *cis*-1,4-Polyisopren (Naturkautschuk) gummielastisch. Reines *trans*-1,4-Polyisopren (Guttapercha) ist dagegen ein festes Harz. Eine Methode zur experimentellen Bestimmung der *cis*- und *trans*-Diaden ist die IR-Spektroskopie.

2.4 Konformation

Ein Molekül besteht aus Atomen und Atomgruppen, die durch Atombindungen miteinander verknüpft sind. Die Molekülteile, die durch Einfachbindungen zusammengehalten werden, sind unter geringem Energieaufwand gegeneinander verdrehbar. Je nach der Größe der Drehwinkel ergeben sich verschiedene räumliche Stellungen der Atome und Atomgruppen zueinander. Diese Stellungen heißen Konformationen des Moleküls.

Die Moleküle einer Probe ändern aufgrund thermischer Einflüsse dauernd ihre Konformation. Zu einem bestimmten Zeitpunkt besitzen deshalb nur wenige Moleküle einer Probe die gleiche Konformation. Zwei Moleküle, welche die gleiche Summenformel, die gleiche Konstitution und die gleiche Konfiguration aufweisen, können sich also durchaus in ihrer Konformation unterscheiden. Wir sprechen in diesem Zusammenhang von **Konformationsisomeren** oder kurz von Konformeren.

Die verschiedenen Konformationen eines Moleküls sind unterschiedlich stabil. Manche halten Tage, Stunden, manche aber auch nur 10^{-8}–10^{-10} s. Die Stabilität einer Konformation hängt von den Wechselwirkungen der Molekülteile ab. Diese führen nur bei bestimmten räumlichen Stellungen zu einem Energieminimum. Wichtige Wechselwirkungen sind dabei Wasserstoffbrücken, Dipol-Dipol-Wechselwirkungen, Donator-Akzeptor-Effekte sowie elektrostatische und hydrophobe Effekte. Sie sind in der Regel miteinander gekoppelt und temperatur- und druckabhängig.

Eine Reaktion zwischen zwei Molekülen läuft im Mittel innerhalb von ca. 10^{-14} s ab. Es leuchtet deshalb ein, dass auch Konformationen mit einer Lebensdauer von 10^{-9} s Bedeutung haben. 10^{-9} s verhalten sich zu 10^{-14} s immerhin wie 28 h zu 1 s, d. h., in diesem Zeitmaßstab ist ein Konformeres verhältnismäßig stabil.

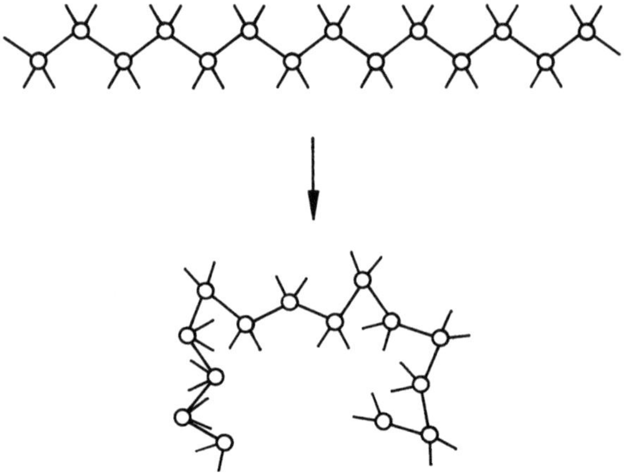

Abb. 2.16 Verschiedene Makrokonformationen

Ein niedermolekulares Molekül besitzt nur wenige Einfachbindungen. Die Anzahl seiner über ein größeres Zeitintervall ($\Delta t > 1$ s) stabilen Konformationen ist daher begrenzt. Sie werden Mikrokonformationen genannt.

Ein Makromolekül besitzt dagegen sehr viele Einfachbindungen. Die Anzahl seiner Mikrokonformationen kann sehr groß sein. Die Aufeinanderfolge oder die Sequenz dieser Mikrokonformationen bestimmt die Gesamtkonformation (Makrokonformation) des Makromoleküls. Sie erfasst die räumliche Stellung der Grundbausteine zueinander. Wir können deshalb sagen: Die Makrokonformation beschreibt die Molekülgestalt des Makromoleküls. Am häufigsten kommen freie Makromoleküle als lockere Knäuel vor. Abb. 2.16 veranschaulicht dies.

2.4.1 Mikrokonformationen

Abb. 2.17 zeigt ein Molekül vom Typ A – B – C – D, wobei A, B, C und D Atome bzw. Atomgruppen bezeichnen. Um die räumliche geometrische Lage dieser vier Atomgruppen quantitativ zu beschreiben, benötigen wir drei verschiedene Parameter. Diese sind die Bindungslänge l, der Bindungswinkel θ und der Drehwinkel ϕ. $l_{\overline{AB}}$, $l_{\overline{BC}}$ und $l_{\overline{CD}}$ bezeichnen die Abstände (Bindungslängen) zwischen den Gruppen A und B, B und C sowie zwischen C und D. $\theta_{\overline{AB}/\overline{BC}}$ und $\theta_{\overline{BC}/\overline{CD}}$ geben die Winkel (Bindungswinkel) zwischen den Strecken (Bindungen) $\overline{AB}$ und $\overline{BC}$ sowie $\overline{BC}$ und $\overline{CD}$ an.

Die Atomgruppe D lässt sich unter Beibehaltung des Bindungswinkels $\theta_{\overline{BC}/\overline{CD}}$ um eine durch die Bindung $\overline{BC}$ gedachte Drehachse drehen. D befindet sich also irgendwo auf einem Kreis mit dem Radius $r_{\overline{CD}} = l_{\overline{CD}} \sin\left(180° - \theta_{\overline{BC}/\overline{CD}}\right)$, der senkrecht zu $\overline{BC}$ ist und dessen Mittelpunkt auf der Drehachse liegt. Die räumliche Lage von D ist durch den Drehwinkel ϕ bestimmt. Dieser ist, wie Abb. 2.17 zeigt, identisch mit dem Schnittwinkel

Abb. 2.17 Räumliche geometrische Lage der Atomgruppen in einem Molekül des Typs A – B – C – D

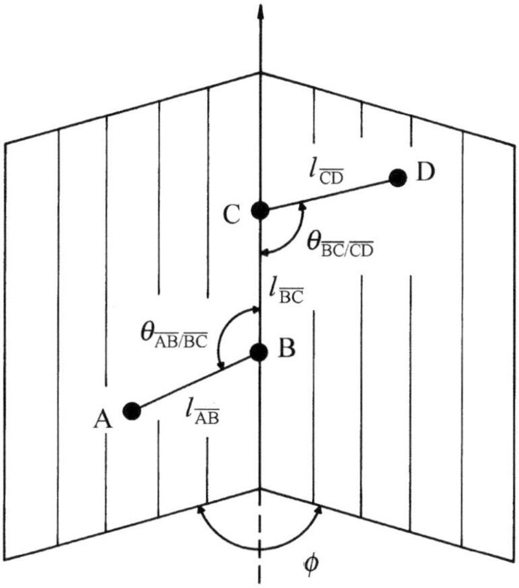

der durch die Bindungen $\overline{AB}$ und $\overline{BC}$ sowie $\overline{BC}$ und $\overline{CD}$ aufgespannten Ebenen. In der Literatur heißt ϕ oft Torsions- oder Konformationswinkel.

Der Winkel ϕ kann im Prinzip jeden beliebigen Wert zwischen $\phi = 0°$ und 360° oder zwischen $\phi = -180°$ und +180° annehmen. Nach einem Vorschlag der IUPAC-Kommission für Makromolekulare Chemie ist ϕ positiv, wenn die Ebene $\overline{AB} - \overline{BC}$ um weniger als 180° nach rechts gedreht werden muss, damit sie mit der Ebene $\overline{BC} - \overline{CD}$ zur Deckung kommt, und negativ im anderen Fall.

Es gibt im Prinzip unendlich viele Konformationen. Von diesen sind aber nur einige wenige durch ein Minimum der potenziellen Energie ausgezeichnet. Der Winkel ϕ nimmt deshalb im zeitlichen Mittel nur ganz bestimmte Werte an, die von der Art der Atome A, B, C und D abhängen.

Betrachten wir als Beispiel Butan ($CH_3 - CH_2 - CH_2 - CH_3$). Die Gruppen A und D sind in diesem Fall mit den Atomgruppen CH_3 identisch, und B und C stehen für CH_2. Die potenzielle Energie von Butan lässt sich als Funktion des Drehwinkels ϕ experimentell bestimmen. Das Ergebnis zeigt Abb. 2.18.

Wir erkennen, dass die potenzielle Energie V_{pot} im Intervall $\phi \in [-180°, +180°]$ drei Minima und drei Maxima aufweist. Butan besitzt demnach sechs Hauptkonformationen. Diese wollen wir durch die Symbole C, G^-, A^-, T, A^+ und G^+ bzw. durch sp, sc, ac und ap beschreiben.

C steht für „*cis*" und sp für „*syn*periplanar". Sie ist die energetisch ungünstigste aller sechs Konformationen. Die Atomgruppen C und D stehen dabei *cis*-gedeckt zueinander, d. h., der Drehwinkel ϕ hat den Wert −180° bzw. +180°.

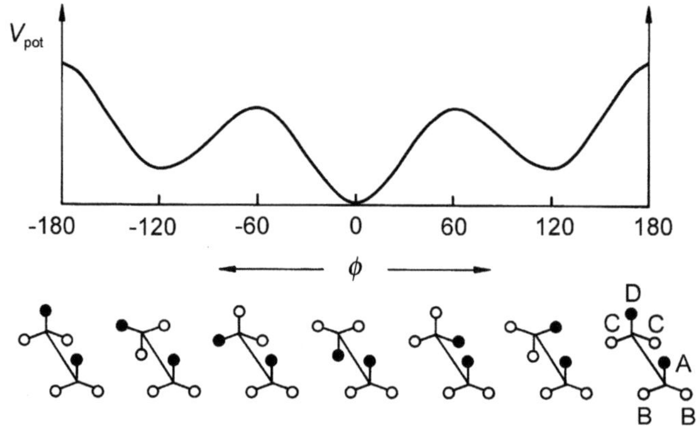

Abb. 2.18 Die verschiedenen Konformationen des Butans

Tab. 2.8 Die verschiedenen Konformationen eines Moleküls vom Typ A – B – C – D

			Bezeichnung der Stellung von A und B zu C und D		
Name der Konformation	Symbol	Drehwinkel	IUPAC	Konventionell	Stabilität
Cis	C	± 180°	*Syn*periplanar (sp)	*Cis*-gedeckt, eclipsed	Völlig instabil
Gauche	$G^{(\pm)}$	± 120°	*Syn*klinal (sc)	*Gauche*-gestaffelt	Stabil
Anti	$A^{(\pm)}$	± 60°	*Anti*klinal (ac)	Teilweise verdeckt	Instabil
Trans	T	0	*Anti*periplanar (ap)	*Trans*-gestaffelt, staggered	Sehr stabil

A steht für „anti", wobei die Zusätze „–" und „+" das Vorzeichen des Winkels ϕ angeben. Für A^- gilt $\phi = -60°$, und für A^+ ist $\phi = +60°$. Die Atomgruppen A und B befinden sich in einer antiklinalen (ac) Stellung zu C und D. Sie verdecken sich teilweise.

G ist die Abkürzung für das englische Wort *gauche* (windschief). Für das Minuszeichen gilt $\phi = -120°$, und für das Pluszeichen ist $\phi = +120°$. Die Atomgruppen A und B befinden sich in synklinaler (sc) Stellung zu C und D.

Die energetisch stabilste Konformation ist die *trans*-Stellung. Hierbei befinden sich die Atomgruppen A und B in einer antiperiplanaren (ap) oder gestaffelten Stellung zu den Atomgruppen C und D. Oft wird bildlich gesagt: A und B sind zu C und D auf Lücke angeordnet. ϕ ist gleich null. Einen Überblick über alle sechs Konformationen gibt Tab. 2.8.

2.4.2 Makrokonformationen

Ein Makromolekül besitzt sehr viel mehr als drei aufeinanderfolgende –C – C–-Bindungen, wie das beim Butan der Fall ist. Wir benötigen deshalb zur Beschreibung der Makrokonformation auch mehr als nur einen Drehwinkel. Diese Notwendigkeit tritt zum ersten Mal beim Oligomer Pentan $\left(\overset{1}{C}H_3-\overset{2}{C}H_2-\overset{3}{C}H_2-\overset{4}{C}H_2-\overset{5}{C}H_3\right)$ auf. Wir haben in diesem Fall zwei aufeinanderfolgende Mikrokonformationen (Diaden), d. h. zwei Drehwinkel bezogen auf die Drehachsen durch die Bindungen $C^2 - C^3$ und $C^3 - C^4$, zu berücksichtigen. Diese können je zwei *trans-* oder je zwei *gauche*-Stellungen beschreiben. Es gibt also neun verschiedene Möglichkeiten der Aufeinanderfolge dieser zwei Winkel bzw. Konformationen. Das sind die Diaden: TT, TG^+, TG^-, G^+T, G^-T, G^+G^+, G^-G^-, G^+G^- und G^-G^+. Diese lassen sich in vier Gruppen mit jeweils gleicher Molekülgestalt zusammenfassen (Tab. 2.9).

Die potenzielle Energie der Rotation nimmt von der Diadengruppe 1 bis zur Diadengruppe 4 kontinuierlich zu. Die Konformationen G^+G^- und G^-G^+, bei denen sich die C-Atome 1 und 5 des Pentans räumlich sehr nahe kommen, sind im Vergleich zu den anderen Konformationen am instabilsten. Sie treten also selten auf. Bei Kohlenwasserstoffketten, die sehr viele C – C-Bindungen besitzen, können sie in aller Regel ganz vernachlässigt werden.

Die aktuelle Konformation eines Makromoleküls ist identisch mit der Sequenz der aufeinanderfolgenden konformativen Diaden. Diese lässt sich experimentell nicht ermitteln. Mit geeigneten Messmethoden (UV-, IR-, NMR- und Raman-Spektroskopie) können aber die prozentualen Anteile der verschiedenen Diaden in der Kette ermittelt werden. Daraus lassen sich dann Rückschlüsse auf die mittlere Konformation des Makromoleküls ziehen.

Wir wollen noch auf zwei Sonderfälle für eine Makrokonformation hinweisen. Wenn die Polymerkette nur TT-Diaden enthält, stellt das Makromolekül eine ebene Zickzackkette dar, deren Ausdehnung (Länge) nur vom Bindungswinkel abhängt. Folgen dagegen bei einer Kette stets *gauche*-Konformationen im gleichen Drehsinn aufeinander (also stets G^+G^+, G^+G^+ oder G^-G^-, G^-G^-), so führt das zu Helixkonformationen, die Rechts- oder Linksschrauben darstellen. Von der Anzahl der Grundbausteine pro Windung hängt es ab, wie groß die Ganghöhe der Helix ist. Unter Ganghöhe verstehen wir dabei die Anzahl der Grundbausteine pro Windung. Bei Polyisobutylen liegt z. B. im festen Zustand eine 8/5-Helix vor. Es kommen also auf acht Grundbausteine fünf Windungen. Oft werden Helices durch sperrige Substituenten erzwungen. Je sperriger diese sind, desto „flexibler“ ist die Helix.

Tab. 2.9 Die verschiedenen Konformationen des Pentans

Gruppe	1	2	3	4
Diaden	TT	TG^+, TG^-, G^+T, G^-T	G^+G^+, G^-G^-	G^+G^-, G^-G^+

2.4.3 Konformationsstatistik

Ein Makromolekül kann sehr viele verschiedene Konformationen annehmen. Von diesen besitzen viele die gleiche potenzielle Energie. Es ist allerdings unmöglich, jede einzelne Konformation im Detail genau zu beschreiben. Um Aussagen über die räumliche Ausdehnung eines Makromoleküls zu machen, müssen wir bestimmte Mittelungen vornehmen. Die Mittelung einer Größe, die eine bestimmte Eigenschaft der Polymerprobe beschreibt, kann dabei auf zwei verschiedene Weisen erfolgen. Die gemittelte Größe stellt entweder den Zeitmittelwert über ein sehr großes Zeitintervall mit Bezug auf eine individuelle Makromolekülkette dar, oder sie ist der Mittelwert zu einem bestimmten Zeitpunkt bezüglich einer sehr großen Anzahl verschiedener Makromolekülketten der gleichen Probe. Beide Mittelwerte sollten für die betrachtete Eigenschaft das gleiche Ergebnis liefern, wenn alle Moleküle der Probe die gleiche Molmasse, die gleiche Konstitution und die gleiche Konfiguration besitzen. Die gemittelten Größen erfassen dabei so verschiedene Eigenschaften wie Winkel und Längen. Sie schließen aber auch die physikalischen Wechselwirkungen zwischen den Grundbausteinen der Molekülketten mit ein. Die Wechselwirkungen zwischen Grundbausteinen derselben Molekülkette werden intramolekular und die zwischen Grundbausteinen verschiedener Molekülketten intermolekular genannt.

2.4.3.1 Der mittlere Kettenendenabstand und der mittlere Trägheitsradius

Wir betrachten als Erstes lineare Molekülketten. Zur Beschreibung ihrer mittleren Konformation werden zwei Mittelwerte benutzt. Der eine ist der **mittlere Kettenendenabstand** $< h >$, und der andere ist der mittlere **Trägheitsradius** $< R >$. Für den mittleren Kettenendenabstand der beiden Enden der Molekülkette gilt:

$$<h> \equiv \sqrt{\overline{h^2}} \qquad (2.38)$$

Wir bestimmen also den quadratischen Kettenabstand h^2 für jede Konformation, mitteln dann über alle Konformationen und ziehen abschließend aus $\overline{h^2}$ die Wurzel. Diese Vorgehensweise wird generell gewählt, wenn wir es mit richtungsabhängigen Größen (also Vektoren) zu tun haben, von denen uns aber der richtungs*un*abhängige Mittelwert interessiert. Wir quadrieren dann erst, um die Richtungsabhängigkeit zu eliminieren, mitteln, um den gewünschten Mittelwert zu berechnen, und ziehen dann wieder die Wurzel, um das Quadrat (und damit auch die ebenfalls quadrierten physikalischen Einheiten) wieder zu linearisieren. Würden wir diese Dreischrittberechnung nicht machen, sondern stattdessen einfach nur den Mittelwert berechnen, so würde die Richtungsabhängigkeit der vektoriellen Größe in vielen Fällen einen Mittelwert von null ergeben. Dies liegt daran, dass viele vektorielle Größen, die uns in diesem Kontext interessieren, isotrop, d. h. gleichmäßig in die drei Raumrichtungen, verteilt sind und sich somit immer Paare von entgegengesetzten

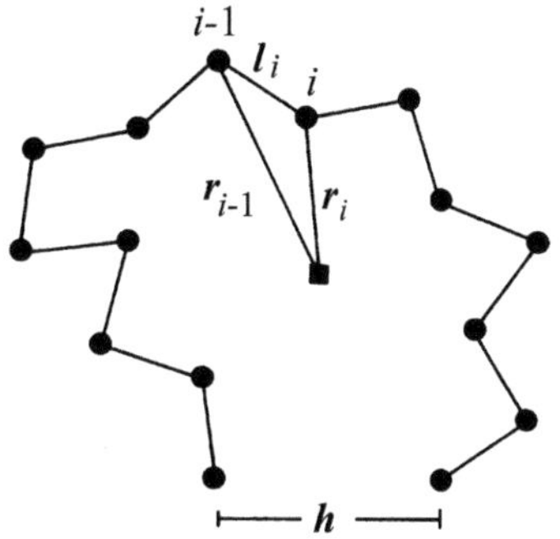

Abb. 2.19 Vektordarstellungen für Makromoleküle

Vektoren finden lassen, die sich zu null mitteln. Wenn uns aber die Richtung gar nicht interessiert, sondern nur die mittlere Länge dieser Vektoren, so können wir deren Richtungsabhängigkeit eliminieren, wenn wir vor dem Mitteln quadrieren. Werte wie diese werden als quadratisches Mittel, Quadratmittel oder Effektivwert bezeichnet (*mean square*). Hier interessieren wir uns nun für das Quadratmittel des Kettenendenabstands. Ziehen wir davon noch die Wurzel, haben wir es mit einer richtungsunabhängig gemittelten Größe mit linearer physikalischer Einheit (hier: Meter) zu tun (*root mean square*).

Um Zahlenwerte für die Wurzel des quadratmittleren Kettenendenabstands $< h >$ zu erhalten, ist es zweckmäßig, die Vektordarstellung zu benutzen. Ein Beispiel für ein solches Modell zeigt Abb. 2.19. Dort bezeichnet $\boldsymbol{l}_i$ einen Vektor, der den Schwerpunkt des $i - 1$-ten Grundbausteins mit dem Schwerpunkt des i-ten Grundbausteins verbindet. Der Vektor, der den Schwerpunkt des nullten Grundbausteins mit dem Schwerpunkt des letzten (N-ten) Grundbausteins der Molekülkette verbindet, ist identisch mit dem Kettenendenabstandsvektor $\boldsymbol{h}$. Somit gilt für ein Makromolekül, das insgesamt $N + 1$ Grundbausteine und N Bindungen besitzt:

$$\boldsymbol{h} = \sum_{i=1}^{N} \boldsymbol{l}_i \tag{2.39}$$

Wenn wir Gl. 2.39 in Gl. 2.38 einsetzen, folgt:

$$< h^2 > = \overline{\sum_{i=1}^{N} \boldsymbol{l}_i \sum_{j=1}^{N} \boldsymbol{l}_j} \tag{2.40}$$

Der Index j hat die gleiche Bedeutung wie der Index i. Er wurde eingeführt, um anzudeuten, dass jeder Term der ersten Summe mit jedem Term der zweiten Summe zu multiplizieren ist.

Der Vektor $\boldsymbol{r}_i$ verbindet den Schwerpunkt des Makromoleküls mit dem Schwerpunkt des Grundbausteins i (Abb. 2.19). Der quadratische Trägheitsradius R^2 einer bestimmten Konformation ergibt sich daraus definitionsgemäß (vgl. Lehrbücher der Physik) zu

$$R^2 \equiv \sum_{i=0}^{N} \left(m_i \Big/ \sum_{j=0}^{N} m_j \right) \boldsymbol{r}_i^2 = (1/M) \sum_{i=0}^{N} m_i \boldsymbol{r}_i^2 \qquad (2.41)$$

wobei m_i und m_j die Molmassen der Grundbausteine i und j und M diejenige des Makromoleküls bedeuten. Experimentell zugänglich ist nur der mittlere quadratische Trägheitsradius $< R^2 >$. Es gilt:

$$< R^2 > \equiv (1/M) \sum_{i=0}^{N} \overline{m_i \boldsymbol{r}_i^2} \qquad (2.42)$$

Der Querstrich in Gl. 2.42 gibt in Analogie zu Gl. 2.40 an, dass sich die Summation über alle i und über alle Konformationen erstreckt und dass das Ergebnis der Summation durch die Anzahl der Konformationen zu dividieren ist. Da das Ergebnis dieser Mittelung nicht von der Reihenfolge der Summation abhängt, folgt:

$$\sum_{i=0}^{N} \overline{m_i \boldsymbol{r}_i^2} = \overline{\sum_{i=0}^{N} m_i \boldsymbol{r}_i^2} \qquad (2.43)$$

Wir betrachten im Folgenden nur Homopolymere. Es sind dann alle m_i gleich groß, und Gl. 2.42 reduziert sich auf

$$< R^2 > \equiv (1/M) \sum_{i=0}^{N} \overline{m_i \boldsymbol{r}_i^2} = (1/(N+1)) \sum_{i=0}^{N} \overline{\boldsymbol{r}_i \boldsymbol{r}_i} \qquad (2.44)$$

wobei wir berücksichtigt haben, dass $M = (N + 1)\, m$ ist, wenn $m_i = m$ für alle i ist.

2.4.3.2 Das Zufallsknäuel

Die Konformation eines Makromoleküls lässt sich genau dann eindeutig beschreiben, wenn alle Bindungslängen, Bindungswinkel und Drehwinkel bekannt sind. Wir gehen der Einfachheit halber zunächst davon aus, dass die Bindungs- und die Drehwinkel eines Makromoleküls jeden beliebigen Wert zwischen $-180°$ und $+180°$ mit gleicher Wahrscheinlichkeit annehmen. In diesem Fall können zwei zufällig ausgewählte Bindungsvektoren $\boldsymbol{l}_i$ und $\boldsymbol{l}_j$ mit $i \neq j$ jeden beliebigen Winkel miteinander bilden. Für das Skalarprodukt $\boldsymbol{l}_i \boldsymbol{l}_j$ gilt deshalb im zeitlichen Mittel:

$$\overline{\boldsymbol{l}_i \boldsymbol{l}_j} = l_i \, l_j \; \overline{\cos \theta_{i,j}} = 0 \quad \text{mit} \quad i \neq j \tag{2.45}$$

$\theta_{i,j}$ ist der Winkel, den die Vektoren $\boldsymbol{l}_i$ und $\boldsymbol{l}_j$ einschließen, und l_i und l_j sind ihre Längen.

Wenn wir Gl. 2.45 in Gl. 2.40 einsetzen, werden alle Skalarprodukte $\boldsymbol{l}_i \boldsymbol{l}_j$ unter der Wurzel gleich null, bis auf die, für die $i = j$ ist. Gl. 2.40 reduziert sich somit auf

$$< h^2 > = \sum_{i=1}^{N} \overline{\boldsymbol{l}_i \boldsymbol{l}_i} = \sum_{i=0}^{N} l_i^2 = N \overline{l^2} \tag{2.46}$$

mit $\overline{l^2} = (1/N) \sum_{i=1} l_i^2$. Für Homopolymere ist $l_i = l$ für alle i, und wir erhalten die folgende einfache Beziehung:

$$< h^2 > = N l^2 \tag{2.47}$$

Dieses Modell beschreibt ein Zufallsknäuel. Es hat vorerst nur theoretische Bedeutung, da in der Realität die Bindungswinkel $\theta_{i-1,\,i}$ zwischen direkt aufeinanderfolgenden Vektoren $\boldsymbol{l}_{i-1}$ und $\boldsymbol{l}_i$ aus sterischen und energetischen Gründen nur ganz bestimmte Werte annehmen. Diese schwanken aufgrund der Eigenschwingungen des Makromoleküls. Die Schwankungsbreite beträgt allerdings nur einige Grad, sodass der zeitliche Mittelwert $\overline{\cos \theta_{i-1,i}}$ immer ungleich null ist.

2.4.3.3 Die frei rotierende Polymerkette

Wir betrachten jetzt das Modell einer Polymerkette, bei der alle Bindungslängen l_i und alle Bindungswinkel $\theta_{i-1,\,i}$ festgesetzt sind. Diese Voraussetzungen treffen in etwa auf das Polymethylen zu. Dort gilt für alle i: $l_i = 0{,}154$ nm und $\theta_{i-1,\,i} = 109^\circ\ 28'$.

Die Berechnung des mittleren quadratischen Kettenendenabstands $< h^2 >$ führen wir in mehreren Teilschritten durch. Zunächst einmal liefert das Skalarprodukt

$$< h^2 > = \overline{\left(\sum_{i=1}^{N} \boldsymbol{l}_i\right)\left(\sum_{j=1}^{N} \boldsymbol{l}_j\right)}$$

Terme der Form $\boldsymbol{l}_i \boldsymbol{l}_j$ mit $i = j$. Da $l_i = l =$ konstant für alle i ist, liefert jedes dieser Produkte, von denen es insgesamt N gibt, den Wert l^2. Es existieren ferner 2 $(N - 1)$ Terme der Form $\overline{\boldsymbol{l}_i \boldsymbol{l}_{i+1}}$. Davon entfallen $(N - 1)$ Terme auf eine Kombination des Summenindexes i von $i = 1$ bis $i = N - 1$ mit dem Summenindex j von $j = 2$ bis $j = N$. Die anderen $(N - 1)$ Terme entstehen durch die umgekehrte Kombination des Summenindexes j von $j = 1$ bis $j = N - 1$ mit dem Summenindex i von $i = 2$ bis $i = N$. Jedes Produkt $\overline{\boldsymbol{l}_i \boldsymbol{l}_{i+1}}$ ist gleich $l^2 \cos \theta$, wobei θ der Winkel zweier aufeinanderfolgender Bindungen ist. Dieser ist nach Voraussetzung konstant, und nach Abb. 2.20 gilt: $\theta = 180^\circ - \theta_{i,\,i+1}$.

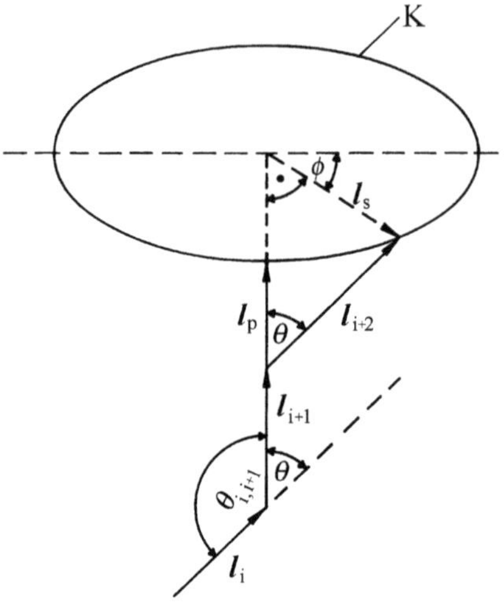

Abb. 2.20 Drei aufeinanderfolgende Bindungsvektoren

Das nächste zu berücksichtigende Skalarprodukt hat die Form $l_i l_{i+2}$. Insgesamt gibt es 2 (N – 2) solcher Terme. Für die Berechnung von $\overline{l_i l_{i+2}}$ ist es zweckmäßig, den Vektor l_{i+2} in die zwei Komponenten l_p und l_s zu zerlegen. l_p bezeichne dabei einen Vektor, der parallel zum Vektor l_{i+1} ist, und l_s einen Vektor, der senkrecht auf l_{i+1} steht. Mit $l_{i+2} = l_p + l_s$ folgt dann:

$$\overline{l_i l_{i+2}} = \overline{l_i l_p} + \overline{l_i l_s} \tag{2.48}$$

Die drei Vektoren l_p, l_s und l_{i+2} bilden ein rechtwinkliges Dreieck (Abb. 2.20). Es gilt $|l_p| = l\cos\theta$ und $|l_s| = l\sin\theta$. Der Endpunkt des Vektors l_{i+2} liegt auf dem Kreis K und wird durch den Drehwinkel ϕ bestimmt. Wir nehmen an, dass ϕ jeden beliebigen Wert zwischen $\phi = -180°$ und $\phi = +180°$ mit der gleichen Wahrscheinlichkeit annimmt. Das bedeutet: Der Vektor l_{i+2} rotiert frei um seine Drehachse. Dies hat zur Folge, dass auch der Winkel α zwischen den Vektoren l_i und l_s jeden beliebigen Wert zwischen $-180°$ und $+180°$ mit gleicher Wahrscheinlichkeit annimmt. Das Skalarprodukt

$$\overline{l_i l_s} = \overline{|\,l_i\,||\,l_s\,|\;\cos\alpha} = l^2\cos\theta\,\overline{\cos\alpha}$$

ist deshalb gleich null. Es existiert nämlich zu jeder Konformation mit dem Winkel α und dem Skalarprodukt $l_i l_s = l^2 \cos\theta \cos\alpha$ eine gleichwahrscheinliche Konformation mit dem Winkel $180° - \alpha$, für die $l_i l_s = -l^2 \cos\theta \cos\alpha$ ist.

Da nun $l_i\, l_p$ gleich $|l_i||l_p| \cos\theta$ und $|l_p| = l\cos\theta$ ist, vereinfacht sich Gl. 2.48 zu:

$$\overline{l_i l_{i+2}} = l^2 (\cos\theta)^2 \tag{2.49}$$

In analoger Weise erhalten wir 2 ($N-3$) Produkte der Form $\boldsymbol{l}_i \boldsymbol{l}_{i+3}$. Wieder können wir $\boldsymbol{l}_{i+3}$ in zwei Vektoren der Länge $l \cos\theta$ parallel zu $\boldsymbol{l}_{i+2}$ und der Länge $l \sin\theta$ senkrecht zu $\boldsymbol{l}_{i+2}$ zerlegen. Der Mittelwert des Skalarprodukts von $\boldsymbol{l}_i$ mit der senkrechten Komponente von $\boldsymbol{l}_{i+3}$ ist wieder null. Der Vektor parallel zu $\boldsymbol{l}_{i+2}$ lässt sich analog wie zuvor in einen Vektor der Länge $l\,(\cos\theta)^2$ parallel zu $\boldsymbol{l}_{i+1}$ und in einen Vektor der Länge $l \cos\theta \sin\theta$ senkrecht zu $\boldsymbol{l}_{i+1}$ zerlegen. Der Mittelwert des Skalarprodukts des senkrechten Vektors auf $\boldsymbol{l}_{i+1}$ mit $\boldsymbol{l}_i$ ist gleich null, wogegen das Skalarprodukt von $\boldsymbol{l}_i$ mit dem parallelen Vektor zu $\boldsymbol{l}_{i+1}$ gleich $l^2(\cos\theta)^3$ ist. Insgesamt gilt also:

$$\overline{\boldsymbol{l}_i \boldsymbol{l}_{i+3}} = l^2(\cos\theta)^3 \tag{2.50}$$

Diese Prozedur lässt sich weiter fortsetzen. So erhalten wir für ein beliebiges k insgesamt $2(N-k)$ Skalarprodukte der Form $\overline{\boldsymbol{l}_i \boldsymbol{l}_{i+k}} = l^2(\cos\theta)^k$. Die Addition aller dieser Terme liefert für $<h^2>$ die Gleichung

$$<h^2> = l^2\left[N + 2(N-1)\cos\theta + 2(N-2)(\cos\theta)^2 + \ldots + 2(\cos\theta)^{N-1}\right] \tag{2.51}$$

Diese Gleichung lässt sich umformen zu:

$$\begin{aligned}
<h^2> &= l^2 N\left[1 + 2\cos\theta + 2(\cos\theta)^2 + \ldots + 2(\cos\theta)^{N-1}\right] \\
&\quad - 2l^2\left[\cos\theta + 2(\cos\theta)^2 + 3(\cos\theta)^3 + \ldots + (N-1)(\cos\theta)^{N-1}\right] \\
&= Nl^2\left[\left(2\sum_{\nu=0}^{N-1}(\cos\theta)^\nu\right) - 1\right] - 2l^2\left[\sum_{\nu=1}^{N-1}\left(\frac{\mathrm{d}}{\mathrm{d}\cos\theta}(\cos\theta)^{\nu+1}\right) - (\cos\theta)^\nu\right] \\
&= Nl^2\left[\left[\left(2\sum_{\nu=0}^{N-1}(\cos\theta)^\nu\right) - 1\right] - 2/N\left(\frac{\mathrm{d}}{\mathrm{d}\cos\theta}\sum_{\nu=1}^{N-1}(\cos\theta)^{\nu+1} - \sum_{\nu=1}^{N-1}(\cos\theta)^\nu\right)\right]
\end{aligned}$$

Der Winkel θ ist für alle Makromoleküle kleiner als 90°. $\cos\theta$ ist deshalb kleiner als eins. Mithilfe der Summenformel für geometrische Reihen $\sum_{\nu=0}^{N} q^\nu = (1-q^N)/(1-q)$ folgt somit:

$$\begin{aligned}
<h^2> &= Nl^2\left[\left[2\left(\frac{1-(\cos\theta)^{N-1}}{1-\cos\theta}\right) - 1\right] - \frac{2}{N}\cdot\frac{\mathrm{d}}{\mathrm{d}\cos\theta}\left(\cos\theta\left(\frac{1-(\cos\theta)^{N-1}}{1-\cos\theta} - 1\right)\right)\right. \\
&\quad \left. + \frac{2}{N}\left(\frac{1-(\cos\theta)^N}{1-\cos\theta} - (1+(\cos\theta)^N)\right)\right]
\end{aligned} \tag{2.52}$$

Wir haben dabei $q = \cos\theta$ gesetzt. Die Ableitung des zweiten Terms von Gl. 2.52 nach $\cos\theta$ liefert:

$$\frac{\mathrm{d}}{\mathrm{d}\cos\theta}\left(\cos\theta\left(\left(\frac{1+(\cos\theta)^{N-1}}{1-\cos\theta}\right)-1\right)\right) = \frac{2\cos\theta-(\cos\theta)^2-N(\cos\theta)^{N-1}+(N-1)(\cos\theta)^N}{(1-\cos\theta)^2} \tag{2.53}$$

Durch Einsetzen von Gl. 2.53 in Gl. 2.52 folgt schließlich nach einigen Umformungen:

$$< h^2 > = N\,l^2\left[\frac{1+\cos\theta}{1-\cos\theta}-\frac{2}{N}\cos\theta\frac{(1-(\cos\theta)^N)}{(1-\cos\theta)^2}-\frac{2}{N}(\cos\theta)^N\right] \tag{2.54}$$

$\cos\theta$ ist stets kleiner als eins. Für Polymethylen gilt z. B. $\theta = 70°\ 38'$ und $\cos\theta = 0{,}33$. Die Anzahl der Bindungsvektoren N ist in der Regel sehr groß ($N > 10$). Die Terme $(2/N)(\cos\theta)^N$ und $(2/N)\cos\theta\,[1-(\cos\theta)^N]/(1-\cos\theta)^2$ sind somit sehr viel kleiner als der Term $(1+\cos\theta)/(1-\cos\theta)$. Für sehr große N vereinfacht sich Gl. 2.55 deshalb zu:

$$< h^2 > = N\,l^2(1+\cos\theta)/(1-\cos\theta) \tag{2.55}$$

Gl. 2.47 und 2.55 sind bis auf den Vorfaktor $k = (1+\cos\theta)/(1-\cos\theta)$ identisch. Im Fall des Polymethylens ist $k = \sqrt{2}$. Wir schließen daraus: Der mittlere quadratische Kettenendenabstand $< h^2 >$ einer frei rotierenden Polymerkette (θ = konstant, ϕ = frei) ist größer als der eines Zufallsknäuels mit gleichem l und N. Im Grenzfall $\theta = 90°$ geht Gl. 2.55 in Gl. 2.47 über. Diese Situation ist aber unrealistisch.

2.4.3.4 Die Polymerkette mit eingeschränkter Rotation

Wir haben im Fall der frei rotierenden Polymerkette angenommen, dass der Drehwinkel ϕ jeden beliebigen Wert zwischen $-180°$ und $+180°$ mit der gleichen Wahrscheinlichkeit annimmt. Diese Annahme ist aber, wie wir z. B. vom Butan her wissen, unrealistisch. Der Drehwinkel ϕ nimmt in der Regel bestimmte Winkel mit einer größeren Wahrscheinlichkeit an als andere.

Mithilfe der Statistischen Thermodynamik lässt sich zeigen, dass für eine Polymerkette mit eingeschränkter Rotationsfreiheit gilt:

$$< h^2 > = N\,l^2\left(\frac{1+\cos\theta}{1-\cos\theta}\right)\left(\frac{1+\overline{\cos\phi}}{1-\overline{\cos\phi}}\right) \tag{2.56}$$

Gl. 2.56 wurde erstmals 1949 von H. Benoît und C. Sadron abgeleitet. Sie ist eine Näherungsformel und darf nur unter folgenden Voraussetzungen angewendet werden:

(a) $l_i = l_j = l$ für alle i, j.
(b) $N > 10$.
(c) Die potenzielle Energie der Rotation $V(\phi)$ ist eine symmetrische Funktion ($V(\phi) = V(-\phi)$).

Im Fall der Boltzmann-Statistik gilt:

$$\overline{\cos\phi} = \int_0^{2\pi} \exp[-V(\phi)/(k_B T)] \cos\phi \, d\phi / \left(\int_0^{2\pi} \exp[-V(\phi)/(k_B T)] d\phi \right) \quad (2.57)$$

Leider ist der Funktionsverlauf von $V(\phi)$ in den meisten Fällen nur näherungsweise bekannt. Die praktische Nützlichkeit von Gl. 2.56 ist daher begrenzt.

Beim Vergleich der Gleichungen

$$< h^2 > = N l^2 \quad \text{(Gl. 2.47)}$$

$$< h^2 > = N l^2 (1 + \cos\theta)/(1 - \cos\theta) \quad \text{(Gl. 2.55)}$$

und

$$< h^2 > = N l^2 \left(\frac{1 + \cos\theta}{1 - \cos\theta} \right) \left(\frac{1 + \overline{\cos\phi}}{1 - \overline{\cos\phi}} \right) \quad \text{(Gl. 2.56)}$$

fällt auf, dass diese alle die gleiche Grundform haben. Sie geben das Quadratmittel des Kettenendenabstands als Produkt aus der Anzahl der Segmente mal dem Quadrat der Segmentlänge, Nl^2, und einem weiteren Faktor an; dieser ist im Fall des Zufallsknäuels eins (Gl. 2.47), im Fall der frei drehbaren Kette $(1 + \cos\theta)/(1 - \cos\theta)$ (Gl. 2.55) und im Fall der Kette mit eingeschränkter Rotation $\left(\frac{1+\cos\theta}{1-\cos\theta}\right)\left(\frac{1+\overline{\cos\phi}}{1-\overline{\cos\phi}}\right)$. Dieser Faktor spiegelt mit zunehmender Verfeinerung des Kettenmodells also die chemische Spezifizität (Bindungswinkel und Torsionswinkel der Segmente) in Form einer Zahl wider, die umso größer ist, je größer der Bindungswinkel ist und je schwerer sich die Wiederholungseinheiten gegeneinander verdrehen lassen. Letzteres tritt beispielsweise dann auf, wenn räumlich anspruchsvolle oder geladene Substituenten vorliegen, wie etwa in Polystyrol oder in Polyacrylsäure, welche beide große Zahlenwerte für diesen Faktor annehmen. Dieser Faktor wird daher als das **charakteristische Verhältnis** bezeichnet, oft durch das Formelzeichen C_N oder C_∞ symbolisiert. Der Name „charakteristisches Verhältnis" drückt aus, dass es sich hierbei um eine Größe handelt, die die chemische Charakteristik eines Polymers widerspiegelt, und zwar derart, dass es aufgrund eben dieser Charakteristik im Verhältnis zu seiner Grundgröße höhere Werte für den Kettenendenabstand aufzeigt. Im Symbolzeichen C_N steht der Index N für die Anzahl der Kettensegmente, was aussagt, dass C_N zunächst auch davon noch abhängt; diese Abhängigkeit geht mit zunehmendem N aber verloren, sodass bei hinreichend langen Ketten (de facto bei jedem Polymer) das Symbolzeichen C_∞ verwendet wird, welches das charakteristische Verhältnis im kettenlängenunabhängigen Limit bezeichnet.

2.4.3.5 Die Persistenzlänge

Ein weiterer wichtiger Parameter der Konformationsstatistik ist die **Persistenzlänge** l_p. Wir betrachten dazu das Modell der unendlich langen Polymerkette, deren Bindungsvektoren $\boldsymbol{l}_i$ alle gleich lang sind. Wir greifen einen beliebigen Bindungsvektor $\boldsymbol{l}_i$ aus der Kette heraus. Die Persistenzlänge l_p ist dann definiert als die Summe der Projektionen von allen Bindungsvektoren $\boldsymbol{l}_j$ mit $j > i$ auf die Richtung von $\boldsymbol{l}_i$. Das heißt, es gilt:

$$l_\mathrm{p} \equiv l \sum_{j=i+1}^{\infty} < \cos \theta_{i,j} > \tag{2.58}$$

Hier ist l die Bindungslänge und $\theta_{i,\,j}$ der Winkel zwischen den Bindungsvektoren $\boldsymbol{l}_i$ und $\boldsymbol{l}_j$ in einer augenblicklichen Konformation. Das Produkt $l \cos \theta_{i,\,j}$ ist gleich der Länge der Projektion des Bindungsvektors $\boldsymbol{l}_j$ in die Richtung von $\boldsymbol{l}_i$. Das bedeutet, $l < \cos\,\theta_{i,\,j}>$ ist der über alle Konformationen gemittelte Mittelwert der Projektion von l_j auf l_i. Wir können auch sagen: $l < \cos\,\theta_{i,\,j}>$ ist ein Maß für die Korrelation der Richtung von $\boldsymbol{l}_j$ mit der von $\boldsymbol{l}_i$. Für hinreichend weit voneinander entfernte Bindungsvektoren $\boldsymbol{l}_i$ und $\boldsymbol{l}_j$ ist $< \cos\,\theta_{i,\,j} > = 0$. Das bedeutet: Die Terme in Gl. 2.58 konvergieren gegen null. l_p ist somit endlich. In der Praxis ist die Persistenzlänge ein Maß für die innere Flexibilität einer Polymerkette. Für ein steifes Polymermolekül mit stark eingeschränkter Rotation ist l_p groß und für ein statistisches Knäuel klein.

2.4.3.6 Das Kuhn'sche Ersatzknäuel

Gl. 2.55 und 2.56 lassen die Vermutung zu, dass bei hinreichend großen N gilt:

$$< h^2 > = C_\infty N l^2 = N_\mathrm{K} {l_\mathrm{K}}^2 \tag{2.59}$$

Dabei ist N_K eine dimensionslose Zahl und l_K eine Größe mit der Dimension einer Länge. Sie hängt von der Bindungslänge l, dem Bindungswinkel θ und dem mittleren Drehwinkel ϕ bzw. dem Potenzial $V(\phi)$ ab, ist aber unabhängig von der Anzahl der Bindungen N. Der rechte Teil von Gl. 2.59 stimmt formal mit dem Resultat für das Zufallsknäuel (Gl. 2.47) überein. Wir vermuten deshalb, dass es möglich ist, jede Polymerkette mit eingeschränkter innerer Bindungs- und Rotationsfreiheit so zu beschreiben, als sei sie ein Zufallsknäuel, das die scheinbare Bindungslänge l_K besitzt. Dabei ist l_K deutlich größer als die wahre Bindungslänge l. Typische Werte für l_K liegen in der

Größenordnung von $l_k = 1{,}5\ l$ bis $l_k = 15\ l$. Das Verhältnis l_K/l ist nun wiederum nichts anderes als das in Abschn. 2.4.3.4 diskutierte charakteristische Verhältnis C_∞.

Den Beweis für die Gültigkeit von Gl. 2.59 erbrachte Kuhn 1936. Er führte dazu die folgenden Hilfsvektoren ein:

$$\boldsymbol{l}_i^* = \sum_{j=i}^{i+k} \boldsymbol{l}_j \tag{2.60}$$

Diese verbinden jeweils k Bindungsvektoren $\boldsymbol{l}_j$ der Länge l miteinander. k ist dabei so groß, dass die Mittelwerte $\overline{\cos\theta_{i,i+k}}$ gleich null sind. Dies hat zur Folge, dass zwei unmittelbar aufeinanderfolgende Vektoren $\boldsymbol{l}_i^*$ und $\boldsymbol{l}_{i+k}^*$ jeden beliebigen Bindungswinkel θ mit gleicher Wahrscheinlichkeit annehmen. Die Vektorenschar $\boldsymbol{h}_i^* \equiv \boldsymbol{l}_{i,}^*, \boldsymbol{h}_{i+1}^* \equiv \boldsymbol{l}_{i+k}^*, \boldsymbol{h}_{i+2}^* \equiv \boldsymbol{l}_{i+2k}^*$ usw. beschreibt deshalb ein Zufallsknäuel. Wir können sie räumlich so anordnen, dass $\boldsymbol{h} = \sum_{i=1}^{N^*} \boldsymbol{h}_i^*$ ist. In Äquivalenz zu Gl. 2.47 folgt:

$$< h^2 > = N^* \overline{h^{*2}} \tag{2.61}$$

N^* gibt die Anzahl der Vektoren $\boldsymbol{h}_i$ an, die notwendig sind, damit Gl. 2.61 den mittleren quadratischen Kettenabstand der Polymerkette hinreichend genau wiedergibt.

Da $N = kN^*$ ist, lässt sich Gl. 2.61 umformen zu:

$$< h^2 > = (N/k)\overline{h^{*2}} = (N/k) l_K^2 \quad \text{mit} \quad l_K^2 = \overline{h^{*2}} \tag{2.62}$$

Kuhn bezeichnet die Vektoren $\boldsymbol{h}_i^*$ als Segmentvektoren, da sie Teile, d. h. Segmente einer Polymerkette, beschreiben. Die Größe l_K heißt Kuhn'sche statistische Segmentlänge. Sie ist über die Beziehung

$${l_K}^2 = (k\,l)^2 \tag{2.63}$$

mit der realen Bindungslänge l verknüpft.

In der gerade gemachten Betrachtung ist die Hilfsgröße k wiederum nichts anderes als das charakteristische Verhältnis C_∞. Was wir also getan haben, ist, eine real gegebene Polymerkette mit real vorliegenden chemischen Charakteristika wie Bildungslänge, Bindungswinkel und mittlerem Torsionswinkel durch eine neue konzeptuelle Kette abzubilden, die eine neue konzeptuelle Anzahl Segmente und eine neue konzeptuelle Segmentlänge hat. Diese neue Segmentanzahl und -länge ergeben sich aus den jeweiligen originalen durch Normierung auf das charakteristische Verhältnis, d. h. auf die chemische Spezifizität der Kette. Durch diese Normierung geht eben genau diese chemische Spezifizität verloren, und es resultiert der vereinfachte Fall eines Zufallsknäuels. Um dies zu konstruieren, fassen wir stets $k\ l$ bzw. $C_\infty\, l$ originale Segmente zu neuen Segmenten der Länge l_K zusammen, von denen wir dann nun nur N/k bzw. N/C_∞ brauchen, um die Kette zu beschreiben. Heraus kommt eine neue konzeptuelle Kette, die nun beliebige Bindungswinkel zwischen den neuen konzeptuellen Segmenten aufweist, d. h. die dem vereinfachten Bild eines Zufallsknäuels entspricht. Abb. 2.21 illustriert diesen Ansatz.

Solch ein **Renormierungsansatz** ist in der Polymerphysik grundsätzlich sehr zweckdienlich. Viele Jahre nach Kuhn haben auch de Gennes und noch später Rubinstein und Colby einen ähnlichen Ansatz beschrieben, in dem sie eine real gegebene Kette durch eine neue konzeptuelle Kette wiedergeben, die aus sog. Blobs besteht. Jeder Blob ist ein kugelförmiges Volumenelement, das ein Kettensegment mit Endenabstand ξ bestehend aus g der real vorhandenen N Segmente, beinhaltet (Abb. 2.22). Es gibt also N/g solcher Blobs, ein jeder mit Größe ξ. Diese Blobs bilden eine neue konzeptuelle Kette mit demselben Kettenendenabstand wie die Originalkette.

Für die Originalkette gilt im vereinfachenden Fall des Zufallsknäuels $<h^2> = N\,l^2$. Für die Blob-Kette gilt analog $<h^2> = (N/g)\ \xi^2$. Beide Gleichungen sind in ihrer Form ähnlich; sie beschreiben den quadratmittleren Kettenendabstand als Produkt aus einer

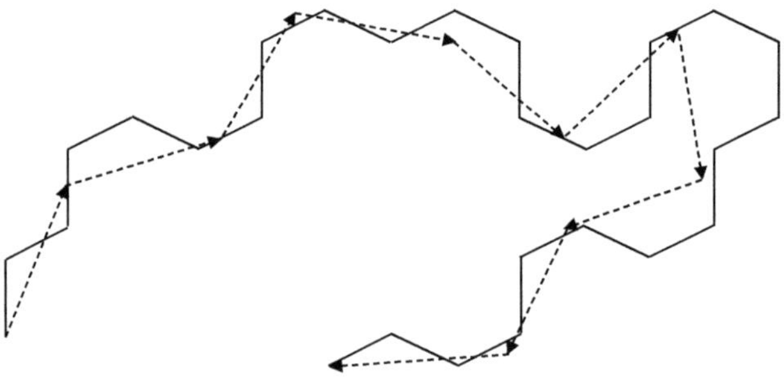

Abb. 2.21 Konzeptuelle Konstruktion einer Kuhn'schen Ersatzkette durch Zusammenfassen einer bestimmten Zahl (nicht notwendigerweise ganzzahlig) der realen Segmente (schwarze Linien) zu neuen konzeptuellen Segmenten (gestrichelte Pfeile). Durch dieses Vorgehen entsteht ein neues konzeptuelles Knäuel, das denselben Kettenendenabstand hat wie das Originalknäuel. Im neuen Knäuel liegen viele verschiedene Segmentbindungswinkel vor, wohingegen im Originalknäuel stets gleiche Winkel (hier: Tetraederwinkel) vorliegen. Das neue konzeptuelle Knäuel ist damit ein Zufallsknäuel

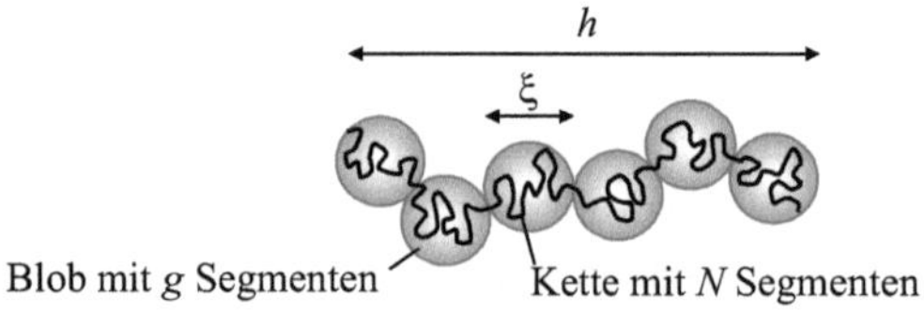

Abb. 2.22 Renormierung einer Kette mit N Segmenten und Größe (quadratmittlerer Kettenendabstand) h durch (N/g) Blobs der Größe ξ, von denen jeder ein Kettensegment mit g Segmenten beinhaltet. (Nach Rubinstein und Colby 2003)

Segmentanzahl und einer Segmentlänge, im einen Fall eben mit Anzahl und Länge der echten Wiederholungseinheiten, N und l, im anderen Fall dagegen mit Anzahl und Länge der neuen konzeptuellen Blob-Einheiten, (N/g) und ξ. Die weitere polymerphysikalische Strategie des Blob-Ansatzes ist es nun, die Blob-Größe ξ so zu wählen, dass sie bestimmte Längenskalen in theoretischen Betrachtungen voneinander separiert, beispielsweise die Skala, bis hin zu der die thermische Energie $k_B T$ dominierend ist, gegenüber der Skala, auf der andere Energien (beispielsweise Segmentwechselwirkungsenergien oder mechanischen Deformationsenergien) dominierend werden. Eine solche Skalenseparation macht theoretische Diskussionen oft einfach und elegant. An dieser Stelle sei nicht näher darauf eingegangen; es sei aber in diesem Zusammenhang noch erwähnt, dass der Grund, warum diese Renormierung einer realen Kette durch eine neue konzeptuelle Kette überhaupt funktioniert, darin liegt, dass Polymerketten **selbstähnlich** sind. Sie weisen, wenn wir sie auf verschiedenen Längenskalen betrachten (d. h., wenn wir uns die Kette als Ganzes oder nur Unterabschnitte davon ansehen), im Zeitmittel eine stets ähnliche Gestalt auf. Ebenso zeigen sie auf verschiedenen Längenskalen im Zeitmittel auch stets ähnliche mathematische Zusammenhänge, wie beispielsweise den zwischen der quadratmittleren Länge einer betrachteten Kettenuntereinheit und ihrer Segmentanzahl (wir greifen diesen Gedanken gleich weiter unten nochmals auf). Selbstähnliche Objekte existieren auch in anderen Gebieten der Naturwissenschaften. Beispielsweise ist die Gestalt von Küstenlinien oder Wolken auch selbstähnlich, und wir können ohne Angabe konkreter Längeninformationen beim Betrachten derselben nicht sagen, auf welche Längenskala wir eigentlich schauen. Bei Polymeren liegt ebenfalls eine derartige **Skaleninvarianz** der Kettengestalt vor, und zwar bis hinunter zur Länge der Kuhn-Segmente, unterhalb derer dann die chemische Spezifizität „sichtbar wird" und universales Verhalten verloren geht. Auf größeren Skalen erlaubt uns aber eben jene Skaleninvarianz, eine beliebige Anzahl Segmente (z. B. $N\,k$ bzw. $N\,C_\infty$Segmente im Kuhn-Modell oder g Segmente im Blob-Modell) zu neuen konzeptuellen Segmenten (z. B. zu Kuhn-Segmenten oder zu Blobs) zusammenzufassen und eine neue konzeptuelle Kette zu kreieren, die dann „ihre chemische Spezifizität vergessen hat" und sich wie ein echtes Zufallsknäuel beschreiben lässt.

Als weiterführende Notiz in diesem Kontext sei noch erwähnt, dass die skaleninvariante Renormierung mathematisch nur mit einer Art von Funktionen funktioniert, nämlich mit Potenzgesetzen, die daher auch als **Skalengesetze** bezeichnet werden. Aufgrund der selbstähnlichen und skaleninvarianten Natur von Polymeren ist der grundlegende Zusammenhang zwischen Kettenendenabstand und Segmentanzahl von der Form eines Potenzgesetzes; dies pflanzt sich dann wiederum auch in vielen weiteren physikalisch-chemischen Herleitungen zur Abhängigkeit charakteristischer Größen von Polymeren (beispielsweise deren Relaxationszeit oder Elastizitätsmodul) von ihren Strukturparametern (wie z. B. der Segmentanzahl) fort, sodass sich Potenzgesetze in der Polymerwissenschaft beinahe überall wiederfinden.

Wir haben im Zuge der Diskussion der Skaleninvarianz oben festgestellt, dass die Kette als Ganzes sowie ihre Blob-Unterabschnitte ähnliche mathematische Zusammenhänge zwischen deren quadratmittlerer Länge und deren Segmentanzahl zeigen: Es gilt $<h^2> = N l^2$ für die Kette als Ganzes bzw. $\xi^2 = g\,l^2$ für jeden Blob-Unterabschnitt.

(Anmerkung: Wir können diese beiden Gleichungen jeweils nach N umstellen und gleichsetzen; Umformen liefert dann die weiter oben ebenfalls schon genannte Gleichung $< h^2 > = (N/g)\ \xi^2$, die unsere Kette als Sequenz von (N/g) Blobs beschreibt.) In diesen Gleichungen ist stets ein quadratischer Zusammenhang gegeben zwischen der Länge unseres Objekts, h^2 bzw. ξ^2, und dessen Masse, welche proportional zur Segmentanzahl N bzw. g ist. Generell bezeichnet eine Beziehung zwischen Masse und Länge eines Objekts dessen Dimensionalität. Für eine kompakte Kugel gilt $m{\sim}r^3$; sie ist ein dreidimensionales Objekt. Für ein dünnes Blatt Papier gilt $m{\sim}r^2$; es ist ein zweidimensionales Objekt. Für einen dünnen Draht gilt $m{\sim}r$; er ist ein eindimensionales Objekt. Für unser Polymerknäuel gilt $m{\sim}N$ (bzw. $\sim g$) $\sim h^2$ (bzw. $\sim \xi^2$). Polymerknäuel sind also, basierend auf dieser Argumentationslinie, zweidimensional. Um diese Zweidimensionalität von ihrer dreidimensionalen Ausdehnung im Raum abzugrenzen, sprechen wir von **fraktaler Dimensionalität**. Alle selbstähnlichen Objekte weisen eine fraktale Dimensionalität auf, die in der Regel von deren geometrischer Dimension (im Regelfall drei) abweicht und oft auch nichtgeradzahlige Werte hat. Die fraktale Dimensionalität eines Polymerknäuels ist zwei. Wir werden dieses Konzept in Abschn. 4.2.5. nochmals aufgreifen und verfeinern.

2.4.3.7 Das Persistenzkettenmodell

Im Fall der frei rotierenden Polymerkette ist der Bindungswinkel θ ein Maß für die Steifheit oder Starrheit eines Makromoleküls. Ist $\theta = 0$, so bildet das Makromolekül eine geradlinige Kette der Länge $L = N\ l$. Die Größe L heißt Konturlänge. Sie ist für ein vollständig gestrecktes Makromolekül identisch mit dessen Kettenendenabstand h.

Kettenmoleküle mit $\theta = 0$ kommen in der Natur nicht vor. Es gibt jedoch Makromoleküle, bei denen θ sehr klein ist, d. h. nahe bei null liegt. Ein Beispiel ist die doppelsträngige DNA. Diese relativ steifen Makromoleküle bestehen ebenfalls aus einer sehr großen Anzahl N von Grundbausteinen. Ihre Gestalt ist deshalb weiterhin die eines Knäuels, wobei allerdings die für die Beschreibung der Konformation benötigte Anzahl N^* an Kuhn'schen Segmentvektoren deutlich größer ist als für Makromoleküle mit hoher innerer Flexibilität. Wir können also bei genügend hohen N-Werten weiterhin Gl. 2.54 benutzen, um den mittleren Kettenendenabstand $< h >$ zu berechnen.

Da $\theta \approx 0$ ist, können wir $\cos\ \theta$ in eine Taylor-Reihe entwickeln und diese nach dem zweiten Glied abbrechen. Es folgt: $\cos \theta \approx 1 - (\theta^2/2)$. Der dabei gemachte numerische Fehler liegt in der Größenordnung von θ^4, d. h., er ist vernachlässigbar klein. Durch Induktion lässt sich zeigen, dass $(\cos \theta)^N \approx \exp(-N\theta^2/2)$ ist. Gl. 2.54 vereinfacht sich in diesem Fall zu:

$$
\begin{aligned}
< h^2 > &= N l^2 \left[\frac{2-\theta/2}{\theta^2/2} - (2/N)\left(1-\theta^2/2\right)\frac{\left(1-\exp\left(-N\theta^2/2\right)\right)}{\theta^2/4} - (2/N)\exp\left(-N\theta^2/2\right) \right] \\
&= N l^2 \left[\frac{4}{\theta^2} - 1 - \left(\frac{8}{N\theta^4} - \frac{4}{N\theta^2}\right) + \left(\frac{8}{N\theta^4} - \frac{4}{N\theta^2} - \frac{2}{N}\right)\exp\left(-N\theta^2/2\right) \right]
\end{aligned}
$$

Für kleine θ-Werte (θ/rad < 0,1) ist der Term $2/N$ sehr viel kleiner als der Term $4/(N\theta^4)$ und dieser sehr viel kleiner als der Term $8/(N\theta^4)$. Gute Näherungswerte liefert daher die Gleichung:

$$<h^2> = N l^2 \left[4/\theta^2 - 1 - \left(8/\left(N\theta^4\right)\right)\left(1 - \exp\left(-N\theta^2/2\right)\right)\right] \qquad (2.64)$$

In Abschn. 2.4.3.5 haben wir den Begriff der Persistenzlänge eingeführt. Hier gilt $l_p = l/(1 - \cos\theta)$, sodass für kleine θ folgt: $l_p = 2\,l/\theta^2$. Mit $L = N\,l$ und $p \equiv l_p/L = 2/(N\theta^2)$ transformiert sich Gl. 2.64 zu:

$$<h^2> = L^2\left[2p - (1/N) - 2p^2(1 - \exp(-1/p))\right] \qquad (2.65)$$

Diese Gleichung wurde erstmals 1949 von Porod und Kratky abgeleitet. Sie ist in Abb. 2.23 grafisch dargestellt.

Zwei Grenzfälle sind zu unterscheiden: Für große N und relativ steife Makromoleküle ist $p << 1$. Gl. 2.65 vereinfacht sich in diesem Fall zu:

$$<h^2> = 2pL^2 = 2\,l_p L \qquad (2.66)$$

Nach Kuhn ist $<h^2> = N^* l_K^2$. Ferner gilt $L = N\,l = N^* k\,l \approx N^* l_K$. Es folgt somit in guter Näherung:

$$l_K = 2\,l_p \qquad (2.67)$$

Wenn l_p sehr viel größer als L ist, die Makromoleküle also sehr steif sind, ist $p >> 1$. Wir können dann $\exp(-1/p)$ in eine Taylor-Reihe ($\exp(-1/p) = 1 - 1/p + 1/(2p^2) - \ldots$). entwickeln und diese nach dem dritten Glied abbrechen. Wir erhalten dann:

$$<h^2> \approx L^2\left[2p - 2p^2\left(1/p - 1/\left(2p^2\right)\right)\right] = L^2 \quad \text{oder} \quad <h> \approx L \qquad (2.68)$$

Diese Analyse zeigt, dass das Persistenzkettenmodell in der Lage ist, ein Zufallsknäuel, ein Stäbchenmolekül und alle Teilchengestalten mit dazwischen liegender Konformation zu beschreiben. Es ist deshalb von sehr großer Nützlichkeit bei der Interpretation experimenteller Daten.

Abb. 2.23 $<h^2>/L^2$ als Funktion von p gemäß Gl. 2.65

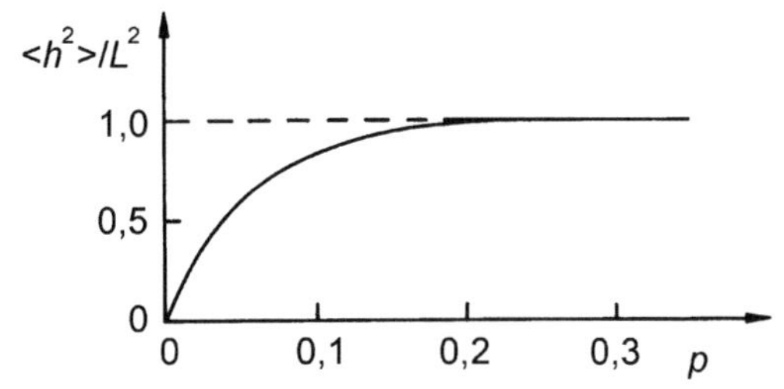

2.4.3.8 Die Beziehung zwischen $< h >$ und $< R >$

Der mathematische Ausdruck für den mittleren Trägheitsradius $< R >$ eines Makromoleküls hängt genau wie der für $< h >$ von der zugrunde gelegten Modellvorstellung ab. Es ist aber nicht notwendig, für $< R >$ alle vorangegangenen Berechnungen zu wiederholen. Es existiert nämlich eine mathematische Beziehung zwischen $< h >$ und $< R >$, die es erlaubt, $< R >$ zu bestimmen, wenn $< h >$ bekannt ist. Diese wichtige Umrechnungsformel wollen wir jetzt herleiten.

Wir betrachten das Modell in Abb. 2.24. Der Schwerpunkt des Makromoleküls ist der Ausgangspunkt der Vektoren r_i zu den Schwerpunkten der Grundbausteine. Wir wollen sie im Folgenden als Massenpunkte bezeichnen. Der Vektor h_i verbindet den nullten Massenpunkt der Kette mit dem i-ten. Es gilt somit:

$$\boldsymbol{r}_i = \boldsymbol{r}_0 + \boldsymbol{h}_i \tag{2.69}$$

wobei h_0 der Nullvektor und h_N der Kettenendenabstandsvektor $\boldsymbol{h}$ ist. Wir erinnern daran, dass N die Anzahl der Bindungen und $N + 1$ die Anzahl der Grundbausteine in der Kette ist. Aus der Definition des Massenschwerpunkts folgt:

$$\sum_{i=0}^{N} m_i \boldsymbol{r}_i = \boldsymbol{0} \tag{2.70}$$

wobei m_i die Masse des i-ten Grundbausteines ist. Wir nehmen an, dass alle Grundbausteine die gleiche Masse besitzen. Gl. 2.70 lässt sich dann umformen zu:

$$\sum_{i=0}^{N} \boldsymbol{r}_i = \sum_{i=0}^{N} (\boldsymbol{r}_0 + \boldsymbol{h}_i) = (N+1)\boldsymbol{r}_0 + \sum_{i=1}^{N} \boldsymbol{h}_i = \boldsymbol{0} \quad (\boldsymbol{h}_0 = \boldsymbol{0}) \tag{2.71}$$

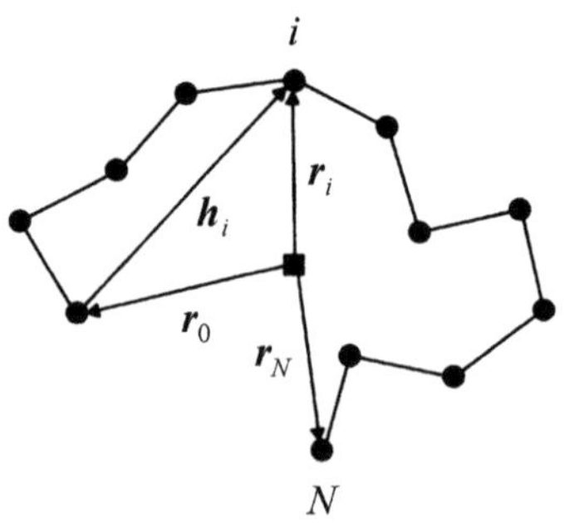

Abb. 2.24 Modell eines Kettenmoleküls

Es folgt:

$$\boldsymbol{r}_0 = -1/(N+1)\sum_{i=1}^{N}\boldsymbol{h}_i \tag{2.72}$$

Der mittlere quadratische Trägheitsradius berechnet sich nach Gl. 2.44 zu:

$$< R^2 > = 1/(N+1)\sum_{i=0}^{N}\overline{\boldsymbol{r}_i\boldsymbol{r}_i} \tag{2.73}$$

Mit $r_i = r_O + h_i$ folgt:

$$< R^2 > = 1/(N+1)\sum_{i=0}^{N}\overline{(\boldsymbol{r}_0+\boldsymbol{h}_i)(\boldsymbol{r}_0+\boldsymbol{h}_i)} = \overline{\boldsymbol{r}_0^2} + 1/(N+1)\sum_{i=1}^{N}\overline{\boldsymbol{h}_i^2}$$
$$+ 2/(N+1)\sum_{i=1}^{N}\overline{\boldsymbol{r}_0\boldsymbol{h}_i} \tag{2.74}$$

Dabei haben wir berücksichtigt, dass $\boldsymbol{h_0} = 0$ ist. Mit Gl. 2.72 wird daraus:

$$< R^2 > = 1/(N+1)\sum_{i=1}^{N}\overline{\boldsymbol{h}_i^2} - 1/(N+1)^2\sum_{i=1}^{N}\sum_{j=1}^{N}\overline{\boldsymbol{h}_i\boldsymbol{h}_j} \tag{2.75}$$

Wenden wir den Cosinussatz auf das Skalarprodukt der Vektoren h_ih_j an, so gilt:

$$h_{i,j}^2 = h_i^2 + h_j^2 - 2\boldsymbol{h}_i\boldsymbol{h}_j \tag{2.76}$$

Hierbei ist $h_{i,\ j}$ der Abstand zwischen dem *i*-ten und *j*-ten Massenpunkt der Polymerkette. Wir setzen diesen Ausdruck in Gl. 2.75 ein und erhalten:

$$< R^2 > = 1/(N+1)\sum_{i=1}^{N}\overline{h_i^2} - 1/\left(2/(N+1)^2\right)\sum_{i=1}^{N}\sum_{j=1}^{N}\left(\overline{h_i^2 + h_j^2 - h_{i,j}^2}\right) \tag{2.77}$$

Da $\sum_{i=1}^{N}\sum_{j=1}^{N}\overline{h_i^2} = \sum_{i=1}^{N}\sum_{j=1}^{N}\overline{h_j^2} = N\sum_{i=1}^{N}\overline{h_i^2},\ \ \overline{h_i^2} = \overline{h_j^2}$ und $(N+1) \approx N$ ist, folgt:

$$< R^2 > = 1/\left(2N^2\right)\sum_{i=1}^{N}\sum_{j=1}^{N}\overline{h_{i,j}^2} \tag{2.78}$$

Wir nehmen an, dass die Polymerkette ein Zufallsknäuel darstellt. Es gilt dann $h_{i,j}^2 = |j-i|\, l^2$, wobei $|j-i|$ die Anzahl der Grundbausteine angibt, die sich auf der Teilkette mit dem Kettenabstand $h_{i,\ j}$ befinden. Unser Problem reduziert sich dadurch auf die Berechnung der Doppelsumme $\sum_{i=1}^{N}\sum_{j=1}^{N} |j-i|$. Diese lässt sich in zwei Teilsummen zerlegen. Für $j < i$ gilt $|j-i| = i-j$ und für $j > i$ ist $|j-i| = j-i$. Es folgt somit:

$$\sum_{j=1}^{N} |j-i| = \sum_{j=1}^{i} (i-j) + \sum_{j=i+1}^{N} (j-i) \tag{2.79}$$

Auf beide Einzelsummen können wir die Summenformel für arithmetische Reihen anwenden. Diese besagt, dass $1 + 2 + 3 + \ldots + n = (1/2)\, n(n+1)$ ist. Das ergibt:

$$\sum_{j=1}^{N} |j-i| = (1/2)(i-1)i + (1/2)(N-i)(N+1-i) = i^2 - i(N+1) + (1/2)\left(N^2 + N\right)$$

Für die Summe $\sum_{i=1}^{N} i^2$ benutzen wir die Beziehung $1^2 + 2^2 + 3^2 + \ldots + n^2 = n(n+1)(2n+1)/6$. Es folgt:

$$\sum_{i=1}^{N}\sum_{j=1}^{N} |j-i| = \sum_{i=1}^{N} i^2 - i(N+1) + (1/2)\left(N^2 + N\right) = \left(N^3 - N\right)/3 \tag{2.80}$$

Der mittlere quadratische Trägheitsradius berechnet sich somit zu:

$$< R^2 > = [1/(2N)]\left[\left(N^2 - 1\right)/3\right] l^2 \tag{2.81}$$

Für große $N (N >> 10)$ ist $N^2 >> 1$. Mit $< h^2 > = N\, l^2$ folgt deshalb in guter Näherung:

$$< R^2 > = < h^2 > /6 \tag{2.82}$$

Um $< R^2 >$ zu erhalten, müssen wir also lediglich $< h^2 >$ durch 6 dividieren.

Gl. 2.82 ändert sich auch dann nicht wesentlich, wenn wir als Modell für unser Knäuel die frei rotierende Kette oder die Polymerkette mit eingeschränkter Rotation verwenden. Wiederholen wir nämlich die obigen Rechnungen mithilfe des Modells des Kuhn'schen Ersatzknäuels, indem wir $\boldsymbol{r}_i$ durch $\boldsymbol{r}_i^*$, $\boldsymbol{h}_i$ durch $\boldsymbol{h}_i^*$, N durch N^*, l durch l_K ersetzen, und N^* genügend groß wählen, so erhalten wir genau das gleiche Resultat.

Wir müssen an dieser Stelle allerdings darauf hinweisen, dass alle bisher für $< h >$ und für $< R >$ abgeleiteten Beziehungen nur dann gelten, wenn die Grundbausteine einer Kette nicht miteinander wechselwirken (keine Kräfte aufeinander ausüben). Mit anderen Worten: Sie gelten nur, wenn sich das Polymer im Theta-Zustand befindet. Dies ist in der Realität nur selten der Fall (Kap. 4).

2.4.3.9 Trägheitsradien für verschiedene Modellmakromoleküle

Wir nehmen an, dass die Segmente eines Makromoleküls alle die gleiche Masse besitzen. Für den mittleren quadratischen Trägheitsradius gilt dann nach Gl. 2.44:

$$< R^2 > = (1/N^*) \sum_{i=1}^{N} \overline{|r_i^2|} \tag{2.83}$$

Für eine harte Kugel vom Radius R stimmt der Massenschwerpunkt des Moleküls mit dem Mittelpunkt der Kugel überein. Die Anzahl der Kugelsegmente, die sich in der Kugelschale mit dem inneren Radius r und dem äußeren Radius $r + \mathrm{d}r$ befinden, ist proportional zu $4\,\pi\, r^2\, \mathrm{d}r$. Es folgt:

$$< R^2 > = \int_{r=0}^{R} 4\pi r^4\, \mathrm{d}r \Big/ \int_{r=0}^{R} 4\pi r^2\, \mathrm{d}r = (3/5)\, R^2 \tag{2.84}$$

Eine lineare Kette von Polymersegmenten besitzt die Form eines Stäbchens. Der Massenschwerpunkt eines Stäbchens der Länge L stimmt mit dem Zentrum des Stäbchens überein. Die Anzahl der Segmente mit einem Abstand zwischen r und $r + \mathrm{d}r$ vom Zentrum ist proportional zu $\mathrm{d}r$. Der maximal mögliche Wert von r ist $L/2$. Es gilt somit:

$$< R^2 > = \int_{r=0}^{L/2} r^2\, \mathrm{d}r \Big/ \int_{r=0}^{L/2} \mathrm{d}r = L^2/12 \tag{2.85}$$

Auf ähnliche Weise lassen sich die Trägheitsradien für andere Teilchenstrukturen berechnen. Eine Auswahl zeigt Tab. 2.10.

Wir wollen annehmen, dass ein Makromolekül die Molmasse $M_w = 500.000\ \mathrm{g\,mol^{-1}}$ und das spezifische Volumen $v_2 = 1\ \mathrm{cm^3\,g^{-1}}$ besitzt. Die Gleichungen in Tab. 2.10 können wir dann dazu benutzen, um den Trägheitsradius für die verschiedenen Modelle zu berechnen. Die Ergebnisse dieser Rechnung zeigt Tab. 2.11.

$< R >$ ist für eine harte Kugel sehr klein, drei- bis fünfmal größer für ein Knäuel und bis zu 100-mal größer für einen dünnen Zylinder. Die experimentelle Bestimmung von $< R >$ lässt deshalb gewisse Aussagen über die Molekularstruktur eines Makromoleküls zu. Es ist allerdings nicht möglich, mithilfe von $< R >$ die Molekularstruktur eindeutig zu bestim-

Tab. 2.10 Trägheitsradien für verschiedene Modellmoleküle

Modell	$<R^2>$	Bedeutung der Symbole
Harte Kugel	$(3/5)\,R^2$	R = Radius der Kugel
Hohlkugel	$(3/5)\left(R_a^5 - R_i^5\right)/\left(R_a^3 - R_i^3\right)$	R_a = äußerer Kugelradius R_i = innerer Kugelradius
Ellipsoid	$(a^2 + b^2 + c^2)/5$	a, b, c = Halbachsen
Stäbchen	$L^2/12$	L = Länge des Stäbchens
Scheibe	$(a^2 + b^2)/4$	a, b = Halbachsen
Zylinder	$(a^2 + b^2 + L^2/3)/5$	L = Länge des Zylinders
Lineares Knäuel im Θ-Zustand	$N^*\, l_K^2/6$	N^* = Anzahl der Segmente l_K = Kuhn'sche Länge
Lineares Knäuel im Nicht-Θ-Zustand	$\alpha^2 N^*\, l_K^2/6$	α = Expansionskoeffizient

Tab. 2.11 Trägheitsradien für Modellmoleküle der Sorte $M_w = 5 \cdot 10^5\,\text{g mol}^{-1}$, $\upsilon_2 = 1\,\text{cm}^3\,\text{g}^{-1}$

Modell		$<R>$ (nm)
Harte Kugel		0,45
Hohlkugel	$(R_a - R_i = 0{,}5\,\text{nm})$	1,15
	$(R_a - R_i = 1{,}0\,\text{nm})$	0,82
Zylinder($a = b$)	(a = 2,5 nm)	1,23
	(a = 1,0 nm)	7,63
	(a = 0,5 nm)	30,51
Knäuel*	($\alpha = 1$)	1,69
	($\alpha = 2$)	2,39

*Wir betrachten hier Polyvinylchlorid. Es gilt $N^* = 5 \cdot 10^5/62 \approx 80{,}65$ und $l_K = 0{,}46\,\text{nm}$.

men. Es ist lediglich möglich, die infrage kommenden Modellstrukturen auf einige wenige einzugrenzen.

Wir betrachten als Beispiel die Trägheitsradien in Tab. 2.12. Spalte 4 enthält die $<R>$ Werte, die die verschiedenen Makromoleküle theoretisch annehmen müssten, wenn sie die Gestalt einer harten unsolvatisierten (trockenen) Kugel besäßen. Spalte 5 enthält die gemessenen Werte von $<R>$. Der Vergleich zeigt, dass es sich bei drei der Substanzen um harte Kugeln handeln könnte. Das sind die beiden globulären Proteine Serumalbumin und Catalase sowie der Bushy-Stunt-Virus. Die theoretisch berechneten Werte von $<R>$ sind aber durchweg kleiner als die gemessenen Werte. Das hat zwei Gründe:

1. Die Makromoleküle enthalten Lösemittelmoleküle, die das einzelne Makromolekül solvatisieren (es wird dadurch gestreckt).
2. Die Gestalt des Makromoleküls weicht von der einer exakten Kugel ab.

Tab. 2.12 Vergleich experimentell bestimmter Trägheitsradien mit berechneten Werten

Substanz	Molmasse $M_w/(\mathrm{g\,mol^{-1}})$	Spezifisches Volumen $v_2\,(\mathrm{cm^3\,g^{-1}})$	Theoretische Werte für $<R>$ (nm) Modell: Kugel	Experimentell bestimmte Werte für $<R>$ (nm)
Serumalbumin	$6{,}6 \cdot 10^4$	0,75	2,1	3,0*
Catalase	$2{,}2 \cdot 10^5$	0,73	3,1	4,0*
Dextran	$5{,}0 \cdot 10^5$	0,60	4,5	22,0**
Polystyrol	$1{,}2 \cdot 10^6$	0,50	6,4	32,0**
Kalbsthymus-DNA	$6{,}0 \cdot 10^6$	0,56	10,6	150,0**
Bushy-Stunt-Virus	$1{,}1 \cdot 10^7$	0,74	11,3	12,0
Tabakmosaikvirus	$3{,}9 \cdot 10^7$	0,75	17,5	92,4

*Röntgenstreuung
** Statische Lichtstreuung; die Werte beziehen sich auf den Thetazustand

Die anderen Makromoleküle in Tab. 2.12 besitzen mit sehr großer Wahrscheinlichkeit keine Kugelgestalt. Bei ihnen handelt es sich eher um Zylinder oder um expandierte Knäuel. Um die exakte Gestalt dieser Moleküle zu bestimmen, sind zusätzliche Untersuchungen erforderlich.

2.4.3.10 Polydispersität

Wir haben bei der Berechnung von $<h>$ und $<R>$ angenommen, dass die Makromoleküle einer Probe die gleiche Molmasse besitzen. Das ist, wie wir schon wissen, fast nie der Fall. Wir müssen $<h>$ und $<R>$ deshalb noch bezüglich der verschiedenen Molmassen in der Probe mitteln. In Analogie zu den verschiedenen Mittelwerten der Molmasse werden auch hier Zahlen-, Massen- und Zentrifugenmittelwerte (Indizes n, w und z) unterschieden. Es gilt:

$$<h^2>_\mathrm{n} = \sum_{i=1}^{k} N_i <h^2>_i \Big/ \sum_{i=1}^{k} N_i \;;\quad <h^2>_\mathrm{w} = \sum_{i=1}^{k} N_i M_i <h^2>_i \Big/ \sum_{i=1}^{k} N_i M_i \tag{2.86}$$

$$<h^2>_\mathrm{z} = \sum_{i=1}^{k} N_i M_i^2 <h^2>_i \Big/ \sum_{i=1}^{k} N_i M_i^2$$

N_i ist die Anzahl und $<h^2>_i$ der über alle Konformationen gemittelte quadratische Kettenendenabstand der Makromoleküle mit der Molmasse M_i.

Im sog. Theta-Zustand, der ein Idealzustand ist, bei dem sich ein Knäuel wie ein ideales Zufallsknäuel verhält (Näheres zu diesem Zustand s. Abschn. 4.2.1 und 4.2.5), gilt:

$$<h^2>_i = (M_i/M_0)\ l_K^2/k$$

Hier ist M_0 die Molmasse eines Grundbausteins und k die Anzahl der Grundbausteine eines Kuhn'schen Segments der Länge l_K. Gl. 2.86 vereinfacht sich dann zu:

$$<h^2>_n = l_K^2/(kM_0)\sum_{i=1}^{k} N_i M_i \Big/ \sum_{i=1}^{k} N_i = (M_n/M_K)l_K^2$$

$$<h^2>_w = (M_w/M_K)l_K^2 \quad \text{und} \quad <h^2>_z = (M_w/M_K)l_K^2 \tag{2.87}$$

wobei $M_K = kM_0$ die Molmasse eines Kuhn'schen Segments ist.

Für Nicht-Theta-Zustände ergeben sich sehr viel kompliziertere Gleichungen zur Berechnung der Mittelwerte. Die allgemeine Beziehung für $<h^2>_i$ lautet dann

$$<h^2>_i = \widetilde{k}(M_i/M_0)^\sigma l_K^2$$

wobei K eine molmassenunabhängige Konstante und σ eine positive reelle Zahl größer eins sind.

Experimentell zugänglich sind nur die verschiedenen Mittelwerte von $<R^2>$. Es ist deshalb notwendig, die Mittelwerte von $<h^2>$ in die von $<R^2>$ umzurechnen. In guter Näherung darf dazu Gl. 2.82 verwendet werden. Die Art der bei einer Messung erhaltenen Mittelwerte von $<R^2>$ hängt von der benutzten Messmethode ab. So liefert die statische Lichtstreuung für $<R^2>$ einen z-Mittelwert und die Methode der Viskosimetrie einen η-Mittelwert.

2.4.3.11 Verzweigte Polymere

Der mittlere Kettenendenabstand $<h>$ hat bei verzweigten Makromolekülen keine Bedeutung. Ein verzweigtes Makromolekül besitzt mehrere Enden und somit mehrere Kettenendenabstände. Die Beschreibung der Makrokonformation erfolgt bei verzweigten Makromolekülen mithilfe dimensionsloser Faktoren.

Zwei Faktoren, der g- und der h-Faktor, sind besonders wichtig. Sie sind wie folgt definiert:

$$g \equiv <R^2>_b/<R^2>_l \tag{2.88}$$

$$\mathrm{h} \equiv <R_h>_b/<R_h>_l \tag{2.89}$$

Hierbei ist $<R^2>_b$ der mittlere quadratische Trägheitsradius des verzweigten Makromoleküls, $<R^2>_l$ der mittlere quadratische Trägheitsradius eines linearen Makromoleküls, das den gleichen Randbedingungen wie das verzweigte Molekül unterliegt und auch die gleiche Molmasse wie dieses besitzt, $<R_h>_b$ der mittlere hydrodynamische Radius des

Tab. 2.13 *g*- und *h*- Faktoren verzweigter Makromoleküle

Molekültyp	*g*-Faktor	*h*-Faktor	Erklärung der Symbole
Sterne mit gleich langen Armen	$(3f-2)/f^2$	$\frac{f^{1/2}}{(2-f)+\sqrt{2}(f-1)}$	$f =$ Anzahl der Arme mit $f \geq 3$
Sterne mit verschieden langen Armen, wobei die Armlängen *gaußartig* verteilt sind	$6f/(f+1)^2$	$\frac{16}{3(f+3)}\left(\frac{f+1}{\pi}\right)^{1/2}$	$f =$ Anzahl der Arme mit $f \geq 1$
Kämme, bei denen die Seitenzweige statistisch entlang der Hauptkette verteilt sind; die Seitenzweige sind alle gleich lang	$1+fp(2+3p+p^2)$ $+f^2p^2(1+3p)/(1+fp^3)$		$f =$ Anzahl der Verzweigungspunkte $p = f/(N - f\,n_b)$ $N =$ Anzahl der Segmente pro Makromolekül $n_b =$ Anzahl der Segmente eines Seitenzweigs
Baummoleküle mit trifunktionellen Verzweigungspunkten	$\left[\left(1+\frac{f}{7}\right)^{1/2}+\frac{4f}{9\pi}\right]^{1/2}$		$f =$ Anzahl der Zweige pro Molekül
Baummoleküle mit tetrafunktionellen Verzweigungspunkten	$\left[\left(1+\frac{f}{6}\right)^{1/2}+\frac{4f}{3\pi}\right]^{1/2}$		$f =$ Anzahl der Zweige pro Molekül
Baummoleküle mit Verzweigungspunkten der Funktionalität f, wobei ein Zweig aus nur einem Segment besteht	$\frac{3(f-1)}{f}$	$\frac{8}{3}\left(\frac{f-1}{\pi f}\right)^{1/2}$	$f =$ Funktionalität eines Segments

verzweigten Makromoleküls und $<R_h>$ 1 der mittlere hydrodynamische Radius des linearen Analogons. Für g und h existieren mathematische Ausdrücke, die für verschiedene Modelle von Verzweigungsstrukturen abgeleitet wurden. Einige Beispiele zeigt Tab. 2.13.

Literatur

M. Rubinstein, R. Colby, Polymer Physics, Oxford University Press, New York 2003.

H. Staudinger, Über die makromolekulare Chemie, Freiburger Wissenschaftliche Gesellschaft (Heft 28), Hans Speyer Verlag Hans Ferdinand Schulz, Freiburg i. Br. 1939.

Weiterführende Literatur

F.A. Bovey, Chain Structure and Conformation of Macromolecules, Academic Press, New York 1982

P. Karlson, Kurzes Lehrbuch der Biochemie für Mediziner und Naturwissenschaftler, Thieme, Stuttgart 1994

H. Morawetz, Polymers: The Origin and Growth of a Science, Wiley-Interscience, New York 1985

R.B. Seymour (Hg.), History of Polymer Science and Technology, Dekker, New York 1982

3 Synthese von Makromolekülen, Polyreaktionen

C. Kummerlöwe und M. Susoff

Dieses Kapitel stellt prinzipielle Synthesemöglichkeiten für Makromoleküle vor. Unter einer **Polyreaktion** zur Bildung von Makromolekülen oder Polymeren verstehen wir chemische Reaktionen, bei denen durch aufeinanderfolgende Reaktionen monomerer und auch oligomerer Verbindungen lineare, verzweigte oder vernetzte Makromoleküle gebildet werden. Damit ein derartiges Makromolekül gebildet wird, sind strukturelle, thermodynamische und kinetische Voraussetzungen zu erfüllen. Die Polyreaktionen werden in diesem Kapitel in Kettenwachstumsreaktionen und Stufenwachstumsreaktionen unterteilt. Außerdem werden in einem Abschnitt die chemischen Reaktionen an Makromolekülen beschrieben. Weitere Abschnitte widmen sich den Themen natürlich vorkommende Polymere und deren chemische Modifizierung, Polymere mit anorganischen Gruppen und den technischen Methoden der Polymersynthese.

Strukturelle Voraussetzungen

Die für Polyreaktionen eingesetzten **Monomere** müssen bi- oder multifunktionell sein. Für diese Funktionalität bieten sich mehrere Möglichkeiten an, z. B. Mehrfachbindungen (a), Ringe (b) und funktionelle Gruppen (c, d) als wichtigste Typen:

C. Kummerlöwe (✉) · M. Susoff
Fakultät für Ingenieurwissenschaften und Informatik, Hochschule Osnabrück, Osnabrück, Deutschland

S. Seiffert et al. (Hrsg.), *Lechner, Gehrke, Nordmeier – Makromolekulare Chemie*,
https://doi.org/10.1007/978-3-662-69248-6_3

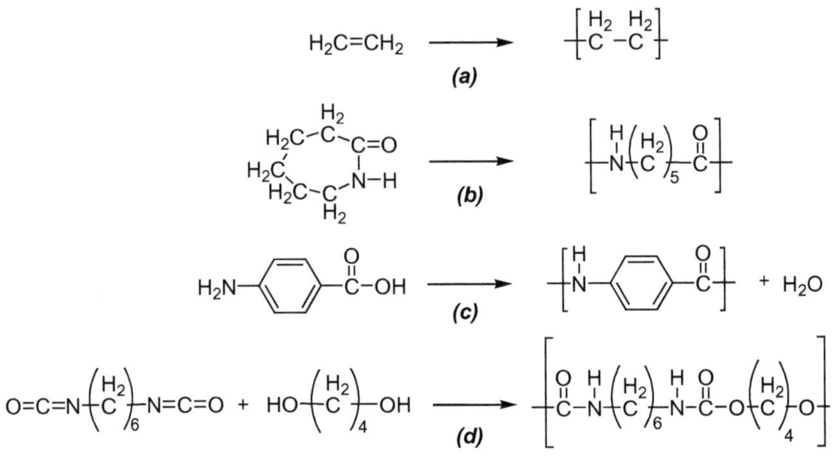

Thermodynamische Voraussetzungen
Wie in der niedermolekularen Chemie gilt der zweite Hauptsatz der Thermodynamik und folglich muss die **freie Polymerisationsenthalpie** ΔG_{P} negativ sein:

$$\Delta G_{\mathrm{P}} = \Delta H_{\mathrm{P}} - T \cdot \Delta S_{\mathrm{P}} \tag{3.1}$$

Die Problematik liegt bei Polyreaktionen darin, dass der Aufbau von makromolekularen Ketten zu einem höheren Ordnungsgrad führt und deshalb die Entropieänderung ΔS_{p} bei der Polyreaktion negativ ist. Da die Polymerisationsenthalpie ΔH_{p} stets negativ ist (bis -160 kJ mol^{-1}), kann eine Polymerisation nur stattfinden, wenn der Betrag $|T \cdot \Delta S_{\mathrm{P}}|$ kleiner als $|\Delta H_{\mathrm{P}}|$ ist. Bei $|T \cdot \Delta S_{\mathrm{P}}| = |\Delta H_{\mathrm{P}}|$ stehen Aufbaureaktionen der Makromoleküle (Polymerisation) und deren Abbau (Depolymerisation) im Gleichgewicht. Die entsprechende Temperatur bezeichnen wir als **Ceiling-Temperatur** T_{c}:

$$T_{\mathrm{c}} = \frac{\Delta H_{\mathrm{P}}}{\Delta S_{\mathrm{P}}} \tag{3.2}$$

Kinetische Voraussetzungen
Die Polyreaktion muss ausreichend schnell verlaufen. Dafür ist es notwendig, dass die Monomere bzw. die funktionellen Gruppen eine genügende Reaktivität aufweisen. Außerdem dürfen keine Konkurrenzreaktionen zum Aufbau der makromolekularen Ketten vorhanden sein, oder sie müssen langsam genug verlaufen.

Historisch gesehen wurden Polyreaktionen in Polymerisation, Polykondensation und Polyaddition eingeteilt. Der Begriff „Polymerisation" wird auch als Oberbegriff verwendet. Unter einer **Polymerisation** verstehen wir die Polyreaktion von Verbindungen mit

Mehrfachbindungen bzw. Ringen zu Makromolekülen (s. Formeln (a) und (b)). Unter einer **Polykondensation** verstehen wir eine Polyreaktion, bei der bi- oder multifunktionelle Monomere bzw. bereits gebildete Oligomere miteinander reagieren und Makromoleküle unter Abspaltung niedermolekularer Verbindungen bilden, wie am Beispiel (c) gezeigt wird. Die **Polyaddition** unterscheidet sich von der Polykondensation nur dadurch, dass keine niedermolekularen Verbindungen abgespalten werden (d).

Unter einem anderen Gesichtspunkt erfolgt die Einteilung der Polyreaktionen in Kettenwachstums- und Stufenwachstumsreaktionen. Bei der **Kettenwachstumsreaktion** lagert sich das Monomer (M) an ein reaktives Zentrum (C^*) an:

$$C^* + M \longrightarrow CM^*$$

Dieses reaktive Zentrum wandert und verbleibt (bis zur Desaktivierung) am Ende des Makromoleküls. Die Anlagerung des Monomers erfolgt sehr schnell. Eine Reaktion der Oligomere untereinander erfolgt nicht. Es wird sofort ein hoher **Polymerisationsgrad** erreicht, wie Abb. 3.1 zeigt. Hier wäre die Polymerisation einzuordnen. Eine „lebende" Polymerisation ist durch sehr schnelle Initiierung und Kettenwachstum charakterisiert. Dabei treten keine Abbruch- und Nebenrektionen auf. Deshalb ist in diesem Fall der Polymerisationsgrad direkt proportional zum Umsatz (b in Abb. 3.1). Die klassische radikalische Polymerisation dagegen ist durch die Initiatorbildungsreaktion, die unspezifische Reaktion der Radikale und daraus resultierende Abbruch- und Nebenreaktionen geprägt. Außerdem führt der Geleffekt oder Trommsdorff-Norrish-Effekt zur Selbstbeschleunigung der Reaktion, und ein schneller Anstieg des Polymerisationsgrads ist schon bei kleinen Umsätzen zu beobachten (c in Abb. 3.1).

Bei der **Stufenwachstumsreaktion** reagieren Monomere, aber auch bereits gebildete Oligomere miteinander stufenweise zu Makromolekülen. Die Reaktionen verlaufen langsam. Der Polymerisationsgrad steigt erst bei hohem Umsatz steil an (a in Abb. 3.1). Hier wären die Polykondensation und die Polyaddition einzuordnen (s. Formeln (c) und (d)).

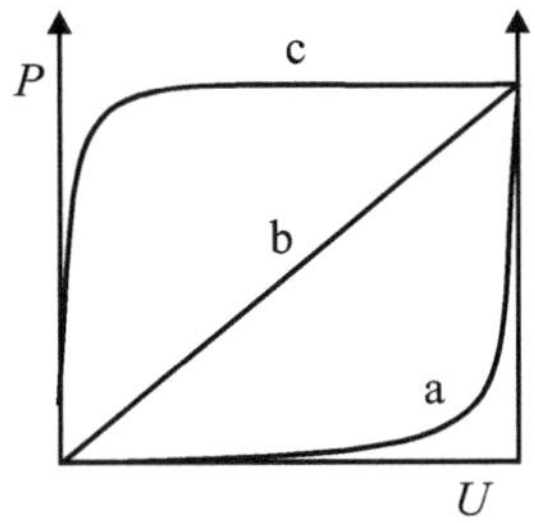

Abb. 3.1 Abhängigkeiten des Polymerisationsgrads P vom Umsatz U bei der Stufenwachstumsreaktion (**a**) sowie den Kettenwachstumsreaktionen ohne Abbruch (**b**) und mit Abbruch (**c**). (Elias 1999–2002)

Der wesentliche Unterschied der Stufenwachstums- und Kettenwachstumsreaktion besteht darin, dass bei der Kettenwachstumsreaktion das reaktive Zentrum am Kettenende verbleibt, also immer ein aktiver Zustand vorhanden ist, während bei der Stufenwachstumsreaktion nach jedem Reaktionsschritt der Grundzustand wieder durchlaufen wird.

Ein gemeinsamer Aspekt aller Reaktionsmechanismen soll hier bereits genannt werden. Die Reaktivität des Kettenendes, gleich ob ein aktives Zentrum oder eine funktionelle Gruppe vorliegt, ist unabhängig von der Länge des Makromoleküls. Diese von Flory bewiesene Annahme vereinfacht die Kinetik der Polyreaktionen außerordentlich. Ein weiterer gemeinsamer Aspekt ist, dass bei Polyreaktionen (von Ausnahmen abgesehen) keine einheitlichen Molmassen oder Polymerisationsgrade entstehen, sondern stets eine Molmassen- oder Polymerisationsgradverteilung vorliegt. Daraus ergeben sich unterschiedliche Mittelwerte, je nachdem, ob die Messmethoden auf die Zahl (M_n) oder die Masse (M_w) der Polymermoleküle ansprechen (Abschn. 2.1.3).

3.1 Kettenwachstumsreaktionen

C. Kummerlöwe

Strukturelle Voraussetzungen

Bei der Kettenwachstumsreaktion oder Polymerisation müssen als essenzielle Reaktanden ein **Initiator** und das Monomer vorhanden sein.

Als Initiatoren können Radikalbildner, Carbanionen, Carbokationen oder Komplexverbindungen wirken. Demzufolge werden die entsprechenden Polymerisationen normalerweise als radikalische, anionische, kationische oder koordinative Polymerisation bezeichnet. Aber nicht in jedem Fall entspricht der sich einstellende Mechanismus auch dem Initiator. Die koordinative Polymerisation wird wegen eines besonderen Wachstumsmechanismus auch als Polyinsertion bezeichnet, und aus besonderen, historischen Gründen wird hier der Initiator auch Katalysator genannt. Spontane Polymerisationen ohne Initiatorzugabe sind eine Ausnahme und nur von Styrol und Methylmethacrylat bekannt.

Die zweite Komponente, das Monomer, muss als strukturelle Voraussetzung eine Doppelbindung oder einen Ring aufweisen. Die wichtigsten derartigen Verbindungen sind z. B. Olefine, Diene, Vinylverbindungen, Aldehyde sowie cyclische Ether, Amide und Ester.

Nicht alle Monomere sind mit allen oben genannten Initiatoren polymerisierbar. In Tab. 3.1 sind eine Reihe gebräuchlicher Monomere unter dem Aspekt ihrer Polymerisationsfähigkeit mit obigen Initiatoren zusammengestellt. Tab. 3.1 stellt nur einen kleinen Ausschnitt dar und zeigt, dass manche Monomere nur nach einem Mechanismus, andere nach verschiedenen Mechanismen polymerisierbar sind. Prinzipiell gilt, dass die Polymerisation nur durch das abgestimmte Zusammenwirken von Initiator und Monomer funktioniert.

Tab. 3.1 Polymerisationsfähigkeit von Monomeren

Monomer	Polymerisation			
	radikalisch	anionisch	kationisch	koordinativ
Ethylen	⊕			⊕
Propylen			+	⊕
Isobutylen			⊕	+
Butadien	⊕	⊕	+	⊕
Isopren	+		+	⊕
Styrol	⊕	+	+	+
Vinylchlorid	⊕			
Vinylacetat	⊕			
Vinylether			⊕	+
Acrylnitril	⊕			
Tetrafluorethylen	⊕			
Formaldehyd		+	⊕	
Ethylenoxid		⊕	+	
Cyclopenten				⊕
Tetrahydrofuran			⊕	
Caprolactam		⊕	+	

+ Polymerisation möglich
⊕ Polymerisation großtechnisch durchgeführt

Für dieses Zusammenwirken mit dem Ziel der Polymerisation sind die Elektronenverteilung an der Doppelbindung des Monomers und die Resonanzsituation am aktiven Kettenende maßgebend. Elektronendonorsubstituenten, wie z. B. $-CH_3$, $-OR$, bewirken eine Polarisation der Doppelbindung des Monomers und ermöglichen eine Polymerisation mit kationischen Initiatoren:

$$\begin{array}{ccccc} & \delta- & & \delta+ \\ H_2 & C & = & CH \\ & & & | \\ & & & OR \end{array}$$

Elektronenakzeptorsubstituenten, wie z. B. $-CN$, $-COOR$, polarisieren die Doppelbindung in entgegengesetztem Sinn und ermöglichen eine Polymerisation mit anionischen Initiatoren.

Die Initiierung mit radikalischen Initiatoren ist im Gesamtbereich der Vinylmonomere möglich. Das befindet sich in Übereinstimmung mit der Erkenntnis der Organischen Chemie, dass radikalische Reaktionen relativ unspezifisch sind. Von der radikalischen Initiierung ausgenommen sind Monomere mit starken Elektronendonorsubstituenten, wie z. B. Vinylether und Isobutylen. Letzteres bildet stabile Allylradikale. Davon ausgenommen sind auch die meisten Olefine, die nur mit koordinativen Katalysatoren polymerisierbar sind; auch Ethylen ist nur unter einem extremen Druck und bei hoher Temperatur radikalisch polymerisierbar. Ausgenommen sind auch Monomere mit Doppelbindungen zwischen dem Kohlenstoff und einem Heteroatom, z. B. Sauerstoff- oder Stickstoffatom und ringförmigen Verbindungen. Sie lassen sich nur gut mit ionischen oder koordinativen Initiatoren polymerisieren.

Von den strukturellen Voraussetzungen lässt sich zusammenfassend sagen, dass die radikalische Polymerisation eine zentrale Bedeutung hat. Andere Polymerisationsmechanismen werden nur angewandt, wenn das Monomer nicht oder schwer radikalisch polymerisierbar ist oder bei einer derartigen Polymerisation besonders attraktive Polymerstrukturen entstehen. Dass ionische Polymerisationen wesentlich empfindlicher gegenüber Verunreinigungen sind, kommt als weiterer Grund hinzu. Hieraus erklärt sich auch die überragende Bedeutung der radikalischen Polymerisation gegenüber anderen Mechanismen in der Großproduktion.

Thermodynamische Voraussetzungen

Wie bei jeder chemischen Reaktion, steht auch die Kettenwachstumsreaktion mit ihrer Rückreaktion im Gleichgewicht:

$$P^*_n \rightleftharpoons P^*_{n+1}$$

Die Gleichgewichtskonstante K_{gl} ergibt sich dann zu:

$$K_{\mathrm{gl}} = \left[P^*_{n+1}\right] / \left(\left[P^*_n\right] \cdot [M]\right) \tag{3.3}$$

Bei hohen Polymerisationsgraden können wir $[P^*_n]$ und $[P^*_{n+1}]$ gleichsetzen, und daraus folgt:

$$K_{\mathrm{gl}} = 1/[M]_{\mathrm{gl}} \tag{3.4}$$

Somit ist die Monomerkonzentration im Gleichgewicht $[M]_{\mathrm{gl}}$ umgekehrt proportional zur Gleichgewichtskonstante. Beide beeinflussen das Polymerisations-/Depolymerisationsverhalten. Bei polymerisierbaren Monomeren ist verständlicherweise $[M]_{\mathrm{gl}}$ klein, zwischen 10^{-3} und 10^{-10} mol dm^{-3}. Das Gleichgewicht ist weitgehend in Richtung des Polymers verschoben. Aus Gl. 3.5 ist ersichtlich, dass die Gleichgewichtskonzentration des Monomers über die Temperatur mit der freien Polymerisationsenthalpie verbunden ist:

$$\Delta G_{\mathrm{P}} = -R \cdot T \cdot \ln K_{\mathrm{gl}} \tag{3.5}$$

In diese thermodynamischen Beziehungen spielen allerdings Fragen des Initiators und somit des Polymerisationsmechanismus herein. Voraussetzung ist z. B., dass das aktive Kettenende über die Gesamtzeit der Polymerisation aktiv bleibt; dies liegt bei der radikalischen Polymerisation nicht vor. Hier tritt eine Desaktivierung der aktiven Kettenenden im Verlauf der Polymerisation ein (Abschn. 3.1.1). Die Polymermoleküle werden so dem Gleichgewicht entzogen.

Kinetische Voraussetzungen

Jede Kettenreaktion ist durch die Schritte Start, Wachstum und Abbruch charakterisiert. In der Makromolekularen Chemie sind diese Schritte wie folgt realisiert: Durch die Initiatoren werden die eigentlich kettenauslösenden Spezies in Form von Radikalen, Ionen oder Komplexverbindungen R^* gebildet oder zugesetzt. Diese lösen die **Startreaktion** mit dem Monomer M aus:

$$R^* + M \longrightarrow RM^*$$

Die **Wachstumsreaktion** erfolgt durch vielfache Addition des Monomers an das aktive Kettenende:

$$RM^* + nM \longrightarrow RM^*{}_{n+1}$$

$RM^*{}_n$ bzw. $RM^*{}_{n+1}$ lässt sich wegen der Länge der Kette auch als P^* auffassen. Das aktive Zentrum verbleibt dabei am Ende der Polymerkette. In dieser Wachstumsreaktion wird das eigentliche Polymermolekül mit seinem hohen Polymerisationsgrad gebildet, und hier wird auch die Struktur des Makromoleküls ausgebildet.

Für die Beendigung des Kettenwachstums müssen wir folgende Möglichkeiten unterscheiden:

- **Kettenabbruch**:

$$P^* + A \longrightarrow P + \text{inaktive Produkte}$$

  Hierbei werden die kinetische Kette wie auch die stofflichen Makromolekülkette abgebrochen.
- **Kettenübertragung**:

$$P^* + LH \longrightarrow PH + L^*$$

  Hierbei läuft die kinetische Kette weiter, da L^* noch aktiv ist, aber die stoffliche Makromolekülkette wird beendet bzw. abgebrochen. Es wird also das aktive Zentrum auf L übertragen, das als L^* eine weitere Kette startet, und ein Wasserstoffatom wird in der Gegenrichtung auf das Polymermolekül übertragen und dieses damit desaktiviert. Die Kettenübertragung wirkt sich so aus, dass bei Zusatz geeigneter Überträgersubstanzen der Polymerisationsgrad begrenzt wird, ohne die Polymerisationsgeschwindigkeit zu erniedrigen.

3.1.1 Radikalische Polymerisation

Die radikalische Polymerisation ist die am besten untersuchte Polymerisation. Das ist schon deshalb verständlich, weil radikalische Polymerisationen in der Großtechnik eine führende Stellung einnehmen. Diese Bedeutung geht nicht nur auf die Zugänglichkeit vieler Monomere für radikalische Polymerisationen und damit auf die Verarbeitung und Anwendung derartiger Polymere zurück, sondern auch auf die einfache technische Realisierung dieser Polymerisation. Wie bei allen Kettenreaktionen unterteilt sich die radikalische Polymerisation in die Elementarschritte Start, Wachstum und Abbruch. Die zum Start benötigten Radikale müssen in den meisten Fällen allerdings erst in situ gebildet werden. Diesen Schritt bezeichnen wir als **Radikalbildungsreaktion**. Resonanzstabilisierte Radikale starten die Polymerisation nicht. Außerdem sind bei der radikalischen Polymerisation Übertragungsreaktionen zu berücksichtigen.

Monomere

Eine Vielzahl von Monomeren ist der radikalischen Polymerisation zugänglich, die hier nicht alle aufgezählt werden können. Einige der entsprechenden Polymere finden sich in Tab. 3.2. Eine besonders bevorzugte Grundbedingung der radikalischen Polymerisationsfähigkeit stellt die Doppelbindung dar. Als einfachstes Monomer wäre das Ethylen zu nennen, welches allerdings nur bei hohem Druck radikalisch polymerisiert. Weitere radikalisch polymerisationsfähige Kohlenwasserstoffklassen sind Styrol und seine Substitutionsprodukte sowie Diene, ebenfalls monosubstituierte Ethylenderivate wie Vinylverbindungen (z. B. Vinylchlorid, -acetat, -formamid, -pyrrolidon), Acrylverbindungen (z. B. Acrylnitril, -amid, -säure, -ester) und Allylverbindungen (z. B. Allylalkohol, -ether, -ester). Polymerisierbare 1,1-disubstituierte Ethylenverbindungen sind Methacrylverbindungen (z. B. Methacrylsäure, -ester, -nitril) und Vinylidenverbindungen (z. B. Vinylidenchlorid, -fluorid, -cyanid,). 1,2-disubstituierte und trisubstituierte Ethylenderivate polymerisieren meist auch z. B. Bismaleinimide, zeigen aber oft geringere Reaktivität als monosubstituierte Verbindungen.

Kohlenstoff-Heteroatom(N, O)-Doppelbindungen sind bezüglich ihrer radikalischen Polymerisationsfähigkeit nur in Einzelfällen ($CF_3 - CHO$) bekannt. Sie bilden die Domäne der ionischen Polymerisation (Abschn. 3.1.2).

Gesättigte Ringe sollten radikalisch polymerisierbar sein, soweit sie Ringspannung aufweisen. Gefördert wird die Polymerisierbarkeit dieser Verbindungen durch eine terminale Kohlenstoff-Kohlenstoff-Doppelbindung und ein Heteroatom O oder S im Ring in Form von Ethern, Acetalen oder funktionellen Gruppen am Ring in Form von z. B. Estern, Nitrilen und Halogen.

Für ungesättigte Ringe stellt die Polymerisation mittels Metathese eine Methode der Wahl dar (Abschn. 3.1.3).

Tab. 3.2 Hauptanwendungsgebiete wichtiger, durch radikalische Polymerisation industriell hergestellter Polymere

Polymer	Hauptanwendungsgebiete
Polyethylen niederer Dichte (LDPE)	Thermoplast: Folien, Beutel, Flaschen, Schüsseln, Spielzeug, Kabelummantelungen
Polystyrol (PS)	Thermoplast: Gehäuse, Behälter, Haushaltswaren, Verpackung Isolierung mit Schäumen
Poly(*p*-hydroxystyrol)	Grundmolekül der Mikrolithografie
Polyacrylnitril (PAN)	Kohlefasern, Textilfaser
Styrol-Butadien-Copolymere (SBR)	Elastomer: Reifen, Dichtungen, Riemen, Schuhsohlen, Matten, elektrisches Isolationsmaterial
Acrylnitril-Butadien-Copolymere (NBR)	Elastomer: Tanks, Kanister, Schläuche, Dichtungen
Acrylnitril-Butadien-Styrol-Copolymere (ABS)	Thermoplast: schlagzäh, technische Teile, Gehäuse, z. B. Telefone, Autoteile
Polyvinylchlorid (PVC)	Thermoplast: PVC weich: Folien, Bodenbeläge, Draht und Rohrisolierung, PVC hart: Platten, Rohre, Fensterrahmen
Polychloropren (CR)	Elastomer: Reifen, Riemen, Schläuche, Drahtisolierungen
Polyvinylidenchlorid (PVDC)	Thermoplast: Barrierefolien, Faserrohstoff
Polyvinylfluorid (PVF)	Thermoplast: Schutzanstriche
Polyvinylidenfluorid (PVDF)	Thermoplast: piezoelektrische Materialien
Polytetrafluorethylen (PTFE)	Thermoplast: Dichtungen, Lager, Membranen, Ventile, elektrische Isolation, Antihaftbeschichtungen
Polymethylmethacrylat (PMMA)	Thermoplast: Scheiben, Täfelungen, Effektgegenstände, Linsen, Prothesen, Knochenzement
Polyvinylacetat (PVAC)	Thermoplast: Grundstoff für Klebstoffe, Lacke, Herstellung von Polyvinylalkohol
Polyacrylsäure (PAA)	Klebstoffe, Verdickungsmittel, Superabsorber, Dispergiermittel
Polyacrylamid (PAM)	Verdickungsmittel, Ausflockungsmittel
Polyallylverbindungen	Linsen, elektronische Teile
Polyvinylcarbazol	Isolationsmaterial
Polyvinylpyrrolidon	Bindemittel, Filmbildner, Klebstoff
Poly(*p*-xylylen)	Filmbildner für Kondensatorschichten

3.1.1.1 Startreaktion

Die Startreaktion der radikalischen Polymerisation ist die Reaktion des ersten Monomers mit dem radikalischen Initiator. Die Radikale müssen vorab aus den Initiatoren bei einer Radikalbildungsreaktion in situ gebildet werden.

Radikalbildung

Der häufigste Fall ist die Bildung der freien Radikale $R^{\bullet}$ aus dem Initiator I durch Spaltung von Atombindungen:

$$I \rightarrow 2R^{\bullet}$$

Eine Bedingung ist, dass dies bei Temperaturen geschehen muss, die für die Polymerisation geeignet sind. Die Zerfallsgeschwindigkeit des Initiators v_{d} ist dann

$$v_{\mathrm{d}} = -\mathrm{d}[\mathrm{I}]/\mathrm{d}t = k_{\mathrm{d}} \cdot [\mathrm{I}], \tag{3.6}$$

wobei t die Zeit und k_{d} die Geschwindigkeitskonstante des Initiatorzerfalls bedeutet (Tab. 3.3).

Geeignete Radikalbildner sind Peroxide, Azoverbindungen, Hydroperoxide und Organometallverbindungen. Als Zerfallstemperaturen des Initiators zu Radikalen werden 40–70 °C angestrebt.

Die oben erwähnte In-situ-Bildung bedeutet, dass die Radikalbildung in Gegenwart des Monomers erfolgt, damit möglichst viele Radikale die Polymerisation starten und nicht durch Desaktivierung verloren gehen. Trotzdem ist die Umsetzung der Radikale mit den Monomeren nicht 100 %ig. Der Grund hierfür besteht darin, dass radikalische Polymerisationen in Lösungs- oder Verdünnungsmitteln (Ausnahme: Substanzpolymerisation) durchgeführt werden und diese in großem Überschuss gegenüber dem Monomer vorhanden sind. Zerfällt der Initiator in zwei Radikale, müssen diese erst den Lösemittelkäfig, der sich um sie befindet, verlassen, um mit einem Monomer zu reagieren. Geschieht das nicht genügend schnell, was auch von der Viskosität des Lösemittels abhängig ist, rekombinieren die Radikale wieder und gehen der Startreaktion verloren. Die Ausbeute an Radikalen lässt sich mittels radioaktiver oder markierter Initiatoren bestimmen, wird mit **Radikalausbeute** f bezeichnet und bedeutet die Zahl der genutzten Radikale zur Gesamtzahl der Radikale.

Die Bildungsgeschwindigkeit der Radikale v_{r} ist dann, wenn das Initiatormolekül in zwei Radikale zerfällt:

$$v_{\mathrm{r}} = 2 \cdot f \cdot v_{\mathrm{d}} \tag{3.7}$$

Tab. 3.3 Geschwindigkeitskonstante k_{d}, Aktivierungsenergie E_{d} des Initiatorzerfalls und Übertragungskonstante zum Initiator $C_{\mathrm{üI}}$ von Polystyrol

Initiator	$k_{\mathrm{d}} \cdot 10^6$ (s^{-1})	E_{d} ($\mathrm{kJ\ mol}^{-1}$)	Löse-mittel	T (°C)	$C_{\mathrm{üI}}$ bei 60 °C
Azobis*iso*butyronitril	0,48	123,4	Benzol	40	0
Dibenzoylperoxid	11,7	133,9	Benzol	70	0,048
Dilauroylperoxid	15,1	127,2	Benzol	60	0,024 (70 °C)
Di-*tert*-butylperoxid	0,078	142,3	Benzol	80	0,0013
tert-Butylhydroperoxid	0,3	138,0	Benzol	130	0,035
Di*iso*propylperoxidicarbonat	6,3	113,0	Decan	35	
Kaliumperoxidisulfat	68,9	146,2	Wasser	80	

Damit ergibt sich:

$$\frac{\mathrm{d}[R^\bullet]}{\mathrm{d}t} = 2 \cdot f \cdot k_\mathrm{d} \cdot [\mathrm{I}] \tag{3.8}$$

Damit scheint die Radikalbildung übersichtlich zu sein. Das ist sie jedoch leider nur in den einfachen Fällen.

Radikalbildung durch Azoverbindungen oder Peroxide

Azoverbindungen gehören zu diesen einfachen Fällen. 2,2′-Azobis(isobutyronitril) (AIBN) ist die wichtigste Azoverbindung und bildet unter Freisetzung des inerten Stickstoffs zwei 2-Cyanoisopropylradikale:

Die Radikalausbeute *f* beträgt ca. 0,5 oder 50 %, d. h., jedes zweite Cyanoisopropylradikal rekombiniert wieder mit einem gleichen und ist für die Polymerisation verloren. Die Radikalausbeute lässt sich erhöhen, wenn statt der Methylreste sterisch anspruchsvollere Reste einführt werden. Insgesamt ist zu beachten, dass die für die Polymerisation als Radikalbildner infrage kommenden Substanzen tertiäre Azoverbindungen mit Gruppen wie Nitril, Aryl und Carboxyalkyl sind.

Peroxide sind die zweite große Gruppe radikalliefernder Substanzen. Diese können nicht nur zur thermischen, sondern auch zur photochemischen Radikalbildung genutzt werden. Die Gruppe der Peroxide ist vielfältig und umfasst u. a. Diacyl- und Dialkylperoxide, Perester, Hydroperoxide und anorganische Peroxide. Die beiden letztgenannten sollen bei der Redoxpolymerisation behandelt werden. Als Diacylperoxide werden aus Gründen der guten Handhabbarkeit im Wesentlichen das Dibenzoylperoxid (BPO) und das Dilauroylperoxid verwendet. Die Zerfallsreaktion des Dibenzoylperoxids ist abhängig von der An- oder Abwesenheit des Monomers.

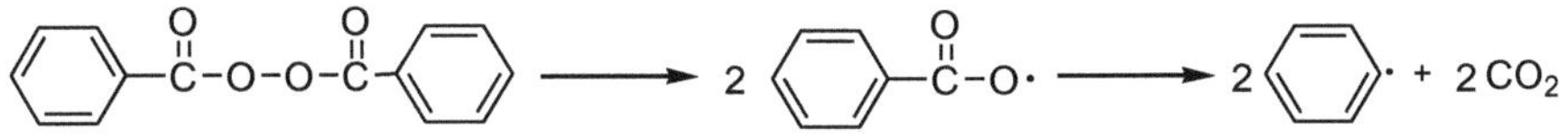

In Gegenwart des Monomers reagiert das Benzoyloxylradikal sofort damit, und die Kettenreaktion wird gestartet. Ohne Monomer fragmentiert das Benzoyloxylradikal zu Phenylradikal und Kohlendioxid. Aliphatische Acyloxylradikale fragmentieren wesentlich leichter. Die gebildeten Aryl- oder Alkylradikale starten je nach Struktur ebenfalls die Polymerisation oder bilden inaktive Produkte. Von den Dialkylperoxiden werden Diamyl- und Di-*tert*-butylperoxid bei höheren Temperaturen angewandt. Als Perester dienen vor allem *tert*-Butylester, z. B. solche der Oxalsäure. Auch Dialkyldioxydicarbonate werden als Radikalbildner eingesetzt.

Als Nebenreaktion bei der Radikalbildung aus Peroxiden kommt außer der Rekombination und der Fragmentierung auch der induzierte Zerfall der Initiatoren in Betracht:

$$R'-\overset{\displaystyle O}{\overset{\|}{C}}-O-O-\overset{\displaystyle O}{\overset{\|}{C}}-R'+R^{\bullet}\rightarrow R'-\overset{\displaystyle O}{\overset{\|}{C}}-O-R+R'-\overset{\displaystyle O}{\overset{\|}{C}}-\dot{O}$$

Dabei reagiert ein Radikal mit einem noch intakten Peroxid unter Ausbildung eines Esters und eines Acyloxylradikals. Diese Reaktion hat den Charakter einer Übertragung zum Initiator mit der Übertragungskonstante $C_{\ddot{u}I}$ (Tab. 3.3). Würde diese Reaktion nicht eintreten und das Diacylperoxid normal zerfallen, wären drei Radikale das Ergebnis. Beim induzierten Zerfall ist die Summe der Radikale eins, d. h., das Peroxid ist dem System verloren gegangen, der Initiator wird schneller verbraucht. Das Geschwindigkeitsgesetz lautet dann folgendermaßen:

$$-\frac{\mathrm{d}[\mathrm{I}]}{\mathrm{d}t}=k_{\mathrm{d}}\cdot[\mathrm{I}]+k'\cdot[\mathrm{I}]^{x} \tag{3.9}$$

Radikalbildung durch Redoxsysteme

Die soeben beschriebenen Initiatoren sind bei Temperaturen unter 40 °C schlechter aufzubewahren und handhabbar. Deshalb sind andere Möglichkeiten der Radikalbildung bei tiefen Temperaturen wünschenswert. Solche Radikalbildungsreaktionen sind ferner von Interesse, weil durch die Polymerisationstemperatur die Struktur und damit die Eigenschaften des Polymers beeinflusst werden können. Zur Erzeugung von Radikalen bei tieferen Temperaturen dienen Redoxreaktionen, bei denen die Radikale durch Elektronenübertragung gebildet werden. Ein oft eingesetztes Redoxsystem besteht aus Wasserstoffperoxid und Eisensalzen:

$$Fe^{2+}+H_2O_2\rightarrow Fe^{3+}+OH^-+\cdot OH$$

Peroxide geben eine ähnliche Reaktion. Unerwünscht sind größere Mengen Eisensalze, da sie die Oxydationsempfindlichkeit des Polymers erhöhen. Folgendes System benötigt nur katalytische Mengen an Eisenionen:

$$Fe^{2+}+S_2O_8^{2-}\rightarrow SO_4^{2-}+Fe^{3+}+\dot{S}O_4^-$$
$$Fe^{3+}+SO_3^{2-}\rightarrow Fe^{2+}+\dot{S}O_3^-$$

Bekannt sind auch nicht wasserlösliche Redoxsysteme. Als Standardbeispiel soll die Reaktion von Aminen mit Benzoylperoxid genannt werden. Das Amin spaltet das Peroxid heterolytisch. Es bilden sich so zwei aktive Radikale und Benzoesäure. Im Gegensatz zur homolytischen Spaltung der Peroxidbindung bei höheren Temperaturen läuft diese Reaktion bei Raumtemperatur ab. Deshalb werden Peroxid/Amin-Initiatorsysteme für kalthärtende 2-Komponenten-Reaktionssysteme eingesetzt:

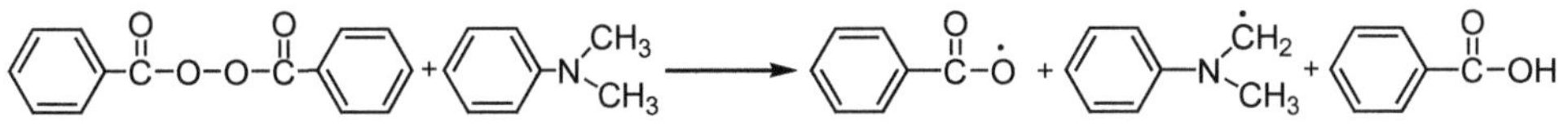

Mit den drei erwähnten Redoxsystemen wurden nur die drei wichtigsten Typen vorgestellt. Es gibt zahlreiche andere Redoxsysteme, die für die Polymerisation Anwendung finden, z. B. bei der Kaltkautschuk-Copolymerisation von Butadien/Styrol bei + 5 °C und der Fällungspolymerisation von Acrylnitril bei 25 °C.

Photoinitiatoren als Radikalbildner

UV- und sichtbares Licht sind in der Lage, geeignete Verbindungen, wie Benzoine oder Benzil, aber auch Disulfide, Peroxide und Azoverbindungen, in Radikale zu spalten. Diese Art der Radikalbildung findet z. B. bei Stereolithografie oder bei der zahnärztlichen Verarbeitung von Dentalkompositen Anwendung. Als Beispiel soll hier die Zerfallsreaktion von Acylphosphinoxid (TPO) genannt werden, welches optimal mit Licht einer Wellenlänge von 420 nm zerfällt:

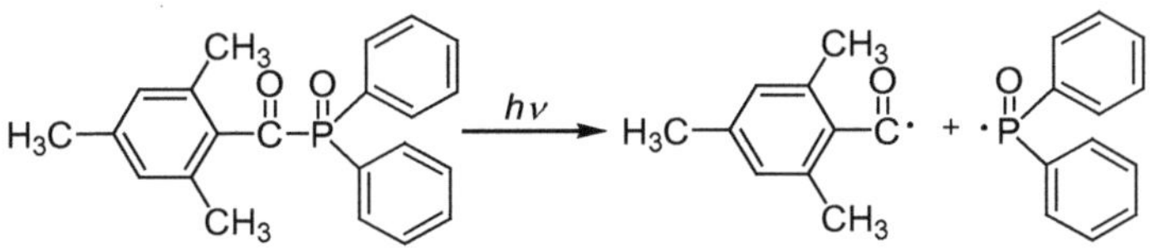

Ein anderes Beispiel ist die Reaktion von Campherchinon mit Aminen:

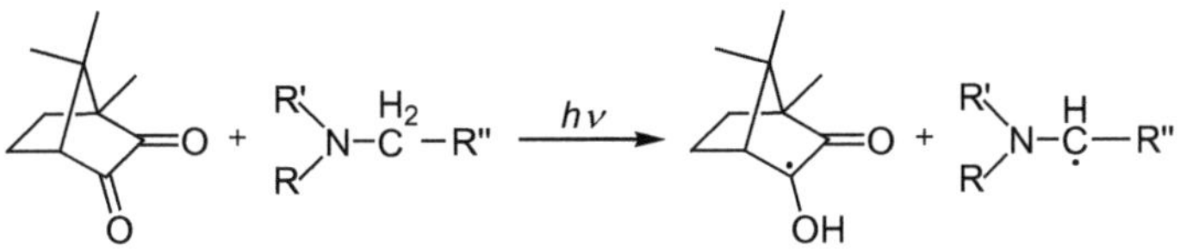

Photoinitiierungen verlaufen auch bei tiefen Temperaturen, die entsprechende Aktivierungsenergie wird durch die Energie der Strahlung eingebracht. Gleiches gilt für die Radikalbildung mit energiereicherer Strahlung, z. B. Röntgen- und γ-Strahlung oder sogar Plasmazündung.

Radikalbildung bei der thermischen Polymerisation

Eine thermische Polymerisation ohne Zusatz von Radikalbildnern zum System ist für Styrol und einigen seiner Derivate möglich. Styrol polymerisiert auf diese Weise bei 100 °C mit etwa 2 % pro Stunde. Über eine Diels-Alder-Reaktion wird bei der Styrolpolymerisation ein radikalischer Mechanismus angenommen:

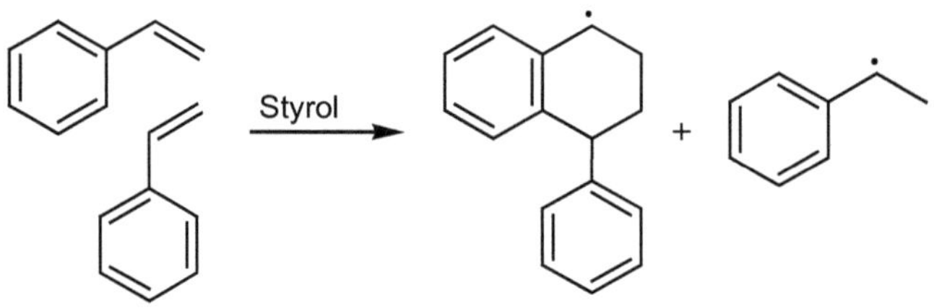

Hinweise dafür liefert das Stoppen der Polymerisation im Oligomerbereich mit anschließender Untersuchung der Endgruppen.

Auch von anderen Monomeren wurde über eine thermische Homopolymerisation ohne Initiatoren berichtet; schlüssige Beweise dafür liegen aber nicht vor. Die Schwierigkeit besteht in dem absoluten Ausschluss von Verunreinigungen, damit diese als Initiatoren nicht mehr infrage kommen.

Startreaktion

Bei der Startreaktion reagiert das aus dem Initiator gebildete Radikal R˙ definitionsgemäß mit dem ersten Monomermolekül M:

$$\dot{R} + M \longrightarrow R\dot{M}$$

Dabei geht die radikalische Funktion auf das Monomer über, d. h., es liegt ein um eine Monomereinheit verlängertes Radikal vor. Diese Reaktion verläuft sehr schnell und wird durch die Geschwindigkeitskonstante der Startreaktion k_{st} bestimmt:

$$v_{st} = k_{st} \cdot [R^\bullet] \cdot [M] \tag{3.10}$$

Bei den meisten Polymerisationen verläuft die Radikalbildungsreaktion wesentlich langsamer als die Startreaktion ab. Deshalb ist die Radikalbildung der geschwindigkeitsbestimmende Schritt, und folglich lässt sich die Startgeschwindigkeit auch durch die Initiatordissoziation ausdrücken:

$$v_{st} = 2 \cdot f \cdot k_d \cdot [I] \tag{3.11}$$

Vorstehende Ausführungen bedeuten nicht, dass jeder radikalische Initiator mit jedem radikalisch polymerisierbaren Monomer polymerisiert, z. B. polymerisiert Dibenzoylperoxid phenolgruppenhaltige Vinylmonomere nicht, dagegen AIBN.

Weiterhin ist anzumerken, dass zwar in der Regel die Addition des Radikals am β-Kohlenstoffatom des Monomers erfolgt, sie wurde aber auch am α-Kohlenstoffatom nachgewiesen (Abschn. 3.1.1.2). Bei einem weiteren Reaktionstyp geht die radikalische Funktion vom Initiator zum Monomer über, ohne dass der Initiator eingebaut wird:

$$\dot{R} + H_2C{=}\underset{\displaystyle R}{\underset{|}{CH}} \longrightarrow RH + H_2C{=}\underset{\displaystyle R}{\underset{|}{\dot{C}}}$$

Dies stellt eine Übertragung zum Monomer dar (Abschn. 3.1.1.4).

3.1.1.2 Wachstumsreaktion

Bei der Wachstumsreaktion lagert das bei der Startreaktion gebildete Radikal $RM^{\cdot}$ weitere Monomere in Form einer vielfachen Addition an:

$$RM^* + nM \xrightarrow{k_w} P^{\cdot}$$

Die sich bei der vielfachen Addition bildende makromolekulare Kette bezeichnen wir auch als P oder, um die radikalische Funktion am Ende darzustellen, als $P^{\cdot}$. Definitionsgemäß ändert sich die Radikalkonzentration während der Wachstumsreaktion nicht. Die Radikale am Kettenende setzen also das Wachstum ungehindert auch in Form einer kinetischen Kette fort. Mit der Erkenntnis, dass die Geschwindigkeitskonstante der Wachstumsreaktion k_w unabhängig von der Länge des Makromoleküls ist, ergibt sich die Wachstumsgeschwindigkeit v_w zu:

$$v_w = k_w \cdot [P^{\bullet}] \cdot [M] \tag{3.12}$$

Da während der Wachstumsreaktion zum Polymer mit einem Polymerisationsgrad von 100 und größer die überwiegende Menge des Monomers verbraucht wird, können wir die Wachstumsgeschwindigkeit auch gleich der **Bruttopolymerisationsgeschwindigkeit** v_{Br} setzen:

$$v_{Br} = k_w \cdot [P^{\bullet}] \cdot [M] \tag{3.13}$$

Die Geschwindigkeitskonstante der Wachstumsreaktion ist abhängig vom Polymerradikal und vom Monomer, wobei das Polymerradikal als reaktive Stelle ausschlaggebend ist. Je resonanzstabilisierter das Polymerradikal ist, desto langsamer verläuft das Wachstum (Tab. 3.4). Styrol bietet dem Radikal über seinen Phenylkern eine Reihe mesomerer Grenzstrukturen, also eine Mesomeriestabilisierung an. Aus diesem Grund liegt die Geschwindigkeitskonstante so niedrig, und die Polymerisation verläuft langsam. Vinylacetat hat diese Möglichkeit nicht.

Insgesamt hängt die Geschwindigkeit des Wachstums von sterischen und polaren Effekten beider Reaktionspartner ab. Aus diesem Grund polymerisieren 1,1-disubstituierte Ethylenverbindungen schneller als monosubstituierte und 1,2-disubstituierte langsamer.

Tab. 3.4 Geschwindigkeitskonstanten des Kettenwachstums k_w und des Kettenabbruchs k_a verschiedener Monomere

Monomer	k_w (dm^3 mol^{-1})	$10^{-7}k_a$(dm^3 mol^{-1} s^{-1})	T (°C)
Styrol	176	7,2	60
Methylmethacrylat	573	0,2	60
Acrylnitril	1960	78,2	60
Vinylchlorid	6200	110,0	25
Vinylacetat	9500	38,0	60

Struktur- und Stereoisomerien bei der Wachstumsreaktion

In Abschn. 2.3.5 sind bereits einige Struktur- und Stereoisomerien, die auf die Konstitution und Konfiguration zurückgehen, dargestellt. Hier sollen die entsprechenden Möglichkeiten, die sich bei der Wachstumsreaktion der radikalischen Polymerisation ergeben, behandelt werden. Auf dem Gebiet der Strukturisomerien zeigen monosubstituierte und unsymmetrisch disubstituierte Monomere normalerweise Kopf-Schwanz-Anordnung des Kettenendes.

Untergeordnet kommen aber auch Kopf-Kopf- (bzw. Schwanz-Schwanz-)Anordnungen vor. Wegen ihrer größeren thermodynamischen Stabilität überwiegt die Kopf-Schwanz-Anordnung, da der Rest R auf das Radikal stabilisierend wirkt. Die Zahl der Kopf-Schwanz-Anordnungen ist als sterischer Faktor außerdem abhängig von der Größe des Substituenten R. Polyvinylacetat weist nur 1,3 % Kopf-Kopf-Anordnung auf, Polyvinylfluorid dagegen bereits 10 %. Vom Standpunkt der Raumausfüllung sollte nicht übersehen werden, dass die Kopf-Schwanz-Anordnung unerwünschte Reaktionen zwischen benachbarten Resten R minimiert. Das Verhältnis beider Anordnungen wird durch die Temperatur beeinflusst. Aufgrund der höheren Aktivierungsenergie verschiebt sich das Verhältnis mit zunehmender Temperatur zugunsten der Kopf-Kopf-Anordnung, aber unterschiedlich von Monomer zu Monomer, da auch elektronische wie sterische Faktoren eine Rolle spielen. Die Bestimmung der Strukturen erfolgt mittels NMR-Spektroskopie.

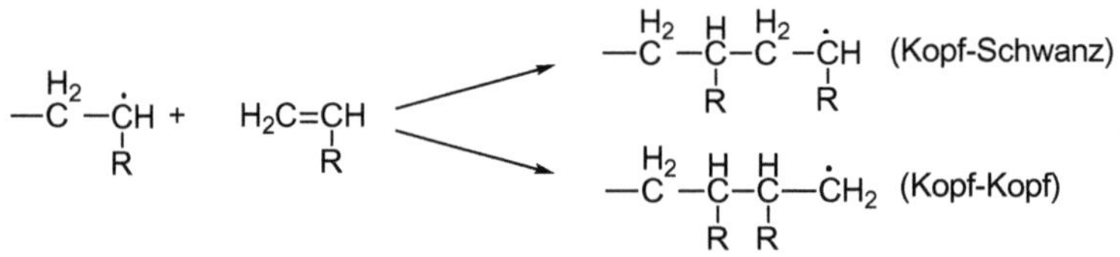

Die Struktur verschiedener Polymere lässt sich auch beeinflussen, indem vor der Polymerisation die Monomeren komplex maskiert oder auch deren Teile in Cyclodextrin einlagert werden.

Diene, z. B. Isopren, mit ihren beiden konjugierten Doppelbindungen bieten darüber hinaus durch verschiedene Möglichkeiten der Addition des Monomers folgende Stereo- und Strukturisomere:

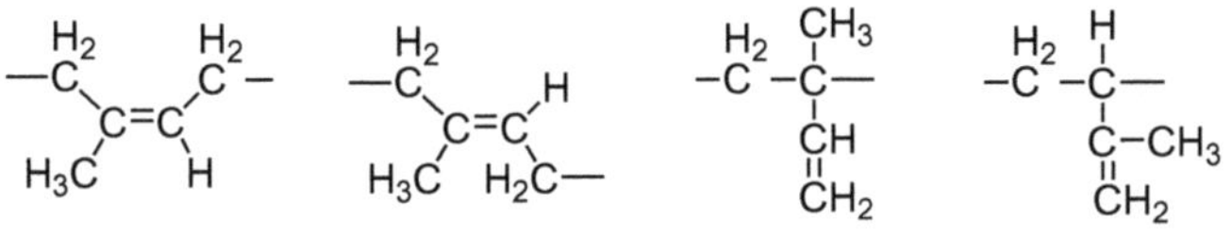

cis-1,4 *trans*-1,4 1,2- 3,4-

Bei Butadien ist wegen der fehlenden Methylgruppe die 3,4-Form gleich der 1,2-Form. Im normalen Temperaturbereich liegt stets eine gemischte Struktur des Polydiens vor, weil das radikalische Kettenende nicht stereospezifisch polymerisiert. Die Anteile der gemischten Struktur sind von Polymer zu Polymer unterschiedlich und hängen von der räumlichen Struktur der Monomere ab. Mit zunehmender Polymerisationstemperatur verschiebt sich das *cis-trans*-Verhältnis zugunsten des *cis*-Gehalts; der 1,2- und 3,4-Gehalt wird davon nicht beeinflusst. Unterschiedliche Strukturen wirken sich gravierend auf die Werkstoffeigenschaften des Polymers aus; so ist *cis*-1,4-Polyisopren Naturkautschuk und *trans*-1,4-Polyisopren Guttapercha ähnlich (Abschn. 3.4.3). Die einzelnen Strukturen sind mittels IR- und NMR-Spektroskopie bestimmbar.

Monomere mit isolierten Doppelbindungen sind in der Lage, ringförmige Polymere zu bilden, z. B. Divinylformal:

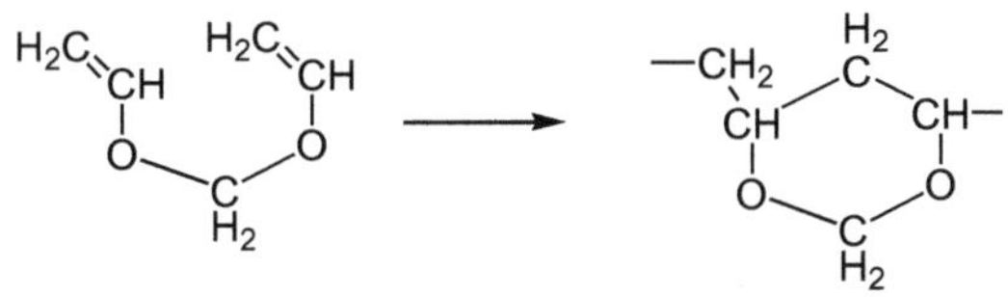

Weitere Strukturisomerien stellen die Verzweigungen dar. Die einzelnen Strukturen sind in Abschn. 2.2.3 beschrieben. Eine Möglichkeit der Bildung verzweigter Polymere stellt die Kettenübertragungsreaktion dar, wie sie in Abschn. 3.1.1.4 geschildert wird. Mehrfache Kettenübertragung führt zu unregelmäßigen baum- oder strauchartigen Strukturen, z. B. beim Polyvinylacetat, schreitet jedoch nicht bis zur Vernetzung fort. Eine andere Möglichkeit der Bildung von Verzweigungen ergibt sich aus der Reaktion der Doppelbindung von Polydienen mit Polymerradikalen:

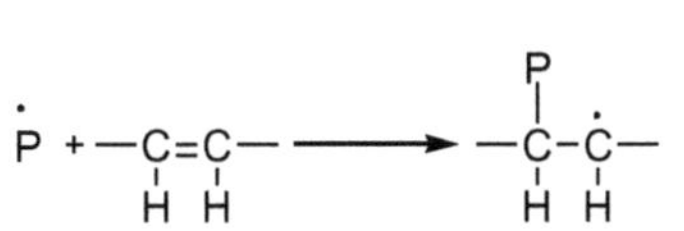

Diese Art der Verzweigung bietet wiederum Vernetzungsmöglichkeiten durch Reaktion des neu gebildeten Radikals mit weiteren Doppelbindungen aus den Polymerketten. Unbeabsichtigte Vernetzungen wirken sich aber nachteilig auf die Werkstoffeigenschaften aus. Derartige Verzweigungen und Vernetzungen als Folgereaktion sind zu unterdrücken, indem die Konzentration an Polydien niedrig gehalten wird. So wird z. B. Butadien mit Styrol nur bis zu einem Umsatz von ca. 60 % copolymerisiert.

Die bisherigen Ausführungen bezogen sich nur auf die unbeabsichtigte Synthese andersartiger als regulärer Strukturen in der radikalischen Wachstumsreaktion und auf den Einfluss bezüglich deren Bildung. Selbstverständlich lassen sich die in Abschn. 2.2 beschriebenen unterschiedlich verzweigten und vernetzten Polymere gezielt synthetisieren. Copolymere bilden eine weitere Gruppe von Strukturisomeren. Sie werden in Abschn. 2.2.2 und 3.1.4 behandelt. Stereoreguläre Polymere in Form von *iso*taktischen und *syndio*taktischen Polymeren, die bereits in Abschn. 2.3.2 aufgezeigt wurden, können wir uns von allen Polymeren einheitlicher Struktur vorstellen. Unter Normaltemperatur bilden sich während der radikalischen Wachstumsreaktion jedoch nur *a*taktische Polymere. Der Grund hierfür lässt sich wie folgt erläutern: Bei der Reaktion des ankommenden Monomers mit dem radikalischen Kettenende planarer sp^2-Konfiguration wird diese in eine tetraedrische sp^3-Konfiguration mit einem pseudoasymmetrischen Kohlenstoffatom überführt, die eine *syndio*taktische und eine *iso*taktische Anordnung zulässt. Die bei der radikalischen Polymerisation gebildeten *a*taktischen Polymere besitzen *syndio*taktische und *iso*taktische Konfigurationen entlang der Kette in statistischer Verteilung. Daraus lässt sich schließen, dass beide Schritte energetisch fast gleichwertig sind. Der Unterschied der Aktivierungsenergie beträgt tatsächlich nur ca. 5 kJ mol^{-1}; der höhere Wert begünstigt die *iso*taktische Anordnung. Dies stimmt damit überein, dass viele radikalisch hergestellte Polymere weit unterhalb der Normaltemperatur größere Anteile *syndio*taktischer Anordnung zeigen. Methylmethacrylat gibt bereits unter 0 °C ein kristallines Polymer vorwiegend *syndio*taktischer Anordnung.

Wir können auch Monomere an Matrizen (Templates) polymerisieren. Dabei können zwischen beiden ionogene, Ladungstransfer- oder Wasserstoffbrückenbindungen wirken. Beispiele sind die Polymerisation des Vinylpyridin an einer Polysäure oder die der *p*-Styrolsulfonsäure an einem Polyethylenimin. Allgemein wird dabei die Steuerung der Polymerisationsgeschwindigkeit oder des Polymerisationsgrads und besonders der Mikrostruktur angestrebt.

3.1.1.3 Abbruchreaktion

Zwangsläufiger Kettenabbruch

Der Kettenabbruch bedeutet das Ende des Wachstums der Polymerkette wie auch der kinetischen Kette. Er erfolgt durch Reaktion der Radikale am Ende der Polymerketten miteinander. Dabei lassen sich zwei Möglichkeiten des Kettenabbruchs unterscheiden: die Kombination und die Disproportionierung:

$$-\overset{H_2}{C}-\overset{\bullet}{C}H + H\overset{\bullet}{C}-\overset{H_2}{C}- \longrightarrow -\overset{H_2}{C}-\overset{H}{C}-\overset{H}{C}-\overset{H_2}{C}-$$
$$\quad\quad\; X \quad\quad\; X \quad\quad\quad\quad\quad\quad X \quad X$$

$$-\overset{H_2}{C}-\overset{\bullet}{C}H + H\overset{\bullet}{C}-\overset{H_2}{C}- \longrightarrow -\overset{}{C}=CH + H_2C-\overset{H_2}{C}-$$
$$\quad\quad\; X \quad\quad\; X \quad\quad\quad\quad\;\; H\; X \quad\quad\; X$$

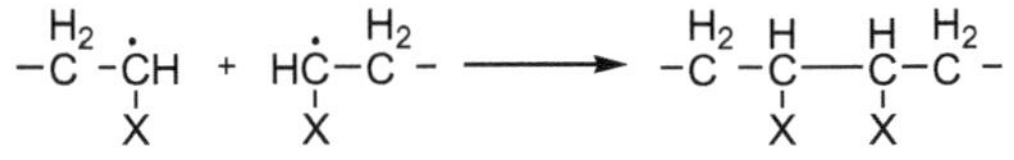

Während bei der Kombination in der Phase des Abbruchs eine Verdoppelung des Polymerisationsgrads eintritt, bleibt bei der Disproportionierung der Polymerisationsgrad unverändert. Als Ergebnis der Disproportionierung enthält allerdings die Hälfte der Polymerkettenenden eine Doppelbindung, die durch die Übertragung eines Wasserstoffatoms entsteht.

Im Normalfall liegen beide Abbruchmechanismen gleichzeitig vor, bevorzugt allerdings der Kombinationsabbruch, weil die Aktivierungsenergie der Disproportionierung höher liegt. Aus diesem Grund nimmt der Kettenabbruch durch Disproportionierung mit steigender Temperatur zu. Andererseits hängt aber der Abbruch mittels Disproportionierung von β-ständigen Wasserstoffatomen ab. Sind sie nicht vorhanden, kann kein Disproportionierungsabbruch eintreten. Sterische Effekte haben ebenfalls einen Einfluss, z. B. behindert das Trineopentylmethylradikal sowohl den Kombinations- wie auch den Disproportionierungsabbruch. Die häufigsten Polymere zeigen folgendes Bild: Bei Polystyrol überwiegt bis 160 °C der Kombinationsabbruch, bei Polymethylmethacrylat bereits ab 60 °C die Disproportionierung, Polyacrylnitril gibt Kombinations- und Polyvinylacetat Disproportionierungsabbruch.

Die Abbruchreaktion stellt keine einfache Reaktion dar, wenn wir bedenken, dass sich das Radikal am Ende einer Polymerkette befindet, die Knäuelform hat. Im ersten Teilschritt müssen die Polymerknäuel zueinander diffundieren. Der Diffusionskoeffizient von Makromolekülen beträgt ca. 10^{-7} cm s^{-1}. Der zweite Schritt erfordert ein Umorientieren der Knäuelmoleküle in der Weise, dass sich die radikalischen Kettenenden gegenüberliegen, damit dann im dritten Schritt die Kombination oder Disproportionierung eintreten kann. Dieser letzte Reaktionsschritt verläuft sehr schnell, da dessen Geschwindigkeitskonstante in der Größenordnung von 10^8 dm^3 mol^{-1}s^{-1} liegt. Nachgewiesen ist auch, dass die ersten beiden Teilschritte geschwindigkeitsbestimmend sind, da die Geschwindigkeitskonstante des Abbruchs k_a von der Viskosität der Lösung abhängt. Die Geschwindigkeit des Abbruchs v_a ohne Berücksichtigung dieses besonderen Aspekts (Tab. 3.4) ergibt sich aus folgender Gleichung:

$$v_a = k_a \cdot [\text{P}^\bullet]^2 \tag{3.14}$$

In dem Polymerisationssystem befinden sich notwendigerweise auch Initiatoren, deren Zerfall in Radikale die Polymerisation auslöst. Die Primärradikale aus dem Zerfall können selbstverständlich auch mit den Polymerradikalen reagieren und einen Abbruch der Polymerkette herbeiführen:

$$\dot{R} + \dot{P} \longrightarrow \text{totes Polymer}$$

Dabei verschwinden Primär- und Polymerradikale, d. h., Polymerisationsgrad und Polymerisationsgeschwindigkeit werden reduziert. Der Primärradikalabbruch weist gegenüber dem normalen Abbruch eine größere Geschwindigkeit auf, da ein Reaktionsteilnehmer, das Primärradikal, keiner Diffusionskontrolle unterliegt. Der Primärradikalabbruch ist aber auch um den Faktor von ca. 10^7 schneller als die Bildung der Radikale in der Startreaktion. Dass trotzdem Makromoleküle gewünschten Polymerisationsgrads gebildet werden, hängt mit dem Vorliegen eines ständigen großen Überschusses an Monomer während der Polymerisation zusammen.

Gezielter Kettenabbruch

Für einen gezielten Kettenabbruch werden dem Polymerisationssystem Retarder oder Inhibitoren zugesetzt. Unter einem **Retarder** verstehen wir einen Verzögerer der Polymerisation, während ein **Inhibitor** die Polymerisation ganz oder zeitweilig völlig unterbindet. Bezüglich der Auswirkung auf die Polymerisationsgeschwindigkeit erniedrigt ein Retarder die Polymerisationsgeschwindigkeit, dagegen geht die Polymerisationsgeschwindigkeit durch Zusatz eines Inhibitors dauernd oder zeitweise auf null zurück. Der Unterschied in der Wirkung beider Substanzklassen ist fließend, überschneidet sich und hängt ab von der chemischen Natur der Polymerkette und dem zugesetzten Retarder oder Inhibitor. Retarder (z. B. Nitrobenzol) wirken durch Behinderung des Wachstums und des bimolekularen Abbruchs zweier Polymerradikale, weil sie als niedermolekulare Substanzen schneller mit dem Polymerradikal reagieren und dieses desaktivieren, also einen frühzeitigen, teilweisen Abbruch der Polymerketten ergeben. Als Retarder werden aber auch langsam polymerisierende Monomere bezeichnet, die einem schnell polymerisierenden System zugesetzt werden, um dessen Polymerisationsgeschwindigkeit zu erniedrigen. In jedem Fall wird durch Zusatz eines Retarders das Verlangsamen der Polymerisation beabsichtigt.

Mit dem Einsatz eines Inhibitors dagegen ist das vollständige Unterbinden der Polymerisation beabsichtigt. Daher werden Inhibitoren auch vorrangig zur Monomerstabilisierung eingesetzt. Als Inhibitoren dienen z. B. Hydrochinon (s. Beispiel unten), Benzophenon, Di-*tert*-butylkresol und aromatische Verbindungen, die mesomeriestabilisierte Radikale ausbilden, die nicht mehr zur Startreaktion befähigt sind:

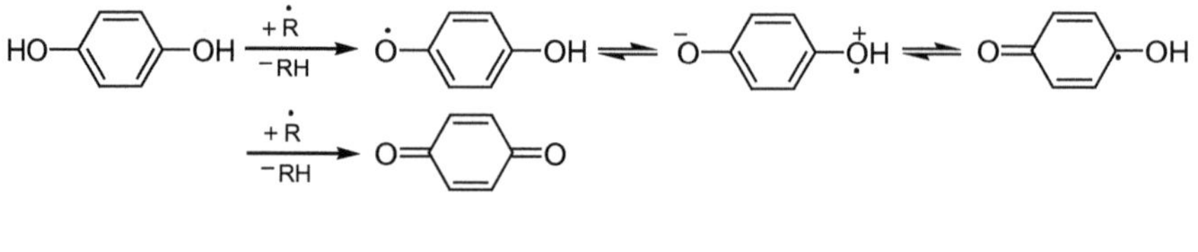

Zum gleichen Zweck des Abbruchs lassen sich der Polymerisation auch stabilisierte Radikale zusetzen, z. B. Diphenylpikrylhydrazyl (a) oder Nitroxide wie 2,2,6,6-Tetramethylpiperidin-*N*-oxyl (TEMPO) (b):

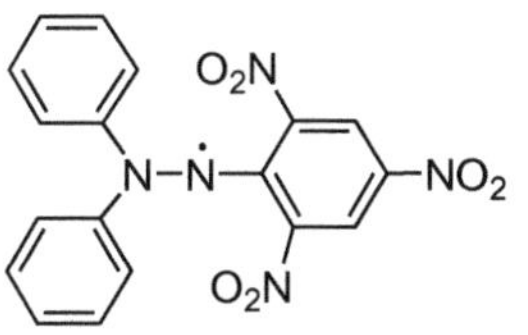

(a)

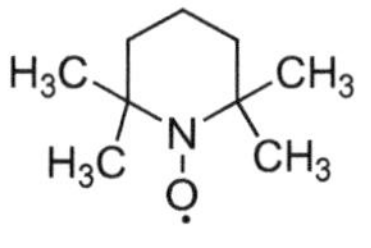

(b)

Sie dienen während der Polymerisation auch als **Radikalfänger** und bilden stabile Produkte, die identifiziert und bestimmt werden können. Inhibitoren wirken nur so lange, wie sie nicht als Radikalfänger verbraucht sind. Anschließend läuft die Polymerisation wieder normal weiter.

3.1.1.4 Kettenübertragungsreaktionen

Unter Kettenübertragungsreaktionen verstehen wir in der Makromolekularen Chemie Reaktionen, bei der die radikalische Funktion eines Polymerkettenendes auf ein anderes Molekül unter Austausch gegen ein Atom dieses Moleküls übertragen wird:

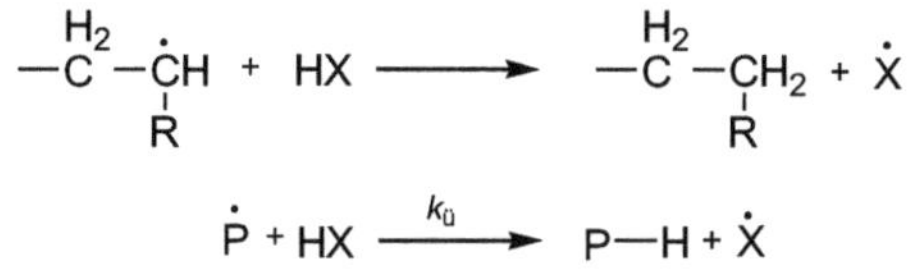

Als ausgetauschte Atome X kommen meist nur Wasserstoff oder Halogene infrage. Das Spezifikum der Kettenübertragung liegt darin, dass definitionsgemäß das Radikal $\dot{X}$ in der Lage sein muss, wieder mit noch vorhandenen Monomeren eine neue Polymerkette zu starten und die Polymerisation fortzuführen. Das bedeutet, dass die **kinetische Kette** erhalten bleibt, während die **stoffliche Polymerkette** durch den Kettenüberträger abgebrochen wird. Als Konsequenz ergibt sich, dass durch die Kettenübertragung der Polymerisationsgrad begrenzt wird, ohne die Polymerisationsgeschwindigkeit zu beeinflussen.

Kettenüberträger sind im Polymerisationssystem vorhanden, z. B. als Monomer, Lösemittel, Initiator, oder können gezielt zugesetzt werden, um als „Regler" den Polymerisationsgrad zu begrenzen. Die Wirkung der Kettenüberträger auf den Polymerisationsgrad P_n lässt sich auch quantitativ erfassen. Für die Geschwindigkeit der Übertragungsreaktion $v_{ü}$ gilt die Gleichung

$$v_{ü} = k_{ü} \cdot [P^{\bullet}] \cdot [HX], \qquad (3.15)$$

wobei $k_{ü}$ die Geschwindigkeitskonstante der Übertragungsreaktion darstellt.

Gehen wir davon aus, dass der Polymerisationsgrad durch die Wachstumsgeschwindigkeit v_w, die Abbruchgeschwindigkeit v_a und die Übertragungsgeschwindigkeit $v_{ü}$ bestimmt wird, so gilt:

$$P_n = v_w/(v_a + v_{ü}) \quad \text{oder} \quad 1/P_n = v_a/v_w + v_{ü}/v_w \tag{3.16}$$

Unter der Voraussetzung, dass außer der Überträgerkonzentration alle Bedingungen konstant gehalten werden und damit der Abbruch konstant ist, können wir auch v_a/v_w und $1/P_{n,0}$ als konstant ansehen und erhalten nach Mayo:

$$1/P_n = 1/P_{n,0} + k_{ü} \cdot [P^\bullet] \cdot [HX]/(k_w \cdot [P^\bullet] \cdot [M]) \tag{3.17}$$

Dabei ist die Übertragungskonstante durch Gl. 3.18 gegeben:

$$k_{ü}/k_w = C_{ü} \tag{3.18}$$

Durch Einsetzen von $C_{ü}$, Kürzen von $[P^\bullet]$ und Umstellen der Gleichung erhalten wir:

$$1/P_n - 1/P_{n,0} = C_{ü} \cdot [HX]/[M] \tag{3.19}$$

In Gl. 3.19 gibt $C_{ü}$ den Einfluss der Übertragung auf den Polymerisationsgrad P_n an. $1/P_{n,0}$ ist der Polymerisationsgrad ohne Übertragung. Tragen wir $1/P_n - 1/P_{n,0}$ gegen [HX]/[M] auf, sollte sich eine Gerade durch den Koordinatenursprung ergeben, deren Anstieg den Wert für $C_{ü}$ angibt.

Unabdingbare Bestandteile des Polymerisationssystems sind: Monomer, Initiator, Lösemittel und Polymer. Die Übertragungskonstante zum Monomer $C_{üM}$ liegt für die üblichen Monomere bei 10^{-5}, sodass der Einfluss auf den Polymerisationsgrad verhältnismäßig klein ist (Tab. 3.5). Bestimmte Monomere, insbesondere Allylmonomere, sind der Kettenübertragung zugänglicher und weisen hohe Übertragungskonstanten auf. Parallel dazu erniedrigen sie die Polymerisationsgeschwindigkeit, da eine Resonanzstabilisierung des Überträgerradikals eintritt. Diesen Effekt bezeichnen wir als **degradative Kettenübertragung**.

Die Übertragung zum Initiator $C_{üI}$ ist verhältnismäßig gering. Nur bei substituiertem Dibenzoylperoxid wurden bemerkenswerte Übertragungskonstanten bis 0,3 bei 70 °C gefunden. Dieses würde dem induzierten Zerfall entsprechen, wie er in Abschn. 3.1.1.1 behandelt wurde. Schwefelhaltige Initiatoren, wie z. B. Diphenyldisulfid, wirken gleichzeitig als Initiatoren und Kettenüberträger:

Derartige Substanzen bezeichnen wir als **Inifers** (Initiatoren + Transferagens). Werden als Inifers oligomere oder polymere Substanzen verwendet, so lassen sich Blockcopoly-

Tab. 3.5 Kettenübertragungskonstanten ($T = 60\ °C$)

	Zum Monomer $C_{üM} \cdot 10^5$	Zum eigenen Polymer $C_{üP} \cdot 10^5$
Acrylnitril	2,6	35
Methylmethacrylat	1,0	21
Styrol	6,0	19
Vinylacetat	20,0	30
Allylbromid	300,0	–

Tab. 3.6 Kettenübertragungskonstanten bei der Polymerisation des Styrols ($T = 60\ °C$)

Zum Lösemittel	$C_{üLM} \cdot 10^5$	Zum Regler	$C_{üR} \cdot 10^5$
Cyclohexan	0,31	Dodecylmercaptan	1.480.000
n-Heptan	4,2	*n*-Butylmercaptan	2.100.000
Benzol	0,23	–	–
Toluol	1,2	–	–
Cumol	8,0	–	–

mere mit dem Ziel der Kombination von Eigenschaften herstellen. Treten bei der Polymerisation mit Überträgern Verzögerungen auf, sprechen wir auch hier von einer degradativen Kettenübertragung. Substanzen, die sukzessiv und nacheinander als Initiator, Überträger und als Abbrecher mit Primärradikalen wirken, bezeichnen wir als **Iniferter**.

Die Übertragung zum Lösemittel $C_{üLM}$ ist insofern eine wichtige Größe, als das Lösemittel für die Polymerisation normalerweise nicht frei wählbar und in großem Überschuss vorhanden ist (Tab. 3.6). Zur Messung der Übertragungskonstante wird die Polymerisation in einem inerten Lösemittel, z. B. Kohlenwasserstoff, durchgeführt und sukzessive die Konzentration des zu untersuchenden Lösemittels erhöht, um so nach der obigen Gleichung die Übertragungskonstante des Lösemittels $C_{üLM}$ zu bestimmen. Dabei ist zu beachten, dass die Radikalausbeute konstant bleibt und keine degradative Kettenübertragung vorliegt, denn dann komplizieren sich die Verhältnisse.

Die Übertragung zum Polymer $C_{üP}$ (Tab. 3.5) hebt sich von den anderen Kettenübertragungen aufgrund der Bildung verzweigter Makromoleküle ab:

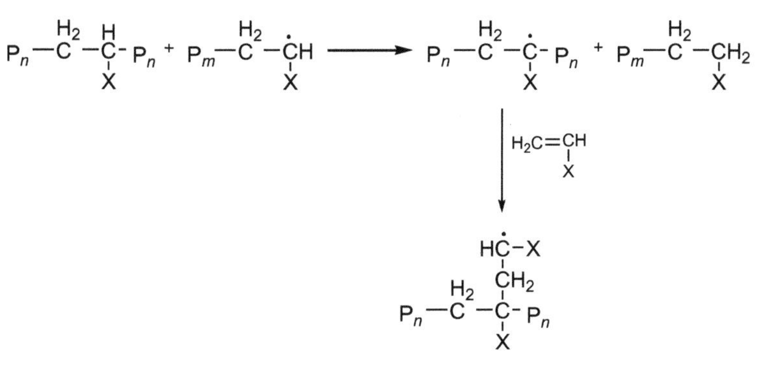

Das Wachstum schreitet an der Radikalstelle weiter voran, es wird kein neues Makromolekül gebildet. Die Zahl der Makromoleküle und auch der mittlere Polymerisationsgrad bleiben konstant, nur die Polymerisationsgradverteilung ändert sich.

Die Seitenzweige haben normalerweise die gleiche Wachstumschance wie eine normale Polymerkette, sie erreichen also statistisch gesehen auch dieselbe Länge. Deshalb nennen wir sie **Langkettenverzweigungen** und grenzen sie von den **Kurzkettenverzweigungen** ab. Letztere entstehen bei einer Übertragung zum eigenen Polymermolekül über einen intermediären Sechsring, genannt Backbiting.

Kurzkettenverzweigungen finden sich vor allem bei der Ethylenpolymerisation. Sie lassen sich aus der Anzahl der Methylgruppen bestimmen. Langkettenverzweigungen werden aus der Polymerisationsgradverteilung ermittelt. Die Übertragung zum Polymer tritt verständlicherweise bevorzugt bei höheren Umsätzen auf, wenn eine ausreichende Konzentration an Polymermolekülen vorliegt:

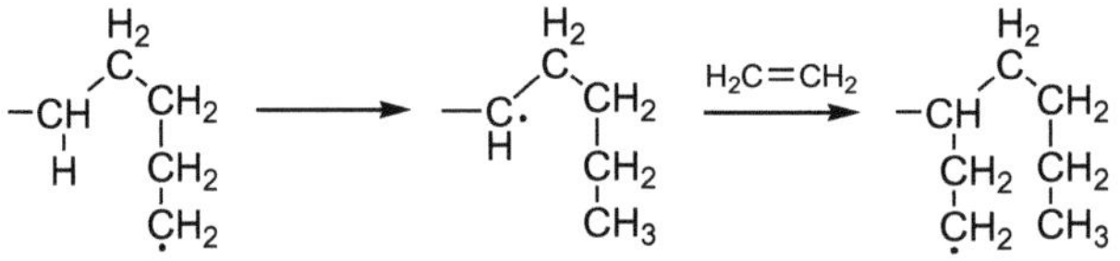

Die Übertragung zu Reglern lässt sich gezielt einsetzen, um einen bestimmten mittleren Polymerisationsgrad zu erhalten, der für wünschenswerte Werkstoffeigenschaften erforderlich ist. Als Regler werden auch in der Industrie vorwiegend Schwefelverbindungen verwendet, wie z. B. Dodecylmercaptan oder Diisopropylxanthogendisulfid (Tab. 3.6).

$$\dot{P} + RSH \rightarrow PH + R\dot{S}$$

Die neu gebildeten RS-Radikale haben annähernd die gleiche Anlagerungsgeschwindigkeit an das Monomer. Regler werden ebenso wie die anderen Überträger durch eine Übertragungskonstante $C_{\text{üR}}$ charakterisiert, und diese wird, wie oben beim Lösemittel beschrieben, ermittelt. Die Größe von $C_{\text{üR}}$ muss zwischen 1 und 50 liegen, um mit wenig Überträger einen großen Effekt zu erzielen.

Bestimmte Halogenverbindungen als Überträger, wie insbesondere Tetrabromkohlenstoff oder Trichlorbromkohlenstoff, haben noch eine um eine Größenordnung höhere Übertragungskonstante. Sie werden deshalb nicht zur Begrenzung eines hochmolekularen Polymerisationsgrads eingesetzt, sondern zur Synthese von Oligomeren mit dem Oligomerisierungsgrad 1 bis 10. Zu diesem Zweck dienen sie teilweise als Lösemittel, um mittels hoher Konzentration derartig niedrige Polymerisationsgrade zu bewirken:

$$\dot{R} + CCl_4 \longrightarrow RCl + \dot{C}Cl_3$$

$$\dot{C}Cl_3 + n\,M \longrightarrow Cl_3C\!-\!\!\left(M\right)_{\!n-1}\!\!\dot{M}$$

$$Cl_3C\!-\!\!\left(M\right)_{\!n-1}\!\!\dot{M} + CCl_4 \longrightarrow Cl_3C\!-\!\!\left(M\right)_{\!n}\!Cl + \dot{C}Cl_3$$

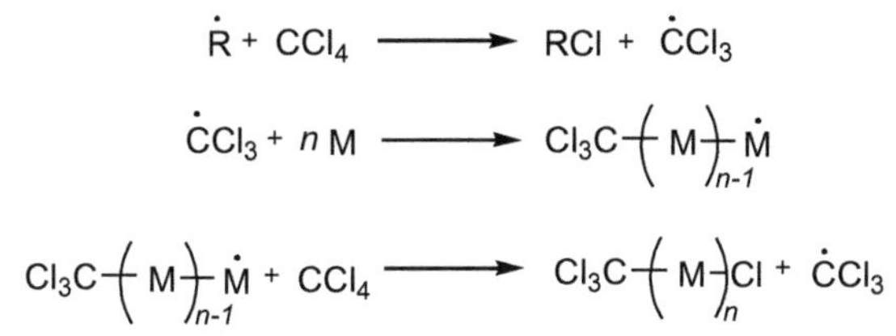

Diese Methode wird als **Telomerisation** bezeichnet. Sie dient zur Herstellung der Vorprodukte von Riechstoffen, ω-Aminocarbonsäuren und von Endgruppen enthaltenden Oligomeren und Polymeren (Präpolymere und Telechelic-Polymere).

Höhere Übertragungskonstanten werden unter Zusatz von Cobaltoximborfluoridverbindungen, z. B. Bis(aqua)bis(difluoroboryl)dimethylglyoximatcobalt, erhalten. Das nennen wir **katalytische Kettenübertragungspolymerisation**. Aus Methacrylat lassen sich so Makromonomere gewinnen.

Liegen in einem System mehrere Übertragungsreaktionen vor, so können wir sie in folgender Gesamtgleichung zusammenfassen:

$$1/P_n - 1/P_{n,0} = C_{\text{üI}} \cdot [\text{I}]/[\text{M}] + C_{\text{üM}} + C_{\text{üLM}} \cdot [\text{LM}]/[\text{M}] + C_{\text{üR}} \cdot [\text{R}]/[\text{M}] \qquad (3.20)$$

Die Bestimmung der einzelnen Übertragungskonstanten muss allerdings durch geschickten Austausch der einzelnen Polymerisationsbestandteile einzeln erfolgen.

3.1.1.5 Kinetik der radikalischen Polymerisation

Das Ziel der Kinetik besteht in der Ermittlung einer mathematischen Beziehung zwischen der Polymerisationsgeschwindigkeit und den Variablen der Polymerisation, um daraus ein formalkinetisches Schema aufzustellen, welches die Polymerisation beschreibt. Dies schließt die Ermittlung der **Geschwindigkeiten der Elementarreaktionen** ein. Der Zusammenhang mit dem Reaktionsmechanismus besteht darin, dass das kinetische Schema zwar mit dem Reaktionsmechanismus übereinstimmen muss, diesen aber nicht zwingend beweisen kann. Dafür sind weitere Experimente nötig.

Für die Aufstellung eines formalkinetischen Schemas in homogener Lösung können zwei bereits behandelte Tatsachen übernommen werden:

1. Die Reaktivität der Polymerradikale ist unabhängig von der Länge der Polymerketten, an deren Ende sich das Radikal befindet, d. h., wir müssen nur mit einer Geschwindigkeitskonstante der Wachstumsreaktion k_w rechnen.
2. Die überwiegende Menge des Monomers wird durch die Wachstumsreaktion verbraucht. Demzufolge ist die Bruttopolymerisationsgeschwindigkeit gleich der Wachstumsgeschwindigkeit:

$$d[\text{M}]/dt = v_{\text{Br}} = v_{\text{w}} \qquad (3.21)$$

Als dritte Voraussetzung kommt das Bodenstein'sche Stationaritätsprinzip hinzu. Die durch die Startreaktion fortwährend gebildeten Radikale reagieren mit dem Monomer zu Polymerradikalen, die durch die Abbruchreaktion verschwinden. Es stellt sich nach wenigen Sekunden eine stationäre Radikalkonzentration ein:

$$\mathrm{d}[\mathrm{R}^{\bullet}]/\mathrm{d}t = \mathrm{d}[\mathrm{P}^{\bullet}]/\mathrm{d}t = 0 \tag{3.22}$$

Das bedeutet, dass die Geschwindigkeiten von Start- und Abbruchreaktion gleich sind:

$$\upsilon_{\mathrm{st}} = \upsilon_{\mathrm{a}} \tag{3.23}$$

Die Gleichung für die Bruttoreaktionsgeschwindigkeit υ_{Br} können wir unter Zuhilfenahme der folgenden schon bekannten Zusammenhänge herleiten:

- der Geschwindigkeitsgleichungen für Start, Wachstum und Abbruch:

$$\upsilon_{\mathrm{st}} = 2 \cdot f \cdot k_{\mathrm{d}} \cdot [\mathrm{I}], \quad \upsilon_{\mathrm{w}} = k_{\mathrm{w}} \cdot [\mathrm{P}^{\bullet}] \cdot [\mathrm{M}] \quad \text{und} \quad \upsilon_{\mathrm{a}} = k_{\mathrm{a}} \cdot [\mathrm{P}^{\bullet}]^2 \tag{3.24}$$

- der Voraussetzung, dass die Bruttoreaktionsgeschwindigkeit der Wachstumsgeschwindigkeit entspricht:

$$\upsilon_{\mathrm{Br}} \approx \upsilon_{\mathrm{w}} = k_{\mathrm{w}} \cdot [\mathrm{P}^{\bullet}] \cdot [\mathrm{M}] \tag{3.25}$$

- des Stationaritätsprinzips:

$$2 \cdot f \cdot k_{\mathrm{d}} \cdot [\mathrm{I}] = k_{\mathrm{a}} \cdot [\mathrm{P}^{\bullet}]^2 \tag{3.26}$$

Aus Gl. 3.26 lässt sich die Radikalkonzentration bestimmen (sie liegt im Normalfall bei 10^{-8} mol dm^{-3}):

$$[\mathrm{P}^{\bullet}] = (2 \cdot f \cdot k_{\mathrm{d}} \cdot [\mathrm{I}]/k_{\mathrm{a}})^{1/2} \tag{3.27}$$

Einsetzen in Gl. 3.25 ergibt:

$$\upsilon_{\mathrm{Br}} = k_{\mathrm{w}}(2 \cdot f \cdot k_{\mathrm{d}}/k_{\mathrm{a}})^{1/2} \cdot [\mathrm{I}]^{1/2} \cdot [\mathrm{M}] \tag{3.28}$$

Aus Gl. 3.28 folgt, dass die Bruttopolymerisationsgeschwindigkeit im stationären Zustand außer von Konstanten (auch der Radikalausbeute f) von der Wurzel der Initiatorkonzentration und von der ersten Ordnung der Monomerkonzentration abhängt. Wir

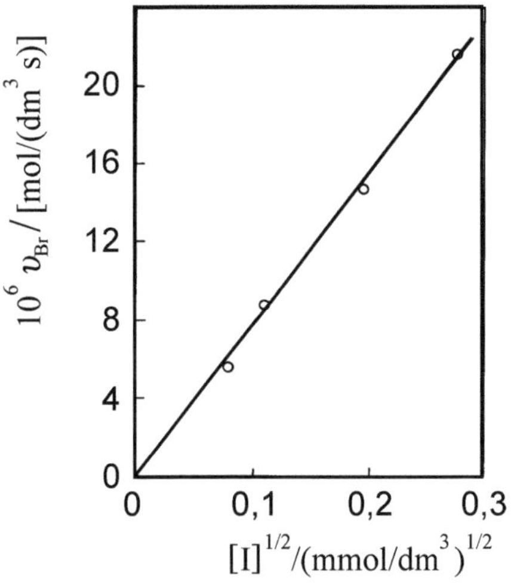

Abb. 3.2 Bruttoreaktionsgeschwindigkeit in Abhängigkeit von der Wurzel der Initiatorkonzentration bei der Methylmethacrylatpolymerisation. (Allen und Bevington 1989)

bezeichnen dieses Gesetz, welches relativ allgemeingültig ist und sich hier auf den Initiator bezieht, auch als **Wurzelgesetz der radikalischen Polymerisation** (Abb. 3.2). Abweichungen von dem Gesetz finden sich unter nichtidealen Bedingungen; beim Monomerexponenten liegen die Werte dann meist über eins, beim Initiatorexponenten sind die Abweichungen seltener.

Einfluss der Temperatur

Der Einfluss der Temperatur auf die Polymerisationsgeschwindigkeit hängt ab von den **Aktivierungsenergien** der Initiatordissoziation E_d, des Wachstums E_w und des Abbruchs E_a. Normale Werte für die Aktivierungsenergie in obiger Reihenfolge sind 140, 30 und 10 kJ mol^{-1}. Dabei ist die Aktivierungsenergie des Abbruchs, je nachdem, ob Kombinations- oder Disproportionierungsabbruch vorliegt, bei ersterem etwas niedriger, bei letzterem höher. Die Bruttoaktivierungsenergie E_{Br} setzt sich wie folgt zusammen:

$$E_{Br} = 1/2 \cdot E_d + E_w - 1/2 \cdot E_a \tag{3.29}$$

Somit resultieren Werte von ca. 90 kJ mol^{-1}. Daraus ergibt sich nach der Arrhenius-Gleichung

$$\ln k = A - E_A/(R \cdot T) \tag{3.30}$$

eine ungefähre Verdoppelung der Reaktionsgeschwindigkeit bei einer Temperaturerhöhung von 10 °C (RGT-Regel). Redoxinitiatoren weisen eine Bruttoaktivierungsenergie von ca. 45 kJ mol^{-1}, Photoinitiatoren von ca. 25 kJ mol^{-1} auf.

Der Einfluss auf den Polymerisationsgrad P_n hängt von der kinetischen Kettenlänge ν_{ab}. Sie ist definiert als Zahl der Additionsschritte des Monomers an das Radikal:

$$P_n = q \cdot \nu \tag{3.31}$$

q bezeichnet dabei den Einfluss des Abbruchs, für den Kombinationsabbruch beträgt q zwei, für den Disproportionierungsabbruch eins. Unter Stationaritätsbedingungen ist

$$\nu = v_w / v_{st} = v_w / v_a \tag{3.32}$$

und somit

$$\nu = k_w \cdot [P^\bullet] \cdot [M] / \left(k_a \cdot [P^\bullet]^2\right) = k_w \cdot [M] / (k_a \cdot [P^\bullet]). \tag{3.33}$$

Daraus ergibt sich für den Kombinationsabbruch Gl. 3.34 und für den Disproportionierungsabbruch Gl. 3.35:

$$P_n = 2 \cdot \left(\frac{k_w^2}{2 \cdot f \cdot k_d \cdot k_a}\right)^{1/2} \cdot [I]^{-1/2} \cdot [M] = 2 \cdot \nu \tag{3.34}$$

$$P_n = \left(\frac{k_w^2}{2 \cdot f \cdot k_d \cdot k_a}\right)^{1/2} \cdot [I]^{-1/2} \cdot [M] = \nu \tag{3.35}$$

Das bedeutet, dass der Polymerisationsgrad P_n proportional zur Monomerkonzentration und umgekehrt proportional zur Wurzel aus der Initiatorkonzentration ist. In diese Betrachtung wurde die Kettenübertragung nicht einbezogen.

Einfluss des Drucks

Der Einfluss des Drucks auf die Polymerisationsgeschwindigkeit ist nur bei gasförmigen Monomeren von Bedeutung. Er liegt in der Größenordnung vom Faktor drei bis fünf bei 100–300 MPa, z. B. bei der Hochdruckpolymerisation des Ethylens.

3.1.1.6 Verteilungsfunktionen bei der radikalischen Polymerisation

Bei der radikalischen Polymerisation werden durch Start-, Wachstums-, Übertragungs- sowie durch die beiden verschiedenen Abbruchreaktionen Disproportionierung und Kombination Polymermoleküle gebildet, die verschiedene Polymerisationsgrade haben und durch eine Verteilungsfunktion charakterisiert werden. Diese Verteilungsfunktion wird aber außer durch die genannten Elementarreaktionen auch durch den Polymerisationsmechanismus bestimmt. Allgemeine Voraussetzung ist, dass die Wachstumsreaktion die

Übertragungs- und Abbruchreaktionen stark überwiegt, damit überhaupt Polymere vorliegen.

Verteilungsfunktionen bei Polymerisationen können mithilfe der Wahrscheinlichkeitsrechnung bestimmt werden. Die Grundlagen der Wahrscheinlichkeitsrechnung finden sich in den Lehrbüchern der Mathematik.

α_1 sei die Wahrscheinlichkeit, dass das Startradikal $RM^{\cdot}$ mit dem Monomer reagiert und damit um eine Monomereinheit wächst. Allgemein sei α_n die Wahrscheinlichkeit, dass ein Polymerradikal $RM_n^{\bullet}$ der Länge n mit Monomeren reagiert, wobei n eine positive ganze Zahl ist. Die Wahrscheinlichkeit, dass die Wachstumsreaktion

$$R\dot{M}_n + M \longrightarrow R\dot{M}_{n+1}$$

insgesamt (P–1)-mal hintereinander stattfindet, ist gleich dem Produkt der Einzelwahrscheinlichkeiten:

$$\alpha_{\text{ges}} = \alpha_1 \cdot \alpha_2 \cdot \alpha_3 \ldots \alpha_{P-1} \tag{3.36}$$

Unter der Annahme, dass die Wachstumsreaktionen unabhängig voneinander erfolgen, sind alle Wahrscheinlichkeiten α_n gleich groß: $\alpha_1 = \alpha_2 = \alpha_3 = \ldots \alpha_{P-1} = \alpha$. Das Produkt $\alpha_1 \cdot \alpha_2 \cdot \alpha_3 \ldots \alpha_{P-1} = \alpha^{P-1}$ ist daher die statistische Wahrscheinlichkeit, dass das Startradikal $RM^{\bullet}$ insgesamt (P–1)-mal mit Monomerem zum Polymerradikal mit P Monomereinheiten $RM_P^{\bullet}$ reagiert; wir sprechen auch von P-Meren.

Kettenabbruch durch Disproportionierung

Wie wir soeben gesehen haben, ist die Wahrscheinlichkeit für einen einzelnen Wachstumsschritt gleich α. Die Wahrscheinlichkeit, dass die wachsende Kette durch Disproportionierung abgebrochen wird, ist dann gleich $1 - \alpha$. Damit ist die Wahrscheinlichkeit, dass das Polymermolekül aus P Monomereinheiten besteht, $\alpha^{P-1} \cdot (1 - \alpha)$. Die Wahrscheinlichkeit für das Auftreten von Polymermolekülen mit P Monomereinheiten ist gleich dem Molenbruch $x(P)$:

$$x(P) = N(P)/N = (1 - \alpha) \cdot \alpha^{P-1} \tag{3.37}$$

Dabei ist $N(P)$ die Zahl der Polymermoleküle mit P Monomereinheiten und N die Gesamtzahl aller Polymermoleküle. $x(P)$ ist eine Verteilungsfunktion und wird häufigkeitsgewichtete Polymerisationsgradverteilung oder Häufigkeitsverteilung oder Zahlenverteilung genannt.

Kettenabbruch durch Kombination

Falls die wachsende Kette durch Kombination abgebrochen wird, erhalten wir ein Polymermolekül mit dem Polymerisationsgrad P, wobei zwei Radikalketten mit den Längen r

und P–r kombinieren. Dabei ist r eine natürliche Zahl aus dem Intervall [1, $P/2$] (P sei gerade). Insgesamt existieren $P/2$ Möglichkeiten, zwei Ketten so zu kombinieren, dass ein Polymer vom Polymerisationsgrad P entsteht. Die Wahrscheinlichkeit, dass die wachsende Kette durch Kombination von zwei Ketten abgebrochen wird, ist gleich $(1-\alpha)\cdot(1-\alpha)\cdot P/2$, und diejenige, dass das Polymermolekül aus P Monomereinheiten besteht, ist gleich $\alpha^{P-1}\cdot(1-\alpha^2)\cdot P/2$. Die häufigkeitsgewichtete Polymerisationsgradverteilung bei Kombinationsabbruch ist damit:

$$x(P) = N(P)/N = (P/2)\cdot(1-\alpha)^2\cdot\alpha^{P-1} \tag{3.38}$$

Allgemeine Verteilungsfunktion

Die Verteilungsfunktionen Gl. 3.37 und 3.38 können verallgemeinert werden. Der Kopplungsgrad q bezeichnet die Anzahl der Ketten, die zu einem Polymer vom Polymerisationsgrad P reagieren. Beim Abbruch durch Disproportionierung ist $q = 1$, beim Abbruch durch Kombination ist $q = 2$. Bei $q = 3, 4, \ldots$ reagieren $3, 4, \ldots$ Radikalketten zu einem Polymer vom Polymerisationsgrad P. Nichtganzzahlige Werte von q weisen darauf hin, dass mehrere Kettenabbrucharten, z. B. Disproportionierung ($q = 1$) und Kombination ($q = 2$), bei einer Polymerisation gleichzeitig vorliegen. Das ist z. B. bei der Polymerisation von Polymethylmethacrylat der Fall.

Die allgemeine **häufigkeitsgewichtete Polymerisationsgradverteilung** $x(P)$ lautet daher:

$$x(P) = N(P)/N = \frac{(1-\alpha)^q}{\Gamma(q+1)}\cdot P^{q-1}\cdot\alpha^{P-1} \tag{3.39}$$

$\Gamma(x)$ ist die Gamma-Funktion. Für $q = 1$ und $q = 2$ geht Gl. 3.39 in Gl. 3.37 bzw. Gl. 3.38 über.

Zur Berechnung der massengewichteten Polymerisationsgradverteilung $w(P)$ aus der häufigkeitsgewichteten Polymerisationsgradverteilung $x(P)$ gehen wir von der Beziehung $w(P) = m(P)/m$ aus. $m(P)$ ist hier die Masse der Polymermoleküle mit dem Polymerisationsgrad P und m die Gesamtmasse aller Polymermoleküle. Es gilt $m(P) = N(P)\cdot P\cdot m_0$ und $m = N_0\cdot m_0$, wobei N_0 die Gesamtzahl der Monomereinheiten (Zahl der Monomere am Beginn der Polymerisation) und m_0 die Masse einer Monomereinheit ist. Damit wird erhalten wir:

$$w(P) = m(P)/m = N(P)\cdot P\cdot m_0/(N_0\cdot m_0) = N(P)\cdot P_0/N_0 = x(P)\cdot P\cdot N/N_0 \tag{3.40}$$

Die Wahrscheinlichkeit α für einen Wachstumsschritt ist $\alpha = (N_0 - N)/N_0$, und es folgt $N/N_0 = 1-\alpha$. Die **massengewichtete Polymerisationsgradverteilung** erhält damit ausgehend von Gl. 3.39 folgende Form:

$$w(P) = \frac{(1-\alpha)^{q+1}}{\Gamma(q+1)} P^q \alpha^{P-1} \tag{3.41}$$

Für praktische Rechnungen ist es zweckmäßig, die Wahrscheinlichkeit α durch messbare Größen zu ersetzen. Die Wahrscheinlichkeit α für einen Wachstumsschritt, d. h. die Wahrscheinlichkeit, dass ein reaktionsfähiges Radikal reagiert, ist (Abschn. 3.1.1.5):

$$\alpha = \upsilon_{\mathrm{w}} / \left(\upsilon_{\mathrm{w}} + \upsilon_{\mathrm{ab}} + \sum \upsilon_{\mathrm{üb}}\right) = 1/(1 + 1/\nu') \approx 1 - 1/\nu' \tag{3.42}$$

Dabei ist $\nu' = -\upsilon_{\mathrm{w}}/(\upsilon_{\mathrm{ab}} + \sum \upsilon_{\mathrm{üb}})$ die um die Übertragungsreaktionen erweiterte effektive kinetische Kettenlänge. Mit der Beziehung $P_n = q \cdot \nu'$ (Abschn. 3.1.1.5) ergibt sich $\alpha = 1 - q/P_n$, und für die häufigkeitsgewichteten und massengewichteten Polymerisationsgradverteilungen gelten Gl. 3.43 und 3.44:

$$x(P) = \frac{(q/P_n)^q}{\Gamma(q+1)} P^{q-1} (1 - q/P_n)^{P-1} \tag{3.43}$$

$$w(P) = \frac{(q/P_n)^{q+1}}{\Gamma(q+1)} P^q (1 - q/P_n)^{P-1} \tag{3.44}$$

Häufig werden die Verteilungen Gl. 3.43 und 3.44 in die exponentielle Form umgeschrieben. Mit $\exp(-x) = 1 - x + 1/2 \cdot x^2 + \ldots$ und $P - 1 \approx P$ für große P ergibt sich:

$$x(P) = \frac{(q/P_n)^q}{\Gamma(q+1)} P^{q-1} \exp[-(q/P_n)\, P] \tag{3.45}$$

$$w(P) = \frac{(q/P_n)^{q+1}}{\Gamma(q+1)} P^q \exp[-(q/P_n) P] \tag{3.46}$$

Mit $1/P_n = B$ erhalten wir die allgemeine Exponentialverteilung, wie sie in Abschn. 2.1 bereits beschrieben wurde:

$$w(P) = \frac{B^{q+1}}{\Gamma(q+1)} P^q \exp(-B \cdot P) \tag{3.47}$$

Wird der Polymerisationsgrad durch die Molmasse ersetzt ($P = M/M_0$; M = Molmasse des Polymers, M_0 = Molmasse einer Monomereinheit), so folgt mit $B = q/M_n$:

$$w(M) = \frac{B^{q+1}}{\Gamma(q+1)} M^q \exp(-B \cdot M) \tag{3.48}$$

Mithilfe der in Kap. 2 eingeführten Definitionsgleichungen können wir die Zahlen- und die Massenmittelwerte des Polymerisationsgrads und die Uneinheitlichkeit U berechnen:

	$q = 1$	$q = 2$	$q = q$
P_n	$1\,\nu'$	$2\,\nu'$	$q\,\nu'$
P_w	$2\,\nu'$	$3\,\nu'$	$(q + 1)\,\nu'$
P_z	$3\,\nu'$	$4\,\nu'$	$(q + 2)\,\nu'$
U	1	0,5	1/q

Die Uneinheitlichkeit U ist ein Maß für die Breite der Verteilungsfunktion. Wir sehen, dass die Verteilung umso enger wird, je größer der Kopplungsgrad q ist.

3.1.1.7 Abweichungen von der normalen radikalischen Kinetik

Außer den in Abschn. 3.1.1.5 genannten Voraussetzungen liegen für das Gesetz $v_{Br} = k \cdot [I]^{1/2} \cdot [M]$ eine Reihe von Abweichungen vor:

- **Dead-end-Polymerisation:** Ist die Initiatorkonzentration zu niedrig, wird der Initiator vor Erreichen des Gleichgewichtsumsatzes verbraucht. Bei erneutem Zusatz von Initiator läuft die Polymerisation weiter. Dieser Effekt lässt sich ausnutzen, um die Geschwindigkeitskonstante des Zerfalls des Initiators k_d zu bestimmen.
- **Induzierter Zerfall des Initiators:** Bei dieser bereits unter „Startreaktion" in Abschn. 3.1.1.1 behandelten Abweichung verschwindet der Initiator durch Reaktion mit Radikalen. Damit treten Abweichungen in der Startreaktion auf, die sich auf die Kinetik auswirken.
- **Primärradikalabbruch:** Dieser unter „Abbruchreaktion" in Abschn. 3.1.1.3 betrachtete Effekt besteht in der Reaktion von Startradikalen mit Polymerradikalen und nicht mit Monomeren. Die Startradikale gehen verloren, der Initiatorexponent sinkt unter 0,5.
- **Okklusion der Radikale:** Bei Fällungspolymerisationen werden wachsende Radikale mit ausgefällt und dadurch eingeschlossen (Okklusion). Sie können demzufolge zur Abbruchreaktion nicht zueinander diffundieren. Damit ist das Stationaritätsprinzip verletzt. Der Initiatorexponent wird größer 0,5 und der Monomerexponent größer eins.
- **Degradative Kettenübertragung:** Die Polymerisation von Allylverbindungen erfolgt nur langsam und mit niedrigen Polymerisationsgraden. Der Grund liegt in der Resonanzstabilisierung der Allylradikale und in einer degradativen Kettenübertragung zum Monomer.
- **Einfluss der Lösungsviskosität und des Lösemittels:** Ab mäßigen Umsätzen und Polymerisationsgraden führt die höhere Lösungsviskosität zu einer Diffusionskontrolle des Abbruchs. Die Geschwindigkeitskonstante der Abbruchreaktion wird kleiner und mit einer Behinderung der Segmentdiffusion erklärt. Der Exponent der Monomerkonzentration wird größer eins. Ein gleicher Effekt lässt sich erreichen, wenn ionische Lösemittel wie z. B. Imidazolinium- oder Pyridiniumsalze wie auch quaternäre Ammoniumsalze als Lösemittel für die Polymerisation benutzt werden. Es steigt k_w und fällt k_a für verschiedene Monomere wie Styrol und Acrylnitril. Die Polarität des Lösemittels beeinflusst auch die Copolymerzusammensetzung.

- **Geleffekt:** Für den Geleffekt oder Trommsdorff-Norrish-Effekt zeichnet ebenfalls die Diffusionskontrolle verantwortlich. Wird eine 60 %ige Lösung von Methylmethacrylat oder auch 100 %iges Methylmethacrylat bei ca. 50 °C polymerisiert, so ist nach dem normalen Anlauf der Polymerisation keine Abnahme der Polymerisationsgeschwindigkeit durch Erniedrigung der Monomerkonzentration, sondern eine Beschleunigung der Polymerisation zu beobachten. Die Ursache dafür ist die Verminderung der Abbruchkonstante (bedeutet auch höheren Polymerisationsgrad) durch zunehmende Diffusionskontrolle. Das bedeutet, es werden weniger Polymerradikale abgebrochen. Da aber Initiatordissoziation und Wachstumsreaktion nicht behindert sind, weil die kleinen Monomermoleküle in ihrer Beweglichkeit weniger eingeschränkt werden, ist das Stationaritätsprinzip verletzt. Kommt zu diesem Effekt auch noch eine schlechtere Wärmeabführung, erhöht sich die Polymerisationsgeschwindigkeit weiter. Verhindern lässt sich der Geleffekt durch Zusätze von Lösemitteln (Herabsetzen der Viskosität) oder Kettenüberträgern (Verminderung des Polymerisationsgrads).
- **Verminderte Abbruchreaktion:** Die radikalische Polymerisation schließt als Abbruchreaktion die zwangsläufige Reaktion zweier radikalischer Kettenenden unter Verschwinden der radikalischen Reaktionsträger ein. Gehen wir davon aus, dass die Radikalkonzentration im stationären Zustand 10^{-7} bis 10^{-8} mol dm^{-3} beträgt, so ist die Lebensdauer einer Kette mit Sicherheit kleiner als 1 s. Unter lebenden Polymeren verstehen wir aber Makromoleküle, deren aktives Kettenende unbeschränkte oder lange Zeit aktiv und damit zur Addition weiterer Monomere fähig ist. Allgemein sind demzufolge radikalische Polymerisationen keine lebenden Polymerisationen. Es gibt aber Übergänge.

Bei Polyrekombinationen werden durch Übertragung mit Initiatorradikalen aus *p*-Xylol oder *p*-Di*iso*propylbenzol Diradikale gebildet:

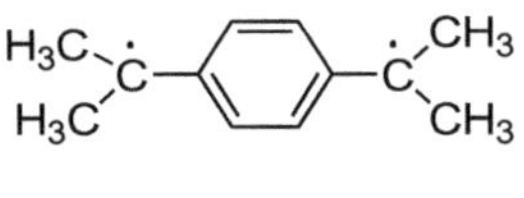

Diese Diradikale wachsen durch Kombination miteinander bzw. der Oligomere untereinander, d. h., aktive Kettenenden bleiben immer bis zum endgültigen Kettenabbruch erhalten. Allerdings nimmt die Radikalkonzentration ständig ab.

Die Methylmethacrylatpolymerisation weist mit Initiatoren, die Triphenylmethylgruppen als Endgruppen in die Polymerkette einbringen, eine sehr schwache Bindung auf, die leicht dissoziiert, erneut Monomere addiert, wonach das Kettenende wieder mit dem Triphenylmethylradikal kombiniert. Dieser Zyklus kann sich wiederholen, das wäre analog der zeitweise „schlafenden Polymere". Parallel verlaufen aber auch Abbruchreaktionen der Polymerketten untereinander.

3.1.1.8 Kontrollierte radikalische Polymerisation

Wie wir in den vergangenen Abschnitten sehen konnten, ist die freie radikalische Polymerisation ein robustes Verfahren zur Synthese von einer Vielzahl von Polymeren. Die Vorteile der Synthesemethode liegen in der relativ einfachen technischen Realisierung, der relativen Unempfindlichkeit gegenüber von Verunreinigungen und der einfachen Möglichkeit zur Herstellung von Copolymeren. Die Lebensdauer der aktiven Ketten ist sehr kurz, und die Reaktion verläuft sehr schnell. Ein Nachteil der freien radikalischen Polymerisation ist, dass der Reaktionsmechanismus aufgrund der Abbruch- und Übertragungsreaktionen zwangsläufig zu Produkten mit breiter Molmassenverteilung führt. Die sehr kurze Lebensdauer der aktiven Ketten ermöglicht keine technischen Operationen, wie z. B. das Dosieren eines zweiten Monomers. Das heißt, dass zur Herstellung von Copolymeren beide Monomere schon am Anfang der Reaktion vorhanden sein müssen und demzufolge die Art und Anzahl des Einbaus der Monomere in die wachsenden Ketten durch die Copolymerisationsparameter (Abschn. 3.1.4) gesteuert werden. Die Herstellung von Polymeren mit besonderen Monomersequenzen oder von Blockcopolymeren ist somit nicht möglich. Diese Nachteile sollen die Methoden der kontrollierten radikalischen Polymerisation ausgleichen. Das Konzept der kontrollierten radikalischen Polymerisation besteht darin, die Radikalkonzentration $P^{\bullet}$ im System zu senken und somit die Wahrscheinlichkeit für Abbruch- oder Übertragungsreaktionen zu reduzieren. Es muss erreicht werden, dass die Wachstumsreaktion gegenüber der Abbruchreaktion bevorzugt wird und dass die Initiierungsgeschwindigkeit sehr viel größer als die Abbruchgeschwindigkeit ist. Die Methoden der kontrollierten radikalischen Polymerisation basieren darauf, dass ein Gleichgewicht zwischen aktiven Kettenenden und schlafenden Kettenenden geschaffen wird. Das aktive Kettenende reagiert mit einem **Terminatormolekül**, welches selbst nicht in der Lage ist, Monomere zu addieren:

$$\underbrace{P^{\bullet}}_{\text{aktives Kettenende}} + \text{Terminator} \rightleftharpoons P\text{—}\underbrace{\text{Terminator}}_{\text{schlafendes Kettenende}}$$

Die Blockierung des wachsenden Kettenendes ist reversibel, der Terminator kann wieder abgespalten werden, und dann kann die Kette weiter wachsen. Durch diesen Mechanismus wird die Konzentration der aktiven Kettenenden sehr klein.

Es werden drei Reaktionsmechanismen der kontrollierten radikalischen Polymerisation beschrieben.

Nitroxide-Mediated Polymerization (NMP)

Hierbei werden stabile Radikale, die keine Polymerisation starten können, als Terminator eingesetzt. Prominenter Vertreter ist TEMPO (2,2,6,6-Tetramethylpiperidin-1-oxyl) (a). Nitroxide können zusammen mit den typischen Radikalbildnern wie Peroxiden oder AIBN genutzt werden, und sie sind in der Lage, die Polymerisation einer großen Anzahl von

Monomeren zu kontrollieren. Dazu gehören beispielsweise Styrol, Acrylnitril, Acrylamid und Acrylate. Die folgende Reaktionsgleichung beschreibt die Styrolpolymerisation.

Die NMP mit TEMPO erfordert relativ hohe Reaktionstemperaturen. Die Styrolpolymerisation wird z. B. bei 120 °C durchgeführt. Alternative Nitroxide, die auch niedrigere Polymerisationstemperaturen zulassen, sind *N*-t-Bu-*N*-[1-Diethylphosphono-(2,2-dimethylpropyl)]-nitroxid (DEPN) (b) und 2,2,5-Trimethyl-4-phenyl-3-azahexan-nitroxid (TRIPNO) (c).

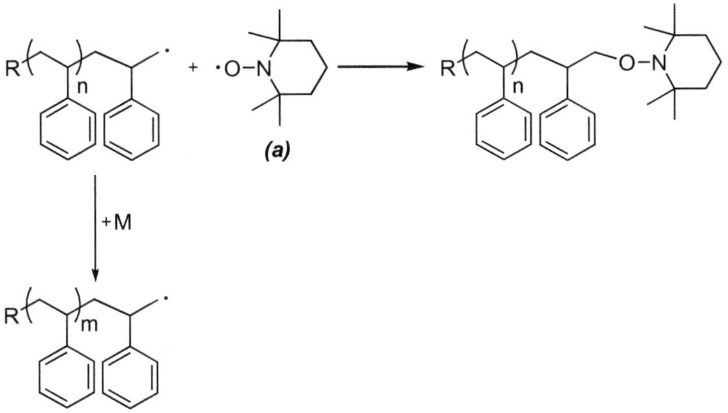

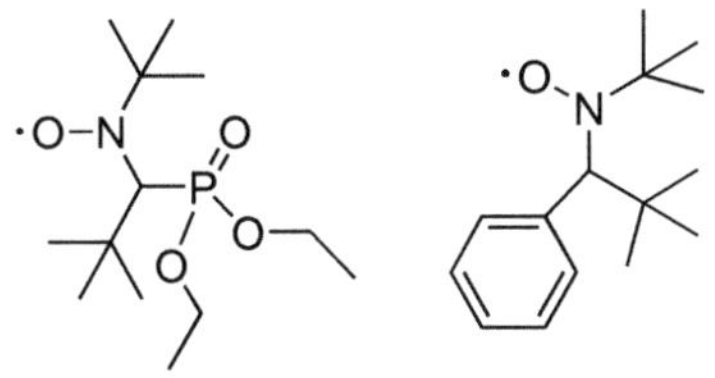

(b) *(c)*

Atom Transfer Radical Polymerization (ATRP)

Der Mechanismus beruht auf der Spaltung einer Alkylhalogenidbindung R–X durch Reaktion mit einem Metallkomplex, wobei sich ein Halogen-Metall-Komplex mit der nächsthöheren Oxidationsstufe des Metalls bildet:

$$R - X + \overset{+1}{Cu} - L_2 \rightleftharpoons \dot{R} + X - \overset{+II}{Cu} - L_2$$

Die Metallkomplexe können verschiedene Übergangsmetalle, wie z. B. Ti, Fe, Co und Ni, enthalten, am häufigsten werden aber Cu-Komplexe eingesetzt, die *N*-haltige Liganden haben.

Als Initiatoren für ATRP eignen sich Verbindungen, deren Halogenatome durch *α*-Carbonyl-, Vinyl-, Phenyl- oder Cyanogruppen aktiviert sind. Relevante Beispiele für Initiatoren und *N*-haltige Liganden sind folgende:

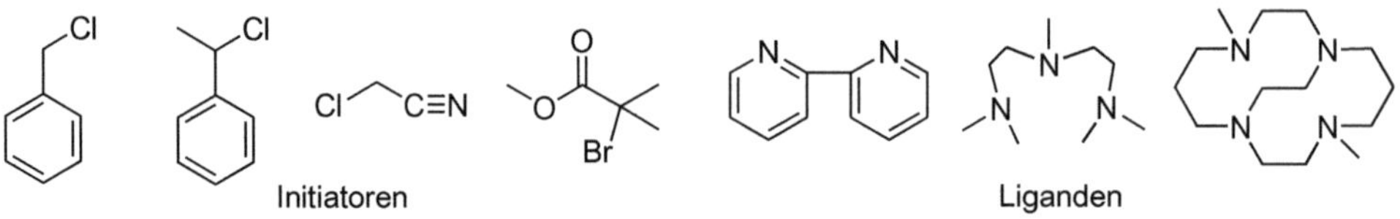

Initiatoren Liganden

Die Polymerisation von Styrol mit 1-Brommethylbenzol als Initiator und dem Cu-Komplex mit zwei 4,4′-Di-(5-nonyl)-2,2′-bipyridin-Liganden ist durch die folgende Reaktionsgleichung beschrieben:

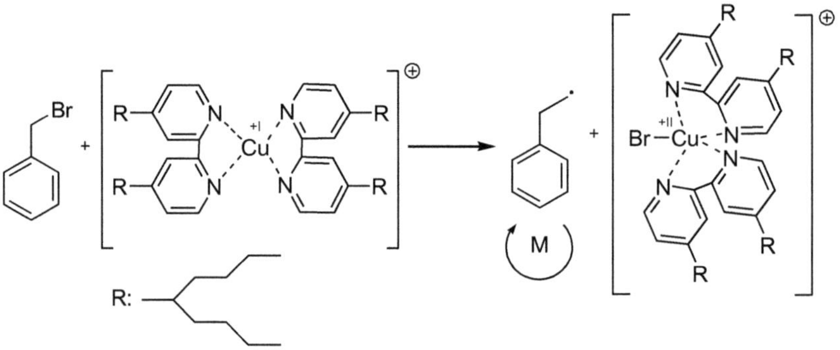

Die ATRP kann für viele Monomere angewendet werden. Blockcopolymere können erhalten werden, wenn nach der vollständigen Reaktion des ersten Monomers ein zweites zu dem Reaktionsansatz dosiert wird.

Reversible Addition Fragmentation and Transfer (RAFT)
Die RAFT-Methode gehört zu den degenerativen Transferprozessen. Hierbei wird ein Transferagens RX benutzt, welches die Gruppe oder das Atom X zwischen den wachsenden Kettenenden austauscht. Die Polymerisation wird mit einem üblichen Initiator für die radikalische Polymerisation gestartet. Die Initiatorkonzentration muss aber wesentlich geringer als die Konzentration des Transferagens sein. Das Transferagens wird an die wachsende Kette addiert. Das dann freiwerdende Radikal $R^{\bullet}$ ist in der Lage, neue Monomere zu addieren:

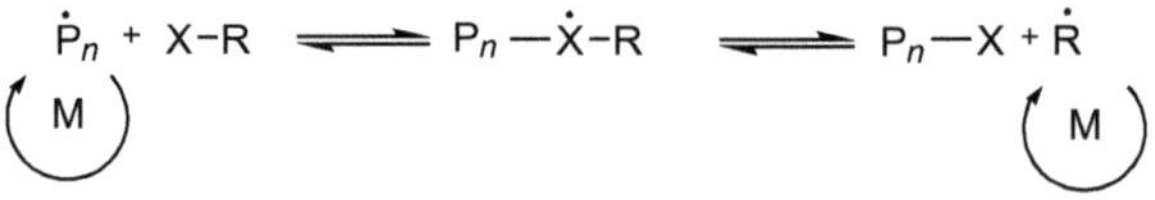

Als Transferagens werden z. B. Dithioester, Dithiocarbamate oder Dithiocarbonate verwendet. Die Auswahl der Substituenten des Transferagens ist von großer Bedeutung für die Kontrolle der Polymerisation. Mittels RAFT können viele Vinylmonomere polymerisiert werden. Die Herstellung von Blockcopolymeren ist möglich. Folgende Reaktionsgleichung zeigt die RAFT-Polymerisation von Methylmethacrylat mit Dithiobenzoat:

$$-\overset{H_2}{C}-\underset{COOCH_3}{\overset{CH_3}{\underset{|}{C}}}\cdot \;+\; S=\overset{Ph}{\underset{|}{C}}-S-R \;\rightleftharpoons\; -\overset{H_2}{C}-\underset{COOCH_3}{\overset{CH_3}{\underset{|}{C}}}-S-\overset{Ph}{\underset{|}{C}}=S \;+\; \dot{R}$$

$$R:\; -\underset{CH_3}{\overset{CH_3}{\underset{|}{\overset{|}{C}}}}\!-\!Ph \quad \text{oder} \quad -\underset{CH_3}{\overset{CH_3}{\underset{|}{\overset{|}{C}}}}\!-\!CN$$

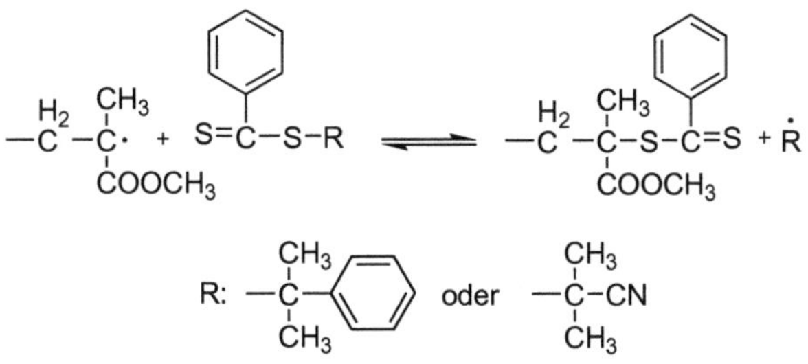

Mit Transferagenzien, die zwei Austauschzentren haben, können auch Triblockcopolymere hergestellt werden. Das ist am Beispiel von Dibenzyltrithiocarbonat für die Synthese von P(S-b-4VP-b-S) im Folgenden dargestellt:

$$Ph-\overset{H_2}{C}-S-\overset{S}{\overset{\|}{C}}-S-\overset{H_2}{C}-Ph \;\xrightarrow{+\;2n\;\text{Styrol}}\; Ph-\overset{H_2}{C}-(\text{Styrol})_n-S-\overset{S}{\overset{\|}{C}}-S-(\text{Styrol})_n-\overset{H_2}{C}-Ph$$

$$\xrightarrow{+\;2n\;\text{4VP}}\; Ph-\overset{H_2}{C}-(\text{Styrol})_n-(\text{4VP})_n-S-\overset{S}{\overset{\|}{C}}-S-(\text{4VP})_n-(\text{Styrol})_n-\overset{H_2}{C}-Ph$$

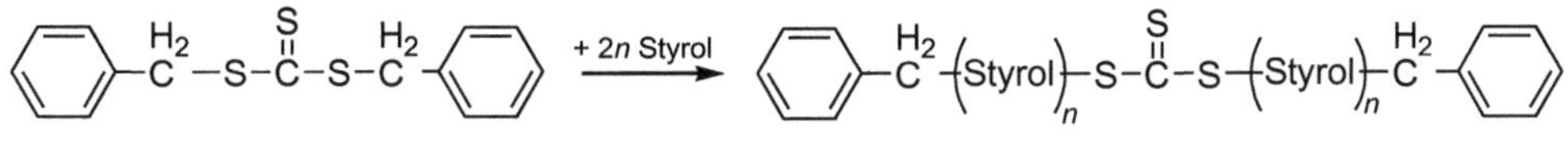

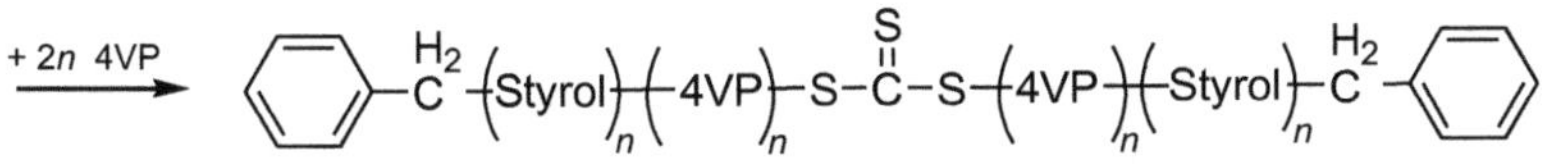

Nachteile der kontrollierten radikalischen Polymerisation, die bisher ihre großtechnische Nutzung blockieren, sind die Nutzung teilweise toxischer, farbiger und schwer aus dem Produkt entfernbarer Katalysatoren, die Verwendung von geruchsintensiven Stoffen und der insgesamt langsame Reaktionsablauf.

3.1.2 Ionische Polymerisation

Unter ionischen Polymerisationen werden im Allgemeinen die anionische und die kationische Polymerisation zusammengefasst, da sie grundlegende gemeinsame Charakteristika aufweisen. Die Polymerisation wird durch Anionen oder Kationen ausgelöst, verläuft über entsprechende ionische Zwischenstufen und entspricht damit dem ionischen Mechanismus. Ein wesentlicher Unterschied zur radikalischen Polymerisation besteht darin, dass jeweils zu dem initiierenden Anion bzw. Kation R ein Gegenion als Kation Me^+ oder Anion A^- vorhanden ist, welches in die Betrachtungen einbezogen wird, weil es einen Einfluss auf die Polymerisationsgeschwindigkeit und die Polymerstruktur hat:

$$R^-Me^+ + n\,H_2C=CH\!-\!R \longrightarrow R\!-\!\!\left(\!\!\begin{array}{c}H_2\\C\end{array}\!\!-\!\!\begin{array}{c}H\\C\\R\end{array}\!\!\right)_{\!n-1}\!\!\begin{array}{c}H_2\\C\end{array}\!\!-\!\!\begin{array}{c}H\\C^-\!Me^+\\R\end{array}$$

$$R^+A^- + n\,H_2C=CH\!-\!R \longrightarrow R\!-\!\!\left(\!\!\begin{array}{c}H_2\\C\end{array}\!\!-\!\!\begin{array}{c}H\\C\\R\end{array}\!\!\right)_{\!n-1}\!\!\begin{array}{c}H_2\\C\end{array}\!\!-\!\!\begin{array}{c}H\\C^+\\R\end{array}\!\!A^-$$

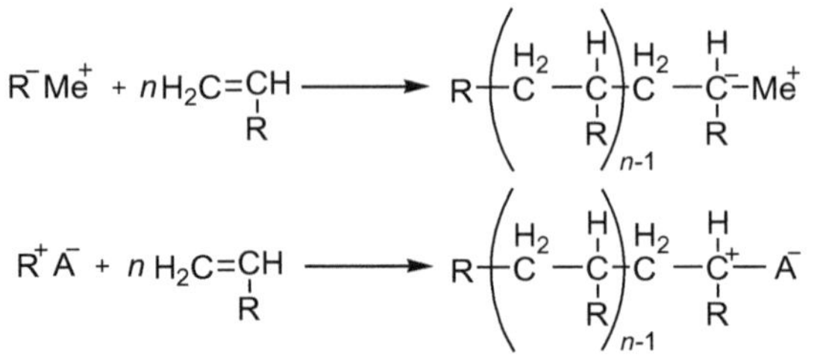

Wie bereits zu Beginn von Abschn. 3.1 ausgeführt, ist für die erfolgreiche Polymerisation nach einem obigen Mechanismus die entsprechende **Elektronenverteilung** an der Doppelbindung des Monomers verantwortlich. Das bedeutet, dass ein abgestimmtes Zusammenwirken zwischen Initiator und Monomer vorliegen muss. In diesem Sinn muss für die anionische Polymerisation durch elektronenziehende Substituenten an der Doppelbindung des Monomers eine nukleophile Addition des Anions an das Monomer eintreten. In entgegengesetztem Sinn muss für eine kationische Polymerisation durch elektronenschiebende Substituenten an der Doppelbindung eine elektrophile Addition des Kations an das Monomer stattfinden. Sind in dem Monomer die elektronenschiebenden Effekte nicht besonders stark ausgeprägt, wie z. B. bei Styrol und Butadien, so lassen sich solche Monomere nach beiden Mechanismen polymerisieren.

Je stärker die Elektronenverschiebung an der Doppelbindung ist, desto schwächer können Basizität bzw. Acidität des Initiators sein. Demzufolge lässt sich z. B. Vinylidencyanid bereits mit den Hydroxydionen des Wassers anionisch polymerisieren:

$$H_2C=C\!\!\begin{array}{c}C\!\equiv\!N\\|\\C\!\equiv\!N\end{array}$$

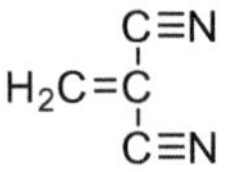

Im Laufe einer ionischen Polymerisation und in einem abgeschlossenen System ist das am Ende der Kette befindliche Anion oder Kation stabil, in der Regel aktiv und setzt mit einem hinzugefügten Monomer die Polymerisation fort. Wir sprechen dann von **lebenden Polymeren**. Es liegt also kein zwangsläufiger Kettenabbruch wie bei der radikalischen Polymerisation vor. Dies bedeutet, dass ein echtes Gleichgewicht zwischen Polymer und Monomer vorliegt. Oberhalb der Ceiling-Temperatur tritt keine Polymerisation ein. Beim Überschreiten der Ceiling-Temperatur tritt eine Depolymerisation ein, wenn das Kettenende noch die aktive Gruppe trägt. Als Beispiel hierfür sei α-Methylstyrol genannt.

Die aktiven Spezies am Kettenende wie auch bei den Initiatoren können in verschiedenen Formen vorliegen, wie hier an einem anionischen System gezeigt wird:

- als polarisierte kovalente Bindung (a),
- als Kontaktionenpaar (b), in dem die Ionen direkten Kontakt miteinander haben,
- als solvatgetrenntes Ionenpaar (c), in dem das Ionenpaar durch die Solvathülle getrennt ist, und

- als freie Ionen (d).

$$\underset{(a)}{\overset{\delta+}{P}—\overset{\delta-}{X}} \rightleftharpoons \underset{(b)}{P^{+}X^{-}} \rightleftharpoons \underset{(c)}{P^{+}/\!/X^{-}} \rightleftharpoons \underset{(d)}{P^{+} + X^{-}}$$

Zwischen den Formen besteht ein Gleichgewicht, das durch entsprechende Lösemittel, Temperatur bzw. gleichionigen Zusatz unterschiedlich verschoben werden kann. Die einzelnen ionogenen Spezies lassen sich experimentell mit spektroskopischen Methoden voneinander unterscheiden. Nichtionogene Spezies können auch assoziieren mit Assoziationsgraden normalerweise bis sechs, bekannt z. B. vom *n*-Butyllithium.

Die Reaktion der aktiven Spezies mit dem Monomer reicht von einer unbeeinflussten Addition des Monomers an das freie Ion über eine Koordination des Monomers bis zu einer Einschiebungsreaktion (Polyinsertion) des Monomers in die polarisierte kovalente Bindung. Letztere wird auch **pseudoionische Polymerisation** genannt. Dafür ist die Kohlenstoff-Lithium-Bindung in unpolaren Lösemitteln ein Beispiel.

Eine zwangsläufige Abbruchreaktion, wie bei Radikalen, kann nicht vorliegen, denn gleichsinnig geladene Ionen stoßen sich ab. Daraus folgt, dass der stationäre Zustand von Start und Abbruch, wie bei der radikalischen Polymerisation, nicht vorhanden ist. Natürlich kann auch bei ionischen Polymerisationen gezielt oder durch Nebenreaktionen (z. B. mit Wasser) ein Abbruch erfolgen.

Der Polymerisationsgrad abbruch- und übertragungsfreier ionischer Polymerisationen wird durch folgende Gleichung bestimmt:

$$P_n = [M]/[I] \tag{3.49}$$

Dies stellt bei einem vollständig aktiven Initiator eine **stöchiometrische Polymerisation** dar.

Die **ionische Polymerisation** mit ihren lebenden Kettenenden bietet bei gleichzeitigem Start, fehlender Übertragung, fehlendem Abbruch und bei nur einer Art aktiver Spezies die Möglichkeit, dass alle Polymermoleküle gleichmäßig wachsen. Somit stellt sich eine wesentlich engere Molmassenverteilung ein: eine Poisson-Verteilung.

Molmassen und Molmassenverteilung bei der ionischen Polymerisation
Die ionische Polymerisation lässt sich allgemein formulieren als:

$$I^- + M \longrightarrow IM_1^- \quad \text{Startreaktion, schnell} \quad I^+ + M \longrightarrow IM_1^+$$

$$IM_n^- + M \underset{(e)}{\longrightarrow} IM_{n+1}^- \quad \text{Wachstumsreaktion, } n = 1{,}2{,}3 \ldots IM_n^+ + M \underset{(f)}{\longrightarrow} IM_{n+1}^{+1}$$

Die Gleichungen (e) gelten für die anionische und die Gleichungen (f) für die kationische Polymerisation. Der Kettenstart ist bei der ionischen Polymerisation im Allgemeinen wesentlich schneller als das Kettenwachstum. Nach relativ kurzer Zeit liegen daher alle aktiven Zentren infolge der Startreaktionen als IM_1^- oder IM_1^+ vor. Da bei der idealen ionischen Polymerisation keine Abbruchreaktion auftritt, ist die Konzentration der Kettenträger konstant und gleich der Konzentration des eingesetzten Initiators $[I]_0$. Die Bruttoreaktionsgeschwindigkeit v_{Br} ist daher:

$$v_{Br} = -d[M]/dt = k_w \cdot [I]_0 \cdot [M] \tag{3.50}$$

Die Integration von Gl. 3.50 in den Grenzen von $t \in [0, t]$ und $[M] \in [[M]_0, [M]]$ liefert

$$[M] = [M]_0 \exp(-k_w \cdot [I]_0 \cdot t), \tag{3.51}$$

wobei $[M]_0$ die eingesetzte Monomerkonzentration ist.

Da die Startreaktion pro Initiatormolekül ein Monomermolekül verbraucht, ist die verfügbare Monomerkonzentration nach dem Ablauf der Startreaktion und unter der Annahme, dass noch keine Monomere für die Wachstumsreaktion verbraucht sind:

$$[M] = [M]_0 - [I]_0 \tag{3.52}$$

Wenn mit $[M]_\tau$ die Monomerkonzentration zum Zeitpunkt $t = \tau$ bezeichnet wird und zum Zeitpunkt $t = 0$ alle aktiven Zentren als Kettenträger vorliegen, ergibt sich aus Gl. 3.50 und 3.52:

$$-\int_{[M]_0 - [I]_0}^{[M]\tau} d[M] = k_w \cdot [I]_0 \cdot \int_0^\tau [M] dt \tag{3.53}$$

Durch Integration der linken Seite von Gl. 3.53 erhalten wir:

$$\{([M]_0 - [M]_\tau)/[I]_0\} - 1 = k_w \int_0^\tau [M] dt \tag{3.54}$$

Der Polymerisationsgrad P_n zum Zeitpunkt $t = \tau$ ist gegeben durch:

$$P_n = ([M]_0 - [M]_\tau)/[I]_0 \tag{3.55}$$

Für $\tau \to \infty$, d. h. am Ende einer idealen abbruch- und übertragungsfreien ionischen Polymerisation, ist $[M]_\tau = 0$ und damit $P_n = [M]_0/[I]_0$. Gl. 3.54 erhält unter Beachtung von Gl. 3.55 folgende Form:

$$\mathrm{P}_n - 1 = k_\mathrm{w} \int_0^\tau [\mathrm{M}]\mathrm{d}t \tag{3.56}$$

Da zur Zeit $t = 0$ alle Moleküle den Polymerisationsgrad $\mathrm{P}_n = 1$ aufweisen, ist die Zahl der Wachstumsschritte pro Kette ν

$$\nu = \mathrm{P}_n - 1. \tag{3.57}$$

ν ist die kinetische Kettenlänge. Die Kombination von Gl. 3.51, 3.56 und 3.57 ergibt für die kinetische Kettenlänge ν und für die Änderung der kinetischen Kettenlänge mit der Zeit:

$$\nu = [\mathrm{M}]_0/[\mathrm{I}]_0 \cdot \left[1 - \exp\left(-k_\mathrm{w} \cdot [\mathrm{I}]_0 \cdot t\right)\right] \tag{3.58}$$

$$\mathrm{d}\nu = k_\mathrm{w} \cdot [\mathrm{M}]_0 \cdot \exp\left(-k_\mathrm{w} \cdot [\mathrm{I}]_0 \cdot t\right)\mathrm{d}t = k_\mathrm{w} \cdot [\mathrm{M}]\mathrm{d}t \tag{3.59}$$

$\left[\mathrm{IM}_n^-\right]$ mit $n = 1,2,3, \ldots, P$ seien die Konzentrationen der Polymermoleküle vom Polymerisationsgrad n. Der Einfachheit halber bezeichnen wir die Konzentrationen $\left[\mathrm{IM}_n^-\right]$ mit C_n, [M] mit C_M und $[\mathrm{I}]_0$ mit C_I. Die Geschwindigkeiten, mit der die wachsenden Ketten mit den Polymerisationsgraden $n = 1,2,3, \ldots, P$ verschwinden, sind:

$$\begin{aligned}
&-\mathrm{d}C_1/\mathrm{d}t = k_\mathrm{w} \cdot C_\mathrm{M} \cdot C_1 \\
&-\mathrm{d}C_2/\mathrm{d}t = k_\mathrm{w} \cdot C_\mathrm{M} \cdot (C_2 - C_1) \\
&-\mathrm{d}C_3/\mathrm{d}t = k_\mathrm{w} \cdot C_\mathrm{M} \cdot (C_3 - C_2) \\
&\vdots \\
&-\mathrm{d}C_P/\mathrm{d}t = k_\mathrm{w} \cdot C_\mathrm{M} \cdot (C_P - C_{P-1})
\end{aligned} \tag{3.60}$$

Wir nehmen dabei an, dass die Wachstumskonstante k_w für alle Wachstumsschritte gleich groß ist. Mithilfe von Gl. 3.59 können wir in Gl. 3.60 dt durch dν ersetzen:

$$\begin{aligned}
&-\mathrm{d}C_1 = C_1\mathrm{d}\nu \\
&-\mathrm{d}C_2 = (C_2 - C_1)\mathrm{d}\nu \\
&-\mathrm{d}C_3 = (C_3 - C_2)\mathrm{d}\nu \\
&\vdots \\
&-\mathrm{d}C_P = (C_P - C_{P-1})\mathrm{d}\nu
\end{aligned} \tag{3.61}$$

Das Gleichungssystem Gl. 3.61 versetzt uns in die Lage, die Anteile der Polymermoleküle bei verschiedenen Polymerisationsgraden in Abhängigkeit von der kinetischen

Kettenlänge zu berechnen. Hierzu müssen wir Gl. 3.61 in den Grenzen $\nu \in [0, \nu]$ und $C_n \in [C_I, C_n]$ integrieren. Für $n = 1$ lässt sich die Integration sofort durchführen:

$$\int_{C_I}^{C_1} (1/C_1)\mathrm{d}C_1 = -\int_0^{\nu} d\nu \quad ; \quad \mathrm{C}_1 = C_1 \cdot \exp(-\nu) \tag{3.62}$$

Für $n \geq 2$ erfolgt die Integration rekursiv:

$$\begin{aligned} \mathrm{d}C_2 &= C_\mathrm{I} \cdot \exp(-\nu)\mathrm{d}\nu - C_2\mathrm{d}\nu \quad &;\quad C_2 &= C_\mathrm{I} \cdot \nu \cdot \exp(-\nu) \\ \mathrm{d}C_3 &= C_\mathrm{I} \cdot \exp(-\nu)\mathrm{d}\nu - C_3\mathrm{d}\nu \quad &;\quad C_3 &= C_\mathrm{I} \cdot \nu^2 \cdot \exp(-\nu)/2 \\ & & &\vdots \\ & & C_P &= C_\mathrm{I} \cdot \nu^{P-1} \cdot \exp(-\nu)/(P-1)! \end{aligned} \tag{3.63}$$

Die rekursive Integration sei am Beispiel der ersten Zeile von Gl. 3.63 erläutert. Multiplikation von $\mathrm{d}C_2 = C_\mathrm{I} \cdot \exp(-\nu)\mathrm{d}\nu - C_2\mathrm{d}\nu$ mit $\exp(\nu)$ ergibt $\exp(\nu)\, \mathrm{d}C_2 + \exp(\nu)\, C_2\, \mathrm{d}\nu = C_\mathrm{I}\, \mathrm{d}\nu$. Es gilt die Identität $\mathrm{d}\,[\exp(\nu)\, C_2] = \exp(\nu)\, C_2\, \mathrm{d}\nu + \exp(\nu)\, \mathrm{d}C_2$. Daraus erhält man:

$$\int_{C_\mathrm{I}}^{C_2} \mathrm{d}[\exp(\nu)\, C_2] = -\int_0^{\nu} C_\mathrm{I}\mathrm{d}\nu; \qquad C_2 = C_\mathrm{I} \cdot \nu \cdot \exp(-\nu) \tag{3.64}$$

$C_P/C_1 = x(P)$ ist der Molenbruch aller Moleküle, welche den Polymerisationsgrad P haben. Damit erhalten wir für die häufigkeitsgewichtete Polymerisationsgradverteilung $x(P)$ aus Gl. 3.63:

$$x(P) = C_P/C_1 = \frac{\nu^{P-1} \cdot \exp(-\nu)}{(P-1)!} \tag{3.65}$$

Der Zusammenhang mit der massengewichteten Polymerisationsgradverteilung $w(P)$ ergibt sich durch die Beziehung Gl. 3.66, in der M_0 die Molmasse des Monomers ist:

$$w(P) = m(P)/m = (C_P/C_1) \cdot P \cdot M_0/[(\nu + 1) \cdot M_0] \tag{3.66}$$

$$w(P) = \frac{\nu^{P-1} \exp(-\nu)\, P}{(P-1)!\ (\nu + 1)} \tag{3.67}$$

Gl. 3.65 und 3.67 beschreiben **Poisson-Verteilungen**. Sie sind vollständig durch einen einzigen Parameter, die kinetische Kettenlänge ν, bestimmt. Mithilfe der Definitionsgleichungen für $P_n = 1/(\sum w_i/P_i)$ und $P_w = \sum w_i \cdot P_i$ (Abschn. 2.1) ist es möglich, die mittleren Polymerisationsgrade aus Gl. 3.67 zu berechnen. Die Ergebnisse lauten:

$$P_n = \nu + 1 \quad ; \quad P_w = \left(\nu^2 + 3\nu + 1\right)/(\nu + 1) \tag{3.68}$$

Daraus ergibt sich für die Uneinheitlichkeit:

$$U = (P_w/P_n) - 1 = \nu/(\nu + 2)^2 = (P_n + 1)/{P_n}^2 \tag{3.69}$$

Für große P_n ist $U \approx 1/P_n$. Die Poisson-Verteilung ist also außerordentlich eng und nimmt mit der kinetischen Kettenlänge ab. Die Verteilungen bei der radikalischen Polymerisation (Abschn. 3.1.1.6) und bei den Stufenwachstumsreaktionen (Abschn. 3.2) sind bei gleichem P_n deutlich breiter. Der Grund für den Unterschied ist: Bei der ionischen Polymerisation findet der Kettenstart momentan statt, und es existieren im Idealfall keine Abbruchreaktionen. Alle Ketten wachsen während der gleichen Reaktionszeit mit der gleichen Wahrscheinlichkeit. Sie sind deshalb in etwa alle gleich lang.

3.1.2.1 Anionische Polymerisation

Unter einer anionischen Polymerisation verstehen wir die Reaktion eines Anions R^- des Initiators mit Monomeren zu Makromolekülen. Me^+ ist hier das Gegenion:

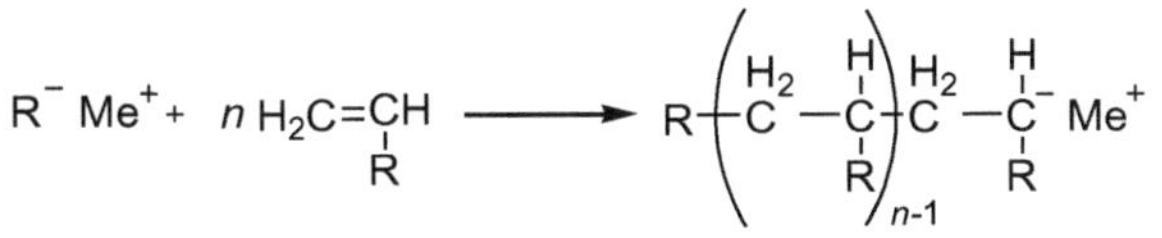

Anionische Polymerisationen laufen in den überwiegenden Fällen nur unter Luftabschluss und im Gegensatz zur radikalischen Polymerisation auch nur unter absolutem Wasserausschluss ab. Trotz dieses Handicaps haben sich anionische Polymerisationen für eine Reihe von Monomeren (Tab. 3.7) aus verschiedenen Gründen durchsetzen können. Die Polydispersitäten der erhaltenen Polymere sind gering. Der wichtigste Grund ist wohl aber der, dass sich lebende Polymere von vielen Monomeren herstellen lassen. Damit ergibt sich die Möglichkeit Makromoleküle mit bestimmter, definierter Architektur zu synthetisieren, wie z. B. Blockcopolymere, Polymere mit gewünschten Endgruppen oder definierte stern- und kammförmige Polymere. Nicht weniger wichtig ist, dass schon bei der anionischen Synthese gewisser Makromoleküle bevorzugte Strukturen gebildet werden, z. B. beim Polyisopren, Polybutadien und Polymethylmethacrylat.

Monomere

Die Auswahl anionisch polymerisierbarer Verbindungen ist beschränkt, da nur Monomere mit elektronenziehenden Substituenten an der Doppelbindung oder Ringe anionisch polymerisierbar sind. Dazu gehören Styrol, Vinylpyridin, Vinylketone und Acrylverbindungen,

Tab. 3.7 Hauptanwendungsgebiete wichtiger, durch anionische Polymerisation industriell hergestellter Polymere

Polymere	Hauptanwendungsgebiet
cis-1,4-Polybutadien	Elastomer: Reifen, Gummi
cis-1,4-Polyisopren	Elastomer: Reifen, Gummi
Blockcopolymere (vorwiegend Styrol-Diene)	Thermoplastische Elastomere: Schuhsohlen, Fußbodenbeläge
Polyalkylenglykole	Blöcke für Polyurethane
Sternförmige Polymere	Additive
Polycyanacrylate	Klebstoffe
Polycaprolactam	Gussstücke
Polyoximethylen	Konstruktionswerkstoff

z. B. Alkylacrylate, Alkylmethacrylate, Dimethylacrylamid, Acrylnitril, Vinylidendicyanid und Diene, wie Butadien, Isopren, Cyclohexadien. Beispiele für Ringe sind Epoxide, z. B. Ethylenoxid und Propylenoxid, Episulfide, Ethylencarbonat, fünf- bis zwölfgliedrige ringförmige Lactame, besonders Caprolactam, Urethane, Lactone, z. B. Caprolacton und Leuchs'sche Anhydride. Aber auch bestimmte Aldehyde und Ketone, z. B. Formaldehyd, einschließlich ihrer Thioanaloga, sind anionisch polymerisierbar, ebenso wie Isocyanate, Vinyltrimethylsilan und Cyclotrisiloxane. Monomere mit H-aciden funktionellen Gruppen lassen sich mit einer Silylgruppe schützen und so einer lebenden Polymerisation erfolgreich unterziehen. Einige der hier als Beispiel genannten Monomere werden in technischem Maßstab polymerisiert (Tab. 3.7).

Initiatoren und Chemismus der Startreaktion

Für die anionische Startreaktion werden folgende Initiatorklassen eingesetzt: Alkaliorganyle (z. B. Butyllithium), Alkalimetalle (Natrium, Kalium), Alkaliamide (z. B. Natriumamid), Grignard-Verbindungen, Alkalialkoholate, Alkalienolate, Amine, Phosphine, Alkalilösungen in Wasser, Alkalicarbonate, Natriumcyanid. Als Gegenion sind meistens die Alkalimetalle Lithium, Natrium, Kalium, vereinzelt auch Cäsium gebräuchlich. Die Erdalkaligegenionen Ca^{2+}, Sr^{2+} und Ba^{2+} sind selten. Mildere Initiatoren sind Aluminiumalkyle, -alkoholate und -porphyrine, die bei empfindlicheren Monomeren, wie z. B. (Meth)-acrylaten, für die Synthese lebender Polymere höhere Polymerisationstemperaturen zulassen.

Reziprok zur Nukleophilie dieser Anionen muss die Elektrophilie der Monomere sein, damit die Startreaktion ablaufen kann. So lässt sich z. B. Styrol nur mit Alkaliorganylen, -amiden und -metallen polymerisieren, mit den folgend oben genannten nicht. Cyclische Ether wie Ethylenoxid und Ester wie Caprolacton lassen sich bereits mit Alkoxiden polymerisieren. Dagegen lässt sich Vinylidendicyanid mit allen obigen Initiatoren polymerisieren. Auch Kombinationen von z. B. BuLi und Dibutylmagnesium (oder auch Aluminiumtriethyl) lassen sich für die Polymerisation von Styrol und Dienen einsetzen. Dann wird aber die Bruttopolymerisationsgeschwindigkeit erniedrigt, und der *cis*-Gehalt der Polydiene sinkt.

Es wurde auch versucht, diesen Zusammenhang quantitativ zu fassen. Für eine anionische Polymerisation muss der Quotient aus der Energie des niedrigsten unbesetzten π-Orbitals des Monomers und dem pK_a-Wert des initiierenden Anions kleiner als $2,5 \cdot 10^{-2}$ sein, damit eine anionische Polymerisation auslösbar ist.

Startreaktion durch Anionen

Für den Startschritt wurde eine Reihe von Organometallverbindungen als Initiatoren mit Gegenionen im Wesentlichen aus der ersten Hauptgruppe des Periodensystems eingesetzt. Diese garantieren einen anionischen Mechanismus. Mit Kationen aus der zweiten und dritten Hauptgruppe des Periodensystems liegt teilweise ein radikalischer Mechanismus vor. Häufig eingesetzte Organometallverbindungen sind *n*-Butyllithium, *sec*-Butyllithium, Fluorenyllithium, Dilithiumverbindungen (löslich erhalten auf Basis von Diphenylethylen-Strukturelementen), Isoamylnatrium, Phenylnatrium und Octylkalium. Folgender Startschritt liegt in polaren Lösemitteln vor:

$$Li^+ + Bu^- + M \longrightarrow BuM^- + Li^+$$

In unpolaren Lösemitteln liegen allerdings die Lithiumorganyle als polarisierte kovalente Verbindungen und beim Butyllithium als Assoziate vor. Besonders beim *n*-Butyllithium wurde das Assoziat mit dem Assoziationsgrad sechs beschrieben. Da aber die Startreaktion von der monomeren Lithiumverbindung ausgelöst wird, muss der eigentlichen Startreaktion noch eine Dissoziation des Lithiuminitiators vorgelagert sein. Für einen derartigen Mechanismus sprechen vor allem kinetische Untersuchungen. Zusätze von Lewis-Basen zu den Lithiumorganylverbindungen erleichtern den Entassoziierungsprozess durch Komplexbildung. In gleicher Weise wirken Kronenether.

Die Alkylverbindungen der anderen Alkalimetalle sind in Kohlenwasserstoffen meistens unlöslich. In polaren Lösemitteln, wie z. B. Tetrahydrofuran, tritt eine beträchtliche Erhöhung der Aktivität des Initiators durch Entassoziierung und Solvatation ein. Natrium-, Kalium-, Rubidium- und Cäsiumalkyle sind aber auch in diesen Lösemitteln teilweise instabil.

Startreaktion durch Elektronenübertragung

Die Initiierung durch Elektronenübertragung umfasst diejenige durch Alkalimetalle und Alkali-Aromaten-Komplexe. Alkalimetalle (Me) sind in der Lage, Elektronen auf Monomere zu übertragen:

$$Me + H_2C=CH{-}R \longrightarrow H_2\dot{C}-\bar{C}H{-}R \; Me^+$$

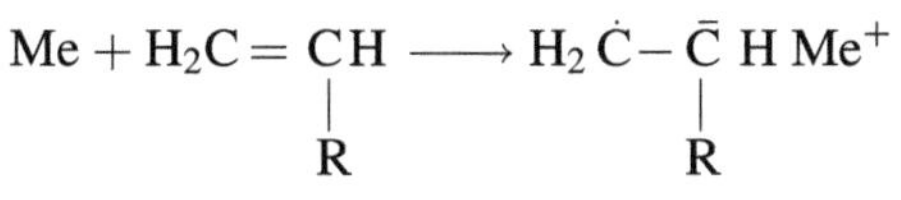

Die entstandenen Ionenradikale rekombinieren mit ihrem radikalischen Ende:

$$2H_2\dot{C}-\underset{\displaystyle R}{\underset{|}{\bar{C}H}}\,Me^+ \rightarrow {}^+Me\,\underset{\displaystyle R}{\underset{|}{H\bar{C}}} - \overset{H_2}{C} - \overset{H_2}{C} - \underset{\displaystyle R}{\underset{|}{\bar{C}H}}\,Me^+$$

Das gebildete Dianion kann eine anionische Polymerisation nach zwei Seiten starten. Für diesen Mechanismus liegen folgende Beweise vor: Da mit Elektronenspinresonanz (ESR) keine Radikale nachweisbar waren, liegt also kein radikalischer Mechanismus vor. Die Dissoziation des Dianions in zwei Anionenradikale ist sehr gering; es tritt demnach keine Rückreaktion ein. Zum Start der Polymerisation mit Alkalimetallen muss angemerkt werden, dass die Effektivität gering ist, da sich nur die Oberfläche des Metalls umsetzt.

Startreaktion mit Alkali-Aromaten-Komplexen

Die wichtigste Art der Initiierung durch Elektronenübertragung stellt jedoch die mit Alkali-Aromaten-Komplexen dar. Als Aromaten sind Naphthalin, Biphenyl, Phenanthren und Anthracen gebräuchlich, als Alkalimetalle Natrium und Lithium. Szwarc untersuchte als Erster den Einsatz von Alkali-Aromaten-Komplexen als Polymerisationsinitiatoren. Beim Zusatz von Naphthalinnatrium zu reinem Styrol geht die Farbe von Grün in die rote Farbe des Styrolcarbanions über. Bei 100 % Umsatz konnte folgender Zusammenhang mit dem Polymerisationsgrad gefunden werden:

$$P_n = [M]/([I]/2) \tag{3.70}$$

Unter der Voraussetzung von absolutem Luft- und Wasserausschluss tritt kein Abbruch ein, auch nach dem Verbrauch des Monomers nicht. Damit liegen also lebende Polymere vor, und ein radikalischer Mechanismus ist ausgeschlossen. Szwarc schlug daher folgenden Reaktionsmechanismus vor:

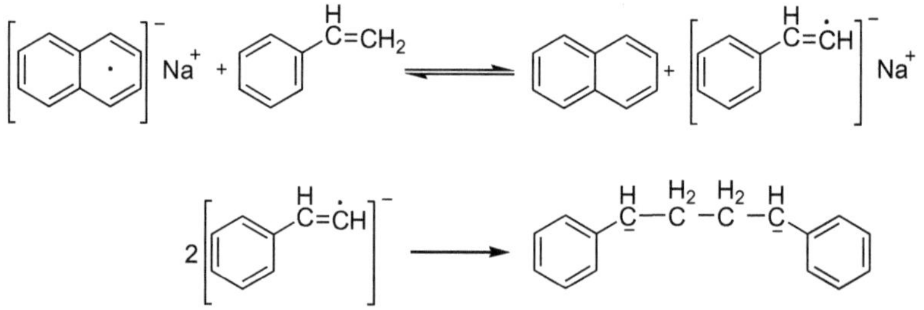

Es tritt also eine Rekombination des radikalischen Endes des Styrolanionradikals ein, das an beiden Seiten anionisch weiterwächst. Dies erklärt die Abhängigkeit aus Gl. 3.70.

Wachstumsreaktion

Bei der anionischen Wachstumsreaktion reagiert das Monomer mit dem Anion der letzten Monomereinheit der Kette, die in der Regel gleich dem Monomer ist:

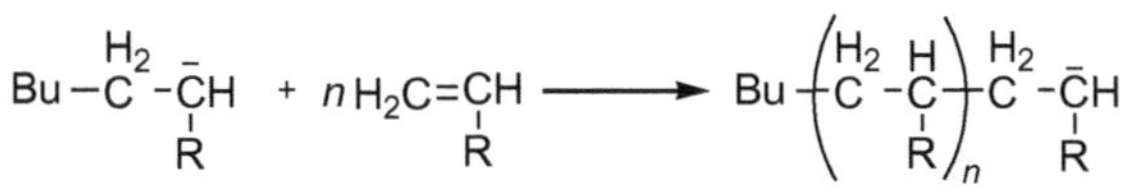

Daher sollten während dieser Wachstumsschritte Probleme der Disharmonie der Nukleophilie des Anions und der Elektrophilie des Monomers nicht auftreten, sonst findet kein Kettenwachstum statt. Damit sollte die Geschwindigkeit des Wachstums durch folgende Gleichung gegeben sein:

$$v_w = k_w \cdot [P^-] \cdot [I] \tag{3.71}$$

Diese Gleichung ist zwar richtig, aber sie summiert nur über die Tatsache, dass das Anion in verschiedenen Formen vorliegen kann, wie dies bereits in Abschn. 3.1.2 angedeutet war.

Die Wachstumsreaktion bei der anionischen Polymerisation ist nämlich nicht nur vom wachsenden Anion und Gegenion, sondern auch vom verwendeten Lösemittel und der Reaktionstemperatur abhängig. Letztere beeinflussen das Ionenpaar Anion/Kation sehr wesentlich. Bei der Durchführung von Polymerisationen in polaren Lösemitteln, wie Tetrahydrofuran und Hexamethylphosphorsäuretriamid, ist das Vorliegen verschiedener Ionenpaarspezies und freier Ionen nachgewiesen. Am besten ist dies an der Styrolpolymerisation untersucht. Es liegt folgendes Ionenpaargleichgewicht vor:

$$P^-Na^+ + S \rightleftharpoons P^-/S/Na^+ \rightleftharpoons P^- + Na^+ + S$$

Dabei bedeutet P^-Na^+ das Kontaktionenpaar, $P^-/S/Na^+$ das solvatgetrennte Ionenpaar, S das Lösemittel und P^- die freien Anionen. Dass Ionenpaare vorliegen, konnte durch einen gleichionigen Zusatz (Natriumtetraphenylborat) bewiesen werden. Dass zwei verschiedene Ionenpaare vorliegen, konnte prinzipiell dadurch bewiesen werden, dass die Alkalisalze des Fluoren in Tetrahydrofuran zwei Absorptionspeaks geben, deren relative Intensität durch Verdünnung und gleichionigen Zusatz nicht beeinflusst wird, dagegen von der Temperatur abhängig ist. Da die Geschwindigkeitskonstante des Wachstums k_w stark vom Lösemittel und der Temperatur abhängt, muss für jede obige ionogene Spezies eine individuelle Geschwindigkeitskonstante vorliegen, die wir für das Kontaktionenpaar mit $k_{w\,\pm\,c}$, das solvatgetrennte Ionenpaar mit $k_{w\,\pm\,s}$ und für das freie Anion mit k_{w-} bezeichnen sollten (daraus erklärt sich der in der Literatur gebrauchte Ausdruck Dreiwegemechanismus). Statt S wird auch das entsprechende Lösemittel als Kürzel eingesetzt.

Die breite Variationsmöglichkeit polarer Lösemittel mit ihren temperaturabhängigen Dielektrizitätskonstanten, dargestellt im Arrhenius-Diagramm (Abb. 3.3), zeigt, dass die

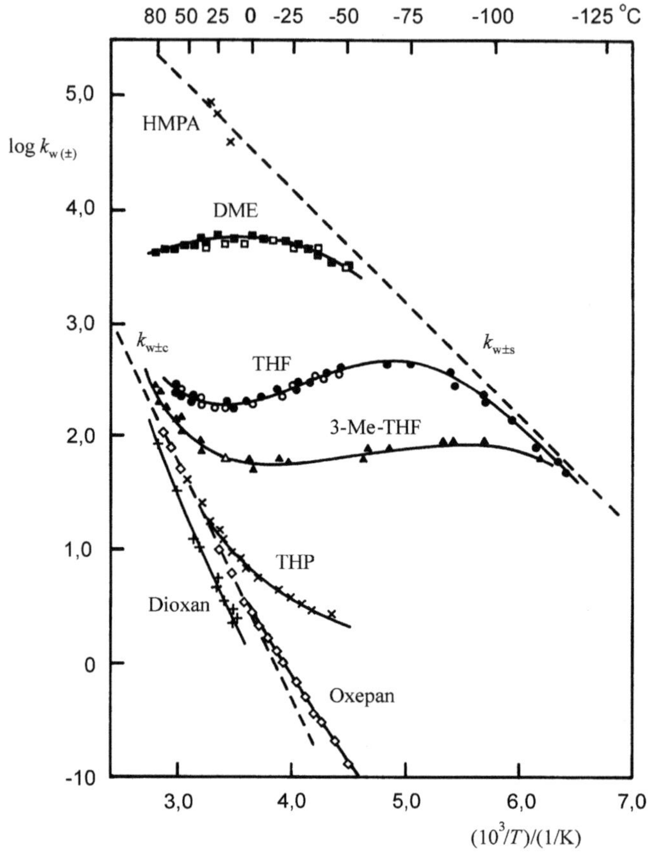

Abb. 3.3 Arrhenius-Diagramm der Wachstumsgeschwindigkeitskonstanten von Kontaktionenpaaren $k_{w\,\pm\,c}$ und solvatgetrennten Ionenpaaren $k_{w\,\pm\,s}$ bei der anionischen Styrolpolymerisation. (Nach Schmitt und Schulz 1975)

gefundenen Geschwindigkeitskonstanten einen breiten Bereich überstreichen. Daher müssen wir annehmen, dass die Ionenpaarspezies, verbunden durch ein Dissoziationsgleichgewicht, nebeneinander vorliegen, dass sie sich in ihrer Geschwindigkeitskonstante der Wachstumsreaktion wesentlich unterscheiden und dass daher ein Mittelwert gemessen wird. Für freie Polystyrolanionen wurde ein Wert von $6{,}5 \cdot 10^4\ dm^3 \cdot mol^{-1} \cdot s^{-1}$ gefunden. Für solvatgetrennte Ionenpaare liegen die k_w-Werte ca. eine halbe Größenordnung, aber für Kontaktionenpaare drei Größenordnungen darunter, abhängig von der Temperatur und dem Gegenion. Unterschiedliche Gegenionen, wie z. B. Lithium und Cäsium, zeichnen sich durch weitere Unterschiede aus, die auf die Lage des Gleichgewichts zwischen den Ionenpaarspezies Einfluss haben. So ist das Lithium mit seinem kleinen Ionenradius von einer größeren Solvathülle umgeben als das Cäsium als anderes Extrem; dies bedeutet, dass bei Lithium die Verschiebung des Gleichgewichts zum solvatgetrennten Ionenpaar leichter vor sich geht und somit die mittlere Wachstumsgeschwindigkeit größer ist.

Bei Butyllithium wurde bereits erwähnt, dass in unpolaren Lösemitteln das polymerisationsaktive Zentrum in Form einer polarisierten Lithium-Kohlenstoff-Bindung vorliegt, in die die Einschiebung (Insertion) des Monomers erfolgt. Da keine Ionen vorliegen, wird auch von einer pseudoionischen Polymerisation gesprochen. Die Polymerisationsgeschwindigkeit mit dieser Spezies liegt noch unter der mit Ionenpaaren.

Wie bei Butyllithium müssen wir annehmen, dass auch bei den Polymeranionen Assoziate vorliegen, zum einen Kreuzassoziate zwischen Butyllithium und dem Polymeranion mit dem Gegenion Lithium und zum anderen auch Assoziate der Polymeranionen untereinander. Da aber nur die entassoziierte Form das Wachstum unterhält, werden die Assoziate auch „schlafende" Polymere genannt. Durch Zugabe z. B. eines Lösemittels, welches die Assoziate aufbricht, setzen die Polymeranionen das Wachstum fort.

Anionische Polymere unterliegen wegen ihrer gleichsinnigen Ladung keinem zwangsläufigen Kettenabbruch. Wenn also kein beabsichtigter oder durch unerwünschte Nebenreaktionen veranlasster Kettenabbruch eintritt, liegen lebende Polymere vor. Im Polymerisationsgrad-Umsatz-Diagramm stellt sich dies als Gerade dar (b in Abb. 3.1). Das bedeutet: Sind alle Monomere polymerisiert, so liegt das anionische Kettenende noch in der aktiven Form vor, ist im abgeschlossenen System haltbar und setzt das Kettenwachstum unter Zusatz neuer Monomere auch nach längerer Zeit noch fort. Die Bruttopolymerisationsgeschwindigkeit ist somit gleich der Wachstumsgeschwindigkeit.

Die anionische Polymerisation mit ihren lebenden Polymeren bietet unter gewissen Voraussetzungen einen weiteren Vorteil, den der engen Polymerisationsgradverteilung. Wenn alle Ketten gleichzeitig gestartet werden und damit gleichzeitig wachsen, wird eine Poisson-Verteilung mit $M_w/M_n = 1$ erhalten. Voraussetzung dafür ist, dass die Startgeschwindigkeit wesentlich größer ist als die Wachstumsgeschwindigkeit; dies ist aber nicht mit allen Initiatoren gewährleistet. Um diesen Vorteil trotzdem zu realisieren, lässt sich ein experimenteller Kunstgriff anwenden, die sog. Seeding- oder Saatbetttechnik. Hierbei wird der Initiator mit einer kleinen Menge des Monomers vorreagiert, sodass sich Oligomere mit einem aktiven Kettenende bilden, die Startreaktion also abgeschlossen ist. Danach wird die restliche Menge des Monomers zugesetzt, die dann auspolymerisiert. So ergibt sich eine enge Polymerisationsgradverteilung, die dem theoretischen Wert $P_w/P_n = 1$ sehr nahe kommt.

Auch bei der anionischen Polymerisation liegt ein Gleichgewicht zwischen dem Polymer und dem Monomer vor, weil die Kettenenden lebend und aktiv sind. Im Fall einer tiefen Ceiling-Temperatur, z. B. bei α-Methylstyrol, startet man die Polymerisation oberhalb dieser Temperatur (dann liegen nur Oligomere vor), kühlt schlagartig bis unter die Ceiling-Temperatur ab und erreicht damit, dass die Wachstumsreaktion für alle Ketten gleichzeitig einsetzt und eine Poisson-Verteilung liefert.

Die Wachstumsreaktion anionisch polymerisierter Carbonylverbindungen und Cyclen bietet einige Besonderheiten. Formaldehyd, als attraktives Beispiel für die wenigen Aldehyde und Ketone, polymerisiert, indem sich das anionische Wachstumszentrum am Sauerstoff befindet:

$$R - \overset{H_2}{C} - O^- + H - \overset{H}{C} = O \rightarrow R - \overset{H_2}{C} - O - \overset{H_2}{C} - O^-$$

Die entsprechenden Polymere der Aldehyde sind Polyacetale.

Bei der Ringöffnungspolymerisation von cyclischen Epoxiden tritt gleichfalls der Sauerstoff als Ladungsträger auf, hier formuliert am Ethylenoxid:

$$R-O^- + H_2C\underset{O}{-}CH_2 \longrightarrow R-O-\overset{H_2}{C}-\overset{H_2}{C}-O^-$$

Bei der Polymerisation der Lactame ist dagegen der Stickstoff der anionische Wachstumsträger:

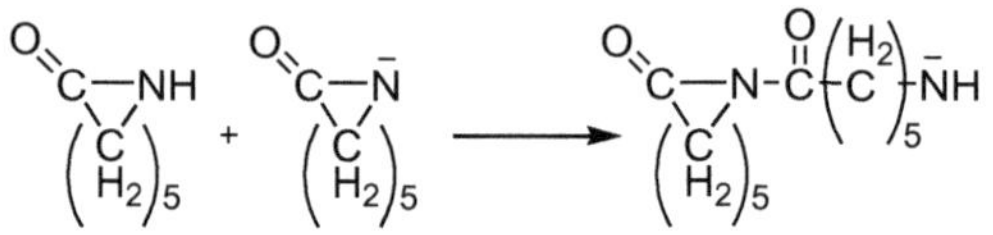

Die Ladung des endständigen Aminoanions wird jeweils gegen den „sauren" Wasserstoff des Caprolactams ausgetauscht, sodass das Anion nicht am Kettenende sitzt, sondern jeweils mit dem Lactam herantransportiert wird (Abschn. 3.2.1.1).

Struktur- und Stereoisomerien bei der anionischen Wachstumsreaktion

Wirtschaftlich bedeutende Isomere treten nur bei der Polymerisation der Diene auf. Butadien und Isopren z. B. sind in der Lage, verschiedene Struktur- und Stereoisomere zu bilden. Wie in Abschn. 2.3.5 gezeigt wurde, sind Diene in der Lage, 1,2-, 3,4- (bei Isopren) sowie *cis*- und *trans*-1,4-Strukturen zu bilden. Tab. 3.8 zeigt ausgewählte Ergebnisse der Butadienpolymerisation.

Aus Tab. 3.8 folgt, dass in unpolaren Lösemitteln mit Lithium als Gegenion überwiegend 1,4-Strukturen (*cis*- und *trans*-) gebildet werden, während in polaren Lösemitteln oder mit höheren Alkalimetallen als Gegenion vorzugsweise 1,2-Strukturen als echte

Tab. 3.8 Struktur- und Stereoisomerien des Polybutadiens bei 0 °C

Gegenion	Lösemittel	*cis*-	*trans*-	1,2-
Li	Hexan	0,35	0,58	0,07
Li	THF	0,06	0,06	0,88
Na	THF	0,06	0,14	0,80

Strukturisomere gebildet werden. Das kann darauf zurückgeführt werden, dass in polaren Lösemitteln und mit höheren Alkalimetallen als Gegenion eine Delokalisierung der negativen Ladung weg vom α-C-Atom bis zum γ-C-Atom eintritt:

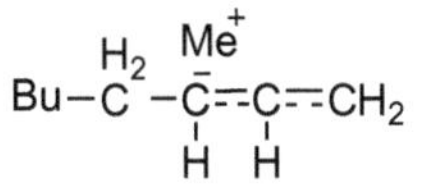

Von den Stereoisomeren *cis*- und *trans*-1,4-Polybutadien erlangte das *cis*-1,4-Polybutadien große wirtschaftliche Bedeutung als Grundstoff für Autoreifen. Gleiche Verwendung findet *cis*-1,4-Poly-isopren.

Zur Erklärung der Stereoregulierung wird angenommen, dass das α-Carbanion als *cis*- und *trans*-aktives Zentrum vorliegen kann, verbunden durch ein Isomerisierungsgleichgewicht. Für das Isopren kommt hinzu, dass das Monomer bereits zu 80 % in der *cis*-Form vorliegt, die dann an das aktive Zentrum zweizähnig koordiniert wird, womit die Struktur des Polymers vorgebildet ist. Es wird angenommen, dass die Geschwindigkeitskonstante der Wachstumsreaktion an das *cis*-aktive Zentrum achtmal so hoch ist wie an das *trans*-aktive Zentrum.

Auch andere Monomere geben mit anionischen Initiatoren stereoreguläre Polymere. Für die Styrolpolymerisation zu *iso*taktischem Polystyrol mit Alkalimetallalkylen ist für Natrium- und Kaliumalkyle die heterogene Phase der Grund für die stereospezifische Synthese. Beim Einsatz von Butyllithium wird angenommen, dass Hydrolyseprodukte des Butyllithiums in heterogener Phase oder als Komplexbildner die Bildung von *iso*taktischem Polystyrol initiieren.

Viel untersucht wurde auch die stereospezifische Polymerisation des Methylmethacrylats. Dabei wurde festgestellt, dass mit Lithiuminitiatoren in unpolaren Lösemitteln *iso*taktisches und in polaren Lösemitteln bevorzugt *syndio*taktisches Polymethylmethacrylat gebildet wird. Auch für die Bildung dieser Isomere sind sterische Gründe maßgebend. In polaren Medien liegt das Anion frei vor, und das ankommende Monomer wird an der dem Substituenten R abgewandten Seite zur tetraedrischen Anordnung addiert. Damit ergibt sich eine *syndio*taktische Konfiguration. In unpolaren Lösemitteln geschieht eine Vororientierung des Monomers durch das Gegenion Lithium, welches im Endeffekt eine *iso*taktische Anordnung bewirkt.

Abbruchreaktion

Die reaktive Stelle der anionischen Polymere stellt das Anion bzw. die Metall-Kohlenstoff-Bindung dar. Da sich gleichsinnig geladene Anionen gegenseitig abstoßen, ist ein zwangsläufiger Kettenabbruch prinzipiell nicht gegeben. Das setzt voraus, dass man einen absoluten Ausschluss von Luft, Kohlendioxid, Feuchtigkeit und weiteren Verunreinigungen gewährleistet. Mit diesen Verunreinigungen können die Anionen unter unbeabsichtigtem „fahrlässigem" Kettenabbruch reagieren. Im umfassenden Sinn bedeutet Kettenabbruch dabei, dass die Basizität des bei der Abbruchreaktion neu gebildeten Anions nicht ausreicht, um eine Reaktion mit Monomeren unter Kettenverlängerung einzugehen. Auch hohe Temperaturen sind zu vermeiden, um Isomerisierungen – und damit Desaktivierungen – des Polymeranions vorzubeugen; z. B. ist lebendes lithiuminitiiertes Polymethylmethacrylat nur unterhalb − 60 °C stabil. Bei − 78 °C konnten durch Stabilisierung mittels LiCl lebende Polymere mit einer Polydispersität von 1,1 erhalten werden. Bei höheren Temperaturen bildet sich unter Alkalimethylatabspaltung folgende Endgruppe:

$$\sim\!\!\underset{H_2}{C}\!\!-\!\!\underset{\underset{H_3C-\underset{O}{\overset{\parallel}{C}}-CH_2}{\overset{H_3C}{|}}}{C}\!\!-\!\!\underset{\underset{CH_3}{|}}{\overset{O}{\overset{\parallel}{C}}}\!\!\underset{\overset{O}{\parallel}}{C}\!\!-\!\!O\!-\!CH_3$$

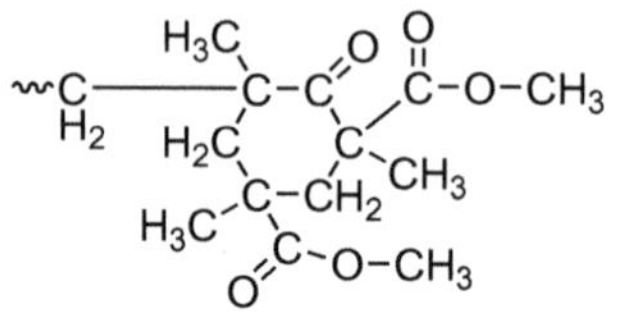

Lebende Polydiene sind für längere Zeit nur unterhalb − 40 °C stabil, lebendes Polystyrol noch bei Raumtemperatur. Bei höheren Temperaturen tritt eine β-Hydrideliminierung auf:

$$-\underset{|}{\overset{H_2}{C}}-\underset{R}{\overset{H}{\underset{|}{C^-}}}\,Na^+ \longrightarrow -\underset{H}{\overset{H}{C}}=\underset{H}{\overset{}{C}}-R + NaH$$

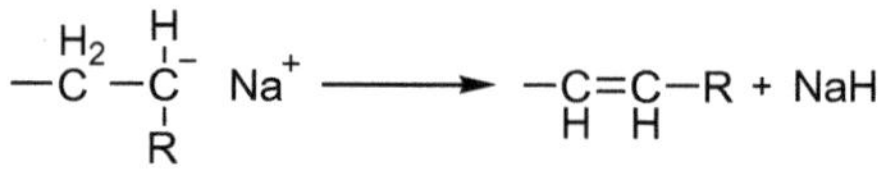

Anionische Polymerisationen werden normalerweise gezielt mit einer in dem Reaktionsmilieu löslichen desaktivierenden Verbindung abgebrochen:

$$-\overset{H_2}{C}-\underset{R}{\overset{H}{\underset{|}{C^-}}}\,Na^+ + H_3C\!-\!OH \longrightarrow -\overset{H_2}{C}-\overset{H_2}{C}-R + H_3C\!-\!ONa$$

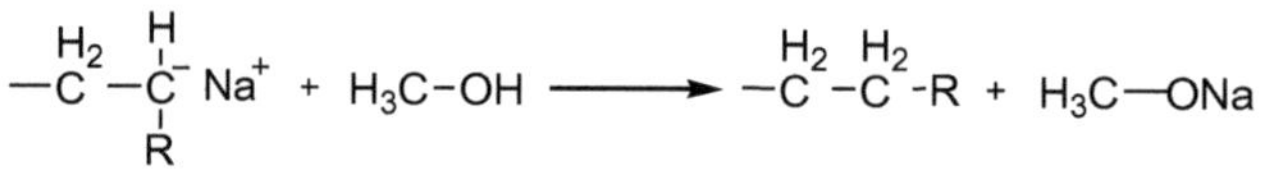

Die makromolekulare Kette ist abgeschlossen, die kinetische unterbrochen, und das Polymer ist tot. Natriummethylat vermag für die meisten Monomere keine neue Kette zu starten. Bei dieser Abbruchreaktion wird die reaktive Kohlenstoff-Metall-Bindung durch eine inaktive C–H-Bindung ersetzt. Die Abbruchreaktion kann auch dazu benutzt werden, funktionelle Gruppen an das Makromolekül zu bringen, wie die folgenden Beispiele zeigen:

$$-\overset{H_2}{C}-\underset{R}{\overset{H}{\underset{|}{C^-}}} + CO_2 \longrightarrow -\overset{H_2}{C}-\underset{R}{\overset{H}{\underset{|}{C}}}-\overset{O}{\overset{\parallel}{C}}-O^-$$

$$-\overset{H_2}{C}-\underset{R}{\overset{H}{\underset{|}{C^-}}} + \underset{O}{H_2C\!-\!CH_2} \longrightarrow -\overset{H_2}{C}-\underset{R}{\overset{H}{\underset{|}{C}}}-\overset{H_2}{C}-\overset{H_2}{C}-O^-$$

Erstere Reaktion gibt mit 60 % nur einen bescheidenen Umsatz, die restlichen 40 % sind Folgeprodukte, z. B. Ketone. Letztere Reaktion kann auch mit den Thioanaloga durchgeführt werden. Die funktionalisierten Polymere werden auch **Telechelic-Polymere** genannt.

Die lebende Polymere können mit multifunktionellen Abbrechern punktförmiger (Siliciumtetrachlorid) oder linearer Struktur umgesetzt werden. Im ersteren Fall resultieren sternförmige und im zweiten Fall kammförmige Polymere mit definierter Struktur. Sternförmige Polymere lassen sich auch mit einem mehrfunktionellen Initiator (gebildet aus Kaliumnaphthalin und Divinylbenzol) und Styrol herstellen. Sternförmige Blockcopolymere lassen sich daraus synthetisieren, wenn die noch lebenden Sterne z. B. mit Ethylenoxid umgesetzt werden. Derartige Polymere sind als Modellsubstanzen interessant, haben aber auch wegen ihres besonderen Viskositätsverhaltens technische Anwendung gefunden.

Übertragungsreaktionen
Bei der Übertragung wird die makromolekulare Kette abgebrochen, aber die kinetische Kette läuft weiter. Das neu gebildete Anion muss also in der Lage sein, weitere Monomere anzulagern. Erkennbar sind Übertragungsreaktionen an der Erniedrigung des Polymerisationsgrads P_n. Die Übertragungskonstanten werden, wie bei der radikalischen Polymerisation beschrieben, bestimmt.

Übertragungen zum Monomer und zu Initiatoren sind selten, sonst könnte die anionische Polymerisation auch nicht den Beinamen „stöchiometrische Polymerisation" führen. Übertragungen zum Lösemittel sind nicht unbekannt, z. B. sind bei der Butadienpolymerisation in Toluol die Übertragungskonstanten zum Lösemittel Toluol abhängig vom Gegenion, von der Temperatur und vom Donator:

$$-\bar{C}H_2 + \langle\!\!\bigcirc\!\!\rangle-CH_3 \longrightarrow -CH_3 + \langle\!\!\bigcirc\!\!\rangle-\bar{C}H_2$$

$$1/P_n - 1/P_{n,0} = C_{\text{ü,Tol}} \cdot [\text{Tol}]/[\text{M}] \qquad (3.72)$$

Dabei wurde festgestellt, dass die Übertragungskonstante mit der Polarität der Kohlenstoff-Metall-Bindung zunimmt. Andere Alkylaromaten wurden untersucht, aber Toluol hatte die größte Übertragungskonstante, in Analogie zur Metallisierung von Aromaten in der Organischen Chemie. In der Tat sind derartige Übertragungsreaktionen auch Metallisierungen mit dem speziellen Metallisierungsagens „lebendes Polymer".

Polymerisation von (Meth)acrylaten mittels Gruppentransferpolymerisation
Die Kontrolle der anionischen Polymerisation von (Meth)acrylaten ist nur eingeschränkt möglich. Grund hierfür sind die hohe Reaktivität der Monomere und die vorhandene Carbonylgruppe, die an Abbruchreaktionen beteiligt ist. Die Gruppentransferpolymerisation ist eine Möglichkeit, diese Probleme zu umgehen, und geeignet, Poly(meth)acrylate mit kontrollierter und sehr einheitlicher Molmasse herzustellen. Unter einer Gruppentrans-

ferpolymerisation verstehen wir die Polymerisation von Acrylmonomeren mit Silylketenacetalen unter Verschiebung der Silylgruppe (Gruppentransfer) jeweils an das Kettenende und Ausbildung einer neuen Silylketenacetalendgruppe.

Dabei wird ein schnelles Gleichgewicht zwischen inaktiven (schlafenden) Silylketenacetalen und aktiven Enolatanionen erhalten (kontrollierte anionische Polymerisation). Dazu werden nukleophile Katalysatoren (Nu$^-$) wie z. B. [(CH$_3$)$_3$SiF$_2$]$^-$, [CN]$^-$ oder [HF$_2$]$^-$ eingesetzt.

Der allgemeine Mechanismus dieser Polymerisation ist nicht vollständig aufgeklärt. Durch den nukleophilen Katalysator wird das schlafende Kettenende aktiviert. Das aktive Enolat kann weitere Monomere addieren:

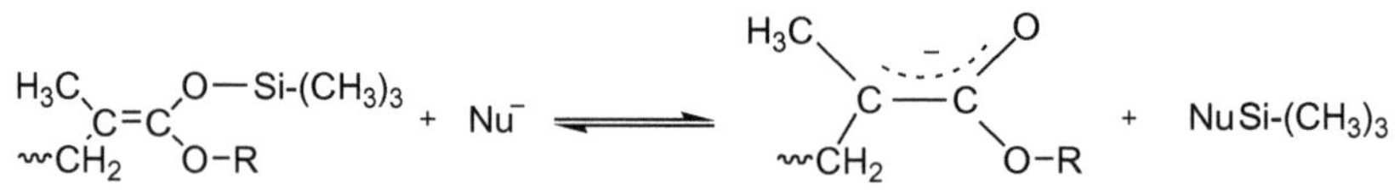

$$\underset{\text{schlafendes Kettenende}}{\begin{array}{c}H_3C\\\text{\textasciitilde\textasciitilde}CH_2\end{array}C=C\begin{array}{c}O-Si-(CH_3)_3\\O-R\end{array}} + Nu^- \rightleftharpoons \underset{\text{aktives Kettenende}}{\begin{array}{c}H_3C\\\text{\textasciitilde\textasciitilde}CH_2\end{array}C-C\begin{array}{c}O^-\\O-R\end{array}} + NuSi-(CH_3)_3$$

Da hier eine lebende Polymerisation vorliegt, lassen sich enge Molmassenverteilungen bis $M_w/M_n \approx 1$ erhalten, und die Herstellung von Blockcopolymeren ist möglich.

3.1.2.2 Kationische Polymerisation

Unter einer kationischen Polymerisation verstehen wir die Reaktion eines kationischen Initiators mit Monomeren zu Makromolekülen:

$$R^+A^- + nH_2C=CHR \longrightarrow R\left(\begin{array}{c}H_2\\C\end{array}-\begin{array}{c}H\\C\\R\end{array}\right)_{n-1}\begin{array}{c}H_2\\C\end{array}-\overset{+}{C}HR + A^-$$

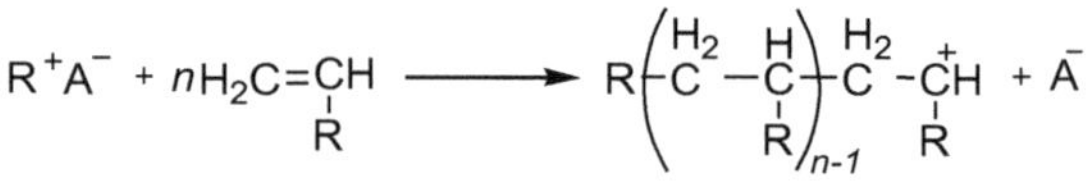

Kationische Polymerisationen haben sich nur für eine beschränkte Anzahl von Monomeren durchsetzen können, obgleich viele Monomere kationisch polymerisierbar sind. Der Grund liegt darin, dass die kationische Polymerisation im Gegensatz zu anderen Mechanismen bezüglich Nebenreaktionen komplexer und schlechter zu übersehen ist. Die Frage des Feuchtigkeitsausschlusses ist insofern differenziert zu betrachten, als für bestimmte Systeme Wasser als Cokatalysator benutzt wird. Ein Überschuss desaktiviert normalerweise die Polymerisation. Aber auch bei kationischen Polymerisationen wurde die Bildung von lebenden und stereoregulären Polymeren nachgewiesen.

Monomere

Die Auswahl kationisch polymerisierbarer Verbindungen ist gerichtet auf Monomere mit Substituenten, die einen Elektronendruck auf die Doppelbindung ausüben. Dazu gehören verschiedene Vinylether, Isobutylen, andere in 1-Stellung substituierte Olefine, dann

Tab. 3.9 Hauptanwendungsgebiete wichtiger, durch kationische Polymerisation industriell hergestellter Polymere

Polymer	Hauptanwendungsgebiet
Isobutylen-Isopren-Copolymer (Butylkautschuk)	Elastomer: Schläuche, Auskleidungen, Schutzkleidungen, Isolierungen
Isobutylen-Cyclopentadien-Copolymer	Ozonstabiles Elastomer
Polyisobutylen (Oligomere)	Kleber, Öle, Additive
Polyvinylether	Kleber, Textilhilfsmittel
Cumaron-Inden-Copolymer	Anstrich-, Vergussmassen
Polytetrahydrofuran	Blöcke für Polyurethane
Polyformaldehyd	Konstruktionswerkstoff
Polyethylenimin	Kleber, Papierhilfsmittel

Diene, wie Isopren, Butadien sowie Divinyl- und Diisopropenylbenzole, Styrol, o- und p-Methoxy- sowie Chlorstyrole, α- und β-Methylstyrol, Inden, N-Vinylcarbazol, Vinylnaphthaline und -anthracen, Aldehyde, z. B. Formaldehyd, Ketone und Thioanaloga, cyclische Verbindungen, z. B. Tetrahydrofuran, Trioxan und Epoxide, Ethylenimin, Lactone, Lactame, Acetale, Benzoxazine, Diazoverbindungen, Urethane, Harnstoffe, Carbonate, Sulfide, Iminoether und Siloxane. Industriell durchgesetzt hat sich die Polymerisation von Vinylether, Isobutylen, Formaldehyd, Tetrahydrofuran, Ethylenimin sowie Inden (Tab. 3.9).

Initiatoren und Chemismus der Startreaktion

Bei der kationischen Startreaktion können wir drei Initiatorklassen unterscheiden, die im Folgenden vorgestellt werden: Protonensäuren, Lewis-Säuren und Carbeniumsalze. Es handelt sich dabei um eine verallgemeinernde und damit vereinfachende Darstellung, da die Konzentration und die spezielle Struktur der aktiven Zentren oft nicht bekannt sind. Bezüglich der Identifizierung der aktiven Spezies (z. B. durch NMR) und deren Konzentration (z. B. durch UV) sind einige Fortschritte zu verzeichnen, aber nur an Systemen, in denen die aktiven Spezies im UV absorbieren und längere Zeit stabil sind.

Initiierung durch Protonensäuren

Perchlor-, Schwefel- und Jodwasserstoffsäure, Trichloressigsäure, Trifluormethylsulfonsäuren sowie weitere starke Protonensäuren addieren ihr Proton an das Monomer unter Bildung eines Carbeniumkations, welches ein weiteres Monomer anlagert:

$$HClO_4 + H_2C{=}\underset{R}{CH} \longrightarrow H-C\underset{R}{\overset{H_2}{-}}\overset{+}{CH} + ClO_4^-$$

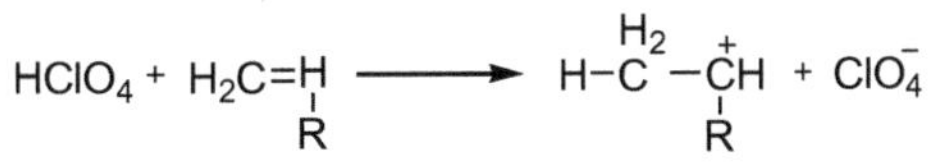

Das Gegenion darf nicht sofort wieder mit dem Kation unter Bildung einer kovalenten Bindung reagieren, da dann kein Wachstum eintritt. Bei der Polymerisation von Styrol mit HClO$_4$ in Chlorkohlenwasserstoffen konnten keine Carbokationen nachgewiesen werden. Daher wird diese Polymerisation **pseudokationisch** genannt.

Initiierung durch Lewis-Säuren

Diese Initiierung erfolgt entweder mit oder ohne Cokatalysator. Den Normalfall stellt die Initiierung mit Lewis-Säuren plus Cokatalysator dar. Der Begriff „Cokatalysator" entspricht hier nicht der Wirkung eines Katalysators, er hat sich historisch entwickelt. Wir sollten beides zusammen besser als Initiatorsystem und die einzelnen Komponenten als Coinitiatoren bezeichnen. Als Lewis-Säuren dienen Friedel-Crafts-Katalysatoren, wie Aluminiumtrichlorid, -tribromid und -alkylhalogenide, weiterhin Bortrifluorid, Zinn- und Titantetrachlorid, Antimonpentachlorid, Zinkdichlorid, Jod u. a.

Als Coinitiatoren wirken protonen- bzw. kationenliefernde Substanzen wie beispielsweise Wasser, Alkohole, Essigsäure, Trichloressigsäure, vorwiegend *tert*-Alkylhalogenide, Ester und Ether, die aufgrund ihrer geringen Acidität nicht in der Lage sind, eine kationische Polymerisation auszulösen.

Beide Substanzen bilden einen Komplex, welcher dissoziiert, und das so gebildete Proton oder Kation ist in der Lage, eine kationische Polymerisation zu starten. Ein größerer Überschuss, z. B. an Wasser, desaktiviert das Initiatorsystem:

$$BF_3 + H_2O \rightleftharpoons H^+ + BF_3OH^-$$

$$(C_2H_5)_2Al{-}Cl + C_2H_5Cl \longrightarrow C_2H_5^+ \left((C_2H_5)_2Al{-}Cl_2\right)^-$$

Von einigen Lewis-Säuren, z. B. Aluminiumtrichlorid, -tribromid, Titantetrachlorid, Jod, Alkylaluminiumdichlorid und Phosphorpentafluorid, wurde berichtet, dass sie kationische Polymerisationen auch ohne Coinitiator auslösen. Der Nachweis, dass ein Coinitiator nicht vorliegt, ist nicht einfach, da letzte Feuchtigkeitsspuren nur schwer aus dem System zu entfernen sind. Die Methode des „Protonen-Traps" schafft dort teilweise Abhilfe. Eingesetzte sterisch gehinderte Amine wie 2,6-Di-*tert*-butylpyridin sollen dazu dienen, die Initiierung mit Protonensäuren zu inhibieren (Wasser eingeschlossen). Der Effekt dieser Methode wurde so demonstriert, dass er bei einigen entsprechenden Polymerisationen zur engeren oder sogar monomodalen Polymerisationsgradverteilung führte. Theoretisch verständlich wäre die Initiierung allein durch die Lewis-Säure schon, weil Lösungen von Lewis-Säuren elektrische Leitfähigkeit zeigen. Als Mechanismus wird eine Selbstionisation angenommen. Das Kation startet dann die Polymerisation:

$$2AlBr_3 \rightleftharpoons AlBr_2^+ + AlBr_4^-$$

Initiierung durch Carbeniumsalze

Es ist von einer Reihe von Carbeniumsalzen bekannt, dass sie kationische Polymerisationen auslösen, z. B. Triphenylmethyl-(trityl-)hexachloroantimonat und Tropyliumhexachloroantimonat. Es handelt sich dabei um stark stabilisierte Kationen mit komplexierten

… Gegenionen. Die Dissoziation derartiger Salze hängt von der Stabilität der Ionen und natürlich vom Lösemittel ab:

$$(C_6H_5)_3C-Cl + SbCl_5 \longrightarrow (C_6H_5)_3C^+ + SbCl_6^-$$

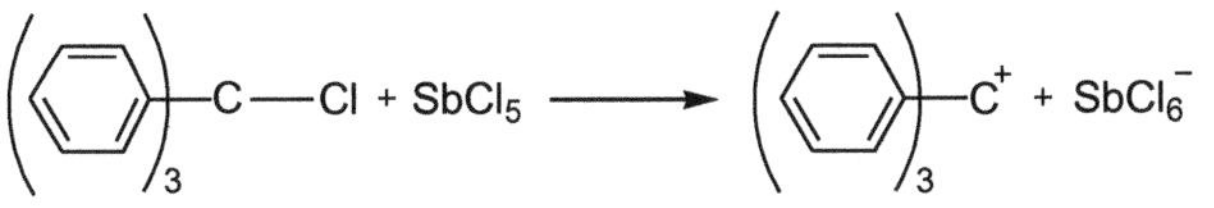

Derartige Carbeniumsalze sind stabil und werden deshalb für kinetische Untersuchungen bei der kationischen Polymerisation herangezogen.

Photoinitiierung
Zuletzt soll noch erwähnt werden, dass es auch für die kationische Polymerisation einige Photoinitiatoren gibt: Diaryliodonium- und Triaryl- bzw. Dialkylmonoarylsulfoniumsalze stabiler Säuren, die unter Photolyse, z. B.

$$[Ph-\overset{+}{I}\cdot](PF_6^-) + R-OH \longrightarrow Ph-I + R-\dot{O} + H^+PF_6^-$$

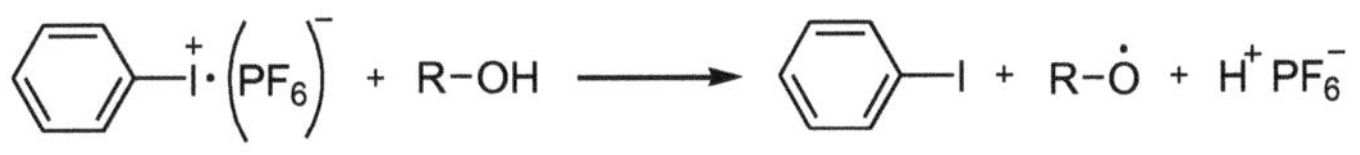

ein Radikalkation bilden, das in Gegenwart von z. B. Alkohol ROH zerfällt,

$$Ph-\overset{+}{I}-Ph (PF_6^-) \longrightarrow [Ph-\overset{+}{I}\cdot](PF_6^-) + Ph\cdot$$

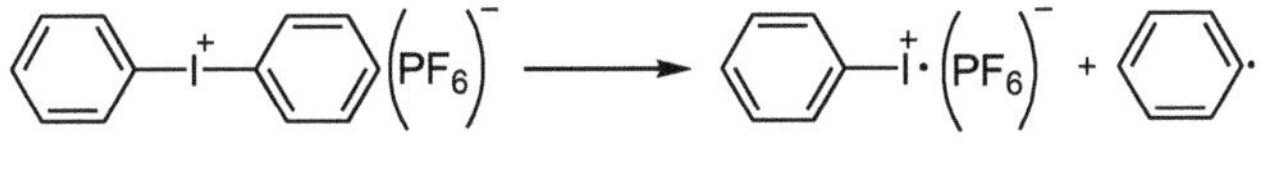

und mit dem Proton eine kationische Polymerisation auslösen kann. Ein derartiges Initiierungs- und dann Polymerisationsverfahren ist für die Stereolithografie von Bedeutung.

Wachstumsreaktion
Bei der kationischen Wachstumsreaktion reagiert das Monomer mit der letzten Monomereinheit der wachsenden Kette unter Regenerierung der aktiven Spezies:

$$H-\overset{H_2}{C}-\overset{+}{\underset{R}{C}H} + nH_2C=\underset{R}{C}H \longrightarrow H\left(\overset{H_2}{\underset{}{C}}-\overset{H}{\underset{R}{C}}\right)_n\overset{H_2}{C}-\overset{+}{\underset{R}{C}H}$$

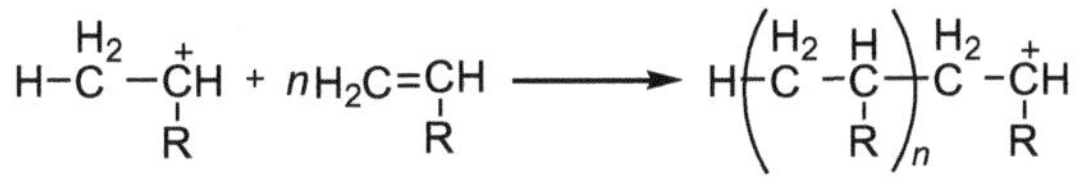

Nicht in jedem Fall muss dabei ein Carbeniumkation vorliegen. Bekannt ist auch ein weiterer Typ von Wachstumszentren. Unter den Monomeren wird auch das Tetrahydrofuran genannt; hier vollzieht sich das Wachstum über ein Oxoniumkation:

$$\underset{H}{\overset{+}{O}}\text{(THF)} + \text{(THF)} \longrightarrow \overset{+}{O}\text{(THF)}-(CH_2)_4-OH$$

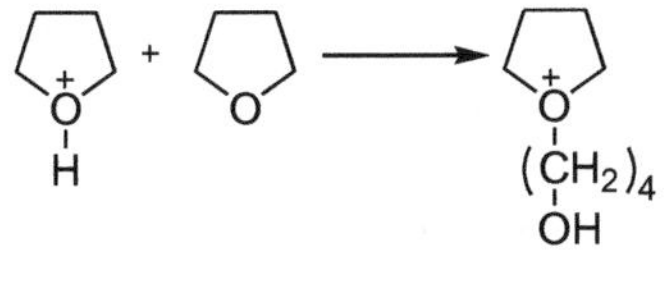

Für die entsprechende Protonierung des Tetrahydrofurans sind starke Protonensäuren notwendig. In gleicher Weise verläuft die Polymerisation beim Ethylenoxid.

Kationische Polymerisationen sind stark abhängig vom Lösemittel und von der Temperatur. Als Lösemittel sind Methylenchlorid, Nitrobenzol, Tetrachlorkohlenstoff, Benzol, aber auch Akzeptorlösemittel, wie Nitromethan und Schwefeldioxid, gebräuchlich. Der Grund für die Abhängigkeit der Polymerisation vom Lösemittel liegt, wie bei der anionischen Polymerisation darin, dass verschiedene wachsende Spezies vorliegen, also freie Ionen, Ionenpaare, polarisierte kovalente Bindungen, aber auch Ionenassoziate:

$$-\overset{\delta+}{P}-\overset{\delta-}{A} \rightleftharpoons -\overset{+}{P}A^- \rightleftharpoons -\overset{+}{P}/S/A^- \rightleftharpoons -\overset{+}{P}+A^-$$

Die Dielektrizitätskonstanten der Lösemittel beeinflussen das Ionisationsgleichgewicht in dem Sinn, dass z. B. Lösemittel mit niedriger Dielektrizitätskonstante Ionenpaare weniger dissoziieren, d. h., die Wachstumsreaktion verläuft langsamer und unvollständig. Der Einfluss der Temperatur begründet sich damit, dass Eliminierungsreaktionen eine höhere Aktivierungsenergie aufweisen als elektrophile Additionen, d. h., niedrigere Polymerisationstemperaturen begünstigen höhere Polymerisationsgrade. Es liegen aber insgesamt wesentlich weniger Angaben vor als bei der anionischen Polymerisation. Wie oben angegeben, ist das Gleichgewicht vom Lösemittel und von der Temperatur abhängig, aber offensichtlich gegenüber der anionischen Polymerisation stärker in Richtung der freien Ionen verschoben. Oxoniumionen sind stark solvatisiert. Es kann also auch hier nur eine mittlere Wachstumsgeschwindigkeitskonstante k_w für die vorliegenden Spezies im Bereich von $10^7 - 10^{-4}$ dm$^3 \cdot$ mol$^{-1} \cdot$ s^{-1} bei den verschiedensten Polymerisationssystemen gemessen werden.

Da sich gleichsinnig geladene Carbokationen abstoßen, sollten lebende Polymere vorliegen. Die kationisch wachsenden Spezies sind aber wesentlich weniger stabil als die Anionen bei der anionischen Polymerisation, da sie Isomerisierungs-, Abbruch- und Übertragungsreaktionen eingehen. Aus diesem Grund sind echte lebende Polymere bei der kationischen Polymerisation seltener. Als Beispiel wären die lebenden Polymere des Isobutylvinylethers, initiiert durch HJ/ZnJ$_2$ oder HJ/Jod, zu nennen:

$$H_2C=CH\text{-}OR \xrightarrow{HI} H\text{-}CH_2\text{-}CH(OR)\text{-}I \xrightarrow{I_2} H\text{-}CH_2\text{-}CH(OR)\text{-}I^{\delta+}\cdots I_2^{\delta-}$$

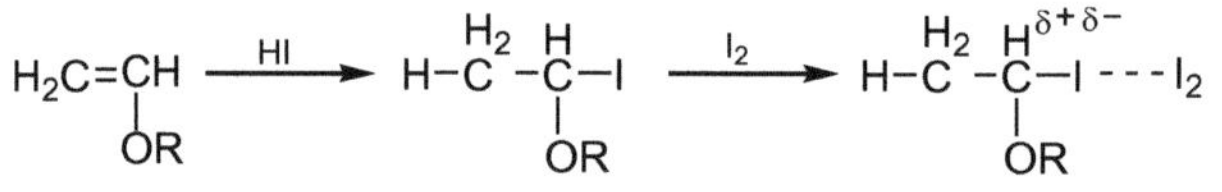

Wie die allgemeine Ethergruppierung in der Formel zeigt, wurden von den verschiedensten Vinylethern und auch funktionalisierten Vinylethern lebende Polymere nachgewiesen. Mit Isobutylen wurden die ersten lebenden Polymere mittels des Initiatorsystems BCl$_3$/Cumylacetat bei -30 °C erhalten. Auch von Styrol und α-Methylstyrol sowie von weiteren Monomeren wurden lebende Polymere unterhalb -30 °C synthetisiert. Darüber hinaus wurden weitere Initiatorsysteme für lebende Polymere entwickelt, z. B. auf Basis von Phenylethylhalogenid/SnCl$_4$/Tetrabutylammoniumhalogenid, Diethylaluminiumchlorid/Ether und Acetylperchlorat, letzteres für p-Methoxystyrol. Die Herstellung dieser lebenden Polymere gestattet nun auch den gezielten Aufbau von Polymeren mit definierter Struktur wie auch von Blockcopolymeren.

In der Literatur wurde auch über „quasilebende" Polymerisationen berichtet. Für die Beurteilung einer derartigen Aussage in Bezug auf die Definition des Begriffs „lebende Polymere" sollten aber die Kriterien von Szwarc zugrunde gelegt werden. Nur solche Polymerisationen sind lebend, bei denen Übertragungs- und Abbruchreaktionen abwesend oder vernachlässigbar sind. Dies bedeutet, dass das Zahlenmittel des Polymerisationsgrads linear mit dem Umsatz zum Polymer ansteigt. Eine absolute Zahl und ein Beweis für die Abwesenheit von Abbruch und Übertragung sind Daten wie k_a/k_w und $k_ü/k_w$, aber sie sind selten vorhanden. Berichtet wurde auch über schlafende Polymere, z. B. durch den Übergang des aktiven Zentrums in eine kovalente Bindung.

Polymere, die durch nichtlebende kationische Polymerisation erhalten werden, ergeben oft breite oder polymodale Polymerisationsgradverteilungen. Gründe dafür können langsame und unvollständige Initiierung, Übertragung, Abbruch, Umwandlung der aktiven Zentren sowie langsamer Austausch zwischen verschiedenen aktiven Zentren sein.

Struktur- und Stereoisomerien bei der kationischen Wachstumsreaktion

Das kationische Wachstum wird bei verschiedenen Olefinmonomeren von Strukturisomerien begleitet, die durch intramolekulare Umlagerungen entstehen. So wird z. B. aus 4-Methylhexen-1 durch Hydridwanderung folgender Grundbaustein gebildet:

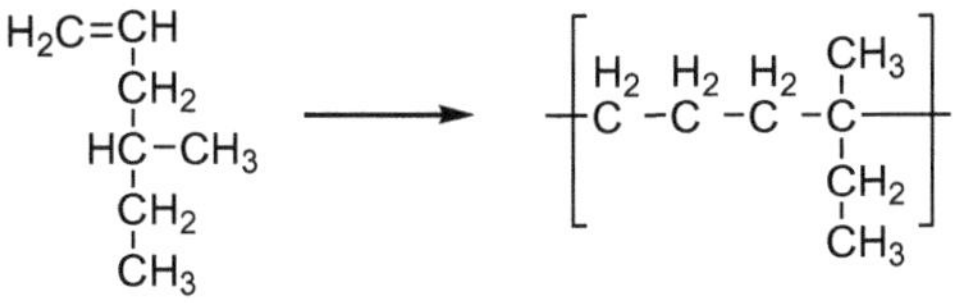

Die Bildung derartiger Phantompolymere ist durch den Energiegewinn beim Übergang von einem sekundären in ein tertiäres Carbeniumion begründet. Aus diesem Grund zeigen auch andere verzweigte Olefine derartige Polymerisationen. Methylgruppenwanderungen, z. B. bei 3,3-Dimethyl-buten-1, wurden ebenfalls bekannt.

Eine bemerkenswerte Strukturisomerie ist von der Wachstumsreaktion des Isoprens bekannt. Bei der kationischen Polymerisation zu 1,2-Polyisopren tritt eine Cyclisierung unter Bildung nachstehender Struktur auf:

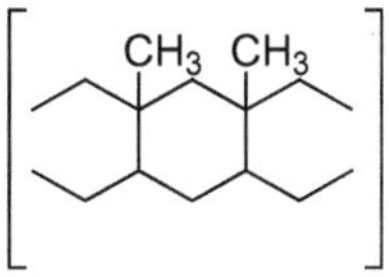

Die Stereoisomerie der Polyvinylether ist historisch wichtig und wurde erstmals von Schildknecht entdeckt. Die Bezeichnungen „*iso*taktisch" und „*syndio*taktisch" wurden allerdings erst von Natta eingeführt. Alkylvinylether lassen sich mit kationischen Initiatoren homogen und heterogen *iso*taktisch polymerisieren. Der Initiator beeinflusst die Stereoregularität des Polymers, da durch ihn teilweise der Charakter der aktiven Spezies vorgegeben wird. Einen weiteren Einfluss übt das Lösemittel durch Beeinflussung der aktiven Zentren aus. In polaren Lösemitteln bilden sich bevorzugt *syndio*taktische Konfigurationen, in unpolaren Lösemitteln *iso*taktische. Hier setzen auch verschiedene mechanistische Erklärungen an. Monomere und Temperatur üben weitere Einflüsse aus. Große Alkylsubstituenten am Monomer und tiefe Temperaturen begünstigen *iso*taktische Anordnungen.

Kettenabbruch

Die kationische Polymerisation zeigt im Gegensatz zur anionischen Polymerisation eine Vielfalt von Abbruchreaktionen der makromolekularen Kette, z. B. Kettenabbruch und Kettenübertragung, bedingt dadurch, dass das kationische Kettenende auch Isomerisierungsreaktionen eingeht. Bei einer kritischen Wertung zeigt sich, dass offensichtlich der Abbruch der makromolekularen Kette und der kinetischen Kette als echter Kettenabbruch wesentlich seltener auftritt als die Kettenübertragung. Dabei wird hier der beabsichtigte Kettenabbruch zum Beenden der Polymerisation z. B. durch einen Überschuss an Wasser oder Basen nicht betrachtet.

Kettenabbruch tritt ein, wenn sich ein stabilisiertes Kation bildet, welches nicht in der Lage ist, das Kettenwachstum weiterzuführen. Einmal kann der Abbruch durch das Monomer erfolgen, der sog. Allylabbruch:

$$-\overset{H_2}{C}-\overset{+}{\underset{CH_3}{C}H} + H_2C=\underset{CH_3}{CH} \longrightarrow -\overset{H_2}{C}-\underset{CH_3}{CH_2} + H_2C=\overset{+}{\underset{H}{C}}=CH_2$$

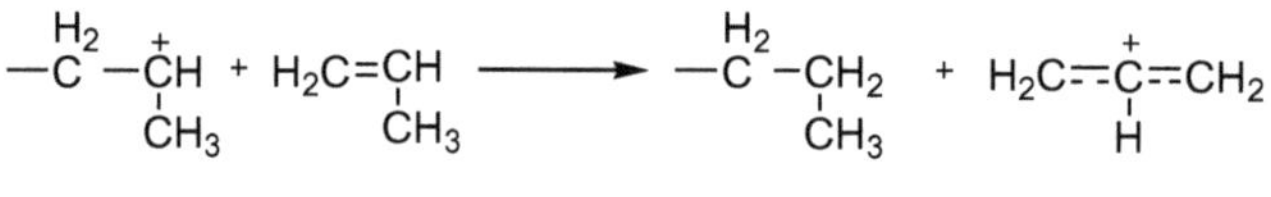

Wesentlich verbreiteter ist der Abbruch durch Reaktion mit dem Gegenion:

$$-\overset{+}{P} + B\bar{F}_4 \rightarrow -PF + BF_3$$

Derartige Reaktionen können allerdings auch reversibel sein. Für Vinylether mit Protonensäuren findet man in der Literatur die Bildung ungesättigter Endgruppen:

$$-\overset{H_2}{\underset{\underset{R}{O}}{C}}-\overset{H}{\underset{\underset{R}{O}}{C}}-\overset{H_2}{C}-\overset{H}{\underset{H-\overset{+}{O}}{C}}-\overset{H}{\underset{\underset{R}{O}}{C}}=CH$$

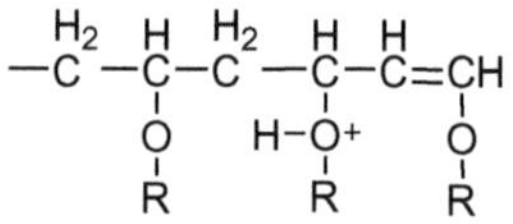

Für das Polystyrol ist folgende Abbruchendgruppe beschrieben:

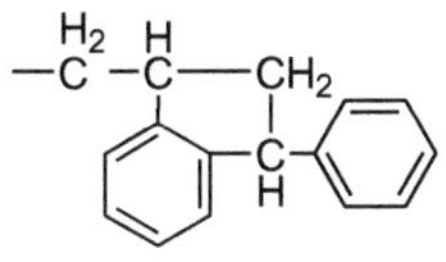

Zuletzt sei noch der gezielte Kettenabbruch mittels Wasser formuliert:

$$-\overset{+}{P} + 2H_2O \longrightarrow -POH + H_3O^+$$

Kettenübertragung

Die Kettenübertragung bei der kationischen Polymerisation kann zum Monomer, zum Lösemittel, zum Gegenion und zum Polymer eintreten. Formal gesehen ist eine Ähnlichkeit mit der radikalischen Polymerisation vorhanden. Der Unterschied besteht allerdings darin, dass hier die Reaktivität des Kations eine wesentliche Rolle spielt. Diese Reaktivität der Kationen ist aber abhängig vom Lösemittel, von der Temperatur und von der Konzentration. Daraus erklärt sich, dass unter manchen Reaktionsbedingungen entweder eine Übertragung eintritt oder auch nicht. Den klassischen Fall der Übertragung zum Monomer stellt die Isobutylenpolymerisation dar:

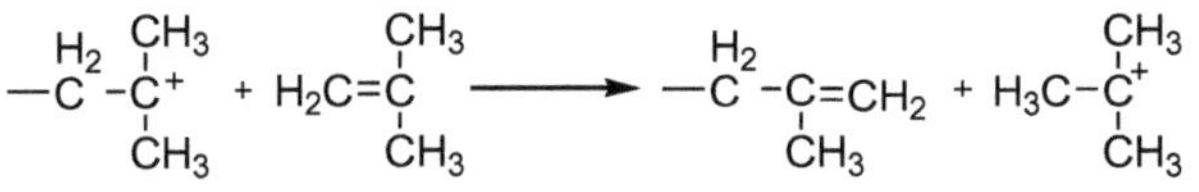

Diese Übertragungsreaktion läuft bei Normaltemperatur der Wachstumsreaktion den Rang ab, sodass nur Oligomere entstehen. Eine ungewöhnlich starke Abhängigkeit des Polymerisationsgrads von der Temperatur liegt hier vor, ist aber für alle kationischen Polymerisationen charakteristisch (Abb. 3.4). Daher wird hochmolekulares Polyisobutylen nur bei tiefen Temperaturen gebildet, weshalb die industrielle Polymerisation bei – 80 °C bis – 100 °C durchgeführt wird.

Übertragungen zum Gegenion sind von Vinylethern bekannt:

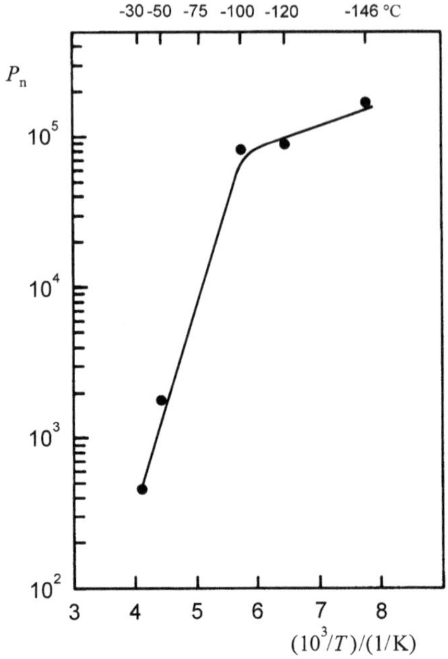

Abb. 3.4 Temperaturabhängigkeit des Polymerisationsgrads P_n bei der Isobutylenpolymerisation. (Kennedy und Squires 1965)

Übertragungen zum Lösemittel sind z. B. von der Isobutylenpolymerisation bekannt:

$$-\underset{H_2}{C}-\underset{\underset{CH_3}{|}}{\overset{\overset{CH_3}{|}}{C^+}} + CH_3Cl \longrightarrow -\underset{H_2}{C}-\underset{\underset{CH_3}{|}}{\overset{\overset{CH_3}{|}}{C}}-Cl + \overset{+}{C}H_3$$

Bei der Übertragung zum Polymer bilden sich verzweigte Polymere:

$$-\underset{H_2}{C}-\underset{\underset{R}{|}}{\overset{+}{C}H} + -\underset{H_2}{C}-\underset{\underset{R}{|}}{\overset{H}{C}}-\underset{H_2}{C}- \longrightarrow -\underset{H_2}{C}-\underset{\underset{R}{|}}{CH_2} + -\underset{H_2}{C}-\underset{\underset{R}{|}}{\overset{+}{C}}-\underset{H_2}{C}-$$

Die lebende kationische Polymerisation gestattet es, durch Auftragung von P_n gegen $[M_0]/[I_0]$ die Übertragung mehr qualitativ zu beleuchten. Derartige Abhängigkeiten sollten für lebende Polymere bis zu hohen P_n von ca. 1000 linear sein, wie es die Polymerisation von Inden mit TiCl$_4$/Cumylmethylether in Methylenchlorid bei -75 °C zeigt. Aber bereits bei -45 °C ist ab $P_n = 200$ diese Linearität nicht mehr vorhanden, und Übertragungsreaktionen treten ein. Polare Lösemittel fördern ebenfalls die Übertragung, d. h., dieselbe verläuft leichter mit freien Ionen als mit Ionenpaaren. Auch bei der kationischen Polymerisation ist der Einsatz von Inifers beschrieben, wie z. B. 2-Chlorisopropylbenzol/Bortrichlorid zur Molmassenregulierung bei Isobuten.

Elektrochemische Polymerisation

Unter einer elektrochemischen Polymerisation verstehen wir die anodische Oxidation von Monomeren unter Bildung von Radikalkationen, die gleichzeitig über die radikalische Funktion rekombinieren und so polymerisieren. Ein bekanntes Beispiel ist Pyrrol:

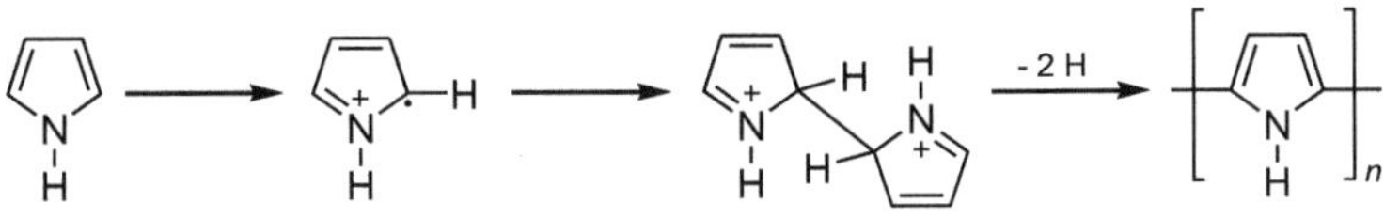

Die Polymerisation verläuft in polaren Lösemitteln unter Zusatz eines Elektrolyten, wie z. B. Tetraethylammoniumtetrafluoroborat, und führt zu einem blauschwarzen Film auf der Anode. Das Tetrafluoroborat des Polypyrrols hat eine Leitfähigkeit von 10^2 S cm^{-1}. Es ist auch darstellbar in Form von Membranen, Nanopartikeln, Nanofasern, Nanoröhren, Nanokompositen und Kern-Hülle-Material.

In ähnlicher Weise sind andere Heterocyclen wie Thiophen, Pyrrol, Furan, Carbazol, Indol, aber auch Anilin, polymerisierbar. Letzteres weist als Salz vorliegend eine blaue Farbe mit einer Leitfähigkeit von 5 S cm^{-1} auf:

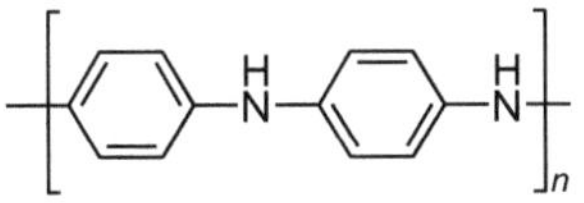

Polyanilin lässt sich auch enzymatisch sowie auch in z. B. HCl-saurem Medium mit $(NH_4)_2S_2O_8$ herstellen. Auch Polyanilin wurde in Form von Nanopartikeln, Kern-Hülle-Material, Nanofasern, Nanostäbchen, Nanoröhren, Nanofilmen und Nanokompositen hergestellt.

Zu den elektrischen Eigenschaften s. auch Abschn. 5.4.2.

3.1.3 Polymerisation mit Übergangsmetallkatalysatoren

Ethylen wird durch radikalische Polymerisation bei hohen Temperaturen (100–200 °C) und hohen Drücken (150–380 MPa) zu **Low Density Polyethylen** (LDPE) polymerisiert. Dabei entsteht ein verzweigtes Polymer, das sowohl Langkettenverzweigungen unbestimmter Länge als auch Kurzkettenverzweigungen hat. Die Verzweigungen bestimmen die Eigenschaften des LDPE: geringe Kristallinität, geringe Dichte und geringer Modul. Durch die erforderlichen hohen Drücke bei der Synthese ist das Verfahren nicht kosteneffektiv.

α-Olefine, wie z. B. Propylen, lassen sich durch radikalische oder ionische Polymerisation nicht polymerisieren, weil die aktiven Kettenenden bevorzugt resonanzstabilisierte Zustände bilden, die weiteres Kettenwachstum verhindern.

Die Polymerisation von Ethylen unter Normalbedingungen geht auf die Arbeiten von Karl Ziegler zurück, der Übergangsmetallverbindungen als Katalysatoren für die Ethylenpolymerisation untersuchte. Giulio Natta übertrug das Verfahren auf die Propylenpolymerisation. Beide erhielten 1963 den Nobelpreis für Chemie. Bei der Polymerisation von Ethylen mit Ziegler-Natta-Katalysatoren entsteht lineares Polyethylen ohne Langkettenverzweigungen, welches eine höhere Kristallinität und Dichte hat und somit als **High Density Polyethylen** (HDPE) bezeichnet wird.

Die Polymerisation mittels Übergangsmetallverbindungen hat zwei besondere Spezifika:

1. Das Monomer wird vor dem Einbau an der Übergangsmetallverbindung koordiniert und vororientiert. Daher kommt auch der Begriff „koordinative Polymerisation" als ältere Bezeichnung für diese Art der Polymerisation.
2. Das Monomer wird in eine Übergangsmetallalkylbindung eingeschoben, und deshalb wird diese Polymerisationsart auch Polyinsertion genannt.

Beide Bezeichnungen kennzeichnen also jeweils unterschiedliche Vorgänge während der Polymerisation.

Die bekanntesten Übergangsmetallverbindungen, die derartige Polymerisationen initiieren und fortpflanzen, sind **Ziegler-Natta-Katalysatoren**. Historisch wurde hier der Begriff „Katalysator" zuerst verwendet. Das hat auch seine Berechtigung, weil an dem Teil des Katalysators, der die Übergangsmetallverbindung enthält, auch die einzelnen Polymerisationsschritte vor sich gehen, andererseits geht aber der Katalysator nicht unverändert aus der Polymerisation wieder hervor.

Eine Besonderheit der Polymerisation mittels Übergangsmetallverbindungen ergibt sich aus der oben stehenden Vororientierung des Monomers. Dadurch können **stereoreguläre Polymere** hergestellt werden, die sich durch vorteilhafte Werkstoffeigenschaften auszeichnen. Das Prinzip wird gezielt z. B. zur Herstellung von *cis*-1,4-Polybutadien und von *iso*taktischem Polypropylen genutzt. Es soll aber daran erinnert werden, dass es bei der anionischen und kationischen Polymerisation (Abschn. 3.1.2) ebenfalls möglich ist, mittels spezieller Initiatoren durch Koordination des Monomers an die aktive Spezies stereoreguläre Polymere zu erzeugen. Wenn aber die Polarität der Monomere abnimmt, kann die Stereoregularität mit ionischen Polymerisationen nicht mehr kontrolliert werden. In diesen Fällen hat die Polymerisation mittels Übergangsmetallverbindungen große Bedeutung.

Eine weitere Besonderheit liegt darin, dass derartige Katalysatoren in der Lage sind, Monomere aus Verbindungsklassen wie Olefinen, Cycloolefinen, Dienen und Acetylenen zu polymerisieren, die früher nicht (Propylen, Cyclopenten) oder nur unter extremen Bedingungen (Ethylen) polymerisiert werden konnten bzw. nur zu einer ungünstigeren Mikrostruktur des Polymers führten (Polybutadien). Aus diesen Besonderheiten resultieren die technische und wirtschaftliche Bedeutung der mit Übergangsmetallverbindungen hergestellten Polymere (Tab. 3.10).

Tab. 3.10 Hauptanwendungsgebiete mittels Übergangsmetallkatalysatoren industriell hergestellter Polymere

Polymer	Struktur	Hauptanwendungsgebiet
Polyethylen hoher Dichte (HDPE)		Thermoplast: Behälter, Rohre, Platten
Ethylen-Propylen-Block-Copolymere	*iso*taktisch	Thermoplast: Behälter
Ethylen-Propylen-Dien-Terpolymer		Elastomer: alterungsbeständig für Isolierungen,
(EPDM)		Seitenverblendungen für Reifen
Ethylen-Buten-Copolymer (LLDPE)		Thermoplast mit verbesserter Sprödbrüchigkeit;
		Filme, Verpackung
Polypropylen	*iso*taktisch	Thermoplast: Geräteteile, Behälter, Platten
		Technische Faser: Seile, Netze
1,4-Polybutadien	*cis*-	Elastomer: Reifen, Fördergurte, Isolierungen
1,4-Polyisopren	*cis*-	Elastomer: Reifen, Beschichtungen
Polypentenamer	*trans*-	Elastomer: Reifen
Poly-4-methylpenten-1	*iso*taktisch	Thermoplast: medizinische Geräte
Polydicyclopentadiene		Thermoplast: Geräteteile
Norbornenpolymere		Thermoplast: Gießharze, Geräteteile

Es gibt drei Klassen von Katalysatoren für die Polymerisation von Olefinen:

1. Heterogene Ziegler-Natta Katalysatoren auf Basis von Ti-Halogenen/Aluminiumalkylen
2. Phillips-Katalysatoren
3. Homogene Katalysatoren, die Metallocene der Elemente der Gruppe 4 des PSE sind

3.1.3.1 Polymerisation mit Ziegler-Natta-Katalysatoren

Ziegler-Natta-(ZN-)Katalysatoren sind heterogene Übergangsmetall-Katalysatorsysteme, bestehend aus einer Übergangsmetallverbindung (Ü) der Gruppen 3 bis 8 des Periodensystems und einer metallorganischen Verbindung oder einem Hydrid (Al) der Gruppen 1, 2 oder 13, 14 des PSE:

$$\text{Ü} + \text{AI} \longrightarrow \text{aktiver ZN-Katalysator}$$

Nicht alle möglichen Kombinationen sind aktiv. Bestimmte Übergangsmetallverbindungen polymerisieren nur bestimmte Monomere. So polymerisieren Katalysatorsysteme mit Metallen aus den Gruppen 4 bis 6 (wie drei- bis fünfwertige Halogenide und Alkoxide des Titans, Zirkons und Vanadiums) in Kombination mit Aluminiumalkylen bzw. Aluminiumalkylhalogeniden ($AlR_{3-n}Hal_n$, mit $n = 0$, 1 oder 2) nur Olefine, wie Ethylen,

Propylen, Buten, 1,4-Methylpenten-1 und Styrol, Katalysatorsysteme aus den Gruppen 3 bis 8 dagegen Diene, diese aber je nach Gruppe zu verschiedenen stereoregulären Polymeren bzw. Produkten mit verschiedener Mikrostruktur.

Bei der Reaktion der klassischen Katalysatorsysteme aus Titanverbindungen und Aluminiumalkylen für die Olefinpolymerisation, hier demonstriert an Titantetrachlorid und Aluminiumtriethyl, entsteht ein heterogener Katalysator. Das flüssige $TiCl_4$ wird zuerst durch die Al-Alkylverbindung zu festem $TiCl_3$ reduziert. Letztendlich wird ein Chloridion durch eine Ethylgruppe ausgetauscht, der Al-Komplex bleibt am Ti koordiniert.

$TiCl_3$ ist polymorph, und die unterschiedlichen Strukturen können in zwei Gruppen eingeteilt werden: die fibrillare β-Struktur und die schichtförmige Struktur mit α-, δ- oder γ-Phase. Je nach Reaktionsbedingungen entstehen die folgenden vier verschiedenen Titantrichloridmodifikationen:

- α-$TiCl_3$ durch Reduktion von $TiCl_4$ mit H_2 oberhalb 400 °C
- β-$TiCl_3$ aus $TiCl_4$ mit Al-alkylen oder H_2 unterhalb 100 °C
- γ-$TiCl_3$ 0,33 $AlCl_3$ aus $TiCl_3$ mit Al-alkylen bei 150–200 °C
- δ-$TiCl_3$ durch langes Mahlen von α- und γ-$TiCl_3$

Die fibrillare β-Phase ist braun, während die schichtförmigen violett sind. Das bedeutet, dass die elektronischen und magnetischen Eigenschaften unterschiedlich sind. Natta fand heraus, dass die violette Form zu wesentlich höheren Anteilen an *iso*taktischem PP führt (80 % stereoselektiv mit violettem und nur 40 % mit braunem $TiCl_3$).

Die Aufklärung des Mechanismus der Polymerisation ist aufgrund der Heterogenität des Katalysators nicht trivial. Ein weitgehend akzeptierter Mechanismus für diese Polymerisation ist der folgende: Die Initiierung erfolgt durch Bildung des aktiven Zentrums. Titantrichlorid im Kristallverband wird dabei durch die aluminiumorganische Verbindung alkyliert, wobei sich ein aktives Zentrum oktaedrischer Struktur mit einer koordinativen Leerstelle (□) bildet. Dieses Alkylübergangsmetallhalogenid bildet mit der aluminiumorganischen Verbindung einen Komplex (a). In die Leerstelle lagert sich das Olefin ein (b), wobei es zur Überlappung des freien d-Orbitals des Titans und der π-Bindung des Propens kommt. Dadurch wird die Bindung zwischen dem Übergangsmetall und der Alkylgruppe destabilisiert (c) und das Olefin unter Verlängerung des Alkylrests um eine Monomereinheit zwischen beiden eingeschoben (Insertion). Die wachsende Kette migriert an die freigewordene Position des Alkylrests (d), und somit wird die ursprünglich freie koordinative Leerstelle wieder frei (e) und kann ein nächstes Monomer koordinieren. Auf diese Art entstehen *iso*taktische Polymere. *Syndio*taktische Polymere können entstehen, wenn der Migrationsschritt entfällt, was z. B. bei Katalysatoren, die Vanadium als Übergangsmetall enthalten, der Fall ist.

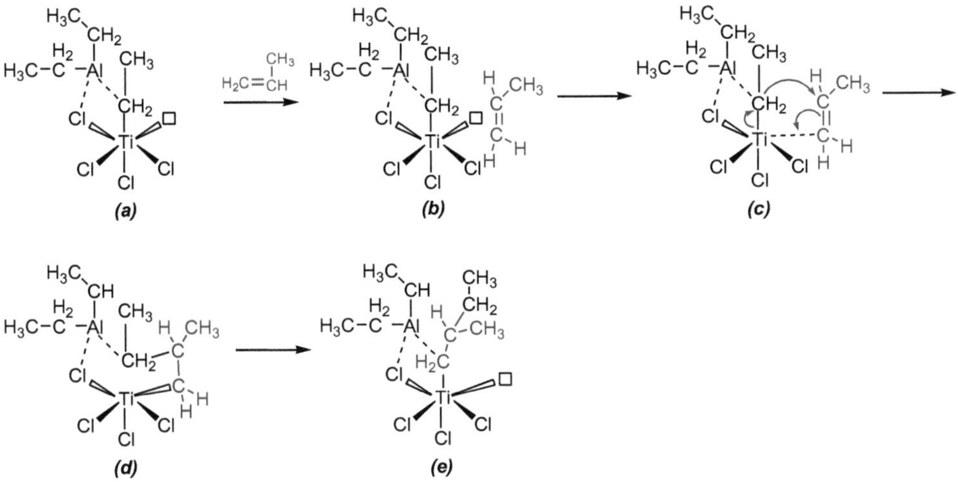

Die ZN-Polymerisation kann abgebrochen werden durch den Zerfall der Übergangsmetall-Kohlenstoffbindung durch spontane β-Hydrid-Eliminierung, wie im Folgenden vereinfacht gezeigt wird:

$$\text{Ü}{-}CH_2{-}CH_2{\sim\sim} \longrightarrow \text{Ü}{-}H + H_2C{=}CH{\sim\sim}$$

Das so gebildete Metallhydrid (ÜH) sollte allerdings, abhängig von der Ladungsverteilung am Metallatom, in der Lage sein, neue Polymerketten zu starten. In diesem Fall ist diese Reaktion eine Übertragungsreaktion. Übertragungsreaktionen sind weiterhin bekannt zum Monomer bzw. zur Aluminiumalkylverbindung. Übertragungsreaktionen zum Lösemittel wurden insbesondere bei Lösemitteln wie Toluol beobachtet. Außerdem führen Reaktionen mit Verunreinigungen, wie Wasser, Sauerstoff oder Kohlendioxid, zum Abbruch. Ein gezielter Abbruch zur Ansteuerung eines bestimmten Polymerisationsgrads ist durch Zugabe von Wasserstoff bei Ziegler-Natta-Polymerisationen üblich:

$$\text{Ü}{-}CH_2{-}CHR{\sim\sim} + H_2 \longrightarrow {\sim\sim}CHR{-}CH_2{-}H + \text{Ü}{-}H$$

Die Einteilung der ZN-Katalysatoren kann in zwei Gruppen vorgenommen werden. Die erste Gruppe sind die sog. ***self-supported*** **$TiCl_3$-basierten Katalysatoren**. Der ursprüngliche Katalysator von Ziegler bestand aus $TiCl_4$, $Al(Et)_3$ in Heptan. Für die Herstellung von iPP eignete sich dieses System weniger. Die Katalysatoren wurden zur Erhöhung der Stereoregularität der Polymere und der Polymerisationsgeschwindigkeit durch den Zusatz von Donatoren, wie beispielweise Ether, Ester, Ketone, Amine, Amide, Phosphine, verbessert. Katalysatoren auf Basis von violettem $TiCl_3$ hatten maximal eine Leistung von

10–15 kg Polypropylen pro Gramm Katalysator. Deshalb wurde untersucht, ob der Katalysator auf einen Träger aufgebracht werden kann. Daraus resultierte die zweite Gruppe der ZN-Katalysatoren, die sog. **Trägerkatalysatoren**. Diese wurden 1968 patentiert.

Trägerkatalysatoren enthalten eine Magnesiumverbindung in einem ca. 30-fachen Überschuss als Träger für Titantetrachlorid. Die Magnesiumverbindung ist in der Regel Magnesiumchlorid, es können aber auch Magnesiumethylat oder -oxid vorkommen. Die Ionenradien des vierwertigen Titans und des zweiwertigen Magnesiums unterscheiden sich nur um ca. 4 %, was ermöglicht, dass $TiCl_4$ sich als aktives Zentrum auf der Oberfläche des $MgCl_2$ anreichert. Die Struktur des reaktiven Komplexes ist hier schematisch dargestellt:

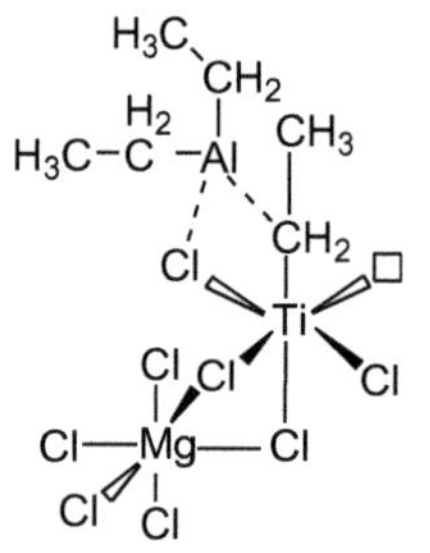

Eine weitere Gruppe von Trägerkatalysatoren sind die sog. ***bi-supported*-Katalysatoren**, welche neben $MgCl_2$ noch Silica (SiO_2) als inerten Träger enthalten. Die Einführung der Trägerkatalysatoren vereinfachte die Herstellungsprozesse für Polyolefine drastisch, weil die Reinigung der Produkte von Katalysatorresten entfiel. Mit diesen Trägerkatalysatoren lassen sich speziell sphärisch gestaltete Katalysatorpartikel synthetisieren, die wichtig für Fällungs- und Gasphasenpolymerisationen sind. Der Primärkatalysator zerfällt während der Polymerisation in 5–15 nm große Sekundärteilchen und beeinflusst somit gezielt die Polymermorphologie. Die hohen Produktionsaktivitäten erklären sich aus der feinen Verteilung des gemahlenen Katalysators, der eine größere Oberfläche mit mehr aktiven Zentren aufweist. Trägerkatalysatoren stellen aktuell den größten Anteil an industriell genutzten Katalysatoren für die Polyolefinproduktion dar. Sie werden für die Polymerisation von Ethylen und Propylen und für die Herstellung von Copolymeren eingesetzt.

High Density Polyethylen (HDPE)

Typische Katalysatoren für die HDPE-Produktion sind z. B. $TiCl_4/MgCl_2/SiO_2$ und $Al(C_2H_5)_3$ oder $Al(C_2H_5)_2Cl$ als Cokatalysator.

Polypropylen (PP)

Bei der Herstellung von Polypropylen stellte sich heraus, dass Katalysatoren dieses Typs nur Produkte mit einer geringen Stereoregularität liefern. Aus diesem Grund wurden Trägerkatalysatoren mit Elektronendonatoren entwickelt. Dabei wird zwischen **inneren Donatoren** (ID) und **äußeren Donatoren** (ED) unterschieden. Als innere Donatoren werden vorwiegend 1,3-Diether, Benzoesäureethylester oder Phthalsäureester verwendet.

Diese Katalysatoren werden außerdem mit Aluminiumalkylen und mit einem äußerer Donor (z. B. Alkoxysilan) aktiviert. Ein typischer Katalysator für die Polypropylenproduktion ist $TiCl_4/ID/MgCl_2$ - $Al(C_2H_5)_3$-ED mit ID = Phthalatester und ED = Cyclohexylmethyldimethoxysilan. Diese Katalysatoren produzieren bis zu 100 kg Polypropylen pro Gramm Katalysator mit einem *iso*taktischen Anteil von 99 %. Ökologische und gesundheitliche Bedenken gegen Phthalatreste im Polymer führten zur Entwicklung von Katalysatoren, bei denen Phthalatester als innere Donatoren durch Succinat ersetzt wurden.

Linear Low Density Polyethylen (LLDPE)
Wichtige Copolymere sind Ethylencopolymere mit anderen Olefinen, wie 1-Buten, 1-Hexen oder 1-Octen. Diese Copolymere sind lineare Polymere mit einheitlichen Kurzkettenverzweigungen, die aus den Comonomeren resultieren. Durch die Kurzkettenverzweigungen wird die Kristallisation partiell behindert, wodurch eine sehr geringe Dichte der Copolymere resultiert. Deshalb wird diese Gruppe von Copolymeren als Linear Low Density Polyethylen (LLDPE) bezeichnet.

Ethylen-Propylen-Copolymere (EPM)
Statistische Copolymere aus Ethylen und Propylen mit einem Molverhältnis von ca. 60 mol% Ethylen und 40 mol% Propylen sind amorphe Polymere und zählen zu den industriell wichtigsten Elastomeren. In der Hauptkette haben sie keine Doppelbindungen (daraus resultiert die Kennzeichnung M), weshalb sie nur mit Peroxiden vernetzt werden können (Abschn. 3.3.3). Für die Copolymerisation werden ZN-Katalysatoren auf Basis von Vanadium verwendet. Beispiele für solche Katalysatoren sind Vanadium(III)acetylacetonat $V(acac)_3$, VCl_4 oder $VOCl_3$. Als Cokatalysatoren sind Aluminiumalkylverbindungen $(C_2H_5)_2AlCl$, $(C_2H_5)AlCl_2$ oder Mischungen aus beiden bekannt. Zusätzlich werden Promotoren benutzt, um eine unerwünschte Reduktion der aktiven V(III)-Zentren in inaktive V(II)-Zentren zu verhindern. Solche Promotoren sind z. B. Tetrachlormethan oder Hexachlorocyclopentadien.

Ethylen-Propylen-Dien-Terpolymere (EPDM)
Die Einführung eines dritten Monomers in Form eines Diens in die Ethylen-Propylen-Copolymere führt zu Terpolymeren mit der Bezeichnung EPDM. Diese haben eine gesättigte Hauptkette, aber gleichzeitig durch das Dien eine Doppelbindung außerhalb der Hauptkette. Damit sind sie sowohl mit Peroxiden als auch mit Schwefel vernetzbar (Abschn. 3.3.3). Die Dienanteile liegen bei ca. 1 mol%. Das industriell am häufigsten verwendete Dien ist 5-Ethyliden-2-norbornen (f). Außerdem werden Dicyclopentadien (g) und 5-Vinyl-2-norbornen (h) eingesetzt. Die Terpolymere mit Dicyclopentadien zeichnen sich durch Langkettenverzweigungen aus, da aufgrund der höheren Symmetrie des Diens die Tendenz zur Polymerisation beider Doppelbindungen vorhanden ist:

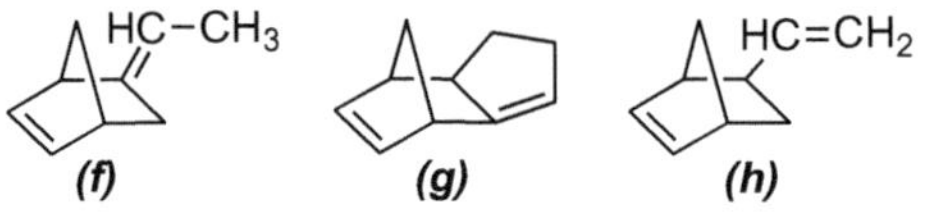

PP-EPM-Reaktorblends

*Iso*taktisches Polypropylen zeichnet sich durch seine unzureichende Zähigkeit bei tiefen Temperaturen aus. Die Lösung dieses Problems führte zur Entwicklung einer Technologie zur Herstellung von mehrphasigen Reaktorblends. In Kaskadenreaktoren wird sequenziell *iso*taktisches Polypropylen und ein Ethylen-Propylen-Copolymer mit ca. 30 % Ethylenanteil produziert. Die im ersten Schritt hergestellten porösen PP-Partikel enthalten gleichmäßig verteilte aktive Katalysatorzentren und werden so als Mikroreaktor für die Synthese des Copolymers genutzt. Die PP-Produktion erfolgt in einem „Slurry" oder Gasphasenprozess und die anschließende Copolymersynthese in einem Gasphasenreaktor.

3.1.3.2 Phillips-Katalysatoren

Eine Parallelentwicklung zu den ZN-Katalysatoren sind die Phillips-Katalysatoren, die Ethylen bei einem Mitteldruck bis 4 MPa und zwischen 80–100 °C polymerisieren. Phillips-Katalysatoren werden erhalten, indem poröses Silica mit einer wässrigen Lösung einer Chromverbindung, z. B. Chromacetat, imprägniert und anschließend bei hohen Temperaturen calciniert wird. Dabei wird die Chromverbindung zu CrO_3 umgewandelt und durch Reaktion mit den Hydroxylgruppen an der Silicaoberfläche als Cr(VI) in Form von Monochromaten, Dichromaten oder auch Polychromaten gebunden. Deshalb wird diese Gruppe von Katalysatoren auch Chromkatalysatoren genannt. Cr(VI) wird anschließend reduziert. Dabei entsteht Chrom in niedrigeren Oxidationsstufen, das auf der Silicaoberfläche gebunden ist. Es kann aber auch zur Bildung von kristallinem Cr_2O_3 kommen. Als Reduktionsmittel dient Kohlenmonoxid oder Ethylen selbst, auch Alkyl-Cokatalysatoren (z. B. $Al(C_2H_5)_3$) werden eingesetzt. Insgesamt ergibt sich eine sehr komplexe Oberflächenstruktur der Katalysatoren. Im Folgenden ist vereinfacht die Reduktion mit Ethylen dargestellt. Dabei wird Cr(VI) zu Cr(II) reduziert, und es kann z. B. Formaldehyd entstehen. Anstelle des Formaldehyds wird dann Ethylen koordiniert und das Kettenwachstum gestartet:

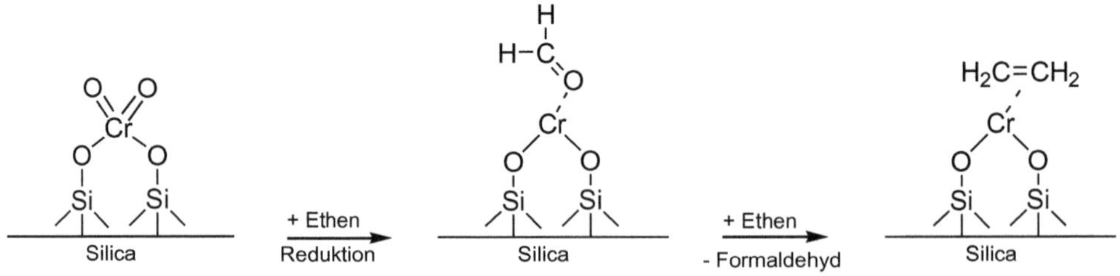

Die Aktivität der Phillips-Katalysatoren wird durch Modifizierung mit Titan erhöht.

Mit Phillips-Katalysatoren wird industriell etwa die Hälfte des auf dem Markt befindlichen HDPE hergestellt. Das bedeutendste Verfahren ist der Slurry-Prozess. Phillips-Katalysatoren werden aber auch für die Gasphasenpolymerisation eingesetzt. HDPE-Produkte, die mit Philipps-Katalysatoren hergestellt werden, haben eine sehr breite Molmassenverteilung und einen geringen Anteil an Langkettenverzweigungen. Sie zeichnen sich durch eine hohe Schmelzefestigkeit (*melt strength*) aus und eignen sich deshalb besonders für die Verarbeitung durch Blasformen (Abschn. 5.6). Verwendet werden sie für die Produktion von großen Containern, Kraftstofftanks für die Automobilindustrie und Rohrleitungen.

3.1.3.3 Metallocen-Katalysatoren

Die bisher beschriebenen Ziegler-Natta-Katalysatoren sind sog. **Multi-Site-Katalysatoren**, d. h., es liegen mehrere, oft nicht gut definierte aktive Zentren vor. Metallocen-Katalysatoren haben im Gegensatz dazu nur ein aktives Zentrum und werden deshalb als **Single-Site-Katalysatoren** bezeichnet. Die Entwicklung dieser Gruppe von Katalysatoren begann damit, dass Modellsubstanzen gesucht wurden, um den Reaktionsmechanismus der Ethylenpolymerisation aufzuklären. Ein Beispiel dafür ist Bis-cyclopentadienylethyltitanchlorid, welches mit Aluminiumalkylen Ethylen mit niedriger Produktivität polymerisierte. Die löslichen Metallocen-Katalysatoren haben eine bemerkenswerte Entwicklung durchlaufen. 1977 entdeckten Walter Kaminsky und Hansjörg Sinn, dass Zirkonocene in Kombination mit Methyaluminoxan (MAO) Katalysatoren mit extrem hoher Aktivität ergeben. Dabei stellt MAO ein Teilhydrolyseprodukt des $Al(CH_3)_3$ dar (Abschn. 3.5.5). Die Molmassen liegen bevorzugt im Bereich zwischen 1200 und 1600 g mol^{-1}. MAO hat die folgende Grundeinheit:

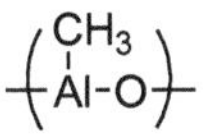

Die Struktur von MAO zeichnet sich durch Cluster aus cyclischen Oligomeren und kurzen Ketten aus. Die einfachste Zirkonverbindung dieser Katalysatoren ist Dicyclopentadienyl-Zirkondichlorid (Cp_2ZrCl_2), das folgende Struktur (a) hat:

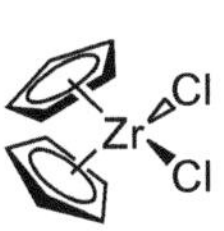

(a)

Die Bildung des reaktiven Zentrums erfolgt durch Reaktion von Cp_2ZrCl_2 mit MAO. Durch Ligandenaustausch wird die Zirkonverbindung methyliert. In einem weiteren Schritt wird das Chloridion durch MAO abstrahiert, und es entsteht ein Metallocenkation. Das alkylierte Zirkoniumkation stellt das aktive Zentrum für die Polymerisation dar. An die freie koordinative Leerstelle lagert sich das Monomer an. Die Polymerisation erfolgt durch Insertion in die Zirkonium-Alkylbindung:

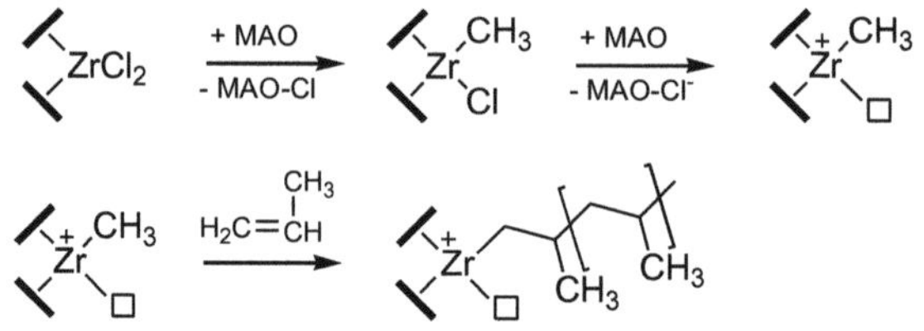

Im Jahr 1982 wurde über die ersten Ansa-Metallocene durch Hans-Herbert Brintzinger berichtet. Die Cyclopentadienyl-Liganden sind hier durch Brücken verbunden, wodurch die Rotation der Liganden unterbunden wird und starre sterische Zentren entstehen. Die Variation der Ansa-Metallocene ist in vielfältiger Weise möglich. Überwiegend wird Zr als Zentralatom verwendet, und nur in einzelnen Fällen wurden Ti (Constrained Geometry Catalyst [CGC] zur Langkettenverzweigung), Hf, Th, Ni (polymerisiert sogar in wässrigem Medium Ethylen), Co, Fe, Cr, Pd, Sc, La, Y, Lu, Nb, Ta oder V (für die Copolymerisation Ethylen/Propylen) eingesetzt. Über die Variation der Metallocen-Strukturen, vor allem des Ligandensubstitutionsmusters, lassen sich Struktur und Materialeigenschaften der Polymere mit früher unvorstellbarer Präzision steuern. Als Ligandenkombinationen dienten jeweils zwei Moleküle des Indens, Tetrahydroindens, Isopropylindens, Phenylindens, Bisindens, Fluorens, Cyclopentadiens, Butadiens, Pentadiens sowie ein Inden mit einem Cyclopentadien. Diese sind meistens als Sandwich-, aber auch als Halbsandwichstruktur angeordnet. Der Ligand kann noch substituiert sein, wie z. B. im Inden als 3-Me-, 3-$SiMe_3$-, 4,7-Me_2-, Alkenyl, 3-OMe-, 5,6-OMe-, 6-F- oder 5-Cl-Inden. Ebenfalls viele Möglichkeiten ergeben sich bei der Ansa-Brücke: Et, CMe_2, $CH(Et)CH_2$, $(CH_2)_5$, $SiMe_2$, $SiPh_2$ oder $SiMe_2SiMe_2$.

Metallocen-Katalysatoren werden auf Silica immobilisiert. Damit können die Vorteile der Technologie der Trägerkatalysatoren genutzt werden. Bei der Polymerisation fragmentieren die Silica-Trägerpartikel zu Nanopartikeln.

Polypropylen

Durch geeignete Kombination der Katalysatorbaugruppen gelingt es, chirale, lösliche Metallocen-Katalysatoren herzustellen, die je nach Struktur *iso*taktisches, *a*taktisches, *syndio*taktisches oder Stereoblockpolypropylen gewünschter stereoregulärer Reinheit und gewünschter Molmasse und Molmassenverteilung erzeugen. Dabei ist Cp_2ZrCl_2 (a) ein Beispiel für einen Katalysator, der zu *a*taktischem Polypropylen führt. Beispiele für Katalysatoren, mit denen *iso*taktisches (b) und *syndio*taktisches (c) oder Stereoblockpolypropylen (d) erhalten wird, sind im Folgenden angegeben:

(b) *(c)* *(d)*

Bei Stereoblock-PP ist der einzige Unterschied zwischen den Blöcken deren räumliche Anordnung. Die Kombination von *iso*taktischen und *a*taktischen Blöcken, *i*PP-block-*a*PP, ergibt Polymere, die die Eigenschaften von thermoplastischen Elastomeren zeigen. Die kristallinen *iso*taktischen Blöcke wirken hier als physikalische Vernetzungen. Schon bei den Polypropylenen, die von Natta erzeugt wurden, gab es einen Anteil an elastomeren PP, welcher durch Fraktionierung von dem *iso*taktischen PP abgetrennt werden musste. Später wurden heterogene Ziegler-Natta-Katalysatoren direkt für die Herstellung von Stereoblock-PP entwickelt. Dazu gehören $TiCl_4/MgCl_2$-Trägerkatalysatoren, die mit Dibutylphthalat und aromatischen Ethern aktiviert werden. Zur Erzeugung von Stereoblock-PP können außerdem binäre Katalysatormischungen verwendet werden, wenn die Polymerketten zwischen den beiden aktiven Zentren ausgetauscht werden können.

Ethylen-Propylen-Copolymere (EPM)

Homogene Metallocen-Katalysatoren bieten auch verbesserte Möglichkeiten der Kontrolle der Synthese von Ethylen-Propylen-Copolymeren (EPM und EPDM) hinsichtlich der Monomeranordnung, der Molmasse und Molmassenverteilung. Im Gegensatz zu den verwendeten Ziegler-Natta-Katalysatoren kann mit Metallocenen eine bessere statistische Ethylen-/Propylen-Verteilung entlang der Kette erreicht werden (mit Ziegler-Natta-Katalysatoren entstehen unkontrolliert Homoblöcke). Außerdem ist es mit speziellen Metallocenen möglich, alternierende EP-Copolymere und Blockcopolymere mit unterschiedlichen Blöcken, z. B. *i*PP-block-EPM, *a*PP-block-EPM, *i*PP-block-PE, zu synthetisieren.

Cycloolefinpolymerisation und Cycloolefin-Copolymere (COC)

Bei der Polymerisation von Cycloolefinen mit konventionellen Ziegler-Natta-Katalysatoren wurde beobachtet, dass die entstandenen Polymere sowohl Einheiten enthalten, welche durch Monomeraddition entstanden sind, als auch solche, die durch ringöffende Metathese (ROMP) entstanden sind. Metallocen-Katalysatoren sind in der Lage, Cycloolefine wie z. B. Cyclopenten (e) oder Norbornen (f) ohne Ringöffnung zu polymerisieren. Die Polymerisation von Cyclopenten führt dabei zu Poly(1,3-Cyclopenten):

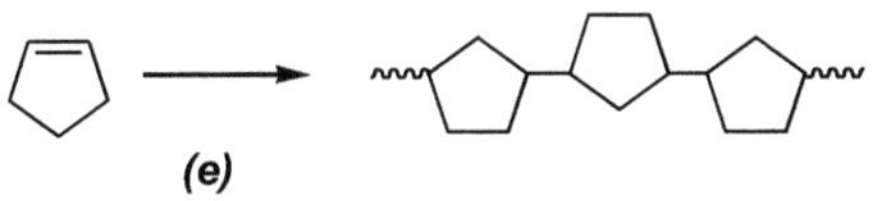

(e)

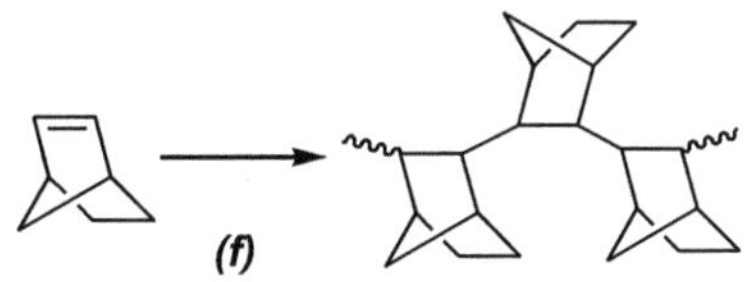

(f)

Homopolymere aus Cycloolefinen sind aufgrund ihrer hohen Schmelz- oder Glasumwandlungstemperaturen und ihrer schlechten Löslichkeit schwer verarbeitbar. Copolymere von Cycloolefinen mit Ethen und Propen sind ebenfalls mit Metallocen-Katalysatoren herstellbar. Bei der Copolymerisation von Ethen und Cyclopenten wird im Gegensatz zur Homopolymerisation eine 1,2-Addition des Cyclopentens beobachtet (g):

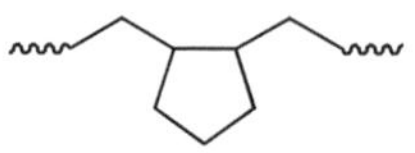

(g)

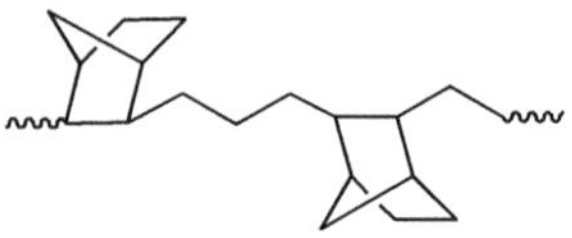

(h)

Amorphe Copolymere aus Ethen und Norbornen (h) werden kommerziell hergestellt. Sie zeichnen sich durch sehr gute thermomechanische Eigenschaften, hohe Transparenz und einen hohen Brechungsindex aus (für Copolymere mit einem Ethen-Norbornen-Verhältnis von 1/1 wird ein Brechungsindex von 1,53 angegeben). Sie werden für optische Anwendungen, zur Herstellung von CDs, für Komponenten in der medizinischen Diagnostik oder als Blister eingesetzt. Industrielle Produkte haben Norbornengehalte von 30–60 % und Glasumwandlungstemperaturen zwischen 120 und 180 °C. Die Copolymerisation von Ethen und Norbornen wurde mit verschiedenen Metallocen-Katalysatoren untersucht. Die Copolymereigenschaften hängen vom Comonomergehalt, der Sequenzverteilung und der Konfiguration der asymmetrischen C-Atome des Norbornens ab. Die Mikrostruktur der Copolymere kann durch die Auswahl des Katalysators gesteuert werden. Beispiele für Katalysatoren, die statistische (i) oder alternierende (j) Copolymere liefern, sind im Folgenden dargestellt:

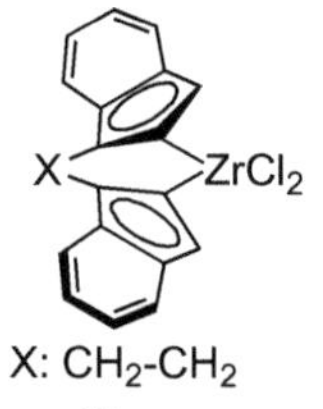

(i)

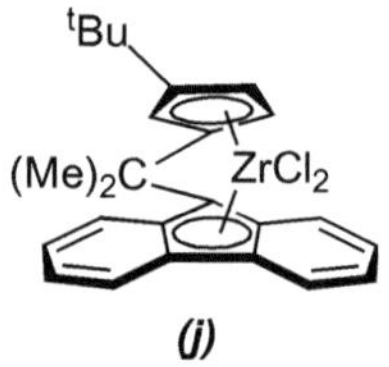

(j)

Polyolefinelastomere (POE)

Polyolefinelastomere sind Copolymere aus Ethylen und 1-Buten, 1-Hexen oder 1-Octen. Industriell werden sie mittels CGC-Katalysatoren (CGC = Constrained Geometry Catalysts) hergestellt. Ein Beispiel ist im Folgenden dargestellt (k):

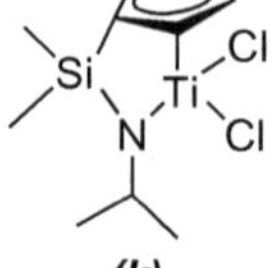

(k)

Der CGC-Katalysator wird mit modifiziertem MAO und mit einem Boran, z. B. Trisperfluorophenylboran, aktiviert. Diese Katalysatoren können Polymere mit enger Molmassenverteilung und sehr engen intramolekularen Comonomerverteilungen (im Gegensatz zu den mittels ZN-Katalysatoren hergestellten LLDPE) erzeugen. Eine weitere Besonderheit der CGC-Katalysatoren ist, dass sie in der Lage sind, α-Olefin-Makromere zu produzieren, welche dann in andere wachsende Polymerketten wieder eingefügt werden können. Auf diese Weise entstehen definierte Langkettenverzweigungen, die die Polymereigenschaften bestimmen. Mit zunehmendem Comonomeranteil nimmt die Dichte der Copolymere ab. Copolymere mit Dichten kleiner als 0,870 g cm^{-3} bilden bei der Kristallisation keine Lamellen mehr, die durch Kettenfaltung entstehen, sondern sog. Fransenkristalle (Abschn. 5.1.2).

***Syndio*taktisches Polystyrol (*s*PS)**
Metallocen-Katalysatoren werden benutzt, um *syndio*taktisches Polystyrol herzustellen. *s*PS ist ein teilkristalliner Thermoplast mit hoher Schmelztemperatur von ca. 270 °C und einer hohen Kristallisationsgeschwindigkeit (im Gegensatz zum ebenfalls teilkristallinen *iso*taktischen PS). Zur Synthese werden Halbsandwich-Titan-Metallocene, wie z. B. Cp-$TiCl_3$, in Kombination mit MAO als Cokatalysator verwendet. Auch Copolymere aus Styrol und Ethylen können durch CGC-Katalysatoren hergestellt werden

3.1.3.4 Polymerisation der Diene

Die wichtigen Vertreter der 1,3-Diene sind Butadien, Isopren und Chloropren:

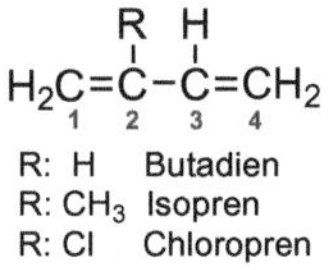
R H
H2C=C-C=CH2
1 2 3 4
R: H Butadien
R: CH3 Isopren
R: Cl Chloropren

Die Polymerisation der Diene zeichnet sich deshalb durch eine weitere Vielfältigkeit aus, weil eine 1,4-Addition zu *cis*- und *trans*-1,4-Polymeren führen kann und außerdem 1,2- oder 3,4-Addition möglich sind, die *a*taktische, *iso*taktische und *syndio*taktische Anordnungen ermöglichen. Außerdem sind Mischstrukturen möglich.

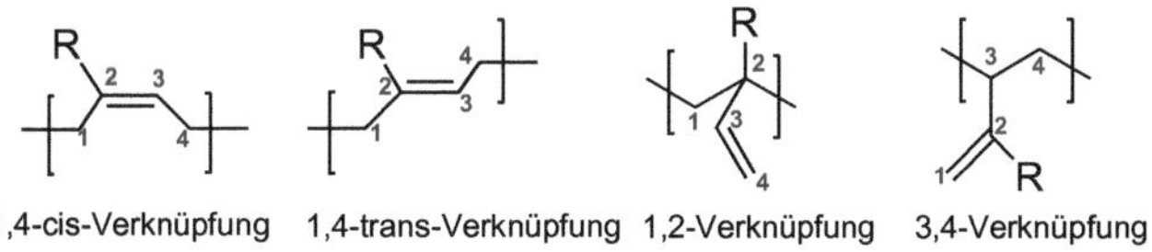
1,4-cis-Verknüpfung
1,4-trans-Verknüpfung
1,2-Verknüpfung
3,4-Verknüpfung

Die Struktur der Polydiene ist ausschlaggebend für ihre Eigenschaften. So ist reines *cis*-1,4-Polybutadien (PB) ein idealer Kautschuk mit einer Glasumwandlungstemperatur von –107 °C und einer geringen Neigung zur Kristallisation (T_m : 2 °C). *trans*-1,4-PB hingegen ist ein Thermoplast (T_g : – 106 °C, T_m : 148 °C). Auch *syndio*taktisches (T_g : – 28 °C, T_m : 156 °C) und *iso*taktisches 1,2-PB (T_g : – 15 °C, T_m : 126 °C) sind Thermoplasten.

An dieser Stelle soll anhand der wichtigsten Katalysatorsysteme nur die Polymerisation von Polybutadien und Polyisopren behandelt werden. (Polychloropren wird durch radikalische Polymerisation hergestellt. Dabei entstehen Polymere mit einem *cis*-*trans*-Verhältnis von ca. 1/9 und ein geringer Anteil an 1,2-Strukturen.) **Polyisopren** (PI) ist ein natürlich vorkommendes Polymer; *cis*-1,4-PI ist als Naturkautschuk von großer Bedeutung, *trans*-1,4-PI ist als Guttapercha bekannt (Abschn. 3.4.3). Synthetisches PI hat am Gesamtkautschukverbrauch nur einen sehr kleinen Anteil (ca. 1 %) und ist deshalb im Vergleich zu Polybutadien von untergeordneter Bedeutung. PB wird im Wesentlichen zu Herstellung von Autoreifen verwendet. Weiterhin spielt PB eine große Rolle bei der Modifizierung von Thermoplasten. Wichtige Produkte hier sind HIPS (High Impact Polystyrol) und ABS (Acrylnitril-Butadien-Styrol-Terpolymere).

Polybutadien (PB)

PB mit hohem *cis*-Anteil kann durch ionische Polymerisation mithilfe von Li-Alkyl-Initiatoren hergestellt werden. Der Anteil an *cis*-Strukturen hängt hier von der Polarität des Lösemittels ab. In unpolaren Lösemitteln sind *cis*-Anteile von ca. 90 % üblich, mit zunehmender Polarität steigt der Anteil an 1,2-Verknüpfungen (Abschn. 3.1.2). Höhere *cis*-Anteile bis zu 99 % sind mit Ziegler-Natta-Katalysatoren erreichbar, die Ti, Co, Ni oder Nd als Zentralatom enthalten. Beispiele für solche Katalysatoren sind $Ti(OC_2H_5)J_3/TiCl_4/Al(C_2H_5)_3$, bei dem als aktive Spezies Alkyltitanjodchlorid angenommen wird, oder Co-Naphthenat oder Co-Octanat/$Al(C_2H_5)_2Cl$. Nickelhaltige Katalysatoren enthalten Ni-Naphthenat oder Ni-Octanat und eine Borverbindung ($BF_3(C_2H_5)_3$) und $Al(C_2H_5)_3$. Mit **Neodym-Katalysatoren** werden die höchsten *cis*-Anteile erreicht. Ein Nd-Katalysator setzt sich z. B. aus den folgenden drei Komponenten zusammen: Nd-Versastat, Diisobutylaluminiumhydrid und Ethylaluminiumsesquichlorid. Eine Gasphasenpolymerisation von Butadien zu *cis*-1,4-Polybutadien mit einem Neodyn-Katalysator auf einem Träger wurde vorgestellt. Ein hoher Anteil an *trans*-1,4-PB kann mit einem Katalysator aus VCl_3 und $Al(C_2H_5)_2Cl$ erhalten werden.

Polyisopren (PI)

Auch *cis*-1,4-PI kann durch ionische Polymerisation erhalten werden. Bei den Ziegler-Natta-Katalysatoren ist für die Herstellung des *cis*-1,4-Polyisoprens offensichtlich $TiCl_4/Al(C_2H_5)_3$ im Verhältnis 1:1 das System der Wahl, mit dem ein *cis*-Gehalt von 97 % erreicht werden kann. Auch hier kann mit Nd-Katalysatoren ein Polyisopren mit hohem *cis*-Gehalt hergestellt werden.

3.1.3.5 Polymerisation von Cycloolefinen, ROMP

Die Olefinmetathese stellt ein wichtiges Reaktionsprinzip der Organischen Chemie dar. Unter **Metathese** verstehen wir eine Austauschreaktion von Alkylidengruppen durch die

Spaltung von Kohlenstoffdoppelbindungen und deren neue Verknüpfung. Ein klassisches Beispiel ist die Metathese von Propen zu Ethen und Buten in Gegenwart eines Molybdän-Katalysators:

$$2\,H_2C{=}\overset{H}{C}{-}CH_3 \xrightleftharpoons{\text{Katalysator}} H_3C{-}\underset{H}{C}{=}\underset{H}{C}{-}CH_3 + H_2C{=}CH_2$$

Die Rückreaktion wird industriell genutzt, um aus der C_4- und C_2-Fraktion der Erdölaufbereitung mit WO_3/SiO_2-Metathese-Katalysatoren Propen herzustellen.

Im Jahr 2005 wurde der Nobelpreis für Chemie an Yves Chauvin, Richard R. Schrock und Robert R. Grubbs für ihre Arbeiten über Metathesereaktionen vergeben.

Für die Makromolekulare Chemie ist diese Reaktion von Bedeutung, da sich aus Cycloolefinen Polymere herstellen lassen. Dabei wird der Cycloolefinring geöffnet, weshalb die Reaktion als ringöffnende **Olefin-Metathese-Polymerisation** (ROMP) bezeichnet wird. Der allgemein anerkannte Reaktionsmechanismus ist der Metallcarbenmechanismus von Chauvin. Dabei reagiert das Metallcarben mit dem Olefin zu einem Metallacyclobutanring. Dieses Zwischenprodukt zerfällt:

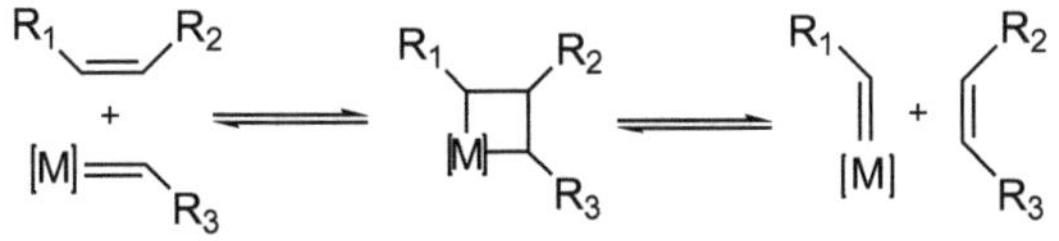

Bei der Öffnung der Ringe der Cycloolefine wird deren Ringspannung frei. Daraus resultiert eine negative Reaktionsenthalpie. Die **Ringöffnungspolymerisation** hochgespannter Ringe ist deshalb eine irreversible Reaktion mit prinzipiell vollständigem Umsatz des Monomers. Wichtige Polymere, die mittels ROMP polymerisiert werden, sind Polyoctenamer (a), Polynorbornen (b) und Polydicyclopentadien (c):

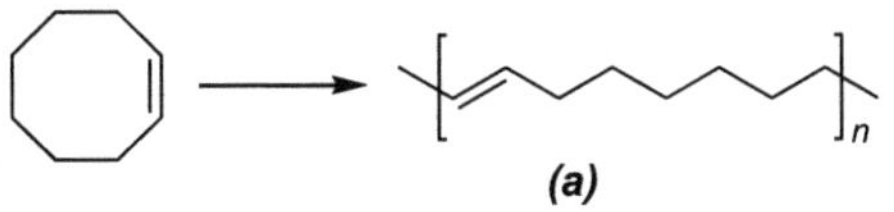

(a)

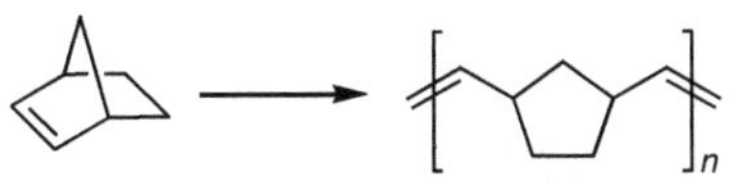

(b)

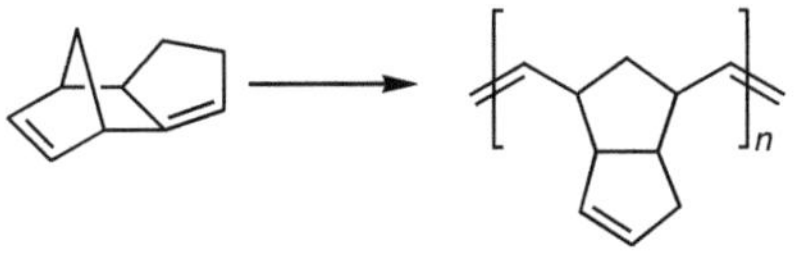

(c)

Polyoctenamer ist ein teilkristalliner Kautschuk, der als Verarbeitungshilfsmittel für Kautschuke eingesetzt wird. Bei der ROMP des Dicyclopentadien kommt es zur Bildung von linearen Polymeren, wenn nur der Norbornenring geöffnet wird (c). Unter bestimmten Bedingungen kann auch der Cyclopentenring geöffnet werden, was zu Bildung vernetzter Polymere führt (d):

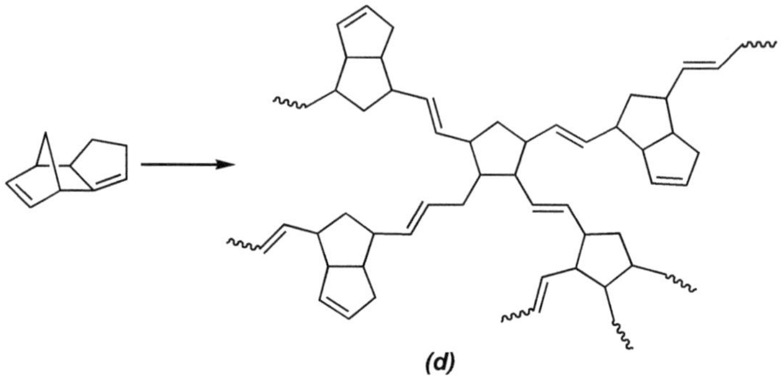

(d)

Für die Produktion von technischen Bauteilen aus vernetztem Polydicyclopentadien wird die RIM-Technologie (RIM = Reaction Injection Moulding) eingesetzt.

Zur Optimierung der Eigenschaften können die Polymere hydriert werden. Ein Beispiel sind die ROMP von Tetracyclododecen (e) und die anschließende Hydrierung. Das Produkt ist ein amorphes, transparentes Polymer für optische Anwendungen.

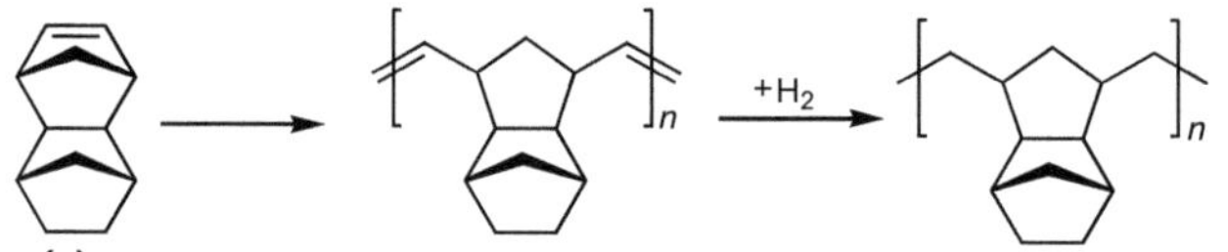

(e)

Auf Grundlage dieses Reaktionsmechanismus wurden zielgerichtet ROMP-Katalysatoren entwickelt. Einige Beispiele sind im Folgenden dargestellt. Bis(cyclopentadienyl)-titanacyclobutan (f) stellt den ersten ROMP-Initiator dar, der eine lebende Polymerisation ermöglichte. **Schrock-Katalysatoren** (g) enthalten als Übergangsmetall Wolfram oder Molybdän und werden für die Polymerisation von Norbornen eingesetzt. Molybdänbasierte Katalysatoren sind toleranter gegenüber Monomeren, die mit polaren funktionellen Gruppen ausgerüstet sind. Damit wird die Synthese von biologisch aktiven Polymermaterialien ermöglicht. **Grubbs-Katalysatoren** (h), die aus Rutheniumkomplexen aufgebaut sind, sind ebenfalls geeignet, Monomere mit Carboxyl-, Hydroxyl-, Amid- oder Estergruppen zu polymerisieren. So können Polynorbornene hergestellt werden, die Aminosäuresequenzen aus z. B. Glycin, Arginin, Asparagin als Seitengruppe enthalten.

ROMP kann auch mit anderen lebenden Polymerisationen, wie der ionischen oder kontrollierten radikalischen Polymerisation, kombiniert werden. So können verschiedene Blockcopolymere, Pfropfcopolymere oder dendritische Polymere erhalten werden.

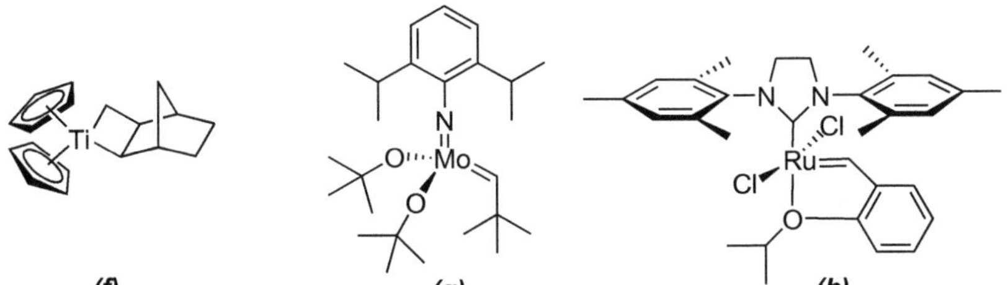

(f) (g) (h)

Wolfram-Katalysatoren wie z. B. $WCl_6/WOCl_4$ mit $(C_2H_5)AlCl_2$ als Cokatalysator oder Grubbs-Ruthenium-Katalysatoren werden für die RIM-Technologie verwendet. Die Herstellung von Polyoctenameren erfolgt mit WCl_2-basierten Katalysatoren.

Das Prinzip der Metathese ist auch auf nichtkonjugierte Diene anwendbar. Es reagieren dabei die Doppelbindungen als Stufenreaktion zu langkettigen, linearen Polymeren. Genannt wird diese Reaktion **acyclische Dienmetathese** (ADMET). Im Gegensatz zu ROMP, die als Kettenwachstumsreaktion betrachtet werden muss, ist ADMET eine Stufenwachstumsreaktion. Auch Ethylen-Copolymere sind so herstellbar mit Vinylacetat, Styrol, Acrylaten und Vinylchlorid.

3.1.3.6 Polymerisation des Acetylens

Die Polymerisation des Acetylens erweckte deshalb Interesse, weil Polyacetylen durch seine konjugierten Doppelbindungen als potenzieller metallischer Leiter infrage kommt. Für die Entwicklung des Polyacetylens wurden Hideki Shirakawa, Alan Heeger und Alan MacDiarmid im Jahr 2000 mit dem Chemienobelpreis geehrt. *cis*-1,4-Polyacetylen (a) selbst ist ein isolierendes Material mit der spezifischen Leitfähigkeit von $\kappa = 4 \cdot 10^{-9}$ $\Omega^{-1}\,cm^{-1}$. Dagegen stellt *trans*-1,4-Polyacetylen (b) einen Halbleiter mit $\kappa = 9 \cdot 10^{-5}$ $\Omega^{-1}\,cm^{-1}$ dar:

(a) (b)

Durch Dotierung von Polyacetylen, z. B. mit Jod oder Arsenpentafluorid, konnte eine Erhöhung der Leitfähigkeit um 13 Größenordnungen erreicht werden; auch über Leitfähigkeiten größer $10^{-5}\,\Omega^{-1}\,cm^{-1}$ wurde berichtet. Es wird angenommen, dass der Ladungstransport entlang der konjugierten Kette verläuft. Dieser Ladungstransport ist von der Struktur des Polyacetylens abhängig, welches in Form von Fibrillen vorliegt. Polyacetylen ist empfindlich gegenüber der Oxidation durch Luftsauerstoff. In dessen Gegenwart nimmt in wenigen Tagen die Leitfähigkeit um mehrere Größenordnungen ab, weshalb sich das Polymer für kommerzielle Anwendungen nicht durchsetzen konnte.

Die Synthese von Polyacetylen erfolgt mithilfe von Ziegler-Natta-Katalysatoren, z. B. $Ti(OButyl)_4/Al(Ethyl)_3$, aus Acetylen. Cyclooctatetraen und substituierte Cyclotetraene können durch ROMP mit Schrock-Katalysatoren ebenfalls zu Polyacetylen polymerisiert werden.

3.1.4 Copolymerisation

Die vorangegangenen Abschnitte behandelten im Wesentlichen die Polymerisation nur einer Monomerart. In diesem Teil soll die Polymerisation zweier und mehrerer verschiedener Monomerarten zusammen mit dem Ziel des Einbaus in eine makromolekulare Kette in kovalenter Bindung behandelt werden. Derartige Polymere werden **Copolymere** genannt.

Die technische Bedeutung der Copolymerisation besteht darin, dass die beteiligten Monomere ihre Polymereigenschaften in das Copolymer einbringen. In vielen Fällen genügt bereits ein prozentual niedriger Einbau, um eine gewünschte Eigenschaft zu erreichen. So wird z. B. Isopren in Polyisobutylen eingebaut, um eine Vulkanisation zum Butylkautschuk zu ermöglichen. Acrylnitril wird mit Allylsulfonat copolymerisiert, um die Anfärbbarkeit zu verbessern, und Styrol mit Divinylbenzol, um Ionenaustauscher herzustellen. Um die Ölbeständigkeit des Kautschuks zu verbessern, wird Butadien mit Acrylnitril copolymerisiert. Insgesamt hat die Copolymerisation große Bedeutung, und sehr viele im Handel befindliche Polymere sind Copolymere.

Der Begriff „Copolymerisation" als Oberbegriff schließt die Polymerisation von zwei, drei, vier und mehr Monomeren ein. Copolymere aus zwei Monomeren heißen eigentlich **Bipolymere**, aber dieser Name ist nicht gebräuchlich. Sie werden einfach Copolymere genannt. Polymere aus drei Monomeren heißen **Terpolymere**, aus vier Monomeren **Quarterpolymere**. Terpolymere werden durchaus noch hergestellt, z. B. Ethylen/Propylen/Ethylidennorbornen-Elastomere; Quarterpolymere sind schon seltener.

Bezüglich der Anordnung der verschiedenen Monomereinheiten A und B in einem Copolymer unterscheiden wir mehrere Möglichkeiten:

Statistische Copolymere	—ABAABBBAABAAA—
Alternierende Copolymere	—ABABABABABABAB—
Pfropfcopolymere	
Block- und Segmentcopolymere	$—(A)_n—(B)_m—$

Bei echten **Blockcopolymeren** überschreitet die Zahl der Monomereinheiten *n* und *m* im Block in der Regel 10. Als eine Unterart der Blockcopolymere wären hier die Stereoblockcopolymere einzuordnen. Darunter verstehen wir Blockcopolymere, die Monomereinheiten mit gleichen Grundbausteinen sowie gleicher Konstitution, aber unterschiedlicher Konfiguration enthalten.

Die Blockzahl ist das Verhältnis der Summen der Bindungen zwischen ungleichen Monomeren und der Summen der Bindungen zwischen gleichen Monomeren. Sie ist somit eine Maßzahl für die Blocklänge. Copolymere können mit allen bereits behandelten Mechanismen hergestellt werden, doch zeigen gewisse Mechanismen Vorzüge. So dient die radikalische Polymerisation bevorzugt zur Herstellung von statistischen und alternierenden Copolymeren, die lebende anionische Polymerisation zur Herstellung von Blockcopolymeren (Tab. 3.11).

Tab. 3.11 Hauptanwendungsgebiete industriell hergestellter Copolymere (Auswahl)

Copolymer	Mechanismus	Hauptanwendungsgebiet
Ethylen/Propylen	Ziegler-Natta	Elastomer
Ethylen/Propylen/ Ethylennorbornen	Ziegler-Natta	Elastomer
Ethylen/Buten	Ziegler-Natta	Thermoplast
Ethylen/Propylen-Blöcke	Ziegler-Natta	Thermoplast
Ethylen/$<$ 35 % Vinylacetat	Radikalisch	Thermoplast, Folien
Ethylen/$>$ 35 % Vinylacetat	Radikalisch	Elastomer
Ethylen/Methacrylat	Radikalisch	Thermoplast, als Salz Ionomere
Ethylen/Acrylat	Radikalisch	Thermoplast, als Salz Ionomere
Ethylen/Vinylpyridin	Ziegler-Natta	Als Salz Ionomere
Butadien/Styrol	Radikalisch	Elastomer, Latex
Butadien/Styrolblöcke	Anionisch	Thermoplast, Elastomer
Butadien/Styrol/Acrylsäure	Radikalisch	Carboxyllatex
Butadien/Acrylnitril	Radikalisch	Elastomer
Isopren/Isobutylen	Kationisch	Elastomer
Styrol/Divinylbenzol	radikalisch	Für Ionenaustauscher
Styrol/Divinylbenzol/Vinylpyridin	Radikalisch	Für Ionenaustauscher
Isobutylen/Cyclopentadien	Kationisch	Elastomer
Vinylchlorid/$<$ 20 % Vinylacetat	Radikalisch	Lacke
Acrylnitril/$<$ 5 % Comonomer	Radikalisch	Fasern
Acrylnitril/Styrol	Radikalisch	Thermoplast
Acrylnitril/Butadien/Styrol (ABS)	Radikalisch	Thermoplast
Ungesättigte Polyester/Styrol	Kondensation/ radikalisch	Duromer

3.1.4.1 Copolymerzusammensetzung

Je nach Synthesebedingungen und Reaktionsmechanismus entstehen unterschiedlich zusammengesetzte Copolymere. Eine Besonderheit der Copolymerisation besteht bis auf Ausnahmen darin, dass die Zusammensetzung des Copolymers nicht der Zusammensetzung der Monomermischung entspricht. Als Begründung gilt das Vorliegen der folgenden vier verschiedenen Wachstumsschritte beim Einsatz zweier Monomere M_1 und M_2:

$$\begin{aligned}
\sim\dot{M}_1 + M_1 &\xrightarrow{k_{11}} \sim\dot{M}_1\\
\sim\dot{M}_1 + M_2 &\xrightarrow{k_{12}} \sim\dot{M}_2\\
\sim\dot{M}_2 + M_1 &\xrightarrow{k_{21}} \sim\dot{M}_1\\
\sim\dot{M}_2 + M_2 &\xrightarrow{k_{22}} \sim\dot{M}_2
\end{aligned}$$

k_{11} und k_{22} sind die Geschwindigkeitskonstanten des eigenen Wachstums, k_{12} und k_{21} die Geschwindigkeitskonstanten des gekreuzten Wachstums. Daraus ergeben sich die Gleichungen für die Reaktionsgeschwindigkeiten v_{ij}:

$$\begin{aligned}
v_{11} &= k_{11} \cdot \left[M_1^\bullet\right] \cdot [M_1]\\
v_{12} &= k_{12} \cdot \left[M_1^\bullet\right] \cdot [M_2]\\
v_{21} &= k_{21} \cdot \left[M_2^\bullet\right] \cdot [M_1]\\
v_{22} &= k_{22} \cdot \left[M_2^\bullet\right] \cdot [M_2]
\end{aligned} \tag{3.73}$$

In dem Maße, wie das entsprechende Monomer aus der Monomermischung reagiert, wird es in das Copolymer eingebaut. Die Abnahme der Monomerkonzentration der Monomere 1 und 2 lässt sich mit Gl. 3.74 beschreiben:

$$\begin{aligned}
-\,d[M_1]/dt &= v_{11} + v_{21}\\
-\,d[M_2]/dt &= v_{12} + v_{22}
\end{aligned} \tag{3.74}$$

Die Reaktionsfreudigkeit des Polymerradikals mit dem jeweiligen Monomer ergibt dabei den bevorzugten Einbau des einen oder anderen Monomers. Bei abnehmender Konzentration wird das langsamere Monomer wieder eingebaut. Im Extremfall entsteht so ein Zweiblock-Copolymer A–A–A–...–B–B–B. Somit ergibt sich das Einbauverhältnis zu

$$\frac{d[M_1]}{d[M_2]} = \frac{[M_1]}{[M_2]} \cdot \frac{k_{11} \cdot \left[M_1^\bullet\right] + k_{21} \cdot \left[M_2^\bullet\right]}{k_{22} \cdot \left[M_2^\bullet\right] + k_{12} \cdot \left[M_1^\bullet\right]}. \tag{3.75}$$

Auch für die radikalische Copolymerisation nehmen wir eine stationäre Radikalkonzentration an, d. h. $v_{21} = v_{12}$. Demzufolge gilt also:

$$k_{21} \cdot \left[M_2^\bullet\right] \cdot [M_1] - k_{12} \cdot \left[M_1^\bullet\right] \cdot [M_2] = 0 \tag{3.76}$$

Wir lösen Gl. 3.76 nach der Radikalkonzentration auf und setzen diese in Gl. 3.75 unter Beachtung der folgenden Definition ein:

$$r_1 = k_{11}/k_{12} \quad \text{und} \quad r_2 = k_{22}/k_{21} \tag{3.77}$$

Damit können wir die allgemeine **Copolymerisationsgleichung** nach Mayo und Lewis erhalten:

$$\frac{d[M_1]}{d[M_2]} = \frac{[M_1]}{[M_2]} \cdot \frac{(r_1 \cdot [M_1] + [M_2])}{(r_2 \cdot [M_2] + [M_1])} \tag{3.78}$$

Nach dieser Gleichung kann für jedes beliebige Monomerverhältnis bei Kenntnis der r-Werte die Zusammensetzung des entsprechenden Copolymers berechnet werden. Da $d[M_1]/d[M_2]$die Geschwindigkeit des Einbaus der Monomere in die wachsende Kette ist, entspricht dies auch der zum entsprechenden Zeitpunkt der Polymerisation erhaltenen Zusammensetzung des Copolymers.

Die r-Werte stellen den Quotienten der Wachstumsgeschwindigkeitskonstanten des gleichen Monomers zu einem fremdem Monomer (gekreuztes Wachstum) dar, d. h., sie drücken relative Reaktivitäten bei der Copolymerisation aus und werden **Copolymerisationsparameter** genannt. Die r-Werte stellen charakteristische Größen für jedes Monomerpaar dar und sind tabelliert. Bei der ionischen Polymerisation und der Polymerisation mit Übergangsmetallverbindungen zeigen sie eine Abhängigkeit vom Initiator und dessen Dissoziationszustand.

Die obige Copolymerisationsgleichung wurde unter Zuhilfenahme der stationären Radikalkonzentration abgeleitet. Sie kann aber auch aus statistischen Überlegungen entwickelt werden. Damit ist ihre Anwendung auf alle Polymerisationsmechanismen gerechtfertigt.

Eine weitere Einschränkung muss hier ebenfalls noch genannt werden: Die obige Gleichung betrachtet nur die Wachstumsgeschwindigkeit der letzten Monomereinheit der Kette. Dieses Modell, genannt **Terminalmodell**, entspricht einer Markoff-Statistik erster Ordnung. Beeinflusst die vorletzte Monomereinheit auch noch die Wachstumsgeschwindigkeit, so sind statt vier acht Geschwindigkeitskonstanten zu berücksichtigen. Dieses Modell wird **Penultimate-Modell** genannt und entspricht einer Markoff-Statistik zweiter Ordnung.

Bei der Copolymerisation mit mehr als zwei Monomeren, z. B. bei einer Terpolymerisation mit drei Monomerarten, liegen neun Geschwindigkeitskonstanten und daraus sechs Copolymerisationsparameter vor, welche nur mit erheblich größerem Aufwand zu bestimmen sind. Daher werden meistens diejenigen aus der Copolymerisation mit zwei Monomerarten verwendet.

Für die Copolymerisation mit zwei Monomeren erhalten wir jeweils zwei r-Werte, und folgende Kombinationen werden unterschieden:

$$r_1 = r_2 = 1 \quad \text{d. h.} \quad k_{11} = k_{12} \quad \text{und} \quad k_{22} = k_{21} \tag{3.79}$$

In diesem Fall addieren beide Radikale die beiden Monomere mit gleicher Wahrscheinlichkeit, die Zusammensetzungskurve bewegt sich auf der Diagonale des Copolymerisationsdiagramms (Abb. 3.5a) und entspricht damit der Zusammensetzung der Monomermischung. Dieses Verhalten wird **ideale Copolymerisation** genannt. Ein Beispiel dafür ist die Copolymerisation von Tetrafluorethylen und Chlortrifluorethylen. Ideale Copolymerisationen sind selten. Es bilden sich statistisch aufgebaute Copolymere. Wenn

$$r_1 > 1 \quad \text{und} \quad r_2 < 1 \quad \text{d. h.} \quad k_{11} > k_{12} \quad \text{und} \quad k_{21} > k_{22}, \tag{3.80}$$

wird M_1 leichter an das eigene und das fremde Radikal addiert. Das heißt, ein bevorzugter Einbau von M_1 ist vorhanden. Es entstehen statistische Copolymere, wobei M_1 längere Sequenzen aufweist (Beispiel: Styrol/Vinylacetat). Derartige Copolymerisationen sind häufig. In Abb. 3.5a wird dieser Fall durch die bauchigen Kurven ober- und unterhalb der Diagonale dargestellt.

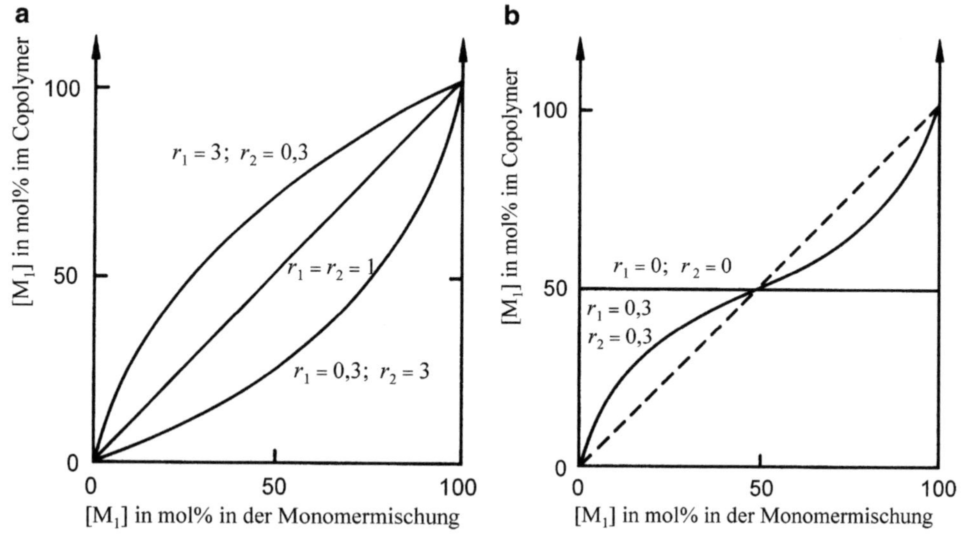

Abb. 3.5 (**a**) Ideale Copolymerisation, (**b**) alternierende Copolymerisation

Wenn beide Copolymerisationsparameter größer als eins sind,

$$r_1 > 1 \quad \text{und} \quad r_2 > 1, \quad \text{d. h.} \quad k_{11} > k_{12} \quad \text{und} \quad k_{21} < k_{22}, \tag{3.81}$$

bedeutet das, dass der Homopolymerisationsschritt bevorzugt wird. Derartige Copolymerisationen sind selten (Beispiel: Styrol/Acrylamid). Der Fall, dass die Copolymerisationsparameter unendlich groß werden,

$$r_1 = \infty \quad \text{und} \quad r_2 = \infty \tag{3.82}$$

bedeutet, dass die Homopolymerisationsschritte stark bevorzugt sind. In diesem Fall entstehen keine Copolymere, sondern es bildet sich ein Polymergemisch aus den beiden Homopolymeren.

In dem Fall, dass

$$r_1 < 1 \quad \text{und} \quad r_2 < 1, \quad \text{d. h.} \quad k_{11} < k_{12} \quad \text{und} \quad k_{22} < k_{21}, \tag{3.83}$$

wird das fremde Monomer bevorzugt angelagert, und es besteht eine Tendenz zum alternierenden Einbau der Monomere in die Kette. Die Zusammensetzungskurve schneidet die Diagonale des Copolymerisationsdiagramms im sog. Azeotrop-Punkt (Abb. 3.5b). Dieser Punkt lässt sich mit

$$[\mathrm{M}_1]/[\mathrm{M}_2] = (r_2 - 1) \cdot (r_1 - 1) \tag{3.84}$$

berechnen. Ein derartiges Beispiel stellt die Copolymerisation von Butadien mit Acrylnitril dar.

$$r_1 \approx r_2 \approx 0 \tag{3.85}$$

wäre der Extremfall der vorigen Möglichkeit mit dem Unterschied, dass das eigene Monomer an das Radikal gering oder überhaupt nicht addiert wird, dagegen aber das fremde Monomer. Dies bedeutet, dass Monomere, die selbst nicht zur Polymerisation gebracht werden können, doch copolymerisieren. Derartige Fälle sind nicht allzu häufig (Beispiel: Stilben/Maleinsäureanhydrid) (Abb. 3.5b).

Ermittlung der Copolymerisationsparameter

Die vorhergehende Diskussion zeigt, dass sich Copolymere bilden, die eine andere Copolymerzusammensetzung aufweisen als die Zusammensetzung der Monomermischung (Ausnahme bei der idealen Copolymerisation). Die Copolymerzusammensetzung wird durch die r-Werte charakterisiert, und damit ist deren Ermittlung eine wichtige Aufgabe. Zu diesem Zweck werden Copolymere aus verschiedenen Monomermischungsverhältnissen hergestellt, deren Zusammensetzung durch geeignete Analysemethoden ermittelt wird und die r-Werte nach verschiedenen Berechnungsmethoden bestimmt. Die gebräuchliche Methode nach Finemann und Ross wendet folgende Geradengleichung an:

$$(f-1)\cdot F/f=\left(r_1\cdot F^2/f\right)-r_2 \quad \text{mit} \quad f=\mathrm{d}[\mathrm{M}_1]/\mathrm{d}[\mathrm{M}_2] \quad \text{und} \quad F=[\mathrm{M}_1]/[\mathrm{M}_2] \qquad (3.86)$$

Durch Auftragen von $(f-1)\cdot F/f$ gegen F^2/f erhalten wir eine Gerade mit der Neigung r_1 und dem Ordinatenabschnitt r_2 (Abb. 3.6).

Die Methode ist nur für kleine Umsätze bis 5 % anwendbar, da sich darüber die Monomerzusammensetzung und damit auch die Copolymerzusammensetzung sehr verschieben. Von Kelen und Tüdös wurde eine Methode vorgeschlagen, die bis zu 50 % Umsatz angewendet werden kann. Für noch höhere Umsätze geht man von einer integrierten Copolymerisationsgleichung aus. Tab. 3.12 gibt einen Überblick über eine Auswahl von Copolymerisationsparametern.

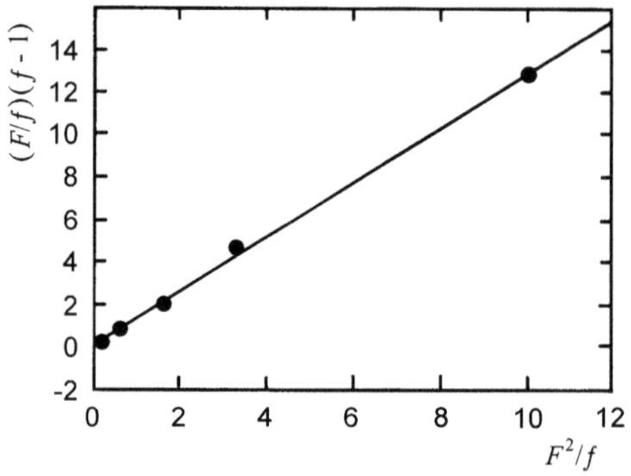

Abb. 3.6 Methode zur Ermittlung der relativen Reaktivitäten bei der Copolymerisation nach Finemann und Ross (1950)

Tab. 3.12 Copolymerisationsparameter in der radikalischen Copolymerisation

M_1	r_1	M_2	r_2
Tetrafluorethylen	1,0	Chlortrifluorethylen	1,0
Ethylen	0,88	Vinylacetat	1,03
Styrol	56	Vinylacetat	0,01
Styrol	17,24	Vinylchlorid	0,058
Butadien	1,44	Styrol	0,84
Butadien	8,8	Vinylchlorid	0,04
Styrol	1,21	Acrylamid	1,32
Acrylnitril	1,68	Butylacrylat	1,06
Butadien	0,36	Acrylnitril	0,04
Butadien	0,5	Methylmethacrylat	0,027
Methylmethacrylat	0,41	Styrol	0,48
Acrylnitril	0,92	Vinylidenchlorid	0,32
Stilben	0,03	Maleinsäureanhydrid	0,03

Monomerstruktur und Copolymerisationsparameter

Die Copolymerisationsparameter sind definiert als die Reaktionsfähigkeit zweier Monomere mit einem bestimmten Kettenradikal. Diese Reaktionsfähigkeit kann von der Radikalstabilität abhängen, wobei hier besonders die Stabilität des sich bildenden Radikalendes betrachtet werden soll. Je stabilisierter das sich bildende neue Radikalende ist, desto größer wird die Geschwindigkeit, und je geringer die Stabilität des sich bildenden neuen Radikals ist, desto kleiner wird die Geschwindigkeit des Wachstumsschritts sein. Ein Beispiel für eine Resonanzstabilisierung des Kettenendradikals wäre Styrol mit 84 kJ mol^{-1}; dagegen bildet Vinylacetat ein relativ instabiles Radikal. Für einige Substituenten an der Vinylgruppe ergibt sich folgende Abstufung:

$$-C_6H_5 > -\underset{H}{C}=CH_2 > -\overset{O}{\underset{\|}{C}}-CH_3 > -C\equiv N > -\overset{O}{\underset{\|}{C}}-O-R > -Cl > -R > -O-\overset{O}{\underset{\|}{C}}-CH_3$$

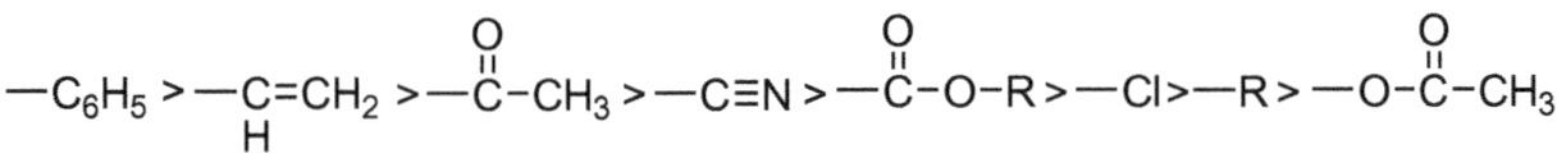

Eine weitere Einflussgröße bezüglich der Copolymerisation stellt die polare Wechselwirkung dar. Die Copolymerisation zweier Monomere mit unterschiedlich polaren Substituenten (elektronenziehend, elektronenabstoßend) sind prädestiniert für eine Elektronen-Akzeptor-/Donator-Wechselwirkung und führen zu einer alternierenden Tendenz in der Anordnung der Monomereinheiten im Copolymer (Beispiel: Styrol/Acrylnitril). Je mehr sich das Produkt $r_1 \cdot r_2$ dem Wert null annähert, desto stärker geht der statistische Einbau der Monomereinheiten in einen alternierenden Einbau über. Polare Wechselwirkungen helfen, die sterische Hinderung zu umgehen. Während Maleinsäure nicht selbst polymerisiert, d. h. keine Homopolymere bildet, ist sie sehr wohl in der Lage, mit Vinylethern, Styrol und sogar mit Stilben, welches ebenfalls keine Homopolymere liefert, alternierende Copolymere zu bilden.

Einen Einfluss übt aber auch die sterische Wechselwirkung aus. Von Alfrey und Price wurde ein **Q-e-Schema** entwickelt, welches sich zur Berechnung monomerspezifischer Werte, die die Reaktionsbereitschaft eines Monomers gegenüber derjenigen eines definierten Kettenradikals angeben, als erfolgreich erwiesen hat. Für

$$\sim\!\dot{M}_1 + M_2 \xrightarrow{k_{12}} \sim\!\dot{M}_2$$

wird

$$k_{12} = P_1 \cdot Q_2 \cdot \exp(-e_1 \cdot e_2) \tag{3.87}$$

formuliert, wobei P_1 proportional der Reaktivität des Radikals und Q_2 proportional der Reaktivität des Monomers ist. e_1 stellt die effektive Polarität des Kettenradikals $P - \dot{M}_1$ und e_2 die Polarität an der Doppelbindung des Monomers M_2 dar.

Daraus folgen entsprechende Gleichungen für r_1 und r_2:

$$r_1 = \frac{k_{11}}{k_{12}} = \frac{P_1 \cdot Q_1 \cdot \exp(-e_1 \cdot e_1)}{P_1 \cdot Q_2 \cdot \exp(-e_1 \cdot e_2)} = \frac{Q_1}{Q_2} \cdot \exp(-e_1 \cdot (e_2 - e_1)) \quad (3.88)$$

$$r_2 = \frac{Q_2}{Q_1} \cdot \exp(-e_2 \cdot (e_2 - e_1)) \quad (3.89)$$

Auch nach experimenteller Ermittlung der *r*-Werte enthalten beide Gleichungen noch vier Unbekannte. Daher wurde dem Styrol willkürlich der *Q*-Wert eins und der *e*-Wert – 0,8 zugeordnet; danach war es möglich, für die anderen Monomere entsprechende *Q*- und *e*-Werte zu berechnen. Eine Auswahl einiger Monomere ist in Tab. 3.13 zusammengestellt.

Die bekannten *Q*- und *e*-Werte eines Monomers gestatten nach Bestimmung der *r*-Werte die Berechnung der unbekannten *Q*- und *e*-Werte des zweiten Monomers. Sind die *Q*- und *e*-Werte zweier Monomere bekannt, können daraus die *r*-Werte berechnet werden.

Wie die Ableitung zeigt, berücksichtigt das *Q*-*e*-Schema nur Effekte der Stabilisierung bzw. Reaktivität und der Polarität. Sterische Wechselwirkungen werden nicht berücksichtigt, trotzdem hat sich dieses Schema bewährt.

Einfluss der Reaktionsbedingungen

Die bisherigen Ausführungen beziehen sich auf Copolymerisationen in homogener Phase. Bei Copolymerisationen in heterogener Phase treten Veränderungen der Copolymerisationsparameter auf, die durch abweichende Monomerkonzentrationen am Reaktionsort bedingt sind.

Die Temperaturabhängigkeit der Copolymerisationsparameter lässt sich durch die Arrhenius-Gleichung beschreiben; für die Druckabhängigkeit liegen bisher wenige Untersuchungen vor.

Über einen Lösemitteleinfluss auf die radikalische Copolymerisation wurde berichtet, doch ist er hier offensichtlich gering. Anders sieht es bei der ionischen und koordinativen Copolymerisation aus. Hier übt das Lösemittel mit seiner Dielektrizitätskonstante einen wesentlichen Einfluss auf das Vorliegen des aktiven Zentrums in Form von freien Ionen, Ionenpaaren und Spezies mit polarisierter kovalenter Bindung aus. Dies kann zur Umkehr der *r*-Werte führen, wie Tab. 3.14 zeigt.

Tab. 3.13 *Q*- und *e*-Werte aus der radikalischen Copolymerisation

Monomer	*Q*	*e*	Monomer	*Q*	*e*
Vinylethylether	0,018	−1,80	Methylmethacrylat	0,78	0,40
Vinylacetat	0,026	−0,88	Styrol	1,00	−0,80
Vinylchlorid	0,056	0,16	Butadien	1,70	−0,50
Methylacrylat	0,45	0,64	Isopren	1,99	−0,55
Acrylnitril	0,48	1,23	Vinylidencyanid	14,22	1,92

Tab. 3.14 Copolymerisationsparameter bei der anionischen Polymerisation

		Styrol (r_1)	Isopren (r_2)
LiC_4H_9	Toluol	0,25	9,5
	Tetrahydrofuran	9	0,1

Copolymerisationsparameter, die bei der ionischen Polymerisation und Polymerisation mit Übergangsmetallen erhalten werden, zeigen andere Werte als bei der radikalischen Polymerisation und sind überdies vom Initiator und, wie oben gezeigt, vom Lösemittel abhängig. Oft werden sie zum Beweis für einen ionischen (oder radikalischen) Mechanismus herangezogen. Da aber die Copolymerisationsparameter bei der ionischen Polymerisation und der mit Übergangsmetallen einer viel größeren Variationsbreite unterliegen, sind derartige Schlüsse mit Vorsicht zu betrachten. Unter besonderen Reaktionsbedingungen ist der Spezialfall denkbar, dass die mit ionischen Katalysatoren erhaltenen Werte denen der radikalischen Polymerisation ähnlich sind und damit eine Aussage zum Mechanismus fraglich ist.

3.1.4.2 Kinetik der Copolymerisation

Im Gegensatz zu den bisherigen Ausführungen, bei denen nur Wachstumsschritte der Copolymerisation behandelt wurden, müssen für die Kinetik auch Start- und insbesondere Abbruchreaktionen einbezogen werden. Bezüglich der Abbruchreaktion ist als Besonderheit zu beachten, dass außer der Reaktion gleichartiger auch ungleichartige Kettenenden miteinander mit der Geschwindigkeitskonstante k_{a12} (gekreuzter Abbruch) reagieren. Für die Bruttogeschwindigkeit der Copolymerisation wurde folgende Gleichung entwickelt:

$$\begin{aligned} v_{Br} &= -\frac{d[M_1] + d[M_2]}{dt} \\ v_{Br} &= \frac{r_1[M_1]^2 + 2 \cdot [M_1] \cdot [M_2] + r_2[M_2] \cdot v_{st}^{1/2}}{\left(r_1^2 \cdot \delta_1^2 [M_1]^2 + 2 \cdot \phi \cdot \delta_1 \cdot \delta_2 \cdot r_1 \cdot r_2 \cdot [M_1] \cdot [M_2] + r_2^2 \cdot \delta_2^2 [M_2]^2\right)^{1/2}} \end{aligned} \tag{3.90}$$

In Gl. 3.91 ist der gleichartige Abbruch durch die Parameter δ_1 und δ_2 gegeben:

$$\delta_1 = (k_{a11})^{1/2} / k_{w11} \quad \text{und} \quad \delta_2 = (k_{a22})^{1/2} / k_{w22} \tag{3.91}$$

Der Parameter ϕ charakterisiert das Verhältnis von Kreuzabbruch zu gleichartigem Abbruch:

$$\phi = (k_{a12}) / (k_{a11} \cdot k_{a22})^{1/2} \tag{3.92}$$

Die Startgeschwindigkeit wird durch Gl. 3.93 erfasst:

$$v_{st} = 2 \cdot k_d \cdot f \cdot [I] \tag{3.93}$$

Bei gleicher Wahrscheinlichkeit aller Abbruchreaktionen ist ϕ gleich eins. Bei $\phi > 1$ überwiegt der gekreuzte Abbruch, bei $\phi < 1$ der Abbruch gleichartiger Kettenenden. Bisherige Überlegungen betrachteten die radikalische Polymerisation.

Bei ionischen Polymerisationen zu lebenden Polymeren liegen keine Abbruchreaktionen vor. Wenn keine Kreuzwachstumsschritte vorhanden sind, entstehen Polymermischungen. Liegen Kreuzwachstumsschritte als Voraussetzung der Bildung von Copolymeren vor, kann sich das Verhältnis der Konzentration der beiden aktiven Zentren eins und zwei verschieben und die Copolymerisationsgeschwindigkeit beeinflussen.

Lebende Polymere haben den Vorteil, dass die Geschwindigkeitskonstante des Kreuzwachstumsschritts direkt bestimmbar ist. Ein lebendes Kettenende M_1^- wird dazu direkt mit dem Monomer M_2 umgesetzt und der Einbau von M_2 z. B. spektroskopisch über das Verschwinden des ionischen Kettenendes M_1^- oder über das Verschwinden des Monomers M_2 verfolgt.

Trotz dieser Vorteile sind die ionische Polymerisation und die Polymerisation mit Übergangsmetallverbindungen dadurch komplizierter als die radikalische Polymerisation, da verschiedene aktive Zentren vorhanden sind. Außerdem liegen starke Unterschiede in den Geschwindigkeitskonstanten vor; dies bedingt wiederum ein sehr unterschiedliches Wachstum der beiden Monomere. Eine Auswirkung auf die Copolymerisation besteht darin, dass das erste Monomer schnell wegpolymerisiert und das zweite nur gering eingebaut wird. Die Copolymere haben entlang ihrer Kette eine sehr uneinheitliche Comonomerverteilung. Statistische Copolymere gehen hier in Gradientencopolymere über.

3.1.4.3 Alternierende Copolymere

Die alternierenden Copolymere nehmen unter den Copolymeren insofern eine Sonderstellung ein, als hier auch Monomere als Monomereinheit in die Copolymerkette eingebaut werden, die selbst keine Homopolymere bilden. Wie bereits geschildert, sind dafür Monomere mit unterschiedlich polaren Substituenten prädestiniert, die eine Donor-Akzeptor-Wechselwirkung eingehen. Als Akzeptoren können Vinylverbindungen mit Carbonyl- oder Cyanogruppen an der Doppelbindung (z. B. Maleinsäureanhydrid, Furmarsäuredinitril und Maleinsäurediethylester) und als Donor kann z. B. Styrol fungieren. Wie folgende Beispiele zeigen, bilden auch Nichtolefinverbindungen Copolymere:

$H_2C = CHR + CO \rightarrow - CH_2 - CHR - CO-$	Polyketone
$H_2C = CHR + SO_2 \rightarrow - CH_2 - CHR - SO_2-$	Polysulfone
$H_2C = CHR + O_2 \rightarrow - CH_2 - CHR - O - O-$	Polymere Peroxide
$H_2C = CHR + PR_3 \rightarrow - CH_2 - CHR - PR_3-$	Polymere Phosphine
$H_2C = CHR + NOR \rightarrow - CH_2 - CHR - NR - O-$	Polymere Aminoxide

(Fortsetzung)

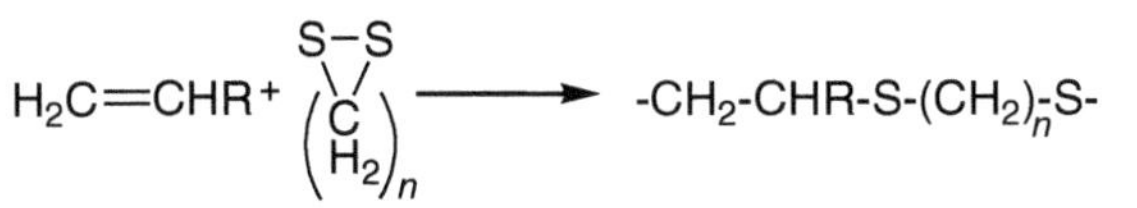	Polymere Sulfide
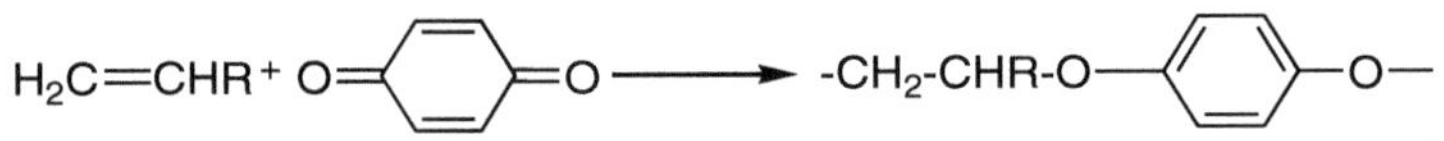	Polyether

Diese Monomerkombinationen erzeugen meistens 1:1-alternierende Copolymere, wobei einzelne, z. B. SO_2, vor der Copolymerisation mit vielen Olefinen 1:1-Komplexe bilden, die dann während der Polymerisation zu den entsprechenden Copolymeren reagieren. Die exakte Bildung einer streng alternierenden Struktur wird durch polare oder auch sterische Effekte bestimmt. Maleinsäureanhydrid als kräftiger Akzeptor reagiert leicht mit Donormolekülen, wie Vinylacetat, Styrol oder Vinylethern, zu alternierenden Strukturen. Wenn die Bindungsstärke des Donor-Akzeptor-Paars schwächer ist, nimmt, wenn möglich, die Tendenz zur Bildung statistischer Copolymere zu. Im umgekehrten Fall, bei einem Elektronendonor, wie SO_2, kann dieser mit einem geeigneten Akzeptor spontan ohne Initiatorzusatz copolymerisieren:

Eine Erhöhung der Akzeptorwirkung kann durch Zusatz einer Lewis-Säure, die komplexbildend wirkt, erreicht werden. Den gleichen Effekt bewirken $ZnCl_2$, $SnCl_4$ sowie Vanadin- und Titanhalogenide. Nicht in jedem Fall wird eine stöchiometrische Menge benötigt. Die Wirkung dieses Zusatzes kann darin bestehen, eine besser alternierende Struktur im Copolymer zu erhalten oder auch nicht konjugierte Donormonomere, wie Ethylen, Propylen und Vinylacetat, überhaupt erst einer alternierenden Copolymerisation zuzuführen.

Zu den Möglichkeiten der Bildung alternierender Copolymere wäre auch die Polymerisation über Verbindungen mit Zwitterionen zu zählen. Dabei reagiert ein elektrophiles Monomer M_E mit einem nukleophilen Monomer M_N ohne Einwirkung eines Katalysators zu einem dimeren dipolaren Molekül als Zwitterion, welches polymerisieren kann:

$$M_N + M_E \longrightarrow {}^{+}M_N\text{-}M_E^{-}$$

$$n\,{}^{+}M_N\text{-}M_E^{-} \longrightarrow {}^{+}M_N\left(M_E\text{-}M_N\right)_n M_E^{-}$$

Aus der Zusammensetzung des Zwitterions ergibt sich die alternierende Tendenz des Copolymers. Da die Kettenenden jeweils Ladungen aufweisen, können wir diese Polymere als lebende Polymere ansehen. Bekannt sind als Typen elektrophiler Monomerer M_E:

$$\begin{array}{l} H_2C{=}CXCOOH \\ H_2C{=}CXCOOR \end{array} \quad \text{mit } X{=}\text{-H, -}CH_3\text{, Halogen}$$

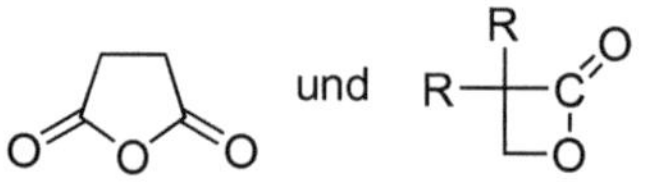

Nukleophile Monomere sind:

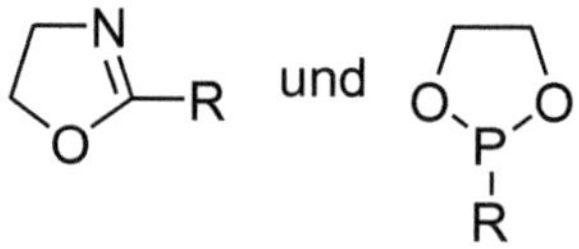

mit R=-H, $-CH_3$, -Phenyl

Ein definiertes Zwitterion mit einem daraus entstehenden Polymer könnte wie folgt aussehen:

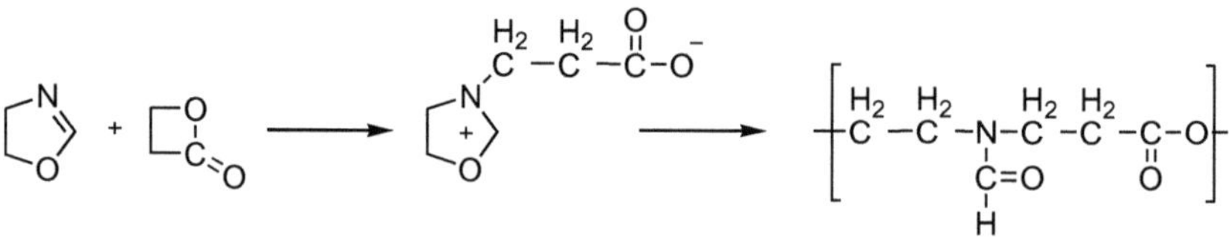

Die Polymerisation über Zwitterionen wird auch für eine ungewöhnliche Polymerisation des Acrylamids verantwortlich gemacht, wobei Iminoethergrundbausteine entstehen:

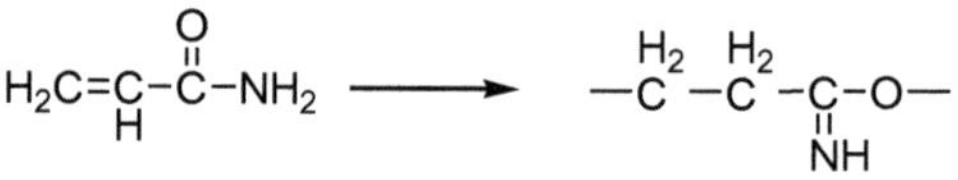

Meistens weisen alternierende Copolymere eine niedrige Ceiling-Temperatur auf.

3.1.4.4 Blockcopolymere

Blockcopolymere bestehen aus längeren Blöcken verschiedener Homopolymere, die über ihre Enden kovalent verknüpft sind. Polymere mit kürzeren Blöcken werden auch als **Segmentpolymere** bezeichnet. Die Anzahl der Blöcke ist theoretisch nicht beschränkt, praktisch aber schon, da eine bestimmte Anwendung angestrebt wird und die Herstellungsmöglichkeiten Grenzen aufweisen. Die jeweiligen Blöcke bringen ihre individuellen Eigenschaften in das Copolymer ein. Diese Eigenschaften können sehr unterschiedlich sein, z. B. hydrophil-hydrophob, plastisch-elastisch oder hart-weich. Aufgrund der Tatsache, dass aus thermodynamischen Gründen (Abschn. 5.5) Polymere in der Regel nicht miteinander mischbar sind, wird auch bei Blockcopolymeren eine Phasenseparation der chemisch unterschiedlichen Blöcke beobachtet. Da die Blöcke aber kovalent verbunden sind, entstehen bei der Phasenseparation Nanostrukturen. Die Größen der entstehenden Phasen von 10–100 nm entsprechen denen der Moleküldimensionen. Eine makroskopische Entmischung tritt nicht auf. Die Morphologie dieser Nanostrukturen wurde besonders gut für Diblockcopolymere, z. B. Polystyrol-b-Polyisopren, untersucht und hängt vom Volumenanteil der Blöcke im Blockcopolymer ab, wie in Abb. 3.7 dargestellt ist. Bei geringen Volumenanteilen des Blocks A entstehen sphärische A-Domänen in der Matrix des Blocks B (Abb. 3.7a). Mit ansteigendem Volumenanteil von A ändert sich die Struktur zu Stäbchen von A in der Matrix von B (Abb. 3.7b) bis zu einer Gyroidstruktur (Abb. 3.7c). Sind beide Blöcke etwa gleich groß, bildet sich die Lamellenstruktur (Abb. 3.7d) aus. Wenn der Block B den kleineren Volumenanteil einnimmt, sind inverse Strukturen zu beobachten.

Im Gegensatz zur Synthese statistischer Copolymere erweist es sich bei der Synthese von Blockcopolymeren als notwendig, dass lebende Polymere bzw. Kettenenden während der längeren Zeit der experimentellen Polymerisation oder Herstellung vorhanden sind. Aus diesem Grund eignen sich die lebende anionische und kationische Polymerisation, aber auch die kontrollierte radikalische Polymerisation (z. B. NMP, ATRP, RAFT), die koordinative Polymerisation und die Metathese zur Herstellung von Blockcopolymeren besonders gut. Bezüglich der Synthese von Blockcopolymeren sind drei prinzipielle Synthesestrategien zu unterscheiden.

Sukzessivmethode

Nach dem ersten Verfahren, der Sukzessivmethode, wird zuerst mittels lebender Polymerisation der erste Block hergestellt, indem bis zum vollständigen Verbrauch des ersten Monomers polymerisiert wird. Dann wird das zweite Monomer zudosiert und an dem lebenden Ende des ersten Blocks anpolymerisiert. Es ensteht so ein Diblockcopolymer. In

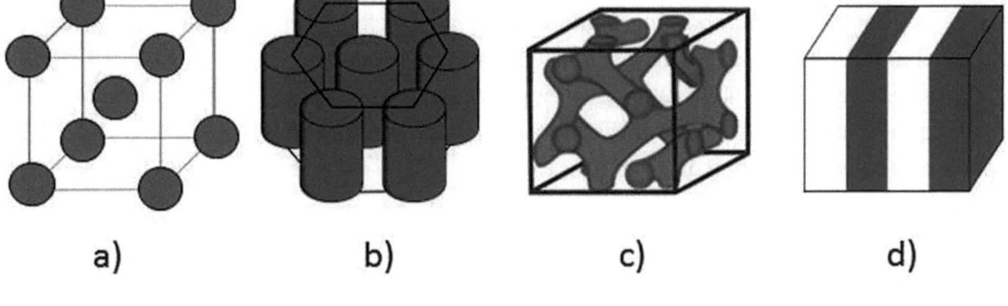

Abb. 3.7 Morphologie von A-B-Diblockcopolymeren. (Schematisch nach Bates und Frederickson 1990)

analoger Weise kann wiederum das erste oder ein drittes Monomer anpolymerisieren, was zu Triblockcopolymeren führt. Die Blocklänge wird mittels der Menge der Monomere gesteuert. Der erfolgreiche Anbau des zweiten und jedes weiteren Monomerblocks erfordert als Voraussetzung auch eine ausreichende Aktivität des aktiven Kettenendes. Für die anionische Polymerisation bedeutet dies eine genügende Nukleophilie des aktiven Kettenendes in Bezug auf das zweite Monomer. Das anionische Kettenende des Methylmethacrylatblocks startet z. B. keine Styrolpolymerisation, dagegen startet umgekehrt das Styrolanion die Methylmethacrylatpolymerisation. Eine spezielle Variante dieses Verfahrens verwendet einen difunktionellen Initiator, z. B. auf der Basis von Naphthalinnatrium. Dieser bildet mit dem ersten Monomer ein Dianion (Abschn. 3.1.2.1), dann einen Block mit zwei anionischen Kettenenden, an denen das zweite Monomer angefügt werden kann. Damit wächst das Blockcopolymer nach zwei Seiten. Es versteht sich von selbst, dass Verunreinigungen die Kettenenden desaktivieren und demzufolge absolut auszuschließen sind. Auch wenige infolge Desaktivierung „abgebrochene" Kettenenden ergeben ein Gemisch der gewünschten Blockcopolymere und der Ausgangskomponenten. Im Fall des oben angeführten Wachstums nach beiden Seiten würde durch Desaktivierung eine Seite ganz oder teilweise ausfallen, und so würden Gemische der Blockcopolymere entstehen.

Beachtenswert ist auch, dass zur Gewinnung eines „sauberen" Blockcopolymers die Monomere für die jeweiligen Blöcke vollständig polymerisiert sind. Ist dies nicht der Fall und polymerisieren Monomere des ersten Blocks noch am Anfang des zweiten Blocks, so resultieren daraus statistische Übergangsbereiche (*tapered blocks*), die meist unerwünscht sind. In einigen Fällen wird diese Methode zur Erleichterung der Synthese genutzt. Bei der Blockcopolymerisation Styrol/Ethylen/Styrol ist es möglich, nach geeigneter Zeit Ethylen in eine laufende Ziegler-Natta-Polymerisation von Styrol einzuleiten. Das Ethylen polymerisiert sehr schnell in Gegenwart von unverbrauchtem Styrol zu einem statistischen Mittelblock Ethylen/~3 mol% Styrol. Nach Beendigung des Einleitens von Ethylen polymerisiert das noch vorhandene Styrol zum dritten Block. Eine solche Variante ergibt sich als Möglichkeit bei sehr unterschiedlichen Polymerisationsgeschwindigkeiten und der Toleranz eines statistischen Mittelblocks.

Durch die Methode der lebenden Polymerisation erfährt die Blockzahl keine Einschränkung. Es konnten Blockcopolymere, mit z. B. zehn Blöcken, mittels anionischer wie auch Ziegler-Natta-Polymerisation hergestellt werden.

Eine weitere Möglichkeit ist die Synthese von Makroinitiatoren und die anschließende Blockcopolymerbildung. Makroinitiatoren können z. B. durch Derivatisierung von AIBN erhalten werden. Ein Beispiel ist das folgende AIBN-Derivat mit zwei funktionellen Säurechloridgruppen:

$$Cl-\overset{O}{\underset{}{C}}-(CH_2)_2-\underset{CN}{\overset{CH_3}{\underset{|}{C}}}-N=N-\underset{CN}{\overset{CH_3}{\underset{|}{C}}}-(CH_2)_2-\overset{O}{\underset{}{C}}-Cl$$

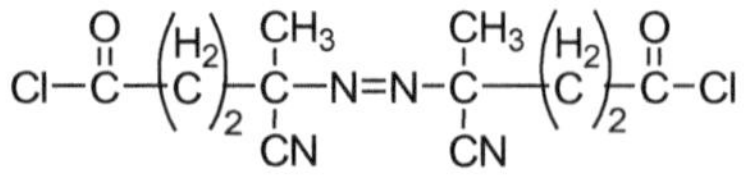

Die funktionellen Gruppen werden genutzt, um das erste Monomer anzubauen. Anschließend entsteht durch Abspaltung von Stickstoff der Makroinitiator mit einer radikalischen Kopfgruppe, an die das zweite Monomer angebaut werden kann.

Kupplungsmethode

Bei der Kupplungsmethode werden die aktiven Kettenenden mit geeigneten Verbindungen zur Reaktion gebracht. Verbindungen zur Kopplung von Blöcken sind z. B. Dihalogenide (CH_2Cl_2, $COCl_2$, $(CH_3)_2SiCl_2$). Eine Beispielreaktion ist im Folgenden für die Kopplung von lebenden Polystyrol-block-Polybutadien mit Dichlormethan dargestellt:

$$2 \text{ PS-b-PB-}H_2C-\underset{H}{C}=\underset{H}{C}-\overline{C}H_2 \overset{+}{Li} + Cl-\overset{H_2}{C}-Cl \rightarrow \text{PS-b-PB-}CH_2\text{-PB-b-PS} + 2 \text{ LiCl}$$

Bei Verwendung von Tetrahalogeniden wie z. B. $SiCl_4$ können sternförmige Blockcopolymere hergestellt werden:

$$\begin{array}{c}\text{PB-b-PS}\\|\\\text{PS-b-PB}-\text{Si}-\text{PB-b-PS}\\|\\\text{PB-b-PS}\end{array}$$

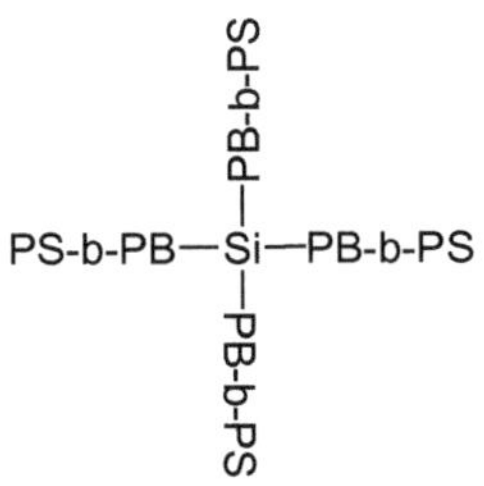

Die Kupplung von Telechelen ist eine weitere Möglichkeit zur Herstellung von Blockcopolymeren. **Telechele** sind Oligomere mit definierten reaktiven Endgruppen, die eine Verknüpfung zu Blockcopolymeren erlauben. Telechele können radikalisch, ionisch oder durch Polykondensation erhalten werden. Die Methoden der kontrollierten radikalischen Polymerisation bieten hier viele Möglichkeiten.

Die Kupplungsmethode gestattet ebenfalls, in Bezug auf ihre Polymerisationsfähigkeit völlig verschiedene Monomere in ein Blockcopolymer einzuführen. Zum Beispiel liefert die Umsetzung von lebendem Polytetrahydrofuran mit lebendem Polystyrol Blockcopolymere:

$$\text{Poly(THF)}^+ PF_6^- + \text{Poly(S)}^- Na^+ \rightarrow \text{Poly(THF)-b-Poly(S)} + NaPF_6$$

Es ist auch möglich, durch radikalische Polymerisation Polymere mit definierten funktionellen Endgruppen zu erzeugen.

Transformationsmethode

Die dritte prinzipielle Synthesestrategie für Blockcopolymere wird Transformationsmethode genannt. Das Ziel dieser Methode besteht darin, die aktive Endgruppe eines ersten Blocks so umzuwandeln, dass an diese neu gebildete aktive Endgruppe ein nur nach einem anderen Mechanismus polymerisierbares Monomer anpolymerisieren kann. Bevorzugtes Ziel dieser Methode stellt ein Mechanismuswechsel dar. Nach Möglichkeit geht man von einem anionischen Block aus, da dieser in einer gut definierten Form herstellbar ist. Die Transformation der anionischen Endgruppe in eine kationische kann folgendermaßen aussehen:

$$\sim\sim M_1^- Na^+ + Br\text{-}R\text{-}Br \longrightarrow \sim\sim M_1\text{-}R\text{-}Br + NaBr$$

$$\sim\sim M_1\text{-}R\text{-}Br + Ag^+ClO_4^- \longrightarrow \sim\sim M_1\text{-}R^+ClO_4^- + AgBr$$

$$\sim\sim M_1\text{-}R^+ClO_4^- + M_2 \longrightarrow \sim\sim M_1\text{-}R\text{-}M_2^+ClO_4^-$$

Der umgekehrte Fall, die Transformation eines kationischen in ein anionisches Kettenende, könnte über die Reaktion mit Aminen und anschließender Umsetzung der Aminoendgruppe, z. B. mit Butyllithium, erfolgen.

Anionische Endgruppen lassen sich in eine für die radikalische Polymerisation geeignete Dioxygruppe in folgender Weise umformen:

$$\sim\sim M_1^- Na^+ + X\text{-}R\text{-}\underset{\|\,O}{C}\text{-}O\text{-}O\text{-}\underset{\|\,O}{C}\text{-}R \longrightarrow \sim\sim M_1\text{-}R\text{-}\underset{\|\,O}{C}\text{-}O\text{-}O\text{-}\underset{\|\,O}{C}\text{-}R$$

$$\xrightarrow{\Delta T,\, M_2} \sim\sim M_1\text{-}R\text{-}\underset{\|\,O}{C}\text{-}O\text{—}\dot{M_2} + R\text{-}\underset{\|\,O}{C}\text{-}O\text{—}\dot{M_2}$$

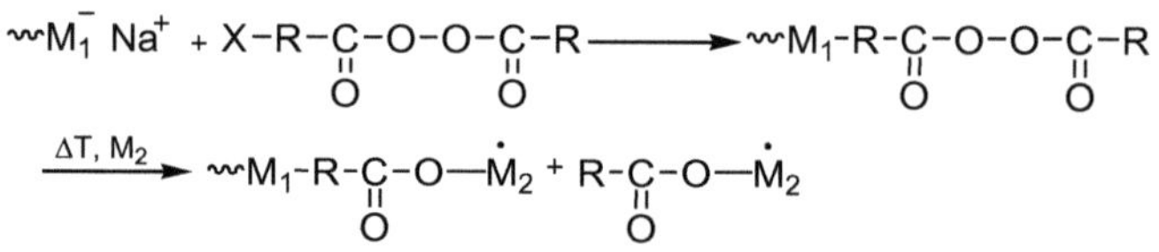

Ebenfalls besteht die Möglichkeit, an ein radikalisch hergestelltes Polymer einen anderen Block mit radikalischem Mechanismus anzufügen, z. B. durch Überführung einer Isopropylendgruppe in ein Hydroperoxid:

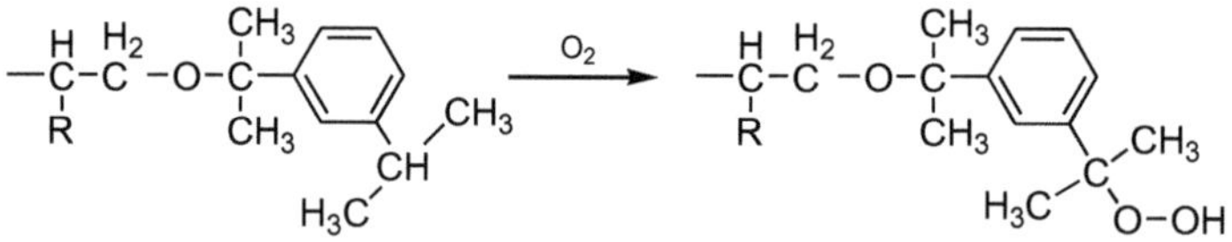

Mittels Temperaturerhöhung und Zugabe eines weiteren Monomers lässt sich über das spaltende Hydroperoxid ein neuer Block anfügen. Bei normaler radikalischer Polymerisation entstehen keine Blöcke mit einer so engen Polymerisationsgradverteilung, wie sie bei einer lebenden ionischen Polymerisation resultieren. Die Methoden der kontrollierten radikalischen Polymerisation bieten weitere Möglichkeiten zur Blockcopolymersynthese (Abschn. 3.1.1.8).

Natürlich gibt es auch Wege, um z. B. von anionischen Blöcken zu Polyadditionsverbindungen und Polykondensaten und von dort zu Peptiden zu gelangen. Abschn. 3.1.2.1 beschreibt die Reaktion anionischer Kettenenden mit Kohlendioxid sowie Ethylenoxid. Die so gebildeten Carboxy- und Hydroxygruppen stehen für das Anfügen eines Polykondensatblocks bzw. eines Blocks aus Polyadditionsverbindungen zur Verfügung.

Styrol-Butadien-Blockcopolymere

Bekanntestes und bezüglich der Produktionskapazitäten bedeutendstes Beispiel für Blockcopolymere stellen die Styrol/Butadien/Styrol-Di- und Triblockcopolymere als thermoplastische Elastomere dar. Diese Blockcopolymere werden durch anionische Polymerisation zuerst von Styrol und anschließender Dosierung von Butadien mit Lithiuminitiatoren hergestellt:

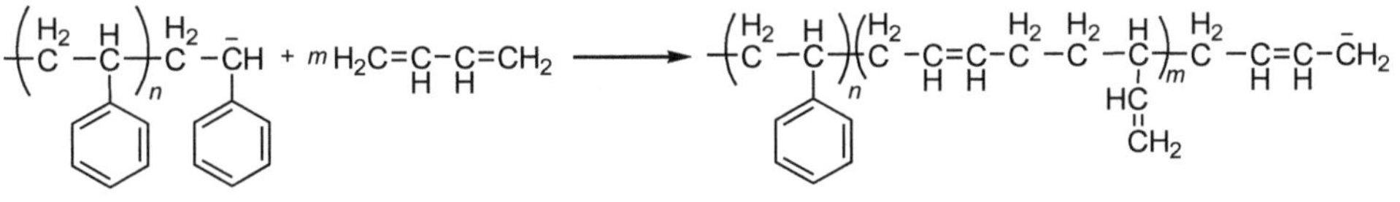

An den Butadienblock kann ein weiterer Styrolblock polymerisiert werden. Es kann auch die Kupplungsmethode eingesetzt werden, mit der zwei Diblockcopolymere zu einem Triblockcopolymer verbunden werden. Der Butadienblock besteht aus 1,4- und 1,2-Polybutadieneinheiten (Abschn. 3.1.2.1 und 3.3.1). Diese können zur Erhöhung der thermischen Beständigkeit des Blockcopolymers hydriert werden, wodurch ein gesättigter Mittelblock aus Ethen- und Butyleneinheiten entsteht. Daraus resultiert die allgemein übliche Bezeichnung der hydrierten Triblockcopolymere als SEBS-Blockcopolymer. Der EB-Mittelblock, auch Softphase genannt, bewirkt die Elastizität bei Anwendungstemperatur. Die Styrolblöcke stellen physikalische Netzknoten dar und ermöglichen die thermoplastische Verarbeitbarkeit. Die so erhaltenen thermoplastischen Elastomere benötigen keine chemische Vernetzung (Vulkanisation).

Insgesamt wird die Bedeutung der Blockcopolymerisation für Spezialpolymere weiter zunehmen, da sie es erlaubt, Eigenschaften zu kombinieren. Und nicht nur das: Blockcopolymere können so strukturiert werden, dass die entsprechenden Assoziatstrukturen leicht in Drähte, Hohlkugeln oder Röhren überführt werden können. Für Letzteres wird z. B. aus PS-PMMA-Blockcopolymerzylindern der PS-Kern durch Ozonbehandlung herausgelöst. Die so entstehende Röhre kann der elektrochemischen Abscheidung z. B. von Co dienen, und so können Nanodrähte hergestellt werden.

3.1.4.5 Pfropfcopolymere

Pfropfcopolymere (auch als Graft-Copolymere bezeichnet) bestehen aus einer polymeren Rückgratkette, auf die an gewissen Stellen dieses Rückgrats Blöcke eines anderen Monomers polymerisiert sind. Die so entstehenden Polymere weisen von der Hauptkette verschiedene Seitenzweige auf. Eine besondere Gruppe sind die hyperverzweigten Polymere. Sie sind charakterisiert durch dicht verzweigte Strukturen und reaktive Gruppen. Typisch sind baumartige Strukturen.

Pfropfcopolymere haben technische Bedeutung als Verträglichkeitsvermittler für Polymerblends. Analog zu den Blockcopolymeren neigen auch die meisten Pfropfcopolymere zur Phasenseparation. Zur Herstellung von Pfropfcopolymeren gibt es mehrere Methoden.

Makromonomermethode

Die Seitenketten der Pfropfcopolymere werden durch Makromonomere gebildet. Makromonomere enthalten an ihrem Kettenende eine polymerisationsfähige Gruppe, welche sich zur Copolymerisation mit niedermolekularen Monomeren eignet. Als ein Beispiel soll hier Polydimethylsiloxan (PDMS) mit einer Methacrylatendgruppe (a) gezeigt werden, welche mit Methylmethacrylat zur Rückgratkette copolymersiert werden kann.

Seitenketten mit definierter Kettenlänge und geringer Polydispersität können wir mit Methoden der lebenden Polymerisation herstellen. Die Kettenlänge der Rückgratkette kann ebenfalls mit Methoden der lebenden Polymerisation gesteuert werden. Dazu können auch Makroinitiatoren verwendet werden, wie z. B. PDMS mit einer 2-Bromoisobutyrat-Endgruppe (b) für die ATRP-Methode der kontrollierten radikalischen Polymerisation (Abschn. 3.1.1.8).

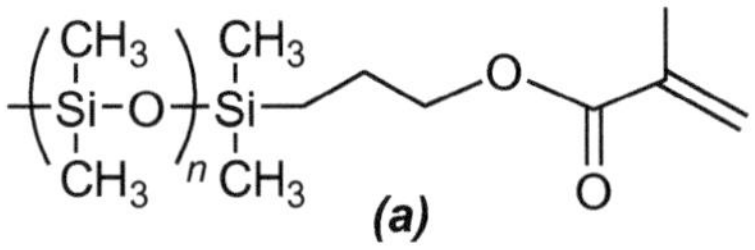
(a)

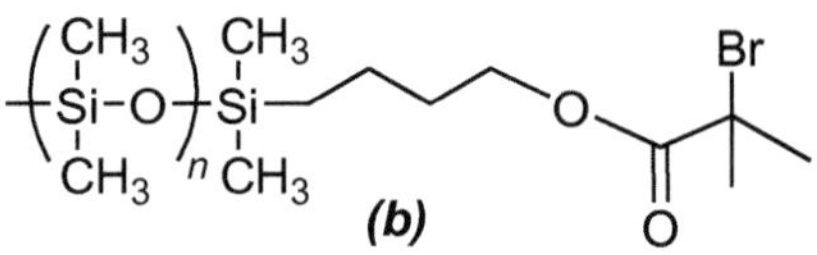
(b)

Der gezielte Abbruch einer lebenden anionischen Polymerisation kann ebenfalls zur Synthese definierter Makromonomere genutzt werden, wie im Folgenden gezeigt wird:

$$—M_1^-Na^+ + H_2C{=}\underset{H}{C}{-}\overset{O}{\overset{\|}{C}}{-}Cl \longrightarrow —M_1{-}\overset{O}{\overset{\|}{C}}{-}\underset{H}{C}{=}CH_2 + NaCl$$

Grafting-onto-Methode

Bei dieser Methode werden Rückgrat- und Seitenketten direkt miteinander verknüpft. Ein klassisches Bespiel ist die Kettenübertragung von Polystyrol zu Polybutadien. Dabei wird die radikalische Polymerisation von Styrol in Gegenwart von gelöstem Polybutadien gestartet. Durch die folgende Kettenübertragungsreaktion wird die PS-Kette abgebrochen und ein aktives Zentrum an der PB-Kette erzeugt:

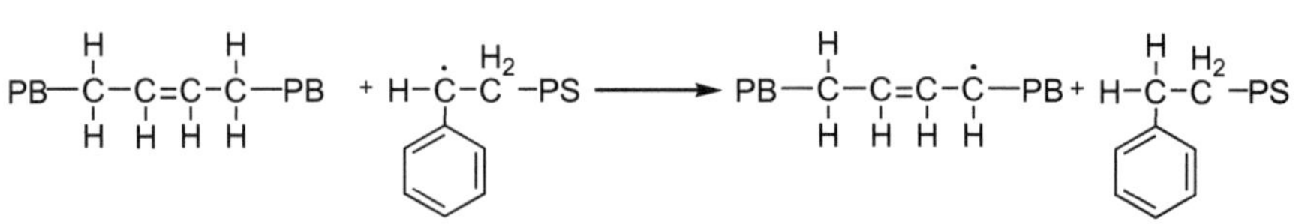

Bei einer Grafting-onto-Reaktion würde dieses mit einer zweiten aktiven PS-Kette das Pfropfcopolymer bilden:

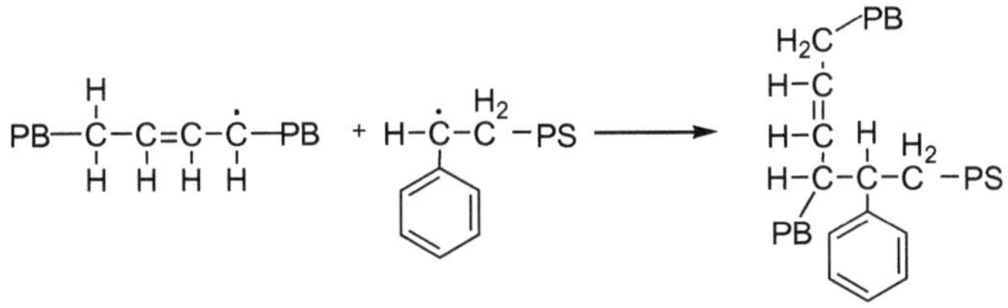

Parallel dazu ist es möglich, dass – ausgehend vom aktiven Zentrum des PB – eine Styrolpolymerisation startet. Diese Reaktion ist dann eine **Grafting-from-Reaktion**. Außerdem findet die Homopolymerisation des Styrols statt, sodass am Ende ein Polymerblend aus Pfropf- und Homopolymeren entsteht. Es ist auch zu beachten, dass für nicht mischbare Polymere, wie im obigen Beispiel, Phasenseparation auftritt und somit die Grafting-onto-Reaktion auf die Grenzfläche beschränkt bleibt.

Pfropfreaktionen werden auch zur Oberflächenmodifizierung z. B. von anorganischen oder polymeren Werkstoffen eingesetzt. Wir sprechen dann von **Grafting-to-Methoden**. Auf der Substratoberfläche werden reaktive Gruppen erzeugt, die mit den Endgruppen der Seitenkettenpolymere eine kovalente Bindung bilden können. Auf diese Weise entstehen Polymerbürsten (*brushes*) auf der Oberfläche.

Erfolgreich werden Grafting-onto-Pfropfcopolymerisationen als auch Oberflächenmodifikationen im Sinne von Grafting-to-Reaktionen mithilfe von Click-Reaktionen durchgeführt. **Click-Reaktionen** sind selektive, leistungsfähige Synthesestrategien, die unter einfachen Reaktionsbedingungen zu hohen Ausbeuten führen. Ein Beispiel ist die Modifizierung der Rückgratkette oder der zu pfropfenden Oberfläche mit Alkinen und die der Seitenketten mit Azidendgruppen und die anschließende Click-Cycloaddition:

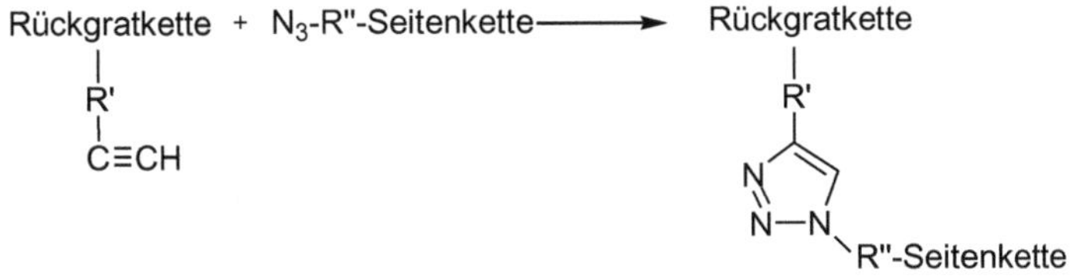

Grafting-from-Methode

Das Rückgratpolymer wird hier mit Initiatorgruppen ausgerüstet, an denen die Polymerisation des Monomers für die Ausbildung der Seitenketten gestartet werden kann. Für die Erzeugung der Initiatorgruppen gibt es verschiedene chemische Reaktionswege. Mithilfe der oben erwähnten funktionalisierten AIBN-Derivate können Monomere modifiziert werden, welche dann mit den Monomeren für die Rückgratkette copolymerisiert werden.

Die dann seitenständige Initatorgruppe kann die Pfropfreaktion des Monomers für die Seitenkette starten. Der Einbau von halogenierten Monomeren in die Rückgratkette ist eine weitere Möglichkeit für den Start von Grafting-from-Reaktionen:

$$\sim\!\!\sim\!\!\sim\!\!\sim\!\!\sim \atop {\underset{C\text{-}(Br)_3}{|}} \xrightarrow{h\nu} \sim\!\!\sim\!\!\sim\!\!\sim\!\!\sim \atop {\underset{\dot{C}\text{-}(Br)_2}{|}} \xrightarrow{M} \sim\!\!\sim\!\!\sim\!\!\sim\!\!\sim \atop {\underset{\underset{M\cdot}{|}}{\underset{C\text{-}(Br)_2}{|}}}$$

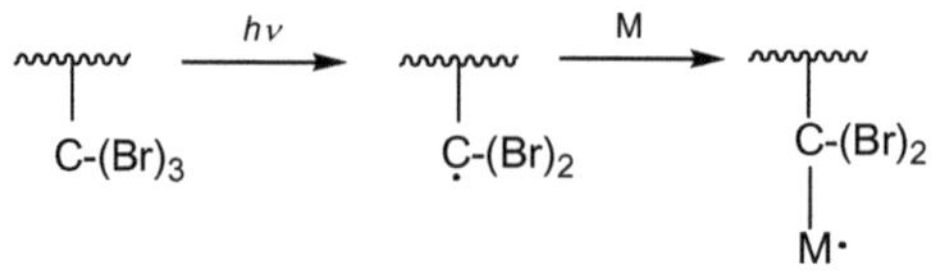

Die Erzeugung von Radikalen an der Rückgratkette durch Plasma- oder Gammastrahlung wird insbesondere für die Pfropfung zur Oberflächenmodifizierung genutzt. In Anwesenheit von Sauerstoff bilden sich Hydroperoxide, die bei ihrem Zerfall die Seitenkettenpolymerisation starten können. Die Aktivierung durch Strahlung kann auch in Anwesenheit des Monomers erfolgen, was dann allerdings auch zur Homopolymerisation führt.

Methoden der kontrollierten radikalischen Polymerisation werden erfolgreich als Grafting-from-Reaktionen eingesetzt. So können z. B. vorhandene Hydroxylgruppen am Rückgratpolymer oder auf Polymeroberflächen genutzt werden, um ATRP-Initiatorgruppen zu fixieren, wie für 2-Bromisobutyrylbromid im Folgenden gezeigt wird:

$$\sim\!\!\sim\!\!\sim \atop {\underset{\underset{OH}{|}}{\underset{R}{|}}} \;+\; Br-\overset{O}{\overset{\|}{C}}-\overset{\overset{Br}{|}}{\underset{\underset{CH_3}{|}}{C}}-CH_3 \longrightarrow \sim\!\!\sim\!\!\sim\!\!-R-O-\overset{O}{\overset{\|}{C}}-\overset{\overset{Br}{|}}{\underset{\underset{CH_3}{|}}{C}}-CH_3$$

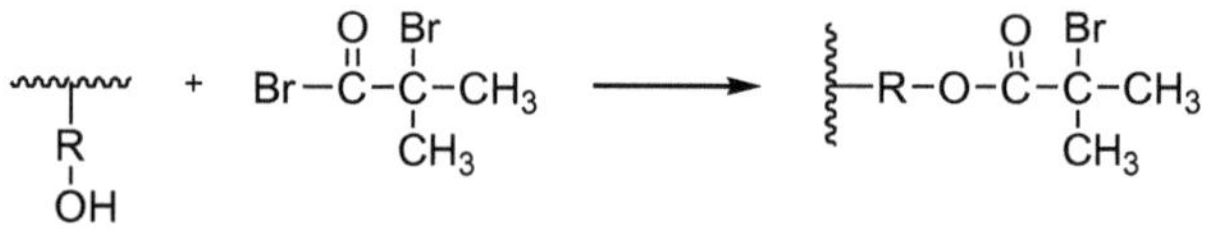

Auf diese Weise können auch anorganische Oberflächen oder Carbonnanotubes mit Initiatorgruppen ausgerüstet werden, und es können alle ATRP-geeigneten Monomere aufgepfropft werden.

High-Impact-Polystyren-(HIPS-) und Acrylnitril-Butadien-Styrol-(ABS-)Copolymere

HIPS und ABS sind die bedeutendsten industriell hergestellten Zweiphasensysteme, deren herausragende Werkstoffeigenschaften auf der Bildung von Pfropfcopolymeren beruhen. Die Herstellung erfolgt mittels Emulsions- oder Substanzpolymerisation. Das Monomer Styrol bzw. ein Gemisch aus Styrol und Acrylnitril wird in Anwesenheit von Polybutadien radikalisch polymerisiert. Dabei entstehen Pfropfcopolymere und PS-Homopolymere bzw. SAN-Copolymere. Außerdem wird PB vernetzt. Die Unmischbarkeit von PS bzw. SAN und PB führt dabei zur Phasenseparation und zur Ausbildung einer dispersen PB-Phase. Die gebildeten Pfropfcopolymere wirken als Verträglichkeitsvermittler (Abschn. 5.5). Beispiele für die sich ausbildende Phasenmorphologie sind in Abb. 3.8 abgebildet. Die Phasenmorphologie hängt vom Syntheseverfahren, von der Molmasse des PB und der Zusammensetzung der Ausgangsstoffe ab.

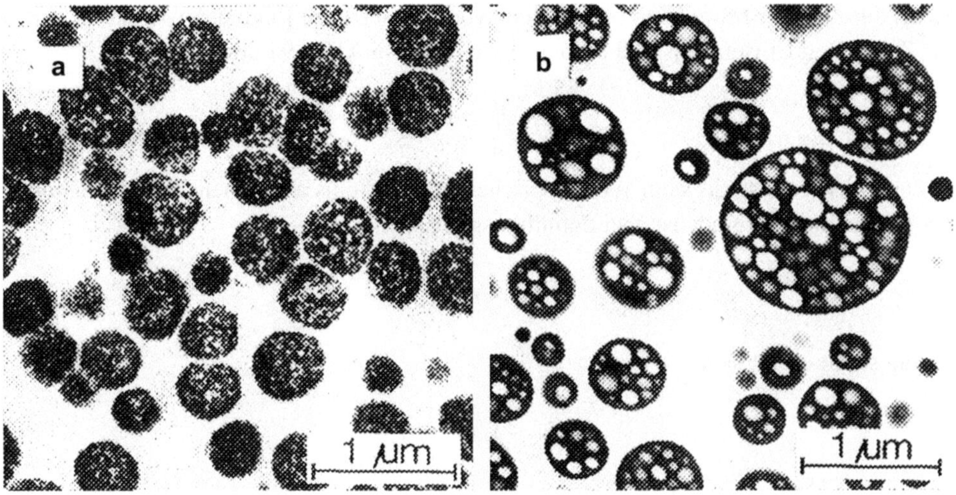

Abb. 3.8 ABS-Mischpolymerisate. **a** Emulsionspolymerisation von Styrol und Acrylnitril in Gegenwart eines vorgebildeten Polybutadienlatex, **b** Substanzpolymerisation von Styrol und Acrylnitril in Gegenwart von gelöstem Polybutadien. Kontrastierung: Elastomerphase dunkel. (Lechner et al. 2014)

Durch die elastomere PB-Phase wird die Schlagzähigkeit von PS bzw. SAN erhöht. Die PB-Domänen führen aber auch dazu, dass ABS und HIPS nicht transparent sind. Transparente schlagzähe Materialien können erhalten werden, wenn zusätzlich Methacrylat als Monomer eingesetzt wird. Die Produkte werden dann MBS bzw. MABS genannt. Die Abkürzungen stehen für Methacrylat-Butadien-Styrol bzw. Methacrylat-Acrylnitril-Butadien-Styrol.

3.2 Stufenwachstumsreaktionen

C. Kummerlöwe und M. Susoff

Vom Standpunkt der Organischen Chemie aus betrachtet sind allein von den Verbindungen mit funktionellen Gruppen eine Vielzahl von Stufenwachstumsreaktionen vorstellbar. Doch für die Herstellung von Polymeren wird ein hoher **Umsatz** verlangt. Demzufolge spielen Reaktionsumsatz und kinetische Voraussetzungen eine große Rolle. Bis zum technischen Einsatz haben sich daher nur sehr wenige Reaktionen praktisch durchgesetzt, wofür mehrere Gründe maßgebend sind.

Erforderlich ist eine einheitliche Reaktion, d. h., Nebenreaktionen dürfen gar nicht oder nur in geringem Maße vorliegen. Nebenreaktionen wären z. B. die Desaktivierung bzw. Verseifung hochaktiver funktioneller Gruppen (z. B. Säurechloridgruppen) wie auch die Ringbildung, bekannt insbesondere von der Polyamidsynthese.

Ein hoher Umsatz ist aber nicht nur an sich interessant, sondern hat auch auf den Polymerisationsgrad wesentliche Auswirkungen. Das soll im Folgenden gezeigt werden.

N_0 sei die Zahl der Monomere (Äquivalenz vorausgesetzt) zu Beginn der Reaktion und N zur Zeit t. Den Umsetzungsgrad p können wir dann mit Gl. 3.94 definieren:

$$p = (N_0 - N)/N_0 \tag{3.94}$$

Der Umsetzungsgrad kann Werte zwischen null und eins annehmen. Das Zahlenmittel des Polymerisationsgrads ist aber definitionsgemäß

$$P_n = N_0/N, \tag{3.95}$$

und somit ergibt sich

$$P_n = 1/(1-p) \tag{3.96}$$

als Zusammenhang zwischen p und P_n (Tab. 3.15). Die Tabelle zeigt, dass der Polymerisationsgrad P_n in Übereinstimmung mit der Definition der Stufenreaktion mit dem Umsatz ansteigt und bei 100 % Umsatz $P_n = \infty$ erreichbar sein sollte. Dies setzt allerdings voraus, dass das niedermolekulare Abspaltungsprodukt bei Polykondensationen 100 %ig entfernt wird, was aber nur theoretisch möglich ist.

Diese Tabelle bestätigt und erläutert auch den Verlauf der Kurve c für Stufenwachstumsreaktionen in Abb. 3.1. Darüber hinaus ist der Verlauf der Tabellenwerte und der obigen Kurve durch das Spezifikum der Stufenwachstumsreaktionen, dass auch Oligomere und Präpolymere miteinander zu Polymeren reagieren können, erklärbar.

Wie bereits aus den Formeln (c) und (d) zu Beginn von Kap. 3 hervorgeht, können wir zwei Monomertypen zur Gewinnung von Stufenwachstumspolymeren unterscheiden. Entweder können die verschiedenen funktionellen Gruppen an einem Molekül A–B oder an zwei Molekülen A–A, B–B variiert sein. Daraus ergeben sich folgende Polymerbildungsreaktionen:

$$n\,A\text{—}B \longrightarrow {+\!\!\!\!\;[\text{A}\text{—}\text{B}]\!\!\!\;}_n$$

$$n\,A\text{—}A + n\,B\text{—}B \longrightarrow {+\!\!\!\!\;[\text{A}\text{—}\text{A}\text{—}\text{B}\text{—}\text{B}]\!\!\!\;}_n$$

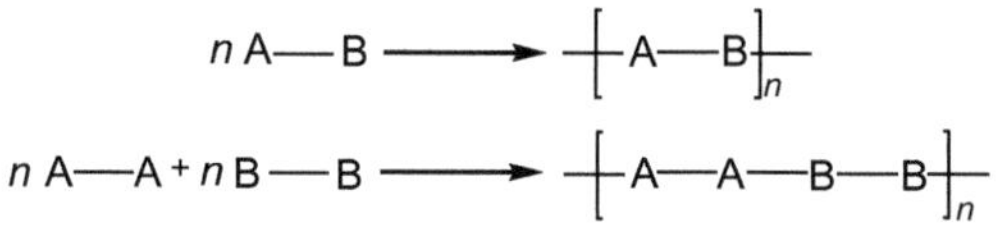

Tab. 3.15 Zusammenhang zwischen Umsatz, Umsetzungs- und Polymerisationsgrad bei der Stufenwachswachstumsreaktion

Umsatz (U) in %	Umsetzungsgrad p	Polymerisationsgrad P_n
50	0,50	2
90	0,90	10
99	0,99	100
99,9	0,999	1000
100	1	∞

Als Beispiel für die erste Variante soll die Synthese von Polyamiden aus Aminocarbonsäuren genannt werden. Die Polyamidsynthese aus Diaminen und Dicarbonsäuren ist ein Beispiel für den zweiten Reaktionsweg.

Zu den kinetischen Voraussetzungen gehört eine hohe Reaktionsgeschwindigkeit. Sie lässt sich durch Einsatz energiereicher Verbindungen und Verwendung von Katalysatoren erreichen. Wenn bezüglich der Konzentration der jeweils reagierenden funktionellen Gruppen bzw. Monomere eine Reaktion erster Ordnung vorliegt, folgt

$$-\mathrm{d}[\mathrm{A}]/\mathrm{d}t = k \cdot [\mathrm{A}] \cdot [\mathrm{B}]. \tag{3.97}$$

Bei exakter Äquivalenz sind [A] und [B] gleich, und so erhalten wir Gl. 3.98:

$$-\mathrm{d}[\mathrm{A}]/\mathrm{d}t = k \cdot [\mathrm{A}]^2 \tag{3.98}$$

Durch Integration ergibt sich:

$$1/[\mathrm{A}] - 1/[\mathrm{A}_0] = k \cdot t \tag{3.99}$$

Die temperaturabhängigen Geschwindigkeitskonstanten k sind von Reaktion zu Reaktion unterschiedlich und können im Bereich von 0,3 bis 100.000 liegen. Von der Geschwindigkeitskonstante hängt auch der Polymerisationsgrad ab. Bei

$$P_n = [\mathrm{A}_0]/[\mathrm{A}] \tag{3.100}$$

und Akzeptanz, dass

$$[\mathrm{A}] = [\mathrm{A}_0] \cdot (1-p) \tag{3.101}$$

ist, ergibt sich

$$\frac{1}{[\mathrm{A}_0] \cdot (1-p)} - \frac{1}{[\mathrm{A}_0]} = k \cdot t. \tag{3.102}$$

Mit Gl. 3.96 ergibt sich

$$\frac{P_n}{[\mathrm{A}_0]} - \frac{1}{[\mathrm{A}_0]} = k \cdot t, \tag{3.103}$$

und demzufolge ist

$$P_n = [\mathrm{A}_0] \cdot k \cdot t + 1. \tag{3.104}$$

P_n kann also aus der Anfangskonzentration und der Zeit vorausberechnet werden, wenn die Geschwindigkeitskonstante bekannt ist.

Die Berechnung der Molmassenverteilung bei Stufenwachstumsreaktionen erfolgt in gleicher Weise wie bei der radikalischen Polymerisation mit Kettenabbruch durch Disproportionierung. Im Gegensatz zur radikalischen Polymerisation können Grundeinheiten Monomere, Oligomere oder Präpolymere mit mindestens zwei funktionellen Gruppen sein. Die Wahrscheinlichkeit, dass eine Grundeinheit mit zwei funktionellen Gruppen in Stufenwachstumsreaktionen $(P - 1)$ mal mit weiteren bifunktionellen Grundeinheiten reagiert, ist α^{P-1}. Die Wahrscheinlichkeit des Reaktionsabbruchs ist dann gleich $(1 - \alpha)$ und die Wahrscheinlichkeit für das Auftreten von Polymeren mit P Grundeinheiten gleich $\alpha^{P-1} \cdot (1 - \alpha)$. Für lineare Polymere ist diese Wahrscheinlichkeit gleich dem Molenbruch des Polymers. Die häufigkeitsgewichtete Polymerisationsgradverteilung $x(P)$ und die massengewichtete Polymerisationsgradverteilung $w(P)$ sind daher exakt die gleichen wie bei der radikalischen Polymerisation mit Disproportionierungsabbruch:

$$x(P) = N(P)/N = (1-\alpha) \cdot \alpha^{P-1} = (1/P_n) \cdot (1 - 1/P_n)^{P-1} \approx (1/P_n) \cdot \exp(-P/P_n) \quad (3.105)$$

$$w(P) = m(P)/m = (1-\alpha)^2 \cdot P \cdot \alpha^{P-1} = (1/P_n)^2 \cdot P \cdot (1 - 1/P_n)^{P-1} \approx (1/P_n)^2 \cdot P \cdot \exp(-P/P_n) \quad (3.106)$$

Die angegebenen Gleichungen ergeben für die Uneinheitlichkeit

$$U = (P_w/P_n) - 1 \quad (3.107)$$

bei idealen Bedingungen und vollständigem Umsatz den Wert $U = 1{,}0$ (Abschn. 3.1.1.6).

Vorstehende Ausführungen beziehen sich auf die Äquivalenz der funktionellen Gruppen, wie sie beim Monomertyp A–B vorliegt.

Beim Monomertyp A–A, B–B ergibt sich auch die Möglichkeit der Nichtäquivalenz der Reaktionsteilnehmer. Bezeichnen wir die Anzahl der Monomere N_A und N_B zu Beginn mit dem Index 0 und definiert das stöchiometrische Verhältnis zu $r = N_A^0/N_B^0$, wobei $r < 1$ sein soll, so folgt für die nicht umgesetzten Gruppen:

$$N_A = (1-p) \cdot N_A^0 \quad \text{und} \quad N_B = (1 - p \cdot r) \cdot N_B^0 = (1 - p \cdot r) \cdot \frac{N_A^0}{r} \quad (3.108)$$

Daraus ergibt sich

$$N = (1/2) \cdot (N_A + N_B), \quad (3.109)$$

d. h.

$$N = (1/2) \cdot \left[(1-p) \cdot N_A^0 + (1 - p \cdot r) \cdot \frac{N_A^0}{r} \right] \quad \text{bzw.} \quad N = \left(N_A^0/2\right) \cdot \left(1 + \frac{1}{r} - 2 \cdot p\right). \tag{3.110}$$

Beim Betrachten der Gesamtzahl aller reagierten Einheiten N_r ist

$$N_r = (1/2) \cdot \left(N_A^0 + N_B^0\right), \tag{3.111}$$

bzw. bei Ersatz von N_B^0 folgt

$$N_r = (1/2) \cdot \left(N_A^0 + \frac{N_A^0}{r}\right) = \frac{N_A^0}{2} \cdot \left(r + \frac{1}{r}\right). \tag{3.112}$$

Für P_n erhalten wir dann

$$P_n = \frac{N_r}{N} = \frac{\left(N_A^0/2\right) \cdot (r + 1/r)}{\left(N_A^0/2\right) \cdot (1 + 1/r - 2 \cdot p)} \quad \text{bzw.} \quad P_n = \frac{1 + r}{r + 1 - 2 \cdot r \cdot p}. \tag{3.113}$$

Auf diese Weise gelingt es, auch bei stöchiometrischen Ungleichgewichten den Polymerisationsgrad vorauszubestimmen.

Vorstehende Ausführungen verstanden sich nur als Polyreaktion von bifunktionellen Verbindungen. Die Definition der Stufenwachstumsreaktion umfasst aber auch die Reaktion mehr als bifunktioneller Monomere unter sich und im Gemisch mit anderen. Dabei bilden sich verzweigte Makromoleküle oder auch ein Netzwerk. Bei Ausbildung eines Netzwerks wird Gelbildung beobachtet. Der Eintritt dieses „Gelpunkts" ist streng reproduzierbar. Hier haben sich die ersten unendlich großen Makromoleküle gebildet. Oberhalb dieses Punkts ist eine Betrachtung des Polymerisationsgrads nicht sinnvoll. Wenn f die Anzahl der funktionellen Gruppen pro Monomermolekül angibt, so folgt für den Umsetzungsgrad unterhalb des Gelpunkts:

$$p = (2 \cdot N_0 - 2 \cdot N)/(f \cdot N_0) \tag{3.114}$$

Zu den Stufenwachstumsreaktionen zählen die **Polykondensation**, dargestellt am Beispiel des Polyamid 6.6 (a), und die **Polyaddition**, am Beispiel des Polyurethans erläutert (b):

$$H_2N\!\!-\!\!\left(\!C\!\!-\!\!\overset{H_2}{}\!\right)_{\!6}\!\!-\!\!NH_2 \;+\; HO\!-\!\overset{O}{\underset{\|}{C}}\!\!-\!\!\left(\!C\!\!-\!\!\overset{H_2}{}\!\right)_{\!4}\!\!-\!\!\overset{O}{\underset{\|}{C}}\!-\!OH \;\longrightarrow\; \left[\!-\!\!\overset{H}{\underset{|}{N}}\!\!-\!\!\left(\!C\!\!-\!\!\overset{H_2}{}\!\right)_{\!6}\!\!-\!\!\overset{H}{\underset{|}{N}}\!-\!\overset{O}{\underset{\|}{C}}\!\!-\!\!\left(\!C\!\!-\!\!\overset{H_2}{}\!\right)_{\!4}\!\!-\!\!O\!-\!\right] \;+\; H_2O \quad \textbf{(a)}$$

$$O\!=\!C\!=\!N\!\!-\!\!\left(\!C\!\!-\!\!\overset{H_2}{}\!\right)_{\!6}\!\!-\!\!N\!=\!C\!=\!O \;+\; HO\!-\!\!\left(\!C\!\!-\!\!\overset{H_2}{}\!\right)_{\!4}\!\!-\!\!OH \;\longrightarrow\; \left[\!-\!\!\overset{O}{\underset{\|}{C}}\!-\!\!\overset{H}{\underset{|}{N}}\!\!-\!\!\left(\!C\!\!-\!\!\overset{H_2}{}\!\right)_{\!6}\!\!-\!\!\overset{H}{\underset{|}{N}}\!-\!\overset{O}{\underset{\|}{C}}\!-\!O\!\!-\!\!\left(\!C\!\!-\!\!\overset{H_2}{}\!\right)_{\!4}\!\!-\!\!O\!-\!\right] \quad \textbf{(b)}$$

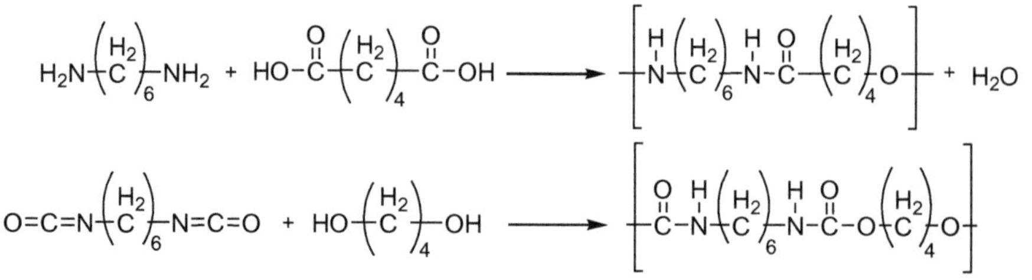

Das Gemeinsame beider Mechanismen besteht darin, dass bei beiden mittels einer Polyreaktion aus bi- oder multifunktionellen Monomeren oder Oligomeren Makromoleküle gebildet werden. Der Unterschied zwischen beiden besteht darin, dass bei der Polykondensation durch Eliminierung niedermolekulare Produkte frei werden, bei der Polyaddition nicht. Insgesamt sind viele Gemeinsamkeiten zwischen den beiden Mechanismen vorhanden. Es wird hier zuerst die Polykondensation und dann die Polyaddition behandelt.

3.2.1 Polykondensation

Für Polykondensationen spielt das Gleichgewicht eine wesentliche Rolle. Ausgedrückt am Beispiel der Polyestersynthese ergibt sich folgende Formulierung für die **Gleichgewichtskonstante**:

$$K = \frac{[\text{Ester}] \cdot [\text{H}_2\text{O}]}{[\text{COOH}] \cdot [\text{OH}]} \quad (3.115)$$

Wenn wir Äquivalenz der Edukte voraussetzen, wird die Gleichgewichtslage nur durch die Wasserkonzentration beeinflussbar sein. Gleichgewichtsverschiebung im Sinne einer Umsatzerhöhung wird in der Praxis mittels Entfernung des Wassers in obigem System bzw. allgemein bei Polykondensationen durch Entfernung der abgespaltenen niedermolekularen Verbindung realisiert. Dazu können Verfahren wie Abdestillieren aus der Schmelze, Azeotropdestillation oder Neutralisation eingesetzt werden.

Sehr hohe Polymerisationsgrade sind aber auch nicht wünschenswert, da z. B. die Schmelzviskosität bei der Synthese oder der Verarbeitung unnötig hoch liegt, aber die mechanischen Eigenschaften, wie Festigkeit der Fasern, ab einem bestimmten Polymerisationsgrad nicht mehr zunehmen. Aus diesem Grund wird ein optimaler Polymerisationsgrad angestrebt. Bei Polyamiden und Polyestern liegt er in der Größenordnung von 200. Erreicht wird die Begrenzung des Polymerisationsgrads durch Zusatz einer monofunktionellen Verbindung (N_M) und damit Störung der Stöchiometrie der Äquivalenz der bifunktionellen Edukte.

Quantitativ lässt sich P_n dann folgendermaßen berechnen:

$$P_n = (N_0 + N_M)/(N_0 \cdot (1-p) + N_M) \tag{3.116}$$

Und bei $p = 1$ resultiert:

$$P_n = (N_0 + N_M)/(N_M) \tag{3.117}$$

Aus den Formeln geht auch hervor, dass der Umsatz durch die monofunktionelle Verbindung im Sinne einer Reduzierung beeinflusst wird. Das Ausbalancieren beider Größen p und P_n durch Entfernung des niedermolekularen Abspaltungsprodukts und Verwendung des monofunktionellen Zusatzes wird in der Technik genutzt. Ein weiterer wichtiger Punkt bei der Polykondensation sind **Kettenaustauschreaktionen** zwischen den Segmenten der Polymerketten:

$$P_1-\overset{H}{N}-\overset{\overset{O}{\|}}{C}-P_2 \; + \; P_3-\overset{H}{N}-\overset{\overset{O}{\|}}{C}-P_4 \; \rightleftharpoons \; P_1-\overset{H}{N}-\overset{\overset{O}{\|}}{C}-P_3 \; + \; P_2-\overset{H}{N}-\overset{\overset{O}{\|}}{C}-P_4$$

Bei diesen Austauschgewichten ändert sich die Molekülzahl nicht, aber die Polymerisationsgradverteilung strebt eine Normalverteilung nach Flory und Schulz (Abschn. 2.1) mit der Uneinheitlichkeit eins an. Wegen dieser Austauschgleichgewichte sind aus den meisten Polykondensaten keine Blockcopolymere herstellbar.

Im Vordergrund der bisherigen Ausführungen standen Umsatz und Polymerisationsgrad; jetzt soll die Geschwindigkeit der Reaktion betrachtet werden. Die Äquivalenz der funktionellen Gruppen der beiden zur Reaktion eingesetzten bifunktionellen Verbindungen M und des Katalysators K vorausgesetzt, ergibt sich:

$$-d[M]/dt = k \cdot [K] \cdot [M]^2 \tag{3.118}$$

In Anwesenheit eines Katalysators mit gleichen funktionellen Gruppen können diese Gruppen die katalytische Wirkung übernehmen, wodurch die Gleichung in folgende Form übergeht:

$$-d[M]/dt = k \cdot [M]^3 \tag{3.119}$$

Die genannten kinetischen Betrachtungen wurden vorwiegend für die technische Polymerisation der Polyamide und Polyester abgeleitet. Bei diesen Polykondensationen handelt es sich um Substanzpolymerisationen (Abschn. 3.6.2), nur in besonderen Fällen um Interphasenpolykondensationen (Abschn. 3.6.7). Die Synthese vieler Polykondensate verlangt aber die Vermeidung hoher Temperaturen; daher sollen hier zwei weitere geeignete Methoden der Synthese angeführt werden.

Die phasentransferkatalysierte Polykondensation wird angewandt zur Synthese von Polyethern, Polycarbonaten und deren Thioanaloga, Polyestern, Polysulfonaten, Polyphosphaten und weiteren. Das Reaktionssystem besteht aus zwei nicht mischbaren Phasen, von denen eine meist Wasser ist. In der wässrigen Phase befindet sich das ionogene, in der organischen Phase das wasserunlösliche Reagens. Der Unterschied zur Interphasenpolykondensation besteht darin, dass mittels katalytischer Mengen eines lipophilen Transferagens, wie quartärer Oniumsalze, Kronenethern oder Kryptanden, der Transport des ionischen Agens in das organische Medium stattfindet und somit die Polykondensation. Phasentransferkatalysierte Reaktionen erfordern keine wasserfreien Lösemittel, verlaufen schnell, und als besonderer Vorteil sei das Ablaufen bei tiefen Temperaturen genannt. Auch bei nichtstöchiometrischem Einsatz der Ausgangsprodukte können hohe Molmassen und eine niedrige Polydispersität der Polymere erreicht werden.

Nach der Methode der aktivierten Polykondensation können Polyamide, Polyester und Polyharnstoffe unter milden Bedingungen mithilfe von Agenzien, die die Kondensation durchführen, synthetisiert werden. Diese Agenzien leiten sich von Phosphor- und Schwefelverbindungen ab. Das typischste kondensierend wirkende Agens stellt Polyphosphorsäure dar. Sie reagiert mit Carbonsäuren zu einem Acylphosphat, welches mit Aminen zu Amidbindungen abreagiert:

$$R_1-\overset{O}{\underset{}{C}}-OH + -\overset{O}{\underset{OH}{P}}-O-\overset{O}{\underset{OH}{P}}- \longrightarrow R_1-\overset{O}{\underset{}{C}}-O-\overset{O}{\underset{OH}{P}}- + HO-\overset{O}{\underset{OH}{P}}-$$

$$R_1-\overset{O}{\underset{}{C}}-O-\overset{O}{\underset{OH}{P}}- + R_2-NH_2 \longrightarrow R_1-\overset{O}{\underset{}{C}}-\overset{H}{\underset{}{N}}-R_2 + HO-\overset{O}{\underset{OH}{P}}-$$

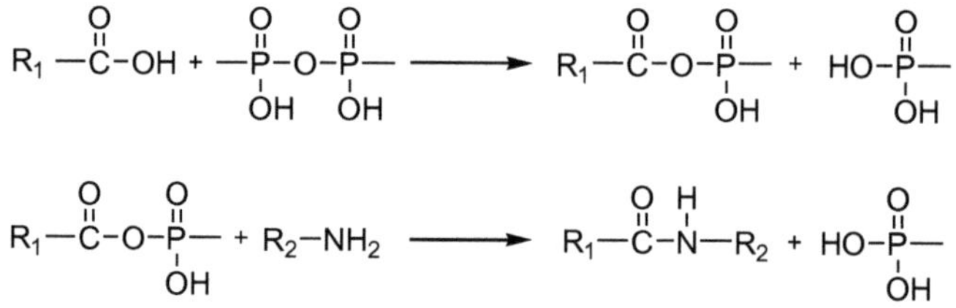

Analog reagieren Polyphosphorsäureester sowie Mischungen aus Phosphorpentoxid und Methansulfonsäure. Esterbindungen werden erhalten, wenn in der Abreaktion Alkohole eingesetzt werden. Ähnlich wie Polyphosphorsäure reagieren auch Pyridin-N-phosphoniumsalze. Bei obigen Synthesen fällt die Ähnlichkeit zur Biochemie ins Auge, z. B. ATP. Aber auch Peptidsynthesen werden mittels aktivierter Kondensation durchgeführt. Als schwefelanaloge Verbindung zur Durchführung einer aktivierten Polykondensation erweist sich das Pyridin-N-sulfiniumsalz.

3.2.1.1 Polyamidsynthesen

Eine wichtige Gruppe der Polykondensationen stellen die Polyamidbildungsreaktionen dar. Die Polyamide zeichnen sich durch die Amidgruppierung

$$-\overset{H}{\underset{}{N}}-\overset{O}{\underset{}{C}}-$$

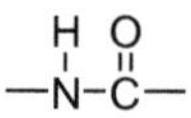

aus, die Wasserstoffbrücken ausbildet, welche für die Festigkeitseigenschaften der Polyamide von großer Bedeutung sind. Grundsätzlich sind sehr viele Polyamide vorstellbar, wenn wir davon ausgehen, dass eine breite Palette von Dicarbonsäuren und Diaminen, Aminosäuren und Lactamen zur Verfügung steht, aus denen sich durch Polykondensation ein Polyamid bilden kann. Praktisch besteht aber die Bedingung, dass die Bildung von Makromolekülen mit Polymerisationsgraden > 100 möglich sein muss, um die geforderten Produkteigenschaften zu erreichen. Daher haben sich nur wenige Vertreter der obigen drei Stoffklassen zur Herstellung von Polyamiden durchgesetzt.

Polyamide aus α,ω -Dicarbonsäuren bzw. deren Derivate und α,ω-Diaminen

Sie werden nach folgender Grundgleichung synthetisiert:

$$n\ \mathrm{HO{-}\overset{\overset{O}{\|}}{C}{-}R{-}\overset{\overset{O}{\|}}{C}{-}OH} + n\mathrm{H_2N{-}R'{-}NH_2} \longrightarrow \mathrm{HO}\left[\mathrm{\overset{\overset{O}{\|}}{C}{-}R{-}\overset{\overset{O}{\|}}{C}{-}\overset{\overset{H}{|}}{N}{-}R'{-}\overset{\overset{H}{|}}{N}}\right]_n\mathrm{H} + (n\text{-}1)\,\mathrm{H_2O}$$

Für diese Polyamide setzte sich eine geeignete Nomenklatur durch, bei der die Zahl der C-Atome des Diamins gefolgt von der Zahl der C-Atome der Dicarbonsäure angegeben wird.

Wichtigstes Produkt dieser Reihe stellt das Polyamid 6.6 (PA6.6) aus Adipinsäure und Hexamethylendiamin mit einer Schmelztemperatur von $T_m = 264$ °C dar, welches insbesondere auf dem Sektor Fasern für Bekleidung Anwendung findet.

Technische Bedeutung haben weiterhin das PA6.10 aus Hexamethylendiamin und Sebacinsäure, $T_m = 222$ °C, und das PA6.12 aus Hexamethylendiamin und Dodecandicarbonsäure, $T_m = 209$ °C. Die letzten beiden weisen wegen ihrer längeren aliphatischen Kettensegmente eine geringere Fähigkeit zur Feuchtigkeitsaufnahme auf und werden für Spritzgussmassen verwendet.

Die technische Herstellung von PA6.6 erfolgt mittels **Schmelzpolykondensation** (Abschn. 3.6.2). Hierfür wird zuerst äquimolar aus wässriger Adipinsäurelösung und Hexamethylendiamin das sog. AH-Salz hergestellt, welches im Autoklaven unter Entzug von Wasser bei 270–280 °C bis zum vollständigen Umsatz polymerisiert. Die Einstellung des gewünschten Polymerisationsgrads geschieht durch Molmassenregulierung mittels einer monofunktionellen Carbonsäure, z. B. Essigsäure, wobei gleichzeitig die empfindliche Aminoendgruppe geschützt wird.

Eine wesentliche Erhöhung der Schmelztemperaturen der Polymere erhält man durch Einbau aromatischer Einheiten. Terephthalsäure und Hexamethylendiamin geben ein Polyamid mit einer Schmelztemperatur von 370 °C, und Isophthalsäure mit *m*-Phenylendiamin ergibt ein Polymer mit 375 °C Schmelztemperatur. Die technische Herstellung dieser hochschmelzenden Polyamide kann allerdings nicht mehr durch die Schmelzpolykondensation erfolgen, sondern dafür wird die **Interphasenpolykondensation** (Grenzflächenpolykondensation) (Abschn. 3.6.7) eingesetzt. Eine ganze Reihe aromatischer Polyamide mit unterschiedlichen Diaminen wurde beschrieben.

Erwähnt werden soll auch das Poly(*p*-phenylenterephthalamid) (Abschn. 3.2.1.3), das aus Schwefelsäure zu Fasern versponnen wird. Bei dem Spinnvorgang wird die flüssigkristalline Struktur eingefroren. Auf diese Weise können Fasern erhalten werden, deren Zersetzungstemperatur bei 460 °C liegt und die sich durch sehr hohe Festigkeiten auszeichnen.

Polyamide aus Lactamen
Lactame oder Aminocarbonsäuren ergeben nach folgenden Synthesegleichungen gleiche Polyamide:

$$HN\text{---}C(=O)(CH_2)_n \longrightarrow \left[-N(H)-(CH_2)_n-C(=O)- \right]$$

$$H_2N-(CH_2)_n-C(=O)-OH \longrightarrow \left[-N(H)-(CH_2)_n-C(=O)- \right] + H_2O$$

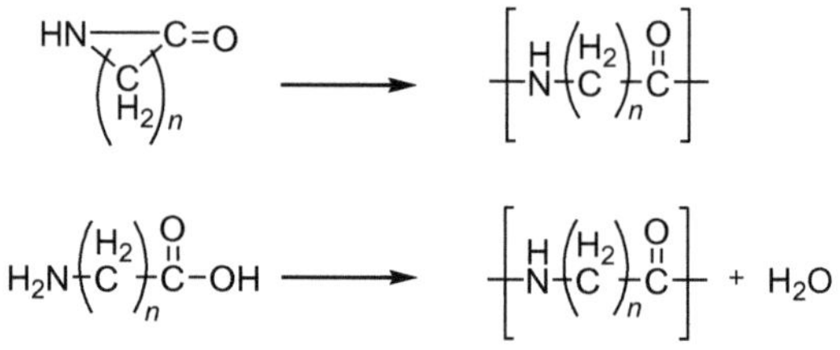

Für die technische Synthese werden bis auf einige Ausnahmen Lactame verwendet. Dafür gibt es mehrere Gründe. Der wichtigste ist der, dass Lactame gegenüber Aminocarbonsäuren leichter zu reinigen sind, z. B. durch Destillation. Dieser Aspekt ist deswegen von besonderer Bedeutung, weil monofunktionelle Verunreinigungen den Polymerisationsgrad zu tief absenken können.

Die Polyamide aus Lactamen enthalten in ihrem Namen die Zahl der C-Atome des Lactams. Wichtige Polyamide dieser Reihe sind Polyamid 6 (PA6) ($T_m = 223$ °C) aus Caprolactam, PA7 ($T_m = 225$ °C) aus Önanthsäurelactam, PA11 ($T_m = 190$ °C) aus 11-Aminoundecansäure und PA12 ($T_m = 179$ °C) aus Lauryllactam.

Lactame können nach drei Mechanismen polymerisiert werden.

Hydrolytische Polymerisation Hier wird durch Zusatz einer geringen Menge Wasser zuerst etwas Lactam zur ω-Aminocarbonsäure hydrolysiert, die dann polykondensiert, wobei das Kondensationswasser wieder in die Hydrolyse eingeht:

$$HN\text{---}C(=O)(CH_2)_n + H_2O \longrightarrow H_2N-(CH_2)_n-C(=O)-OH \longrightarrow \left[-N(H)-(CH_2)_n-C(=O)- \right] + H_2O$$

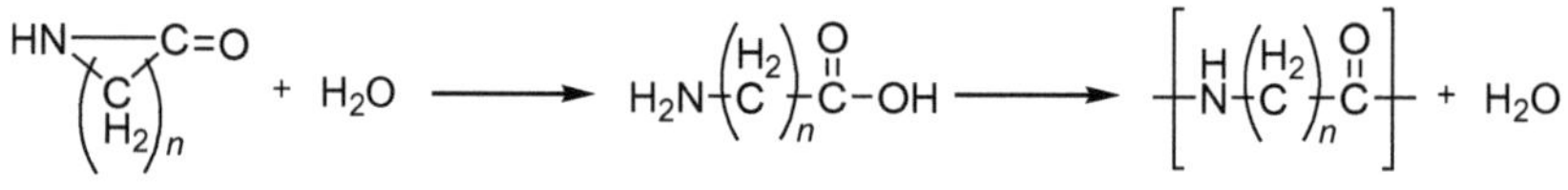

Demzufolge liegt also eine echte Polykondensation vor. Die Gesamtpolymerisation läuft aber schneller ab, als dies einer Polykondensation entspricht. Daher wurde eine Addition des Caprolactams an die Aminogruppe unter katalytischer Wirkung von Carboxygruppen als weitere Parallelreaktion angenommen und auch nachgewiesen:

$$HN\text{---}C(=O)(CH_2)_n + H\left[-N(H)-(CH_2)_n-C(=O)-\right]_x OH \longrightarrow H\left[-N(H)-(CH_2)_n-C(=O)-\right]_{x+1} OH$$

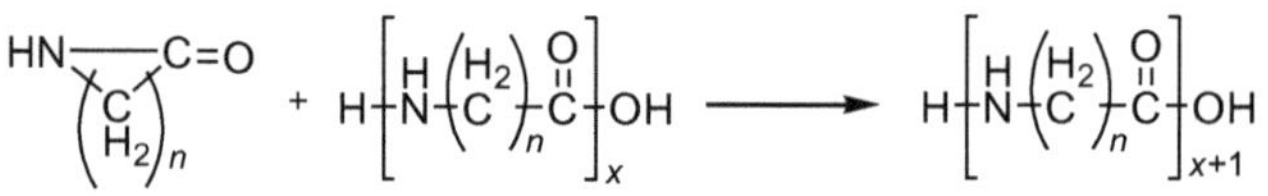

Durch hydrolytische Polymerisation lassen sich alle Lactame mit einer Ringgröße von mehr als sieben Gliedern polymerisieren, auch in der Technik. Eine Ausnahme bildet die 11-Aminoundecansäure, da diese als Aminosäure ökonomischer synthetisierbar ist.

Die technische Realisierung der hydrolytischen Polymerisation kann im Autoklaven oder im Strömungsrohr (VK-Rohr = vereinfacht kontinuierlich) erfolgen (Abschn. 3.6.2). Zu diesem Zweck wird das Lactam mit ca. 5 % Wasser und z. B. Essigsäure zur Molmassenregulierung versetzt.

Anionische Polymerisation Bei der anionischen Polymerisation wird zuerst separat oder in situ eine kleine Menge des Lactamanions mittels Natronlauge, Natriummethylat, Grignard- oder aluminiumorganischer Verbindungen gebildet. Dieses Lactamanion reagiert mit weiterem Lactam zu einem entsprechenden Diacylimid:

$$O=C\underset{(CH_2)_n}{\overset{}{\diagdown}}\bar{N} \quad + \quad O=C\underset{(CH_2)_n}{\overset{}{\diagdown}}NH \quad \longrightarrow \quad O=C\underset{(CH_2)_n}{\overset{}{\diagdown}}N-\overset{O}{\overset{\|}{C}}(CH_2)_n\bar{N}H$$

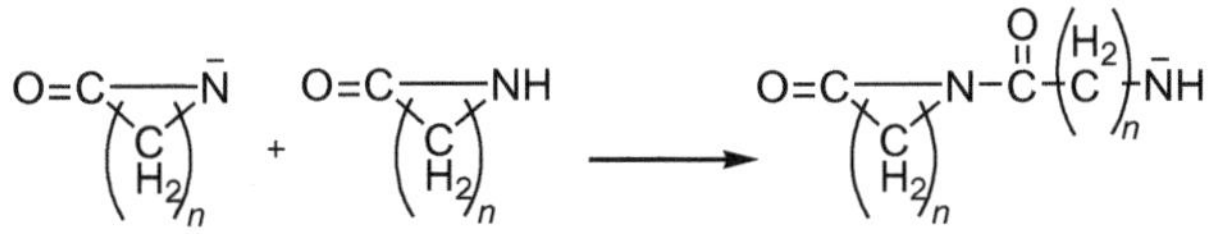

Die negative Ladung an der Aminogruppe wird gegen das stärker saure Wasserstoffatom des Lactams ausgetauscht und so das Lactamanion zurückgebildet, welches sich wieder an das Diacylimid anlagert und damit die Kette verlängert. Der Mechanismus wurde durch die cokatalytische Wirkung des Modelldiacylimids *N*-Acetylcaprolactam bewiesen. Die Polymerisation läuft in ca. 1 h ab („Schnellpolymerisation"). Es stellt sich schnell eine breite Molmassenverteilung ein, die sich bei längerem Stehen der Schmelze durch Umamidierungsreaktionen verengt. Auch Copolymere z. B. aus Caprolactam und Laurinlactam wurden so hergestellt.

Durch anionische Polymerisation lassen sich Lactame ab der Ringgröße fünf polymerisieren. Für diese niedriggliedrigen Ringe erwiesen sich niedrige Polymerisationstemperaturen als vorteilhaft, die durch die cokatalytische Wirkung der Acyllactame ermöglicht werden. Die technische Durchführung dieses Polymerisationsverfahrens erfolgt vorwiegend als Substanzpolymerisation (Abschn. 3.6.2).

PA3 (Poly-β-alanin) wird mittels anionischer Polymerisation aus Acrylamid erhalten. Auch substituierte PA3-Verbindungen sind bekannt. Sie zeichnen sich durch hohe Schmelztemperaturen aus.

Kationische Polymerisation Bei der kationischen Polymerisation wird ein kleiner Anteil des Lactams mit Protonensäuren (Salzsäure, Phosphorsäure) umgesetzt:

$$O=C\underset{(CH_2)_n}{\overset{}{\diagdown}}NH \quad + \quad HCl \quad \longrightarrow \quad O=C\underset{(CH_2)_n}{\overset{}{\diagdown}}\overset{+}{N}H_2 \quad + \quad \bar{Cl}$$

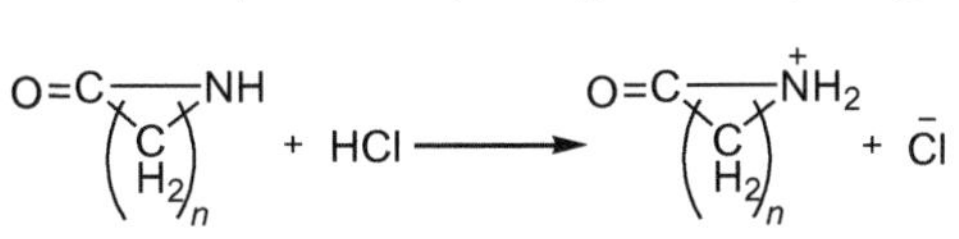

Das sich bildende Kation löst die Polymerisation aus, welche langsam verläuft, wobei als Endgruppen offensichtlich Amidine vorliegen:

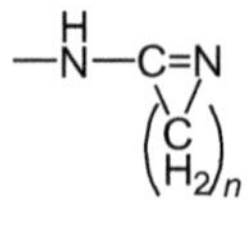

Eine kationische Polymerisation der Lactame wird technisch nicht durchgeführt.

Die Gemeinsamkeit der hier beschriebenen Mechanismen der Polymerisationen von Lactamen besteht darin, dass ein Monomer-/Oligomer-/Polymergleichgewicht angestrebt wird, das beim Caprolactam bei 250 °C ca. 8/3/89 % beträgt. Bei höhergliedrigen Lactamen liegt der Polymeranteil höher, ebenfalls bei niedrigeren Polymerisationstemperaturen.

Polypeptide

In die Reihe der Polyamide sind auch das PA2, die Polypeptide und Proteine (s. auch Abschn. 3.4.4) als Copolymere aus α-Aminosäuren einzuordnen. Allerdings ist die isolierte, individuelle stufenweise Synthese dieser Peptide mit der Stufenwachstumsreaktion der Polymerchemie nicht zu vergleichen. Hochmolekulare Poly-α-aminosäuren als Homopolymerisate werden durch Polymerisation der *N*-Carboxyanhydride (Leuchs'sche Anhydride) mit Aminen nach folgender Reaktionsgleichung erhalten:

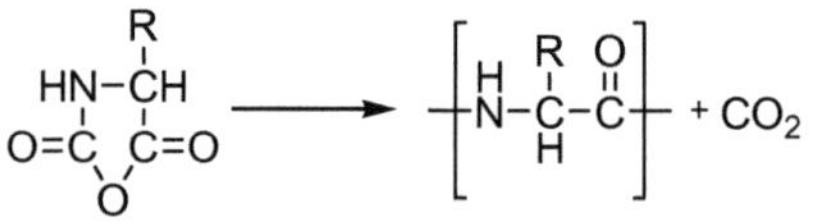

Von diesen Polymeren sind die wollähnliche α-Form und die seidenähnliche β-Form bekannt. Die L-Isomere von Alanin, Glutaminsäure, Leucin, Lysin und Phenylamin führen zur α-Form, die des Glycins, Serins und Valins zur β-Form.

3.2.1.2 Polyestersynthesen

Gegenüber den Polyamiden zeichnen sich die Polyester durch eine größere Vielfalt aus. Sie weisen die Estergruppierung auf:

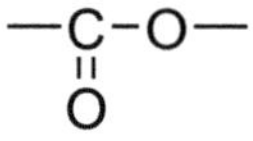

Polyester könne aus Dicarbonsäuren und Diolen, aus Oxycarbonsäuren oder aus Lactonen hergestellt werden.

Die Nukleinsäuren sind Polyester aus Phosphorsäure mit Ribose und Desoxyribose (Abschn. 3.4.5).

Polycarbonate

Polycarbonate sind Polyester der Kohlensäure. Als Diol hat sich im Wesentlichen nur das 2,2′-Bis-(4-hydroxyphenyl)-propan (Bisphenol A) durchgesetzt. Zur Synthese gibt es zwei Methoden, die Umesterung bzw. die Schotten-Baumann-Reaktion.

Umesterung Diese Reaktion wird in zwei Stufen durchgeführt: In der ersten Stufe wird bei 180–220 °C und einem mäßigen Unterdruck von ca. 400 Pa ein Oligomer hergestellt, welches bei ca. 300 °C und 130 Pa dann in der zweiten Stufe in das Polymer mit einem Polymerisationsgrad von ca. 100 überführt wird. Wie die Gleichungen zeigen, destilliert dabei das Phenol ab:

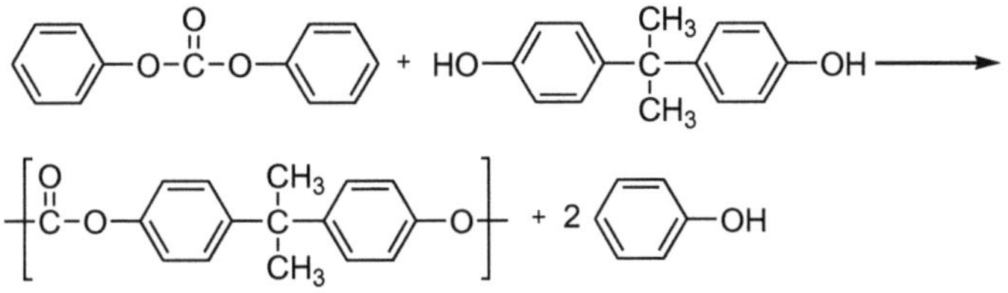

Schotten-Baumann-Reaktion

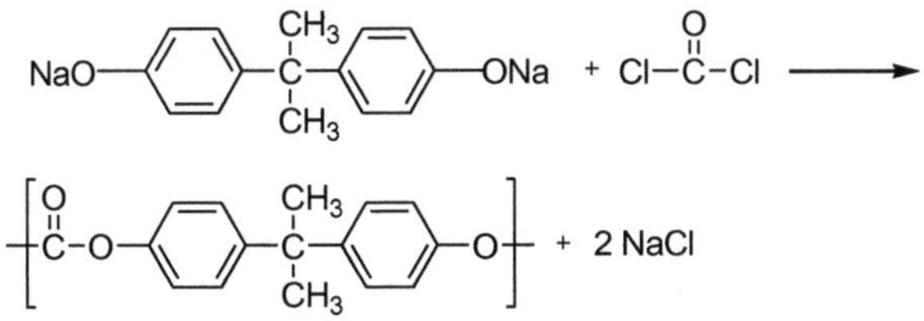

Diese Reaktion wird als Grenzflächenpolykondensation (Abschn. 3.6.7) unter Normalbedingungen durchgeführt. Dabei reagiert das in alkalischer wässriger Lösung gelöste Bisphenol A mit dem Phosgen, gelöst in einem nicht mit Wasser mischbaren Lösemittel. Das an der Grenzfläche der Lösemittel gebildete Polycarbonat geht in der nichtwässrigen Phase in Lösung. Statt Natronlauge können als Salzsäureakzeptoren auch tertiäre Amine benutzt werden. Mittels dieser Methode sind höhere Polymerisationsgrade als bei der Umesterung erreichbar. Auch aus Bisphenol-A-bis(chlorformiat) bildet sich in Methylenchlorid mit NaOH das Polycarbonat. Derartige Polycarbonate haben Schmelz- bzw. Erweichungspunkte von ca. 230 °C. Sie zeichnen sich durch gute Dimensionsstabilität, gute Isolierfähigkeit und Schlagfestigkeit aus. Ihren Verwendungszweck finden sie in der Elektrotechnik/Elektronik und als optische Datenspeicher. Aliphatische Polycarbonate wurden aus CO_2 und Oxiranen hergestellt; mit Caprolacton als Comonomer sind auch Copolycarbonate herstellbar.

Polyethylenterephthalat (PET)

Bei der Herstellung von PET können wir von verschiedenen Edukten ausgehen. Das älteste Verfahren setzt Dimethylterephthalat mit Ethylenglykol unter Umesterung um. Der Weg über das Dimethylterephthalat war nötig, weil anfangs die Terephthalsäure sich schlecht reinigen ließ:

$$H_3C-O-\overset{O}{\underset{\|}{C}}-\underset{}{\underset{}{\bigcirc}}-\overset{O}{\underset{\|}{C}}-O-CH_3 + HO-\overset{H_2}{\underset{}{C}}-\overset{H_2}{\underset{}{C}}-OH \longrightarrow \left[\overset{O}{\underset{\|}{C}}-\underset{}{\underset{}{\bigcirc}}-\overset{O}{\underset{\|}{C}}-O-\overset{H_2}{\underset{}{C}}-\overset{H_2}{\underset{}{C}}-O\right] + 2\ CH_3OH$$

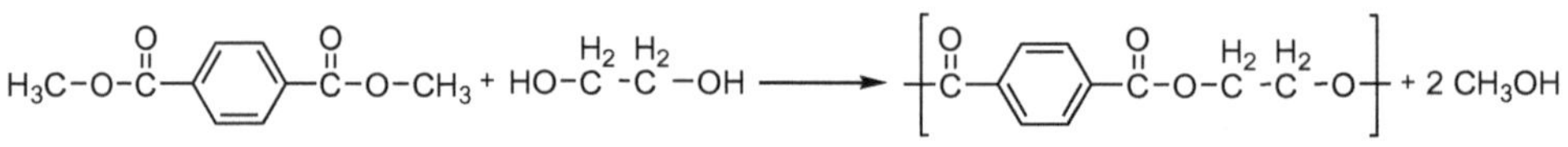

Nachdem reine Terephthalsäure zur Verfügung stand, erfolgte die Veresterung direkt. Der erhaltene Polyester mit einer Schmelztemperatur von 264 °C wird vorwiegend für Fasern, Folien und Flaschen eingesetzt. Die technische Darstellung geschieht durch Schmelzpolykondensation in zwei Stufen (Abschn. 3.6.2).

Als Edukt kann auch Ethylenoxid eingesetzt werden. Ethylenoxid kann direkt mit Terephthalsäure zu Diethylenglykolterephthalat umgesetzt und anschließend der Polykondensation unterworfen werden.

Andere Polyester aus aromatischen Dicarbonsäuren
Polybutylenterephthalat (PBT) wird durch Kondensation von Terephthalsäure und 1,4-Butandiol hergestellt. Es schmilzt im Gegensatz zu PET schon bei 220–230 °C und hat eine größere Kristallisationsgeschwindigkeit als PET. Das Polymer eignet sich deshalb besonders für Spritzgießverarbeitung. **Polytrimethylenterephthalat** hat ähnliche Eigenschaften wie PBT, ist aber aus biobasiertem Propandiol als Rohstoff herstellbar. **Polyethylennaphthenat** (PEN) wird aus 2,6-Naphthalindicarbonsäure und Ethylenglykol synthetisiert. Es hat gute thermische Resistenz und bessere Sperrwirkung gegen Gase und wird z. B. im Bereich der Lebensmittelverpackungen eingesetzt. Auch **Polybutylennaphthenat** ist bekannt. **Polycyclohexylterephthalat** (PCT) ist ein Polyester, der aus Terephthalsäure und 1,4-Cyclohexandimethanol erhalten wird. PCT hat eine höhere Schmelztemperatur als PET von 285 °C und ist hydrolysebeständiger.

Polyarylate sind amorphe Polyester, die aufgrund ihres höheren Anteils an aromatischen Einheiten bessere Wärmeformbeständigkeiten ausweisen als PET oder PBT. Sie werden aus Bisphenol A oder Derivaten und Terephthal- oder Isophthalsäure hergestellt. Die Herstellung erfolgt entweder durch Umesterung oder durch Direktkondensation der Säurechloride und Na-Salze des Bisphenol A wie im folgenden Beispiel:

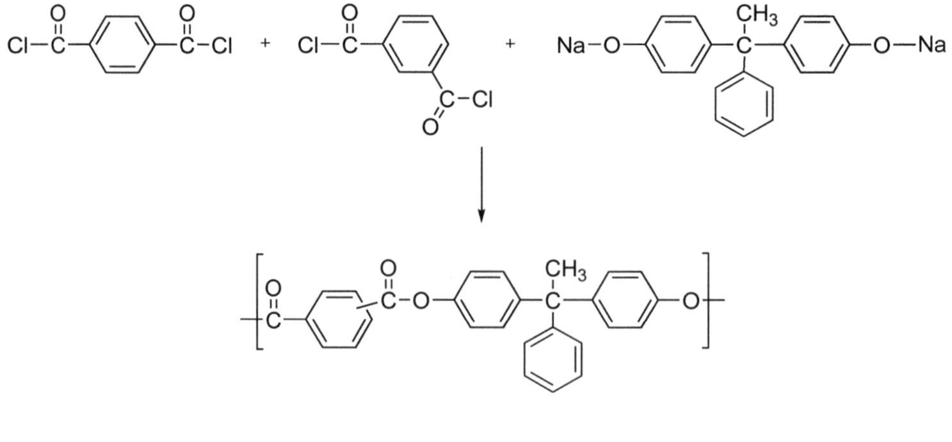

Die Polyarylate sind transparente Thermoplaste mit Glasumwandlungstemperaturen von ca. 175 °C und dienen z. B. zur Herstellung von Scheinwerfern, Reflektoren und technischen Bauteilen.

Alkydharze

Alkydharze werden hergestellt, indem als Dicarbonsäure ein Gemisch aus Phthalsäureanhydrid und Ölsäure, unter Zusatz einer ungesättigten Monocarbonsäure, verwendet wird. Dieses Gemisch wird mit Glycerin als Triol polykondensiert. Andere Dicarbonsäuren und Triole sind möglich. Die Verwendung von Glycerin als trifunktionelle Verbindung sollte dabei eine Vernetzung ergeben. Dem entgegen wirkt die Ölsäure, indem sich bei geeigneten Molverhältnissen nur verzweigte Polymere mit Molmassen von 1000–3500 bilden, die streichfähig sind und damit dem Verwendungszweck Alkydharzlack entsprechen. Die Ölsäurekomponente im Polymer hat aber noch eine weitere Funktion. Die darin enthaltenen Doppelbindungen vernetzen unter dem Einfluss von Luftsauerstoff nach dem Verstreichen des Alkydharzes als Lack und bilden nach dem Abdunsten des Lösemittels einen dichten Film. Die Vernetzungstendenz wird durch Sikkative beschleunigt.

Aliphatische Polyester

Aliphatische Polyester des Typs Dicarbonsäure/Diol aus z. B. Bernsteinsäure oder Adipinsäure, 1,4-Butandiol oder Ethylenglykol (auch als längerer Block) sind bekannt und wurden durch normale Polykondensation hergestellt. Sie unterliegen in ihrer Bedeutung aber den Lactonen. Aus Lactonen mit unterschiedlicher Ringgröße lassen sich Polyester mit anionischen, kationischen und koordinativen Initiatoren herstellen wie auch enzymatisch mit Lipase. Copolymere und Blockcopolymere sind möglich.

Poly(p-hydroxybenzoat)

Dieses wird hergestellt durch Umesterung des Phenylesters der *p*-Hydroxybenzoesäure unter Abspaltung von Phenol:

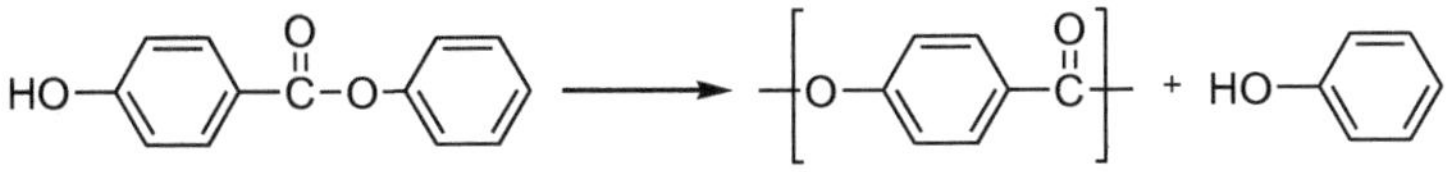

Das Polymer ist in allen Lösemitteln unlöslich, hat eine Schmelztemperatur von über 550 °C und wird vorwiegend durch Sintern verformt.

Poly(ε-caprolacton)

ε-Caprolacton lässt sich unter Ringöffnung anionisch sowie kationisch zum Poly(ε-caprolacton) mit hohen Molmassen polymerisieren, ebenso andere Lactone. Auch Blockcopolymere wurden hergestellt. Polylactone werden als Additive für Polyolefine z. B. zur Verbesserung der Anfärbbarkeit verwendet, aber auch als Homopolymere wie auch als Copolymere zur Mikroverkapselung für die Langzeitfreisetzung von Pharmaka. Polyesternanopartikel wurden durch enzymatische Polymerisation von Lactonen hergestellt.

Polyhydroxyessigsäure

Das Dimer der Hydroxyessigsäure, das Glykolid, polymerisiert anionisch zu Polyhydroxyessigsäure:

$$\text{Glykolid} \longrightarrow {-\!\!\left[O-\overset{H_2}{C}-\overset{O}{\overset{\|}{C}} \right]\!\!-}$$

Polyhydroxyessigsäure wird als medizinisches Nahtmaterial verwendet, weil sie vom Körper vollständig resorbiert werden kann.

Polymere der Milchsäure

Das α-Methylderivat der Polyhydroxyessigsäure bildet ebenfalls einen cyclischen dimeren Ester, fermentativ hergestellt, der sich polymerisieren und auch copolymerisieren lässt, z. B. mit obiger Polyhydroxyessigsäure mit Sn-, Al- und Titanalkoxiden. Auch Blockcopolymere und Stereoblockcopolymere wurden hergestellt. Die Verwendung der Polymeren liegt bei medizinischem Nähmaterial, auf dem Gebiet der Fixierung von Knochen nach Frakturen mit Schrauben, Platten, Nägeln und der kontrollierten Freigabe mikroverkapselter Pharmaka (Abschn. 6.3.2.1).

Poly(3-hydroxybuttersäure) (PHB)

Dieser Polyester wird durch Mikroorganismen produziert und ist biologisch abbaubar. PHB wird eingesetzt für Implantate für Knochen, Zellwände und z. B. als Mikrokapseln zur kontrollierten Freisetzung von Pharmaka (Abschn. 3.4.6 und 6.3.4).

Polyesteramidcopolymere

Polyesteramide wurden als streng alternierende wie auch statistische Copolymere hergestellt. Statistische Copolymere aus 1,4-Butandiol, Adipinsäure und ε-Caprolactam kombinieren sehr gute technische Eigenschaften mit biologischer Abbaubarkeit. Zu erwähnen sind hier auch die Polydepsipeptide. Polydepsipeptide sind Peptide, die neben der Peptidbindung auch Esterbindungen aufweisen. Diese Copolymere können natürliche Polymere sein, wurden aber auch in vielfältiger Weise synthetisch hergestellt. Die Synthese erfolgt durch Ringöffnungspolymerisation (ROP) von Morpholin-2,5-dion-Monomeren (a). Diese Monomere können mit anderen Ringen copolymerisiert werden. So wurden Copolymere mit ε-Caprolacton (b) oder Lactiden hergestellt:

(a) + (b) $\longrightarrow$ $H{-}\!\!\left[O{-}\overset{O}{\overset{\|}{C}}{-}\overset{H_2}{C}{-}\overset{H}{N}{-}\overset{O}{\overset{\|}{C}}{-}\overset{H_2}{C}{-}O \right]\!\!\left[\overset{O}{\overset{\|}{C}}{-}(\overset{H_2}{C})_5{-}O \right]\!{-}H$

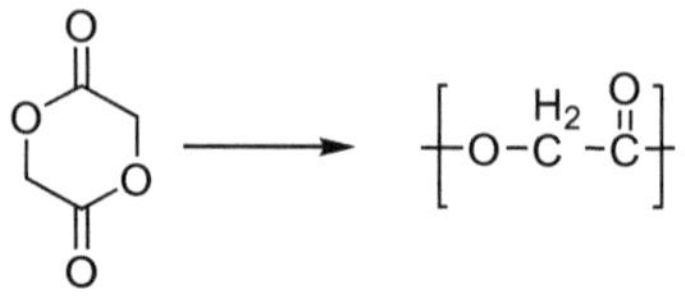

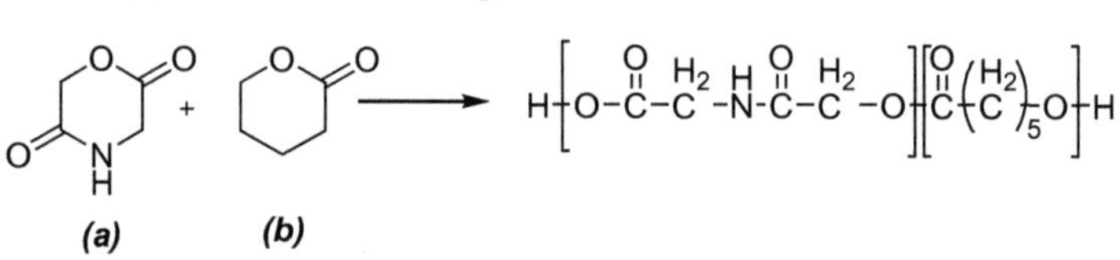

Die Polydepsipeptide sind wichtigste Vertreter der biokompatiblen und bioabbaubaren Polyesteramide. Endgruppenfunktionalisierte Polydepsipeptide, z. B. mit Methacrylatgruppen, können mittels Stereolithografie zur 3-D-Scaffolds für Gewebekonstruktion im medizinischen Bereich eingesetzt werden.

Polyanhydride

Polyanhydride werden durch Reaktion von Dicarbonsäuren mit Acetanhydrid bei 130 °C im Vakuum hergestellt, wobei das Acetanhydrid das Wasser abspaltet und als Essigsäure abdestilliert. Gleichfalls ist eine Schotten-Baumann-Reaktion der Dicarbonsäure mit einem Dicarbonsäurechlorid dafür geeignet. Polyanhydride sind instabil gegen Feuchtigkeit, die aromatischen allerdings weniger. Sie können benutzt werden, um Pharmaka im Körper kontrolliert freizusetzen.

3.2.1.3 Flüssigkristalline Polymere

Von Poly(*p*-hydroxybenzoat) ging die Entwicklung der flüssigkristallinen (*liquid crystalline*, LC) Polymere aus. LC-Polymere zeigen zwischen der amorphen flüssigen und kristallinen Phase eine **Mesophase**, in der die stäbchen- oder scheibchenförmigen Polymermoleküle wie Flüssigkeiten fließen, aber Ordnungszustände wie Kristalle zeigen. Die Ordnungserscheinungen in dieser Mesophase gehen auf unterschiedliche, aber regelmäßige Parallellagerung der Moleküle zurück (nematisch, smektisch, cholesterisch; Abschn. 5.1.3.2). Derartige Mesophasen können zwischen Schmelze und Festzustand (**thermotrop**) und in konzentrierter Lösung (**lyotrop**) vorliegen. Die thermotropen LC-Polymere erfordern bei der Verarbeitung weniger Energie, weil sie eine niedrigere Viskosität besitzen. Die flüssigkristalline Phase bringt bei der Erstarrung nach der Formgebung einen zusätzlichen Orientierungseffekt in den Kunststoff. Dieser Effekt wird als **Selbstverstärkung** bezeichnet. LC-Polymere werden für Hochleistungsverbundwerkstoffe und Fasern genutzt. Der erste selbstverstärkende Polyester war ein Copolymer aus *p*-Hydroxybenzoat und Ethylenglykolterephthalat. Letzteres wurde durch andere Polyarylenterephthalate (Diphenylen, Naphthylen) und Ersteres auch durch andere aromatische Hydroxysäuren ersetzt. Wichtig ist der aromatische Anteil des Copolymers, denn auf diesen geht die flüssigkristalline Eigenschaft zurück. Derartige Polyester haben per Synthese die aromatischen Reste in der Hauptkette, daher werden sie als **LC-Hauptkettenpolymere** bezeichnet. LC-Hauptkettenpolymere sind nicht auf Polyester beschränkt, sondern dafür sind allgemein Polykondensate geeignet, wie z. B. Polyamide (Aramide), Polyoxamide, Polycarbonatsulfone, Polyhydrazide und andere Polyheterocyclen. Die Herstellung geschieht durch Schmelze-Polykondensation, Interphasenpolykondensation, Umesterung oder Polykondensation in Lösemitteln.

Aromatische Polyester gehören zu den thermotropen LC-Polymeren. Die Herstellung erfolgt durch Kondensation von aromatischen Dicarbonsäuren, Hydroxycarbonsäuren und Dihydroxyverbindungen. Die mesogenen Einheiten werden durch Störstellen in Form von Spacern und Parallelversetzungen voneinander getrennt. Übliche Monomere sind Hydrochinon (a), Naphthalin-2,6-dicarbonsäuredichlorid (b), Hydroxybenzoesäuredichlorid (c) und Butandiol (d):

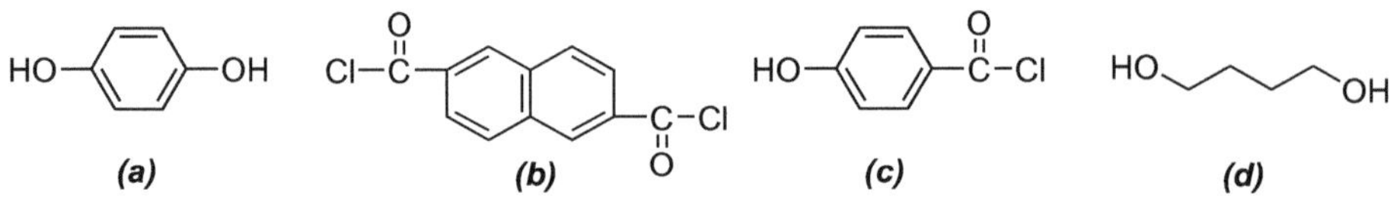

Poly(*p*-phenylenterephthalamid) (PPTA) ist lyotropes flüssigkristallines Polymer, weil die Ausbildung der flüssigkristallinen Mesophase in Lösung erfolgt. PPTA ist ein wichtiges kommerzielles Polymer, weil es zu Herstellung von Aramidfasern synthetisiert wird. Die Synthese erfolgt durch Polykondensation von Terephthalsäuredichlorid und *p*-Phenylendiamin in einem Lösemittel/Salzgemisch aus *N*-Methyl-2-pyrrolidon und $CaCl_2$. Das Salz wird benötigt, um die Wasserstoffbrücken zwischen den entstehenden PPTA-Ketten zu blockieren:

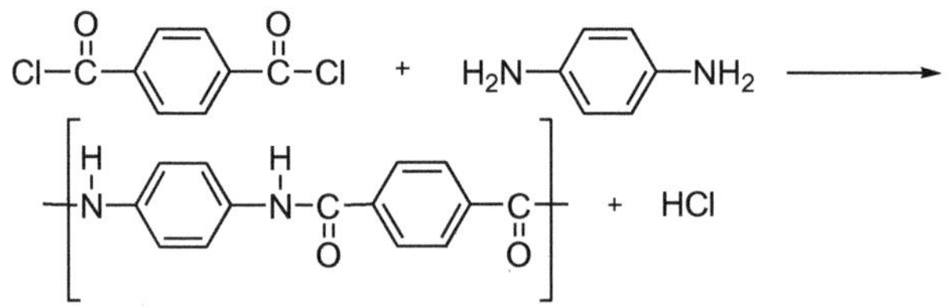

Aramide sind nicht schmelzbar. Die Zersetzungstemperaturen von Aramidfasern in Luft liegen zwischen 430 und 480 °C. Die außergewöhnlichen thermischen und mechanischen Eigenschaften der Aramidfasern ergeben sich aus dem extrem steifen Molekülaufbau und der regelmäßigen Anordnung der intermolekularen Wasserstoffbrücken:

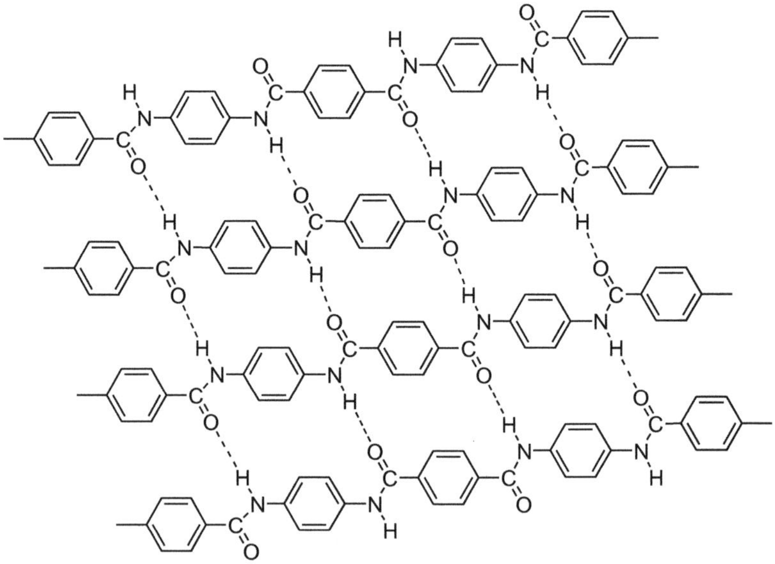

3.2.1.4 Polyimide und andere Hochleistungspolymere mit Heterocyclen in der Kette

Polyimide (PI)

Polyimide zeichnen sich durch die Imidbindung aus:

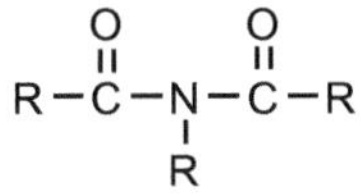

Zur Gruppe der Polyimide gehören nicht schmelzbare und nicht lösliche Polymere, das eigentliche Polyimid (PI), aber auch thermoplastisch verarbeitbare Polyimide, wie Polyetherimide (PEI), Polyesterimide (PESI), Polyamidimide (PAI). Die Polymere haben sehr gute mechanische Eigenschaften und extrem hohe Anwendungstemperaturen. Polyimide stellen die historisch ältesten Hochleistungspolymere dar und nehmen heute den ersten Platz der Hochleistungskunststoffe auf dem Markt ein. Die Anwendungen liegen im Bereich Elektrotechnik, Elektronik, z. B. als flexible Leiterplatten.

Die Herstellung von PI ist ein Zweistufenprozess. Zuerst wird Pyromellithsäure-dianhydrid (a) mit aromatischen Diaminen, 4,4′-Diaminodiphenylether (b), in Lösung kondensiert. Es entsteht Polyamidcarbonsäure (c). Dieses Produkt wird als Lösung zu Filmen, Lacken, Folien verarbeitet. Die zweite Stufe ist die Cyclisierung der Polyamidcarbonsäure. Bei ca. 300 °C wird Wasser abgespalten und der Imidring geschlossen (d). Das Produkt ist nicht mehr löslich und nicht schmelzbar. Die Wärmeformbeständigkeit liegt bei ca. 400 °C.

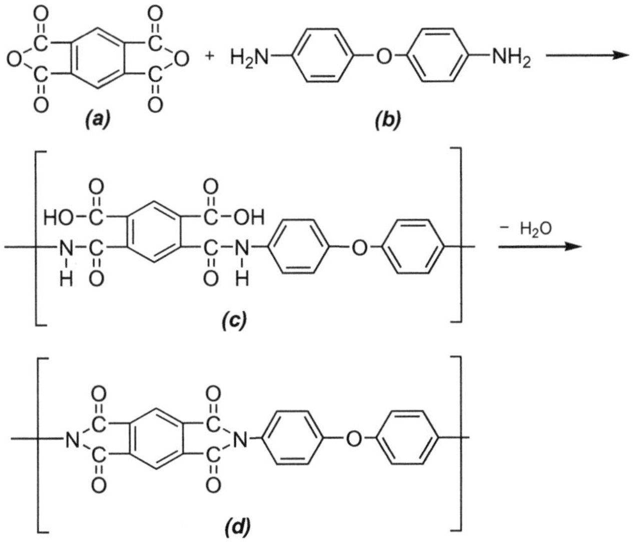

Der Ausgangspunkt für die Herstellung von PAI und PESI ist eine Lösungskondensation von Trimellitsäureanhydrid (e). Durch Kondensation mit *p*-Phenylendiamin (f) wird PAI (g) hergestellt, durch Kondensation mit 1,4-Dihydroxybenzol PESI (h):

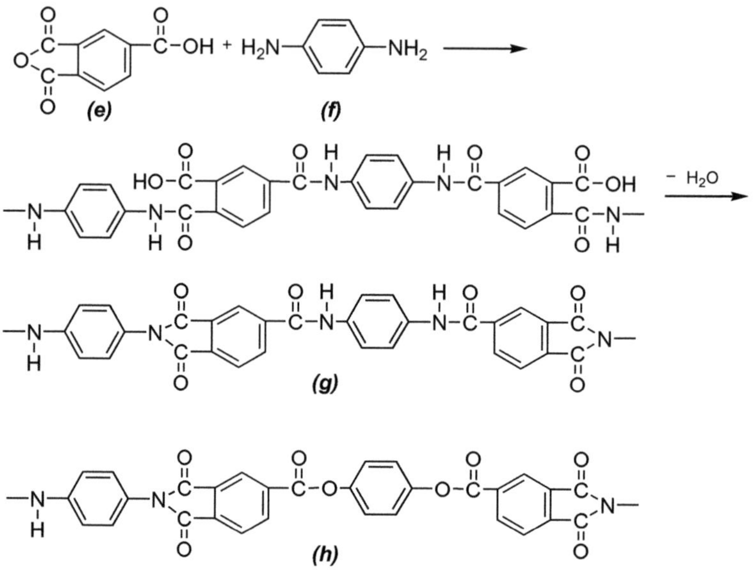

Die Ausgangsstoffe können in weiten Bereichen variiert werden. Auch hier wird der Imidring durch Cyclisierung geschlossen.

Polyetherimide (PEI) weisen die Ethergruppe als flexibilisierendes Element auf. Sie werden aus Nitrophthalsäureanhydrid (i) und Dinatriumbisphenol A (j) erhalten:

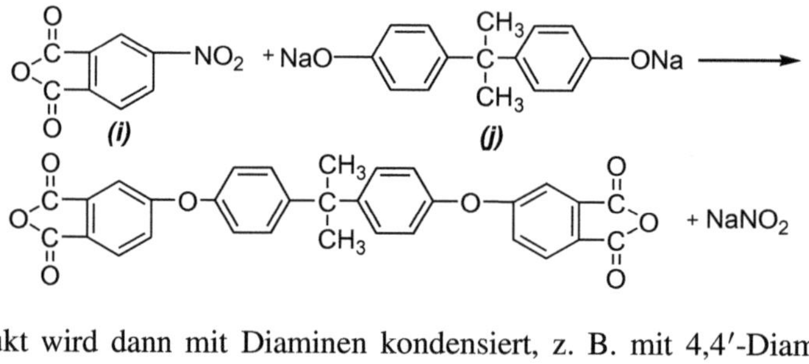

Das Produkt wird dann mit Diaminen kondensiert, z. B. mit 4,4′-Diaminodiphenylmethan (k), und so erhalten wir PEI (l):

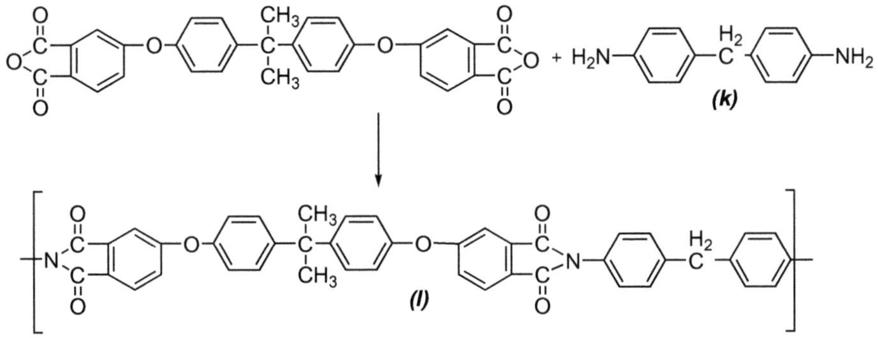

Die Polyetherimide sind thermoplastisch verarbeitbar. Kurzzeitig sind sie bis etwas über 200 °C einsetzbar, im gefüllten Zustand bis ca. 260 °C.

Polybenzimidazol (PBI) und andere Polyazole

Polyazole sind Polymere, die in ihrer Hauptkette Fünfringe mit mindestens einem Stickstoffatom enthalten. Polybenzimidazol (PBI) (o) ist hier der wichtigste Vertreter, der durch Reaktion von aromatischen Tetraminen (m) mit Isophthalsäurephenylestern (n) erhalten wird:

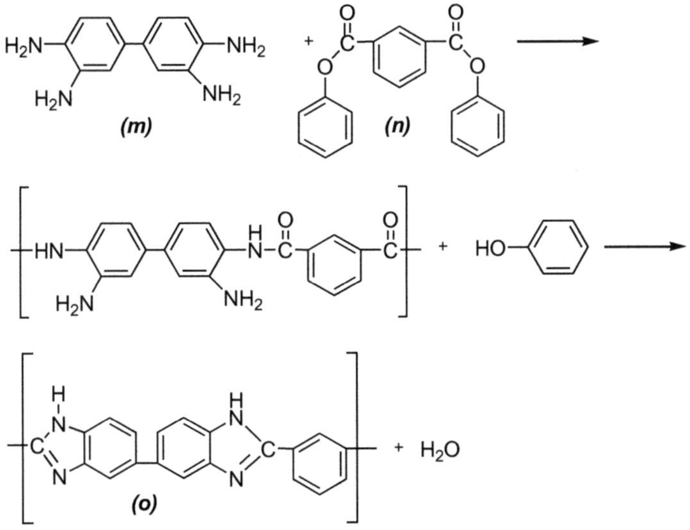

Temperaturbeständigkeiten von 500 °C sind mit dieser Polymerklasse erreichbar. PBI wird als Pulver für die Verarbeitung im Formpressen (*compression moulding*) und als Lösung z. B. in DMSO/LiCl für die Herstellung von Folien angeboten. PBI-Folien werden als Hochtemperaturmembranen für Polymerelektrolytbrennstoffzellen eingesetzt. Blends des PBI mit Polyetheretherketonen können im Spritzgießverfahren zu CF- und GF- verstärkten Produkten verarbeitet werden.

Polymere der Gruppe der Polybenzoxazole (p) bzw. Polybenzthiazole (q) werden aus Tetraminen synthetisiert, bei denen zwei Aminogruppen durch Hydroxy- bzw Mercaptogruppen ersetzt wurden:

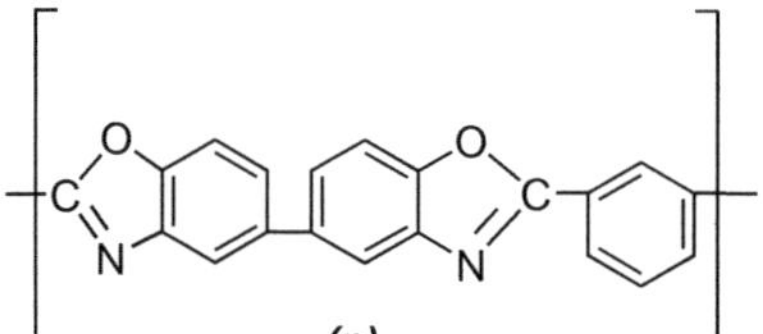

(p)

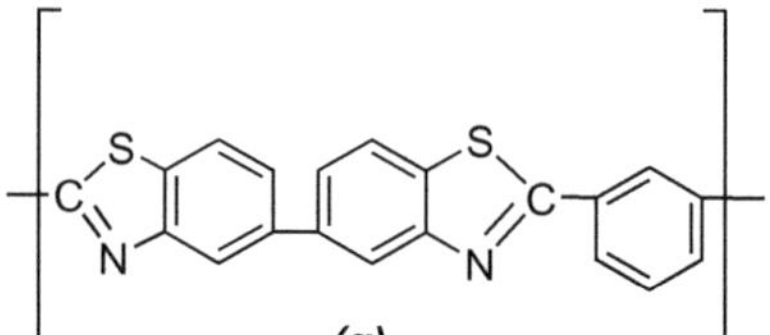

(q)

Der Einsatz von Tetracarbonsäuren statt Dicarbonsäuren bzw. deren Derivaten führt zu Poly(benzimidazolpyrrolon) (r):

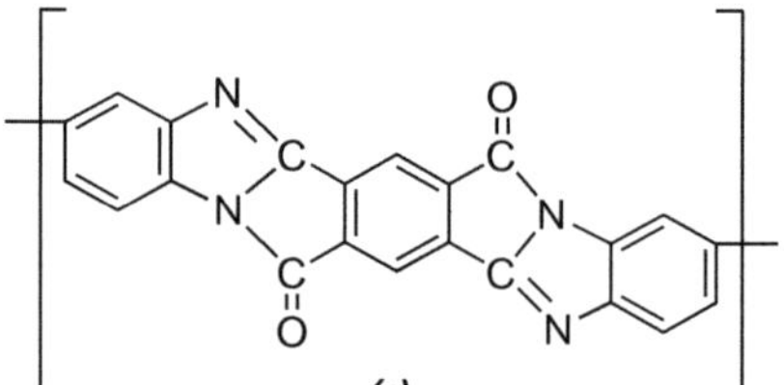

(r)

Dadurch wird nicht nur eine durchgehende Kette im Polymer erreicht, sondern zwei miteinander verbundene Ketten, und die Wärmestabilität erhöht sich um 100 °C. Derartige Polymere werden als **Leiterpolymere** bezeichnet.

Aus Poly(terephthaloyloxamidrazon) (s) kann sowohl Poly(triazol) (t) als auch Poly (oxadiazol (u) erhalten werden:

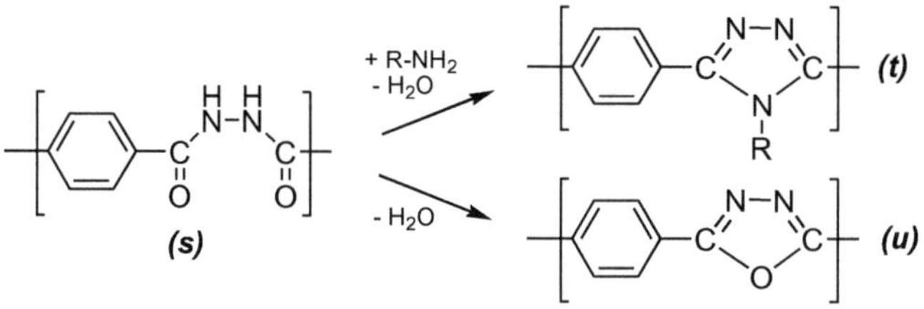

3.2.1.5 Poly(alkylensulfide), Poly(arylensulfide) und Polysulfone

Poly(alkylensulfide)

Poly(alkylensulfide) werden durch die Formel

$$\left[\!-R-S_x-\right]\!$$

symbolisiert. Der Syntheseweg ist unterschiedlich, je nachdem ob $x = 1$ oder $x > 1$ ist. Mit $x > 1$ werden die Produkte in Anlehnung an die anorganischen Polysulfide auch **Polyalkylenpolysulfide** genannt. Die entsprechenden Produkte werden durch Polykondensation aus Dihalogenverbindungen und Natriumpolysulfid hergestellt, wobei x als Schwefelgrad gebräuchlicherweise in den Grenzen von zwei bis vier angestrebt wird:

$$Cl{-}R{-}Cl + Na_2S_x \longrightarrow \left[\!-R-S_x-\right]\! + 2\,NaCl$$

Der Schwefel ist in der Kette linear eingebaut. Mit $x = 4$ zeichnet sich das Produkt durch gummiähnliche Eigenschaften aus und wird Polysulfidkautschuk oder Thiokol genannt. Als Dichlorverbindungen dienen Ethylen- und Propylendichlorid und bevorzugt Bis-(2-chlorethyl)formal. Letzteres erfordert nur zwei Schwefelatome pro Struktureinheit zum Erhalt kautschukelastischer Eigenschaften. Auf diese Weise können flüssige Polymere mit Molmassen von 10^2–10^3 g/mol und feste Polymere mit Molmassen von 10^5 g/mol hergestellt werden.

Durch einen Überschuss von Natriumpolysulfid gegenüber der Dichlorverbindung bilden sich bei den Polymeren Mercaptidendgruppen aus. Die Reaktion mit Natriumhydrogensulfit und Natriumhydrogensulfid ermöglicht es, die Molmassen wie folgt zu regeln:

$$P_{\overline{n}}{-}S_{\overline{x+y}}{-}P_{\overline{m}} + NaSH + NaHSO_3 \longrightarrow P_{\overline{n}}{-}S_xH + P_{\overline{m}}{-}S_yH + Na_2S_2O_3$$

Umgekehrt kann durch Oxidation der Mercaptangruppen eine Molmassenerhöhung durch Bildung von Sulfidbrücken erreicht werden:

$$P_{\overline{n}}{-}S_xH + HS_{\overline{y}}{-}P_m + 1/2\,O_2 \longrightarrow P_{\overline{n}}{-}S_{\overline{x+y}}{-}P_m + H_2O$$

Die Vernetzung, die für die kautschukelastischen Eigenschaften notwendig ist, wird durch Einbau von bis zu 5 % trifunktionellen Halogenverbindungen realisiert. Der molare Anteil dieser trifunktionellen Verbindungen steuert die Netzwerkdichte, d. h., er bestimmt, ob ein härterer oder weicherer Gummi entsteht.

Derartige Poly(alkylensulfide) zeichnen sich durch Sauerstoff- und Lösemittelbeständigkeit aus und werden als kältebeständiger Kautschuk verwendet. Flüssige Produkte finden im Bauwesen als Dichtungsmaterial Anwendung.

Poly(alkylensulfide) mit einem Schwefelatom pro Strukturelement werden durch radikalische Addition von Mercaptangruppen an Vinylgruppen mittels Peroxiden als Initiatoren synthetisiert:

$$-R-SH + H_2C=C(H)- \longrightarrow -R-S-CH_2-CH_2-$$

Mehrere Vinylgruppen im Molekül führen zu vernetzten Poly(alkylensulfiden).

Polyphenylensulfid (PPS)

Polyphenylensulfid ist als Hochleistungspolymer bemerkenswert. Es wird aus aus *p*-Dichlorbenzol mit Dinatriumsulfid hergestellt:

$$Cl-C_6H_4-Cl + Na_2S \longrightarrow -[C_6H_4-S]_n- + 2\,NaCl$$

Als Lösungsmittel für diese Polykondensation dient *N*-Methylpyrrolidon. PPS ist teilkristallin, die Glasumwandlungstemperatur beträgt ca. 90 °C und die Schmelztemperatur 285 °C.

Die extreme Beständigkeit von PPS gegen fast alle Chemikalien führt zu Anwendungen in der chemischen Industrie z. B. für Ventile oder als Kolonnenfüllung für Destillationsanlagen. PPS zeichnet sich auch durch hohe Dimensionsstabilität bei hohen Temperaturen aus und wird deshalb in der Automobilindustrie für Scheinwerfergehäuse oder für Komponenten bei Elektromotoren eingesetzt.

Polysulfone (PSU)

Diese Polymere zeichnen sich durch die folgende Gruppierung aus:

$$-[C_6H_4-SO_2]-$$

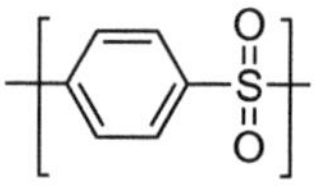

Technisch relevant sind die aromatischen Polysulfone. In den sich wiederholenden Einheiten treten neben der Sulfongruppe auch Etherbindungen auf, weshalb die Polymergruppe auch Polyarylethersulfone (PAES) genannt wird. Polysulfone gehören zu den Hochleistungspolymeren.

Technisch verwendete PSU werden entweder durch nucleophile Substitution aus Dichlordiphenylsulfon (a) mit dem Na-Salz des Bisphenol-A (b) oder des Bisphenol-S (c) hergestellt:

$$Cl-C_6H_4-SO_2-C_6H_4-Cl \;(a) + Na\bar{O}-C_6H_4-X-C_6H_4-\bar{O}Na \xrightarrow{-NaCl}$$

$$-[C_6H_4-SO_2-C_6H_4-O-C_6H_4-X-C_6H_4-O]-$$

X: C(CH$_3$)$_2$ **(b)**
X: S(O)$_2$ **(c)**

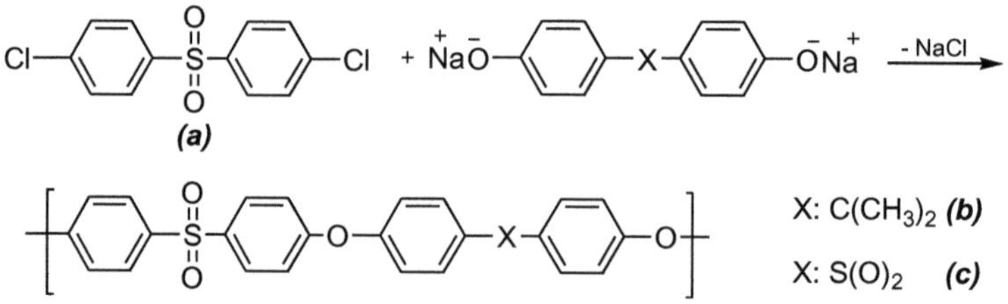

Auch die elektrophile Substitution aus Benzol-1,4-disulfonylchlorid (d) und Diphenylether (e) ist eine mögliche Synthese:

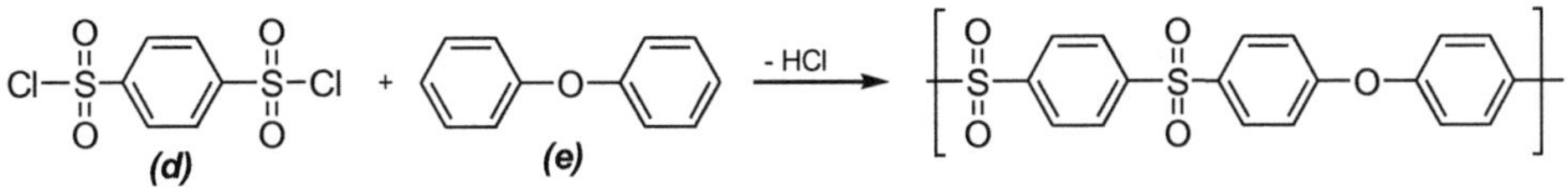

Technisch relevante **Poly(ethersulfone)** (PES) werden durch nucleophile Substitution aus Dichlordiphenylsulfon mit dem Na-Salz von aromatischen Dihydroxyverbindungen, z. B. Hydrochinon oder Bisphenol-A, hergestellt:

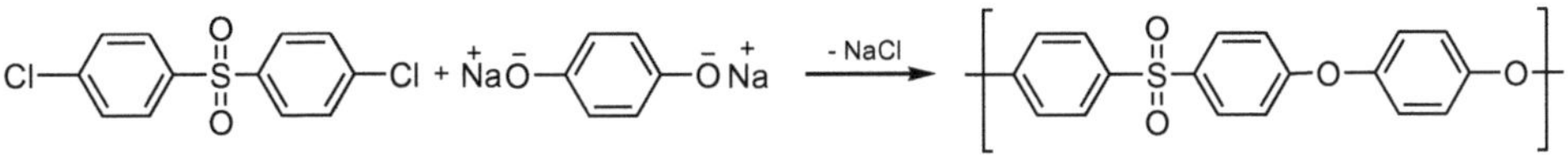

Derartige aromatische Polyethersulfone haben Glastemperaturen zwischen 190 und 280 °C und gute dielektrische Eigenschaften. Sie sind chemisch wie thermisch stabil und werden daher sowohl für elektrische Teile als auch für die Herstellung besonders temperaturbeständiger Beschichtung angewendet. Auch Blockcopoly(ethersulfone) wurden hergestellt.

Polyphenylensulfone erforderm als Monomere für die nucleophile Substitution Biphenylverbindungen (f):

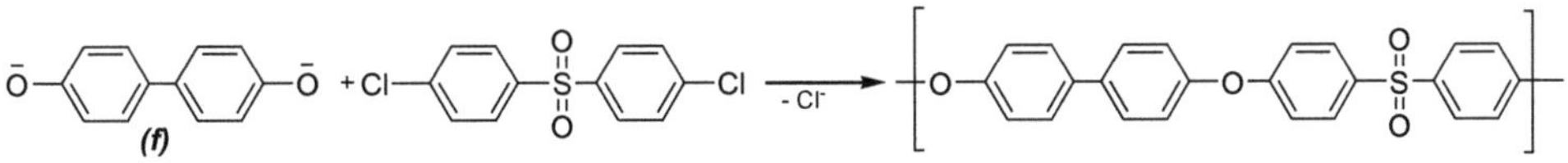

Polysulfone sind amorphe, transparente, bernsteinfarbene Polymere und zeichnen sich durch hohe Festigkeit und Steifheit und geringe Kriechneigung aus. Die Dauergebrauchstemperaturen liegen zwischen 150 und 200 °C. Sie eignen sich zur Herstellung von Membranen, z. B. für Meerwasserentsalzung. Medizintechnische Anwendungen sind möglich, weil PSU heißsterilisierbar sind. Aufgrund der guten dielektrischen Eigenschaften finden sie Anwendungen in Elektrotechnik/Elektronik.

Aliphatische Polysulfone dienen wegen ihrer niedrigen Ceiling-Temperatur als Abdecklacke zur Herstellung integrierter Schaltkreise. Sie gehören zur Gruppe der Funktionspolymere.

3.2.1.6 Polyetherketone

Polyetherketone zeichnen sich dadurch aus, dass in den sich wiederholenden Einheiten aromatische Ringe durch Ether- oder nicht endständige Carbonylgruppen verbunden sind:

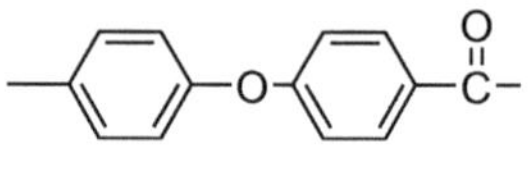

Von technischem Interesse sind nur die vollaromatischen Systeme. Eine Reihe von Polymeren mit verschiedenen Kombinationen von Ether- und Ketoneinheiten ist bekannt. Die Namen leiten sich aus der Anordnung der Gruppen ab. PEK bezeichnet so ein Polyetherketon, PEEK ein Polyetheretherketon, PEKK ein Polyetherketonketon etc.

Die technische Synthese erfolgt durch nukleophile Substitution, wie hier am Beispiel von PEEK gezeigt wird, durch die Umsetzung von Hydrochinon (a) mit 4,4′-Difluorbenzophenon (b). Die Synthese erfolgt in Diphenylsulfon als Lösemittel und in Anwesenheit von Alkalimetallcarbonaten bei Temperaturen, die nahe an der Schmelztemperatur des PEEK liegen:

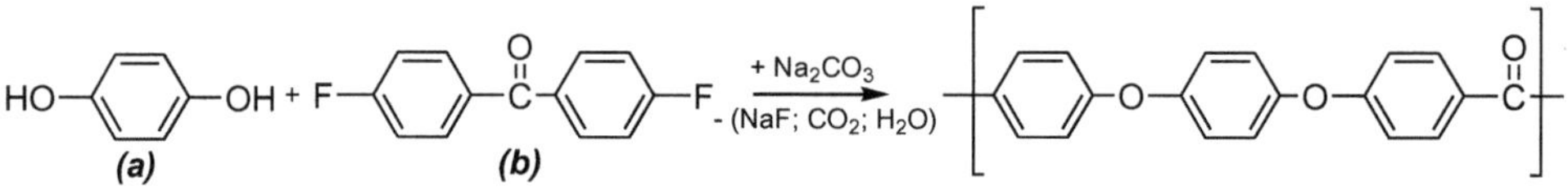

PEK kann analog dazu durch nukleophile Substitution aus 4,4′-Dihydroxybenzophenon und 4,4′-Difluorobenzophenon erhalten werden.

Polyetherketone können auch durch elektrophile Substitution hergestellt werden. Dabei sind die Edukte z. B. Diphenylether (c) und Terephthalsäuredichlorid (d), aus denen PEKK erhalten wird:

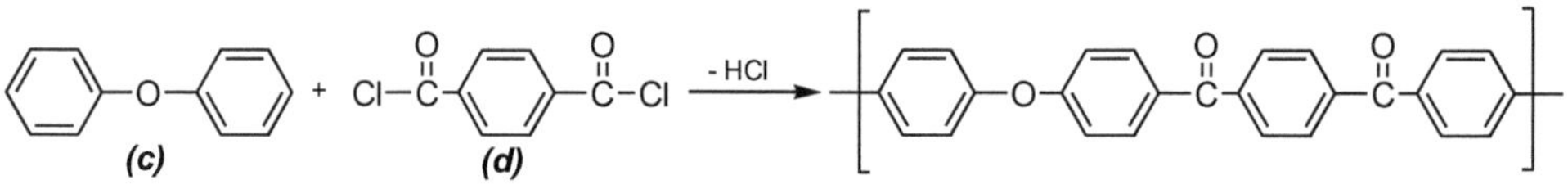

Auf diesem Weg wird auch PEK aus 4-Phenoxybenzoylchlorid hergestellt.

Polyetherketone sind teilkristalline Polymere. Die Glasumwandlungs- und Schmelztemperaturen steigen mit zunehmendem Verhältnis der Carbonyl- zu Etherbindungen an. PEKK hat mit $T_g \approx 165$ °C und $T_m \approx 391$ °C die höchsten Werte im die Vergleich zu PEK ($T_g \approx 157$ °C,$T_m \approx 374$ °C) und PEEK ($T_g \approx 145$ °C, $T_m \approx 340$ °C). Somit sind die Verarbeitungstemperaturen sehr hoch. Das Besondere an den Polymeren sind die hohen Festigkeitswerte bei hohen Temperaturen. PEEK ist extrem beständig gegen Wasserdampf und wird wegen der Sterilisierbarkeit im Medizingerätesektor verwendet. Die sehr gute Bioverträglichkeit erlaubt medizinische Anwendungen als Implantate. Viele technische Anwendungen finden Polyetherketone im Maschinenbau wegen des sehr niedrigen Reibungskoeffizienten.

3.2.1.7 Polyphenylenether, Polyphenylene und Polyphenylenvinylene

Poly(*p*-phenylenether) (PPE) sind als Hochleistungspolymere bekannt. 2,6-disubstituierte Phenole bilden in Toluol durch oxidative Kupplung Polymere:

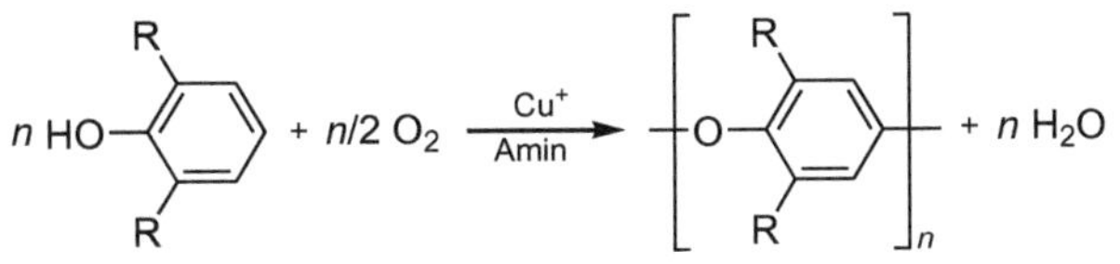

Das als Katalysator dienende Cu^+ wird mittels tertiärer Amine in organischem Medium löslich. Der Rest R darf nicht zu raumfüllend sein, da sich sonst nur Oligomere bilden. Das Poly(2,6-dimethyl-*p*-phenylenoxid) hat eine Glasumwandlungstemperatur von 210 °C und eine kommerzielle Bedeutung als Spezialpolymer und als Blendkomponente.

Poly-*p*-phenylen ist eine kristalline unlösliche Substanz beachtlicher thermischer Stabilität. Die Herstellung der Poly-*p*-phenylene geschieht im Wesentlichen durch Polykondensation:

Auch substituierte Poly-*p*-phenylene werden durch Polykondensation hergestellt. Substituenten erhöhen die Löslichkeit und Verarbeitbarkeit. Poly-*p*-phenylene sind Halbleiter und interessante Bausteine für lichtemittierende Dioden.

Poly-*p*-phenylenvinylen wird auch meistens durch Polykondensation hergestellt:

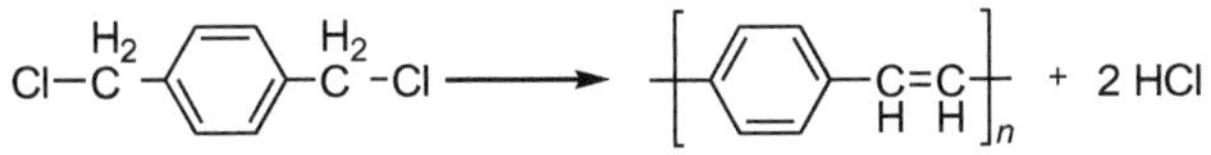

Es wurde auch synthetisiert als Nanofasern, Nanostäbchen und Nanoröhren.

Am Ring und an der Doppelbindung substituierte Poly-*p*-phenylenvinylene sind ebenfalls bekannt. Auch aus dieser Substanzklasse rekrutieren sich Halbleiter. Ebenfalls bekannt sind Polyarylenethenylene, also Arengruppen, die durch Alkyn-Linker verbunden sind. Auch Polyfluorene und Polycarbazole lassen sich in dieses Kapitel einordnen.

3.2.2 Duromere

Duromere sind engmaschig chemisch vernetzte Makromoleküle. Gegenüber von Thermoplasten haben sie eine Reihe von Vorteilen. Sie haben hohe Glasumwandlungstemperaturen und zeigen wegen der Vernetzungen nur geringe Verformungen beim Überschreiten der Glasumwandlungstemperatur. Das heißt, sie haben höhere Einsatztemperaturen als die meisten Thermoplaste. Duromere sind amorph und zeichnen sich durch hohe Steifigkeit, Härte und durch geringe Kriechneigung bei Langzeitbelastung aus. Sie sind unlöslich in Lösemitteln, nicht schmelzbar, nicht plastisch verformbar. Das bedeutet, dass die Formgebung vor oder parallel zur Vernetzungsreaktion erfolgen muss. Duromere enthalten in der Regel sehr hohe Anteile, bis zu 80 %, an Füllstoffen oder Verstärkungsfasern.

Die noch unvernetzten Ausgangsstoffe werden **Harze** genannt. Dabei handelt es sich in der Regel um hochviskose Oligomere, Präpolymere oder wenig vernetzte Vorprodukte, die funktionelle Gruppen enthalten, die eine Vernetzungsreaktion eingehen können (Abschn. 3.3.3). Meist werden diese Harze durch (Poly-)Kondensationsreaktionen erhalten. Aus diesem Grund sollen die wichtigsten Vertreter an dieser Stelle behandelt werden. Harze werden als Matrixwerkstoff für Faserverbundwerkstoffe, in der Elektrotechnik und Elektronik für Beschichtungen, Verkapselungen von Bauelementen und Leiterplatten sowie in der Automobil- und Luftfahrtindustrie vielfältig eingesetzt. Vor der chemischen Vernetzungsreaktion zum Duromeren werden die Harze in der Regel mit den sog. Harzträgern, d. h. Fasern, Gewebe, Füllstoffen, gemischt. Für die Vernetzung wird in der Regel ein Härter zugesetzt. Die Vernetzungsreaktion erfolgt unter Einwirkung des Härters und evtl. Wärme oder Strahlung und führt zur Bildung von Duromeren. Eine klassische Einteilung unterteilt die Harze in zwei Gruppen.

1. **Kondensationsharze:** Harze, bei denen die funktionellen Gruppen durch eine Kondensationsreaktion unter Abspaltung eines niedermolekularen Nebenprodukts vernetzen. Zu den Kondensationsharzen zählen die Phenol-Formaldehyd-Harze (PF), die Harnstoff-Formaldehyd-Harze (HF) und die Melamin-Formaldehyd-Harze (MF).
2. **Reaktionsharze:** Harze, deren Vernetzungsreaktion eine Additionsreaktion oder eine radikalische Reaktion ist. Zu dieser Gruppe zählen z. B. die ungesättigten Polyesterharze (UP), die Vinylesterharze (VE), die Epoxidharze (EP), Cyanesterharze, Bismaleimid-(BIM-)Harze, Polyimidharze (auch PMR-Harze genannt; PMR = (Polymerized Monomeric Reactant) oder Polydiallylphthalate.

Siliconharze werden in Abschn. 3.5.1 behandelt. Siliconharze lassen sich auch nicht so einfach in die oben erwähnten Harzgruppen einordnen, weil hier, je nachdem welche funktionellen Gruppen vorhanden sind, sowohl Kondensations- als auch Additionsreaktionen für die Vernetzung genutzt werden. Auch die Epoxidharze und die Polyurethanharze sollen in diesem Abschnitt nicht behandelt werden. Sie werden in Abschn. 3.2.3 ausführlich behandelt.

3.2.2.1 Kondensationsharze

Phenol-Formaldehyd-Harze (PF-Harze)

Phenol bildet mit Formaldehyd Kondensationsprodukte. Die entsprechende Reaktion kann sauer oder basisch katalysiert werden und führt im sauren Medium zu Novolaken, im basischen zu Resolen, Resitolen und Resiten.

Kondensation im sauren Medium

Bei der Säurekatalyse wird im wässrigen Medium Formaldehyd mit Säuren versetzt, z. B. Salzsäure. Dabei bildet sich das Methylolkation, das mit Phenol intermediär zu *p*- oder *o*-Methylolphenol reagiert, welches mit einem Überschuss Phenol sofort zu Methylenbrücken zwischen den aromatischen Kernen weiterreagiert:

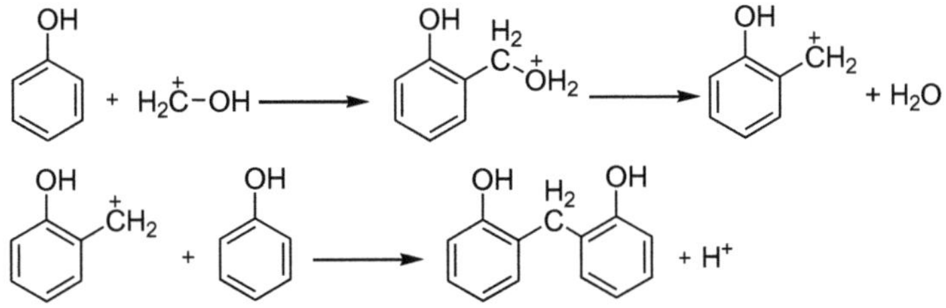

Kondensationsprodukte aus einem Molverhältnis Phenol zu Formaldehyd von 1,15 bis 1,3:1 weisen, weil obige Reaktionen mehrfach ablaufen, Molmassen von 500–700 auf, sind noch löslich, unvernetzt und lagerfähig. Novolake härten wegen der fehlenden Methylolgruppen nicht selbstständig aus. Sie werden durch Zugabe des Härters Hexamethylentetraamin (Urotropin) ausgehärtet.

Urotropin reagiert dabei mit Wasser zu Formaldehyd und Ammoniak:

$$(CH_2)_6N_4 + 6\,H_2O \longrightarrow 6\,HCHO + 4\,NH_3$$

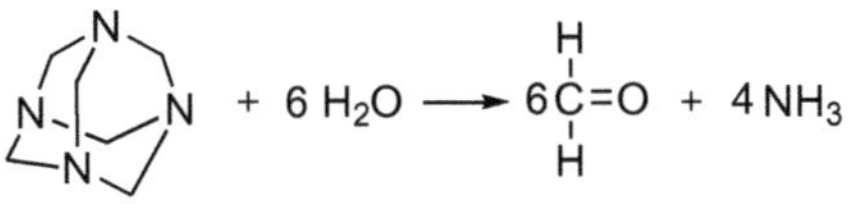

Formaldehyd reagiert mit dem Phenolharz, und es entstehen Methylolgruppen, die zur Vernetzung führen:

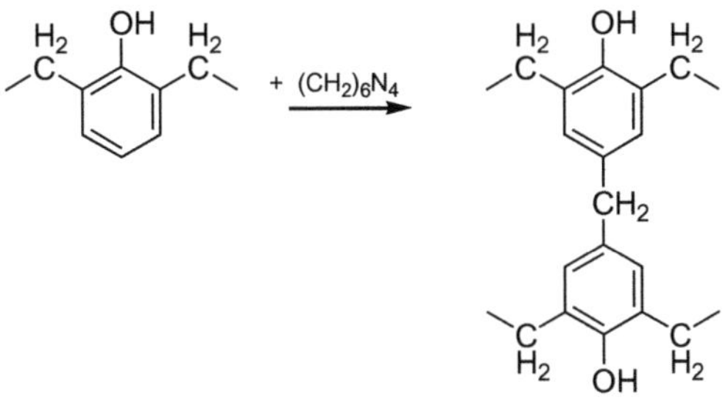

Auch Vernetzungen über eine Stickstoffbrücke, $-CH_2-NH-CH_2-$, wurden nachgewiesen, allerdings nur bei Verwendung höherer Urotropinkonzentrationen.

Kondensation im basischen Medium Unter Katalyse von Alkali- und Erdalkaliverbindungen addiert das Phenolatanion Formaldehyd zu einem Methylolphenol:

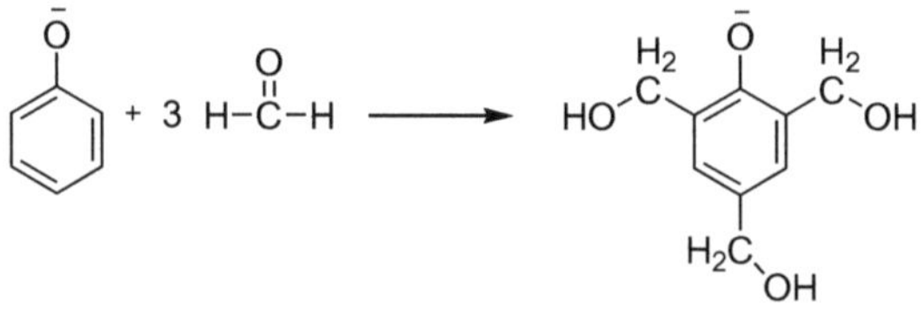

In Abhängigkeit vom Molverhältnis Formaldehyd/Phenol und mit zunehmendem pH-Wert tritt auch eine Di- und Trisubstitution des Phenols durch Formaldehyd auf. Durch die Kondensation mit Formaldehydüberschuss entstehen Resole, die Methylolgruppen enthalten. Die Resole können Molmassen bis 1000 g mol^{-1} haben und sind noch löslich. Die Kondensation der Methylolphenole schreitet auch bei Raumtemperatur langsam fort, und deshalb werden sie als **selbsthärtende Phenolharze** bezeichnet. Die Produkte sind nicht unbegrenzt lagerfähig. Aus Resol entsteht so Resitol, ein nur noch quellbares Zwischenprodukt, und am Ende das Resit, die vollständig ausgehärtete Endstufe der Kondensation:

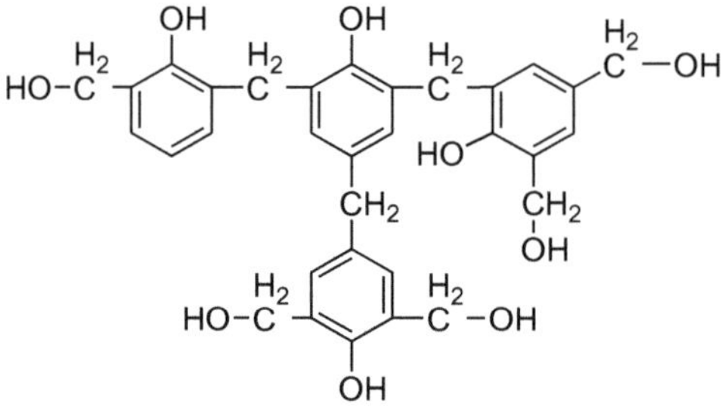

Da auch di- und trisubstituierte Phenole bei der Resolherstellung entstehen, ist die Multifunktionalität als Voraussetzung für die Vernetzung vorhanden. Umgekehrt steuert die Funktionalität die Vernetzungsdichte. Dies kann auch durch den Einsatz substituierter Phenole erfolgen.

Phenolharze können fest, flüssig oder gelöst in Lösemittel verwendet werden. In der Regel enthalten die Harze einen Harzträger in Form von Füllstoffen, Fasern oder Geweben. Gehärtet sind sie harte, polare Konstruktionswerkstoffe. Sie werden u. a. für die Herstellung von Schaltern, Steckern, Isolatoren in der Elektrotechnik oder als Handräder, Drehknöpfe, Griffe im Maschinenbau oder der Haushaltstechnik eingesetzt. Der Nachteil der PF-Harze besteht darin, dass sie eine gelbe bis braune Eigenfarbe besitzen, die durch die Bildung von Chinomethiden aus Phenol bei höheren Temperaturen resultiert. Neben den ungesättigten Polyesterharzen sind Phenol-Formaldehyd-Harze mengenmäßig die wichtigsten Duromere.

Kohlefaserverstärkter Kohlenstoff (CFC)
Phenol-Formaldehyd-Harze sind das Ausgangsmaterial für die Herstellung eines besonderen Hochleistungswerkstoffs. Hierzu werden die Harze mit Kohlefasern verstärkt. Durch Carbonisierungsreaktionen entsteht aus dem Harz eine Kohlenstoffmatrix, welche durch Kohlefasern verstärkt ist. CFC-Werkstoffe lassen sich unter Schutzgas bei Temperaturen bis zu 3000 °C einsetzen. CFC ist extrem beständig gegen Korrosion und Einfluss aggressiver Medien und wird deshalb als Werkstoff für Apparaturen zur Flusssäureverarbeitung eingesetzt. Durch die extreme Reinheit von CFC – der Anteil an Fremdatomen ist kleiner als 10 ppm – kann dieses Material als Trägersubstanz für die Kristallziehverfahren der Halbleiterindustrie verwendet werden.

Harnstoff-Formaldehyd-Harze (UF-Harze)
Harnstoff und andere NH-gruppenhaltige Verbindungen, wie z. B. Guanidine, Amine, Säureamide und Urethane, sind in der Lage, mit Formaldehyd Kondensationsreaktionen einzugehen. Aus Harnstoff und Formaldehyd bilden sich in schwach alkalischer oder neutraler wässriger Lösung Methylolharnstoffe:

$$H_2N-\overset{O}{\overset{\|}{C}}-NH_2 \; + \; H-\overset{O}{\overset{\|}{C}}-H \;\longrightarrow\; H_2N-\overset{O}{\overset{\|}{C}}-\overset{H}{\underset{}{N}}-\overset{H_2}{\underset{}{C}}-OH$$

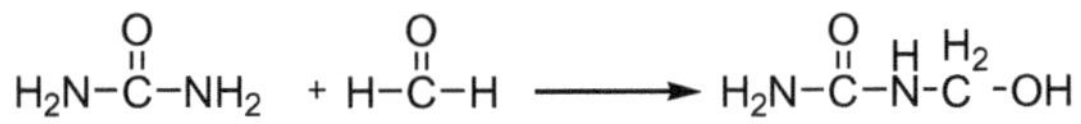

Je nach dem Molverhältnis Harnstoff/Formaldehyd gelangen wir bis zur Tetramethylolverbindung. Die Verbindungen sind in alkalischer Lösung beständig.

In saurer Lösung geht die Methylolverbindung mit Protonensäuren unter Wasserabspaltung in ein Carbokation-Immoniumion über:

$$HN(R)-\overset{O}{\overset{\|}{C}}-\overset{H}{\underset{}{N}}-\overset{H_2}{\underset{}{C}}-OH \;\xrightarrow[-H_2O]{+H^+}\; HN(R)-\overset{O}{\overset{\|}{C}}-\overset{+}{\underset{H}{N}}=CH_2 \;\rightleftharpoons\; HN(R)-\overset{O}{\overset{\|}{C}}-\overset{H}{\underset{}{N}}-\overset{+}{C}H_2$$

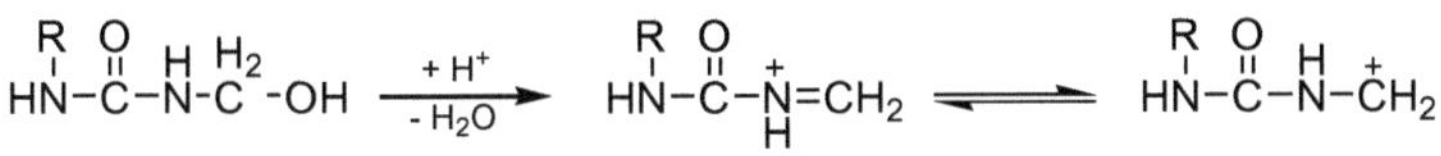

Dieses lagert weiteren Harnstoff unter Kettenverlängerung und Vernetzung an. Die Vernetzung bzw. die benötigte Multifunktionalität ergibt sich einerseits aus den mehrwertigen Methylolharnstoffen, andererseits aus der Reaktion weiterer NH-Gruppen. Auch ist bekannt, dass Trimerisierungen unter Ausbildung folgender Strukturen ablaufen:

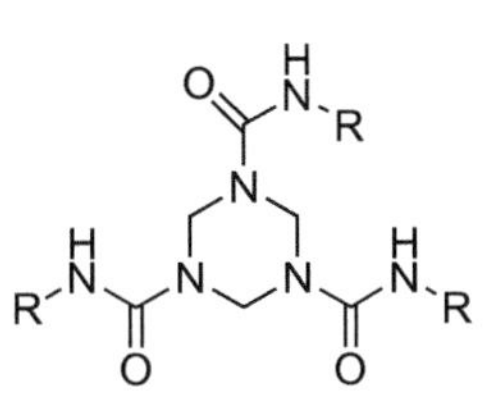

UF-Harze haben gegenüber den PF-Harzen den Vorteil, dass sie farblos und dadurch für helle oder weiße Anwendungen geeignet sind.

Melamin-Formaldehyd-Harze (MF-Harze)

Melamin (a) als trifunktionelle Verbindung vermag ebenfalls mit Formaldehyd zu reagieren, und zwar jedes Wasserstoffatom in Abhängigkeit vom Melamin-Formaldehyd-Molverhältnis. Die dabei entstehenden Methylolmelamine (b) können bei höheren Temperaturen (140–160 °C) unter Abspaltung von Wasser und Bildung von Methyenetherbrücken (c) oder unter Abspaltung von Formaldehyd (d) durch Kondensation vernetzen:

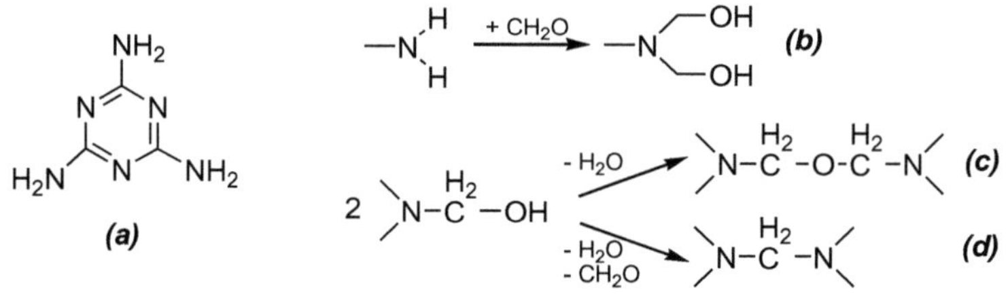

MF-Harze haben gegenüber den PF- und UF-Harzen eine bessere Heißwasserbeständigkeit. Deshalb sind einige MF-Harze für den Kontakt mit Lebensmitteln zugelassen und werden für Verpackungen und als Geschirr verwendet.

3.2.2.2 Reaktionsharze

Ungesättigte Polyesterharze (UP-Harze)

UP-Harze sind Polyester mit geringen Polymerisationsgraden, die in der Kette Doppelbindungen enthalten, weil sie aus gesättigten und ungesättigten Dicarbonsäuren und Diolen aufgebaut sind. Als ungesättigte Dicarbonsäure wird in der Regel Maleinsäure bzw. das Maleinsäureanhydrid eingesetzt. Ein einfaches UP-Gießharz wird z. B. nach folgender Gleichung aus Maleinsäureanhydrid, Ethylenglykol und einer gesättigten Dicarbonsäure (in Standardformulierungen wird dazu Phthalsäure verwendet) bei 200 °C unter Zusatz saurer Katalysatoren bis zu einem Polymerisationsgrad von ca. 10–15 polykondensiert:

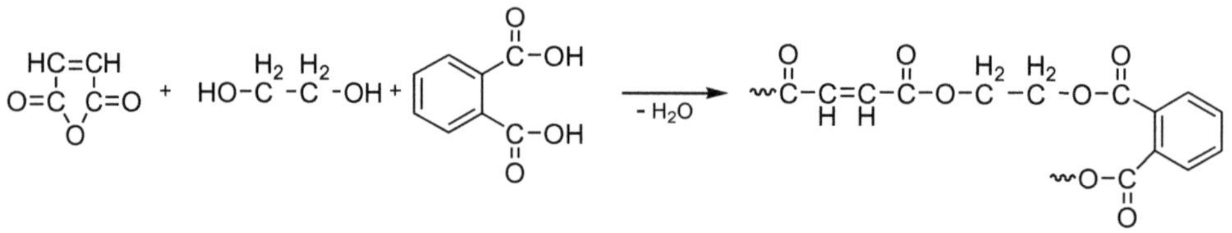

Die gesättigte Dicarbonsäure dient dabei zur Regulierung des Doppelbindungsgehalts im Polymer. Bei dieser Reaktion isomerisiert die Maleinsäure bis zu ca. 80 % in Fumarsäure.

Durch Variation der Dicarbonsäuren und Diole können UP-Harze mit unterschiedlichen Eigenschaften hergestellt werden. So werden Isophthalsäure und Terephthalsäure eingesetzt, um thermische und mechanische Stabilität und Chemikalienbeständigkeit zu erhöhen. Formulierungen mit Tetrahydrophthalsäureanhydrid (a) zeigen verbesserte Schlagzähigkeit und mit Hexahydrophthalsäureanhydrid (b) verbesserte UV-Beständigkeit. Für

Gelcoatharze für Beschichtungen werden auch aliphatische Dicarbonsäuren, z. B. Adipinsäure, eingesetzt.

Als Diole werden Ethylenglykol, Propandiol oder Butandiol verwendet. Durch Neopentylglykol (c) wird z. B. eine verbesserte Chemikalienbeständigkeit erreicht; Bisphenol A erhöht die Wärmeformbeständigkeit und die Chemikalienbeständigkeit. Halogenierte Dicarbonsäuren oder Diole werden zur Verbesserung der Flammwidrigkeit zugesetzt.

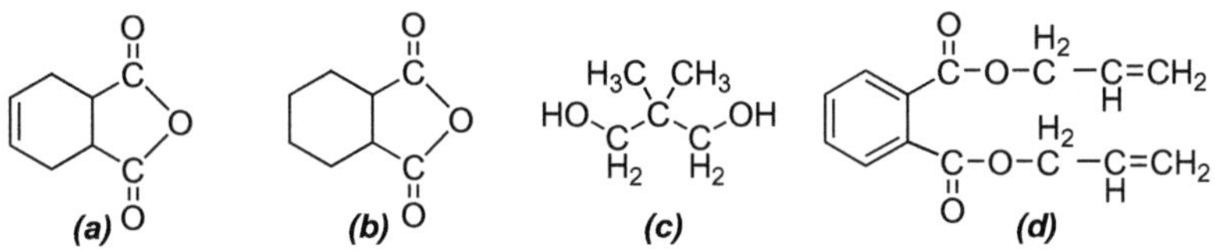

Die Vernetzung der UP-Harze erfolgt durch Vinylverbindungen. In der Regel wird dem Polykondensat 25–45 % Styrol zugemischt, und dann werden die Doppelbindungen des Polykondensats mit der Vinylverbindung mittels radikalischer Initiatoren copolymerisiert.

Die Netzwerkdichte wird durch die Anzahl der Doppelbindungen im Polykondensat und den Anteil der Vinylverbindung bestimmt. Neben Styrol wird auch Diallylphthalat (d) als Vernetzer eingesetzt, insbesondere wenn eine höhere Wärmeformbeständigkeit erreicht werden soll. Die radikalische Vernetzungsreaktion mit Styrol führt zu einem relativ hohen Polymerisationsschrumpf (Volumenabnahme bei der Vernetzung), der bei ungefüllten Harzen 6–8 % betragen kann. Um dem entgegenzuwirken, werden die Harze mit Thermoplasten, z. B. PS oder PMMA, oder mit Kautschuken gemischt. Ein weiterer Nachteil des Einsatzes von Styrol als Vernetzer ist dessen leichte Verdampfbarkeit, Entzündbarkeit und Gesundheitsschädlichkeit. Um die Verdampfung von Styrol zu unterdrücken, werden den sog. Milieuharzen Paraffine zugesetzt, die eine undurchlässige Außenhaut bilden.

Die radikalische Vernetzungsreaktion der UP-Harze kann unter verschiedenen Bedingungen stattfinden. Für die Härtung bei höheren Temperaturen (60–100 °C) werden Peroxide als Initiatoren eingesetzt. Eine Kombination von Peroxiden mit Aminen erlaubt die Aushärtung bei Raumtemperatur (Kalthärtung). Außerdem ist die Härtung mit UV-Licht von großer Bedeutung für Lacke und Beschichtungen. Hierzu müssen Photoinitiatoren verwendet werden. Die radikalischen Photoinitiatoren sind in Abschn. 3.1.1.1 beschrieben.

Die ungesättigten Polyesterharze werden insbesondere als Matrix für glasfaserverstärkte Kunststoffe (GFK) verwendet.

Polydiallylharze

Diallylphthalat (d) oder Diallylisophthalat sind Ausgangsmonomere für die Herstellung von Allylharzen, die als DAP- bzw. DAIP-Harze bezeichnet werden. Die Vernetzung erfolgt durch radikalische Polymerisation der Allylgruppen.

Vinylesterharze (VE-Harze)

VE-Harze werden oft auch als Phenylacrylatharze bezeichnet. Sie zeichnen sich dadurch aus, dass die vernetzungsfähigen funktionellen Gruppen Acrylat- oder Methacrylatgruppen sind, die sich, über Esterbindungen verknüpft, endständig am Präpolymer befinden. Für technische Anwendungen werden die Präpolymere mit einem Vinylmonomer, in der Regel Styrol, vermischt und durch eine radikalische Reaktion gehärtet. Die Präpolymere werden durch Veresterung von Epoxiden mit Acrylsäure oder Methacrylsäure erhalten. Die Synthese von EP-Präpolymeren aus Bisphenol A und Epichlorhydrin wird in Abschn. 3.2.3.2 dargestellt. Die anschließende Umsetzung der Oxiranendgruppen mit Acrylsäure bzw. Methacrylsäure erfolgt nach folgender Gleichung:

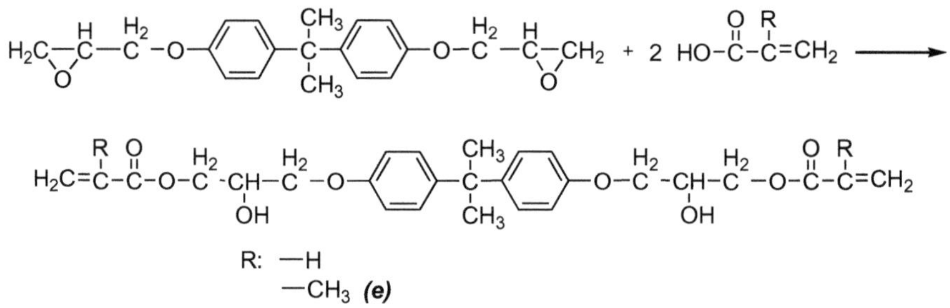

(e)

Neben den Präpolymeren, die aus Bisphenol A aufgebaut sind, werden auch VE-Harze aus Novolaken (Abschn. 3.2.2.1) erhalten, die sich durch folgende Struktur auszeichnen:

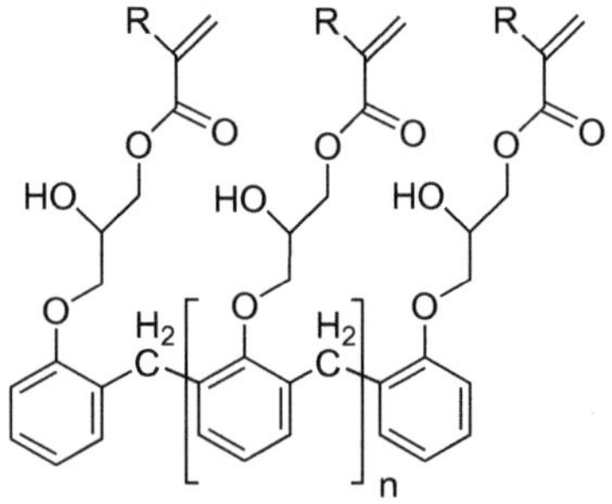

Diesen Harzen kann zusätzlich ein Diisocyanat zugesetzt werden, welches in der Lage ist, zusätzliche Vernetzungen mit den Hydroxylgruppen unter Bildung von Urethanbindungen (Abschn. 3.2.3.1) zu bilden. Die auf diese Weise erhaltenen Duromere zeichnen sich durch besonders hohe thermische Stabilität aus. Diese Harze werden auch als VEU-Harze bezeichnet.

VE-Harze zeichnen sich durch eine höhere Schlagzähigkeit und Chemikalienbeständigkeit gegenüber den UP-Harzen aus. Die radikalische Aushärtungsreaktion der VE-Harze kann analog zu der der UP-Harze bei höheren Temperaturen mit Peroxiden, bei Raumtemperatur mit Redoxinitiatoren aus Peroxiden und Aminen oder durch Einwirkung von Strahlung mit Photoinitiatoren erfolgen.

Eine spezielle Gruppe von Harzen sind die Dimethacrylatharze, die z. B. als Matrix für Füllungskomposite in der Zahnmedizin, in der Dentaltechnik und weiteren medizintechnischen Anwendungen sowie in der Stererolithografie eingesetzt werden. Der Unterschied zu den VE-Harzen besteht darin, dass hier kein zusätzliches Vinylmonomer verwendet wird. Die Harze bestehen in der Regel aus einer Mischung mehrerer Dimethacrylatmonomere, wobei die Endeigenschaften durch die Zusammensetzung der Mischung gesteuert werden. Typische Beispiele für solche Dimethacrylate sind Bisphenol-A-glycidylmethacrylat (BisGMA) (e), Triethylenglykoldimethacrylat (TEGDMA) (f) und Urethandimethacrylat (UDMA) (g).

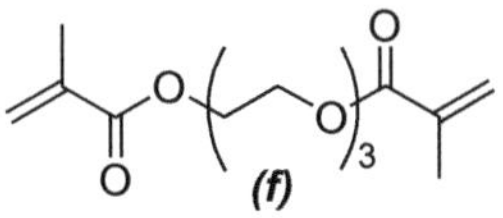
(f)

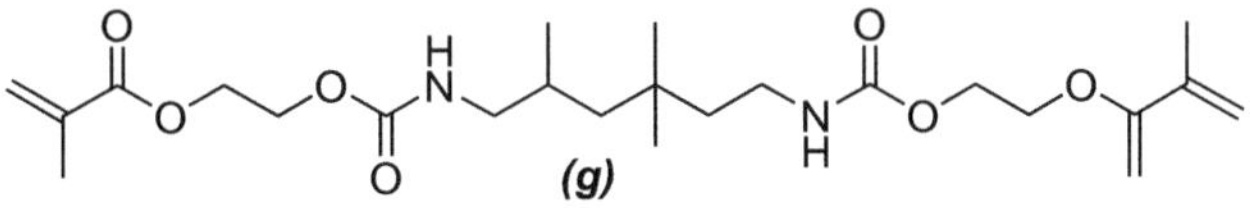
(g)

Cyanatesterharze (CE-Harze)

Diese Harze werden für Hochleistungsanwendungen hergestellt. Vernetzte Cyanatesterharze zeichnen sich durch sehr hohe Glasumwandlungstemperaturen bis zu 400 °C und somit hohe Anwendungstemperaturen aus. Sie werden in der Luft- und Raumfahrtindustrie und in der Elektronik eingesetzt. Die Synthese erfolgt aus Bisphenol A oder Novolaken durch Kondensation mit Cyanhalogeniden unter basischen Bedingungen.

Die Vernetzung erfolgt mit Übergangsmetallkatalysatoren und phenolischen Cokatalysatoren unter Bildung von Triazin, wie für ein Bisphenol-A-basiertes Cyanesterharz (h) in folgender Gleichung gezeigt wird:

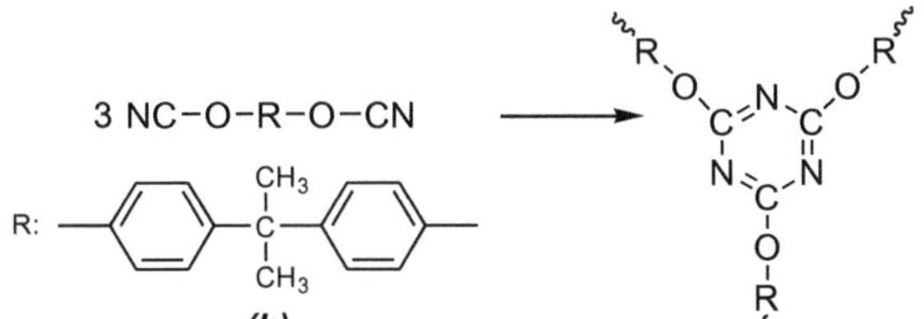

(h)

Cyanesterharze können mit EP-Harzen kombiniert werden. Dabei bilden sich gemischte Netzwerke aus Triazin und Oxazolidinon aus, was zu einer Verbesserung der Beständigkeit gegenüber Feuchtigkeit, aber auch zu einer Verringerung der Temperaturbeständigkeit im Vergleich zu reinen Triazinnetzwerken führt.

Bismaleimidharze (BMI-Harze)
Diese Harze werden durch Kondensation von Maleinsäureanhydrid mit aromatischen Diaminen hergestellt. Ein typischer Vertreter ist Bis(4-maleimidophenyl)methan (i), welches mit weiteren Comonomeren mit aromatischen Einheiten zur Optimierung der Eigenschaften gemischt wird. Die Vernetzung erfolgt durch eine Additionsreaktion mit weiteren aromatischen Aminen.

BMI-Harze sind bei der Herstellung von Faserverbundwerkstoffen mit der RTM-Technologie (RTM = Resin Transfer Moulding) von Bedeutung.

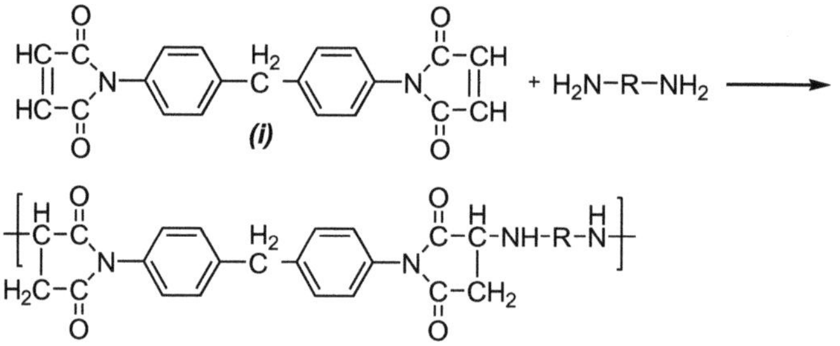

Die Kombination aus BMI-Harzen und Cyanatesterharzen führt zu der Gruppe der Bismaleimid-Triazin-Harze (BT-Harze). Harzkomponenten sind z. B. 2,2′-Bis(4-cyanatophenyl)propan (h) und Bis(4-maleimidophenyl)methan (i). Bei der Vernetzung der BT-Harze nimmt man an, dass sich interpenetrierende Netzwerke bilden, aber auch die Bildung von kovalenten Bindungen zwischen den Netzwerken wird diskutiert.

Polyimidharze (PI-Harze)
Polyimidharze werden auch als PMR-Harze (PMR = Polymerized Monomeric Reactant) bezeichnet. Die Ausgangskomponenten für PMR-Harze sind Lösungen von aromatischen Diaminen, Dicarbonsäureanhydriden, Norbornendicarbonsäure oder deren Ester. Diese werden zuerst bei Temperaturen > 200 °C zum Harz aufgebaut, welches dann anschließend bei > 300 °C vernetzt wird:

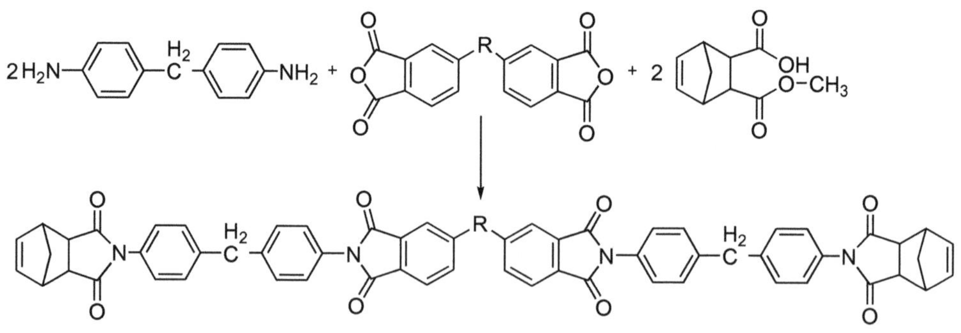

Die Vernetzungsreaktion basiert auf einer reversen Diels-Alder-Reaktion der Norbornenendgruppe:

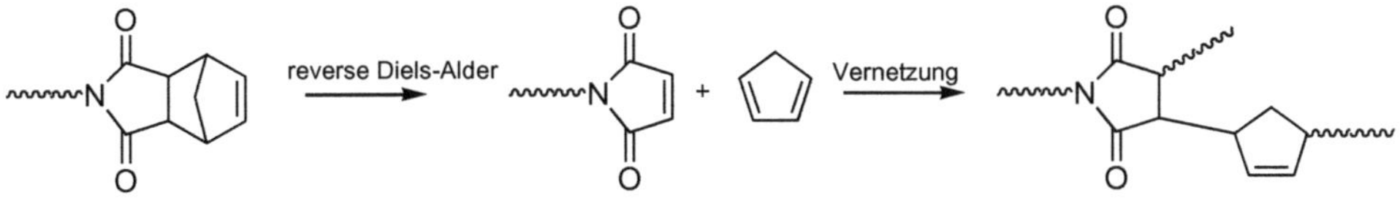

PMR-Harze werden für anspruchsvolle Faserverbundbauteile in der Luft- und Raumfahrtindustrie sowie in der Elektronik verwendet.

Benzoxazinharze

Benzoxazinharze werden aus Phenolderivaten, Formaldehyd und primären Aminen aufgebaut:

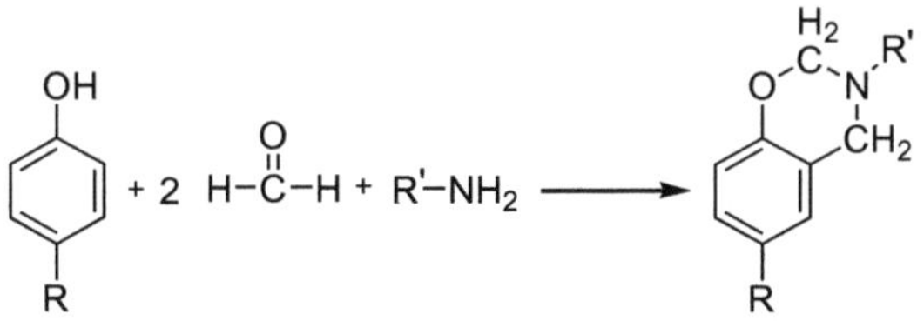

Ein Beispiel für ein Benzoxazin, welches aus Bisphenol A erhalten wird, ist in folgender Formel dargestellt:

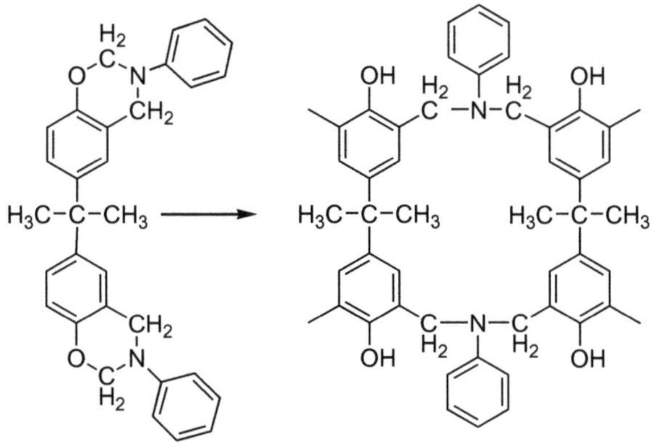

Die Vernetzungsreaktion ist eine ringöffnende Polymerisation.

Ein Vorteil der Benzoxazinharze ist, dass bei der Vernetzung nahezu kein Volumenschrumpf auftritt. Die Glasumwandlungstemperaturen der Duromere liegen im Bereich von 200 °C und somit deutlich niedriger als die von Cyanester- oder Polyimidharzen. Benzoxazine werden auch in Mischungen mit Epoxidharzen verwendet.

3.2.3 Polyaddition

Die Polyaddition hat eine Reihe von gemeinsamen Charakteristika mit der Polykondensation. Diese wurden bereits in Abschn. 3.2 beschrieben und werden hier noch einmal kurz zusammengefasst:

- Langsames Steigen der Molmasse mit der Reaktionszeit
- Erfordernis der Abwesenheit von Nebenreaktionen und Äquivalenz der Endgruppen mit dem Ziel eines hohen Umsatzes und Polymerisationsgrads
- Steuerung der Molmasse durch Zusatz monofunktioneller Verbindungen

Meist geht man bei der Betrachtung der Polyaddition nur auf die Polyurethane und Polyepoxide ein, die auch hier näher behandelt werden sollen. Zu den Polyadditionsverbindungen gehören aber auch Polyharnstoffe (aus Diisocyanaten und Aminen), Polythioharnstoffe (aus Diisothiocyanaten und Aminen), Poly-2-oxazolidone (aus Diepoxiden und Diisocyanaten), Polysulfide (aus Dithiolen und konjugierten Dienen), Polyammoniumhalogenide (aus Dihalogeniden und Diaminen) und sogar Polyamide (aus Dinitrilen und Diolen), Polycyanate und Polycyanide. Diese Beispiele zeigen, dass Polykondensation und Polyaddition zum gleichen Produkt führen können. Ein weiteres Beispiel wäre die Bildung gleicher Polyurethane durch Polyaddition aus Diisocyanaten und Diolen oder durch Polykondensation aus Diaminen und Dihalogenformiat. Zu Polyaddition zählt auch die **Diels-Alder-Reaktion**, die es ermöglicht, Polyphenylene oder aromatische Leiterpolymere herzustellen. Ebenso wird die anionische Polymerisation des Acrylamids zu Poly-β-alanin zu den Polyadditionen gerechnet.

3.2.3.1 Polyurethane

Die wichtigste Gruppe der Polyadditionsverbindungen sind die Polyurethane mit der charakteristischen Urethangruppierung, die durch die Reaktion von (Poly-)Alkoholen mit mehrfunktionellen Isocyanaten gebildet wird:

$$-N(H)-C(=O)-O-$$

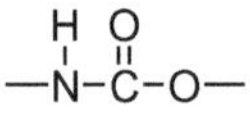

Aufgrund der großen Variationsmöglichkeiten der eingesetzten Rohstoffe zählen Polyurethane heutzutage zu den vielseitigsten industriell hergestellten Kunststoffen. Polyurethane werden mit der allgemeinen Reaktionsgleichung

$$HO-R_1-OH + O=C=N-R_2-N=C=O \longrightarrow \left[O-R_1-O-\underset{\underset{O}{\|}}{C}-\underset{\underset{H}{|}}{N}-R_2-\underset{\underset{H}{|}}{N}-\underset{\underset{O}{\|}}{C}\right]$$

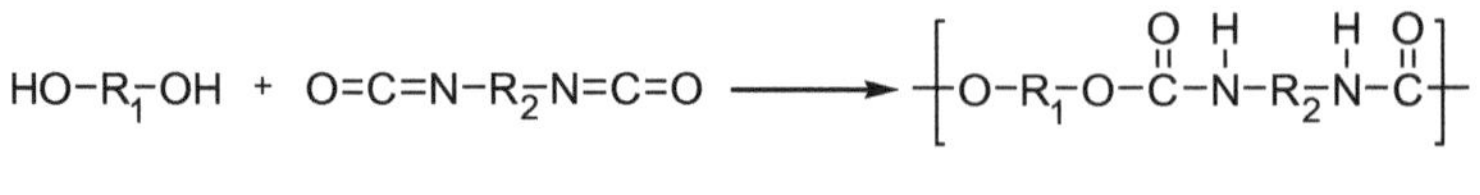

durch Polyaddition eines Diols mit einem Diisocyanat in Gegenwart eines Katalysators unter milden Reaktionsbedingungen bei nahezu vollständigem Umsatz gebildet. Die hohe Reaktionsfähigkeit der Isocyanate führt bei Reaktionen mit Alkoholen, Aminen, Carbonsäuren und Wasser zu den entsprechenden Urethan-, Harnstoff- bzw. Amidbindungen. Dabei ist vor allem die Reaktion des Isocyanats mit Wasser hervorzuheben, da zunächst die instabile Carbaminsäure (a) entsteht, die unter CO_2-Abspaltung in ein Amin (b) übergeht. Das gebildete CO_2 wirkt als Treibmittel und ist für die Herstellung von Schaumprodukten äußerst wichtig. Mit Carbonsäuren reagiert Isocyanat zu Amiden (c). Diese Reaktionswege werden auch als **Treibreaktion** bezeichnet. Das entstandene Amin (b) kann dann direkt mit weiterem Isocyanat Harnstoffbindungen (e) bilden. Diese Reaktion wird, wie auch die Bildung der Urethanbindungen (d), als **Gelreaktion** bezeichnet, womit der strukturelle Aufbau von linearen, verzweigten und auch vernetzten Molekülen gemeint ist.

$$
\begin{array}{l}
R-N=C=O + H_2O \longrightarrow R-\underset{(a)}{N}H-\underset{}{C}(=O)-OH \longrightarrow R-NH_2 + CO_2 \\[2pt]
R_1-N=C=O + HO-C(=O)-R_2 \longrightarrow R_1-NH-C(=O)-R_2 + CO_2 \quad (c)
\end{array}
\right\} \text{Treibreaktionen}
$$

$$
\begin{array}{l}
R_1-N=C=O + HO-R_2 \longrightarrow R_1-NH-C(=O)-O-R_2 \quad (d) \\[2pt]
R_1-N=C=O + H_2N-R_2 \longrightarrow R_1-NH-C(=O)-NH-R_2 \quad (e)
\end{array}
\right\} \text{Gel-Reaktionen}
$$

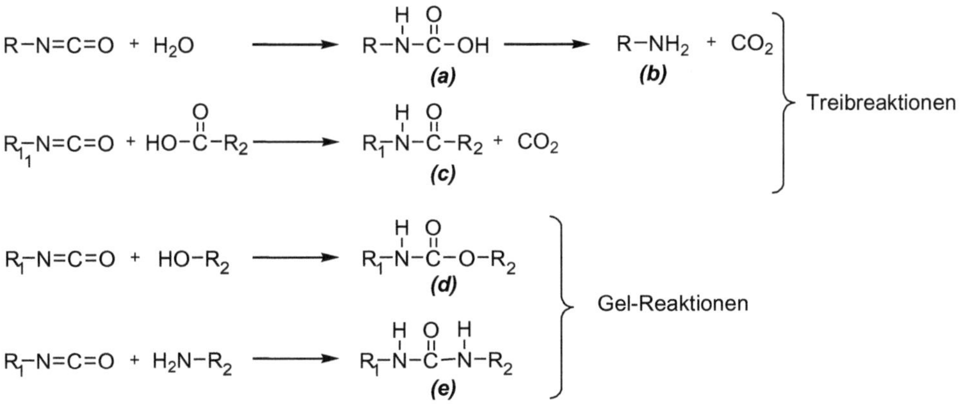

Durch weitere Reaktion der Urethan- bzw. Harnstoff-Gruppen mit Isocyanaten entstehen sog. Allophanatverbindungen (f) bzw. Biuretverbindungen (g), wodurch verzweigte und vernetzte Strukturen entstehen. Isocyanate sind in der Lage, zu Uretdionen (h) zu dimerisieren bzw. zu Isocyanuraten (j) zu trimerisieren. Die Isocyanurate spielen eine bedeutende technische Rolle im Bereich des Flammschutzes von Hartschäumen. Die Reaktion zweier Isocyanatgruppen bei Verwendung spezieller Katalysatoren führt unter CO_2-Abspaltung zu Carbodiimiden (i), die als Hydrolysestabilisatoren und Säurefänger in Polyurethanformulierungen eingesetzt werden. Vernetzte Strukturen werden ebenfalls durch die Verwendung von mehrfunktionellen Polyolen und Polyisocyanaten aufgebaut:

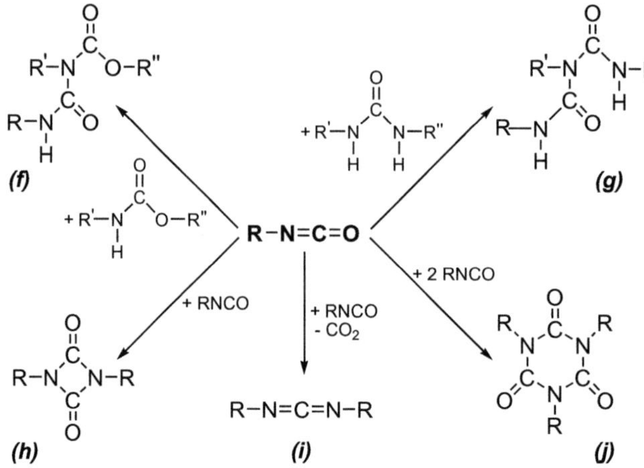

Als Katalysatoren für die Polyurethansynthese dienen basische Verbindungen, wie z. B. tertiäre Amine oder Zinnverbindungen, wie das Dibutylzinndiacetat. Polyurethane sind nicht so stabil wie Polyamide. Ab 200 °C treten je nach Struktur Abbaureaktionen in Form einer Depolymerisation in die Ausgangsstoffe oder unter Kohlendioxidabspaltung auf, wobei Amine und Vinylendgruppen entstehen.

Die wichtigsten Rohstoffe für die Herstellung von Polyurethanen sind die **Isocyanate**. Die bedeutendsten Vertreter sind die aromatischen Verbindungen Diphenylmethandiisocyanat (MDI) (k) und 2,4-Toluendiisocyanat (l) bzw. 2,6-Toluendiisocyanat (m) (TDI). Für lichtechte Anwendungen werden auch aliphatische Isocyanate, wie z. B. das 1,6-Hexamethylendiisocyanat (HDI) (n) oder das Isophorondiisocyanat (IPDI) (o) eingesetzt:

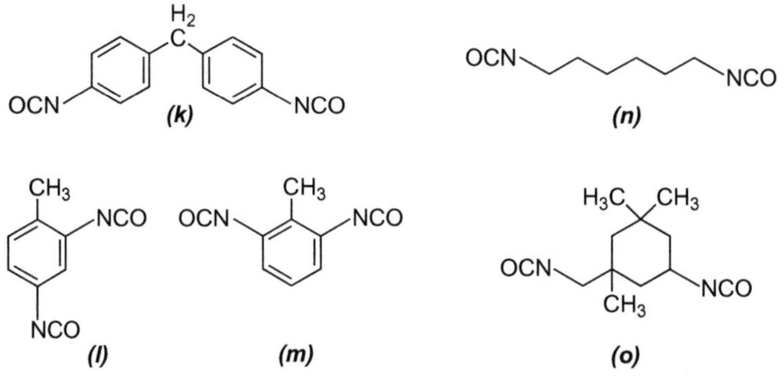

Die wichtigsten Vertreter auf der **Polyol**-Seite sind die Polyetherpolyole und Polyesterpolyole. Polyetherpolyole werden beispielsweise durch anionische Polymerisation von Ethylenoxid und Propylenoxid hergestellt. Dabei kann durch die Funktionalität, Struktur und Länge der Polyole das Eigenschaftsprofil der PU-Produkte vielfältig gesteuert werden. Polyesterpolyole entstehen durch Polykondensation von Di- oder Polycarbonsäuren (oder deren Anhydriden) mit Di- oder Polyalkoholen. Sie werden vor allem in jenen Anwendungsbereichen eingesetzt, in denen es auf gute mechanische Eigenschaften ankommt. Nachteilig bei ihrer Verwendung ist die wenig ausgeprägte Hydrolysestabilität.

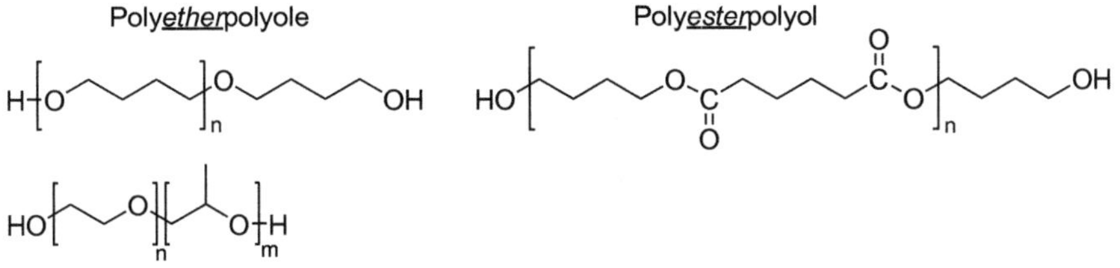

Die Herstellung von Polyurethanen bis zu Copolyurethanen und Polyesterurethanen weist eine große Variationsbreite auf, woraus sich viele Anwendungsgebiete ergeben, von denen eines die Polyurethanelastomere sind.

Thermoplastische Polyurethan-Elastomere (TPU)

Lineare wie auch verzweigte Polyurethane bilden aufgrund der polaren Urethan- bzw. Harnstoffgruppen starke intermolekulare Wasserstoffbrückenbindungen aus. Für die Bildung von Elastomeren müssen zusätzlich längere flexible Kettensegmente eingeführt werden, ohne die Wasserstoffbrücken zu verlieren. Dazu werden beispielsweise langkettige Diole mit Molmassen von 2000 g mol^{-1} auf Basis von Polyethern (Polyoxypropylen, Polytetrahydrofuran) oder Polyester (Polycaprolacton) verwendet. Diese werden mit äquivalenten Mengen des möglichst aromatischen Diisocyanats (MDI) umgesetzt. Darauf folgt die Kettenverlängerung mit aliphatischen Diolen, wie beispielsweise Butandiol. Auf diese Weise entstehen Polyurethanketten mit sog. Weichsegmenten, die hauptsächlich aus dem Polyol bestehen, und Hartsegmenten, basierend auf dem Isocyanat und dem Kettenverlängerer. Diese Hartsegmente bilden durch starke intermolekulare Wechselwirkungen kristalline Hartphasen aus, die als mehrfunktionelle, physikalische Vernetzungspunkte agieren. Dazwischen findet sich die flexible Weichphase wieder. Es bildet sich die für Polyurethan-Elastomere typische Hart-/Weichphasen-Morphologie aus (Abb. 3.9). Die starren Hartphasen schmelzen bei höheren Temperaturen auf, wodurch sich das Material thermoplastisch verarbeiten lässt. Die chemische Struktur der Hart- und Weichphasen sowie die Phasenmorphologie sind hier skizziert:

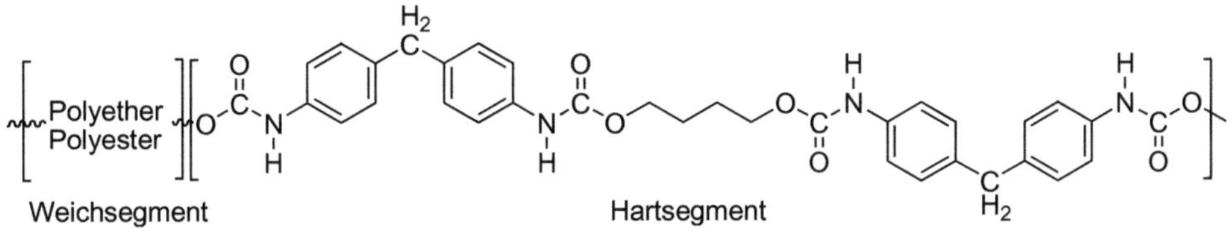

Es ergeben sich dadurch thermoplastische Elastomere mit definierten Eigenschaften bezüglich ihrer Anwendung wie auch Verarbeitung. Eine Vernetzung mit überschüssigem

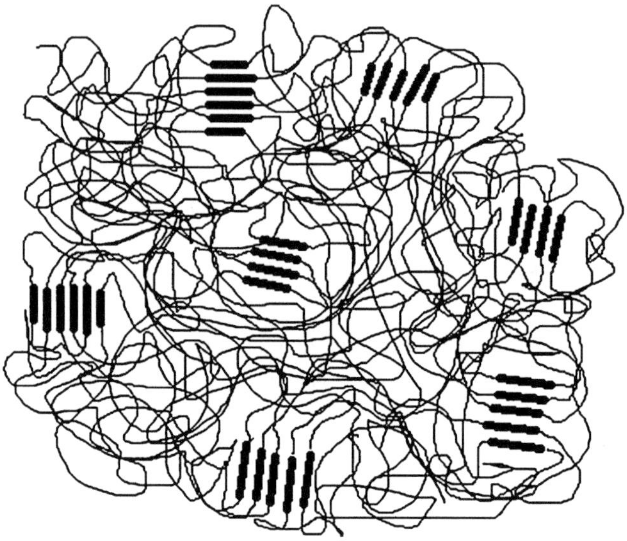

Abb. 3.9 Schematische Darstellung der Morphologie von thermoplastischen Polyurethanen mit Hart- und Weichsegmenten

Isocyanat ergibt Allophanat- oder Isocyanuratstrukturen, wodurch auch chemische Vernetzungspunkte entstehen. Werden die aliphatischen Diole durch Diamine ersetzt, gelangt man zu den Copolyurethanharnstoffen:

$$\text{OCN}\!\!-\!\!\!\left(\!\text{R}\!-\!\!\underset{\underset{\text{H}}{|}}{\text{N}}\!\!-\!\!\underset{\underset{\text{O}}{\|}}{\text{C}}\!\!-\!\text{O}\!\right)\!\!-\!\!\text{R-NCO} + \text{H}_2\text{N-R'-NH}_2 \longrightarrow \!\!\!-\!\!\left[\underset{\underset{\text{O}}{\|}}{\text{C}}\!\!-\!\!\underset{\underset{\text{H}}{|}}{\text{N}}\!\!-\!\!\left(\!\text{R}\!-\!\!\underset{\underset{\text{H}}{|}}{\text{N}}\!\!-\!\!\underset{\underset{\text{O}}{\|}}{\text{C}}\!\!-\!\text{O}\!\right)\!\!-\!\!\text{R}\!-\!\!\underset{\underset{\text{H}}{|}}{\text{N}}\!\!-\!\!\underset{\underset{\text{O}}{\|}}{\text{C}}\!\!-\!\!\underset{\underset{\text{H}}{|}}{\text{N}}\!\!-\!\!\text{R'}\!-\!\!\underset{\underset{\text{H}}{|}}{\text{N}}\right]\!\!-$$

Die Harnstoffgruppierung kann durch ein weiteres Isocyanat in Form von Biuretstrukturen in definierter Weise vernetzt werden.

Elastische Polyurethanschäume

Elastische Schäume werden aus langkettigen Polyolen mit einem Überschuss Diisocyanat, einer kontrollierten Menge Wasser sowie Tensiden (als oberflächenkontrollierendes Agens) erhalten. Dabei bilden sich aus dem Diisocyanat und dem Wasser ein Amin und gasförmiges Kohlendioxid. Das Wasser wirkt dabei als chemisches Treibmittel. Das Amin bildet mit dem Isocyanat Harnstoffgruppen, und das Kohlendioxid schäumt das Polymer auf (a–e).

Die Harnstoffgruppierung gibt mit weiterem Isocyanat Biuretvernetzungen. Bezüglich Schaumbildung und Vernetzung ist die sorgfältige Abstimmung aller Reaktionsteilnehmer nötig, um stabile Schäume im gewünschten Dichtebereich zu erhalten.

Als physikalisch wirkende Schaumbildner können auch leichtflüchtige Kohlenwasserstoffe, z. B. Cyclopentan, dienen. Elastische Polyurethanschäume im niedrigen Dichtebereich finden vorwiegend als Polstermaterial Verwendung, sie finden sich aber auch mit höheren Dichten in Schuhsohlen oder als mikrozelluläre Schäume für Dämpfungsanwendungen im Automobil wieder.

Polyurethanhartschäume

Hartschäume werden aus Polyisocyanaten und Polyolen mit Funktionalitäten von meistens vier und mehr erhalten, woraus eine starke Vernetzung hervorgeht und sich eine amorphe Polymermatrix bildet. Dies bedeutet, dass Hartschäume keine Hart-/Weichphasen-Morphologie ausbilden. Wasser als Schaumbildner wird für Schäume mit hoher Dichte eingesetzt. Weit verbreitet werden auch physikalische Treibmittel verwendet. Diese haben den Nebeneffekt, die Wärmedämmeigenschaften der entstehenden Schäume zusätzlich zu verbessern. Polyurethanhartschäume finden Verwendung für Konstruktionselemente wie auch für vielfältige Isolationsanwendungen, z. B. in Kühlschränken.

Polyurethane als Lacke und Klebstoffe

Für Lacke und Klebstoffe werden Triisocyanate und meistens trifunktionelle Alkohole eingesetzt. Die beiden Komponenten werden erst kurz vor dem Einsatz zusammengegeben. Da Isocyanate feuchtigkeitsempfindlich und physiologisch nicht unbedenklich sind, werden sie in mit z. B. Phenol verkapptem Zustand angeboten:

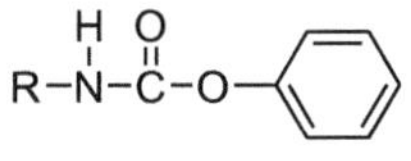

Diese dissoziieren ab 130 °C und setzen das Isocyanat frei, welches dann mit dem Polyol zum vernetzten Polyurethan, einsetzbar als Lack oder Klebstoff, reagiert.

3.2.3.2 Epoxidharze (EP-Harze)

Die charakteristische funktionelle Gruppe der EP-Harze ist die Epoxygruppe oder Oxirangruppe:

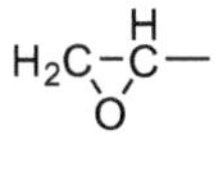

Die Mehrheit der kommerziellen Produkte ist bi- oder multifunktionell und somit in der Lage, hochvernetzte Duromere zu bilden. Monofunktionelle EP-Verbindungen werden nur als reaktive Verdünner zur Regelung der Viskosität oder im Bereich der Adhäsive eingesetzt. Die Epoxygruppe ist sehr reaktiv gegenüber von Aminen und Säureanhydriden, welche deshalb die bevorzugten Härter der EP-Harze darstellen. Technisch relevante EP-Harze können aliphatische, cycloaliphatische oder aromatische Einheiten enthalten. Etwa

75 % aller kommerziellen Produkte sind Diglycidylether des Bisphenol A. Deshalb soll die Synthese der EP-Harze zuerst an diesem Beispiel gezeigt werden.

Diglycidylether des Bisphenol A (DGEBA) sind Produkte aus Bisphenol A (a) und Epichlorhydrin (b). Bei der Synthese katalysiert Natronlauge zuerst die nukleophile Addition der Epoxygruppe durch die Hydroxygruppen des Bisphenol A. Im letzten Schritt wird der Oxiranring durch Reaktion mit stöchiometrischen Mengen an Natronlauge geschlossen:

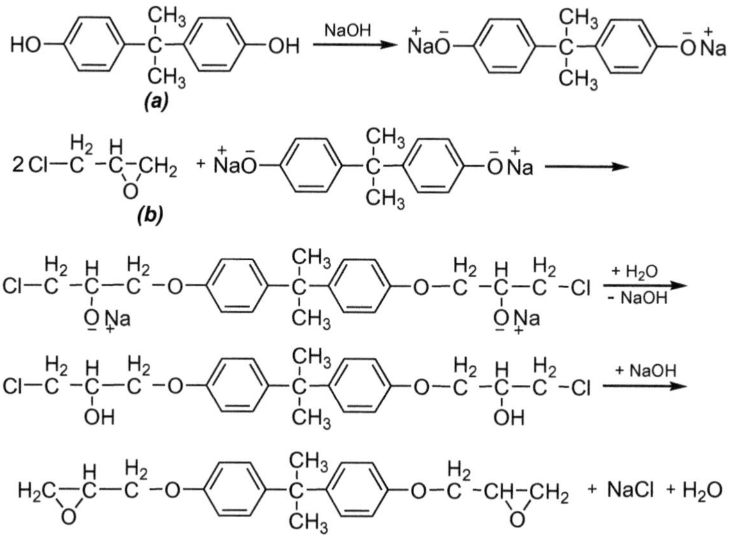

Das so gebildete DGEBA kann kristallisieren, die Schmelztemperatur ist 43 °C. Es gehört trotzdem zu den flüssigen Epoxidharzen, kommerziell unter der Bezeichnung **Liquid Epoxy Resin** (LER) bekannt. DGEBA ist auch Ausgangsprodukt für die Herstellung von festen EP-Harzen, **Solid Epoxy Resin** (SER) genannt. Diese entstehen durch weiteren Kettenaufbau. Die Zahl der sich wiederholenden Einheiten kann bis zu $n = 35$ betragen:

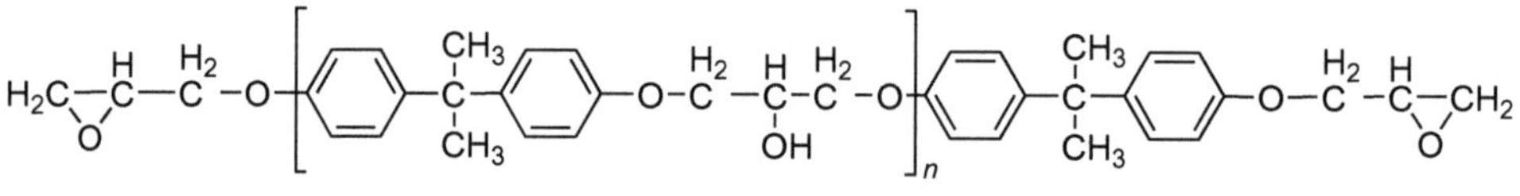

Härter und Vernetzungsreaktionen der EP-Harze

EP-Harze können bei höheren Temperaturen, bei Raumtemperatur oder mit UV-Licht vernetzt werden. Zur Vernetzung (genannt Härtung) werden bei hohen Aushärtungstemperaturen, 120–180 °C, aromatische Amine, wie z. B. Diaminodiphenylmethan (DDM) (c) oder Diaminodiphenylsulfon (DADS) (d), eingesetzt. Aliphatische Amine, wie Diethyltriamin (e), reagieren schon bei Raumtemperatur. Diycanodiamid (DICY) (f) wird z. B. für heißhärtende Epoxidharzklebstoffe eingesetzt.

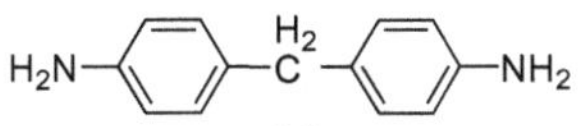
(c)

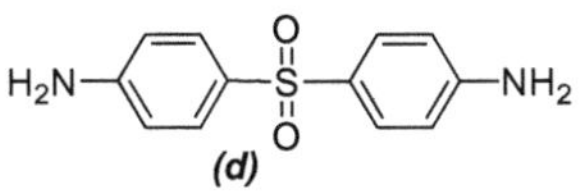
(d)

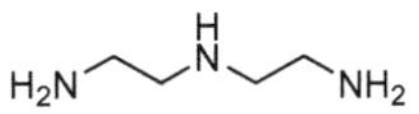
(e)

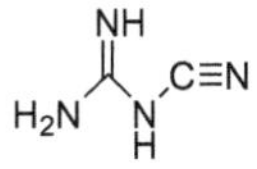
(f)

Die Härtungsreaktion mit Aminen verläuft nach folgender Reaktionsgleichung:

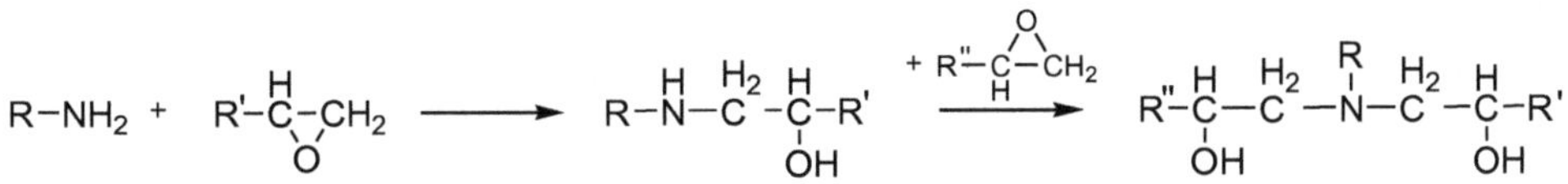

Auch Carbonsäureanhydride, wie z. B. Phthalsäureanhydrid, dienen als Vernetzer. Hierbei reagiert zuerst das Anhydrid mit den Hydroxygruppen des Präpolymers unter Bildung von Carboxygruppen, die sich dann mit den Epoxygruppen weiter umsetzen:

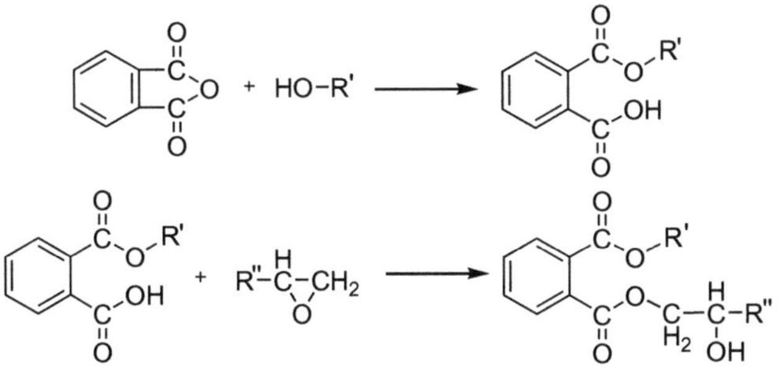

Kationische Photoinitiatoren (Abschn. 3.1.2.2), wie z. B. Diaryliodoniumsalze, können die Vernetzungsreaktion unter Einwirkung von UV-Licht starten. Ein Beispiel dafür ist das folgende Iodoniumhexafluorophosphat, welches unter der Bezeichnung Irgacure 250 bekannt ist (g):

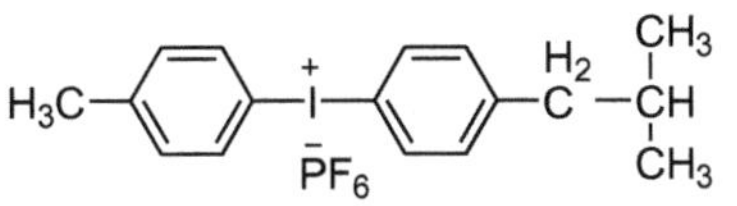
(g)

Unter Einwirkung von UV-Licht (Photolyse) zerfällt das Salz in ein Aryliodoniumradikalkation (h), welches sehr reaktiv ist und unter Wasserstoffabstraktion eine Brönstedsäure (i) bildet. Die Initiierung erfolgt durch Protonierung des Oxiranrings (j). Danach wird die Polymerisation gestartet (k):

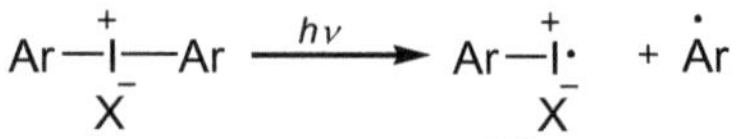

$$\text{Ar}\overset{+}{\underset{X^-}{-}I}-\text{Ar} \xrightarrow{h\nu} \text{Ar}\overset{+}{\underset{X^-}{-}I}\cdot + \overset{\cdot}{\text{Ar}} \qquad \text{Ar}\overset{+}{\underset{X^-}{-}I}\cdot + \text{RH} \longrightarrow \text{Ar}-\text{I} + \text{HX} + \overset{\cdot}{\text{R}}$$
$$\text{(h)} \qquad\qquad\qquad\qquad\qquad\qquad \text{(i)}$$

$$\underset{CH_2}{\overset{R'}{O{<}CH}} + HX \longrightarrow H-\underset{CH_2}{\overset{R'}{\overset{+}{O}{<}CH}} + X^- \qquad H-\underset{CH_2}{\overset{R'}{\overset{+}{O}{<}CH}} + \underset{CH_2}{\overset{R'}{O{<}CH}} \longrightarrow HO-\overset{R'}{\underset{H}{C}}-\overset{H_2}{C}-\underset{CH_2}{\overset{R'}{\overset{+}{O}{<}CH}}$$
$$\text{(j)} \qquad\qquad\qquad\qquad\qquad\qquad \text{(k)}$$

Weitere Monomere und Präpolymere für EP-Harze

Multifunktionelle EP-Harze werden vor allem eingesetzt, um höhere Wärmeformbeständigkeiten zu erreichen. Ein Bespiel dafür sind **Präpolymere**, die aus Novolaken (l) erhalten werden. Werden diese vernetzt, können Wärmeformbeständigkeiten von 150–200 °C erreicht werden. Das Tetragylcidylmethylendianilin (m) (MDA) ist ein anderes Beispiel. Wenn dieses mit DADS (d) vernetzt wird, erfüllt das Material die hohen Anforderungen der US-Luftfahrtindustrie.

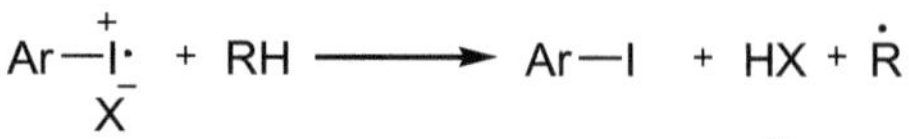

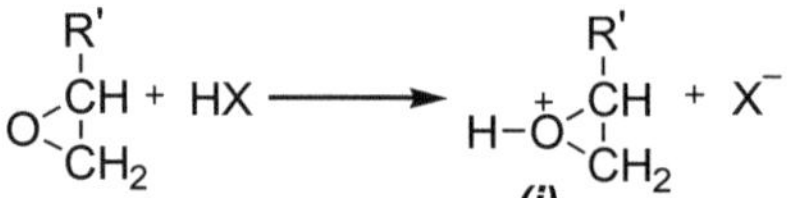

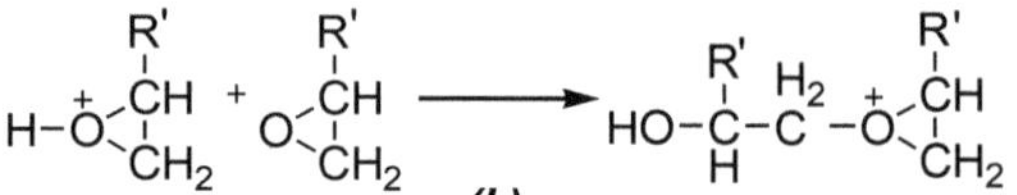

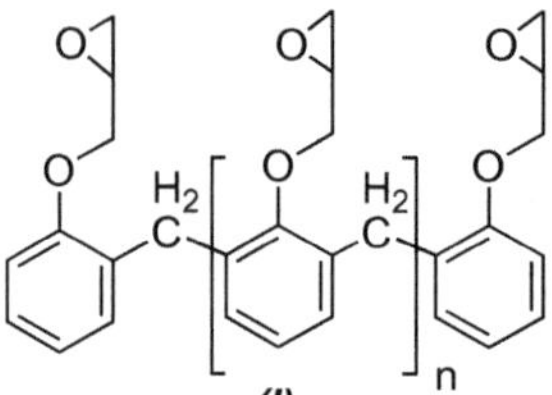

(l)   (m)

Bromierte Verbindungen, z. B. tetrabromiertes Bisphenol A (n), und die daraus hergestellten Epoxyverbindungen werden für flammwidrige Harzformulierungen verwendet, die besonders in der elektronischen Industrie z. B. zur Herstellung von Leiterplatten benötigt werden:

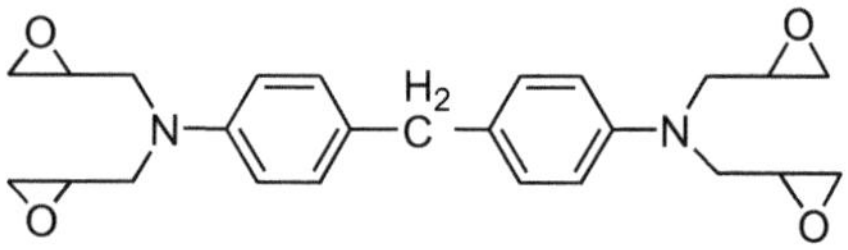

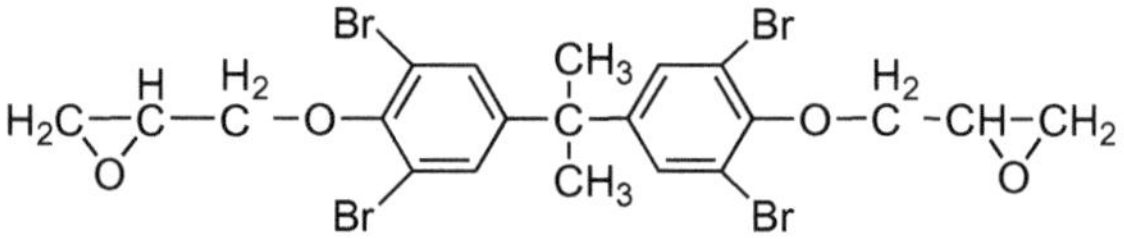

(n)

Aliphatische Epoxide, wie *n*-Butylglycidylether (o) oder Butandiolgycidylether (p), werden in EP-Harzformulierungen eingesetzt, um die Viskosität zu regulieren. Sie wirken als reaktive Verdünner und finden außerdem Anwendung bei Adhäsiven.

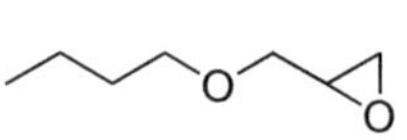

(o)   (p)

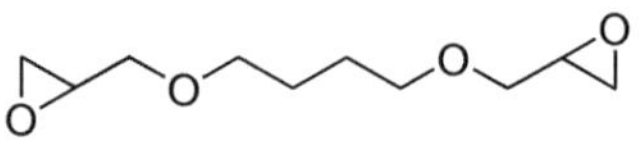

Eine weitere Monomergruppe stellen die cycloaliphatischen EP-Verbindungen dar. Diese werden auch auf einem anderen Weg synthetisiert. Ausgangsverbindungen sind Cycloolefine, welche an den Doppelbindungen mit Persäuren umgesetzt werden, wie folgendes Beispiel zeigt:

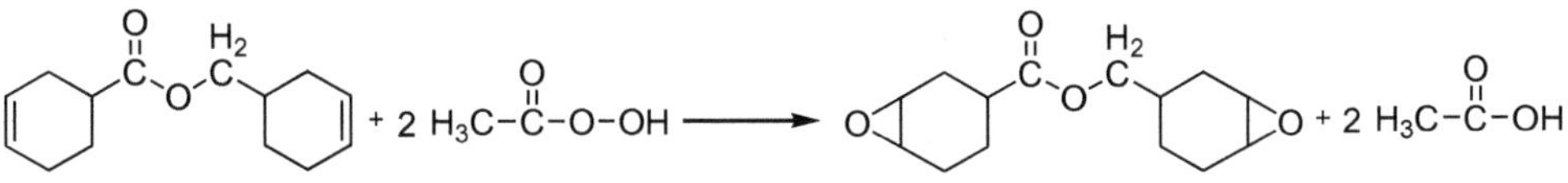

Die Reaktion von Doppelbindungen mit Persäuren wird auch zur Epoxidierung von ungesättigten Ölen und Fettsäuren verwendet. Auch epoxidierter Naturkautschuk wird auf diese Weise hergestellt (Abschn. 3.4.3).

Cycloaliphatische Epoxide reagieren nicht ausreichend mit den konventionellen EP-Härtern. Deshalb werden sie über eine kationische Photopolymerisation vernetzt. Die Anwendungsgebiete der cycloaliphatischen EP-Harze liegen folglich hauptsächlich im Bereich der UV-härtenden Beschichtungen, als Photoresist und für die Verkapselung elektronischer Bauelemente. Cycloaliphatische EP-Harze sind witterungsbeständiger als Bisphenol-A-basierte EP-Harze.

Zur Schlagzähmodifizierung von Epoxidharzen werden Elastomere, Thermoplasten, Core-/Shell-Partikel und Nanopartikel verwendet.

Thermoplaste aus Epoxiden

DGEBA kann auch als Monomer für die Herstellung von Thermoplasten verwendet werden. Durch die Reaktion von DGEBA mit Ethanolamin werden Polyhydroxyaminoether (PHAE) (q) und durch Reaktion mit Dicarbonsäuren, z. B. Adipinsäure, Polyhydroxyesterether (PHEE) (r) erhalten:

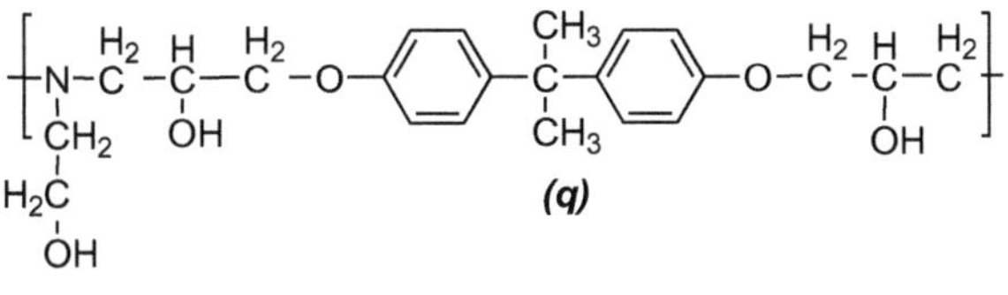

(q)

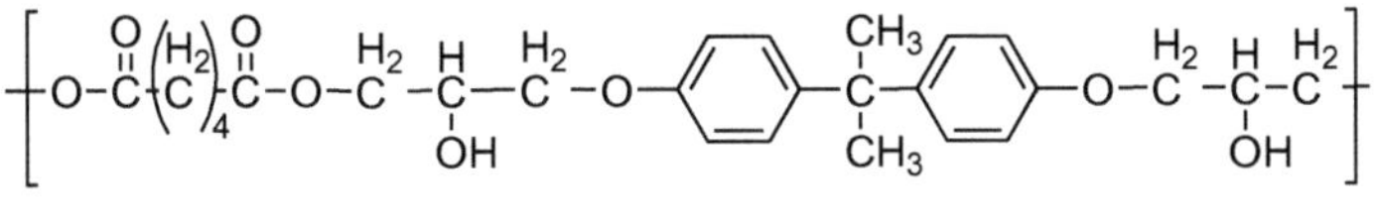

(r)

PHEE wurde als Komponente in bioabbaubaren Stärkeblends untersucht. PHAE ist ein Thermoplast mit sehr guten Adhäsions- und Barriereeigenschaften.

Epoxide gestatten auch die Herstellung von linearen Phenoxypolymeren. Dazu wird Epichlorhydrin mit einem aromatischen Diol umgesetzt, z. B. Hydrochinon (s) oder

Bisphenol A. Phenoxypolymere sind Thermoplaste und werden als Polyole klassifiziert. Sie haben höhere Molmassen als die SER-Harze und keine Epoxyendgruppen. Derartige Polymere finden als Beschichtungen oder als Additiv für Duromere Anwendung.

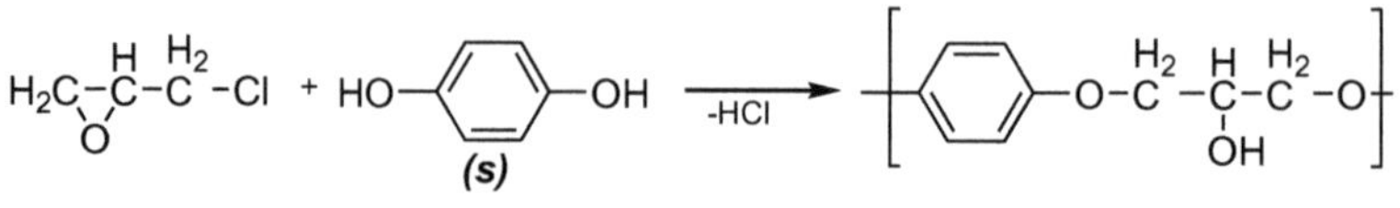

Monomere mit Oxirangruppe

Wichtige Monomere, die sich von Epoxiden ableiten, sind Glycidylmethacrylat (GMA), EP-basierte Acrylate und Methacrylate. GMA (t) wird als Comonomer in einer Reihe radikalisch polymerisierbarer Polymerer eingesetzt. Die Epoxygruppen der GMA-Einheiten dieser Copolymere können dann vernetzt werden. Anwendungen sind z. B. Pulverlacke auf Acrylatbasis für die Automobilindustrie. GMA-haltige Polymere werden außerdem als Verträglichkeitsvermittler für Polymerblends (Abschn. 5.5.3) oder in Adhäsiven verwendet. GMA dient aber auch zur Herstellung von Dimethacrylaten, z. B. von Bis-GMA (u), welches eines der wichtigsten Monomere für dentale Füllungskomposite darstellt.

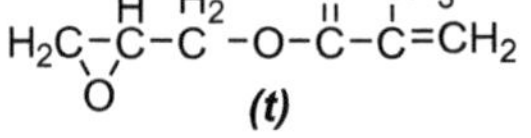

(t)

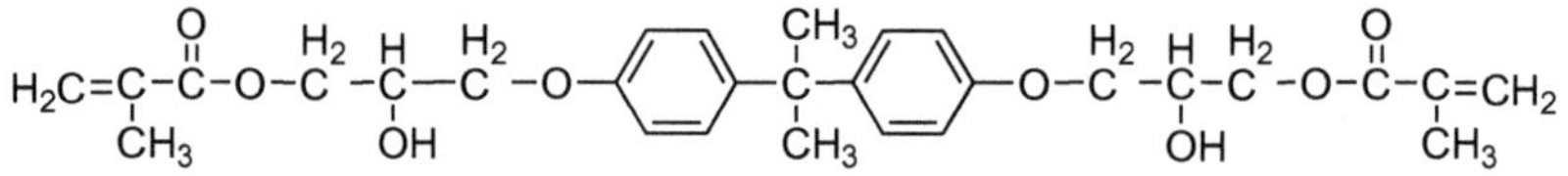

(u)

Andere Acrylate oder Methacrylate werden durch Reaktion von Acrylsäure/Methacrylsäure mit EP-Verbindungen hergestellt, und man erhält so Vinylesterharze (Abschn. 3.2.2.2).

3.2.4 Dendrimere und hochverzweigte Polymere

Dendrimere sind streng regelmäßig verzweigte und mit Folgeverzweigungen ausgestattete baumartige Polymere mit gleich langen Kettenstücken und gleicher Verzweigungsfunktionalität. Unregelmäßig hochverzweigte Polymere sind seit Langem bekannt. Die Synthesen regelmäßig gebauter baumartig verzweigter Polymere, genannt Dendrimere, gerieten aber erst seit den 1980er-Jahren in den Blickpunkt. Der Vorteil dieser Stoffklasse besteht darin, dass sie monodispers, also molekulareinheitlich, sind.

Zur Herstellung besonders geeignet sind **Stufenwachstumsreaktionen**. Mit ihnen ist es einfach, die Synthese zu kontrollieren. Bevorzugt und beschrieben sind Oligo- und Polykondensate wie Polyester, Polyamide, Polyamine, Polyamidoamine, Polypeptide, Polyether, verschiedene Blockcopolymere, Polypropylenimin, Polyphenylene, Polyphenylenoxid, Polyphenylacetylen, Polysiloxan, als Beispiel für Heterocyclen Polymelamin und sogar ein Biodendrimer auf Oligonukleotidbasis. Von einem funktionellen Zentralmolekül (Kern) ausgehend werden Schicht um Schicht trifunktionelle Monomere ankondensiert, z. B. für Polyamide Aminodicarbon- und Diaminocarbonsäuren. Das wäre ein Aufbau von innen nach außen. Auch der umgekehrte Weg von außen nach innen ist möglich. Eine alternative Synthesemethode besteht darin, die verzweigten Baumäste in separaten Reaktionen vorzufabrizieren und dann mit dem Zentralmolekül zu kuppeln. An der äußersten Schicht können auch andere funktionelle Gruppen angebracht werden; ausgefallene Beispiele sind Borsäurecluster (Neutroneneinfangtherapie für Krebs), Disaccharide, Fullerene, Carborane, Diphosphanmetallkomplexe (Katalysatoren oder deren Rückgewinnung) und Gadoliniumchelate (Kontrastmittel). Auch Vinylmonomere des Typs

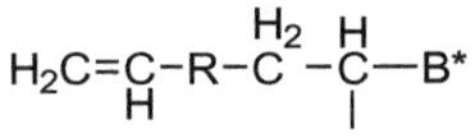

B* = aktives Zentrum

wurden als Basis für Dendrimere vorgeschlagen. In jedem Fall ist, um das Ziel „regelmäßig verzweigt und monodispers" zu erreichen, eine quantitative Ausbeute von 100 %, bei der Synthese notwendig. Das heißt, auch die vorgesehene Verzweigung muss 100 %ig sein. Bei Gefahr von unerwünschten und unkontrollierten Reaktionen müssen die entsprechenden funktionellen Gruppen durch Schutzgruppen (z. B. aus der Peptidsynthese) blockiert werden. Wenn wir die einzelnen Reaktionsstufen, dargestellt durch den Punkt, als Generationen bezeichnen, so sähe ein Dendrimer der zweiten Generation folgendermaßen aus:

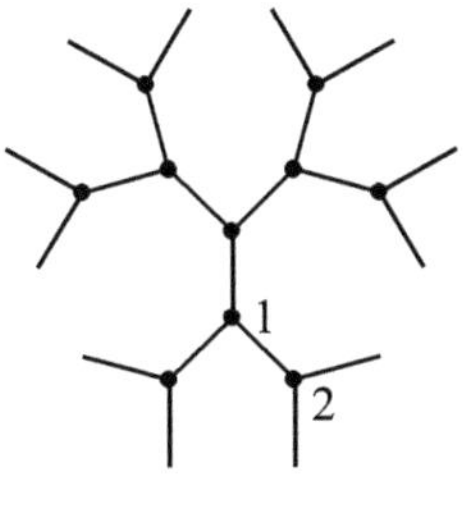

Theoretisch sind viele Generationen vorstellbar. Begrenzt wird das sehr bald durch Fragen der Raumerfüllung und Polydispersität. Zum Beispiel ist bei starren Monomeren die dritte Generation noch gut erreichbar, danach ergeben bereits sterische Fragen eine Begrenzung der vollständigen Reaktion. Derartige Moleküle sind aber eigentlich noch Oligomere. Bei flexibleren Monomeren ist auch noch die fünfte Generation mit molekulareinheitlicher Struktur erreichbar. Darüber hinaus beginnt die molekulare Einheitlichkeit, größere Schwierigkeiten zu machen. Es gibt aber auch Dendrimere bis zur zehnten Generation; sie liegen in ihrer Molmasse im Bereich von Millionen.

Die Bedeutung der Dendrimere liegt einmal im Bereich der Modellsubstanzen. Sie dienen als Modell für eine dreidimensionale Polymerstruktur und Selbstaggregation. Sie zeigen ein ungewöhnliches Lösungs- und Viskositätsverhalten. Aufgrund der fehlenden Verschlaufungen haben sie geringere Viskositäten als lineare Polymere. Sie zeichnen sich durch hohe Endgruppenfunktionalität aus. Dendrimere wurden vorgeschlagen als Carrier für funktionelle Gruppen, Katalysatoren, z. B. Pd, Au, Ag (auch für die Rückgewinnung wurde die Nanofiltration vorgeschlagen), Pharmaka und Farbstoffe. Auch phosphorhaltige, ferrocenhaltige und iodhaltige Dendrimere wurden hergestellt. Und letztlich sind sie Modell für Biopolymere, Enzyme und Transport zellfremder DNA. Dendrimere lassen sich auch an andere Polymere anhängen.

Hochverzweigte Polymere

Sie erreichen nicht die Regelmäßigkeit der Dendrimere. Sie heben sich deshalb von den Dendrimeren ab, weil für sie die Forderung der strengen Regelmäßigkeit der Verzweigung nicht aufgestellt wird, sie aber auch hochverzweigt sind, eine große Zahl von funktionellen Gruppen aufweisen und die vorteilhaften Eigenschaften wie Löslichkeit und Viskositätsverhalten erhalten bleiben. An die Vollständigkeit der Verzweigungsreaktion werden also nicht so hohe Anforderungen gestellt. Ein Verzweigungsgrad von 100 %, wie er für die Dendrimere gefordert wird, wird mit den hyperverzeigten Polymeren nicht erreicht. Demzufolge sind als zusätzlicher Vorteil für hyperverzweigte Polymere die Anforderungen an die Synthese nicht so hoch, und das kommt einer industriellen Anwendung entgegen. Eingesetzt werden hierfür Monomere mit der Funktionalität AB_2, die durch Stufenwachstumsreaktionen zu den hochverzweigten Polymeren aufgebaut werden, wie im Folgenden gezeigt wird:

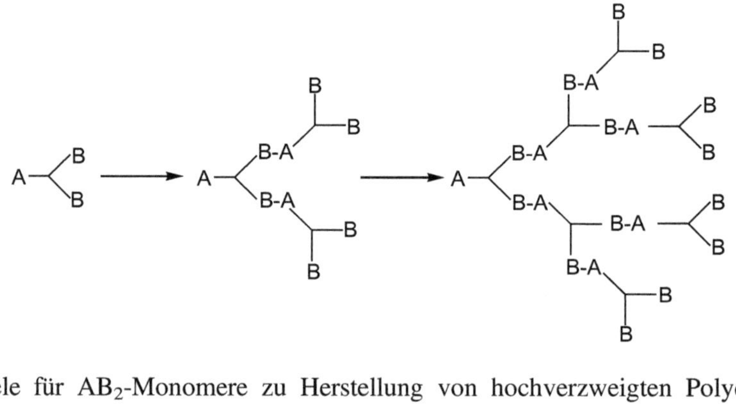

Beispiele für AB_2-Monomere zu Herstellung von hochverzweigten Polyestern (a), Polyamiden (b) oder Polyphenylenen (c) sind:

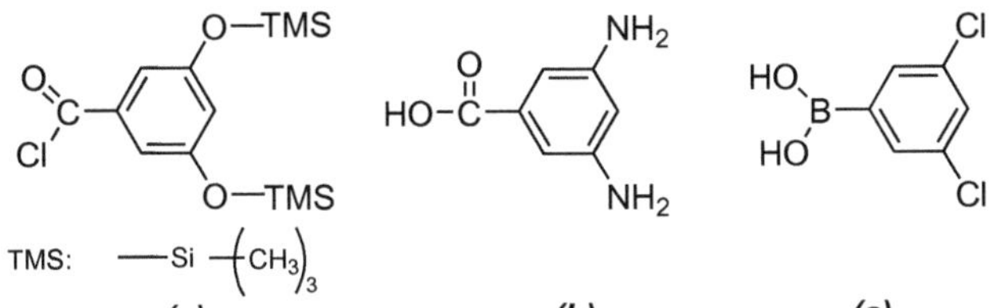

(a) *(b)* *(c)*

Neben diesen wurden auch hochverzweigte Polymere vom Typ Polyglycerin, Polyesteramide, Polyimide, Polyurethane, Polyether, Polycarbonate, Polyethersulfone, Polyetherketone oder Polysiloxane hergestellt. Über den Einsatz von Monomeren der Funktionalität AB_3, AB_4 und sogar AB_6 wurde berichtet. Insgesamt ist die Reaktion schlechter zu kontrollieren, die Polymere sind nicht kugelförmig, nicht unimolekular und in der Architektur unregelmäßig. Deshalb ist es sinnvoll, das Produkt auf eine Gelfraktion zu kontrollieren und diese abzutrennen oder durch Ultrafiltration die Uneinheitlichkeit der Polymere einzugrenzen. Hyperverzweigte Polymere zeichnen sich durch hohe Funktionalität, hohe Löslichkeit und niedrige Viskosität aus. Ihre Anwendung finden sie in den gleichen Gebieten wie die Dendrimeren, wenn eine gut definierte Struktur nicht unbedingt nötig ist, darüber hinaus als Vernetzungsagenzien, Additive, Blendkomponenten und Schmelzemodifikatoren.

3.3 Reaktionen an Makromolekülen

C. Kummerlöwe

Der Begriff „Reaktionen an Makromolekülen" beinhaltet in umfassendem Sinn die Veränderung eines vorliegenden Makromoleküls durch eine chemische Reaktion. Das Ziel derartiger Reaktionen besteht in der Modifizierung vorhandener Makromoleküle in Richtung verbesserter oder spezieller Eigenschaften. Diese Reaktionen bieten bezüglich des Polymerisationsgrads drei Möglichkeiten:

1. **Erhalt des Polymerisationsgrads:** Hierzu gehören die polymer- und die kettenanalogen Reaktionen. Bei polymeranalogen Reaktionen reagieren funktionelle Gruppen oder Atome entlang der Polymerkette mit einem niedermolekularen Agens. Bei kettenanalogen Reaktionen reagiert nur die Endgruppe. Diese Reaktionen werden gezielt durchgeführt.
2. **Reaktionen unter Erhöhung des Polymerisationsgrads:** Dazu zählen Pfropf- und Blockcopolymerisationen sowie Vernetzungen. Auch diese Reaktionen werden gezielt durchgeführt. Pfropf- und Blockcopolymerisationen wurden bereits in Abschn. 3.1.4.4 und 3.1.4.5 dargestellt.

3. **Reaktionen unter Erniedrigung des Polymerisationsgrads:** Hierunter fallen Alterung und verschiedene Abbaureaktionen von Polymeren. Diese Reaktionen können gezielt durchgeführt werden oder auch unerwünscht sein.

Historisch betrachtet, kommt das Gebiet aus der chemischen Modifizierung von Biopolymeren, z. B. der Modifizierung von Cellulose und Stärke. Dieser Zweig der Reaktionen an Makromolekülen wird in Abschn. 3.4 behandelt. In diesem Abschnitt stehen die synthetischen Polymere im Mittelpunkt.

3.3.1 Besonderheiten der Reaktionen an Makromolekülen

Reaktionen an Makromolekülen weisen eine Reihe von Besonderheiten im Vergleich zu Reaktionen an niedermolekularen Verbindungen auf.

Trennung von Produkt und Edukt
Flory stellte das Prinzip der „gleichen Reaktivität funktioneller Gruppen in Polymeren und niedermolekularen Verbindungen" auf, welches auch immer wieder bestätigt werden konnte. Daraus ist erkennbar, dass die Länge der makromolekularen Kette keinen Einfluss auf die Reaktionsgeschwindigkeit ausübt. Dieses Prinzip gilt unter der Voraussetzung, dass die umzusetzenden Gruppen am Makromolekül frei zugänglich sind. **Das Flory-Prinzip der gleichen Reaktivität** sagt etwas über die Reaktionsgeschwindigkeit, jedoch nichts über die Lage des Gleichgewichts aus. Chemische Reaktionen unter gängigen Bedingungen ergeben meist keinen vollständigen Umsatz. In der niedermolekularen Chemie werden höhere Umsätze oft durch die Isolierung des Reaktionsprodukts durch Trennung vom Edukt erreicht. Bei Reaktionen an Makromolekülen können aber die Produkte und Edukte nicht einfach getrennt werden, weil sie sich in der Regel an derselben Polymerkette befinden. Auch Nebenprodukte können oft von den gewünschten Produkten nicht entfernt werden.

Löslichkeit der modifizierten Polymere
Die oft unterschiedliche Löslichkeit der Ausgangspolymere und der modifizierten Polymere stellt eine weitere Besonderheit bei polymeranalogen Reaktionen dar. Durch starke Veränderung der Polarität entlang der Kette, z. B. bei Hydrolyse von Estern zu Carboxylsäure, kann es dazu kommen, dass das Polymer während der Reaktion als Feststoff ausfällt und dann funktionelle Gruppen nicht mehr umgesetzt werden können. Dadurch ergibt sich, dass Produkte mit geringen oder mittleren durchschnittlichen Substitutionsgraden (DS) entstehen. Es gibt aber auch Beispiele, wo eine Verbesserung der Löslichkeit bei einer polymeranalogen Umsetzung erreicht wird. Dazu zählen die chemischen Umsetzungen an Cellulose (Abschn. 3.4.1.1).

Nachbargruppeneffekte

Eine weitere Besonderheit bei Reaktionen an Makromolekülen ist die Tatsache, dass in Homopolymeren die funktionellen Gruppen unmittelbar benachbart und fixiert sind. Daraus ergeben sich sog. Nachbargruppeneffekte. Diese werden durch die Knäuelform der Makromoleküle im Lösemittel verstärkt. Es resultiert eine außerordentlich hohe lokale Konzentration an funktionellen Gruppen am Makromolekül, während im Raum zwischen den Makromolekülen, in der Lösemittelphase, die entsprechende Konzentration gleich null ist. Diese Effekte führen zu einer Bevorzugung intramolekularer Reaktionen und können die Reaktionsgeschwindigkeit stark herabsetzen oder erhöhen.

Ein Beispiel für die Beschleunigung der Reaktion ist die Herstellung von Polyvinylalkohol durch Hydrolyse von Polyvinylacetat. Die Umsetzung der Acetatgruppe wird hier dadurch beschleunigt, dass schon vorhandene polarere Hydroxylgruppen an der Kette die angreifenden Hydroxydionen durch Wasserstoffbrückenbindungen binden können (a). Außerdem führen Wasserstoffbrücken zwischen benachbarten Hydroxylgruppen und Acetatgruppen zu einer Aktivierung der Acetatgruppe und somit zu Reaktionsbeschleunigung (b):

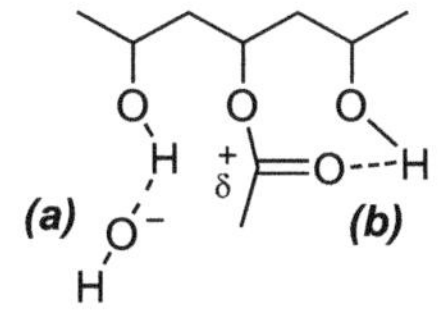

Eine Erniedrigung der Reaktionsgeschwindigkeit tritt z. B. bei der Hydrolyse von Polyacrylamid oder bei der Neutralisation von Polyacrylsäure auf. Durch die bei diesen Reaktionen zunehmend gebildeten Carboxylatanionen werden die ankommenden gleichgeladenen Hydroxydionen abgestoßen, und damit erniedrigt sich zunehmend die Reaktionsgeschwindigkeit.

Nachbargruppeneffekte können auch stabilisierende Wirkung auf eine Polymerkette haben. So zeigt z. B. das Copolymer aus Acrylsäure und Acrylsäure-*p*-nitranilid gegenüber den Monomeren sehr viel höhere Hydrolysestabilität, die auf die Wasserstoffbrückenbindung zwischen den funktionellen Gruppen zurückgeführt wird:

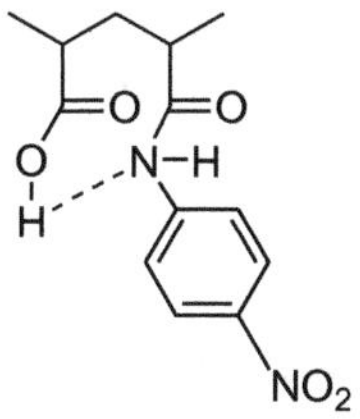

Benachbarte funktionelle Gruppen bieten gute Voraussetzungen für Ringbildungen. Ein Beispiel ist die Cyclisierung von 1,2-Polybutadien:

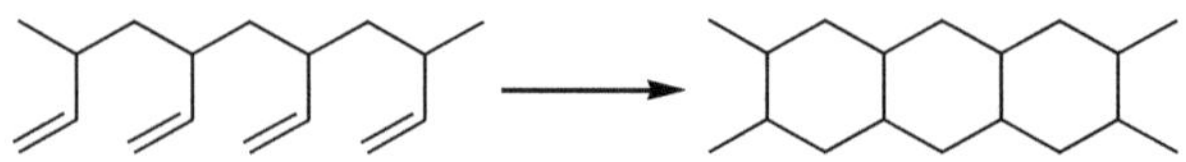

Ein weiteres Beispiel ist die Cyclisierung von Polyacrylnitril:

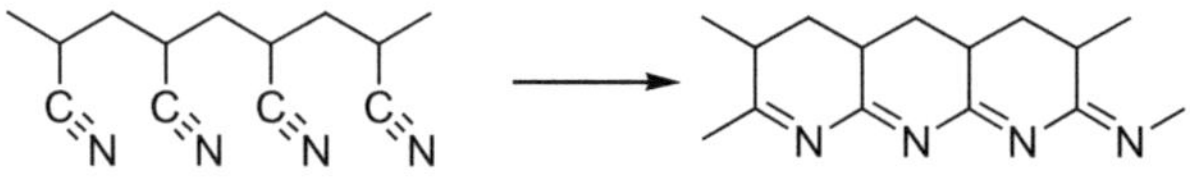

Die Acetalisierung von Polyvinylalkohol mit Butanal zu Polyvinylbutyral ist ein weiteres Beispiel für Ringbildung und für die Bevorzugung von intramolekularen Reaktionen. Im Gegensatz zu der Cyclisierung von PAN verläuft diese Reaktion irreversibel. Das heißt, dass einmal gebildete Ringe stabil sind und es somit immer zu isolierten Hydroxylgruppen kommt. Solche Reaktionen zeichnen sich durch einen maximalen Umsatz von 86,5 % aus. *e* ist hier die Euler'sche Zahl:

$$U = 1 - \frac{1}{e^2} \approx 86{,}5\ \% \tag{3.120}$$

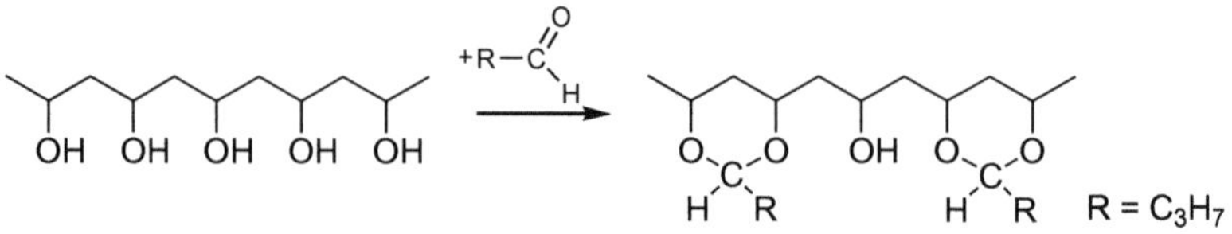

Die hohe Konzentration benachbarter funktioneller Gruppen erleichtert ebenfalls Chelatisierungen von Übergangsmetallen (Abschn. 3.5.7).

Sterische Effekte

Am besten lässt sich eine sterische Hinderung für die Hydrierung, Hydroformylierung und Hydroxymethylierung des 1,4- und 1,2-Polybutadiens demonstrieren. Diese Reaktionen laufen bevorzugt am 1,2-Polybutadien aufgrund der seitlich stehenden Doppelbindung ab. Der Einfluss sterischer Effekte auf die Reaktionsgeschwindigkeit zeigt sich auch bei Polymethylmethacrylat. Isotaktisches Polymethylmethacrylat hydrolysiert zehnmal schneller als syndiotaktisches bzw. ataktisches Polymethylmethacrylat.

3.3.2 Wichtige polymeranaloge Reaktionen

Die Vielzahl der polymeranalogen Reaktionen lässt sich wie in der Organischen Chemie unterteilen, wobei hier nur die wichtigsten aufgeführt sein sollen.

Chlorierungen
Dieser Reaktion werden Polyolefine, insbesondere Polyethylen, unterworfen. Die Chlorierung wird in Suspension durchgeführt und durch Schwermetallsalze katalysiert. Meist werden Substitutionsgrade unter 30 % angestrebt:

$$\left[\begin{array}{c}H_2\ H_2\\ C-C\end{array}\right] \xrightarrow[-HCl]{+Cl_2} \left[\begin{array}{c}H\ \ H_2\\ C-C\\ |\\ Cl\end{array}\right]$$

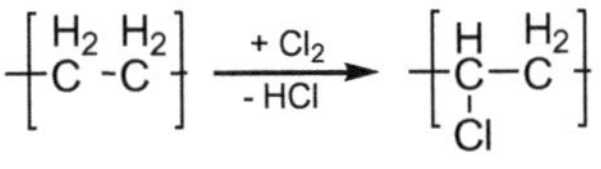

Die Produkte haben flammenwidrige Eigenschaften und sind elastischer als PE. Sie finden Anwendung z. B. als Kabelummantelungen. Produkte mit Substitutionsgraden über 40 % ergeben Schlagzähigkeitsverbesserer für Polyvinylchlorid.

Polyvinylchlorid wird in Lösung bis zu ca. 64 % Chlorgehalt chloriert. Das so nachchlorierte Produkt wird für Fasern, Lacke und Klebstoffe genutzt.

Sulfochlorierungen
Diese werden analog dem Prozess mit niedermolekularen Kohlenwasserstoffen in Tetrachlorkohlenstoff durchgeführt:

$$-\overset{H_2}{C}-\overset{H_2}{C}-\overset{H_2}{C}-\overset{H_2}{C}- \xrightarrow[-HCl]{+Cl_2/SO_2} -\overset{H}{\underset{Cl}{C}}-\overset{H_2}{C}-\overset{H_2}{C}-\overset{H}{\underset{\underset{Cl}{O=S=O}}{C}}-$$

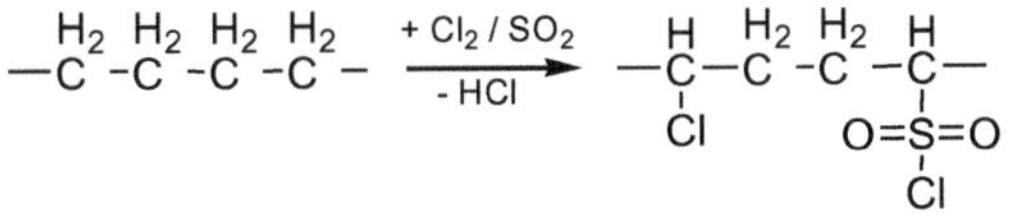

Chlorsulfoniertes Polyethylen ist ein Kautschuk (CSM-Kautschuk) mit besonders guter UV-, Alterungs- und Chemikalienbeständigkeit. CSM-Kautschuke werden z. B. für robuste Industrie- und Feuerwehrschläuche verwendet.

Sulfonierungen
Für diese Reaktionen werden vorwiegend makroporöse Styrol-Divinylbenzol-Copolymere als Ausgangsprodukt verwendet und zu stark saure Kationenaustauscher als Endprodukt umgesetzt. Die makroporöse Struktur wird durch den Divinylbenzolgehalt und einen bei der Copolymerisation zugegebenen Inertstoff eingestellt. Allgemein erfolgt die Sulfonierung mittels Schwefelsäure oder Chlorsulfonsäure, wobei eine Sulfogruppe pro aromatischem Rest angestrebt wird:

$$\left[\begin{array}{c}H_2\ H\\ C-C\\ |\\ \text{Ph}\end{array}\right] \xrightarrow[-HCl]{+HSO_3Cl} \left[\begin{array}{c}H_2\ H\\ C-C\\ |\\ \text{Ph-SO}_3H\end{array}\right]$$

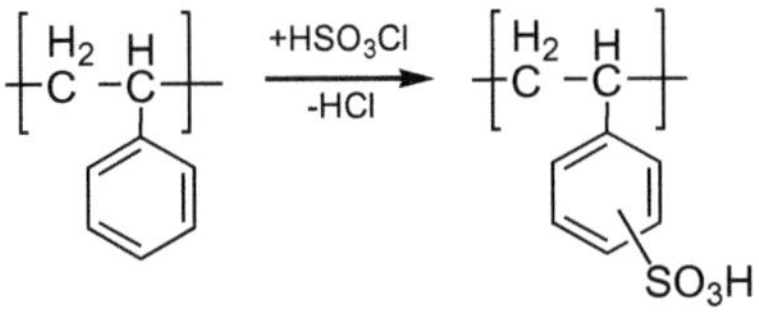

Die Sulfonierung von aromatischen Polymeren, die durch Polykondensation hergestellt wurden, ist von Interesse für Protonenaustauschmembran-Brennstoffzellen. Es wurden die unterschiedlichsten Polymere sulfoniert, z. B. Polyphenylen, Poly-*p*-oxyphenylen, Polyetheretherketone, Polyarylenethersulfone, Polyethylensulfide, aber auch fluorierte Kohlenwasserstoffe.

Chlormethylierungen, polymere Reagenzien

Makroporöse Styrol-Divinylbenzol-Copolymere stellen wiederum die Ausgangsprodukte dar, die vorwiegend mit Monochlordimethylether chlormethyliert werden. Aus der anschließenden Reaktion mit einem Amin resultiert ein Polymer mit quartären Ammoniumgruppen, das als Anionenaustauscher verwendet wird.

Von den Chlormethylverbindungen, insbesondere des Polystyrols, leitet sich eine weitere wichtige Stoffklasse ab, die polymeren Reagenzien. Bekanntestes Beispiel ist die Peptidsynthese nach Merrifield (Abschn. 3.4.4.4).

Verseifungen, Veresterungen, Hydrolysen

Schwach saure Ionenaustauscher weisen Carboxylgruppen auf. Diese können durch Copolymerisation von Styrol-Divinylbenzol und Acrylsäureester erhalten werden. Die nachfolgende Verseifung der Estergruppe mittels Alkalihydroxiden führt zur Carboxylgruppe mit ihrer Austauschkapazität.

Das wichtigste polymeranaloge Verseifungsprodukt ist aber Polyvinylalkohol (PVAL). Polyvinylalkohol kann nicht aus dem Monomer Vinylalkohol hergestellt werden, da Vinylalkohol ein tautomeres Gleichgewicht zu Acetaldehyd ausbildet, welches zu über 99 % auf der Seite des Aldehyds liegt. Deshalb ist Polyvinylalkohol nur durch alkalische Verseifung aus Polyvinylacetat zu erhalten:

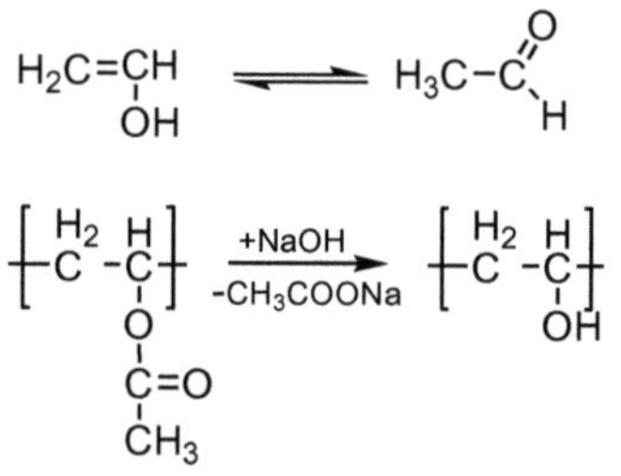

Diese Reaktion wird auch bei Ethylen/Vinylacetat-(EVA-)Copolymeren angewendet, um daraus Ethylen/Vinylacetat/Vinylalkohol-(EVAL)-Terpolymere herzustellen. Diese zeichnen sich durch sehr gute Barriereeigenschaften gegenüber Sauerstoff und Kohlendioxid aus und werden deshalb als Sperrschicht bei Verpackungen eingesetzt.

Polyvinylamin ist auch eine Substanz, die nur durch polymeranaloge Umsetzung gewonnen werden kann, weil das Monomere Vinylamin nicht beständig ist und sich umlagert. Polyvinylamin kann durch Hydrolyse z. B. aus Polyvinylformamid erhalten werden.

Acetalisierung

Polyvinylalkohol ist auch Rohstoff für die Herstellung von Polyvinylbutyral. Dieses Polymer zeichnet sich durch hohe Transparenz, sehr gute Haft- und Filmbildungseigenschaften aus und wird deshalb als Zwischenschicht für Sicherheitsglasscheiben, z. B. bei Kraftfahrzeugen, oder als Schmelzklebstoff eingesetzt:

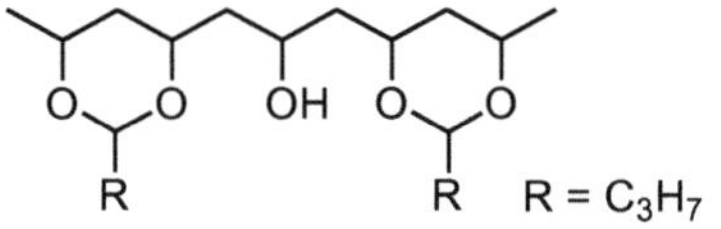

Metallierung

Mittels Metallierung können Lithium oder Natrium in den Kern eines Aromaten eingeführt werden:

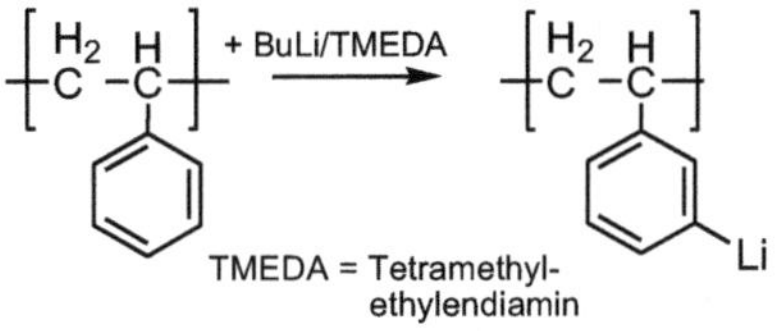

Im Fall des Natriums ist folgende Reaktion empfehlenswert:

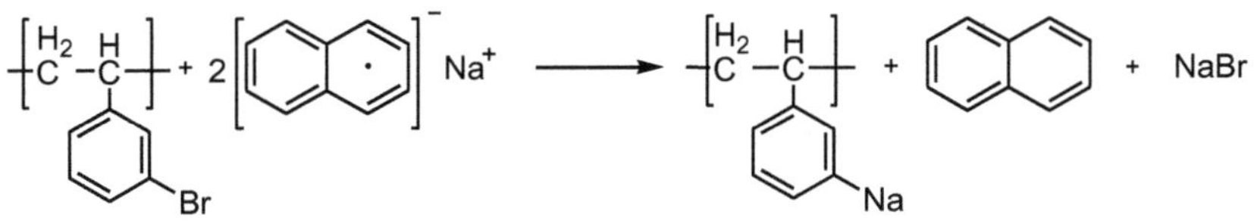

Derartige Kohlenstoff-Metall-Bindungen sind reaktiv und dienen der Einführung anderer Gruppen für polymere Reagenzien.

Hydrierungen, weitere Additionen

Hydrierungen sind insbesondere von Polydienen bekannt. Technisch durchgeführt wird die Hydrierung bei statistischen Acrylnitril-Butadien-Copolymeren (NBR-Kautschuken). Durch die Entfernung der Doppelbindung in der Butadieneinheit des NBR wird die thermische und oxidative Beständigkeit des Kautschuks erhöht. Es entsteht HNBR, hydrierter Nitrilkautschuk.

Ein weiteres Beispiel für Hydrierungen ist die Herstellung von hydrierten Styrolblockcopolymeren, wie Styrol-Ethylen/Butylen-Styrol-(SEBS-)Triblockcopolymeren. Bei der SEBS-Herstellung wird im ersten Schritt durch anionische Polymerisation von Styrol und Butadien ein Blockcopolymer hergestellt, welches im mittleren Block 1,4- und

1,2-verknüpfte Butadieneinheiten und somit noch Doppelbindungen enthält. Die anschließende Hydrierung führt zu verbesserter thermischer Beständigkeit:

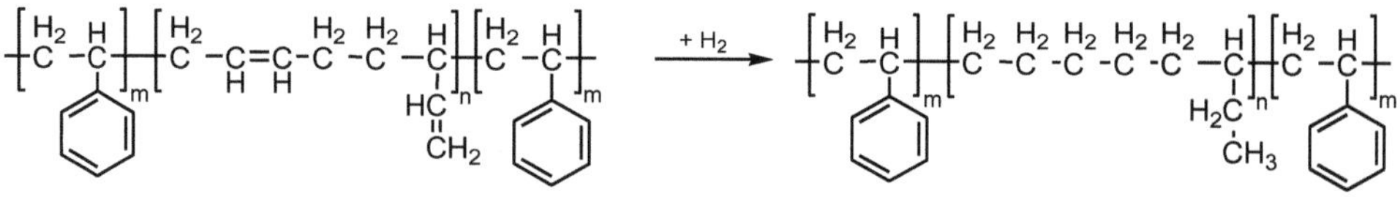

Auch Halogenierungen, Hydroformylierungen und Epoxidierungen oder Maleierung an Polydienen wurden durchgeführt. Von technischem Interesse sind hier die Reaktionen an den Doppelbindungen.

Cyclisierung

Große technische Bedeutung hat die Herstellung von Kohlefasern aus Polyacrylnitril (PAN), das zu Fasern versponnen und verstreckt wird. Die C-Fasern werden in einem mehrstufigen Prozess hergestellt. In einem ersten Reaktionsschritt werden unter oxidierender Atmosphäre bei Temperaturen von 200–300 °C die Nitrilgruppen cyclisiert, und gleichzeitig wird die Hauptkette dehydogeniert. Es entsteht ein Leiterpolymer:

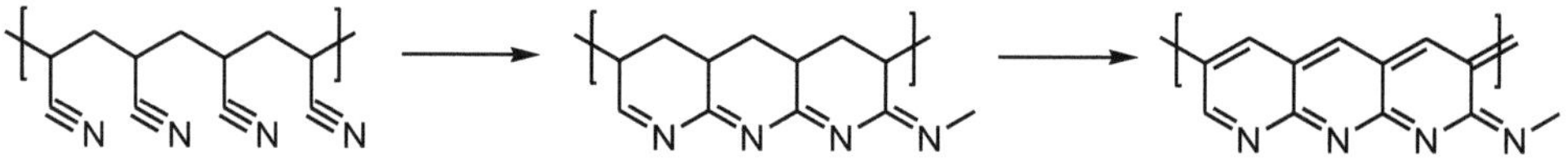

Unter Inertgas zuerst bei ca. 1700 °C in Stickstoffatmosphäre und dann bei Temperaturen bis zu 2800 °C unter Argon wird die Faser carbonisiert und graphitisiert, d. h., der verbliebene Stickstoff wird eliminiert, und das Polymer wird vernetzt unter Bildung einer Graphitstruktur:

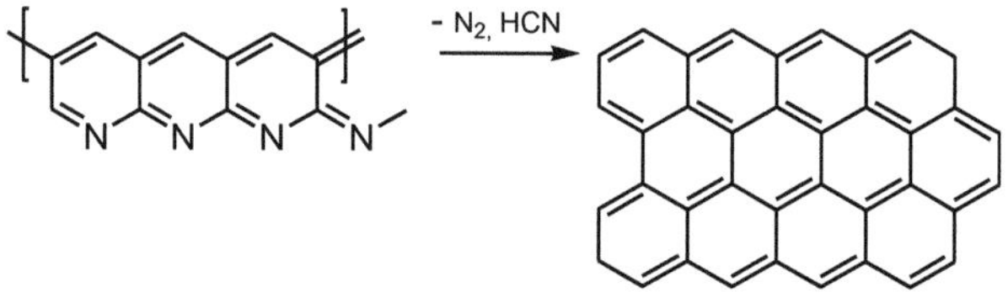

Imidisierung

Poly(methacrylmethylimid) (PMMI) wird durch polymeranaloge Umsetzung von Poly (methylmethacrylat) (PMMA) bei hohen Temperaturen mit Methylamin hergestellt:

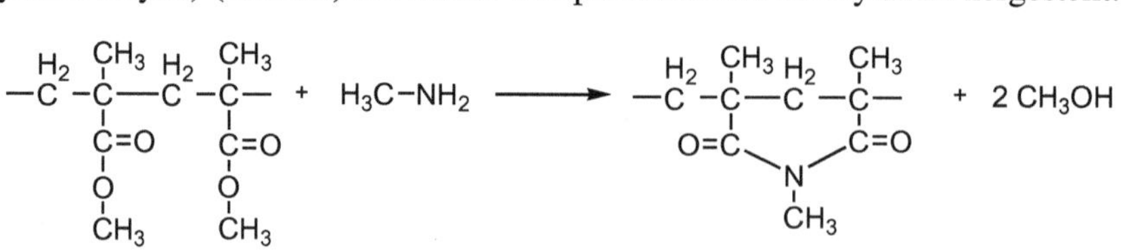

Polymethacrylimid (PMI) erhält man, wenn die Methylgruppe am Stickstoff durch Wasserstoff ersetzt ist:

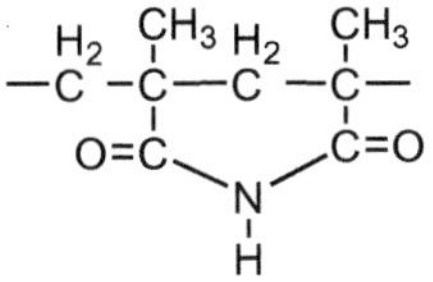

Imidisierungen finden auch bei der Herstellung von Polyimiden aus Polyamidsäuren statt, wie in Abschn. 3.2.1.4 beschrieben wird.

3.3.3 Vernetzungen

Vernetzungsreaktionen führen zu kovalenten Bindungen zwischen Makromolekülen. Dabei steigt die Molmasse, und es werden durch die Vernetzung „unendlich" große Moleküle gebildet. Die Werkstoffeigenschaften ändern sich drastisch. Durch die Vernetzung wird die Beweglichkeit der Ketten eingeschränkt. Die Glasumwandlungstemperatur steigt. Vollständig vernetzte Polymere sind in Lösemitteln nicht mehr löslich. Vernetzte Polymere können nicht mehr thermoplastisch verarbeitet werden.

Vernetzungen an Makromolekülen können durch die Reaktion von vorhandenen funktionellen Gruppen entlang oder am Ende der Polymerkette mit einem niedermolekularen Agens, dem Vernetzer, erreicht werden. Außerdem ist die Vernetzung mithilfe energiereicher Strahlung ein wichtiges technisches Verfahren.

Die **Vernetzungsdichte** ist eine wichtige Größe, die die Eigenschaften des vernetzten Materials bestimmt. In der klassischen Einteilung der polymeren Werkstoffe verstehen wir unter Elastomeren vernetzte Polymere mit einer geringen Vernetzungsdichte. Duromere hingegen sind Polymere mit einer hohen Vernetzungsdichte.

Im Folgenden sollen technisch relevante Vernetzungsreaktionen dargestellt werden.

Elastomere

Die wichtigste Vernetzungsreaktion stellt die **Vulkanisation** von Kautschuken zur Herstellung von Elastomeren dar. Für technische Anwendungen, z. B. zur Herstellung von Reifen, Schläuchen und Dichtungen, werden komplexe Kautschukmischungen eingesetzt, die neben dem Kautschuk noch Füllstoffe, wie Silica oder Ruß, Weichmacher, Verarbeitungshilfsmittel, Stabilisatoren und möglicherweise weitere Funktionszusatzstoffe, sowie ein Vernetzungssystem enthalten, um letztendlich nach der Vulkanisation die gewünschten Anwendungseigenschaften zu erzielen. Die für Elastomere charakteristische Gummielastizität wird erst durch die chemische Vernetzung erreicht. Die wichtigsten Vernetzungsreaktionen zur Herstellung von Elastomeren werden im Folgenden beschrieben.

Schwefelvernetzung
Kautschuke mit Kohlenstoffdoppelbindungen, wie Naturkautschuk (NR), Butadienkautschuk (BR), Styrol-Butadien-Kautschuk (SBR) und Nitrilkautschuk (NBR), werden in der Regel mit Schwefel vulkanisiert. Ca. 80 % aller Vulkanisationen erfolgt durch Schwefelvernetzung, weil die Reaktion gut kontrollierbar ist, die Möglichkeit bietet, die Art der Vernetzungen und die Reaktionsgeschwindigkeiten zu bestimmen, und der Prozess kostengünstig ist. Für die Schwefelvernetzung werden Vernetzersysteme eingesetzt, die aus einer Kombination von Schwefel, organischen Beschleunigern und Aktivatoren bestehen.

Schwefel wird in reiner Form eingesetzt oder aus Schwefeldonatoren freigesetzt. Typische Beschleuniger sind Sulfonamide, z. B. *N*-Cyclohexyl-2-benzothiazylsulfenamide (CBS) (a), Thiazole, z. B. 2-Mercaptobenzothiazol (b), oder Dithiocarbamate, z. B. Zink-*N*-diethyldithiocarbamat (ZDEC) (c):

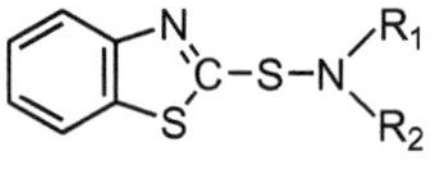

(a) CBS R_1: Cyclohexyl, R_2: H

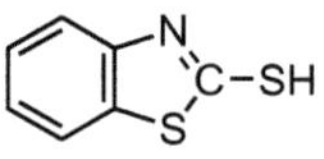

(b) MBT

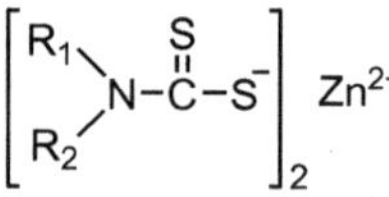

(c) ZDEC R_1, R_2: Ethyl

Aktivatoren haben die Funktion, den Beschleuniger zu aktivieren. Dazu werden üblicherweise Zinkoxid und Stearinsäure eingesetzt.

Der Mechanismus der Vernetzungsreaktion ist komplex. Der Beschleuniger (Ac) reagiert mit Zinkoxid und Stearinsäure zu einem Beschleuniger-Zn-Komplex (Ac-Zn). Dieser reagiert mit dem Schwefel unter Bildung eines Schwefel-Beschleuniger-Komplexes (Ac-S):

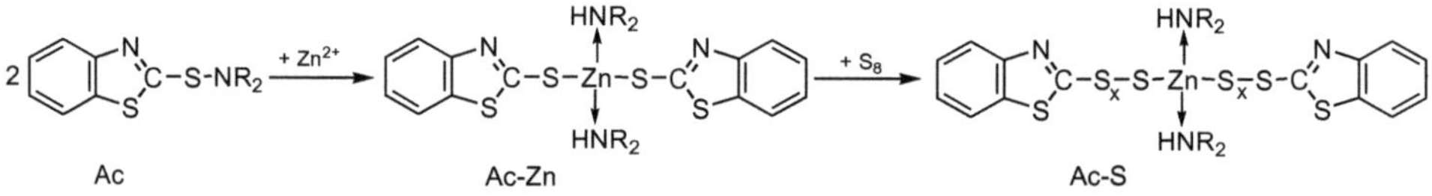

Der Ac-S-Komplex reagiert mit dem Polymer bevorzugt an der Allylposition unter Bildung eines polymergebundenen Ac-Polysulfans. Dieses reagiert mit einer zweiten Polymerkette unter Bildung einer sulfidischen Vernetzung:

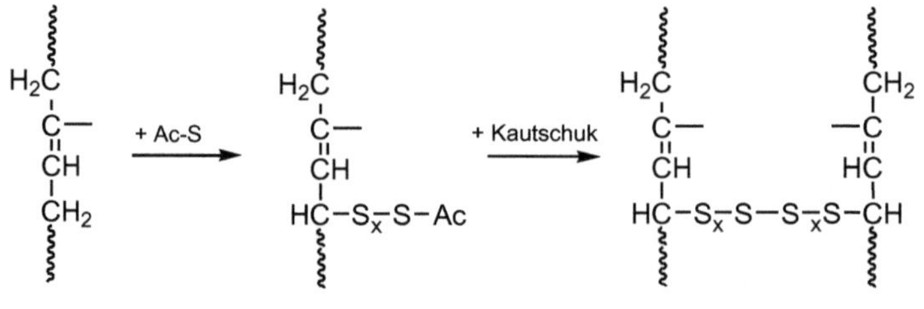

Neben diesen vorwiegend in Allylstellung vorliegenden Schwefelbrücken zwischen den Makromolekülen bilden sich auch hängende Schwefelketten und intramolekulare cyclische

Sulfide ohne Vernetzungswirkung. Polysulfidische Schwefelbrücken bilden sich bevorzugt bei Einsatz sog. **konventioneller Vernetzungssysteme** (CV) mit einem hohen Schwefel-Beschleuniger-Verhältnis. Das vernetzte Elastomer zeichnet sich dann durch besonders gute dynamische Eigenschaften aus. Im umgekehrten Fall, das Verhältnis von Schwefel zu Beschleuniger ist klein, sprechen wir von **effizienten Vernetzungssystemen** (EV), und es entstehen überwiegend Mono- und Disulfidbrücken. Die Elastomere haben dann eine bessere Wärmeformbeständigkeit, aber schlechtere dynamische Eigenschaften. Die zuerst gebildeten (polysulfidischen) Schwefelbrücken erfahren im Laufe des Vulkanisationsvorgangs Umbaureaktionen und können auch wieder abgebaut werden. Dieser Vorgang wird auch als **Reversion** bezeichnet und ist beim CV stärker ausgeprägt.

Peroxidische Vernetzung

Kautschuke ohne Doppelbindung in der Kette brauchen andere Vernetzungssysteme. Zu diesen Kautschuken zählen Ethylen-Propylen-Copolymere (EPM), Acrylatkautschuke (ACM), Ethylen-Vinylacetat-Copolymere (EVM), hydrierter Nitrilkautschuk (HNBR), Siliconkautschuk. Ethylen-Propylen-Dien-Terpolymere (EPDM), mit Doppelbindungen in den seitenständigen Dien-Einheiten werden peroxidisch vernetzt, können aber auch mit Schwefel vernetzt werden. Da die Vernetzung mit Peroxiden im Wesentlichen von der Art des Peroxids und nicht von der Art des Kautschuks abhängig ist, wird sie auch für Kautschukmischungen eingesetzt, deren Komponenten sehr unterschiedliches Vulkanisationsverhalten mit Schwefel zeigen, z. B. NR/EPDM, NBR/EPDM, NBR/EVM. Typische Peroxide für diesen Zweck sind Dicumylperoxid (d) oder Bis(*t*-butylperoxysiopropyl) benzen (e):

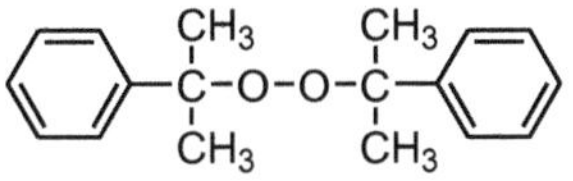

(d)

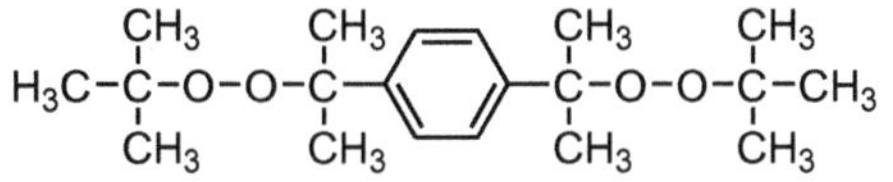

(e)

Die Peroxide unterscheiden sich bezüglich ihrer Zerfallstemperatur und bilden reaktive Radikale, die Wasserstoff von der Polymerkette abstrahieren. Die gebildeten Polymerradikale bilden Kohlenstoffbindungen:

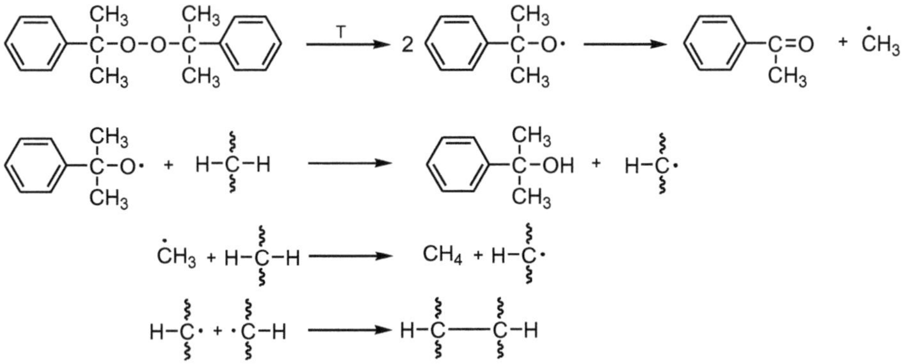

Die Polymerradikale können aber auch unter Kettenspaltung stabilisiert werden. Das wird insbesondere bei Kautschuken mit tertiären Kohlenstoffatomen beobachtet, z. B. Butylkautschuk (IIR), spielt aber auch eine große Rolle bei Polypropylen. Bei Polymeren, die zur Kettenspaltung neigen, werden bei der peroxidischen Vernetzung sog. **Co-Agenzien** eingesetzt, die als zusätzliche Vernetzer wirken. Beispiele für Co-Agenzien sind Trimethylpropantrimethacrylat (TRIM) oder Triallylcyanorat (TAC):

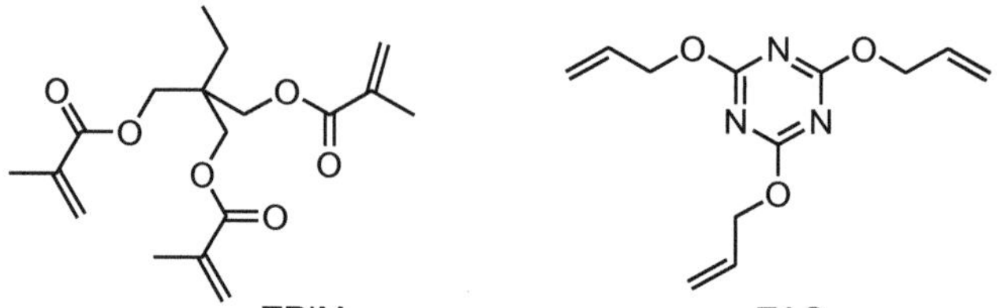

TRIM TAC

Bei Vernetzung mit Peroxiden ist unbedingt deren Reaktion mit Antioxidanzien und anderen Komponenten im Kautschuk-Compound zu beachten.

Vernetzung mit Phenolharzen

Phenolharze sind Vernetzungsmittel, welche erfolgreich für die Herstellung von thermoplastischen Vulkanisaten (TPV) eingesetzt werden. Die vernetzenden Phenolharze zeichnen sich durch zwei unabhängige *o*-Hydroxymethyl-Gruppen aus. Im ersten Schritt der Vulkanisation spaltet sich unter Wärme Wasser ab, und es entsteht eine *o*-Methylenquinon-Zwischenverbindung. An diese wird der ungesättigte Kautschuk addiert. Die Reaktion wird in der Regel durch Zinnchlorid beschleunigt:

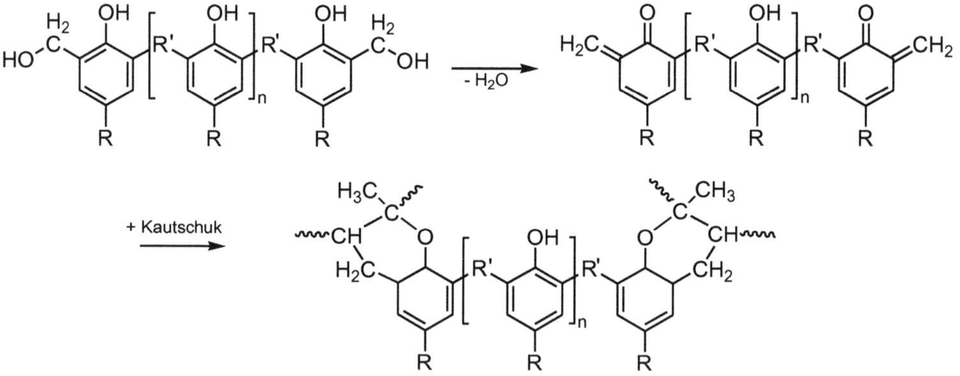

Vernetzung von Polyolefinen

Die Vernetzung von Polyolefinen hat technische Bedeutung bei der Herstellung von Rohrleitungen für Heißwasser oder Kabelummantelungen. Polyethylen kann durch Zugabe von Peroxiden oder durch Strahlung vernetzt werden. Beide Methoden führen zur Bildung von Radikalen als aktive Stellen an der Polymerkette, die dann rekombinieren. Derartige Vernetzungen ergeben eine verminderte Löslichkeit der Polyolefine, eine Erhöhung der Erweichungstemperatur und der Festigkeit. Eine weitere technisch relevante Vernetzung von PE ist die Reaktion von Silanen. Silane, z. B. Trimethoxyvinylsilan, werden mit PE gemischt und radikalisch an die PE-Kette gebunden. Die Vernetzung erfolgt dann durch Einwirkung von Wasser als Hydrolyse/Kondensation der Silane. Die vernetzten Strukturen können wie folgt beschrieben werden:

$$\begin{array}{c} || \\ H_2H_2OOH_2H_2 \\ HC-C-C-Si-O-Si-C-C-CH \\ |||| \\ CH_2OOCH_2 \\ || \end{array}$$

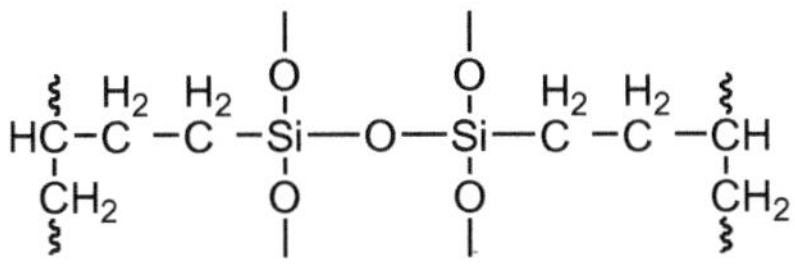

Die Vernetzung mittels energiereicher Strahlung wird nach der Formgebung durchgeführt. Abbaureaktionen sind bei Strahlungsvernetzungen nie ganz zu vermeiden. Aus diesem Grund ist diese Methode auf andere Polymere nur begrenzt übertragbar, z. B. ergeben Poly-α-methylstyrol, Polymethylmethacrylat und Polyisobutylen Abbaureaktionen, und beim Polyvinylchlorid wird das Chlor eliminiert.

Duromere
Duromere sind hochvernetzte polymere Werkstoffe, die sehr oft durch Füllstoffe und Fasern verstärkt sind. Für die Vernetzungsreaktionen sind hier funktionelle Gruppen an den Harzen vorhanden, die mit dazu passenden Härtern reagieren. Wir unterscheiden zwischen **Kondensationsharzen** und **Reaktionsharzen**, je nach Typ der Vernetzungsreaktion. Im Detail sind diese Vernetzungen in Abschn. 3.2.2.1 und 3.2.2.2 beschrieben. Die Vernetzungsreaktionen bei Siliconharzen sind in Abschn. 3.5.1 dargestellt.

Ionomere
Ionomere sind Polymere mit ionisierbaren funktionellen Gruppen. Bespiele sind Copolymere des Ethylens und Butadiens mit bis 10 % ungesättigten Säuren, z. B. Acrylsäure. Die Carboxylgruppen können mit zweiwertigen Ionen vernetzt werden. So bilden sich salzartige Vernetzungsstellen zwischen den Makromolekülen, d. h. ionogene Bindungen, die sich in Form von Clustern zusammenlagern. Ionomere verhalten sich bei Normaltemperatur wie Duromere, bei höheren Temperaturen wie Thermoplaste und können so verarbeitet werden. Zu den Ionomeren zählen auch die Membranen aus Polytetrafluorethylen mit Perfluorsulfonat- oder Perfluorcarboxylatseitengruppen, die im Membranverfahren der Alkalichloridelektrolyse benutzt werden.

Oberflächenbeschichtungen und Lacke
Diese gehören in das Gebiet der Vernetzungen, soweit bei der Filmbildung auf der Oberfläche eines Gegenstands das Polymer vernetzt. Ein klassisches Beispiel dafür sind

die bereits in Abschn. 3.2.1.2 behandelten Alkydharze. Als Streichmasse dient ein Polykondensat (Molmasse 1000–3500) aus Phthalsäure und Ölsäure mit Glycerin. Die Doppelbindungen vernetzen im Verlauf der Trocknung an der Luft, also in Gegenwart von Sauerstoff unter Bildung von Hydroperoxiden. Die Hydroperoxide zerfallen in Radikale, welche rekombinieren und damit die Vernetzung bewirken:

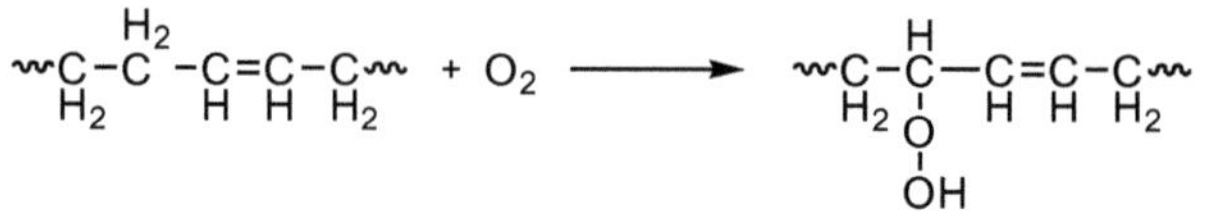

Photochemische Vernetzung
Diese Art von Vernetzungsreaktionen gewinnen zunehmend an Bedeutung im Bereich der Lacke und Oberflächenbeschichtungen, für medizinische Anwendungen z. B. in der Zahnmedizin, bei der **Stereolithografie**, die zu den additiven 3-D-Fertigungsverfahren zählt, bei verschiedenen Druckprozessen und nicht zuletzt in der Oberflächenstrukturierung in der Elektronikindustrie in Form von **Photoresists**. Allgemein wird zur Vernetzung UV-Licht oder sichtbares Licht von 250–450 nm Wellenlänge eingesetzt.

Für photochemische Vernetzungen können vernetzungsfähige Gruppen in das Polymer entweder im Polymerrückgrat oder in der Seitenkette eingebaut sein. Ein Beispiel hierfür stellt das Polyvinylcinnamat dar, welches unter Einwirkung von UV-Licht vernetzt:

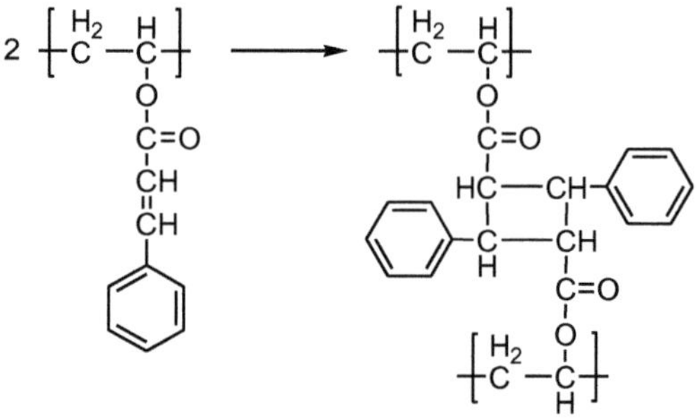

Für photochemische Vernetzungsreaktionen werden auch multifunktionelle Monomere oder Oligomere in Kombination mit Photoinitiatoren verwendet, die unter Lichteinwirkung die Reaktion starten. Photoinitiatoren für radikalische und kationische Vernetzungsreaktionen wurden bereits in Abschn. 3.1.1.1 und 3.1.2.2 beschrieben. Beispiele für multifunktionelle Monomere bzw. Oligomere sind Pentaerythritoltetraacrylat (a) welches radikalisch mit z. B. Acylphospinoxid (TPO) vernetzt wird, oder ein Epoxidharz mit acht Oxiranringen (SU-8) (b), welches mit Triarylsulfonium hexafluoroantimonat kationisch vernetzt wird:

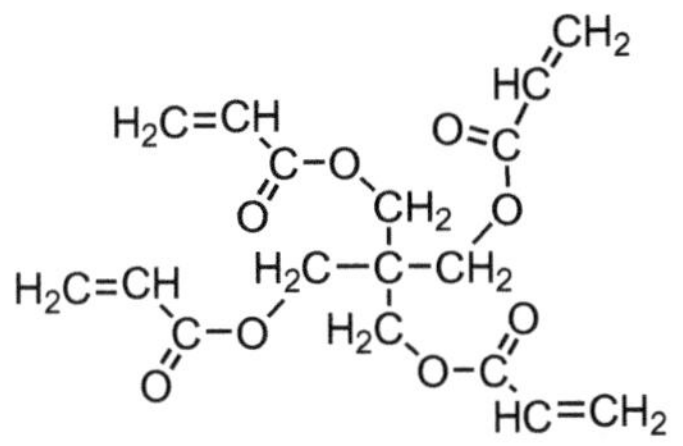

(a)

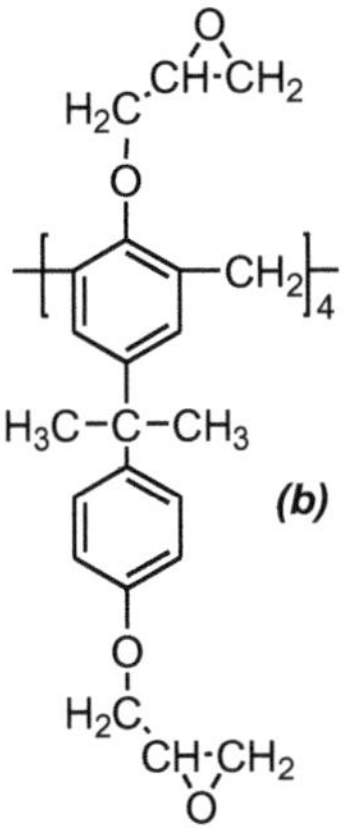

(b)

Bei den Photoresists unterscheiden wir zwischen Negativ- und Positivresists. Bei den **Negativresists** wird durch die Bestrahlung vernetzt und somit die Löslichkeit des Polymers erniedrigt. Nach dem anschließenden Herauslösen des unvernetzten Polymers bleibt ein Negativbild zurück. Ein typisches Beispiel für diesen Fall ist das oben erwähnte SU-8-Harz.

Im Fall der **Positivresists** wird durch die photochemische Reaktion die Löslichkeit der Schicht erhöht. Ein Beispiel dafür ist die Kombination von Novolaken (Abschn. 3.2.2.1) mit Diazonaphthoquinon (DNQ) (c) als photoaktiver Komponente. DNQ ist ein Löslichkeitshemmer, der die Auflösung des Novolakes im alkalischen Entwickler verhindert. Unter Bestrahlung wandelt sich DNQ in Indencarbonsäure (d) um. Diese wirkt als Löslichkeitsbeschleuniger des Novolakes, weil sie im alkalischen Medium neutralisiert:

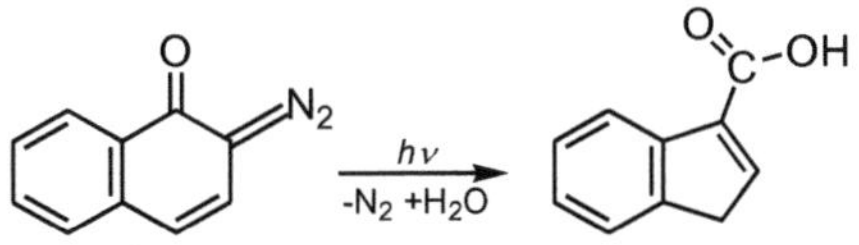

(c) *(d)*

Ein weiteres Beispiel für Positivresiste sind Polymere mit funktionellen *tert*-Butyloxycarbonylgruppen (*t*-BOC) (e), die zusammen mit photochemischen Säuregeneratoren, z. B. Triphenylsulfoniumsalzen (f), eingesetzt werden:

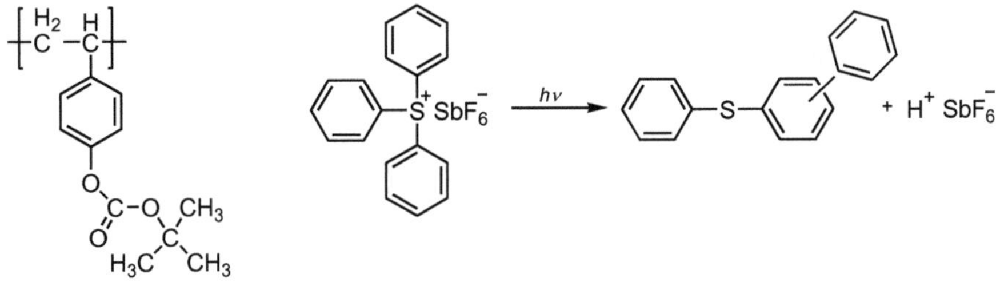

(e) *(f)*

Die bei der Photoreaktion gebildeten Protonen führen zur Abspaltung der *t*-BOC-Gruppe nach folgender Reaktionsgleichung und damit zur Löslichkeit des Polymers in alkalischen Lösemitteln:

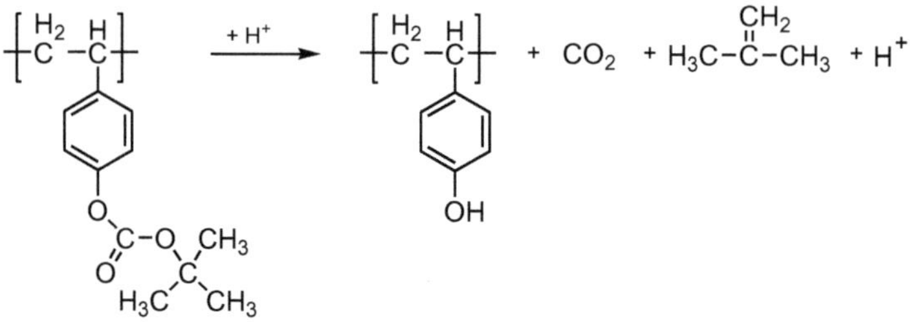

3.3.4 Alterung von Polymeren

Als Alterung bezeichnen wir alle im Laufe der Zeit in einem Polymer ablaufenden chemischen und physikalischen Vorgänge, die zu Änderungen der Werkstoffeigenschaften führen. Physikalische Alterungsvorgänge sind z. B. die Nachkristallisation von teilkristallinen Polymeren oder die Enthalpierelaxation von amorphen Polymeren unter Anwendungsbedingungen, die zur Versprödung der Werkstoffe führt. Zur **physikalischen Alterung** zählt auch der Verlust z. B. von Weichmachern oder die Aufnahme von Medien aus der Umgebung (Öl- oder Kraftstoffbeständigkeit). Physikalische Alterungsvorgänge können zumindest theoretisch wieder rückgängig gemacht werden, da keine chemische Veränderung der Makromolekülstruktur stattfindet. Bei **chemischen Alterungsvorgängen** kommt es zur irreversiblen Änderung der chemischen Struktur. Diese Vorgänge sollen im folgenden Abschnitt im Mittelpunkt stehen. In der Praxis ist es allerdings nicht möglich, physikalische und chemische Vorgänge isoliert zu betrachten.

Wir können zwischen inneren und äußeren Alterungsursachen unterscheiden. **Innere Alterungsursachen** können thermodynamisch instabile Zustände des Polymers und dadurch verursachte Relaxationserscheinungen sein. **Äußere Alterungsursachen** sind chemische und physikalische Einwirkungen der Umgebung auf das Polymer. Eine Alterung kann in allen Phasen der Existenz der Polymere, d. h. bei der Isolierung, Trocknung, Lagerung und besonders bei der Verarbeitung und Anwendung durch die Einwirkungen von Wärme, Feuchte, Sauerstoff, Ozon, Chemikalien, UV-Strahlung, ionisierender Strahlung, mechanischen Spannungen und biologisch aktiven Medien eintreten. Es ist sehr wichtig, das Verhalten von Polymeren gegen die erwähnten energetischen und stofflichen Einwirkungen zu kennen, um die Lebensdauer von Polymeren bei der Anwendung voraussagen zu können.

Bei der chemischen Alterung kann grundsätzlich zwischen den folgenden drei Reaktionen unterscheiden werden:

1. Abnahme des Polymerisationsgrads durch Kettenspaltung oder Depolymerisation
2. Erhöhung des Polymerisationsgrads durch Vernetzungsreaktionen oder Reaktionen funktioneller Gruppen (z. B. Nachkondensation)
3. Unkontrollierte Änderung der chemischen Struktur von Grundbausteinen (z. B. Abspaltung von CO, HCl, H_2O usw.)

In der Regel ist es so, dass sich diese Prozesse überlagern.

Erhöhte Temperaturen bei der Verarbeitung und bei der Anwendung von Polymermaterialien spielen ebenfalls eine große Rolle und beschleunigen die Alterungsvorgänge. Die thermische Beständigkeit von Makromolekülen ist deshalb ein wichtiger Aspekt, der hier besprochen werden soll.

Thermische Beständigkeit

Die Dissoziationsenergie für die Spaltung von Bindungen in den Hauptketten und Seitengruppen von Makromolekülen beträgt zwischen 150 und 450 kJ mol^{-1}. So haben Kohlenstoff-Kohlenstoff-Bindungen eine Bindungsenergie von ca. 348 kJ mol^{-1}, C–H-Bindungen von 413 kJ mol^{-1}, C–N-Bindungen von 305 kJ mol^{-1} und C–O-Bindungen von 358 kJ mol^{-1}. Um die innere Energie von Makromolekülen auf so einen Betrag zu erhöhen, ist es notwendig, die Polymerprobe auf Temperaturen zwischen 300 und 400 °C zu erwärmen. Deswegen treten unter üblichen Anwendungsbedingungen (Temperaturen bis zu 70 °C) merkliche Alterungserscheinungen an Polymeren erst nach längerer Zeitdauer, d. h. nach Monaten und Jahren, auf.

Beim Erwärmen eines Polymers in inerter Atmosphäre kommt es zunächst zur Spaltung der Bindungen mit geringerer Bindungsenergie. Dabei entstehen vorzugsweise freie Makroradikale.

Wie die gebildeten Radikale weiterreagieren, hängt von den äußeren Bedingungen und der chemischen Struktur des Polymers ab. Zur Charakterisierung der thermischen Beständigkeit der Polymere können verschiedene Parameter benutzt werden. Dazu gehören

- die Ceiling-Temperatur T_c, bei der sich Aufbaureaktionen der Makromoleküle und Depolymerisation im Gleichgewicht befinden;
- die Zersetzungstemperatur T_D, die als Temperatur definiert ist, bei der im Vakuum eine Abbaugeschwindigkeit des Polymers von einem Masseprozent pro Minute (1wt% min^{-1}) vorliegt;
- die Zersetzungsgeschwindigkeit v_{350} in wt% min^{-1} bei 350 °C;
- die Aktivierungsenergie E_a für die Abbaureaktionen;
- der Anteil des Monomers in den Abbauprodukten bei der thermischen Zersetzung der Polymere im Vakuum w_a.

Tab. 3.16 Thermische Beständigkeit einiger Polymere

Polymer	T_c (°C)	T_m (°C)	T_g (°C)	T_D (°C)	v_{350} (wt% min^{-1})	E_a (kJ mol^{-1})	w_a (wt%)
PTFE	580	327		510	0,000002	338	96
PE	400	105–146		400	0,008	263	~1
PP	300	160–208		380	0,069	242	0
PS	230	–	100	360	0,24	230	40–60
PMMA	220	–	105	330	5,2	170–230	95
PIB	50	–	–60	340	47	204	20–50

Schmelztemperatur T_m oder die Glasumwandlungstemperatur T_g können ebenfalls als Kriterium für die thermische Stabilität herangezogen werden. Solche Parameter für ausgewählte Polymere sind in Tab. 3.16 zusammengefasst.

Statistische Kettenspaltung und Depolymerisation

Beim Abbau von Polymeren unterscheiden wir zwischen statischer Kettenspaltung und Depolymerisation. Statistische Kettenspaltung, d. h. Spaltung der Bindungen an beliebigen Stellen entlang der Kette, kann allgemein mit folgender Gleichung beschrieben werden:

$$P_{i+j} \longrightarrow P_i + P_j \longrightarrow P_{i-k} + P_k + P_{j-m} + P_m$$

Damit ist prinzipiell die Umkehr einer Polyaddition beschrieben. Die statistische Kettenspaltung kann aber auch als Umkehr der Polykondensation unter Mitwirkung kleiner Moleküle erfolgen, wie hier am Beispiel eines Polyesters gezeigt wird:

$$P_i-\underset{\underset{O}{\|}}{C}-O-P_j + H_2O \longrightarrow P_i-\underset{\underset{O}{\|}}{C}-OH + HO-P_j$$

Unter Depolymerisation verstehen wir die Abspaltung von Monomeren nacheinander von den aktivierten Kettenenden, die durch Bindungsspaltung der Hauptkette entstanden sind. Die Depolymerisation stellt die Umkehr einer Polymerisation dar:

$$P_{i+j} \longrightarrow P_i^* + P_j^* \longrightarrow P_i^* + M + P_j^* + M$$

Für bestimmte Zwecke, z. B. um die Verarbeitung und Anwendung von einigen Polymeren zu erleichtern, ist es nötig, ihre Molmasse kontrolliert zu erniedrigen. Um schnelle und kontrollierte Kettenspaltung bis zur gewünschten Molmasse bzw. zum gewünschten Polymerisationsgrad durchführen zu können, ist es notwendig, die Kinetik der statistischen Kettenspaltung und der Depolymerisation kennenzulernen.

Statistische Kettenspaltung Die Kinetik des Abbaus von Polymeren lässt sich einfach erfassen, wenn wir den von W. Kuhn erstmals eingeführten Begriff des Spaltungsgrads S benutzen. Unter dem **Spaltungsgrad** verstehen wir das Verhältnis der aufgespaltenen zu den ursprünglich vorhandenen Bindungen in einem Makromolekül. Gemäß dieser Definition gilt, dass für ein Makromolekül mit unendlich großem Polymerisationsgrad $P_n = \infty$, der Spaltungsgrad $S = 0$ ist. Für den Fall, dass das Makromolekül vollständig bis auf die Grundbausteine (Monomereinheiten) aufgespaltet ist und $P_n = 1$ gilt, nimmt der Spaltungsgrad den Wert $S = 1$ an. Das heißt, dass wir jedem Makromolekül mit dem Polymerisationsgrad P_n einen Spaltungsgrad $S = 1/P_n$ zuordnen können.

Vorausgesetzt, dass alle Bindungen, unabhängig von ihrer Lage in der Hauptkette des Makromoleküls und vom Polymerisationsgrad, die gleiche Reaktivität haben, können wir schreiben, dass die Geschwindigkeit der Kettenspaltung unter konstanten Reaktionsbedingungen von dem Anteil der verbleibenden Bindungen $(1 - S)$abhängt, was einer Reaktion pseudoerster Ordnung entspricht:

$$^{\mathrm{d}S}/_{\mathrm{d}t} = k_\mathrm{S}(1 - S) \tag{3.121}$$

k_S ist die Geschwindigkeitskonstante der Kettenspaltung. Diese hängt von der chemischen Struktur des Polymers, der Katalysatorkonzentration, der Temperatur usw. ab.

Ist S_0 der Spaltungsgrad des Ausgangsmakromoleküls ($t = 0$) und S_t der Spaltungsgrad des Makromoleküls zu einem späteren Zeitpunkt t, ergibt sich durch Integration:

$$\ln(1 - S_0) - \ln(1 - \mathrm{S_t}) = k_\mathrm{S} \cdot t \tag{3.122}$$

Unter Berücksichtigung, dass $P_{n,\,0}$ und $P_{n,\,\mathrm{t}}$ viel größer als eins sind, dass für kleine Werte von S die Näherung $\ln(1 - S) = -(S + S^2/2 + S^3/3 + \ldots) \approx -S$ gilt und dass $S = 1/P_n$ ist, können wir mit guter Näherung annehmen:

$$\frac{1}{P_{n,\mathrm{t}}} = \frac{1}{P_{n,0}} + k_\mathrm{S} \cdot t \tag{3.123}$$

Für die statistische Kettenspaltung sollte das reziproke Zahlenmittel des Polymerisationsgrads nach Gl. 3.123 linear mit der Abbauzeit ansteigen. Die Gültigkeit dieser Gleichung wurde in vielen Fällen nachgewiesen, unabhängig davon, ob der Abbau durch den Einfluss von Licht, Chemikalien, Wärme oder biologisch aktiven Medien hervorgerufen wurde. In Abb. 3.10 sind die Ergebnisse des Abbaus von Polyethylenterephthalat, Dextran und Pullulan durch Hydrolyse mittels wässriger Salzsäurelösungen sowie des thermischen Abbaus des Copolymers aus Styrol und α-Chloracrylnitril als Beispiele dargestellt.

Die Bedingung, dass alle Bindungen in der Hauptkette gleich reaktiv sind, ist häufig nicht erfüllt, wenn mechanische Energie starken Einfluss auf die Kettenspaltung hat. In diesen Fällen ist die Gültigkeit von Gl. 3.123 zu überprüfen und entsprechend zu korrigieren.

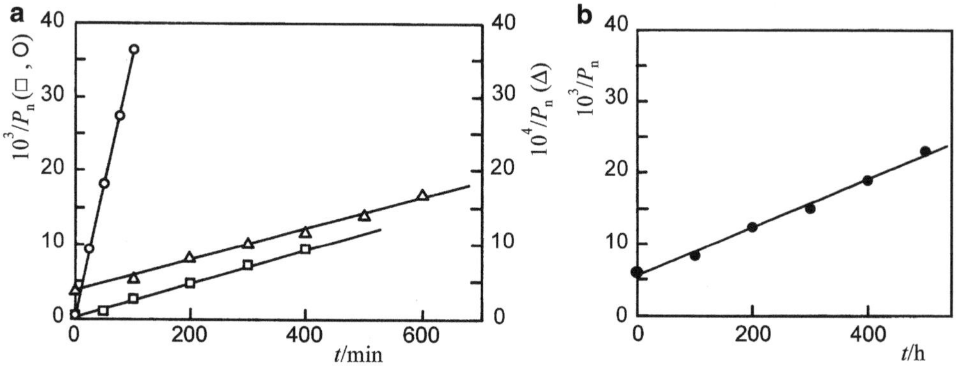

Abb. 3.10 Zeitabhängigkeit der reziproken Zahlenmittel der Polymerisationsgrade □, ○ Hydrolyse von Dextran und Pullulan in Salzsäure (c = 0,08 mol dm^{-3}) bei 85 °C, ● Hydrolyse von Polyethylenterephthalat in Salzsäure (c = 5,0 mol dm^{-3}) bei 70 °C, Δ thermische Kettenspaltung von Poly (styrol(90,8 mol-%)-co-α-chloracrylnitril(9,2 mol-%)) bei 155 °C. (Jeremic et al. 1985; Ilic et al. 1991; Ravens 1960; Grassie 1967)

Depolymerisation Die Wachstumsreaktion (Aufbaureaktion der Makromoleküle) steht bei der Polymerisation im Gleichgewicht mit der Abbaureaktion (Depolymerisation) von Makromolekülen zu Monomeren:

$$R{-}M_P{-}M^* + M \underset{k_D}{\overset{k_W}{\rightleftharpoons}} R{-}M_{P+1}{-}M^*$$

Dabei sind k_W und k_D die Geschwindigkeitskonstanten der Wachstumsreaktion und der Depolymerisation. Für die Mehrheit der Monomere ist die Geschwindigkeitskonstante der Wachstumsreaktion unter üblichen Reaktionsbedingungen viel größer als die der Depolymerisation, bzw. das Gleichgewicht liegt weit auf der Seite der Entstehung der Makromoleküle ($k_W >> k_D$). Die Depolymerisationsreaktion kann aber begünstigt werden, wenn die Polymerprobe bei Temperaturen in der Nähe der Ceiling-Temperatur erwärmt oder durch energiereiche Strahlung behandelt wird. Da diese beiden Energiearten (Wärme und energiereiche Strahlung) unspezifisch sind, können sowohl Depolymerisation als auch Kettenspaltung verursacht werden. Die Depolymerisation läuft nur dann ohne Nebenreaktionen ab, wenn die Seitengruppen wesentlich stabiler sind als die Bindungen zwischen den Grundbausteinen der Hauptkette.

Die spontane Depolymerisationsreaktion kann nur bei lebenden Polymerisationen einsetzen. Inaktive Makromoleküle können erst dann depolymerisieren, wenn sie zunächst durch homolytische Bindungsspaltungen in der Hauptkette aktiviert wurden. Die Aktivierung kann, wie bei Poly(α-methylstyrol), statistisch längs der Hauptkette erfolgen. Bei

Polymethylmethacrylat hingegen erfolgt die Aktivierung vorwiegend an den Endgruppen, wo sich leicht spaltbare Bindungen in Nachbarschaft zu Doppelbindungen befinden. Diese sind bei der Polymerisationsreaktion durch die Abbruchreaktionen durch Disproportionierung entstanden. Das ist in den folgenden Reaktionsgleichungen dargestellt. Von den gebildeten Makroradikalen werden in einer Art Reißverschlussmechanismus die Monomermoleküle eins nach dem anderen abgespaltet. Die Reaktion verläuft so lange, bis das Makroradikal vollständig in Monomere umgewandelt ist oder durch Abbruch und Übertragungsreaktionen desaktiviert wird:

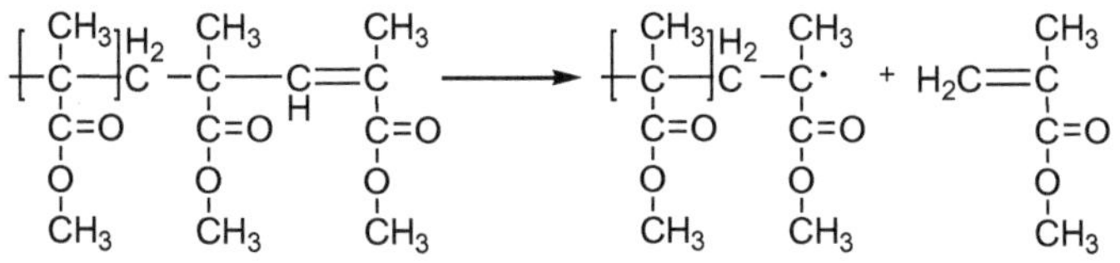

Es ist in diesem Fall zweckmäßig, wie bei der Kettenwachstumsreaktion (Abschn. 3.1.1.5) eine kinetische Kettenlänge der Depolymerisation, die sog. **Zip-Länge**, einzuführen. Diese gibt die Zahl der abgespalteten Monomermoleküle pro gebildetem Makroradikal bzw. das Verhältnis der Geschwindigkeit der Depolymerisation zu der Summe der Abbruch- und Übertragungsgeschwindigkeiten an. Die Zip-Länge hängt von der Molekülstruktur ab. Bei dem thermischen Abbau im Vakuum ($T = 300 - 350$ °C) ist die Zip-Länge bei Poly(α-methylstyrol) oder Poly(methylmethacrylat) größer als 200, bei Poly(styrol) und Poly(isobutylen) beträgt sie 3 und bei Polymeren mit unbedeutender Fähigkeit zur Depolymerisation, wie bei Poly(ethylen), nur noch 0,01. Tab. 3.16 zeigt auch den Massenanteil des Monomers in den Abbauprodukten w_a beim thermischen Abbau.

Der Polymerisationsgrad $P_{n,0}$ der Polymerprobe vor der Depolymerisation ist durch das Verhältnis der gesamten Zahl der Grundbausteine $N_{m,0}$ zu der Zahl der Makromoleküle $N_{p,0}$ in der Polymerprobe gegeben:

$$P_{n,0} = N_{m,0}/N_{p,0} \tag{3.124}$$

Nach einer Depolymerisationszeit t und der Abspaltung von N_M Monomermolekülen ist der Polymerisationsgrad $P_{n,t}$ durch das Verhältnis der Gesamtzahl der Grundbausteine $N_{m,t}$ zur Zahl der verbleibenden Makromoleküle $N_{p,t}$ gegeben. Wenn man als „Makromoleküle" nur die Depolymerisationsprodukte mit Polymerisationsgrad $P_n \geq 2$ berücksichtigt, muss die Zahl der Makromoleküle um die Zahl der gebrochenen Bindungen pro Makromolekül N_b wie folgt korrigiert werden:

$$P_{n,t} = N_{m,t}/N_{p,t} = (N_{m,0} - N_M)/\left(N_{p,0}(1 - N_b)\right) - N_M = P_{n,0}(1 - f_M) \tag{3.125}$$

Gl. 3.125 besagt, dass der Polymerisationsgrad der abgebauten Polymere linear mit dem Anteil f_M der abgespaltenen Monomermoleküle abnimmt. Das wurde experimentell nachgewiesen, wie in Abb. 3.11 für PMMA gezeigt wird, aber nur für eine Polymerprobe mit den Molmassen M_4 und M_5, die viel größer als die Zip-Länge sind. Entscheidenden Einfluss auf den Verlauf der Kurve $P_{n,t}/P_{n,0} = f(f_M)$ beim thermischen Abbau haben die Zip-Länge, die Molmasse und die Molmassenverteilung der Polymerprobe vor dem Abbau.

Wenn die Molmasse der Polymerprobe vor dem Abbau bzw. der Makroradikale, die durch primäre Spaltung entstanden sind (Gl. 3.125), gleicher Größenordnung wie die Zip-Länge sind, werden bei dem Abbau ganze Makromoleküle aus der Polymerprobe verschwinden, und die Molmasse der verbleibenden Polymerprobe ändert sich mit der Menge des abgespaltenen Monomers nicht (Kurve M_1 in Abb. 3.11).

In einer Polymerprobe mit breiter Molmassenverteilung sind Makromoleküle mit größeren und kleineren Molmassen als die Zip-Länge vorhanden. Wenn Makromoleküle mit Molmassen unter der Zip-Länge für den Abbau aktiviert sind, verschwinden sie vollständig, was sogar zur Erhöhung der Molmasse der verbleibenden Polymerprobe führen kann. Makromoleküle mit größerer Molmasse als die Zip-Länge werden nicht vollständig abgebaut, und die Molmasse der verbleibenden Polymerprobe sinkt. Diese beiden Effekte können sich am Anfang kompensieren, aber mit fortschreitendem Abbau nimmt doch der Polymerisationsgrad der verbleibenden Polymerprobe ab (Abb. 3.11, Kurven M_2 und M_3).

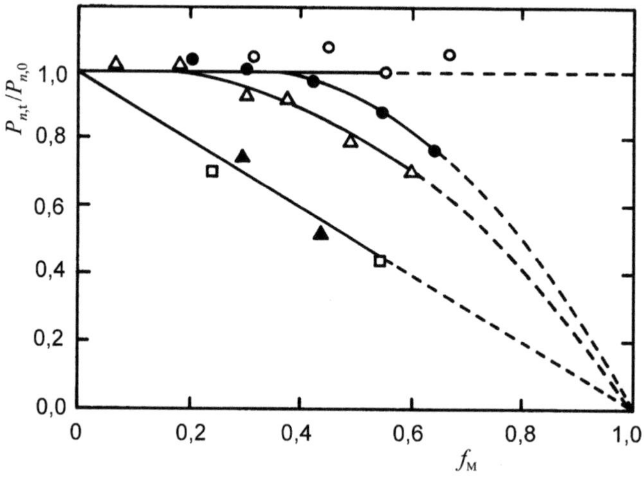

Abb. 3.11 Abhängigkeit des normalisierten Polymerisationsgrads ($P_{n,t}/P_{n,0}$) vom Anteil f_M der abgespaltenen Monomere beim thermischen Abbau von PMMA-Proben mit verschiedenen anfänglichen Molmassen: $M_1 = 44.300$ (○), $M_2 = 94.000$ (•), $M_3 = 179.000$ (Δ), $M_4 = 650.000$ (▲), $M_5 = 725.000$ (□)

Für die Beschreibung der Änderung des Polymerisationsgrads mit der Abbauzeit bei gleichzeitiger Kettenspaltung und Depolymerisation müssen wir Gl. 3.123 wie folgt korrigieren:

$$(1 - x_\mathrm{m})/P_{n,t} = 1/P_{n,0} + k_\mathrm{r} \cdot t \tag{3.126}$$

Hierbei ist x_m der Molanteil der durch Depolymerisation abgespaltenen Monomere.

Alterungsmechanismen

Durch Einwirkung von Wärme, Sauerstoff, Strahlung oder mechanischer Energie kann es zur Bildung von Radikalen an der Polymerkette durch Protonenabspaltung kommen (a). Bei Abwesenheit von Sauerstoff führt das zur β-Spaltung der Polymerketten (b):

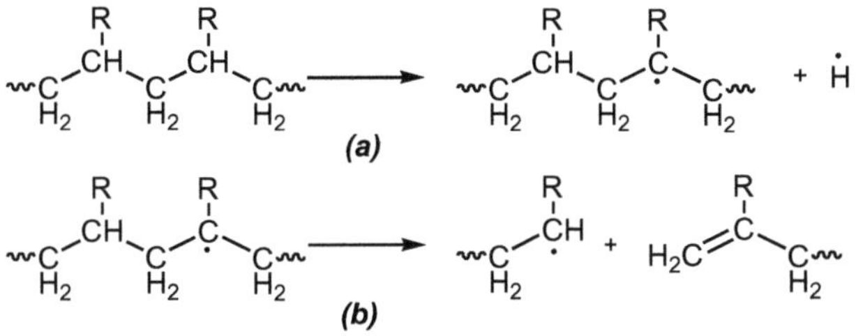

Bei Anwesenheit von Sauerstoff kann das Radikal direkt mit Sauerstoff reagieren (c). Das dabei gebildete Peroxidradikal greift einen weiteren Polymerkettenabschnitt an und bildet ein neues Radikal an der Polymerkette (d). Das abgespaltene Proton kann mit dem Peroxidradikal zu einem Hydroperoxid reagieren, welches direkt zu einer oxidativen Kettenspaltung führen kann (e):

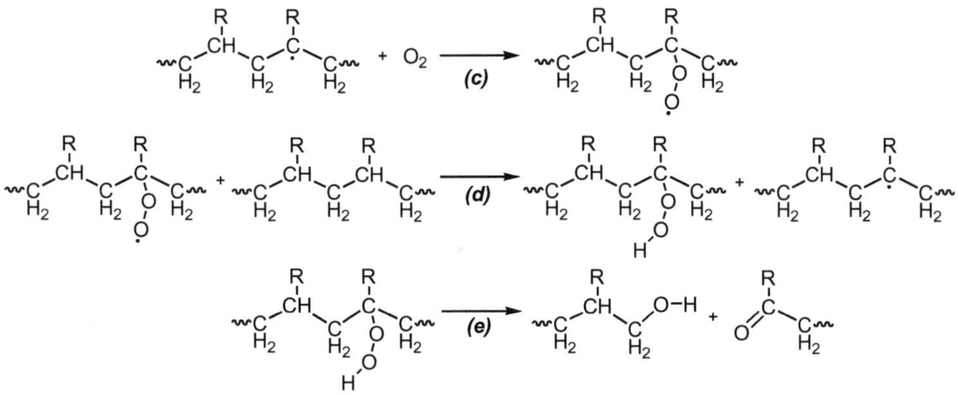

Unter Einwirkung von Licht können die am Polymer gebildeten Ketogruppen nach der Norrish-Reaktion (f) entweder durch α-Spaltung oder durch γ-H Abstraktion weiterreagieren. Dadurch werden neue Radikale und Ketogruppen gebildet. Außerdem können Kohlenstoffdoppelbindungen entstehen. Diese sind z. B. in der Lage, radikalische Vernetzungsreaktionen einzugehen:

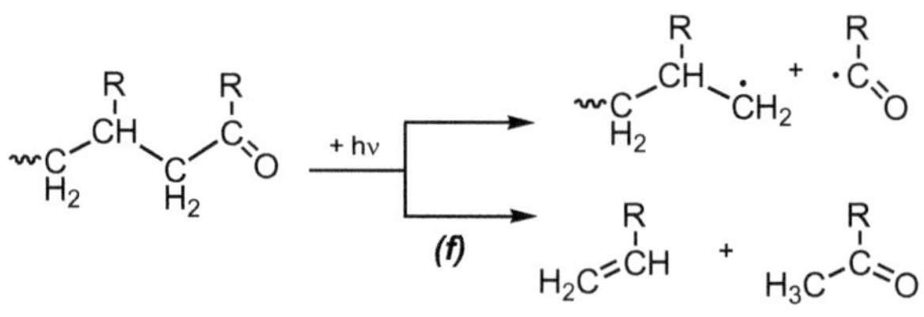

Die durch die Reaktion mit Sauerstoff entstandenen Hydroperoxide können in einem autooxidativen Prozess direkt zerfallen (g):

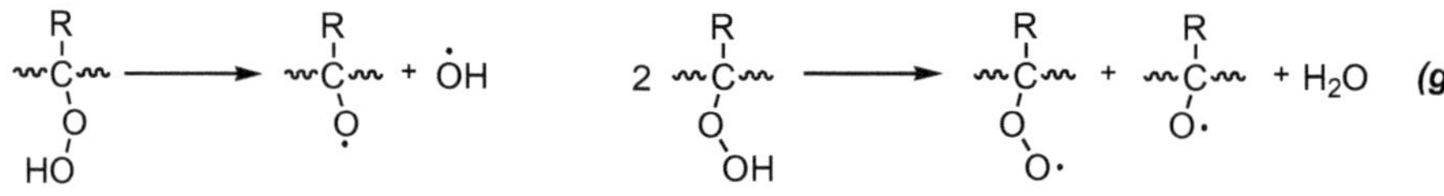

Zweiwertige Metallionen katalysieren den Prozess. Die Oxidationskette kann durch Rekombination abgebrochen werden (h):

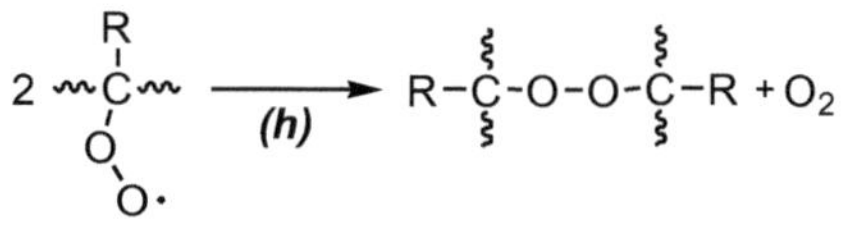

Polymere, die durch Polykondensationsreaktionen entstanden sind, werden in anorganischen und organischen Säuren, Basen, Alkoholen, Wasser und wässrigen Medien besonders bei höheren Temperaturen hydrolytisch abgebaut. Zu den hydrolyseempfindlichen funktionellen Gruppen in Makromolekülen gehören Ester-, Carbonat-, Urethan-, Amid-, Ether- und Siloxanbindungen. Die funktionellen Gruppen in Makromolekülen reagieren wie die der niedermolekularen Moleküle, jedoch stets mit niedrigerer Reaktionsgeschwindigkeit. Voraussetzung für die Hydrolyse ist die Diffusion der hydrolysierenden Moleküle in die amorphen Bereiche der Polymere.

Bei Polyvinylchlorid beginnt sich schon wenig oberhalb 100 °C Chlorwasserstoff abzuspalten. Bei der Verarbeitungstemperatur verläuft diese Abspaltung mit merklicher Geschwindigkeit. Durch die Chlorwasserstoffabspaltung entsteht die ungesättigte Gruppe, die das α-ständige Chloratom lockert und eine neue Chlorwasserstoffabspaltung induziert, was zur Bildung von Polymeren mit konjugierten Doppelbindungen, sog. Polyenen, führt. Auch diese Reaktion wird von Metallsalzen katalysiert:

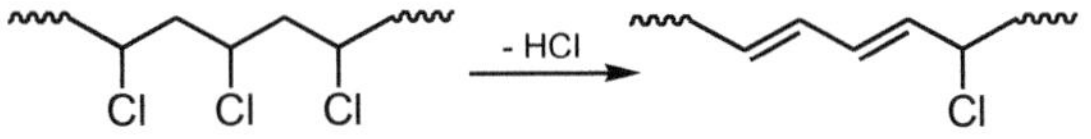

3.3.5 Alterungsschutz von Polymeren

Die Alterung von Polymeren können wir durch Zusatz von **Stabilisatoren** verzögern und somit die Lebensdauer von Polymerwerkstoffen erheblich verlängern.

Die Oxidationsrate von Polymeren mit Sauerstoff wird durch Zusatz von **Antioxidanzien** erniedrigt. Hierbei unterscheiden wir **primäre Antioxidanzien**, welche Hydroperoxide und Peroxide zerstören, bevor diese in freie Radikale zerfallen, und **sekundäre Antioxidanzien**, die den Kettenmechanismus der Oxidation abbrechen.

Als primäre Antioxidanzien eignen sich z. B. sterisch gehinderte Phenole und aromatische Amine. Ein häufig verwendetes Antioxidans ist das 2,6-Di(*t*-butyl)-4-methylphenol, das pro Molekül zwei Radikale wie folgt vernichten kann. Neben dieser Reaktion kann es auch zur Dimerisierung oder Disproportionierung der Antioxidantien kommen.

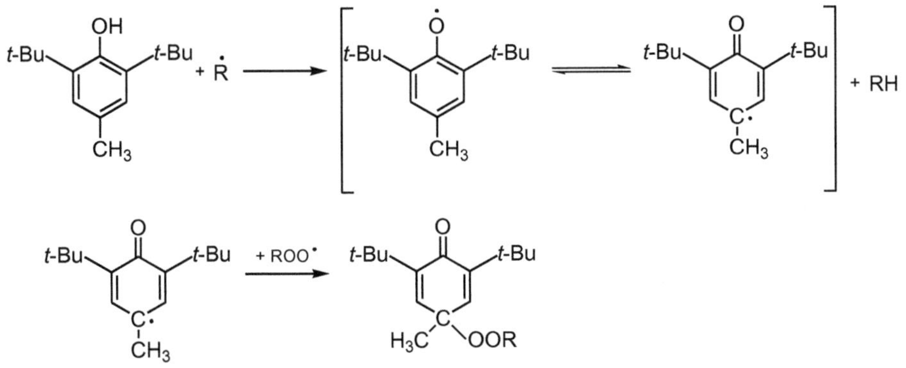

Als sekundäre Antioxidanzien werden Phosphite, tertiäre Amine, Zinkdiethyldithiocarbamat oder Thioether benutzt. Organische Phosphite und tertiäre Amine werden durch die Hydroperoxide wie folgt oxidiert:

$$P(OR)_3 + R'OOH \longrightarrow O{=}P(OR)_3 + R'OH$$
$$R_3N + R'OOH \longrightarrow R_3N{=}O + R'OH$$

Durch Kombination primärer und sekundärer Antioxidanzien können wir in manchen Fällen eine synergistische Wirkung erreichen.

In Polyvinylchlorid und dessen Copolymeren haben Stabilisatoren die Aufgabe, die HCl-Abspaltung zu unterdrücken, den abgespaltenen Chlorwasserstoff zu binden und das Entstehen chromophorer Polyenstrukturen zu verhindern sowie oxidative und radikalische Abbauvorgänge zu unterbinden. Diese Aufgabe lässt sich nur durch Gemische mehrerer Substanzen erreichen, die man **Wärme-** oder **Thermostabilisatoren** nennt. Bei diesen Stabilisatoren handelt es sich um anorganische und organische Zink-, Barium-, Zinn- und Calciumderivate (z. B. Phosphite, Fettsäuresalze, Stearate), organische Basen, Organophosphite, Dicyandiamide und epoxidierte pflanzliche Öle (z. B. epoxidiertes Sojabohnenöl). Die Wirkungsweise von PVC-Stabilisatoren ist sehr komplex. So können z. B. die Metallcarboxylate keine Dehydrochlorierung verhindern, binden aber schon abgespaltenen Chlorwasserstoff, wodurch sich die vom Chlorwasserstoff stammenden Effekte reduzieren:

$$Zn(OOCR)_2 \xrightarrow[-RCOOH]{+HCl} ZnCl(OOCR) \xrightarrow[-RCOOH]{+HCl} ZnCl_2$$

$$RCOOH + ZnCl_2 \longrightarrow R-C\underset{O}{\overset{O}{\langle}}Zn\underset{}{\overset{Cl}{\langle}} + HCl$$

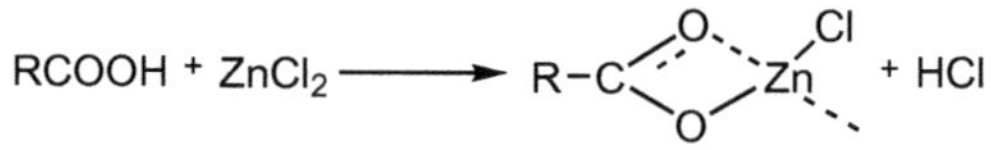

Der koordinativ nicht abgesättigte Zinkkomplex reagiert mit den Polyensequenzen der dehydrochlorierten PVC-Ketten und unterbricht so die Polyensequenz.

Prinzipiell lassen sich Polymere gegen photochemische Alterung stabilisieren. Das wird erreicht, indem die Absorption des photochemisch aktiven Lichts durch Zusatz von UV-Absorbern verhindert wird und angeregte Zustände durch energieübertragende Substanzen deaktiviert werden. Außerdem müssen gebildete Perverbindungen zerstört und die Reaktionen von auftretenden Radikalen verhindert werden. Ein Schutz gegen die Lichtabsorption ist durch Überzüge oder durch eingemischte Pigmente oder Füllstoffe möglich. Eine besondere Rolle spielt hierbei Ruß. **UV-Absorber**, die als Lichtschutzmittel dienen, sollen UV-Licht absorbieren und sich selbst desaktivieren, ohne dass dabei Radikale entstehen. Die einfachsten Verbindungen dieser Art sind Salicylsäure (a), 2-Hydroxybenzophenon (b) und Hydroxyphenylbenztriazol (c):

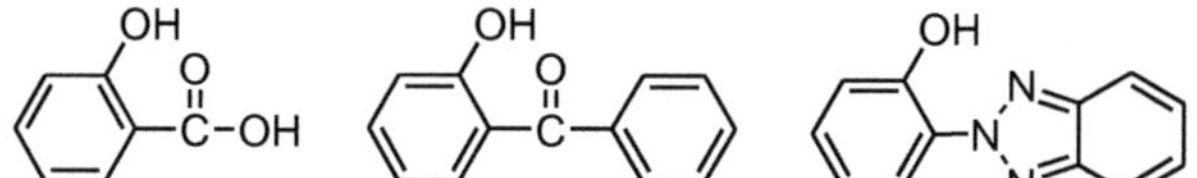

Diese Verbindungen sind zur Phototautomerie befähigt, d. h., bei der Lichtabsorption entsteht ein Phototautomeres, das in einer thermischen Reaktion wieder das Ausgangsprodukt liefert. Die aufgenommene Strahlungsenergie wird dabei weitgehend verbraucht und kann sich nicht mehr schädlich auf Polymere auswirken. Hydroxybenzophenon geht z. B. bei Bestrahlung in den angeregten Zustand über. Es nimmt die eingestrahlte Energie über die Wasserstoffbrücke auf und strahlt sie als Infrarotstrahlung (Wärme) wieder ab.

Die als Werkstoffe eingesetzten Polymere zeigen große Unterschiede in ihrer Alterungsbeständigkeit. So ist z. B. Poly(tetrafluorethylen) weitgehend resistent gegenüber Einwirkungen durch Chemikalien und Licht und erträgt relativ hohe Temperaturen, bis 300 °C, ohne Alterungserscheinungen. PVC hingegen wird bereits durch Wärmeeinwirkung oberhalb 100 °C oder durch Einwirkung von UV-Strahlung unter Abspaltung von HCl stark verändert. Polypropylen und Polyethylen zeigen sich als besonders empfindlich gegenüber Thermo- und Photooxidation. Einige Polymere können ohne Zusatz von Stabilisatoren gar nicht verarbeitet und angewendet werden. Aufgrund der großen Unterschiede in den Eigenschaften und dem Alterungsverhalten von Polymeren hat sich herausgestellt, dass es notwendig ist, zur Erhöhung der Alterungsbeständigkeit für jedes Polymer eine Auswahl geeigneter Stabilisatoren vorzubereiten. Das ist aber nicht einfach. Neben der stabilisierenden Wirkung müssen diese Stoffe mit den Polymeren, den Verarbeitungshilfsmitteln, den Weichmachern, Pigmenten, Füllstoffen und anderen Stabilisatoren verträglich sein, sich nicht extrahieren lassen und dürfen Farbe, Toxizität, Geruch, Verarbeitbarkeit und Gebrauchseigenschaften nicht beeinflussen. Von den zahlreichen untersuchten Verbindungsklassen hat sich deshalb nur eine begrenzte Zahl als Stabilisatoren praktisch bewährt.

3.4 Natürlich vorkommende Polymere und deren chemische Modifizierung

C. Kummerlöwe

Ökologische und ökonomische Aspekte haben in den letzten Jahren dazu geführt, dass die Nutzung nachwachsender Rohstoffe für die Herstellung von Werkstoffen wieder zunehmende Bedeutung erlangt. Die petrochemischen Rohstoffe für die Erzeugung von Polymeren werden langfristig nicht mehr ausreichend zur Verfügung stehen. Auch das wachsende Bewusstsein der Verbraucher für nachhaltige Produkte ist ein wichtiger Aspekt, der die zunehmende Entwicklung von Biopolymeren und Biokunststoffen vorantreibt. Die Trends zur Wiederentdeckung traditioneller Biopolymere, die Entwicklung biologisch abbaubarer Polymere oder die Suche nach biobasierten Rohstoffen für die Polymersynthese werden sich in der Zukunft weiter verstärken. Zudem bieten biobasierte Rohstoffe und die daraus hergestellten Kunststoffe durch Nutzung der Synthesevorleistung der Natur sowohl zu Beginn, d. h. auf der Rohstoffseite, als auch am Ende des Lebenszyklus, d. h. auf der Entsorgungsseite, Vorteile im Hinblick auf die Fixierung von Kohlendioxidemissionen. Das sind die Gründe dafür, die relevanten Polymere oder Biokunststoffe in diesem Buch zu behandeln.

Dabei gehen wir folgendermaßen vor. In diesem Abschnitt befassen wir uns zuerst mit den Polymeren, die in der Natur von lebenden tierischen oder pflanzlichen Organismen gebildet werden und die teilweise schon seit Jahrhunderten in reiner oder modifizierter Form als Biokunststoff eingesetzt werden. Beispiele dafür sind Polysaccharide, Naturkautschuk und Proteine, die z. B. als Viskosefasern, Gummi oder Caseine genutzt wurden.

Abgesehen von wenigen Ausnahmen wurden diese ursprünglichen Biokunststoffe seit Mitte des letzten Jahrhunderts nahezu vollständig durch petrochemische Polymerwerkstoffe verdrängt.

Inzwischen jedoch erfahren Biokunststoffe insbesondere aus ökologischen Gesichtspunkten und im Hinblick auf die Limitierung petrochemischer Ressourcen eine Renaissance. Deshalb wurde in den letzten 30 bis 40 Jahren eine Reihe von neuen, modernen biobasierten Werkstoffen entwickelt, die als **New-Economy-Biokunststoffe** bezeichnet werden können, um sie von den traditionellen (Old-Economy-)Biokunststoffen abzugrenzen.

Ein neues Kapitel (Kap. 6) dieses Lehrbuches befasst sich mit aktuellen Entwicklungen zur Nachhaltigkeit der Polymerherstellung, der nachhaltigen Verwendung und der Entsorgung von Polymeren. In diesem Kapitel werden wir die New-Economy-Biokunststoffe näher betrachten und uns auch mit der Thematik der Begriffsbestimmung im Bereich Biopolymer und Biokunststoff im Detail auseinandersetzen.

In der Natur kommen zahlreiche makromolekulare Stoffe vor, die sowohl durch pflanzliche als auch durch tierische Organismen gebildet werden. Die Organismen produzieren diese Polymere, um sie als Baustoffe für die Erzeugung harter, fester **Gerüststrukturen** (z. B. Cellulose), als Informationsspeicher für die **Zellfortpflanzung** (z. B. DNA), zur Regulierung des Zellstoffwechsels (z. B. Enzyme) oder als Speicher- und Reservestoff für die **Zellernährung** (z. B. Stärke, Polyhydroxyalkanoate) zu nutzen. Die wichtigsten Gruppen der natürlichen, durch Biosynthese produzierten Polymere sind Polysaccharide, Polydiene, Proteine und Polynukleotide.

Natürlich vorkommende Polymere zeichnen sich durch eine außerordentlich große Vielfalt von Monomerbausteinen und Verknüpfungsmöglichkeiten aus. Es würde den Rahmen dieses Buchs sprengen, alle möglichen Varianten darzustellen. Aus diesem Grund werden im Folgenden ausgewählte Beispiele vorgestellt.

Der Aufbau der natürlich vorkommenden Polymere zeichnet sich außerdem dadurch aus, dass sie in definierten molekularen und übermolekularen Strukturen von den Pflanzen oder Tieren gebildet werden. Diese Strukturen bestimmten die Eigenschaften und Funktionsweise. Wir unterscheiden die folgenden vier Strukturen:

1. **Primärstruktur:** Die Primärstruktur ist durch die Konstitution der Makromoleküle gegeben. Sie gibt an, welche Bausteine, z. B. der Typ der Monosaccharide, Aminosäuren oder Nukleinbasen, das Biopolymer enthält und wie diese entlang der Kette angeordnet sind. Die räumliche Struktur eines Biopolymers wird entscheidend durch seine Konstitution bestimmt.
2. **Sekundärstruktur:** Die Bausteine eines Biopolymers wechselwirken miteinander. Wichtige Wechselwirkungskräfte sind H-Brücken, elektrostatische Wechselwirkungen und Van-der-Waals-Wechselwirkungen. Sie führen dazu, dass sich die Bausteine gegeneinander verdrehen und Bindungen miteinander eingehen. Das Biopolymer geht dabei in eine Konformation über, die einer möglichst niedrigen Energie entspricht. Die

Art dieser Sekundärstruktur kann sehr verschieden sein. Sie hängt von den Milieubedingungen wie Temperatur, pH-Wert und Lösemittelzusammensetzung ab.

3. **Tertiärstruktur:** Jedes Biopolymer besteht aus einer bestimmten Anzahl von Segmenten, wobei sich jedes Segment aus mehreren Grundbausteinen zusammensetzt, die aufgrund ihrer Wechselwirkungen eine Sekundärstruktur aufbauen. Zwischen den Segmenten bestehen ebenfalls Wechselwirkungen, und zwar die gleichen wie zwischen den Grundbausteinen. Es kommt deshalb zu Segment-Segment-Bindungen. Die räumliche Struktur, die sich dadurch ausbildet, heißt Tertiärstruktur.
4. **Quartärstrukturen und höhere Organisationsformen:** Diese Strukturen existieren nur bei Proteinen. Es lagern sich dabei mehrere Proteineinheiten so zusammen, dass eine biologisch aktive Einheit entsteht. Proteine bilden auch Komplexe mit anderen Molekülen, z. B. Polysacchariden oder Fetten. Diese Komplexe werden Proteide genannt.

3.4.1 Polysaccharide

Polysaccharide stellen die mengenmäßig größte Gruppe der natürlich vorkommenden Polymere dar. Polysaccharide, auch als Glycane oder Polyosen bezeichnet, sind lineare oder verzweigte Makromoleküle, die aus Monosacchariden aufgebaut sind. Wir unterscheiden zwischen Homo- und Heteroglycanen, je nachdem, ob ein oder mehrere Typen von Monosacchariden als Bausteine vorhanden sind. Die Monosaccharide sind über glykosidische Bindungen verknüpft. Aufgrund der großen Anzahl vorhandener Monosaccaride und der unterschiedlichen Verknüpfungsmöglichkeiten ergibt sich eine außerordentlich große Vielfallt an Polysacchariden. Die hier vorgestellten Beispiele sind Cellulose und Stärke als Vertreter der Polysaccharide, die von höheren Pflanzen gebildet werden, Chitin als wichtiges tierisches Polysaccharid und Alginsäure und Agar als pflanzliche Polysaccharide, die aus Algen gewonnen werden.

3.4.1.1 Cellulose

Cellulose ist das am häufigsten in der Natur vorkommende Biopolymer der Erde und ist der bedeutendste nachwachsende Rohstoff. Cellulose stellt die Gerüstsubstanz der pflanzlichen Zellwände dar. Zum Beispiel enthält Baumwolle einen Celluloseanteil von bis zu 98 %, Jute, Flachs und Hanf von ca. 65 %, Holz enthält 40–50 % Cellulose und bis zu 30 % Hemicellulosen, Stroh weist etwa 30 % Cellulose auf. Cellulose ist ein unverzweigtes Polymer, welches aus β-D-Glucopyranose-Einheiten aufgebaut ist. Die cyclische Form von Glucose wird **Glucopyranose** genannt und kommt als α-D-Glucopyranose und β-D-Glucopyranose vor. α und β definieren die anomere Konfiguration, d. h. die stereochemische Position des exocyclischen Sauerstoffatoms, welche die glykosidische Bindung bildet, zum konfigurationsbestimmenden C-Atom des Monosaccharids. Beide Formen der Glucopyranose sind im Folgenden dargestellt:

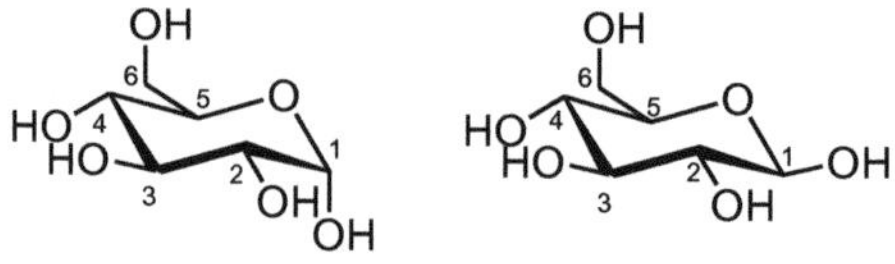

Durch 1,4-Verknüpfung von β-D-Glucopyranose entsteht Cellulose, Poly(β-(1,4)-D-glucopyranose):

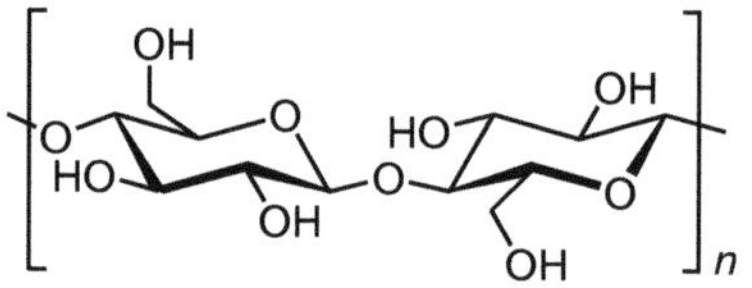

Die Zahl der sich wiederholenden Einheiten der Cellulosemoleküle beträgt je nach Pflanze bis zu mehreren Tausend. Für die Eigenschaften von Cellulose sind die starken intra- und intermolekularen Wasserstoffbrückenbindungen von Bedeutung. Die H-Brücken sind verantwortlich für die Ausbildung der charakteristischen Struktur der Cellulose. Aufgrund der großen Molmasse, der H-Brücken und der übermolekularen Struktur ist Cellulose in keinem der üblichen Lösemittel löslich. Cellulose kann nur in speziellen Lösemitteln, wie Dimethylacetamid (DMAc)/Lithiumchlorid, *N*-Methylmorpholin-*N*-oxid (NMMO) oder Dimethylsulfoxid (DMSO)/Tetrabutylammoniumfluorid sowie Ammoniak/Cu^{2+} (Schweizers Reagenz), ionischen Flüssigkeiten oder bestimmten binären Systemen aus polaren Lösemitteln und Salzen gelöst werden. Andererseits bieten die vielen Hydroxylgruppen entlang der Kette verschiedene Möglichkeiten zur chemischen Modifizierung. So wird Cellulose chemisch durch Veresterung oder Veretherung modifiziert. Die stark ausgeprägten zwischenmolekularen Wechselwirkungen der nativen Cellulose sind auch der Grund dafür, dass Cellulose nur nach einer chemischen Modifizierung thermoplastisch verarbeitbar ist.

Struktur

Die intramolekularen H-Brücken zwischen benachbarten Glucopyranoseeinheiten (zwischen dem incyclischen Sauerstoff und der Hydroxylgruppe am vierten C-Atom) führen zu einer Versteifung der Molekülketten. Die intermolekularen H-Brücken zwischen benachbarten Molekülen halten diese zusammen. Somit entsteht eine fast parallele Kettenanordnung. Die regelmäßige Anordnung der Hydroxylgruppen entlang der Kette und die daraus resultierenden H-Brücken führen zu kristallinen Strukturen der Cellulose. Native Cellulose besitzt ein monoklines Gitter, und diese kristalline Form wird Cellulose I genannt. Bei der technischen Aufbereitung der Cellulose mit Natronlauge wird diese in die Cellulose-II-Struktur umgewandelt, die letztendlich in den Regeneratcellulosen vorliegt. Cellulose bildet sog. Fransenkristallite aus gestreckten Kettenabschnitten (Abschn. 5.1.2.5). Die seitliche Aneinanderlagerung einzelner Fransenkristalle führt zur Bildung von Elementarfibrillen, welche sich weiterhin zu Mikro- und Makrofibrillen verbinden. In der pflanzlichen Zellwand sind die Cellulosefibrillen mit anderen Polysacchariden, wie z. B. den amorphen Hemicellulosen, organisiert.

Veresterungen

Die Veresterung von Cellulose erfolgt in der Regel unter katalytischer Wirkung von Schwefelsäure. Die Veresterung mit Salpetersäure ergibt Cellulosenitrat (a), deren Mischung mit Campher 1870 als Celluloid patentiert wurde. Celluloid war historisch gesehen der erste thermoplastische Kunststoff. Celluloseacetat (CA) (b) wird durch Umsetzung von Cellulose mit Essigsäureanhydrid erhalten. Der Substitutionsgrad (DS) liegt dabei meist deutlich über zwei. CA ist bei diesen hohen Substitutionsgraden ein Thermoplast und wird hauptsächlich zu Herstellung von Acetatfasern verwendet.

$$\text{Cell.—OH} \xrightarrow{+HNO_3} \text{Cell.—O–}NO_2 \qquad (a)$$

$$\text{Cell.—OH} \xrightarrow{+(CH_3CO)_2O} \text{Cell.—O–}\overset{\overset{\displaystyle O}{\|}}{C}\text{–}CH_3 \qquad (b)$$

Die Reaktion von Cellulose mit Natronlauge und Schwefelkohlenstoff führt zu Cellulosexanthogenat (c). Bei dem Prozess entsteht eine „viskose“ kolloidale Lösung. Aus dieser werden durch Verspinnen in ein schwefelsaures Spinnbad Cellulosefasern hergestellt (d), die **Viskosefasern** genannt werden. Der Ursprung dieser Bezeichnung ist die „viskose“ Cellulosexanthogenatlösung.

$$\text{Cell.—OH} \xrightarrow{+\,CS_2\,+\,NaOH} \text{Cell.—O–}\overset{\overset{\displaystyle S}{\|}}{C}\text{–}\bar{S}\ +\overset{+}{Na} \qquad (c)$$

$$\text{Cell.—O–}\overset{\overset{\displaystyle S}{\|}}{C}\text{–}\bar{S}\ +\overset{+}{Na} \xrightarrow{+\,H_2SO_4} \text{Cell.—OH} + CS_2 + Na_2SO_4 \qquad (d)$$

Veretherung

Die Veretherung von Cellulose erfordert die Aktivierung der Cellulose mit Natronlauge. Sie erfolgt durch Reaktion mit Halogenkohlenwasserstoffen, Epoxiden oder Chloressigsäure. Wichtige Produkte sind Methyl- oder Ethylcellulose (MC, EC) (e), Hydroxyethyl- und Hydroxypropylcellulose (HEC, HPC) (f) und Carboxymethylcellulose (CMC) (g):

$$\text{Cell.—OH} \begin{array}{l} \xrightarrow{+ \text{RCl}} \text{Cell.—O-R} \quad\quad R: CH_3, C_2H_5 \;\textit{(e)} \\[4pt] \xrightarrow{+ H_2\overset{O}{\overset{\diagup\diagdown}{C}}-CH-R} \text{Cell.—O-}\underset{}{\overset{H_2}{C}}\text{-}\underset{R}{\overset{H}{C}}\text{-OH} \quad R: H, CH_3 \;\textit{(f)} \\[6pt] \xrightarrow{+ Cl-\overset{H_2}{C}-COOH} \text{Cell.—O-}\overset{H_2}{C}\text{-}\overset{O}{\overset{\|}{C}}\text{-OH} \quad\quad\quad\quad\quad \textit{(g)} \end{array}$$

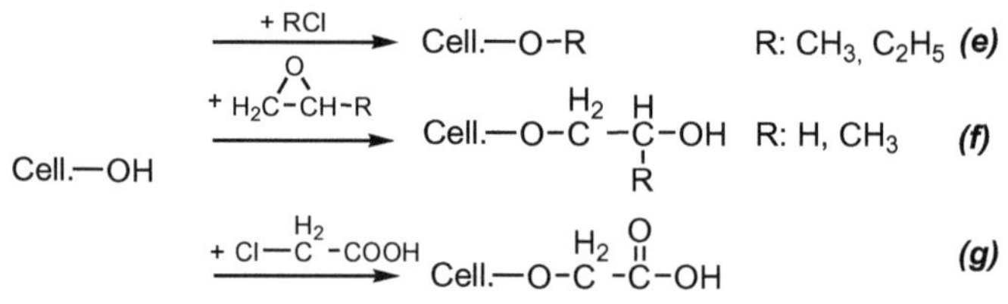

Carboxyethylcellulose (h) wird durch Veretherung mit Acrylnitril und gleichzeitige Verseifung mit Natronlauge erhalten:

$$\text{Cell.—OH} \xrightarrow{+H_2C=\overset{H}{C}-CN} \text{Cell.—O-}\overset{H_2}{C}\text{-}\overset{H_2}{C}\text{-CN}$$

$$\text{Cell.—O-}\overset{H_2}{C}\text{-}\overset{H_2}{C}\text{-CN} \xrightarrow[-NH_3]{+ NaOH + H_2O} \text{Cell.—O-}\overset{H_2}{C}\text{-}\overset{H_2}{C}\text{-}\overset{O}{\overset{\|}{C}}\text{—ONa} \quad \textit{(h)}$$

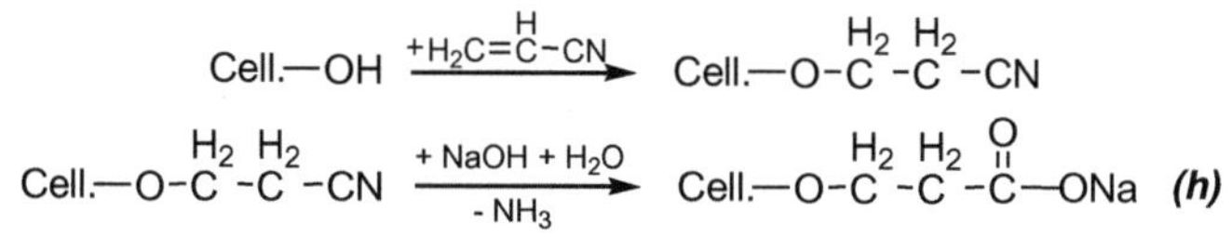

Reine Alkylcelluloseether, EC oder MC, werden nur in geringem Umfang produziert. Technische Bedeutung haben Mischether mit Alkyl- und Hydroxyalkylgruppen, wie z. B. Hydroxyethylmethylcellulose (HEMC). Der im größten Umfang hergestellte Celluloseether ist Carboxymethylcellulose. Celluloseether sind zu unterschiedlichen Graden in Wasser löslich. Die Löslichkeit wird durch die Polarität der Substituenten und den durchschnittlichen Substitutionsgrad (DS) bestimmt. Die Lösungen zeichnen sich durch hohe Viskositäten, Nicht-Newton'sches, strukturviskoses Fließverhalten und häufig durch Thixotropie aus. Weitere wichtige Eigenschaften sind das Wasserrückhaltevermögen sowie oberflächenaktive und filmbildende Eigenschaften. Im Gegensatz zu den häufig als Polymerwerkstoffe genutzten Celluloseestern werden die Celluloseether als Funktionspolymere genutzt. Typische Anwendungen sind Komponenten in Anstrichstoffen, Tapetenkleber, Verdickungsmitteln, Schutzkolloiden und Emulgatoren sowie Kleb- und Bindemitteln.

3.4.1.2 Stärke

Stärke ist das wichtigste Speicherpolysaccharid. Pflanzen, wie Kartoffeln, Getreide und Mais, bilden Stärke in Form von Stärkekörnern. Stärke besteht aus löslicher Amylose (i), einer fast linearen Poly[α-(1, 4)-glucopyranose], und Amylopektin (j), welches zusätzlich noch auf ca. 20 Glucoseeinheiten eine α-(1, 6)-Verknüpfung aufweist, dadurch verzweigt und schlecht löslich ist. Die Anteile an Amylose und Amylopektin liegen üblicherweise zwischen 10 und 30 % bzw. 70 und 90 % je nach Pflanzenart. Daneben gibt es auch spezielle Züchtungen, wie z. B. hoch amylosehaltige Erbsenstärke.

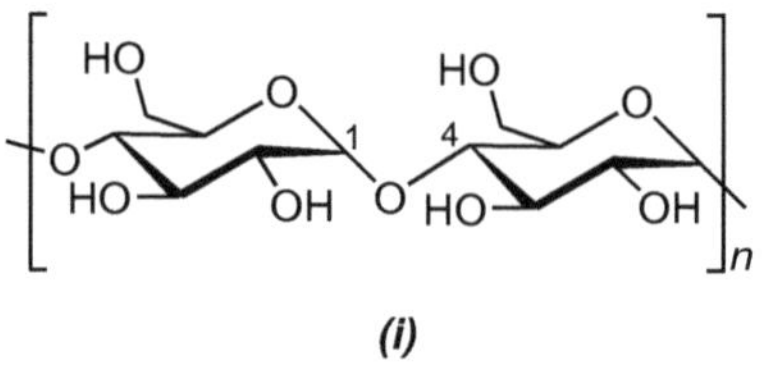

(i)

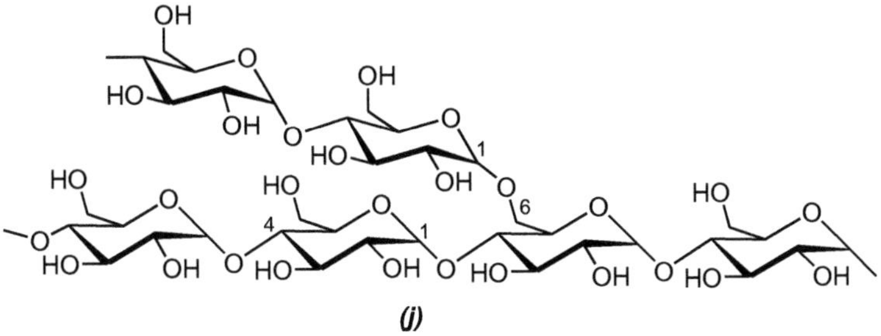

(j)

Haupteinsatzgebiet von Stärke ist die Lebensmittelindustrie. Aus Stärke wird durch hydrolytische Spaltung Glucosesirup hergestellt, welcher als stärkebasierter Zucker in der Getränkeindustrie eingesetzt wird. Stärke kann wie Cellulose verestert und verethert werden. Aufgrund der α-glucosidischen Verknüpfung ist die Stärke in ihrer Ausgangsform und auch nach einer Modifizierung chemisch nicht so stabil wie die Cellulose. Für Stärkeester, wie Stärkecitrat oder -phosphat, oder Stärkeether, wie Hydroxyethylstärke, liegen die Hauptanwendungen in der Lebensmittelindustrie.

Außerdem werden Stärkederivate in großem Umfang für die Papierherstellung eingesetzt. Eine besondere Rolle spielt dabei kationische Stärken (k), die zur Papierverfestigung und zur Verbesserung der Bedruckbarkeit von Papier verwendet wird:

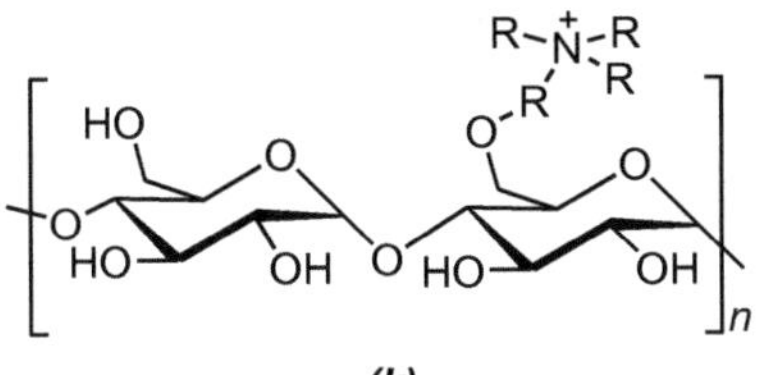

(k)

Weitere wichtige Einsatzgebiete der Stärke sind die Herstellung von Biodiesel durch Fermentation der aus der Stärke gewinnbaren Zucker und die Herstellung von thermoplastischer Stärke und Stärkeblends, die als bioabbaubarer Kunststoff eingesetzt werden. Zudem wird Stärke auch als Feedstock für die Fermentation von Zwischenprodukten für die Biokunststoffherstellung genutzt z. B. für die Erzeugung von biobasierten Alkoholen oder Carbonsäuren.

Zwei Beispiele für Polysaccharide mit Strukturen, die dem Amylopektin ähnlich sind, sind **Glykogen**, welches in der Leber vorkommt, und **Dextran**, ein aus Bakterien gewonnenes Polysaccharid. Glykogen hat die gleiche Struktur wie Amylopektin, aber eine höhere Verzweigungsdichte mit ca. einer Verzweigung auf zehn Glucoseeinheiten. Bei Dextran dagegen sind die Rückgratkette über α-(1, 6) und die Verzweigungen vorwiegend über α-(1, 4) verknüpft.

3.4.1.3 Chitin und Chitosan

Chitin (l) ist nach Cellulose das auf der Erde am häufigsten vorkommende Polysaccharid. Zusammen mit Proteinen und Calciumcarbonat bildet es den Baustoff für Exoskelette von Insekten und Krebstieren. Chitin ist ein Poly(*N*-Acety-1,4-β-D-glucopyranosamin). Durch Deacetylierung wird daraus Chitosan (m) hergestellt, welches Poly(D-glucosamin) ist:

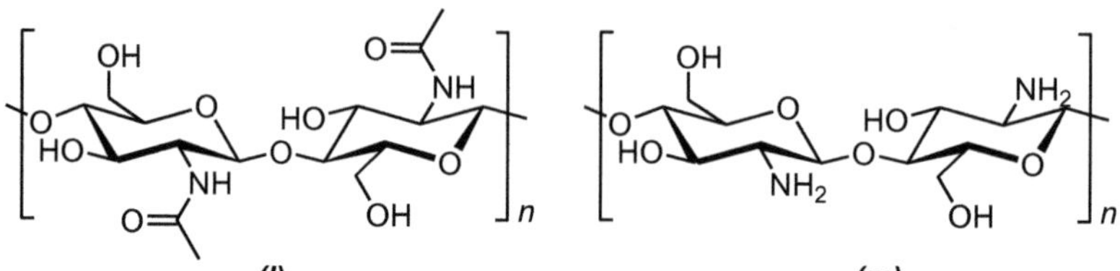

(l) *(m)*

Chitosan (m) ist ein Biopolymer, welches in verdünnten starken Säuren löslich ist. Es kann Polykationen mit hoher Ladungsdichte bilden. Chitosan wirkt antibakteriell und blutstillend und kann große Mengen an Fetten binden. In Medizinprodukten wird es deshalb als Fettabsorber und für Wundauflagen eingesetzt. Technisch findet Chitosan Verwendung als Filtermaterial in Kläranlagen und zur Bindung von Schwermetallen.

3.4.1.4 Alginate und Agar-Agar

Alginate (n) ist ein Sammelbegriff für eine Familie von linearen Polymeren aus 1,4-glykosidisch verknüpften α-L-Guluronsäure- (G) und β-D-Mannuronsäure-Einheiten (M). Dabei können beide Monomere längere Homopolymerblöcke bilden. Alginate werden aus verschiedenen Braunalgen gewonnen:

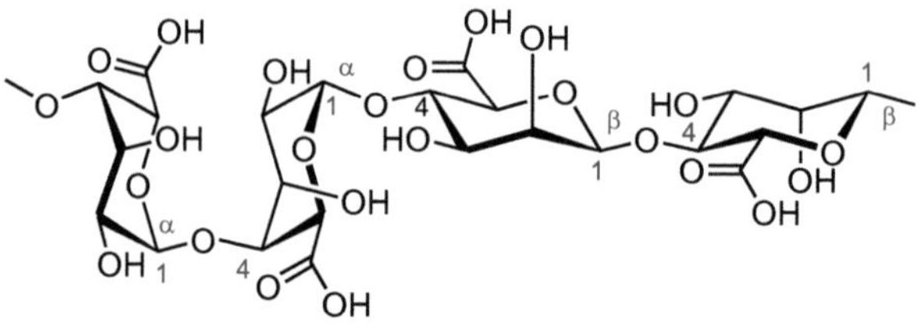

(n)

Natrium- und Kaliumsalze der Alginsäure sind wasserlöslich. Durch Calciumionen kann Alginsäure vernetzt werden und unlösliche Alginatgele bilden. Calciumalginatkompressen werden als Wundauflagen verwendet. Alginate werden auch zur Herstellung von Abformungen, z. B. in der Zahnmedizin, eingesetzt.

Agar-Agar ist ein weiteres Produkt, welches aus Rotalgen gewonnen wird. Es besteht aus zwei Hauptkomponenten: der linearen Agarose (o) und dem hochvernetzten Agropektin:

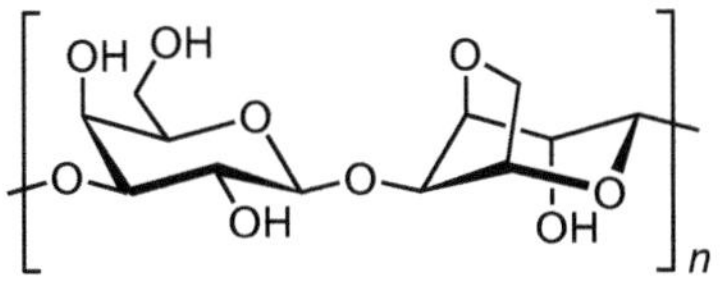

(o)

Neben der Verwendung in der Lebensmittelindustrie ist Agar-Agar vor allem dafür bekannt, dass es als Nährboden für die Anzucht von Mikroorganismen verwendet wird. Agarosegele oder quervernetzte Agarose werden in der Molekularbiologie bei der Gelelektrophorese für die Trennung von DNA und hochmolekularen Proteinen verwendet. Beim Abkühlen einer Agar-Agar-Lösung unter 50 °C erfolgt Gelbildung. Dabei bilden sich zuerst Doppelhelices, die sich dann zu größeren Aggregaten zusammenlagern. Die Gelbildung ist reversibel, bei ca. 85 °C löst sich das Gel.

3.4.1.5 Hemicellulosen

Hemicellulosen sind neben der Cellulose und dem Lignin die Hauptbestandteile von Holz. Hemicellulosen unterscheiden sich von Cellulose durch ihren nicht so einheitlichen molekularen Aufbau und durch die übermolekularen Strukturen. Sie sind aus verschiedenen Zuckereinheiten aufgebaut. Dazu gehören Pentosen, Hexosen, Hexuronsäuren und Desoxyhexosen. Beispiele dafür sind α-D-Xyanofuranose, β-D-Mannose, α-D-Galacturonsäure oder α-L-Rhamnose. Hemicellulosen haben kürzere Molekülketten als Cellulose, sie sind verzweigt und können unterschiedliche Seitengruppen oder Seitenketten haben. Die Zusammensetzung der Hemicellulosen variiert entsprechend der Holzart.

Die Bedeutung der Hemicellulosen für den Aufbau des Holzes besteht darin, dass sie auf der einen Seite durch H-Brückenbindungen in der Lage sind, sich mit den Cellulosefibrillen zu verbinden, auf der anderen Seite aber auch chemische und physikalische Bindungen zum Lignin herstellen können. Eine chemische Bindung zum Lignin kann z. B. eine Benzyl-Ether-Bindung sein, wie für α-D-Xyanofuranose (p) gezeigt wird. Auch Benzylester oder phenylglykosidische Bindungen sind möglich:

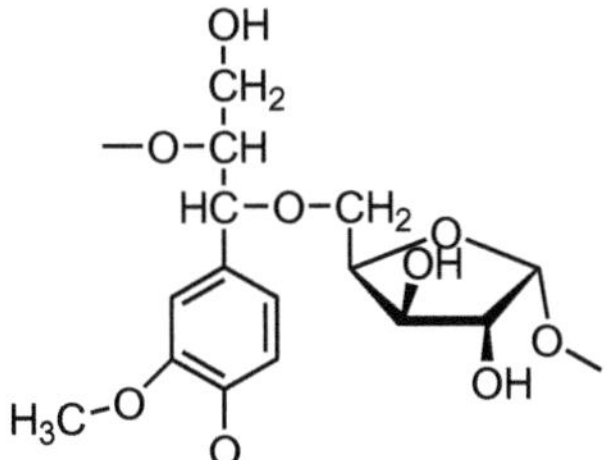

(p)

Hemicellulosen werden in der Papierveredlung zur Verbesserung der Reiß- und Zugfestigkeit eingesetzt.

3.4.2 Lignin

Holz enthält je nach Sorte bis zu 30 % Lignin (a), welches ein vernetzter aromatisch-aliphatischer Polyesterether ist und sich vom Coniferylalkohol (b) ableitet. Lignin ist neben Cellulose das mengenmäßig am häufigsten vorkommende Biopolymer. Für die Gewinnung der Cellulose aus Holz werden verschiedene Aufschlussverfahren eingesetzt, bei denen das Lignin zu löslichen Verbindungen abgebaut und abgetrennt wird. So entstehen z. B. im Sulfitverfahren lösliche Ligninsulfonate oder bei schwefelfreien Verfahren ethoxylierte oder methoxylierte lösliche Ligninverbindungen.

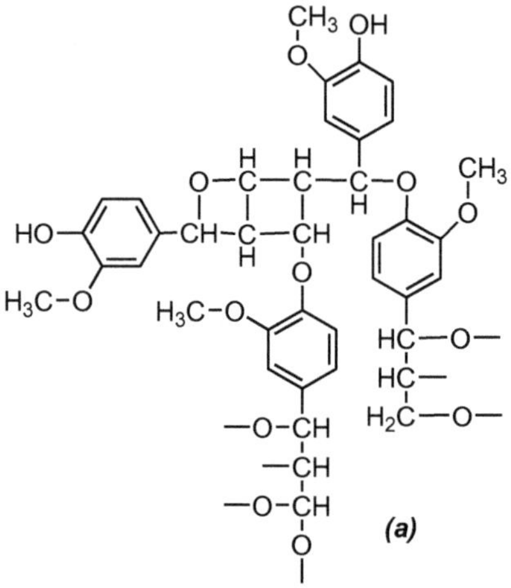

(a)

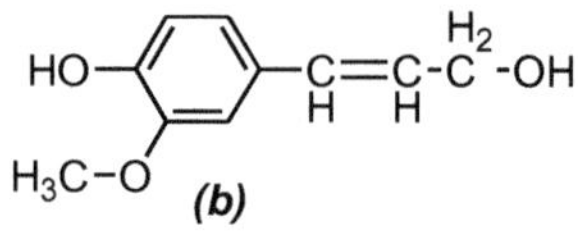

(b)

Der größte Teil des Lignins dient als Energieträger und wird direkt bei der Celluloseherstellung thermisch verwertet. Aufgrund der großen Verfügbarkeit als Abfallstoff der Cellulose- und Papierindustrie gibt es jedoch zahlreiche Versuche, Lignin zu funktionalisieren, um es chemisch oder werkstofflich nutzbar zu machen. So werden Lignine bzw. deren Oligomere als Komponenten in Phenol-Formaldehyd- und Polyurethanharzen verwendet und ersetzen dort petrobasierte Phenole oder Polyole. Lignin wird auch als Komponente in Polymerblends insbesondere in Kombination mit bioabbaubaren Polyestern (PCL, PHB, PBS) verwendet. Außerdem sind Versuche zur Herstellung von Kohlefasern aus Lignin bekannt.

3.4.3 Polydiene

Das wichtigste Biopolymer aus der Klasse der Polydiene ist das Polyisopren (PI), welches in der *cis*-1,4-Form als **Naturkautschuk** und in der *trans*-1,4-Form als Guttapercha oder Balata bekannt ist.

Gegenwärtig besitzen Guttapercha und Balata keine technische Bedeutung. Guttapercha ist ein thermoplastisches Material mit einer Erweichungstemperatur von 50–60 °C und wird in der Zahnmedizin zur Wurzelkanalbehandlung verwendet.

Naturkautschuk (NR) ist von enormer technischer Bedeutung für die Automobilindustrie und zur Herstellung zahlreicher Gummiprodukte. NR wird in Südostasien und Mittel- und Südamerika als Latex des Kautschukbaumes *Hevea brasiliensis* gewonnen. Der Kautschukanteil im Latex beträgt zwischen 25 und 40 %, die restlichen Bestandteile sind im Wesentlichen Wasser, Harze, Eiweiße, Zucker und kleinere Mengen an Mineralstoffen. Bevor Naturkautschuk in den Handel kommt, wird er zunächst aufkonzentriert, und die Begleitsubstanzen werden zum größten Teil aus dem Latex entfernt. Am gebräuchlichsten ist es, den gewonnenen Latex vor Ort zu filtrieren und durch Gerinnung unter Zugabe von Natriumsulfit, Essigsäure oder Ameisensäure in einem mehrstündigen Prozess zu koagulieren.

NR besteht aus *cis*-1,4-Polyisopren und geringeren Anteilen an Proteinen und Fettsäuren, die aber die Eigenschaften von NR stark beeinflussen:

$$\left[\begin{array}{c} H_3C H \\ C=C \\ -CH_2 CH_2- \end{array} \right]_n$$

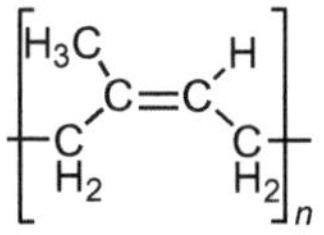

Das Polyisopren des NR zeichnet sich durch extrem hohe Stereoregularität aus, daher kann es in dieser Form auch nicht so ohne Weiteres synthetisch hergestellt werden. 99,9 % aller Isopreneinheiten befinden sich in der *cis*-1,4-Konfiguration. Die Ketten sind unverzweigt und haben ca. 5000 sich wiederholende Einheiten und charakteristische Endgruppen. Die α-Endgruppe besteht aus Mono- und Diphosphatgruppen, an welche Phospholipide über H-Brücken oder ionische Bindungen gebunden sind. Die ω-Endgruppe wird offensichtlich bei der Biosynthese der NR aus *trans,trans*-Farnesyldiphosphat gebildet und besteht aus zwei *trans*-1,4-Isopreneinheiten und funktionellen Gruppen, die in der Lage sind, Proteine zu binden.

Struktur
In den Kautschukpartikeln in Latex sind die NR-Moleküle so orientiert, dass ihre Endgruppen sich an der Oberfläche der Partikel befinden. Es bildet sich eine Oberflächenschicht aus Proteinen, und die Kautschukpartikel haben dadurch eine negative Oberflächenladung. Dadurch wird der Latex auf natürliche Weise stabilisiert und die Koagulation verhindert. Nach der Koagulation des Latex und der Aufarbeitung des NR führen die polaren Endgruppen durch Bildung von ionischen und H-Brückenbindungen zur Bildung eines physikalischen Netzwerks. Dieser Effekt ist die Ursache des sog. *storage hardening* von NR.

Die Doppelbindung des Polyisoprens bietet viele Möglichkeiten zur chemischen Modifizierung.

Vulkanisation

Die chemische Vernetzung (Vulkanisation) von NR ist angesichts der enormen Bedeutung für die Herstellung von Reifen und anderer Gummiprodukte hier an erster Stelle zu nennen. Im Detail werden die Vernetzungsreaktionen in Abschn. 3.3.3 erklärt.

Chlorierung

Chlorierter NR wurde als Klebstoff benutzt, ist aber in der Bedeutung zurückgegangen, weil es durch Polychloropren ersetzt wurde.

Epoxidierung

Durch Epoxidierung werden epoxidierte Naturkautschuke (ENR) mit unterschiedlichem Anteil an Epoxygruppen nach folgender Reaktionsgleichung hergestellt. NR-Latex wird dabei mit Ameisensäure und Wasserstoffperoxid versetzt, was zur In-situ-Bildung von Peroxyameisensäure führt, die dann mit der Kohlenstoffdoppelbindung reagiert:

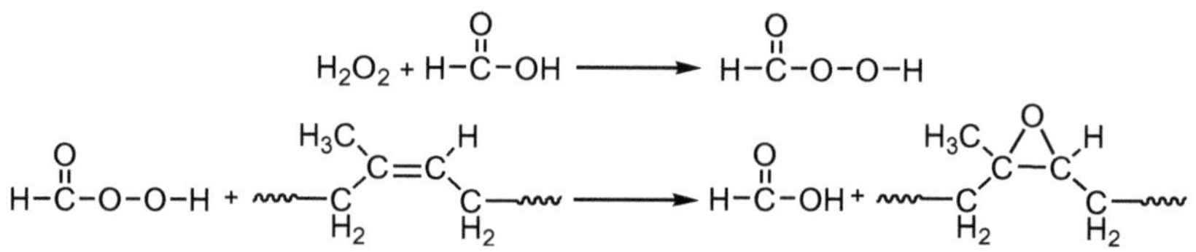

Eine 100 %ige Epoxidierung führt zu einem Thermoplast mit einer Glasumwandlungstemperatur von ca. 100 °C. Produkte mit 10–50 % Epoxidierung sind kommerziell verfügbar. Sie zeichnen sich durch bessere Ölbeständigkeit und höhere Glasumwandlungstemperaturen im Vergleich zu NR aus.

Pfropfcopolymere

Monomere (Styrol, Vinylacetat, Acrylnitril, Methylmethacrylate, Glycidylmethacrylat) können mithilfe von Peroxidinitiatoren an der Doppelbindung angepfropft werden. Das Pfropfpolymer mit Methylmethacrylat wird zur Selbstverstärkung von Vulkanisaten und in Adhäsiven verwendet. Glycidylmethycrylat-Pfropfcopolymere (a) können als Verträglichkeitsvermittler in Blends und Kompositen eingesetzt werden.

Maleinsäureanhydrid

kann ebenfalls durch radikalische Reaktionen mit Peroxiden als Initiator an NR gekoppelt werden. Aufgrund der nicht ablaufenden Homopolymerisation von Maleinsäureanhydrid wird, im Unterschied zu den oben erwähnten Pfropfcopolymeren, immer nur eine funktionelle Gruppe an die NR-Kette addiert. Maleierter NR (b) wird als Verträglichkeitsvermittler in Blends mit polaren Polymeren und in Kompositen mit polaren Füllstoffen verwendet:

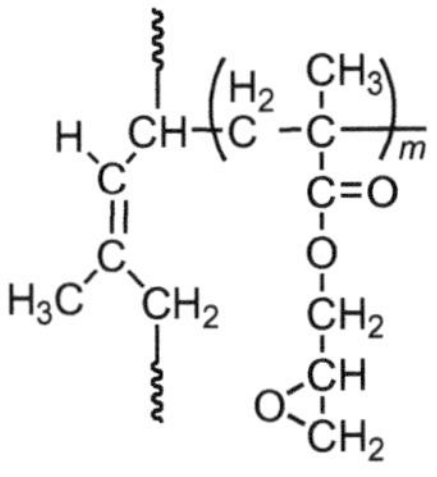

(a)

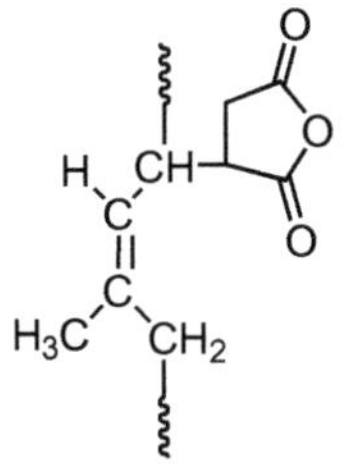

(b)

Thermoplastische Elastomere

Thermoplastische Elastomere auf Basis von NR und ENR sind Werkstoffe, die thermoplastische Verarbeitbarkeit und elastische Gebrauchseigenschaften vereinen. Diese werden mittels dynamischer Vulkanisation der Kautschukphase hergestellt. NR und ENR wurden so mit einer Vielzahl von Thermoplasten kombiniert. Beispiele sind Polyvinylchlorid/ ENR, Polyolefine/NR, Thermoplastische Polyurethane/ENR, Polyamid12/ENR.

3.4.4 Proteine

Proteine bestehen aus L-α-Aminosäuren, die durch eine Amidbindung miteinander verknüpft sind. Bei den Proteinen wird diese Bindung **Peptidbindung** genannt. Polypeptide sind natürliche oder synthetische Verbindungen aus wenigstens zehn L-α-Aminosäuren. Wenn mehr als 100 Aminosäuren miteinander verknüpft sind, wird die Bezeichnung „Proteine" verwendet. Umgangssprachlich bezeichnet man Proteine als Eiweiße.

Proteine besitzen durch die Proteinfaltung eine definierte räumliche Struktur. Proteine sind Bestandteile aller Zellen und haben dort essenzielle Funktionen. Im Rahmen dieses Buchs ist es unmöglich, einen umfassenden und systematischen Überblick zu den Proteinen zu geben. Es sollen deshalb im Folgenden zuerst die grundlegenden Strukturen und dann ausgewählte Beispiele dargestellt werden.

Struktur

Die **Primärstruktur** der Proteine wird durch die Abfolge der Aminosäuren in der Kette charakterisiert. Ein Ausschnitt einer Proteinkette ist im Folgenden dargestellt:

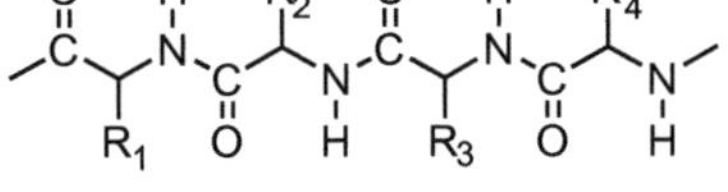

Die Seitengruppen R_i geben die Art der eingebauten Aminosäuren an. Es gibt 20 Standardaminosäuren, aus denen die Proteine durch Translation nach genetischer Vorgabe in den Zellen synthetisiert werden. Alle diese proteinogenen Aminosäuren sind α-Aminosäuren, und sie sind bis auf Glycin chiral. Von den Enantiomeren sind nur die L-Aminosäuren proteinogen. Hier können nur Beispiele genannt werden (ohne Berücksichtigung der Konfiguration):

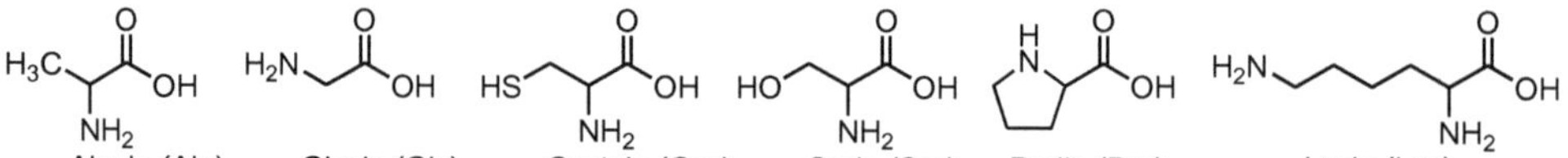

Alanin (Ala) Glycin (Gly) Cystein (Cys) Serin (Ser) Prolin (Pro) Lysin (Lys)

Der einfache Bauplan der Proteine, der oben gezeigt ist, wird modifiziert, wenn das Protein die Aminosäure Prolin enthält. Es tritt dann ein Ringschluss zwischen dem N- und dem α-C-Atom auf (a), und somit kann vom N-Atom ausgehend keine Wasserstoffbrückenbindung mehr gebildet werden. Dadurch kommt es zu einer Störung der Sekundärstruktur. Prolin wird deshalb auch als Helixbrecher bezeichnet.

Hydroxyprolin (b) und Hydroxylysin (c) sind Beispiele für Aminosäuren, die nicht genetisch codiert sind. Sie entstehen erst durch posttranslationale Modifikation aus Prolin oder Lysin:

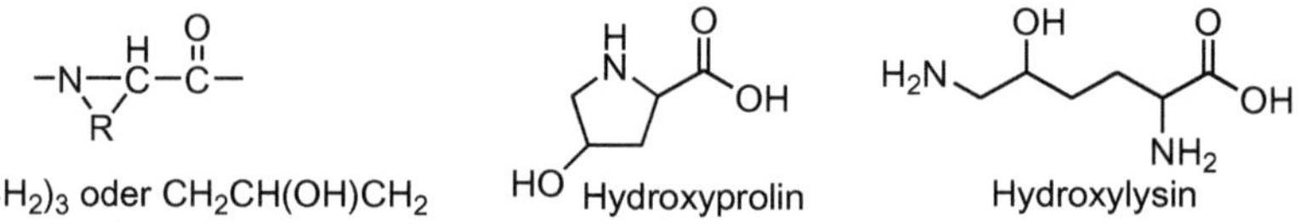

R: $(CH_2)_3$ oder $CH_2CH(OH)CH_2$ Hydroxyprolin Hydroxylysin

(a) *(b)* *(c)*

Eine Sonderstellung nimmt auch Cystein ein. Die sehr reaktionsfähige SH-Gruppe kann mit der eines anderen Cysteinmoleküls reagieren und eine Disulfidbrücke ausbilden. Das Reaktionsprodukt wird Cystin genannt:

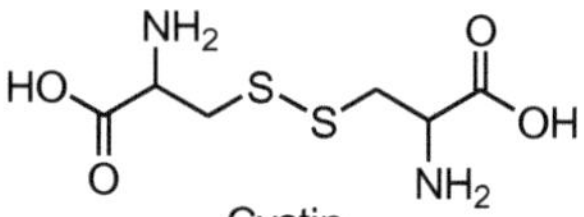

Cystin

Die Sequenzen der Aminosäuren eines Proteins werden durch Dreibuchstabensymbole gekennzeichnet. Die Kette wird von der N-terminalen Gruppe zur C-terminalen Gruppe hin beschrieben. Manchmal wird das N-terminale Ende mit H– und das C-terminale Ende mit –OH markiert. Ein Beispiel für diese Nomenklatur ist die Sequenz Glycin-Serin-Glycin-Alanin. Sie wird durch H-Gly-Ser-Gly-Ala-OH oder einfach durch Gly-Ser-Gly-Ala symbolisiert.

Die **Sekundärstruktur** der Proteine wird im Wesentlichen durch die vorhandenen H-Brücken bestimmt. Es existieren zwei wichtige Sekundärstrukturen in Proteinen: die α-Helix und die β-Faltblatt-Struktur. Diese Sekundärstrukturen lassen sich mithilfe der

Röntgenstrukturanalyse bestimmen. Die **α-Helix** entsteht durch Ausbildung von H-Brücken zwischen einer Peptidgruppe und ihren jeweils dritten Nachbargruppen längs der Kette. Das Proteinmolekül erhält dadurch einen schraubenförmigen Aufbau mit 3,6 Aminosäuren pro Windung. Die α-Helix wird unterbrochen, wenn sich z. B. Prolin in der Kette befindet.

Die zweite wichtige Sekundärstruktur eines Proteins ist die **β-Faltblatt-Struktur**. Hierbei lagern sich Proteinketten in paralleler oder antiparalleler Weise faltblattartig zusammen, und zwar **intracatenar** durch Rückfaltung in einer Proteinkette oder **intercatenar** durch Zusammenlagerung verschiedener Proteinketten. Ihre Ausbildung wird durch H-Brücken zwischen NH- und C=O-Gruppen der Aminosäurereste bewirkt. Sie erfolgt bevorzugt, wenn die Proteine Gly- und Ala-Reste besitzen. In sehr ausgeprägter Form liegt diese Struktur in der natürlichen Seidenfaser vor.

Die **Tertiärstrukturen** entstehen durch Zusammenlagerung von Sekundärstrukturen. Die räumliche Anordnung wird bestimmt durch intermolekulare Disulfidbrücken zwischen Cys-Einheiten, H-Brücken, ionischen Bindungen und Van-der-Waals-Wechselwirkungen. Diese Wechselwirkungen führen zur Proteinfaltung.

Quartärstrukturen bei Proteinen bilden sich durch Zusammenlagerung mehrerer Proteine.

Höhere Organisationsformen

Proteine treten in biologischen Systemen nicht isoliert auf. Sie sind Bestandteil von Komplexen mit anderen Molekülen. Diese Komplexe heißen Proteide. Je nach der Natur des Komplexpartners wird u. a. zwischen Metallproteiden (Komplexen mit Metallen), Glykoproteiden (Komplexen mit Polysacchariden), Lipoproteiden (Protein/Fett-Komplexen) und Nukleoproteiden (Protein/Nukleinsäure-Komplexen) unterschieden. Zu Letzteren gehören die Chromosomen und auch die Ribosomen, an denen sich die Proteinsynthese abspielt.

Denaturierung

Unter Denaturierung von Proteinen verstehen wir die Änderung ihrer Sekundär-, Tertiär- und Quartärstruktur unter Einfluss veränderter Umgebungsbedingungen, wie pH-Wert, Temperatur, Druck, Lösemittel. Eine Denaturierung ist in der Regel nicht umkehrbar. Die Primärstruktur der Proteine bleibt dabei erhalten.

3.4.4.1 Kollagene

Kollagene gehören zur Gruppe der faserbildenden Strukturproteine. Kollagene sind Teil der Fibrillenstruktur, welche die Stabilität von tierischem Gewebe bestimmt. Insgesamt sind ca. 29 verschiedene Kollagene bekannt. Kollagene kommen in Haut, Knochen, Knorpeln und in Blutgefäßen vor. Kollagene sind für die Biomineralisierung von Wirbeltieren wichtig. Kollagene werden in Typ I (vorkommend in Haut und Knochen), Typ II (in Knorpelgewebe) und Typ III (in Haut und Blutgefäßen) unterteilt. Wirtschaftlich genutzt werden überwiegend Typ-I-Kollagene.

In jeder Kollagenkette können bis zu 1000 Aminosäuren verbaut sein. Die Primärstruktur zeichnet sich dadurch aus, dass es sich wiederholende Sequenzen von drei Aminosäuren gibt (Gly–X–Y). Der Glycinanteil beträgt somit ca. 33 %, da in der Sequenz jede dritte Aminosäure Glycin ist. Weiterhin bestehen Kollagene zu ca. 22 % aus Prolin und Hydroxyprolin. Der Rest verteilt sich auf 17 weitere Aminosäuren. Für die Strukturbildung ist Hydroxylysin (c) als charakteristische Aminosäure in Kollagenen zu nennen.

Kollagenketten bilden α-Helices, welche sich in der Tertiärstruktur zu einer Tripelhelix zusammenschließen. Hydroxyprolin stabilisiert die Helix durch H-Brücken zu benachbarten Ketten. Kollagenfibrillen entstehen letztendlich durch Zusammenlagerung der Tripelhelices. Hierbei spielt Hydroxylysin eine wichtige Rolle, weil es durch kovalente Quervernetzung zwischen den Helices diese Filbrillenstruktur stabilisiert. Durch die Quervernetzungen ist Kollagen nicht mehr wasserlöslich.

Die weitere Vernetzung der Kollagene in Tierhäuten ist die Basis der Lederherstellung. Durch das Gerben der Häute werden diese stabilisiert, verfestigt und haltbar gemacht. Verwendung finden Kollage auch für die Herstellung von Kosmetika zur Verzögerung von Hautalterung. Für kosmetische Anwendungen muss das wasserunlösliche Kollagen zu kleineren wasserlöslichen Polypeptiden hydrolisiert werden. Kollagenbasierte Materialien finden sich auch in biomedizinische Anwendungen als 3-D-Gerüst (Scaffold) für Geweberekonstruktion oder als Film für Wundauflagen oder Membranen. Die Denaturierung von Kollagen wird zur Herstellung von Gelatine durchgeführt.

Gelatine
wird aus Sekundärrohstoffen der fleischverarbeitenden Industrie, wie Knochen und Haut von Rindern und Schweinen, durch Umwandlung von quervernetzten, wasserunlöslichen Kollagenen in wasserlösliche Proteine gewonnen. Bei der Gelatineherstellung werden die Quervernetzungen der Kollagene gelöst, und labile Peptidbindungen werden hydrolysiert. Gelatine ist wasserlöslich. Wässrige Lösungen mit einem Gelatinegehalt von mehr als 0,5 % können thermoreversible Gele bilden. Die Gelbildung erfolgt durch Aneinanderlagerung von individuellen α-Helices zu geordneten helikalen Strukturen, die durch H-Brückenbindungen intra- und interhelikal stabilisiert werden. Das Gel wird außerdem durch die eingebauten Wassermoleküle stabilisiert. Gelatine findet breite Anwendung in der Pharma- und Kosmetikindustrie als Schutzkolloid, Emulgator oder zur Verkapselung von Medikamenten. In der Lebensmittelindustrie werden die oberflächenaktiven Eigenschaften zur Stabilisierung von Emulsionen und Schäumen z. B. zur Herstellung von kalorienreduzierten, fettarmen Produkten genutzt. Gelatine ist auch das Basismaterial zur Herstellung der fotoempfindlichen Beschichtungen von Filmen und Fotopapieren, aber auch von modernen Papieren für Farbdrucke.

3.4.4.2 Seide und Keratine

Die Seide des Seidenspinners *Bombyx mori* besteht zu 70–80 % aus dem Protein Fibroin und zu 20–30 % aus Sericin. Fibroin ist das eigentliche Faserprotein, Sericin wird als Klebprotein bezeichnet. Die Primärstruktur des Fibroins ist durch die Aminosäuresequenz

Gly-Ser-Gly-Ala-Gly-Ala charakterisiert, die ca. 55 % der Faser ausmacht und die quasikristallinen Domänen der Seidenfaser darstellt. In den amorphen Teilen der Seidenfaser findet man die Aminosäure Tyrosin in hohen Anteilen. Die Sekundärstruktur des Fibroins ist eine antiparallele β-Faltblatt-Struktur.

Keratine sind ebenfalls Faserproteine, die in Wolle, Haaren, Horn, Hufen, Federn vorkommen. Im Gegensatz zu Fibroin sind in den Keratinen schwefelhaltige Aminosäuren, wie Cystein, Methionin und die Doppelaminosäure Cystin, enthalten. Diese spielen bei der Ausbildung der Keratinstrukturen aufgrund ihrer Fähigkeit zur Bildung von Disulfidbindungen eine große Rolle. Keratine bilden eine dreigeteilte Sekundärstruktur. Diese besteht aus einer N-terminalen Kopfdomäne, einer C-terminalen Schwanzdomäne und einer stäbchenförmigen, oft kristallinen mittleren „Rod-Domäne". In Abhängigkeit von der Aminosäuresequenz hat die zentrale, mittlere Domäne eine α-Helix-Struktur oder eine β-Faltblatt-Struktur. Daraus resultiert die Klassifizierung der Keratine als α- oder β-Keratin. Die Tertiärstruktur der α-Keratine wird gebildet, indem sich zwei α-Helices umschlingen und eine Doppelwendelstruktur (Coiled-Coil- oder Heterodimerstruktur) bilden. Der erste Schritt zur Bildung von Quartärstrukturen ist die parallele Anordnung von zwei Doppelwendeln die eine Protofibrille (Tetramer) ergibt. Weitere Zusammenlagerungen führen letztendlich zu Mikro- und Makrofibrillen:

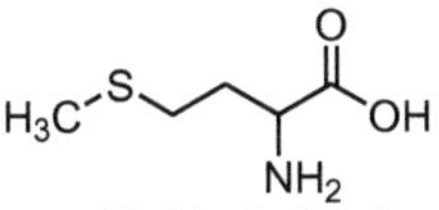

Methionin (Met)

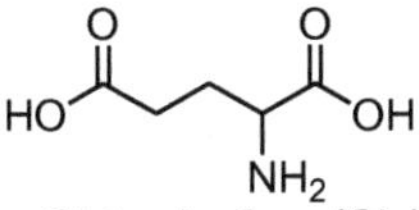
Glutaminsäure (Glu)

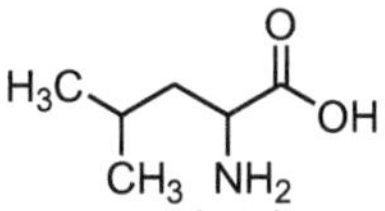
Leucin (Leu)

3.4.4.3 Casein

Casein ist die Bezeichnung für den Anteil der Proteine in der Milch, die zu Käse weiterverarbeitet werden. Caseine stellen ca. 76–86 % des Gesamtproteingehalts der Milch dar. Die Reste sind die Whey-Proteine, die sich aus der Molke gewinnen lassen. Casein ist die Bezeichnung für eine Mischung von Proteinen (α_{S1}–, α_{S2}–, β-, κ-Casein). Casein setzt sich aus einer Vielzahl von Aminosäuren zusammen. Zu den häufig vorkommenden zählen Glutaminsäure (Glu), Prolin (Pro), Leucin (Leu), Lysin (Lys), Serin (Ser). Casein hat Bedeutung als Phosphoprotein, d. h., es enthält organisch gebundenen Phosphor. **Phosphorylierung** ist eine posttranslationale Modifikation von Aminosäuren, die Hydroxygruppen enthalten. Mithilfe von Enzymen werden Phosphorylgruppen (PO_3^{2-}) an die Aminosäure gebunden. Das ist die Voraussetzung dafür, dass Calciumphosphat-Nanocluster in den Micellen des Caseins stabilisiert werden können.

Casein kann mit Formaldehyd vernetzt werden. Dabei entsteht Caseinkunststoff, der unter dem Produktnamen „Galalith" bis in die 1930er-Jahre hergestellt wurde. Die Vernetzungsreaktion verläuft analog zur Vernetzung von synthetischen Formaldehydharzen

(Abschn. 3.2.2.1). Casein wurde historisch auch als Bindemittel für Farben verwendet. Caseinfarben können schon in der Höhlenmalerei nachgewiesen werden. Die Bedeutung der Caseinfarben nimmt aktuell mit dem Trend zur Nutzung von Naturprodukten wieder zu. Verwendung findet Casein außerdem in der Lebensmittelindustrie, zur Beschichtung von Papier und als Klebstoff für Holz und Papier.

3.4.4.4 Proteinsynthese

Die **In-vitro-Synthese** einiger Polypeptide hat wissenschaftliche und wirtschaftliche Bedeutung. Proteinsynthesen gehen auf das Verfahren nach Merrifield (Robert Bruce Merrifield, Nobelpreis für Chemie 1984) zurück. Merrifield nutzte ein mit Chlormethylgruppen modifiziertes Polystyrolharz als feste Trägerphase. Das modifizierte PS reagiert mit der Säuregruppe einer Aminosäure, die am N-Terminus eine temporäre Schutzgruppe aufweist. In der Merrifield-Synthese ist diese Schutzgruppe eine *tert*-Butyloxycarbonyl-Gruppe (BOC):

$$PS--CH_2-Cl + HO-CO-CHR_1-NH-BOC \longrightarrow PS--CH_2-O-CO-CHR_1-NH-BOC$$

$$BOC: -CO-O-C(CH_3)_3$$

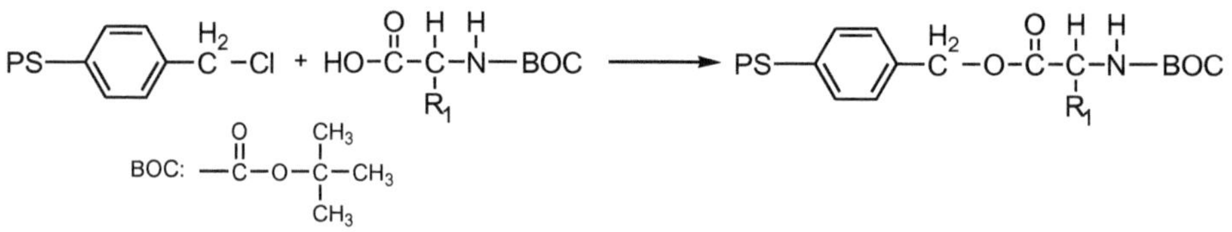

Das Abspalten der Schutzgruppe erfolgt mit Trifluoressigsäure in Dichlormethan. Anschließend ist der N-Terminus wieder frei und kann mit einer weiteren Aminosäure reagieren. Bei dieser muss der N-Terminus geschützt sein. Außerdem ist es notwendig, die Seitengruppen der Aminosäuren mit permanenten Schutzgruppen auszurüsten, die verhindern, dass es zu Reaktionen der Seitengruppen mit den neu hinzuzufügenden Aminosäuren oder zu Verzweigungen kommt. Am Ende der Synthese müssen die permanenten Schutzgruppen und die Bindung des Peptides zum PS gelöst werden. Das wurde bei der Synthese nach Merrifield unter recht drastischen Bedingungen mit Flusssäure realisiert. Unter milderen Bedingungen kann die Fluorenylmethyloxycarbonyl-Gruppe (Fmoc) als temporäre Schutzgruppe eingesetzt werden. Das PS-Trägermaterial wird mit Aminogruppen funktionalisiert. In einem separaten Syntheseschritt wird ein „Linker" an die erste Aminosäure gebunden, der diese Aminosäure dann mit dem PS-Trägermaterial verbindet. Die temporäre Schutzgruppe Fmoc der ersten Aminosäure wird mit Piperidin entfernt. Dann kann die nächste geschützte Aminosäure angebunden und so die Peptidkette schrittweise aufgebaut werden. Am Ende der Synthese werden sowohl die permanenten Schutzgruppen ($P_1 - P_x$) als auch der „Linker" mit Trifluoressigsäure abgespalten. Schematisch ist die Synthese in folgender Formel gezeigt. Als „Linker" wird z. B. 5-(4-Aminomethyl-3,5-dimethoxyphenoxy)valeriansäure (PAL) eingesetzt. Typische permanente Schutzgruppen sind *t*-Butyl- (*t*-Bu) oder Triphenylmethylgruppen. Eine große Auswahl an Aminosäuren mit geschützten Seitengruppen ist kommerziell verfügbar.

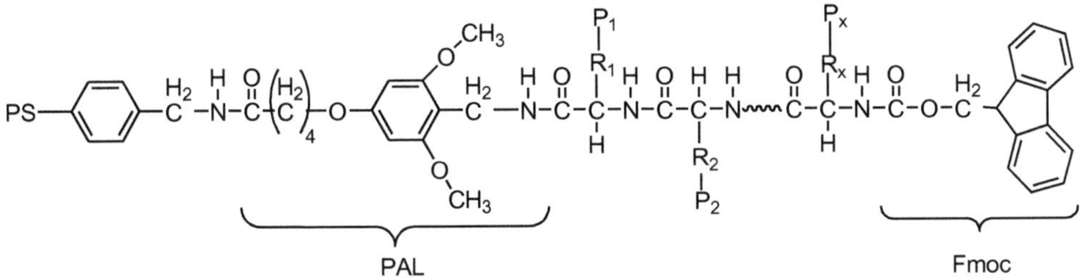

3.4.5 Polynukleotide

Hochmolekulare Nukleinsäuren (Polynukleotide) stellen als Bausteine der Zellkerne des Tier- und Pflanzenreichs wie auch des Zellplasmas Verbindungen von heterocyclischen Basen, Zuckern und Phosphorsäure dar. Als Zucker treten Ribose und Desoxyribose auf:

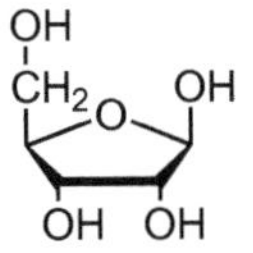
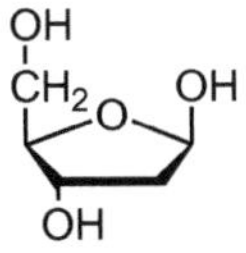

β-D-Ribofuranose β-2-Desoxyribofuranose

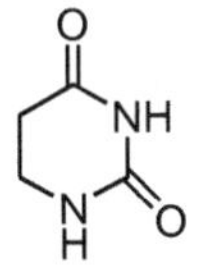
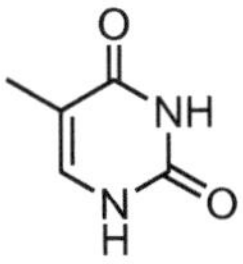
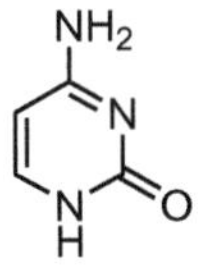
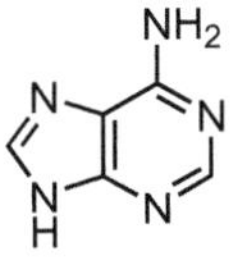
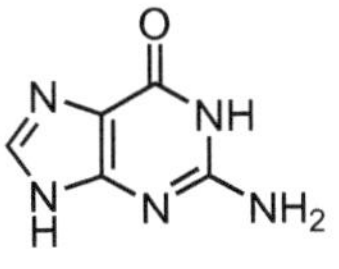

Uracil Thymin Cytosin Adenin Guanin

Die Ribonukleinsäuren (Ribonucleic Acid, RNA) sind aus den Basen Adenin, Guanin, Cytosin und Uracil aufgebaut, in den Desoxyribonukleinsäuren (Deoxyribonucleic Acid, DNA) finden wir ebenfalls Adenin, Guanin sowie Cytosin und statt Uracil die Base Thymin. Das Bild zeigt einen Ausschnitt der Strukturen (die Abfolge der Basen wird durch die DNA-Matrix vorgegeben):

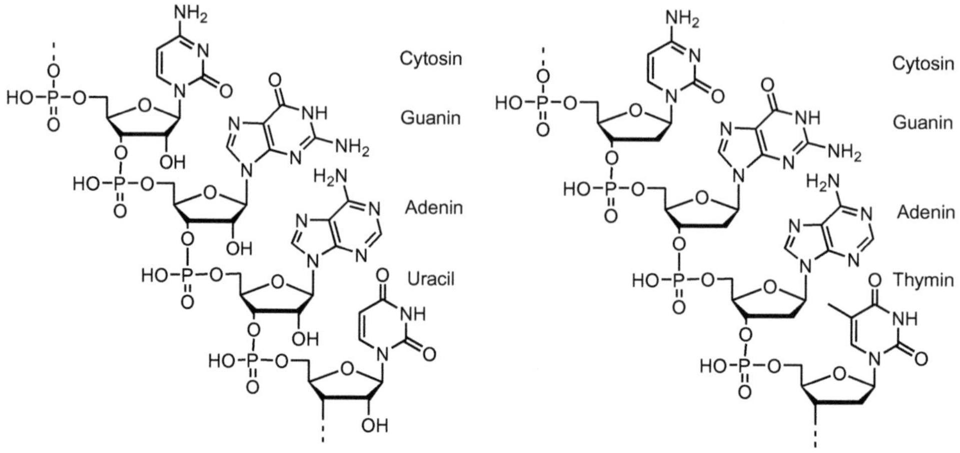

Struktur
James Watson und Francis Crick haben 1953 dazu das Doppelhelixmodell der DNA vorgeschlagen. Zusammen mit Maurice Wilkens wurde ihnen dafür 1962 der Nobelpreis für Medizin verliehen. In diesem Modell werden zwei gegensinnig verlaufende DNA-Stränge zu einer Doppelhelix verknüpft, indem jeder Adeninrest des einen Strangs mit einem Thyminrest des anderen Strangs und jeder Guaninrest des einen Strangs mit einem Cytosinrest des anderen Strangs über H-Brücken miteinander verbunden werden. Es existieren in einer DNA nur diese beiden komplementären Basenpaare: Adenin–Thymin und Guanin–Cytosin.

Eine DNA-Doppelhelix kommt in verschiedenen Konformationen vor, die sich unter verschiedenen Bedingungen im Kristallzustand bilden. Wir weisen darauf hin, dass die DNA-Doppelhelix nicht allein durch die H-Brücken stabilisiert wird. Der größere Energiebeitrag zur Stabilisierung entsteht durch das Überstapeln der Basenpaare. Die Ringebenen der benachbarten Basen kommen so dicht aneinander, dass Van-der-Waals-Kräfte wirksam werden.

Die RNA bildet keine Doppelhelix aus. Es werden aber innerhalb einer Kette mehr oder weniger große Bereiche mit geordneten Strukturen gefunden. Die Ordnung beruht ebenfalls auf der komplementären Basenpaarung.

3.4.6 Polyhydroxyalkanoate

Polyhydroxyalkanoate (PHA) sind Polyester oder auch Copolyester, die von einer Reihe von Bakterien als Speicher- und Reservestoff für die Zellernährung produziert und bei Energiemangel wieder metabolisiert werden. PHA sind Polyester von Hydroxyfettsäuren.

Die Formel zeigt die chemische Struktur von Poly[(*R*)-3-hydroxybutyrat] (P3HB oder PHB) als wichtigsten Vertreter:

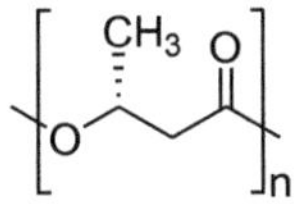

Das Monomer von P3HB ist 3-Hydroxybutansäure. 3-Hydroxybutansäure besitzt ein Stereozentrum am β-Kohlenstoffatom und liegt in der (*R*)-Konfiguration vor. Der bakteriell erzeugte Polyester, P3HB, ist deshalb perfekt *iso*taktisch.

P3HB wurde 1925 erstmals vom Mikrobiologen M. Lemoige isoliert und charakterisiert. Inzwischen sind ca. 150 Hydroxyfettsäuren bekannt, die als Homopolyester oder Copolyester bakteriell zu PHA aufgebaut werden können. Einige wichtige Vertreter sind 3-Hydroxypropansäure (3HP) (a), 3-Hydroxybutansäure (3HB) (b), 4-Hydroxybutansäure (4HB) (c), 3-Hydroxypentansäure oder 3-Hydroxyvaleriansäure (3HV) (d) und 3-Hydroxyhexansäure (3HHx) (e):

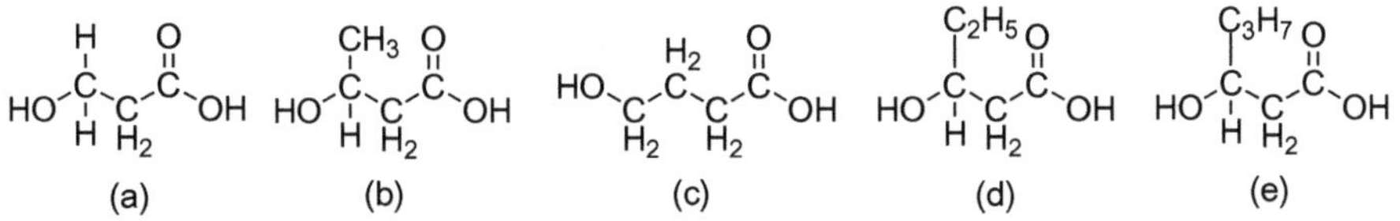

Zu den wichtigen Copolymeren gehören P(3HB-co-3HV), P(3HB-co-3HHx), P(3HP-co-4HB) und P(3HP-co-3HB). Sowohl Homopolyester als auch Copolyester werden biotechnologisch hergestellt. Die Molmassen und die Zusammensetzung der resultierenden Metabolisierungsprodukte hängen von den verwendeten Bakterienstämmen, den zur Verfügung stehenden Nahrungsquellen und den Verfahrensparametern ab. Details dazu werden in Abschn. 6.3.4 dargestellt, weil die Polyhydroxyalkanoate ein typisches Beispiel für die New-Economy-Biokunststoffe darstellen.

3.5 Polymere mit anorganischen Gruppen

C. Kummerlöwe

Im Allgemeinen enthalten organische Polymere außer Kohlenstoff und Wasserstoff nur Sauerstoff, Stickstoff, Schwefel, Phosphor und Halogenide. Polymere mit diesen Bestandteilen sind uns vertraut und üblich, wie z. B. Polyvinylether, Polyester, Polyamide, Polyalkylensulfide, Nukleinsäuren oder Polyvinylhalogenide. Sie wurden deshalb bereits in den vorigen Abschnitten behandelt. Neben den erwähnten Elementen können ca. 40 weitere Elemente in organische oder anorganische Polymere eingebaut werden. Anliegen dieses Abschnitts sind deshalb die anderen, selteneren anorganischen Elemente in Polymeren.

Anorganische Atome oder Molekülgruppen können als unterschiedliche Strukturen im Polymermolekül vorhanden sein, als seitliche Substituenten an der Kohlenstoffkette (*pendant groups*) oder kovalent eingebaut in die Hauptkette und als Sonderform davon in koordinativer Bindung als Koordinationspolymere.

Grundsätzlich können wir zwei Gruppen unterscheiden: Makromoleküle, deren Hauptkette im Wesentlichen aus kovalent gebundenen Kohlenstoffatomen besteht und in denen die anorganischen Bestandteile im Seitengruppen vorhanden sind. Diese können wir als **organische Polymere** mit anorganischen Gruppen bezeichnen. **Anorganische Polymere** sind die Makromoleküle, die in der Hauptkette in Wesentlichen aus kovalent verbundenen anorganischen Bausteinen bestehen. Bei dieser generellen Einteilung bleibt es nicht aus, dass an manchen Stellen die Abgrenzung ziemlich willkürlich ist.

Bereits die Gruppe der Polymere mit seitlichen Substituenten ergibt eine Vielzahl von Möglichkeiten des Einbaus von anorganischen Atomen oder Molekülgruppen. Wichtige Beispiele sind in Tab. 3.17 zusammengefasst.

Eine vielleicht noch höhere Vielzahl von Möglichkeiten ergeben anorganische Elemente, die kovalent gebunden in der Hauptkette sind. Die wichtigsten Gründe zur Herstellung von Polymeren, die anorganische Gruppen enthalten, sind ihre vorteilhaften Werkstoffeigenschaften und katalytischen Eigenschaften. Die Bindungsenergie zwischen den anorganischen Elementen, die die Hauptketten dieser Polymere bilden, ist in vielen Fällen deutlich größer als die einer C–C-Einfachbindung von ca. 340 kJ mol^{-1}. Als Beispiele seien hier die folgenden Bindungsenergien (in kJ mol^{-1}) genannt: Si–O: 795; Si–N: 440; P–N: 615.

Ein besonders wichtiges Element zur Bildung anorganischer Polymere ist Silicium. Silicium gehört wie Kohlenstoff zur 14. Gruppe im Periodensystem und kann vier kovalente Bindungen ausbilden und wie Kohlenstoff Polymere mit Si–Si-Bindungen in der Hauptkette bilden, die Polysilane genannt werden. Von besonderer Bedeutung sind die Polysiloxane (Silicone) mit Si–O-Einheiten in der Hauptkette wegen ihrer breiten technischen Anwendung als Flüssigsilicone, Siliconkautschuk und Siliconharz. Deshalb sollen diese Polymere in einem gesonderten Abschnitt behandelt werden. Zu den Silicium enthaltenden Polymeren gehören auch die anorganischen Silicate, die aber hier nicht behandelt werden sollen. Sie sind in den Lehrbüchern für Anorganische Chemie ausführlich dargestellt.

Tab. 3.17 Beispiele für Polymere mit anorganischen Seitengruppen

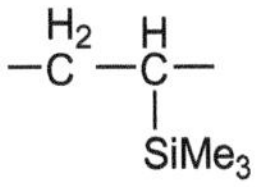	Polytrimethylsilan (radikalisch polymerisiert)
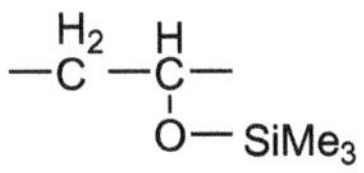	Polytrimethylsiliciumether (kationisch polymerisiert)
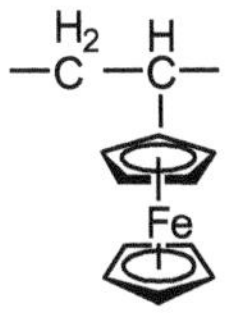	Polyvinylferrocen (radikalisch, kationisch und mit Ziegler-Natta-Katalysatoren polymerisiert) Analoge Polymere mit Titan, Cobalt, Ruthenium und Osmium sind bekannt, die des Ru und Os wurden als Lasertargets vorgeschlagen
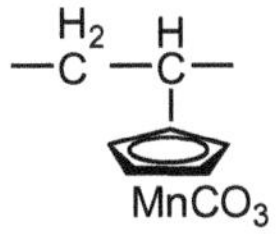	Polyvinylcyclopentadienylmangancarbonyl (als Copolymeres benutzt zur Stickstofffixierung) Analoge Carbonylverbindungen mit Iridium, Wolfram und Chrom sind bekannt
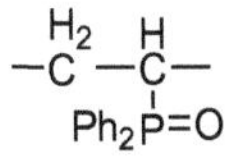	Polyvinyldiphenylphosphan als Beispiel auch für andere Vinylphosphane
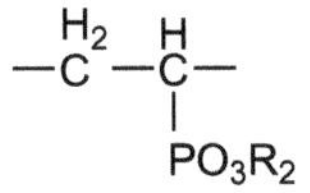	Polyvinylphosphorsäureester, als Repräsentant auch für andere Vinyl- und Alkenylester der Phosphor- und Phosphonsäure und Phosphor enthaltende Ester und Amide der Acrylsäure
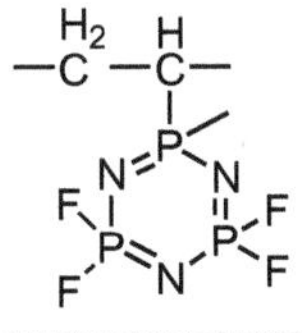	Polyvinylfluorphosphacen
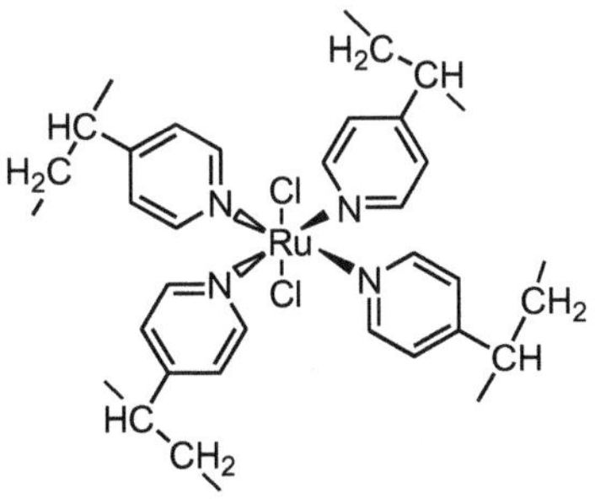	Rutheniumkomplex des Poly-4-vinylpyridins Rhodiumkomplexe, Goldkomplexe

(Fortsetzung)

Tab. 3.17 (Fortsetzung)

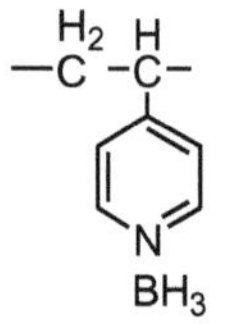	Poly-4-vinylpyridin-Boran
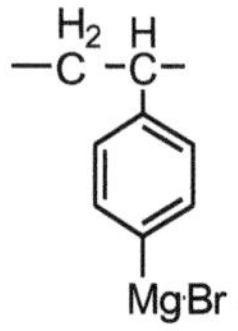	Polyvinylphenylmagnesiumbromid; Ausgangsprodukt für z. B. Polyalkylzinnverbindungen
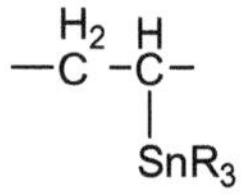	Polyvinyltrialkylzinn
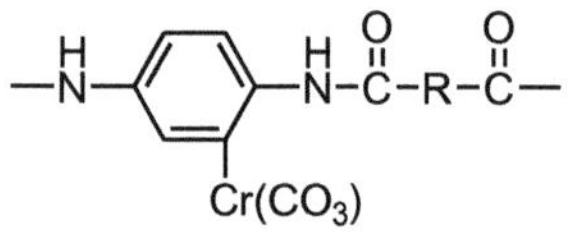	Chrom enthaltendes Polyamid

3.5.1 Polyorganosiloxane (Silicone)

Unter Poly(organosiloxanen) verstehen wir in Abgrenzung zu den anorganischen Silicaten Polymere mit folgender Gruppe:

R steht hier für einen organischen Rest, und somit liegt eine Kohlenstoff-Silicium-Bindung vor. Die Kurzbezeichnung dieser Stoffgruppe ist Polysiloxane, der Name „Silicone“ ist historisch bedingt.

Edukte für die Synthese derartiger Polymere sind Organochlorsilane, die durch die Rochow-Synthese hergestellt werden. Die Umsetzung von Organodichlorsilan mit Wasser (**Hydrolyse**) bzw. mit Methanol (**Methanolyse**) führt zur Bildung cyclischer oder linearer Oligomerer. Die Methanolyse hat den Vorteil, dass das entstehende Methylchlorid direkt in die Rochow-Synthese der Organosilane zurückgeführt werden kann.

Hydrolyse:

$$n\,Cl-\underset{R}{\overset{R}{Si}}-Cl + n\,H_2O \longrightarrow \left[\underset{R}{\overset{R}{Si}}-O\right]_n + 2n\,HCl$$

Methanolyse:

$$n\,Cl-\underset{R}{\overset{R}{Si}}-Cl + 2n\,CH_3\text{-}OH \longrightarrow \left[\underset{R}{\overset{R}{Si}}-O\right]_n + 2n\,CH_3\text{-}Cl + n\,H_2O$$

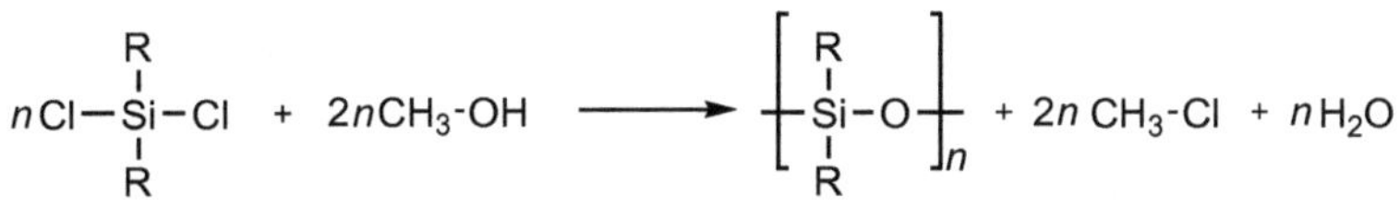

Der Anteil an cyclischen oder linearen Oligomeren kann durch die Reaktionsbedingungen beeinflusst werden. Die Art der Endgruppen der Oligomere wird durch die Zusammensetzung des Reaktionsgemischs gesteuert. Durch einen Überschuss an Wasser/Methanol können Oligomere mit Hydroxylendgruppen entstehen; ein Überschuss an Organodichlorsilanen führt zu Produkten mit Chlorendgruppen.

Die wichtigsten Ausgangsverbindungen sind Methylchlorsilane. Als weitere Substituenten R werden vorwiegend –H, –C_6H_5, –CH = CH_2 oder –CH_2 – CH_2 – CF_3 eingeführt.

Durch Cyclisierung können aus den Produkten der Hydrolyse/Methanolyse insbesondere Octamethylcyclotetrasiloxan und Decamethylcyclopentasiloxan hergestellt werden. Lineare Polysiloxane werden aus den cyclischen Oligomeren durch anionische oder kationische Ringöffnungspolymerisation erhalten. Als Beispiel ist hier die **anionische Polymerisation** von Octamethylcyclotetrasiloxan mit KOH als Initiator gezeigt:

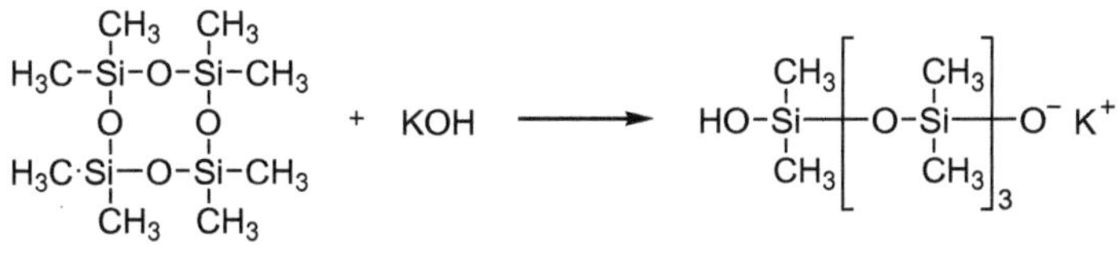

Für die **kationische Polymerisation** wird Schwefelsäure als Initiator verwendet.

Lineare Oligomere werden durch **Polykondensation** weiterverarbeitet. Die Polykondensation wird durch Säure katalysiert. Die Molmassensteuerung und Blockierung der OH-Endgruppen, z. B. mittels einer Methylgruppe, können durch Zusatz des monofunktionellen Trimethylchlorsilans oder anderer Kettenregler erreicht werden:

$$HO\left[\underset{CH_3}{\overset{CH_3}{Si}}-O\right]H \longrightarrow \left[\underset{CH_3}{\overset{CH_3}{Si}}-O\right] + H_2O$$

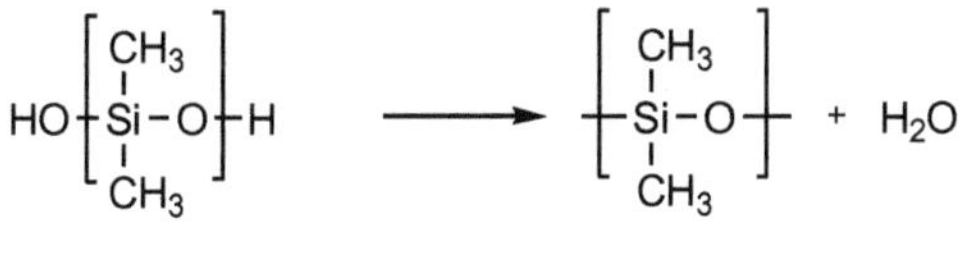

Polydimethylsiloxane sind die industriell bedeutendsten Produkte. Sie werden entsprechend ihrer Molmasse (Viskosität) klassifiziert und mit spezifischen Endgruppen ausgerüstet, die für die weitere Verarbeitung wichtig sind.

Siliconöle

Siliconöle sind mit Trimethylsilylendgruppen ausgerüstet und haben mittlere Polymerisationsgrade von 2 bis 4000. Aufgrund ihrer hohen thermischen Stabilität werden sie als Wärmeaustauschmedium eingesetzt, wobei eine weitere Erhöhung der thermischen Stabilität durch teilweise Substitution der Methyl- durch Phenylgruppen erreicht wird. Die Polysiloxane zeichnen sich durch eine sehr niedrige Oberflächenspannung aus. Daraus resultieren Anwendungen als Entformungshilfsmittel in der Kunststoffverarbeitung, als Entschäumungsmittel oder zur Erzeugung wasserabweisender Oberflächen. Siliconöle werden aufgrund ihrer Temperaturbeständigkeit, geringen Kompressibilität und relativ hohen Permittivität u. a. als Gleitmittel, Hydrauliköl oder dielektrische Kühlflüssigkeit eingesetzt.

Siliconkautschuke und Elastomere

Siliconkautschuke und Elastomere werden aus Polydimethylsiloxanen mit Hydroxy- oder Vinylendgruppen erhalten. Die Endgruppen und/oder weitere funktionelle Gruppen entlang der Polymerkette dienen als Vernetzungspunkte. Die mechanischen Festigkeiten vernetzter Siliconelastomere werden durch verstärkende Füllstoffe, in der Regel SiO_2-Nanopartikel, eingestellt. Die chemische Vernetzung kann durch folgende Reaktionen erfolgen:

- **Radikalische Vernetzung:** Mit Peroxiden können Siliconkautschuke vernetzt werden, die Vinylgruppen als Vernetzungspunkte enthalten. Die Reaktion erfordert höhere Temperaturen, weshalb die Kautschuke als HTV-Compounds (HTV = High Temperature Vulcanizing) bezeichnet werden.
- **Hydrosilylierung:** In der Regel werden dabei langkettige Polydimethylsiloxane mit Vinylgruppen und als Vernetzer ein kurzkettiges Methylhydrogensiloxan eingesetzt. Platinhaltige Verbindungen katalysieren folgende Reaktion:

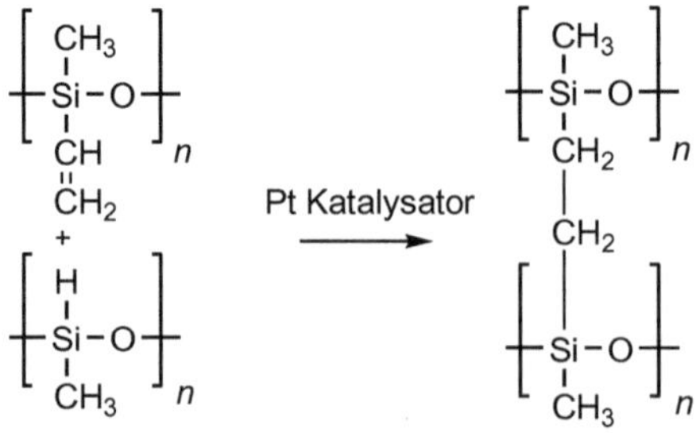

- **Kondensation:** Polysiloxane mit Hydroxygruppen werden mit mehrfach funktionellen Silanen vernetzt. Die Vernetzer besitzen drei bis vier reaktive Gruppen, die zu Kondensationsreaktionen befähigt sind. Die Kondensation wird durch Sn- oder Ti-haltige Katalysatoren beschleunigt und findet bei Raumtemperatur statt. Deshalb werden diese Materialien auch als RTV-Compounds (RTV = Room Temperature Vulcanizing) bezeichnet. Beispiele für Silanvernetzungsmittel sind Tri- oder Tetraalkoxysilane, die unter Abspaltung von Alkohol mit den Hydroxygruppen reagieren,

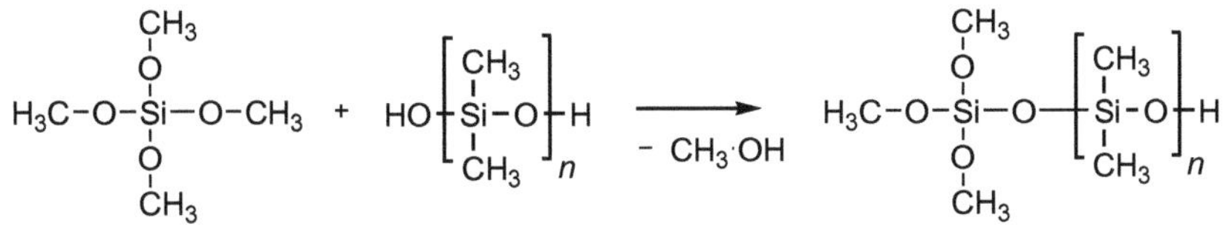

oder Silane mit Acetatgruppen, die unter Einwirkung von Feuchtigkeit Essigsäure abspalten:

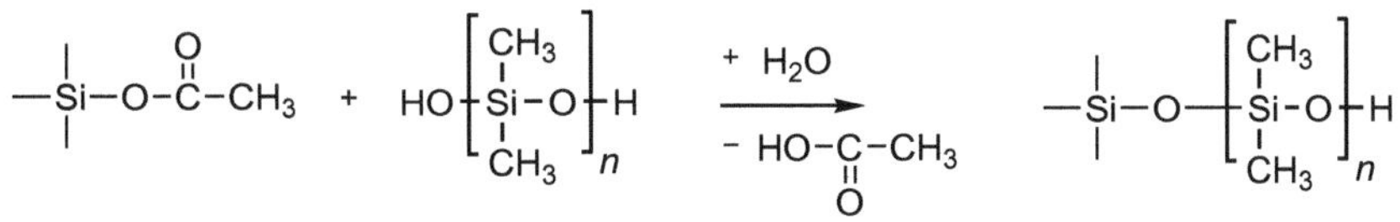

Siliconkautschuke, die speziell für die Verarbeitung im Spritzgießverfahren entwickelt wurden, nennt man LSR-Kautschuke (LSR = Liquid Silicone Rubber). Sie zeichnen sich durch geringe Viskositäten während der Verarbeitung und sehr schnelle Vernetzungsreaktionen durch Hydrosilylierung aus.

Im Vergleich zu anderen synthetischen Elastomeren können Siliconelastomere in einem breiteren Temperaturbereich von – 40 °C bis +180 °C eingesetzt werden. Sie sind extrem UV-, witterungs- und ölbeständig und zeichnen sich durch ihre geringe Oberflächenspannung aus.

Siliconharze

Siliconharze sind hochverzweigte Polymere. Im Gegensatz zu den Siliconkautschuken und -ölen, die aus linearen Polysiloxanen aufgebaut sind, werden die Harze aus Kombinationen von tetra-, tri-, di- und monofunktionellen Organochlorsilanen synthetisiert. Eine Vielzahl von Kombinationsmöglichkeiten ergibt sich auch durch Organosilane mit chemisch verschiedenen funktionellen Gruppen. Die Vernetzung der Harze erfolgt nach den gleichen Prinzipien, wie bei den Kautschuken.

Block- und Pfropfcopolymere
Polysiloxane können mit anderen organischen Polymeren Block- oder Pfropfcopolymere bilden. Eine industrielle Bedeutung als grenzflächenaktive Substanzen haben Polysiloxan-Polyether-Copolymere. Diese werden zu Stabilisierung z. B. von Polyurethanschaum eingesetzt. Zur Synthese werden Polysiloxane mit funktionellen Endgruppen mit Polyetheralkoholen umgesetzt. Eine andere Möglichkeit bietet die Reaktion von Polyethern mit ungesättigten Endgruppen und Methylhydrogensiloxanen. Neben der Blockcopolymersynthese durch Reaktion funktioneller Endgruppen kann die anionische Polymerisation von Cyclosiloxanen zur Synthese z. B. von Polystyrol-b-Polysiloxan genutzt werden. Die Blockcopolymerisation der Polysiloxane mit Polyamiden, Polycarbonat, Polyester und eine Reihe anderer ist ebenfalls gut untersucht. In der Regel sind die chemisch unterschiedlichen Blöcke nicht mischbar, d. h., die Blockcopolymere haben eine zweiphasige Struktur (Abschn. 3.1.4.4). Blockcopolymere mit thermoplastischem Block verhalten sich wie thermoplastische Elastomere. Pfropfcopolymere können durch radikalische Polymerisation von Vinylmonomeren mit Polysiloxanen, die Vinylgruppen entlang der Kette enthalten, hergestellt werden. Leiterpolymere können erhalten werden, wenn Phenyltrichlorsilan $C_6H_5SiCl_3$ hydrolysiert wird. Diese Polymere zeichnen sich durch eine Doppelstrangstruktur aus und bringen einen höheren Schmelzpunkt ein. Dass es sich nicht um vernetzte Polymere handelt, wird durch die Löslichkeit in organischen Lösemitteln bewiesen.

3.5.2 Polysilane und andere Polymere mit Elementen der 14. Gruppe

Polysilane
Polysilane sind Polymere mit Si-Hauptketten. Diese Polymerklasse wurde erstmals 1924 durch F. Kipping beschrieben. Lösliche Polysilane sind seit 1978 bekannt.

Im Vergleich zu C–C-Bindungen ist die Bindungsenergie in der Si-Hauptkette mit ca. 300 kJ mol^{-1} deutlich geringer, und sie nimmt weiter ab für die folgenden Elemente der 14. Gruppe. Das Interesse an Polymeren mit Elementen der 14. Gruppe begründet sich mit der Delokalisation der σ-Elektronen der Hauptkette. Die elektrische Leitfähigkeit kann durch Doping verändert werden. σ - σ*-Übergänge werden bei Polysilanen bei 300–400 nm beobachtet. Daraus resultieren Anwendungen als Photoresist, Photoinitiator, Halbleiter und für nichtlineare Optik. Die definierte Pyrolyse von Polysilanen bei Temperaturen über 1200 °C dient der Herstellung von Silicium-Carbid-Fasern.
Hergestellt werden Polysilane durch eine Wurtz-Reaktion, z. B. in Toluol bei über 100 °C:

$$n\ \text{Cl}-\underset{\underset{R''}{|}}{\overset{\overset{R'}{|}}{\text{Si}}}-\text{Cl} \xrightarrow[-2n\ \text{NaCl}]{+2n\ \text{Na}} \left[\underset{\underset{R''}{|}}{\overset{\overset{R'}{|}}{\text{Si}}}\right]_n$$

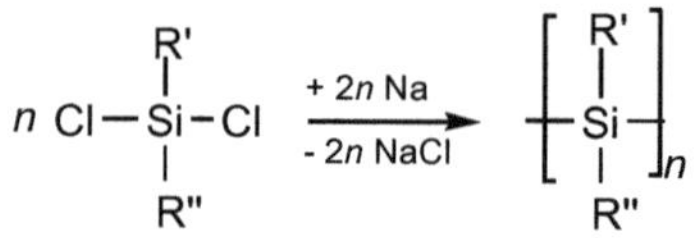

Die Reste R können Aliphaten und Aromaten sein. Eine weitere Synthesevariante ist die anionische Ringöffnungspolymerisation von 1,2,3,4-Tetramethyl-1,2,3,4-tetraphenyltetrasilan:

$$n \begin{array}{c} \text{Me Ph} \\ | \quad | \\ \text{Ph}-\text{Si}-\text{Si}-\text{Me} \\ | \quad | \\ \text{Me}-\text{Si}-\text{Si}-\text{Ph} \\ | \quad | \\ \text{Ph Me} \end{array} \longrightarrow \left[\begin{array}{c} \text{Me} \\ | \\ \text{Si} \\ | \\ \text{Ph} \end{array} \right]_n$$

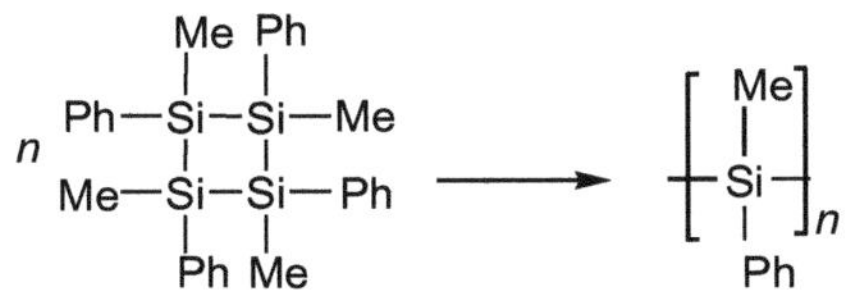

Die anionische Polymerisation erlaubt auch die Herstellung von Blockcopolymeren, indem z. B. lebende Kettenenden von Polystyrol oder Polyisopren zur Ringöffnung benutzt werden.

Polygermane

Polygermane werden wie Polysilane durch die Wurtz-Reaktion hergestellt. Da Germanium im Periodensystem unter dem Silicium steht, ist es bei der Synthese der entsprechenden Polymere dem Silicium ähnlich. Als Rest R ist eine weite Palette bekannt z. B. Methyl-, Phenyl-, *N*-Butyl- oder *N*-Hexyl-Gruppen. Eine alternative Herstellungsmethode ist die dehydrogenative Kupplung von Germaniumhydriden mittels Titanocenen oder Zirkonocen als Katalysatoren. Diese Reaktion kann auch für die Herstellung von Polysilanen genutzt werden:

$$\text{R}-\text{GeH}_3 \longrightarrow \left[\begin{array}{c} \text{R} \\ | \\ \text{Ge} \\ | \\ \text{H} \end{array} \right] + \text{H}_2$$

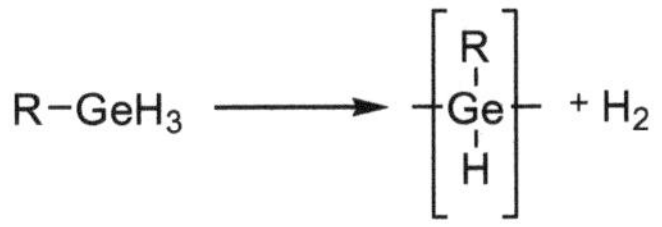

Die Eigenschaften der Polygermane sind ähnlich denen der Polysilane.

Polystannane

Sie sind die bisher einzigen charakterisierten Polymere mit kovalent gebundenen Metallatomen in der Hauptkette. Sie zeichnen sich durch delokalisierte σ-Elektronen aus, die zu der charakteristischen gelben Farbe und zu Halbleitereigenschaften führen. Aus Polystannanen kann man orientierte Fasern und Filme herstellen. Ihre Synthese erfolgt über die oben beschriebene Wurtz-Reaktion oder die dehydrogenative Kupplung von Zinnhydriden. Durch die Umsetzung von Diorganozinndihydriden mit Dialkylzinndiamiden ist auch die Herstellung von Copolymeren mit unterschiedlichen organischen Substituenten möglich:

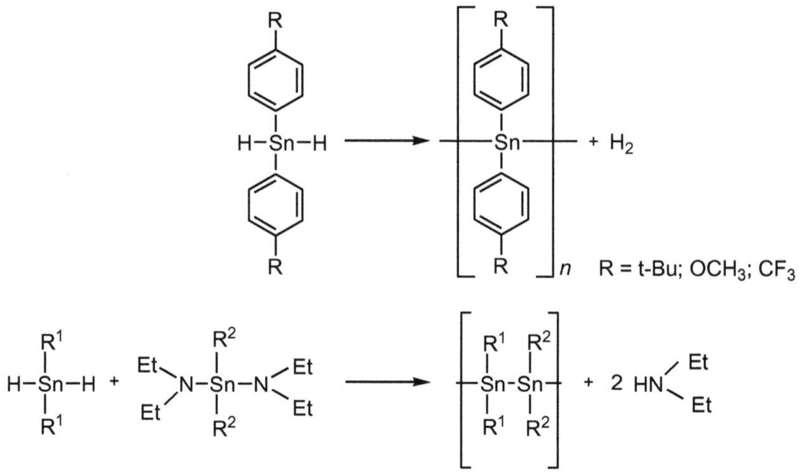

3.5.3 Polycarbosilane und Polycarbosiloxane, Polycarboran-Siloxane und Polysilazane

Neben dem Einbau von Sauerstoff in eine Si-Hauptkette, wie bei den Polysiloxanen, gibt es eine Reihe anderer Polymere mit Silicium und anderen Elementen in der Hauptkette. Unter Polycarbosilanen verstehen wir Polymere mit einem $-Si - C_x-Si$-Gerüst, wobei x gleich eins oder größer sein kann. Polycarbosiloxane enthalten Kohlenstoff in einer Si–O-Hauptkette, während bei Polycarboranen noch zusätzlich Bor und bei den Polysilazanen Stickstoff enthalten ist.

Polycarbosilane

Polycarbosilane werden durch Pyrolyse von Polydimethylsilan erhalten. Das Hauptanwendungsgebiet der Polycarbosilane ist die Herstellung von Siliciumcarbid:

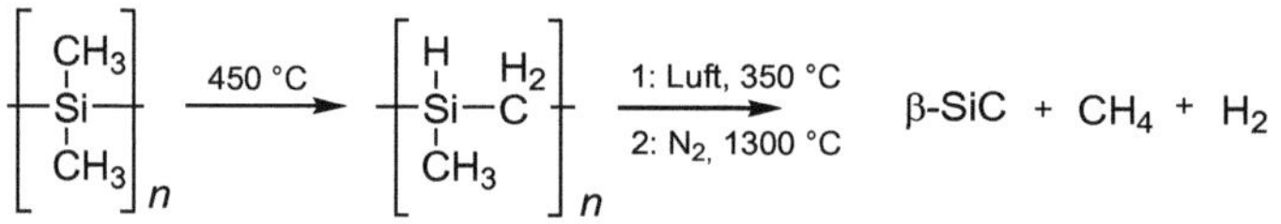

Dabei wird Polycarbosilan zu Fasern versponnen, die dann bei 350 °C in Luft oxidiert und anschließend bei 1300 °C in Stickstoffatmosphäre zu β-SiC pyrolysiert werden. Allylhydridopolycarbosilan ist ein weiteres Ausgangspolymer für die SiC-Herstellung. Die Allylgruppe kann hier chemisch weiter modifiziert werden:

$$\left[\begin{array}{cc} H & H \\ | & | \\ -Si-CH_2-Si-CH_2- \\ | & | \\ H & R \end{array}\right]_n \qquad R: -\overset{H_2}{C}-\overset{H}{C}=CH_2$$

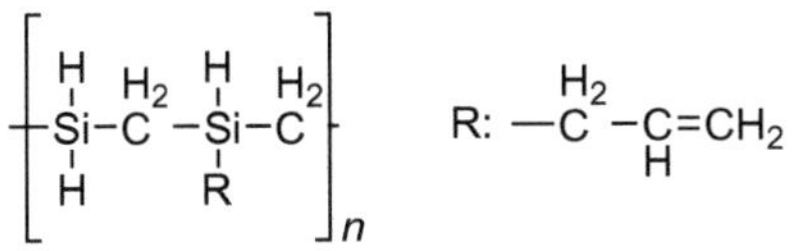

Definierte Polycarbosilane mit zwei Methylgruppen sind wie folgt herstellbar:

$$\begin{array}{c} R \\ | \\ H-Si-C=CH_2 \\ | \;\; | \\ R \;\; H \end{array} \xrightarrow{H_2PtCl_6} \left[\begin{array}{c} R \\ | \\ -Si-CH_2-CH_2- \\ | \\ R \end{array}\right]$$

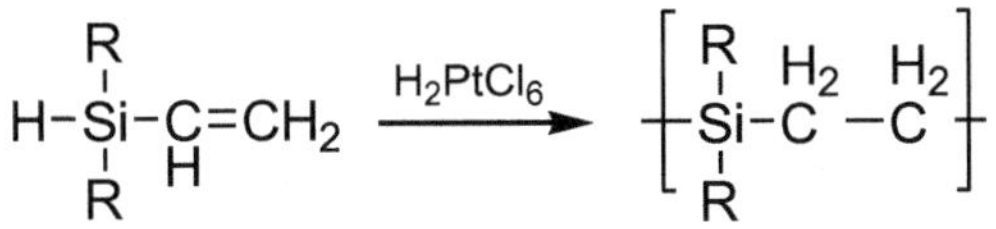

Bei der Umsetzung von Phenylen-di(magnesiumbromid) mit Diphenyldichlorsilan entsteht ein „vollaromatisches" Polycarbosilan. Auch längere konjugierte und aromatische Kohlenstoffketten, aber auch Ferrocen wurden in Polycarbosilane eingebaut.

Polycarbosiloxane

Polycarbosiloxane sind Hybridpolymere zwischen Polysiloxanen (Abschn. 3.5.1) und Polycarbosilanen.

Polycarboran-Siloxane

Diese Polymere enthalten Polyeder-Carboran in der Hauptkette. Die Synthese erfolgt durch Hydrolyse und Kondensation von Carboran-Siloxan-Monomeren mit Cl-Endgruppen:

$$n \; Cl-\underset{R}{\overset{R}{Si}}-O-\underset{R}{\overset{R}{Si}}-CB_{10}H_{10}C-\underset{R}{\overset{R}{Si}}-O-\underset{R}{\overset{R}{Si}}-Cl \xrightarrow[- HCl]{+ H_2O} \left[-\underset{R}{\overset{R}{Si}}-O-\underset{R}{\overset{R}{Si}}-CB_{10}H_{10}C-\underset{R}{\overset{R}{Si}}-O-\underset{R}{\overset{R}{Si}}-O-\right]_n$$

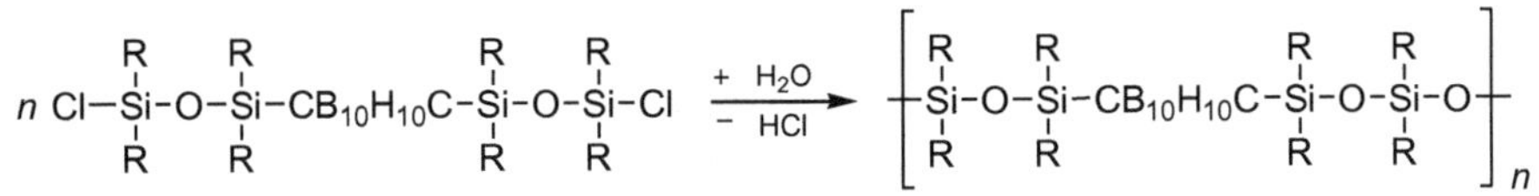

Die Reste R können Alkyl-, Fluoroalky- oder Arylgruppen sein. Polycarboran-Siloxane haben sehr gute thermische Stabilität und können wie Polysiloxane vernetzt werden. Sie werden u. a. als Dichtungen und Kabelisolierungen bei Einsatztemperaturen > 300 °C verwendet.

Polysilazane

Polysilazane werden ebenfalls als Ausgangsmaterial für die Herstellung von Keramik synthetisiert. Die Synthese erfolgt durch Ammonolyse von Chlorsilanen, bei der zuerst Cyclosilazane entstehen, welche dann zu Polymeren weiter reagieren können:

$$3 \; Cl-\underset{R}{\overset{R}{Si}}-Cl \xrightarrow[- NH_4Cl]{+ NH_3} \begin{array}{c} R \quad H \\ R-Si-N \\ \diagup \quad \diagdown \\ H-N \quad\quad Si-R \\ \diagdown \quad \diagup \; R \\ R-Si-N \\ R \quad H \end{array}$$

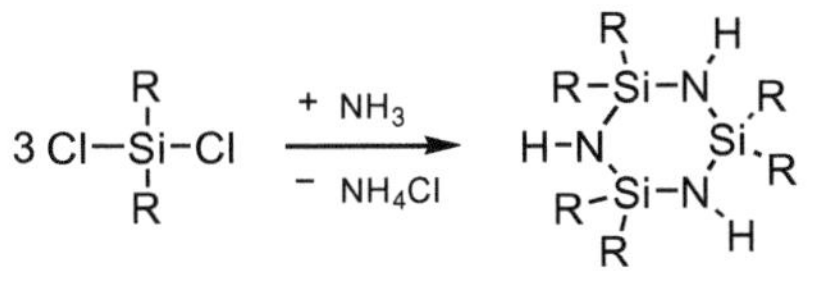

Als Stickstoffquelle kann aber auch Hexamethyldisilazan verwendet werden. Dessen Umsetzung mit Chlorsilanen ist eine Transaminierung. Bei Temperaturen über 1200 °C werden die Polysilazane zu Si_3N_4-Keramik umgewandelt.

3.5.4 Anorganische Sol-Gel-Polymere und Hybridpolymere

Sol-Gel-Prozesse werden benutzt, um anorganische Polymernetzwerke zu erhalten. Die Basisreaktionen dabei sind die Hydrolyse von Alkoxyverbindungen und anschließende Polykondensation in wässriger oder alkoholischer Lösung.

Hydrolyse:

$$Si(O-R)_4 + 4\,H_2O \longrightarrow Si(O-H)_4 + 4\,ROH \quad R: -CH_3, -C_2H_5$$

Polykondensation:

$$2\,-Si-OH \longrightarrow -Si-O-Si- + H_2O$$

$$-Si-OH + R-O-Si- \longrightarrow -Si-O-Si- + ROH$$

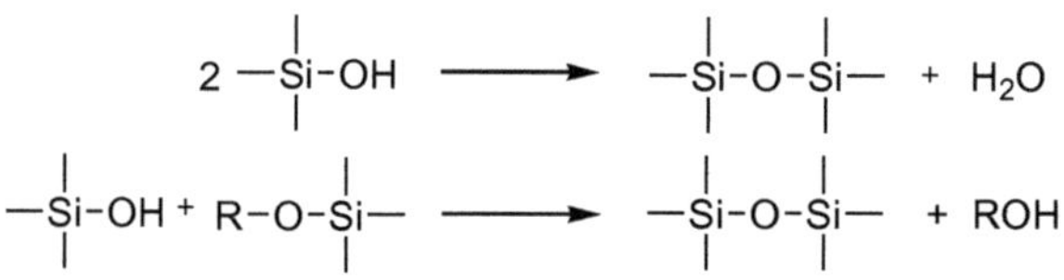

Gelbildung tritt ein, wenn die wachsenden Polymerketten ein durchgehendes Netzwerk bilden. Durch anschließendes Verdampfen des Lösemittels entstehen sog. Xerogele. Aerogele werden durch überkritische Lösemittelextraktion hergestellt. Diese Materialien haben eine sehr hohe spezifische Oberfläche ($> 500\ m^2 g^{-1}$) und extrem kleine Poren (< 20 nm) und eignen sich z. B. als Antireflexionsschicht für optische Bauteile, zur Ultrafiltration, als Katalysatorträger oder Ausgangsmaterial für die Herstellung von oxidkeramischen Fasern. Als Edukte für den Sol-Gel-Prozess werden neben $Si(OR)_4$ auch die analogen Zr-, Ti- oder Al-Alkoxide oder Kombinationen daraus eingesetzt.

Hybridpolymere

Unter Hybridpolymeren verstehen wir die Kombination der anorganischen Sol-Gel-Netzwerke mit linearen oder vernetzten organischen Polymeren. So ist es z. B. möglich, Alkoxyverbindungen mit Polyolen umzusetzen und die so erhaltenen Endgruppen zu einem anorganischen Netzwerk zu kondensieren:

$$2\,Si(O-R)_4 + HO-[\text{Polyether/Polyester}]-OH \xrightarrow{-2ROH} 3(R-O)-Si-O-[\text{Polyether/Polyester}]-O-Si(O-R)_3$$

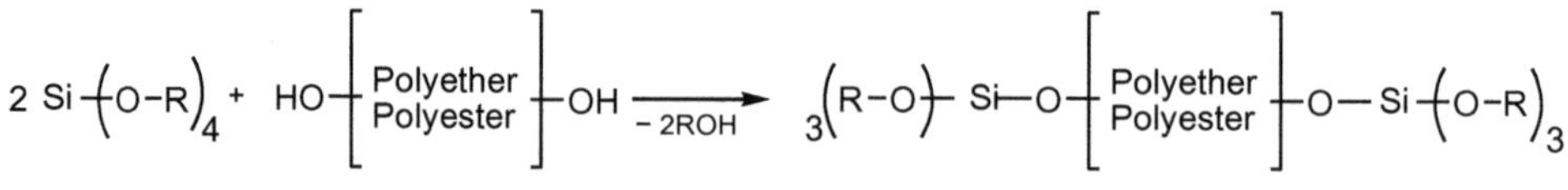

$$_3(R-O)-Si-O-\left[\begin{array}{c}\text{Polyether}\\\text{Polyester}\end{array}\right]-O-Si-(O-R)_3$$

↓ Hydrolyse
Polykondensation

$$-O-\underset{O}{\overset{O}{Si}}-O-\left[\begin{array}{c}\text{Polyether}\\\text{Polyester}\end{array}\right]-O-\underset{O}{\overset{O}{Si}}-O-$$

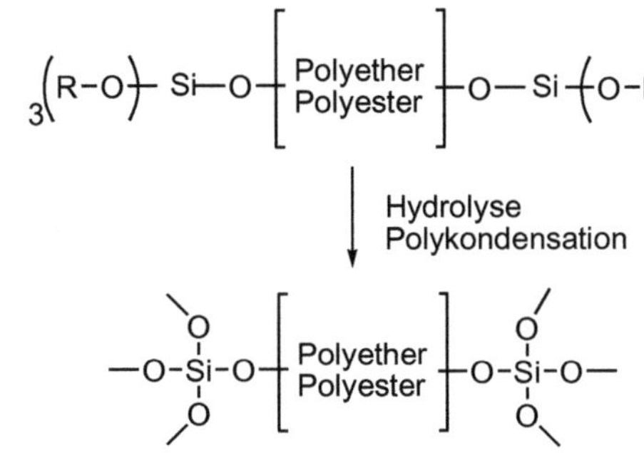

Hybridpolymere können auch durch Sol-Gel-Reaktionen von Alkoxyverbindungen mit polymerisierbaren organischen Gruppen erhalten werden:

$$X-Si(OR)_3;\ X$$

R: -CH$_3$, -C$_2$H$_5$

X:
- $-(CH_2)_3-O-CH-\overset{O}{\underset{H}{C}}-CH_2$
- $-(CH_2)_3-\overset{O}{\overset{\|}{C}}-O-\underset{CH_3}{\overset{}{C}}=CH_2$
- $-(CH_2)_3-N\overset{H}{\underset{}{-}}\overset{O}{\overset{\|}{C}}-O\cdot CH\begin{array}{c}H_2C-\overset{O}{\overset{\|}{C}}-O-\underset{CH_3}{\overset{}{C}}=CH_2\\H_2C-\underset{O}{\overset{}{C}}-O-\underset{CH_3}{\overset{}{C}}=CH_2\end{array}$
- $-(CH_2)_3-NH_2$
- $-\underset{H}{\overset{}{C}}=CH_2$

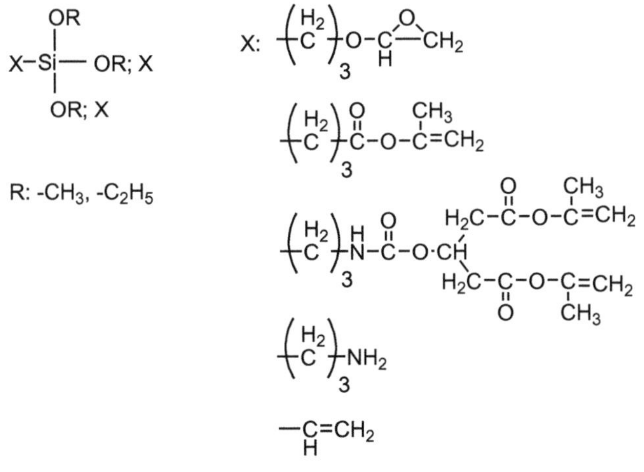

Die Variation des Anteils der anorganischen und organischen Bestandteile ermöglicht auf der einen Seite die Herstellung von organisch modifizierten keramischen Werkstoffen, die z. B. spezielle Oberflächeneigenschaften haben, und auf der anderen Seite die Herstellung von Polymerwerkstoffen, die durch die anorganischen Nanostrukturen modifiziert sind.

Polymetallosiloxane
Polymetallosiloxane sind Polymere mit –Si–O–X–O–Bindungen in der Hauptkette. Die Elemente X können dabei Elemente der 13. (Al, B), 14. (Ge, Sn, Pb), 15. (P, As, Sb) oder der 16. Gruppe (S) des Periodensystems sein. Es ist aber auch der Einbau von verschiedenen Nebengruppenelementen (Ti, V, Cr, Fe, Ni, Zr, Hf) möglich. Die Synthese erfolgt im Wesentlichen durch Hydrolyse/Kondensation von Dialkyldichlorsilanen und Dialkyldihalogen-X-Verbindungen, wie beispielsweise in folgender Gleichung gezeigt:

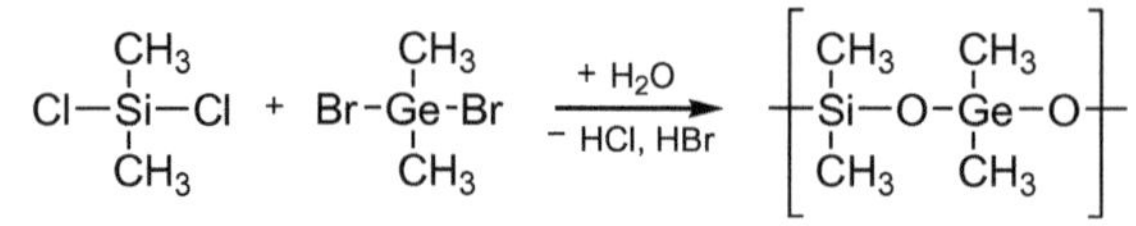

3.5.5 Bor und Aluminium enthaltende Polymere

Wie in den vorhergehenden Abschnitten beschrieben, ist Bor ein Element in Sol-Gel-Polymeren oder wird als Carboran in Siloxane eingebaut. Ikosaedrische Borcluster werden auch zur Verbesserung der elektrochemischen Eigenschaften in π-konjugierte elektrisch leitfähige Polymere, z. B. Polypyrrole, eingebaut. Die potenzielle Anwendung solcher Polymermaterialien ist das Gebiet der organischen Elektronik. Borazinderivate wurden als Bestandteile von Polymeren mit der folgenden Struktur beschrieben:

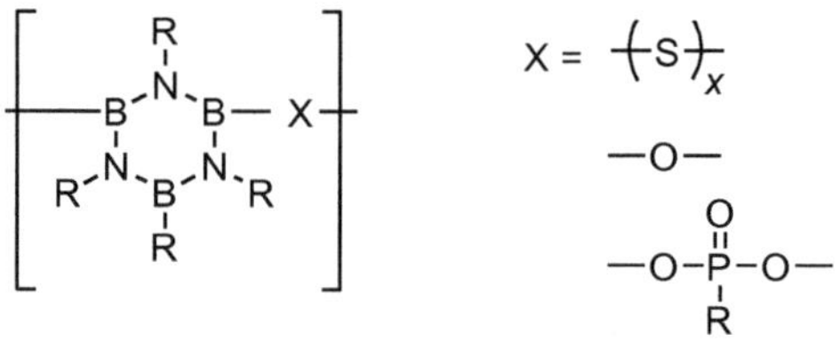

Polymere mit Aluminium-Sauerstoff-Hauptketten können durch die Reaktion von Al-Alkoxiden mit Wasser, Diolen, organischen Säuren oder Amiden synthetisiert werden. Von großer Bedeutung für die Polymerchemie sind Methylaluminoxane. Sie werden durch vorsichtige Hydrolyse von Trimethylaluminium mit Wasser gewonnen:

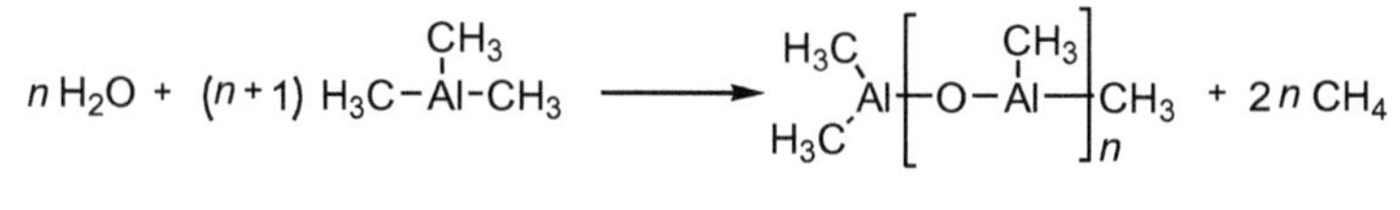

Da Überschüsse an Wasser zu explosionsartigen Reaktionen führen würden, wird wasserhaltiges Salz, wie z. B. $Al_2(SO_4)_3 \cdot 14\,H_2O$, eingesetzt. Dabei bilden sich oligomere, lineare und cyclische Produkte. Die Methylaluminoxane haben eine so große Bedeutung, weil sie als Cokatalysatoren bei der Synthese von Polyolefinen mit Metallocenen eingesetzt werden (Abschn. 3.1.3.3).

3.5.6 Phosphor enthaltende Polymere

Nukleinsäuren (DNA, RNA) sind Biomoleküle, bei denen die Nukleotide über Phosphatbindungen miteinander verknüpft sind. Sie sind Grundbausteine des Lebens. Daraus resultiert die außerordentliche Bedeutung der phosphorhaltigen Polymere. Nukleinsäuren werden in Abschn. 3.4.5 beschrieben. In diesem Abschnitt liegt der Fokus auf den synthetischen phosphorhaltigen Polymeren.

Polyphosphate und Polyphosphonate

Organische Phosphorverbindungen werden den Polymeren als Comonomere oder auch als Additive zugesetzt, um die Flammwidrigkeit der organischen Polymere zu erhöhen. Hierzu gehören die Polyphosphorsäureester, auch Polyphosphate genannt, die durch Polykondensation von Dichlorphosphaten mit aliphatischen oder aromatischen Diolen hergestellt werden. HCl-Akzeptor für diese Reaktion ist Pyridin:

$$n\,Cl-\underset{X}{\overset{\overset{O}{\|}}{P}}-Cl + n\,HO-R-OH \xrightarrow{-HCl} \left[\underset{X}{\overset{\overset{O}{\|}}{P}}-O-R-O\right]_n$$

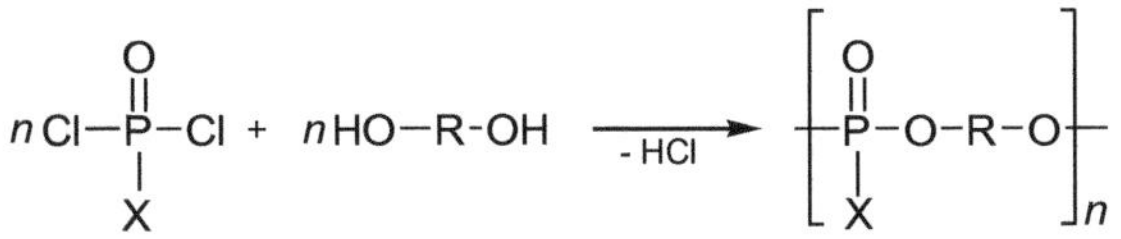

X: -OR für Polyphosphate
-R für Polyphosphonate

Glasartige Polymere, deren Rückgrat aus –P–O–X–O–Bindungen (X: Si, Sn, B) besteht, lassen sich ebenfalls durch Polykondensation von Phosphorsäure oder Phosphoroxychlorid mit entsprechenden Alkoxyverbindungen erhalten:

$$Sn(O-R)_4 + H_3PO_4 \longrightarrow -O-\underset{O}{\overset{O}{Sn}}-O-\underset{O}{\overset{O}{P}}-O-\underset{O}{\overset{O}{Sn}}-O-$$

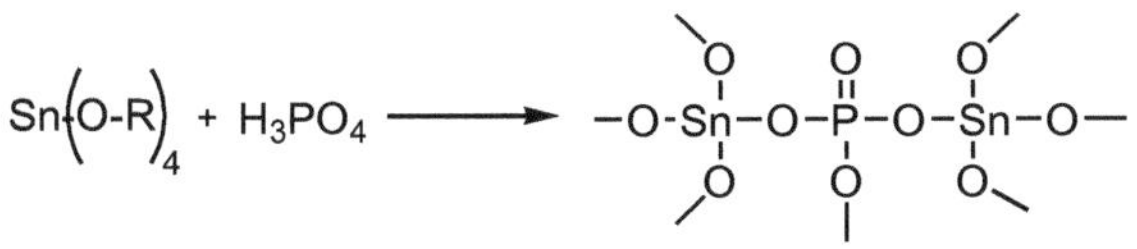

Polyphosphazene

Polyphosphazene sind Polymere, deren Hauptkette alternierend aus Stickstoff- und Phosphoratomen sowie aus Doppel- und Einfachbindungen aufgebaut ist. Zur Herstellung dieser Polymere gibt es verschiedene Möglichkeiten. Ringöffnungspolymerisation von Hexacyclotriphosphazen ist die Standardmethode:

$$n \begin{array}{c} Cl\quad Cl \\ \diagdown P \diagup \\ N \quad N \\ Cl-P \quad P-Cl \\ \diagup N \diagdown \\ Cl \quad Cl \end{array} \xrightarrow{250\,°C} \left[\underset{Cl}{\overset{Cl}{P}}=N\right]_n$$

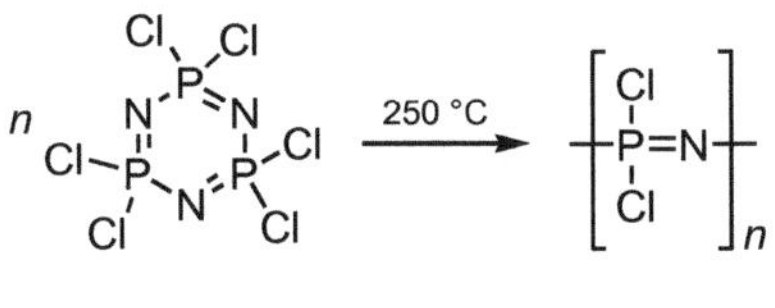

Die Synthese von Polymeren mit kontrollierten Molmassen ist durch anionische (s. unten) bzw. kationische Polymerisation von Trichlorphosphoraniminen möglich:

$$n\,Cl-\underset{Cl}{\overset{Cl}{P}}=N-\underset{CH_3}{\overset{CH_3}{Si}}-CH_3 \xrightarrow[-Me_3SiCl]{Bu_4N^+F^-} \left[\underset{Cl}{\overset{Cl}{P}}=N\right]_n$$

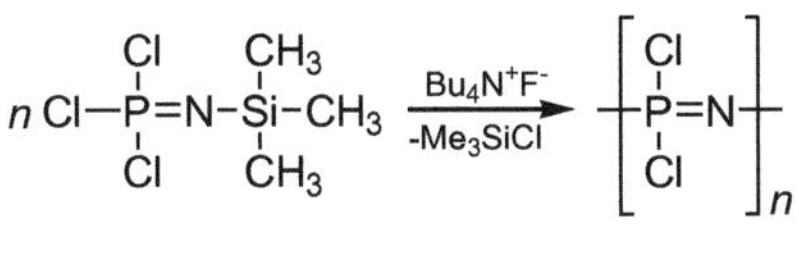

Die Polydichlorophosphazene sind hydrolytisch nicht stabil. Deshalb werden in einem zweiten Reaktionsschritt die labilen Chloratome durch nukleophile Substitution durch organische Gruppen ersetzt. Ein direkter Weg zu Polyorganophosphazenen ist die Polymerisation von Phosphoraniminen, an denen die organischen Gruppen schon vorhanden sind. Durch sequenzielle lebende ionische Polymerisation können so auch Blockcopolymere, sternförmige oder dendritische Polymere erhalten werden:

$$n \; X-\underset{R'}{\overset{R}{P}}=N-\underset{CH_3}{\overset{CH_3}{Si}}-CH_3 \xrightarrow{-Me_3SiX} \left[\underset{R'}{\overset{R}{P}}=N\right]_n$$

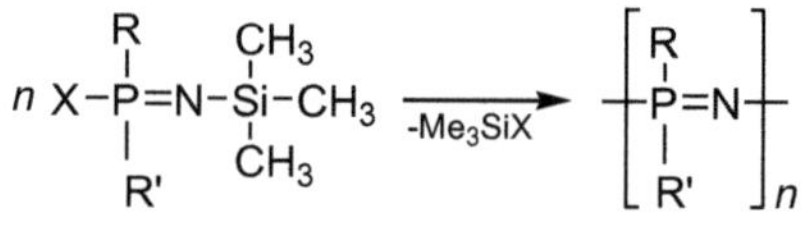

Polyphosphazene zeichnen sich durch eine hohe Flexibilität der Hauptkette aus. Die Eigenschaften und Anwendungsfelder werden durch die Vielzahl der möglichen Substitutionen an den Phosphoratomen bestimmt. Polymere mit $R = -O-CH_2-CF_3$ und $R' = -O-CH_2-(CF_2)_x-CF_3$ sind Elastomere mit Glasübergangstemperaturen von $-77\,°C$, hoher Elastizität in einem weiten Temperaturbereich zwischen -60 und $200\,°C$ und außergewöhnlicher Ölbeständigkeit. Hydrophile Elastomere, die als Substituenten oligomere Ethylenoxideinheiten enthalten, werden als Polymerelektrolyt getestet. Polyaryloxyphosphazene mit Sulfonsäuregruppen, $R' = -O-Ph-SO_3H$, sind als Protonenaustauschmembranen für Brennstoffzellen interessant. Die generell gute Biokompatibilität und die Möglichkeiten zum Ausrüsten der Polymere mit speziellen funktionellen Gruppen ermöglichen den Einsatz als biomedizinisches Material.

3.5.7 Polymere mit Übergangsmetallen und Koordinationspolymere

Durch den Einbau von Übergangsmetallen in eine Polymerkette und durch die Nutzung der unzähligen Möglichkeiten des Aufbaus von definierten Strukturen durch Koordinationsverbindungen lässt sich eine große Vielfalt von Polymeren herstellen. Im Rahmen dieses Buches können hier nur einige Beispiele gezeigt werden.

Polymere mit Ferrocen

Ferrocene können in der Hauptkette oder als Seitengruppe in Polymeren angeordnet sein. **Polyferrocene** sind Polymere, in denen Ferrocene direkt oder über verschiedene funktionelle Gruppen verbunden sind. Diese Polymere können durch thermisch oder katalytisch initiierte ringöffnende Polymerisation von Ferrocenophanen erhalten werden. Das wird am Beispiel von Polyferrocenylsilan (PFS) in folgender Gleichung gezeigt. Anstelle von Silicium können auch Germanium, Zinn, Phosphor oder Schwefel im Polymer vorhanden sein.

$$\text{Fe-Si(R)(R)-Cp} \longrightarrow [-\text{Si}(R)(R)-\text{Cp-Fe-Cp}-]$$

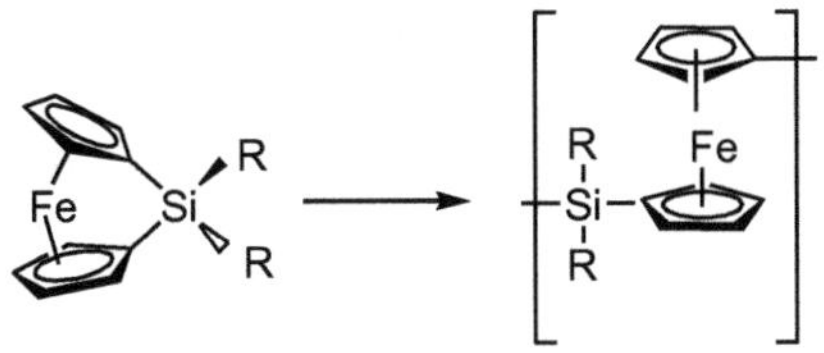

Vielfältige Polymerstrukturen sind durch Variation der Substituenten am Silicium möglich. Diese können auch durch polymeranaloge Umsetzungen nach der Polymerisation weiter funktionalisiert werden. Durch anionische Polymerisation der Ferrocenophane mit z. B. BuLi als Initiator ist es möglich, Homopolymere mit kontrollierter Molmasse und Blockcopolymere, wie z. B. PFS-b-Polydimethylsiloxan, Polystyrol-b-PFS oder PFS-b-Polyphosphazen, herzustellen. Durch die Phasenseparation der Blockcopolymere in eine Fe-reiche Phase und eine organische Phase ist die Erzeugung definierter Nanostrukturen möglich. So können z. B. durch Entfernen der organischen Bestandteile aus dünnen selbstorganisierten Schichten von Poly(ferrocenylethylmethylsilan)-Blockcopolymeren Templates für die Herstellung von Single-Walled Carbonnanotubes (SWCNTs) mit dem CVD-Verfahren (chemischer Gasphasenabscheidung) erhalten werden. Andere Anwendungen sind Nanolithografie, Nanotemplating oder die Herstellung redoxaktiver Gele. Ferrocenhaltige Polymere können auch als Ausgangsmaterial für die Herstellung keramischer Fe/Si/C Mikro-und Nanopartikel mit magnetischen, leitfähigen und katalytischen Eigenschaften genutzt werden.

Die Cyclopentadienyleinheiten des Ferrocens können auch mit polymerisierbaren Gruppen ausgerüstet werden, welche dann zu Polyvinylferrocenen polymerisiert werden (Tab. 3.17) Die organische Polymerstruktur bildet dann die Hauptkette, und Ferrocen befindet sich in der Seitenkette.

π-konjugierte Polymere
Der Einbau von Übergangsmetallen in organische Polymerstrukturen ermöglicht die Kombinationen von grundlegenden physikalischen Eigenschaften von Metallkomplexen, d. h. elektronischen, optischen und magnetischen Eigenschaften, mit der Verarbeitbarkeit von organischen Polymeren z. B. aus Polymerlösungen. Großes Interesse besteht an π-konjugierten Polymeren mit Übergangsmetallen. Diese zeichnen sich durch eine Reihe von besonderen Eigenschaften aus. Dazu gehören Halbleitereigenschaften, Photo- und Elektrolumineszenz, nichtlineare optische Eigenschaften und die Fähigkeit, als chemischer Sensor wirken zu können. Die Synthese z. B. von Polyplatinaynen erfolgt durch Dehydrohalogenierung von Platin(II)-halogenkomplexen und Diethynylarylenen nach folgender Gleichung. Kupferhalogenide und Amine werden als Katalysator und Säureakzeptor eingesetzt:

$$\text{Cl-Pt(L)(L)-Cl} + \text{HC}\equiv\text{C-Ar-C}\equiv\text{CH} \xrightarrow{\text{N(Et)}_3;\ \text{CuI}} [-\text{Pt(L)(L)-C}\equiv\text{C-Ar-C}\equiv\text{C-}]$$

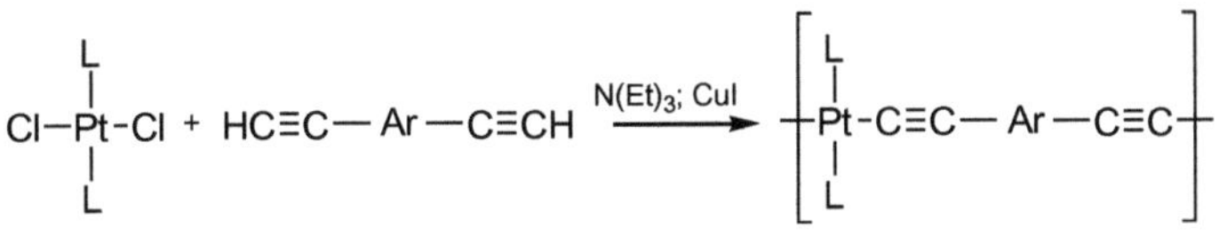

Durch Variation der Liganden L und der aromatischen Brückeneinheiten Ar werden die optischen und elektrischen Eigenschaften gesteuert. Es sind auch Polymere mit zwei Übergangsmetallen bekannt. Ein Beispiel ist das folgende Pt(II) und Ir(III) enthaltende Polymer:

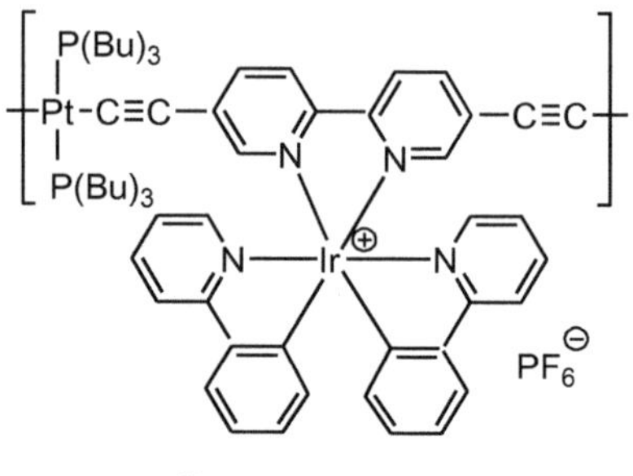

Außer Platin können auch andere Übergangselemente in π-konjugierte Polymere eingebaut werden. Beispiele sind in folgendem Schema gezeigt:

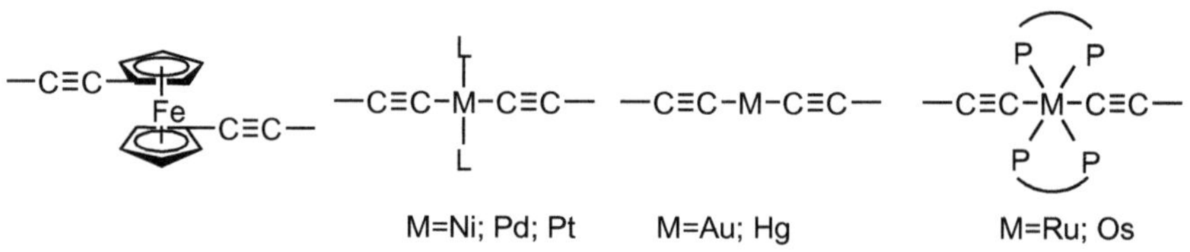

Koordinationspolymere

Koordinationspolymere ist der Überbegriff für Koordinationsverbindungen aus sich wiederholenden Einheiten, die sich ein-, zwei- oder dreidimensional anordnen können. Mehrdimensionale Koordinationspolymere werden auch **Koordinationsnetzwerke** genannt. Metallorganische Gerüstverbindungen (Metal-Organic Frameworks, MOFs) sind Koordinationsnetzwerke mit organischen Liganden und definierten Hohlräumen.

Die Synthese von Koordinationspolymeren kann erfolgen durch Kondensation oder Addition von Komplexverbindungen, die direkt oder mit anderen Monomeren verknüpft werden.

Als Beispiel wird hier die Polykondensation eines Co-Komplexes mit einem Diol gezeigt:

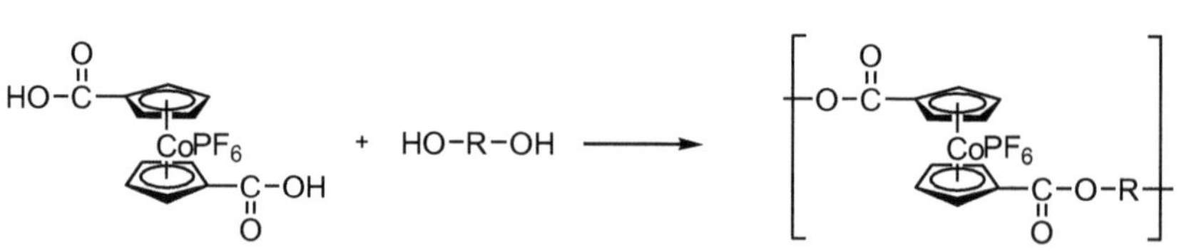

Dieses Bauprinzip wurde auch für andere Zentralatome, wie Fe, Cu, Ag, und andere Liganden, wie Terpyridin oder Phenanthrolin, beschrieben.

Die koordinative Bindung kann auch erst während der Polymerbildung entstehen. So können z. B. bi- oder terpyridinverbrückte Co-Komplexe gebildet werden. Ebenso ist es möglich, z. B. Polymerblöcke mit Terpyridinendgruppen zu funktionalisieren und diese dann zu Blockcopolymeren durch eine koordinative Bindung zu verknüpfen. Das wird am Beispiel eines Rutheniumkomplexes im Folgenden gezeigt:

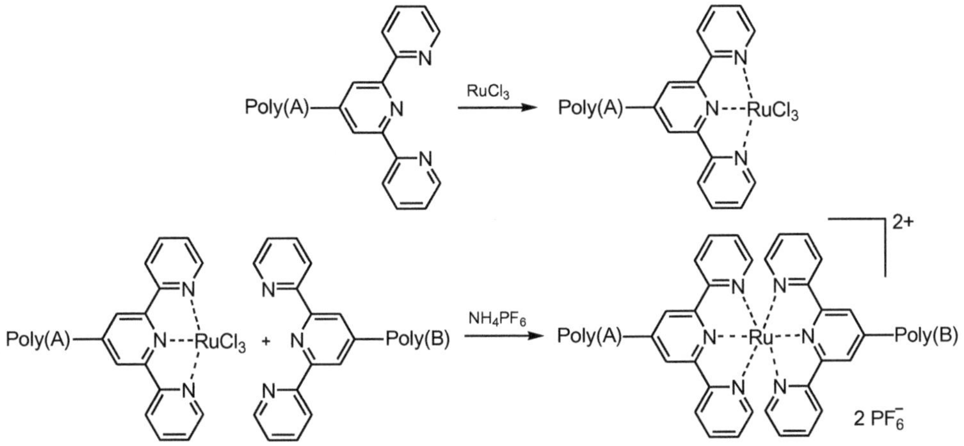

Eine weitere Synthesemöglichkeit ist die Reaktion von Metallionen mit Liganden, die an eine Polymerkette gebunden sind. Beispiele dafür sind Copolymere aus Olefinen und Vinylpyridinen, aber auch Vinylcarbazolen oder anderen stickstoffhaltigen ungesättigten Basen. Bei der Umsetzung dieser mit Metallsalzen, wie $CoCl_2$, $NiCl_2$ oder $CrCl_3$, bildet sich eine koordinative Bindung zwischen den Reaktionspartnern.

Durch Chelatbildung können ebenfalls Koordinationspolymere hergestellt werden. Durch Reaktion von z. B. Polyacrylsäure mit UO_2^{2+}-Ionen erhält man:

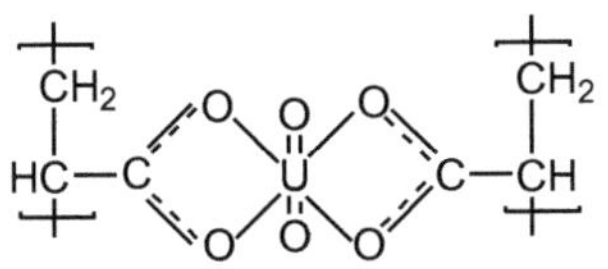

Eine besondere Gruppe von Koordinationspolymeren geht auf den Metallporphyrinring zurück. Diese unterschiedlich substituierten Ringsysteme sind uns aus der Biochemie mit Fe als Zentralatom als Hämoglobin und mit Mg als Zentralatom als Chlorophyll bekannt. Porphyrine können aber auch eine Reihe anderer Übergangsmetalle, wie z. B. Co, Ru, Rh, Os, Pt, Mn, oder Hauptgruppenelemente, wie Zn, Si, Ge, Sn, Al, Ga, als Zentralatom enthalten. Im folgenden Beispiel ist die Synthese eines Koordinationsnetzwerks mit definierten Hohlräumen aus einem Zn-Porphyrin dargestellt:

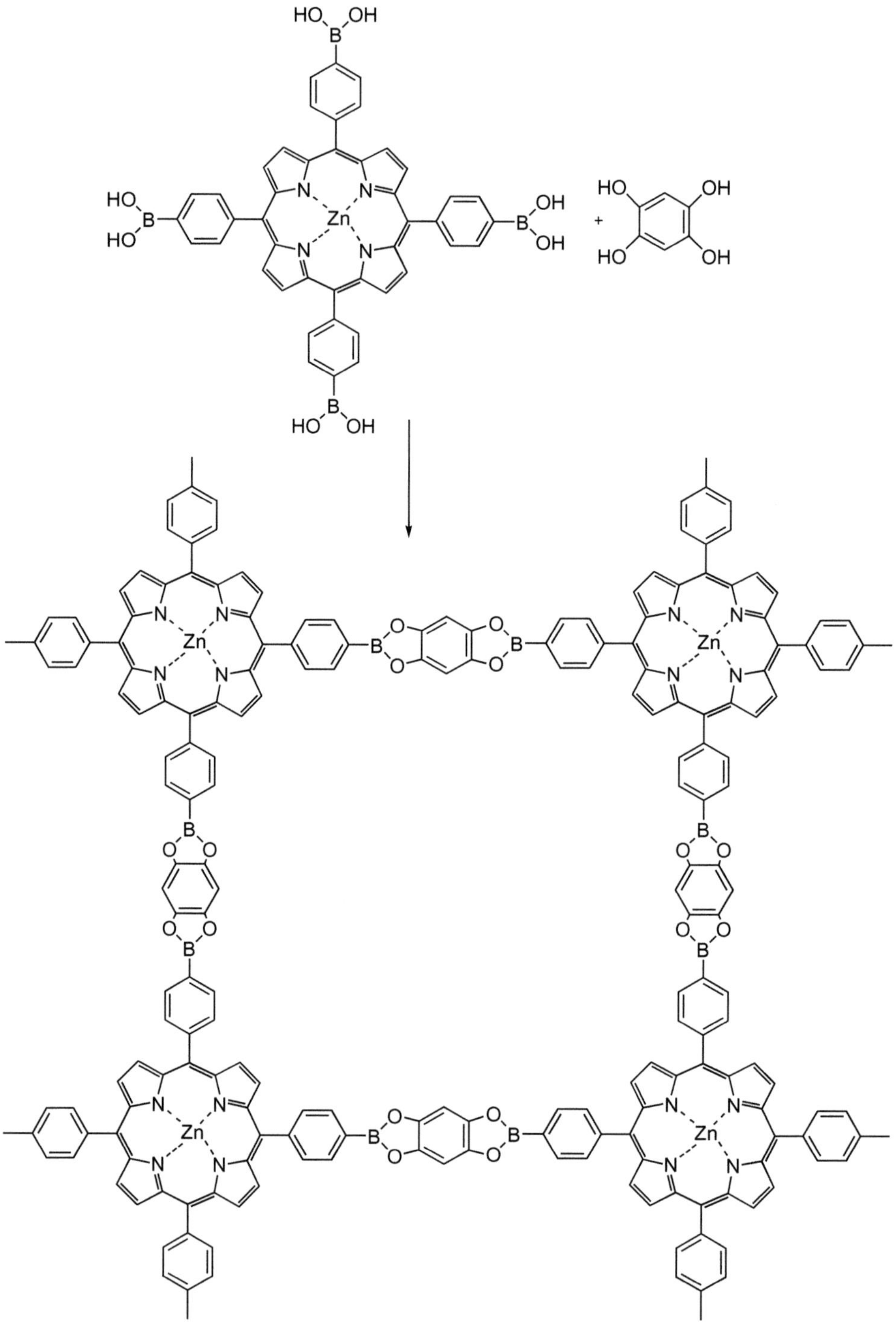

3.6 Polyreaktionstechnik

C. Kummerlöwe

3.6.1 Besonderheiten der Reaktionsführung

Gemessen an der technischen Durchführung von Reaktionen der Organischen Chemie weist die technische Herstellung von Polymeren eine Reihe von Besonderheiten auf, die auf den speziellen Bau und die Eigenschaften der makromolekularen Stoffe zurückzuführen sind, insbesondere auf die hohen Molmassen.

Viskosität
Makromolekulare Substanzen haben Molmassen oberhalb 10^4 g mol^{-1}. Daher zeigen Polymerlösungen bereits bei geringen Konzentrationen in Lösungsmitten hohe Viskositäten. Polymerschmelzen und konzentrierte Lösungen können Viskositäten in der Größenordnung von $>10^3$ Pa · s haben.

Exothermie
Polymerisationsreaktionen sind stark exotherm. Die Polymerisationsenthalpie der meisten industriell polymerisierten Monomere liegt über 70 kJ mol^{-1}. Das bedeutet, dass bei der technischen Realisierung der Synthesen Probleme mit der Wärmeabfuhr gelöst werden müssen.

Durch den Geleffekt oder Trommsdorff-Norrish-Effekt (Abschn. 3.1.1.7) kommt es bei radikalischen Polymerisationen zu einem Anstieg der Bruttoreaktionsgeschwindigkeit bei höheren Umsätzen und somit zu einer plötzlichen Zunahme der Polymerisationsgrade. Dadurch werden die Probleme der Wärmeabfuhr weiter verstärkt.

Bei Polymerisationen mit niedrigen Geschwindigkeiten genügt die indirekte Wärmeabfuhr über Kühlschlangen im Reaktor oder die Reaktorwandung. Verminderung der Kühlwirkung tritt dann auf, wenn die Kühlflächen durch polymere Krusten zugesetzt werden. Dagegen werden wandgängige Rührer eingesetzt. Einen Teil der bei den exothermen Reaktionen freiwerdenden Wärme kann dem System durch Vorkühlen der Eingangskomponenten entzogen werden. Eine weitere Möglichkeit besteht darin, am Siedepunkt einer Reaktionskomponente zu arbeiten und so die Wärme auf den Rückflusskühler zu übertragen. Bedingungen hierfür sind die Nichtflüchtigkeit von Initiator und Monomer.

Für viskose Systeme wurden spezielle Polymerisationsverfahren mit verbesserter Wärmeabfuhr entwickelt. Hier sind neben dem (auch in der Organischen Chemie üblichen) Arbeiten in Lösung (der Lösungspolymerisation) insbesondere die Suspensionspolymerisation, die Emulsionspolymerisation und die zweistufige Substanzpolymerisation zu nennen.

Trenn- und Reinigungsverfahren

Eine weitere Besonderheit der technischen Herstellung von Polymeren hängt mit der hohen Molmasse zusammen. Die Destillation, die das bewährte Trenn- und Reinigungsverfahren der organischen Technologie darstellt, kann hier nicht benutzt werden, weil makromolekulare Substanzen nicht unzersetzt destillierbar sind. Deshalb ist es unverzichtbar, so „sauber" zu polymerisieren, dass Reinigungsoperationen des Produkts nicht nötig sind. Das bedeutet, dass Monomere mit hoher Reinheit eingesetzt und unerwünschte Nebenprodukte vermieden werden müssen. Außerdem muss die gewünschte mittlere Molmasse sofort erreicht werden. Da diese von der Konzentration des Initiators bzw. der aktiven Spezies abhängt, die bei radikalischen Polymerisationen bis 10^{-8} mol L^{-1} betragen kann, werden an technische Polymerisationen hohe Reinheitsanforderungen gestellt. Das äußert sich z. B. auch darin, dass technische Polymerisationen unter Inertgas bzw. Eigendruck des Monomers durchgeführt werden.

Molmassenverteilung

Die Agenzien, ob in die Polymerisation eingegeben oder unerwünscht, haben nicht nur Einfluss auf die mittlere Molmasse, sondern auch auf die Molmassenverteilung. Beide Parameter bestimmen unmittelbar die Anwendungseigenschaften. Überträgersubstanzen verschieben die Molmassenverteilungskurve in Richtung niedermolekularer Bereiche. Substanzen, die als Abbrecher wirken, reagieren mit Teilen der aktiven Spezies unter Abbruch, sodass oligomere Anteile entstehen und damit eine Verbreiterung der Molmassenverteilung auftritt.

Wenn wir die Wirkung von Verunreinigungen ausschließen, verbleiben die Einflüsse des Reaktortyps, des zwangsläufigen Abbruchs oder Entstehens lebender Polymere und des Umsatzes auf die Molmassenverteilung.

Reaktortyp

In der Verfahrenstechnik ist es üblich zur Auslegung von chemischen Reaktionen von idealen Reaktortypen auszugehen. Diese Idealreaktoren sind der diskontinuierlich arbeitende Rührkessel, der kontinuierlich arbeitende Rührkessel und das Strömungsrohr.

Bei Polymerisationsreaktionen hängen Molmasse, Molmassenverteilung, Verzweigungen, Vernetzungen oder die Copolymerzusammensetzung unmittelbar vom Reaktortyp ab.

Für Stufenwachstumsreaktionen sind längere Verweilzeiten für höhere Molmassen erforderlich. Die Molmassenverteilung ist hier am engsten in diskontinuierlichen Batchreaktoren und im idealen Strömungsrohr, weil dort die Verweilzeit für alle Reaktanden gleich groß ist. Wesentlich breitere Molmassenverteilungen werden in kontinuierlich betriebenen Rührkesseln aufgrund der breiten Verweilzeitverteilung erreicht.

Bei abbruchfreien Systemen (lebende Polymeren) wird im diskontinuierlichen Rührreaktor und im Strömungsrohr eine Poisson-Verteilung erhalten. Sie ist gegenüber der Flory-Schulz-Verteilung (Abschn. 2.1.4) wesentlich enger und setzt den gleichzeitigen Start und Abbruch voraus.

Für radikalische Polymerisationen wird die engste Molmassenverteilung in einem kontinuierlichen Rührkessel erreicht, weil im stationären Betrieb die Monomerkonzentration im gesamten Reaktor konstant ist. Bei radikalischen Reaktionen im diskontinuierlichen Rührkessel wie auch im Strömungsrohr verbreitert sich die Molmassenverteilung des Polymers.

Die oben genannten idealen Reaktortypen bilden die Grundlage für die mathematische Modellierung der Prozesse. Abweichungen von idealen Verhalten müssen dabei berücksichtigt werden.

Für die Herstellung von Polymeren werden in der Praxis oft Reaktorkombinationen benutzt, insbesondere wenn ein kontinuierlicher Polymerisationsprozess realisiert werden soll. Ein bekanntes Beispiel ist die Rührkesselkaskade. Es werden aber auch Kombinationen von Rührkesseln und Strömungsrohren oder Kaskaden von Strömungsrohren eingesetzt, um den verfahrenstechnischen Anforderungen der technischen Synthese gerecht zu werden. Es existieren unterschiedliche Systeme, um den Wärmeaustausch zu realisieren und die Temperaturkontrolle für die Reaktion zu gewährleisten. Auch für das Problem der hohen Viskositäten ist eine Reihe von verfahrenstechnischen Lösungen vorhanden. Daraus ergibt sich eine Vielzahl von technischen Details, Reaktorbauweisen und Prozessvarianten, die nicht im Fokus dieses Kapitels stehen.

Für eine Systematik der technischen Polymerisationsreaktionen ist es üblich zu betrachten, ob und welche Zusatzstoffe wie z. B. Lösemittel, Dispergierhilfsmittel oder Trägermedien bei den Verfahren eingesetzt werden und in welchem Aggregatzustand sich Monomer und Polymer befinden. So unterscheiden wir die Substanzpolymerisation, bei der Monomer und Initiator ohne Zugabe weiterer Stoffe zum Polymer umgesetzt werden, von Lösungs-, Fällungs-, Suspensions- und Emulsionspolymerisationen, bei denen die Polymerbildung in Anwesenheit weiterer Stoffe erfolgt. Letztere haben den Vorteil der besseren Wärmeabfuhr durch die niedrigere Viskosität des Systems.

3.6.2 Substanzpolymerisation

Der Begriff „Substanzpolymerisation“ besagt, dass es sich um die Polymerisation des Monomers mit einem Initiator ohne Anwesenheit eines Lösemittels handelt. Damit hat die Substanzpolymerisation einen wesentlichen Vorteil gegenüber anderen Verfahren. Das Produkt kann außer Initiatorresten keine weiteren Verunreinigungen enthalten. Substanzpolymerisationen werden in der Industrie auch als Massepolymerisation oder mit dem englischen Begriff *bulk polymerization* bezeichnet.

Die Substanzpolymerisation kann als homogene oder heterogene Polymerisation ablaufen. Bei der homogenen Substanzpolymerisation ist das Polymer im Monomer löslich, deshalb wird diese Variante auch als Substanzlösungspolymerisation bezeichnet. Bei einer heterogenen Substanzpolymerisation ist das Polymer im Monomer nicht löslich und fällt aus, wenn eine ausreichend große Molmasse erreicht wird. Daher resultiert der Name

„Substanzfällungspolymerisation". Zur den heterogenen Substanzpolymerisationen gehört auch die Gasphasenpolymerisation. Die Substanzpolymerisation schließt ebenfalls die Polymerisation in fester Phase ein.

3.6.2.1 Substanzlösungspolymerisation

Bei der Substanzlösungspolymerisation wirkt das Monomer als Lösemittel für das Polymer, sodass bis zum Ende der Polymerisation eine homogene Phase vorliegt. Es werden lösliche radikalische Initiatoren verwendet, und es wird ein 100 %iger Umsatz angestrebt. Da mit zunehmendem Umsatz die Viskosität steigt, beeinflusst dies die Kinetik der Reaktion. Die Kettenabbruchreaktion wird behindert, und eine Selbstbeschleunigung in Form des Geleffekts kann auftreten. Durch die hohe Konzentration an Polymer werden Übertragungsreaktionen zum Polymer unter Bildung von Verzweigungen gefördert. Das größte technische Problem bei der Substanzpolymerisation ist die Abführung der beträchtlichen Polymerisationswärme. Dafür gibt es eine Reihe von technischen Lösungen. Die bekannteste ist die Zweistufenpolymerisation, bei der in der ersten Stufe ein beachtlicher Teil der Polymerisationswärme entzogen und in der zweiten Stufe die Polymerisation z. B. in dünnen Schichten weitergeführt wird.

Ein Beispiel dafür stellt die Substanzpolymerisation von Styrol dar. Diese wird in einem Turmreaktor mit zwei vorgeschalteten Rührkesseln durchgeführt. In den Rührkesseln wird bis ca. 40 % Umsatz bei 80 °C polymerisiert und ein großer Teil der Gesamtreaktionswärme abgeführt. Anschließend wird die polymerisierende Masse am Kopf in einen Turmreaktor eingeführt. Die Temperatur nimmt im Reaktor von oben nach unten bis zu 220 °C zu. Am Fuß des Reaktors wird die Polymerschmelze über eine Schnecke ausgetragen. Das resultierende Polystyrol zeichnet sich durch eine sehr breite Molmassenverteilung aus.

Ein weiteres Beispiel ist die radikalische Polymerisation von Methylmethacrylat. Um in einem kontinuierlichen Prozess Plexiglas zu erhalten, wird in einem ersten Schritt ein MMA/PMMA-Sirup hergestellt. MMA ist hier das Lösemittel für das Polymer. Diese schon zähflüssige Lösung wird zwischen zwei polierten Stahlbändern kontinuierlich durch Temperierkammern geführt und dabei auspolymerisiert.

Die Substanzpolymerisation ist die bevorzugte Methode für Polykondensationen, die als Stufenwachstumsreaktionen bis zu hohen Umsätzen geführt werden müssen, um gewünschte Molmassen zu erreichen. Neben den hohen Temperaturen und der hohen Viskosität ist hier auch die Abführung des niedermolekularen Nebenprodukts im technischen Verfahren zu beachten.

Die Herstellung von Polyamid 6 erfolgt im kontinuierlichen Verfahren in einem Turmreaktor, der Vereinfacht Kontinuierliches Rohr (VK-Rohr) genannt wird, bei Temperaturen zwischen 220 und 270 °C. Am Kopf des VK-Rohrs werden die Lactamschmelze und Wasser zugeführt. Nachdem überschüssiges Wasser im Turmkopf verdampft ist, wird im unteren Teil des Reaktors polymerisiert. Einbauten in den Reaktor stören die laminare Strömung und tragen zur Durchmischung bei, was zu einer Verweilzeitverteilung führt, die eher der eines Rührkessels entspricht als der eines Strömungsrohrs. Dem Turmreaktor ist ein Extraktor nachgeschaltet, in dem Monomere und Oligomere entfernt werden können, die im Reaktionsgleichgewicht noch vorhanden sind. Danach kann sich sofort eine Spinnpumpe zur Faserbildung anschließen.

Einen Sonderfall stellt die Polykondensation zum Polyamid 6.6 dar. Hier wird im ersten Schritt Hexamethylendiaminadipat (AH-Salz) als wässrige Lösung hergestellt. Der wässrigen Lösung des Salzes wird in einem vorgeschalteten Reaktor das Wasser entzogen, und ein Vorkondensat wird gebildet. Dieses Vorkondensat wird dann, in Substanz, in einem beheizten Rohrreaktor weiter umgesetzt.

Die Herstellung von Polyethylenterephthalat kann auf zwei Wegen erfolgen (Abschn. 3.2.1.2). Beim Umesterungsverfahren aus Dimethylterephtalat und Ethylenglykol werden in einer ersten Rührkesselkaskade, Umesterungsreaktoren genannt, bei 200–260 °C Oligomere unter Entfernung von Methanol gebildet. In nachgeschalteten Polykondensationsreaktoren wird die Polymerisation unter Abführung von Ethylenglykol im Vakuum bei 275–285 °C beendet. Auch die kontinuierliche Produktion im Direktveresterungsverfahren erfolgt in zwei Schritten. Im Veresterungsreaktor wird Wasser durch Destillation entfernt und ein Umsatz von 85–95 % erreicht. Die Polykondensation wird in einem „Multistage"-Polykondensator und einem horizontalen Reaktor („Finisher") bei 298 °C unter Vakuum abgeschlossen.

Auch die Bildung von Polyurethanen ist eine Substanzpolymerisation. In Zweikomponentenmischern werden Diole und Diisocyanate gemischt, und die Mischung wird direkt in Formen gegeben und reagiert dort. Ein derartiges Verfahren wird als **Reaction Injection Moulding** (RIM) bezeichnet. Hierzu zählt auch die anionische Substanzpolymerisation des Caprolactams.

Die radikalische Polymerisation von Ethylen unter hohem Druck (150–300 MPa) ist eine Substanzlösungspolymerisation, da das Polymer bei den hohen Temperaturen (160 °C) im Monomer löslich bleibt. Strömungsrohrreaktoren oder kontinuierlich arbeitende Rührkessel werden dazu eingesetzt.

3.6.2.2 Substanzfällungspolymerisation

Ein charakteristisches Merkmal der Substanzfällungspolymerisation stellt das Ausfallen des Polymers im Monomer während der Polymerisation dar. Bei der Reaktionsführung finden wir dieselben Probleme wie bei der homogenen Substanzpolymerisation bezüglich der Beherrschung der Selbstbeschleunigung, der Abführung der Reaktionswärme und außerdem Probleme durch „Anbacken" des Polymers an Reaktorwand und Rührer.

Ein klassisches Beispiel ist hier die Herstellung von Polyvinylchlorid. Das Polymer ist nicht im Monomer Vinylchlorid löslich. Analoges gilt für Polyvinylidenchlorid und andere Polyvinylhalogenide. Die Substanzpolymerisation von Vinylchlorid wird zuerst in einem ersten Rührreaktor gestartet. Unter starkem Rühren wird ein Umsatz bis zu ca. 10 % erreicht. Das Polymer fällt in Flocken aus, die sich aus 0,1 µm großen Primärpartikeln zusammensetzen. Diese Suspension wird dann zusammen mit weiterem Monomer und Initiator in einen zweiten Rührreaktor überführt. Hier wachsen die PVC-Partikel. Aus der Partikelsuspension im Monomer wird ein trockenes PVC-Pulver. Der Umsatz wird auf 80–90 % begrenzt, und das restliche Monomer wird ausgegast. Aufgrund der schwierigen

Prozessführung der PVC-Substanzpolymerisation wird PVC überwiegend durch Suspensions- und Emulsionspolymerisation hergestellt.

3.6.2.3 Gasphasenpolymerisation

Die Gasphasenpolymerisation ist auch den Substanzpolymerisationen zuzuordnen, da nur Monomer, Polymer und Initiator vorliegen. Da das Polymer aber fest vorliegt, gibt es einige Besonderheiten. Der feste Katalysator mit einer engen Teilchengrößenverteilung und gasförmige Monomere werden in den Reaktor eingedüst. Die resultierenden festen Polymerpartikel zirkulieren in einer Wirbelschicht. Weiter nachgeliefertes Monomer löst sich in den Polymerpartikeln. Diese stellen deshalb den Polymerisationsort dar. Es handelt sich also um keine echte Polymerisation in der Gasphase, sondern der Polymerisationsort sind die Polymerpartikel, die Monomer gelöst haben. Die Monomer- und Katalysatorzugaben bestimmen die Polymerisationsgeschwindigkeit. Die Reaktoren sind vertikale Zylinder mit verbreitertem Kopf. Das Monomergas strömt im Reaktor von unten nach oben und hält die Polymerpartikel im Wirbelbett. Außerdem wird das Gas dazu benutzt, die Reaktionswärme abzuführen, indem die Gaseintrittstemperatur kleiner als die Temperatur im Reaktor ist. Die Isolierung des Polymers erfolgt über Austragsschleusen. Für Gasphasenpolymerisationen sind alle Katalysatortypen (Abschn. 3.1.3) einsetzbar. Die Herstellung von Homopolymeren (PE und PP) und von Copolymeren ist möglich. Eingesetzte Monomere sind Ethylen, Propylen, höhere α-Olefine und Diene. Die Gasphasenpolymerisation ermöglicht z. B. die Herstellung von Polymeren mit bimodaler Molmassenverteilung, von statistischen Copolymeren, aber auch von sehr gut definierten Blockcopolymeren. In technischen Anlagen werden dazu oft Kombinationen mehrerer Reaktoren eingesetzt.

3.6.2.4 Polymerisation in fester Phase

Die wichtigste Anwendung der Festphasenpolymerisation ist die Nachkondensation von Polyestern zur Erhöhung der Molmasse. Sie kann im Anschluss an die Schmelzepolykondensation erfolgen. Das Granulat wird dabei unter Ausschluss von Wasser und Sauerstoff in einem Inertgasstrom auf Temperaturen etwas unterhalb der Schmelztemperatur erwärmt.

Die Polymerisation in der festen Phase wird auch mit dem Ziel der Herstellung von Polymereinkristallen beschrieben. So werden aus Monomerkristallen Polydiacetylen-Einkristalle erhalten. Die Polymerisation wird durch Strahlung initiiert. Am intensivsten wurden die Festphasenpolymerisation von Acrylamid und den Salzen der Acrylsäure untersucht. Die Bruttopolymerisationsgeschwindigkeit ist sehr niedrig, und der Polymerisationsgrad steigt nur langsam an.

3.6.3 Lösungspolymerisation

Bei der Lösungspolymerisation wird ein in Lösemitteln (in Wasser oder organischen Lösemitteln) lösliches Monomer in ein Polymer überführt, das ebenfalls im Lösemittel löslich ist. Gleiches gilt in der Regel für den Initiator. Derartige Polymerisationen können mit radikalischen und ionischen Initiatoren sowie mit Übergangsmetallverbindungen ausgelöst werden. Normalerweise wird ein „indifferentes" Lösemittel benutzt; dies bedeutet, dass keine merkbaren Einflüsse auf die Abbruch- und Übertragungsreaktion vorliegen und somit Einflüsse auf die Polymerisationsgeschwindigkeit und den Polymerisationsgrad nicht eintreten. Ein Geleffekt kann in der Lösungspolymerisation vermieden werden, da die Lösungsviskosität durch die Menge des Lösemittels steuerbar ist und damit eine Verminderung des Kettenabbruchs durch zu hohe Viskositäten verhindert wird. Das Ziel ist ein 100 %iger Umsatz des Monomers. Die Reaktionswärme ist aus dem niedrigviskosen System normal abführbar. Als Reaktoren für Lösungspolymerisationen dienen diskontinuierliche Rührreaktoren mit Innenkühlung, Siedekühlung oder Umwälzpumpe sowie kontinuierliche Rührreaktoren, die evtl. als Kaskade angeordnet werden.

Der Nachteil der Lösungspolymerisation besteht darin, dass für viele Anwendungsgebiete das Lösemittel aus dem Polymer entfernt werden muss. Das erfordert Energie und ist kostenaufwendig. Daher haben Lösungspolymerisate bevorzugt dort Anwendung gefunden, wo eine Polymerlösung direkt zum Einsatz kommt. Beispiele sind die Lack-, Imprägnier- und Klebebranche.

Beispiele für die direkte Weiterverwendung von Polymerlösungen sind Polyacrylsäure und Polyacrylamid, die in Wasser als Lösemittel hergestellt und z. B. als Adhäsive und Verdickungsmittel verwendet werden. Polyvinylacetat wird in Methanol hergestellt und anschließend zu Polyvinylalkohol verseift.

Ein weiteres Beispiel für den Einsatz von Polymerlösungen stellt die Synthese von Polyacrylnitril (PAN) und PAN-Copolymeren in Dimethylformamid (DMF) dar. Die PAN-Lösung wird direkt zu Textilfäden versponnen.

Die Herstellung von Polyimid ist ein Zweistufenprozess (Abschn. 3.2.1.4), bei dem im ersten Schritt die Synthese der Polyamidcarbonsäure als Lösungspolykondensation verläuft. Als Lösemittel kommen N-Methyl-2-pyrrolidon (NMP) oder Dimethylformamid (DMF) infrage. Die Polymerlösung wird weiterverarbeitet zu Filmen, Lacken oder Folien.

Es gibt eine Reihe von Polymeren, die sich nur in Lösung mit einer gezielten Struktur herstellen lassen. Hier kommen wir an der Aufarbeitung der Polymerlösung nicht vorbei. Zu diesen Polymeren gehört *cis*-1,4-Polybutadien, welches durch koordinative Polymerisation in aliphatischen Kohlenwasserstoffen erhalten wird. Auch einige Polyethylentypen werden durch koordinative Polymerisation in Kohlenwasserstoffen produziert. Dabei sind hohe Temperaturen notwendig, um die Löslichkeit des Polyethylens zu garantieren. Durch anionische Polymerisation werden Styrol-Butadien Kautschuk, das sog. Lösungs-SBR, aber auch Blockcopolymere aus Styrol und Butadien (z. B. SEBS) (Abschn. 3.1.4.4) hergestellt.

Wichtige aromatische Polyamide lassen sich nur durch Lösungspolykondensation herstellen. Die Synthese von Poly(p-phenylenterephthalamid) (Kevlar) (Abschn. 3.2.1.3) erfolgt in einem Lösemittelgemisch aus N-Methylpyrrolidon und Calciumchlorid. Auch andere Hochleistungspolymere wie z. B. Polyetheretherketon (Abschn. 3.2.1.6) werden durch Lösungspolykondensation hergestellt.

3.6.4 Fällungspolymerisation

Bei der Fällungspolymerisation ist das Monomer im Lösemittel löslich, das entstehende Polymer dagegen unlöslich. Das bedeutet, dass das Polymer während der Polymerisation ausfällt. Es sind vorwiegend Beispiele aus der radikalischen Polymerisation mit in Lösemitteln löslichen Initiatoren sowie mit unlöslichen Übergangsmetallkatalysatoren bekannt. Beim Fällvorgang wird der bimolekulare Kettenabbruch behindert, sodass Selbstbeschleunigung auftreten kann. Die Reaktionswärme lässt sich gut abführen, da die Viskosität der Lösung durch ausgefallenes Polymer nicht beeinflusst wird. Bei den anfallenden Dispersionen können bei Polymerfeststoffgehalten von mehr als 20 % Rühr- und Durchmischungsprobleme entstehen. Mit der Fällungspolymerisation lassen sich sphärische Mikrogele mit Durchmessern von 10–50 µm herstellen. Als Reaktoren werden hier modifizierte Strömungsrohre und Rührreaktoren, auch in Kaskade geschaltet, eingesetzt.

Der Polymerfeststoff wird durch Filtration von der Lösung abgetrennt. Stark abhängig ist der eigentliche Filtrationsvorgang von der Feinheit der Polymerfällung. Mit amphipatischen Dispergiermitteln (Block- und Pfropfcopolymeren, aber auch Polyvinylpyrrolidon oder Polyvinylmethylether) kann die Koagulation des Polymers gesteuert und die Teilchengröße kontrolliert werden. Die löslichen und unlöslichen Teile der Block- und Pfropfcopolymere müssen sorgfältig, dem Zweck entsprechend, angepasst sein. Diesen Typ der Polymerisation nennen wir **Dispersionspolymerisation**.

Beispiele für Fällungspolymerisationen sind die radikalische Acrylnitrilpolymerisation in Wasser, die radikalische Copolymerisation von Styrol und Acrylnitril in Alkoholen und die kationische Polymerisation von Isobutylen in Methylchlorid.

Zu den Fällungspolymerisationen gehört die Polymerisation von Ethylen bei Niederdruck in gesättigten aliphatischen Kohlenwasserstoffen, der sog. Slurry-Prozess. Als Katalysatoren werden Ziegler-Natta-Katalysatoren eingesetzt. Alle anderen Katalysatortypen (Abschn. 3.1.3) können ebenfalls verwendet werden. Die Katalysatorpartikel werden im Lösungsmittel suspendiert, und aus jedem entsteht ein Polymerpartikel. Im Slurry-Verfahren werden auch PP, EPM und EPDM hergestellt. In kontinuierlichen Verfahren werden sog. Schleifenreaktoren (*loop reactors*) eingesetzt, durch die die Suspension gepumpt wird. Das Batchverfahren im Rührkessel hat Bedeutung für die Herstellung von Polyethylen mit ultrahoher Molmasse (UHMWPE). Da die Weiterverarbeitung des UHMWPE durch Sintern erfolgt, ist eine einheitliche Partikelgröße des Polymers wichtig, und die kann nur im Batchverfahren erreicht werden.

3.6.5 Suspensionspolymerisation

Bei einer Suspensionspolymerisation wird ein Monomer in einem Trägermedium in Form von Tropfen dispergiert. Monomer und Trägermedium sind nicht mischbar. Die Tropfen enthalten einem monomerlöslichen Initiator. Die Polymerisation findet also in den dispergierten Monomertröpfchen statt. Die Tröpfchen durchschreiten dabei den Weg vom flüssigen Monomertröpfchen über klebrig-viskoses Polymer in Monomerlösungstropfen bis zu festen Polymerperlen. Die Dispergierung des Monomers durch Rühren stellt vor Beginn der Polymerisation eine Emulsion und am Ende der Polymerisation eine Suspension dar. An Ende der Polymerisation entstehen Polymerperlen, und aus diesem Grund wird diese Polymerisation auch als **Perlpolymerisation** bezeichnet. In der Regel ist die Größe der Perlen mit der der Monomertröpfchen identisch und wird im Bereich von 10–100 μm gewählt, es sind aber auch größere Perlen herstellbar. Angestrebt wird 100 % Umsatz. Die Suspensionspolymerisation ist in der Regel eine radikalische Polymerisation.

Industriell werden so Polyvinylchlorid, Polymethymethacrylat, Polystyrol, Schaumpolystyrol, Styrol-Acrylnitril-Copolymere und Styrol-Divinylbenzen-Copolymere hergestellt.

Als Trägermedium für die Suspensionspolymerisation dient in der Regel Wasser. Die Zugabe von Dispergatoren ist notwendig, um die Monomertröpfchen zu stabilisieren. Ihre Wirkung besteht darin, dass sie sich an der Grenzfläche anlagern, die Grenzflächenspannung erniedrigen und damit die Koaleszens der Monomertröpfchen verhindern. Als Dispergatoren werden wasserlösliche Polymere wie teilverseiftes Polyvinylacetat, Polyvinylalkohol, Stärke, Cellulosederivate oder Salze von Polyacrylsäure und deren Copolymere eingesetzt. Ebenso können unlösliche Anorganica wie Talkum, Bariumsulfat, Phosphate und Magnesium- und Calciumcarbonat verwendet werden.

Die Tropfengröße und deren Verteilung werden außerdem durch Reaktorform, Form der Rührer sowie Rührerdrehzahl, dem Verhältnis von Trägermedium zur dispersen Phase sowie Dichte und Viskosität beider Phasen beeinflusst.

In den stabilisierten Monomertröpfchen läuft eine „Minisubstanzpolymerisation" ab. Die Kinetik der Polymerisation gleicht der der Substanzpolymerisation einschließlich des auftretenden Geleffekts. Abweichungen können dadurch entstehen, dass Initiator und Monomer nicht komplett unlöslich im Trägermedium sind.

Die Suspensionspolymerisation wird in Rührreaktoren durchgeführt, die im Batch- oder Semibatch-Prozess betrieben werden. Durch das wässrige Trägermedium ist eine gute Wärmeabführung gewährleistet. Daher resultiert die Bezeichnung „wassergekühlte Minisubstanzpolymerisation". Obwohl die Viskosität in den Tröpfchen während der Polymerisation stark ansteigt, bleibt die der Suspension niedrig. Das erleichtert die Wärmeabfuhr zusätzlich.

Die Aufarbeitung der Polymerisationsansätze macht im Gegensatz zur Fällungspolymerisation keine Schwierigkeiten, weil die Polymerperlen sich gut filtrieren lassen und das anhaftende wenige Wasser sich durch Trocknung entfernen lässt.

Eine umgekehrte Suspensionspolymerisation von wasserlöslichen Monomeren, wie Acrylamid und Acrylsäure, als konzentrierte wässrige Lösung in Kohlenwasserstoffen unter Einsatz von z. B. anorganischen Stabilisatoren wird auch genutzt und **Dispersionspolymerisation** genannt. Der Begriff „Dispersionspolymerisation" wird allerdings nicht einheitlich gebraucht. Auch die Fällungspolymerisation ohne Agglomerieren zu größeren Teilchen in Gegenwart von Stabilisatoren gezielt zu Mikro- und Nanopartikeln wird Dispersionspolymerisation genannt.

3.6.6 Emulsionspolymerisation

Bei einer Emulsionspolymerisation wird eine sehr feine Dispersion eines Polymers in einem wässrigen Trägermedium erzeugt. Diese Dispersion wird **Latex** genannt. Zu Beginn wird ein sehr wenig in Wasser lösliches Monomer zusammen mit Emulgatoren und einem wasserlöslichen Initiator in Wasser dispergiert (Abb. 3.12).

Durch Rühren wird das Monomer im Wasser zu ca. 10^{10} Monomertröpfchen pro Kubikzentimeter (Durchmesser ca. 10^{-3} mm) verteilt, die durch den Emulgator stabilisiert werden. Durch einen Überschuss an Emulgator oberhalb der kritischen Micellenkonzentration lagern sich die Emulgatormoleküle zu Micellen zusammen. Diese enthalten ca. 100 Emulgatormoleküle und wenden ihre hydrophile Seite dem Wasser zu, während sich ihre hydrophoben Reste nach innen zusammenlagern. Die Micellendichte kann mit 10^{18} Micellen pro Kubikzentimeter angegeben werden.

Die wasserlöslichen Initiatoren bilden Radikale, die mit den in Wasser gelösten Monomeren die Polymerisation starten und Oligoradikale bilden. Diese sind hydrophob genug, um in die Micellen einzudringen. Im hydrophoben Inneren der Micellen lösen sich die Monomere gut, sodass die Monomermoleküle aus den Monomertröpfchen über ihre geringe Löslichkeit in der Wasserphase in viele Micellen wandern und dort mit den Radikalen polymerisieren.

Die Polymerisation schreitet in den Micellen durch über die wässrige Phase nachdiffundierendes Monomer voran, so dass sich die Micellen aufweiten. Diese Teilchen werden dann als Latexteilchen bezeichnet und haben einen Durchmesser von ca. 10^{-5} cm. Im System befinden sich dann die in Abb. 3.12 gezeigten Bestandteile. Das weitere Fortschreiten der Polymerisation ergibt sich daraus, dass die Monomertröpfchen bis zum Verbrauch immer kleiner und die Latexteilchen im Gegenzug immer größer werden. Qualitativen Aufschluss darüber können der zeitliche Verlauf der Bruttopolymerisationsgeschwindigkeit v_{Br} und der Oberflächenspannung γ geben (Abb. 3.13).

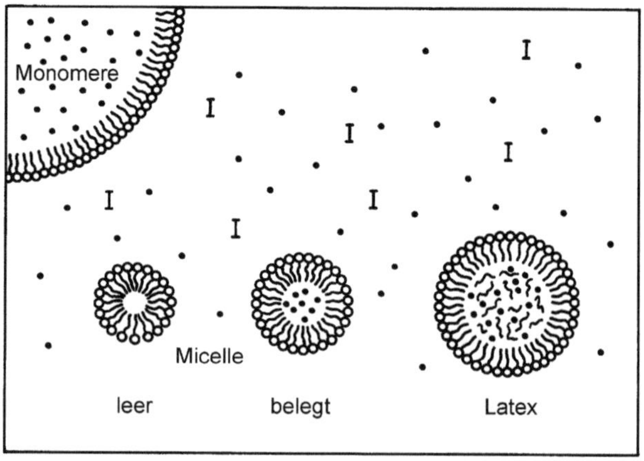

Abb. 3.12 Schema der Emulsionspolymerisation. • – Monomer, I – Initiator

Abb. 3.13 Abhängigkeit der Bruttogeschwindigkeit υ_{Br} und der Oberflächenspannung γ von der Zeit bei der Emulsionspolymerisation

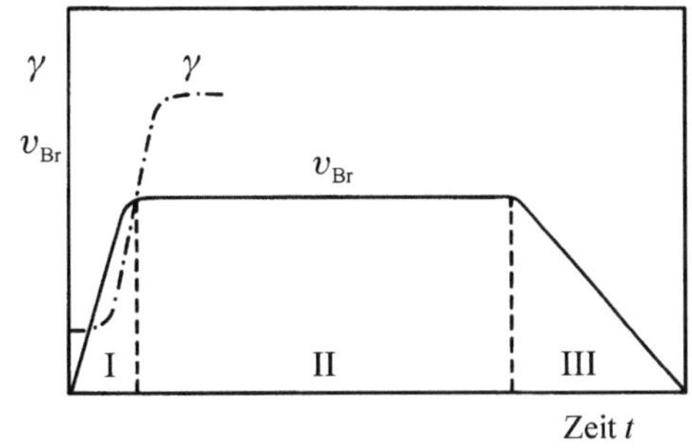

In Phase I startet die Polymerisation in immer mehr mit Monomeren belegten Micellen. Die Bruttopolymerisationsgeschwindigkeit steigt. Die wachsenden Teilchen verbrauchen die freien Emulgatormoleküle, auch die der unbelegten Micellen. In Phase II sind alle freien Emulgatormoleküle verbraucht, und die Oberflächenspannung steigt an. Die Bruttopolymerisationsgeschwindigkeit bleibt konstant, da die Zahl der Latexteilchen konstant ist, denn sie wird durch die Diffusionsgeschwindigkeit des Monomers aus den Monomertröpfchen in die Latexteilchen bestimmt. In Phase III werden die Monomertröpfchen und zuletzt das Monomer im Latexteilchen verbraucht, die Bruttopolymerisationsgeschwindigkeit sinkt.

Zur Quantifizierung dieser qualitativen Theorie wird als einfachster Fall das Smith-Ewart-Modell angenommen, das besagt, dass zeitlich gesehen jedes Latexteilchen nur ca. die Hälfte der Zeit ein wachsendes Radikal enthält. Wenn N^* die Anzahl der Micellen im System ist, dann bedeutet das, dass im Durchschnitt nur $N^*/2$ aktive Micellen für die Polymerisation vorhanden sind. Damit ergibt sich, dass die Wachstumsgeschwindigkeit proportional zur Konzentration der Monomere in der Micelle $[\mathrm{M}^*]$ und zur Zahl der aktiven Micellen ist:

$$\upsilon_w = k_w \cdot [\mathrm{M}^*] \cdot [N^*/2] \tag{3.127}$$

Das Produkt $k_w \cdot [\mathrm{M}^*]$ ist die Wachstumsgeschwindigkeit in der einzelnen Micelle. Die Geschwindigkeit der Startreaktion ergibt sich dann aus der Radikalbildungsgeschwindigkeit υ_r und der Zahl der Micellen. Für die kinetische Kettenlänge ergibt sich dann:

$$\upsilon = \frac{\upsilon_w}{\upsilon_{st}} = \frac{k_w \cdot [\mathrm{M}^*]}{(\upsilon_r/N^*)} = \frac{k_w \cdot [\mathrm{M}^*] \cdot [N^*]}{2 \cdot f \cdot k_d \cdot [\mathrm{I}]} \tag{3.128}$$

Hieraus resultiert ein tatsächlicher Vorteil der Emulsionspolymerisation: Im Gegensatz zur Lösungspolymerisation können hier bei hoher Polymerisationsgeschwindigkeit hohe Polymerisationsgrade erreicht werden. Grund dafür ist die Abschottung der Radikale, die in den sehr vielen Partikeln der Emulsion verteilt sind. Dadurch wird der Abbruch der Polymerisation behindert. Bei einer konstanten Initiatorkonzentration können die Kettenlänge und die Geschwindigkeit der Reaktion erhöht werden, wenn man eine größere Micellenkonzentration erreicht.

Ein weiterer wesentlicher Vorteil der Emulsionspolymerisation besteht darin, dass sich über das niedrigviskose wässrige Medium die Polymerisationswärme gut abführen lässt. Die hohe Wärmekapazität des Wassers ermöglicht eine schnelle Wärmeabfuhr und gleichzeitig gute Temperaturkontrolle im Reaktor.

Die wässrigen Polymerdispersionen (Latex) können bis zu 60 % Feststoff enthalten, der durch Koagulation mit Elektrolyten bis zum isoelektrischen Punkt, durch Sprühtrocknung oder Walzentrocknung zu festem Polymer aufgearbeitet wird. Der Nachteil der Emulsionspolymerisate besteht darin, dass die Inhaltsstoffe der Polymerisationsrezeptur im Polymer verbleiben.

Die Durchführung der Emulsionspolymerisation erfolgt in Rührrektoren im Batch- oder Semibatch-Prozess. Auch kontinuierliche Prozessführung in Rührkesselkaskaden wird eingesetzt.

Die Emulsionspolymerisation wird zur Herstellung von Synthesekautschuken wie Styrol/Butadien (SBR), Acrylnitril/Butadien (NBR), Polychloropren und Acrylkautschuk (ACM) eingesetzt. Weitere Polymere, die durch kontinuierliche Emulsionspolymerisation hergestellt werden, sind Polyvinylchlorid (PVC), Polyvinylacetat (PVAc), Polymethylmethacrylat (PMMA) und andere Acrylate, expandierbares Polystyrol und Polytetrafluorethylen.

Große Bedeutung hat die Emulsionspolymerisation für die Herstellung von Dispersionen aus Polyvinylacetat und Polyacrylaten und deren Copolymeren. Dabei spielt die Substitution von lösungsmittelbasierten Farben, Adhäsiven, Bindemitteln für die Papier- und Textilindustrie u. Ä. durch wasserbasierte Systeme eine große Rolle.

Core-Shell-Partikel werden in Semibatch-Verfahren aus zwei oder mehr Monomeren hergestellt, deren Polymere nicht mischbar sind. In den Reaktor wird das erste Monomer dosiert und zu Seed-Partikeln polymerisiert. Nach Zugabe des zweiten Monomers und evtl. zusätzlichem Initiator polymerisiert dieses in den Seed-Partikeln, und durch Phasenseparation entstehen Partikel mit einer definierten Morphologie. Auf diese Weise werden Schlagzähigkeitsmodifikatoren hergestellt, die einen elastomeren Kern aus z. B. Polybutadien, SBR oder Poly(butylmethacrylat-co-butadien) und eine harte Schale aus z. B. PMMA haben. Core-Shell-Partikel mit hartem Kern und weicher Schale werden z. B. für Dispersionen mit filmbildenden Eigenschaften eingesetzt.

Inverse Emulsionspolymerisation

Bei einer inversen Emulsionspolymerisation wird eine lösungsmittelbasierte Dispersion eines wasserlöslichen Monomers (z. B. Acrylamid) eingesetzt. Der Initiator ist hier in dem Lösungsmittel löslich.

Miniemulsionspolymerisation

Eine Miniemulsion besteht aus kleinen stabilen Tröpfen mit einer engen Größenverteilung in einer kontinuierlichen Phase. Die Stabilität der Tröpfchen wird durch Emulgatoren und einen Co-Stabilisator gewährleistet. Der Co-Stabilisator ist in der Tröpfchenphase gelöst und muss eine geringere Löslichkeit in der kontinuierlichen Phase haben als die anderen Komponenten der Tröpfchenphase. Miniemulsionen werden durch Ultraschall- oder Hochdruckdispergierung hergestellt. Gegenüber der klassischen Emulsionspolymerisation, die auf radikalische Reaktionen beschränkt ist, können in Miniemulsion auch andere Polymerisationsarten, wie ionische, katalytische, ROMP, Polyadditionen und sogar Polykondensationen, erfolgreich eingesetzt werden. Die Miniemulsionspolymerisation ermöglicht die Herstellung von polymeren Nanopartikeln, die gezielte Oberflächenmodifizierung von Nanopartikeln und die Verkapselung von festen und flüssigen Substanzen mit einer Polymerschale.

Mikroemulsionspolymerisation

Die Mikroemulsionspolymerisation unterscheidet sich von der Makro- und Miniemulsionspolymerisation hinsichtlich ihrer thermodynamischen Stabilität. Eine Mikroemulsion ist eine thermodynamisch stabile Mischung von zwei nicht mischbaren Flüssigkeiten. Die Größe der dispersen Phase sinkt hier zu Werten im Bereich von 10–30 nm. Eine Mikroemulsion ist isotrop, transparent oder transluzent und thermodynamisch stabil. Die Stabilität der Mikroemulsionen wird durch die Auswahl geeigneter Emulgatoren bestimmt. Diese werden nach ihrem **Hydrophil-lipophil-Bilanzwert** (HLB) klassifiziert. Emulgatoren mit kleineren HLB-Werten zwischen 4–6 eignen sich zur Herstellung von Öl-in-Wasser-(o/w-)Mikroemulsionen. Emulgatoren mit höheren HLB-Werten sind geeignet, Wasser-in-Öl-(w/o-)Emulsionen zu stabilisieren. Die Monomere können sowohl der organischen als auch der wässrigen Phase zugesetzt werden. Bei o/w-Mikroemulsionen befindet sich das Monomer in der organischen Phase, in der auch die Polymerisation stattfindet. Die Produkte sind dann Latexpartikel mit optimalem Durchmesser. Umgekehrt ist es aber auch möglich, die kontinuierliche Phase zu polymerisieren, und daraus resultiert dann festes Polymer mit eingeschlossener disperser Phase. Copolymere können erhalten werden durch die Kombination hydrophiler und hydrophober Monomere.

Derartige Polymerisationsverfahren sind unter streng kontrollierten Bedingungen geeignet für die Herstellung verschiedener Polymermorphologien in Form von sphärischen und ellipsoidalen Nanoteilchen, Nanostäbchen, Nanoschichten und Nanoröhren. Auch Kern-Schale-Nanopartikel wurden hergestellt, wobei Latexteilchen, anorganische Kolloide, Metallpartikel oder andere Nanoteilchen ummantelt werden.

Dispersionspolymerisation

Bei einer Dispersionspolymerisation werden Monomer, Initiator und Emulgator in einem Lösungsmittel dispergiert, welches das Polymer nicht löst. Auf diese Weise können monodisperse, mikrometergroße Polymerpartikel hergestellt werden. Die Größe dieser Partikel liegt zwischen der Größe der Partikel einer Suspensionspolymerisation und einer Emulsionspolymerisation.

3.6.7 Grenzflächenpolymerisation

Bei der Grenzflächenpolymerisation findet die Reaktion an der Grenzfläche zwischen zwei nichtmischbaren Flüssigkeiten oder an einer Grenzfläche zwischen einer flüssigen Phase und einer Gasphase statt. Die Polymerbildungsgeschwindigkeit an der Grenzfläche ist sehr hoch. Die ersten Polyreaktionen, die im Grenzflächenverfahren durchgeführt wurden, waren Polykondensationen.

Ein technisch relevantes Beispiel ist die Herstellung von Polycarbonat (Abschn. 3.2.1.2). Dabei wird Bisphenol A als Natrium-Bisphenolat in einer wässrigen NaOH-Lösung gelöst. Als zweite Phase wird ein chlorierter Kohlenwasserstoff (z. B. Dichlormethan) eingesetzt. Beide Phasen werden vermischt, und Phosgen wird als Gas eingeleitet. An den Grenzflächen erfolgt die Kondensation zu Oligomeren, die dann in die organische Phase übergehen und dort unter Mitwirkung von tertiären Aminen als Katalysatoren weiter polykondensieren. Die Nebenprodukte, NaCl und Na_2CO_3, lösen sich in der wässrigen Phase. Nach einer Phasentrennung wird das Polymer aus der organischen Phase isoliert. Für die kontinuierliche Polycarbonatherstellung werden Rührkesselkaskaden und Strömungsrohrreaktoren eingesetzt.

Die Grenzflächenpolykondensation wird auch eingesetzt für die Reaktion von Carbonsäurechloriden mit Verbindungen, die aktive H-Atome besitzen, wie z. B. –OH oder –NH_2. Auf diese Weise können aromatische oder teilaromatische Polyamide und Polyester (Abschn. 3.2.1.3) erhalten werden.

Zur Herstellung von Membranen wird z. B. das Säurechlorid der Dicarbonsäure in einem inerten organischen Lösemittel vorsichtig mit einer wässrigen Lösung eines Diamins oder Diols unterschichtet. Die wässrige Phase enthält Natronlauge als Salzsäureakzeptor. An der Grenzschicht bildet sich ein fester Polymerfilm, der kontinuierlich abgezogen werden kann und sich sofort neu nachbildet, weil die Polymerbildungsgeschwindigkeit an der Grenzfläche sehr hoch ist.

Außer für Polykondensationen ist es heute möglich, die Grenzflächenpolymerisation auch für andere Reaktionsmechanismen anzuwenden. Ein Beispiel ist die oxidative Polymerisation zur Synthese von elektrisch leitfähigen Polymeren wie Polypyrrol und Polythiophene (Abschn. 5.4.2.2). Die Monomere werden dazu in der organischen Phase und die Oxidationsmittel in der wässrigen Phase gelöst. Grenzflächenpolymerisationen ermöglicht auch die Synthese von supramolekularen Polymeren, Koordinationspolymeren, Koordinationsnetzwerken und metallorganischen Gerüstverbindungen (MOF) (Abschn. 3.5.7), indem hydrophile und hydrophobe Bildungsblöcke in jeweils unterschiedlichen Phasen gelöst werden und an den Grenzflächen miteinander reagieren können.

Durch Polymerisationen an Grenzflächen sind neben Membranen und Fasern auch Verkapselungen, Nanopartikel, Nanokapseln etc. zugänglich.

Polymerisation in monomolekularen Schichten nach Langmuir-Blodgett

Die Polymerisation in monomolekularen Schichten ist ein Spezialfall der Grenzflächenpolymerisation. Hier wird an der Wasser-Luft-Grenzfläche polymerisiert. Monomere mit hydrophilen Kopfgruppen und hydrophoben Schwanzgruppen wie z. B. Octadecylacrylat und -methacrylat, Vinylstearat und Fettsäuren mit konjugierten Diengruppen orientieren sich an einer Wasseroberfläche amphiphil, d. h. je nach Gruppe hydrophil zum Wasser und hydrophob zur Luft. Dabei bilden sie eine monomolekulare Schicht, die je nach Monomeren durch radikalische Initiatoren oder Bestrahlung polymerisiert werden kann. Die sich bildenden Polymerfilme können dann auf einen geeigneten zu beschichtenden Gegenstand als gleichmäßige monomolekulare Schicht aufgezogen werden. Wiederholung des Vorgangs führt zu gleichmäßig auf der Oberfläche liegenden Mehrfachschichten. Diese Technik ist wichtig für die Molekularelektronik, nichtlineare Optik und Nanolithografie.

Literatur

G. Allen, J.C. Bevington, Comprehensive Polymer Science, Pergamon Press, Oxford 1989
F. S. Bates und G. H. Frederickson, Annu.Rev.Phys.Chem. 1990, 41,525
H.-G. Elias, Makromoleküle, 6. Aufl., 4 Bände, Wiley-VCH, Weinheim 1999–2002
M. Fineman, S.D. Ross, J.Polym.Sci. 5(1950)259
N. Grassie, SCI Monograph 26(1967)191
K. Jeremic, Lj Ilic, S. Jovanovic, Eur. Polym.J. 21(1985)537
Lj. Ilic, K. Jeremic, S. Jovanovic, Eur. Polym. J. 27(1991)1227
J. P. Kennedy, R. G. Squires, Polymer 6(1965)579
M.D. Lechner, K. Gehrke, E. H. Nordmeier: Makromolekulare Chemie, Springer, Berlin/Heidelberg 2014
D. A. S. Ravens, Polymer 1(1960)375
B.J. Schmitt, G.V. Schulz, Europ.Polym.J. 11(1975)119

Weiterführende Literatur

D. Braun, H. Cherdron, H. Ritter et al., Polymer Synthesis: Theory and Practice, Springer, Berlin 2005
A.M. Caminade, E. Hey-Hawkins, I. Manners et al., Smart Inorganic Polymers, Chem. Soc. Rev., 2016, 45, 5137–5434
Houben-Weyl – Methoden der Organischen Chemie, Erweiterungs- und Folgebände zur 4. Auflage, Hrsg.: K. H. Büchel, J. Falbe, H. Hagemann, H. Hanack, D. Klamann, R. Kreher, H. Kropf, M. Regnitz und E. Schaumann, Zentralredaktion: H.-G. Padeken, Band E20, Teil 1–3: Makromolekulare Stoffe, Hrsg. H. Bartel und J. Falbe, Thieme, Stuttgart/New York 1987
R. Dittmeyer, W. Keim, G. Kreysa und A. Oberholz (Hrsg.) Winnacker-Küchler – Chemische Technik, Prozesse und Produkte, 5. Auflage, Band 5: Organische Zwischenverbindungen, Polymere, Wiley-VCH, Weinheim 2005
W. Kaminsky (Editor), Polyolefins: 50 years after Ziegler and Natta II, Polyolefins by Metallocenes and Other Single-Site Catalysts, Advances in Polymer Science 258, Springer, Heidelberg/New York/Dordrecht/London 2013
W. Kaminsky, H. Sinn, Transition Metals and Organometallics as Catalysts for Olefin Polymerization, Springer, Berlin 1988
W. Keim (Hrsg.) Kunststoffe, Wiley-VCH, Weinheim 2006

H.R. Kricheldorf (Ed.) Handbook of Polymer Synthesis, Dekker, New York 2004
K. Matyjaszewski, Y. Gnanou, L. Leibler (Editors), Macromolecular Engineering. Precise Synthesis, Materials Properties, Applications, Wiley-VCH, Weinheim, 2007
G. Odian, Principles of Polymerization, Wiley, New York 2004
P. Rempp, E.W. Merrill, Polymer Synthesis, Hüthig und Wepf, Basel 1998
H. Tobita, A.E. Hamielec, Polymerization Processes, 2. Modeling of Processes, Ullmann's Encyclopedia of Industrial Chemistry, Wiley-VCH, Weinheim, 2015
J. Ulbricht, Grundlagen der Synthese von Polymeren, Hüthig und Wepf, Heidelberg 1992

Polymerlösungen, Netzwerke und Gele

4

S. Seiffert und W. Schärtl

4.1 Verteilungsfunktionen

S. Seiffert

Wir wissen aus Kap. 2, wie die Mittelwerte des Kettenendenabstands h und des Trägheitsradius R für flexible Polymermoleküle zu berechnen sind. Um nun über diese einfache Größeninformation hinaus ein volles Bild über die Knäuelgestalt zu erhalten, wollen wir uns mit den Verteilungen dieser Größen befassen.

Jede Konformation eines Polymerknäuels liefert einen bestimmten Kettenendenabstand h und Trägheitsradius R. Wenn wir die verschiedenen h- und R-Werte in einer Probe mit vielen Polymermolekülen (oder auch in nur einem einzigen Molekül, das seine Konformation über die Zeit laufend ändert) durchzählen, so stellen wir fest, dass bestimmte h- und R-Werte mehrfach, andere hingegen selten oder überhaupt nicht auftreten. Die gefundenen Häufigkeiten für die verschiedenen h- und R-Werte können wir grafisch darstellen. Dazu tragen wir z. B. für den Kettenendenabstand auf der x-Achse die h-Werte und auf der y-Achse die zugehörigen Häufigkeiten auf. Das Ergebnis ist eine Häufigkeitsverteilung $f_H(h)$.

Die Anzahl der verschiedenen Konformationen eines Makromoleküls ist nahezu unendlich groß. Wir können deshalb $f_H(h)$ in guter Näherung durch eine stetige Funktion $f(h)$ ersetzen. $f(h)\mathrm{d}h$ ist dann die Wahrscheinlichkeit, dass ein Polymermolekül eine Konformation einnimmt, bei der der Betrag des Kettenendenabstandsvektors $\boldsymbol{h}$ zwischen h und $h + \mathrm{d}h$ liegt.

S. Seiffert (✉) · W. Schärtl
Department Chemie, Johannes Gutenberg-Universität Mainz, Mainz, Deutschland
E-Mail: sebastian.seiffert@uni-mainz.de

S. Seiffert et al. (Hrsg.), *Lechner, Gehrke, Nordmeier – Makromolekulare Chemie*,
https://doi.org/10.1007/978-3-662-69248-6_4

Unsere Aufgabe ist es nun, einen mathematischen Ausdruck für die Verteilung $f(h)$ zu finden. Dazu gehen wir von der idealisierten Situation aus, dass die Polymersegmente nicht miteinander wechselwirken, sodass ihre Anordnung im Raum zufällig und unabhängig von der Anordnung benachbarter Segmente ist. Solche Polymere werden als **ideale Ketten** bezeichnet; sie stellen eine Analogie zu anderen Idealzuständen in der Chemie dar, beispielsweise dem idealen Gas, bei denen wir ebenfalls von wechselwirkungsfreien unendlich kleinen Teilchen ausgehen. Wechselwirkungen zwischen den Polymersegmenten in **realen Ketten** berücksichtigen wir in Abschn. 4.2. Wir präsentieren im Folgenden zwei mögliche Ansätze, um die gesuchte Verteilungsfunktion $f(h)$ für ideale Knäuel zu finden.

4.1.1 Die Kettenendenabstandsverteilung

4.1.1.1 Eindimensionaler Fall

Für unsere Überlegungen legen wir das Modell einer linearen Kette mit frei gegeneinander rotierbaren Segmenten zugrunde. Die Konformation dieser Kette wird durch die Aufeinanderfolge von N^* Segmentvektoren $\boldsymbol{l}_i^*$ bestimmt, und wir möchten wissen, wie groß die Wahrscheinlichkeit ist, Konformationen zu finden, für die der Abstand zwischen dem ersten und dem letzten Segment der Kette gleich h ist.

Dieses Problem behandeln wir zunächst eindimensional und verallgemeinern es dann auf drei Dimensionen. Wir betrachten dazu Abb. 4.1. Abb. 4.1a stellt die Projektion eines Makromoleküls in die x-y-Ebene dar. Die durchgezogene Linie bezeichnet eine willkürlich gezogene Raumachse. Wenn wir die Segmentvektoren auf diese Achse projizieren, erhalten wir eine Folge verschieden langer Projektionsvektoren (Abb. 4.1b). Diese weisen z. T. in die positive und z. T. in die negative Richtung unserer Bezugsachse. Die Folge der „+"- und „– "-Zeichen deutet dies an. Die Anzahl der projizierten Segmentvektoren, die in die

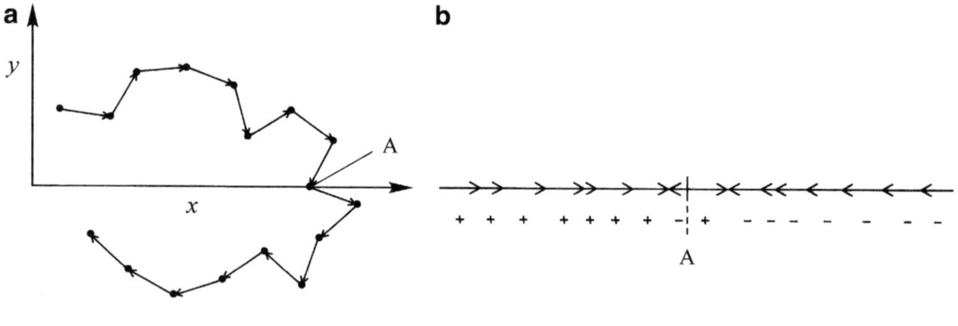

Abb. 4.1 **a** Projektion der Segmentvektoren eines Polymerknäuels in die x-y-Ebene, **b** Projektion der Segmentvektoren auf eine beliebige Bezugsachse. Die Vektoren, die vor der Projektion „oberhalb der Achse" liegen, befinden sich nachher links von dem Bezugspunkt A, die Projektionen der anderen Vektoren rechts davon

positive Richtung weisen, wollen wir mit N_+^* und die Anzahl der Vektoren, die in die negative Richtung weisen, mit N_-^* bezeichnen. Insgesamt haben wir N^* Segmente. Es gilt also:

$$N_+^* + N_-^* = N^* \quad (4.1)$$

Die Reihenfolge der „+"- und „– "-Zeichen unterliegt dem Zufallsprinzip. N_+^* und N_-^* sollten deshalb jeweils gegen $N^*/2$ konvergieren, wenn N^* sehr groß wird. Für hinreichend große N^* können wir somit schreiben:

$$N_+^* = (N^*/2) + \delta \qquad \text{und} \qquad N_-^* = (N^*/2) - \delta \quad (4.2)$$

Dabei stellt δ eine rationale Zahl dar, die sehr viel kleiner ist als $N^*/2$. Das Verhältnis $W =$ Anzahl der für ein Ereignis günstigen Fälle/Anzahl der insgesamt möglichen Fälle heißt Wahrscheinlichkeit. Wir suchen die Wahrscheinlichkeit $W(N_+^*,\ N_-^*)$dafür, dass N_+^* Vektoren unserer Kette in die „+"- und N_-^* Vektoren in die „– "-Richtung der Bezugsachse weisen. Insgesamt existieren 2^{N^*} Möglichkeiten, um die „+" und „– " Zeichen entlang der Bezugsachse zu verteilen. Dabei treten allerdings Anordnungen auf, die nicht voneinander zu unterscheiden sind. In der Wahrscheinlichkeitsrechnung kann dies berücksichtigt werden; als Ergebnis wird gefunden, dass $N^*!/(N_+^*!\, N_-^*!)$ günstige Ereignisse, d. h. unterscheidbare Anordnungen von „+"- und „– "-Zeichen, existieren. Für unsere gesuchte Wahrscheinlichkeit gilt somit:

$$W(N_+^*, N_-^*) = \left[N^*! / \left|(N_+^*! N_-^*!)\right|\right] 2^{-N^*} \quad (4.3)$$

Für große Polymere sind N^*, N_+^* und N_-^* sehr groß ($N^* > 1000$). Wir können deshalb in guter Näherung die Stirling'sche Formel $\ln x\,! = (1/2)\,\ln(2\pi) + (x + 1/2)\,\ln x - x$ anwenden, wobei x eine natürliche Zahl ist. Anstelle von Gl. 4.3 können wir deshalb schreiben:

$$\begin{aligned} \ln W(N_+^*, N_-^*) = {} & (N^* + 1/2)\ \ln N^* - N^* \ln 2 - \left(N_+^* + 1/2\right) \\ & \ln N_+^* - \left(N_-^* + 1/2\right)\ \ln N_-^* - (1/2)\ \ln\ (2\pi) \end{aligned} \quad (4.4)$$

Mit Gl. 4.2 folgt:

$$\begin{aligned} \ln W(N_+^*, N_-^*) = {} & (N^* + 1/2)\ \ln N^* - N^* \ln 2 - (N^*/2 + 1/2 + \delta)\ \ln\ (N^*/2 + \delta) \\ & - (N^*/2 + 1/2 - \delta)\ \ln\ (N^*/2 - \delta) - (1/2)\ \ln\ (2\pi) \end{aligned} \quad (4.5)$$

Die Terme $\ln(N^*/2 + \delta)$ und $\ln(N^*/2 - \delta)$ lassen sich umformen zu:

$$\ln(N^*/2+\delta) = \ln(N^*/2) + \ln(1+2\,\delta/N^*) \qquad \text{und} \qquad \ln(N^*/2-\delta) = \ln(N^*/2) + \ln(1-2\,\delta/N^*)$$

Da N^* sehr viel größer als δ ist, gilt weiter:

$$\ln(1+2\delta/N^*) = 2\delta/N^* - 2\delta^2/N^{*2} + \ldots \text{ und } \ln(1-2\delta/N^*) = -2\delta/N^* - 2\delta^2/N^{*2} - \ldots$$

Die höheren Glieder dieser Reihenentwicklungen können wir in sehr guter Näherung vernachlässigen. Gl. 4.5 vereinfacht sich damit zu:

$$\begin{aligned}\ln W\left(N_+^*, N_-^*\right) &= -(1/2)\ \ln N^* + \ln 2 - (1/2)\ln(2\,\pi) - 2\delta^2/N^* + 2\delta^2/N^{*2} \\ &\approx \ln\left[2/(\pi\,N^*)\right]^{1/2} - 2\delta^2/N^*\end{aligned} \tag{4.6}$$

da $2\delta^2/N^{*2}$ sehr viel kleiner als $2\delta^2/N^*$ ist.

Unser vorläufiges Endresultat lautet also:

$$W\left(N_+^*, N_-^*\right) = \left[2/(\pi\,N^*)\right]^{1/2} \exp\left(-2\delta^2/N^*\right) \tag{4.7}$$

Die Wahrscheinlichkeit $W\left(N_+^*, N_-^*\right)$ hängt bei gegebenen N^* nur von δ ab. Dabei ist δ eine positive ganze Zahl, wenn N^* eine gerade Zahl ist, und δ ist gleich 1/2 oder ein Vielfaches von 1/2, wenn N^* ungerade ist. $W\left(N_+^*, N_-^*\right)$ ist also eine diskrete Funktion, die nur für bestimmte Werte von δ definiert ist. Damit lässt sich schlecht rechnen. Wir ersetzen deshalb $W\left(N_+^*, N_-^*\right)$ durch die stetige Funktion $W(\delta)$ mit $\delta \in [0, \infty]$. Für genügend große N^* ist dies eine gute Näherung. Anstelle von Gl. 4.7 können wir dann schreiben:

$$W(\delta)\mathrm{d}\delta = \left[2/(\pi\,N^*)\right]^{1/2}\ \exp\left(-2\delta^2/N^*\right)\mathrm{d}\delta \tag{4.8}$$

Hier bezeichnet $W(\delta)\mathrm{d}\delta$ die Wahrscheinlichkeit, für δ einen Wert zu finden, der zwischen δ und $\delta + \mathrm{d}\delta$ liegt.

4.1.1.2 Verallgemeinerung auf drei Dimensionen

Die Vektoren l_i^* verbinden das $(i - 1)$-te Segment des Makromoleküls mit dem i-ten Segment. Sie sind definitionsgemäß alle gleich lang. Ihre Länge ist l_K. Die Projektionen der Vektoren l_i^* auf eine willkürlich ausgewählte Raumachse sind aber unterschiedlich lang. Wenn θ_i der Winkel zwischen der Raumachse und dem Vektor l_i^* ist, so ist die Länge der Projektion von l_i^* gleich $l_\mathrm{K} \cos\theta_i$.

Jeder Vektor l_i^* besitzt also seinen „eigenen" Winkel θ_i. Die Richtungen der l_i^* im Raum sind jedoch je nach Voraussetzung völlig unabhängig voneinander. Es ist deshalb zweckmäßig, die über alle Richtungen des Raums gemittelte Projektionslänge $\overline{l_\mathrm{P}}$ einzuführen. Es gilt:

$$\overline{l_\mathrm{P}} \equiv l_\mathrm{K} \left(\overline{\cos\,\theta^2}\right)^{1/2} = l_\mathrm{K} \left(\int_0^{2\pi} \int_0^{\pi} \cos\,\theta^2 \,\sin\,\theta \,\mathrm{d}\theta \,\mathrm{d}\varphi \right)^{1/2} \Big/ \ (4\,\pi) = l_\mathrm{K} \,/\, 3^{1/2} \qquad (4.9)$$

Dabei sind θ und φ die üblichen Kugelkoordinaten.

Wir wählen als Raumachse (Bezugsachse) die z-Achse. Die gesuchte Projektion des Kettenendenabstandsvektors $h^* = \sum_i l_i^*$ stimmt dann mit dessen z-Komponente überein. Für diese gilt in guter Näherung (Abb. 4.1):

$$h_z^* = \left(N_+^* - N_-^*\right) \overline{l_P} = 2\,\delta\, l_\mathrm{K} \,/\, 3^{1/2} \qquad (4.10)$$

Die Wahrscheinlichkeit $W(h_z^*)\,\mathrm{d}h_z^*$, dass h_z^* einen Wert zwischen h_z^* und $h_z^* + \mathrm{d}h_z^*$ annimmt, ist gleich der Wahrscheinlichkeit $W(\delta)\,\mathrm{d}\delta$, dass δ zwischen δ und $\delta + \mathrm{d}\delta$ liegt. Es gilt also $W(h_z^*)\,\mathrm{d}h_z^* = W(\delta)\,\mathrm{d}\delta$. Damit ist:

$$W(h_z^*)\,\mathrm{d}h_z^* = W(h_z^*)\left(2\, l_\mathrm{K}/3^{1/2}\right)\mathrm{d}\delta = [2/(\pi\, N^*)]^{1/2}\ \exp\ \left(-2\,\delta^2/N^*\right)\,\mathrm{d}\delta$$

$$\text{bzw.}\quad W(h_z^*) = \left[3/\left(2\,\pi\, l_\mathrm{K}^2\, N^*\right)\right]^{1/2}\ \exp\ \left(-2\,\delta^2/N^*\right) \qquad (4.11)$$

Mit Gl. 4.10 folgt schließlich:

$$W(h_z^*) = \left[3/\left(2\,\pi\, l_\mathrm{K}^2\, N^*\right)\right]^{1/2}\ \exp\ \left(-\left[3/\left(2\,N^*\, l_\mathrm{K}^2\right)\right]\, h_z^{*2}\right) \qquad (4.12)$$

Keine der Richtungen des Raums ist für unser Problem ausgezeichnet. Anstelle der Projektion auf die z-Achse können wir genauso gut die Projektion auf die x-, die y- oder jede beliebige andere Achse betrachten. Formal erhalten wir für jede dieser Achsen das gleiche Ergebnis. So können wir z. B. für die x- und die y-Achse schreiben:

$$W(h_x^*)\,\mathrm{d}h_x^* = \left[3/\left(2\,\pi\, l_\mathrm{K}^2\, N^*\right)\right]^{1/2}\ \exp\ \left(-\left[3/\left(2\,N^*\, l_\mathrm{K}^2\right)\right]\, h_x^{*2}\right)\,\mathrm{d}h_x^*$$
$$W(h_y^*)\,\mathrm{d}h_y^* = \left[3/\left(2\,\pi\, l_\mathrm{K}^2\, N^*\right)\right]^{1/2}\ \exp\ \left(-\left[3/\left(2\,N^*\, l_\mathrm{K}^2\right)\right]\, h_y^{*2}\right)\,\mathrm{d}h_y^*$$

Hier bezeichnet $W(h_x^*)\,dh_x^*$ bzw. $W(h_y^*)\,dh_y^*$ die Wahrscheinlichkeit, dass h_x^* bzw. h_y^* einen Wert annimmt, der im Intervall $[h_x^*, h_x^* + dh_x^*]$ bzw. im Intervall $[h_y^*, h_y^* + dh_y^*]$ liegt.

Jede der drei Wahrscheinlichkeiten $W(h_x^*)\,dh_x^*$, $W(h_y^*)\,dh_y^*$ und $W(h_z^*)\,dh_z^*$ ist unabhängig von der anderen. Das Produkt $W(h_x^*)\,dh_x^* \cdot W(h_y^*)\,dh_y^* \cdot W(h_z^*)\,dh_z^*$ stellt somit die Wahrscheinlichkeit dar, dass die x-Komponente des Kettenendenabstandsvektors h^* im Intervall $[h_x^*, h_x^* + dh_x^*]$, die y-Komponente im Intervall $[h_y^*, h_y^* + dh_y^*]$ und gleichzeitig die z-Komponente im Intervall $[h_z^*, h_z^* + dh_z^*]$ liegen. Es folgt

$$\begin{aligned} &W(h_x^*)\,W(h_y^*)\,W(h_z^*)\,dh_x^*\,dh_y^*\,dh_z^* \\ &= \left[3/(2\,\pi\,l_K^2\,N^*)\right]^{3/2} \exp\left(-\left[3/(2\,N^*\,l_K^2)\right]\,h^{*2}\right) dh_x^*\,dh_y^*\,dh_z^* \end{aligned} \tag{4.13}$$

wobei $h^{*2} = h_x^{*2} + h_y^{*2} + h_z^{*2}$ das Quadrat des Kettenendenabstands darstellt.

Das Produkt $dh_x^*\,dh_y^*\,dh_z^*$ bezeichnet ein Volumenelement des Raums. In Kugelkoordinaten transformiert lautet es: $dV = h^{*2} \sin\theta\, d\theta\, d\varphi\, dh^*$. Da $h^* = h$ ist (Kap. 2), können wir das Sternchen im Folgenden weglassen.

Wir interessieren uns nur für die Wahrscheinlichkeit $W(h)\,dh$, dass der Betrag des Kettenendenabstandsvektors im Intervall $[h, h + dh]$ liegt. Dazu mitteln wir Gl. 4.13 über alle Richtungen des Raums. Es folgt:

$$W(h)\,dh = \int_{\theta=0}^{\pi} \int_{\varphi=0}^{2\pi} \left[3/(2\,\pi\,l_K^2\,N^*)\right]^{3/2} \exp\left(-\left[3/(2\,N^*\,l_K^2)\right]\,h^2\right) h^2 \sin\theta\, d\theta\, d\varphi\, dh \tag{4.14}$$

$$W(h) = 4\,\pi\left[3/(2\,\pi\,N^*\,l_K^2)\right]^{3/2} \exp\left(-\left[3\,h^2/(2\,N^*\,l_K^2)\right]\right) h^2 \tag{4.15}$$

Die Funktion $W(h)$ ist die gesuchte Kettenendenabstandsverteilung. Wir können sie z. B. dazu benutzen, den mittleren quadratischen Kettenendenabstand $<h^2>$ zu berechnen. Es gilt:

$$<h^2> = \int_0^{\infty} h^2\,W(h)\,dh \Big/ \int_0^{\infty} W(h)\,dh = N^*\,l_K^2 \tag{4.16}$$

Das Integral $\int_0^{\infty} W(h)\,dh$ wurde aus Normierungsgründen eingeführt. Sein Wert ist allerdings gleich eins, d. h., $W(h)$ ist schon normiert. Für $<h^2>$ erhalten wir den Ausdruck

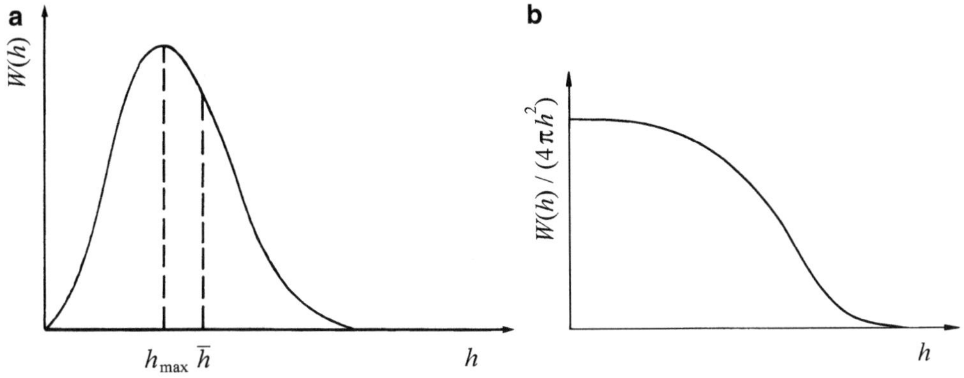

Abb. 4.2 Gauß'sche Kettenendenabstandsverteilung $W(h)$ und $W(h)/(4\,\pi\,h^2)$

$<h^2> = N^*\,l_K^2$, d. h. das gleiche Resultat wie in Kap. 2 für das Kuhn'sche Ersatzknäuel. Dies ist eine Bestätigung dafür, dass unsere Annahmen und Näherungen vernünftig sind.

In Abb. 4.2a ist $W(h)$ gegen h aufgetragen. Der am häufigsten vorkommende Wert des Kettenendenabstands ist h_{max}. Er heißt **Modalwert** und lässt sich aus der Bedingung $\mathrm{d}W(h)/\mathrm{d}h = 0$ berechnen. Es gilt:

$$h_{max} = \left[\left(2\,N^*\,l_K^2\right)/\,3\right]^{1/2}$$

h_{max} ist etwas kleiner als der Mittelwert $<h>$, und dieser ist kleiner als $<h^2>^{1/2}$. Es gilt:

$$<h> = \int_0^\infty h\,W(h)\,\mathrm{d}h = 0{,}921\,\sqrt{N^*}\,l_K^2 \quad < \quad <h^2>^{1/2} = \sqrt{N^*}\,l_K^2 \qquad (4.17)$$

Statt $W(h)$ wird auch die Funktion $W(h)\,\mathrm{d}h/(4\,\pi\,h^2\,\mathrm{d}h) = W(h)/(4\,\pi\,h^2)$ gegen h aufgetragen. Sie hat die Einheit „Wahrscheinlichkeit pro Volumen", wobei $\mathrm{d}V = 4\,\pi\,h^2\mathrm{d}h$ das Volumen einer Kugelschale mit dem Radius h und der Wandstärke $\mathrm{d}h$ ist. Den Funktionsverlauf zeigt Abb. 4.2b.

4.1.2 Irrflugstatistik

Wir haben in Kap. 2 erkannt, dass das einfachste Kettenmodell das des **Zufallsknäuels** ist; hier sind alle Bindungs- und Torsionswinkel zwischen den Kettensegmenten frei und können beliebige Werte annehmen, nur die Segmentlänge ist vorgegeben. Wir haben überdies gesehen, dass die realistischeren Modelle der Kette mit vorgegebenen Bindungswinkeln und ggf. ebenfalls vorgegebenen Bindungstorsionswinkeln durch den Kuhn'schen Renormierungsansatz auf das einfache Modell des Zufallsknäuels zurückgeführt werden können. Wir können also zur Herleitung der Kettenendenabstandsverteilung von diesem sehr einfachen Modell ausgehen. Die Abfolge der einzelnen Segmentverbindungsvektoren ähnelt hier der Schrittfolge eines sog. Irrflugs – der zufälligen Diffusionsbewegung eines Teilchens. Diese Analogie nutzen wir nun, um einen alternativen Zugang zu Gl. 4.15 zu finden. Wir suchen dazu eine Gleichung, die uns die Verschiebung x eines diffundierenden Teilchens in Abhängigkeit von der Anzahl Diffusionsschritte N wiedergibt. Die Schrittlänge sei vorgegeben; sie entspricht in unserem Polymer der Segmentlänge.

Wiederum gehen wir erst vom eindimensionalen Fall aus und verallgemeinern das Ergebnis dann auf drei Dimensionen. In einer Dimension kann ein diffundierendes Teilchen nur auf einer Achse Schritte machen; diese führen entweder in die negative (−) oder in die positive (+) Richtung. Für jeden einzelnen Schritt ist die Wahrscheinlichkeit gleich groß, nämlich ½ für einen Schritt in die negative (−) und ½ für einen Schritt in die positive (+) Richtung. Es ergibt sich dann mit zunehmender Schrittanzahl N eine Vielzahl möglicher Pfade, von denen ein paar in Abb. 4.3 dargestellt sind. Wir sehen: Es gibt viele verschiedene Pfade, die wir mit N Schritten beschreiten können: Sie ergeben sich jeweils durch Kombination von N_+ Schritten in Richtung Plus und N_- Schritten in Richtung Minus. Jeder Pfad ist gleich wahrscheinlich. Allerdings ist die Anzahl Pfade, die uns am Ende zu einer bestimmten Nettoverschiebung $x = N_+ + N_-$ führen, unterschiedlich. Die meisten Pfade führen uns wieder zurück an den Ursprung, also zu $x = 0$, weil die meisten Pfade sich konstruieren lassen, wenn sie aus gleich vielen Schritten nach Plus und Minus (also $N_+ = N_-$) zusammengesetzt sind; hiermit ergibt sich aber eben gerade eine Nettoverschiebung von null: $x = N_+ + N_- = 0$. Dagegen führen uns nur wenige Pfade netto weit entfernt des Ursprungs, weil sie dazu aus Schrittfolgen bestehen müssen, in denen ein deutlicher Überschuss von N_+ oder N_- Schritten vorkommt; solche Schrittfolgen gibt es schlichtweg kaum.

Die Häufigkeitsverteilung der Pfade in Abb. 4.3 gehorcht der Binomialstatistik; wir erkennen dies in Abb. 4.3 am Pascal'schen Zahlendreieck für die nach $N = 1, 2, 3, \ldots$ erreichbaren Nettoverschiebungen. Mathematisch bedeutet dies für die Anzahl an Irrflügen, die uns nach N Schritten zu einer bestimmten Verschiebung x führen:

Abb. 4.3 Mögliche Pfade im eindimensionalen Irrflug und damit erreichte Verschiebungen x nach N Schritten

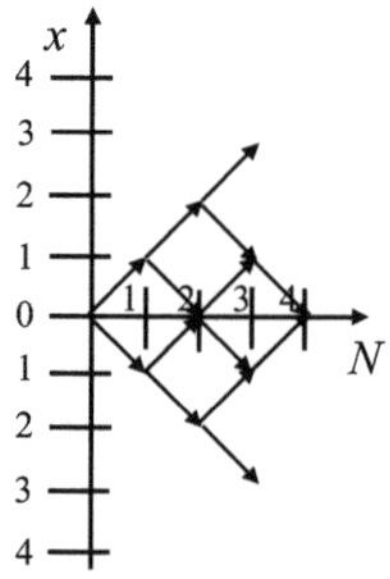

N	x	Häufigkeit
0	0	
1	±1	1:1
2	0, ±2	1:2:1
3	±1, ±3	1:3:3:1
4	0, ±2, ±4	1:4:6:4:1

$$I(N,x) = \frac{(N_+ + N_-)!}{N_+!N_-!} = \frac{N!}{\left(\frac{N+x}{2}\right)!\left(\frac{N-x}{2}\right)!} \tag{4.18}$$

Insgesamt gibt es 2^N mögliche Schrittfolgen. Die Wahrscheinlichkeit, nach N Schritten bei x zu landen, ist also:

$$\frac{I(N,x)}{2^N} = \frac{1}{2^N} \cdot \frac{N!}{\left(\frac{N+x}{2}\right)!\left(\frac{N-x}{2}\right)!} \tag{4.19}$$

Dies können wir durch Logarithmieren und Anwendung der Stirling'schen Näherung sowie einer anschließenden Taylor-Entwicklung nach der Variablen x/N auch ausdrücken als:

$$\frac{I(N,x)}{2^N} \simeq \sqrt{\frac{2}{\pi N}} \exp\left(\frac{-x^2}{2N}\right) \tag{4.20}$$

Im Pascal'schen Dreieck in Abb. 4.3 haben wir immer ein Abstandsinkrement von 2 zwischen den bei gegebenem N möglichen Verschiebungen. Um dies auf ein Abstandsinkrement von 1 zu transformieren, renormieren wir unser Koordinatensystem, sodass jeder einzelne Schritt eine Weite von ½ anstelle von wie bisher 1 hat. Daraus erhalten wir direkt die Wahrscheinlichkeitsverteilung für die Verschiebung x im eindimensionalen Irrflug:

$$W_{1D}(N,x) = \sqrt{\frac{1}{2\pi N}} \exp\left(\frac{-x^2}{2N}\right) \tag{4.21}$$

Die letzte Gleichung unterscheidet sich von der vorletzten lediglich um einen Faktor 2, weil wir ja mit eben diesem Faktor unser Koordinatensystem renormiert haben.

Da der Irrflug ein statistischer Prozess ist, interessieren wir uns vor allem für die **mittlere Verschiebung**; da uns dabei überdies die Richtung (+ oder −) egal ist, schauen wir auf das **Quadratmittel der Verschiebung**. Dieses berechnet sich aus der in der letzten Gleichung gegebenen Verteilungsfunktion durch folgende Operation:

$$\langle x^2 \rangle = \int_{-\infty}^{+\infty} x^2 W_{1D}(N,x)\mathrm{d}x = \sqrt{\frac{1}{2\pi N}} \int_{-\infty}^{+\infty} x^2 \exp\left(\frac{-x^2}{2N}\right)\mathrm{d}x = N \tag{4.22}$$

Die damit gefundene Identität von $<x^2>$ und N ist sehr hilfreich; sie erlaubt uns nämlich, in Gl. 4.21 das N durch $<x^2>$ zu ersetzen, sodass wir fortan nur noch eine Variable (x) haben:

$$W_{1D}(x) = \sqrt{\frac{1}{2\pi\langle x^2\rangle}}\exp\left(\frac{-x^2}{2\langle x^2\rangle}\right) \tag{4.23}$$

Das letzte Ergebnis können wir nun sehr einfach vom betrachteten eindimensionalen Fall auf drei Dimensionen erweitern. Hierbei machen wir uns zunutze, dass es im Irrflug keine Vorzugsrichtung gibt; wir bezeichnen dies als **Isotropie**. Damit können wir einen dreidimensionalen Irrflug einfach als Überlagerung (Superposition) von drei unabhängigen eindimensionalen Irrflügen betrachten, je einen für jede Raumdimension:

$$W_{3D}\left(\vec{r}\right)\mathrm{d}r_x\mathrm{d}r_y\mathrm{d}r_z = W_{1D}(r_x)\mathrm{d}r_x \cdot W_{1D}\left(r_y\right)\mathrm{d}r_y \cdot W_{1D}(r_z)\mathrm{d}r_z \tag{4.24}$$

Die mittlere quadratische Verschiebung in drei Dimensionen ist dann einfach additiv aus den drei Rauminkrementen:

$$\left\langle r^2\right\rangle = Nl^2 = \left\langle {r_x}^2\right\rangle + \left\langle {r_y}^2\right\rangle + \left\langle {r_z}^2\right\rangle \tag{4.25}$$

Somit gilt:

$$\left\langle {r_x}^2\right\rangle = \left\langle {r_y}^2\right\rangle = \left\langle {r_z}^2\right\rangle = \frac{Nl^2}{3} \tag{4.26}$$

Dies liefert uns schließlich:

$$W_{3D}\left(\vec{r}\right) = \left(\frac{3}{2\pi\langle r^2\rangle}\right)^{3/2}\exp\left(\frac{-3r^2}{2\langle r^2\rangle}\right) \tag{4.27}$$

Diese Gleichung ist eine Gauß-Verteilung. Sie hat ihr Maximum bei $r = 0$ und fällt symmetrisch um dieses Maximum herum ab. Dies sagt uns, dass der wahrscheinlichste Verschiebungsvektor der Nullvektor ist; dies ergibt im Hinblick auf Abb. 4.3 auch Sinn, denn dort haben wir gesehen, dass die wahrscheinlichste Verschiebung im Irrflug gleich null ist, schlichtweg, weil es hierfür am meisten Schrittfolgen gibt. In Bezug auf ein Polymerknäuel interessiert uns im Grund aber nicht so sehr die Wahrscheinlichkeit, einen ganz bestimmten Kettenendenabstandsvektor vorzufinden (diese Wahrscheinlichkeit ist eben für den Nullvektor am höchsten), sondern vielmehr die Wahrscheinlichkeit, eine bestimmte *Länge* dieses Vektors vorzufinden, egal in welche Raumrichtung er zeigt. Um dies zu bekommen, müssen wir die durch Gl. 4.27 gegebene Wahrscheinlichkeit, dass ein bestimmter Vektor (mit einer bestimmten Länge und Richtung) vorliegt, noch mit der Anzahl aller möglichen Vektoren, die eben diese bestimmte Länge haben können, multiplizieren. Diese Anzahl entspricht im dreidimensionalen Fall einfach der Oberfläche einer Kugel mit dem Radius r, also einem Faktor $4\pi r^2$. Wenn wir Gl. 4.27 mit diesem Faktor multiplizieren und die Variablen von r und N zu h und N^* umbenennen (Übergang vom Diffusionspfad zum Kettengestaltsmodell), erhalten wir genau wieder Gl. 4.15, deren Verlauf in Abb. 4.2a visualisiert ist.

Die zuletzt diskutierte Kettenendenabstandsverteilung ist nur dann genügend genau beschrieben, wenn h sehr viel kleiner als die Länge $L = N^* l_K$ der vollständig gestreckten Kette ist. Auf Polymerketten, die durch äußere Kräfte gedehnt sind, darf Gl. 4.15 also nicht angewandt werden. Dort gilt stattdessen die 1942 von Kuhn und Grün abgeleitete Verteilungsfunktion

$$W(h) = k \exp\left(-N^*\left(\frac{h}{N^*\, l_K}\beta + \ln\frac{\beta}{\sinh\beta}\right)\right) \tag{4.28}$$

mit $\beta = \mathcal{L}^{-1}(h/(N^*\, l_K))$, wobei $\mathcal{L}^{-1}$ die inverse Langevin-Funktion und k eine Normierungskonstante ist. Für die praktische Anwendung ist es zweckmäßig, Gl. 4.28 in eine Reihe zu entwickeln. Es gilt dann:

$$\ln(W(h)) = \tilde{k} - N^*\left\{\frac{3}{2}\left(\frac{h}{N^*\, l_K}\right)^2 + \frac{9}{20}\left(\frac{h}{N^*\, l_K}\right)^4 + \frac{99}{350}\left(\frac{h}{N^*\, l_K}\right)^6 + \ldots\right\} \tag{4.29}$$

Die korrespondierende Gauß'sche Formel (Gl. 4.15) besitzt folgende Gestalt:

$$\ln(W(h)) = \tilde{k} - \left[3\, h^2/\left(2\, N^*\, l_K^2\right)\right] \tag{4.30}$$

Der erste Term der Reihenentwicklung von Gl. 4.29 stimmt mit dem von Gl. 4.30 überein. Setzen wir $h/(N^* l_K) = 1/3$, so liegt die Abweichung zwischen beiden Gleichungen bei ca. 3 %, für $h/(N^*\, l_K) = 1/2$ beträgt sie 8 %. In diesem Bereich ist Gl. 4.30 eine nützliche Approximation. Für größere Kettenausdehnungen, wie sie z. B. in gequollenen Netzwerken auftreten, sollte hingegen mit Gl. 4.29 gearbeitet werden.

Gl. 4.29 und 4.30 wurden mithilfe der statistischen Thermodynamik abgeleitet. Sie liefern nur dann exakte Ergebnisse, wenn die Anzahl der Einheiten der statistischen Gesamtheit hinreichend groß ist. In den meisten molekularen Systemen liegt die Anzahl der Einheiten in der Größenordnung von N_A. Das ist bei uns aber keineswegs der Fall. Die Anzahl der Segmente pro Polymermolekül ($N^* \approx 1000$) ist im Vergleich zu N_A eher klein. Zum Glück existiert aber eine Alternativmethode, die nicht auf statistische Hilfsmittel zurückgreift und trotzdem einen mathematisch exakten Ausdruck für $W(h)$ liefert. Diese rein geometrische Methode wurde erstmals 1946 von Treloar angewandt. Es gilt:

$$W(h) = \frac{h}{2\, l_K^2}\, \frac{(N^*)^{N^*-2}}{(N^*-2)!} \sum_{i=0}^{n} (-1)^i\, {}^{N^*}C_i\, \left(m - (i/N^*)\right)^{N^*-2} \tag{4.31}$$

wobei $n/N^* \le m \le (n+1)/N^*$, $m = (1/2)[1 - h/(N^* l_K)]$ und ${}^{N^*}C_i$ eine natürliche Zahl ist.

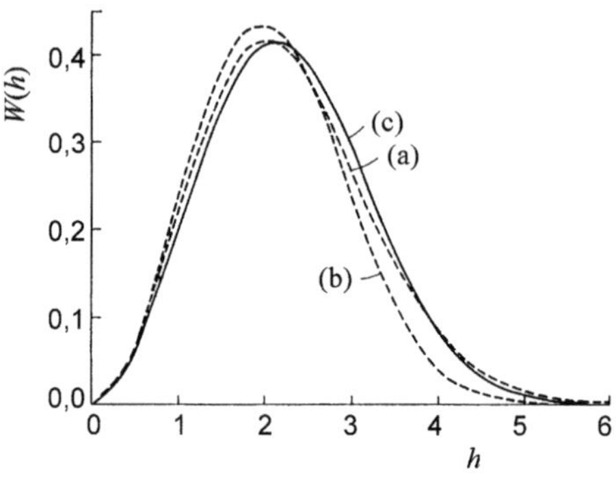

Abb. 4.4 $W(h)$ als Funktion von h mit $N^* = 6$ und $l_K = 0{,}1$ nm. (a) Gauß'sche Verteilung, (b) inverse Langevin-Verteilung, (c) exakte Verteilung

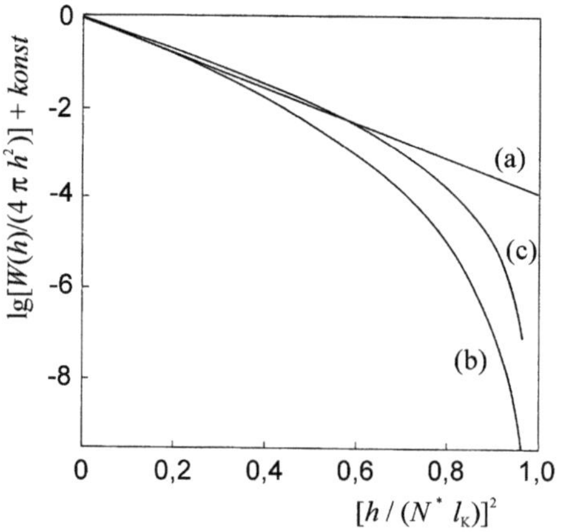

Abb. 4.5 Graph der Funktion lg $[W(h)/4\,\pi\,h^2]$ + *konst* (Notation wie in Abb. 4.4)

In Abb. 4.4 und 4.5 sind die Gauß'sche, die inverse Langevin- und die exakte Verteilung $W(h)$ grafisch dargestellt. N^* ist gleich 6 und $l_K = 0{,}1$ nm. Wir erkennen signifikante Unterschiede, die noch deutlicher zum Tragen kommen, wenn wir die logarithmische Darstellung wählen.

Wir weisen abschließend darauf hin, dass Gl. 4.27 bis 4.31 für das ideale (d. h. wechselwirkungsfreie) Zufallsknäuel abgeleitet wurden. Sie gelten nicht für reale Makromoleküle, bei denen die Segmente untereinander und mit dem Lösemittel wechselwirken. Trotzdem werden Gl. 4.27 bis 4.31 auch dazu benutzt, das physikochemische Verhalten realer Makromoleküle zu beschreiben. Der Grund ist einfach: Es ist bisher noch nicht gelungen, geeignete Verteilungen für reale Makromoleküle herzuleiten.

4.1.3 Segmentdichteverteilung

4.1.3.1 Die Gauß'sche Segmentdichteverteilung

Die Monomereinheiten bzw. die Segmente eines Makromoleküls sind auf eine bestimmte Art und Weise über dessen Domäne (Raum) verteilt. Einige Segmente besitzen einen großen Abstand r vom Schwerpunkt des Makromoleküls, und wieder andere befinden sich direkt in dessen Nähe. Die exakte Verteilung der Abstände der Segmente vom Schwerpunkt hängt von der Art der Wechselwirkungen zwischen den Segmenten ab.

Wir nehmen der Einfachheit halber an, dass die mittlere Anzahl der Segmente in einer Kugelschale vom Volumen $4\pi r^2\,\mathrm{d}r$ proportional zu $\exp(-B^2 r^2) r^2\,\mathrm{d}r$ ist. Die Segmentdichte, d. h. die Anzahl der Segmente pro Volumeneinheit, ist dann durch die Beziehung

$$P(r) = A\ \exp\left(-B^2\, r^2\right) \tag{4.32}$$

gegeben, wobei A und B zwei noch zu bestimmende Konstanten sind.

Die Gesamtzahl der Segmente unseres Makromoleküls sei wieder N^*. Diese müssen sich irgendwo im Raum befinden. Es gilt deshalb:

$$N^* = \int_0^\infty 4\,\pi\, P(r)\, r^2 \mathrm{d}r = \left(\pi^{3/2} A\right)/B^3 \tag{4.33}$$

Für die Bestimmung von A und B benötigen wir eine zweite Gleichung. Diese liefert der mittlere quadratische Trägheitsradius $< R^2 >$. Es gilt:

$$< R^2 > \; = \int_0^\infty 4\pi P(r)\, r^4\, \mathrm{d}r \Big/ \int_0^\infty 4\pi P(r)\, r^2\, \mathrm{d}r = \left(3\,\pi^{3/2} A\right)/\left(2 N^* B^5\right) \tag{4.34}$$

Gl. 4.33 kombinieren wir mit Gl. 4.34. Es folgt somit:

$$\begin{aligned} &B = \left(3/2\ < R^2 >\right)^{1/2}, \qquad A = N^* \left(3/2\,\pi\ < R^2 >\right)^{3/2} \qquad \text{und} \\ &P(r) = N^* \left(3/2\,\pi\ < R^2 >\right)^{3/2} \exp\left[-3\, r^2/\left(2\ < R^2 >\right)\right] \end{aligned} \tag{4.35}$$

Gl. 4.35 ist in Abb. 4.6 grafisch dargestellt. Wir erkennen, dass die Segmentdichte in der Nähe des Schwerpunkts am größten ist. Dort gilt:

$$P_{\max} = P(0) = N^*\ \left[3/\left(2\,\pi\ < R^2 >\right)\right]^{3/2} \tag{4.36}$$

Im Fall der frei rotierenden Kette ist $< R^2 > \; = N^*\, l_K^2/6$. Gl. 4.36 geht damit über in

$$P_{\max} = \left[9/\left(\pi\, l_K^2\right)\right]^{3/2} / \sqrt{N^*} \tag{4.37}$$

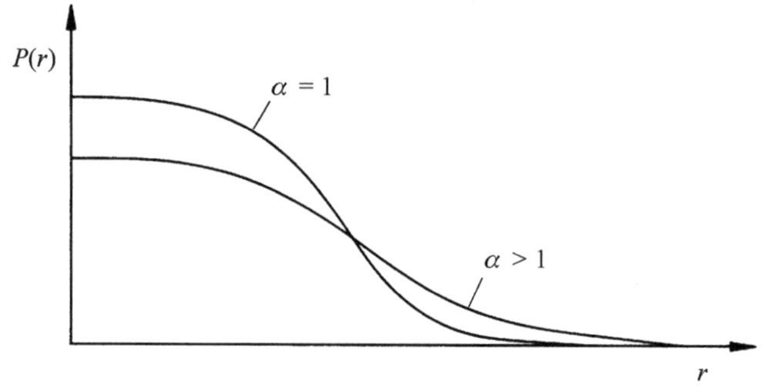

Abb. 4.6 Segmentdichteverteilung. α = Expansionskoeffizient

Die Segmentdichte in der Nähe des Schwerpunkts eines Makromoleküls ist also umgekehrt proportional zur Wurzel aus der Anzahl der Segmente N^*. Mit anderen Worten: P_{max} ist genau dann groß, wenn N^* klein ist und umgekehrt.

Wir kehren abschließend noch einmal zu Gl. 4.35 zurück. Diese stellt eine Gauß'sche Normalverteilung dar, wie wir sie auch schon in Abschn. 4.1.1 und 4.1.2 für die Wahrscheinlichkeitsverteilung des Kettenendenabstands gefunden haben; aufgrund dieses mehrfachen Auftretens von Gauß-Verteilungen bzgl. der Gestalt und Größe von idealen Polymerknäueln werden diese auch als **Gauß-Knäuel** bezeichnet. Hinsichtlich der Segmentdichteverteilung können wir aus der Gauß-Statistik derselben schließen, dass diese kugelsymmetrisch ist, solange die Segmente nicht miteinander wechselwirken. Kommt es dagegen zu einer Abstoßung der Segmente, so wird das gesamte Makromolekül um einen Faktor α gestreckt. Es gilt dann: $< R^2 > \equiv \alpha^2 < R^2 >_\theta$, wobei $< R^2 >_\theta$ der mittlere quadratische Trägheitsradius bei Abwesenheit von Segmentwechselwirkungen ist. Setzen wir diesen Ausdruck in Gl. 4.36 ein, so ist P_{max} umgekehrt proportional zu $\alpha^3(N^*)^{1/2}$. Im Fall der Molekülexpansion ist α größer als eins. Die Segmentdichte P_{max} wird dadurch kleiner. Ein Teil der Segmente wird vom Schwerpunkt aus betrachtet nach außen verschoben, sodass von einem bestimmten Abstand r an die Segmentdichte $P(r)$ des expandierten Moleküls größer ist als die des ungestörten Moleküls. Abb. 4.6 verdeutlicht dies.

Bereits im ungestörten Fall ist die Segmentdichte im idealen Knäuel sehr gering. Ein einfaches Zahlenbeispiel verdeutlicht dies. Wir betrachten eine Polyethylenkette mit N = 20.000 CH_2-Segmenten mit gegenseitigem Bindungsabstand (d. h. mit einer Segmentlänge von) l = 0,154 nm (Länge der C–C-Einfachbindung) und einem charakteristischen Verhältnis von $C_\infty = 6{,}9$. Damit ergibt sich ein quadratmittlerer Kettenendenabstand von $< h^2 >^{1/2} = (C_\infty N l^2)^{1/2} = 57$ nm. Das Volumen dieses Knäuels ist $V_{\text{Knäuel}} = 4/3\,\pi \left(< h^2 >^{1/2}\right)^3 \approx 784.000\ \text{nm}^3$. Das Volumen eines einzelnen Segments ist hingegen lediglich $V_{\text{Segment}} \approx \beta$. Demnach ist das Volumen eines kompakten Klumpens aller Segmente $V_{\sum\text{Segmente}} \approx N\beta \approx 73\ \text{nm}^3$. Das Verhältnis des Knäuelvolumens zu dem rein durch Segmente besetzten Volumen ist also 784.000:73, also mehr als 10.000:1. Das zeigt uns, dass im Knäuel eine Menge freies Volumen vorliegt; weniger als 0,01 % des Knäuelvolumens ist durch Kettensubstanz besetzt, der Rest ist freies Zwischenvolumen.

Gemäß Gl. 4.35 ist diese geringe Volumenbesetzung im Knäuel nun überdies radial ungleich verteilt: Der Knäuelrand ist daher ganz besonders „dünn besiedelt".

4.1.3.2 Die gleichmäßige Segmentdichteverteilung

Ein wesentlich einfacheres Modell für die Materialverteilung im Polymerknäuel als die zuletzt diskutierte Gauß'sche Segmentdichteverteilung ist das Bild einer gleichmäßigen Verteilung. Hierzu nehmen wir unser Makromolekül als kugelförmig mit dem Radius R_g an. Für alle r-Werte mit $r > R_g$ sei $P(r)$ gleich null. Für alle anderen Werte von r, d. h. $r \leq R_g$, nehmen wir an, dass die Segmente gleichmäßig über die Domäne des Makromoleküls verteilt sind, wie in Abb. 4.7 rechts skizziert ist. Wir sprechen dann von einer gleichmäßigen Segmentdichteverteilung $P_g(r)$, für die gilt:

$$P_g(r) = \begin{cases} K/\left[(4\,\pi/3)\,R_g^3\right] & \text{für} \quad r \leq R_g \\ 0 & \text{für} \quad r > R_g \end{cases} \tag{4.38}$$

Dabei ist K eine Normierungskonstante.

Es ist zweckmäßig, K und R_g mit messbaren Größen in Beziehung zu setzen. Dazu benutzen wir die Normierungsbedingung

$$N^* = \int_0^{R_g} P_g(r)\, 4\,\pi\, r^2\, \mathrm{d}r \tag{4.39}$$

und die Beziehung

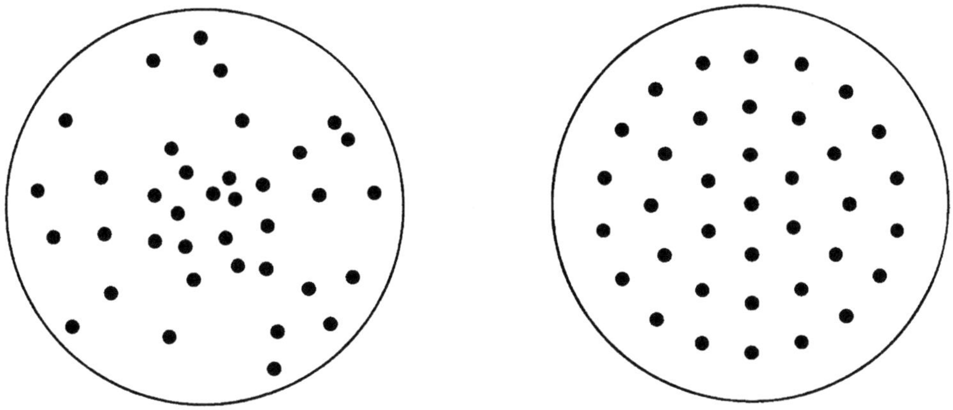

Abb. 4.7 Projektion einer nicht gleichmäßigen (links) und einer gleichmäßigen dreidimensionalen Segmentdichteverteilung (rechts) auf die x-y-Ebene

$$<R^2> = \int_0^{R_g} 4\,\pi\, r^4\, P_g(r)\,\mathrm{d}r \Big/ \int_0^{R_g} 4\,\pi\, r^2\, P_g(r)\,\mathrm{d}r \qquad (4.40)$$

Die Integration von Gl. 4.28 liefert $K = N^*$. Aus Gl. 4.40 folgt:

$$R_g = \left[(5/3)\ <R^2>\right]^{1/2} \qquad (4.41)$$

Gl. 4.41 besagt, dass der Radius R_g der Segmentkugel größer ist als ihr Trägheitsradius $<R^2>^{1/2}$. Das hatten wir aber auch nicht anders erwartet.

Wir nehmen nun an, dass unsere Segmentkugel den gleichen Trägheitsradius besitzt wie ein Makromolekül, dessen Segmentdichteverteilung durch eine Gauß'sche Verteilung beschrieben wird. Es gilt dann:

$$R_g = \left[(5/3)\ <R^2>\right]^{1/2} = \left[(5/3)\ <h^2>/\ 6\right]^{1/2} = 0{,}527 <h^2>^{1/2} \qquad (4.42)$$

Der Radius der Segmentkugel ist also etwa halb so groß wie der mittlere Kettenendenabstand $<h^2>^{1/2}$ des Gauß'schen Knäuels.

Das Modell der gleichmäßigen Segmentdichteverteilung stellt natürlich nur eine sehr grobe Näherung für die real existierende Segmentdichteverteilung eines Makromoleküls dar. Gl. 4.42 ist nur bedingt dazu geeignet, den Radius R des Volumens V abzuschätzen, das ein Makromolekül im Mittel besetzt. Genauere Untersuchungen zeigen, dass es evtl. sinnvoller ist, die Gauß'sche Segmentdichteverteilung $P(r)$ an einer bestimmten Stelle $r = R^*$ „abzuschneiden" und den Schnittradius R^* als die äußere Grenzmarke für das Volumen V zu betrachten. Es gilt dann:

$$R^* = 0{,}518 <h^2>^{1/2} \qquad (4.43)$$

Dabei entspricht der Radius R^* der 4,5-fachen σ-Umgebung des Mittelwerts R der Verteilung $P(r)\ 4\ \pi\ r^2$. Die Segmentdichteverteilung $P(r)$ wird also so abgeschnitten, dass sich etwa 99,9 % aller Segmente eines Makromoleküls innerhalb der Kugel mit dem Radius R^* befinden. Der Parameter σ ist die Standardabweichung der Verteilung $P(r)\ 4\ \pi\ r^2$.

4.1.3.3 Kraft-Dehnungs-Relationen

Bisher haben wir uns mit der Form und Größe von idealen Polymerketten beschäftigt und dafür Gl. 4.15, 4.35 (sowie ihre nicht auf das Kugelvolumen normierte Variante) und 2.59 hergeleitet und diskutiert. Wir stellen uns nun die Frage, was passiert, wenn unser Gauß-Knäuel durch eine äußere Kraft F, wie in Abb. 4.8 skizziert, auseinandergezogen wird und

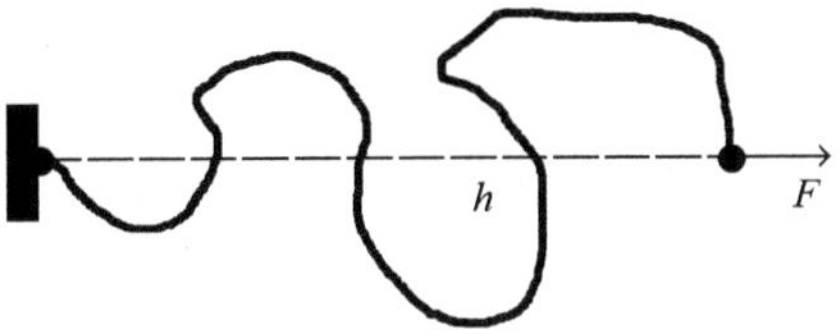

Abb. 4.8 Ausdehnung einer Polymerkette, auf die eine Kraft F wirkt

dadurch eine Längenänderung dh erfährt. Wir betrachten diesen Vorgang zunächst rein thermodynamisch. Die dabei geleistete Arbeit ist

$$\mathrm{d}W = F\,\mathrm{d}h \tag{4.44}$$

Aus der Thermodynamik wissen wir, dass bei konstanter Temperatur gilt: $\mathrm{d}W = \mathrm{d}U - T\,\mathrm{d}S$, wobei U die innere Energie und S die Entropie ist. Es folgt somit:

$$F = (\partial W/\partial h)_T = (\partial U/\partial h)_T - T(\partial S/\partial h)_T \tag{4.45}$$

Wir nehmen an, dass die verschiedenen Konformationen einer Polymerkette im thermodynamischen Gleichgewicht alle die gleiche innere Energie U besitzen; dies ist bei einer idealen Kette sicherlich gegeben, in der keinerlei Wechselwirkungen zwischen den Segmenten und deren Umgebung vorliegen. U hängt dann nicht vom Kettenendenabstand h ab, und Gl. 4.45 reduziert sich zu:

$$F = -T(\partial S/\partial h)_T \tag{4.46}$$

Die Kraft F wird also allein durch eine Änderung in der Entropie hervorgerufen. Die Entropie S der Polymerkette lässt sich mithilfe der statistischen Thermodynamik berechnen. Es gilt:

$$S = k_\mathrm{B}\ \ln\left[W(h)\ \mathrm{d}V\right] \tag{4.47}$$

Dabei ist k_B die Boltzmann-Konstante, $W(h)$ die Kettenendenabstandsverteilung und dV das Volumenelement. Letzteres wird als konstant ($\mathrm{d}V/\mathrm{d}h = 0$) angenommen.

Es gibt nun zwei Möglichkeiten, S zu berechnen. Wir können für $W(h)$ in Gl. 4.47 entweder die Gauß'sche Verteilung (Gl. 4.15) oder die inverse Langevin-Verteilung (Gl. 4.28 bzw. 4.29) einsetzen. Für die Gauß'sche Verteilung folgt

$$S = \widetilde{k} - k_\mathrm{B}\ 3\ h^2/\left(2\ N^*\ l_\mathrm{K}^2\right) \tag{4.48}$$

bzw. nach Gl. 4.46

$$F = 3\,k_B T\,h / \left(N^* l_K^2\right) \tag{4.49}$$

Im Fall der inversen Langevin-Verteilung erhalten wir:

$$S = \tilde{\tilde{k}} - k_B\,N^* \left(\frac{h}{N^*\,l_K} \mathcal{L}^{-1} \left(\frac{h}{N^*\,l_K} \right) + \ln \left(\frac{\mathcal{L}^{-1}(h/(N^*\,l_K))}{\sinh\,\mathcal{L}^{-1}(h/(N^*\,l_K))} \right) \right) \tag{4.50}$$

$$F = (k_B\,T/l_K)\,\mathcal{L}^{-1}\,(h/(N^*\,l_K)) \tag{4.51}$$

$$\approx \left(\frac{k_B\,T}{l_K}\right) \left\{ 3\left(\frac{h}{N^*\,l_K}\right) + \frac{9}{5}\left(\frac{h}{N^*\,l_K}\right)^3 + \frac{297}{175}\left(\frac{h}{N^*\,l_K}\right)^5 + \frac{1539}{875}\left(\frac{h}{N^*\,l_K}\right)^7 + \ldots \right\}$$

Dabei sind $\tilde{k}$ und $\tilde{\tilde{k}}$ zwei Konstanten, die nicht von h abhängen.

Gl. 4.49 können wir wie folgt interpretieren: Die Kettenenden unserer Polymerkette werden durch die Kraft F auseinandergezogen. Dabei wirkt F entlang der Verbindungslinie der Kettenenden und ist proportional zum Kettenendenabstand h (Abb. 4.8). Die Kette kann also als elastische Feder betrachtet werden, die dem Hooke'schen Gesetz folgt. Gl. 4.49 hat die Form eben jenes Gesetzes; hierin ist der Faktor $3k_BT/(N^*l_K^2)$ die Federkonstante.

Was aber erzeugt die elastische Rückstellkraft? Energetische Einflüsse können es nicht sein, denn wir betrachten ideale Ketten ohne Wechselwirkungen. Der Grund muss also in der Entropie liegen. Gemäß Gl. 4.48 ist diese maximal, wenn die Kette im ungestörten Zustand vorliegt, in dem $h^2 = Nl_K^2$ ist. Sobald die Kette gedehnt wird, nimmt die Entropie gemäß Gl. 4.48 ab. Dies können wir verstehen, indem wir uns den Dehnungsprozess wie folgt verdeutlichen: Auf mikroskopischer Ebene der Segmente kann eine äußere Dehnung entweder eine Dehnung der Bindungsabstände selbst verursachen, eine Deformation der Bindungswinkel oder eine Verdrehung der Segmenttorsionswinkel, sodass mehr *trans*-Konformationen vorliegen. Letzterer Prozess erfordert bei Weitem die geringste Aktivierungsenergie; sie liegt gemeinhin im Bereich weniger k_BT und ist damit praktisch immer überwindbar. Eine Kettendehnung wird also auf mikroskopischer Ebene zunächst vor allem durch Verdrehung der Segmenttorsionswinkel hin zu mehr *trans*-Konformationen umgesetzt. Dadurch wird das Knäuel entknäuelt. Seine Gestalt kann dann durch weniger Mikrokonformationen als vorher realisiert werden. Dies entspricht in unserem Irrflugmodell einem mehr gerichteten Pfad. Dafür gibt es weniger Möglichkeiten, sodass die Entropie abnimmt. Dies ist gemäß des zweiten Hauptsatzes der Thermodynamik ein unfreiwilliger Prozess, der demnach eine elastische Rückstellkraft hervorruft, die ihn umzukehren sucht. Diese ist durch Gl. 4.49 gegeben. Bemerkenswert an dieser Gleichung ist, dass die elastische Federkonstante $3k_BT/(N^*l_K^2)$ *positiv* von der Temperatur abhängt. Dies ist wiederum eine Folge des entropischen Ursprungs der elastischen Rückstellkraft. Die Entropie ist grundsätzlich in der Thermodynamik immer mit der Temperatur verbunden; eine höhere Temperatur betont also Entropieänderungen mehr. Wenn nun also unsere Kette gedehnt wird, was eine ungünstige Entropieänderung hervorruft, so ist dies umso gewichtiger, je höher die Temperatur ist.

An letzterem Aspekt sehen wir den fundamentalen Unterschied der **Entropieelastizität** von Polymerknäueln im Vergleich zur **Energieelastizität** vieler anderer Materialien (beispielsweise eines Metalldrahts). In Letzteren entsteht beim Dehnen eine elastische Rückstellkraft, weil auf mikroskopischer Ebene Atome voneinander entfernt werden, also Arbeit gegen deren Wechselwirkungspotenzial geleistet wird; dies hebt die Energie des Systems an, was thermodynamisch ungünstig ist und daher eine elastische Rückstellkraft hervorruft. Ein solcher Prozess wäre aber bei höherer Temperatur thermisch besser aktiviert und demnach leichter. Die elastische Federkonstante energieelastischer Materialien nimmt daher mit steigender Temperatur ab. Die Federkonstante entropieelastischer Materialien wie Polymerknäuel (die gemeinhin auch als „Entropiefeder“ bezeichnet werden) nimmt hingegen zu.

Ein weiterer Typus eines entropieelastischen Materials ist das ideale Gas. Genauso wie eine ideale Polymerkette weist es keine Wechselwirkungen zwischen seinen Bausteinen auf, wodurch sich die Energie nicht ändert, wenn deren Abstand zueinander verändert wird, was beispielsweise beim Komprimieren geschieht. Was sich aber ungünstig dabei ändert, ist die Entropie, die beim Komprimieren eines idealen Gases abnimmt, da seinen Teilchen dann weniger Raum zur Verfügung steht, also diesen weniger Möglichkeiten (= Freiheiten) vorliegen, um sich im Raum anzuordnen. Diese Entropieverringerung ruft wie im idealen Polymerknäuel eine Rückstellkraft hervor, die sich beim idealen Gas in Form eines Drucks bemerkbar macht. Auch dies tritt umso stärker auf, je höher die Temperatur ist. In Abschn. 4.2.7 werden wir in diesem Zusammenhang noch eine bemerkenswerte quantitative Analogie zwischen der idealen Gasgleichung und der mechanischen Zustandsgleichung eines Polymernetzwerks feststellen.

Polymerketten können nun maximal auf den Kettenendenabstand $N^* l_K$ gestreckt werden. In der Praxis ist es deshalb zweckmäßiger, mit Gl. 4.51 zu arbeiten. In Abb. 4.9 ist die inverse Langevin-Funktion gegen $h/(N^* l_K)$ aufgetragen. Für kleine Dehnungen der Kette ($h/(N^* l_K) \leq 1/3$) ist das Hooke'sche Gesetz erfüllt. $\mathcal{L}^{-1}$ ist dort eine lineare Funktion von $h/(N^* l_K)$. Für große Dehnungen wird $\mathcal{L}^{-1}$ aber zunehmend nichtlinear und konvergiert schließlich für $h/(N^* l_K) \rightarrow 1$ gegen unendlich. Wir halten also fest: Für kleine Dehnungen folgt die Kraft-Dehnungs-Relation eines Zufallsknäuels dem Hooke'schen Gesetz. Bei großen Dehnungen (wie sie z. B. in guten Lösemitteln oder in gequollenen Netzwerken auftreten) muss dagegen mit der inversen Langevin-Funktion gearbeitet werden. Wird die Dehnung schließlich so groß, dass die Kette auf den maximalen Kettenendenabstand $N^* l_K$ entknäuelt ist, ruft weitere Dehnung auf mikroskopischer Ebene nun keine weitere Verdrehung der Segmente gegeneinander hervor (sie sind nun ja schon alle in der *trans*-Konformation), sondern eine Deformation der Bindungswinkel und der Bindungslängen. Diese sind nun beide energieelastische Deformationsarten.

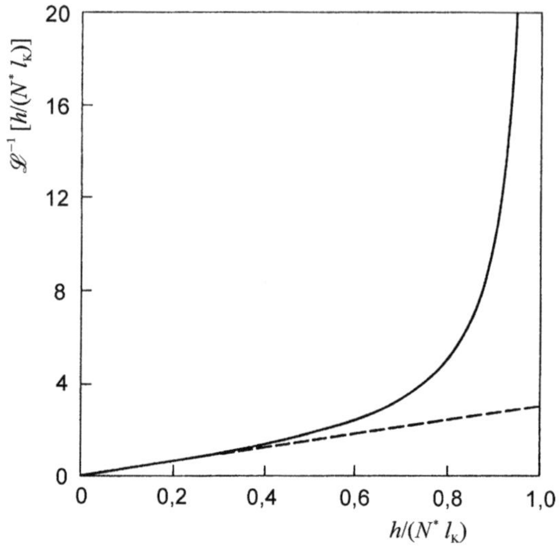

Abb. 4.9 Kraft-Dehnungs-Relation eines Zufallsknäuels. —— = inverse Langevin-Funktion, ——— = Hooke'sches Gesetz

4.2 Thermodynamik von Polymerlösungen

S. Seiffert

4.2.1 Ideale und reale Lösungen

Eine makromolekulare Lösung besteht in der Regel aus einer bestimmten Sorte eines Polymers und einem Lösemittel. Interessant sind außerdem folgende Fälle:

- Das Lösemittel enthält noch niedermolekulare Substanzen wie z. B. Salze.
- Das Lösemittel ist ein Gemisch aus mehreren Lösemitteln.

Wir haben es also in jedem Fall mit einem Mehrkomponentensystem zu tun. Für ein Zweikomponentensystem vereinbaren wir, das Lösemittel als Komponente 1 und das gelöste Polymer als Komponente 2 zu bezeichnen.

Definitionsgemäß heißt eine Lösung ideal, wenn für die chemischen Potenziale μ_i aller Komponenten i gilt:

$$\mu_i = \mu_i^\circ + R\,T \quad \ln x_i \tag{4.52}$$

wobei x_i der Molenbruch und μ_i° das chemische Potenzial der i-ten Komponente in ihrem reinen Zustand (Standardzustand) ist.

Wir nehmen an, dass sich zu Anfang eines Experiments alle Komponenten im reinen Zustand befinden. Die totale Gibbs'sche Energie dieses „Urzustands“ (Standardzustands) ist

$$G_0 = \sum_i n_i \mu_i^\circ \tag{4.53}$$

wobei n_i die Anzahl der Mole der Komponente i angibt.

Die Komponenten können wir zu einer Lösung mischen. Wir erhalten dann ein System, das die Gibbs'sche Energie

$$G_\mathrm{m} = \sum_i n_i \mu_i \tag{4.54}$$

besitzt. Der Index „m“ steht dabei für *mixture*. Die verschiedenen Komponenten wechselwirken miteinander. Außerdem ändert sich die Entropie S des Systems. μ_i ist deshalb ungleich μ_i°. Die Differenz

$$\Delta G_\mathrm{m} = G_\mathrm{m} - G_0 \tag{4.55}$$

heißt Gibbs'sche Mischungsenergie ΔG_m. Für die ideale Lösung gilt:

$$\Delta G_\mathrm{m}^\mathrm{ideal} = G_\mathrm{m} - G_0 = R\ T \sum_i n_i\ \ln x_i \tag{4.56}$$

Neben ΔG_m existieren weitere Mischungsgrößen wie das Volumen ΔV_m, die Enthalpie ΔH_m, die innere Energie ΔU_m und die Entropie ΔS_m. Ist $\Delta H_\mathrm{m} < 0$, so heißt der Mischungsprozess **exotherm**. Gilt $\Delta H_\mathrm{m} = 0$, so sprechen wir von einem **athermischen** Mischungsvorgang. Die resultierende Mischung wird als ideale Mischung bezeichnet; ihre Entstehung ist rein entropisch getrieben, und es gibt keine kalorischen Effekte dabei. Gilt $\Delta H_\mathrm{m} > 0$, so heißt der Mischungsprozess **endotherm**.

Da

$$\Delta V_\mathrm{m} = (\partial\, \Delta G_\mathrm{m}/\partial p)_T,\ -\Delta H_\mathrm{m}^2/T = [\partial\,(\Delta G_\mathrm{m}/T)/\partial\, T]_p, \Delta U_\mathrm{m} = \Delta H_\mathrm{m} - p\,\Delta V_\mathrm{m}$$

und

$$\Delta S_\mathrm{m} = -(\partial \Delta G_\mathrm{m}/\partial T)_p$$

ist, folgt:

$$\Delta V_{\mathrm{m}}^{\mathrm{ideal}} = 0; \qquad \Delta H_{\mathrm{m}}^{\mathrm{ideal}} = 0; \qquad \Delta U_{\mathrm{m}}^{\mathrm{ideal}} = 0; \qquad \Delta S_{\mathrm{m}}^{\mathrm{ideal}} = -R \sum_i n_i \ln x_i \tag{4.57}$$

Diese Gleichungen besagen:

- Die Volumina, die Enthalpien und die inneren Energien der Komponenten sind in der reinen Phase und in der Mischung gleich groß.
- Die Entropie (Unordnung) der Mischung ist größer als die der reinen Phasen. In realen Lösungen sind ΔV_{m}, ΔH_{m} und ΔU_{m} dagegen ungleich null.

Es ist zweckmäßig, auch für das chemische Potenzial μ_i eine geeignete „Mischungsgröße" einzuführen. Wir bezeichnen sie als das relative chemische Potenzial der Komponente *i*. Es gilt:

$$\Delta\mu_i \equiv \mu_i - \mu_i^{\circ} \tag{4.58}$$

wobei μ_i das chemische Potenzial in der Mischung (Lösung) und μ_i° das der reinen Phase ist. Für das Lösemittel einer idealen binären (zweikomponentigen) Mischung gilt z. B.:

$$\Delta\mu_i^{\mathrm{ideal}} = R\,T \quad \ln x_i = R\,T \quad \ln(1 - x_2) \tag{4.59}$$

Wir betrachten in erster Linie verdünnte Lösungen. Der Molenbruch x_2 des gelösten Stoffs ist dort deutlich kleiner als eins. Der Logarithmus in Gl. (4.59) kann deshalb in die Reihe $\ln(1 - x_2) = -x_2 - x_2^2/2 - x_2^3/3 - \ldots$ entwickelt werden, wobei die höheren Potenzen in guter Näherung vernachlässigbar sind.

Der Molenbruch x_2 ist mit der Volumenkonzentration $c_2 = m_2/V \approx m_2/\left(n_1\ V_1^{\circ}\right)$ des Gelösten verknüpft. Hier gilt für verdünnte Lösungen:

$$x_2 = n_2/(n_1 + n_2) \approx n_2/n_1 = (m_2/M_2)/\left(n_1\ V_1^{\circ}/V_1^{\circ}\right) = \left(c_2\ V_1^{\circ}\right)/M_2 \tag{4.60}$$

Dabei ist m_2 die eingewogene Masse des gelösten Stoffs und M_2 dessen Molmasse. $V_1 = n_1\ V_1^{\circ}$ ist das Gesamtvolumen der Lösung und V_1° das Molvolumen des Lösemittels. Aus Gl. (4.59) und (4.60) folgt daher:

$$\Delta\mu_i^{\mathrm{ideal}} = -R\,T\,V_1^{\circ} c_2 \left[1/M_2 + \left(V_1^{\circ}/\left(2\,M_2^2\right)\right) c_2 + \left(\left(V_1^{\circ}\right)^2/\left(3\,M_2^3\right)\right) c_2^2 + \ldots\right] \tag{4.61}$$

Diese Gleichung heißt **Virialentwicklung**. Die Koeffizienten $A_1^* = 1/M_2$, $A_2^* = V_1^{\circ}/2\,M_2^2$ usw. sind der erste, zweite und *n*-te Virialkoeffizient. Für stark verdünnte Lösungen ist lediglich A_1^* zu berücksichtigen. Dort gilt:

$$\Delta\mu_i^{\text{ideal}} = -R\,T\,V_1^\circ\,c_2/M_2 \tag{4.62}$$

In realen Lösungen sind die soeben genannten Bedingungen nicht erfüllt. Mithilfe der statistischen Thermodynamik ist es aber möglich, gültige Ausdrücke für $\Delta\mu_i^{\text{real}}$, $\Delta U_{\text{m}}^{\text{real}}$, $\Delta S_{\text{m}}^{\text{real}}$, ... abzuleiten. Der zugehörige Rechenweg ist allerdings sehr aufwendig. Oft ist es einfacher, die beobachteten Abweichungen vom idealen Verhalten durch bestimmte empirische Parameter zu beschreiben. Die Struktur der mathematischen Formel, die das Verhalten einer idealen Lösung beschreibt, wird dabei im Wesentlichen beibehalten. So lässt sich z. B. anstelle von Gl. (4.52) schreiben:

$$\mu_i^{\text{real}} = \mu_i^\circ + R\,T\;\;\ln a_i = \mu_i^\circ + R\,T\;\;\ln x_i + R\,T\;\;\ln f_i\,, \tag{4.63}$$

wobei $a_i = f_i x_i$ die Aktivität und f_i der Aktivitätskoeffizient der Komponente i sind. Letzterer beschreibt die Abweichung vom idealen Verhalten. Im Fall der unendlichen Verdünnung ist $f_i = 1$.

Gl. (4.63) setzt sich aus drei Termen zusammen. Der erste Term ist das chemische Potenzial μ_i° der reinen Phase. Es wird oft **unitäres chemisches Potenzial** genannt. Es berücksichtigt alle die Energien, die nicht von den Molenbrüchen x_1, x_2, x_3, ... abhängen. Der zweite Term, $R\,T \ln x_i$, heißt **kratisches chemisches Potenzial**. Sein Ursprung ist rein entropisch. Der dritte Term, $\Delta\mu_i^{\text{E}} = R\,T\;\;\ln f_i$, ist das chemische **Exzesspotenzial**. Es erfasst den „Überschuss" von μ_i^{real} gegenüber μ_i^{ideal}, d. h., es gilt:

$$\Delta\mu_i^{\text{E}} = \mu_i^{\text{real}} - \mu_i^{\text{ideal}} \tag{4.64}$$

Es ist zudem zweckmäßig, das reale **relative chemische Potenzial** $\Delta\mu_i^{\text{real}}$ einzuführen. Es gilt: $\Delta\mu_i^{\text{E}} = \mu_i^{\text{real}} - \mu_i^\circ$ bzw. $\Delta\mu_i^{\text{real}} = R\;\;T\;\ln x_i + R\;\;T\;\;\ln f_i$.

Als Beispiel betrachten wir ein Zweikomponentensystem. Das relative chemische Potenzial $\Delta\mu_i^{\text{real}}$ des Lösemittels ist in einer Potenzreihe nach der Konzentration c_2 des gelösten Stoffs entwickelbar. Diese Reihe können wir so umformen, dass sie äußerlich der Virialentwicklung für ideale Lösungen gleicht. Es gilt:

$$\Delta\mu_1^{\text{real}} = -R\,T\,V_1^\circ\,c_2\left(1/M_2 + A_2\,c_2 + A_3\,c_2^2 + \ldots\right) \tag{4.65}$$

Dabei ist M_2 die Molmasse des gelösten Stoffs; A_2, A_3, ... sind der zweite, dritte ... Virialkoeffizient der Lösung. Die Sternchen haben wir weggelassen, da Gl. (4.65) im Unterschied zu Gl. (4.61) eine reale Lösung beschreibt. Für A_1 gilt $A_1 = 1/M_2$. Dies wird sichtbar, wenn c_2 gegen null konvergiert. Die Lösung wird dann ideal, und Gl. (4.65) geht in Gl. (4.61) über.

Für verdünnte reale Lösungen ist der Einfluss des Terms $A_3\,c_2^2$ und der aller Terme mit höheren Potenzen von c_2 auf $\Delta\mu_i^{\text{real}}$ vernachlässigbar. Dort gilt:

$$\Delta\mu_1^{\text{real}} = R\,T\,\ln x_1 + R\,T\,\ln f_1 \approx -R\,T\,V_1^\circ c_2\left(1/M_2 + A_2^*\,c_2\right) + R\,T\,\ln f_1$$

und

$$\Delta\mu_1^{\text{real}} \approx -R\,T\,V_1^\circ c_2\left(1/M_2 + A_2\,c_2\right), \text{sodass } A_2 = A_2^* - \left[(\ln f_1)/\left(V_1^\circ c_2^2\right)\right] \text{ ist.}$$

Die Virialkoeffizienten A_2 und A_2^* sind also nur dann identisch, wenn f_1 gleich eins ist. Das aber entspricht der idealen Lösung. Für A_2^* können wir den Ausdruck aus Gl. (4.61) einsetzen. Wir erhalten dann die Beziehung:

$$A_2 = \left[V_1^\circ/\left(2\,M_2^2\right)\right] - \left[(\ln f_1)/\left(V_1^\circ c_2^2\right)\right] \tag{4.66}$$

A_2 ist experimentell bestimmbar. V_i°, M_2 und c_2 sind bekannt. Der Aktivitätskoeffizient f_1 des Lösemittels lässt sich somit mithilfe von Gl. (4.66) berechnen.

Zum Abschluss dieses Abschnitts möchten wir noch zwei Ergänzungen anbringen:

- Die Aktivität a_i einer Komponente i ist definiert als das Produkt aus dem Aktivitätskoeffizienten und der korrespondierenden Konzentration. Bei letzterer kann es sich um den Molenbruch x_i, die Molalität m_i oder die Konzentration c_i (Einheit: g dm^{-3}) handeln. In der Literatur finden sich deshalb verschiedene Symbole für den Aktivitätskoeffizienten. Vereinbarungsgemäß gilt $a_i = f_i\,x_i$ bzw. $a_i = \gamma_i\,m_i$ bzw. $a_i = y_i\,c_i$.
- Gl. (4.65) lässt sich umschreiben zu:

$$\Delta\mu_1^{\text{real}} = -\left(R\,T\,V_1^\circ/M_2\right)\,c_2\left(1 + 2\,\widetilde{A}_2\,c_2 + 3\,\widetilde{A}_3\,c_2^2 + \ldots\right)$$

wobei $\widetilde{A}_2 = A_2\,M_2/2$ und $\widetilde{A}_3 = A_3\,M_2/3$ ist. Die Koeffizienten $\widetilde{A}_2$ und $\widetilde{A}_3$ heißen ebenfalls Virialkoeffizienten. Die Gefahr einer Verwechslung mit A_2 und A_3 besteht allerdings nicht, da $\widetilde{A}_i$ und A_i verschiedene Einheiten besitzen.

Enthalpie- und Entropieanteile des zweiten Virialkoeffizienten Für das chemische Exzesspotenzial $\Delta\mu_1^{\text{E}}$ des Lösemittels gilt

$$\Delta\mu_1^{\text{E}} = \mu_1^{\text{real}} - \mu_1^{\text{ideal}} = \mu_1^{\text{real}} - \mu_1^\circ - \left(\mu_1^{\text{ideal}} - \mu_1^\circ\right) = \Delta\mu_1^{\text{real}} - \Delta\mu_1^{\text{ideal}}$$

oder

$$\Delta\mu_1^{\text{E}} = -R\,T\,V_1^\circ c_2\left[\left(A_2 - A_2^*\right)c_2 + \ldots\right] \tag{4.67}$$

Die Molmasse M_2 eines Polymermoleküls ist sehr groß. Der zweite Virialkoeffizient $A_2^* = V_1^\circ / 2 M_2^2$ ist deshalb sehr klein und kann in der Regel gegenüber dem Wert von A_2 vernachlässigt werden. Für verdünnte Lösungen gilt deshalb in guter Näherung:

$$\Delta\mu_1^{\mathrm{E}} \approx -R\,T\,V_1^\circ\,c_2^2\,A_2 \tag{4.68}$$

Nach Gibbs und Helmholtz gilt außerdem:

$$\Delta\mu_1^{\mathrm{E}} = \Delta H_1^{\mathrm{E}} - T\,\Delta S_1^{\mathrm{E}} \tag{4.69}$$

Gl. (4.68) und (4.69) setzen wir gleich. Dabei ist es zweckmäßig, auch A_2 in einen Enthalpie- und einen Entropieterm zu zerlegen. Wir vereinbaren deshalb, dass gilt:

$$A_2 \equiv A_{2,H} + A_{2,S} \tag{4.70}$$

Es folgt:

$$A_{2,H} = -\Delta H_1^{\mathrm{E}} / \left(R\,T\,x_2^2\,M_2^2/V_1^\circ\right) \qquad \text{und} \qquad A_{2,S} = -\Delta S_1^{\mathrm{E}} / \left(R\,x_2^2\,M_2^2/V_1^\circ\right)$$

wobei wir berücksichtigt haben, dass $c_2 = (x_2\,M_2)/V_1^\circ$ ist. Wir nehmen ferner an, dass weder die Exzessenthalpie ΔH_1^{E} noch die Exzessentropie ΔS_1^{E} von der Temperatur T abhängen. Bei konstant gehaltenem Druck p gilt dann:

$$\left(\frac{\partial A_{2,H}}{\partial T}\right)_p = \frac{\Delta H_1^{\mathrm{E}}}{R\,T^2}\,\frac{V_1^\circ}{x_2^2\,M_2^2} - \frac{\Delta H_1^{\mathrm{E}}}{R\,T\,x_2^2\,M_2^2}\left(\frac{\partial V_1^\circ}{\partial T}\right)_p \tag{4.71}$$

$$\left(\frac{\partial A_{2,S}}{\partial T}\right)_p = \frac{\Delta S_1^{\mathrm{E}}}{R\,x_2^2\,M_2^2}\left(\frac{\partial V_1^\circ}{\partial T}\right)_p \tag{4.72}$$

Führen wir den thermischen Expansionskoeffizienten $\alpha \equiv \left(1/V_1^\circ\right)\left(\partial V_1^\circ/\partial T\right)_p$ ein, so folgt:

$$(\partial A_2/\partial T)_p = (\partial A_{2,H}/\partial T)_p + (\partial A_{2,S}/\partial T)_2 = \alpha\,A_2 - A_{2,H}/T \tag{4.73}$$

$$A_{2,H} = T\left[\alpha\,A_2 - (\partial A_2/\partial T)_p\right]; \qquad A_{2,S} = A_2(1-\alpha\,T) + T\,(\partial A_2/\partial T)_p \tag{4.74}$$

A_2 und $(\partial A_2/\partial T)_p$ lässt sich experimentell bestimmen. Gl. (4.74) liefert somit Werte für $A_{2,H}$ und $A_{2,S}$. Ein Beispiel für eine solche Anwendung zeigt Tab. 4.1 für Polystyrol der Molmasse $M_2 = M_{\mathrm{w}} = 1{,}0 \cdot 10^5\,\mathrm{g\,mol^{-1}}$ bei verschiedenen Drücken in Toluol und Chloroform. Wir erkennen: ΔH_1^{E} ist für Toluol größer null und für Chloroform kleiner

Tab. 4.1 Thermodynamische Daten von Polystyrol ($M_w = 1{,}0 \cdot 10^5$g mol^{-1}) für die Lösemittel Toluol und Chloroform bei verschiedenen Drücken p. Die A_2-Werte wurden mithilfe der Methode der statischen Lichtstreuung bestimmt

p (bar)	$\frac{10^4 A_2}{\text{cm}^3\ \text{g}^{-2}\ \text{mol}}$	$\frac{10^6 (\partial A_2/\partial T)_p}{\text{cm}^3\ \text{g}^{-2}\ \text{mol}\ \text{K}^{-1}}$	$\frac{10^4\ A_{2,H}}{\text{cm}^3\ \text{g}^{-2}\ \text{mol}}$	$\frac{10^4\ A_{2,S}}{\text{cm}^3\ \text{g}^{-2}\ \text{mol}}$
	Toluol bei 30 °C			
1	4,6	0,51	0,0	4,6
400	4,6	0,63	– 0,6	5,2
800	4,6	0,71	– 1,1	5,7
	Chloroform bei 30 °C			
1	5,4	– 0,43	3,4	2,0
400	5,2	– 0,33	2,7	2,5
800	5,1	– 0,17	1,9	3,2

null. In beiden Fällen wird ΔH_1^E größer, wenn der Druck des Systems erhöht wird. Toluol ist also ein endothermes und Chloroform ein exothermes Lösemittel für Polystyrol. Für beide Lösemittel existiert zudem ein kritischer Druck, bei dem die Thermozität $A_{2,\,H}$ ihr Vorzeichen wechselt. Er liegt für Toluol bei 1 bar und für Chloroform bei ca. 1800 bar.

4.2.2 Das Gittermodell und die Flory-Huggins-Theorie

Grundlagen Die Mischungsentropie ΔS_m einer Lösung lässt sich auch mithilfe der statistischen Thermodynamik berechnen. Dazu gehen wir von der Boltzmann'schen Definition der Entropie aus:

$$S = k_B \ln \Omega \tag{4.75}$$

k_B ist die Boltzmann-Konstante, und Ω gibt die Anzahl der unterscheidbaren Möglichkeiten an, einen bestimmten Makrozustand eines Systems durch Mikrozustände zu realisieren, was oft der Anzahl der unterscheidbaren Möglichkeiten entspricht, Teilchen auf bestimmte Art im System zu verteilen (entweder auf bestimmte Energieniveaus oder auf bestimmte Plätze im System).u_1 und u_2

Unsere Lösung sei ein dreidimensionales Gitter, das aus einer großen Anzahl gleich großer Zellen des Volumens V_z besteht. Das Volumen eines Lösemittelmoleküls v_1 sei genauso groß wie das Volumen v_2 eines gelösten Moleküls, sodass gilt $v_1 = v_2 = V_z$. In einer Zelle des Lösungsgitters befinden sich entweder ein Lösemittelmolekül oder ein gelöstes Molekül, aber nicht beide gleichzeitig (Abb. 4.10). Eine solche Lösung wird als reguläre Lösung bezeichnet. Wir können schon ahnen, dass Polymerlösungen, die uns im Folgenden besonders interessieren, keine regulären Lösungen sind, da hier die Moleküle des Gelösten Makromoleküle sind, welche viel größer sind als die Moleküle des Lösemittels.

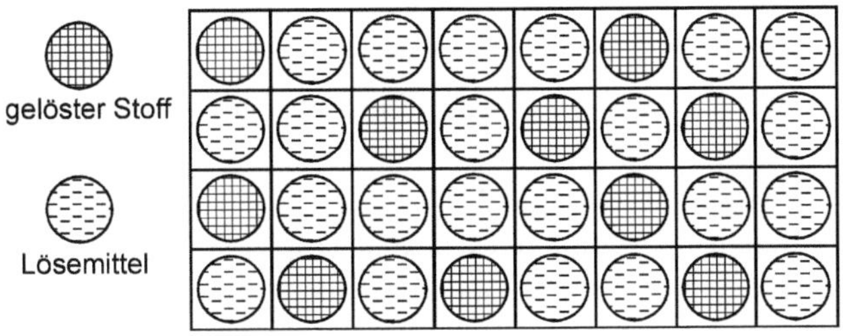

Abb. 4.10 Modell eines zweidimensionalen Lösungsgitters

Wir haben insgesamt N_1 Lösemittelmoleküle und N_2 gelöste Moleküle. Es sind also $N_1 + N_2$ Zellen des Gitters mit Teilchen gefüllt. Nicht gefüllte Zellen lassen wir außer Acht. Sie mögen sich außerhalb unseres Lösungsraums befinden.

Zu Anfang sei das Gitter noch leer. Wir wollen es dann zuerst mit N_2 gelösten Molekülen besetzen und anschließend die noch freien Zellen mit N_1 Lösemittelmolekülen auffüllen. Das erste gelöste Molekül kann in eine der $N_1 + N_2$ freien Zellen platziert werden, das zweite in irgendeine der $N_1 + N_2 - 1$ verbleibenden Zellen usw.

Es gibt insgesamt $(N_1 + N_2)(N_1 + N_2 - 1)\ldots(N_1 + 1)$ Möglichkeiten, das noch leere Gitter mit N_2 gelösten Molekülen zu besetzen. Dieses Produkt lässt sich umformen zu $(N_1 + N_2)!/(N_1!)$. Wir haben dabei angenommen, dass die gelösten Moleküle unterscheidbar sind. Das ist aber nicht der Fall. Es spielt keine Rolle, in welcher Reihenfolge wir die N_2 Moleküle in das Gitter einsetzen. Wir müssen deshalb unser Ergebnis noch durch die Anzahl der Permutationen von N_2 Teilchen dividieren, d. h. durch $N_2!$. Das ergibt:

$$\Omega = (N_1 + N_2)!/(N_1!\, N_2!) \tag{4.76}$$

Als Nächstes besetzen wir das Gitter mit N_1 Lösemittelmolekülen. Diese sind ebenfalls ununterscheidbar. Es gibt deshalb nur genau eine unterscheidbare Möglichkeit, die noch freien Zellen des Gitters mit Lösemittelmolekülen aufzufüllen. Folglich gibt Ω schon die gesamte Anzahl unterscheidbarer Möglichkeiten an, das Gitter mit $N_1 + N_2$ Teilchen zu belegen. Es macht dabei auch keinen Unterschied, ob wir das Gitter zuerst mit den gelösten Molekülen und danach mit den Lösemittelmolekülen oder umgekehrt besetzen. Die Entropie der Lösung berechnet sich damit zu:

$$S_{\text{Lösung}} = k_B \ln\left[(N_1 + N_2)!/(N_1!\, N_2!)\right] \tag{4.77}$$

Für große N gilt nach der Stirling'schen Formel: $\ln N! \approx N \ln N - N$. Gl. (4.77) lässt sich somit umformen zu:

$$S_{\text{Lösung}} = k_B\left[(N_1 + N_2)\ \ln\,(N_1 + N_2) - N_1\ \ln N_1 - N_2\ \ln N_2\right]$$

Mit $x_1 = n_1/(n_1 + n_2)$, $x_2 = 1 - x_1$ und $n_i = N_i/N_A$ folgt:

$$S_{\text{Lösung}} = -R(n_1 \ln x_1 + n_2 \ln x_2) \tag{4.78}$$

Wir sind an der Mischungsentropie $\Delta S_m = S_{\text{Lösung}} - S_1^\circ - S_2^\circ$ interessiert, wobei S_1° die Entropie des Lösemittels und S_2° die des gelösten Moleküls in deren reinen Zuständen ist.

Die Lösemittelmoleküle sind nicht unterscheidbar; das Gleiche gilt für die gelösten Moleküle. Es gibt somit im reinen Zustand jeweils nur genau eine Möglichkeit, das Gitter mit Lösemittel oder gelösten Molekülen zu besetzen. Ω ist also in beiden Fällen gleich eins, womit $S_1^\circ = S_2^\circ = 0$ folgt. Das bedeutet: Die Mischungsentropie ΔS_m und die Entropie $S_{\text{Lösung}}$ der Lösung sind gleich groß.

Die statistische Analyse unseres Problems war hilfreich. Wir wissen jetzt genau, was wir unter einer idealen, regulären Lösung zu verstehen haben. Sie zeichnet sich durch folgende vier Eigenschaften aus:

1. Die Volumina eines Lösemittelmoleküls und eines gelösten Moleküls sind gleich groß. Das Mischungsvolumen ΔV_m ist deshalb gleich null (reguläre Lösung).
2. Wir haben angenommen, dass die unterscheidbaren Möglichkeiten, die $N_1 + N_2$ Teilchen auf die Gitterplätze zu verteilen, alle gleich wahrscheinlich sind bzw. dass die zugehörigen Teilchenverteilungen die gleichen inneren Energien besitzen. Es gilt deshalb: $\Delta U_m = \Delta H_m = 0$ (ideale Lösung).
3. Wir sind außerdem davon ausgegangen, dass die inneren Zustände wie Rotation, Vibration und elektronische Anregungen von Lösemittel und gelöstem Stoff in deren reinen Phasen und in der Mischung gleich sind. Andernfalls wären Gl. (4.57) und (4.78) nicht mehr identisch.
4. Die Mischungsentropie ΔS_m ist demnach: $\Delta S_m = -R\,(n_1 \ln x_1 + n_2 \ln x_2)$.

Das Gittermodell für Polymerlösungen Bei Polymerlösungen gehen wir von folgendem Modell aus. Gegeben sei ein Lösungsgitter, das aus einer großen Anzahl gleich großer Zellen besteht. Das Volumen V_z einer Zelle sei gerade so groß, dass genau ein Lösemittelmolekül darin Platz findet. Wir nehmen weiter an, dass die gelösten Polymermoleküle alle die gleiche Molmasse besitzen. Wir unterteilen sie so in eine bestimmte Anzahl P von Untereinheiten (Segmenten), dass das Volumen einer Untereinheit genauso groß wird wie das eines Lösemittelmoleküls. Die Zellen des Lösungsgitters sind folglich entweder von einem Lösemittelmolekül oder einem Polymersegment besetzt. Ein Segment kann dabei ein Teil einer Monomereinheit sein oder aber aus mehreren Monomereinheiten bestehen.

Betrachten wir als Beispiel das System Polystyrol/Toluol. Hier besitzen eine Styroleinheit und ein Toluolmolekül angenähert das gleiche Volumen. Die Zellen des Gitters sind deshalb mit Toluolmolekülen und Styroleinheiten besetzt. Leere Zellen schließen wir wieder aus.

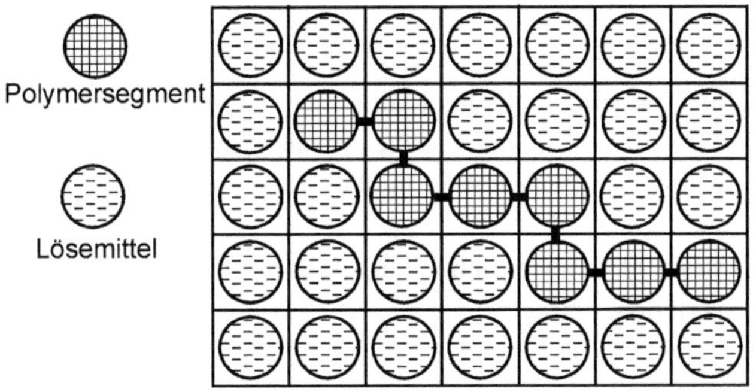

Abb. 4.11 Modell eines Lösungsgitters. Die schraffierten Kugeln stellen Polymersegmente dar. Diese sind durch chemische Bindungen miteinander verknüpft

Im Fall der regulären Lösung sind die gelösten Moleküle genauso groß wie die Lösemittelmoleküle, und beide sind gleichmäßig über den Lösungsraum verteilt. Das ist bei einer nichtregulären Lösung, wie sie eine Polymerlösung darstellt, nicht der Fall. Die gelösten Bestandteile, d. h. die Segmente, die zu demselben Polymermolekül gehören, sind jetzt durch chemische Bindungen miteinander verknüpft (Abb. 4.11); dieser Umstand zwingt sie dazu, stets *benachbarte* Gitterplätze zu besetzen. Wir haben also weniger Freiheit darin, die Teilchen auf dem Gitter anzuordnen; dies zieht einen geringeren Entropiegewinn beim Mischen nach sich. Genau darin lässt sich der Unterschied zwischen einer regulären und einer nichtregulären Lösung quantitativ erfassen. Dazu nehmen wir an, dass die Lösung N_1 Lösemittel- und N_2 Polymermoleküle enthält. Jedes Polymermolekül besteht aus P Segmenten. Das Gitter besteht somit aus insgesamt $N_0 = N_1 + P\,N_2$ Zellen. Jede Zelle ist, abgesehen von Randeffekten, von q nächsten Nachbarzellen umgeben. q heißt Koordinationszahl und ist z. B. für ein kubisches Gitter gleich sechs.

Wir nehmen jetzt an, dass unser Gitter schon $N_i < N_2$ Polymermoleküle enthält und dass die Anzahl der unterscheidbaren Möglichkeiten gesucht ist, das N_{i+1}-te Polymermolekül im Gitter zu platzieren. Die N_i Polymermoleküle belegen dann $P\,N_i$ Gitterplätze. Der Bruchteil $r_i = P\,N_i/N_0$ der Gitterplätze ist also durch Polymersegmente besetzt, und der Bruchteil $1 - r_i$ ist noch unbesetzt.

Das erste Segment des N_{i+1}-ten Polymersegments kann in irgendeine der freien Zellen gesetzt werden, das zweite Segment dagegen nur in eine solche Zelle, die der Zelle des ersten Segments direkt benachbart ist. Andernfalls wären das erste und das zweite Segment nicht chemisch miteinander verbunden. Die Wahrscheinlichkeit, dass eine der q-nächsten Nachbarzellen frei ist, beträgt $(1 - r_i)$. Wir nehmen dabei an, dass die Zellen dem Zufallsprinzip folgend besetzt werden. Es gibt daher im Mittel $q(1 - r_i)$ verschiedene Möglichkeiten, das zweite Segment des N_{i+1}-ten Polymermoleküls im Gitter unterzubringen. Das dritte Segment kann nicht die gleiche Zelle wie das erste Segment besetzen. Für dieses Segment gibt es also nur $(q - 1)(1 - r_i)$ Möglichkeiten der Platzierung. Das Gleiche gilt auch für alle anderen Segmente des N_{i+1}-ten Polymermoleküls.

r_i wird mit jedem neu dazukommenden Segment des N_{i+1}-ten Polymermoleküls größer. Wir müssten deshalb jedem Segment seinen „eigenen" r_i-Wert zuordnen. Wir vernachlässigen diesen Effekt jedoch, um die Rechnung nicht unnötig zu komplizieren. Der Fehler, den wir dabei machen, ist sehr klein, weil die Anzahl N_2 der Polymermoleküle verglichen mit P sehr groß ist. N_2 besitzt einen Wert in der Größenordnung von 10^{23}, während P bei ca. 1000 liegt.

Die gesamte Anzahl Ω_i der Möglichkeiten, die P Segmente des N_{i+1}-ten Polymermoleküls im Gitter zu verteilen, beträgt:

$$\begin{aligned}\Omega_i &= \underbrace{(1-r_i)N_0}_{\substack{\text{Anzahl der}\\ \text{Mögl. für das}\\ \text{1.Segment}}} \underbrace{[q\,(1-r_i)]}_{\text{2.Segment}} \underbrace{[(q-1)\,(1-r_i)]}_{\text{3.Segment}} \ldots \underbrace{[(q-1)\,(1-r_i)]}_{P\text{-tes Segment}} \\ &= N_0\,(1-r_i)^P\, q\,(q-1)^{P-2}\end{aligned} \tag{4.79}$$

In Gl. (4.79) ersetzen wir der Einfachheit halber q durch $q-1$. Mit $r_i = PN_i/N_0$ und $N_0(1-r_i) = N_0 - P\,N_i$ folgt dann:

$$\Omega_i = \left(N_0 - P\,N_i^{\,P}\right)\,[(q-1)/N_0]^{P-1} \tag{4.80}$$

Die Anzahl Ω der Möglichkeiten, N_2 Polymermoleküle auf die Zellen des Gitters zu verteilen, beträgt somit:

$$\Omega = \prod_{N_i=0}^{N_2-1} \Omega_i = [(q-1)\,N_0]^{N_2(P-1)} \prod_{N_i=0}^{N_2-1} (N_0 - P\,N_i)^P \tag{4.81}$$

Es sei darauf hingewiesen, dass der Produktindex in Gl. (4.81) von $N_i = 0$ bis $N_i = N_2 - 1$ läuft. Das liegt daran, dass für das erste Polymermolekül $r_i = r_0 = 0$ ist und für das N_2-te Molekül $r_i = r_{N_2-1} = (N_2-1)\,P/N_0$ gilt.

Die Polymermoleküle sind nach Voraussetzung nicht unterscheidbar. Es spielt also keine Rolle, ob zuerst das Polymermolekül X und danach das Polymermolekül Y in das Gitter gebracht wird oder umgekehrt. Bei N_2 Molekülen gibt es insgesamt $N_2!$ Vertauschungsmöglichkeiten. Um die Anzahl der unterscheidbaren Möglichkeiten zu erhalten, das Gitter mit $P\,N_2$ Segmenten zu besetzen, müssen wir deshalb Ω noch durch $N_2!$ dividieren. Unser Endresultat lautet damit:

$$\Omega = (1/N_2!)\,[(q-1)\,N_0]^{N_2(P-1)} \prod_{N_i=0}^{N_2-1} (N_0 - P\,N_i)^P \tag{4.82}$$

Unser Gitter enthält bis zu diesem Zeitpunkt noch keine Lösemittelmoleküle. Diese setzen wir jetzt ein. Dafür gibt es nur genau eine Möglichkeit, nämlich die noch verbliebenen freien Zellen mit den Lösemittelmolekülen aufzufüllen. Diese sind ja nach Voraussetzung ununterscheidbar. Gl. (4.82) gibt folglich schon die Gesamtanzahl $\Omega\,(N_1, N_2)$ der unterscheidbaren Möglichkeiten an, das Lösungsgitter mit N_1 Lösemittel- und N_2 gelösten Polymermolekülen zu besetzen.

Gl. (4.82) lässt sich weiter umformen. Es gilt:

$$\ln \Omega\,(N_1, N_2) = N_2\,(P-1)\,\ln[(q-1)/N_0] + P \sum_{N_i=0}^{N_2-1} \ln(N_0 - P\,N_i) - N_2\,\ln N_2 + N_2, \tag{4.83}$$

wobei $\Omega\,(N_1, N_2)$ angibt, dass Ω eine Funktion von N_1 und N_2 ist. Da N_2 sehr groß ist, können wir die Summe in Gl. (4.83) in guter Näherung durch ein Integral ersetzen. Es folgt:

$$\sum_{N_i=0}^{N_2-1} \ln(N_0 - P\,N_i) \approx \int_0^{N_2} \ln(N_0 - P\,N_i)\,\mathrm{d}N_i = (1/P)\,(N_0\,\ln N_0 - N_0 - N_1\,\ln N_1 + N_1)$$

Diese Gleichung setzen wir in Gl. (4.83) ein. Das ergibt:

$$\begin{aligned}\ln \Omega\,(N_1, N_2) = {} & N_2\,(P-1)\,\ln[(q-1)/N_0] \\ & + N_0\,\ln N_0 - N_0 - N_1\,\ln N_1 + N_1 + N_2\,\ln N_2 + N_2\end{aligned} \tag{4.84}$$

Im reinen Zustand des Polymers ist $N_1 = 0$, $N_0 = P\,N_2$ und $\lim_{N_1 \to 0}(N_1\,\ln N_1) = 0$. Es folgt:

$$\ln \Omega\,(0, N_2) = N_2\,(P-1)\,\ln[(q-1)/P\,N_2] + P\,N_2\,\ln(P\,N_2) - P\,N_2 - N_2\,\ln N_2 + N_2 \tag{4.85}$$

Analog gilt im Fall $N_2 = 0$, d. h. für den reinen Zustand des Lösemittels:

$$\ln \Omega\,(N_1, 0) = 0 \tag{4.86}$$

Die Mischungsentropie ΔS_m unserer Lösung ist definiert als:

$$\Delta S_\mathrm{m} \equiv S_\text{Lösung} - S_\text{Lösemittel} - S_\text{Polymer} \tag{4.87}$$

Folglich gilt:

$$\begin{aligned}\Delta S_{\mathrm{m}} &= k_{\mathrm{B}}\,[\ln\Omega\,(N_1,\,N_2) - \ln\Omega\,(N_1,\,0) - \ln\Omega\,(0,\,N_1)]\\ &= -k_{\mathrm{B}}[N_1\,(\ln N_1 - \ln(N_1 + P\,N_2)) + N_2\,(\ln(P\,N_2) - \ln(N_1 + P\,N_2))]\end{aligned} \tag{4.88}$$

Wenn wir die Volumenbrüche

$$\varphi_1 = (N_1\,V_z)/[(N_1 + P\,N_2)\,V_z] = N_1/(N_1 + P\,N_2) \tag{4.89}$$

$$\text{und}\quad \varphi_2 = (N_2\,P\,V_z)/[(N_1 + P\,N_2)\,V_z] = (N_2\,P)/(N_1 + P\,N_2) \tag{4.90}$$

einführen, wird daraus:

$$\Delta S_{\mathrm{m}} = -k_{\mathrm{B}}\,(N_1\,\ln\varphi_1 + N_2\,\ln\varphi_2) \tag{4.91}$$

Gl. (4.91) stellt eine Verallgemeinerung von Gl. (4.78) dar. Für $P = 1$ reduziert sich Gl. (4.91) auf den Ausdruck für die Mischungsentropie einer idealen und regulären Lösung. Die Volumenbrüche φ_1 und φ_2 gehen dabei in die Molenbrüche x_1 und x_2 über. Und noch etwas fällt auf: Die Koordinationszahl q tritt in Gl. (4.91) nicht mehr auf. Die Mischungsentropie ΔS_{m} hängt also nicht von der Art des benutzten Gitters ab; dies ergibt Sinn, denn ein Ergebnis, das von der Art des verwendeten Modells abhängen würde, wäre weder plausibel noch praktikabel.

Gl. (4.91) besitzt innerhalb der Polymerphysik einen großen Anwendungsbereich. Wir sollten allerdings darauf hinweisen, dass diese Gleichung nur dann benutzt werden darf, wenn folgende Bedingungen erfüllt sind:

- Wir haben angenommen, dass die verschiedenen möglichen Verteilungen der Polymermoleküle bzw. ihrer Segmente auf das Lösungsgitter gleich wahrscheinlich sind. Das ist eine Idealisierung, die streng genommen nur für athermische Lösungen erfüllt ist.
- Wir sind davon ausgegangen, dass die Wahrscheinlichkeit $(1 - r_i)$, eine freie Gitterzelle für ein Polymersegment zu finden, überall im Lösungsgitter gleich ist. In verdünnten Lösungen befinden sich aber nur wenige Polymermoleküle im Lösungsgitter. Die Segmentdichte ist dort in bestimmten Gebieten des Lösungsgitters groß und im überwiegenden Teil des Gitters gleich null. Unsere Annahme ist deshalb nur dann erfüllt, wenn die Polymersegmente gleichmäßig über das Lösungsgitter verteilt sind. Das aber ist nur für konzentrierte Lösungen der Fall. Gl. (4.91) ist deshalb auf verdünnte Polymerlösungen nicht anwendbar.

Wir wollen außerdem darauf hinweisen, dass obiges Modell die einfachste aller Möglichkeiten darstellt, um zu einem quantitativen Ausdruck für die Mischungsentropie ΔS_{m} konzentrierter Polymerlösungen zu gelangen. Sie geht auf eine Idee von Flory und Huggins zurück.

Beim Betrachten von Gl. (4.91) fällt uns schon rein mathematisch auf, dass der Entropiegewinn beim Mischen stets positiv ist. Die Logarithmen der Molenbrüche auf der rechten Seite der Gleichung sind beide stets negativ, da die Molenbrüche immer Zahlen von null bis eins haben. Zusammen mit dem Minus vor der Klammer ergibt sich damit stets ein positiver Wert für ΔS_{m}. Das ist sinnvoll: Mischen erzeugt stets Unordnung, was entropisch immer günstig ist. Uns fällt allerdings auch auf, dass dieser Effekt weniger stark betont ist, wenn die Anzahl Moleküle des Gelösten, N_2, klein ist. Dies ist in Polymerlösungen stets der Fall, weil die Moleküle darin sehr groß sind. Dadurch ist deren Anzahl in einer gegebenen gelösten Masse kleiner, als sie es in derselben Masse einer niedermolekularen Substanz wäre. Der Entropiegewinn beim Lösen einer bestimmten Masse Polymer ist also viel kleiner, als er es beim Lösen derselben Masse der zugrunde liegenden unpolymerisierten Wiederholungseinheit wäre, ganz einfach, weil im Fall des Polymers ein viel kleineres N_2 im Spiel ist. Wir können dies auch noch aus einem anderen Blickwinkel verstehen: Die Tatsache, dass die Segmente des Polymers durch ihre chemische Verknüpfung miteinander stets benachbarte Plätze auf unserem Gitter einnehmen müssen, bringt so viel Ordnung ins System, dass der Entropiegewinn beim Mischen mit einem Lösemittel nicht mehr so gewichtig ist.

Wir können denselben Gedanken noch weiterführen: Wenn in Gl. (4.91) zusätzlich zu N_2 auch N_1 klein ist, dann gibt es noch weniger Entropiegewinn beim Mischen. Dies ist der Fall, wenn wir Mischungen von einem Polymer mit einem anderen Polymer, sog. **Polymerblends**, betrachten. Wir werden diesen Systemen in Kap. 5 eine eigene Betrachtung widmen. Bereits jetzt schon können wir erkennen, dass es extrem schwer ist, diese herzustellen, schlichtweg weil uns die Entropie beim Mischen kaum hilft, weil eben ihr Ausmaß gemäß Gl. (4.91) bei kleinem N_2 und N_1 viel zu schwach ist. Da überdies aufgrund des Grundsatzes „Gleich und Gleich gesellt sich gern" auch die Enthalpie das Mischen zweier Komponenten, die sich nicht extrem ähnlich sind, nicht begünstigt, ist das Mischen zweier hochmolekularer Polymere nur sehr selten möglich. So kann beispielsweise nicht einmal Polystyrol mit deuteriertem Polystyrol gemischt werden, wenn die Molmassen größer als jeweils ungefähr $3{,}0 \cdot 10^6 \text{g mol}^{-1}$ sind!

Mischungsenergie von Polymerlösungen: Flory-Huggins-Gleichung Wir wollen jetzt unser Modell erweitern, indem wir Wechselwirkungen zwischen den Inhalten der Gitterzellen unserer Lösung zulassen. Diese sollen sich allerdings nur auf solche Gitterzellen beziehen, die eine gemeinsame Seitenfläche besitzen, d. h. die nächsten Nachbarn sind. Wechselwirkungen zwischen Gitterzellen, die weit voneinander entfernt sind, werden weiterhin vernachlässigt.

Es gibt insgesamt drei Arten von Wechselwirkungen zwischen nächsten Nachbarzellen. Jede dieser Wechselwirkungen ist mit einer charakteristischen Energie ε_{ij} assoziiert. ε_{11} sei die Wechselwirkungsenergie zwischen zwei Lösemittelmolekülen, ε_{22} sei die Wechselwirkungsenergie zwischen zwei Polymersegmenten, die nicht chemisch miteinander verbunden sind, und ε_{12} beschreibe die Wechselwirkungsenergie zwischen einem Lösemittelmolekül und einem Polymersegment. Wechselwirkungen zwischen Polymersegmenten, die durch eine chemische Bindung miteinander verknüpft sind, vernachlässigen wir. Diese sollten sich theoretisch nicht allzu sehr von den entsprechenden Wechselwirkungen des Polymers in seinem reinen Zustand unterscheiden. Ihr Beitrag zur Mischungsenergie ΔU_m ist deshalb klein bzw. gleich null.

Doch zurück zu unserem Lösungsgitter. Dieses bestehe wieder aus N_1 Lösemittelmolekülen, N_2 gelösten Polymermolekülen zu je P Segmenten, und jede Zelle sei von q nächsten Nachbarn umgeben. Wir stehen jetzt vor dem Problem, dass wir für jeden Gitterplatz wissen müssen, welche seiner Nachbarn mit einem Molekül gleichen Typs und welche mit einem Molekül unterschiedlichen Typs besetzt sind, um dann mit den Energiebeiträgen ε_{11}, ε_{22} und ε_{12} die gesamte Wechselwirkungsenergie abschätzen zu können. Wir wissen aber nicht, wie nun genau die Teilchen auf dem Gitter angeordnet sind; das können wir schon allein deshalb nicht wissen, weil sich die Anordnung aufgrund der Brown'schen Molekularbewegung stetig ändert. Wir machen daher einen sog. **Molekularfeldansatz** (*mean field*): Uns reicht zu wissen, wie viele Kontakte vom Typ 1–1, 2–2 und 1–2 es *im Mittel* auf unserem Gitter gibt. Diese Zahl schätzen wir schlichtweg über die Volumenbrüche der Komponenten ab. Wenn beispielsweise unser Lösemittel 1 einen hohen Volumenbruch hat, dann gehen wir davon aus, dass ein mit 1 besetzter Gitterplatz auf einem seiner Nachbarplätze mit hoher Wahrscheinlichkeit ebenfalls ein Molekül des Typs 1 sitzen hat. Die Wahrscheinlichkeit für einen 1–1-Kontakt für diesen betrachteten Gitterplatz mit dem einen seiner Nachbarplätze ist demnach direkt proportional zum Volumenbruch der Komponente 1 im System. Eine analoge Abschätzung gilt für die anderen Komponenten ebenso.

Der Vorteil dieses Ansatzes ist, dass er sehr einfach ist. Der Nachteil ist, dass wir damit allerdings eben gerade die Tatsache nicht berücksichtigen, dass unsere Polymerkomponente 2 im System aufgrund ihrer chemischen Konnektivität stets benachbarte Gitterplätze besetzen muss. Wir gehen stattdessen bei der Mean-Field-Abschätzung vielmehr davon aus dass beide Komponenten, 1 und 2, gleichmäßig und zufällig auf dem Gitter verteilt sind, eben in Anteilsverhältnissen, die ihren Volumenbrüchen im System entsprechen. Die Tatsache, dass eine Komponente (oder vielleicht sogar beide) ein Polymer ist, vernachlässigen wir also in dieser Enthalpiebetrachtung; wir tragen ihr lediglich in der oben skizzierten Entropiebetrachtung Rechnung.

Im Mean-Field-Ansatz gehen wir nun also davon aus, dass φ_1 der Bruchteil der Gitterzellen ist, der mit Lösemittelmolekülen belegt ist; entsprechend ist $\varphi_2 = 1 - \varphi_1$ der Bruchteil an Gitterplätzen, der mit Polymersegmenten belegt ist. Anders ausgedrückt: Jedes Lösemittelmolekül ist im Mittel von $q\ \varphi_2$ Polymersegmenten und von $q(1 - \varphi_2)$ Lösemittelmolekülen umgeben. Für die Wechselwirkungsenergie einer Lösemittelzelle ε_{LM} mit ihren q nächsten Nachbarn gilt somit:

$$\varepsilon_{LM} = q\ \varphi_2\ \varepsilon_{12} + q\ (1 - \varphi_2)\ \varepsilon_{11} \tag{4.92}$$

Entsprechend gilt für die mittlere Wechselwirkungsenergie eines Polymersegments mit dessen nächsten Nachbarn:

$$\varepsilon_{PS} = (q-2)\,\varphi_2\,\varepsilon_{22} + (q-2)\,(1-\varphi_2)\,\varepsilon_{12} \tag{4.93}$$

Hier tritt der Faktor $q - 2$ auf, da zwei der nächsten Nachbarn eines Polymersegments wiederum Polymersegmente sind, die mit dem betrachteten Segment durch eine chemische Bindung verknüpft sind. Der Einfachheit halber ersetzen wir aber $q - 2$ durch q, d. h., wir tun so, als ob die Polymersegmente nicht miteinander verbunden sind. Diese Näherung ist an sich nicht erlaubt, ihre Auswirkung auf das Endresultat ist aber klein.

Die totale innere Energie $U(N_1, N_2)$ der Lösung erhalten wir, indem wir die Wechselwirkungsenergien aller N_1 Lösemittelmoleküle und aller $P\,N_2$ Polymersegmente addieren und das Ergebnis durch zwei dividieren. Es gilt:

$$U(N_1,\,N_2) = (1/2)\,q\,[N_1\,(\varphi_2\,\varepsilon_{12} + (1-\varphi_2)\,\varepsilon_{11}) + P\,N_2(\varphi_2\,\varepsilon_{22} + (1-\varphi_2)\,\varepsilon_{12})] \tag{4.94}$$

Der Faktor 1/2 ist notwendig, weil wir sonst alle paarweisen Wechselwirkungsenergien doppelt zählen würden.

$U(0, N_2)$ gibt die innere Energie der Polymermoleküle in ihrem reinen Zustand an, und $U(N_1,0)$ beschreibt die innere Energie des Lösemittels in dessen reinem Zustand. Es gilt:

$$U(0,\,N_2) = (1/2)\,q\,P\,N_2\,\varepsilon_{22} \tag{4.95}$$

$$\text{und}\quad U(N_1,\,0) = (1/2)\,q\,N_1\,\varepsilon_{11} \tag{4.96}$$

Wir subtrahieren diese beiden Gleichungen von Gl. (4.94) und erhalten für die Mischungsenergie ΔU_m den Ausdruck:

$$\Delta U_m = -(1/2)\,q\,N_0\,\varphi_1\,\varphi_2\,(\varepsilon_{11} + \varepsilon_{22} - 2\varepsilon_{12}) \tag{4.97}$$

Mit den Abkürzungen

$$\Delta\varepsilon \equiv \varepsilon_{11} + \varepsilon_{22} - 2\,\varepsilon_{12} \tag{4.98}$$

$$\text{und}\quad \chi \equiv (-q\,\Delta\varepsilon)/(2\,k_B\,T) \tag{4.99}$$

folgt

$$\Delta U_m = k_B\,T\,\chi\,N_0\,\varphi_1\,\varphi_2 = R\,T\,\varphi_2\,n_1\chi, \tag{4.100}$$

wobei n_1 die Anzahl der Mole des Lösemittels und R die Gaskonstante ist. χ ist der Flory-Huggins-Wechselwirkungsparameter. Dieser besitzt eine ganz besondere Bedeutung, die wir im Folgenden herausarbeiten wollen.

Die Wechselwirkungsenergie ε_{ij} beschreibt den Betrag der Energie, der frei wird, wenn zwei Teilchen (i und j) eine Van-der-Waals- bzw. elektrostatische Bindung miteinander eingehen, d. h., einen Zweiercluster bilden. Daraus ergeben sich die folgenden drei Fälle:

1. $\Delta\varepsilon > 0 \quad \Leftrightarrow \quad \chi < 0$: Die 1–2-Wechselwirkungen sind gegenüber den 1–1- und den 2–2-Wechselwirkungen favorisiert. Die Polymersegmente werden durch die Lösemittelmoleküle bevorzugt solvatisiert. Dieser Fall ist ein Sonderfall, der sehr selten angetroffen wird, beispielsweise in besonderen Systemen, in denen die Segmente des Polymers funktionelle Gruppen aufweisen (z. B. Wasserstoffbrückendonoren), die zu denen des Lösemittels komplementär sind (bspw. wenn dort Wasserstoffbrückenakzeptoren vorliegen), sodass sich ganz besonders günstige komplementäre 1–2-Wechselwirkungen ausbilden können.
2. $\Delta\varepsilon = 0 \quad \Leftrightarrow \quad \chi = 0$: In diesem Fall ist ΔU_{m} gleich null. Die 1–2-Wechselwirkungen sind im Mittel genauso stark ausgeprägt wie die 1–1- und 2–2-Wechselwirkungen. Ein Beispiel für solch einen Fall ist Polystyrol in Ethylbenzol, das von seiner Struktur her der Wiederholungseinheit im Polymer identisch ist. Eine solche Lösung verhält sich athermisch, d. h., eine Veränderung der Temperatur hat keinen Einfluss, da im Fall der Gleichheit der Wechselwirkungen 1–1 = 2–2 = 1–2 auch deren Temperaturabhängigkeit gleich ist und demnach Temperaturänderungen alle drei Wechselwirkungen gleichsam verändern.
3. $\Delta\varepsilon < 0 \quad \Leftrightarrow \quad \chi > 0$: Die 1–1- und die 2–2-Wechselwirkungen sind günstiger als die 1–2-Wechselwirkungen. Dies ist der Regelfall, der durch den Grundsatz „Gleiches löst sich in Gleichem" umschrieben ist. Falls die 1–1- und die 2–2-Wechselwirkungen nur leicht gegenüber den 1–2-Wechselwirkungen bevorzugt sind (konkret: wenn der Unterschied pro Gitterplatz weniger als $k_{\mathrm{B}}T$ beträgt; s. Gl. 4.99), so ist $\chi < 0{,}5$; in diesem Fall ist das Polymer immer noch gut im Lösemittel löslich, und wir sprechen von einem **guten Lösemittel**. Sobald die Bevorzugung von 1–1 und 2–2 gegenüber 1–2 aber signifikanter als $k_{\mathrm{B}}T$ pro Gitterplatz wird, wird gemäß Gl. (4.99) $\chi > 0{,}5$. In diesem Fall fallen die Polymermoleküle aus der Lösung aus, und wir sprechen von einem **schlechten Lösemittel**. Besonders interessant ist der Übergang zwischen beiden Szenarien bei $\chi = 0{,}5$. Dieser Zustand trägt einen besonderen Namen: **Theta-Zustand**, auf den wir unten sowie besonders in Abschn. 4.2.5 noch genauer zu sprechen kommen. Für den Moment erkennen wir schon, dass bei diesem Zustand ein Polymer gerade noch löslich in einem Lösemittel ist.

Wir hatten unser Gittermodell so ausgelegt, dass die Volumina eines Lösemittelmoleküls und eines Polymersegments gleich groß sind. Das Mischungsvolumen $\Delta V_{\mathrm{m}} = V_{\mathrm{Lösung}} - N_1\, V_{\mathrm{z}} - P\, N_2\, V_{\mathrm{z}}$ ist folglich gleich null, sodass mit $\Delta H_{\mathrm{m}} = \Delta U_{\mathrm{m}} + p\, \Delta V_{\mathrm{m}} = \Delta U_{\mathrm{m}}$ folgt:

$$\boxed{\Delta G_{\mathrm{m}} = \Delta H_{\mathrm{m}} - T\Delta S_{\mathrm{m}} = RT(n_1\ ln\ \varphi_1 + n_2\ ln\ \varphi_2 + \chi\, n_1\, \varphi_2)} \tag{4.101}$$

Das ist die berühmte **Flory-Huggins-Gleichung**. Sie ist eigentlich nicht exakt, weil wir für ΔS_{m} Gl. (4.91) eingesetzt haben, die nur für athermische Lösungen gilt. Wenn wir aber alle zusätzlichen Beiträge zu ΔS_{m}, die von den Wechselwirkungen zwischen den Gitterzellen herrühren, gedanklich in χ inkorporieren, wird Gl. (4.101) exakt. Wir müssen dazu lediglich χ neu definieren (Abschn. 4.2.4).

Es sei an dieser Stelle noch darauf hingewiesen, dass es eine alternative Form der Flory-Huggins-Gleichung gibt. Wir können sie wie folgt finden. Zuerst stellen wir Gl. (4.89) und (4.90) wie folgt um:

$$N_1 = \varphi_1(N_1 + P\,N_2)$$
$$N_2 = \varphi_2(N_1 + P\,N_2)/P$$

Dies setzen wir in Gl. (4.91) ein, wobei wir noch die absoluten Teilchenzahlen N_1 und N_2 durch die molaren Stoffmengen $n_1 = N_1/N_{\mathrm{A}}$ und $n_2 = N_2/N_{\mathrm{A}}$ sowie die Boltzmann-Konstante k_{B} durch $k_{\mathrm{B}} = R/N_{\mathrm{A}}$ ersetzen; dabei ist N_{A} die Avogadro-Konstante mit der Einheit mol^{-1}. Damit erhalten wir:

$$\Delta S_m = -R\left(\varphi_1(n_1 + P\,n_2)\ \ln\varphi_1 + \frac{\varphi_2}{P}\ (n_1 + P\,n_2)\ln\varphi_2\right) \tag{4.91 ′}$$

Dies ist eine alternative Form zu Gl. (4.91). Die oben genannte erste Form von Gl. (4.91) hat die Einheit J K^{-1}, die hier nun gefundene alternative Form (4.91′) hat hingegen die Einheit J $\mathrm{mol}^{-1}\mathrm{K}^{-1}$; sie gibt also die *molare* Mischungsentropie der Polymerlösung an.

Ferner verwenden wir wieder die grundlegende Gleichung $\Delta H_{\mathrm{m}} = \Delta U_{\mathrm{m}} + p\ \Delta V_{\mathrm{m}} = \Delta U_{\mathrm{m}}$ sowie Gl. (4.100), stellen dies um zu $\Delta H_{\mathrm{m}} = R\,T\,\varphi_2\,n_1\,\chi$ und verwenden die oben bereits genannte Identität $n_1 = \varphi_1(n_1 + P\,n_2)$. Damit erhalten wir $\Delta H_{\mathrm{m}} = R\,T\,\varphi_2\,\varphi_1(n_1 + P\,n_2)\,\chi$ und somit schließlich:

$$\begin{aligned}\Delta G_{\mathrm{m}} &= \Delta H_{\mathrm{m}} - T\Delta S_{\mathrm{m}}\\ &= R\,T\,\varphi_2\,\varphi_1(n_1 + P\,n_2)\chi + RT\left(\varphi_1(n_1 + P\,n_2)\ln\varphi_1 + \frac{\varphi_2}{P}(n_1 + P\,n_2)\ln\varphi_2\right)\end{aligned}$$

Dies teilen wir noch durch $(n_1 + P\,n_2)$, also durch die Gesamtstoffmenge an besetzten Gitterplätzen in der Einheit mol. Damit folgt dann:

$$\boxed{\Delta G_{\mathrm{m}} = R\,T\left[\varphi_2\,\varphi_1\,\chi + \varphi_1\ \ln\varphi_1 + \frac{\varphi_2}{P}\ \ln\varphi_2\right]} \tag{4.101 ′}$$

Dies ist eine alternative Form der Flory-Huggins-Gleichung. Unsere erste Form (Gl. 4.101) hat die Einheit J, Gl. (4.103′) hat hingegen die Einheit J mol^{-1}; sie gibt uns also die **molare** freie Mischungsenthalpie der Polymerlösung an. Auch diese Form der Flory-Huggins-Gleichung können wir konzeptuell verstehen: Wiederum steuert der Entropieteil der Gleichung wegen der Logarithmen der Molenbrüche (d. h. von Zahlen 0 ... 1) stets einen negativen und damit vorteilhaften Beitrag zu ΔG_{m} bei, allerdings ist dieser durch das zusätzliche Auftreten des Polymerisationsgrads P (also einer großen Zahl) im Nenner eines dieser Logarithmenterme abgeschwächt. Die entropische Triebkraft für das Mischen ist demnach geringer, was dann folglich nur noch bei gewisser chemischer Ähnlichkeit von Lösemittel und gelöstem Polymer geht, d. h. nur bei nicht allzu unvorteilhaftem Enthalpieteil der Gleichung. (Mathematisch bedeutet dies, dass wir dort einen nicht allzu großen positiven Wert von χ haben dürfen; am besten wäre ein negatives χ.)

Wir können Gl. (4.101′) noch weiter erweitern, nämlich für den Fall, dass nicht nur der gelöste Stoff ein Polymer ist, sondern auch das Lösemittel selbst. In diesem Fall einer Polymer-Polymer-Mischung, eines sog. **Polymerblends**, nimmt die Gleichung folgende Form an:

$$\Delta G_{\mathrm{m}} = R\,T \left[\varphi_2\, \varphi_1\, \chi + \frac{\varphi_1}{P_1} \ln \varphi_1 + \frac{\varphi_2}{P_2} \ln \varphi_2 \right] \tag{4.101''}$$

Hierin geben P_1 und P_2 die Polymerisationsgrade der beiden gemischten Polymere an. Wir haben es dann also mit großen Zahlen in den Nennern *beider* Logarithmenterme im Entropieteil der Gleichung zu tun, und dadurch ist der Entropiebeitrag nun so stark abgeschwächt, dass die beiden Spezies umso mehr chemisch ähnlich sein müssen, damit sie sich überhaupt mischen können. Bereits geringe chemische Unähnlichkeit kann dann bereits Nichtmischbarkeit der zwei polymeren Spezies bedingen; so mischen sich bspw. Polystyrol und deuteriertes Polystyrol ($\chi = +\ 10^{-4}$) nicht, wenn beide einen Polymerisationsgrad größer als etwa 30.000 haben, weil dann der negative und somit günstige Entropieteil der Gleichung zu sehr abgeschwächt ist und den leicht positiven und damit leicht ungünstigen enthalpischen Teil nicht mehr zu einem negativen Gesamtergebnis kompensieren kann.

Gl. (4.101) können wir partiell nach n_1 und n_2 differenzieren. Dies liefert uns die relativen chemischen Potenziale von Lösemittel und Polymer. Es gilt:

$$\boxed{\Delta\mu_1 \equiv \partial\,(\Delta G_{\mathrm{m}})/\partial\, n_1 = R\,T\,\left[\ln \varphi_1 + \varphi_2\,(1 - 1/P) + \chi\, \varphi_2^2\right]} \tag{4.102}$$

$$\boxed{\Delta\mu_2 \equiv \partial\,(\Delta G_{\mathrm{m}})/\partial\, n_2 = R\,T\,\left[\ln \varphi_2 + \varphi_1\,(1 - P) + \chi\, \varphi_1^2 P\right]} \tag{4.103}$$

In Gl. (4.102) können wir φ_1 durch $1 - \varphi_2$ ersetzen und den Logarithmus $\ln(1 - \varphi_1)$ in eine Reihe entwickeln. Das Ergebnis ist die Virialentwicklung:

$$\begin{aligned}\Delta\mu_1 &= R\,T\left[-\varphi_2 - 1/2\,\varphi_2^2 - 1/3\,\varphi_2^3 - \;\ldots\; + \varphi_2\,(1-1/P) + \chi\,\varphi_2^2\right] \\ &= -R\,T\left[\varphi_2/P + \left(1/2 - \chi\,\varphi_2^2 + 1/3\,\varphi_2^3 + \ldots\right)\right]\end{aligned} \tag{4.104}$$

Das Molvolumen des Lösungsgitters ist gleich $N_{\mathrm{A}}\,V_{\mathrm{z}}$. Dieses stimmt aufgrund unserer Modellvorstellung mit dem Molvolumen V_1° des Lösemittels überein. Analog gilt für das Molvolumen des Polymers $V_2^\circ = N_{\mathrm{A}}\,P\,V_{\mathrm{z}}$.

Für φ_2 und φ_2/P bedeutet dies

$$\varphi_2 = \frac{P N_2}{N_1 + P\,N_2} = \frac{P\,N_2\,N_{\mathrm{A}}\,V_{\mathrm{z}}}{(N_1 + P\,N_2)\,N_{\mathrm{A}}\,V_{\mathrm{z}}} = \frac{n_2\,V_2^\circ}{V_{\text{Lösung}}} = \frac{m_2\,V_2^\circ}{M_2\,V_{\text{Lösung}}} = \frac{c_2\,V_2^\circ}{M_2} \tag{4.105}$$

$$\text{und}\quad \varphi_2/P = \left(c_2\,V_1^\circ\right)/M_2 \tag{4.106}$$

wobei c_2 die Konzentration in Masse/Volumen und M_2 die Molmasse des Polymers sind. Wir setzen diese Gleichungen in Gl. (4.104) ein. Das ergibt:

$$\Delta\mu_1 = -R\,T\,V_1^\circ\,c_2\left[1/M_2 + (1/2-\chi)\,\left(V_2^\circ/M_2\right)^2 c_2/V_1^\circ + (1/3)\,\left(V_2^\circ/M_2\right)^3 c_2^2/V_1^\circ + \ldots\right] \tag{4.107}$$

Gl. (4.107) vergleichen wir mit Gl. (4.65). Es folgt:

$$\boxed{A_2 = (1/2-\chi)\,\left(V_2^\circ/M_2\right)^2\,\left(1/V_1^\circ\right)};\quad \boxed{A_3 = (1/3)\,\left(V_2^\circ/M_2\right)^3\,\left(1/V_1^\circ\right)} \tag{4.108}$$

Die höheren Virialkoeffizienten konvergieren mit steigender Ordnung schnell gegen null. Die Reihenentwicklung in Gl. (4.107) kann deshalb in guter Näherung nach dem zweiten oder dem dritten Glied abgebrochen werden, selbst wenn die Lösung konzentriert ist.

Das relative chemische Potenzial $\Delta\mu_1$ ist mit dem osmotischen Druck π über die Beziehung $\Delta\mu_1 = -V_1^\circ\,\pi$ verknüpft. A_2 und χ können somit bestimmt werden, indem π bei verschiedenen Konzentrationen c_2 gemessen wird. Einige Werte von χ sind in Tab. 4.2 zusammengestellt.

Wir wollen abschließend noch kurz das chemische **Exzesspotenzial** $\Delta\mu_1^{\mathrm{E}}$ des Lösemittels diskutieren. Es gilt:

$$\Delta\mu_1^{\mathrm{E}} = -R\,T\,c_2^2\left[\underbrace{\frac{1}{2\,M_2^2}\left[\left(V_2^\circ\right)^2 - \left(V_1^\circ\right)^2\right]}_{\text{Term 1}} - \underbrace{\left(\frac{V_2^\circ}{M^2}\right)^2\chi + \ldots}_{\text{Term 2}}\right] \tag{4.109}$$

Tab. 4.2 Flory-Huggins-Parameter für einige ausgewählte Polymer-Lösemittel-Systeme

System	T/(°C)	χ
Cellulosenitrat/Aceton	25	0,27
Polyisobutylen/Benzol	25	0,50
Polystyrol/Toluol	25	0,44
PVC/THF	26	0,15
Naturkautschuk/CCl_4	20	0,28
Naturkautschuk/Benzol	25	0,44
Naturkautschuk/Aceton	25	1,37

$\Delta\mu_1^E$ enthält zwei Terme. Der erste Term gibt den Überschuss-Entropieanteil der nichtregulären Polymerlösung gegenüber der regulären Lösung gleich großer niedermolekularer Komponenten an. Er ist ursächlich darauf zurückzuführen, dass ein Lösemittelmolekül und ein gelöstes Makromolekül in einer Polymerlösung unterschiedliche Volumina besitzen. Für $V_1^\circ = V_2^\circ$ ist dieser Term gleich null. Der zweite Term beschreibt die Segment-Segment-, Lösemittel-Lösemittel- und die Segment-Lösemittel-Wechselwirkungen. Er verschwindet, wenn χ gleich null wird. Dies ist genau dann der Fall, wenn

1. keine Wechselwirkungen vorhanden sind oder
2. $\varepsilon_{12} = (\varepsilon_{11} + \varepsilon_{22})/2$ ist.

Fall 1 beschreibt eine echte ideale Lösung und Fall 2 eine pseudoideale athermische Lösung.

Der Theta-Zustand Jedes Lösemittelmolekül und jedes Polymersegment führen in ihrem reinen Zustand bestimmte interne Vibrations- und Rotationsbewegungen aus. Wir haben bisher angenommen, dass sich diese nicht ändern, wenn sich das Lösemittel und die Polymere miteinander mischen. Das ist in einer realen Lösung aber nicht der Fall. Wenn wir dies berücksichtigen wollen, müssen wir Gl. (4.101) modifizieren. Im Prinzip könnten wir dazu die statistische Thermodynamik benutzen, um die entsprechenden Terme für $\Delta H_m^{\mathrm{Zusatz}}$ und $T\,\Delta S_m^{\mathrm{Zusatz}}$ zu berechnen und in Gl. (4.101) zu inkorporieren. Das ist aber recht schwierig. Einfacher ist es, Gl. (4.101) formal so zu lassen, wie sie ist und die Vibrations- und Rotationsänderungen einzubauen.

Wir zerlegen dazu $\chi\,RT$ in einen Enthalpie- und einen Entropieanteil. Es gilt dabei:

$$\chi = \left(H_\chi - T\,S_\chi\right)/R\,T \tag{4.110}$$

sodass $H_\chi = -R\,T^2(\partial\chi/\partial T)_p$ und $S_\chi = -R(\partial(T\,\chi)/\partial T)_p$ ist. Mit der Definition $\chi \equiv \chi_H + \chi_S$ folgt dann:

Tab. 4.3 χ-, χ_H- und χ_S-Werte von Polymethylmethacrylat (PMMA) in verschiedenen Lösemitteln

Lösemittel	χ	χ_H	χ_s
Chloroform	0,36	– 0,08	0,44
Benzol	0,43	– 0,02	0,45
Dioxan	0,43	0,04	0,39
THF	0,45	0,03	0,42
Toluol	0,45	0,03	0,42
Aceton	0,48	0,03	0,45
m-Xylol	0,51	0,20	0,31

$$\chi_H = H_\chi/(R\,T) \qquad \text{und} \qquad \chi_S = -S_\chi/R \tag{4.111}$$

Nach der ursprünglichen Gittertheorie, d. h. ohne die jetzt vorgenommene Korrektur, ist $\chi_S = 0$. Wir sollten also erwarten, dass χ_S sehr viel kleiner als χ_H ist, wenn das Gittermodell die Realität hinreichend genau beschreibt. Das ist aber leider nicht der Fall. In Tab. 4.3 sind einige Werte für χ_H und χ_S zusammengestellt. χ_S ist in allen Fällen deutlich größer als χ_H. Überdies fällt uns beim Betrachten der Werte in Tab. 4.3 auf, dass diese manchmal unterschiedliche Vorzeichen haben. Damit kann χ gemäß Gl. (4.111) je nach Temperatur Werte kleiner oder größer 0,5 annehmen. Das Polymer zeigt damit eine temperaturabhängige Löslichkeit. Je nach Zusammenspiel der Vorzeichen von χ_H und χ_S mit der Temperatur *T* wird die Löslichkeit mit zunehmender Temperatur günstiger oder ungünstiger. Es gibt jeweils eine kritische Temperatur, bei der ein Übergang von Löslichkeit zu Unlöslichkeit vorliegt. Sind die Verhältnisse so, dass eine Temperaturerhöhung die Löslichkeit begünstigt (das ist der Regelfall), so muss *T* größer als eine bestimmte **obere kritische Löslichkeitstemperatur** sein, die als UCST (Upper Critical Solution Temperature) bezeichnet wird. Sind die Verhältnisse umgekehrt so, dass eine Temperaturerhöhung die Löslichkeit benachteiligt (das ist ein Spezialfall), so muss *T* kleiner als eine bestimmte **untere kritische Löslichkeitstemperatur** sein, die als LCST (Lower Critical Solution Temperature) bezeichnet wird. Letztere liegt oft in Systemen vor, in denen ein grundsätzlich unpolares Polymerrückgrat in Wasser gelöst wird, was nur dann funktioniert, wenn geeignete Seitengruppen dies unterstützen. Sind dies Seitengruppen, die diese Unterstützung durch spezifische Wasserstoffbrückenbindungen mit dem wässrigen Lösemittel leisten, so kann es zu einem LCST-Verhalten kommen, wenn diese günstigen 1–2-Wechselwirkungen oberhalb einer kritischen Temperatur gebrochen werden. Ab dann dominiert die ungünstige Wechselwirkung des unpolaren Polymerrückgrats mit dem polaren Lösemittel, und das Polymer kollabiert. Im Fall von Wasserstoffbrückenbindungen erfolgt dieser Übergang oft bei Temperaturen im Bereich von 30–40 °C, was ein physiologisch relevanter Bereich ist. Polymermaterialien auf Basis dieser Strukturmotive besitzen daher Anwendungspotenzial im Bereich der Biowissenschaften, bspw. als körpertemperaturresponsive Sensoren oder Aktoren. Wir werden uns der UCST und LSCT nochmals aus anderem Blickwinkel in Abschn. 4.2.4.1 widmen.

Es ist üblich, die Parameter χ_H und χ_S durch zwei andere Parameter, ψ und θ, zu ersetzen. Diese sind definiert als:

$$\psi \equiv 0{,}5 - \chi_S \qquad \text{und} \qquad \theta \equiv \chi_H T/(0{,}5 - \chi_S) \tag{4.112}$$

Es folgt:

$$\chi = (1/2) - \psi\,[1 - (\theta/T)] \text{ und } A_2 = \psi\,[1 - (\theta/T)]\,\left(V_2^\circ/M_2\right)^2\,\left(1/V_1^\circ\right) \tag{4.113}$$

wobei A_2 der zweite Virialkoeffizient ist.

Der Parameter θ besitzt die Dimension einer Temperatur. Für $T = \theta$ ist $A_2 = 0$. Sind gleichzeitig der dritte und alle höheren Virialkoeffizienten vernachlässigbar klein, so stimmt Gl. (4.107) mit dem Van't Hoff'schen Gesetz überein. Diese charakteristische Temperatur heißt Theta- oder auch Flory-Temperatur. Sie entspricht der Boyle'schen Temperatur T_B für reale Gase, bei der das Boyle'sche Gesetz auch für hohe Dichten gilt.

Ein Polymer-Lösemittel-System befindet sich im Theta-Zustand, wenn $A_2 = 0$ ist. Das zugehörige Lösemittel heißt **Theta-Lösemittel**. Einige Beispiele zeigt Tab. 4.4.

Mit der hier durchgeführten rein formellen Einführung haben wir einen ersten Blick auf den Theta-Zustand bekommen. Wir werden noch einen zweiten illustrativen Blick gewinnen, wenn wir in Abschn. 4.2.5 das ausgeschlossene Volumen in Polymerlösungen diskutieren. Dann wird uns klar werden, warum der Theta-Zustand ganz speziell und von ganz besonderem Interesse in den Polymerwissenschaften ist. Bisher können wir schon sagen, dass er die Grenze zwischen Löslichkeit und Nichtlöslichkeit markiert und damit sehr praxisrelevant ist. Überdies können wir sagen, dass dort $A_2 = 0$ ist und somit das osmotische Verhalten eines realen Polymer-Lösemittel-Systems sich so wie das eines idealen Systems darstellt, ganz genauso, wie sich ein ideales Gas an einem bestimmten Punkt, der Boyle'schen Temperatur, wie ein ideales Gas verhält. Wir werden in Abschn. 4.2.5 sehen, dass dies etwas mit einer Balance von effektiven attraktiven und repulsiven 2–2-Wechselwirkungen zu tun hat, ebenso wie sich auch im realen Gas bei der Boyle'schen Temperatur attraktive und repulsive Wechselwirkungsbeiträge genau gegenseitig die Waage halten.

4.2.3 Die Löslichkeitstheorie

Beim Lösevorgang wird Energie aufgewendet, um die Kohäsionskräfte (F_{11}) zwischen den Lösemittelmolekülen und die Kohäsionskräfte (F_{22}) zwischen den Polymermolekülen zu überwinden. Gleichzeitig treten die Lösemittelmoleküle mit den Polymermolekülen in Kontakt, wobei Solvatationsenergien oder Adhäsionsenergien (E_{12}) freigesetzt werden.

Tab. 4.4 Theta-Zustände. (Aus Huglin 1972)

Polymer	Theta-Lösemittel	θ (K)	ψ
Polystyrol			
Ataktisch	Cyclohexan	307,7	–
Isotaktisch	Terpineol	351,7	–
Isotaktisch	Cyclohexanol	356,7	–
Ataktisch	Cyclohexanol	358,7	–
Poly-α-methylstyrol			
Ataktisch	Cyclohexan	310,0	0,133
Syndiotaktisch	Cyclohexan	305,5	0,170
Polypropylen			
Isotaktisch	Diphenylether	418,4	1,414
Ataktisch	Diphenylether	426,5	0,986
Ataktisch	*Iso*amylacetat	307,2	–
Syndiotaktisch	*Iso*amylacetat	318,2	–
Polymethylmethacrylat			
Isotaktisch	*n*-Propanol	349,1	2,320
Ataktisch	*n*-Propanol	357,6	1,940
Syndiotaktisch	*n*-Propanol	358,4	1,850
Isotaktisch	3-Heptanon	310,2	0,830
Ataktisch	3-Heptanon	306,9	0,560
Polyisopropylacrylat			
Isotaktisch	*n*-Dekan	451,2	1,020
Ataktisch	*n*-Dekan	439,8	0,970
Syndiotaktisch	*n*-Dekan	441,5	0,970
Isotaktisch	*n*-Dodekan	483,3	–
Ataktisch	*n*-Dodekan	468,2	–
Poly-1-penten			
Isotaktisch	Phenetol	329,0	0,4500
Ataktisch	Phenetol	321,5	0,7200
Isotaktisch	*Iso*amylacetat	304,7	–
Isotaktisch	2-Pentanol	335,6	–
Poly-1-buten			
Isotaktisch	Anisol	362,3	0,956
Ataktisch	Anisol	359,4	0,740

Die Kohäsionsenergie E_{coh} ist die Energie, die aufgebracht werden muss, um die intermolekularen Kräfte in 1 mol Substanz vollständig zu eliminieren. Bei Lösemitteln erfolgt diese Elimination durch Verdampfung. Es gilt:

$$E_{\mathrm{coh}} = \Delta U_{\mathrm{Verdampf}} = \Delta H_{\mathrm{Verdampf}} - p\,\Delta V \approx \Delta H_{\mathrm{Verdampf}} - R\,T$$

wobei $\Delta H_{\mathrm{Verdampf}}$ die Verdampfungsenthalpie ist. Direkt verknüpft mit der Kohäsionsenergie sind die Kohäsionsenergiedichte e_{coh} und der Löslichkeitsparameter δ:

$$e_{\mathrm{coh}} \equiv E_{\mathrm{coh}}/V_{\mathrm{m}} \tag{4.114}$$

$$\delta = \sqrt{e_{\mathrm{coh}}} \tag{4.115}$$

Dabei ist V_{m} das Molvolumen der Substanz. Die Bezugstemperatur für e_{coh} und δ ist in der Regel $T = 298$ K.

Zwei Substanzen sind löslich bzw. vollständig miteinander mischbar, wenn die freie Mischungsenthalpie ΔG_{m} negativ ist. Definitionsgemäß gilt:

$$\Delta G_{\mathrm{m}} = \Delta H_{\mathrm{m}} - T\,\Delta S_{\mathrm{m}}, \tag{4.116}$$

wobei ΔH_{m} die Mischungsenthalpie und ΔS_{m} die Mischungsentropie ist. ΔS_{m} ist immer positiv. Auflösung findet genau dann statt, wenn ΔH_{m} kleiner als ein bestimmter kritischer Grenzwert $\Delta H_{\mathrm{m,k}}$ ist. Nach Hildebrand (1949) gilt:

$$\Delta H_{\mathrm{m,k}} = V\,\varphi_1\,\varphi_2\,(\delta_1 - \delta_2)^2 \tag{4.117}$$

wobei V das Volumen der Lösung, φ_1 und φ_2 die Volumenbrüche und δ_1 δ_2 die Löslichkeitsparameter von Lösemittel und gelöster Substanz sind.

Gl. (4.117) sagt voraus, dass $\Delta H_{\mathrm{m,k}} = 0$ ist, wenn $\delta_1 = \delta_2$ ist. Ein Polymermolekül ist also dann besonders gut löslich, wenn sein Löslichkeitsparameter δ_2 mit dem Löslichkeitsparameter δ_1 des Lösemittels übereinstimmt. Für die Praxis hilfreich ist folgende Regel: Ein Polymer wird durch ein Lösemittel gelöst, wenn gilt:

$$(\delta_2 - 1{,}1) \quad < \quad \delta_1 \quad < \quad (\delta_2 + 1{,}1)$$

Die Kohäsionsenergie setzt sich aus drei Anteilen zusammen. Es gilt:

$$E_{\mathrm{coh}} = E_{\mathrm{D}} + E_{\mathrm{P}} + E_{\mathrm{H}}, \tag{4.118}$$

wobei E_{D} der Beitrag der Dispersionskräfte, E_{P} der Beitrag polarer Kräfte und E_{H} der Beitrag ist, der von Wasserstoffbrückenbindungen herrührt. In Analogie zu Gl. (4.115) gilt deshalb:

$$\delta_1^2 = \delta_{\mathrm{D}}^2 + \delta_{\mathrm{P}}^2 + \delta_{\mathrm{H}}^2 \tag{4.119}$$

Einige Werte für δ_{D}, δ_{P} und δ_{H} sind in Tab. 4.5 zusammengestellt. Wir erkennen: Für Wasser sind die Beiträge von δ_{P} und δ_{H} im Vergleich zu δ_1 sehr groß; für Cyclohexan können sie dagegen vernachlässigt werden.

Bei Polymeren ist die Verdampfungsenthalpie nicht messbar. Der Löslichkeitsparameter δ_2 muss deshalb indirekt bestimmt werden. Üblicherweise wird dazu der mittlere

Tab. 4.5 Löslichkeitsparameter einiger wichtiger Lösemittel

Lösemittel	Löslichkeitsparameter (in J cm^{-3})$^{1/2}$			
	δ_1	δ_D	δ_P	δ_H
Aceton	20,0	15,5	10,4	7,0
Benzol	21,3	18,7	8,6	5,3
Chloroform	18,8	17,7	3,1	5,7
Cyclohexan	16,7	16,7	0	0
Dimethylsulfoxid	26,5	18,4	16,4	10,2
Dioxan	20,5	19,0	1,8	7,4
Ethanol	26,4	15,8	8,8	19,4
Formamid	36,2	17,2	26,2	19,0
Pyridin	21,7	18,9	8,8	5,9
Wasser	48,1	12,3	31,3	34,2

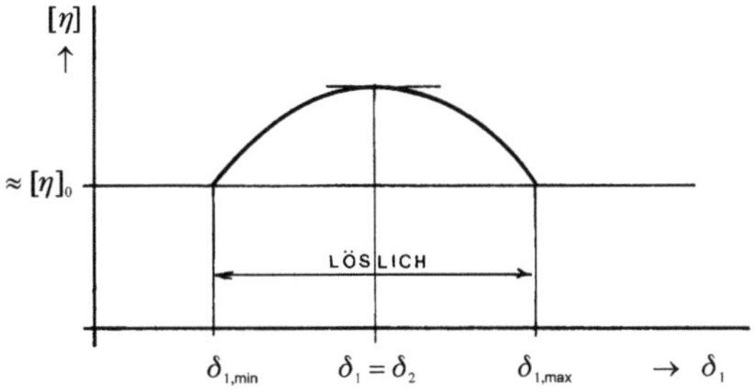

Abb. 4.12 Die Grenzviskositätszahl $[\eta]$ in Abhängigkeit vom Löslichkeitsparameter

quadratische Trägheitsradius $<R^2>$ der Polymermoleküle oder die Grenzviskositätszahl $[\eta]$ in verschiedenen Lösemitteln unterschiedlicher Lösekraft ermittelt. Die Werte von $<R^2>$ und $[\eta]$ sind genau dann am größten, wenn die Kohäsionsenergie E_{22} völlig durch die Adhäsionsenergie E_{12} kompensiert wird. δ_1 ist dort gleich δ_2. Ein Beispiel für diese Vorgehensweise zeigt Abb. 4.12. Dort ist $[\eta]$ schematisch gegen δ_1 aufgetragen. Das Polymer ist im Intervall $[\delta_{1,\mathrm{Min}}, \delta_{1,\mathrm{Max}}]$ löslich. Der Mittelpunkt des Löslichkeitsbereichs (die Stelle, an der $[\eta]$ maximal wird) ist der Löslichkeitsparameter des Polymers.

Die zweite Möglichkeit besteht darin, δ_2 zu berechnen. Es gilt:

$$\delta_2 = \rho \sum F_i / M_0 \tag{4.120}$$

wobei ρ die Dichte des Polymers, M_0 die Molmasse einer Monomereinheit und F_i die Attraktionskonstante der Struktureinheit i ist. Werte für F_i finden sich in Tabellenwerken. Eine Auswahl gibt Tab. 4.6.

Tab. 4.6 Attraktionskonstanten F_i verschiedener Struktureinheiten. (Nach Hoy 1970)

Struktureinheit	F_i	Struktureinheit	F_i
$-CH_3$	303	$-CH=CH-$	497
$-CH_2-$	269 65,5	$-OH$	462
$-\overset{\vert}{\underset{\vert}{C}}-$	65,5	$-O-$ $-CO-$	235 538
$-CH(CH_3)-$	479	$-COOH$	1000
$-C(CH_3)_2-$	672	$-COO-$	668

Tab. 4.7 Löslichkeitsparameter wichtiger Polymere

Polymer	δ_2 (J cm^{-3})$^{1/2}$	
	von	bis
Polyethylen	15,8	17,1
Polypropylen	16,8	18,8
Polyisobutylen	16,0	16,6
Polystyrol	17,4	19,0
Poly(vinylchlorid)	19,2	22,1
Poly(vinylalkohol)	25,8	29,1
Polyacrylnitril	25,6	31,5
Poly(propylenoxid)	15,4	20,3

Als Beispiel betrachten wir Poly(methylmethacrylat). Es gilt $M_0 = 100{,}1$ g mol^{-1} und $\rho = 1{,}119$ g cm^{-3}, sodass mit den Werten von Hoy folgt:

Monomereinheit	Struktureinheiten	Attraktionskonstante F_i
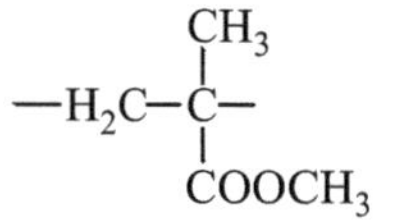	2 $(-CH_3)$	$2 \cdot 303 = 606$
	$-CH_2$	269
	$-COO-$	668
	$-\overset{\vert}{\underset{\vert}{C}}-$	65,5
		$\sum F_i = 1608{,}5$

Das ergibt: $\delta_2 = 1608{,}5 \cdot 1{,}119/100{,}1 = 19{,}1(\text{J cm}^{-3})^{1/2}$. Der experimentell bestimmte Wert von δ_2 beträgt 19 (J cm^{-3})$^{1/2}$. Die Übereinstimmung zwischen Theorie und Experiment ist also für PMMA recht gut. Das gilt aber auch für andere Polymere. Eine Übersicht gibt Tab. 4.7.

Wir weisen abschließend darauf hin, dass die Löslichkeitsparameter δ_1 und δ_2 mit dem Flory-Huggins-Parameter χ verknüpft sind. Setzen wir Gl. (4.100) mit Gl. (4.117) gleich, so folgt $\chi \approx (\delta_1 - \delta_2)^2 V/(n_1\, R\, T)$. Leider ist diese Gleichung in der Praxis nur ungenügend genau erfüllt. Der Wechselwirkungsparameter χ hängt neben der Änderung der Energie der Nachbarschaftskontakte auch noch von der Kontaktentropie ab. Dieser Beitrag ist konzentrationsabhängig; der zugehörige mathematische Ausdruck muss noch gefunden werden.

4.2.4 Phasengleichgewichte

4.2.4.1 Binäre Systeme

Abb. 4.13 zeigt $-\Delta\mu_1/(RT)$ als Funktion des Volumenbruchs φ_2 für verschiedene Wechselwirkungsparameter χ. Zur Berechnung wurde Gl. (4.102) zugrunde gelegt und $P = 30$ gesetzt.

Wir sehen: Die Funktion $-\Delta\mu_1/(RT)$ besitzt für $\chi_k = 0{,}70$ einen Wendepunkt mit waagerechter Tangente (Sattelpunkt). Für $\chi < \chi_k$ sind die Kurven konvex nach oben geöffnet. Sie besitzen dort weder ein Maximum noch ein Minimum. Interessant ist der Fall $\chi > \chi_k$. $-\Delta\mu_1/(RT)$ besitzt jetzt ein Maximum und ein Minimum. Das Maximum befindet sich stets bei etwa demselben Wert von φ_2. Die Position des Minimums verschiebt sich hingegen mit steigenden Werten von χ zu höheren Volumenbrüchen φ_2. Eine Parallele zur φ_2-Achse schneidet die Kurve in zwei bzw. drei Punkten. Wir wollen die Schnittpunkte mit φ_2', φ_2'' und φ_2''' bezeichnen. Die Funktion $-\Delta\mu_1/(RT)$ besitzt dort die gleichen Funktionswerte. Da $\Delta\mu_1 = \mu_1 - \mu_1^\circ$ ist und μ_1° eine Konstante darstellt, gilt:

$$\mu_1(\varphi_2') = \mu_1(\varphi_2'') = \mu_1\left(\varphi_2'''\right) \tag{4.121}$$

Das bedeutet: Die Polymerlösungen, welche die Volumenbrüche (Konzentrationen) φ_2', φ_2'' und φ_2''' besitzen, stehen im thermodynamischen Gleichgewicht miteinander. Oder anders ausgedrückt: Eine Polymerlösung, die anfänglich die Konzentration $\varphi_2 \in \left(\varphi_2'', \varphi_2'''\right)$ besitzt, zerfällt u. U. spontan in zwei bzw. drei Teillösungen (Phasen), welche die Kon-

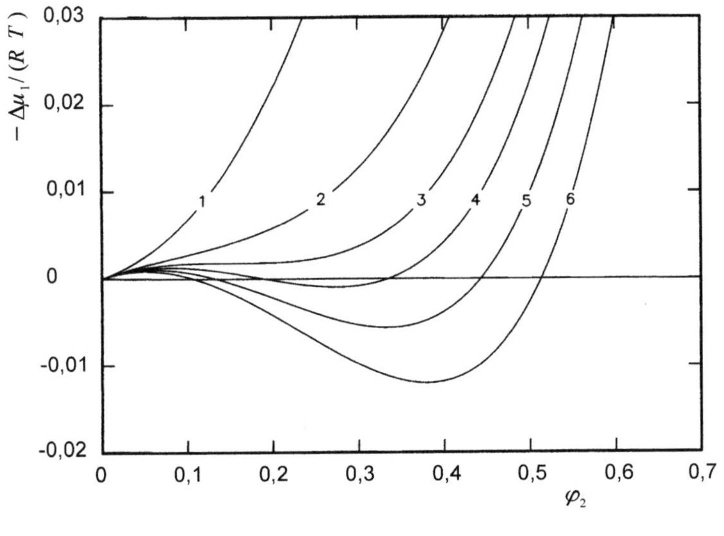

Abb. 4.13 $-\Delta\mu_1/(RT)$ als Funktion des Volumenbruchs φ_2. $P = 30$, (1) $\chi = 0{,}20$, (2) $\chi = 0{,}60$, (3) $\chi = 0{,}70$, (4) $\chi = 0{,}75$, (5) $\chi = 0{,}80$, (6) $\chi = 0{,}85$

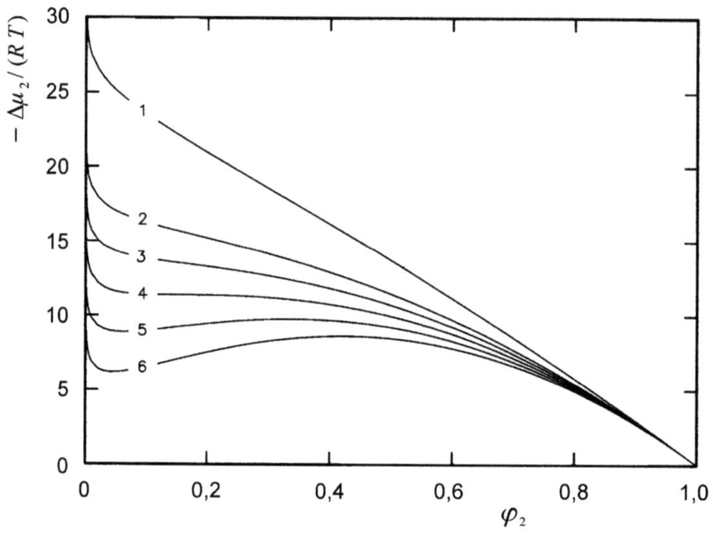

Abb. 4.14 $\Delta\mu_2/(RT)$ als Funktion des Volumenbruchs φ_2. $P = 30$, (1) $\chi = 0{,}20$, (2) $\chi = 0{,}50$, (3) $\chi = 0{,}60$, (4) $\chi = 0{,}70$, (5) $\chi = 0{,}80$, (6) $\chi = 0{,}90$

zentrationen φ_2', φ_2'' und φ_2''' aufweisen. Damit eine solche Phasentrennung stattfindet, muss allerdings zusätzlich gelten:

$$\mu_2(\varphi_2') = \mu_2(\varphi_2'') = \mu_2(\varphi_2''') \tag{4.122}$$

Die Funktion $-\Delta\mu_2/(RT)$ ist in Abb. 4.14 dargestellt. Wir können wieder eine Parallele zur φ_2-Achse ziehen, die den Graphen der Funktion $-\Delta\mu_2/(RT)$ schneidet. Gl. (4.121) und (4.122) müssen gleichzeitig erfüllt sein, damit es zur Phasentrennung kommt. Die Parallele muss deshalb $-\Delta\mu_2/(RT)$ an genau denselben Stellen φ_2', φ_2'' und φ_2''' schneiden wie die Parallele in Abb. 4.13. Das aber ist nur für zwei Schnittstellen gleichzeitig möglich. Gl. (4.121) und (4.122) reduzieren sich somit zu:

$$\mu_i(\varphi_2') = \mu_i(\varphi_2'') \quad i = 1,\ 2 \tag{4.123}$$

Wir vereinbaren, dass φ_2' die Konzentration der Phase ist, die gegenüber der Ausgangslösung verdünnt wird. φ_2'' ist dann die Konzentration der Phase, die gegenüber der Ausgangslösung erhöht wird. Es gilt also: $\varphi_2' < \varphi_2'' < \varphi_2'''$.

Der kritische Volumenbruch ${}^{k}\varphi_2$ ist dadurch ausgezeichnet, dass die Funktion $-\Delta\mu_1/(RT)$ die folgenden Bedingungen erfüllt:

$$\partial(-\Delta\mu_1/(R\,T))/\partial\varphi_2 = 0\,; \qquad \partial^2(-\Delta\mu_1/(R\,T))/\partial\varphi_2^2 = 0\,; \qquad \partial^3(-\Delta\mu_1/(R\,T))/\partial\varphi_2^3 > 0$$

Mit Gl. (4.104) folgt daraus:

$$\left(1 - {}^{k}\varphi_2\right)^{-1} - \left(1 - P^{-1}\right) - 2\,\chi_k\,{}^{k}\varphi_2 = 0 \tag{4.124}$$

$$\text{und} \quad \left(1 - {}^{k}\varphi_2\right)^{-2} - 2\,\chi_k = 0, \tag{4.125}$$

wobei χ_k der Wert von χ am kritischen Punkt ist. Das sind zwei Gleichungen mit zwei Unbekannten, ${}^{k}\varphi_2$ und χ_k. Es folgt:

$${}^{k}\varphi_2 = 1\Big/\left(1 + \sqrt{P}\right) \tag{4.126}$$

$$\text{und} \quad \chi_k = \left(1 + \sqrt{P}\right)^2\Big/\,(2\,P) = 1/2 + 1/(2\,P) + 1/\sqrt{P} \tag{4.127}$$

Über die Temperaturabhängigkeit des χ-Parameters gemäß Gl. (4.110) bis (4.112) können wir zusätzlich die kritische Temperatur T_k einführen. Wir bedienen uns Gl. (4.112) und finden:

$$T_k = \left[(1/\theta) + (\theta\,\psi)^{-1}\left[1/(2\,P) + 1/\sqrt{P}\right]\right]^{-1} \tag{4.128}$$

Wenn die Molmasse des Polymers, d. h. die Anzahl P seiner Segmente, sehr groß ist, folgt:

$${}^{k}\varphi_2 \approx 1/\sqrt{P}; \quad \chi_k \approx \left(1 + 2\sqrt{P} + P\right)/(2\,P) \approx 1/2; \quad T_k \approx \theta$$

Die kritische Temperatur T_k liegt somit in der Nähe der Theta-Temperatur. Der kritische χ-Parameter, χ_k, hat dort einen Zahlenwert von 0,5; dies haben wir bereits in Abschn. 4.2.2 aus einem anderen Blickwinkel realisiert, und hier bestätigen wir nun diese Erkenntnis. Wir können unseren Blickwinkel sogar noch erweitern und betrachten dazu drei Fälle:

1. Haben wir es mit einer regulären Mischung von zwei niedermolekularen Komponenten (mit gleicher Molekülgröße) zu tun, so ist $P = 1$, und gemäß Gl. (4.127) folgt $\chi_k = 2$. Das bedeutet, dass ein Mischen der beiden Stoffe in jedem beliebigen Verhältnis möglich ist, solange deren Wechselwirkungsparameter χ kleiner als 2 ist. Ist χ hingegen größer als 2, so treten in Zusammensetzungsbereichen jenseits des Intervalls $\varphi_2 \in (\varphi_2'', \varphi_2''')$ Mischungslücken auf.

2. Haben wir es mit einer Lösung eines hochmolekularen Stoffs, d. h. eines Polymers, in einem niedermolekularen Lösemittel zu tun, so ist P sehr groß, und gemäß Gl. (4.127) folgt $\chi_{\mathrm{k}} = 0{,}5$. Das bedeutet, dass Mischungslücken hier nun bereits ab einem kritischen Wechselwirkungsparameter von $\chi_{\mathrm{k}} = 0{,}5$ auftreten, wie wir es oben ausführlich diskutiert haben.
3. Haben wir es mit einer Mischung eines Polymers mit einem anderen Polymer zu tun, so tritt in Gl. (4.127) ein weiter Polymerisationsgrad auf; wir haben dort dann nicht nur ein einzelnes P, sondern es gibt zwei solcher Variablen, P_1 und P_2. In diesem Fall ist $\chi_{\mathrm{k}} \approx 0$. Das bedeutet, dass Mischung kaum noch möglich ist, denn das real vorliegende χ unserer zwei Komponenten muss ja kleiner als χ_{k} sein, damit diese sich mischen, und χ_{k} ist wiederum schon nahezu null. Dies zeigt uns erneut, wie schwer es ist, Polymerblends herzustellen. Wir haben in Abschn. 4.2.2 bereits einen Eindruck davon bekommen und werden uns dieser besonderen Klasse von Polymersystemen in Kap. 5 noch eigens widmen.

Nun aber zurück zu den Polymerlösungen (Fall 2) in der zuletzt geführten Diskussion). Im Phasengleichgewicht gilt für $\chi > \chi_{\mathrm{k}}$: $\mu_1(\varphi_2') = \mu_1(\varphi_2'') \ \wedge \ \mu_2(\varphi_2') = \mu_2(\varphi_2'')$. Das liefert uns die Gleichungen

$$\ln\left(1-\varphi_2'\right) + \left(1-P^{-1}\right)\varphi_2' + \chi\left(\varphi_2'\right)^2 = \ln\left(1-\varphi_2''\right) + \left(1-P^{-1}\right)\varphi_2'' + \chi\left(\varphi_2''\right)^2 \tag{4.129}$$

und $$\ln\varphi_2' - (P-1)\left(1-\varphi_2'\right) + P\chi\left(1-\varphi_2'\right)^2 = \ln\varphi_2'' - (P-1)\left(1-\varphi_2''\right) + P\chi\left(1-\varphi_2''\right)^2 \tag{4.130}$$

Mit diesen Gleichungen lassen sich bei gegebenen Werten von P und χ die Volumenbrüche φ_2' und φ_2' berechnen. Die Wertepaare $(P;\ \chi,\ \varphi_2')$ und $(P;\ \chi,\ \varphi_2'')$ heißen **Binodalpunkte**. Sie werden grafisch dargestellt, indem für einen gegebenen Wert von P die Flory-Huggins-Parameter χ gegen φ_2 aufgetragen werden. Die sich ergebenden Kurven heißen **Binodalen**. Einige Beispiele zeigt Abb. 4.15.

Wir können zusätzlich für $\chi > \chi_{\mathrm{k}}$ die Positionen der Maxima und Minima von $-\Delta\mu_1/(R\,T)$ bestimmen. Es gilt:

$$\varphi_2^2 - [1-(P-1)/(2\,P\chi)]\,\varphi_2 + [1/(2\,P\chi)] = 0 \tag{4.131}$$

$$\varphi_{2,\mathrm{Min,Max}} = (1/2)\,(1-(P-1)/(2\,P\chi)) \pm \left\{(1/4)[1-(P-1)/(2P\chi)]^2 - 1/(2P\chi)\right\}^{0,5} \tag{4.132}$$

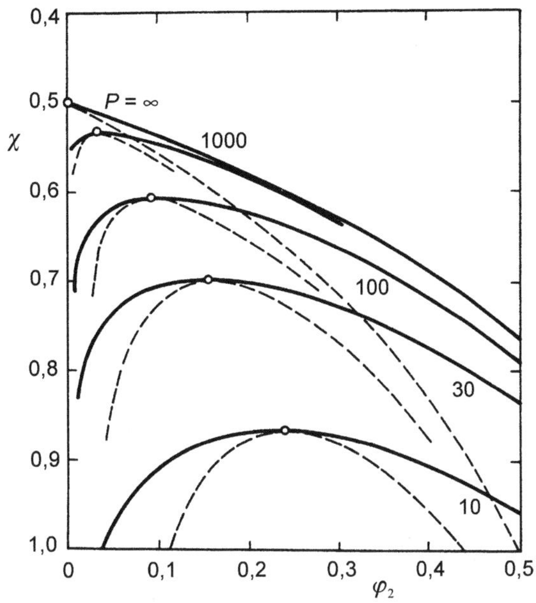

Abb. 4.15 Binodalkurven. (———) und Spinodalkurven (— — —) einer binären Polymerlösung als Funktion des Polymerisationsgrads *P*. o=kritische Punkte

Im Grenzfall $P = \infty$ gilt:

$$\varphi_{2,\mathrm{Max}} = 0 \quad \text{und} \quad \varphi_{2,\mathrm{Min}} = 1 - 1/(2\chi) \tag{4.133}$$

Die Wertepaare $(P; \chi, \varphi_{2,\mathrm{Min}})$ und $(P; \chi, \varphi_{2,\mathrm{Max}})$ heißen **Spinodalpunkte**. Die zugehörigen Kurven sind die **Spinodalen**. Diese sind ebenfalls in Abb. 4.15 dargestellt. Sie berühren die Binodalen jeweils in den kritischen Punkten $(P; \chi_{\mathrm{k}}^{\mathrm{k}}, \varphi_2)$. Die Binodalen und Spinodalen trennen in Abb. 4.15 Gebiete mit Mischbarkeit (Einphasengebiete) von solchen mit Nichtmischbarkeit (Zweiphasengebiete) ab. Bei χ-Werten kleiner der kritischen Werte (das ist der obere Bereich in Abb. 4.15, in dem auf der Ordinate χ von groß [unten] nach klein [oben] aufgetragen ist) ist Mischbarkeit bei jedem beliebigen Volumenbruch φ_2 möglich. Bei χ-Werten größer als die kritischen Werte (unterer Bereich in Abb. 4.15) ist im Bereich bestimmter Volumenbrüche φ_2 keine Mischbarkeit mehr möglich. Auf gar keinen Fall kann Mischbarkeit in dem Bereich erreicht werden, der durch die Spinodalkurven eingegrenzt ist. Eigentlich kann auch schon in den darüber hinaus gehenden Bereichen, die durch die Binodalkurven eingegrenzt sind, keine Mischbarkeit realisiert werden, aber es kann sein, dass eine Phasentrennung hier noch gehemmt ist, weil dies bspw. die Erzeugung einer Phasengrenzfläche erfordert. Das System ist dann zwar eigentlich schon im Entmischungsbereich, kann hier aber trotzdem noch metastabil gemischt bleiben; erst größere Fluktuationen reißen es schließlich in einen Entmischungsvorgang. Im Bereich innerhalb der Spinodalkurven ist solch eine Metastabilität aber nicht möglich, und Entmischung findet spontan statt.

Wir sehen in Abb. 4.15, wie sich der kritische Wert von χ mit sinkendem Polymerisationsgrad $P \rightarrow 1$ gemäß Gl. (4.127) dem Wert $\chi_k = 2$ annähert (Fall 1 in der obigen Fallunterscheidung). Gleichzeitig nähert sich der zugehörige kritische Volumenbruch hier gemäß Gl. (4.126) dem Wert ${}^k\varphi_2 = 0{,}5$. Umgekehrt strebt χ_k für $P \rightarrow \infty$ gemäß Gl. (4.127) dem Wert $\chi_k = \frac{1}{2}$ entgegen (Fall 2 in der obigen Fallunterscheidung), während sich der zugehörige kritische Volumenbruch hier gemäß Gl. (4.126) dem Wert ${}^k\varphi_2 = 0$ annähert.

Eine für die Praxis handlichere Form des Phasendiagramms ist eine Auftragung nicht etwa von χ gegen φ_2 (wie in Abb. 4.15), sondern stattdessen von T gegen φ_2. Dies sind nämlich zwei praktisch relevante Variablen, und ein solches Diagramm sagt uns dann für ein gegebenes Polymersystem praxisrelevant, in welchen Bereichen von T und φ_2 es mischbar ist und in welchen nicht. Wir können uns eine solche Form der Auftragung aus der in Abb. 4.15 einfach ableiten, wenn wir die Temperaturabhängigkeit des χ-Parameters gemäß Gl. (4.110) bis (4.112) berücksichtigen und damit die χ; φ_2-Auftragung in eine T; φ_2-Auftragung „übersetzen". Abb. 4.16 zeigt uns eine solche Auftragungsform für ein konkretes Beispiel.

Wir wollen jetzt die Theorie mit dem Experiment vergleichen. Dazu betrachten wir als Beispiel das Polystyrol-Cyclohexan-System für verschiedene Polymerisationsgrade P. Wenn wir dieses System kontinuierlich abkühlen, beobachten wir bei einer bestimmten Temperatur T_A eine Eintrübung. Die Polystyrolmoleküle beginnen auszufallen. Die Temperatur T_A heißt deshalb **Trübungs-** oder **Ausfällungstemperatur**.

Die Trübungstemperaturen sind in Abb. 4.16 als Funktion des Volumenbruchs für verschiedene P grafisch dargestellt. Jede dieser Trübungskurven besitzt ein Maximum, den sog. Schwellen-Trübungspunkt. Für monodisperse Polymerproben stimmen die Trü-

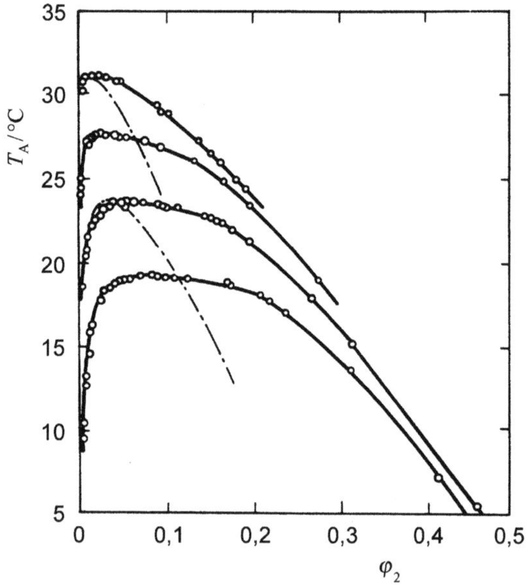

Abb. 4.16 Trübungstemperatur-Kurven von Polystyrolfraktionen für verschiedene Polymerisationsgrade in Cyclohexan. ——— = Experiment, · — · — · = Theorie. (Nach Shultz und Flory 1952)

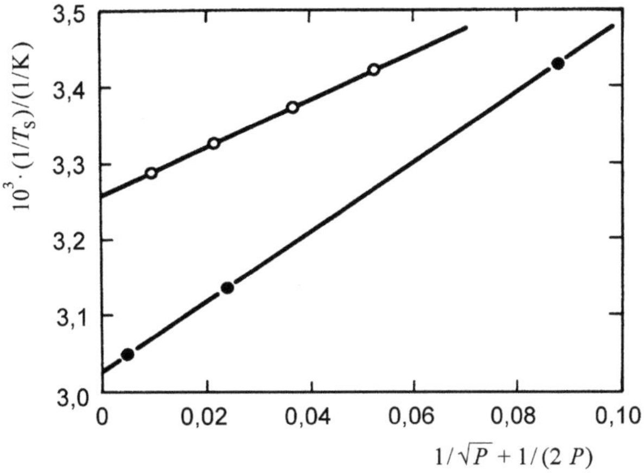

Abb. 4.17 Kettenlängenabhängigkeit der Schwellen-Trübungstemperatur T_S. ○ = Polystyrol/Cyclohexan, • = Polyisobutylen/Diisobutylketon

bungskurven mit den Binodalen und der Schwellen-Trübungspunkt mit dem kritischen Punkt überein. Das gilt allerdings nicht für eine Probe, bei der die Polymermoleküle verschiedene Molmassen besitzen.

In Abb. 4.17 ist der Kehrwert der Schwellen-Trübungstemperatur T_S gegen $1/P^{1/2} + 1/(2P)$ aufgetragen, wobei T_S Abb. 4.16 entnommen wurde. Alle Punkte liegen auf einer Geraden. Wir nehmen an, dass $T_S = T_K$ ist. Der Achsenabschnitt dieser Geraden stimmt dann nach Gl. (4.128) mit dem Kehrwert der Theta-Temperatur überein, und ihre Steigung ist gleich $1/(\theta\,\psi)$. Die Auswertung liefert:

$$\theta = 307{,}2\ \mathrm{K} \qquad \text{und} \qquad \psi = 1{,}056$$

Das sind Werte, die recht gut mit denjenigen übereinstimmen, die mithilfe der Osmose über Messungen des zweiten Virialkoeffizienten A_2 erhältlich sind (Tab. 4.7).

Die experimentell ermittelten Werte für θ und ψ setzen wir in Gl. (4.113) ein. Wir erhalten dadurch Werte für χ als Funktion von T. Diese setzen wir in Gl. (4.129) und (4.130) ein und berechnen φ_2' und φ_2''. Wir erhalten dadurch die Binodalen, die theoretisch mit den gemessenen Trübungskurven übereinstimmen sollten. Sie sind in Abb. 4.16 als gestrichelte Linien dargestellt. Wir erkennen: Die Übereinstimmung zwischen beiden Kurvenarten ist qualitativ gut. Für eine quantitative Analyse ist sie jedoch ungenügend. Die theoretischen Binodalen sind sehr viel schmaler als die experimentell bestimmten Kurven. Das ist in erster Linie darauf zurückzuführen, dass unsere Modellrechnung monodisperse Proben beschreibt, während die benutzten Polystyrolproben polydispers sind.

Obere und untere kritische Lösungstemperaturen Eine Polymerlösung zerfällt in eine polymerreiche und eine polymerarme Lösungsphase, wenn χ größer als χ_K ist. Der Wert von χ hängt dabei vom Polymerisationsgrad P und von der Temperatur T ab. In der Regel wird χ bei gegebenem P mit steigender Temperatur kleiner und die Polymerlöslichkeit

Abb. 4.18 Wechselwirkungsparameter χ als Funktion der Temperatur T. χ_k= kritischer χ-Wert, T_{UCST} = obere kritische Lösungstemperatur, T_{LCST} = untere kritische Lösungstemperatur. (Nach Gruber 1980)

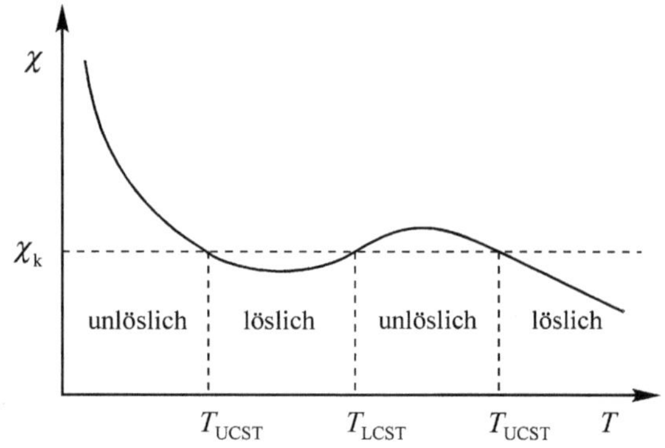

damit größer. Es ist aber auch möglich, dass χ mit steigendem T zunächst sinkt und dann wieder ansteigt (Abb. 4.18).

Die Temperatur T_{UCST} =, bei der $^{\chi}$ zum ersten Mal den kritischen Wert χ_k annimmt, heißt **obere kritische Lösungstemperatur** (Upper Critical Solution Temperature, UCST). Die Temperatur T_{LCST}, bei der χ zum zweiten Mal gleich χ_k wird, ist die **untere kritische Lösungstemperatur** (Lower Critical Solution Temperature, LCST). Das bedeutet: T_{LCST} ist größer als T_{UCST}. Im Temperaturintervall $T \in (T_{UCST}, T_{LCST})$ ist das Polymer vollständig löslich; für $T < T_{UCST}$ und für $T > T_{LCST}$ fällt es aus. Ein Beispiel für ein solches Verhalten zeigt Abb. 4.19. Es handelt sich um Polystyrolfraktionen unterschiedlicher Molmasse. Die Temperatur, bei der Ausfällung stattfindet, ist gegen den Massenbruch aufgetragen. Wir erkennen: Der Löslichkeitsbereich (T_{UCST}, T_{LCST}) ist umso größer, desto kleiner die Molmasse ist.

Eine theoretische Voraussage von T_{UCST} und T_{LCST} ist möglich, aber schwierig. Eichinger (1970) postuliert dazu eine Austauschwärmekapazität Δc_p. Es gilt:

$$H_\chi = H_{\chi,\theta} + \int_\theta^T \Delta c_p \, \mathrm{d}T \tag{4.134}$$

Dabei ist $H_{\chi,\theta}$ der Wert von H_χ bei der θ -Temperatur. Mit

$$\chi = 1/2 - \int_\theta^T \left[H_\chi / \left(R\,T^2\right)\right] \mathrm{d}T \tag{4.135}$$

und der Annahme, dass Δc_p nicht von T abhängt, folgt:

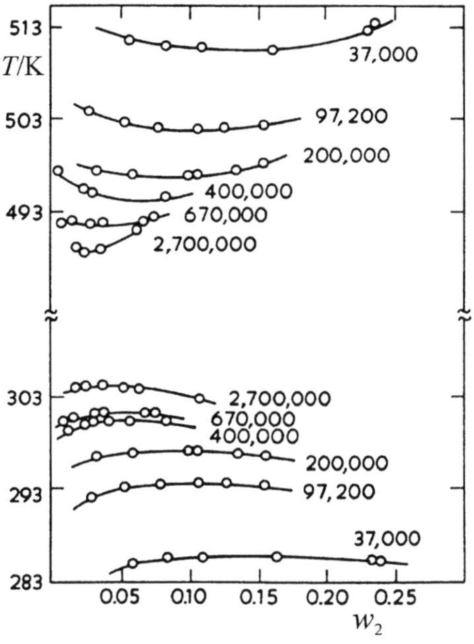

Abb. 4.19 Phasendiagramme für Polystyrolfraktionen unterschiedlicher Molmasse in Cyclohexan. Die Ausfällungstemperatur ist gegen den Massenbruch des Polymers aufgetragen. (Nach Saeki et al. 1975)

$$\chi = 1/2 - \left[H_{\chi,\theta}/(R\,\theta)\right](1-\theta/T) + \left(\Delta c_p/R\right)\left[1-\theta/T + \ln(\theta/T)\right] \tag{4.136}$$

Wir nehmen an, dass Δc_p negativ ist. Es existieren dann zwei Temperaturen, für die $\chi = 0{,}5$ wird. Die eine Temperatur ist $T = \theta$, die andere Temperatur ist größer. Das bedeutet: Die obere kritische Lösungstemperatur stimmt mit der Theta-Temperatur überein; die andere Temperatur ist die untere kritische Lösungstemperatur. Der Wert von T_{LCST} lässt sich mit dem experimentellen Wert von T_{UCST} in Übereinstimmung bringen. Wir müssen Δc_p nur geeignet wählen. Für $\Delta c_p > 0$ existiert nur T_{UCST}.

4.2.4.2 Polymere Mehrkomponentensysteme

Die Flory-Huggins-Theorie für binäre Lösungen kann auf Vielkomponentensysteme ausgedehnt werden. Im einfachsten Fall besteht die Lösung aus einem Lösemittel und einer Mischung homologer Polymere, die verschiedene Polymerisationsgrade besitzen. Das Lösemittel bezeichnen wir wieder als Komponente 1 und die verschiedenen Polymere als Komponenten r bis s. Der Polymerisationsgrad der i-ten Polymerkomponente sei P_i, und dessen Volumenbruch in der Lösung sei φ_i. Wir nehmen ferner an, dass die Segmente der verschiedenen Polymere alle gleich groß und die Polymere gleichmäßig über den Lösungsraum verteilt sind. Diese Annahme ist für jede Serie homologer Polymere in guter Näherung erfüllt.

Die Mischungsentropie ΔS_m können wir mithilfe der gleichen Überlegungen wie in Abschn. 4.2.3 bestimmen. Es gilt:

$$\Delta S_m = -R\left(n_1 \ln\varphi_1 + \sum_{i=r}^{s} n_i \ln\varphi_i\right) \tag{4.137}$$

Dabei ist n_i die Anzahl der Mole der i-ten Polymerkomponente. Für die Volumenbrüche φ_1 und φ_i gilt analog zu Gl. (4.89) und (4.90):

$$\varphi_1 = n_1 \Big/ \left(n_1 + \sum_{i=r}^{s} P_i\, n_i\right); \qquad \varphi_i = P_i\, n_i \Big/ \left(n_1 + \sum_{i=r}^{s} P_i\, n_i\right) \tag{4.138}$$

Der totale Volumenbruch φ_P aller Polymermoleküle ist gleich:

$$\varphi_P = \sum_{i=r}^{s} \varphi_i = 1 - \varphi_1 \tag{4.139}$$

Dieser ist mit dem Massenbruch w_i der i-ten Polymerkomponente verknüpft. Es gilt:

$$w_i = \varphi_i / \varphi_P \qquad (i = r,\ r+1,\ \ldots,\ s) \tag{4.140}$$

Für die Mischungsenthalpie ΔH_m erhalten wir anstelle von Gl. (4.100) folgenden Ausdruck:

$$\Delta H_m = R\,T\,\chi\, n_1 \sum_{i=r}^{s} \varphi_i = R\,T\,\chi\, n_1\, \varphi_P \tag{4.141}$$

Mit $\Delta G_m = \Delta H_m - T\,\Delta S_m$ folgt:

$$\Delta G_m = R\,T\,\chi\, n_1\, \varphi_P + R\,T\left[n_1 \ln\varphi_1 + \sum_{i=r}^{s} n_i \ln\varphi_i\right] \tag{4.142}$$

Für die Praxis interessanter ist das relative chemische Potenzial $\Delta\mu_i = \mu_i - \mu_i^\circ$ der i-ten Polymerkomponente. Wir erhalten es, indem wir ΔG_m nach n_i differenzieren und dabei alle anderen Molzahlen konstant halten. Da

$$\partial\varphi_1/\partial n_i = -P_i\, n_i \Big/ \left(n_1 + \sum_{i=r}^{s} P_i\, n_i\right)^2 = -P_i\,(\varphi_1)^2/n_1 \tag{4.143}$$

$$\partial\varphi_i/\partial n_i = \left[P_i\Big/\left(n_1 + \sum_{i=r}^{s} P_i\, n_i\right)\right] - P_i^2\, n_i\Big/\left(n_1 + \sum_{i=r}^{s} P_i\, n_i\right)^2 \tag{4.144}$$

$$\text{und}\quad \left(\partial\varphi_j/\partial\varphi_i\right)_{i\neq j} = -P_j\, P_i\, n_j\Big/\left(n_1 + \sum_{i=r}^{s} P_i\, n_i\right)^2 \tag{4.145}$$

ist, erhalten wir:

$$\Delta\mu_i = [\partial(\Delta G_\mathrm{m})/\partial n_i]_{T,P,n_j} = R\,T\left[\ln\varphi_\mathrm{i} - (P_i - 1) + P_i\left(1 - P_\mathrm{n}^{-1}\right)\varphi_P + P_i\,\chi(1-\varphi_P)^2\right]$$
$$(i = r, r+1, \ldots s) \tag{4.146}$$

Dabei bezeichnet P_n den Zahlenmittelwert des Polymerisationsgrads der Polymerprobe. Es gilt:

$$P_\mathrm{n} = \varphi_P\Big/\sum_{i=r}^{s}(\varphi_i/P_i) = 1\Big/\sum_{i=r}^{s} w_i/P_i \tag{4.147}$$

Im reinen Zustand der Probe ist $\varphi_P = 1$. Gl. (4.146) geht dann über in

$$\mu_i = \mu_i^\circ + R\,T\,[\ln w_i + 1 - (P_i/P_\mathrm{n})] \tag{4.148}$$

wobei μ_i° das chemische Potenzial der i-ten Polymerkomponente in der reinen Phase ist. Dort ist $w_i = 1$, $P_i = P_\mathrm{n}$ und $\mu_i = \mu_i^\circ$.

Gl. (4.146) können wir umformen zu:

$$\mu_i - \mu_i^\circ = R\,T\,[\ln\varphi_i + 1 + A\,P_i] \tag{4.149}$$

$$\text{mit}\quad A = (\varphi_P/P_\mathrm{n}) + \chi(1-\varphi_P)^2 - \varphi_1 \tag{4.150}$$

Im Fall der Phasentrennung sind die chemischen Potenziale jeder Komponente in jeder der beiden Phasen gleich groß. Es gilt:

$$\mu_i(\varphi_i') = \mu_i(\varphi_i'') \quad (i = 1, r, \ldots, s) \tag{4.151}$$

wobei φ_i' und φ_i'' die Volumenbrüche der i-ten Komponente in der verdünnten und der konzentrierten Phase sind. Mit Gl. (4.149) folgt:

$$\ln\varphi_i' + A'\,P_i = \ln\varphi_i'' + A''\,P_i \qquad \text{bzw.} \qquad \varphi_i''/\varphi_i' = \exp[(A' - A'')P_i] \tag{4.152}$$

und $$A' - A'' = (\varphi''_P/P''_{\mathrm{n}}) - (\varphi'_P/P'_{\mathrm{n}}) + \chi\Big((1-\varphi'_P)^2 - (1-\varphi''_P)^2\Big) - (\varphi'_1 - \varphi''_1) \tag{4.153}$$

Hier sind P'_n und P''_n die Zahlenmittelwerte des Polymerisationsgrads und φ'_P und φ''_P die totalen Volumenbrüche der Polymermischungen in Phase $'$ und Phase $''$ Das Verhältnis φ''_i / φ'_i heißt Verteilungskoeffizient der i-ten Polymerkomponente. Es besitzt für jedes i einen anderen Wert, weil P_i von i abhängt. $A' - A''$ ist dagegen für alle i gleich groß (eine Konstante). Der Verteilungskoeffizient φ''_i / φ'_i wird mit steigendem P_i schnell größer. Das bedeutet: Die großen Polymermoleküle befinden sich bevorzugt in der konzentrierten Phase. Damit ist P''_n deutlich größer als P'_n.

Diese Tatsache wird in der fraktionierten Fällung ausgenutzt, um die Polymere einer Mischung nach ihrer Molmasse zu trennen. Dabei gehen wir wie folgt vor: Die Temperatur der ursprünglichen Probe wird bis zur kritischen Temperatur T_{k} erniedrigt, oder es wird dem System bei konstanter Temperatur eine bestimmte Menge eines Fällungsmittels zugegeben, sodass eine Phasentrennung stattfindet. Die konzentrierte Phase stellt ein hoch gequollenes Gel dar. Es enthält überwiegend Polymermoleküle von sehr großer Molmasse und lässt sich leicht von der überstehenden Lösung abtrennen. Wir bezeichnen diese konzentrierte Lösung als **erste Fraktion**. Die verbleibende überstehende Lösung wird mit einer weiteren Menge des Fällungsmittels versetzt. Es kommt zu einer erneuten Phasentrennung, wobei die neue konzentrierte Phase die **zweite Fraktion** ist. Diese wird wie zuvor vom Rest der Lösung abgetrennt, und die Prozedur beginnt von Neuem. Die Fraktionierung endet schließlich, wenn die ursprüngliche Probe verbraucht ist.

Ein Beispiel für eine solche Fraktionierung zeigt Abb. 4.20. Leider ist es nicht möglich, total einheitliche, d. h. monodisperse Fraktionen zu erhalten. Das bestmögliche Verhältnis $M_{\mathrm{w}}/M_{\mathrm{n}}$ liegt zwischen 1,2 und 1,5.

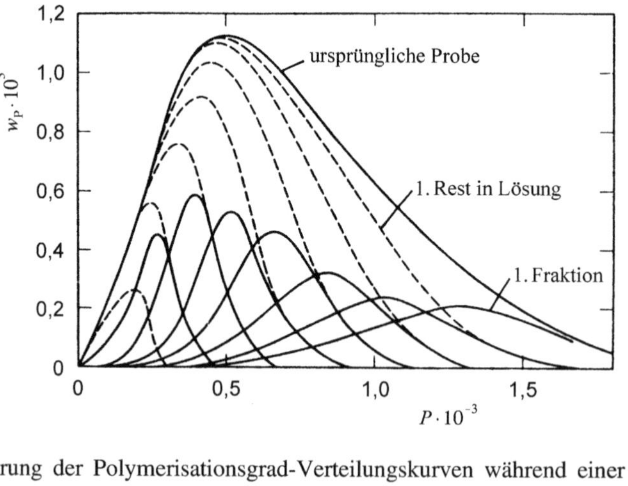

Abb. 4.20 Änderung der Polymerisationsgrad-Verteilungskurven während einer Fraktionierung. (Nach Schurz 1974)

4.2.5 Theorie des ausgeschlossenen Volumens

Eine wesentliche Voraussetzung für die Anwendung des Gittermodells besteht darin, dass die Segmente der gelösten Polymere gleichmäßig über den Lösungsraum verteilt sind. Das ist in verdünnten Lösungen nicht der Fall. Die Domänen der einzelnen Polymermoleküle sind dort weit voneinander entfernt. Wir benötigen deshalb für verdünnte Lösungen ein anderes Modell. Dieses ist das Modell des ausgeschlossenen Volumens.

Jedes gelöste Molekül besitzt ein Eigenvolumen. Außerdem wechselwirken die gelösten Moleküle miteinander. Sie können sich entweder anziehen oder abstoßen. Die Massenschwerpunkte zweier gelöster Moleküle können sich deshalb nur bis zu einem bestimmten Abstand nähern; dieser ist durch das Zusammenspiel anziehender und abstoßender Kräfte zwischen den Molekülen gegeben sowie durch deren Eigenvolumen, welches wir uns als einen besonders starken Beitrag zu den abstoßenden Kräften vorstellen können. Ein bestimmtes Volumen bleibt somit für die Schwerpunkte beider Moleküle ausgeschlossen. Dieses Volumen heißt ausgeschlossenes Volumen.

Als einführendes Beispiel betrachten wir das ausgeschlossene Volumen zweier gleich großer starrer Kugeln, die nicht miteinander wechselwirken. Der Radius der Kugeln sei R; das Eigenvolumen jeder Kugel ist $V_0 = 4/3\,\pi\,R^3$. Da die Kugeln starr sind, können sich ihre Schwerpunkte nicht näher als auf den Abstand $2R$ nähern. Der Schwerpunkt der einen Kugel kann sich demnach niemals in dem Volumen $\beta = (4\,\pi/3)\,(2\,R)^3 = [(32\,\pi)/3]\,R^3 = 8\,V_0$ befinden, das die andere Kugel umgibt (Abb. 4.21). Mit anderen Worten: Das Volumen β ist für den Schwerpunkt einer jeden Kugel ausgeschlossen.

Mayer-*f*-Funktion und ausgeschlossenes Volumen Das Wechselspiel anziehender und abstoßender Kräfte zwischen Molekülen im gegenseitigen Abstand r kann durch ein Wechselwirkungspotenzial $U(r)$ ausgedrückt werden. Typische solche Funktionen sind beispielsweise das **Hartkugelpotenzial** für die Wechselwirkung harter Kugeln mit Radius R (wie oben diskutiert) oder das **Lennard-Jones-Potenzial** für die Wechselwirkung von Molekülen, die sowohl anziehende als auch abstoßende Kräfte zwischen einander haben. Bei großen Abständen ($r \rightarrow \infty$) haben die Teilchen nahezu keine Wechselwirkungen, und

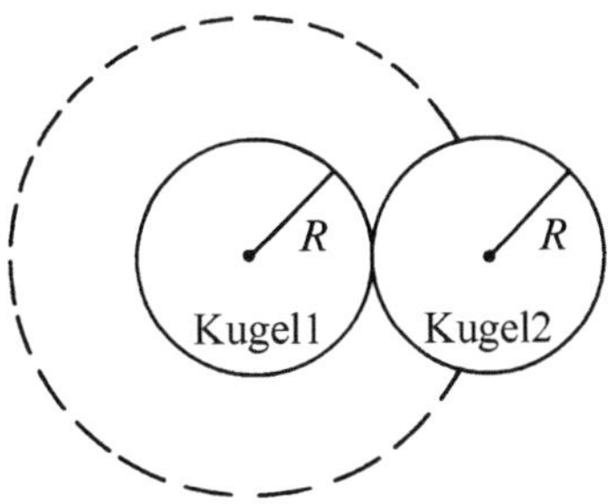

Abb. 4.21 Das ausgeschlossene Volumen zweier nicht miteinander wechselwirkender starrer Kugeln. Die gestrichelte Kugel stellt das ausgeschlossene Volumen von Kugel 2 bezüglich Kugel 1 dar

$U(r)$ hat einen konstanten Wert nahe null. Nimmt der Teilchenabstand ab, so können Wechselwirkungen zutage treten. Im Fall harter Kugeln bleibt U mit abnehmendem Abstand r zunächst konstant null; erst bei Abständen $r < 2R$ nimmt U abrupt einen unendlich hohen Wert an. Im Fall von Molekülen mit Lennard-Jones-Wechselwirkungspotenzial hat U bei großem Abstand r ebenfalls einen Wert von null. Bei Verringerung des Abstands r nimmt U zunächst ab, weil anziehende Kräfte zwischen den Teilchen einen geringen Abstand begünstigen; wird der Abstand jedoch bei weiterer Verringerung von r schließlich sehr gering ($r \rightarrow 0$), so nimmt U stark zu, da dann abstoßende Kräfte dominieren. Dazwischen gibt es einen favorisierten Gleichgewichtsabstand r_{GG}; dort hat $U(r)$ ein Minimum, sodass der energetisch günstigste Zustand der ist, bei dem die Teilchen einen gegenseitigen Abstand r_{GG} zueinander haben.

Berechnen wir aus $U(r)$ einen Boltzmann-Term, $\exp(-U(r)/k_BT)$, so liefert uns dieser einen Beitrag, um die Wahrscheinlichkeit dafür abzuschätzen, die Teilchen in einem Abstand r zueinander vorzufinden. Im Fall von harten Kugeln ist der Boltzmann-Term bei Abständen $r > 2R$ gleich eins und unabhängig von r, während er bei Abständen $r < 2R$ gleich null ist ($U(r)$ ist hier unendlich hoch, sodass der Exponentialterm den Wert null annimmt). Dies ergibt Sinn: Es ist unmöglich, harte Kugeln auf einen Abstand kleiner als $2R$ zu bringen, sodass die Wahrscheinlichkeit, diese bei eben einem solchen Abstand vorzufinden, gleich null ist. Bei Abständen größer als $2R$ dagegen „wissen die Kugeln nichts voneinander", da sie wechselwirkungsfrei sind, sodass die Wahrscheinlichkeit, diese bei einem bestimmten Abstand r vorzufinden, dann unabhängig von r ist. Im Fall von Molekülen mit Lennard-Jones-Wechselwirkungspotenzial ist der Boltzmann-Term für große Abstände unabhängig von r gleich eins, nimmt mit geringer werdendem r zu und erreicht schließlich ein Maximum beim Gleichgewichtsabstand r_{GG}, bevor er dann abrupt auf null sinkt bei weiterer Verringerung von r hin zu $r \rightarrow 0$. Auch dies macht wieder Sinn: Es ist am wahrscheinlichsten, die Teilchen im Abstand r_{GG} zueinander vorzufinden, da dies dem Minimum der Energie entspricht, wohingegen es sehr unwahrscheinlich ist, die Teilchen bei sehr geringem Abstand vorzufinden, da dies dem Potenzialteil mit sehr hohen Energiewerten entspricht. Bei sehr großen Abständen wiederum „wissen die Teilchen nichts voneinander", und die Wahrscheinlichkeit, sie in diesen Abständen vorzufinden, ist unabhängig von r.

Subtrahieren wir vom Boltzmann-Term $\exp(-U(r)/k_BT)$ einen Wert von eins, so haben wir den Funktionswert für große Abstände von eins auf null verschoben; die auf diese Weise leicht modifizierte Funktion trägt den Namen **Mayer-*f*-Funktion**: $f(r) = \exp(-U(r)/k_BT) - 1$. Sie hat negative Werte bei Teilchenabständen, bei denen abstoßende Kräfte dominieren, während sie positive Werte hat bei Abständen, bei denen anziehende Kräfte dominieren; in solchen Bereichen, in denen keine Kräfte wirksam sind (dies ist stets der Fall bei großen Teilchenabständen $r \rightarrow \infty$), ist $f(r) = 0$.

Wenn wir nun über den Raum, der uns interessiert (oft ist das der gesamte Raum), die Mayer-f-Funktion integrieren, so entspricht dieses Integral dem negativen ausgeschlossenen Volumen: $\beta = -\int f(r)dr^3$. Das bedeutet: Dominieren im Wechselwirkungspotenzial $U(r)$ die abstoßenden Kräfte, so hat dieses keine oder lediglich schwach ausgeprägte Bereiche, in denen es negative Werte annimmt; im Gegenteil, es liegen dann in $U(r)$ ausgeprägte Bereiche mit positiven Werten vor, vor allem bei geringen Teilchenabständen ($r \rightarrow 0$). Die Mayer-f-Funktion $f(r) = \exp(-U(r)/k_B T) - 1$ hat dann umgekehrt ausgeprägte Bereiche mit negativen Werten, vor allem bei geringen Teilchenabständen ($r \rightarrow 0$), wohingegen sie null ist bei großen Teilchenabständen ($r \rightarrow \infty$). Das negative Integral über diese Funktion im gesamtem Raum dr^3 hat dann folglich einen großen positiven Wert, d. h., es gibt ein großes positives ausgeschlossenes Volumen. Die abstoßenden Kräfte zwischen den Teilchen verhindern in diesem Fall, dass sich diese nahe kommen können, und dadurch steht ein großer Teil des Volumens nicht zur Verfügung und ist ausgeschlossen. Der Extremfall dieses Szenarios ist der Fall harter Kugeln, welche ein maximales ausgeschlossenes Volumen haben, das achtmal so groß wie das Elementarvolumen jeder Kugel ist. Wir haben dies oben zu Beginn dieses Abschnitts geometrisch berechnet. Wir können dieselbe Lösung auch formell aus dem Integral über die Mayer-f-Funktion finden:

$$\beta = -\int f(r)dr^3 = -\int \left[\exp\left(\frac{-U(r)}{k_B T}\right) - 1\right]dr^3 = +\int \left[1 - \exp\left(\frac{-U(r)}{k_B T}\right)\right]dr^3$$

$$= \int_0^\infty \left[1 - \exp\left(\frac{-U(r)}{k_B T}\right)\right]4\pi r^2 dr$$

$$= \int_0^{2R} [1 - \exp(-\infty)]4\pi r^2 dr + \int_{2R}^\infty [1 - \exp(0)]4\pi r^2 dr$$

$$= \int_0^{2R} 4\pi r^2 dr + 0 = \frac{32}{3}\pi R^3 = 8V_0$$

Gibt es umgekehrt ausgeprägte anziehende Kräfte zwischen den Teilchen, so hat $U(r)$ ausgeprägte Bereiche, in denen es negative Werte annimmt. Die Mayer-f-Funktion $f(r) = \exp(-U(r)/k_B T) - 1$ hat dann umgekehrt ausgeprägte Bereiche mit positiven Werten, vor allem im Bereich des günstigsten Abstands r_{GG}, während sie null bei großen Teilchenabständen ist. Das negative Integral über diese Funktion hat dann einen großen negativen Wert; das bedeutet, dass sich die Teilchen stark anziehen, was letztlich dazu führt, dass sie in Form einer festen Phase ausfallen.

Oftmals liegen beide der zuletzt separat diskutierten Effekte vor: Im Fall sehr großer Teilchenabstände ($r \rightarrow \infty$) ist $U(r) = 0$, da hier keinerlei Wechselwirkungen wirksam sind.

Im Bereich des günstigsten Abstands r_{GG} hat $U(r)$ ein Minimum mit negativen Werten, da hier anziehende Teilchenwechselwirkungen dominieren. Bei sehr geringen Abständen hat $U(r)$ hingegen positive Werte und steigt für $r \to 0$ stark an, da hier abstoßende Wechselwirkungen zwischen den Teilchen dominieren. Halten sich die anziehenden und abstoßenden Wechselwirkungen genau in Waage, so sind die dadurch bedingten positiven und negativen Beiträge zur Mayer-f-Funktion gleich groß, und das über das Integral definierte ausgeschlossene Volumen ist null. Dies ist ein besonderer Zustand, den wir **pseudoideal** oder **quasiideal** nennen; wir kennen ihn bereits vom realen Gas (das durch die Van-der-Waals-Gleichung beschrieben werden kann, in der zwei Parameter a und b die anziehenden und abstoßenden Teilchenwechselwirkungen quantifizieren). Ein solches Gas zeigt bei einer bestimmten Temperatur, der **Boyle-Temperatur**, quasiideales Verhalten, weil sich dort ebenfalls anziehende und abstoßende Kräfte die Waage halten. (Die Bezeichnung „pseudoideal" oder „quasiideal" grenzt diesen Zustand von einem echten idealen Zustand ab. In einem echten idealen Zustand gibt es gar keine Wechselwirkungen, in einem pseudo- oder quasiidealen Zustand gibt es Wechselwirkungen, aber diese sind in Waage.)

Basierend auf der obigen Betrachtung des ausgeschlossenen Volumens können wir verschiedene Polymer-Lösemittel-Systeme klassifizieren. Zunächst führen wir dafür den Begriff der effektiven **Segment-Segment-Wechselwirkung** ein. (Mit Segment sind dabei die Monomerwiederholungseinheiten, d. h. die Kettensegmente des Polymers, gemeint.) In einem Polymer-Lösemittel-System gibt es Segment-Segment- und Segment-Lösemittel-Wechselwirkungen, die beide jeweils anziehende und abstoßende Beiträge haben. Wir diskutieren diese jetzt in Form von **effektiven** Segment-Segment-Wechselwirkungen derart, dass sich abstoßende Segment-Lösemittel-Wechselwirkungen genauso äußern wie anziehende Segment-Segment-Wechselwirkungen. Gleiches gilt umgekehrt: Anziehende Segment-Lösemittel-Wechselwirkungen äußern sich genauso wie abstoßende Segment-Segment Wechselwirkungen. Haben wir es mit stark abstoßenden effektiven Segment-Segment-Wechselwirkungen zu tun (entweder aufgrund echter abstoßender Segment-Segment-Wechselwirkungen oder aufgrund anziehender Segment-Lösemittel-Wechselwirkungen), so liegt ein großes positives ausgeschlossenes Volumen vor.

Ein Extremfall ist der von Hartkugelwechselwirkungen zwischen den Kettensegmenten; dieser Fall liegt vor, wenn das Polymer in einem Lösemittel gelöst ist, dessen Moleküle die gleiche Struktur haben wie die Kettensegmente. In diesem Fall gibt es keinerlei effektiv abstoßende Kräfte zwischen den Lösemittelteilchen und den Kettensegmenten und daher auch keine effektiv anziehenden Segment-Segment-Wechselwirkungen, da die Segment-Segment-, Lösemittel-Lösemittel- und Segment-Lösemittel-Wechselwirkungen alle gleich sind. Wir haben diesen Fall bereits im Kontext von Gl. (4.99) diskutiert und festgestellt, dass dann der Flory-Huggins-Wechselwirkungsparameter χ gleich null ist. Wenn wir dies jetzt im Zusammenhang mit dem effektiven Segment-Segment-Wechselwirkungspotenzial aufgreifen, so stellen wir fest, dass hierin dann keinerlei Minimum mit negativen Werten auftritt. Es ist daher nur der bei geringen Abständen ($r \to 0$) immer präsente Hartkugelbeitrag wirksam, und das ausgeschlossene Volumen ist daher maximal positiv. Dies ist so, da der Hartkugelterm bei $r \to 0$ nicht durch ein Minimum in der Nähe eines Gleichgewichtsabstands r_{GG} kompensiert wird. Ein Beispiel für ein solches System ist Polystyrol in Ethylbenzol, das von seiner Struktur her praktisch die Monomerwiederholungseinheit des Polystyrols widerspiegelt. Da in einen solchen Fall die Segment-Lösemittel-Wechselwirkungen gleich den Segment-Segment-Wechselwirkungen sind, ist auch deren Temperaturabhängigkeit gleich. Das bedeutet, dass Änderungen der Temperatur keinerlei Auswirkungen haben; wie sprechen daher von einem **athermischen Lösemittel**. Aufgrund des großen ausgeschlossenen Volumens sind die Polymerknäuel in diesem Zustand maximal aufgeweitet; der in Abschn. 4.1.3.1 diskutierte Knäuelexpansionsfaktor α ist hier also deutlich größer als eins.

Ein verwandter und praktisch viel öfter auftretender Fall ist der eines sog. guten Lösemittels. Hier sind die Segment-Segment-Wechselwirkungen leicht gegenüber den Segment-Lösemittel-Wechselwirkungen bevorzugt, d. h., es liegt ein leicht anziehendes effektives Segment-Segment-Wechselwirkungspotenzial mit leichtem Minimum bei einem bevorzugten Abstand r_{GG} vor. Dieses Minimum kompensiert etwas den stets vorhandenen Hartkugelabstoßungsterm bei $r \rightarrow 0$; dennoch ist letzterer dominant, und im Ergebnis wird immer noch ein positives ausgeschlossenes Volumen erhalten, zwar nicht so stark ausgeprägt wie im Fall des athermischen Lösemittels, aber immerhin noch positiv. Das Knäuel ist also immer noch aufgeweitet (der Knäuelexpansionsfaktor α ist größer als eins) und gut solvatisiert. Ein Beispiel für ein solches System ist Polystyrol in Toluol.

Wenn das Polymer und das Lösemittel weniger eng verwandt sind als in den zuletzt diskutierten beiden Fällen, treten deutliche anziehende effektive Segment-Segment-Wechselwirkungen zutage, und im Wechselwirkungspotenzial $U(r)$ tritt in der Nähe des favorisierten Abstands r_{GG} ein ausgeprägtes Minimum auf. Diesem gegenüber steht nach wie vor der Hartkugelabstoßungsbeitrag bei $r \rightarrow 0$. Halten sich beide Effekte die Waage, so sind die Beiträge mit positiven Werten zur Mayer-f-Funktion in der Nähe eines Gleichgewichtsabstands r_{GG} gleich denen mit negativen Werten bei $r \rightarrow 0$. Das ausgeschlossene Volumen β ist dann null. Diese Situation ist mit der eines realen Gases bei der Boyle-Temperatur vergleichbar; auch dort halten sich anziehende und abstoßende Kräfte die Waage, sodass ein pseudo- oder quasiideales Verhalten vorliegt. Etwas Analoges ist für unser betrachtetes Polymersystem der Fall; es befindet sich in einem pseudo- oder quasiidealen Zustand, den wir Theta-Zustand nennen. Ein Beispiel hierfür ist Polystyrol in Cyclohexan bei einer Theta-Temperatur von $\theta = 34{,}5$ °C.

Wir haben den Theta-Zustand bereits im Kontext von Gl. (4.99) diskutiert und festgestellt, dass dann der Flory-Huggins-Wechselwirkungsparamer χ gleich 0,5 ist. Wir kommen hier nun auf diesen besonderen Zustand zurück. In diesem Zustand ist der in Abschn. 4.1.3.1 diskutierte Knäuelexpansionsfaktor α gleich eins; das bedeutet, dass ein reales Knäuel eine Kettenkonformation wie ein hypothetisches ideales Knäuel ohne Wechselwirkungen zeigt. Dieser Umstand macht den Theta-Zustand für Studien sehr interessant; es ist dann nämlich möglich, theoretische Modellierungen auf Basis des sehr einfachen Falls der idealen Kette vorzunehmen und experimentell zu überprüfen, indem bei Theta-Bedingungen (also bspw. im Lösemittel Cyclohexan bei $\theta = 34{,}5$ °C für Polystyrol) gearbeitet wird. In Abschn. 4.1.3.1 haben wir allerdings auch gesehen, dass dieser Zustand an der Grenze zur Nichtlöslichkeit liegt; es besteht daher das Risiko, unabsichtlich unter die Theta-Bedingungen zu fallen, wodurch eine Ausfällung des Polymers eintritt. Erneutes Lösen und Reequilibrieren kann dann recht lange Zeit beanspruchen.

Um die Diskussion der Polymerlösemitteltypen abzuschließen, betrachten wir noch den Fall, wenn Polymer und Lösemittel stark unterschiedlich sind. Es treten dann sehr deutliche anziehende effektive Segment-Segment-Wechselwirkungen (aufgrund der tatsächlich stark abstoßenden Segment-Lösemittel-Wechselwirkungen) mit positiven Beiträgen zur Mayer-f-Funktion zutage, die auch nicht mehr vollständig von den negativen Beiträgen der Hartkugelabstoßung bei geringen Teilchenabständen kompensiert werden. Das ausgeschlossene Volumen β ist dann negativ, und der Knäuelexpansionsfaktor α ist kleiner als eins. Infolgedessen kollabiert das Knäuel und fällt aus der Lösung aus; es liegt ein Nichtlösemittel vor. Ein Beispiel für ein solches System ist Polystyrol in Wasser.

Ausgeschlossenes Volumen und zweiter Virialkoeffizient Die Entropie, die mit einem einzelnen gelösten Molekül verknüpft ist, hängt davon ab, welches Volumen diesem Molekül in der Lösung zur Verfügung steht. Je mehr Moleküle sich in der Lösung befinden, desto kleiner ist das Volumen, in dem sich ein einzelnes Molekül frei bewegen kann. Die Entropie eines einzelnen Moleküls ist deshalb groß für verdünnte und klein für konzentrierte Lösungen.

Wir müssen nun zwei Probleme lösen. Das erste Problem besteht darin, eine Beziehung zwischen der Gibbs'schen Energie der Lösung, der Konzentration und dem ausgeschlossenen Volumen der gelösten Moleküle zu finden. Das zweite Problem ist, einen mathematischen Ausdruck für das ausgeschlossene Volumen herzuleiten, der die molekularen Eigenschaften der gelösten Moleküle wie Größe und Gestalt berücksichtigt.

Als Bezugszustand eines gelösten Moleküls wählen wir den Zustand der nahezu unendlich verdünnten Lösung. In diesem Zustand sind die gelösten Moleküle vollständig solvatisiert. Sie befinden sich im Gleichgewicht mit den sie umgebenden Lösemittelmolekülen.

Die Bildung einer verdünnten Lösung können wir uns so vorstellen, dass die vollständig solvatisierten Moleküle mit reichlich Lösemittel gemischt werden. Wir nehmen ferner an, dass die vollständig solvatisiert gelösten Moleküle nicht miteinander wechselwirken. Durch die Mischung wird also weder die innere Energie der Moleküle noch deren Volumen verändert. Das hat zur Folge, dass die Mischungsenergie ΔU_{m} und die Mischungsenthalpie ΔH_{m} null sind. Die Gibbs'sche Mischungsenergie ΔG_{m} ist somit von rein entropischer Natur. Es gilt:

$$\mu_1 - \mu_1^\circ = -T\left(\overline{S}_1 - S_1^\circ\right) \tag{4.154}$$

wobei $\overline{S}_1$ die partielle molare Entropie des Lösemittels in der Lösung und S_1° die molare Entropie des Lösemittels in deren reinem Zustand sind.

Unsere Lösung möge das Volumen V besitzen und N_2 gelöste Moleküle gleicher Molekularstruktur enthalten. Das ausgeschlossene Volumen eines gelösten Moleküls sei β. Bei der Besetzung des Volumens V mit Lösemittel und gelösten Molekülen gehen wir wie folgt vor: Das Volumen V sei zu Anfang unbesetzt. Wir besetzen es zuerst mit den N_2 gelösten Molekülen und anschließend mit den Lösemittelmolekülen. Die Anzahl der unterscheidbaren Möglichkeiten, den Schwerpunkt des ersten der N_2 gelösten Moleküle im Volumen V unterzubringen, sei Ω_1. Zu Anfang enthält das Volumen V kein einziges gelöstes Molekül. Es gilt deshalb:

$$\Omega_1 = k\,V \tag{4.155}$$

wobei k eine Proportionalitätskonstante ist.

Das Volumen, das dem Schwerpunkt des zweiten gelösten Moleküls zur freien Verfügung steht, ist kleiner als V. Durch die Anwesenheit des ersten Moleküls ist das Volumen β für den Schwerpunkt des zweiten Moleküls ausgeschlossen. Das verwendbare Volumen des zweiten Moleküls ist gleich $V - \beta$. Die Anzahl der Möglichkeiten, das zweite Molekül im Volumen V unterzubringen, beträgt deshalb:

$$\Omega_2 = k\,(V - \beta) \tag{4.156}$$

Das ausgeschlossene Volumen für den Schwerpunkt des dritten gelösten Moleküls ist gleich $2\,\beta$. Für Ω_3 gilt somit: $\boldsymbol{\Omega}_3 = k(V - 2\,\beta)$. Allgemein gilt für das i-te gelöste Molekül:

$$\Omega_i = k\,[V - (i-1)\beta] \tag{4.157}$$

► Es sei betont, dass Gl. (4.157) nur auf verdünnte Lösungen angewendet werden darf. Wenn die Lösung konzentriert ist, kommt es zu einer Überlappung der ausgeschlossenen Volumina von mehr als zwei gelösten Molekülen (Abb. 4.22). Das totale ausgeschlossene Volumen des i-ten gelösten Moleküls ist dann kleiner als $(i - 1)\beta$.

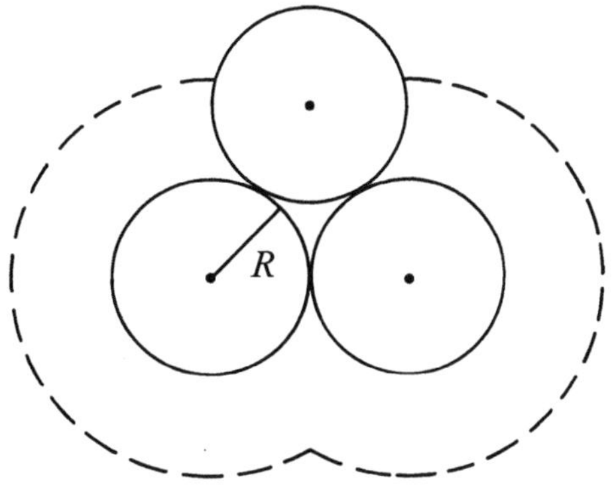

Abb. 4.22 Das ausgeschlossene Volumen dreier starrer Kugeln. Die Lösung ist konzentriert

Die gesamte Anzahl der unterscheidbaren Möglichkeiten Ω, die N_2 gelösten Moleküle im Volumen V unterzubringen, beträgt:

$$\Omega = (1/N_2!) \prod_{i=1}^{N_2} \Omega_i = \left(k^{N_2}/N_2!\right) \prod_{i=1}^{N_2} [V - (i-1)\,\beta] \tag{4.158}$$

Der Faktor $N_2!$ berücksichtigt, dass die N_2 gelösten Moleküle ununterscheidbar sind. Den Ausdruck $\prod_{i=1}^{N_2} [V - (i-1)\beta]$ können wir umformen zu:

$$\prod_{i=1}^{N_2} [V - (i-1)\beta] = \prod_{i=0}^{N_2 - 1} (V - i\,\beta) = \prod_{i=0}^{N_2 - 1} V(1 - i\,\beta/V) \tag{4.159}$$

Für verdünnte Lösungen ist $i\beta/V$ sehr viel kleiner als eins. Wir können deshalb den Logarithmus ln $(1 - i\,\beta\,/V)$ in eine Reihe entwickeln und diese nach dem ersten Glied abbrechen. Es gilt ln $(1 - i\,\beta\,/V) \approx -\,i\,\beta\,/V$. Gl. (4.158) lässt sich damit umschreiben zu:

$$\ln \Omega = N_2 \ \ln k - N_2 \ \ln N_2 + N_2 + N_2 \ \ln V - (\beta/V) \sum_{i=0}^{N_2 - 1} i \tag{4.160}$$

Für die Summe in Gl. (4.160) gilt:

$$\sum_{i=0}^{N_2 - 1} i = N_2(N_2 - 1)/2 \approx (N_2)^2/2 \tag{4.161}$$

N_2 können wir durch $n_2 N_A$ ersetzen, wobei n_2 die Anzahl der Mole an gelösten Molekülen ist. Für das Volumen V gilt:

$$V = n_1\,\overline{V}_1^\circ + n_2\,\overline{V}_2^\circ \tag{4.162}$$

Dabei sind $\overline{V}_1^\circ$ und $\overline{V}_2^\circ$ die partiellen molaren Volumina des Lösemittels und des gelösten Stoffs bezogen auf den Zustand der unendlichen Verdünnung. $\overline{V}_1^\circ$ stimmt in sehr guter Näherung mit V_1° überein, wobei V_1° das Molvolumen des reinen Lösemittels ist. Wir können außerdem die Konzentration c_2 (Einheit: g dm^{-3}) einführen. Es gilt:

$$n_2/\left(n_1\,\overline{V}_1^\circ + n_2\,\overline{V}_2^\circ\right) = m_2/\left(M_2\,V_{\text{Lösung}}\right) = c_2/M_2 \tag{4.163}$$

Gl. (4.160) geht damit über in:

$$\begin{aligned}\ln \Omega &= n_2 N_A \left[\ln k + \ln\left(\left(n_1 \overline{V}_1^\circ + n_2 \overline{V}_2^\circ\right)/(n_2 N_A)\right) + 1 - (\beta n_2 N_A)/\left(2\left(n_1 \overline{V}_1^\circ + n_2 \overline{V}_2^\circ\right)\right)\right] \\ &= n_2 N_A \left[\ln k - \ln (c_2 N_A/M_2) + 1 - ((\beta c_2 N_A)/(2 M_2))\right]\end{aligned} \tag{4.164}$$

Für das reine Lösemittel gilt $n_2 = 0$ und $\ln \Omega = 0$. Wenn $n_1 = 0$ ist, erhalten wir:

$$\ln \Omega(0, n_2) = n_2 N_A \left[\ln k + \ln\left(\overline{V}_2^\circ/N_A\right) + 1 - \left(\beta N_A/2 \overline{V}_2^\circ\right)\right] \tag{4.165}$$

Wir können damit die Mischungsentropie $\Delta S_m = k_B[\ln \boldsymbol{\Omega}\ (n_1, n_2) - \ln \boldsymbol{\Omega}\ (0, n_2) - \ln \boldsymbol{\Omega}\ (n_1, 0)]$ berechnen. Es gilt:

$$\Delta S_m = -n_2 R \left[\ln (c_2 N_A/M_2) + \ln\left(\overline{V}_2^\circ/N_A\right) + (\beta N_A/2)\left[(c_2/M_2) - \left(1/\overline{V}_2^\circ\right)\right]\right] \tag{4.166}$$

Mit $\Delta S_m = S_{\text{Lösung}} - n_1 S_1^\circ - n_2 S_1^\circ$ folgt:

$$\left(\partial \Delta S_m/\partial n_1\right)_{T,p,n_2} = \left(\partial S_{\text{Lösung}}/\partial n_1\right) - S_1^\circ = \overline{S}_1 - S_1^\circ \tag{4.167}$$

Da $\partial c_2/\partial n_1 = -\left(c_2^2 V_1^\circ\right)/(M_2 n_2)$ ist, erhalten wir schließlich:

$$\Delta \mu_1 = -T(\partial \Delta S_m/\partial n_1)|_{T,p,n_2} = n_2 R T \partial c_2/\partial n_1 [(1/c_2) + ((\beta N_A)/(2 M_2))]$$

$$\text{oder} \quad \Delta \mu_1 = -R T V_1^\circ c_2 \left[(1/M_2) + \left((\beta N_A)/\left(2 M_2^2\right)\right) c_2\right] \tag{4.168}$$

Gl. (4.168) ist das gesuchte Endresultat. Sie verknüpft das relative chemische Potenzial des Lösemittels $\Delta \mu_1$ mit dem ausgeschlossenen Volumen β und der Konzentration c_2 der gelösten Substanz. $\Delta \mu_1$ stimmt dabei formal mit Gl. (4.67) überein, wenn gilt:

$$\boxed{(N_A \beta)/\left(2 M_2^2\right) = A_2} \tag{4.169}$$

Wir haben damit einen Bezug zwischen dem ausgeschlossenen Volumen und dem zweiten Virialkoeffizienten hergestellt, ähnlich wie wir bereits zuvor eine Beziehung zwischen dem zweiten Virialkoeffizienten und dem Flory-Huggins-Parameter χ gefunden haben (Gl. 4.108). Der hier jetzt erkannte Bezug zwischen A_2 und β ist in zweierlei Hinsicht des Kommentierens wert.

Erstens erlaubt uns dieser Bezug, das ausgeschlossene Volumen experimentell zu messen, indem wir den zweiten Virialkoeffizienten messen. Dies kann, wie bereits im Kontext von Gl. (4.107) diskutiert, beispielsweise durch Osmometrie geschehen, indem wir den reduzierten osmotischen Druck (Π/c_2) einer Reihe Polymerlösungen als Funktion der Konzentration (c_2) messen. Beschreibung des Datensatzes durch die Virialreihenentwicklung der Van't-Hoff-Gleichung erlaubt es uns, den zweiten Virialkoeffizienten durch einen Geradenfit zu bestimmen (s. Lehrbücher der allgemeinen Physikalischen Chemie).

Zweitens erkennen wir in diesem Kontext auch wieder die Analogie realer und idealer Polymerketten zum realen und idealen Gas. In idealen Polymerketten haben die Kettensegmente keinerlei Eigenvolumen und keinerlei Wechselwirkungen, genauso wie im idealen Gas die Gasteilchen kein Eigenvolumen und keine Wechselwirkungen haben; in beiden Fällen existiert kein ausgeschlossenes Volumen ($\beta = 0$). In realen Polymerketten sowie im realen Gas haben die Kettensegmente bzw. die Gasteilchen ein Eigenvolumen, und es gibt anziehende und abstoßende Wechselwirkungen, wobei das Eigenvolumen der Segmente (bzw. der Gasteilchen) sich in Form eines Hartkugelabstoßungsbeitrags bei geringen Abständen $r \rightarrow 0$ manifestiert. Im pseudo- oder quasiidealen Theta-Zustand, der dem pseudo- oder quasiidealen Zustand bei der Boyle-Temperatur im realen Gas entspricht, kompensieren sich die effektiven anziehenden Segment-Segment-Wechselwirkungen und die Segment-Segment-Hartkugelabstoßung, sodass ein ausgeschlossenes Volumen von null resultiert. Dies entspricht gemäß Gl. (4.169) einem zweiten Virialkoeffizienten von null. Das macht sich in der Osmometrie derart bemerkbar, dass die Konzentrationsabhängigkeit des reduzierten osmotischen Drucks (Π/c_2) wegfällt und der Datensatz durch die einfache Van't-Hoff-Gleichung beschreibbar wird, in der kein Korrekturterm mit zweitem Virialkoeffizienten benötigt wird (dieser ist ja dann eben null). Genauso kompensieren sich auch im realen Gas anziehende und abstoßende Teilchenwechselwirkungen, wodurch ebenfalls die Virialreihenentwicklung der Zustandsgleichung wegfällt und die ideale Gasgleichung das Verhalten hinreichend gut beschreibt. Zuvor hat uns das Gleichungspaar (4.113) schon gezeigt, dass dieser Zustand durch einen Flory-Huggins-Parameter $\chi = 0{,}5$ charakterisiert ist.

► Wir könnten auf die Idee kommen, das ausgeschlossene Volumen β des gelösten Stoffs mit dem Eigenvolumen V_1°/N_A eines Lösemittelmoleküls gleichzusetzen. A_2 wird dann gleich $A_2{}^*$, und Gl. (4.168) geht in die Virialentwicklung für eine ideale Lösung über. Für Polymermoleküle ist diese Näherung aber nur selten zulässig, da $\beta N_A >> V_1^\circ$ ist. Es kommt außerdem vor, dass sich zwei Polymermoleküle aufgrund ihrer Knäuelstruktur gegenseitig durchdringen. β ist dann sehr klein bzw. gleich null. Wir warnen deshalb davor, bei Rechnungen das ausgeschlossene Volumen eines Makromoleküls mit seinem physikalischen Volumen gleichzusetzen.

Negative zweite Virialkoeffizienten Der zweite Virialkoeffizient A_2 eines Polymer-Lösemittel-Systems ist nach Gl. (4.169) größer gleich null. Experimentell werden aber auch negative Werte für A_2 gefunden. Wir fragen uns deshalb, wie so etwas möglich sein kann. Dazu betrachten wir folgenden Modellfall.

Gegeben seien kugelartige starre Polymermoleküle der Sorte X. Diese besitzen die Molmasse M, und ihr Radius sei R_X. Wir nehmen ferner an, dass zwei Polymermoleküle

X eine Bindung miteinander eingehen können. Dabei entstehe ein kugelartiges Bipolymermolekül X_2 mit der Molmasse 2 M. Sein spezifisches Volumen v_s sei genauso groß wie das von X. Es gilt also:

$$v_s = \left((4\,\pi\,N_A/3)R_X^3\right)/M \equiv \left((4\,\pi\,N_A/3)R_{X_2}^3\right)/2\,M \tag{4.170}$$

sodass $R_{X_2} = \sqrt[3]{2}\;R_X$ ist.

$$2\,X \longleftrightarrow X_2$$

Die Gleichgewichtskonstante der Reaktion wollen wir mit K bezeichnen. Es gilt:

$$K = \tilde{c}_{X_2}/\tilde{c}_X^2 = (M\,c_{X_2})/\left(2\,c_X^2\right) \tag{4.171}$$

Dabei sind $\tilde{c}_X$ und $\tilde{c}_{X_2}$ die Konzentrationen von X und X_2 in mol dm^{-3} und c_X und c_{X_2} die in g dm^{-3}. Für die totale Konzentration der gelösten Polymere gilt:

$$c_2 = c_X + c_{X_2} \tag{4.172}$$

Wir haben somit zwei Bestimmungsgleichungen für die zwei Unbekannten c_X und c_{X_2}. Wir finden:

$$c_X = (M/4\,K)\left[(1 + (8\,K\,c_2/M))^{0,5} - 1\right] \tag{4.173}$$

$$\text{und}\quad c_{X_2} = (M/4\,K)\left[1 + (4\,K\,c_2/M) - (1 + (8\,K\,c_2/M))^{0,5}\right] \tag{4.174}$$

Es gilt außerdem:

$$\Delta\mu_{1,X} = -R\,T\,V_1^\circ\left((c_X/M) + \left(N_A\,16\,\pi\,R_X^3/\left(3\,M^2\right)\right)c_X^2\right)$$

$$\text{und}\quad \Delta\mu_{1,X_2} = -R\,T\,V_1^\circ\left((c_{X_2}/2\,M) + \left(N_A\,8\,\pi\,R_X^3/\left(3\,M^2\right)\right)c_{X_2}^2\right)$$

Dabei ist $\Delta\mu_{1,i}$ das relative chemische Potenzial der Lösung, die ausschließlich Moleküle der Sorte i enthält. Unsere Lösung (Mischung) enthält sowohl X- als auch X_2-Moleküle. Das relative chemische Potenzial unserer Lösung lautet deshalb:

$$\Delta\mu_1 = -R\,T\,V_1^\circ\left[(c_X/M) + (c_{X_2}/2\,M) + A_{2,X}\,c_X^2 + A_{2,X_2}\,c_{X_2}^2 + 2\,A_{2,X,X_2}\,c_X\,c_{X_2} + \ldots\right] \tag{4.175}$$

Dabei ist A_{2,X,X_2} der zweite Virialkoeffizient, der das Volumen β_{X,X_2} erfasst, das für den Schwerpunkt des Polymers X bzgl. des Schwerpunkts von X_2 ausgeschlossen ist. Da β_{X,X_2} genauso groß wie $\beta_{X_2,X}$ ist, gilt $A_{2,X,X_2} = A_{2,X_2,X}$. Der Faktor 2 vor A_{2,X,X_2} berücksichtigt dies. Es existiert für A_{2,X,X_2} keine explizite Formel. Den Term $A_{2,X}\,c_X^2 + A_{2,X_2}\,c_{X_2}^2 + 2\,A_{2,X,X_2}\,c_X\,c_{X_2}$ ersetzen wir deshalb durch den Term $A_{\text{eff}}\,c_2^2$. Gl. (4.175) geht dann über in:

$$\Delta\mu_1 = -R\,T\,V_1^\circ\left[(c_X/M) + (c_{X_2}/2\,M) + A_{\text{eff}}\,c_2^2 + \ldots\right] \tag{4.176}$$

Die Größe A_{eff} heißt **effektiver zweiter Virialkoeffizient**. Wenn keine Bipolymerisation stattfindet, ist $c_2 = c_X$ und $A_{\text{eff}} = A_{2,X}$. Für $c_2 = c_X$ ist $A_{\text{eff}} = A_{2,X_2} = A_{2,X}/2$. Insgesamt gilt also: $A_{2,X}/2 \le A_{\text{eff}} \le A_{2,X}$.

Wir tragen nun $-\Delta\mu_1/\left(R\,T\,V_1^\circ\,c_2\right)$, d. h. $\left((c_X/M) + (c_{X_2}/M) + \left(A_{\text{eff}}\,c_2^2\right)\right)/c_2$, gegen c_2 auf. Dazu setzen wir $v_s = 0{,}6\;10^{-3}\,\text{dm}^3\text{g}^{-1}$ und $M = 40.000\ \text{g mol}^{-1}$. Diese Werte sind typisch für Proteinmoleküle. Für die Gleichgewichtskonstante K wählen wir drei Werte aus: $K = 0{,}1$, 200 und 1000 $\text{dm}^3\text{mol}^{-1}$. Bei einer Konzentration c_2 von 10 g dm^{-3}, die schon nicht mehr in den Bereich einer verdünnten Lösung fällt, sind im Fall $K = 0{,}1$ ca. 0 %, im Fall $K = 200$ gerade 9 % und im Fall $K = 1000$ etwa 37 % der Polymere der Sorte X zu X_2-Bipolymeren aggregiert. Für alle drei K-Werte bleibt also der größte Teil der Polymere der Sorte X unaggregiert. Wir können deshalb in guter Näherung A_{eff} gleich $A_{2,X}$ setzen. Die Werte, die wir für $-\Delta\mu_1/\left(R\,T\,V_1^\circ\,c_2\right)$ unter diesen Voraussetzungen erhalten, sind in Abb. 4.23 dargestellt. Für $K = 0{,}1$ finden wir eine ansteigende Kurve, für $K = 200$ eine Gerade der Steigung ≈ 0 und für $K = 1000$ eine abfallende Kurve.

Werden die Messwerte eines Experiments, das einen ähnlichen Kurvenverlauf wie Abb. 4.23 liefert, eingesetzt in

$$-\Delta\mu_1/\left(R\,T\,V_1^\circ\,c_2\right) = 1/M_2 + A_2\,c_2 \tag{4.177}$$

so ist der zweite Virialkoeffizient im Fall $K = 1000$ negativ. Das ist natürlich in Wirklichkeit nicht der Fall. Gl. (4.177) wurde für Systeme hergeleitet, in denen keine Aggregationsprozesse stattfinden. Sie darf deshalb hier nicht angewandt werden. Für die Auswertung unseres Experiments müssen wir Gl. (4.176) benutzen. Diese liefert für $A_{2,X}$, A_{2,X,X_2} und A_{2,X_2} positive Werte.

Starre Makromoleküle Das ausgeschlossene Volumen einer starren Kugel vom Radius R ist genau achtmal so groß wie das physikalische Volumen (Eigenvolumen) der Kugel; dies haben wir oben zu Beginn des vorliegenden Abschn. 4.2.5 berechnet. Das ausgeschlossene Volumen eines willkürlich geformten starren Teilchens ist nicht so leicht

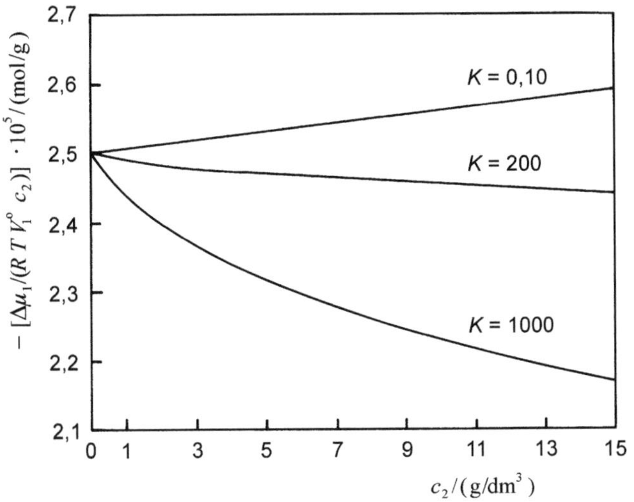

Abb. 4.23 Der Effekt der Dimerisation auf das relative chemische Potenzial des Lösemittels. K ist die Gleichgewichtskonstante der Reaktion $2X \rightleftharpoons X_2$. Ihre Einheit ist $\mathrm{dm^3\,mol^{-1}}$

zu berechnen. Es hängt von der mittleren Orientierung der beiden Teilchen zueinander ab. Isihara (1950) konnte zeigen, dass für ein beliebig geformtes Teilchen gilt:

$$\beta = \gamma\, 8\, V_E \tag{4.178}$$

Hier ist V_E das Eigenvolumen des Teilchens (Körpers) und γ ein Faktor ($\gamma \geq 1$), der die Abweichung der Teilchengestalt von der einer starren Kugel erfasst. Die Berechnung von γ ist schwierig. Sie erfordert Elemente aus der Gruppentheorie und der Differenzialgeometrie (z. B. Yamakawa 1971). Wir teilen hier deshalb nur einige Ergebnisse mit. Sie sind in Tab. 4.8 zusammengestellt.

Die Oberflächen realer Moleküle (Polymere) sind natürlich nicht so glatt wie die einer starren Kugel oder die eines starren Zylinders. Die Ausdrücke in Tab. 4.8 stellen deshalb nur grobe Näherungen für das ausgeschlossene Volumen starrer Makromoleküle, wie globulärer Proteine oder stäbchenartiger DNA-Stränge, dar. Es muss allerdings beachtet werden, dass sich das experimentell bestimmbare ausgeschlossene Volumen $\beta_{exp} = \left(A_{2,exp}\; 2\, M_2^2\right)/N_A$ auf ein vollständig solvatisiertes Makromolekül bezieht. Dies bedeutet: Ein gelöstes Makromolekül enthält immer einen bestimmten Anteil „gebundener" Lösemittelmoleküle, welche es ständig mit sich herumträgt. Die Molmasse M_2 ist deshalb größer als die Molmasse des „getrockneten Makromoleküls", und das Volumen V_E ist gleich der Summe aus dem Eigenvolumen des „getrockneten Makromoleküls" und dem Volumen, welches die gebundenen Lösemittelmoleküle besetzen. V_E wird deshalb **effektives hydrodynamisches Eigenvolumen** genannt.

Tab. 4.8 Eigenvolumina und Formfaktoren wichtiger Teilchengestalten

Geometrische Gestalt	V_E	γ
Kugel	$(4\,\pi/3)R^3$ R = Radius	1
Stäbchen (Zylinder)	$\pi\, d^2\, L/4$ d = Durchmesser L = Länge	$(1/4)[1 + (L/d)\,(1 + d/2\,L)\,(1 + \pi\, d/2\,L)]$
Prolates Ellipsoid	$(4\,\pi/3)\, a\, b^2$ a = größere Halbachse b = kleinere Halbachse $\varepsilon = (a^2 - b^2)/a^2$ Exzentrizität	$1/4 + (3/16)\{1 + [\varepsilon\,(1 - \varepsilon^2)^{0,5} \sin \varepsilon]^{-1}\} \cdot \{1 + [(1 - \varepsilon^2)/2\,\varepsilon]$ $\ln\,[(1 + \varepsilon)/(1 - \varepsilon)]\}$ Für kleine ε gilt: $\gamma = 1 + (1/15)\,\varepsilon^4 + (1/15)\,\varepsilon^6 + \ldots$

Flexible Makromoleküle Starre, kompakte Makromoleküle können sich nicht gegenseitig durchdringen. β ist deshalb immer größer als null. Bei flexiblen Makromolekülen ist das anders. Diese ändern ständig ihre Konformation, weil sie immerzu mit Lösemittelmolekülen zusammenstoßen. Die Anzahl der Segmente in einem kleinen Volumen V_s in der Nähe des Makromolekülschwerpunkts fluktuiert stark, ist aber im zeitlichen Mittel konstant. Das Volumen, welches die Segmente im Mittel innerhalb von V_s besetzen, ist im Vergleich zu V_s selbst sehr klein. Es ist also sehr viel „freier Raum" in der Domäne eines flexiblen Makromoleküls vorhanden, sodass sich die Domänen zweier verschiedener Makromoleküle gegenseitig durchdringen können.

Die Durchdringung bzw. Überlappung zweier Makromoleküldomänen hat eine Erniedrigung der Entropie des Systems zur Folge. Sie ist thermodynamisch gesehen ungünstig. Zwei Makromoleküle werden sich deshalb in der Regel nicht vollständig durchdringen. Die Durchdringung erfolgt nur so weit, dass der Enthalpiegewinn gerade durch den Entropieverlust ausgeglichen wird. Wir können daher sagen: Der Entropieverlust ist dafür verantwortlich, dass ein flexibles Makromolekül ein ausgeschlossenes Volumen besitzt, denn bei vollständiger Durchdringung wäre $\beta = 0$.

Diese Überlegungen wollen wir jetzt quantitativ beschreiben. Dazu gehen wir von folgendem Modell aus: Die Polymerdomäne besitze eine kugelartige Gestalt, und die Segmente des Polymers seien gleichmäßig in dieser Kugel verteilt. Die Kugel unterteilen wir in Gitterzellen, die so groß sind, dass gerade ein Polymersegment oder ein Lösemittelmolekül darin Platz finden. Das Volumen einer Zelle sei V_z.

Die Gibbs'sche Mischungsenergie $\Delta G_\mathrm{m}^\mathrm{LPK}$ unserer Lösemittel-Polymermolekülkugel (LPK) kennen wir bereits. Sie ist durch Gl. (4.101) gegeben. In unserem Gitter befindet sich allerdings nur ein einziges Polymermolekül. Wir müssen deshalb n_2 durch $1/N_\mathrm{A}$ ersetzen, wodurch sich Gl. (4.101) zu

$$\Delta G_\mathrm{m}^\mathrm{LPK} = R\,T\,[n_1\;\ln(1-\varphi_2) + (1/N_\mathrm{A})\;\ln\varphi_2 + n_1\,\chi\,\varphi_2] \tag{4.179}$$

vereinfacht. Der Term $(1/N_\mathrm{A})\ln\varphi_2$ ist sehr viel kleiner als $n_1 \ln(1-\varphi_2)$. Er darf deshalb vernachlässigt werden. φ_2 gibt den Volumenbruch der Polymersegmente in der Lösemittel-Polymermolekülkugel an. Wenn wir das Molvolumen der Kugel mit V_LPK bezeichnen, gilt $\varphi_2 = N_\mathrm{A}\,P\,V_z/V_\mathrm{LPK}$.

Das Molvolumen V_1° des Lösemittels ist $N_\mathrm{A}\,V_z$. Die Anzahl N_1 der Lösemittelmoleküle in der Kugel ist deshalb gleich $N_1 = n_1\,N_\mathrm{A} = (1-\varphi_2)\,V_\mathrm{LPK}/V_1$. Es folgt:

$$\begin{aligned}\Delta G_\mathrm{m}^\mathrm{LPK}(\varphi_2) &= n_1\,R\,T\,[\ln(1-\varphi_2)+\chi\,\varphi_2]\\ &= \frac{k_\mathrm{B}\,T\,V_\mathrm{LPK}}{V_1}\,(1-\varphi_2)\,[\ln(1-\varphi_2)+\chi\,\varphi_2]\end{aligned} \tag{4.180}$$

Zwei Polymermoleküle mögen sich nun so weit nähern, dass ihre Domänen (Kugeln) sich partiell überlappen (Abb. 4.24).

Der Anteil des Volumens, der von jeder der beiden Kugeln an der Überlappung teilnimmt, sei F. Die Konzentration der Polymersegmente ist in dem Überlappungsvolumen $F\,V_\mathrm{LPK}/N_\mathrm{A}$ doppelt so groß wie in den beiden anderen Regionen. Das bedeutet: Der Volumenbruch der Segmente ist im Überlappungsgebiet gleich $2\,\varphi_2$ und in den Volumina $(1-F)\,V_\mathrm{LPK}/N_\mathrm{A}$ gleich φ_2. Es gilt somit:

$$\Delta G_\text{Überlapp} = F\,\left[\Delta G_\mathrm{m}^\mathrm{LPK}\,(2\,\varphi_2) - 2\,\Delta G_\mathrm{m}^\mathrm{LPK}\,(\varphi_2)\right] \tag{4.181}$$

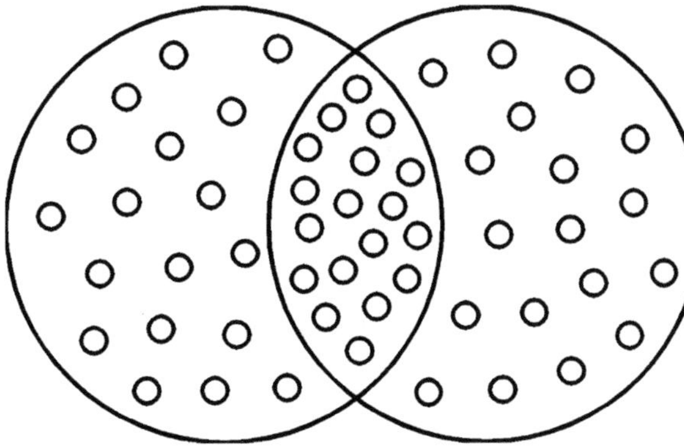

Abb. 4.24 Die Überlappung zweier Polymermoleküldomänen

Mit Gl. (4.180) folgt:

$$\begin{aligned}\Delta G_{\text{Überlapp}} &= \frac{F\,k_B\,T\,V_{LPK}}{V_1}\,\{(1-2\,\varphi_2)\,(\ln\,(1-2\,\varphi_2)+\chi\,2\,\varphi_2)\\ &\quad -2\,(1-\varphi_2)\,(\ln\,(1-\varphi_2)+\chi\quad\varphi_2)\}\\ &= \frac{F\,k_B\,T\,V_{LPK}}{V_1}\,\{(1-2\,\varphi_2)\,\left((-2\,\varphi_2-2\,\varphi_2^2-\ldots)+\chi\,2\,\varphi_2\right)\\ &\quad -(2-2\,\varphi_2)\,\left((-\,\varphi_2-(\varphi_2^2/2)-\ldots)+\chi\,\varphi_2\right)\}\\ &\approx \frac{2\,F\,k_B\,T\,V_{LPK}}{V_1}\,[(1/2)-\chi]\,\varphi_2^2\end{aligned} \tag{4.182}$$

Wir haben dabei die Potenzen höherer Ordnung als φ_2^2 vernachlässigt. In verdünnten Lösungen ist das in guter Näherung erlaubt.

Der Volumenbruch φ_2 der Polymersegmente ist über die Beziehung $\varphi_2 = V_2/V_{LPK}$ mit dem Molvolumen des Polymers verknüpft. Es ist außerdem zweckmäßig, den Parameter $\bar{z} \equiv \left(2/3^{3/2}\right)(0,5-\chi)\;V_2^2/(V_{LPK}\;V_1)$ einzuführen. Gl. (4.182) vereinfacht sich damit zu:

$$\Delta G_{\text{Überlapp}} = 3^{3/2}\,k_B\,T\,F\,\bar{z} \tag{4.183}$$

Wir wollen jetzt das Volumen des Überlappungsgebiets berechnen. Dieses besitzt, wie wir aus Abb. 4.24 erkennen, eine linsenartige Gestalt. Wir können es in zwei gleich große Kugelabschnitte der Höhe h unterteilen. Das Volumen eines Kugelabschnitts ist gleich

$$V_{KA} = \pi\,h^2(3\,R-h)/3 \tag{4.184}$$

wobei R der Radius der Kugel ist. Der Abstand zwischen den Schwerpunkten der Kugeln (Polymerdomänen) sei gleich $2\,R\,\delta$. Dabei ist δ eine Zahl aus dem Intervall $[0,\infty]$. Wenn $\delta = 1$ ist, berühren sich die beiden Kugeln gerade. Im Fall $\delta = 0$ findet eine vollständige Durchdringung statt. Abb. 4.24 entnehmen wir, dass $h = R - \delta\,R$ ist. Gl. (4.184) geht deshalb über in:

$$\begin{aligned}V_{KA} &= \pi\left(R^2-2\,\delta\,R^2+\delta^2\,R^2\right)(3\,R-R+\delta\,R)/3\\ &= (\pi/3)\,R^3\left(2-3\,\delta+\delta^3\right) = (V_{LPK}/4\,N_A)\,\left(2-3\,\delta+\delta^3\right)\end{aligned} \tag{4.185}$$

Es folgt:

$$V_{\text{Überlapp}} = F\,V_{LPK}/N_A = 2\left[(V_{LPK}/4\,N_A)\,\left(2-3\,\delta+\delta^3\right)\right], \tag{4.186}$$

sodass

$$F = (1/2)\left(2 - 3\,\delta + \delta^3\right) \tag{4.187}$$

ist

Wir nehmen ferner an, dass sich in einer bestimmten Region der Lösung zu einem bestimmten Zeitpunkt nur zwei Polymermoleküle befinden. Molekül 1 sei im Raumgebiet I und befinde sich im Zustand der Ruhe (Abb. 4.25). Molekül 2 ist beweglich und sei irgendwo in der Nähe von Molekül 1. Das Volumen der Lösung unterteilen wir in mehrere gleich große Volumenelemente dV. Diese seien so groß, dass gerade ein Polymermolekül darin Platz findet. Gesucht ist die Wahrscheinlichkeit W_2, dass sich der Schwerpunkt von Molekül 2 in einem solchen Volumenelement befindet. Zwei Fälle sind dabei zu unterscheiden:

1. Molekül 2 ist so weit von Molekül 1 entfernt, dass es zu keiner Überlappung der Moleküldomänen kommt. Der Parameter δ ist in diesem Fall größer gleich eins. Wir wollen die zugehörige Wahrscheinlichkeit mit W_2 ($\delta \geq 1$) bezeichnen.

   In einer verdünnten Lösung bewegen sich die Polymermoleküle unabhängig voneinander. Die Wahrscheinlichkeit, Molekül 2 in dem Volumenelement dV zu finden, ist deshalb proportional zu dV. Es gilt also $W_2(\delta \geq 1) = w_2(\delta \geq 1)\,\mathrm{d}V =$ konstant, wobei W_2 die Wahrscheinlichkeit pro Volumeneinheit (die Wahrscheinlichkeitsdichte) ist. Für W_2 ($\delta \geq 1$) legen wir der Einfachheit halber die Boltzmann-Statistik zugrunde. Es gilt dann:

$$w_2(\delta \geq 1) = k \quad \exp(-\,G_{2,0}/(k_\mathrm{B}\,T)) \tag{4.188}$$

   Dabei ist k eine Konstante und $G_{2,0}$ die Gibbs'sche Energie, die Molekül 2 besitzt, wenn es nicht mit Molekül 1 überlappt.

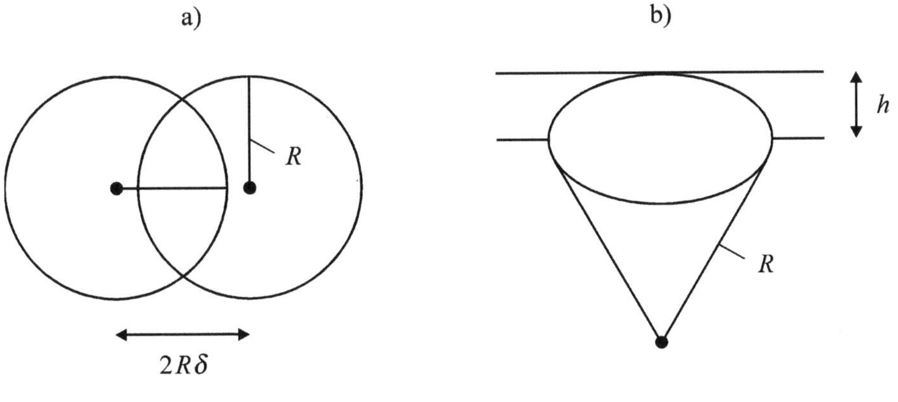

Abb. 4.25 Berechnung des Überlappungsvolumens $V_{\text{Überlapp}}$

2. Die Domänen von Molekül 1 und 2 überlappen sich. In diesem Fall gilt $0 \le \delta < 1$. Die zugehörige Wahrscheinlichkeit ist W_2 $(0 \le \delta < 1)$. Sie ist nicht konstant. Gemäß der Boltzmann-Statistik gilt:

$$w_2(0 \le \delta < 1) \equiv W_2(0 \le \delta < 1)/\mathrm{d}V = k \exp\left[-\left(G_{2,0} + \Delta G_{\text{Überlapp}}\right)/(k_B\, T)\right] \quad (4.189)$$

$\Delta G_{\text{Überlapp}}$ ist nach Gl. (4.183) und (4.187) eine Funktion von δ. w_2 $(0 \le \delta < 1)$ hängt deshalb ebenfalls von δ ab. Da k und $G_{2,0}$ unbekannt sind, ist es zweckmäßig, das Verhältnis $r(\delta) \equiv w_2(0 \le \delta < 1)/w_2(\delta \ge 1)$ zu bilden. Es gilt:

$$r(\delta) = \exp\left[-\Delta G_{\text{Überlapp}}/(k_B\, T)\right] = \exp\left[-\left(3^{3/2}/2\right) \bar{z}\, (\delta^3 - 3\,\delta + 2)\right] \quad (4.190)$$

Die Funktion $r(\delta)$ ist in Abb. 4.26 grafisch dargestellt. Der Parameter $\bar{z}$ wurde dabei zwischen $\bar{z} = 0$ und $\bar{z} = 5$ variiert. $\bar{z} = 0$ steht für den Theta-Zustand, d. h. für ein schlechtes Lösemittel; $\bar{z} = 5$ steht für ein gutes Lösemittel. Werte von $\bar{z}$ kleiner als null schließen wir aus. Sie beschreiben Aggregationsprozesse.

Für $\delta = 1$ und für ein gegebenes $\bar{z}$ wird $r(\delta)$ mit abnehmendem δ kleiner. Für das gute Lösemittel ($\bar{z} = 5$) wird $r(\delta)$ an einer bestimmten Stelle ($\delta \approx 0{,}60$) null. Die Schwerpunkte von Molekül 1 und 2 können sich in diesem Fall maximal bis auf den Abstand $2 \cdot 0{,}60\, R$ nähern.

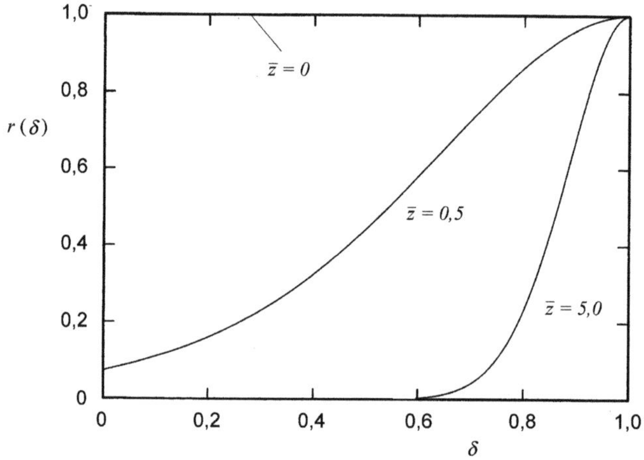

Abb. 4.26 Die Funktion $r(\delta) \equiv w_2(0 \le \delta < 1)/w_2(\delta \ge 1)$ für einige Werte von $\bar{z}$

Für sehr gute Lösemittel wird $\bar{z}$ unendlich, $r(\delta)$ geht dann in die Deltafunktion

$$r(\delta) \equiv \left\{ \begin{array}{l} 0\,;\ \delta \in [0,\ 1) \\ 1\,;\ \delta\ = 1 \\ 0\,;\ \delta \in (1,\ \infty] \end{array} \right\} \tag{4.191}$$

über. Eine Durchdringung der Domänen von Molekül 1 und 2 ist dort nicht möglich. Sie können sich höchstens noch berühren. Die beiden Polymermoleküle verhalten sich also in sehr guten Lösemitteln so, als seien ihre Domänen starre Kugeln.

Im Theta-Zustand ($\bar{z} = 0$) ist $r(\delta)$ dagegen für alle Werte von δ gleich eins. Molekül 1 und Molekül 2 können sich in diesem Fall ungehindert durchdringen. Es ist so, als ob die Moleküle überhaupt keine Notiz voneinander nehmen.

Die Funktion $h(\bar{z})$ für die gleichmäßige Segmentdichteverteilung Das Volumen V_{KS} der Kugelschale mit dem Radius $2\,R\,\delta$ und der Wanddicke $2\,R\,\mathrm{d}\delta$ ist gleich

$$V_{KS} = 4\,\pi\,(2\,R\,\delta)^2\,(2\,R\,\mathrm{d}\delta) = 32\,\pi\,R^3\,\delta^2\,\mathrm{d}\delta \tag{4.192}$$

Die Wahrscheinlichkeit $W_2(\delta)$, dass sich der Schwerpunkt von Molekül 2 in dieser Kugelschale befindet, ist:

$$W_2(\delta) = 32\,\pi\,R^3\,w_2(\delta)\,\delta^2\,\mathrm{d}\delta \tag{4.193}$$

Die Domänen von Molekül 1 und 2 überlappen nur dann miteinander, wenn sich der Schwerpunkt von Molekül 2 irgendwo in der Kugel vom Radius $2R$ befindet. Wir sind deshalb an der Wahrscheinlichkeit interessiert, dass sich der Schwerpunkt von Molekül 2 im Intervall $[0,\,2R]$ befindet. Für diesen Fall gilt:

$$W_2(0 \le \delta \le 1) = 32\,\pi\,R^3 \int_0^1 w_2(0 \le \delta \le 1)\,\delta^2\,\mathrm{d}\delta \tag{4.194}$$

Das Volumen einer Kugel vom Radius $2R$ ist $(32/3)\,\pi\,R^3 = 8\,V_{LPK}/N_A$. Wir können es in zwei Teilgebiete zerlegen. Das eine Teilgebiet sei das ausgeschlossene Volumen β. Die Wahrscheinlichkeit, den Schwerpunkt von Molekül 2 hier zu finden, ist gleich null. Das andere Teilgebiet besitzt das Volumen $(32\,\pi\,R^3/3) - \beta$. Die Wahrscheinlichkeit, dass sich der Schwerpunkt von Molekül 2 dort befindet, ist gleich $[(32\,\pi\,R^3/3) - \beta]\,w_2\,(\delta \ge 1)$ (Abb. 4.27).

Abb. 4.27 Die Volumina β und $(32\,\pi\,R^3/3) - \beta$

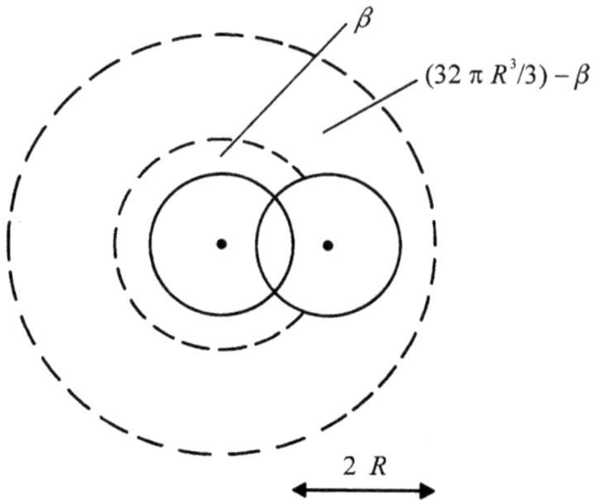

Insgesamt gilt also:

$$\left[(32\,\pi\,R^3/3) - \beta\right]\, w_2(\delta \geq 1) = 32\,\pi\,R^3 \int_0^1 w_2(0 \leq \delta \leq 1)\,\delta^2\,\mathrm{d}\delta \tag{4.195}$$

Da $w_2(0 \leq \delta \leq 1)/w_2(\delta \geq 1) = \exp\left(-\,(3^{3/2}/2)\,\overline{z}\,(\delta^3 - 3\,\delta + 2)\right)$ ist, folgt:

$$\beta = \frac{8\,V_{\mathrm{LPK}}}{N_{\mathrm{A}}} - \frac{24\,V_{\mathrm{LPK}}}{N_{\mathrm{A}}} \int_0^1 \exp\left(-\left(3^{3/2}/2\right)\overline{z}\,(\delta^3 - 3\,\delta + 2)\right)\delta^2\,\mathrm{d}\delta$$

$$= \frac{24\,V_{\mathrm{LPK}}}{N_{\mathrm{A}}} \int_0^1 \left(1 - \exp\left(-\left(3^{3/2}/2\right)\overline{z}\,(\delta^3 - 3\,\delta + 2)\right)\right)\delta^2\,\mathrm{d}\delta \tag{4.196}$$

Das Integral in Gl. (4.196) können wir partiell integrieren. Es gilt:

$$\int_0^1 \left(1 - \exp\left(-\left(3^{3/2}/2\right)\overline{z}\,(\delta^3 - 3\,\delta + 2)\right)\right)\delta^2\,\mathrm{d}\delta$$

$$= \frac{\delta^3}{3}\left(1 - \exp\left(-\left(3^{3/2}/2\right)\overline{z}\,(\delta^3 - 3\,\delta + 2)\right)\right)\Big|_0^1 - \int_0^1 \frac{\delta^3}{3}\left(\left(3^{3/2}/2\right)\overline{z}\,(3\,\delta^2 - 3)\right)$$

$$\exp\,(\ldots)\,\mathrm{d}\delta$$

$$= -\left(3^{3/2}/2\right)\overline{z}\int_0^1 \delta^3\,(\delta^2 - 1)\quad \exp\left(-\left(3^{3/2}/2\right)\overline{z}\,(\delta^3 - 3\,\delta + 2)\right)\mathrm{d}\delta$$

Für β folgt somit:

$$\beta = 3^{3/2}\, V_{\mathrm{LPK}}\, \bar{z}\, h(\bar{z})/N_{\mathrm{A}} \tag{4.197}$$

$$\text{mit}\quad h(\bar{z}) = -12 \int_0^1 \delta^3(\delta^2 - 1)\, \exp\left(-\left(3^{3/2}/2\right)\bar{z}\left(\delta^3 - 3\,\delta + 2\right)\right) \mathrm{d}\delta \tag{4.198}$$

Die Funktionswerte der Funktion $h(\bar{z})$ lassen sich nur numerisch berechnen. Sie sind in Abb. 4.28 grafisch dargestellt. Wir können drei Fälle unterscheiden:

1. Im Theta-Zustand ($\bar{z} = 0$) ist $h(\bar{z}) = 1$ und $\beta = 0$.
2. Ist $\bar{z}$ klein, aber größer als null, so können wir die Exponentialfunktion in Gl. (4.196) in eine Reihe entwickeln und diese nach dem zweiten Glied abbrechen. In diesem Fall gilt:

$$\begin{aligned}\beta &\approx \frac{24\, V_{\mathrm{LPK}}}{N_{\mathrm{A}}} \int_0^1 \left(3^{3/2}/2\right) \bar{z}\left(\delta^3 - 3\delta + 2\right) \delta^2\, \mathrm{d}\delta \\ &= \frac{3^{3/2}\, 12\, V_{\mathrm{LPK}}}{N_{\mathrm{A}}}\, \bar{z} \left(\frac{\delta^6}{6} - \frac{3\,\delta^4}{4} + 2\frac{\delta^3}{3}\right)\Bigg|_0^1 = \frac{3^{3/2}\, V_{\mathrm{LPK}}\, \bar{z}}{N_{\mathrm{A}}}\end{aligned} \tag{4.199}$$

$$\text{bzw.}\quad A_2 = \frac{N_{\mathrm{A}}\, \beta}{2\, M_2^2} = \frac{3^{3/2}\, V_{\mathrm{LPK}}}{2\, M_2^2} = ((1/2) - \chi)\left(\frac{V_2^0}{M_2}\right)/V_1^0 \tag{4.200}$$

Das bedeutet: Für kleine Werte von $\bar{z}$ stimmen die Ausdrücke von A_2 für eine verdünnte Lösung und eine konzentrierte Lösung überein.

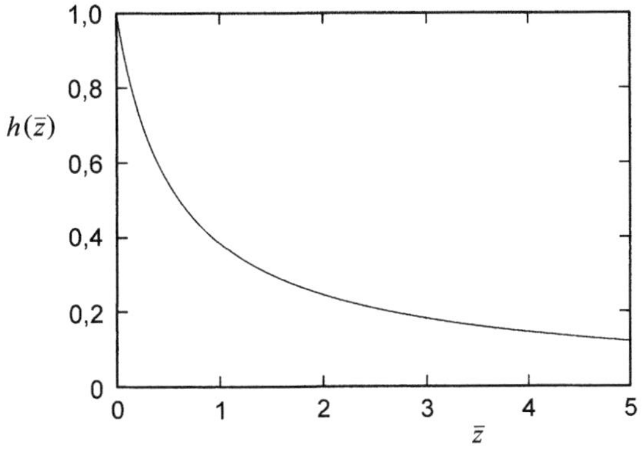

Abb. 4.28 Die Funktion $h(\bar{z})$ für die gleichmäßige Segmentdichteverteilung

3. Im Grenzfall $\overline{z} \rightarrow \infty$ ist $\exp\left(-\left(3^{3/2}/2\right)\overline{z}\left(\delta^3 - 3\,\delta + 2\right)\right)$ für alle Werte von δ gleich null. Nach Gl. (4.196) ist β dann gleich 8 V_{LPK}/N_A. Mit anderen Worten: Die Domänen von Molekül 1 und 2 verhalten sich in sehr guten Lösemitteln so, als wären sie undurchdringbare Kugeln.

Die Funktion $h(\overline{z})$ für die Gauß'sche Segmentdichteverteilung Wir sind bisher davon ausgegangen, dass die Segmente eines Polymermoleküls gleichmäßig innerhalb der Kugeldomäne vom Radius R verteilt sind. Das ist natürlich eine starke Idealisierung. Realistischer ist es anzunehmen, die Abstände zwischen den Segmenten und dem Schwerpunkt seien in Form einer Gauß-Verteilung angeordnet.

Auch für diesen komplizierteren Fall lässt sich das ausgeschlossene Volumen β berechnen. Das Ergebnis der Rechnung hängt jedoch sehr empfindlich davon ab, welche mathematische Methode und welche Näherungen bei der Herleitung von β benutzt werden. In der Literatur werden ca. acht verschiedene Lösungen für β diskutiert. Diese beruhen alle auf demselben Modell (Gauß'sche Segmentdichteverteilung), aber auf verschiedenen mathematischen Berechnungsverfahren. Yamakawa (1971) konnte allerdings zeigen, dass für alle diese Lösungen gilt:

$$\beta_{\text{Gauß}} = 44{,}54 \quad < R^2 >_z^{3/2} \quad \overline{z}\, h(\overline{z})_{\text{Gauß}} \tag{4.201}$$

Dabei ist $< R^2 >_z^{1/2}$ der z-gemittelte Trägheitsradius des gelösten Polymers. Für $h(\overline{z})_{\text{Gauß}}$ gilt in guter Näherung:

$$h(\overline{z})_{\text{Gauß}} = \left[1 - (1 + k_1\,\overline{z})^{-(2\,k_2 - k_1)/k_1}\right] / [(2\,k_2 - \mathrm{k}_1)\,\overline{z}] \tag{4.202}$$

Dabei sind k_1 und k_2 zwei Konstanten. Für letztere haben die verschiedenen Autoren verschiedene Werte gefunden. Ausgewählte Werte für k_1 und k_2 sind in Tab. 4.9 zusammengestellt.

Wir weisen darauf hin, dass es möglich ist, auch Gl. (4.197) in die Form von Gl. (4.201) zu überführen. Wir müssen dazu das Volumen der Lösemittelpolymerkugel mit dem Trägheitsradius des Polymermoleküls verknüpfen. Gemäß Abschn. 4.1 gilt:

$$(V_{\text{LPK}}/N_{\text{A}}) = (4\,\pi/3)\,R^3 = (4\,\pi/3)\,(0{,}518\,h)^3 = 8{,}557\,< R^2 >_z^{3/2}$$

Setzen wir diesen Ausdruck in Gl. (4.197) ein, so folgt Gl. (4.201) daraus.

Tab. 4.9 Werte für k_1 und k_2. (Nach Yamakawa 1971)

Autoren	k_1	k_2
Flory, Krigbaum, Grimley	0,997	0,867
Isihara, Koyama	1,179	1,135
Flory, Krigbaum, Orofino (original)	2,304	1,767
Flory, Krigbaum, Orofino (modifiziert)	5,730	10,944
Kurata, Yamakawa	3,906	9,202
Kurata	0,683	6,124
Fixman, Casassa, Markovitz	$-1{,}57\cdot 10^{-4}$	5,472

Experimentelle Überprüfung der Theorie des ausgeschlossenen Volumens Für den zweiten Virialkoeffizienten A_2 einer verdünnten realen Lösung gilt:

$$\boxed{A_2 = N_A\,\beta/\left(2\,M_w^2\right) = 22{,}27\,N_A < R^2 >_z^{3/2}\quad \bar{z}\,h(\bar{z})/M_w^2} \tag{4.203}$$

Dabei haben wir hier M_2 durch den Massenmittelwert M_w ersetzt. Das Produkt $\Psi(\bar{z}) \equiv \bar{z}\,h(\bar{z})$ heißt **Durchdringungsfunktion**. Sie lässt sich experimentell durch Messung von A_2, $< R^2 >_z^{0,5}$ und M_w ermitteln. Es gilt:

$$\Psi(\bar{z}) = \left(A_2\,M_w^2\right)/\left(22,27\,N_A\ < R^2 >_z^{3/2}\right) \tag{4.204}$$

Wir werden später eine Beziehung herleiten, die $\bar{z}$ mit dem Expansionskoeffizienten $\alpha \equiv < R^2 >_z / < R^2 >_{z,\,\theta}$ verknüpft. Es liegt deshalb nahe, α zu messen, $\bar{z}$ zu berechnen und die berechneten Werte von $\Psi(\bar{z}) \equiv \bar{z}\,h(\bar{z})$ mit den experimentell bestimmten Werten von $\Psi(\bar{z})$ zu vergleichen. Dabei müssen wir allerdings Folgendes beachten: Es existieren in der Literatur für Gauß-artige Segmentdichteverteilungen gut 15 verschiedene Berechnungsformeln für $\bar{z}(\alpha)$. Nicht jede dieser 15 Formeln für $\bar{z}(\alpha)$ korrespondiert mit jeder der Formeln für $h(\bar{z})$ aus Tab. 4.9. Eine Kombination ist nur dann sinnvoll, wenn die mathematischen Näherungen und physikochemischen Annahmen, die den Berechnungen von $h(\bar{z})$ und $\bar{z}(\alpha)$ zugrunde liegen, zueinander konsistent sind.

Bei Yamakawa (1971) lesen wir, dass nur folgende Kombinationen erlaubt sind:

$$\Psi(\bar{z}) = \ln(1 + 2,30\,\bar{z})/2{,}30\,; \qquad \bar{z} = \left(\alpha^2 - 1\right)/2{,}60 \tag{4.205}$$

$$\Psi(\bar{z}) = \ln(1 + 5,73\,\bar{z})/5{,}73\,; \qquad \bar{z} = \left(\alpha^2 - 1\right)/1{,}28 \tag{4.206}$$

$$\Psi(\bar{z}) = 0{,}55\left[1-(1+3{,}90\,\bar{z})^{-0{,}47}\right]; \quad \bar{z} = (0{,}17/\alpha^3)\left\{\left[(\alpha^2-0{,}54)/0{,}46\right]^{2{,}17}-1\right\} \tag{4.207}$$

Diese Kombinationen lassen sich experimentell überprüfen. Wir messen dazu A_2 und $<R^2>_z$ für eine Polymersorte. Gleichzeitig variieren wir die Molmasse M_w, die Temperatur T und eventuell die Art des Lösemittels. Ferner bestimmen wir den mittleren quadratischen Trägheitsradius $<R^2>_{z,\theta}$ im Theta-Zustand, indem wir A_2 und $<R^2>_z$ bei gegebenem M_w gegen T auftragen. Die Temperatur T, bei der A_2 gleich null wird, ist die Theta-Temperatur. Wir bestimmen diese Temperatur und ermitteln anschließend den Wert von $<R^2>_z$ an der Stelle $T = \theta$.

In einem zweiten Schritt berechnen wir die Wertepaare (α^3; Ψ). Dabei ist $\alpha^3 = (<R^2>_z/<R^2>_{z,\theta})^{3/2}$ und $\Psi = (A_2\,M_w^2)/\left(N_A\,22{,}27<R^2>_z^{3/2}\right)$. Ψ tragen wir gegen α^3 auf. Wenn die Funktionen $\Psi(\bar{z})$ und $\bar{z}(\alpha)$ existieren, sollten die Messwertepaare (α^3; Ψ) eine zusammenhängende Kurve bilden. Diese können wir mit den Kombinationen 1–3 vergleichen. Dazu berechnen wir für einige ausgewählte Werte von α mithilfe von Gl. (4.205) bis (4.207) Werte für den Parameter $\bar{z}$. Diese setzen wir in die korrespondierende Gleichung für $\Psi(\bar{z})$ ein und tragen abschließend $\Psi(\bar{z})$ gegen α^3 auf.

Ein Beispiel für eine solche Prozedur zeigt Abb. 4.29. Es handelt sich um das System PVP/(H_2O/Aceton). Die experimentell ermittelten Wertepaare liegen recht gut auf einer Kurve. Diese wird durch die Kurata-Tanaka-Theorie (Kombination 3) gut beschrieben.

Wir schließen daraus:

- Die Theorie des ausgeschlossenen Volumens ist in der Lage, das Verhalten eines PVP-Moleküls in einer verdünnten Lösung zu beschreiben.
- Die Segmente eines PVP-Moleküls sind wahrscheinlich Gauß-artig um dessen Schwerpunkt verteilt.

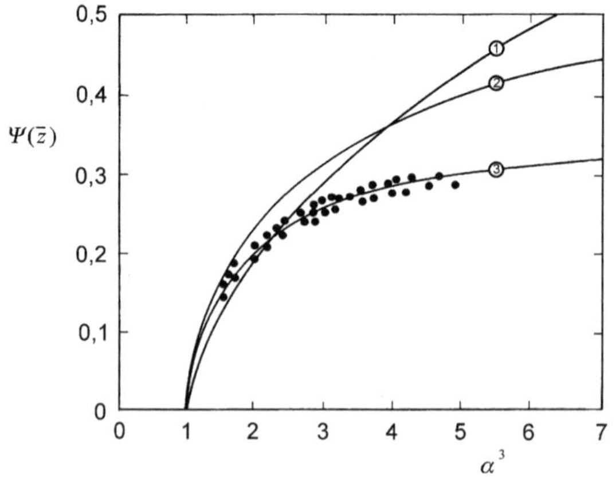

Abb. 4.29 Plot von $\Psi(\bar{z})$ gegen α^3 für das System PVP/(H_2O/Aceton). ① Gl. (4.205), ② Gl. (4.206), ③ Gl. (4.207)

Für viele andere Polymer-Lösemittel-Systeme findet sich eine ähnlich gute Übereinstimmung zwischen Theorie und Experiment. Darüber hinaus gibt es aber sehr viele Fälle, die noch genauer erforscht werden müssen.

Flory-Theorie Mithilfe des Konzepts des ausgeschlossenen Volumens können wir einen grundlegenden Zusammenhang zwischen der **Größe** eines verknäuelten Kettenmoleküls in Lösung, wiedergegeben durch seinen mittleren Kettenendenabstand $h = < h^2 >^{1/2}$, und der **Kettenlänge**, wiedergegeben durch die Anzahl der (Kuhn-)Segmente, N, herleiten; wir folgen dabei einem Ansatz von Flory. Zunächst machen wir uns klar, dass die Segmentdichte (= Anzahl Segmente pro Volumen) im Polymerknäuel genau N/h^3 ist (= Anzahl Segmente auf der Kette geteilt durch das Volumen der Kette im verknäuelten Zustand), falls wir sie wie in Abschn. 4.1.3.2 als homogen im Knäuel verteilt annehmen. Wenn wir dies mit dem ausgeschlossenen Volumen β multiplizieren, so erhalten wir einen Ausdruck für die Anzahl der (Kuhn-)Segmente pro ausgeschlossenem Volumen jedes Kettensegments: $\beta(N/h^3)$. An sich sollte dieser Ausdruck eins sein, d. h., im ausgeschlossenen Volumen jedes Kettensegments liegt nur ein Kettensegment (eben das betrachtete) vor. Wir können dies nun mit der immer gegenwärtigen thermischen Energie k_BT assoziieren und erhalten einen Ausdruck für die ausgeschlossene Volumenwechselwirkungsenergie: $\beta(N/h^3)\ k_BT$. Wenn jedes Segment in seinem ausgeschlossenen Volumen allein ist, so beträgt die damit zusammenhängende Energie genau k_BT; das können wir immer aufbringen, da uns immer genau k_BT zur Verfügung steht. Sollte es aber ein zweites Segment im ausgeschlossenen Volumen eines betrachteten ersten Segments geben, so haben wir eine Energie von $2k_B\ T$ aufzubringen; dies steht uns nicht zur Verfügung. Gleichsam haben wir beim Vorhandensein von drei Segmenten pro ausgeschlossenem Volumen $3k_B\ T$ aufzubringen, usw. Wir haben damit also folgende Formel für die ausgeschlossene Volumenwechselwirkungsenergie pro Segment gefunden: $\beta(N/h^3)\ k_B\ T$. Für die gesamte Kette mit N Segmenten liegt dies N-mal vor, und wir haben folgende ausgeschlossene Volumenwechselwirkungsenergie pro Kette: $\beta(N/h^3)\ k_BT$. (Machen wir die Betrachtung allgemein in d Raumdimensionen, so erhalten wir $\beta(N^2/h^d)k_BT$.) Diese Energie kann minimiert werden, wenn h steigt; der Term $\beta(N^2/h^3)\ k_B\ T$ spiegelt also eine Tendenz zur **Knäuelaufweitung** wider. Dieser Tendenz zur Knäuelaufweitung steht nun eine elastische Rückstellkraft entgegen, die beim Entknäueln aufzubringen ist. Wir haben dies im Rahmen von Abschn. 4.1.3.3 bilanziert und mit Gl. (4.48) einen Ausdruck für die damit zusammenhängende Dehnungsentropie gefunden: $-3k_Bh^2/(2Nl_K^2)$. Wir erhalten hieraus einen Ausdruck für die **Dehnungsenergie**, indem wir mit $-T$ multiplizieren: $3k_B\ Th^2/(2Nl_K^2)$. (Machen wir die Betrachtung wieder allgemein in d Raumdimensionen, so erhalten wir $dk_BTh^2/(2Nl_K^2)$.) Dieser Energiebeitrag kann minimiert werden, wenn h geringer wird; er spiegelt also eine Tendenz zur **Knäuelkontraktion** wider.

Beide Beiträge sind gleichermaßen operativ und haben gegenläufige Wirkung: Der eine wird bei Knäuelaufweitung minimal, der andere hingegen bei Knäuelkontraktion. Um einen Ausdruck für die Gesamtenergie zu finden, müssen wir beide Terme summieren: $\beta(N^2/h^3)\ k_BT + 3k_B\ Th^2/(2Nl_K^2) = k_BT[\beta(N^2/h^3) + 3h^2/(2Nl_K^2)]$. Wir finden das energetische Minimum in Abhängigkeit der Variablen h, indem wir nach h differenzieren und dann gleich null setzen. Damit folgt $h = \beta^{1/5}\, l_K^{2/5}\, N^{3/5}$. Dies ist unser gesuchter Zusammenhang zwischen der Knäuelgröße (h) und der Kettenlänge (N).

Wir haben allerdings bei der letzten Abschätzung zwei Fehler gemacht. Erstens haben wir in der Formel für die Dehnungsenergie, $3k_BTh^2/(2Nl_K^2)$, im Nenner Nl_K^2 verwendet. Dies ist nichts anderes als das ideale Irrflug-Skalengesetz $h^2 = Nl_K^2$. Es spiegelt ideale Knäuelgestalt wider; wir schätzen mit der Flory-Theorie nun aber gerade einen Ausdruck für *nicht*ideale Knäuelgestalt unter dem Einfluss von ausgeschlossenen Volumenwechselwirkungen ab. Das ist unser erster Fehler. Zweitens haben wir ganz zu Beginn unserer Abschätzung eine gleichmäßige Segmentdichte von N/h^3 angenommen (wie in Abschn. 4.1.3.2). Nur wenige Seiten zuvor haben wir uns aber gerade klargemacht, dass typischerweise die in Abschn. 4.1.3.1 diskutierte Gauß'sche Segmentdichteverteilung vorliegt. Dies ist unser zweiter Fehler. In Bezug auf den Parameter N halten sich beide Fehler ziemlich genau die Waage, und unser abgeschätztes Ergebnis von $h \sim N^{3/5}$ ist beinahe richtig; eine korrekte Rechnung ergibt hierfür $h \sim N^{0.588}$. In Bezug auf den Parameter l_K liegen wir aber deutlicher daneben; hier ergibt sich korrekt $h \sim l_K$.

Allgemeines Skalengesetz Basierend auf unseren vorigen Erkenntnissen aus der Flory-Theorie sowie dem, was wir bereits über ideale Ketten ohne jegliche Wechselwirkungen wissen, können wir nun folgendes fundamentales Skalengesetz formulieren: $h \approx N^{\nu}\, l_K$. Hierin ist ν der sog. **Flory-Exponent**. Für ideale Ketten ist $\nu = 1/2$, für reale Ketten unter dem Einfluss von ausgeschlossenen-Volumenwechselwirkungen in drei Raumdimensionen ist $\nu = 3/5$. Im Grenzfall maximal repulsiver Segment-Segment-Wechselwirkungen ist die Kette vollständig entknäuelt und liegt als Stäbchen vor, dessen Länge gerade $h = N\, l_K$ beträgt; damit folgt $\nu = 1$. Umgekehrt knäuelt sich die Kette im Grenzfall maximal attraktiver Segment-Segment-Wechselwirkungen vollständig zusammen und kollabiert zu einer kompakten Kugel der Masse $m \sim N \sim h^3$; umstellen liefert $h \approx N^{1/3}$ und damit $\nu = 1/3$.

Diese verschiedenen Fälle können wir vor dem Hintergrund der thermodynamischen Lösemittelgüte voneinander abgrenzen und verstehen: In einem Nichtlösemittel ist eine Polymerkette vollständig verknäuelt und liegt als kompakte Kugel vor ($\nu = 1/3$), in einem Theta-Lösemittel ist sie ideal verknäuelt und liegt als Gaußknäuel vor ($\nu = 1/2$), im guten bzw. athermischen Lösemittel ist sie leicht entknäuelt und liegt als aufgeweitetes Knäuel vor ($\nu = 3/5$), und im Fall stark repulsiver Segment-Segment-Wechselwirkungen (bspw. im Fall gleichsam geladener Monomersegmente) ist die Kette vollständig entknäuelt und liegt als Stäbchen vor ($\nu = 1$). Gemäß dem allgemeinen Skalengesetz $h \approx N^{\nu}\, l_K$ wird der Polymerkörper mit steigendem ν in den gerade genannten Zuständen also immer größer und nimmt somit auch immer mehr Volumen ($\approx h^3$) in Anspruch. Da dies aber bei einer gleichbleibenden Anzahl Kettensegmente N erfolgt, nimmt die segmentale Dichte im Knäuel gleichsam ab.

Dimensionsbetrachtung Führen wir die oben diskutierte Flory-Theorie-Abschätzung für eine Polymerkette mit ausgeschlossenen Volumenwechselwirkungen allgemein in d Dimensionen durch, so erhalten wir folgenden allgemeinen Ausdruck für den Flory-Exponenten: $\nu = 3/(d+2)$. Für $d = 3$ ergibt sich daraus unser oben abgeschätztes Ergebnis von $\nu_{3D} = 3/5$; für $d = 2$ (beispielsweise für ein Polymerknäuel an einer Oberfläche oder Grenzfläche) ergibt sich ein größerer Wert von $\nu_{2D} = 3/4$. Für $d = 1$ ergibt sich ein noch größerer Wert von $\nu_{1D} = 3/3 = 1$ und damit $h \approx N\, l_K$. Dies ergibt Sinn, denn in einer Dimension gibt es nur eine Möglichkeit, wie sich die Segmente aus dem Weg gehen können, wenn es ausgeschlossene Volumenwechselwirkungen gibt: Die Kette muss eine vollständig gestreckte Gestalt annehmen, sodass der Kettenendenabstand dann genau $N\, l_K$ beträgt. Stellen wir dieser gestreckten Kette mehr Raumdimensionen zur Verfügung, erst zwei und dann drei, nimmt der Wert von ν ab, zunächst auf 3/4 und dann auf 3/5. Das Knäuel wird in diesen Fällen also weniger und weniger stark aufgeweitet, da sich die ausgeschlossenen Volumenwechselwirkungen in mehr Raumdimensionen ohnehin effektiver aus dem Weg gehen können. Betrachten wir den hypothetischen Fall von $d = 4$, so erhalten wir $\nu_{4D} = 3/6 = 1/2$; wir sind damit wieder beim idealen Skalengesetz von $h \approx N^{1/2}\, l_K$ angelangt. Auch dies ergibt Sinn, denn dem Knäuel steht in vier Dimensionen so viel Freiraum zur Verfügung, dass sich ausgeschlossene Volumenwechselwirkungen so gut aus dem Weg gehen können, dass das Knäuel seine ideale ungestörte Gestalt annehmen kann.

Wir können den Gedanken der Dimensionsbetrachtung noch weiter ausführen. In Abschn. 2.4.3.6 haben wir das Konzept der fraktalen Dimensionalität kennengelernt. Wir können diesen grundlegenden Parameter hier nun weiter spezifizieren als $d_{\text{frakt}} = 1/\nu$. Ideale Polymerknäuel ohne ausgeschlossene Volumenwechselwirkungen haben eine fraktale Dimension von $d_{\text{frakt}} = 1/(1/2) = 2$; dies haben wir bereits in Abschn. 2.4.3.6 gesehen. Reale Polymerknäuel unter dem Einfluss von ausgeschlossenen Volumenwechselwirkungen in drei Raumdimensionen haben eine fraktale Dimension von $d_{\text{frakt}} = 1/(3/5) = 5/3$. Grundsätzlich spiegelt eine geringe fraktale Dimensionalität bei einem Objekt eine geringe Dichte wider. Dies finden wir hier gegeben: Die fraktale Dimensionalität des realen Knäuels unter dem Einfluss von ausgeschlossenen Volumenwechselwirkungen ist mit 5/3 kleiner als die eines idealen Knäuels ohne solche Wechselwirkungen mit 2. Dies zeigt uns, dass das ideale Knäuel kompakter als das reale Knäuel ist, was daran liegt, dass aufgrund der fehlenden ausgeschlossenen Volumenwechselwirkungen beim idealen Knäuel keine Knäuelaufweitung eintritt.

4.2.6 Scaling-Theorie

▶ Weitere Informationen finden Sie im Anhang dieses Kapitels.

Wir haben in den vorstehenden Abschnitten gesehen, dass wir Polymerlösungen mit der Flory-Huggins-Theorie beschreiben können, wenn sie hinreichend konzentriert sind, so konzentriert, dass von einer gleichmäßigen Verteilung der Kettensegmente und der Lösemittelmoleküle im System (das wir hierbei durch ein Gitter modellieren) ausgegangen werden kann. Verdünnte Lösungen, bei denen das nicht gegeben ist, haben wir stattdessen im Kontext der Theorie des ausgeschlossenen Volumens diskutiert. Um nun zu entscheiden, in welchem dieser verschiedenen Konzentrationsbereiche wir uns befinden, benötigen wir Kriterien. Wir gehen dazu wie folgt vor: Die Lösung besitze das Volumen V und enthalte N_2 gelöste Polymermoleküle. Jedes Polymermolekül besetzt ein bestimmtes Gebiet im Lösungsraum. Wir nennen es Domäne. Ein Maß für die Größe der Polymerdomäne ist der mittlere Kettenendenabstand $< h^2 >^{1/2}$. Für das Volumen V_D der Domäne können wir in erster Näherung $V_\mathrm{D} \approx < h^2 >^{3/2}$ schreiben. Die Lösung ist verdünnt, wenn der einem Polymermolekül zur Verfügung stehende Lösungsraum größer als V_D ist, d. h., wenn $V/N_2 > V_D$ gilt. Die Polymermoleküle sind dann im Mittel so weit voneinander entfernt, dass gegenseitiger Kontakt und damit auch intermolekulare Wechselwirkungen vernachlässigt werden können (Abb. 4.30).

Ist $V/N_2 = V_\mathrm{D}$, so beginnen sich die Domänen der Polymermoleküle zu überlappen. Die Konzentration c^*, bei der diese Überlappung das erste Mal auftritt, heißt **Überlappungskonzentration**. Es gilt:

$$c^* = N_2\, M/(N_\mathrm{A}\, V) = M/(N_\mathrm{A}\, V_\mathrm{D}) \approx M/\left(N_\mathrm{A} < h^2 >^{3/2}\right) \qquad (4.208)$$

Dabei ist M die Molmasse eines Polymermoleküls.

c^* ist keine eindeutig definierte Größe, da für das Volumen V_D kein exakter Ausdruck existiert. Der mittlere quadratische Kettenendenabstand $< h^2 >$ ist proportional zum mittleren quadratischen Trägheitsradius $< R^2 >$. Anstelle von Gl. (4.208) können wir deshalb auch schreiben:

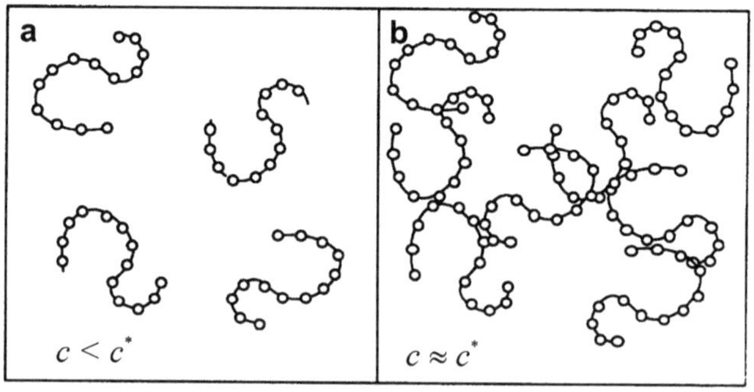

Abb. 4.30 **a** Verdünnte Lösung mit niedriger Moleküldichte. **b** Lösung am Punkt der sog. Überlappungskonzentration; die Molekülkonzentration ist nun so hoch, dass die Molekülketten beginnen zu überlappen und sich gegenseitig zu durchdringen

$$c^* \approx M/\left(N_{\rm A} < R^2 >^{3/2}\right) \tag{4.209}$$

Ying und Chu (1987) haben weitere verschiedene Varianten von Gl. (4.208) sowie weitere Formelausdrücke für c^* zusammengestellt und miteinander verglichen.

$< h^2 >^{1/2}$ ist eine Funktion der Molmasse M. Es gilt:

$$< h^2 >^{1/2} \sim M^{\nu} \tag{4.210}$$

Dabei ist ν der im letzten Abschnitt eingeführte Flory-Exponent. Für gute Lösemittel liegt ν in der Nähe von 3/5, wie wir am Ende des letzten Abschnitts gesehen haben. Setzen wir Gl. (4.210) in Gl. (4.208) ein, so folgt:

$$c^* \sim M^{1-3\nu} \quad \text{bzw.mit } \nu = 3/5 \quad c^* \sim M^{-4/5} \tag{4.211}$$

Die Überlappungskonzentration ist also umso kleiner, je größer die Molmasse des Polymers ist. Das bedeutet: Auch in Lösungen, in denen der Volumenbruch der Polymermoleküle ($\varphi_2 < < 1$) klein ist und die als verdünnt bezeichnen werden können, kann es zu einer Polymerdomänen-Überlappung kommen. Die Molmasse M muss nur genügend groß sein. Das legt folgende Klassifizierung nahe: Eine Lösung ist **verdünnt**, wenn $c < c^*$ ist. Die Lösung heißt **halbverdünnt** oder **semiverdünnt**, wenn $c \geq c^*$ und gleichzeitig $\varphi_2 < < 1$ ist. Von einer **konzentrierten** Lösung wird gesprochen, wenn $c > c^*$ und $\varphi_2 > > 0$, aber kleiner als 1 ist; wir werden unten noch genauer definieren, ab wann eine Lösung als konzentriert angesehen wird.

Der osmotische Druck in halbverdünnten Lösungen In einer stark verdünnten Lösung hängt der osmotische Druck π von der Molmasse des Polymers ab. Es gilt $\pi = R\,T\,c/M$. In einer halbverdünnten Lösung kommt es zu Polymermolekülverhakungen. Die Lösung stellt in diesem Fall ein lockeres großes Netzwerk dar. Die charakteristische Größe dieses Netzwerks ist die Maschenweite und nicht die Molmasse eines einzelnen Moleküls. Wir nehmen deshalb an, dass π nicht von M, wohl aber von der Polymerkonzentration c bzw. dem Konzentrationsverhältnis c/c^* abhängt. Das legt den Ansatz

$$\pi/(R\,T\,c) = M^{-1} f(c/c^*) \tag{4.212}$$

nahe, wobei $f(c/c^*)$ eine Funktion ist, für die gilt:

$$f \rightarrow 1, \qquad \text{wenn} \quad c \rightarrow 0$$

$$\text{und} \quad f \rightarrow (c/c^*)^{\mu} \quad \text{für} \quad c > c^*, \quad \text{aber} \quad \varphi_2 < < 1$$

Der Exponent μ ist ein Skalierungsparameter, der nicht von der Art des Polymers abhängt. Für halbverdünnte Lösungen gilt:

$$\pi/(R\,T\,c) = M^{-1}(c/c^*)^{\mu} \sim M^{-1-(1-3\nu)\mu} \tag{4.213}$$

Dabei haben wir für c^* Gl. (4.208) eingesetzt. Da π nicht von M abhängen soll, folgt:

$$\mu = -1/(1-3\nu) \tag{4.214}$$

Für gute Lösemittel ($\nu = 3/5$) bedeutet das: $\mu = 5/4$. Diese Voraussage lässt sich experimentell prüfen. Wir formen dazu Gl. (4.212) um zu:

$$\log\,[\pi\,M/(R\,T\,c)] = \log f(c/c^*) \tag{4.215}$$

$\log\,[\pi\ M/(R\ \ T\ c)]$ konvergiert also im Grenzfall $c \rightarrow 0$ gegen null und ist für $c > c^*$ proportional zu 5/4 ln (c/c^*). Einen Test für diese Voraussage zeigt Abb. 4.31. Dort ist $\log\,[\pi\,M/(R\,T\,c)]$ für das System Poly(α-methylstyrol)/Toluol gegen $\log(c/c^*)$) aufgetragen. Die Steigung der Kurve liegt für $c > c^*$ bei 1,33. Dieser Wert stimmt recht gut mit dem theoretischen Wert von 1,25 überein. Unsere Annahme ist also gerechtfertigt.

Die Korrelationslänge Abb. 4.32 zeigt einen Ausschnitt aus einer halbverdünnten Lösung. Jede einzelne Polymerkette kann dabei in mehrere etwa gleich lange Teilketten zerlegt werden. Der mittlere Kettenendenabstand jeder Teilkette ist gleich dem mittleren Abstand zwischen zwei Kettenüberlappungspunkten. Er wird Korrelationslänge ξ genannt. Wir können uns diesen Abstand anschaulich als die Maschengröße des Überlappungsnetz-

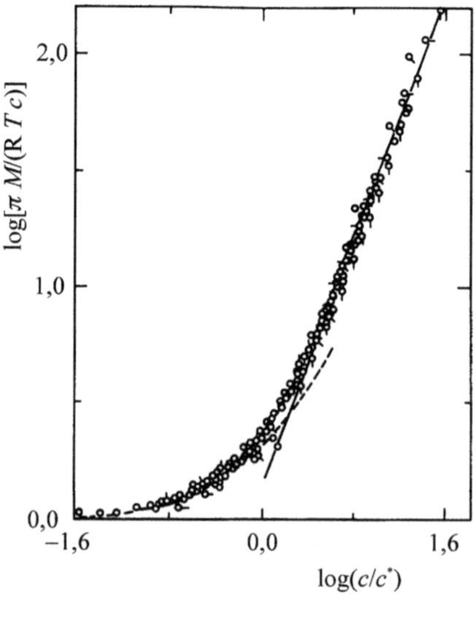

Abb. 4.31 Die Größe log $[\pi M/(R\,T\,c)]$ als Funktion von $\log(c/c^*)$ für Poly(α-Methylstyrol)-Lösungen in Toluol. Die Kreise bezeichnen verschiedene Molmassen. Die Steigung für die semiverdünnte Region ist 1,33. (Noda et al. 1981)

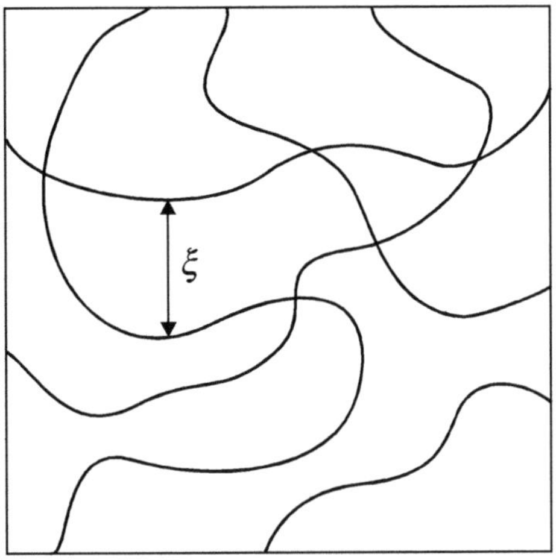

Abb. 4.32 Ausschnitt aus einer halbverdünnten Lösung. ξ ist die Korrelationslänge; sie ist ein Maß für die effektive Maschenweite des Netzwerks überlappender Kettensegmente

werks in Abb. 4.32 vorstellen. Zwei Monomere im Abstand $r > \xi$ befinden sich auf zwei verschiedenen Netzbogensegmenten. Die normalerweise vorhandenen abstoßenden Kräfte zwischen diesen Monomeren (ausgeschlossene Volumenwechselwirkungen) werden durch die überlappenden anderen Polymerketten abgeschirmt. Monomere auf verschiedenen Netzbogensegmenten „sehen sich also gegenseitig nicht". Das bedeutet, dass ausgeschlossene Volumenwechselwirkungen auf Längenskalen $r > \xi$ nicht wirksam sind; die Polymerlösung zeigt auf diesen Skalen ideales Verhalten, so, als ob es ein Theta-Zustand ist. Auf kürzeren Längenskalen $r < \xi$ befinden sich hingegen zwei Monomere stets auf demselben Netzbogensegment. Sie erfahren dann gegenseitige ausgeschlossene Volumenwechselwirkungen; auf diesen kurzen Längenskalen verhält sich die Polymerlösung real, z. B. derart, dass sie Verhalten wie im guten Lösemittel zeigt.

Wir nehmen jetzt an, dass ξ nicht von M, wohl aber von c abhängt. In Analogie zu Gl. (4.212) gilt dann:

$$\xi = \langle h^2 \rangle^{1/2} \text{ für } c \leq c^* \quad \text{und} \quad \xi = \langle h^2 \rangle^{1/2} (c/c^*)^{\sigma} \text{ für } c > c^* \tag{4.216}$$

wobei $\langle h^2 \rangle^{1/2}$ der mittlere Kettenendenabstand einer freien, nicht überlappenden Kette und σ ein Skalierungsparameter ist. Da nach Voraussetzung $\mathrm{d}\xi/\mathrm{d}M = 0$ ist, folgt:

$$\sigma = \nu/(1 - 3\,\nu) \tag{4.217}$$

Für ein gutes Lösemittel ($\nu = 3/5$) ist demnach ξ proportional zu $(c/c^*)^{-3/4}$. Die Korrelationslänge wird also mit steigender Polymerkonzentration c kleiner.

Messbar ist nur der mittlere Kettenendenabstand $\langle h^2(c) \rangle^{1/2}$ bei der Konzentration c. Das ist z. B. mithilfe von Neutronenstreumessungen möglich, bei denen ein kleiner Teil der Polymerkette deuteriert wird und der überwiegende Teil der Kette undeuteriert bleibt. Wir betrachten als Beispiel halbverdünnte Lösungen. Wegen der Abschirmung der ausgeschlossenen Volumenwechselwirkungen verhalten sich die Polymerketten dort so, als ob sie sich im Theta-Zustand befänden. Es gilt also $< h^2(c) >^{1/2} \sim M^{1/2}$. Mit dem Scaling-Ansatz (de Gennes 1979)

$$< h^2(c) >^{1/2} = < h^2(c \to 0) >^{1/2} (c/c^*)^{\beta} \tag{4.218}$$

folgt

$$\beta = -(1 - 2\,\nu)/(1 - 3\,\nu) \tag{4.219}$$

sodass für $\nu = 3/5$ der Parameter β gleich $-\ 1/4$ ist.

In Abb. 4.33 ist der mittlere Trägheitsradius $< R^2 >_z^{1/2}$ einer Polystyrolprobe, die in Toluol gelöst ist, gegen die Polymerkonzentration aufgetragen. Wir erkennen eine abfallende Gerade. Der experimentell bestimmte Wert von β liegt bei $-\ 0{,}16$. Die Übereinstimmung zwischen Theorie und Experiment ist also auch in diesem Fall recht gut.

Wenn wir uns die zuletzt gewonnenen Ergebnisse verbildlichen, erkennen wir, dass sowohl $< h^2 >$ als auch ξ nach bestimmten Skalengesetzen abnehmen, sobald $c > c^*$ wird. Wir stellen uns nun die Frage, ob dies mit steigender Konzentration immer so weitergeht oder ob irgendwann eine weitere charakteristische Grenze c^* erreicht wird, bei der ein neuerlicher Verhaltenswechsel zu beobachten ist. Dazu halten wir uns wieder das Konzeptbild einer halbverdünnten Überlappungslösung aus Abb. 4.32 vor Augen. Wir haben gesehen, dass die Präsenz überlappender anderer Kettensegmente die ausgeschlossenen Volumenwechselwirkungen der Monomere auf Skalen $r > \xi$ abschirmt. Auf diesen Skalen verhält sich die Lösung also wie ein Theta-Zustand, wohingegen auf Skalen $r < \xi$ Verhalten wie im guten Lösemittel vorliegt. Dies gilt aber nur bis hinunter zu einer weiteren charakteristischen Längenskala, der sog. **thermischen Blobgröße**, ξ_T. Auf Skalen kleiner als diese Untergrenze ist die Wechselwirkungsenergie durch ausgeschlossene Volumen-

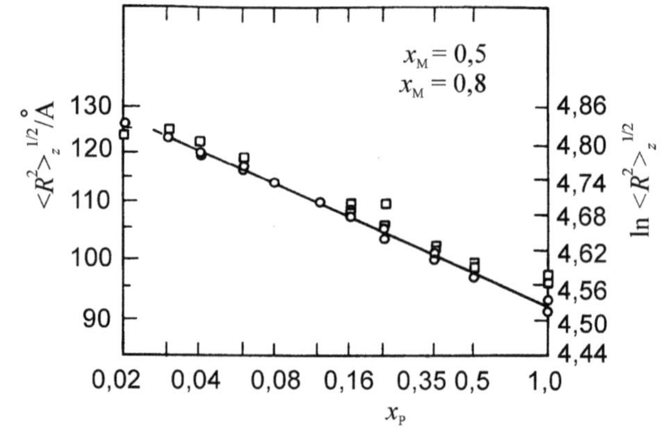

Abb. 4.33 Der mittlere Trägheitsradius $< R^2 >_z^{1/2}$als Funktion des Molenbruchs x_P für Polystyrol in Toluol-d8. Die Messwerte stammen aus Neutronenstreuexperimenten. x_M bezeichnet den Molenbruch deuterierter Monomere. (King et al. 1985)

wechselwirkungen kleiner als die thermische Energie k_BT. Auf diesen sehr kleinen Längenskalen liegt also wiederum ein Theta-Zustand vor, da ausgeschlossene Volumenwechselwirkungen nicht wirksam sind. Unsere halbverdünnte Lösung zeigt demnach also sowohl auf großen ($r > \xi$) als auch auf kleinen ($r < \xi_T$) Längenskalen Verhalten wie im Theta-Zustand, wohingegen dazwischen ($\xi > r > \xi_T$) Verhalten wie im guten Lösemittel vorliegt. Nun haben wir überdies gesehen, dass in diesem Bereich die Netzwerkmaschenweite gemäß Gl. (4.205) und (4.206) mit steigendem c abnimmt. Dies geht so weit, bis sie auf den Wert der thermischen Blobgröße ξ_T gesunken ist. An diesem Punkt verschwindet der mittlere Bereich $\xi > r > \xi_T$, da nun $\xi = \xi_T$ ist. Fortan liegt also auf allen Längenskalen Verhalten wie im Theta-Zustand vor. Wir sprechen fortan von einer konzentrierten Lösung. Der Punkt des Übergangs von der halbverdünnten zur konzentrierten Lösung wird mit dem Symbol $c^{*}*$ gekennzeichnet. In Gl. (4.217) wird ab diesem Punkt $\nu = ½$, sodass $\sigma = -1$ ist. ξ nimmt von nun an also noch stärker als zuvor mit steigendem c ab; dies geht bis hin zu dem Punkt, an dem ξ auf die Segmentlänge l gesunken ist; hier liegt dann eine Schmelze mit Polymervolumenbruch $\phi = 1$ vor.

Eine ähnliche Diskussion können wir auch für das Skalierungsverhalten von $< h^2 >$ anstellen. Wir haben gesehen, dass dieser Parameter im Bereich der halbverdünnten Lösung, also ab $c > c^*$, gemäß Gl. (4.218) und (4.219) mit steigendem c abnimmt. Dies geht nun so bis zum Punkt $c^{*}*$, an dem $< h^2 >$ seinen Wert erreicht hat, den wir in einer Schmelze oder im Theta-Lösemittel beobachten, d. h. bei dem keine Knäuelaufweitung durch ausgeschlossene Volumenwechselwirkungen auftreten. Weiter kann $< h^2 >$ nicht abnehmen, sodass dieser Parameter vom Punkt $c^{*}*$ an konstant bleibt.

4.2.7 Vernetzte Makromoleküle und Kautschukelastizität

▶ Weitere Informationen finden Sie im Anhang dieses Kapitels.

Gegeben sei ein Würfel mit der Kantenlänge L_0. Er sei mit einem Polymernetzwerk gefüllt, das aus N gleich langen Teilketten besteht. Die Kettenendenabstände h, d. h. die Abstände zwischen den Vernetzungspunkten der Teilketten, seien innerhalb des Würfels so verteilt, dass sie einer Gauß'schen Normalverteilung genügen. Es gilt damit:

$$P_0(\boldsymbol{h})\,\mathrm{d}V = \left(K^3/\pi^{3/2}\right)\,\exp\!\left(-K\left((h_x^\circ)^2 + (h_y^\circ)^2 + (h_z^\circ)^2\right)\right)\mathrm{d}V \tag{4.220}$$

Dabei ist $P_0(\boldsymbol{h})\,\mathrm{d}V$ die Wahrscheinlichkeit, den Kettenendenabstandsvektor $\boldsymbol{h}$ im Volumenelement zu finden. Der Index „0“ gibt an, dass sich das Netzwerk im undeformierten Zustand befindet. K ist eine Normierungskonstante. Ihr Wert ergibt sich aus folgender Bedingung:

$$\int_{V_{\text{Würfel}}} P_0(\boldsymbol{h})\, \mathrm{d}V = 1 \tag{4.221}$$

Im Grenzfall $L_0 \rightarrow \infty$ wird $K^2 = (3/2)/ < h^2 >$, wobei $< h^2 >$ der mittlere quadratische Kettenendenabstand ist (Abschn. 4.1).

Das Netzwerk werde nun durch äußere Kräfte deformiert. Der Würfel gehe dabei in einen Quader mit den Kantenlängen $L_x = \alpha_x L_0$, $L_y = \alpha_y L_0$ und $L_z = \alpha_z L_0$ über, wobei die Koeffizienten α_x, α_y und α_z das Maß der Expansion bzw. der Kontraktion in die drei Raumrichtungen angeben. Die ursprüngliche Verteilung der Kettenendenabstandsvektoren wird durch diese Deformation verändert. Der Einfachheit halber nehmen wir an, dass

$$h_x = \alpha_x h_x^\circ, \qquad h_y = \alpha_y h_y^\circ \qquad \text{und} \qquad h_z = \alpha_z h_z^\circ$$

ist. Es gilt dann

$$\mathrm{d}h_x^\circ = (1/\alpha_x)\, \mathrm{d}h_x; \qquad \mathrm{d}h_y^\circ = (1/\alpha_y)\, \mathrm{d}h_y; \qquad \mathrm{d}h_z^\circ = (1/\alpha_z)\, \mathrm{d}h_z,$$

und Gl. (4.220) geht über in:

$$P(h)\, \mathrm{d}V = \frac{K^3}{\alpha_x\, \alpha_y\, \alpha_z\, p^{3/2}} \exp\left(-K^2\left[(h_x/\alpha_x)^2 + (h_y/\alpha_y)^2 + (h_z/\alpha_z)^2\right]\right) \mathrm{d}V \tag{4.222}$$

$P(\boldsymbol{h})$ gibt die Verteilung der Kettenendenabstandsvektoren $\boldsymbol{h}$ im deformierten Zustand an. Die Kettenendenabstandsvektoren sind jetzt zum Teil ausgerichtet. Sie sind deshalb weniger ungeordnet verteilt als noch im undeformierten Zustand. Folglich gilt:

- Die Verteilung $P(\boldsymbol{h})$ ist keine Gauß'sche Normalverteilung mehr.
- Die Entropie des deformierten Netzwerks $S(\alpha_x, \alpha_y, \alpha_z)$ ist kleiner als die Entropie S_0 des undeformierten Netzwerks.

Um $S(\alpha_x, \alpha_y, \alpha_z)$ und S_0 zu bestimmen, teilen wir den Raum V, in dem sich unser Würfel und der Quader befinden, in m Teilvolumina $\mathrm{d}V_1$ bis $\mathrm{d}V_m$ auf, wobei $V = \sum_{i=1}^{m} \mathrm{d}V_i$ ist. Die Wahrscheinlichkeit, im undeformierten Zustand einen Kettenendenabstandsvektor $\boldsymbol{h}$ im Teilvolumen $\mathrm{d}V_i$ zu finden, ist $W_{i,0} = P_0(\boldsymbol{h})\, \mathrm{d}V_i$. Das bedeutet: Im undeformierten Zustand befinden sich im Mittel $n_i = N\, W_{i,0}$ Kettenendenabstandsvektoren $\boldsymbol{h}$ im Volumenelement d V_i. Entsprechend gilt für das deformierte Netzwerk $s_i = N\, P(\boldsymbol{h})\, \mathrm{d}V_i$. Dabei ist n_i ungleich s_i. Wir nehmen außerdem an, dass die Raumrichtungen der Kettenendenabstandsvektoren unabhängig voneinander sind. Die Wahrscheinlichkeit, dass sich im undeformierten Zustand n_i bzw. s_i Kettenendenabstandsvektoren $\boldsymbol{h}$ im Volumen d V_i aufhalten, ist dann gleich $W_{i,0}^{n_i}$ bzw. gleich $W_{i,0}^{s_i}$.

Insgesamt haben wir m Teilvolumina $\mathrm{d}V_i$. Die Wahrscheinlichkeit ${}^nW$, dass sich im undeformierten Zustand n_1 Kettenendenabstandsvektoren $\boldsymbol{h}$ im Volumen d V_1, n_2 in $\mathrm{d}V_2$, ... und n_m in $\mathrm{d}V_\mathrm{m}$ befinden, ist gleich

$$ {}^nW = \prod_{i=1}^{m} W_{i,0}^{n_i}. \tag{4.223}$$

Entsprechend gilt für s_i, bezogen auf den undeformierten Zustand:

$$ {}^sW = \prod_{i=1}^{m} W_{i,0}^{s_i} \tag{4.224}$$

Dabei ist ${}^sW$ kleiner als ${}^nW$.

Die N Teilketten unseres Netzwerks sind nicht unterscheidbar. Es gibt somit maximal $N!/\prod_{i=1}^{m} n_i!$ bzw. $N!/\prod_{i=1}^{m} s_i!$ unterscheidbare Möglichkeiten, die Kettenendenabstandsvektoren auf die Teilvolumina $\mathrm{d}V_i$ zu verteilen. Von diesen Möglichkeiten beobachten wir im undeformierten Zustand im Mittel

$$\Omega_0 = \left[N!/\prod_{i=1}^{m} n_i!\right] \prod_{i=1}^{m} W_{i,0}^{n_i} \tag{4.225}$$

Im deformierten Zustand sind es dagegen im Mittel nur

$$\Omega = \left[N!/\prod_{i=1}^{m} s_i!\right] \prod_{i=1}^{m} W_{i,0}^{s_i} \tag{4.226}$$

Gl. (4.226) gilt allgemein für jede Verteilung s_1 bis s_m von Kettenendenabstandsvektoren. Wir sind natürlich nur an der Verteilung interessiert, bei der $s_i = N\,P(\boldsymbol{h})\,\mathrm{d}V_i$ ist.

Die Entropiedifferenz ΔS zwischen dem deformierten und dem undeformierten Netzwerk lässt sich jetzt berechnen. Es gilt:

$$\Delta S = S\left(\alpha_x, \alpha_y, \alpha_z\right) - S_0 = k_\mathrm{B}\,\ln\,(\Omega/\Omega_0) \tag{4.227}$$

Unser System unterliegt folgenden Randbedingungen:

$$\sum_{i=1}^{m} W_{i,0} = 1, \qquad \sum_{i=1}^{m} s_i = \sum_{i=1}^{m} n_i = N$$

Wir können außerdem die Stirling'sche Formel anwenden. Es folgt somit:

$$\begin{aligned} \ln\,(\Omega/\Omega_0) &= \ln\left(\prod_{i=1}^{m} W_{i,0}^{(s_i-n_i)}\; n_i!/s_i!\right) \\ &= \sum_{i=1}^{m}(s_i-n_i)\;\ln W_{i,0} + \sum_{i=1}^{m}(n_i\;\ln n_i - n_i) - (s_i\;\ln s_i - s_i) \\ &= \sum_{i=1}^{m}(s_i-n_i)\;\ln\,(n_i/N) + \sum_{i=1}^{m}(n_i\;\ln n_i - s_i\;\ln s_i) = \sum_{i=1}^{m} s_i\;\ln\,(n_i/s_i) \end{aligned} \tag{4.228}$$

Da n_i/s_i gleich $P_0(\boldsymbol{h}_i)/P(\boldsymbol{h}_i)$ ist, gilt ferner:

$$\begin{aligned} \ln\,(n_i/s_i) &= \ln\,(P_0(\boldsymbol{h}_i)/P(\boldsymbol{h}_i)) \\ &= \ln\,(\alpha_x\,\alpha_y\,\alpha_z) - K^2\left[h_{x,i}^2\,(1-(1/\alpha_x^2)) + h_{y,i}^2\,\left(1-\left(1/\alpha_y^2\right)\right) + h_{z,i}^2\,(1-(1/\alpha_z^2))\right] \end{aligned}$$

Gl. (4.228) geht damit über in:

$$\begin{aligned} \ln\,(\Omega/\Omega_0) = &N\;\ln\,(\alpha_x\,\alpha_y\,\alpha_z) \\ &- K^2\left[(1-(1/\alpha_x^2))\sum_{i=1}^{m} s_i\,h_{x,i}^2 + \left(1-\left(1/\alpha_y^2\right)\right)\sum_{i=1}^{m} s_i\,h_{y,i}^2 + \ldots\right] \end{aligned} \tag{4.229}$$

Für den Grenzfall $V = \sum_{i=1}^{m} \mathrm{d}V_i \to \infty$ bedeutet dies:

$$\sum_{i=1}^{m} s_i\,h_{x,i}^2 = N\sum_{i=1}^{m} P(\boldsymbol{h}_i)\,h_{x,i}^2\,\mathrm{d}V_i = N\int\int_{-\infty}^{\infty}\int h_x^2\,P(\boldsymbol{h})\,\mathrm{d}h_x\,\mathrm{d}h_y\,\mathrm{d}h_z = N\,\alpha_x^2/\left(2\,K^2\right)$$

Entsprechendes gilt für die beiden anderen Summen in Gl. (4.229). Wir erhalten somit folgendes Ergebnis:

$$\Delta S = k_\mathrm{B}\;\ln\,(\Omega/\Omega_0) = N\,k_\mathrm{B}\left[\ln(\alpha_x\,\alpha_y\,\alpha_z) - (1/2)\,\left(\alpha_x^2+\alpha_y^2+\alpha_z^2-3\right)\right] \tag{4.230}$$

ΔS hängt nicht von der mittleren Länge der Teilketten, wohl aber von der Anzahl N der Teilketten und von den Deformationsparametern α_x, α_y und α_z ab. Dabei ist ΔS gleich null, wenn $\alpha_x = \alpha_y = \alpha_z = 1$ ist.

Die Teilketten eines Netzwerks sind nicht alle gleich lang. Es existiert eine Kettenlängenverteilung. Wir nehmen an, dass die Werte der Deformationsparameter nicht von der

Kettenlänge abhängen. Alle Teilketten N_i der Kettenlänge h_i liefern deshalb in Form von Gl. (4.230) einen Beitrag zu ΔS, nur dass dort N durch N_i ersetzt werden muss. Die gesamte Entropiedifferenz ΔS ist gleich der Summe dieser Beiträge. Da aber $\Sigma N_i = N$ ist, erhalten wir aber genau das gleiche Ergebnis wie zuvor (Gl. 4.230).

Bei der Herleitung von Gl. (4.230) haben wir die Gauß'sche Normalverteilung benutzt. Wir haben also angenommen, dass die Teilketten frei, d. h. unverknüpft, im Volumen V verteilt sind. In Wirklichkeit gibt es aber $N/2$ Vernetzungspunkte. Jeder dieser Vernetzungspunkte entsteht durch die chemische Bindung eines Monomers einer Teilkette mit dem Monomer einer anderen Teilkette. Damit eine chemische Bindung stattfindet, müssen die beiden Monomere sich innerhalb des kleinen Volumens δV zufällig begegnen. Der Einfachheit halber nehmen wir an, dass δV für das undeformierte und das deformierte Netzwerk gleich groß ist. Die Wahrscheinlichkeit, dass eine Vernetzung stattfindet, ist daher proportional zu $\delta V/V$, wobei V das Gesamtvolumen des Netzwerks ist. Die Bildung der verschiedenen Vernetzungspunkte erfolge unabhängig voneinander. Die Wahrscheinlichkeit, $N/2$ Vernetzungspunkte zu erhalten, ist folglich proportional zu $(\delta V/V)^{N/2}$. Im undeformierten Zustand ist $V = L_0^3$, und im deformierten Zustand ist $V = \alpha_x\, \alpha_y\, \alpha_z\, L_0^3$. Das Verhältnis der Vernetzungswahrscheinlichkeiten für die beiden Zustände ist also gleich $(\alpha_x\, \alpha_y\, \alpha_z)^{-N/2}$. Wir müssen deshalb die Entropiedifferenz ΔS um den zusätzlichen Term $-(N\, k_B/2) \ln(\alpha_x\, \alpha_y\, \alpha_z)$ korrigieren. Das Endresultat unserer Modellrechnung lautet damit:

$$\Delta S = (N\, k_B/2)\left(\ln\left(\alpha_x\, \alpha_y\, \alpha_z\right) - \alpha_x^2 - \alpha_y^2 - \alpha_z^2 + 3\right) \tag{4.231}$$

Kautschukelastizität Wir wollen als Anwendungsbeispiel für Gl. (4.231) das Problem der Kautschukelastizität betrachten. Experimentell wurde gefunden, dass Kautschuk zwar deformierbar, aber so gut wie inkompressibel ist. Dies bedeutet:

$$V = L_0^3 = \alpha_x\, \alpha_y\, \alpha_z\, L_0^3 \qquad \text{bzw.} \qquad \alpha_x\, \alpha_y\, \alpha_z = 1 \tag{4.232}$$

Wir nehmen an, dass ein Kautschukwürfel nur Kräfte längs der x-Richtung erfährt. Es gilt dann

$L_x = \alpha_x\, L_0$ und $L_y = L_z$, woraus mit Gl. (4.232) und $\alpha \equiv \alpha_z$ folgt:

$$\alpha_y = \alpha_z = 1/\alpha^{1/2} \tag{4.233}$$

Gl. (4.231) vereinfacht sich damit zu:

$$\Delta S = (N\, k_B/2)\left[3 - \alpha^2 - (2/\alpha)\right] \tag{4.234}$$

Die Gibbs'sche Energie $\Delta G = \Delta H - T\,\Delta S$ des Kautschukblocks wird durch die Deformation (Streckung) verändert. Beim „idealen" Kautschuk erfolgt die Streckung durch Konformationsänderungen gleicher Enthalpie, sodass keine Energiebeiträge auftreten und $\Delta H = 0$ ist. Somit ist $\Delta G = -\,T\Delta S$. Bei konstantem Druck und konstanter Temperatur folgt:

$$f = (\partial \Delta G/\partial L)_{T,P} = -T(\partial \Delta S/\partial L)_{T,P} \tag{4.235}$$

Dabei ist f die Kraft, die versucht, das deformierte Kautschuknetzwerk in seinen ursprünglichen Zustand zurückzuführen. Sie wird **Rückstellkraft** genannt. Da $L = \alpha\,L_0$ ist, folgt:

$$f = -(T/L_0)(\partial \Delta S/\partial \alpha)_{T,P} = (N\,k_B\,T/L_0)\left(\alpha - 1/\alpha^2\right) \tag{4.236}$$

Kräfte pro Flächeneinheit heißen **Spannungen**. Hier ist f/L_0^2 eine Zug- oder Rückstellspannung. Wir wollen sie mit σ bezeichnen. Unsere Endformel lautet damit:

$$\sigma = (N\,k_B\,T/V)\left(\alpha - 1/\alpha^2\right) \tag{4.237}$$

In Abb. 4.34 ist σ gegen α für Naturkautschuk aufgetragen. Die Übereinstimmung zwischen den experimentellen Ergebnissen und der Theorie ist für kleine α-Werte sehr gut. Bei hohen Dehnungen von $\alpha > 1{,}2$ treten allerdings signifikante Abweichungen auf.

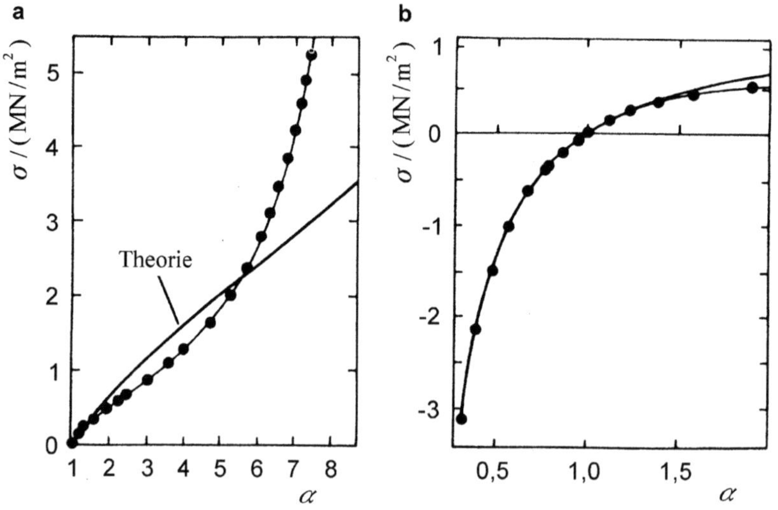

Abb. 4.34 Dehnungs-Spannungs-Diagramme für Naturkautschuk: **a** Expansion, **b** Kompression (für $\alpha < 1$). Für die theoretischen Kurven gilt: $G = 0{,}4$ MN m^{-2}. (Treloar 1975)

Der Grund ist u. a., dass Kautschuk dort kristallisiert. Er wird dadurch härter, was größere Kräfte zur Streckung erfordert, als es die Theorie voraussagt.

Die Elastizitätstheorie beschreibt die elastische Streckung eines Körpers mithilfe des Elastizitätsmoduls E. Dieser ist nach dem Hooke'schen Gesetz definiert als:

$$E = \sigma / \left[(L - L_0)/L_0 \right] \tag{4.238}$$

Der Ausdruck $\varepsilon = (L - L_0)/L_0$ heißt Dehnung. Hier gilt:

$$\varepsilon = (L/L_0) - 1 = \alpha - 1$$

Somit ist $\alpha = 1 + \varepsilon$, und für α^{-2} erhalten wir $\alpha^{-2} = (1 + \varepsilon)^{-2} \approx 1 - 2\,\varepsilon + \ldots$. Der Elastizitätsmodul E berechnet sich damit zu:

$$E = \sigma/\varepsilon \approx \left[(N\,k_{\mathrm{B}}\,T)/(V\,\varepsilon) \right] \left[1 + \varepsilon - (1 - 2\,\varepsilon) \right] = 3\,N\,k_{\mathrm{B}}\,T/V \tag{4.239}$$

Er wird oft **Young'scher Modul** genannt und beschreibt den Streckvorgang. Polymere können aber auch geschert werden. Diesen Vorgang erfasst der Schermodul G. Nach der Elastizitätstheorie sind E und G über die Beziehung $G = E/3$ miteinander verknüpft. Für G gilt also:

$$G = N\,k_{\mathrm{B}}\,T/V \tag{4.240}$$

Die Anzahl N der Teilketten ist mit der Masse M des Kautschukblocks und der mittleren Molmasse M_{e} einer Teilkette verknüpft. Es gilt:

$$N = M/(M_{\mathrm{e}}/N_{\mathrm{A}})$$

Gl. (4.239) und (4.240) können deshalb umgeformt werden zu:

$$E = 3\,\rho\,R\,T/M_{\mathrm{e}} \quad \text{und} \quad G = \rho\,R\,T/M_{\mathrm{e}} \tag{4.241}$$

Dabei ist ρ die Dichte der Kautschukprobe. M_{e} wird **Netzbogenmasse** genannt. Sie lässt sich durch Messung von E oder G ermitteln. Wir erkennen: E und G sind direkt proportional zur Temperatur T. Kautschuk (Gummi) wird also härter, wenn die Temperatur erhöht wird.

Gl. (4.240) weist erstaunliche Ähnlichkeit zum idealen Gasgesetz $p = Nk_{\mathrm{B}}\,T/V$ auf, wobei p der Druck ist, den N Gasteilchen im Volumen V bei der Temperatur T erzeugen. Beide Gleichungen sind Zustandsgleichungen; sie beschreiben den Zustand des Systems „Polymernetzwerk" bzw. „ideales Gas" bei gegebenen Zustandsvariablen N, T und V, quantifiziert durch die Zustandsgrößen G bzw. p, die in beiden Fällen die Einheit Pascal haben. Wir können diese Analogie wieder durch die entropieelastische Natur beider Systeme verstehen. Eine Deformation beider Systeme (Kompression im Fall des idealen

Gases bzw. Dehnung im Fall des Polymernetzwerks) reduziert die Anzahl Mikrozustände, mit denen der dann jeweils vorliegende Makrozustand realisiert werden kann. Im idealen Gas reduziert die Kompression die Anzahl Möglichkeiten der Gasteilchen, sich im Raum anzuordnen, während im Polymernetzwerk das Dehnen die Netzketten entknäuelt und damit mehr lokale *trans*-Konformationen der Segmente erzwingt. Gl. (4.240) haben wir in diesem Hinblick durch einen statistisch-thermodynamischen Ansatz aus der Boltzmann-Formel (4.230) abgeleitet, indem wir die Wahrscheinlichkeit dafür abgeschätzt haben, im undeformierten und im deformierten Zustand einen Kettenendenabstandsvektor $\boldsymbol{h}$ in einem Teilvolumen $\mathrm{d}V_i$ unseres Systems zu finden. Etwas Ähnliches können wir auch für die Teilchen eines idealen Gases tun: Die Wahrscheinlichkeit dafür, ein Gasteilchen in einem Teilvolumen V eines Behälters mit Gesamtvolumen V_{ges} zu finden, ist $\Omega = V/V_{\text{ges}}$. Die Wahrscheinlichkeit dafür, dass sich nun N Gasteilchen allesamt in diesem Teilvolumen aufhalten, ist $\Omega^N = (V/V_{\text{ges}})^N$. Die Entropie für diesen Zustand gemäß Boltzmann-Formel ist $S = k_{\text{B}} \ln (\Omega^N) = k_{\text{B}} N \ln (V/V_{\text{ges}})$. Der Druck ist in der Thermodynamik gegeben als $p = -(\mathrm{d}G/\mathrm{d}V)_T = -(\mathrm{d}H/\mathrm{d}V)_T + T(\mathrm{d}S/\mathrm{d}V)_T$, wobei G nun die freie Enthalpie und nicht einen Schermodul widerspiegelt. Im idealen wechselwirkungsfreien Gas ist $(\mathrm{d}H/\mathrm{d}V)_T = 0$, also $p = T(\mathrm{d}S/\mathrm{d}V)_T$, also hier $p = k_{\text{B}}\, T\, N/V$. Wir gelangen demnach auf dieselbe Art der Herleitung wie schon oben beim Abzählen der Anzahl Kettenendenabstandsvektoren $\boldsymbol{h}$ pro Volumenelement vor und nach dem Deformieren eines Polymernetzwerks und dann Verwendung der Boltzmann-Formel zur Ermittlung der dabei auftretenden Entropieänderung zu einer Zustandsgleichung, die in beiden Fällen frappierende Ähnlichkeit aufweist.

Es gibt neben der zuletzt durchgeführten Herleitung noch eine andere Möglichkeit, um Gl. (4.237) abzuleiten. Wir gehen dazu von Gl. (4.48) für die Entropie einer einzelnen idealen Polymerkette aus. Beim Deformieren mit den Deformationsparametern α_x, α_y und α_z ändert sich diese Einzelkettenentropie gemäß

$$\begin{aligned}\Delta S = S\left(\vec{h}\right) - S\left(\vec{h}_0\right) &= -\frac{3k_{\text{B}}\left({h_x}^2 + {h_y}^2 + {h_z}^2\right)}{2\langle h^2\rangle_0} + \frac{3k_{\text{B}}\left({h_{x0}}^2 + {h_{y0}}^2 + {h_{z0}}^2\right)}{2\langle h^2\rangle_0} \\ &= -\frac{3k_{\text{B}}}{2\langle h^2\rangle_0}\left(\left({\alpha_x}^2 - 1\right){h_{x0}}^2 + \left({\alpha_y}^2 - 1\right){h_{y0}}^2 + \left({\alpha_z}^2 - 1\right){h_{z0}}^2\right).\end{aligned} \tag{4.242}$$

Wir nehmen nun wieder an, dass unser Netzwerk aus N gleichen idealen Netzketten aufgebaut ist, die beim makroskopischen Dehnen des Probenkörpers mit den Dehnfaktoren α_x, α_y und α_z jeweils um dieselben Faktoren in ihren mikroskopischen Dimensionen gedehnt werden. Die Entropieänderung dieser Dehnung der N Netzketten ist dann schlichtweg als Summation der zuletzt für die Einzelkette abgeschätzten Entropieänderung gegeben:

$$\Delta S = -\frac{3k_{\text{B}}}{2\langle h^2\rangle_0}\left(\left({\alpha_x}^2 - 1\right)\sum_{i=1}^{N}(h_{x0})_i^2 + \left({\alpha_y}^2 - 1\right)\sum_{i=1}^{N}(h_{y0})_i^2 + \left({\alpha_z}^2 - 1\right)\sum_{i=1}^{N}(h_{z0})_i^2\right) \tag{4.243}$$

In einer isotropen Probe sind die Kettenendenabstandvektoren in den drei Raumrichtungen gleich verteilt:

$$\frac{1}{N}\sum_{i=1}^{N}(h_{x0})_i^2 = \langle h_{x0}{}^2\rangle = \langle h_{y0}{}^2\rangle = \langle h_{z0}{}^2\rangle = \frac{\langle h^2\rangle_\mathrm{u}}{3} \tag{4.244}$$

In der letzten Gleichung bezeichnet der Index „u" am quadratmittleren Kettenendenabstand den undeformierten Zustand eines Netzwerks. Der Index 0 notiert hingegen den Zustand einer idealen Kette im unvernetzten Zustand. Oft ist dies dasselbe, aber nicht immer, z. B. wenn ein Netzwerk aus vorgedehnten Ketten (etwa durch Quellung in einem guten Lösemittel) präpariert wird und danach eingetrocknet wird. Umstellen von Gl. (4.244) liefert:

$$\sum_{i=1}^{N}(h_{x0})_i^2 = \sum_{i=1}^{N}(h_{y0})_i^2 = \sum_{i=1}^{N}(h_{z0})_i^2 = \frac{N\langle h^2\rangle_\mathrm{u}}{3} \tag{4.245}$$

Damit folgt:

$$\begin{aligned}\Delta S &= -\frac{3k_\mathrm{B}}{2\langle h^2\rangle_0}\left(\left(\alpha_x{}^2-1\right)(N/3)\langle h^2\rangle_\mathrm{u} + \left(\alpha_y{}^2-1\right)(N/3)\langle h^2\rangle_\mathrm{u} + \left(\alpha_z{}^2-1\right)(N/3)\langle h^2\rangle_\mathrm{u}\right)\\ &= -\frac{Nk_\mathrm{B}}{2}\frac{\langle h^2\rangle_\mathrm{u}}{\langle h^2\rangle_0}\left(\alpha_x{}^2+\alpha_y{}^2+\alpha_z{}^2-3\right)\end{aligned} \tag{4.246}$$

In der letzten Gleichung trägt der Faktor $< h^2 >_\mathrm{u} / < h^2 >_0$ dem o. g. Fall Rechnung, dass ein Netzwerk ggf. im ungedehnten Zustand eine Kettenendenabstandsverteilung aufweist, die von der Verteilung idealer Ketten im unvernetzten Zustand abweicht, was im Fall unterschiedlicher Netzwerk-, Präparations- und Messbedingungen vorliegen kann. Im Folgenden wollen wir solche Fälle ausschließen und den Faktor $< h^2 >_\mathrm{u} / < h^2 >_0$ gleich eins setzen. Wir betrachten den Fall einer isochoren und uniaxialen Dehnung. Dabei gilt:

$$\alpha_x\alpha_y\alpha_z = 1$$

und

$$\alpha_x = \alpha;\, \alpha_y = \alpha_z = 1/\sqrt{\alpha}$$

Wie bereits beim Übergang von Gl. (4.48) auf Gl. (4.49) durch Verwendung des Prinzips von Gl. (4.46) erhalten wir die elastische Rückstellkraft als:

$$f_x = \frac{\partial(T\Delta S)}{\delta L_x} = \left(\frac{\partial T\Delta S}{\delta(\alpha L_0)}\right) = \frac{Nk_{\mathrm{B}}T}{L_0}\left(\alpha - \frac{1}{\alpha^2}\right) \tag{4.247}$$

Normierung auf die Stirnfläche des gedehnten Quaders liefert die Spannung als:

$$\begin{aligned}\sigma_{xx} &= \frac{f_x}{L_y L_z} = \frac{Nk_{\mathrm{B}}T}{L_0 L_y L_z}\left(\alpha - \frac{1}{\alpha^2}\right) = \frac{Nk_{\mathrm{B}}T}{L_0\alpha_y L_0 \alpha_z L_0}\left(\alpha - \frac{1}{\alpha^2}\right)\\ &= \frac{Nk_{\mathrm{B}}T}{L_0 L_0 L_0}\alpha\left(\alpha - \frac{1}{\alpha^2}\right) = \frac{Nk_{\mathrm{B}}T}{V}\left(\alpha^2 - \frac{1}{\alpha}\right)\end{aligned} \tag{4.248}$$

Dabei haben wir in den beiden letzten Umformungsschritten die Identität $\alpha_x = \alpha; \alpha_y = \alpha_z = 1/\sqrt{\alpha}$ genutzt. Die letzte Gleichung ist identisch zu Gl. (4.237).

Netzwerkfehler und Vernetzungseffizienz Die eben hergeleiteten Formeln gelten nur für ideale Netzwerke. In der Regel besitzt ein Netzwerk eine Reihe von Netzwerkfehlern. Dabei wird zwischen vier Hauptfehlern unterschieden, die in Abb. 4.35 schematisch dargestellt sind:

1. Ein bestimmter Anteil der Netzwerkketten ist unvernetzt. Sie bilden freie Kettenenden, die nicht zur Elastizität des Netzwerks beitragen.
4. Neben echten (chemischen) Vernetzungspunkten existieren Kettenverschlaufungspunkte. Sie können beim Deformieren wie chemische Netzknoten wirken und machen das Material dadurch härter.
5. Eine Netzwerkkette kann von einem bestimmten Vernetzungspunkt ausgehen und am gleichen enden. So eine Ringbildung tritt bevorzugt auf, wenn die Synthese des Netzwerkes in verdünnter Lösung erfolgt. Sie führt zu einem niedrigen Wert von G.
6. Die Vernetzungspunkte sind nicht gleichmäßig über das Netzwerk verteilt. Es existieren Gebiete hoher und niedriger Vernetzungsdichte. Wenn sich nun in einem Gebiet hoher Vernetzungsdichte viele Netzknoten räumlich sehr nahe sind, so nahe, dass sie dort als eine Art „Cluster“ vorliegen, so wirken diese beim Deformieren nur wie ein einziger großer Netzknoten. Die kurzen Kettenstücke innerhalb dieses „Netzknotenclusters“ sind hingegen kaum deformierbar und können nicht zur Speicherung von Deformationsenergie beitragen. Das Netzwerk erscheint dann weicher, als es auf Grundlage der

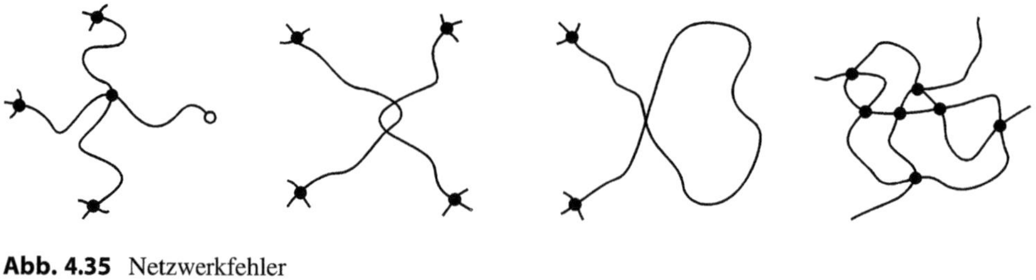

Abb. 4.35 Netzwerkfehler

bloßen Anzahl Netzknoten zu erwarten wäre, da durch deren räumlich inhomogene Verteilung viele von ihnen nicht wirksam sind.

Die theoretische Beschreibung des Einflusses von Netzwerkfehlern auf den Schermodul G ist noch nicht vollständig gelöst. Nach Flory lässt sich der Effekt der freien Kettenenden auf G durch einen Korrekturfaktor berücksichtigen. Es gilt:

$$G = f\,\rho\,R\,T\,(1-(2\,M_e/M)) \tag{4.249}$$

Dabei ist ϕ eine Energiekorrektur und M die Molmasse des unvernetzten Polymers. Interessanterweise ist Elastizität nur für $M > 2\,M_e$ möglich. Für $M = 2\,M_e$ ist $G = 0$, und für $M < 2\,M_e$ ist G nicht mehr definiert.

Netzwerkverhakungen lassen sich berücksichtigen, indem zu Gl. (4.241) ein Zusatzterm G_{verhak} addiert wird und die Einzelanteile zu G entsprechend gewichtet werden. Es gilt:

$$G = w\,\rho\,R\,T/M_e + (1-w)\,G_{verhak} \tag{4.250}$$

Dabei ist w der Anteil der Vernetzungspunkte, die chemische Bindungen darstellen, und gibt $1 - w$ den Anteil der Verhakungspunkte an. w und G_{verhak} sind allerdings Fitparameter.

Ein praktischer Ansatz ist wie folgt: Die Anzahl der Vernetzermoleküle im Probenvolumen ist bekannt. Sie ist durch die Syntheseführung vorgegeben. Die molare Anzahl der Netzwerkketten pro Einheitsvolumen unter der Annahme, dass jedes Vernetzungsmolekül reagiert und das Netzwerk keine Fehler aufweist, lässt sich damit berechnen. Sie heißt **theoretische** oder **chemische Netzwerkdichte**. Wir wollen sie mit ν_{ch} bezeichnen. Die Netzwerkdichte $\nu_{eff} = N/(N_A\,V)$, die wir messen, heißt **tatsächliche** oder **effektiv wirksame Netzwerkdichte**. Anstelle von Gl. (4.240) können wir deshalb schreiben:

$$G = (\nu_{eff}/\nu_{ch})\,R\,T\,\nu_{ch} = p\,R\,T\,\nu_{ch} \tag{4.251}$$

Das Verhältnis $p = \nu_{eff}/\nu_{ch}$ ist die Vernetzungseffizienz. Dabei ist p groß, wenn das Netzwerk wenige Fehler besitzt, und klein, wenn viele Fehler vorhanden sind. In Acrylamidgelen besitzt p z. B. einen Verlauf, wie er in Abb. 4.36 skizziert ist.

p liegt für kleine chemische Netzwerkdichten nahe bei 1. Mit steigendem ν_{ch} wird p kleiner, und für hinreichend große ν_{ch} hängt p nicht mehr von ν_{ch} ab.

Weitere Netzwerkmodelle Wir sind bei der Herleitung von Gl. (4.240) davon ausgegangen, dass alle Kettenendenabstandsvektoren, die zwei Vernetzungspunkte miteinander verbinden, bei einer Deformation linear, d. h. um den gleichen Faktor, gedehnt oder gestaucht werden. Die Vernetzungspunkte sind deshalb miteinander gekoppelt. Sie können nicht unabhängig voneinander verschoben werden. Dieses Modell heißt **affines Netzwerk**. Können die Vernetzungspunkte dagegen frei, d. h. völlig unabhängig voneinander, gegen-

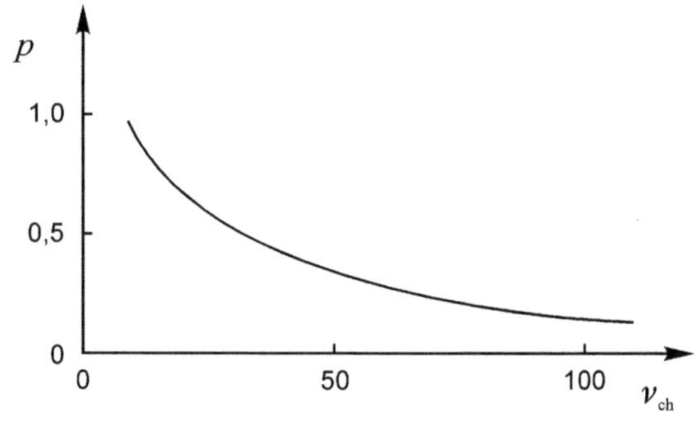

Abb. 4.36 Schematischer Verlauf der Netzwerkeffizienz von Acrylamidgelen

einander verschoben werden, so wird vom **Phantomnetzwerk** gesprochen. Für dieses Modell existiert ebenfalls ein mathematischer Ausdruck. Anstelle von Gl. (4.240) gilt:

$$G = (1 - 2/f)\, p\, R\, T\, \nu_{ch} \tag{4.252}$$

Dabei ist f die Funktionalität eines Vernetzungspunkts. In den meisten Fällen gehen von einem Vernetzungspunkt vier Teilketten aus, sodass $f = 4$ und $G = (1/2)\, p\, R\, T\, \nu_{ch}$ ist.

Reale Netzwerke sind weder Phantomnetzwerke, noch sind sie affin. Sie liegen irgendwo dazwischen. Ein praktikabler Ansatz dafür ist:

$$G = G_{\text{phantom}}(1 - F) + G_{\text{affin}}\, F$$

Dabei ist $F \in [0, 1]$ ein Kopplungsfaktor. Je näher F bei 1 liegt, desto stärker sind die möglichen Verschiebungen der Vernetzungspunkte miteinander gekoppelt. Der Wert von F ist kein Fitparameter. Es existieren verschiedene Modelle, mit deren Hilfe F berechnet werden kann. Die Güte dieser Modelle muss aber noch getestet werden.

Nicht-Gauß'sche Netzwerktheorie Die Teilketten eines Netzwerks sind nicht unendlich dehnbar. Die Anwendung der Gauß'schen Kettenendenabstandsverteilung ist zudem nur für kleine Dehnungen erlaubt (Abschn. 4.1). Es ist deshalb oft zweckmäßiger, mit der Nicht-Gauß'schen Kettenstatistik zu arbeiten. Wir nehmen dazu wieder an, dass sich das Volumen der Netzwerkprobe bei einer Deformation nicht ändert. Es gilt also:

$$h_x = \alpha\, h_x^{\circ}, \qquad h_y = h_z = h_x^{\circ}/\alpha^{1/2} \tag{4.253}$$

Für die Entropie S_D der deformierten Netzwerkkette bedeutet dies $S_D = 1/3\ (S_x + 2\ S_y)$, da $S_y = S_z$ ist. Mit der Langevin-Verteilung (Gl. 4.28) und unter Berücksichtigung von Gl. (4.244) folgt:

$$S_{\mathrm{D}} = \tilde{\tilde{k}} - \frac{k_{\mathrm{B}}\,N^*}{3} \left\{ \frac{\alpha\,h_x^\circ}{N^*\,l_{\mathrm{K}}}\,\mathcal{L}^{-1}\left(\frac{\alpha\,h_x^\circ}{N^*\,l_{\mathrm{K}}}\right) + \ln \frac{\mathcal{L}^{-1}\left(\alpha\,h_x^\circ/N^*\,l_{\mathrm{K}}\right)}{\sinh\,\mathcal{L}^{-1}\left(\alpha\,h_x^\circ/N^*\,l_{\mathrm{K}}\right)} \right\}$$
$$- \frac{2}{3} k_{\mathrm{B}}\,N^* \left\{ \frac{h_x^\circ\,\alpha^{-1/2}}{N^*\,l_{\mathrm{K}}}\,\mathcal{L}^{-1}\left(\frac{\alpha^{-1/2}\,h_x^\circ}{N^*\,l_{\mathrm{K}}}\right) + \ln \frac{\mathcal{L}^{-1}\left(h_x^\circ\,\alpha^{-1/2}/N^*\,l_{\mathrm{K}}\right)}{\sinh\,\mathcal{L}^{-1}\left(h_x^\circ\,\alpha^{-1/2}/N^*\,l_{\mathrm{K}}\right)} \right\} \tag{4.254}$$

Dabei ist N^* die Anzahl der Segmente pro Teilkette, l_{K} die Kuhn'sche Länge und $\tilde{\tilde{k}}$ eine Normierungskonstante. Die Gesamtanzahl der Teilketten im Volumen $V = \left(h_x^\circ\right)^3$ sei N. Die Gesamtentropie des Netzwerks pro Einheitsvolumen ist somit gleich $N\,S_{\mathrm{D}}$. Eine gedehnte Teilkette soll die gleiche innere Energie U besitzen wie eine ungedehnte. Die Deformationsarbeit W hängt deshalb nur von der Entropie ab. Das bedeutet:

$$W = -T\,(N\,S_{\mathrm{D}} - S_0) \tag{4.255}$$

Dabei ist S_{D} die Entropie des Netzwerks im undeformierten Zustand. Damit folgt:

$$f = \left(\frac{\partial W}{\partial h_x}\right)_T = -\frac{T\,N}{h_x^\circ}\left(\frac{\partial S_{\mathrm{D}}}{\partial \alpha}\right)_T = \frac{N\,k_{\mathrm{B}}\,T}{3\,l_{\mathrm{K}}}\left\{ L^{-1}\left(\frac{h_x^\circ\,\alpha}{N^*\,l_{\mathrm{K}}}\right) - \alpha^{-3/2}\,L^{-1}\left(\frac{h_x^\circ\,\alpha^{-1/2}}{N^*\,l_{\mathrm{K}}}\right)\right\} \tag{4.256}$$

Diese Gleichung lässt sich weiter vereinfachen, indem wir für h_x° den Ausdruck $N^{*\,1/2}\,l_{\mathrm{K}}$ für das Zufallsknäuel einsetzen. Das Endresultat für die Zugspannung $\sigma = f/\left(h_x^\circ\right)^2$ lautet somit:

$$\sigma = \frac{N\,k_{\mathrm{B}}\,T}{3\,V}\,N^{*\,1/2}\left\{\mathcal{L}^{-1}\left(\frac{\alpha}{N^{*\,1/2}}\right) - \alpha^{-3/2}\,\mathcal{L}^{-1}\left(\frac{1}{(\alpha\,N^*)^{1/2}}\right)\right\} \tag{4.257}$$

Für kleine Dehnungen α ist $\mathcal{L}^{-1}(x) \approx 3\,x$, sodass $\sigma = N\,k_{\mathrm{B}}\,T/V\,(\alpha - 1/\alpha^2)$ ist und Gl. (4.257) in Gl. (4.237) für die Gauß'sche Kettenendenabstandsverteilung übergeht. Einen Vergleich der Voraussagen beider Statistiken zeigt Abb. 4.37. Wir erkennen, dass die Nicht-Gauß'sche Kettenstatistik die experimentellen Ergebnisse weitaus besser beschreibt als die Gauß'sche. Das gilt insbesondere für große Dehnungen ($\alpha > 3$), für welche die Gauß'sche Statistik in keinem Fall mehr angewendet werden darf.

Wenn wir Abb. 4.34 und 4.37 genau betrachten, so fällt auf, dass der kleine Bereich $\alpha \in [1{,}5,\ 2{,}5]$ weder durch Gl. (4.237) noch durch Gl. (4.257) hinreichend genau beschrieben wird. In der Praxis wird deshalb im Bereich mittlerer Dehnungen oft mit dem von Mooney (Treloar 1975) vorgeschlagenen Ansatz gearbeitet:

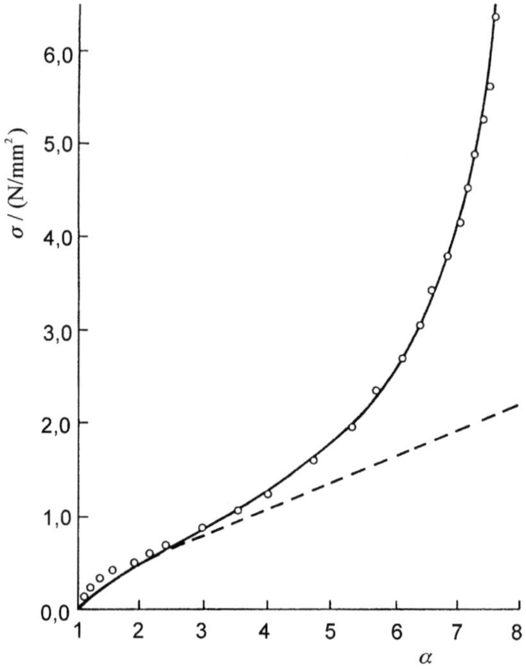

Abb. 4.37 Spannungs-Dehnungs-Diagramm für Naturkautschuk. ------ = Gauß'sche Statistik (Gl. 4.237), —— = Nicht-Gauß'sche Statistik (Gl. 4.257), $N\,k_B\,T = 0{,}273\ \mathrm{N\,mm^{-2}}$ und $N^* = 75$

$$\sigma = 2\,(k_1 + k_2)\,\left(\alpha - 1/\alpha^2\right) + 2\,k_2\,(1 - \alpha)\,\left(1 - 1/\alpha^3\right) \qquad (4.258)$$

k_1 und k_2 sind zwei Fitparameter. Das Spannungs-Dehnungs-Diagramm lässt sich mithilfe dieser Gleichung weitaus besser beschreiben als mithilfe von Gl. (4.237). Allerdings lässt sich der Mooney'sche Ansatz bis heute nicht aus einer molekularstatistischen Betrachtung begründen.

Gequollene Polymergele Gegeben sei ein Polymernetzwerk, welches mit einem Lösemittel in Kontakt gebracht wird. Als Folge nimmt das Netzwerk Lösemittelmoleküle auf. Es bildet sich ein gequollenes Polymergel (Abb. 4.38). Durch die Quellung wird das Netzwerk gestreckt, wobei der Quellprozess zum Stillstand kommt, wenn die Rückstellkraft des gestreckten Netzwerks genauso groß ist wie die Kraft, welche die Quellung hervorruft.

Dieser Vorgang lässt sich thermodynamisch wie folgt beschreiben: Im ungequollenen Zustand haben wir ein undeformiertes Netzwerk, das frei von Lösemittelmolekülen ist. Es bestehe aus N_2 Teilketten, die sich aus jeweils m Untereinheiten zusammensetzen. Eine Untereinheit sei genauso groß wie ein Lösemittelmolekül. Letzteres besitze das Volumen V_1. Wir nehmen außerdem an, dass das Netzwerk zu Anfang die Gestalt eines Würfels besitzen soll. Sein Anfangsvolumen ist somit gleich $V_0 = L_0^3 = m\,N_2\,V_1$. Gegeben seien

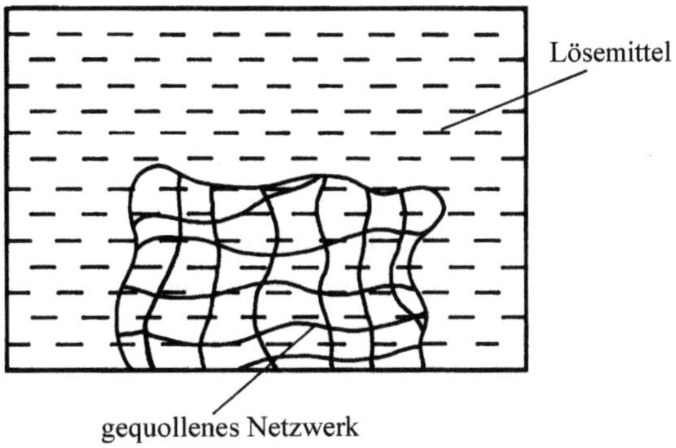

Abb. 4.38 Modell eines gequollenen Polymergels

außerdem N_1 Lösemittelmoleküle, die das Volumen $N_1\ V_1$ belegen. Die gesamte Gibbs'sche Energie dieses Anfangssystems (Solvent + freies Netzwerk) wollen wir mit G_0 bezeichnen.

Der Endzustand ist das gequollene Netzwerk (Polymergel) im thermodynamischen Gleichgewicht mit dem Lösemittel der Umgebung. Es enthält N_1 Lösemittelmoleküle und $N_2\ m$ Polymeruntereinheiten. Sein Volumen ist $V = (N_1 + m\ N_2)\ V_1$, wobei wir annehmen, dass sich die Volumina additiv verhalten.

Durch die Quellung wird das Netzwerk deformiert. Es gelte:

$$L_x = L = \alpha\, L_0 \qquad \text{und} \qquad L_y = L_z = (V/L)^{1/2} \tag{4.259}$$

Ein Maß für den Quellungsgrad des Netzwerks ist der inverse Volumenbruch $1/\varphi_2 = V/V_0$. Daraus ergibt sich die Relation $\alpha_y = \alpha_z = 1/(\alpha\ \varphi_2)^{1/2}$.

Die freie Enthalpie des gequollenen Gels im Endzustand wollen wir mit G_1 bezeichnen. Sie ist eine Funktion von T, L, N_1 und N_2. Für das totale Differenzial von G_1 gilt deshalb:

$$\partial G_1 = -S\ \partial T + \tau\ \partial L + \mu_1\ \partial N_1 + \mu_2\ \partial N_2 \tag{4.260}$$

Hier ist $\tau = \partial G_1/\partial L$ eine äußere Kraft, die zusätzlich zur „Quellkraft" wirkt und das Netzwerk streckt. Sie muss nicht unbedingt vorhanden sein, aber wir wollen uns diese Möglichkeit offenhalten. In der Praxis können wir lediglich T, L und N_1 variieren. Die Anzahl der Teilketten N_2 wird durch den Quellvorgang nicht verändert. ∂N_2 ist also null.

Die Änderung in der Gibbs'schen Energie ist durch

$$\Delta G = G_1 - G_0 = \Delta G_{\mathrm{m}} + \Delta G_{\mathrm{D}} = \Delta G_{\mathrm{m}} - T\ \Delta S_{\mathrm{D}} \tag{4.261}$$

gegeben. Hier ist ΔG_{m} die freie Mischungsenthalpie, die dann auftritt, wenn wir die Polymersegmente mit den Lösemittelmolekülen in Kontakt bringen, d. h. miteinander mischen. ΔS_{D} bezeichnet die Änderung in der Entropie zwischen dem undeformierten und dem deformierten Netzwerk, die beide jeweils N_2 Teilketten besitzen, aber frei von

Lösemittelmolekülen sind. Wir haben also in Gl. (4.261) angenommen, dass die Mischungsenergie ΔG_{m} und die Deformationsenergie ΔG_{D} unabhängig voneinander sind.

ΔG_{m} ist durch die Flory-Huggins-Theorie gegeben. ΔS_{D} haben wir in einem der vorangegangenen Abschnitte (Gl. 4.231) berechnet. Wir müssen allerdings Folgendes berücksichtigen: Ein Polymernetzwerk besteht aus einem einzigen gigantischen Polymermolekül. Für ΔG_{m} bedeutet dies, dass N_2 in Gl. (4.101) gleich eins ist. Der Term $\ln\varphi_2$ darf deshalb in guter Näherung gegenüber den anderen Termen aus Gl. (4.101) vernachlässigt werden. Es folgt:

$$\Delta G_{\mathrm{m}} = k_{\mathrm{B}}\, T\, (N_1\, \ln\varphi_1 + \chi\, (N_1 + m\, N_2)\, \varphi_1\, \varphi_2) \tag{4.262}$$

Insgesamt gilt:

$$\Delta G = k_{\mathrm{B}}\, T\, \left[N_1\, \ln\varphi_1 + \chi\, (N_1 + m\, N_2)\, \varphi_1\, \varphi_2 + (N_2/2)\, \left(\ln\varphi_2 + \alpha^2 + (2/\alpha\, \varphi_2) - 3\right)\right]$$

Im Quellungsgleichgewicht ist das chemische Potenzial des Lösemittels im Netzwerk genauso groß wie das chemische Potenzial des Lösemittels in seiner reinen Phase. Es gilt:

$$\mu_{1,\mathrm{Gel}} = \mu_{1,0} \tag{4.263}$$

bzw.

$$\left(\mu_{1,\mathrm{Gel}} - \mu_{1,0}\right)/(k_{\mathrm{B}}\, T) = \left(\partial(\Delta G/k_{\mathrm{B}}\, T)/\partial N_1\right)_{T,L,N_2} = 0 \tag{4.264}$$

Mit $\partial\varphi_2/\partial N_1 = -\varphi_2^2/(m\, N_2)$, $\partial\left(\varphi_2^{-1}\right)/\partial N_1 = 1/(m\, N_2)$ und $\varphi_2 = m\, N_2/(N_1 + m\, N_2)$ folgt:

$$\begin{aligned}
&\left(\partial(\Delta G/(k_{\mathrm{B}}\, T))/\partial N_1\right)_{T,\alpha,N_2}\\
&= \ln(1-\varphi_2) + N_1 \frac{\varphi_2^2}{(1-\varphi_2)m\, N_2} + \chi\, \varphi_2(1-\varphi_2)\\
&\quad + \chi(N_1 + m\, N_2)\frac{\partial}{\partial N_1}\left(\varphi_2 - \varphi_2^2\right) + \frac{N_2}{2}\left(-\frac{\varphi_2}{m\, N_2} + \frac{2}{\alpha\, m\, N_2}\right)\\
&= \ln(1-\varphi_2) + \varphi_2 + \chi\, \varphi_2(1-\varphi_2) + \chi(N_1 + m\, N_2)\left(\left(-\frac{\varphi_2^2}{m\, N_2}\right) + \frac{2\, \varphi_2^3}{m\, N_2}\right)\\
&\quad - \frac{\varphi_2}{2\, m} + \frac{1}{\alpha\, m}\\
&= \ln(1-\varphi_2) + \varphi_2 + \chi\, \varphi_2^2 + \frac{1}{m}\left(\frac{1}{\alpha} + \frac{\varphi_2}{2}\right) = 0
\end{aligned} \tag{4.265}$$

Gl. (4.265) verknüpft den Quellungsgrad $q \equiv 1/\varphi_2$ mit dem Expansionskoeffizienten α. Die ersten drei Terme sind durch die partielle Ableitung der Gibbs'schen Mischungsenergie ΔG_m nach N_1 entstanden. Nach Abschn. 4.3.1 ist $(\partial(\Delta G_m/(k_B\,T))/\partial N_1)_{T,L,N_2} = -\pi_{\text{Netz}}\,V_1/(k_B\,T)$, wobei π_{Netz} der osmotische Druck des Netzwerks ist. Diese Terme sind für die Expansion, d. h. für die Quellung des Netzwerks, verantwortlich.

Die beiden letzten Terme in Gl. (4.265) entstehen durch die partielle Ableitung von ΔG_D nach N_1. Es gilt:

$$p_D = -(\partial \Delta G_D/\partial V) = -(1/V_1)\,(\partial \Delta G_D/\partial N_1)$$

oder

$$(\partial(\Delta G_D/k_B\,T)/\partial N_1)_{T,L,N_2} = -p_D\,V_1/(k_B\,T) \tag{4.266}$$

p_D heißt Deformationsdruck und ist die Kraft pro Flächeneinheit, die bestrebt ist, das Netzwerk in seinen undeformierten Zustand zurückzuführen. Im Quellungsgleichgewicht sind die „Quellkraft" und die „Deformationskraft" gleich groß. Dann gilt:

$$\pi_{\text{Netz}} = -p_D \tag{4.267}$$

Wir wollen zuerst den Fall betrachten, dass auf das Gel keine zusätzlichen äußeren Kräfte wirken. Es sei also $\tau = 0$ und $q = 1/\varphi_2 = V/V_0 = \left(\alpha^3\,L_0^3\right)/L_0^3 = \alpha^3$. Wir können deshalb $1/\alpha$ durch $q^{-1/3}$ ersetzen. Experimentell werden für $q = 1/\varphi_2$ Werte von 10 und größer gefunden. φ_2 ist also in der Regel kleiner als 0,1, sodass der Logarithmus $\ln(1-\varphi_2)$ in Gl. (4.265) in eine Reihe entwickelt werden darf. Das ergibt die folgende Beziehung für φ_2 und χ:

$$(1/\varphi_2)\left[\left(1/\varphi_2^{2/3}\right) - (1/2)\right] = m\,[(1/2) - \chi] \tag{4.268}$$

Wenn wir den Faktor 1/2 gegenüber $1/\varphi_2^{2/3}$ vernachlässigen und $1/\varphi_2$ durch q ersetzen, erhalten wir:

$$q = ((1/2) - \chi)^{3/5}\,m^{3/5} \tag{4.269}$$

Eine Auftragung des Quellungsgrads q gegen $m^{3/5}$ sollte also eine Ursprungsgerade mit der Steigung $((1/2) - \chi)^{3/5}$ ergeben. Die experimentelle Überprüfung bestätigt diese Voraussage. Der Exponent 3/5 wurde verifiziert. Aber auch die mithilfe von Gl. (4.269) ermittelten Flory-Huggins-Parameter stimmen bemerkenswert gut mit den χ-Werten überein, die mit der Methode der Osmose an unvernetzten Polymeren erhältlich sind.

Als Nächstes wollen wir den Fall betrachten, dass zusätzlich zur osmotischen Quellkraft eine äußere Kraft τ auf das Polymergel wirkt. Die Auswirkung, die τ dabei auf das Netzwerk hat, wird durch die Beziehung

$$\begin{aligned}\tau &= (\partial \Delta G/\partial L)_{T,N_1,N2} = (k_B\, T/L_0)\{\partial[\Delta G/(k_B\, T)]/\partial\alpha\}_{T,N_1,N_2}\\ &= (k_B\, T\, N_2/L_0)\left(\alpha - 1/\left(\alpha^2\, \varphi_2\right)\right)\end{aligned} \quad (4.270)$$

erfasst. Mit der Abkürzung $t = \tau\, L_0/(N_2\, k_B\, T)$ folgt:

$$\varphi_2 = 1/\left[\alpha^2\,(\alpha - t)\right] \quad (4.271)$$

Diese Gleichung setzen wir in Gl. (4.265) ein. Wir nehmen ferner an, dass der Quellungsgrad groß ist, $\ln(1 - \varphi_2)$ also in eine Taylor-Reihe entwickelt und nach dem zweiten Glied abgebrochen werden darf. Das Ergebnis dieser Umformung lautet dann:

$$\alpha^2(\alpha - t)\,[\alpha\,(\alpha - t) - (1/2)] = m\,[(1/2) - \chi] \quad (4.272)$$

Gl. (4.272) ist eine Verallgemeinerung von Gl. (4.268). Für $t = 0$ stimmen beide Gleichungen überein.

Experimentell werden für α^2 Werte gefunden, die in der Größenordnung von $\alpha^2 > 4$ liegen. Der Faktor 1/2 auf der linken Seite von Gl. (4.272) kann deshalb gegenüber α^2 vernachlässigt werden. Das ergibt:

$$\alpha - t = \{m\,[(1/2) - \chi]\}^{1/2}/\alpha^{3/2}, \quad (4.273)$$

sodass mit Gl. (4.271) folgt:

$$q = \{m\,[(1/2) - \chi]\}^{1/2}/\alpha^{1/2} \quad (4.274)$$

Der Quellungsgrad q hängt also bei Anwesenheit einer äußeren Kraft τ außer von m und χ auch von der durch die Kraft τ zusätzlich hervorgerufenen Expansion α des Netzwerks ab. q ist proportional zu $\alpha^{1/2}$. Ein gequollenes Polymergel, das sich im Gleichgewicht mit dem Lösemittel befindet, nimmt also bei Anwesenheit der Streckkraft τ weitere Lösemittelmoleküle in sich auf. Sein Volumen wird größer. Auch diese Voraussage der Theorie wird durch das Experiment bestätigt.

Verschiedene Quellungsgrade und der Schermodul Polymernetzwerke werden oft in Lösung synthetisiert. Das bedeutet, dass ein Gel bereits leicht gequollen ist, bevor der eigentliche Quellvorgang beginnt. Es ist deshalb zweckmäßig, verschiedene Netzwerkvolumina zu unterscheiden. V_t sei das Volumen des trockenen Netzwerks, das keine

Lösemittelmoleküle enthält. V_S sei das Volumen des Netzwerks nach der Synthese; und V sei das Volumen des Netzwerks im Quellungsgleichgewicht. Daraus ergeben sich folgende Quellungsgrade:

$$q_S \equiv V_S/V_t; \qquad q_{rel} \equiv V/V_S; \qquad q \equiv V/V_t \tag{4.275}$$

Dabei ist q_S der Quellungsgrad nach der Synthese; q_{rel} heißt relativer Quellungsgrad, und q ist der absolute Quellungsgrad. Es gilt:

$$q = q_S\, q_{rel} \tag{4.276}$$

In der Praxis liegt q_S in der Größenordnung von 2, und q_{rel} ist sehr oft größer als 3.

Für den Schermodul eines deformierten Netzwerks vom Gesamtvolumen V haben wir den Ausdruck

$$G = f_V\, N\, k_B\, T/V \tag{4.277}$$

gefunden, wobei f_V ein Vorfaktor ist, der die Art des Netzwerkmodells beschreibt. Gl. (4.277) können wir umformen zu:

$$\begin{aligned} G &= f_V\, N\, k_B \quad T/V(V_S/V_S)\,(V_t/V_t) = f_V\, N\, k_B\, T/(q_S\, q_{rel}\, V_t) \\ &= f_V\, R\, T\, \nu_t\, q^{-1} \end{aligned} \tag{4.278}$$

Dabei ist $\nu_t \equiv N/(N_A\, V_t)$ die Netzwerkdichte des trockenen Netzwerks. Der Schermodul eines gequollenen Netzwerks mit Gauß'scher Kettenstatistik ist also umgekehrt proportional zum absoluten Quellungsgrad q. Diese Voraussage lässt sich experimentell überprüfen. In Abb. 4.39 ist log G für ein mit *N,N*-Diallylacrylamid vernetztes Polyacrylsäu-

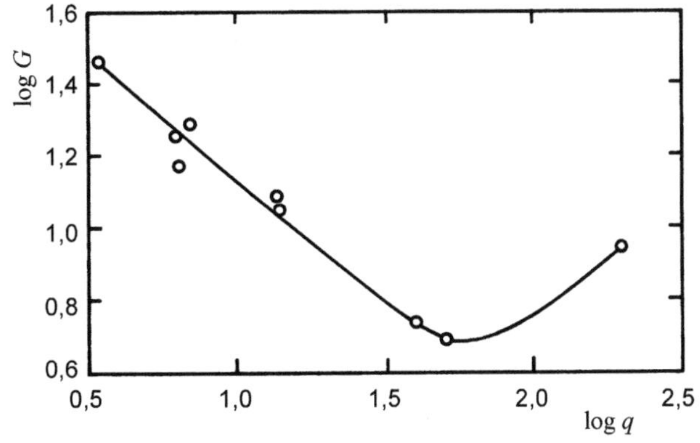

Abb. 4.39 Der Logarithmus des Schermoduls G als Funktion des Logarithmus des Quellungsgrads q für ein Polyacrylnetzwerk

regel gegen log q aufgetragen. Für kleine q wird G mit steigendem q tatsächlich kleiner. Die Steigung -1 wird allerdings nur selten gefunden. Für große q wird log G mit steigendem log q deutlich größer. Dort muss die Nicht-Gauß'sche Statistik für die Auswertung herangezogen werden.

4.2.8 Zustandsgleichungen

Die Flory-Huggins-Theorie, die Löslichkeitstheorie und die Theorie des ausgeschlossenen Volumens können mit Erfolg eine Reihe von Phänomenen bei Polymerlösungen beschreiben. Hierzu gehören die Temperaturabhängigkeit der Knäueldimensionen und der Virialkoeffizienten sowie einige Phänomene bei Phasengleichgewichten. Die genannten Theorien sind jedoch nicht in der Lage, druckabhängige Phänomene und das Phasenverhalten von Polymerlösungen bei höheren Temperaturen zu beschreiben.

Es wurden daher verschiedene Versuche unternommen, die genannten Phänomene theoretisch zu begründen. Eine umfassende Theorie der Polymermischungen und Polymerlösungen muss neben der Mischungsenthalpie und der Mischungsentropie eine Beziehung zwischen Volumen, Druck und Temperatur des Systems enthalten. Gleichungen, die das $V(p,T)$-Verhalten eines Systems beschreiben, heißen Zustandsgleichungen. Sie wurden ursprünglich für Flüssigkeiten abgeleitet, lassen sich aber auch auf polymere Flüssigkeiten (Polymerschmelzen) und Polymerlösungen übertragen. Es existieren verschiedene Versuche, theoretisch begründete Zustandsgleichungen für die genannten Systeme abzuleiten. Sie sind überwiegend von statistisch-mechanischer Natur, und die Zustandsparameter V, p, T, U und S werden meistens in reduzierter dimensionsloser Form ausgedrückt:

$$\widetilde{v}=v/v^*, \quad \widetilde{p}=p/p^*, \quad \widetilde{T}=T/T^*, \quad \widetilde{u}=u/u^*, \quad \widetilde{s}=s/s^* \tag{4.279}$$

Dabei sind $\widetilde{v}$, $\widetilde{p}, \widetilde{T}$, $\widetilde{u}$ und $\widetilde{s}$ die reduzierten Größen und v^*, p^*, T^*, u^* und s^* die Reduktionsparameter. Ein einfacher Fall ist die reduzierte Van-der-Waals-Gleichung

$$\boxed{\left(\widetilde{p}+3/\widetilde{v}^2\right)\,(3\,\widetilde{v}-1)=8\,\widetilde{T}} \tag{4.280}$$

in der die Reduktionsparameter durch die kritischen Größen ersetzt sind.

Tait-Gleichung Eine häufig für polymere Flüssigkeiten und Polymerschmelzen verwendete Zustandsgleichung ist die Tait-Gleichung:

$$\boxed{[V(0,T)-V(p,T)]/V(0,T)=k\,\ln\,[1+p/B(T)]} \tag{4.281}$$

Tab. 4.10 b_1- und b_2-Werte verschiedener Polymerschmelzen

Polymer	10^{-3} b_1 (bar)	10^3 b_2 (°C^{-1})
Polyethylen	1,99	5,10
Polyisobutylen	1,91	4,15
Polystyrol	2,44	4,14
Poly(vinylchlorid)	3,52	5,65
Poly(oxymethylen)	3,12	4,33
Polycarbonat	3,16	4,08
Poly(dimethylsiloxan)	1,04	5,85

Dabei ist k eine dimensionslose Konstante (k = 0,0894) und $B(T)$ eine temperaturabhängige Funktion der Einheit bar. In der Regel findet ein Exponentialansatz Verwendung:

$$\boxed{B(T) = b_1 \ \exp\left(-\ b_2\ T\right)} \tag{4.282}$$

Dabei sind b_1 und b_2 zwei Fitparameter, und T ist die Temperatur in Grad Celsius.

Gl. (4.281) ist eine empirische Gleichung und wurde 1988 von Tait aufgestellt. Sie stellt eine der besten Approximationen für das $V(p,T)$-Verhalten dar.

Ausgewählte Werte für b_1 und b_2 zeigt Tab. 4.10. Wir erkennen, dass b_2 nahezu konstant ist, während b_1 sehr stark von der Natur des Polymers abhängt.

Theorie des freien Volumens Die Theorie des freien Volumens wurde von Prigogine und Flory begründet und stellt eine Verallgemeinerung des Modells für monoatomare Flüssigkeiten dar. Die Theorie des freien Volumens genügt den folgenden Bedingungen:

1. Die thermodynamischen Größen und die Zustandsgrößen werden aus der Zustandssumme Z des Systems berechnet:

$$F = -k_\mathrm{B}\ T\ \ln Z;\ \ S = -(\partial F/\partial T)_V;\ \ U = F - T\ S;\ \ p = -(\partial F/\partial V)_T;\ \ H = U + p\ V$$

2. Die Zustandssumme Z eines Systems ist separierbar in einen Anteil Z_{int}, der nur von den inneren Freiheitsgraden der Moleküle herrührt, und einen Anteil Z_{conf}, der nur von den Koordinaten der Massenmittelpunkte der Moleküle abhängt. Zu den inneren Freiheitsgraden eines Moleküls gehören Schwingungen und Elektronenübergänge und zu den äußeren Freiheitsgraden Translations- und Rotationsbewegungen einschließlich Konformationsänderungen.
3. Die Konfigurationsenergie U eines Systems ist gleich der Summe der Wechselwirkungsenergien aller Molekülpaare.
4. Die Wechselwirkungsenergie ε eines Molekülpaars ist von der allgemeinen Form

$$\varepsilon(r) = \varepsilon^*\ \varphi\ (\sigma/\sigma^*)$$

in der φ eine universelle Funktion und σ der Abstand der Moleküle oder Molekülsegmente ist. ε^* und σ^* sind Energie- und Abstandsparameter; häufig sind dies die Energie und der Abstand des Potenzialminimums.

Bei Verwendung eines Lennard-Jones-6–12-Potenzials

$$\varepsilon(r) = \varepsilon^* \left[(\sigma^*/\sigma)^{12} - 2\,(\sigma^*/\sigma)^6 \right]$$

liefert die statistisch-thermodynamische Behandlung eine reduzierte kalorische und eine reduzierte thermische Zustandsgleichung:

$$\boxed{\begin{aligned} &\widetilde{u} = \widetilde{v}^{-4} - 2\,\widetilde{v}^{-2} \\ &\widetilde{p}\,\widetilde{v}/\widetilde{T} = \left(1 - 0{,}5^{1/6}\,\widetilde{v}^{-1/3}\right)^{-1} - (4/\widetilde{T})\,\left(\widetilde{v}^{-2} - \widetilde{v}^{-4}\right) \end{aligned}} \tag{4.283}$$

Für ein Lennard-Jones-3–∞-Potenzial ergibt sich

$$\boxed{\begin{aligned} &\widetilde{u} = \widetilde{v}^{-1} \\ &\widetilde{p}\,\widetilde{v}/\widetilde{T} = \widetilde{v}^{1/3}/\left(\widetilde{v}^{1/3} - 1\right) - 1/\left(\widetilde{T}\,\widetilde{v}\right) \end{aligned}} \tag{4.284}$$

mit $v^* = N_A\,\sigma^{*3}\,r$, $u^* = N_A\,\varepsilon^*\,q$, $s^* = N_A\,k_B f$, $T^* = \varepsilon^*\,q/(k_B f)$ und $p^* = \varepsilon^*\,q/(\sigma^{*3}\,r)$. Dabei ist r die Anzahl der Segmente pro Polymermolekül, q die Zahl der Segment-Segment-Kontakte und $3\,f$ die Zahl der äußeren Freiheitsgrade eines Polymermoleküls.

In Abb. 4.40 ist das $V(p,\,T)$-Verhalten von Polystyrol nach Gl. (4.284) zusammen mit experimentellen Werten dargestellt. Wir erkennen, dass die experimentellen Werte durch die Theorie des freien Volumens recht gut beschrieben werden.

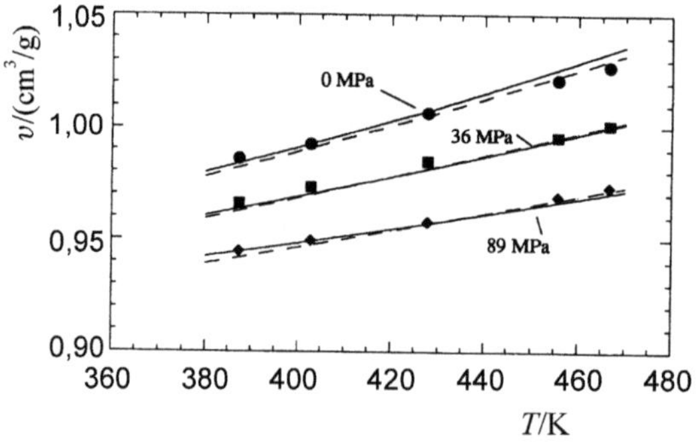

Abb. 4.40 Das spezifische Volumen v als Funktion der Temperatur T für verschiedene Drücke p von ataktischem Polystyrol. Die durchgezogene Kurve wurde mithilfe des Löcher-Modells ($T^* = 735$ K, $\rho^* = 1{,}105$ g cm^{-3}) und die gestrichelte Kurve mithilfe der Theorie des freien Volumens ($T^* = 8104$ K, $v^* = 0{,}823$ cm^3 g^{-1}, $p^* = 474$ MPa) berechnet. (Nach Boyd et al. 1993)

Die Zustandsgleichungen (4.283) und (4.284) können auch auf Polymermischungen und Polymerlösungen angewendet werden. Dabei können die Größen r, q und f als mittlere Werte der entsprechenden Größen für das Lösemittel oder die Polymerkomponente 1 (Index 1) und das Polymer oder die Polymerkomponente 2 (Index 2) aufgefasst werden:

$$r = x_1\, r_1 + x_2\, r_2\,; \quad q = x_1\, q_1 + x_2\, q_2\,; \quad f = x_1 f_1 + x_2 f_2 \tag{4.285}$$

Dabei ist x_i der Molenbruch der Komponente i. Unter der Annahme, dass die Abstände der Potenzialminima der Komponente 1 σ_{11}^* und der Komponente 2 σ_{22}^* gleich groß sind, ist das mittlere charakteristische Potenzial der Lösung

$$\varepsilon^* = X_1^2\, \varepsilon_{11}^* + 2\, X_1\, X_2\, \varepsilon_{12}^* + X_2^2\, \varepsilon_{22}^* \tag{4.286}$$

mit $X_1 = x_1\, q_1/q$ und $X_2 = x_2\, q_2/q$.

Mithilfe der Beziehungen (4.285) und (4.286) erhalten wir eine Gleichung für die freie Mischungsenthalpie G_m und daraus mithilfe von Gl. (4.102) für den Parameter χ

$$\chi = -\left(\widetilde{u}_1/\widetilde{T}_1\right)\omega - (1/2)\, \widetilde{c}_{p,1}\, \lambda^2 + \left(\widetilde{p}_1\, \widetilde{v}_1/\widetilde{T}_1\right)\, \widetilde{\alpha}_1\, \widetilde{T}_1\, (\lambda\, \delta + \omega) \tag{4.287}$$

mit $\omega = \left(2\, \varepsilon_{12}^* - \varepsilon_{11}^* - \varepsilon_{22}^*\right)/\varepsilon_{11}^*$, $\delta = \left(\varepsilon_{22}^* - \varepsilon_{11}^*\right)/\varepsilon_{11}^*$ und $\lambda = 1 - q_1\, f_2/(q_2\, f_1)$. $\widetilde{c}_{p,1}$ ist die reduzierte Wärmekapazität und $\widetilde{\alpha}_1$ der reduzierte Ausdehnungskoeffizient der Komponente 1 (Lösemittel). Diese können aus Gl. (4.283) oder (4.284) berechnet werden.

Gl. (4.287) erlaubt es, druckabhängige Phänomene und das gesamte Phasenverhalten von Polymerlösungen qualitativ richtig zu beschreiben. Besonders eindrucksvoll ist, dass mit dieser Theorie das gesamte Phasenverhalten einschließlich der oberen und der unteren kritischen Lösungstemperaturen T_UCST und T_LCST richtig beschrieben wird (Abb. 4.18). Der quantitative Erfolg der Theorie des freien Volumens kann noch verbessert werden.

Löchermodell Beim Löchermodell gehen wir von einem Gitter aus, das nicht vollständig mit Lösemittelmolekülen oder Polymersegmenten besetzt ist; es existieren daher unbesetzte Gitterplätze (Löcher). Wir können dies auch so sehen, dass ein Zweikomponentensystem zu einem Dreikomponentensystem mit Komponente 1, Komponente 2 und Komponente 3 = Loch wird. Bei tiefen Temperaturen und/oder hohen Drücken sind nur wenige Löcher vorhanden, und mit steigender Temperatur und/oder fallendem Druck nimmt ihre Anzahl stetig zu. Das Volumen des Systems ist dementsprechend eine Funktion der Lochkonzentration. Letztere lässt sich durch Minimierung der freien Enthalpie berechnen. Damit ergibt sich für die Zustandsfunktion

$$\boxed{\widetilde{p}\, \widetilde{v}/\widetilde{T} = -\widetilde{v}\, [\ln\, (1 - 1/\widetilde{v}) + (1 - 1/r)\, (1/\widetilde{v})] - 1/\left(\widetilde{v}\, \widetilde{T}\right)} \tag{4.288}$$

Tab. 4.11 Zustandsparameter für das Löchermodell

Polymer	T^*/K	υ^*(cm^3 mol^{-1})	p^*(MPa)	ρ^*(g cm^{-3})	Temperaturbereich (K)
Poly(vinylacetat)	590	9,64	509	1,283	308–373
Polyisobutylen	643	15,1	354	0,974	326–383
Polyethylen (linear)	649	12,7	425	0,904	426–473
Polyethylen (verzweigt)	673	15,6	359	0,887	408–471
Polystyrol	735	17,1	357	1,105	388–468

mit r = Anzahl der Segmente des Polymermoleküls, die je einen Gitterplatz besetzen, $T^* = \varepsilon^*/k_B$, $p^* = k_B\, T^*/\upsilon^*$, υ^* = Volumen pro Gitterplatz, ε^* = Segment-Kontaktenergie.

Das Volumen $\upsilon = \widetilde{\upsilon}\ \upsilon^*$ ist abhängig von der Zahl der Komponenten; es kann als Volumen pro Polymersegment gedeutet werden:

$$\text{1 Komponente}: \quad \upsilon = V/N\,r = (N_0 + r\,N)/(r\,N) \tag{4.289}$$

$$\text{Polymer und Lösemittel}: \quad \upsilon = V/N\,r = (N_0 + N_1 + r\,N)/(r\,N) \tag{4.290}$$

Dabei bedeutet N_0 die Zahl der Löcher, N_1 die Zahl der Lösemittelmoleküle, r die Zahl der Polymersegmente pro Polymermolekül und N die Zahl der Polymermoleküle.

Werte für die Reduktionsparameter für einige Polymere sind in Tab. 4.11 zusammengestellt. Sie beschreiben die experimentellen Ergebnisse recht gut (Abb. 4.40). Die Temperaturintervalle, auf die Gl. (4.283), (4.284) und (4.288) angewendet werden können, sind allerdings begrenzt.

4.2.9 Polymerkettendynamik

Unsere bisherigen Betrachtungen haben sich auf Gleichgewichtseigenschaften von Makromolekülen in Lösung bezogen. Wir wollen nun unseren Blick erweitern und uns klarmachen dass – und vor allem *wie* – sich Makromoleküle im gelösten Zustand bewegen. Wir betrachten hierzu zwei klassische Modelle. Vorab wiederholen wir noch einige grundlegende Zusammenhänge zum Thema Diffusion und Teilchenbewegung aus der grundständigen Physikalischen Chemie.

Einstein-Gleichungen Albert Einstein hat sich im frühen 20. Jahrhundert mit der zufälligen, ungerichteten thermischen Teilchenbewegung befasst und grundlegende Gleichungen dafür abgeleitet, die wir im Folgenden benötigen und auf Makromoleküle anwenden werden. Ein wichtiges Werkzeug ist die gleichsam auch von Marian Smoluchowski gefundene **Einstein-Smoluchowski-Gleichung**:

$$\left\langle \left(\vec{r}(t) - \vec{r}(0) \right)^2 \right\rangle = 2dDt \tag{4.291}$$

Diese Gleichung verknüpft den Mittelwert der quadratischen Verschiebung, welche ein diffundierendes Teilchen von seinem Ausgangsort in einer Zeitspanne t erfährt, mit dem Diffusionskoeffizienten D, der ein Maß für die diffusive Beweglichkeit des Teilchens ist. Der Parameter d in Gl. (4.291) ist die Raumdimension ($d = 1$, 2 oder 3). Mit dieser Gleichung können wir berechnen, welche Wegstrecke ein Teilchen in einer uns interessierenden Zeit t durch Diffusion zurücklegen kann; umgekehrt können wir ebenso berechnen, wie lange es dauert, bis ein Teilchen eine uns interessierende Wegstrecke zurücklegt.

Ein weiteres wichtiges Werkzeug ist die Einstein-Gleichung, die den in Gl. (4.291) auftretenden Diffusionskoeffizienten mit der thermischen Energie $k_B T$ (die die Diffusionsbewegung antreibt) und dem Koeffizienten der Reibung mit dem umgebenden Medium f (wodurch die Diffusionsbewegung gebremst wird) ins Verhältnis setzt:

$$D = \frac{k_B T}{f} \tag{4.292}$$

Für den Fall kugelförmiger Teilchen hat George Stokes den Reibungskoeffizienten zu $f = 6\pi\eta r_H$ berechnet, worin η die Viskosität des umgebenden Mediums und r_H der hydrodynamische Radius des diffundierenden Teilchens ist; dieser entspricht dem Teilchenradius nebst etwaiger Effekte wie Binden und Mitziehen einer Hydrathülle während der Diffusion oder Einschluss von Medium in das diffundierende Teilchen infolge von Quellung. Zusammen ergibt sich die **Stokes-Einstein-Gleichung**:

$$D = \frac{k_B T}{6\pi\eta r_h} \tag{4.293}$$

Mithilfe dieser letzten Gleichungen können wir einen weiteren wichtigen Zusammenhang herleiten, und zwar einen Ausdruck dafür, welche Zeitspanne τ es dauert, damit sich ein diffundierendes Teilchen einmal um seine eigene Größe, h, verschiebt:

$$\tau = \frac{h^2}{2dD} = \frac{h^2 f}{2d k_B T} \tag{4.294}$$

Wir können uns damit vorstellen dass ein Material auf Zeitskalen kürzer als τ keinerlei merkliche innere Teilchenbewegung zeigt, da sich die Teilchen noch nicht einmal so weit bewegen können, wie sie selbst groß sind. Das betrachtete Material verhält sich daher auf solch kurzen Zeitskalen wie ein starrer Festkörper. Auf Zeitskalen länger als τ wird innere Teilchenbewegung aber merklich, und das Material kann wie eine Flüssigkeit fließen. Es ist in den Materialwissenschaften von zentraler Relevanz, den Übergangsbereich, welcher durch τ gegeben ist, zu kennen.

Rouse-Modell Die im letzten Unterabschnitt gegebenen Gleichungen erlauben es uns, die Diffusionsbewegung von Teilchen quantitativ widerzugeben. Bei Polymeren haben wir aber noch eine Herausforderung zu meistern: Polymere bestehen aus flexiblen Ketten vieler Segmente. Wir müssen daher unterscheiden zwischen der Bewegung der einzelnen Kettensegmente gegeneinander und der Bewegung der Kette als Ganzes. Wir haben es also mit einem komplexen Vielkörperproblem zu tun. Dessen Vereinfachung gelingt im Rahmen des Modells von Rouse. Dieses Modell nimmt an, dass unsere Kette aus N kugelförmigen Segmenten besteht, die durch masselose Federn miteinander verbunden sind. Das Lösemittel kann dieses Gebilde frei durchströmen und erfährt nur mit den kugelförmigen Segmenten Reibung, nicht jedoch mit den Federn oder generell mit den Zwischenräumen. Jedes Segment habe seinen eigenen Reibungskoeffizienten f_{Segment}. Die gesamte Kette hat demnach einen Gesamtreibungskoeffizienten $f_{\text{total}} = N f_{\text{Segment}}$. Wir erhalten damit gemäß Gl. (4.292):

$$D_{\text{Rouse}} = \frac{k_{\text{B}}T}{f_{\text{total}}} = \frac{k_{\text{B}}T}{N \cdot f_{\text{Segment}}} \sim N^{-1} \tag{4.295}$$

Gemäß Einstein-Smoluchowski-Gleichung (4.291) können wir damit auch die Zeitskala berechnen, die es braucht, um das Polymerknäuel genau einmal um seine eigene Größe zu verschieben:

$$\tau_{\text{Rouse}} = \frac{h^2}{2d D_{\text{Rouse}}} = \frac{f_{\text{Segment}}}{2d k_{\text{B}}T} N h^2 \tag{4.296}$$

Wir bezeichnen diese charakteristische Zeit als **Rouse-Zeit**. Auf Zeitskalen länger als τ_{Rouse} können sich die Polymerknäuel in einer Lösung weiter als ihre eigene Größe bewegen; makroskopisch entspricht dies einem freien viskosen Fluss der Lösung.

Analog können wir auch eine weitere charakteristische Zeit berechnen, und zwar die, die es braucht, damit sich zumindest jedes einzelne (Kuhn-)Segment innerhalb der Kette um eine Distanz gleich seiner eigenen Größe, l_{K}, bewegen kann:

$$\tau_0 = \frac{f_{\text{Segment}} \cdot {l_{\text{K}}}^2}{2d k_{\text{B}}T} \tag{4.297}$$

Auf Zeitskalen kürzer als τ_0 können sich noch nicht einmal die einzelnen Kettensegmente gegeneinander bewegen; unser Polymer ist auf diesen kurzen Zeitskalen also ein vollkommen starrer Festkörper. Die beiden Zeiten τ_0 und τ_{Rouse} grenzen demnach den Bereich, in dem ein Polymer sich starr und fest verhält ($t < \tau_0$), von dem Bereich ab, in dem es frei fließt ($t > \tau_{\text{Rouse}}$). Auf Zeitskalen dazwischen bewegen sich Kettenunterabschnitte, nicht jedoch die Kette als Ganzes. Das Polymer zeigt dann sowohl viskose als auch elastische Eigenschaften; wir sprechen vom **viskoelastischen Bereich**. Kürzere Kettenabschnitte, die sich auf einer betrachteten Zeitskala zwischen τ_0 und τ_{Rouse} schon bewegen können, steuern viskose Eigenschaften bei, längere Kettenabschnitte, die sich auf diesen Zwischenzeitskalen noch nicht bewegen können, steuern elastische Beiträge bei. Je nachdem, ob unsere betrachtete Zwischenzeitskala näher an τ_0 (elastisches Limit) oder an τ_{Rouse} (viskoses Limit) liegt, überwiegen die elastischen oder die viskosen Beiträge. Der viskoelastische Bereich ist für viele Polymere stark ausgeprägt und liegt auf Zeitskalen, die für Anwendungen relevant sind; Polymerwerkstoffe sind daher typischerweise ausgesprochen viskoelastische Materialien.

Wir können beide der o. g. charakteristischen Grenzzeiten in einer Formel kombinieren, wenn wir das allgemeine Skalengesetz $h \approx N^{\nu}\, l_{\text{K}}$ einsetzen:

$$\tau_{\text{Rouse}} = \frac{f_{\text{Segment}}}{2d\, k_{\text{B}}T} N h^2 = \frac{f_{\text{Segment}} \cdot {l_{\text{K}}}^2}{2d\, k_{\text{B}}T} N^{1+2\nu} = \tau_0 N^{1+2\nu} \tag{4.298}$$

Wir sehen somit, dass der zwischen τ_0 und τ_{Rouse} liegende viskoelastische Bereich umso mehr ausgeprägt ist, je größer N ist.

Zimm-Modell Eine Grundannahme des Rouse-Modells ist, dass nur die als kompakte Kugeln modellierten Kettensegmente Reibung mit dem Lösemittel erfahren, wohingegen das Knäuelinnere frei durchströmt werden kann. Eine gegenteilige Annahme macht das alternative Modell nach Zimm. Es modelliert das Knäuel als gefüllt mit Lösemittel, welches innerhalb des Knäuels immobilisiert ist. Knäuel und das darin gefangene Lösemittel bewegen sich gemeinsam als ein Objekt durch die Lösung. Reibung mit dem Lösemittel wird von einem solchen lösemittelgefüllten, aber undurchströmten Knäuel dann wie bei einer einzigen großen Kugel mit Radius h erfahren. Gemäß Stokes-Einstein-Gleichung unter Verwendung des allgemeine Skalengesetzes $h \approx N^{\nu}\, l_{\text{K}}$ ergibt sich damit:

$$D_{\text{Zimm}} = \frac{k_{\text{B}}T}{6\pi\eta h} \approx \frac{k_{\text{B}}T}{\eta N^{\nu} l} \sim N^{-\nu} \tag{4.299}$$

Beim Vergleich von Gl. (4.295) und (4.299) fällt uns auf, dass in Gl. (4.299) die N-Abhängigkeit mit schwächerem Exponent eingeht. Dies liegt daran, dass im Rouse-Modell jedes Segment Reibung mit dem umgebenden Medium erfährt, im Zimm-Modell aber nur die Segmente (plus das zwischen ihnen immobilisierte Medium) an der Frontalfläche des diffundierenden Körpers. Demnach macht sich eine *Änderung* der Segmentzahl N im Rouse-Modell stärker bemerkbar als im Zimm-Modell, wodurch der damit zusammenhängende Skalenexponent stärker betont ist.

Wiederum können wir gemäß Einstein-Smoluchowski-Gleichung (4.291) die Zeitskala berechnen, die es braucht, damit sich das Knäuel einmal um seine eigene Größe h bewegt:

$$\tau_{\text{Zimm}} = \frac{h^2}{2d\, D_{\text{Zimm}}} \approx \frac{\eta}{k_{\text{B}}T} h^3 \approx \frac{\eta {l_{\text{K}}}^3}{k_{\text{B}}T} N^{3\nu} \approx \tau_0 N^{3\nu} \tag{4.300}$$

Auch hier haben wir im Vergleich zur analogen Gleichung (4.298) einen geringeren Skalenexponenten am N als im Rouse-Modell.

Wiederum grenzt diese Gleichung die beiden charakteristischen Zeitskalen voneinander ab, unterhalb derer sich nicht einmal einzelne Segmente bewegen können (t_0) und sich das Polymer demnach wie ein starrer Festkörper verhält und oberhalb derer das sich gesamte Knäuel bewegen kann und demnach freies viskoses Fließen möglich ist (τ_{Zimm})

Subdiffusion Die eingangs genannte Einstein-Smoluchowski-Gleichung (4.291) muss streng genommen noch abgewandelt werden:

$$\left\langle \left(\vec{r}(t) - \vec{r}(0)\right)^2 \right\rangle = 2dDt^{\alpha} \tag{4.301}$$

Diese Form der Gleichung unterscheidet sich von der eingangs genannten Form durch einen Skalenexponenten α an der Variablen t. Dieser kann Werte kleiner, gleich oder größer als eins haben. Im eingangs genannten Fall war $\alpha = 1$; wir sprechen dann von **normaler Diffusion**. Haben wir es mit $\alpha \neq 1$ zu tun, so sprechen wir von **anomaler Diffusion**. Wir unterscheiden die Fälle $\alpha < 1$, genannt **Subdiffusion**, und $\alpha > 1$, genannt **Superdiffusion**. Subdiffusion tritt auf, wenn ein diffundierendes Teilchen auf seinem Pfad immer wieder in „Fallen" gerät, beispielsweise durch zeitweise Bindung an Bindungsstellen. Superdiffusion tritt hingegen auf, wenn ein diffundierendes Teilchen unterwegs Teilstrecken sehr schnell zurücklegt, beispielsweise in biologischen Systemen durch zeitweises „Reiten" auf einem sich schnell und oft auch gerichtet bewegenden Träger. Wir wollen uns nun klarmachen, welcher dieser Fälle für Polymere auf Zeitskalen zwischen τ_0 und τ_{Rouse} bzw. τ_{Zimm} zutreffend ist, d. h. im viskoelastischen Bereich. Dazu machen wir uns klar, dass ein Kettenunterabschnitt mit N/p Segmenten eine Distanz gleich seiner eigenen Größe, welche gemäß allgemeinem Skalengesetz $l_{\mathrm{K}}\ (N/p)^{\nu}$ ist, während einer Zeit τ_p bewegt wird. Wir betrachten nun die Bewegung eines einzelnen Segments j auf dem betrachteten Kettenunterabschnitt. Im Rouse-Modell folgt dafür gemäß Gl. (4.298):

$$\left\langle \left(\vec{r}_j(\tau_p) - \vec{r}_j(0)\right)^2 \right\rangle = l^2 \left(\frac{N}{p}\right)^{2\nu} = l^2 \left(\frac{\tau_p}{\tau_0}\right)^{\frac{2\nu}{1+2\nu}} \tag{4.302}$$

Im Zimm-Modell folgt gemäß der analogen Gl. (4.300):

$$\left\langle \left(\vec{r}_j(\tau_p) - \vec{r}_j(0)\right)^2 \right\rangle = l^2 \left(\frac{N}{p}\right)^{2\nu} = l^2 \left(\frac{\tau_p}{\tau_0}\right)^{\frac{2}{3}} \tag{4.303}$$

In beiden Fällen ist der Exponent an der Variablen τ_p kleiner als 1; wir haben es also mit Subdiffusion zu tun. Das liegt daran, dass alle Kettensegmente miteinander zusammenhängen und sich somit gegenseitig an freier Diffusion hindern. Unser betrachtetes Segment

j kann sich demnach (wie alle anderen Segment ebenso) nicht frei bewegen und zeigt eine subdiffusive zeitabhängige Verschiebung. Erst auf Zeitskalen länger als τ_{Rouse} bzw. τ_{Zimm} ist normale Diffusion möglich, da dann die Kette als Ganzes frei im Raum diffundieren kann und dies dann natürlich auch jedes ihrer Segmente mit ihr tut.

4.3 Charakterisierung von Makromolekülen

S. Seiffert und W. Schärtl

Zur Charakterisierung von Makromolekülen gehört die Bestimmung von Struktur, Größe, Form und Eigenschaften der Makromoleküle. Bezüglich der wichtigen Kenngrößen Molmasse, Molmassenverteilung und Radius des Makromoleküls werden absolute und relative Methoden unterschieden. Bei den **Absolutmethoden** können die vorgenannten Größen ohne weitere Annahmen direkt aus der Messgröße berechnet werden. Bei den **Relativmethoden** muss erst eine Kalibrierbeziehung zwischen diesen Größen und der Messgröße aufgestellt werden. **Äquivalentmethoden** gehören ebenfalls zu den Absolutmethoden; sie setzen die Kenntnis der Struktur des Makromoleküls voraus. Die wichtigsten Methoden zur Bestimmung der Molmasse und der Molmassenverteilung von Makromolekülen sind in Tab. 4.12 zusammengefasst. Außerdem sind für die jeweilige Methode die Art der gemes-

Tab. 4.12 Methoden zur Bestimmung von Molmassen und Molmassenverteilungen

Methode	Molmassenmittelwerte	Bereich (in g mol^{-1})
Absolutmethoden		
Osmotischer Druck (OS)	M_n	$10^4 < M < 10^6$
Dampfdruckosmose	M_n	$M < 2 \cdot 10^4$
Kryoskopie, Ebullioskopie	M_n	$M < 5 \cdot 10^4$
Isotherme Destillation	M_n	$M < 5 \cdot 10^4$
Ultrazentrifugation (UC)		
Sedimentationsgeschwindigkeit (AUCSV)	M_n, M_w, M_z	$M > 1 \cdot 10^2$
Sedimentationsgleichgewicht (AUCSE)	M_w, M_z	$M > 1 \cdot 10^2$
Statische Lichtstreuung (SLS)	M_w	$M > 5 \cdot 10^3$
Röntgenkleinwinkelstreuung (SAXS)	M_w	$M > 5 \cdot 10^3$
Neutronenkleinwinkelstreuung (SANS)	M_w	$M > 5 \cdot 10^3$
Massenspektrometrie (MS)	M_n, M_w, M_z	$M < 5 \cdot 10^5$
Relativmethoden		
Viskosität	M_n	$M > 1 \cdot 10^2$
Größenausschluss-Chromatografie (SEC, GPC)	M_n, M_w, M_z	$M < 5 \cdot 10^6$
Feld-Fluss-Fraktionierung (FFF)	M_n, M_w, M_z	$M > 1 \cdot 10^2$
Äquivalentmethoden		
Endgruppenanalyse	M_n	$M < 5 \cdot 10^4$

senen Mittelwerte und der Bereich der Molmasse angegeben, der mit der Methode detektierbar ist.

Zur Bestimmung der Molmassenverteilung von Makromolekülen können nichtfraktionierende Methoden (AUCSE, SLS, SAXS, SANS, DLS) oder fraktionierende Methoden (klassische Fraktionierung, AUCSV, MS, SEC, FFF) eingesetzt werden. Für höhere Genauigkeiten und komplizierte Molmassenverteilungen sind die fraktionierenden den nichtfraktionierenden Methoden vorzuziehen.

Tab. 4.13 gibt einen Überblick über die wichtigsten absoluten Methoden zur Bestimmung von Molmasse, Molmassenverteilung und thermodynamischen Eigenschaften von Makromolekülen in Lösung. Die einzelnen Gleichungen werden im Folgenden erklärt und diskutiert.

Tab. 4.13 Absolute Methoden zur Bestimmung von Molmasse, Molmassenverteilung und thermodynamischen Eigenschaften von Makromolekülen

Methode	Zentrale Gleichung
Osmotischer Druck	$\pi/(R\,T\,c) = 1/M_n + A_2 c + A_3 c^2 + \ldots \;;\; \pi = \rho\, g\, \Delta h$
Sedimentationsgeschwindigkeit	$(D_\gamma/S_\beta)(1 - v_2\rho)/(R\,T) = 1/M_{\beta\gamma} + 2\,A_2\,c + 3\,A_3\,c^2 + \ldots\,;$ $S = (\mathrm{d}r/\mathrm{d}t)/(\omega^2\, r)$
	$w(M) = g(S)\,\mathrm{d}S/\mathrm{d}M;\;\; g(S) = (1/c_0)(\mathrm{d}c/\mathrm{d}r)(r/r_m)^2\, r\,\omega^2 t;\;\; S = f(M);\;\; \dot{J} = -D\nabla c$
Sedimentationsgleichgewicht	$\mathrm{d}(r^2)(1 - v_2\rho)\omega^2/(2\,R\,T) = \mathrm{d}(\ln c_i)/M_i + 2\sum_k A_{2ik}\, c_k + \;\ldots\;;\;\; i = 1,2,\ldots,n$
	$U_w(x) = [c(x)/c_0]_{c_0\to 0} = \int_0^\infty w(M)\; U(x,M)\,\mathrm{d}M$
	$U(x,M) = \lambda\,M\;\exp\,(\lambda\,M\,x)/(\exp(\lambda\,M) - 1)$
	$x = \left(r^2 - r_m^2\right)/\left(r_b^2 - r_m^2\right);\;\; \lambda = (1 - v_2\rho)\,\omega^2\left(r_b^2 - r_m^2\right)/(R\,T)$
Statische Lichtstreuung (SLS); Röntgenkleinwinkelstreuung (SAXS) Neutronenkleinwinkelstreuung (SANS)	$K\,c/R(q) = 1/(M_w\,P_z(q)) + 2A_2\,c + 3\,A_3\,c^2 + \ldots$
	$P_z(q) = [K\,c/(R(q)\,M_w)]_{c\to 0} = (1/M_w)\int_0^\infty w(M)\,M\,P(q,M)\,\mathrm{d}M$
	$P(q,M) = \left(1/N^2\right)\sum_{i=1}^{N}\sum_{j=1}^{N}\left\langle \sin\left(q\,h_{ij}\right)/q\,h_{ij}\right\rangle;\qquad q = (4\;\pi/\lambda)\;\;\sin(\theta/2)$
Dynamische Lichtstreuung (DLS)	$\lim_{c\to 0} g_2(t) = A + B[g_1(t)]^n;\;\; n = 1:$ heterodyne; $n = 2:$ homodyne
	$g_1(t) = \int_0^\infty G(\Gamma)\;\exp(-\Gamma t)\,\mathrm{d}\Gamma;\;\; \Gamma = D\,q^2 + 6D_R;\;\; D = f(M)$
	$G(\Gamma) = w(M)\;M\;P(q,M)/(M_w P_z(q))$

4.3.1 Kolligative Eigenschaften

4.3.1.1 Membranosmose

Wir fragen uns an dieser Stelle, wie die Größen M_2, A_2, A_3,... experimentell zu bestimmen sind. Wenn wir Gl. (4.65) betrachten, müssten wir zuerst das relative chemische Potenzial $\Delta\mu_1^{\text{real}}$ messen und anschließend $\Delta\mu_1^{\text{real}}/\left(RT\,V_1^0 c_2\right)$ gegen c_2 auftragen. Die Extrapolation dieses Ausdrucks auf $c_2 = 0$ würde den Kehrwert der Molmasse M_2 des gelösten Stoffs liefern, und aus der Anfangssteigung dieser Kurve ergäbe sich A_2.

Dieser theoretische Ansatz ist nicht realisierbar. $\Delta\mu_1^{\text{real}}$ ist nicht messbar. Glücklicherweise gibt es aber eine Reihe physikalischer Größen, die mit $\Delta\mu_1^{\text{real}}$ in einfacher Beziehung stehen. Dazu zählen der Dampfdruck, die Gefrierpunktserniedrigung, die Siedepunktserhöhung und der osmotische Druck. Sie werden kolligative Eigenschaften genannt. Von den zugehörigen Messmethoden sind nur die Methoden des Dampfdrucks und der Osmose dazu geeignet, die Molmasse eines Makromoleküls zu bestimmen. Die anderen Messmethoden sind nicht empfindlich genug.

Abb. 4.41 zeigt eine typische Osmose-Zelle. Sie besteht aus zwei Kammern. Kammer I ist mit dem Lösemittel und Kammer II mit der Lösung gefüllt. Die Konzentration der Lösung sei c_2. Die beiden Kammern sind durch eine semipermeable Wand voneinander getrennt. Diese ist für die Lösemittelmoleküle durchlässig und für die gelösten Moleküle (Polymere) undurchlässig. Das chemische Potenzial des Lösemittels in Kammer I sei μ_1^{I} und das in Kammer IIμ_1^{II}. Direkt nach Einfüllen von Lösemittel und Lösung gilt $\mu_1^{\text{I}} = \mu_1^0$ und $\mu_1^{\text{II}} = \mu_1^0 + RT\ \ln f_i x_1 < \mu_1^{\text{I}}$. Der gelöste Stoff ist also bestrebt, das chemische Potenzial des Lösemittels in Kammer II zu erniedrigen ($f_1 < 1$ und $x_1 < 1$). Das hat zur Folge, dass Lösemittelmoleküle so lange von Kammer I nach Kammer II diffundieren, bis μ_1^{I} gleich μ_1^{II} ist. Die Lösung in Kammer II wird dadurch verdünnt, die Flüssigkeitssäule in der angeschlossenen Kapillare steigt, und der Druck p_{II}, der auf Kammer II lastet, wird größer.

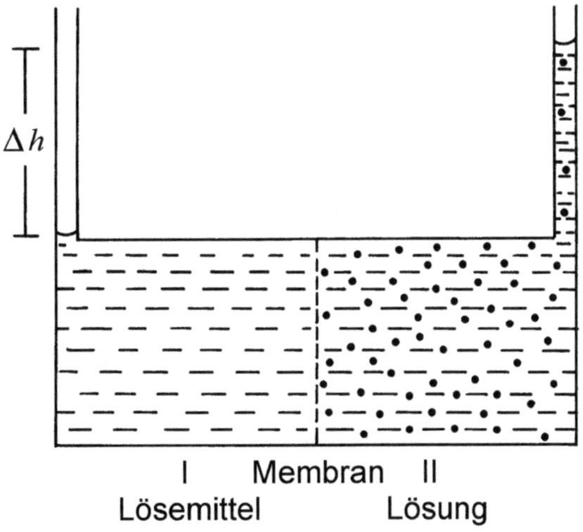

Abb. 4.41 Modell einer Osmose-Zelle

Je größer aber der Druck p_{II} ist, desto kleiner ist der Diffusionsstrom der Lösemittelmoleküle. Bei einem bestimmten Punkt p_{II}^{*} versiegt der Diffusionsstrom schließlich ganz. In diesem Gleichgewicht gilt:

$$p_{\text{II}}^{*} = p_0 + \pi \tag{4.304}$$

Dabei ist p_0 der Atmosphärendruck und π der osmotische Druck. Letzterer lässt sich experimentell aus der Steighöhe $\Delta\, h$ ermitteln. Es gilt:

$$\pi = \rho\, g\, \Delta h \tag{4.305}$$

Dabei ist ρ die Dichte des Lösemittels (der Lösung) und g die Erdbeschleunigung.

Bei einem Anstieg des Drucks p_{II} von p_0 auf $p_0 + \pi$ steigt gleichzeitig das chemische Potenzial μ_1^{II} von $\mu_1(p_0)$ um $\int_{p_0}^{p_0+\pi} (\partial\mu_1/\partial p)_T \mathrm{d}p$. Im Gleichgewicht bei Druck p_{II}^{*} gilt somit:

$$\mu_1^{\text{II}}\,(p_{\text{II}}^{*}) = \mu_1\,(p_0) + \int_{p_0}^{p_0+\pi} (\partial\mu_1/\partial p)_T\, \mathrm{d}p \tag{4.306}$$

Außerdem gilt:

$$\mu_1^{\text{I}}(p_0) = \mu_1^0 = \mu_1^{\text{II}}(p_{\text{II}}^{*}) \tag{4.307}$$

Daraus folgt:

$$\Delta\mu_1 = \mu_1(p_0) - \mu_1^0 = -\int_{p_0}^{p_0+\pi} (\partial\mu_1/\partial p)_T\, \mathrm{d}p \tag{4.308}$$

$(\partial\mu_1/\partial p)_T$ ist das partielle molare Volumen V_1 des Lösemittels in der Lösung. Für verdünnte Lösungen können wir V_1 in guter Näherung durch das Molvolumen $V_1{}^0$ ersetzen. $V_1{}^0$ ist im Intervall $[p_0, p_0 + \pi]$ nahezu druckunabhängig. Wir können Gl. (4.308) somit umformen zu $\Delta\mu_1 = V_1{}^0\, \pi$. Mit Gl. (4.56) folgt schließlich:

$$\pi = \left(-\,\Delta\mu_1/V_1^0\right) = R\,T\,c\,[1/M + A_2\,c + \ldots] \tag{4.309}$$

wobei wir c_2 durch c und M_2 durch M ersetzt haben. In der Praxis wird π bei konstanter Temperatur für etwa vier bis zehn verschiedene Konzentrationen c gemessen. Dann wird

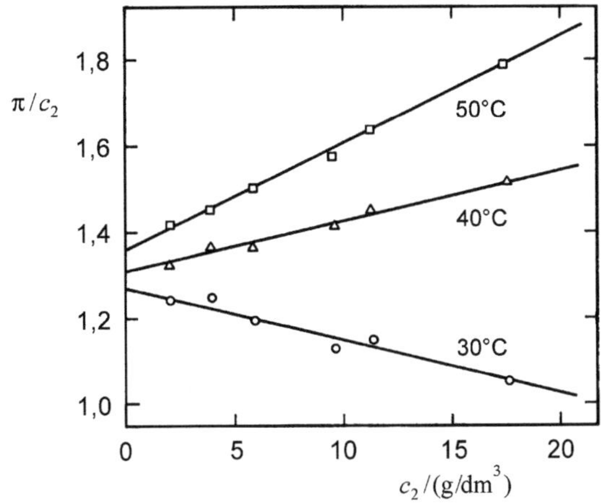

Abb. 4.42 Reduzierter osmotischer Druck π/c in Abhängigkeit von der Konzentration c und der Temperatur T. Polystyrol ($M_n = 2{,}03 \cdot 10^5 \text{g mol}^{-1}$) in Cyclohexan bei $T = 30$, 40 und 50 °C. (Nach Krigbaum 1954)

π/c gegen c aufgetragen. Das ergibt eine Kurve, deren Achsenabschnitt gleich $R\ T/M$ und deren Anfangssteigung gleich $R\ TA_2$ ist. Ein Beispiel für eine solche Auftragung zeigt Abb. 4.42.

Der derzeitige Stand der Messtechnik erlaubt es, osmotische Drücke bis hinunter zu 100 Pa zu vermessen. Für eine 1%ige-Lösung bei 25 °C entspricht dieser Druck einer Molmasse von ca. 250.000 g mol^{-1}. Makromoleküle mit einer größeren Molmasse müssen mit anderen Methoden wie z. B. der statischen Lichtstreuung untersucht werden. Die Osmose-Messtechnik erlaubt es aber auch nicht, beliebig kleine Molmassen zu bestimmen. Die untere Grenze für die Molmasse liegt bei etwa 20.000 g mol^{-1}. Sie hängt von der Güte der semipermeablen Wand ab. Die Porengröße der benutzten Membran muss so groß sein, dass die Lösemittelmoleküle sie ungehindert durchdringen können. Sie muss aber auch klein genug sein, damit die gelösten Moleküle nicht durch sie hindurchdiffundieren.

Wir haben bisher angenommen, dass alle Makromoleküle unserer Lösung die gleiche Molmasse M_2 besitzen. Das ist aber im Allgemeinen nicht der Fall. Wir fragen uns deshalb, welche Art von Mittelwert unsere gemessene Molmasse M darstellt. Dazu betrachten wir die Konzentration c. Sie gibt die Masse aller Makromoleküle an, die pro dm^3 Lösemittel gelöst sind. Es gilt also:

$$c = \sum_i n_i M_i / V$$

Dabei ist M_i die Molmasse eines Makromoleküls der Sorte i und n_i die zugehörige Anzahl der Mole der Molekülsorte i. Die totale Anzahl der Mole aller gelösten Makromoleküle ist $n_t = \Sigma\ n_i$. Die mittlere Molmasse $\overline{M}$ der Makromoleküle in unserer Lösung ist somit:

$$\overline{M} = c\, V/n_t = \sum_i n_i M_i / \sum_i n_i = \sum_i x_i\, M_i = M_n \tag{4.310}$$

Das bedeutet (Abschn. 2.1): Die Methode der Osmose liefert für M den Mittelwert M_n.

4.3.1.2 Dampfdruckosmose

Zur Molmassenbestimmung von Polymeren mit Molmassen, die kleiner als 50.000 g mol^{-1} sind, werden häufig thermoelektrische Dampfdruckosmometer eingesetzt. Obwohl die Dampfdruckosmose vom Prinzip her eine Absolutmethode ist, wird eine Kalibrierung des Geräts mit einer Substanz bekannter Molmasse vorgenommen; dadurch degeneriert die Dampfdruckosmose zur Relativmethode.

Den prinzipiellen Aufbau eines Dampfdruckosmometers zeigt Abb. 4.43a. In einer temperierten Messzelle befindet sich ein für das Polymer geeignetes Lösemittel im Gleichgewicht von flüssiger und gasförmiger Phase. In der gasförmigen Phase werden auf zwei abgeglichenen Thermistoren jeweils ein Tropfen Lösemittel und ein Tropfen Polymerlösung bekannter Konzentration aufgebracht. Da der Dampfdruck des Lösemittels in der Polymerlösung niedriger als der Dampfdruck des reinen Lösemittels ist, kondensiert Lösemitteldampf auf den Lösungstropfen und bewirkt durch die Kondensationswärme eine Temperaturerhöhung ΔT, die von den Thermistorenwiderständen gemessen wird. Ein echtes Gleichgewicht wird dabei nicht erreicht, wohl aber ein stationärer Zustand, bei dem die Wärmeverluste durch Strahlung in den Dampfraum und durch Wärmeleitung über die Drähte der Thermistoren durch die Kondensationswärme des Lösemittels kompensiert werden. Die theoretische Behandlung der Dampfdruckosmose ergibt aus der Betrachtung der Wärmebilanz und der zeitlichen Temperaturänderung des Lösungstropfens, dass die gemessene Temperaturänderung $T - T_0 = \Delta T$ proportional zur Konzentration c und umgekehrt proportional zur Molmasse des gelösten Polymers ist, wie in Abb. 4.43b schematisch gezeigt ist:

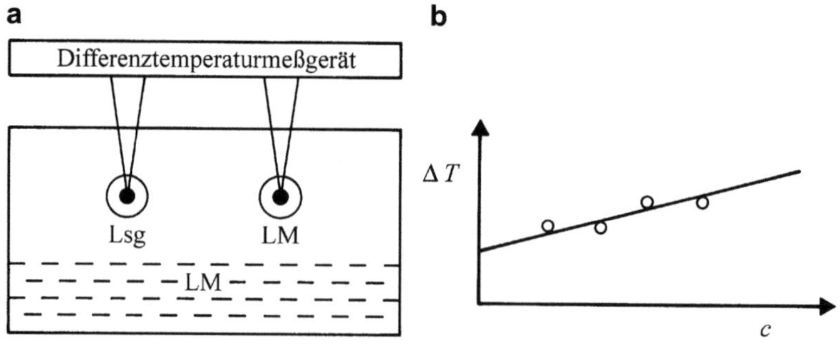

Abb. 4.43 **a** Schematischer Aufbau eines Dampfdruckosmometers. LM = Lösemittel, Lsg = Lösung, **b** Temperaturdifferenz in einem Dampfdruckosmometer als Funktion der Konzentration

$$T - T_0 = \Delta T = K_V\, c\, \left(1/M + A_2'\, c + A_3'\, c^2 + \ldots\right) \tag{4.311}$$

Dabei sind A_2', A_3', ... Nichtidealitätsparameter. Zu einem ähnlichen Ergebnis kommen wir, wenn wir die Dampfdruckosmose nach den Regeln der Gleichgewichtsthermodynamik behandeln; allerdings sind die dann auftretenden Virialkoeffizienten des osmotischen Drucks A_2, A_3, ... nicht mit den Größen A_2', A_3', ... vergleichbar.

Die Bestimmung der Konstante K_V erfolgt durch experimentelle Bestimmung der Temperaturdifferenz ΔT einer Kalibriersubstanz bekannter Molmasse bei verschiedenen Konzentrationen und anschließender Extrapolation auf $c = 0$. Bei Kenntnis der Konstante K_V, die im Übrigen eine Funktion des Lösemittels und der Konzentration ist, kann durch Vermessen der zu untersuchenden Substanz deren Molmasse nach Gl. (4.311) bestimmt werden. Da es sich hierbei um eine kolligative Eigenschaft handelt, ist M das Zahlenmittel der Molmasse.

4.3.2 Ultrazentrifugation

Die analytische Ultrazentrifuge (AUC) ist eine sehr bedeutende Methode zur Bestimmung absoluter Größen von Polymeren wie der Molmasse, der Molmassenverteilung, des Sedimentations-, Diffusions- und osmotischen Virialkoeffizienten. Auf die Vor- und Nachteile der AUC gegenüber den anderen Methoden zur Charakterisierung von Polymeren wurde zu Beginn von Abschn. 4.3 eingegangen. Abb. 4.44 zeigt den schematischen Aufbau einer modernen Ultrazentrifuge.

4.3.2.1 Sedimentationsgeschwindigkeit

Grundlagen Bei der Sedimentationsgeschwindigkeit nehmen wir an, dass Teilchen in einer Lösung von im Allgemeinen niedriger Konzentration einer Zentrifugalbeschleunigung $a = \omega^2\, r$ ($\omega = 2\pi\, N$ = Winkelgeschwindigkeit und r = Abstand der Teilchen von der Rotationsachse) ausgesetzt werden. Durch die **Zentrifugalkraft** $F_Z = m_2\, a = m_2\, \omega^2\, r$ (m_2 = Masse eines gelösten Moleküls) werden die einzelnen gelösten Moleküle nach ihrer Größe und Form verschieden schnell zum Zellenboden sedimentiert (Abb. 4.45).

Dieser Sedimentationsbewegung wirken folgende Kräfte entgegen:

- Die **Reibungskraft** F_R, welche die Moleküle bei ihrem Weg durch das Lösemittel erfahren; sie lässt sich aus der Definitionsgleichung für die Viskosität $F = \eta\, A\, \mathrm{d}w/\mathrm{d}x$ berechnen und ergibt, dass die Reibungskraft F_R proportional der Geschwindigkeit der sedimentierenden Teilchen ist:

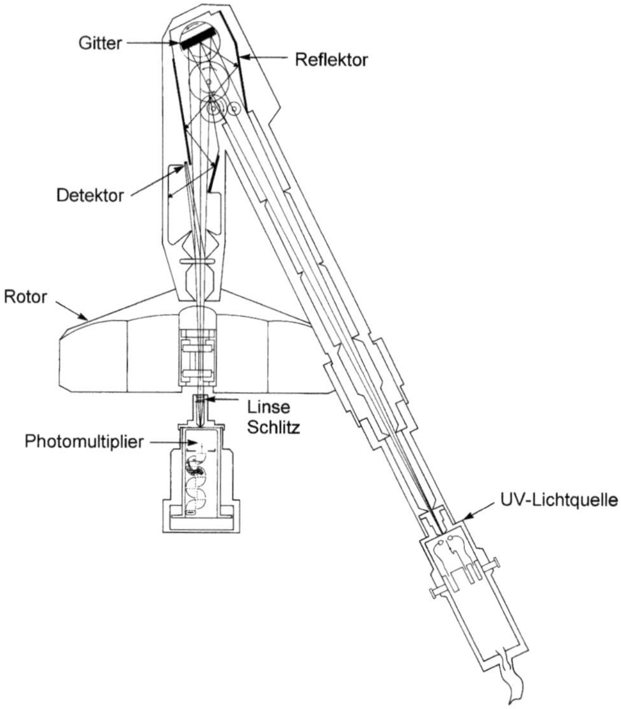

Abb. 4.44 Schematischer Aufbau einer modernen Ultrazentrifuge (Beckman Instruments Inc.)

Abb. 4.45 Krafteinwirkungen auf ein Teilchen im Zentrifugalfeld

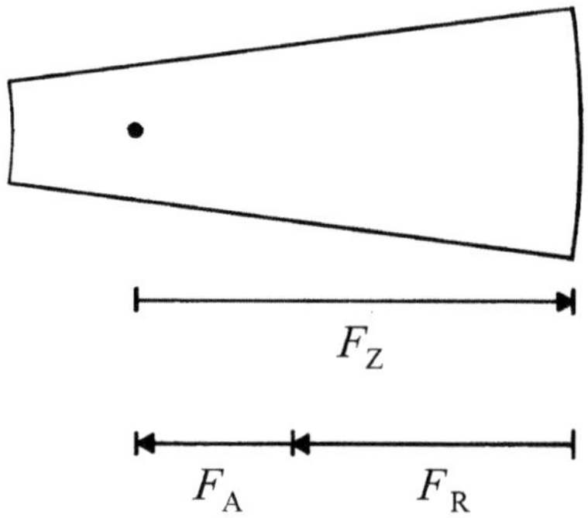

$$F_R = f_2' \, dr/dt \tag{4.312}$$

Für Kugeln mit dem Radius R_2, die durch eine Flüssigkeit mit der Viskosität η gezogen werden, ist der Reibungskoeffizient $f_2' = 6\,\pi\,\eta\,R_2$ (Stokes'sches Gesetz).

- Die **Auftriebskraft** $F_A = m_2\, v_2\, \rho\, \omega^2\, r$. Für verdünnte Lösungen gilt $\rho \approx \rho_1$ (ρ = Dichte der Lösung, ρ_1 = Dichte des Lösemittels, v_2 = partielles spezifisches Volumen des gelösten Moleküls).

Nach dem Anschalten des Zentrifugalfelds stellt sich nach kurzer Zeit ein stationärer Zustand ein, bei dem die Zentrifugalkraft von der Reibungskraft und der Auftriebskraft kompensiert wird und die gelösten Teilchen mit konstanter Geschwindigkeit zum Zellenboden sedimentieren:

$$\boldsymbol{F}_Z = \boldsymbol{F}_R + \boldsymbol{F}_A \quad ; \quad m_2\, \omega^2\, r = f_2'\, \mathrm{d}r/\mathrm{d}t + m_2\, v_2\, \rho\, \omega^2\, r \tag{4.313}$$

Eine Umstellung von Gl. (4.313) ergibt die Bewegungsgleichung für die Sedimentation:

$$M_2(1 - v_2\, \rho)\, \omega^2\, r = f\, \mathrm{d}r/\mathrm{d}t \tag{4.314}$$

$M_2 = N_A\, m_2$ = Molmasse der gelösten Teilchen, $f = N_A f_2'$ = Reibungskoeffizient pro Mol. Hieraus erhalten wir mithilfe der Einstein-Gleichung für den Zusammenhang von Reibungskoeffizient und Diffusionskoeffizient (Abschn. 4.3.5) $D f = R\, T(1 + 2\, M_2\, A_2\, c_2 + \ldots)$ und der Definition für den Sedimentationskoeffizienten

$$S = (\mathrm{d}r/\mathrm{d}t)/\left(\omega^2 r\right) \tag{4.315}$$

die berühmte Svedberg-Gleichung zur Bestimmung der Molmasse von gelösten Polymeren bei der Sedimentationsgeschwindigkeit

$$\boxed{(D/S)\ (1 - v_2 \rho) = R\, T\, (1/M + 2 A_2\, c + \ldots)} \tag{4.316}$$

wobei M_2 durch M und c_2 durch c ersetzt wurden. Die Svedberg-Gleichung ist allgemein gültig und unabhängig von Annahmen; sie reduziert sich im Fall idealer Lösungen auf die Form

$$\boxed{(D_0/S_0)\ (1 - v_2\, \rho) = R\, T/M} \tag{4.317}$$

wobei D_0 und S_0 die auf die Konzentration $c \to 0$ und den Druck $p \to 1$ extrapolierten Werte von S und D sind. Es gilt:

$$1/S = (1/S_0)\left(1 + k_S\, c + \widetilde{k}_S\, c^2 + \ldots\right) \tag{4.318}$$

$$D = D_0\left(1 + k_D\,c + \widetilde{k}_D\,c^2 + \ldots\right) \tag{4.319}$$

$$S = S_0(1 - \mu\,p) \tag{4.320}$$

Üblicherweise werden S und D getrennt gemessen und nach $c \to 0$ extrapoliert. Aus den Anfangssteigungen der Diagramme $S = f\,(c)$ und $D = f\,(c)$ ergibt sich aus Gl. (4.316), (4.318) und (4.319) bei Vernachlässigung höherer Terme folgender Zusammenhang:

$$(1 + k_S\,c)\,(1 + k_D\,c) = 1 + 2\,M\,A_2\,c \tag{4.321}$$

$$\text{mit}\quad A_2 \approx (k_D + k_S)/(2\,M) \tag{4.322}$$

Die exakte Behandlung der Sedimentationsgeschwindigkeit geht von der Kontinuitätsgleichung aus (Abb. 4.46).

Bei Betrachtung eines zylindrischen Volumenelements an den Stellen r und $r + \mathrm{d}r$ ist die sekündliche Änderung der Konzentration des Gelösten an der Stelle r gleich $(\mathrm{d}c/\mathrm{d}t)_r$. Diese ist gleich der Differenz der an der Stelle r eintretenden und an der Stelle $r + \mathrm{d}r$ austretenden Ströme. Es gilt:

$$(\mathrm{d}c/\mathrm{d}t)_r = -(1/q)\;[(\mathrm{d}\,(q\,J))/\mathrm{d}r]_t \tag{4.323}$$

Mit $q = r \cdot l$ (l = Dicke der Zelle) erhalten wir hieraus:

$$(\mathrm{d}c/\mathrm{d}t)_r = -(1/r)\;[\mathrm{d}\,(r\,J)/\mathrm{d}r]_t \tag{4.324}$$

Dies ist die **Kontinuitätsgleichung**. Der Fluss J setzt sich zusammen aus dem Diffusionsfluss $J_D = -\,D(\mathrm{d}c/\mathrm{d}r)$ und dem Sedimentationsfluss $J_S = (\mathrm{d}r/\mathrm{d}t)\;c = S\;c\;\omega^2\;r$; der Gesamtfluss J ist dann $J = J_S + J_D = S\,c\,\omega^2\,r - D(\mathrm{d}c/\mathrm{d}r)$. Mit diesen Beziehungen erhalten wir die **Lamm'sche Differenzialgleichung**:

$$(\mathrm{d}c/\mathrm{d}t)_r = (1/r)\;(\mathrm{d}/\mathrm{d}r)\;\left[r\,D\,(\mathrm{d}c/\mathrm{d}r) - S\,\omega^2\,r^2\,c\right] \tag{4.325}$$

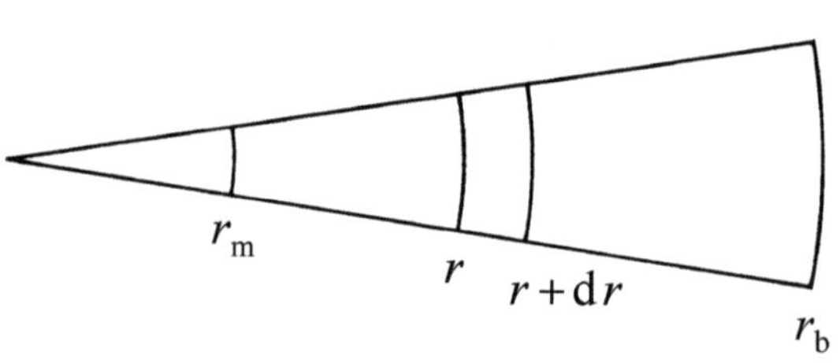

Abb. 4.46 Abstände in einer Sektorzelle. r_m = Radius des Meniskus, r_b = Radius des Bodens

Die oben abgeleiteten Gleichungen gelten jeweils für eine gelöste Komponente i oder ein monodisperses System. Für polydisperse Systeme werden je nach Messverfahren und Auswertung verschiedene Mittelwerte des Sedimentations- und Diffusionskoeffizienten S_β und D_γ und bezüglich der Svedberg-Gleichung ein doppeltes Molmassenmittel $M_{\beta\gamma}$ erhalten:

$$S_\beta = \left[\int_0^\infty w(M)\, M^{\beta-1}\, S(M)\, \mathrm{d}M\right] / \int_0^\infty w(M)\, M^{\beta-1}\, \mathrm{d}M \quad ; \quad \int_0^\infty w(M)\, \mathrm{d}M = 1 \tag{4.326}$$

$$D_\gamma = \left[\int_0^\infty w(M)\, M^{\gamma-1}\, D(M)\, \mathrm{d}M\right] / \int_0^\infty w(M)\, M^{\gamma-1}\, \mathrm{d}M \quad ; \quad \int_0^\infty w(M)\, \mathrm{d}M = 1 \tag{4.327}$$

$$\left(D_\gamma / S_\beta\right)\left(1 - v_2\, \rho_1\right) = R\,T\left(1/M_{\beta\gamma} + 2\,A_2\, c + \ldots\right) \tag{4.328}$$

Für polydisperse Polymere erhalten wir daher verschiedene Mittelwerte der Molmasse, je nachdem, welche Mittelwerte des Sedimentations- und Diffusionskoeffizienten eingesetzt werden. Mit β = n, w, z, … und γ = n, w, z, … ergeben sich die mittleren Sedimentationskoeffizienten S_n, S_w, S_z usw., die mittleren Diffusionskoeffizienten D_n, D_w, D_z usw. und die mittleren Molmassen $M_\mathrm{n,n}$, $M_\mathrm{n,w}$, $M_\mathrm{w,w}$ usw. Letztere sind verschieden von den mittleren Molmassen M_n, M_w, M_z usw., können aber in diese umgerechnet werden (Abschn. 2.1).

Die Abhängigkeiten des Sedimentations- und des Diffusionskoeffizienten von der Molmasse des gelösten Polymers sind durch die Gleichungen

$$S = k_\mathrm{S}\, M^{a_\mathrm{S}} \tag{4.329}$$

$$D = k_\mathrm{D}\, M^{a_\mathrm{D}} \tag{4.330}$$

gegeben, wobei k_S, a_S, k_D und a_D Konstanten für jedes Polymerlösemittelsystem bei gegebener Temperatur und gegebenem Druck sind.

Neben der Bestimmung der Molmasse und der thermodynamischen Eigenschaften kann aus Sedimentationsgeschwindigkeitsmessungen auch die Molmassenverteilung der gelösten Polymere bestimmt werden. Falls es gelingt, den Diffusionseinfluss zu separieren, so kann direkt aus der Verteilung des Sedimentationskoeffizienten $g(S)$ mithilfe einer $S(M)$-Beziehung auf die Molmassenverteilung umgerechnet werden:

$$\mathrm{d}w_\mathrm{S} = g(S)\,\mathrm{d}S \qquad \text{mit} \quad \int_0^\infty g(S)\,\mathrm{d}S = 1 \tag{4.331}$$

$\mathrm{d}w_s$ ist der differenzielle Massenanteil des Polymers, dessen Werte für S zwischen S und S + dS liegen. Falls eine Beziehung zwischen S und M existiert, so ergibt sich die Molmassenverteilung $w(M)$ mithilfe der folgenden Gleichung:

$$w(M)\,\mathrm{d}M = g(S)\,\mathrm{d}S \tag{4.332}$$

Durch Einsetzen von Gl. (4.396) in Gl. (4.399) erhalten wir für die Molmassenverteilung $w(M)$:

$$w(M) = g(S)\,K_\mathrm{S}^{1/a_\mathrm{S}}\,a_\mathrm{S}\,S^{1-1/a_\mathrm{S}} \tag{4.333}$$

Die Verteilung der Sedimentationskoeffizienten $g(S)$ wird über die experimentell bestimmbare Größe dc/dr erhalten:

$$g(S) = \mathrm{d}c/\mathrm{d}S = (1/c_0)\,(\mathrm{d}c/dr)\,(\mathrm{d}r/\mathrm{d}S) \tag{4.334}$$

Normalerweise werden sektorförmige Zellen in der Ultrazentrifuge verwendet. Für diese muss die quadratische Verdünnungsregel für die radiale Verdünnung berücksichtigt werden:

$$c/c_0 = (r_\mathrm{m}/r)^2 \tag{4.335}$$

Dabei ist c_0 die eingewogene Konzentration, r_m der Abstand des Meniskus von der Rotationsachse und c die Konzentration der Sedimentationsgrenze beim Abstand r.

Daraus folgt mit der Definitionsgleichung für S (Gl. 4.315) und der radialen Verdünnungsregel (Gl. 4.335):

$$g(S) = (1/c_0)\,(\mathrm{d}c/\mathrm{d}r)\,(r/r_\mathrm{m})^2\,r \int_{t_0}^{t'} \omega^2\,\mathrm{d}t \tag{4.336}$$

Für die Molmassenverteilung ergibt sich dann aus Gl. (4.332) und (4.336):

$$w(M) = (1/c_0)\,(\mathrm{d}c/\mathrm{d}r)\,(r/r_\mathrm{m})^2\,r\,K_\mathrm{S}^{1/a_\mathrm{S}}\,a_\mathrm{S}\,S^{1-1/a_\mathrm{S}} \int_{t_0}^{t'} \omega^2\,\mathrm{d}t \tag{4.337}$$

Das gleiche Verfahren kann zur Bestimmung der Molmassenverteilung aus der Verteilung des Diffusionskoeffizienten $g(D)$ mithilfe einer Beziehung zwischen D und M angewendet werden. Ist eine Separierung der beiden Einflüsse nicht ohne Weiteres möglich, so wird eine differenzielle S-D-Verteilung definiert:

$$\mathrm{d}w_{\mathrm{S,D}} = g(S,D)\,\mathrm{d}S\,\mathrm{d}D \qquad \text{mit} \quad \int_0^\infty \int_0^\infty g(S,D)\,\mathrm{d}S\,\mathrm{d}D = 1 \tag{4.338}$$

wobei $\mathrm{d}w_{\mathrm{S,D}}$ der differenzielle Massenanteil des Polymers ist, dessen Werte für S und D zwischen S und $S + \mathrm{d}S$ und zwischen D und $D + \mathrm{d}D$ liegen. Die Verteilung $g(S)$ erhalten wir einmal durch Integration von $g(S, D)$ über D:

$$g(S) = \int_0^\infty g(S,D)\,\mathrm{d}D \tag{4.339}$$

Hieraus erhalten wir dann wieder die Molmassenverteilung $w(M)$ nach Gl. (4.332), oder die Funktion $g(S,D)$ wird mithilfe einer Beziehung zwischen S und D in $w(M)$ umgerechnet. Für knäuelförmige Polymere gilt z. B. $S \cdot D =$ konstant.

Daneben gibt es noch eine Reihe von anderen Möglichkeiten zur Bestimmung der Molmassenverteilung mit der Ultrazentrifuge, die in der Literatur zu finden sind.

Neben der Bestimmung von Molmassen, Molmassenverteilungen und thermodynamischen Eigenschaften ist die Sedimentationsgeschwindigkeit eine elegante Methode, um Teilchengrößen und Teilchengrößenverteilungen von Polymerdispersionen im Größenbereich 5 nm $< R_2 <$ 2000 nm zu bestimmen. Die Bewegungsgleichung für die Sedimentation (4.313) können wir umstellen zu:

$$m_2(1 - \upsilon_2 \rho)\omega^2 r = f_2' \,\mathrm{d}r/\mathrm{d}t$$

Mithilfe der Beziehungen $\rho_2 = m_2/V_2$ ($V_2 =$ Volumen des dispergierten oder gelösten Teilchens), $\upsilon_2 = 1/\rho_2$, $f_2' = 6\,\pi\,\eta\,(d_2/2)$ (Stokes'sches Gesetz, $d_2 =$ Durchmesser des Teilchens) und der Definitionsgleichung für den Sedimentationskoeffizienten (Gl. 4.315) erhalten wir daraus:

$$V_2(\rho_2 - \rho) = 6\,\pi\eta(d_2/2)S$$

Mit $V_2 = (4\,\pi/3)\,(d_2/2)^3$ ergibt sich für den Teilchendurchmesser d_2:

$$d_2 = [18\eta\, S(\rho_2 - \rho)]^{1/2} \tag{4.340}$$

wobei für verdünnte Lösungen die Dichte der Lösung ρ durch die Dichte des Lösemittels ρ_1 ersetzt werden kann. Für Teilchenradien $d_2 > 10$ nm und entsprechend hohe Sedimentationsgeschwindigkeiten können Diffusionseffekte bei der Bestimmung der Teilchengrößen vernachlässigt werden, sodass die Teilchenradien direkt aus Ultrazentrifugenmessungen erhalten werden.

Polydisperse Substanzen werden nach Gl. (4.340) bei der Sedimentation in Abhängigkeit vom Durchmesser fraktioniert. Aus den experimentell ermittelten Sedimentationsgeschwindigkeitskurven, die ähnlich wie Abb. 4.47 und 4.48 aussehen, lässt sich nach Gl. (4.315) und (4.340) für jeden Abstand von der Rotorachse r der Teilchendurchmesser

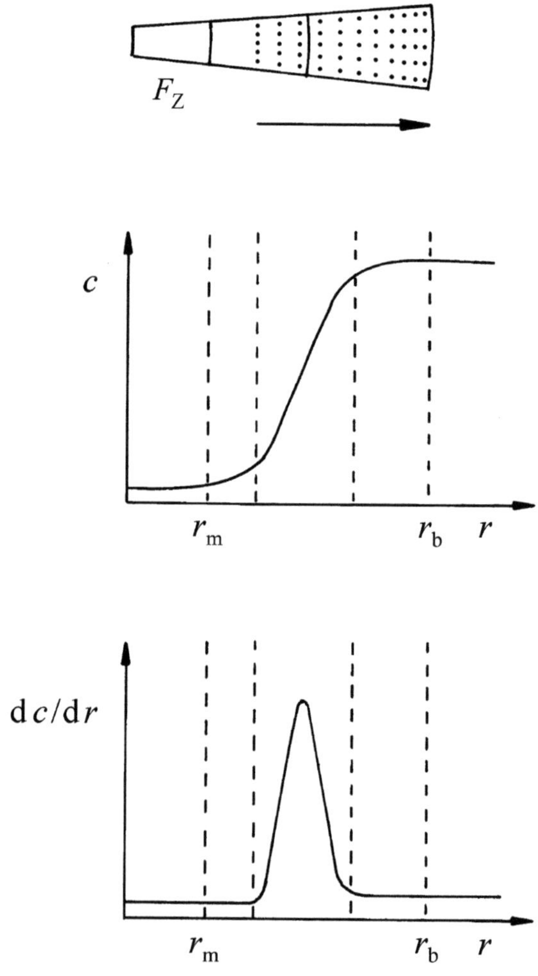

Abb. 4.47 Schema eines Sedimentationsgeschwindigkeitslaufs. r = Radius von der Rotormitte aus, r_m = Radius des Meniskus, r_b = Radius des Bodens, F_Z = Zentrifugalkraft

Abb. 4.48 Sedimentationsgeschwindigkeit für Dextran T70 ($M_w = 6{,}8 \times 10^5$g mol^{-1}) in Wasser bei 25 °C ($\rho_1 = 0{,}997$ g cm^{-3}; $v_2 = 0{,}6072$ cm^3 g^{-1}; $c_0 = 3{,}0$ g dm^{-3}; $N = 40.000$ min^{-1}; $t = 50, 75, 93, 120, 138, 158, 178, 205$ und 226 min)

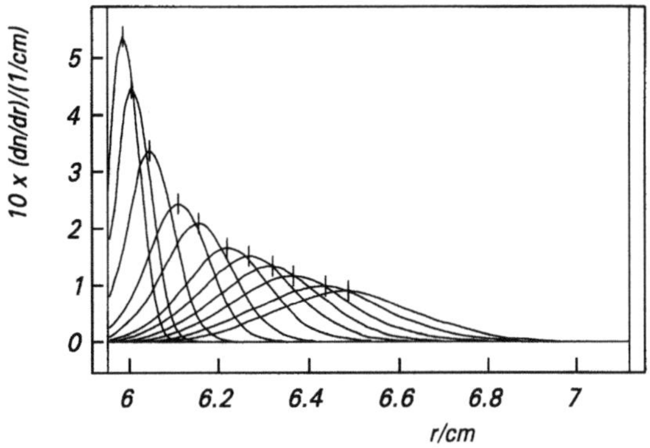

d_2 berechnen. Die Signalhöhe ist ein Maß für den Massenanteil der Teilchengröße, sodass hieraus direkt Teilchengrößenverteilungen bestimmt werden können.

Messmethodik Abb. 4.47 zeigt das Schema eines Sedimentationsgeschwindigkeitslaufs. Oben ist die sektorförmige Zelle, in der Mitte der Konzentrationsverlauf des gelösten Polymers $c = f(r)$ und unten der Verlauf des Konzentrationsgradienten $dc/dr = f(r)$ zu sehen.

Abb. 4.48 zeigt als Beispiel den Verlauf des Konzentrationsgradienten zu verschiedenen Sedimentationszeiten für das System Dextran/Wasser bei einer Konzentration. Hieraus ist der Sedimentationskoeffizient durch Integration von Gl. (4.315) erhältlich:

$$S = [\ln(r/r_m)] / \int_{t_0}^{t'} \omega^2 \, dt \tag{4.341}$$

wobei r_m der Abstand zwischen der Rotationsachse und dem Meniskus ist. Häufig wird zur Berechnung von S das Maximum der Sedimentationskurven aus Abb. 4.48 genommen und $\ln(r_{max}/r_m)$ gegen $\int \omega^2 \, dt$ aufgetragen; aus der Steigung folgt dann S_{max}; in Abb. 4.49 wurde S_{max} für verschiedene Konzentrationen c_0 aufgetragen und S_{max} für unendliche Verdünnung $S_{max,\,0}$ bestimmt.

Für konstantes ω ist das Integral in Gl. (4.341) gleich $\omega^2(t - t_0)$. Für einen Geschwindigkeitslauf ist die Bedingung einer konstanten Winkelgeschwindigkeit niemals gegeben, da die Ultrazentrifuge eine beträchtliche Zeit zur Erreichung der Enddrehzahl benötigt und während dieser Zeit die Teilchen bereits sedimentiert sind. In der Vergangenheit wurde bei der Behandlung der Sedimentationsgeschwindigkeit häufig mit konstanter Winkelgeschwindigkeit ω gerechnet und dieser Fehler durch Berücksichtigung einer unbekannten Anlaufzeit t_0 korrigiert; t_0 entspricht in diesem Fall dem spontanen Erreichen der End-

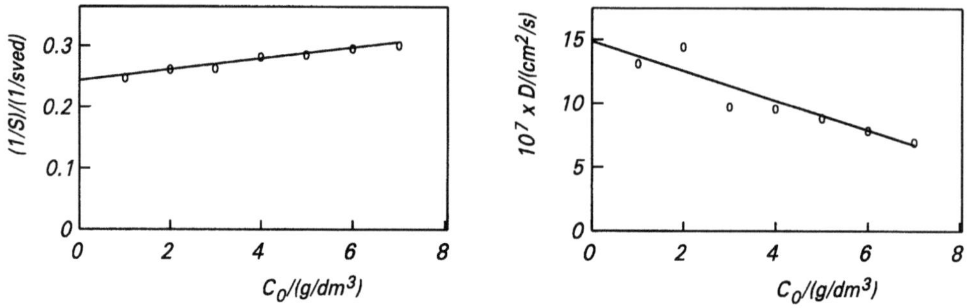

Abb. 4.49 Reziproker Sedimentationskoeffizient $S_{\max}$ (Gl. 4.318) und Diffusionskoeffizient D_{A} (Gl. 4.319) als Funktion der Konzentration c_0. Dextran T70 in Wasser

drehzahl. Für alle zukünftigen Anwendungen empfiehlt sich jedoch die Anwendung der exakten Gl. (4.341) mit variabler, leicht zu messender Winkelgeschwindigkeit.

Üblicherweise wird der Sedimentationskoeffizient aus den r-Werten des Kurvenmaximums oder des Kurvenmedians (das ist derjenige r-Wert, welcher die Sedimentationskurve in zwei flächengleiche Teile aufteilt) bestimmt. Für polymolekulare Substanzen ergeben die auf diese Weise bestimmten Sedimentationskoeffizienten komplizierte Mittelwerte. Die einfachen Mittelwerte S_{n}, S_{w} und S_{z} ergeben sich durch Auswertung der Sedimentationskurven mithilfe von Gl. (4.326). Wie bereits erwähnt, ist der Sedimentationskoeffizient eine Funktion von Konzentration, Druck und Temperatur. Zur Ausschaltung der Konzentrations- und Druckeinflüsse muss S deshalb nach Gl. (4.318) und (4.320) auf $c = 0$ und $p = 0$ extrapoliert werden.

Aus dem Verlauf der Sedimentationskurve ist prinzipiell auch die Bestimmung des Diffusionskoeffizienten, wenn auch mit größerer Ungenauigkeit, möglich. Die Definitionsgleichung für den Diffusionskoeffizienten (Abschn. 4.3.5) liefert z. B. für sein Massenmittel:

$$D_{\mathrm{w}} = [1/(2\,t)] \left[\int_0^\infty (\mathrm{d}c/\mathrm{d}r)\, r^2 \mathrm{d}r \right] \Big/ \left[\int_0^\infty (\mathrm{d}c/\mathrm{d}r)\, \mathrm{d}r \right] \tag{4.342}$$

Aus der Diffusionskurve einfacher zu berechnen, aber komplizierter zu behandeln ist der Mittelwert

$$D_{\mathrm{A}} = [1/(4\,\pi\,t)] \left[\int_0^\infty (\mathrm{d}c/\mathrm{d}r)\, \mathrm{d}r \right] \Big/ (\mathrm{d}c/\mathrm{d}r)_{\max} \tag{4.343}$$

wobei der Ausdruck im Zähler die Fläche und derjenige im Nenner die maximale Höhe der Diffusionskurve ist. Die Behandlung der Konzentrations- und Druckeinflüsse auf den

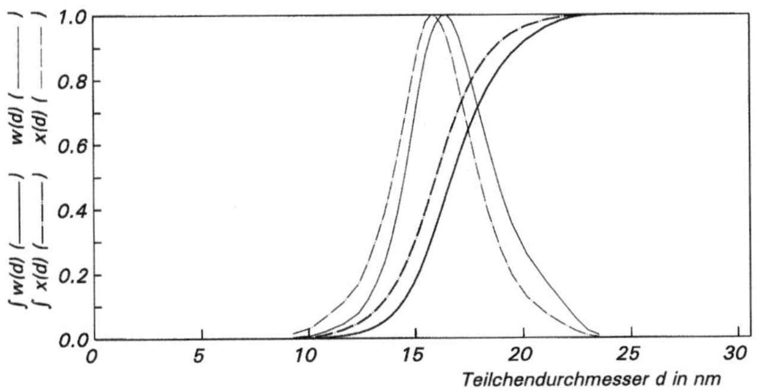

Abb. 4.50 Teilchengrößenverteilung einer Polyesterharz-Dispersion. $w(d)$ und $x(d)$ sind auf 1 normiert

Diffusionskoeffizienten erfolgt nach Gl. (4.319) und in Analogie zum Sedimentationskoeffizienten nach Gl. (4.320). Abb. 4.49 zeigt die Konzentrationsabhängigkeit des Diffusionskoeffizienten D_A. Hieraus kann der Diffusionskoeffizient für unendliche Verdünnung $D_{A,0}$ bestimmt werden.

Aus Abb. 4.48 ist ersichtlich, dass bei einem Sedimentationsgeschwindigkeitslauf Sedimentation und Diffusion sich gegenseitig überlagern. Zur exakten Bestimmung der S- und D-Werte müssen die sich gegenseitig beeinflussenden Größen getrennt werden. Hierbei machen wir uns die Tatsache zunutze, dass die Diffusion proportional der Wurzel aus der Zeit und die Sedimentation direkt proportional der Zeit ist. Zur Elimination des Diffusionseinflusses werden deshalb die gemessenen Sedimentationskoeffizienten nach $t \to \infty$ und zur Elimination des Diffusionskoeffizienten nach $t \to 0$ extrapoliert.

Eine weitere, heute fast ausschließlich verwendete Möglichkeit zur Bestimmung der Diffusionskoeffizienten von Polymerlösungen ist die dynamische Lichtstreuung (Abschn. 4.3.4).

Abb. 4.50 zeigt die Teilchengrößenverteilung einer Polyesterharzdispersion. Die Teilchendurchmesser wurden nach Gl. (4.315) und (4.340) aus den Abständen r der Schlierenoptik berechnet. Die Massenanteile sind bei der Schlierenoptik direkt proportional zur Signalhöhe, sodass hieraus die integrale und die differenzielle Massenverteilung $w(d)$ und $\int w(d)$ bestimmt werden können, die wiederum die integrale und differenzielle Zahlenverteilung $x(d)$ und $\int x(d)$ (Abschn. 2.1) liefern.

4.3.2.2 Sedimentationsgleichgewicht

Grundlagen Die physikalische Grundlage für das Sedimentationsgleichgewicht ist die barometrische Höhenformel. Wir betrachten eine mit Teilchen gefüllte Säule mit der Einheitsgrundfläche; in einer Höhe h herrsche bei der Temperatur T der Druck p. Eine differenzielle Änderung der Höhe h um $\mathrm{d}h$ ergibt eine Druckänderung $-\mathrm{d}p$ und eine

Gewichtsänderung $-\rho\, g\, \mathrm{d}h$, wobei ρ die Dichte der Teilchensäule an der Stelle h und g die Beschleunigung (Erdbeschleunigung) ist:

$$-\,\mathrm{d}p = \rho\, g\, \mathrm{d}h \tag{4.344}$$

Hieraus erhalten wir mit den üblichen Beziehungen für den Druck $p = F/A$, die Dichte $\rho = M/V_\mathrm{m}$ und der idealen Gasgleichung $p\, V_\mathrm{m} = R\,T$:

$$\mathrm{d}p/p = [g\, M/(R\,T)]\mathrm{d}h; \quad p = p_0\ \exp\ [-\,g\, M\, h/(R\,T)] \tag{4.345}$$

Dabei ist $g\, M\, h$ die potenzielle Energie oder die Schwerkraft von 1 mol Teilchen und $R\, T$ die Energie der thermischen Bewegung von 1 mol Teilchen.

Für Teilchen, die in einem Lösemittel gelöst sind, ergeben sich ähnliche Beziehungen; statt des Drucks p geht der osmotische Druck π in die Gl. (4.346) und (4.347) ein. Dieser ist für ideale Lösungen proportional der Konzentration der gelösten Teilchen c: $\pi = c\, R\, T/M$. Damit erhalten wir

$$-\,\mathrm{d}c/c = [g\, M/(R\,T)]\ \mathrm{d}h \tag{4.346}$$

und bei Berücksichtigung der Auftriebskorrektur (Abschn. 4.3.2.1)

$$-\,\mathrm{d}c/c = [g\, M(1 - v_2\, \rho)/(R\, T)]\ \mathrm{d}h \tag{4.347}$$

Gl. (4.347) eröffnet prinzipiell die Möglichkeit zur Bestimmung der Molmasse von gelösten Teilchen. Bei Anwendung der Schwerkraft ist die Konzentrationsabhängigkeit von gelösten Polymeren mit der Höhe zu gering. Deshalb werden in der Ultrazentrifuge künstlich höhere Beschleunigungen erzeugt. Aus Gl. (4.347) ergibt sich für künstliche Beschleunigungen $a = \omega^2\, r$ und ideale Lösungen

$$\mathrm{d}\ln c \quad (1/M) = r\ \mathrm{d}r\ (1 - v_2\, \rho)\, \omega^2/(R\,T) \tag{4.348}$$

und für reale Lösungen

$$\mathrm{d}\ln c \quad (1/M + 2\, A_2\, c\ +\ \ldots) = r\ \mathrm{d}r\ (1 - v_2\, \rho)\omega^2/(R\, T) \tag{4.349}$$

Gl. (4.348) lässt sich auch aus der Lamm'schen Differenzialgleichung (Gl. 4.325) ableiten für den Fall, dass sich die Konzentration an allen Stellen r nicht mehr mit der Zeit ändert, d. h., wenn $(\mathrm{d}c/\mathrm{d}t)_r = 0$ gilt. Für polydisperse Systeme gilt Gl. (4.349) für eine Komponente i:

$$\mathrm{d}\ln c_i\,(1/M_i) + 2\sum_{k=1}^{q} A_{2ik}\,\mathrm{d}c_k \ldots$$
$$= r\,\mathrm{d}r(1 - v_2\,\rho)\,\omega^2/(R\,T) \quad (i = 1,\ 2, \ldots q) \tag{4.350}$$

Eine direkte Bestimmung der Molmassenmittelwerte für reale Lösungen ist aus Gl. (4.350) nicht möglich, da die Virialkoeffizienten mit der Konzentration gekoppelt sind. Üblicherweise wird daher zunächst die Gleichung für ideale Systeme mit A_2, A_3, … = 0 gelöst und die so für reale Lösungen erhaltenen apparenten (scheinbaren) Molmassen nach $c \rightarrow 0$ extrapoliert. Mithilfe der Definitionsgleichung für M_w und M_z (Abschn. 2.1) und Gl. (4.350) ergeben sich

$$\boxed{M_{w,app} = (1/\lambda^*)\,(c_b - c_m)\,/\,\left[c_0\left(r_b^2 - r_m^2\right)\right]} \tag{4.351}$$

und
$$\boxed{M_{z,app} = [1/(2\,\lambda^*)]\,\left[(1/r_b)(dc/dr)_b - (1/r_m)(dc/dr)_m\right]/(c_b - c_m)}, \tag{(4.352)}$$

wobei $\lambda^* = (1 - v_2\,\rho)\,\omega^2/(2\,R\,T)$, c_m und c_b die Konzentrationen am Meniskus und am Boden und r_m r_b die Abstände am Meniskus und am Boden sind.

Division von Gl. (4.350) durch $c_{0,\,i}$ der Ausgangskonzentration der Komponente i und Integration ergibt für alle $A_{2ik} = 0$

$$U_i(x) = \lambda\,M\,\exp(\lambda\,M\,x)/[\exp(\lambda\,M) - 1] \tag{4.353}$$

mit $U_i(x) = c_i/c_{0,i}$, dem monodispersen reduzierten Konzentrationsprofil, $x = \left(r^2 - r_m^2\right)/\left(r_b^2 - r_m^2\right)$, dem relativen Abstand und $\lambda = (1 - v_2\rho)\,\left(r_b^2 - r_m^2\right)\,\omega^2/(2\,R\,T)$.

Mithilfe der Beziehungen

$$c = \sum_{i=1}^{q} c_i = c_0 \sum_{i=1}^{q} w_i\,U_i \quad \text{und} \quad c_0 = \sum_{i=1}^{q} c_{0,i} \tag{4.354}$$

ergibt sich daraus eine Gleichung zwischen dem gemessenen polydispersen reduzierten Konzentrationsprofil $U_w(x) = (c(x)/c_0)_{c_0 \rightarrow 0}$ und der Molmassenverteilung $w(M)$

$$U_w(x) = c(x)/(c_0)_{c_0 \rightarrow 0} = \int_0^\infty w(M)\,U(x, M)\,\mathrm{d}M \tag{4.355}$$

wobei $U(x, M)$ wieder das monodisperse reduzierte Konzentrationsprofil ist.

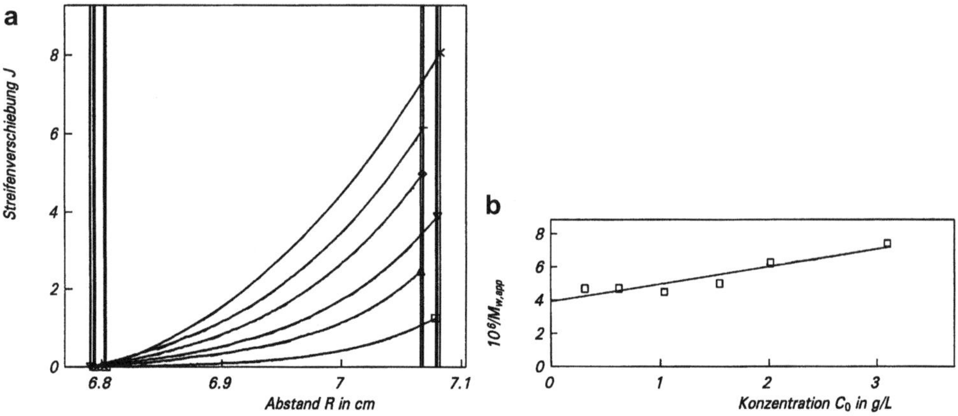

Abb. 4.51 Sedimentationsgleichgewicht von Polystyrol NBS706 ($M_w = 2{,}6 \cdot 10^5$g mol^{-1}) in Toluol. **a** Streifenzahl J als Funktion vom Abstand r, **b** reziproke scheinbare Molmasse $M_{w,\,app}$ als Funktion der Konzentration c_0

Messmethodik Abb. 4.51 zeigt als Beispiel den Verlauf des reduzierten Konzentrationsprofils als Funktion des relativen Abstands x für ein Sedimentationsgleichgewicht bei fünf Konzentrationen. Hieraus können wir mithilfe von Gl. (4.351) und (4.352) die mittleren Molmassen M_w und M_z und die Virialkoeffizienten bestimmen. Die Berechnung der gesamten Molmassenverteilung $w(M)$ ist mithilfe von Gl. (4.355) entweder durch eine inverse Laplace-Transformation oder durch direkte nichtlineare Regression möglich.

4.3.2.3 Experimentelle Techniken

Analytische Ultrazentrifugen werden mit Umdrehungszahlen bis 150.000 UpM und Beschleunigungen bis $9 \cdot 10^5\ g$ hergestellt. Als Antrieb wurden bei den zuletzt hergestellten Zentrifugen Elektromotoren verwendet Abb. 4.44 und 4.47 zeigen den schematischen Aufbau und die Arbeitsweise einer analytischen Ultrazentrifuge. Zur Bestimmung der Konzentrationsverteilung in der Ultrazentrifugenzelle werden im Wesentlichen drei Verfahren verwendet:

1. Es wird der Brechungsindexgradient dn/dr in Abhängigkeit von r gemessen (**Schlierenoptik**). dn/dr ist mit gewissen Annahmen proportional dem Konzentrationsgradienten dc/dr:

$$\mathrm{d}n/\mathrm{d}r = (\mathrm{d}n/\mathrm{d}c)/(\mathrm{d}c/\mathrm{d}r), \tag{4.356}$$

   wobei (dn/dc) das spezifische Brechungsindex-Inkrement ist.
2. Die **Interferenzoptik** misst die Verschiebung der parallelen Interferenzlinien in der Lösung $\Delta j(r)$. Diese Verschiebung ist proportional zur Differenz der Polymerkonzentrationen am Meniskus und an der Messstelle im Abstand r. Sie wird mit $\Delta c(r)$

bezeichnet. Zur Bestimmung der absoluten Konzentration muss daher noch die Konzentration am Meniskus c_m oder die Streifenzahl am Meniskus j_m bestimmt werden. Dies kann mithilfe der Gleichung über die Massenerhaltung durchgeführt werden. Es gilt:

$$c(r) = j(r)\,\lambda/[l(\mathrm{d}n/\mathrm{d}c)] \tag{4.357}$$

$$j(r) = \Delta j(r) + j_m \tag{4.358}$$

$$j_m = j_0 - \left[1/\left(r_b^2 - r_m^2\right)\right] \int_{r_m}^{r_b} \Delta j(r)\mathrm{d}r \tag{4.359}$$

$$j_0 = c_0\, l\,(\mathrm{d}n/\mathrm{d}c)/\lambda \tag{4.360}$$

Dabei sind c_0 und j_0 die Konzentration und die Streifenzahl am Beginn der Sedimentation, l ist die Zellenlänge und λ die Wellenlänge.

3. Die **Absorptionsoptik** misst die Absorption des Systems als Funktion vom Rotorabstand. Nach dem Lambert-Beer'schen Gesetz ist die Absorption proportional der Konzentration des Polymers $A(r) = \lg(I_0/I) = \varepsilon\, c(r)\, l$. Hierbei ist $A(r)$ die Absorption an der Stelle r und ε der spezifische dekadische Absorptionskoeffizient. Die Absorption wird mit einem photoelektrischen Scanner gemessen. Genau genommen ist $A(r)$ die Extinktion und ε der spezifische dekadische Extinktionskoeffizient. Die Extinktion setzt sich zusammen aus der Absorption und der Streuung. Aus Nachlässigkeit wird oft von Absorption gesprochen, obwohl Extinktion gemeint ist (Abschn. 4.3.3.2).

Anfang der 1990er-Jahre wurde von der Firma Beckmann Instruments eine neue analytische Ultrazentrifuge mit einer digitalen Absorptionsoptik für den Wellenlängenbereich 180–800 nm und einer digitalen Interferenzoptik entwickelt.

4.3.3 Klassische Streumethoden

4.3.3.1 Grundlegendes und Generelles zur Streuung

Quantenobjekte wie Licht, Neutronen oder Röntgenwellen unterliegen dem Welle-Teilchen-Dualismus und können an Materie gestreut werden; das Ausmaß der Streuung hängt dabei von der Ein- und Ausfallgeometrie dieser Objekte, von deren (De-Broglie-)Wellenlänge und von der Struktur der streuenden Materie ab; über Letztere können Streuexperimente also Informationen liefern. Dabei liefern die o. g. drei verschiedenen Arten von Quantenobjekten (Licht, Röntgenstrahlung und Neutronen) diese Informationen aus unterschiedlicher Perspektive, da sich ihre Streuung durch unterschiedliche Kontraste zwischen der interessierenden Materiespezies (hier bei uns: Polymere) und deren Umgebung ergibt. Im Fall von Licht sind es Unterschiede im Brechungsindex, die Streuung hervorrufen, bei Röntgenstrahlung sind es Unterschiede in der Elektronendichte, und im Fall von Neutronen sind es Unterschiede in der sog. Streulängendichte, die vor allem zwischen den Elementen Wasserstoff und Deuterium sehr betont sind. Die Methoden der Röntgen- und Neutronenstreuung erfordern es daher, die zu untersuchende Materie entweder mit schweren Atomen (für Röntgenstreuung) oder durch Austausch von Wasserstoffatomen durch Deuteriumatome (für Neutronenstreuung) zu markieren; dies ist von großem Vorteil, da hierdurch bestimmte Bereiche (z. B. nur die Enden oder nur bestimmte Seitengruppen oder Kettenabschnitte eines Polymers) besonders kontrastiert und daher gesondert beobachtet werden können. In Kombination miteinander liefern die genannten Methoden daher sich gegenseitig gut ergänzende Informationen.

Das einfachste Streuexperiment ist die **Bragg-Beugung** an einem Kristallgitter, wie sie in Abb. 4.52 illustriert ist. Die einfallende Strahlung wird an jedem Streuzentrum (hier: Atome in Kristallgitterebenen) in alle Raumrichtungen gleichmäßig als Kugelwellen gestreut. Wenn wir unter einem bestimmten Winkel blicken, so detektieren wir die gesammelt in diese Richtung gestreute Strahlung. Bei Überlagerung der in diese Richtung von verschiedenen Streuzentren in der Probe gestreuten Wellen liegen Gangunterschiede vor; so sehen wir in Abb. 4.52 beispielsweise, dass der an Punkt 2 gestreute Strahl eine längere Wegstrecke zum Detektor zurücklegen muss als der an Punkt 1 gestreute Strahl. Dadurch ergibt sich Interferenz. Diese ist zu 100 % konstruktiv, wenn die Weglängendifferenz ein ganzzahliges Vielfaches der Wellenlänge ist. Aus der Geometrie in Abb. 4.52 lässt sich folgern:

$$n\lambda = 2d\ \sin(\theta/2) \tag{4.361}$$

mit $n = 1, 2, 3, \ldots$

Eine alternative Darstellungsform des Streuexperiments in Abb. 4.52 ist eine Vektordarstellung wie in Abb. 4.53. $\boldsymbol{k}_\mathbf{e}$ ist der Wellenvektor der einfallenden Strahlung, $\boldsymbol{k}_\mathbf{s}$ ist der Wellenvektor der gestreuten Strahlung. Der Differenzvektor $\boldsymbol{q}$ wird als **Streuvektor** bezeichnet. Die Beträge von $\boldsymbol{k}_\mathbf{e}$ und $\boldsymbol{k}_\mathbf{s}$ sind $|\boldsymbol{k}_\mathbf{e}| = |\ \boldsymbol{k}_\mathbf{s}\ | = 2\pi/\lambda$; damit ergibt sich für den

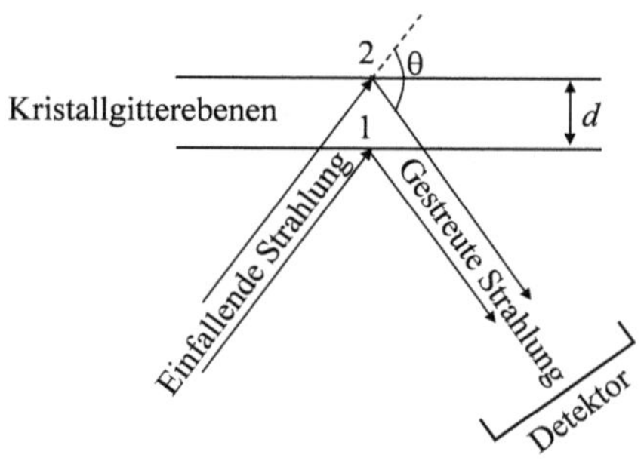

Abb. 4.52 Bragg-Beugung von Strahlung an einem Kristallgitter mit Ebenenabstand d

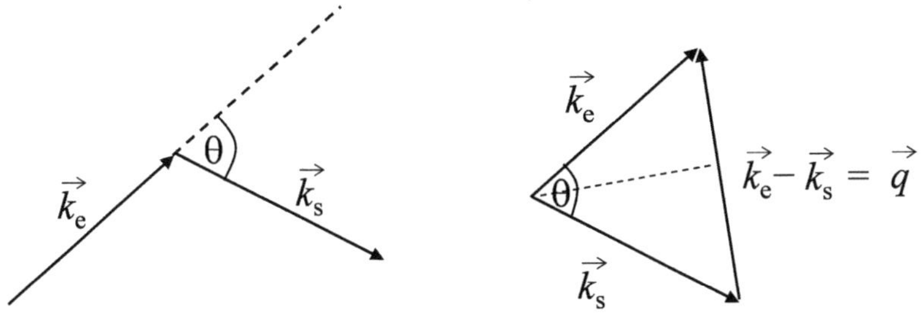

Abb. 4.53 Vektordarstellung eines Streuvorgangs wie in Abb. 4.52. $\boldsymbol{k}_e$ ist der Wellenvektor der einfallenden Strahlung, $\boldsymbol{k}_s$ der der gestreuten Strahlung. Der Differenzvektor $\boldsymbol{q}$ wird als Streuvektor bezeichnet

Streuvektor aus der Geometrie in Abb. 4.53 $q = | \boldsymbol{q} | = (4\pi/\lambda) \sin(\theta/2)$. Die Bragg-Bedingung für konstruktive Interferenz lautet damit:

$$2\pi/q = d/n \qquad (4.362)$$

Dies zeigt eine grundsätzliche Beziehung für Streuexperimente: q und d verhalten sich antiproportional zueinander; je kleiner q ist, desto größer sind die Strukturen (d), die damit durch Streuung untersucht werden können und umgekehrt. Bildlich gesprochen entspricht ein kleiner Wert von q einem kleinen „Zoom", mit dem wir in die Probe schauen, und umgekehrt. q kann durch die Wahl der gestreuten Quantenobjekte (Licht, Röntgenstrahlung oder Neutronen) eingestellt werden: Während Neutronen und Röntgenstreuexperimente große Werte von q realisieren, deckt Lichtstreuung kleine Werte von q ab. Weitere Feinabstimmung von q innerhalb dieser durch die Art des Experiments voreingestellten Bereiche ist durch Variation des Streuwinkels realisierbar. Damit können Streuexperimente dazu dienen, verschiedene Strukturcharakteristika von Polymersystemen zu untersuchen. Im Bereich kleiner q-Werte (Lichtstreubereich) ist unser „Zoom" klein, sodass die einzelnen Polymerknäuel in einer verdünnten Lösung als Punktquellen erscheinen. Wir können sie damit also zählen und bei bekannter Einwaage deren Molmasse ermitteln. Am Rand der größten q-Werte im Lichtstreubereich ist unser „Zoom" dann zumindest so groß, dass wir Aussagen über die Polymergestalt machen können, also z. B., ob es sich um Zufallsknäuel oder um stäbchenförmige Polymere handelt.

Weitere strukturelle Details erkennen wir erst bei noch größeren q-Werten, also noch größerem „Zoom"; dieser Bereich ist in Neutronen- und Röntgenstreuexperimenten zugänglich, welche uns beispielsweise Informationen über die Kettensegmentsteifigkeit oder sogar die chemische Spezifizität der einzelnen Wiederholungseinheiten liefern.

Es besteht bei all den verschiedenen Streuexperimenten ein grundlegender Zusammenhang zwischen der q-Abhängigkeit der Streuintensität $I(q)$ und der Struktur der Probe, welche durch einen sog. Strukturfaktor $S(q)$ quantifiziert wird:

$$I(q) = \Delta b^2 S(q) \tag{4.363}$$

Δb ist hierbei ein Maß für den Kontrast zwischen Probe und Umgebung, was im Bereich der Lichtstreuung auf Brechungsindexunterschiede, im Bereich der Röntgenstreuung auf Elektronendichteunterschiede und im Bereich der Neutronenstreuung auf Unterschiede in der sog. Streulängendichte zurückzuführen ist. Der Strukturfaktor $S(q)$ kann wiederum in zwei Beiträge aufgespaltet werden:

$$S(q) = Nz^2 P(q) + N^2 z^2 Q(q) \tag{4.364}$$

Hierbei ist N die Anzahl streuender Makromoleküle im Streuvolumen, von denen jedes z Streuzentren besitzt. $P(q)$ ist ein Faktor, der intramolekularen Interferenzen Rechnung trägt, d. h. der Interferenz von Streuwellen, die von verschiedenen Streuzentren desselben Makromoleküls ausgehen. Dieser Faktor hat direkten Bezug zur Form der streuenden Makromoleküle und wird deshalb **Formfaktor** genannt. Dagegen trägt $Q(q)$ intermolekularen Interferenzen Rechnung. Wir wollen den letztgenannten Beitrag im Folgenden ignorieren, was für verdünnte Polymerlösungen berechtigt ist. Die Kunst besteht nun also darin, analytische Ausdrücke für $P(q)$ zu finden, mit denen experimentelle Daten angepasst werden können.

Die mathematische Definition von $P(q)$ lautet:

$$P(q) = \frac{1}{z^2} \sum_{i=1}^{z} \sum_{j=1}^{z} \langle \exp(-iqr_{ij}) \rangle \tag{4.365}$$

Dabei sei $\boldsymbol{r}_{ij}$ ein Vektor, der zwei Streuzentren i und j miteinander verbinde. Der Operator $< \ldots >$ deutet Mittelung über alle Konformationen und Orientierungen an; dahinter verbirgt sich folgende Operation:

$$\langle f(\theta, \varphi) \rangle = \frac{1}{4\pi} \int_{\varphi=0}^{2\pi} \int_{\theta=0}^{\pi} f(\theta, \varphi) \sin\theta d\theta d\varphi \tag{4.366}$$

Wenden wir dies auf $P(q)$ an, so erhalten wir:

$$P(q) = \frac{1}{z^2} \sum_{i=1}^{z} \sum_{j=1}^{z} \left\langle \frac{\sin qr_{ij}}{qr_{ij}} \right\rangle \tag{4.367}$$

Im Bereich kleiner q-Werte, also im Lichtstreubereich, können wir $P(q)$ durch Verwendung der Taylor-Reihe $\frac{\sin x}{x} = 1 - \frac{x^2}{3!} + \frac{x^4}{5!} - \ldots$ entwickeln zu:

$$P(q) = 1 - \frac{q^2}{3!z^2} \sum_{i=1}^{z} \sum_{j=1}^{z} \left\langle r_{ij}^2 \right\rangle + \frac{q^4}{5!z^2} \sum_{i=1}^{z} \sum_{j=1}^{z} \left\langle r_{ij}^4 \right\rangle - \ldots \tag{4.368}$$

Unter Verwendung der Definition des Gyrationsradius nach Gl. (2.78) wird daraus:

$$P(q) = 1 - \frac{q^2}{3} R_g^2 + \ldots \tag{4.369}$$

Dies wird oft durch einen Exponentialterm des Typs

$$P(q) \cong \exp\left(- \frac{R_g^2 q^2}{3} \right) \tag{4.370}$$

approximiert; in diesem Fall sprechen wir von der **Guinier-Funktion**. Durch Anpassung experimenteller Streudaten mit diesem Ausdruck können wir also den Gyrationsradius ermitteln.

Im Bereich großer q-Werte, also im Bereich von Neutronen- oder Röntgenkleinwinkelstreuung, können wir durch eine Skalendiskussion zu halbquantitativen Einsichten kommen. Wir verwenden dazu folgende Identität:

$$S(q) = Nz^2 P(q) = V\phi z P(q) \tag{4.371}$$

Außerdem führen wir eine dimensionslose Variable qR ein, wobei R die Längenskala ist, die wir untersuchen:

$$S(qR) = N z^2 P(qR) = V\phi z P(qR) \tag{4.372}$$

Dabei ist V das Streuvolumen, N die Anzahl der streuenden Partikel darin und z die Anzahl Streuzentren pro Partikel. $\phi = Nz$ ist somit die Gesamtzahl der Streuzentren pro Streuvolumen. Im Bereich großer q-Werte ist unser „Zoom" so groß, dass wir nicht die Streuung mehrerer Polymerketten, sondern nur die Streuung einer oder sogar nur Teile einer Kette detektieren; mit $N = 1$ entspricht Nz dann der Anzahl Streuzentren pro Kette. Wir können jedes Kuhn-Segment als ein Streuzentrum ansehen; z entspricht dann also dem Polymerisationsgrad.

Wir nehmen nun an, dass $P(qR)$ im Limit großer q-Werte nach einem Potenzgesetz des Typs $(qR)^{-\alpha}$ abfällt. Überdies besinnen wir uns darauf, dass wir schon Skalengesetze für R (z) kennen, z. B. für Zufallsknäuel (Gauß-Ketten) $R{\sim}z^{1/2}$, für Knäuel im guten Lösemittel

$R{\sim}z^{3/5}$ oder für maximal elongierte stäbchenförmige Polymere $R{\sim}z^1$, allgemein also $R{\sim}z^\nu$, wobei ν der Flory-Exponent ist. Setzen wir dies in die obige Gleichung ein, so erhalten wir:

$$S(q) = V\phi\, zP(qz^\nu) = V\,\phi z(qz^\nu)^{-\alpha} = V\phi\, q^{-\alpha} z^{(1-\nu\alpha)} \quad (4.373)$$

Im Limit großer q-Werte wird die Streuintensität unabhängig vom Polymerisationsgrad unserer Ketten z, da wir dann nur noch Ausschnitte einer Kette sehen. Das kann nur erfüllt sein, wenn in der letzten Gleichung $\alpha = \nu^{-1}$ gilt, da nur dann der z-Faktor z^0 wird. Wenn wir uns nun an das Ende von Abschn. 4.2.5 erinnern, bemerken wir, dass der Skalenexponent α damit nichts anderes ist als die fraktale Dimension unser Polymerspezies, denn diese ist $d_{\text{frakt}} = \text{n}^{-1}$. Damit erhalten wir für die q-Abhängigkeit für Zufallsknäuel (Gauß-Ketten) $S(q){\sim}q^{-2}$, für Knäuel im guten Lösemittel $S(q){\sim}q^{-5/3}$ und für maximal elongierte stäbchenförmige Polymere $S(q){\sim}q^{-1}$, allgemein also $S(q){\sim}q^{-1/\nu}$.

Gemäß der damit gewonnenen (halb-)quantitativen Zusammenhänge wird uns klar, worin die Stärke von Streuexperimenten besteht: Wir können je nach Art des Experiments und je nach Ausgestaltung davon (also z. B. je nachdem, ob wir Licht, Neutronen oder Röntgenstrahlung streuen und je nach Streuwinkel dabei) den Wert des Streuvektor q in einem breiten Bereich variieren und daher Informationen über Polymere auf verschiedenen Längenskalen gewinnen: von deren Anzahl im Streuvolumen (was uns auf deren Molmassen schließen lässt) über deren Gestalt hin zu deren lokaler Konformation und Art der Lösemittelsolvatation. Im Folgenden wollen wir uns nun den Methoden der Licht-, Röntgen- und Neutronenstreuung separat zuwenden, um genau zu verstehen, wie diese uns vielerlei Einsichten in Polymersysteme gewähren können.

4.3.3.2 Dielektrische Polarisation

Moleküle bestehen aus positiv geladenen Atomkernen und negativ geladenen Elektronen. Diese sind auf eine ganz bestimmte Weise über die Domänen eines Moleküls verteilt. Wir sagen: Die Elektronen und Atomkerne bilden eine Ladungsverteilung (Abb. 4.54).

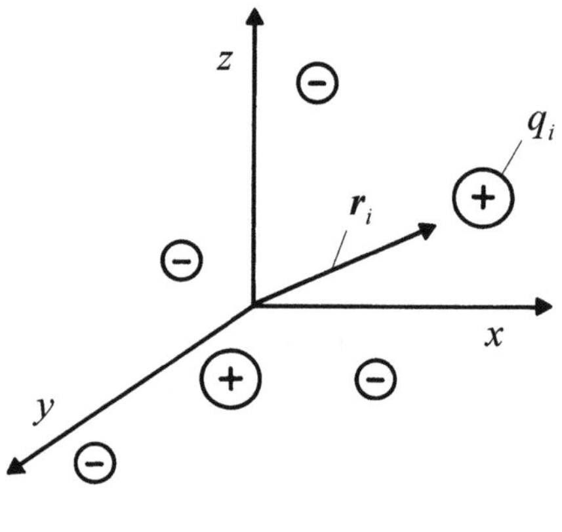

Abb. 4.54 Modell einer Ladungsverteilung

Das elektrische Dipolmoment $\boldsymbol{p}$ ist ein Maß für die Symmetrie der Ladungsverteilung innerhalb eines Moleküls. Es ist definiert als:

$$p \equiv \sum_{i=1}^{z} q_i \, \boldsymbol{r}_i \tag{4.374}$$

Dabei ist q_i die Ladung des i-ten Teilchens und r_i der Vektor, der den Schwerpunkt des i-ten Teilchens mit dem Schwerpunkt des Moleküls verbindet. Ist der Ladungsschwerpunkt der Elektronenverteilung vom Schwerpunkt der positiven Kernladungen getrennt, so ist das Molekül polar. Wir sagen: Es besitzt ein permanentes oder stationäres elektrisches Dipolmoment. Fallen hingegen die Schwerpunkte zusammen, ist das Molekül unpolar. Es besitzt dann kein permanentes Dipolmoment.

Verschiebungspolarisation Befinden sich unpolare Moleküle in einem elektrischen Feld, so werden die Schwerpunkte der positiven und der negativen Ladungen getrennt. Es entsteht im Molekül ein inneres elektrisches Feld $\boldsymbol{E}_{\text{in}}$, das dem äußeren Feld $\boldsymbol{E}$ entgegenwirkt. Dieser Vorgang heißt **Verschiebungspolarisation**. Das dabei induzierte Dipolmoment $\boldsymbol{p}_{\text{ind}} = \alpha_{\text{V}} \boldsymbol{E}_{\text{eff}}$ ist proportional zum effektiv wirksamen Feld, $\boldsymbol{E}_{\text{eff}} = \boldsymbol{E} - \boldsymbol{E}_{\text{ind}}$. Die Proportionalitätskonstante α_{V} wird **Verschiebungspolarisierbarkeit** genannt. Sie ist ein Maß für die Verschiebbarkeit der Ladungsschwerpunkte und besitzt die Einheit m^2. Dipolmomente verhalten sich additiv. Für das Gesamtdipolmoment einer Probe, die N Dipolmomente besitzt, gilt deshalb $\boldsymbol{P}_{\text{total}} = N\boldsymbol{p}_{\text{ind}}$. Das Verhältnis $\boldsymbol{P}_{\text{V}} = \boldsymbol{P}_{\text{total}}/V$ heißt **Verschiebungspolarisation**, wobei V das Volumen der Probe ist. Die Verschiebungspolarisation $\boldsymbol{P}_{\text{V}}$ setzt sich aus einem Elektronenanteil $\boldsymbol{P}_{\text{E}}$ und einem Ionenanteil $\boldsymbol{P}_{\text{I}}$ zusammen; es gilt $\boldsymbol{P}_{\text{V}} = \boldsymbol{P}_{\text{E}} + \boldsymbol{P}_{\text{I}}$.

Orientierungspolarisation Polare Moleküle richten sich in einem homogenen elektrischen Feld aus. Sie orientieren sich so zueinander, dass ihre Dipolmomente bevorzugt in Richtung der Feldlinien des angelegten Felds zeigen. Die Ausrichtung ist dabei umso ausgeprägter, je stärker das Feld und je tiefer die Temperatur ist. Dieser Vorgang heißt Orientierungspolarisation.

Das mittlere elektrische Dipolmoment $\overline{\boldsymbol{P}_{\text{O}}}$ in die Richtung des angelegten Felds $\boldsymbol{E}$ lässt sich mithilfe der statistischen Thermodynamik berechnen. Es gilt:

$$\left|\overline{\boldsymbol{P}_{\text{O}}}\right| = |\boldsymbol{p}| \; \mathcal{L}(\boldsymbol{E}\,\boldsymbol{p}/(k_{\text{B}}\,T)) \tag{4.375}$$

Dabei sind $\mathcal{L}$ die Langevin-Funktion und $\boldsymbol{p}$ das permanente Dipolmoment des Moleküls. In der Praxis ist $\boldsymbol{E}\,\boldsymbol{p}/(k_{\text{B}}\,T)$ sehr viel größer als eins. Gl. (4.375) vereinfacht sich damit zu:

$$\overline{\boldsymbol{P}_{\text{O}}} = \left(|\boldsymbol{p}|^2/(3\,k_{\text{B}}\,T)\right) \boldsymbol{E}_{\text{eff}} \tag{4.376}$$

Ein polares Molekül erfährt in einem elektrischen Feld zusätzlich zur Orientierungspolarisation eine Verschiebungspolarisation. Für den Vektor der Gesamtpolarisation gilt deshalb:

$$\boldsymbol{P}_{\text{total}} = \boldsymbol{P}_{\text{V}} + \boldsymbol{P}_{\text{O}} = \left[\alpha_{\text{V}} + \left(|\boldsymbol{p}|^2/(3\,k_{\text{B}}\,T)\right)\right]\,(N/V)\,\boldsymbol{E}_{\text{eff}} \tag{4.377}$$

Mit $\boldsymbol{P}_{\text{total}} = \alpha_{\text{total}}\,(N/V)\,\boldsymbol{E}_{\text{eff}}$ folgt:

$$\alpha_{\text{total}} = \alpha_{\text{V}} + \left(|\boldsymbol{p}|^2/(3\,k_{\text{B}}\,T)\right) \tag{4.378}$$

Die Dipole eines Moleküls können einem Richtungswechsel des elektrischen Felds nur dann folgen, wenn die Frequenz des Felds hinreichend klein ist. Bei hochfrequenten Wechselfeldern hinkt die Dipoleinstellung dem Feld nach. Dies führt zu Verlusten in der totalen Polarisierbarkeit α_{total}. Ab einer bestimmten Frequenz des Wechselfelds findet schließlich überhaupt keine Orientierungspolarisation mehr statt. Es gilt dann $\alpha_{\text{total}} = \alpha_{\text{V}}$. Bei Frequenzen, wie sie im sichtbaren Spektralbereich vorliegen, können auch die im Vergleich zu den Elektronen schwereren Ionen nicht mehr verschoben werden, sodass für diesen Bereich gilt: $\alpha_{\text{total}} = \alpha_{\text{E}}$.

Die totale Polarisierbarkeit α_{total} ist mit der Dielektrizitätskonstante ε verknüpft. Es gilt:

$$\varepsilon - 1 = 4\pi\,(N/V)\,\alpha_{\text{total}} \tag{4.379}$$

Diese Beziehung stimmt für Gase gut mit den experimentellen Werten überein. Für Materie höherer Dichte müssen Dipol-Dipol-Wechselwirkungen berücksichtigt werden. Es gelten dann die **Clausius-Mosotti-Beziehung**

$$(\varepsilon - 1)/(\varepsilon + 2) = (4\,\pi/3)\,(N/V)\,\alpha_{\text{total}} \tag{4.380}$$

und die **Onsager-Kirkwood-Beziehung**

$$[(\varepsilon - 1)\,(2\,\varepsilon + 1)]/9\,\varepsilon = (4\,\pi/3)\,(N/V)\,\alpha_{\text{total}} \tag{4.381}$$

Für $\varepsilon \approx 1$ gehen Gl. (4.380) und (4.381) in Gl. (4.379) über.

Die Dielektrizitätskonstante ε ist mit dem Brechungsindex n über die Maxwell'sche Beziehung $\varepsilon \approx n^2$ verknüpft. Damit erhalten wir aus der Clausius-Mosotti-Beziehung (Gl. 4.380) die **Lorentz-Lorenz-Gleichung**:

$$\boxed{\left(n^2 - 1\right)/\left(n^2 + 2\right) = (4\,\pi/3)\,(N/V)\,\alpha_{\text{total}}} \tag{4.382}$$

Brechungsindizes werden bei hohen Frequenzen im sichtbaren Spektralbereich gemessen, bei dem, wie erwähnt, keine Orientierungspolarisation und kein Ionenanteil der Verschiebungspolarisation mehr auftreten.

4.3.3.3 Streuung von elektromagnetischer Strahlung

Elektromagnetische Strahlung kann auf zwei verschiedene Weisen mit Materie in Wechselwirkung treten: Absorption und Streuung. Im Fall der **Absorption** nehmen die Moleküle einen Teil der Energie der einfallenden Strahlung auf. Diese kann dazu verwendet werden, um die thermische Bewegung der Moleküle in der Lösung zu erhöhen. Sie kann aber auch zu einem späteren Zeitpunkt in Form von Fluoreszenz- oder Phosphoreszenzstrahlung wieder abgegeben werden. Von **Streuung** sprechen wir, wenn eine einfallende Strahlungswelle durch die Wechselwirkung mit einem Molekül von seiner ursprünglichen Richtung in eine andere umgelenkt (gestreut) wird. Ein Streuprozess heißt **elastisch**, wenn die Energie der Welle vor und nach der Streuung die gleiche ist. Im anderen Fall heißt der Streuprozess **inelastisch**.

Elektromagnetische Strahlung besteht aus oszillierenden elektrischen und magnetischen Feldern. Magnetische Felder spielen bei Streuprozessen im Allgemeinen eine untergeordnete Rolle. Es reicht deshalb, elektrische Wechselfelder zu betrachten. Für das elektrische Feld einer monochromatischen, ebenen Welle, die sich in x-Richtung ausbreitet, gilt:

$$|\boldsymbol{E}| = E_1 \sin[2\,\pi\,(\nu\,t - x/\lambda)] = E_1 \sin(\omega\,t - k\,x) \tag{4.383}$$

Dabei ist ν die Frequenz, $\omega = 2\,\pi\,\nu$ die Kreisfrequenz, λ die Wellenlänge und $k = 2\,\pi/\lambda$ der Betrag des Wellenvektors. Der Parameter E_1 heißt **Amplitude**. Das elektromagnetische Spektrum erstreckt sich über einen großen Wellenlängenbereich λ von einigen Nanometern für Röntgenstrahlen bis zu Tausenden von Metern für Radiowellen.

Wir betrachten zuerst die Streuung von elektromagnetischer Strahlung an einem einzelnen Atom. Dieses besteht aus einem positiv geladenen Kern und einer bestimmten Anzahl negativ geladener Elektronen. Wenn eine Welle, d. h. ein oszillierendes elektrisches Feld, auf ein Atom fällt, werden der Atomkern in die eine und die Elektronen in die entgegengesetzte Richtung verschoben (Verschiebungspolarisation). Es bildet sich ein induzierter Dipol aus, der nach einer gewissen Einschwingphase mit der gleichen Frequenz wie das anregende Feld schwingt. Damit die Amplitude dieser Schwingung konstant bleibt, muss der schwingende Dipol in jedem Augenblick genauso viel Energie abgeben, wie er von der einfallenden Welle erhält. Er strahlt deshalb seinerseits ein elektromagnetisches Wechselfeld aus. Diese Strahlung heißt **Streustrahlung**. Da der Dipol mit der gleichen Frequenz wie die einfallende Strahlung schwingt, besitzt die gestreute Strahlung ebenfalls die gleiche Frequenz. Die einfallenden und die gestreuten Wellen sind also kohärent.

Wir nehmen der Einfachheit halber an, dass der Schwerpunkt des Elektrons, das sich im Volumenelement dV befindet, mit dem Schwerpunkt des Atomkerns durch eine „Wechselwirkungsspiralfeder der Masse null“ verbunden ist. In Abwesenheit eines äußeren elektrischen Felds führt diese Feder eine harmonische Schwingung um ihre Ruhelage aus. Die zugehörige Bewegungsgleichung lautet:

$$\mu\left(\mathrm{d}^2x/\mathrm{d}t^2\right)+f\,x(t)=0 \tag{4.384}$$

Hier ist $\mu = (m_E\, m_K)/(m_E + m_K)$ die reduzierte Masse, m_E die Masse des Elektrons und m_K die Masse des Kerns. Da m_K sehr viel größer als m_E ist, folgt $\mu \approx m_E$. f ist die Federkonstante, und $x(t)$ gibt die Auslenkung der Feder zum Zeitpunkt t an. Es gilt $x(t) = A \sin(\omega_0\, t)$, wobei A die Amplitude und $\omega_0 = (f/m_E)^{1/2}$ die Eigenfrequenz der Federschwingung ist.

Wenn wir das äußere Feld $E_0 \sin(\omega\, t)$ (unsere Welle) auf das Volumenelement dV einwirken lassen, schwingt die Feder nach einer gewissen Einschwingzeit mit der Frequenz ω. Es wird in diesem Zusammenhang von einer **erzwungenen Schwingung** gesprochen. Die zugehörige Bewegungsgleichung lautet:

$$m_E\left(\mathrm{d}^2x/\mathrm{d}t^2\right)+m_E\,\omega_0^2\,x=e\,E_0\,\sin(\omega\,t) \tag{4.385}$$

Ihre Lösung ist:

$$\mathrm{x}(t)=\left[e\,E_0/\left(\left(\omega^2-\omega_0^2\right)m_E\right)\right]\,\sin(\omega\,t) \tag{4.386}$$

Zwei Fälle sind interessant:

- $\omega << \omega_0 \quad \Leftrightarrow \quad x(t) = -\left((e\,E_0)/\left(\omega_0^2\, m_E\right)\right)\, \sin(\omega\, t)$ (Lichtstreuung)
- $\omega >> \omega_0 \quad \Leftrightarrow \quad x(t) = ((e\, E_0)/(\omega^2\, m_E))\, \sin(\omega\, t)$ (Röntgenstreuung)

Die Eigenfrequenz ω_0 eines schwingenden Elektrons liegt für die meisten Atome und Moleküle im Frequenzbereich zwischen der Röntgen- und der Lichtstrahlung. Wenn $\omega \approx \omega_0$ ist, findet eine Absorption von Strahlung statt. Das Federmodell ist aber nicht in der Lage, diesen Fall zu beschreiben.

Die Elektrodynamik lehrt uns, dass die Amplitude des elektrischen Felds, das ein schwingender Dipol aussendet, proportional zur zweiten Ableitung $\mathrm{d}^2p/\mathrm{d}\,t^2$ des Dipolmoments p nach der Zeit ist. Unsere Feder besitzt das Dipolmoment $p(t) = e\, \mathrm{x}(t)$. Für das gestreute Feld gilt deshalb:

- $\omega << \omega_0 \quad \Leftrightarrow \quad \mathrm{d}^2p/\mathrm{d}t^2 = \left(\left(e^2\, E_0\, \omega^2\right)/\left(\omega_0^2\, m_E\right)\right)\, \sin(\omega\, t)$ (Lichtstreuung)
- $\omega >> \omega_0 \quad \Leftrightarrow \quad \mathrm{d}^2p/\mathrm{d}\,t^2 = -\left((e^2\, E_0)/m_E\right) \sin(\omega\, t)$ (Röntgenstreuung)

Die Intensität I_S der gestreuten Dipolstrahlung ist proportional zum Quadrat seiner Amplitude. Für die Lichtstreuung bedeutet dies: I_S ist proportional zu ω^4. Im Fall der Röntgenstreuung hängt I_S dagegen nicht von der Frequenz der einfallenden Strahlung ab.

Dies ist ein signifikanter Unterschied zwischen der Streuung von Licht- und Röntgenstrahlung.

Ein weiterer wichtiger Unterschied betrifft die Tatsache, dass die Wellenlänge einer Röntgenstrahlung, verglichen mit der Größe eines Atoms, klein ist. Ein bestimmter „Wellenzug" einer Röntgenwelle, der das Gebiet des Atoms durchläuft, wird deshalb die Elektronen des Atoms zu verschiedenen Zeitpunkten erreichen. Die Elektronen bzw. die mit ihnen assoziierten Federn schwingen folglich nicht in Phase. Solange die Elektronen des Atoms aber durch die gleiche einfallende Welle angeregt werden, sind die Streuwellen kohärent.

Wir betrachten dazu Abb. 4.55. Dort sehen wir, dass zwei gestreute Wellen, die von verschiedenen Punkten des Atoms ausgehen, unterschiedlich lange Wegstrecken zurücklegen müssen, um zu einem weit entfernten Beobachter zu gelangen. Es kommt dadurch zu einer weiteren Phasenverschiebung, die vom Winkel θ abhängt, unter dem der Beobachter die gestreute Röntgenstrahlung beobachtet. Je nach der Art der Interferenz der gestreuten Wellen (destruktiv oder konstruktiv) misst der Beobachter für jeden Winkel eine bestimmte Intensität I_S. Diese nimmt kontinuierlich ab, wenn der Streuwinkel θ größer wird.

Die Situation ist im Fall der Lichtstreuung vollkommen anders. Die Wellenlänge des einfallenden Lichts ist jetzt verglichen mit der Größe eines Atoms groß. Die schwingenden Federn und die von ihnen ausgesandten Streuwellen sind in sehr guter Näherung alle in Phase. Interferenzeffekte, wie sie in Abb. 4.55 angedeutet sind, gibt es deshalb nicht. Dies gilt auch für niedermolekulare Moleküle und kleine Makromoleküle. Interferenzeffekte treten im Fall der Lichtstreuung erst dann auf, wenn der Radius eines Makromoleküls in der Größenordnung von etwa 1/20 der Wellenlänge des benutzten Lichts liegt, d. h. für Radien ab ca. 10 nm. Wir können dann das Makromolekül in eine bestimmte Anzahl von Segmenten unterteilen und jedem Segment ein oszillierendes Dipolmoment bzw. eine Streuwelle zuordnen.

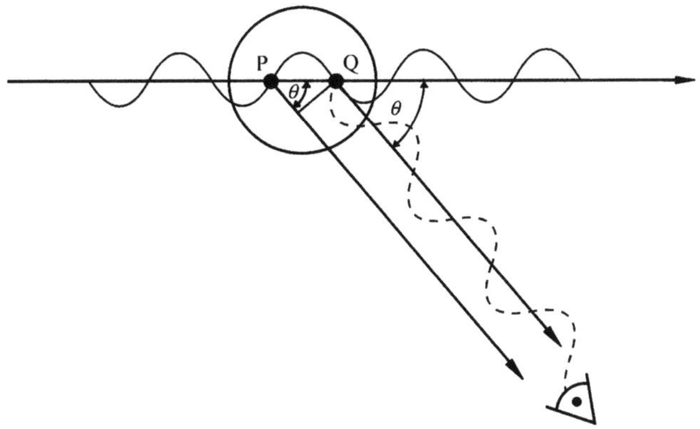

Abb. 4.55 Streuung von elektromagnetischen Wellen an einem Atom

4.3.3.4 Lichtstreuung

▶ Weitere Informationen finden Sie im Anhang dieses Kapitels.

Lichtstreuung an kleinen Molekülen, Rayleigh-Streuung ($d < \lambda/20$) Wir wollen die Lichtstreuung an kleinen Molekülen etwas genauer untersuchen. Dazu betrachten wir ein einzelnes Molekül, auf das ein elektrisches Wechselfeld $E = E_0 \sin(\omega t - kx)$ einer linear polarisierten Lichtwelle fällt. Der Durchmesser d des Moleküls sei klein im Vergleich zur Wellenlänge λ des Lichts ($d < \lambda/20$). Die induzierten Dipolmomente der Elektronen (Federn) des Moleküls schwingen deshalb in Phase, und wir können für das Gesamtdipolmoment des Moleküls schreiben:

$$|\mathbf{p}| = \alpha\,|\mathbf{E}| = \alpha\,E_0\,\sin(\omega\,t - k\,x), \tag{4.387}$$

wobei α die Verschiebungspolarisierbarkeit des Moleküls ist. Die Orientierungspolarisation des Moleküls ist null, da die Frequenz ω einer Lichtwelle sehr groß ist. Wenn $\alpha = 0$ ist, lassen sich die Schwerpunkte der positiven und der negativen Ladungen des Moleküls nicht voneinander trennen. Es findet dann keine Lichtstreuung statt.

Das gestreute elektrische Feld E_S, das von einem schwingenden Dipol, d. h. von unserem Molekül, ausgestrahlt wird, ist gleich (s. Lehrbücher der Physik):

$$E_S = \left[1/\left(\varepsilon_0\,c_0^2\right)\right]\,\left(\mathrm{d}^2p/\mathrm{d}t^2\right)\,(\sin\theta)/r \tag{4.388}$$

Dabei ist c_0 die Lichtgeschwindigkeit und ε_0 die Influenzkonstante. θ ist der Winkel zwischen der Dipolachse und der Strecke, die den Dipolschwerpunkt mit dem Beobachter verbindet. Die Länge dieser Strecke ist r, d. h., r gibt den Abstand zwischen dem Beobachter und dem Dipol an.

Wenn wir Gl. (4.387) in Gl. (4.388) einsetzen, folgt:

$$E_S = \left[\alpha\,\omega^2/\left(\varepsilon_0\,c_0^2\right)\right]\,E_0\,\sin\theta \quad \sin(\omega\,t - k\,x)/r \tag{4.389}$$

Das gestreute Feld schwingt also mit der gleichen Frequenz ω wie das einfallende Feld. Seine Amplitude hängt sowohl vom Beobachtungswinkel θ als auch vom Abstand r ab.

Experimentell zugänglich ist nur die Intensität I einer Lichtwelle. Sie gibt die Energie an, die von der Welle pro Sekunde durch eine Fläche der Größe 1 m^2 transportiert wird. Nach dem **Pointing-Theorem** ist I proportional dem Quadrat der elektrischen Feldstärke der Welle gemittelt über eine Schwingungsperiode (von $t = 0$ bis $t = 2\,\pi/\omega$). Die Intensität I_0 des einfallenden Lichts berechnet sich damit zu

$$I_0 = K\,E_0^2 \int_0^{2\pi/\omega} \sin(\omega\,t - k\,x)^2\,\mathrm{d}t \tag{4.390}$$

wobei K eine Proportionalitätskonstante ist. Entsprechend gilt für die Intensität I_S des gestreuten Lichts:

$$I_S = \left[\alpha^2\,\omega^4/\left(\varepsilon_0^2\,c_0^4\right)\right]\quad(\sin\theta/r)^2\,I_0$$

Interessant ist das Streuungsmaß I_S/I_0. Für dieses gilt:

$$I_S/I_0 = 16\,\pi^4\alpha^2(\sin\theta)^2/\left(\lambda_0^4\,r^2\right) \tag{4.391}$$

wobei wir berücksichtigt haben, dass $\omega = 2\pi\,c_0/\lambda_0$ ist und λ_0 die Wellenlänge des einfallenden Lichts im Vakuum angibt.

Gl. (4.391) wurde erstmals 1871 von Lord Rayleigh hergeleitet. Die Streuung eines elektrischen Wechselfelds an einem Dipol wird deshalb als **Rayleigh-Streuung** bezeichnet. Sie besitzt zwei interessante Eigenschaften. I_S/I_0 ist umgekehrt proportional zur vierten Potenz von λ_0. Kurzwelliges Licht wird deshalb stärker gestreut als langwelliges Licht. Ein Beispiel ist der Himmel. Dieser erscheint uns an einem schönen Sommertag blau, da die blauen Anteile des weißen Sonnenlichts von der Erdatmosphäre stärker gestreut werden als die anderen Regenbogenfarben; das verbleibende Licht der Sonne zeigt dann seinerseits hingegen vor allem seine gelb-orangenen Anteile, was die Farbe ist, in der uns die Sonne erscheint.

Die zweite Eigenschaft betrifft die Winkelabhängigkeit der gestreuten Strahlung. Abb. 4.56 oben zeigt eine Kugel vom Radius r, in deren Mittelpunkt sich ein schwingender Dipol befindet. Die Intensität I_S, die ein Beobachter unter dem Winkel θ an der Oberfläche dieser Kugel misst, wird durch den Term (sin $\theta)^2$ bestimmt. Wenn $\theta = 0$ oder $\theta = 180°$ ist, ist $I_0 = 0$. Mit anderen Worten: Ein Dipol sendet in die Richtung, in die er schwingt, keine Strahlung aus. I_S wird maximal, wenn $\theta = 90°$ oder 270° ist. Insgesamt ergibt sich für I_S eine Intensitätsverteilung, wie sie Abb. 4.56 unten zeigt. Diese ist symmetrisch, d. h., das Licht wird nach hinten genauso stark gestreut wie nach vorn.

Oft wird für Streuexperimente unpolarisiertes Licht benutzt. Dieses besteht aus zwei linear polarisierten Lichtstrahlen gleicher Intensität, deren Polarisationsebenen senkrecht zueinander stehen. Das zugehörige Streuungsmaß I_S/I_0 ist dann gleich der Summe aus zwei Termen der Form von Gl. (4.391). Jeder Term beschreibt eine Polarisationsrichtung und korrespondiert mit der Hälfte der einfallenden Intensität. Es gilt:

$$I_S/I_0 = \left[16\,\pi^4\alpha^2/\left(\lambda_0^4\,r^2\right)\right]\left[(1/2)\left[(\sin\theta_1)^2 + (\sin\theta_2)^2\right]\right] \tag{4.392}$$

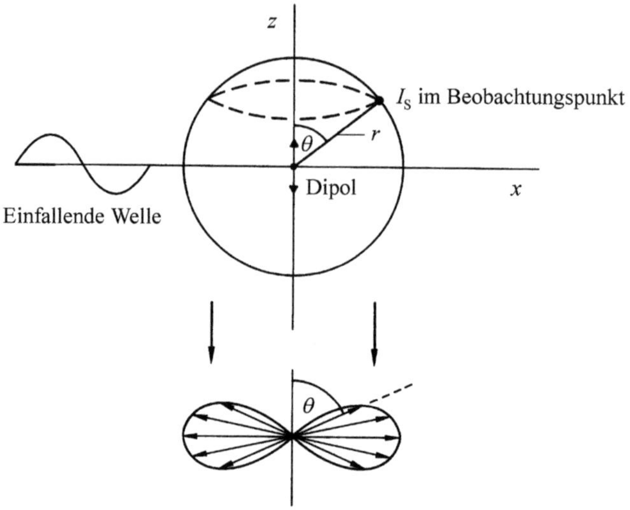

Abb. 4.56 Winkelabhängigkeit der von einem schwingenden elektrischen Dipol abgestrahlten Intensität. Das einfallende Licht ist polarisiert. Die untere Abbildung zeigt das Polardiagramm der Intensitätsverteilung. Die Länge der Pfeile gibt an, wie groß die gestreute Intensität ist, die ein Beobachter unter dem Winkel θ im Abstand r vom Dipol misst

Abb. 4.57 Das Polardiagramm für unpolarisiertes Licht

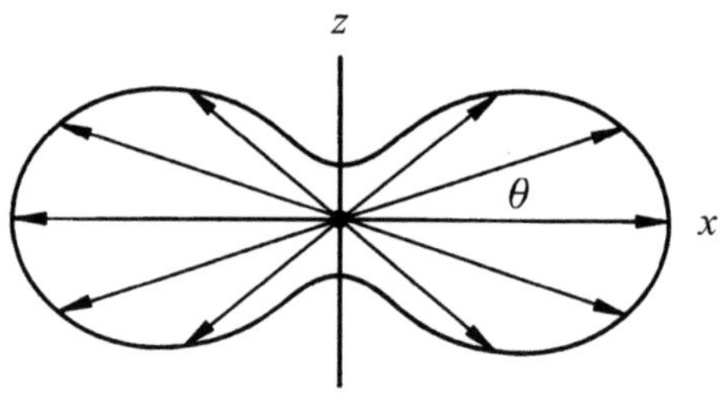

wobei θ_i der Winkel zwischen der Beobachtungslinie und der Achse der i-ten Polarisationsrichtung des Dipols ist. Wir wählen für die Polarisationsrichtung eins die y- und für die Polarisationsrichtung zwei die z-Achse eines rechtwinkligen Koordinatensystems. Die einfallende Strahlung möge in die x-Richtung laufen. Es gilt dann $(\sin\theta_1)^2 + (\sin\theta_2)^2 = 1 + (\cos\theta^2)$, wobei θ der Winkel zwischen der Beobachtungslinie und der Richtung des einfallenden Lichts, d. h. der x-Achse, ist. Gl. (4.392) vereinfacht sich somit zu:

$$I_S/I_0 = \left[8\,\pi^4\alpha^2/\left(\lambda_0^4\,r^2\right)\right]\left[1 + (\cos\theta)^2\right] \tag{4.393}$$

In Abb. 4.57 ist die Intensitätsverteilung für unpolarisiertes Licht dargestellt. Im Unterschied zu Abb. 4.56 wird nun auch beim Winkel $\theta = 0°$ (180°) eine Streuintensität beobachtet.

Es ist üblich, Gl. (4.393) umzuschreiben in:

$$R(\theta) = I_S\, r^2 / \left[I_0\left(1 + \cos^2\theta\right)\right] = 8\,\pi^4\,\alpha^2/\lambda_0^4 \qquad (4.394)$$

Das Rayleigh-Verhältnis $R(\theta)$ ist für kleine Moleküle unabhängig vom Streuwinkel θ.

Frequenzgemittelte Lichtstreuung Eine Lösung besteht nicht nur aus einem Molekül, sondern aus mehreren. Ein Teil dieser Moleküle ruht während der Einstrahlungszeit bezüglich des Beobachters. Die induzierten Dipole dieser Moleküle schwingen mit der gleichen Frequenz wie das einfallende Primärfeld. Sie erzeugen somit eine kohärente elastische Lichtstreuung, welche durch Interferenz geschwächt wird. Ist das Streuvolumen hinreichend groß, so verschwindet diese Streuung ganz.

Alle anderen Moleküle der Lösung, die sich aufgrund der Brown'schen Molekularbewegung bezüglich des Beobachters mit verschiedenen Geschwindigkeiten bewegen, erzeugen wegen des Doppler-Effekts eine **inkohärente elastische Lichtstreuung** (IELS). Die Frequenz ω_s der Streuwelle ist dabei kleiner als die Frequenz ω der Primärwelle, wenn sich das streuende Molekül vom Beobachter entfernt. Umgekehrt ist ω_s größer als ω, wenn sich das streuende Molekül auf den Beobachter zu bewegt. Die IELS liefert deshalb ein Frequenzspektrum, das sich symmetrisch um die Frequenz ω des Primärlichts verteilt.

Diese Überlegungen führen zu dem Schluss, dass die von einer Lösung ausgesandten Streuwellen inkohärent sind. Wir stellen uns deshalb die Frage, ob es möglich ist, eine Modellstreuung für die real existierende IELS einzuführen, die den einzelnen Streuprozess wie eine kohärente elastische Lichtstreuung der Frequenz ω erscheinen lässt und trotzdem die Molekülbewegung im Mittel berücksichtigt. Es liegt auf der Hand, dass sich die vorzunehmende Mittelung über das gesamte Frequenzspektrum der IELS erstreckt. Die gesuchte Modell-Lichtstreuung heißt deshalb frequenzgemittelte Lichtstreuung (FGLS). Die Theorie der FGLS geht auf Albert Einstein zurück. Nach Einstein können wir das Streuvolumen V einer Lösung in mehrere gleich große Teilvolumina $\mathrm{d}V$ unterteilen. Diese seien klein im Vergleich zur dritten Potenz der Wellenlänge λ des Primärlichts in der Flüssigkeit, aber so groß, dass sie $N >> 1$ Moleküle enthalten. Es soll also gelten:

$$\rho_N = N/\mathrm{d}V \qquad N >> 1 \quad \text{und} \quad V >> \lambda^3 \qquad (4.395)$$

ρ_N ist die Teilchendichte. Diese schwankt von Teilvolumen zu Teilvolumen leicht.

N ist sehr groß. Es gibt deshalb zu nahezu jeder Geschwindigkeit der Brown'schen Molekularbewegung in $\mathrm{d}V$ eine entgegengesetzte, gleich große Geschwindigkeit. Das bedeutet: Der Schwerpunkt jedes Teilvolumens ruht bezüglich des Beobachters, oder, anders ausgedrückt, die Teilvolumina sind induzierte Dipole mit ruhenden Schwerpunkten, und als solche erzeugen sie eine kohärente Dipolstrahlung. Die Flüssigkeit enthält insgesamt $N_{\text{total}} = V/\mathrm{d}V$ solcher Dipole. Die Streuintensität I_S, die ein Beobachter im

Abstand $r >> \lambda_0$ unter dem Beobachtungswinkel θ misst, ist deshalb nach Gl. (4.393) gleich

$$I_S = (V/dV)\left\{\left[I_0 8\,\pi^4\alpha^2/\left(\lambda_0^4\,r^2\right)\right]\left(1+\cos^2\theta\right)\right\} \tag{4.396}$$

Es liegt auf der Hand, dass α^2 keine Konstante ist. Wäre α^2 konstant, so müssten alle Teilvolumina dV zu jedem Zeitpunkt die gleiche Anzahl N von Molekülen enthalten. Das aber hieße, dass alle Dipole (Teilvolumina) völlig synchron schwingen würden und als Ganzes eine rein kohärente Lichtstreuung erzeugten. Diese würde sich in dem Streuvolumen V durch destruktive Interferenz vollständig auslöschen, d. h., I_S wäre gleich null. Das aber widerspricht der Erfahrung. Mit anderen Worten, eine Flüssigkeit streut nur deswegen Licht, weil ihre Moleküle Brown'sche Molekularbewegungen ausführen.

Zweikomponentensysteme Wir betrachten nun eine Lösung, die aus einem Lösemittel und einem gelösten Stoff besteht. Die gelösten Moleküle seien sehr viel kleiner als die Wellenlänge des einfallenden Lichts. Das Volumen der Lösung teilen wir wieder in mehrere gleich große Teilvolumina dV auf. Jedes Teilvolumen besitzt eine bestimmte Polarisierbarkeit α. Diese fluktuiert aufgrund der Brown'schen Molekularbewegung der gelösten Moleküle und der Lösemittelmoleküle mit der Zeit. Zu einem bestimmten Zeitpunkt gilt für die Polarisierbarkeit eines bestimmten Teilvolumens:

$$\alpha = \overline{\alpha} + \delta\alpha \tag{4.397}$$

Dabei ist $\overline{\alpha}$ die über die Zeit gemittelte Polarisierbarkeit und $\delta\alpha$ die momentane Abweichung der Polarisierbarkeit von ihrem Mittelwert. Für verschiedene Teilvolumina ist $\delta\alpha$ verschieden groß. Die gestreute Intensität eines Teilvolumens ist nach Gl. (4.393) proportional zu $\alpha^2 = \overline{\alpha}^2 + 2\,\overline{\alpha}\,\delta\alpha + (\delta\alpha)^2$. Die über alle Teilvolumina gemittelte Streuintensität besteht deshalb aus drei Beiträgen. Es gilt:

$$I_S = \langle I_{\overline{\alpha}^2} \rangle + \langle I_{2\overline{\alpha}\delta\alpha} \rangle + \langle I_{(\delta\alpha)^2} \rangle \tag{4.398}$$

$\overline{\alpha}$ besitzt für alle Teilvolumina den gleichen Wert. Der Raummittelwert $\langle I_{\overline{\alpha}^2} \rangle$ ist deshalb gleich null. Es existiert zu jedem Teilvolumen ein anderes Teilvolumen, das sich im Abstand $\lambda_0/2$ vom ersteren befindet, sodass sich die Streuwellen der beiden Teilvolumina im Zustand $\alpha = \overline{\alpha}$ durch destruktive Interferenz auslöschen.

Positive und negative Abweichungen $\delta\alpha$ von $\overline{\alpha}$ sind gleich wahrscheinlich. Es existieren also zu einem bestimmten Wert $|\delta\alpha^*|$ genauso viele Teilvolumina, für die $\delta\alpha = -\delta\alpha^*$ ist, wie Teilvolumina, für die $\delta\alpha = \delta\alpha^*$ ist. Die Raummittelwerte $\langle \delta\alpha \rangle$ und $\langle I_{2\overline{\alpha}\delta\alpha} \rangle$ sind deshalb zu jedem Zeitpunkt gleich null. Gl. (4.398) vereinfacht sich somit zu:

$$I_S = \; < I_{(\delta\alpha^2)} > \tag{4.399}$$

Die Fluktuationen $\delta\alpha$ in der Polarisierbarkeit eines Teilvolumens werden durch die Schwankungen δT in der Temperatur, δp im Druck und δc_2 in der Konzentration des gelösten Stoffs hervorgerufen. Es gilt:

$$\delta\alpha = (\partial\alpha/\partial p)_{T,c_2}\,\delta p + (\partial\alpha/\partial T)_{p,c_2}\delta T + (\partial\alpha/\partial c_2)_{p,T}\delta c_2 \tag{4.400}$$

Die Fluktuationen im Druck und in der Temperatur liegen für die Lösung und das reine Lösemittel in der gleichen Größenordnung. Die Beiträge dieser Fluktuationen zur Streuintensität sind mithin für die Lösung und das Lösemittel nahezu gleich groß. In einem Experiment wird die Streuintensität des reinen Lösemittels von der Streuintensität der Lösung subtrahiert und die Exzessstreuintensität $I_S^{\text{Exzess}} = I_{S,\text{Lösung}} - I_{S,\text{Lösemittel}}$ analysiert. Letztere ist proportional zu:

$$< \left(\delta\alpha_{\text{Lösung}} - \delta\alpha_{\text{Lösemittel}}\right)^2 > \quad \approx \quad (\partial\alpha/\partial c_2)^2_{p,T} < (\delta c_2)^2 > \tag{4.401}$$

Druck- und Temperaturfluktuationen in $\delta\alpha$ spielen also in der Praxis keine Rolle.

Die Polarisierbarkeit α eines Gases ist mit dessen Brechungsindex n verknüpft. Es gilt $n^2 - 1 = 4\,\pi\,(N/V)\,\alpha$ (s. Gl. 4.379), wobei N/V die Anzahl der Gasmoleküle pro Volumeneinheit ist. Unsere Lösung ist eine Art „Pseudogas“, wobei die Volumenelemente die Gasteilchen sind. Jedes Teilvolumen, d. h. jedes Pseudogasteilchen, besitzt das Volumen $\mathrm{d}V$. Die Teilchendichte des Pseudogases ist somit gleich $1/\mathrm{d}V$, womit folgt:

$$n^2 - 1 = 4\,\pi\,(1/\mathrm{d}V)\,\alpha \tag{4.402}$$

Dabei ist n der Brechungsindex des Pseudogases, d. h. der Lösung. Differenzieren wir Gl. (4.402) nach der Konzentration c_2 des gelösten Stoffs, so erhalten wir:

$$(\delta\alpha/\delta c_2)_{p,T} = (\mathrm{d}V\;n/2\,\pi)\;(\partial n/\partial c_2)_{p,T} \tag{4.403}$$

Diese Gleichung setzen wir in Gl. (4.401) ein. Mit Gl. (4.396) und (4.397) folgt dann:

$$I_S^{\text{Exzess}}/I_0 = \left[V\,\mathrm{d}V\,2\,\pi^2\,n^2/\left(\lambda_0^4\,r^2\right)\right](\partial n/\partial c_2)^2_{p,T}\,\left(1 + \cos^2\theta\right)\; < (\delta c_2)^2 > \tag{4.404}$$

Gl. (4.404) ist für eine Anwendung noch ungeeignet. Dazu müssen wir $\mathrm{d}V$ und $< (\delta c_2)^2 >$ mit Größen in Verbindung bringen, die uns vertraut sind.

In Analogie zu Gl. (4.397) gilt für die momentane Konzentration $\widetilde{c}_2$ der gelösten Teilchen in einem bestimmten Teilvolumen:

$$\widetilde{c}_2 = c_2 + \delta c_2 \tag{4.405}$$

Hier ist c_2 der Raummittelwert von $\widetilde{c}_2$. Der über das gesamte Lösungsvolumen gemittelte Raummittelwert $<(\delta c_2)>$ ist null, der Raummittelwert $<(\delta c_2)^2>$ ist aber ungleich null. Andernfalls gäbe es keine Konzentrationsfluktuationen.

Jedes Teilvolumen besitzt eine bestimmte Gibbs'sche Energie G. Der Wert von G fluktuiert aufgrund der Fluktuation in $\widetilde{c}_2$ um den Raummittelwert $< G >$. Es gilt:

$$G = \; <G> + \delta G \tag{4.406}$$

wobei $<\delta G>$ in Analogie zu $<\delta c_2>$ gleich null ist. Die Fluktuationen δc_2 sollen klein sein. Wir können deshalb δGin eine Taylor-Reihe nach c_2 entwickeln und diese nach den ersten beiden Gliedern abbrechen. Es gilt:

$$\delta G = \; [\partial G(c_2)/\partial \widetilde{c}_2]_{T,p} \delta c_2 + (1/2!) \left[\partial^2 G(c_2)/\partial \widetilde{c}_2^2\right]_{T,p} (\delta c_2)^2 \tag{4.407}$$

Im thermodynamischen Gleichgewicht besitzt die Gibbs'sche Energie an der Stelle c_2 ein Minimum. $\partial G(c_2)/\partial \widetilde{c}_2$ ist deshalb null.

Die Wahrscheinlichkeit $W(\delta c_2)$, dass in einem Teilvolumen die Konzentrationsfluktuation δc_2 auftritt, ist bei Anwendung der Boltzmann-Statistik proportional zu $\exp[-\delta G/(k_B T)]$. Es folgt somit:

$$\begin{aligned} <\delta c_2^2> &= \frac{\int_0^\infty (\delta c_2)^2 \, w(\delta c_2) \, \mathrm{d}(\delta c_2)}{\int_0^\infty w(\delta c_2) \, \mathrm{d}(\delta c_2)} \\ &= \frac{\int_0^\infty (\delta c_2)^2 \exp\left[-\left(\frac{\partial^2 G(c_2)}{\partial \widetilde{c}_2}\right)_{T,p} (\delta c_2)^2/(2\, k_B\, T)\right] \mathrm{d}(\delta c_2)}{\int_0^\infty \exp\left[-\left(\frac{\partial^2 G(c_2)}{\partial \widetilde{c}_2^2}\right)_{T,p} (\delta c_2)^2/(2\, k_B\, T)\right] \mathrm{d}(\delta c_2)} \\ &= k_B\, T/\left[\partial^2 G(c_2)/\partial \widetilde{c}_2^2\right]_{p,T} \end{aligned} \tag{4.408}$$

Die Berechnung von $<\delta c_2^2>$ reduziert sich damit auf die Berechnung von $\left(\partial^2 G(c_2)/\partial \widetilde{c}_2^2\right)_{p,T}$.

n_1 und n_2 seien die Molzahlen des Lösemittels und des gelösten Stoffs in dV. Sie können nicht unabhängig voneinander variiert werden. Es gilt:

$$V = n_1\, V_1 + n_2\, V_2 \qquad \text{bzw.} \qquad \mathrm{d}n_1 = -(V_2/V_1)\,\mathrm{d}n_2 \tag{4.409}$$

wobei V_1 und V_2 die partiellen molaren Volumina des Lösemittels und des gelösten Stoffs bei der Temperatur T, dem Druck p und der Konzentration c_2 sind. Eine Änderung der Molzahlen n_1 und n_2 im Teilvolumen dV ruft eine Änderung der Gibbs'schen Energie hervor. Es gilt:

$$\mathrm{d}G = \mu_1\,\mathrm{d}n_1 + \mu_2\,\mathrm{d}n_2 = [-(V_2/V_1)\,\mu_1 + \mu_2]\,\mathrm{d}n_2 \tag{4.410}$$

$$\text{und} \quad \mathrm{d}\mu_2 = -(n_1/\mathrm{d}\mu_1)/n_2 \tag{4.411}$$

wobei μ_1 und μ_2 die chemischen Potenziale des Lösemittels und des gelösten Stoffs in dV sind. Für die Molzahl n_2 gilt:

$$n_2/\mathrm{d}V = c_2/M_2, \tag{4.412}$$

wobei M_2 die Molmasse des gelösten Stoffs ist. Es folgt:

$$\mathrm{d}n_2 = (\mathrm{d}V/M_2)\,\mathrm{d}c_2 \tag{4.413}$$

$$\text{und} \quad (\partial G/\partial c_2)_{p,T} = (\mathrm{d}V/M_2)\,[\mu_2 - (V_2/V_1)\mu_1] \tag{4.414}$$

Differenziation von Gl. (4.414) nach c_2 liefert:

$$\left(\partial^2 G/\partial c_2^2\right)_{p,T} = (\mathrm{d}V/M_2)\left[(\partial\mu_2/\partial c_2)_{p,T} - (V_2/V_1)(\partial\mu_1/\partial c_2)_{p,T}\right] \tag{4.415}$$

dμ_1 und dμ_2 sind durch die Gibbs-Duhem-Gleichung, $n_1\,\mathrm{d}\mu_1 + n_2\,\mathrm{d}\mu_2 = 0$, miteinander verknüpft. Gl. (4.415) lässt sich deshalb umformen zu:

$$\left(\partial^2 G/\partial c_2^2\right)_{p,T} = -\,(\mathrm{d}V/M_2)[(n_1\, V_1 + n_2\, V_2)/(n_2\, V_1)]\,(\partial\mu_1/\partial c_2)_{p,T} \tag{4.416}$$

Da $n_2\, M_2/(n_1\, V_1 + n_2\, V_2) = c_2$ ist, folgt:

$$\left(\partial^2 G/\partial c_2^2\right)_{p,T} = -\,[\mathrm{d}V/(c_2\, V_1)](\partial\mu_1/\partial c_2)_{p,T} \tag{4.417}$$

Gl. (4.417) setzen wir in Gl. (4.408) ein, sodass schließlich folgt:

$$<\delta c_2^2> \;= -(k_B\, T\, c_2\, V_1)/\left(\mathrm{d}V\,(\partial \mu_1/\partial c_2)_{p,T}\right) \tag{4.418}$$

Wir interessieren uns nur für verdünnte Lösungen. Nach Gl. (4.87) gilt deshalb:

$$\mu_1 = \mu_1^{\text{real}} \;= \mu_1^\circ - RT\, V_1^\circ\left((1/M_2)\, c_2 + A_2\, c_2^2 + A_3\, c_2^3 + \ldots\right) \tag{4.419}$$

$$\text{bzw.}\quad (\partial \mu_1/\partial c_2)_{p,T} = -RT\, V_1^\circ\left((1/M_2) + 2A_2\, c_2 + 3A_3\, c_2^2 + \ldots\right) \tag{4.420}$$

Es gilt außerdem $V_1 \approx V_1^\circ$, wobei V_1° das Molvolumen des Lösemittels ist.
Gl. (4.420) setzen wir in Gl. (4.418) und Gl. (4.418) in Gl. (4.404) ein. Es folgt:

$$\frac{I_S^{\text{Exzess}}}{I_0} = \frac{V\, 2\pi^2\, n^2\,(\partial n/\partial c_2)_{p,T}^2\, c_2\,(1 + \cos^2\theta)}{\lambda_0^4\, r^2\, N_A\,[(1/M_2) + 2A_2\, c_2 + \ldots]} \tag{4.421}$$

In verdünnten Lösungen sind der Brechungsindex n der Lösung und der Brechungsindex des Lösemittels n_0 nahezu gleich groß. Wir können deshalb n^2 durch n_0^2 ersetzen. Es ist außerdem zweckmäßig, das Rayleigh-Verhältnis

$$R(\theta) \equiv \left[r^2\left(I_S^{\text{Exzess}}/I_0\right)\right]/\left[V\left(1 + \cos^2\theta\right)\right] \tag{4.422}$$

und die Konstante

$$K \equiv 2\pi^2\, n_0^2\,(\partial n/\partial c_2)_{p,T}^2/\left(N_A\, \lambda_0^4\right) \tag{4.423}$$

einzuführen. Gl. (4.421) vereinfacht sich dann zu:

$$\boxed{(K\, c_2)/R(\theta) = (1/M_2) + 2A_2\, c_2 + 3A_3\, c_2^2 + \ldots} \tag{4.424}$$

Dies ist die Fundamentalgleichung der frequenzgemittelten Lichtstreuung. Sie gilt für unpolarisiertes Licht und für gelöste Moleküle, die sehr viel kleiner sind als die Wellenlänge des benutzten Lichts. Ist das Licht polarisiert, so muss in Gl. (4.422) der Faktor $(1 + \cos^2\theta)$ durch $2\,\sin^2\theta$ ersetzt werden.

$R(\theta)$ hängt nach Gl. (4.394) nicht vom Streuwinkel θ ab. In einem Experiment messen wir deshalb $R(\theta)$ für verschiedene Konzentrationen c_2 bei einem festen Streuwinkel. Meistens ist $\theta = 90°$. Anschließend tragen wir $K\, c_2/R(\theta)$ gegen c_2 auf. Das liefert für kleine c_2 eine Gerade mit dem Achsenabschnitt $1/M_2$ und der Steigung $2\,A_2$. Dies gilt allerdings nur so lange, wie die gelösten Moleküle hinreichend klein sind (Radius $<\lambda_0/20$). Bei großen Molekülen hängt $R(\theta)$ vom Streuwinkel ab, und eine Extrapolation auf $\theta = 0$ wird erforderlich.

Brechungsindexinkrement
Der Ausdruck $(\partial n/\partial c_2)_{p,\,T}$ wird Brechungsindexinkrement genannt. Sein Wert lässt sich experimentell mithilfe eines Differenzialrefraktometers bestimmen.

Der Cabannes-Faktor Wir haben bisher angenommen, dass die Teilvolumina bzw. die darin enthaltenen Moleküle optisch isotrop sind. Das ist aber nur selten der Fall. Die Polarisierbarkeit eines Moleküls ist in der Regel für die verschiedenen Raumrichtungen unterschiedlich. Wir betrachten dazu Abb. 4.58. Das einfallende Licht sei unpolarisiert. Das gestreute Licht werde unter dem Winkel 90° beobachtet.

Das Volumenelement sei optisch isotrop. Es werden dann zwei gleich große Dipolmomente erzeugt, die senkrecht zur Richtung des einfallenden Lichts schwingen. Der Dipolvektor, der in der x-y-Ebene schwingt, zeigt direkt auf den Detektor. Sein Beitrag zur Streustrahlung beim Winkel $\theta = 90°$ ist deshalb gleich null. Mit anderen Worten: Die Streustrahlung bei $\theta = 90°$ ist vollständig polarisiert.

Das Verhältnis der Intensitäten der horizontal und der vertikal polarisierten Streustrahlung heißt Depolarisation P_u, wobei der Index u angibt, dass das einfallende Licht unpolarisiert ist. P_u lässt sich experimentell leicht bestimmen. Für isotrope Teilchen ist $P_u = 0$. Bei anisotropen Teilchen sind die Dipolvektoren in Abb. 4.58 nicht mehr parallel zu den elektrischen Feldvektoren des einfallenden Lichts. Die Streustrahlung beim Winkel $\theta = 90°$ ist dann unpolarisiert, und P_u ist ungleich 0.

Dieser Anisotropieeffekt ist bei Lichtstreumessungen zu berücksichtigen. Nach Cabannes muss dazu $R(\theta)$ mit dem Korrekturfaktor $k_c = (6 - 7\,P_u)/(6 + 6\,P_u)$ multipliziert werden. Meistens liegt k_c sehr nahe bei eins. Es gibt aber auch Ausnahmen. So ist für das System Polystyrol/Methylethylketon $P_u = 0{,}04$ und $k_c = 0{,}92$. Es ist deshalb zweckmäßig, k_c für Präzisionsmessungen von M_2 und A_2 zu bestimmen. In allen anderen Fällen ist die Cabannes-Korrektur vernachlässigbar.

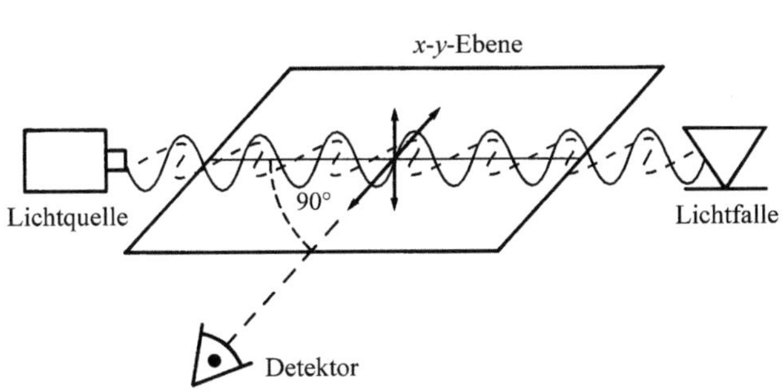

Abb. 4.58 Demonstration zum Cabannes-Faktor

Mehrkomponentensysteme Das einfachste Mehrkomponentensystem besteht aus einem Lösemittel und s gelösten Makromolekülkomponenten. Wir nehmen der Einfachheit halber an, dass die Makromoleküle der verschiedenen Komponenten chemisch gleich sind, sich aber in ihrer Molmasse unterscheiden. Das Brechungsindexinkrement $(\partial n/\partial c)_{p,\ T}$ besitzt dann für jede Komponente den gleichen Wert, und die gestreute Exzessintensität der Lösung ist gleich der Summe der gestreuten Intensitäten jeder der Komponenten.

Die Konzentration der Makromolekülkomponente i wollen wir mit c_i und die Gesamtkonzentration aller Makromoleküle in der Lösung mit c bezeichnen. Für stark verdünnte Lösungen gilt dann nach Gl. (4.424):

$$R(\theta) = \sum_{i=2}^{s} R(\theta)_i = \sum_{i=2}^{s} K\, M_i\, c_i \tag{4.425}$$

Dabei ist M_i die Molmasse der i-ten Makromolekülkomponente und K die Konstante in Gl. (4.423). Da $\sum_{i=2}^{s} c_i = c$ ist, folgt:

$$K\, c/R(\theta) = \sum_{i=2}^{s} c_i / \sum_{i=2}^{s} c_i\, M_i = 1/M_{\mathrm{w}} \tag{4.426}$$

Die Methode der frequenzgemittelten Lichtstreuung liefert somit für ein Mehrkomponentensystem eine massengemittelte Molmasse M_{w}. Im Unterschied dazu liefert die Methode der Osmose den Zahlenmittelwert M_{n}.

Gl. (4.426) gilt nur für stark verdünnte Lösungen ($c \approx 0$). Bei verdünnten Lösungen sind noch die Virialkoeffizienten zu berücksichtigen. Es gilt dann:

$$\boxed{K\, c/R(\theta) = 1/M_{\mathrm{w}} + 2A_2^{\mathrm{LS}}\, c + 3A_3^{\mathrm{LS}}\, c^2 + \ \ldots} \tag{4.427}$$

Dabei sind A_2^{LS} und A_3^{LS} die mit der Methode der Lichtstreuung ermittelten Virialkoeffizienten. Diese stimmen nicht mit den Virialkoeffizienten A_2^{OS} und A_3^{OS} überein, die die Methode der Osmose liefert. A_2^{LS} ist ein doppelter z-Mittelwert und A_2^{OS} ein w-Mittelwert. A_3^{LS} enthält zusätzlich zu den ternären Wechselwirkungsparametern A_{ijk} weitere Terme, die in A_2^{OS} nicht enthalten sind (s. z. B. Kurata 1982).

Lichtstreuung an großen Molekülen (λ > d > λ/20) Wir haben uns bis jetzt nur mit der Lichtstreuung an Teilchen beschäftigt, die klein im Vergleich zur Wellenlänge λ_0 des benutzten Lichts sind. Für die Praxis bedeutet dies, dass der Durchmesser der Teilchen kleiner als $\lambda_0/20$ ist. Das gilt für alle Oligomere und für Polymere mit kleiner Molmasse. Die molekularen Dimensionen von Makromolekülen mit großer Molmasse sind deutlich größer als $\lambda_0/20$. Bei diesen tritt wie bei der Röntgenstreuung eine intramolekulare Interferenz auf (Abb. 4.59).

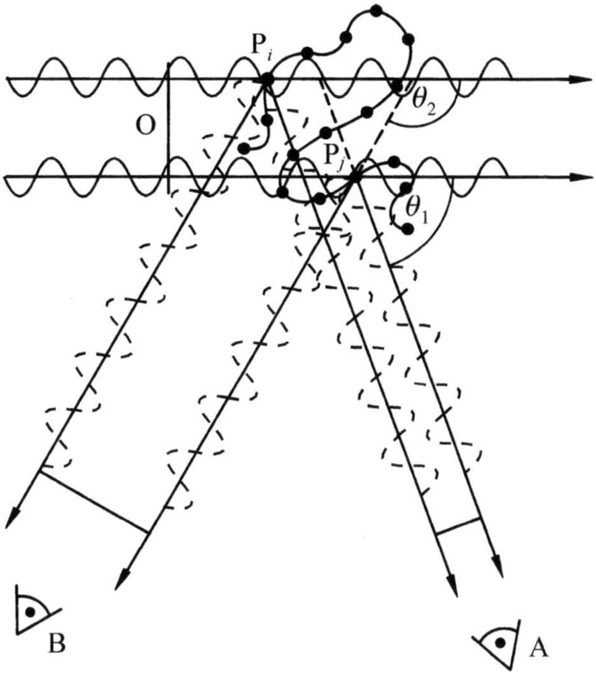

Abb. 4.59 Intramolekulare Interferenz

Die Punkte P_i und P_j stellen zwei Segmente, also zwei Dipole, des streuenden Makromoleküls dar. Sie senden Streuwellen aus, die unter dem Winkel θ_1 bzw. θ_2 von einem Beobachter im Punkt A bzw. im Punkt B untersucht werden. Die Abstände von A und B vom Schwerpunkt des Makromoleküls seien dabei gleich groß. O stellt eine Bezugsebene dar, in der die einfallenden Lichtwellen in Phase sind. Die Wegstrecke, die das Licht von der Bezugsebene bis zu den Punkten A und B zurücklegt, ist für die Streupunkte P_i und P_j verschieden. Es gilt $\overline{OP_jB} > \overline{OP_iB}$. Die Streuwellen, die den Beobachter von den Punkten P_i und P_j aus erreichen, sind also nicht in Phase. Es kommt zu einer destruktiven Interferenz und damit zu einer Verringerung der Intensität des gestreuten Lichts.

Der Streuwinkel θ_1 ist kleiner als der Streuwinkel θ_2. Der Unterschied in den Wegstrecken $\overline{OP_iA}$ und $\overline{OP_jA}$ ist deshalb kleiner als der Unterschied in den Wegstrecken $\overline{OP_iB}$ und $\overline{OP_jB}$. Ist der Streuwinkel $\theta = 0°$, so ist der Unterschied in den Wegstrecken null. Die Folge ist, dass die Verringerung der Streuintensität mit größer werdendem Winkel zunimmt.

Dieser Effekt, der nur bei genügend großen Teilchen auftritt, lässt sich quantitativ beschreiben. Dazu führen wir den sog. Streufaktor $P(\theta)$ ein. Es gilt:

$$P(\theta) \equiv \frac{\text{Streuintensität des Teilchens beim Winkel } \theta}{\text{Streuintensität des gleichen Teilchens ohne Berücksichtigung der intramolekularen Interferenz}} \tag{4.428}$$

$P(\theta)$ ist gleich eins, wenn $\theta = 0°$ ist. Für $\theta > 0°$ wird $P(\theta)$ mit wachsendem Winkel ($\theta \in (0,180°)$) kontinuierlich kleiner. Ist $\theta = 0°$, so verhält sich ein großes Teilchen genauso wie ein kleines Teilchen. Wir kommen damit zu dem sehr wichtigen Schluss, dass wir die für kleine Teilchen hergeleiteten Formeln auch auf große Teilchen anwenden dürfen, vorausgesetzt, wir extrapolieren die für verschiedene Winkel erhaltenen Werte von $K\, c/R(\theta)$ auf $\theta = 0°$.

Die allgemeine Berechnungsformel für *P(θ)* Abb. 4.60 stellt das dreidimensionale Analogon zu Abb. 4.59 dar. O ist der Koordinatenursprung und P_i der Ort des *i*-ten Segments des Makromoleküls. $\boldsymbol{S}_1$ und $\boldsymbol{S}_2$ sind zwei Einheitsvektoren. $\boldsymbol{S}_1$ zeigt in die Richtung der einfallenden Lichtwelle und steht senkrecht auf der Ebene eins. $\boldsymbol{S}_2$ steht senkrecht auf Ebene zwei und zeigt in die Richtung der gestreuten Welle, die ein Beobachter unter dem Winkel θ beobachtet.

Die Vektoren $\boldsymbol{S}_1$, $\boldsymbol{S}_2$ und $\boldsymbol{S}_1 - \boldsymbol{S}_2$ bilden ein gleichschenkliges Dreieck. $|\boldsymbol{S}_1 - \boldsymbol{S}_2|$ ist deshalb gleich $2 \sin(\theta/2)$. Wir führen ferner den Einheitsvektor $\boldsymbol{S}_3$ ein, der in die Richtung von $\boldsymbol{S}_1 - \boldsymbol{S}_2$ zeigt. Es gilt:

$$\boldsymbol{S}_1 - \boldsymbol{S}_2 = (2\ \sin(\theta/2))\ \boldsymbol{S}_3 \tag{4.429}$$

Der Abstand zwischen dem Beobachter B und der Ebene 2 sei d_B; der Abstand zwischen P_i und der Ebene 1 sei d_1, und der Abstand zwischen P_i und der Ebene 2 sei d_2. Die Wegstrecke, die eine Lichtwelle von der Ebene 1 bis zum Punkt P_i und von dort bis zum

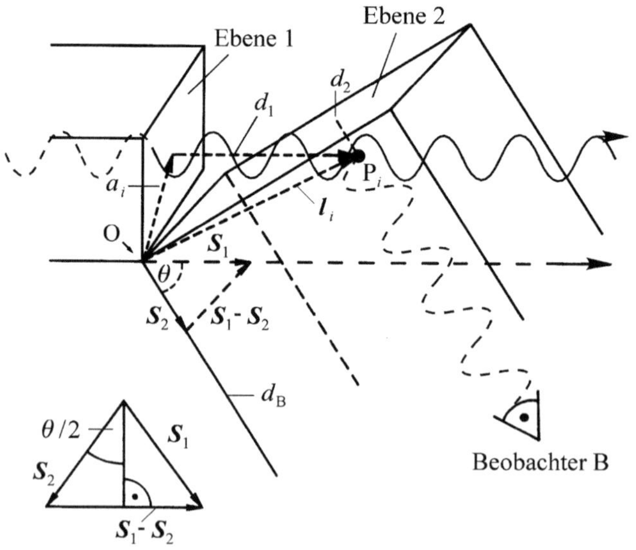

Abb. 4.60 Skizze zur Berechnung des Streufaktors $P(\theta)$

Beobachter zurücklegt, ist $d_i = d_1 + (d_\mathrm{B} - d_2)$. Der Vektor $\boldsymbol{l}_i$ verbindet den Koordinatenursprung O mit P_i. Es gilt also:

$$\boldsymbol{l}_i = \boldsymbol{a}_i + d_1 \boldsymbol{S}_1 \tag{4.430}$$

Der Hilfsvektor $\boldsymbol{a}_i$ steht senkrecht auf dem Einheitsvektor $\boldsymbol{S}_1$ (Abb. 4.60). Es folgt somit:

$$\boldsymbol{l}_i \boldsymbol{S}_1 = \underbrace{\boldsymbol{a}_i \boldsymbol{S}_1}_{0} + d_1 \underbrace{\boldsymbol{S}_1 \boldsymbol{S}_1}_{1} = d_1 \tag{4.431}$$

In analoger Weise kann gezeigt werden, dass $d_2 = (\boldsymbol{l}_i \boldsymbol{S}_2)$ ist. Es gilt deshalb:

$$d_i = d_\mathrm{B} + \boldsymbol{l}_i (\boldsymbol{S}_1 - \boldsymbol{S}_2) = d_\mathrm{B} + (2 \sin(\theta/2))\, \boldsymbol{l}_i \boldsymbol{S}_3 \tag{4.432}$$

Das elektrische Feld der Lichtwelle, das den Beobachter B vom Punkt P aus erreicht, genügt nach Gl. (4.389) folgender Beziehung:

$$E_i = \left[\alpha\, \omega^2 E_0 \sin\theta / \left(\varepsilon_0 c_0^2 r_i\right)\right] \sin(\omega t - k x_i) \tag{4.433}$$

Zur Erinnerung: ω ist die Kreisfrequenz der einfallenden Welle, k die Wellenzahl, c_0 die Lichtgeschwindigkeit, und r_i ist der Abstand zwischen P_i und dem Beobachter B. In der Praxis liegt r_i in der Größenordnung von 0,5 m, während der Radius eines Makromoleküls einige Nanometer beträgt. Der Faktor $(\alpha\, \omega^2 E_0 \sin\theta)/\left(\varepsilon_0 c_0^2 r_i\right)$ besitzt deshalb in sehr guter Näherung für alle Segmente des Makromoleküls, d. h. für alle i, den gleichen Wert. Wir können ihn durch die Konstante $\widetilde{K}$ ersetzen.

x_i gibt die Wegstrecke an, die eine Lichtwelle vom Koordinatenursprung bis zum Punkt P_i und von dort bis zum Beobachter zurücklegt. Hier gilt $x_i = d_i$. Gl. (4.433) lässt sich somit umschreiben zu:

$$E_i = \widetilde{K} \sin(\omega t - k d_i) \tag{4.434}$$

Das Makromolekül enthält insgesamt N Segmente. Für das totale gestreute Feld E_s, das der Beobachter unter dem Winkel θ betrachtet, gilt deshalb:

$$E_\mathrm{s} = \sum_{i=1}^{N} E_i = \widetilde{K} \sum_{i=1}^{N} \sin(\omega t - k d_i) \tag{4.435}$$

Messbar ist nur die zeitgemittelte Streuintensität I_S. Es gilt:

$$I_\mathrm{S} = \widetilde{K}^2 (\omega/2\pi) \int_{t=0}^{T=2\pi/\omega} \left(\sum_{i=1}^{N} \sin(\omega t - k d_i) \right)^2 \mathrm{d}t \tag{4.436}$$

Der Integrand in dieser Gleichung lässt sich umformen zu:

$$\left(\sum_{i=1}^{N} \sin(\omega\, t - k\, d_i)\right)^2 = \sum_{i=1}^{N} \sum_{j=1}^{N} \sin(\omega\, t - k\, d_i)\, \sin(\omega\, t - k\, d_j)$$
$$= 1/2 \sum_{i=1}^{N} \sum_{j=1}^{N} \left[\cos(k\, d_j - k\, d_i) + \cos(2\omega\, t - k\,(d_i + d_j))\right] \tag{4.437}$$

Es folgt somit:

$$I_S = \left(\widetilde{K}^2/2\right)(\omega/2\pi) \sum_{i=1}^{N} \sum_{j=1}^{N} \int_{t=0}^{T=2\pi/\omega} \left[\cos(k\, d_j - k\, d_i) + \cos(2\omega\, t - k\,(d_i + d_j))\right] \mathrm{d}t$$
$$= \left(\widetilde{K}^2/2\right)\left(\sum_{i=1}^{N} \sum_{j=1}^{N} (\cos(k\, d_j - k\, d_i)) + \underbrace{\frac{\omega}{2\pi} \sum_{i=1}^{N} \sum_{j=1}^{N} \int_{t=0}^{T=2\pi/\omega} \cos(2\omega\, t - k\,(d_i + d_j))\, \mathrm{d}t}_{0}\right)$$
$$= \left(\widetilde{K}^2/2\right) \sum_{i=1}^{N} \sum_{j=1}^{N} \cos\left[(2\pi/\lambda_0)\,(d_j - d_i)\right] \tag{4.438}$$

Ist $d_j - d_i$ für alle Werte von i und j sehr viel kleiner als λ_0, so ist jeder Cosinusterm in Gl. (4.438) gleich eins. Das ist genau dann der Fall, wenn das streuende Molekül klein im Vergleich zur Wellenlänge des einfallenden Lichts ist. Die Streuintensität lautet in diesem Fall:

$$I_S^* = \left(\widetilde{K}^2/2\right) N^2 \tag{4.439}$$

I_S^* ist die Intensität, die ein großes Makromolekül ausstrahlen würde, wenn die intramolekulare Interferenz nicht vorhanden wäre. Für den gesuchten Streufaktor $P(\theta)$ gilt deshalb:

$$P(\theta) \equiv I_S/I_S^* = \left(1/N^2\right) \sum_{i=1}^{N} \sum_{j=1}^{N} \sin\left[(2\pi/\lambda_0)(d_j - d_i)\right] \tag{4.440}$$

Mit Gl. (4.432) folgt:

$$P(\theta) = \left(1/N^2\right) \sum_{i=1}^{N} \sum_{j=1}^{N} \sin\left[(4\pi/\lambda_0)\ \sin(\theta/2)\ \left(\mathbf{l}_j - \mathbf{l}_i\right)\ \boldsymbol{S}_3\right] \tag{4.441}$$

Der Vektor $\boldsymbol{l}_j - \boldsymbol{l}_i$ stimmt mit dem Vektor $\boldsymbol{h}_{ij}$ überein, der das i-te Segment des Makromoleküls mit dem j-ten Segment verbindet. Es ist außerdem üblich, die Hilfsgröße

$$q = (4\pi/\lambda_0)\ \sin(\theta/2) \tag{4.442}$$

einzuführen. Gl. (4.441) vereinfacht sich damit zu:

$$P(q) = \left(1/N^2\right) \sum_{i=1}^{N} \sum_{j=1}^{N} \sin\left(q\, \boldsymbol{h}_{ij}\, \boldsymbol{S}_3\right) \tag{4.443}$$

Wir haben bisher angenommen, dass sich unser Makromolekül an einem bestimmten Ort im Lösungsraum befindet und dort im Zustand der Ruhe verharrt. Das ist aber nicht der Fall. Es führt zufällige Rotationsbewegungen um sich selbst in jede Richtung zum Vektor $\boldsymbol{S}_3$ aus. Alle diese Rotationsbewegungen seien gleich wahrscheinlich, und der Winkel zwischen $\boldsymbol{S}_3$ und $\boldsymbol{h}_{ij}$ sei ϕ. Das Skalarprodukt $\boldsymbol{h}_{ij}\ \boldsymbol{S}_3$ ist dann gleich $h_{ij}\cos\phi$. Die Wahrscheinlichkeit, dass ϕ zwischen ϕ und $\phi + \mathrm{d}\phi$ liegt, ist proportional zu $2\ \pi h_{ij}\ \sin\phi\ \mathrm{d}\phi$. Folglich ist:

$$\overline{\sin\left(q\, \boldsymbol{h}_{ij}\, \boldsymbol{S}_3\right)} = \frac{\int\limits_{\phi=0}^{p} 2\pi\, h_{ij}\ \sin\left(q\, h_{ij}\ \cos\phi\right)\ \sin\phi\ \mathrm{d}\phi}{\int\limits_{\phi=0}^{p} 2\pi\, h_{ij}\ \sin\phi\ \mathrm{d}\phi} = \frac{\sin\left(q\, h_{ij}\right)}{q\, h_{ij}} \tag{4.444}$$

Gl. (4.444) setzen wir in Gl. (4.443) ein. Unser Endresultat, d. h. der über alle Rotationsbewegungen des Makromoleküls gemittelte Streufaktor, lautet damit:

$$P(q) = \left(1/N^2\right) \sum_{i=1}^{N} \sum_{j=1}^{N} \sin\left(q\, h_{ij}\right) / \left(q\, h_{ij}\right) \tag{4.445}$$

Gl. (4.445) wurde erstmals 1915 von Debye in Verbindung mit dem Problem der Röntgenstreuung hergeleitet. Sie heißt deshalb **Debye-Gleichung**.

Die Beziehung zwischen *P*(*q*) und dem Trägheitsradius $< R >$ Die Sinusfunktion in Gl. (4.445) kann in eine Reihe entwickelt werden. Es gilt $\sin(q\ h_{ij}) = q\ h_{ij} - (q\ h_{ij})^3/3\,! + (q\ h_{ij})^5/5\,! - \ldots$ Ist q genügend klein, so kann diese Reihe nach dem zweiten Glied abgebrochen werden. Das ist genau dann der Fall, wenn λ_0 sehr groß oder θ sehr klein ist (s. Gl. 4.442). Für den Streufaktor $P(q)$ bedeutet dies:

$$P(q) = \left(1/N^2\right) \sum_{i=1}^{N} \sum_{j=1}^{N} \left(1 - q^2\, h_{ij}^2/3!\right) \quad + \quad \ldots = \\ 1 - \left[q^2/\left(6\,N^2\right)\right] \sum_{i=1}^{N} \sum_{j=1}^{N} h_{ij}^2 \quad + \quad \ldots \tag{4.446}$$

$P(q)$ beschreibt eine bestimmte Konformation des Makromoleküls. Diese ist durch die Abstände h_{ij} festgelegt. Experimentell zugänglich ist aber nur der über alle Konformationen des Makromoleküls gemittelte Streufaktor $< P(q) > \; = 1 - \left[q^2/\left(6N^2\right)\right] \sum\sum < h_{ij}^2 >$.

Aus Abschn. 2.4 (Gl. 2.78) wissen wir, dass für den mittleren quadratischen Trägheitsradius $< R^2 >$ eines Makromoleküls $< R^2 > \; = \left[1/\left(2N^2\right)\right] \sum_{i=1}^{N} \sum_{j=1}^{N} < h_{ij}^2 >$ gilt:

Es folgt deshalb:

$$< P(q) > \; = 1 - q^2 < R^2 > /3 \quad + \quad \ldots \tag{4.447}$$

Das ist die gesuchte Beziehung zwischen dem Streufaktor und dem Trägheitsradius. Sie wurde erstmals 1939 von Guinier abgeleitet.

Es sei betont, dass wir bei der Herleitung von Gl. (4.447) keine Annahmen über die Teilchengestalt (Kugel, Stäbchen, Zufallsknäuel etc.) des Makromoleküls gemacht haben. Gl. (4.447) gilt deshalb ganz allgemein für jede Art von Teilchengestalt.

Die Auswertemethode von Zimm Das Rayleigh-Verhältnis eines Teilchens ohne intramolekulare Interferenz ist nach Gl. (4.394) direkt proportional zur Intensität des gestreuten Lichts. Das Rayleigh-Verhältnis eines Teilchens, bei dem keine intramolekulare Interferenz auftritt, sei $\widetilde{R}(q)$, und das Rayleigh-Verhältnis mit intramolekularer Interferenz sei $R(q)$. Nach Gl. (4.428) gilt somit:

$$R(q) = P(q)\, \widetilde{R}(q) \tag{4.448}$$

Wir nehmen an, dass alle gelösten Moleküle die gleiche Molmasse M_2 besitzen. $P(q)$ besitzt dann für alle Moleküle den gleichen Wert, sodass mit $\widetilde{R}(q) = [(K\,c_2)/(1/M_2 + 2A_2\,c_2 + \ldots)]$ (vgl. Gl. 4.424) folgt:

$$K\,c_2/R(q) = 1/[M_2\,P(q)] + 2\,A_2\,c_2 + 3\,A_3\,c_2^2 + \ldots \tag{4.449}$$

Gl. (4.449) stellt die allgemeine Streuformel für große Moleküle dar, wenn diese alle die gleiche Molmasse besitzen. Sie wurde 1948 von Zimm hergeleitet.

In der Praxis ist eine Polymerprobe polydispers. Es gilt dann:

$$K\,c/R(q) = 1/[M_\mathrm{w}\,P_\mathrm{z}(q)] + 2A_{2,\mathrm{z,z}}\,c + \ldots \tag{4.450}$$

Dies sehen wir wie folgt. Für stark verdünnte Lösungen gilt:

$$R(q) = K\sum_{i=1}^{s} M_i\,P_i(q)\,c_i \tag{4.451}$$

Dabei ist c_i die Konzentration, M_i die Molmasse und $P_i(q)$ der Streufaktor der i-ten Polymerkomponente. Da $c = \sum_{i=1}^{s} c_i$ und $c_i = N_i\,M_i$ ist, folgt:

$$R(q)/(K\,c) = \sum_{i=1}^{s} M_i\,P_i(q)\,c_i/\sum_{i=1}^{s} c_i = \frac{\sum_{i=1}^{s} N_i\,M_i^2\,P_i(q)}{\sum_{i=1}^{s} N_i\,M_i^2}\;\frac{\sum_{i=1}^{s} N_i\,M_i^2}{\sum_{i=1}^{s} N_i\,M_i}$$

$$= P_\mathrm{z}(q)\,M_\mathrm{w} \tag{4.452}$$

Für kleine Werte können wir $P_i(q)$ durch Gl. (4.447) ersetzen. Es folgt:

$$R(q)/(K\,c) = \left(\sum_{i=1}^{s} M_i\,c_i - (q^2/3)\sum_{i=1}^{s} M_i < R_i^2 > c_i\right)/\sum_{i=1}^{s} c_i$$

$$= \frac{\sum_{i=1}^{s} N_i\,M_i^2}{\sum_{i=1}^{s} N_i\,M_i} - \frac{q^2}{3}\left(\frac{\sum_{i=1}^{s} N_i\,M_i^2 < R_i^2 >}{\sum_{i=1}^{s} N_i\,M_i^2}\;\frac{\sum_{i=1}^{s} N_i\,M_i^2}{\sum_{i=1}^{s} N_i\,M_i}\right) = M_\mathrm{w}\left(1 - (q^2/3) < R^2 >_\mathrm{z}\right) \tag{4.453}$$

Dabei ist $< R^2 >_\mathrm{z}$ der z-Mittelwert des mittleren quadratischen Trägheitsradius. Die spitzen Klammern stehen für die Mittelung über alle Konformationen, und der Index z steht für die Mittelung über die verschiedenen Molmassen.

Für kleine x ist $1/(1 - x)$ gleich $1 + x$. Wir können deshalb Gl. (4.453) umformen zu:

$$K\,c/R(q) = (1/M_w)\left(1 + \langle R^2 \rangle_z\, q^2/3\right) \tag{4.454}$$

Tragen wir $K\ c/R(q)$ gegen q^2 auf, so erhalten wir eine Gerade. Der Achsenabschnitt dieser Geraden ist $1/M_w$, und ihre Steigung liefert uns $\langle R^2 \rangle_z$. Gl. (4.454) gilt allerdings nur für stark verdünnte Lösungen. Es ist deshalb notwendig, die Messdaten von $K\ c/R(q)$ für jeden Winkel auf die Konzentration $c = 0$ zu extrapolieren. Gleichzeitig ist es zweckmäßig, die $K\ c/R(q)$-Werte für jede Konzentration auf den Winkel $\theta = 0$ zu extrapolieren. $P_z(q)$ ist dann gleich eins, sodass wir aus Gl. (4.450) in einfacher Weise M_w und $A_{2,z,z}$ erhalten. Diese doppelte Extrapolation wird in der Regel mithilfe des Zimm-Plots ausgeführt. Dazu tragen wir die gemessenen Werte von $K\ c/R(q)$ gegen den Parameter $x = k_1\ q^2/3 + k_2\ c$ auf. Die Konstanten k_1 und k_2 sind dabei frei wählbar. Sie werden so festgelegt, dass die x- und die y-Achse des Diagramms vernünftig skaliert sind.

Ein Beispiel für einen Zimm-Plot zeigt Abb. 4.61. Es handelt sich um das System Polystyrol ($M_w = 2{,}8 \cdot 10^5$g mol^{-1}) in Toluol bei $T = 25$ °C. k_1 ist gleich 10^{10} cm^2, und k_2 ist gleich 500 cm^3 g^{-1}. Fünf verschiedene Konzentrationen wurden benutzt, und $R(q)$ wurde für jede Konzentration bei elf verschiedenen Streuwinkeln θ gemessen. Die links stehenden gefüllten Kreise erhalten wir, indem wir die gemessenen $K\ c/R(q)$-Werte für jede Konzentration auf $q^2 = 0$, d. h. auf $\theta = 0$, extrapolieren. Sie liegen auf einer Kurve mit der Anfangssteigung $2\,A_{2,z,z}/k_2$ und dem Achsenabschnitt $1/M_w$. Die unten stehenden gefüllten

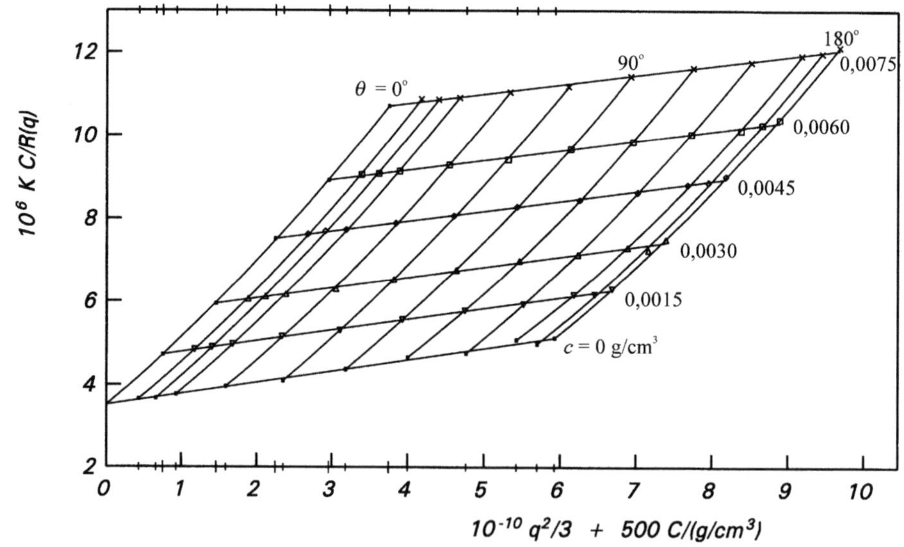

Abb. 4.61 Zimm-Plot für Polystyrol NBS706 ($M_w = 2{,}8 \cdot 10^5$g mol^{-1}) in Toluol bei 25 °C und $\lambda_0 = 436$ nm; $A_2 = 3{,}8 \cdot 10^{-4}$ cm^3 mol g^{-2}; $A_3 = 18{,}4 \cdot 10^{-6}$ cm^6 mol g^{-3}; $\langle R^2 \rangle_z = 51{,}8$ nm; Dimension von $q^2 : [q^2] = $ cm^{-2}; Dimension von $c : [c] = $ g cm^{-3}

Kreise erhalten wir durch Extrapolation der gemessenen $K\,c/R(q)$ -Werte auf die Konzentration $c = 0$. Sie liegen ebenfalls auf einer Kurve. Diese besitzt die Anfangssteigung $<R^2>_z/(k_1\,M_w)$ und den Achsenabschnitt $1/M_w$. Die „Grenzkurven für $\theta = 0$ und $c = 0$" schneiden sich also im gleichen Punkt $1/M_w$.

Der Anwendungsbereich der Auswertemethode von Zimm ist begrenzt. Die Trägheitsradien der zu untersuchenden Makromoleküle müssen im Intervall $0{,}05 \leq <R^2>_z^{0{,}5}/\lambda_0 \leq 0{,}5$ liegen. Wenn $<R^2>_z^{0{,}5}/\lambda_0$ kleiner als 0,05 ist, nimmt $P_z(q)$ für alle Werte von θ den Näherungswert eins an. Eine Winkelabhängigkeit von $K\,c/R(q)$ ist dann im Rahmen der Messgenauigkeit nicht mehr gegeben. Ist $<R^2>_z^{0{,}5}/\lambda_0$ größer als 0,5, so muss der Beobachtungswinkel ($\theta < 1°$) klein sein, um Gl. (4.454) anwenden zu dürfen. Lichtstreumessungen in der Nähe von $\theta = 0°$ sind aber messtechnisch nicht möglich.

Eine sehr häufig benutzte Lichtquelle ist der He-Ne-Laser ($\lambda_0 = 632{,}8$ nm). Das erfassbare Intervall für $<R^2>_z^{0{,}5}$ ist in diesem Fall: 32 nm $< <R^2>_z^{0{,}5} <$ 320 nm. Die Trägheitsradien der meisten Makromoleküle liegen in dieser Größenordnung. Für Moleküle, die kleiner als 32 nm sind, sind kleinere Wellenlängen zu benutzen. Hier bietet sich die Röntgenstreuung an.

In vielen Fällen ist $K\,c/R(q)$ keine lineare Funktion von q^2 bzw. von c. Eine Extrapolation auf $q = 0$ und $c = 0$ wird dann mit einem Zimm-Diagramm schwierig. In solchen Fällen werden die Messdaten oft mithilfe des Berry-Diagramms ausgewertet. Dabei wird die Quadratwurzel von $K\,c/R(q)$ gegen $k_1\,q^2/3 + k_2\,c$ aufgetragen. Seine Anwendung ist besonders dann von Vorteil, wenn sich der Einfluss des dritten Virialkoeffizienten auf $K\,c/R(q)$ bemerkbar macht. Der Wert von A_3 wird im Wesentlichen durch den Wert von A_2 bestimmt. In guter Näherung gilt $M_wA_3 = \gamma(A_2M_w)^2$, wobei γ eine dimensionslose Konstante ist. Für starre Kugeln ist $\gamma = 5/8$, und für flexible expandierte Knäuel ist $\gamma = 1/3$. Der Ausdruck $(1 + 2\,A_2\,M_w\,c + 3\,A_3\,M_w\,c^2)$ geht für $\gamma = 1/3$ in $(1 + A_2\,M_w\,c)^2$ über, sodass sich die Lichtstreuformel (Gl. 4.454) vereinfacht zu:

$$Kc/R(q) = \{1/[M_wP_z(q)]\}(1 + A_2M_wc)^2$$

Tragen wir $[K\,c/R(q)]^{1/2}$ gegen c auf, so erhalten wir eine Gerade.

Lichtstreuungs- und Osmosemessungen

Lichtstreuungs- und Osmosemessungen ergänzen sich in hervorragender Weise. Da die Lichtstreuung den $\overline{M_w}$ und die Osmose den M_n-Mittelwert für die Molmasse einer Polymerprobe liefern, ist es möglich, die Uneinheitlichkeit $U = M_w/M_n - 1$ zu berechnen. Diese ist mit der Standardabweichung σ der Molmassenverteilung verknüpft (Kap. 2). Durch die Kombination beider Methoden ist es also möglich, Aussagen über die Polydispersität einer Probe zu erhalten. Einige Beispiele zeigt Tab. 4.14.

Mie-Streuung Wir haben bis jetzt nur Teilchen betrachtet, deren Radius R kleiner als λ_0 ist. Für größere Teilchen sind die Voraussetzungen der Rayleigh-Streuung ($R < \lambda_0$) nicht

Tab. 4.14 Molmassenmittelwerte und Uneinheitlichkeiten für verschiedene Polymerproben

Probe	M_n(g mol^{-1}); Osmose	M_w(g mol^{-1}); Lichtstreuung	U
Polystyrol, unfraktioniert	800.000	1.600.000	1,00
Polystyrol, fraktioniert (5. Fraktion)	330.000	370.000	0,02
Dextran, unfraktioniert	130.400	1.200.000	8,2
Dextran, fraktioniert (5. Fraktion)	82.000	280.000	2,4

mehr erfüllt. Der Unterschied im Brechungsindex zwischen den Teilchen und dem Lösemittel erzeugt dann eine Störung im elektrischen Feld der einfallenden Strahlung. Die Behandlung dieses Problems ist aufwendig und wurde erstmals 1908 von Mie für kugelförmige Teilchen mit konstantem Brechungsindex durchgeführt. Für andere Teilchenformen – Ellipsoide, Stäbchen und Kern-Schale-Kugeln mit unterschiedlichen Brechungsindizes (z. B. Liposome) – wurden ebenfalls geschlossene Lösungen gefunden.

Die Mie'sche Theorie liefert für die Streustrahlung von Kugeln in Abhängigkeit vom Streuwinkel je nach der Größe des Streuparameters $\kappa = 2\,\pi\,R/\lambda_0$ ganz unterschiedliche Streudiagramme. Für sehr kleine Radien ($\kappa < < 1$) besitzen sie die gleiche symmetrische Form wie bei der Rayleigh-Streuung (gleiche Streuanteile für die Streuwinkel $\pm\theta$ und $180° \pm \theta$). Mit wachsendem Teilchenradius nimmt der Streuanteil nach vorn zu, der Streuanteil nach hinten dagegen ab. Das ist der sog. **Mie-Effekt**.

Die mit $[\lambda_0/(2\,\pi)]^2$ multiplizierte Streuintensität $I_s(q)$ heißt Mie'sche Streufunktion. Sie wird zur Berechnung der Zerstreuung des Lichts in der von Dunst mehr oder weniger getrübten Atmosphäre herangezogen. Sind die Dunstteilchen in der Atmosphäre so beschaffen, dass die Lichtstreuung weitgehend eine Mie-Streuung ist, so ist diese nicht wie bei der Rayleigh-Streuung umgekehrt proportional zur vierten Potenz der Wellenlänge, sondern zu einer niedrigeren Potenz. An die Stelle des blauen Himmelslichts tritt dann mehr und mehr weißes Licht.

4.3.3.5 Röntgenstreuung

Wird eine Probe mit Röntgenstrahlung bestrahlt, so sendet jedes Elektron eine Streuwelle aus. Alle diese Wellen besitzen die gleiche Intensität. Nach Thomson gilt:

$$I_S = I_0\,\left[e^2/\left(m\,c_0^2\right)\right]\,\left(1 + \cos^2\theta\right)/2a^2 \qquad (4.455)$$

- Dabei ist I_S die gestreute Intensität, I_0 die Primärintensität, e die Elementarladung, m die Masse eines Elektrons, c_0 die Lichtgeschwindigkeit, θ der Streuwinkel und a der Abstand zwischen der Probe und dem Detektor. I_0 sollte in allen folgenden Gleichungen auftreten. Es ist aber üblich, $I_0 = 1$ zu setzen, da in der Praxis relative Intensitäten und nicht absolute Intensitäten von Bedeutung sind.

Die Amplituden der gestreuten Wellen sind gleich groß, ihre Phasen aber nicht. Die Phase φ der Streuwelle eines Elektrons hängt von der Position des Elektrons im Raum ab. Es gilt:

$$\varphi = -\boldsymbol{q}\,\boldsymbol{r} = (2\pi/\lambda_0)\,(s - s_0)\,\boldsymbol{r} \tag{4.456}$$

wobei $\boldsymbol{r}$ der Ortsvektor des Elektrons, $\boldsymbol{s}$ und $\boldsymbol{s}_0$ Einheitsvektoren in Richtung der gestreuten und der Primärwelle und λ_0 die Wellenlänge der Röntgenstrahlung sind. In Analogie zur Lichtstreuung ist $|\boldsymbol{q}| = (4\,\pi/\lambda_0)\,\sin(\theta/2)$.

Wir führen jetzt die Elektronendichte $\rho(\boldsymbol{r})$ ein. Sie gibt die Anzahl der Elektronen pro Einheitsvolumen am Ort $\boldsymbol{r}$ an. Ein Volumenelement $\mathrm{d}V$ enthält somit $\rho(\boldsymbol{r})\,\mathrm{d}V$ Elektronen. Für die Streuamplitude $A(\boldsymbol{q})$ der Gesamtprobe vom Volumen V bedeutet dies:

$$A(\boldsymbol{q}) = \int\int\int \rho(\boldsymbol{r})\;\exp(-\,i\,\boldsymbol{q}\,\boldsymbol{r})\,\mathrm{d}V \tag{4.457}$$

Die Streuintensität $I(\boldsymbol{q})$ ist gleich dem Absolutquadrat von $A(\boldsymbol{q})$. Es folgt somit:

$$I(\boldsymbol{q}) = A(\boldsymbol{q})\,A^*(\boldsymbol{q}) = \int\int\int \widetilde{\rho}^2(\boldsymbol{r})\;\exp(-\,i\,\boldsymbol{q}\,\boldsymbol{r})\,\mathrm{d}V \tag{4.458}$$

Die Funktion

$$\widetilde{\rho}^2(\boldsymbol{r}) \equiv \int\int\int \rho(\boldsymbol{r})\,\rho(\widetilde{\boldsymbol{r}} - \boldsymbol{r})\,\mathrm{d}V \tag{4.459}$$

wird Konvolutionsquadrat genannt. $\boldsymbol{r}$ beschreibt den realen Raum und $\boldsymbol{q}$ den reziproken Raum der Probe. In der Praxis sind häufig folgende Situationen gegeben:

- Die Probe ist isotrop, und es existiert keine Langreichweite-Ordnung. Letzteres bedeutet: Weit voneinander entfernte Elektronen streuen unabhängig voneinander.
- Die zu untersuchende Probe der Elektronendichte $\rho(\boldsymbol{r})$ ist in ein homogenes Medium der Elektronendichte $\rho_0(\boldsymbol{r})$ eingebettet. Das Medium kann z. B. ein Lösemittel und die Probe ein Polymer sein. Für die Praxis relevant ist deshalb nur die Elektronendichtedifferenz $\Delta\rho = \rho - \rho_0$. Sie kann positive als auch negative Werte annehmen.

Die über alle Richtungen des Raums gemittelte Streuamplitude $< \exp(-i\,\boldsymbol{q}\,\boldsymbol{r}) >$ haben wir bereits berechnet (Abschn. 3.3.3). Es gilt $< \exp(-i\,\boldsymbol{q}\,\boldsymbol{r}) > = \sin(\boldsymbol{q}\,\boldsymbol{r})/(\boldsymbol{q}\,\boldsymbol{r})$.

Für die Streuintensität $I(\boldsymbol{q})$ eines gelösten Moleküls können wir deshalb schreiben:

$$I(\boldsymbol{q}) = I(\boldsymbol{q})_{\text{Lösung}} - I(\boldsymbol{q})_{\text{Lösemittel}} = 4\pi \int_0^\infty r^2\, \Delta\widetilde{\rho}^2(\boldsymbol{r})\, \sin(\boldsymbol{q}\,\boldsymbol{r})/(\boldsymbol{q}\,\boldsymbol{r})\, \mathrm{d}r \qquad (4.460)$$

Mit $p(\boldsymbol{r}) \equiv r^2\, \Delta\widetilde{\rho}^2(\boldsymbol{r})$ folgt:

$$I(\boldsymbol{q}) = 4\pi \int_0^\infty p(r)\, \sin(\boldsymbol{q}\,\boldsymbol{r})/(\boldsymbol{q}\,\boldsymbol{r})\, \mathrm{d}r \qquad (4.461)$$

Die Funktion $p(r)$ heißt Paar-Abstands-Verteilungsfunktion. Sie ist die invers Fouriertransformierte Funktion zu $I(\boldsymbol{q})$:

$$p(r) = \left[1/\left(2\,\pi^2\right)\right] \int_0^\infty I(\boldsymbol{q})\, (\boldsymbol{q}\,\boldsymbol{r})\, \sin(\boldsymbol{q}\,\boldsymbol{r})\, \mathrm{d}r \qquad (4.462)$$

Oft wird auch mit der Korrelationsfunktion $\gamma(r) \equiv p(r)/(r^2\, V)$ gearbeitet. Für diese gilt:

$$\gamma(r) = \left[1/\left(2\pi^2\, V\right)\right] \int_0^\infty I(\boldsymbol{q})\, \boldsymbol{q}^2\, \sin(\boldsymbol{q}\,\boldsymbol{r})/(\boldsymbol{q}\,\boldsymbol{r})\, \mathrm{d}r \qquad (4.463)$$

Die Funktion $p(r)$ besitzt eine anschauliche Bedeutung. $p(r)$ ist proportional zu der Anzahl der Elektronenpaare innerhalb der streuenden Probe, deren Abstände zwischen r und $r + \mathrm{d}r$ liegen. Oder anders ausgedrückt: $p(r)$ ist das Elektronenpaar-Abstandshistogramm der Probe. Für $r = 0$ existiert kein Elektronenpaar; $p(0)$ ist deshalb null. Das Gleiche gilt für alle r, die größer als die maximale Ausdehnung R der Probe sind. Für $r \in (0, R)$ wird $p(r)$ zunächst mit steigendem r größer, durchläuft dann ein Maximum und konvergiert schließlich für $r \rightarrow R$ gegen null. Dies ist in Abb. 4.62 illustriert.

Im Grenzfall $q \rightarrow 0$ gilt:

$$\lim_{q\rightarrow 0} I(\boldsymbol{q}) = \left(\overline{\Delta\rho}\right)^2 V^2 = 4\pi \int_0^\infty p(r)\, \mathrm{d}r \qquad (4.464)$$

Die Fläche unter der Paar-Abstands-Verteilungsfunktion ist somit proportional zum Quadrat der Anzahl der Elektronen in der Probe. Es gilt außerdem:

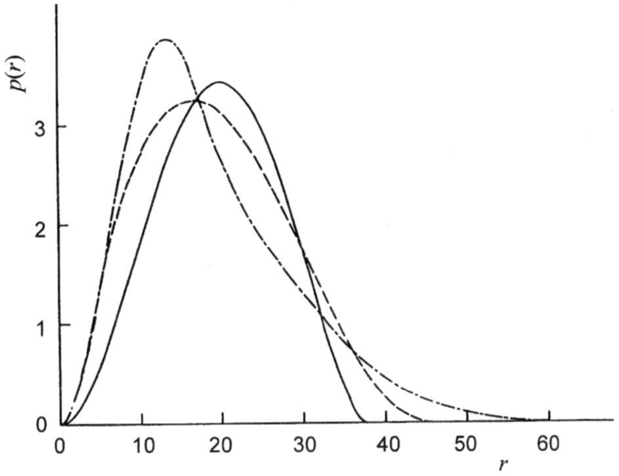

Abb. 4.62 Die Paar-Abstands-Verteilungsfunktion $p(r)$ für verschiedene Teilchengestalten. ——— = Kugel, – – – – – = prolates Ellipsoid (1:1:3), – - – - – =oblates Ellipsoid (1:1:0,2)

$$V\,\gamma(0) = \left[1/\left(2\pi^2\right)\right] \int_0^\infty I(\boldsymbol{q})\,\boldsymbol{q}^2\,\mathrm{d}q = V\,\overline{\Delta\rho}^2 \tag{4.465}$$

Da V und $\overline{\Delta\rho}$ konstant sind, ist auch das Integral

$$Q = \int_0^\infty I(\boldsymbol{q})\,q^2\,\mathrm{d}q \tag{4.466}$$

eine Konstante. Das bedeutet: Wenn wir die Gestalt der Probe (des Teilchens) verändern, verändert sich auch die Streuintensität $I(\boldsymbol{q})$. Das Integral Q bleibt unverändert und wird **Invariante** genannt.

Berechnung von Molekülparametern Mithilfe der Röntgenstreuung lassen sich bestimmte Molekülparameter ermitteln. Die zugehörigen Bestimmungsgleichungen wollen wir im Folgenden kurz zusammenstellen. Wir gehen dabei davon aus, dass die Probe eine homogene Lösung ist. Die gelösten Partikel haben die Molmasse M_2, das spezifische Volumen v_2 und enthalten z_2 Mole Elektronen pro Gramm. Die mittlere Elektronendichte des Lösemittels sei ρ_0. Der effektive Unterschied in der Anzahl der Elektronen zwischen den gelösten Partikeln und dem Lösemittel ist dann gleich $\Delta z_2 = (z_2 - v_2\,\rho_0)$.

Die Molmasse von Teilchen beliebiger Gestalt In Analogie zur Lichtstreuung gilt:

$$K\,c/I(q) = 1/[M_2\,P(q)] \quad + \quad 2A_2\,c_2 + \ldots \tag{4.467}$$

$$\text{mit} \quad K = e^4 \, \Delta z_2^2 \, d \, N_\mathrm{A} f / \left(m^2 \, c_0^4 \, a^2\right) \tag{4.468}$$

wobei d die Dicke der Probe und ϕ die Energie ist, mit der die Probe pro Zeiteinheit bestrahlt wird. c_2 ist die Konzentration der Lösung, $P(q)$ der Streufaktor der Teilchen und A_2 der zweite Virialkoeffizient. Alle anderen Größen besitzen die gleiche Bedeutung wie zuvor.

Stäbchenartige Teilchen Für stäbchenartige Teilchen gilt unter Vernachlässigung von A_2 (stark verdünnte Lösungen):

$$M_\mathrm{L} = \lim_{q \to 0} [I(q) \, q] \left\{m^2 \, c^4 \, a^2 / \left[(\Delta z_2)^2 \, d \, N_\mathrm{A} \, \phi \, c\right]\right\} \tag{4.469}$$

Dabei ist $M_\mathrm{L} \equiv M_2/L$ die Masse pro Einheitslänge.

Scheibenartige Teilchen Besitzen die zu untersuchenden Teilchen die Form einer flachen Scheibe der Oberfläche A, so gilt:

$$M_\mathrm{A} = \lim_{q \to 0} \left[I(q) \, q^2\right] \left\{m^2 \, c^4 \, a^2 / \left[2\pi \, (\Delta z_2)^2 \, d \, N_\mathrm{A} \, \phi \, c\right]\right\} \tag{4.470}$$

Dabei ist $M_\mathrm{A} \equiv M_2/A$ die Masse pro Flächeneinheit.

Volumen und Oberfläche Die Kombination von Gl. (4.464), (4.465) und (4.466) liefert:

$$V = 2\pi^2 \, I(0)/Q \tag{4.471}$$

Wenn wir $I(0)$ kennen und die Invariante Q berechnen, können wir das Volumen V des streuenden Teilchens bestimmen. Das ist in der Praxis allerdings nur selten möglich, da die Extrapolation $\lim_{q \to 0} I(q)$ in der Regel mit zu großen Fehlern behaftet ist.

Das Verhältnis A/V heißt **spezifische Oberfläche**, wobei A die wirkliche Oberfläche des Teilchens ist. Für $c \to 0$ gilt (Porod 1965):

$$A/V = \lim_{q \to \infty} \left[I(q) \, q^4\right] (\pi/Q) \tag{4.472}$$

Auch diese Extrapolation ist nur sehr selten durchführbar, da $I(q)$ in der Regel nur für kleine und mittlere q bekannt ist.

Trägheitsradius Der mittlere quadratische Trägheitsradius $<R^2>$ lässt sich auf zwei verschiedene Weisen bestimmen:

1. Er kann mithilfe der Paar-Abstands-Verteilungsfunktion $p(r)$ berechnet werden. Es gilt:

$$<R^2> = \int_0^\infty p(r)\, r^2\, \mathrm{d}r/2 \int_0^\infty p(r)\, \mathrm{d}r \tag{4.473}$$

2. Für kleine und mittlere q gilt nach Guinier für alle Teilchengestalten:

$$I(q) = I(0)\ \exp\left(-q^2 <R^2>/3\right) \tag{4.474}$$

Die Auftragung von $\log[I(q)]$ gegen q^2 liefert dann eine Gerade mit der Steigung $- <R^2>/3$.

Teilchengestalt Die Paar-Abstands-Verteilungsfunktion $p(r)$ lässt sich für homogene Teilchen wie Kugeln, Stäbchen oder Ellipsoide berechnen. Für eine kompakte Kugel mit Radius R gilt z. B.:

$$p(r) = 12\,[r/(2R)]^2\left\{2 - 3[r/(2R)] + [r/(2\,R)]^3\right\} \quad \text{und} \quad r \in [0,\,2R] \tag{4.475}$$

Setzen wir den mathematischen Ausdruck für $p(r)$ in Gl. (4.461) ein, so erhalten wir die zugehörige Streuintensität $I(q)$. Ein Beispiel zeigt Abb. 4.63. Dort ist $\log[I(q)]$ für eine Kugel, ein prolates Ellipsoid mit dem Achsenverhältnis 1:1:3 und ein oblates Ellipsoid mit dem Achsenverhältnis 1:1:0,2 gegen q aufgetragen. Das Volumen der Teilchen wurde in allen drei Fällen gleich groß gewählt. Die zugehörigen $p(r)$-Funktionen sind in Abb. 4.62 dargestellt. Wir erkennen, dass $\log[I(q)]$ und $p(r)$ einen für die jeweilige Teilchengestalt typischen Kurvenverlauf besitzen. Ein Vergleich der experimentell ermittelten mit den theoretisch berechneten $\log[I(q)]$-Werten liefert Aussagen über die Teilchengestalt der zu untersuchenden Probe. Dabei ist allerdings zu berücksichtigen, dass eine Teilchenprobe in der Regel polydispers ist. $I(q)_{\text{exp}}$ ist ein z-Mittelwert, sodass für die Berechnung der theoretischen $I(q)$-Werte die Molmassenverteilung der Teilchen bekannt sein muss (Abschn. 3.3.3). Andernfalls ist ein Vergleich zwischen Theorie und Experiment sinnleer.

4.3.3.6 Neutronenstreuung

Trifft ein Neutronenstrahl auf eine Probe, so werden die Neutronen gestreut. Die Streuung wird dabei durch die starken Wechselwirkungen mit den Atomkernen erzeugt. Neutronen

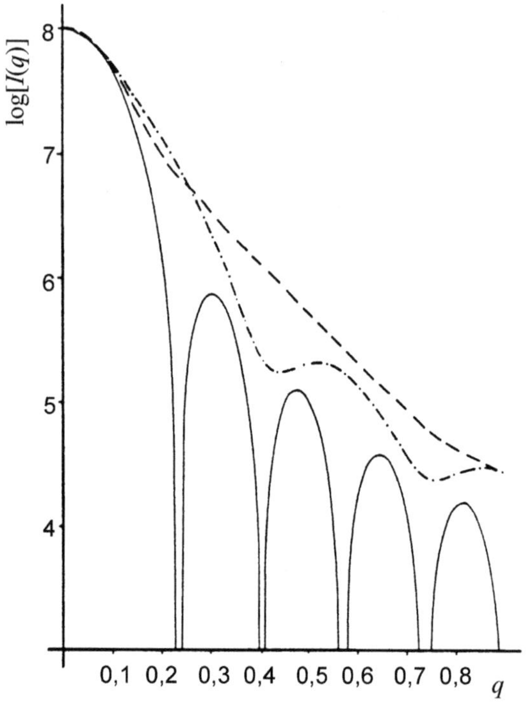

Abb. 4.63 Streuintensität log $[I(q)]$ als Funktion von q. ——— = Kugel, – – – – – = prolates Ellipsoid, - - - - - = oblates Ellipsoid

wechselwirken aber auch mit den ungepaarten Elektronenspins eines Moleküls, wenn diese ein magnetisches Dipolmoment besitzen. Nach de Broglie können wir Neutronen Welleneigenschaften zuschreiben. Die Art der Neutronenstreuung hängt von der Frequenz ν_0 der auf die Probe einfallenden Neutronen und der Frequenz ν der gestreuten Neutronen ab. Aufgrund der Streuung kann es auch zu einem Energieaustausch kommen. Wenn kein Energieaustausch zwischen der einfallenden Strahlung und den streuenden Molekülen stattfindet, ist die Streuung **elastisch**; andernfalls ist sie **inelastisch**. Ist der Energieaustausch sehr klein, so ist die Streuung **quasielastisch**. Es existieren somit sechs verschiedene Streuarten: kohärente elastische Streuung, inkohärente elastische Streuung, kohärente inelastische Streuung, inkohärente inelastische Streuung, kohärente quasielastische Streuung und inkohärente quasielastische Streuung. Von diesen Streuarten scheint lediglich die inkohärente elastische Streuung keine Anwendung auf dem Gebiet der Polymerchemie gefunden zu haben. Mithilfe der kohärenten elastischen Streuung von Neutronen lässt sich die Konformation von Polymeren ergründen. Kohärente inelastische Streuexperimente liefern nützliche Informationen über Dispersionskurven; die inkohärente inelastische Streuung lässt Aussagen über die Vibrationen der Seitengruppen von Polymerketten zu. Quasielastische Streustudien mit Neutronen, ob kohärent oder inkohärent, geben Auskunft über die Dynamik von Polymerketten in Lösung. Mithilfe von Röntgen-Kleinwinkel- und Neutronen-Kleinwinkel-Streuexperimenten lassen sich Teilchen der Größe 0,5–30 nm untersuchen; bei der Lichtstreuung sind es Teilchen zwischen 10 und 300 nm. Die physikalische Beschreibung eines Streuexperiments ist in allen drei Fällen ähnlich.

$\boldsymbol{k}_0$ sei der Wellenvektor der einfallenden Wellen, $\boldsymbol{k}$ der Wellenvektor der gestreuten Wellen und $\boldsymbol{q} \equiv \boldsymbol{k} - \boldsymbol{k}_0$ der Differenzvektor. Bei jedem Streuexperiment gelten der Energie- und der Impulserhaltungssatz. Für die Energieänderung eines gestreuten Neutrons gilt $\Delta E = h(\nu - \nu_0)$, wobei h die Planck'sche Konstante ist. Der Impulserhaltungssatz ist durch die Beziehung

$$\hbar\, q = \hbar\, \left(\boldsymbol{k}^2 + \boldsymbol{k}_0^2 - 2\, \boldsymbol{k}\, \boldsymbol{k}_0\, \cos\theta\right)^{1/2} \tag{4.476}$$

gegeben. Dabei ist θ der Streuwinkel.

Ist die Streuung elastisch, so ist $\boldsymbol{k} = \boldsymbol{k}_0$, und es folgt:

$$|q| = (4\pi/\lambda_0)\ \sin\theta/2 \tag{4.477}$$

Die gestreute Intensität hängt von der Höhe der Energieübertragung und vom Streuwinkel ab. Sie wird bei der Neutronenstreuung in Termen des differenziellen Wirkungsquerschnitts $\sigma \equiv \mathrm{d}^2\ \delta/(\mathrm{d}\Omega\, \mathrm{d}E)$ ausgedrückt, wobei δ der Wirkungsquerschnitt (Einheit: barn) und Ω der Raumwinkel ist. Anschaulich ist ρ ein Maß für die Wahrscheinlichkeit, dass die Neutronen durch die Atome der Probe in den Raumwinkel $\mathrm{d}\Omega$ gestreut werden und dabei die Energieänderung $\mathrm{d}E$ erfahren. Für die experimentelle Praxis ist die Streufunktion relevant:

$$S(q,\omega) \equiv |\boldsymbol{k}_0/\boldsymbol{k}|\left[1/\left(N\, b^2\right)\right]\ \left[\mathrm{d}^2\delta/(\mathrm{d}\Omega\ \mathrm{d}E)\right] \tag{4.478}$$

Dabei bezeichnet N die Anzahl der einfallenden Neutronen. b ist die Streulänge. Sie ist ein Maß dafür, wie stark die Neutronen mit den Atomkernen der Probe wechselwirken. b lässt sich nur experimentell bestimmen und hängt sehr stark von der Art der Atomkerne ab. So ist für H_2O $b = -\,0{,}165 \cdot 10^{-12}$cm, während für D_2O gilt: $b = 1{,}92 \cdot 10^{-12}$cm.

Die Streufunktion $S(q,\omega)$ kann sowohl experimentell als auch theoretisch bestimmt werden. Es gilt:

$$S(q,\omega) = \frac{1}{2\pi\, \hbar\, N} \int\!\!\int \exp[-\,i\ (\omega\, t - q\, r)]\ G(r,t)\ \mathrm{d}r\ \mathrm{d}t \tag{4.479}$$

$G(r,t)$ ist die Raum-Zeit-Korrelationsfunktion. Letztere wurde für verschiedene Teilchenmodelle abgeleitet. Ein Vergleich der theoretisch berechneten $S(q,\omega)$-Funktionen mit den experimentell ermittelten Werten lässt somit Rückschlüsse auf die Probenstruktur zu.

Bei der kohärenten elastischen Neutronenstreuung ist $\mathrm{d}E = 0$. Es interessiert dort nur der differenzielle Wirkungsquerschnitt $\mathrm{d}\delta/\mathrm{d}\Omega$. Gl. (4.478) vereinfacht sich dann zu:

$$S(q) = \widetilde{\boldsymbol{k}}\ \mathrm{d}\delta/\mathrm{d}\Omega \tag{4.480}$$

$$\text{mit}\quad \widetilde{\boldsymbol{k}} = (b_2 - b_1\ (v_2/v_1))^{-2} \tag{4.481}$$

b_1 ist die Streulänge des Lösemittels und b_2 die der gelösten Substanz. v_1 und v_2 sind die zugehörigen partiellen molaren Volumina. Es gilt außerdem:

$$S(q) = \sum_{i,j} \left\langle \left\{ \exp\left[i\,\boldsymbol{q}\ (\boldsymbol{r}_i - \boldsymbol{r}_j)\right]\right\}^2 \right\rangle \tag{4.482}$$

wobei $\boldsymbol{r}_i$ und $\boldsymbol{r}_j$ die Ortsvektoren der Segmente i und j im Polymermolekül sind.

Für die Streuintensität $I(q)$ einer Polymerlösung der Konzentration c (Einheit: Masse pro Volumen) gilt:

$$I(q) = (\mathrm{d}\delta/\mathrm{d}\Omega)\,(c/M_\mathrm{w})\,N_\mathrm{A} = \left[c\,N_\mathrm{A}/\left(M_\mathrm{w}\,\widetilde{k}\right)\right]\ S(q) \tag{4.483}$$

Das Verhältnis $K \equiv N_\mathrm{A}/\widetilde{k}$ ist eine Konstante. $S(q)$ können wir in eine Potenzreihe nach q^2 entwickeln. Es folgt dann:

$$\boxed{K\ c/I(q) = (1/M_\mathrm{w})\ \left(1 + \ < R^2 >_\mathrm{z} q^2/3\ + \quad \ldots\right)} \tag{4.484}$$

Diese Gleichung stimmt formal mit Gl. (4.454) überein, die wir für die Lichtstreuung abgeleitet haben. Wir können deshalb genau wie bei der Lichtstreuung den Zimm-Plot benutzen, um die massengemittelte Molmasse M_w und den z-gemittelten Trägheitsradius $< R^2 >_\mathrm{z}^{1/2}$ der Polymermoleküle zu bestimmen. Es existieren dennoch Unterschiede. Der $\boldsymbol{q}$-Vektor überdeckt bei der Neutronenstreuung einen sehr viel größeren Bereich. Nach Kratky können vier q-Intervalle unterschieden werden:

1. $< R^2 >_\mathrm{z}^{-1/2} > q$

   Das ist der **Guinier-Bereich**. Nur dort gilt Gl. (4.484).

2. $< R^2 >_\mathrm{z}^{-1/2} \leq q \leq l_\mathrm{p}^{-1}$

   Dieser Bereich heißt **Debye-Domäne**, wobei l_p die Persistenzlänge ist. Es gilt:

$$K\ c/I(q) = q^2 < R^2 >_\mathrm{z}/(2\,M_\mathrm{w}) \tag{4.485}$$

3. $l_p^{-1} < q \leq l_K^{-1}$
   Das ist die **Stäbchendomäne**. Es gilt:

$$K\,c/I(q) = n\,l_K\,q/(\pi\,M_w) \tag{4.486}$$

wobei n die Anzahl der Segmente pro Polymerkette und l_K die Kuhn'sche-Segmentlänge sind.

4. $l_K^{-1} < q$
   Für diesen Bereich, die **interne Strukturdomäne**, existiert noch keine Gleichung.

Kontrastvariation Viele Polymermoleküle besitzen komplexe Strukturen. Sie setzen sich aus verschiedenen Teilen mit unterschiedlichen Streudichten $P_1, P_2, P_3, \ldots$ zusammen. Es ist dann möglich, bestimmte Teile der Polymermoleküle, die die Streudichte P_i besitzen, unsichtbar zu machen, indem die Streudichte P_S des Lösemittels so gewählt wird, dass $P_S = P_i$ ist. Für in Wasser lösliche Polymere muss dazu lediglich das Verhältnis von H_2O zu D_2O geeignet eingestellt werden. Dieses Verfahren heißt Kontrastvariation. Es lässt sich besonders erfolgreich bei der Aufklärung der internen Struktur von biologischen Objekten anwenden. Die mittlere Zusammensetzung eines unbekannten Streuobjekts lässt sich bestimmen, indem die Lösemittelzusammensetzung kontinuierlich variiert wird. Für die auf $q = 0$ extrapolierte gestreute Intensität $I(0)$ einer Probe gilt:

$$I(0) = [\upsilon\,(P_0 - P_S)]^2 \tag{4.487}$$

wobei υ das Volumen des Objekts und P_0 dessen mittlere Streudichte ist. Besitzen alle Partikel der Probe die gleiche Zusammensetzung, so liefert die Auftragung $[I(0)]^{1/2}$ gegen P_S eine Gerade mit negativer Steigung. Der „Match-Punkt" $I(0) = 0$ ist erreicht, wenn $P_0 = P_S$ ist. Seine Position kann mit der für verschiedene Modellstrukturen berechneten Position verglichen werden. Sind die Partikel der Probe verschieden aufgebaut, so existiert kein Match-Punkt. Beide Situationen sind in Abb. 4.64 skizziert.

Ein schönes Anwendungsbeispiel ist der eingehend untersuchte Turnip Yellow Mosaic Virus (TYMV). Er besitzt die geometrische Gestalt eines Hohl-Ikosaeders. Die äußere Wand (Capsid) des Virus besteht aus Proteinen. In seinem Inneren befindet sich die RNA. Bei der Lösemittelmischung 70 % D_2O und 30 % H_2O sieht der Experimentator nur das Capsid. Das zugehörige Streudiagramm zeigt Abb. 4.65a. Es liefert die Wanddicke ($d = 4$ nm) und den Radius ($R = 14{,}3$ nm) des Capsids. Besteht das Lösemittel zu 40 % aus D_2O und zu 60 % aus H_2O, so sieht der Experimentator nur die RNA. Das zugehörige Streudiagramm zeigt Abb. 4.65b. Die genaue Analyse ergibt:

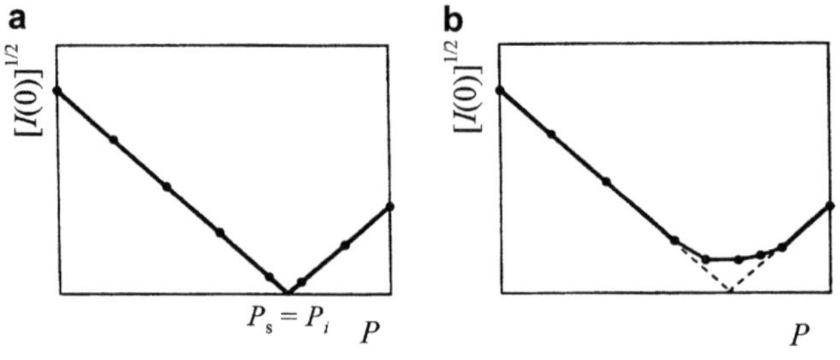

Abb. 4.64 **a** Probe mit Match-Punkt, **b** Probe ohne Match-Punkt

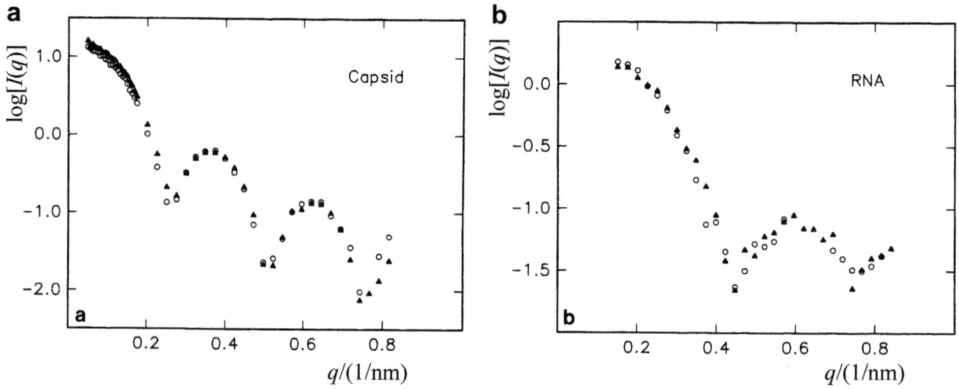

Abb. 4.65 Neutronenstreudiagramm des Turnip Yellow Mosaic Virus. **a** 70 % D_2O; das Proteincapsid ist sichtbar. **b** 40 % D_2O; die RNA ist sichtbar. ○ = 50 bar, ▲ = 2000 bar

- Die Segmente der RNA belegen eine Kugelschale der Dicke 7 nm, die sich von innen an die Viruskapsel anschmiegt.
- Der zentrale Kern des Virus ist unbelegt (ein Loch). Sein Durchmesser beträgt ca. 3 nm.

4.3.4 Dynamische Lichtstreuung

Bei der dynamischen Lichtstreuung können die Bewegungen von Molekülen verfolgt werden. Für Polymere in Lösung sind hierbei die Diffusionskoeffizienten für die translatorische und die rotatorische Bewegung von besonderer Bedeutung. Bei Kenntnis von Beziehungen zwischen Diffusionskoeffizient und Molmasse des gelösten Polymers lassen sich aus Messungen der dynamischen Lichtstreuung Molmassenmittelwerte und Molmassenverteilungen berechnen. Eine andere viel genutzte Möglichkeit zur Bestimmung von absoluten Molmassen ohne eine entsprechende $D(M)$-Beziehung sind die Bestimmung des Sedimentationskoeffizienten mit der Ultrazentrifuge und die anschließende Berechnung der Molmasse mithilfe der Svedberg-Gleichung (Abschn. 4.3.2). Bei Kenntnis einer

Beziehung zwischen Diffusionskoeffizient und hydrodynamischem Radius lässt sich dieser ebenfalls mit der dynamischen Lichtstreuung bestimmen.

Grundlagen
Das grundlegende Prinzip der dynamischen Lichtstreuung (auch quasielastische Lichtstreuung, inelastische Lichtstreuung und Photonen-Korrelations-Spektroskopie genannt) ist der Doppler-Effekt. Bewegt sich eine Wellen (Schall, Licht) aussendende Quelle mit einer bestimmten Geschwindigkeit v relativ zum Beobachter, so erleidet die Welle beim Beobachter eine Frequenzverschiebung – den Doppler-Shift $-\ \Delta\nu = \nu - \nu_0$, wobei ν die vom Beobachter gemessene und ν_0 die von der Quelle ausgesandte Frequenz sind:

Für den Doppler-Shift gilt:

$$\nu = \nu_0/(1 - v/c_0)\,; \qquad \omega = \omega_0/(1 - v/c_0) \tag{4.488}$$

mit c_0 = Lichtgeschwindigkeit oder Schallgeschwindigkeit, v = Geschwindigkeit der Quelle und $\omega = 2\,\pi\,\nu$ = Kreisfrequenz. Für $v << c_0$ gilt:

$$\nu \approx \nu_0(1 + v/c_0)\,; \quad \nu - \nu_0 = \Delta\nu = \nu_0 v/c_0\,; \quad \omega - \omega_0 = \Delta\omega = \omega_0 v/c_0 \tag{4.489}$$

Gelöste Moleküle bewegen sich in alle Raumrichtungen mit unterschiedlichen Geschwindigkeiten; sie können dabei als ganzes Molekül rotieren, es können einzelne Molekülgruppen rotieren, und es können Molekül- und Atomgruppen schwingen. Das bedeutet, dass wir ein ganzes Spektrum von verschobenen Frequenzen in Bezug auf die eingestrahlte Frequenz haben. Dieses Spektrum wird **optisches Doppler-Shift-Spektrum** $S(q,\omega)$ genannt; es besteht aus einer Summe von Lorentz-Funktionen und hat die Form

$$S(q,\omega) = (1/\pi)\sum_{k,m} P_{k\,m}\,(X,m)\,\frac{G_{k,m}\,(q,M)}{\Delta\omega^2 + G_{k,m}^2\,(q,M)} \tag{4.490}$$

mit

q	$= (4\,\pi/\lambda)\,\sin\theta/2$,
θ	= Beobachtungswinkel,
$P_{k,m}(X,\,m)$	= Formfaktor oder Streufunktion,
$G_{k,m}(q,\,M)$	= Argument des Doppler-Shift-Spektrums (Diffusionskoeffizienten und Relaxationszeiten der Normalschwingungen),
M	= Molmasse einer Komponente der Probe.

Tab. 4.15 X, $G_{k,\,m}$ und $P_{k,\,m}$ für verschiedene Molekülformen

	Knäuel	Stäbchen	Kugel
X	$q^2 < R^2>$	q L	$q\,R_K$
$G_{k,\,m}$	$q^2\,D + k/\tau_m$	$q^2\,D + k(k+1)D_R$	$q^2\,D$
$P_{k,\,m}$	$k, m \geq 0$	$k \geq 0$, k gerade, $m = 0$	$k = m = 0$

$<R^2>$ = mittlerer quadratischer Trägheitsradius des Knäuels, L = Länge des Stäbchens, R_K = Radius der Kugel, D = Translations-Diffusionskoeffizient, D_R = Rotations-Diffusionskoeffizient, τ_m = Relaxationszeit der m-ten Normalschwingung

Die Größen X, $P_{k,m}$ und $G_{k,m}$ sind für verschiedene Molekülformen in Tab. 4.15 zusammengestellt.

Im Prinzip können auf der Grundlage von Gl. (4.490) und Tab. 4.15 durch experimentelle Bestimmung des optischen Spektrums $S(q,\omega)$ mit einem Interferometer (z. B. Fabry-Perot-Interferometer) die Bewegungen von Molekülen verfolgt werden. Da die Geschwindigkeit der Bewegungen der Moleküle, speziell für Polymere in Lösung, aber sehr klein gegen die Lichtgeschwindigkeit ist (bei Strahlung von elektromagnetischen Wellen), stößt die interferometrische Bestimmung des optischen Spektrums $S(q,\omega)$ auf experimentelle Schwierigkeiten. Experimentell genauer bestimmbar mit entsprechenden elektronischen Geräten ist die Autokorrelationsfunktion $g_1(t)$, die für ein monodisperses System folgendermaßen definiert ist:

$$g_1(q,t) \equiv g_1(t) = \; <X(\tau)\,X^*(\tau+t)> \; = \lim_{T\to\infty} (1/(2T)) \int_{-T}^{T} X(\tau)\,X^*(\tau+t)\,\mathrm{d}\tau \tag{4.491}$$

Bei der Bestimmung der Autokorrelationsfunktion müssen statt der Frequenzverschiebung Δw die zu verschiedenen Zeiten von der Signalquelle ankommenden Photonen mit einem Photonenzählgerät (Photon Counter) gemessen werden. $X(\tau)$ bedeutet den Messwert eines Signals zurzeit τ und $X(\tau + t)$ die Größe desselben Signals zu einer um t Zeiteinheiten verschobenen Zeit. $g_1(t)$ ist dann der Mittelwert des Produkts aus $X(t)$ und $X(t + t)$.

Der Zusammenhang zwischen dem optischen Spektrum $S(q,\omega)$ und der Autokorrelationsfunktion $g_1(t)$ ist durch das Wiener-Khinchine-Theorem gegeben. Es gilt:

$$S(q,\omega) = \int_0^{\infty} g_1(t)\;\exp(-i\omega\,t)\mathrm{d}t \tag{4.492}$$

Auf das Wiener-Khinchine-Theorem soll hier nicht näher eingegangen werden; bei Interesse informieren Sie sich hierüber in den Lehrbüchern der Elektrodynamik. $g_1(t)$ ergibt sich durch Fourier-Transformation von $S(q,\omega)$:

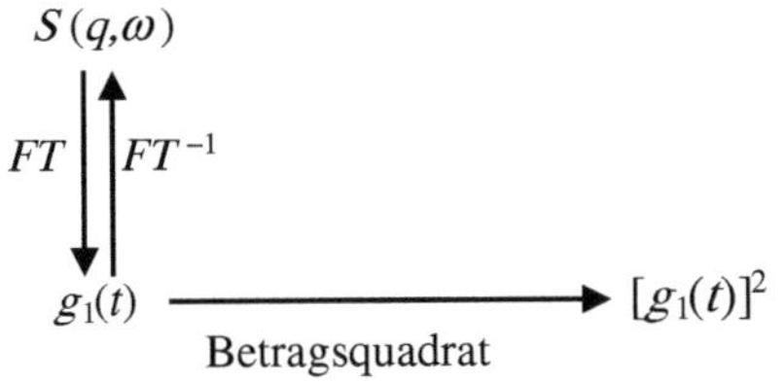

$$g_1(t) = \sum_{k,m} P_{k,m}(X, m)\ \exp\left(-G_{k,m}(q, M)\,t\right) \tag{4.493}$$

Die relativ komplizierten Gl. (4.490) und (4.493) lassen sich in vielen Fällen drastisch vereinfachen. Bei reiner Translationsdiffusion ist für alle Molekülformen:

$$S(q,\omega) = (1/\pi) P_{0,0}(X)\ q^2\ D / \left(\Delta\omega^2 + \mu^2\ D\right)^2 \tag{4.494}$$

$$\boxed{g_1(t) = P_{0,0}(X)\ \exp\left(-q^2 D\,t\right)} \tag{4.495}$$

Gl. (4.495) gilt für starre Kugeln exakt, da wir hier nur reine Translation vorliegen haben. Über die Eigenschaften und Bestimmung des Formfaktors $P_{k,m}(X,\ m)$ ist in Abschn. 4.3.3 Näheres ausgeführt.

Lassen wir für Knäuel und Stäbchen Rotationen zu, so gilt:

$$\boxed{g_1(t) = P_{0,0}(X)\ \exp\left(-q^2 D\ \ t\right) + P_{2,0}(X)\ \exp\left[-\left(q^2 D + 6\,D_{\mathrm{R}}\right)t\right]} \tag{4.496}$$

Dabei ist D_{R} der Rotations-Diffusionskoeffizient.

Die weiteren Bewegungsmöglichkeiten eines Polymermoleküls, wie innere Schwingungen und innere Rotationen, spielen in der dynamischen Lichtstreuung von Polymerlösungen praktisch keine Rolle. Ihre Bewegungen sind zu schnell, um innerhalb der Messgenauigkeit noch detektiert werden zu können.

Aus dem Translations-Diffusionskoeffizienten D werden im Wesentlichen zwei Größen berechnet:

1. Die Molmasse des gelösten Polymers, falls eine Beziehung $D = K_D \cdot M^{a_D}$ existiert (Abschn. 4.3.2.1 und 4.3.5.3)
2. Der hydrodynamische Radius R_{h}, falls eine Beziehung $D = f(R_{\mathrm{h}})$ existiert. Für Kugeln gilt z. B. $D = k_{\mathrm{B}}T/(6\ \pi\ \eta\ R_{\mathrm{h}})$ (Abschn. 4.3.2.1 und 4.3.5.3)

Die bisherigen Gleichungen gelten für monodisperse Polymersysteme. Für polydisperse Polymersysteme definieren wir eine Wahrscheinlichkeitsdichtefunktion von $G(\Gamma)$ mit:

$$g_1(t) = \int_0^\infty G(\Gamma)\ \exp\ (-\ \Gamma\ t)\,\mathrm{d}\Gamma \quad \text{mit} \tag{4.497}$$

$$\int_0^\infty G(\Gamma)\,\mathrm{d}\Gamma = 1 \quad \text{und} \quad \overline{\Gamma} = \int_0^\infty G(\Gamma)\ \Gamma\ \mathrm{d}\Gamma \tag{4.498}$$

Dabei ist $\Gamma = q^2\ D + 6\ D_\mathrm{R}$ oder im Fall reiner Translationsdiffusion $\Gamma = q^2\ D$.

Zur Bestimmung von $G(\Gamma)$ und damit dem Diffusionskoeffizienten und der Diffusionskoeffizientenverteilung gibt es mehrere Möglichkeiten:

1. Reihenentwicklung von Gl. (4.497)

$$g_1(t) = \exp\left(-\ \overline{\Gamma}\ t\right)\ \left[1 + (\mu_2/2\ !)\ t^2 - (\mu_3/3\ !)\ t^3 + \ldots\right] \tag{4.499}$$

$$\text{mit den Momenten } \mu_i = \int_0^\infty G(\Gamma)\ \left(\Gamma - \overline{\Gamma}\right)^i\ \mathrm{d}\Gamma \tag{4.500}$$

Hieraus ergibt sich

$$\overline{\Gamma}/q^2 = D_\mathrm{app} = D_\mathrm{z} + 6\ D_\mathrm{R,z}/q^2 \tag{4.501}$$

und für die Extrapolation nach $t \to 0$

$$\overline{\Gamma}/q^2 = D_\mathrm{z} \tag{4.502}$$

Es lässt sich zeigen, dass der auf diese Weise bestimmte Diffusionskoeffizient ein z-Mittel ist.

2. Laplace-Transformation der Integralgleichung (4.497):

$$g_1(t) = \int_0^\infty G(\Gamma)\ \exp\ (-\ \Gamma t)\ \mathrm{d}\Gamma \tag{4.503}$$

$$\Big\downarrow LT$$

$$G(\Gamma)$$

3. Nichtlineare Regression von Gl. (4.497):

$$g_1(t) = \int_0^\infty G(\Gamma) \exp(-\Gamma t)\, \mathrm{d}\Gamma \tag{4.504}$$

$$g_1(t) = f(t, k_1, k_2, \ldots, k_n) \tag{4.505}$$

$$S = \sum (f(t, k_1, k_2, \ldots, k_n)) \tag{4.506}$$

$$\partial S/\partial k_1 = \partial S/\partial k_2 = \ldots \partial S/\partial k_n = 0 \tag{4.507}$$

Dabei sind k_1 bis k_n Konstanten einer Diffusionskoeffizientenverteilung.

Wie bereits erwähnt, kann die Diffusionskoeffizientenverteilung $G(\Gamma)$ in eine Molmassenverteilung umgerechnet werden, falls eine $D(M)$-Beziehung existiert.

Prinzipiell gibt es zwei verschiedene experimentelle Techniken zur Bestimmung der Autokorrelationsfunktion $g_1(t)$:

1. Beim **Heterodynverfahren** wird das Streulicht mit einem kohärenten Oszillatorsignal der Kreisfrequenz ω_0 gekoppelt. Das Spektrum des Stroms hat dann die gleiche Form wie die des Lichts und wird nach $\omega = 0$ transformiert; hieraus ist $g_1(t)$ direkt erhältlich.
2. Beim **Homodynverfahren** wird nur das Streulicht analysiert. Da der gemessene Photostrom proportional der einfallenden Feldstärke ist, erhalten wir $[g_1(t)]^2$ aus der Siegert-Relation:

$$g_2(t) = A + B\,[g_1(t)]^2 \tag{4.508}$$

Experimentelle Techniken

Die kommerziell erhältlichen Apparaturen messen die Autokorrelationsfunktion $g_1(t)$ im Homodynverfahren. Abb. 4.66 zeigt den schematischen Aufbau; er setzt sich aus einem optischen System, bestehend aus Laser, Fokussierung, Messzelleneinheit und Detektoreinheit, und aus einem Signalverarbeitungssystem, bestehend aus Korrelator und Rechner, zusammen. Besonderes Augenmerk muss darauf gerichtet werden, dass das optische System schwingungsfrei gelagert ist, da äußere Schwingungen Störungen verursachen können.

Abb. 4.67 zeigt als Beispiel die Autokorrelationsfunktion $g_1(t)$ von Dextran in Dimethylsulfoxid bei 20 °C und dem Winkel 90°. Hieraus können wir mithilfe von Gl. (4.495) bis (4.508) den Diffusionskoeffizienten und seine Verteilung berechnen. Diese wiederum liefern die Molmasse, die Molmassenverteilung und den hydrodynamischen Radius, falls für das Polymersystem $D = f(M)$- und $D = f(R_\mathrm{h})$-Beziehungen existieren.

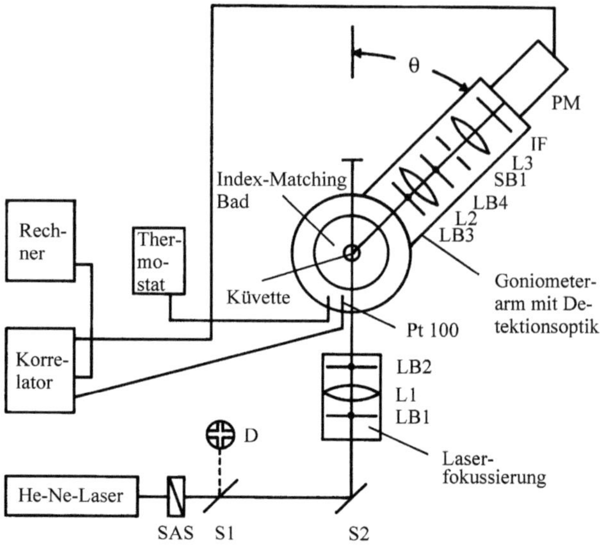

Abb. 4.66 Schematischer Aufbau einer Apparatur zur Messung der dynamischen Lichtstreuung. S1, S2 = Spiegel, SAS = Strahlabschwächer, L1, L2, L3 = Linsen, D = 4-Segmentdiode, LB1 – LB4 = Lochblenden, SB1 = Schlitzblende, IF = Interferenzfilter, Pt 100 = Pt100-Thermometer; PM = Photomultiplier

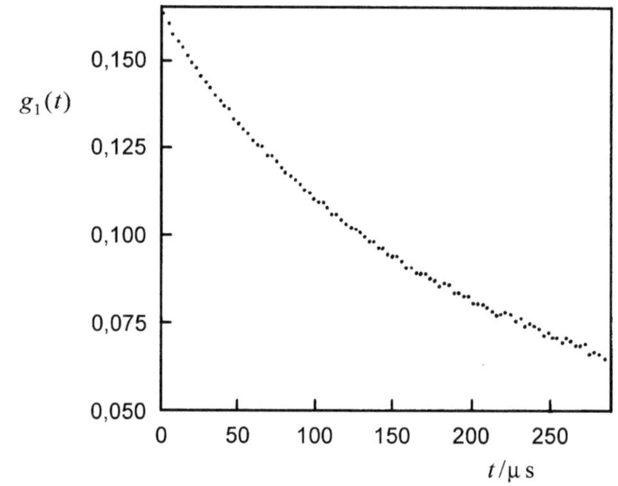

Abb. 4.67 Autokorrelationsfunktion $g_1(t)$ als Funktion der Zeit. Dextran in Dimethylsulfoxid bei 20 und 90 °C

4.3.5 Transportprozesse

4.3.5.1 Viskosität

Wir betrachten einen Quader (Abb. 4.68) mit den Kantenlängen x, y und z. Dieser sei mit einer Flüssigkeit oder einem Festkörper gefüllt. Die Grundfläche des Quaders sei im Raum fixiert und befinde sich im Zustand der Ruhe. Auf die Deckfläche des Blocks wirke in x-Richtung die konstante Kraft $\boldsymbol{F}$. Diese sorgt dafür, dass der Quader geschert (deformiert) wird.

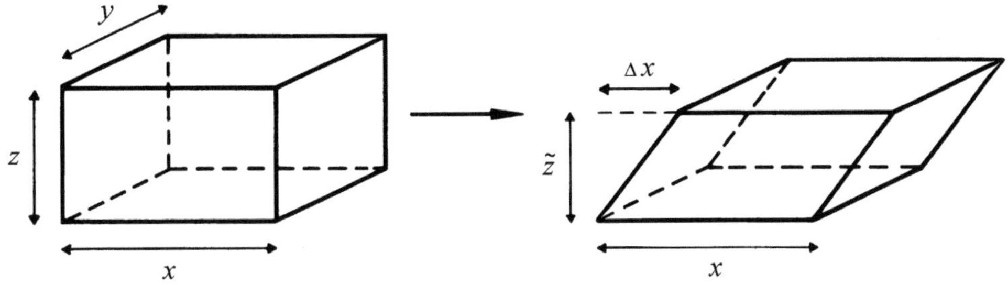

Abb. 4.68 Scherung eines Quaders

Die Moleküle im Quader werden durch die Scherkraft F aus ihrer Gleichgewichtslage ($F = 0$) verschoben. Diese Verschiebung erzeugt eine Materialkraft, die der Scherkraft entgegenwirkt. Im statischen Gleichgewicht sind die Materialkraft und die Scherkraft F gleich groß. Das Hookes'sche Gesetz ist erfüllt, wenn der Scherdruck $\sigma = F/(x\,y)$ proportional zur Dehnung $\Delta x/z$ ist. Das Material heißt in diesem Fall „perfekt elastisch".

Die in der Natur vorkommenden Materialien sind nicht perfekt elastisch. Wird die Kraft F über einen genügend großen Zeitraum konstant gehalten, so ist die Materialkraft irgendwann kleiner als F. Die Dehnung $\Delta x/z$ wird dann mit zunehmender Zeit t größer. Das Material beginnt zu fließen. Die Änderung der Dehnung pro Zeiteinheit, $\mathrm{d}(\Delta x/z)/\mathrm{d}t$, heißt **Scherrate**. Sie ist für Flüssigkeiten schon nach kurzer Zeit konstant.

Zur Definition der Viskosität betrachten wir eine laminare Scherströmung zwischen parallelen Platten. Die obere Platte ruht, und die untere Platte werde mit konstanter Geschwindigkeit bewegt. Es bildet sich ein Strömungsgefälle aus, wie es Abb. 4.69 zeigt. Die Dicke einer Strömungsschicht sei $\mathrm{d}z$ und die Verschiebung zweier benachbarter Schichten $\mathrm{d}x$.

Die Scherrate q lässt sich damit berechnen. Es gilt:

$$q \equiv \mathrm{d}(\mathrm{d}x/\mathrm{d}z)/\mathrm{d}t = \mathrm{d}(\mathrm{d}x/\mathrm{d}t)/\mathrm{d}z = \mathrm{d}v/\mathrm{d}z \tag{4.509}$$

Dabei ist $v = \mathrm{d}x/\mathrm{d}t$ die Geschwindigkeit, mit der sich zwei benachbarte Schichten relativ zueinander bewegen. Das Verhältnis $\sigma = F/(x\,y)$ heißt **Schubspannung**. Es ist proportional zur Scherrate:

$$F/(x\,y) = \eta\;\mathrm{d}v/\mathrm{d}z \tag{4.510}$$

Die Proportionalitätskonstante η heißt Viskosität (Zähigkeit). Sie besitzt die Einheit $\mathrm{N\,s\,m^{-2}} = \mathrm{kg\,m^{-1}\,s^{-1}}$. Oft wird auch die cgs-Einheit Poise verwendet. Es gilt:

$$1\,\mathrm{P\,(Poise)} = 1\,\mathrm{g/(cm\,s)} = 0{,}1\,\mathrm{kg/(m\,s)} = 10^{-1}\mathrm{Pa\,s}; \qquad 1\,\mathrm{cP} = 1\,\mathrm{mPa\,s}$$

Abb. 4.69 Laminare Scherströmung

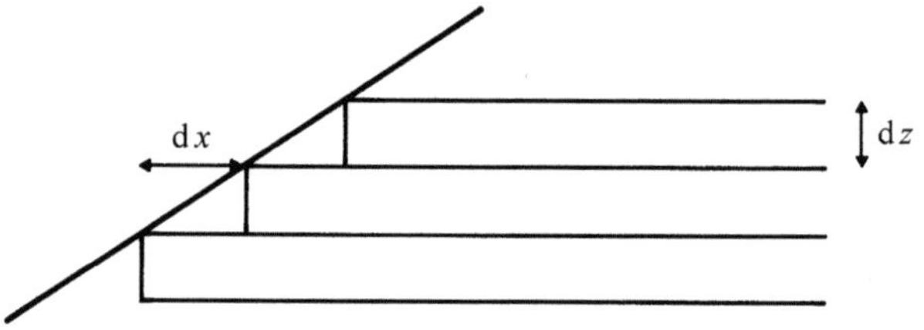

Abb. 4.70 Viskosität η als Funktion der Scherrate q für Polystyrol ($M_w = 2{,}36 \cdot 10^7$g mol^{-1}) in Toluol bei $T = 25$ °C. (Kulicke und Kniewske 1984)

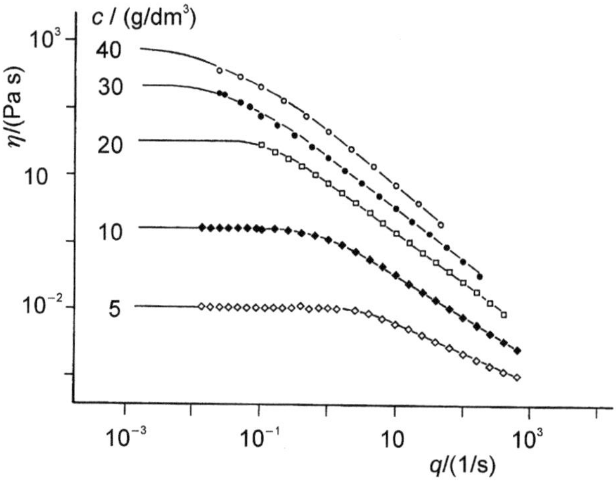

Die Viskosität von Lösemitteln ist konstant. Sie hängt nicht von der Scherrate dv/dz ab. Wir sprechen in diesem Fall von **Newton'schen Flüssigkeiten**. Polymerlösungen und Polymerschmelzen sind **Nicht-Newton'sche Flüssigkeiten**. Sie zeigen strukturviskoses Verhalten, d. h., die Viskosität ist eine Funktion von dv/dz. Ein Beispiel zeigt Abb. 4.70. Dort ist die Viskosität von anionischen Polystyrol/Toluol-Lösungen unterschiedlicher Polymerkonzentration c gegen die Scherrate q aufgetragen. Für sehr kleine Werte von q hängt η nicht von q ab. Das ist der Newton'sche Bereich. Mit steigender Scherrate wird η kontinuierlich kleiner. Bei sehr hohen q-Werten kann η wiederum ein von q unabhängiges Niveau erreichen. Dieses zweite Newton'sche Gebiet wird aber in Abb. 4.70 nicht erreicht.

Experimentelle Bestimmung der Viskosität Es existieren zwei Möglichkeiten, um die Viskosität einer Probe zu bestimmen:

1. Die Probe wird einer definierten Dehnung unterworfen, und die dazu erforderliche Kraft wird gemessen.
2. Eine bestimmte Kraft wird auf die Probe gelegt, und die erzeugte Deformationsgeschwindigkeit wird ermittelt.

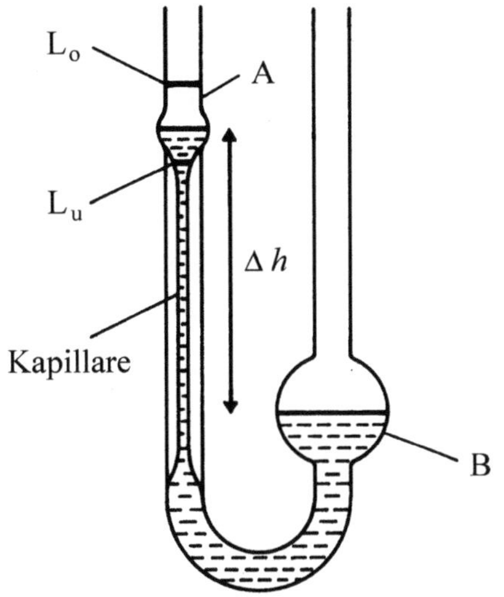

Abb. 4.71 Modell eines Ostwald-Kapillarviskosimeters

Wir interessieren uns nur für verdünnte Newton'sche Lösungen. Für sie werden verschiedene Messgeräte benutzt, wie Kapillar-, Rotations- und Fallkörperviskosimeter. Wir betrachten als Beispiel das Kapillarviskosimeter (Abb. 4.71).

Die zu untersuchende Polymerlösung wird von einem tiefer gelegenen Reservoir B durch eine Kapillare in das höher gelegene Reservoir A gesaugt. Wenn die Lösung die obere Lichtschranke L_o erreicht hat, wird die Saugkraft abgeschaltet. Die Lösung fließt dann unter dem Einfluss der Gravitationskraft in das untere Reservoir zurück. Der Druckunterschied zwischen Reservoir A und B ist:

$$\Delta p = \rho\, g\, \Delta h$$

Darin ist ρ die Dichte der Lösung, g die Erdbeschleunigung und Δh die Höhendifferenz zwischen dem oberen und dem unteren Niveau des Lösungsmeniskus.

Der Lösungsfluss im Inneren der Kapillare besitzt ein parabolisches Geschwindigkeitsprofil. Nach Poiseuille (1840a, b) gilt:

$$v(r) = \left[\Delta p\, R^2/(4\,\eta\, L)\right]\left(1 - r^2/R^2\right) \tag{4.511}$$

Hier ist R der Kapillarradius, L die Länge der Kapillare und η die Viskosität der Lösung. r ist der Abstand von der Kapillarachse. Aufgrund der natürlichen Rauigkeit von Glas haftet die Lösung an der Kapillarwand. Die Geschwindigkeit v ist deshalb an der Stelle $r = R$ gleich null.

Das Volumen des Ablaufgefäßes A zwischen den Lichtschranken L_u und L_o wollen wir mit ΔV bezeichnen. t sei die Zeit, welche der Lösungsmeniskus benötigt, um von L_o nach L_u abzusinken.

Der Kapillarquerschnitt stellt eine Kreisfläche dar. Diese können wir nach Hagen in konzentrische Kreisringe vom Radius r und der Fläche $2\,\pi\,r\,\mathrm{d}r$ untergliedern. Durch jeden dieser Ringe fließt in der Zeit t eine bestimmte Lösungsmenge vom Volumen $\mathrm{d}V$. Es gilt:

$$\mathrm{d}V = \upsilon(r)\,t\,2\,\pi\,r\,\mathrm{d}r \tag{4.512}$$

Das gesamte Lösungsvolumen ΔV ergibt sich, indem wir die Lösungsvolumina $\mathrm{d}V$ aller Kreisringe addieren. Es gilt also:

$$\Delta V = t\int_0^R \upsilon(r)\,2\,\pi\,r\,\mathrm{d}r \tag{4.513}$$

Mit Gl. (4.511) folgt:

$$\Delta V = \frac{\pi}{2}\;\frac{\Delta p\,t}{\eta\,L}\int_0^R \left(R^2 - r^2\right)\,r\,\mathrm{d}\upsilon = \frac{\pi}{8}\;\frac{\Delta p\,R^4}{\eta\,L}\;t \tag{4.514}$$

Diese Gleichung lösen wir nach η auf. Mit $\Delta p = \rho\,g\,\Delta h$ folgt:

$$\eta = \left[\left(\pi\,g\,\Delta h R^4\right)/\left(8\,\Delta V L\right)\right]\,\rho t = K\rho t \tag{4.515}$$

Dabei ist $K = (\pi\,g\,\Delta h\,R^4)/(8\,\Delta V L)$ die Viskosimeterkonstante. Wir können sie bestimmen, indem wir die Durchflusszeit t_0 für eine Kalibrierflüssigkeit messen, deren Dichte ρ_{E} und Viskosität η_{E} bekannt sind. Es gilt:

$$K = \eta_{\mathrm{E}}/\left(\rho_{\mathrm{E}}\,t_{\mathrm{E}}\right) \tag{4.516}$$

Für die zu untersuchende Lösung folgt dann:

$$\boxed{\eta = K\,\rho\,t = \left[\eta_{\mathrm{E}}/\left(\rho_{\mathrm{E}}\,t_{\mathrm{E}}\right)\right]\,\rho\,t} \tag{4.517}$$

In der Praxis wird oft nur mit der relativen Viskosität $\eta_{\mathrm{rel}} = \eta/\eta_0$ gearbeitet. Dabei ist η_0 die Viskosität des Lösemittels und η die der Lösung. Bei verdünnten Lösungen ist $\rho \approx \rho_0$. Es folgt:

$$\eta_{\mathrm{rel}} = \left(\eta/\eta_0\right) = \rho\;t/\left(\rho_0\,t_0\right) \approx t/t_0 \tag{4.518}$$

Für die Bestimmung von η_{rel} reicht es also aus, die Durchflusszeiten t der Lösung und t_0 des Lösemittels zu messen.

Dissipationsenergie Einer Flüssigkeit, die unter dem Einfluss einer äußeren Kraft F fließt, wird ständig Energie zugeführt. Diese Energie U ist nicht in der Flüssigkeit gespeichert. Sie wird aufgrund der Brown'schen Molekularbewegung der Flüssigkeitsmoleküle über die Flüssigkeit zerstreut (dissipiert) und in Form von Reibungswärme an die Umgebung abgegeben.

Wir betrachten als Beispiel den Quader aus Abb. 4.68. Die Energie $\mathrm{d}U/\mathrm{d}t$, die der Quader pro Zeiteinheit $\mathrm{d}t$ erhält bzw. dissipiert, ist gleich $F\,\mathrm{d}(\Delta x)/\mathrm{d}t$. Ferner gilt:

$$\mathrm{d}(\Delta x/z)/\mathrm{d}t = \mathrm{d}v/\mathrm{d}z \qquad \text{bzw.} \qquad \mathrm{d}(\Delta x)/\mathrm{d}t = z\,\mathrm{d}v/\mathrm{d}z \tag{4.519}$$

Mit Gl. (4.510) folgt:

$$(\mathrm{d}U/\mathrm{d}t)/(x\,y\,z) = \eta\,(\mathrm{d}v/\mathrm{d}z)^2 \tag{4.520}$$

Diese Gleichung liefert uns eine anschauliche Interpretation für η. Setzen wir für $\mathrm{d}v/\mathrm{d}z$ die Einheitsscherrate $E = 1/\mathrm{s}$ ein, so folgt $\eta = (\mathrm{d}U/\mathrm{d}t)/((x\ y\ z)\ E^2)$. Die Viskosität η ist deshalb nichts anderes als die Energie, die pro Zeiteinheit und pro Volumeneinheit bei der Einheitsscherrate E über die Flüssigkeit zerstreut wird.

Intrinsische Viskosität Gegeben sei eine Flüssigkeit mit der konstanten Scherrate $\mathrm{d}v/\mathrm{d}z$. Die Geschwindigkeit der Flüssigkeitsschichten nehme linear in z-Richtung zu. Wir platzieren dann ein kugelartiges Teilchen in diese Flüssigkeit (Abb. 4.72).

Die Geschwindigkeiten der Flüssigkeitsschichten an den Punkten A und B sind verschieden groß. Das Teilchen beginnt sich zu drehen. Das Geschwindigkeitsprofil der Flüssigkeit wird dadurch gestört. Es kommt zu einer Erhöhung der Rate der Dissipationsenergie $\mathrm{d}U/\mathrm{d}t$. Die totale Scherrate $\mathrm{d}v/\mathrm{d}z$ ist voraussetzungsgemäß konstant. Nach Gl. (4.520) wird η deshalb größer. Mit anderen Worten, die Viskosität einer Lösung ist größer als die Viskosität des zugehörigen Lösemittels. Diese Aussage gilt für alle Teilchengestalten. Teilchen von asymmetrischer Gestalt orientieren sich zusätzlich im Lösemittel. Der Grad der Orientierung ist umso größer, je größer die Scherrate ist, und umso kleiner, je höher die Temperatur ist.

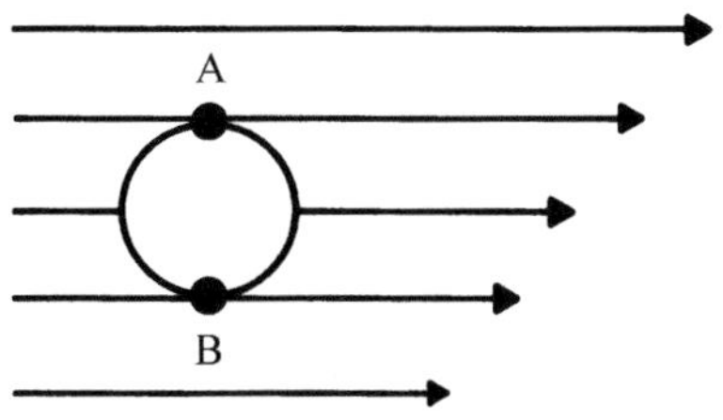

Abb. 4.72 Kugel im Strömungsfeld

Die Viskosität des Lösemittels wollen wir mit η_0 und die Viskosität der Lösung mit η bezeichnen. Es ist außerdem zweckmäßig, die folgenden Viskositätsfunktionen einzuführen:

$$\text{relative Viskosität} \quad \eta_{\text{rel}} \equiv \eta/\eta_0 \tag{4.521}$$

$$\text{spezifische Viskosität} \quad \eta_{\text{sp}} \equiv (\eta - \eta_0)/\eta_0 = \eta_{\text{rel}} - 1 \tag{4.522}$$

$$\text{reduzierte Viskosität(Viskositätszahl)} \quad \eta_{\text{red}} \equiv \eta_{\text{sp}}/c \tag{4.523}$$

c ist die Konzentration des gelösten Stoffes in der Lösung. Sie wird in der Regel in g cm^{-3} angegeben. Die reduzierte Viskosität ist eine charakteristische Eigenschaft des gelösten Stoffs. η_{red} bezieht sich auf genau ein Teilchen, wenn sich die gelösten Teilchen unabhängig voneinander bewegen. Das ist nur in stark verdünnten Lösungen der Fall. Es ist deshalb zweckmäßig, η_{red} für verschiedene Scherraten $\mathrm{d}\upsilon/\mathrm{d}z$ und für verschiedene Konzentrationen c zu messen und anschließend η_{red} auf $\mathrm{d}\upsilon/\mathrm{d}z = 0$ und $c = 0$ zu extrapolieren. Der Grenzwert

$$[\eta] = \lim_{\substack{c \to 0 \\ \mathrm{d}\upsilon/\mathrm{d}z \to 0}} \eta_{\text{red}} \tag{4.524}$$

heißt **Grenzviskositätszahl** oder **intrinsische Viskosität**. Sie hat die Dimension eines spezifischen Volumens.

Die Extrapolation von η_{red} auf $\mathrm{d}\upsilon/\mathrm{d}z = 0$ ist erforderlich, wenn die Lösung nicht-Newton'sch ist, d. h., wenn η_{red} von $\mathrm{d}\upsilon/\mathrm{d}z$ abhängt. Das ist bei Polymerlösungen so gut wie immer der Fall. Häufig wird dennoch bei konstant gehaltener Scherrate nur die Extrapolation auf $c = 0$ durchgeführt. Der Begriff „Grenzviskositätszahl" ist daher nicht vollends korrekt. Es wurde die Bezeichnung „konventionelle Viskositätszahl" vorgeschlagen. In jedem Fall sollte angegeben werden, auf welchen Wert der Scherrate sich $[\eta]$ bezieht. Anderenfalls ist der Vergleich mit den Messdaten anderer Forschergruppen sinnleer.

Für die Extrapolation von η_{red} auf $c = 0$ haben sich verschiedene Reihenentwicklungen bewährt. Die wichtigsten sind:

$$\begin{aligned}
&\textit{Huggins}\ \eta_{\text{red}} &&= [\eta] + [\eta]^2\, k_{\text{H}}\, c + \ldots \\
&\textit{Martins}\ \lg \eta_{\text{red}} &&= \lg\, [\eta] + [\eta]\, k_{\text{M}}\, c + \ldots \\
&\textit{Krämer}\ (\ln\, \eta_{\text{red}})/c &&= [\eta] + [\eta]^2\, k_{\text{K}}\, c + \ldots \\
&\textit{Schulz-Blaschke}\ \eta_{\text{red}} &&= [\eta] + [\eta]\, k_{\text{SB}}\, \eta_{\text{sp}} + \ldots
\end{aligned}$$

Bei diesen Gleichungen handelt es sich um rein empirische Formeln. Die Auswahl der „Extrapolationsformel" erfolgt so, dass die Messdaten für η_{red} möglichst gut durch eine Gerade wiedergegeben werden. Die Konstanten k_{H}, k_{M}, k_{K} und k_{SB} besitzen dennoch eine gewisse Bedeutung. Sie sind ein Maß für die Wechselwirkung der gelösten Teilchen mit dem Lösemittel. Die *k*-Werte sind umso kleiner, je besser das Lösemittel, d. h., je stärker ein Knäuelmolekül aufgeweitet ist.

Informationsgehalt der Grenzviskositätszahl Die Grenzviskositätszahl $[\eta]$ lässt sich für verschiedene Teilchenmodelle theoretisch berechnen. Das ist aber nicht einfach, weil die Berechnung Elemente der Theorie der partiellen Differenzialgleichungen und Elemente der Vektoranalysis erfordert (siehe z. B. Yamakawa 1971). Wir beschränken uns deshalb darauf, die wichtigsten Formeln für $[\eta]$ anzugeben. Diese sind in Tab. 4.16 zusammengestellt. Die Gleichungen in Tab. 4.16 werden benutzt, um die Größe und die Gestalt starrer Teilchen zu bestimmen. Dazu wird $[\eta]$ für verschiedene Molmassen M gemessen und anschließend $[\eta]$ gegen M aufgetragen. Für Kugeln konstanter Dichte ist R proportional zu $M^{1/3}$. $[\eta]$ hängt also in einem solchen Fall nicht von M ab.

Die Länge L eines Stäbchens ist proportional zu seiner Molmasse M. Das bedeutet:

$$[\eta]_{\text{Stäbchen}} \sim M^2/\ln\,(M/M_{\text{E}}) \tag{4.525}$$

Dabei ist M_{E} die Einheitsmasse ($M_{\text{E}} = 1$ g mol^{-1}). Wir müssen also, um zu prüfen, ob die zu untersuchenden Teilchen Stäbchen sind, $[\eta]$ gegen $M^2/\ln\,(M/M_{\text{E}})$auftragen. Erhalten wir eine Gerade, so handelt es sich um Stäbchen. Diese Überlegungen brachten Staudinger, Mark, Houwink und Sakurada auf die Vermutung, dass die Abhängigkeit zwischen $[\eta]$ und M für alle Typen gelöster Makromoleküle einem Scaling-Gesetz der Form

$$\boxed{[\eta] = K_\eta\,(M/M_{\text{E}})^{a_\eta}} \tag{4.526}$$

gehorcht. Gl. (4.526) heißt **Staudinger-Mark-Houwink-Sakurada-Gleichung**. Sie wurde erstmals 1930 von Staudinger (Nobelpreis 1953) vorgeschlagen und ist heute allgemein akzeptiert. Wir wollen sie im Folgenden als SMHS-Gleichung bezeichnen.

Tab. 4.16 Formeln für die Grenzviskosität starrer Teilchen

Teilchentyp	Formel	Bezeichnungen
Kugel	$[\eta] = (10\,\pi/3)\,(N_{\text{A}}\,R^3/M)$	R = Radius M = Masse
Stäbchen	$[\eta] = (2\,\pi\,N_{\text{A}}\,L^3)/[45\,M\,\ln\,(L/a)]$	L = Länge a = Länge der Seite des Quaderquerschnitts
Prolates Ellipsoid	$[\eta] = \frac{N_{\text{A}}\,V}{M}\left[\frac{14}{15} + \frac{p^2}{15\,[\ln\,(2\,p) - 3/2]} + \frac{p^2}{5\,[\ln\,(2\,p) - 1/2]}\right]$	a = größere Halbachse b = kleinere Halbachse $p = b/a$ $V = (4\,\pi/3)\,a\,b^2$

Abb. 4.73 SMHS-Plot für Polymethylmethacrylat, $[\eta]$ in $100\ \mathrm{cm}^3\ \mathrm{g}^{-1.}$ ● = ataktisch, ■ = isotaktisch in TFP, □ = isotaktisch, ○ = ataktisch, Δ = syndiotaktisch in Benzol. (Hamori et al. 1965)

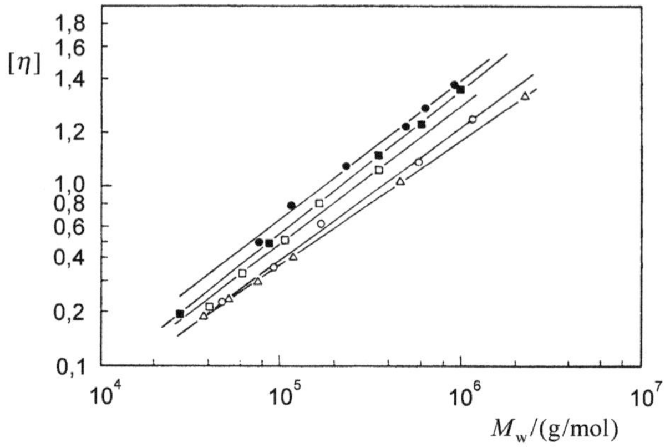

Die Konstanten K_η und a_η können bestimmt werden, indem $[\eta]$ für verschiedene M gemessen und anschließend $\ln[\eta]$ gegen $\ln\ [M/M_\mathrm{E}]$ aufgetragen wird. Das ergibt eine Gerade mit der Steigung a_η und dem Achsenabschnitt $\ln K_\eta$. Für Kugelmoleküle konstanter Dichte ist $a_\eta = 0$; für Stäbchen ist $a_\eta \approx 2$. Der a_η-Wert für Ellipsoide liegt zwischen $a_\eta = 0$ und $a_\eta \approx 2$. Er hängt vom Achsenverhältnis $p = b/a$ ab. Knäuelmoleküle behandeln wir später. Ein Beispiel für die Molmassenabhängigkeit von $[\eta]$ zeigt Abb. 4.73. Es handelt sich um Polymethylmethacrylat, das einmal in Benzol und das andere Mal in TFP gelöst ist.

Molmassenbestimmung mithilfe der Grenzviskositätszahl Die SMHS-Gleichung wird in erster Linie dazu benutzt, um aus einer Messung von $[\eta]$ die Molmasse eines Polymers zu ermitteln. Das geschieht wie folgt: Für möglichst viele monodisperse Proben der gleichen Polymersorte, deren Molmassen bekannt sind, werden die $[\eta]$-Werte ermittelt. Die Auftragung von $[\eta]$ gegen $\ln[M/M_E]$ liefert eine Kalibrierkurve, aus der die Konstanten K_η und a_η bestimmt werden können. In einem zweiten Arbeitsschritt wird die Grenzviskositätszahl der Polymerprobe gemessen, deren Molmasse M gesucht ist. Diese ist erhältlich, indem $[\eta]$ in die zuvor ermittelte Kalibrierbeziehung $M = M_\mathrm{E}\left([\eta]/K_\eta\right)^{1/a_\eta}$ eingesetzt wird.

Die zu untersuchende Polymerprobe ist im Allgemeinen polydispers. Der gemessene Wert für $[\eta]$ stellt deshalb einen über die verschiedenen Molmassen der Probe gemittelten Wert dar. Es gilt:

$$< [\eta] > \ = \sum_i w_i [\eta]_i = K_\eta \sum_i w_i (M_i/M_\mathrm{E})^{a_\eta} \equiv K_\eta\, M_\eta^{a_\eta} \qquad (4.527)$$

$$\text{oder} \quad M_\eta = \left(\sum_i w_i (M_i/M_\mathrm{E})^{a_\eta} \right)^{1/a_\eta} \qquad (4.528)$$

Tab. 4.17 Parameter der SMHS-Gleichung für einige Systeme

System	T(°C)	K_h ($cm^3\ g^{-1}$)	a_η
Polystyrol/Toluol	25	$1{,}00 \cdot 10^{-2}$	0,73
Polyethylen/Tetralin	105	$1{,}62 \cdot 10^{-2}$	0,83
Polyvinylalkohol/Wasser	25	$3{,}00 \cdot 10^{-1}$	0,50
Polyvinylacetat/Aceton	25	$1{,}02 \cdot 10^{-2}$	0,72
Polyvinylchlorid/Cyclohexanon	25	$1{,}50 \cdot 10^{-4}$	1,00
Polyvinylpyrrolidon/Wasser	25	$5{,}65 \cdot 10^{-2}$	0,55
Polybutadien/Cyclohexan	20	$3{,}60 \cdot 10^{-2}$	0,70
Naturkautschuk/Toluol	25	$5{,}00 \cdot 10^{-2}$	0,67
Cellulose/Cadoxen	20	$1{,}24 \cdot 10^{-3}$	1,00
Amylose/0,5 n KOH	25	$3{,}06 \cdot 10^{-2}$	0,64

Dabei ist w_i der Massenbruch der Polymermoleküle mit der Molmasse M_i in der Probe. M_η ist der gemessene Molmassenmittelwert der Probe. Dieser stimmt für $a_\eta = 1$ mit dem Massenmittelwert M_w überein. Ansonsten gilt $M_n < M_h < M_w$. Für polydisperse Polymere werden häufig folgende Gleichungen verwendet: $[\eta] = K_n\, M^{a_n}$ und $[\eta] = K_w\, M^{a_w}$. Diese Gleichungen gelten aber nur genau, wenn die Polymere gleiche Molmassenverteilung haben.

In der Literatur finden sich sehr viele Angaben über K_η und a_η. Einige Beispiele zeigt Tab. 4.17. Leider stimmen die Werte, die verschiedene Forscher für K_η und a_η angeben, nicht immer überein. Der Grund ist einfach: $[\eta]$ kann mit großer Genauigkeit und Reproduzierbarkeit gemessen werden. Bei der Kalibrierung schleichen sich jedoch Fehler ein. So werden oft Kalibrierproben benutzt, deren Molmassen zwar bekannt, aber nicht monodispers sind. Für Präzisionsmessungen der Molmasse ist die Methode der Viskosimetrie deshalb nicht geeignet. Dazu sollte besser die Methode der Osmometrie oder die Methode der statischen Lichtstreuung benutzt werden.

Die Grenzviskositätszahl bei Knäuelmolekülen Wird ein Polymerknäuel in ein fließendes Lösemittel platziert, so wird der Fluss der Lösemittelmoleküle gestört. Die Segmente des Polymermoleküls stellen einen Widerstand dar, den die Lösemittelmoleküle umfließen müssen. Die Änderung des Flusses an irgendeinem Punkt ergibt sich aus der Summe der Störungen, die von allen Segmenten zusammen hervorgerufen wird. Die Störung, die das Polymersegment im Fluss erzeugt, wirkt sich auf die Bewegung der Nachbarsegmente aus. Diese erfahren eine zusätzliche Schubkraft. Es liegt dadurch eine kooperative oder hydrodynamische Wechselwirkung vor. Es ist aber auch denkbar, dass die Segmente unabhängig voneinander von dem Lösemittel umspült werden. Dann sind die hydrodynamischen Wechselwirkungskräfte null. Dieser Fall heißt *free-draining* (freie Durchspülung).

Die Flussstörungen und die hydrodynamischen Segmentwechselwirkungen lassen sich beschreiben. Dazu muss die Navier-Stokes-Gleichung gelöst werden. Das ist aber sehr schwierig. Wir beschränken uns deshalb darauf, die wichtigsten Ergebnisse dieser Berechnungen vorzustellen.

Die Kirkwood-Riseman-Theorie Wir betrachten ein lineares Polymerknäuel, dessen Segmente sich Gauß-artig um den Schwerpunkt des Knäuels verteilen. Das Polymerknäuel befindet sich somit im Theta-Zustand. Kirkwood und Riseman haben für dieses Modell die Grenzviskositätszahl berechnet. Es gilt:

$$[\eta]_\theta = N_A \, (\pi/6)^{3/2} \; \frac{<h^2>_\theta^{3/2}}{M} \, X \quad F(X) \tag{4.529}$$

$$\text{mit } X \; F(X) = 0{,}482 \sum_{i=1}^{\infty} X/\left[i^2\left(1 + X/i^{1/2}\right)\right] \quad \text{und} \quad X = \zeta \, \sqrt{N^*}/\left[\left(6\,\pi^3\right)^{1/2} \eta_0 \, l_K\right]$$

Hier ist $<h^2>_\theta$ der mittlere quadratische Kettenabstand im Theta-Zustand; N^* gibt die Anzahl der Segmente des Polymerknäuels an; ζ ist der Reibungskoeffizient eines Segments, η_0 die Viskosität des Lösemittels und l_K die Länge eines Kuhn'schen Segments. Die Funktion $X\,F(X)$ heißt **revidierte Kirkwood-Riseman-Funktion**. Sie ist null für $X = 0$ und 1,259 für $X = \infty$. Einige numerische Werte von $X\,F(X)$ enthält Tab. 4.18.

Gl. (4.529) ist eine Näherungslösung für $[\eta]_\theta$. Sie liefert nur für $X > 1$ hinreichend genaue Werte. Im Fall $X = 0$ existieren keine hydrodynamischen Wechselwirkungen zwischen den Polymersegmenten. Dieser Grenzfall wird deshalb als *free-draining case* bezeichnet. Nach Gl. (4.529) ist $[\eta]_\theta$ dann null. Die exakte Lösung für ein frei durchspültes Knäuelmolekül im θ-Zustand lautet:

$$[\eta]_\theta = \frac{N_A \, \zeta \, N^*}{36 \, \eta_0 \, M} <h^2>_\theta \tag{4.530}$$

N^* und $<h^2>_\theta$ sind nach Kap. 2 proportional zur Molmasse M. Es gilt deshalb:

$$[\eta]_{\theta,\text{free-draining}} \sim M \tag{4.531}$$

Der Exponent a_η in der SMHS-Gleichung ist also in diesem Fall gleich eins. Für alle anderen Fälle ist es üblich, Gl. (4.529) umzuschreiben zu:

Tab. 4.18 $X\,F(X)$ als Funktion von X

X	0	0,1	0,2	0,5	1,0	2,0	5,0	10,0	20,0	50,0	100,0	∞
$X\,F(X)$	0	0,073	0,136	0,284	0,447	0,634	0,864	0,999	1,10	1,178	1,212	1,259

$$[\eta]_\theta = \Phi_\theta \left(< h^2 >_\theta^{3/2} / M \right) = 6^{3/2}\, \Phi_\theta \left(< R^2 >_\theta^{3/2} / M \right) \tag{4.532}$$

$$\text{mit} \quad \Phi_\theta \equiv (\pi/6)^{3/2}\, N_A\, [X\, F(X)] \tag{4.533}$$

Die Funktion Φ_θ nimmt den Wert 2,87 · 10^{23} an, wenn $X = \infty$ wird. $[\eta]_\theta$ ist in diesem Fall proportional zu $< R^2 >_\theta^{3/2}/M$, sodass Gl. (4.532) formal mit der Gleichung für die starre Kugel aus Tab. 4.16 übereinstimmt. Der geometrische Radius R dieser Kugel ist proportional zu ihrem Trägheitsradius $< R^2 >_\theta^{1/2}$. Dieser Grenzfall heißt *non-free-draining case*. Er tritt dann auf, wenn die hydrodynamischen Segmentwechselwirkungskräfte ihren Maximalwert annehmen. Oft wird behauptet, dass sich ein Knäuelmolekül im Grenzfall $X = \infty$ hydrodynamisch so verhält, als sei es eine starre Kugel. Das ist aber nicht korrekt. Die Theorie von Kirkwood und Riseman sagt voraus, dass $X = \infty$ für ein nicht frei durchspültes Polymerknäuel proportional zu $M^{1/2}$ ist. Für die starre Kugel hängt $[\eta]$ dagegen nicht von M ab.

Die Funktion Φ_θ wird mit steigendem X größer. Das Verhältnis $\Phi_\theta(X)/\Phi_\theta(\infty)$ ist deshalb ein Maß dafür, wie frei (ungestört) das Lösemittel ein Polymerknäuel im Theta-Zustand durchspült. Der Durchfluss des Lösemittels ist umso ungestörter, je kleiner der Wert von $\Phi_\theta(X)/\Phi_\theta(\infty)$ ist.

Der Exponent a_η der SMHS-Gleichung liegt nach der Kirkwood-Riseman-Theorie zwischen 0,5 und 1,0. Viele Forscher korrelieren deshalb die a_η-Werte mit dem *draining effect*. Diese Interpretation ist aber nicht zulässig, wie wir im Folgenden sehen werden.

Die Literatur enthält weitere Theorien für die Berechnung von $[\eta]_\theta$ (z. B. Yamakawa 1971). Allen diesen Theorien ist gemeinsam, dass die Funktion $\Phi_\theta(X)$ mit steigendem X größer wird und für $X = \infty$ asymptotisch gegen einen Grenzwert $\Phi_\theta(\infty)$ konvergiert. Der Wert von $\Phi_\theta(\infty)$ hängt von der Art der verwendeten Berechnungsmethode ab. Eine Auswahl an $\Phi_\theta(\infty)$-Werten gibt Tab. 4.19.

Wir wollen abschließend die theoretischen Voraussagen von Gl. (4.532) mit experimentellen Ergebnissen vergleichen. Wir betrachten dazu das System Polystyrol/Cyclohexan bei $T = 34$ °C. Cyclohexan ist bei $T = 34$ °C ein Theta-Lösemittel. Gl. (4.532) ist also anwendbar. Der Reibungskoeffizient ζ möge dem Stokes'schen Gesetz $\zeta = 3\,\pi\,\eta_0\, l_K$ folgen. Wir nehmen ferner an, dass $N^* = M/(52\text{ g mol}^{-1})$ und $l_K = 5$ Å ist. Für X gilt dann $X \approx 0{,}09\,[M/(\text{g mol}^{-1})]^{1/2}$. M sei 10^4g mol^{-1}; X ist dann 9,4 und $\Phi_\theta(X)/\Phi_\theta(\infty) \approx 0{,}80$. Die Theorie sagt also eine 20 %ige Abnahme von $[\eta]_\theta/M^{1/2}$ voraus, wenn die Molmasse von sehr großen Werten ($M \to \infty$ g mol^{-1}) auf $M = 10^4$ g mol^{-1} abnimmt.

Tab. 4.19 Der Grenzwert $\Phi_\theta(\infty)$ für lineare Polymerknäuel. (Yamakawa 1971)

Autor	$\Phi_\theta(\infty)\ 10^{-23}$
Kirkwood-Riseman	2,87
Zimm	2,84
Hearst	2,82
Flory	2,66

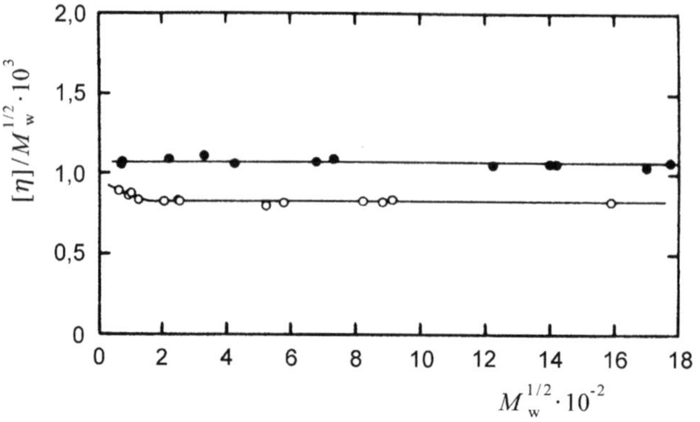

Abb. 4.74 $[\eta]_\theta/M_w^{1/2}$ als Funktion von $M_w^{1/2}$ ($[\eta]_\theta$in cm^3g^{-1}). ○ = Polystyrol in Cyclohexan bei $T_\theta = 34{,}0$ °C. • = Polyisobutylen in Benzol bei $T_\theta = 24$ °C. (Nach Krigbaum und Flory 1953)

In Abb. 4.74 sind die experimentellen Befunde für Polystyrol und Polyisobutylen dargestellt. Wir erkennen, dass $[\eta]_\theta/M_w^{1/2}$ nicht von $M_w^{1/2}$ abhängt. Das gleiche Ergebnis wird auch für andere Polymere im Theta-Zustand gefunden. Es liegt deshalb die Vermutung nahe, dass für alle Polymere mit einer Molmasse von $M_w \geq 4 \cdot 10^4$g mol^{-1} der *non-free-draining case* vorliegt. Diese Tatsache wird in der Praxis dazu benutzt, um den mittleren quadratischen Kettenendenabstand $<h^2>_\theta$ bzw. den mittleren quadratischen Trägheitsradius $<R^2>_\theta$ zu bestimmen. Wir messen dazu $[\eta]_\theta$ und berechnen anschließend $<h^2>_\theta$ bzw. $<R^2>_\theta$ mithilfe von Gl. (4.532). $\Phi_\theta(\infty)$ wird meistens gleich $2{,}84 \cdot 10^{23}$ gesetzt. Die Werte, die wir auf diese Weise für $<R^2>_\theta^{1/2}$ erhalten, stimmen im Rahmen der Messgenauigkeit (ca. 5 %) recht gut mit den Trägheitsradien überein, die die Methode der statischen Lichtstreuung liefert.

Effekte des ausgeschlossenen Volumens Wir betrachten jetzt die Grenzviskosität $[\eta]$ im Nicht-Theta-Zustand. Für diesen Fall haben Flory und Fox 1951 die empirische Gleichung

$$[\eta] = 6^{3/2}\,\Phi\left(<R^2>^{3/2}/M\right) \tag{4.534}$$

vorgeschlagen. Sie stimmt formal mit Gl. (4.532) für den Theta-Zustand überein, nur dass sich hier Φ und $<R^2>$ auf den Nicht-Theta-Zustand beziehen. Das Verhältnis

$$\alpha_\eta^3 \equiv [\eta]/[\eta]_\theta \tag{4.535}$$

ist deshalb ein Maß dafür, wie stark die aktuelle Konformation eines Makromoleküls von der Konformation des Theta-Zustands abweicht. Der Faktor α_η wird **viskosimetrischer Expansionsfaktor** genannt.

Wenn wir Gl. (4.532) in Gl. (4.535) einsetzen, folgt:

$$[\eta] = [\eta]_\theta\, \alpha_\eta^3 = 6^{3/2}\, \Phi_\theta \left(< R^2 >_\theta^{3/2} / M \right) \alpha_\eta^3 \tag{4.536}$$

Da $< R^2 > / < R^2 >_\theta = \alpha^2$ ist, gilt außerdem:

$$\Phi = \Phi_\theta (\alpha_\eta/\alpha)^3 \qquad \text{oder} \qquad [\eta] = 6^{3/2}\, \Phi_\theta \left(< R^2 >^{3/2} / M \right) (\alpha_\eta/\alpha)^3 \tag{4.537}$$

Flory setzt in seiner Originaltheorie $\alpha = \alpha_\eta$. Die experimentellen Ergebnisse zeigen jedoch, dass dies nicht erlaubt ist. Wir müssen Φ oder α_η berechnen. Yamakawa und Kurata benutzen dazu die Theorie des ausgeschlossenen Volumens und vernachlässigen den *draining effect*. Das ist erlaubt, solange wir uns in der unmittelbaren Nähe des Theta-Zustands befinden. Yamakawa und Kurata beschränken ihre Rechnung deshalb auf kleine Werte des ausgeschlossenen Volumenparameters z (Abschn. 4.2). Ihre Ergebnisse sind:

$$\alpha_\eta^3 = 1 + 1{,}55\, z \tag{4.538}$$

$$\Phi / \Phi_\theta = 1 - 0{,}46\, z \tag{4.539}$$

$$\alpha_\eta^3 = \alpha^{2{,}43} \tag{4.540}$$

In Abschn. 4.2 haben wir gezeigt, dass $< R^2 >^{1/2}$ proportional zu $M^{0{,}6}$ und α proportional zu $M^{0{,}1}$ ist. Für $[\eta]$ bedeutet dies $[\eta] \sim M^{0{,}74}$. Der Exponent a_η der SMHS-Gleichung ist also für Nicht-Theta-Zustände im *non-free-draining case* größer als 0,5.

Für große Werte von z wurde die Funktion Φ u. a. von Peterlin und Zimm berechnet (z. B. Yamakawa 1971). Diese Theorien vernachlässigen ebenfalls den *draining effect*, und es ist ihnen gemeinsam, dass das Verhältnis Φ/Φ_θ mit steigendem z bzw. mit steigendem α kleiner wird. Die wohl wichtigste Theorie stammt von Fixman-Stidham (FS). Sie ist über den ganzen α-Bereich von $\alpha = 1$ bis $\alpha = \infty$ anwendbar. Die Ergebnisse der FS-Theorie sind in Abb. 4.75 dargestellt.

Zum Vergleich sind auch die Werte eingezeichnet, die Yamakawa und Kurata nach Gl. (4.538) bis (4.540) erhalten. Die experimentell ermittelten Werte, die bisher für Φ/Φ_θ gefunden wurden, werden für kleine Werte von α mit wachsendem α^3 schnell kleiner. Sie liegen deutlich unterhalb der theoretischen Kurven von Fixman-Stidham und Yamakawa-Kurata. Für große Werte von α^3 wird das Verhältnis Φ/Φ_θ wieder größer und konvergiert möglicherweise gegen die Kurve von Fixman oder gegen eins.

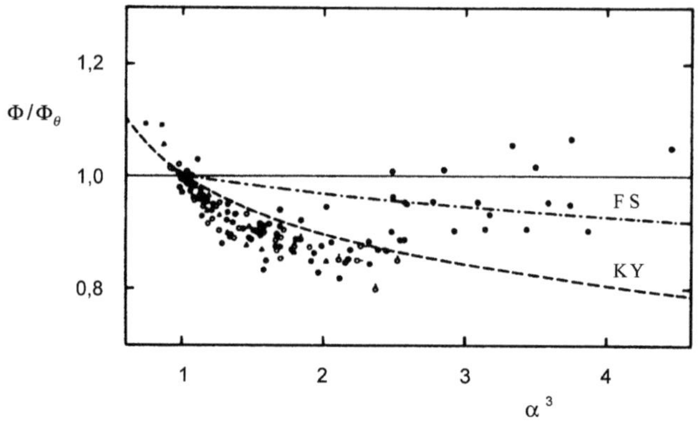

Abb. 4.75 Φ/Φ_θals Funktion von α^3 für verschiedene Polymerlösemittelsysteme. FS = Fixman-Stidham, KY = Kurata-Yamakawa. (Yamakawa 1971)

4.3.5.2 Reibungskoeffizienten

Die Newton'sche Bewegungsgleichung für ein freies Teilchen lautet:

$$F = m\,(\mathrm{d}v/\mathrm{d}t) \tag{4.541}$$

Hier ist F die auf das Teilchen einwirkende Kraft, m seine Masse und v seine Geschwindigkeit. Befindet sich das Teilchen in einer Flüssigkeit, so erfährt es eine Reibungskraft F_R, die der bewegenden Kraft F_B entgegenwirkt. Die Reibungskraft ist umso größer, je größer die Geschwindigkeit des Teilchens ist. Es gilt also:

$$F_\mathrm{R} = f\,v \tag{4.542}$$

Die Proportionalitätskonstante f heißt Reibungskoeffizient. Sie besitzt die Einheit N s m^{-1} = kg s^{-1} und hängt im Allgemeinen von der Konzentration c der Lösung ab. Es gilt:

$$f = f_0\,(1 + k_\mathrm{f}\,c + \ldots) \tag{4.543}$$

Dabei ist k_f eine Konstante und $f = f_0$, wenn $c = 0$ ist. Die Newton'sche Bewegungsgleichung lautet damit:

$$F_\mathrm{B} - F_\mathrm{R} = F_\mathrm{B} - f\,v = m\,(\mathrm{d}v/\mathrm{d}t)$$

Diese Gleichung ist eine Differenzialgleichung, die es erlaubt, die Geschwindigkeit v des Teilchens als Funktion der Zeit zu berechnen. Ihre Lösung lautet:

$$v(t) = (F_B/f)\,[1 - \exp(-f\,t/m)] \tag{4.544}$$

Wir haben dabei angenommen, dass F_B konstant ist, d. h., dass gilt:

$$F_B = \begin{cases} 0 \text{ für } t < 0 \\ F_B \text{ für } t \geq 0 \end{cases} \tag{4.545}$$

Der Zeitverlauf von $v(t)$ ist in Abb. 4.76 skizziert. Wir erkennen, dass $v(t)$ den Maximalwert $v_{max} = F_B/f$ erreicht, wenn t unendlich wird. Die Zeit $\tau = m/f$ heißt **Relaxationszeit**. Zurzeit $t = \tau$ hat das Teilchen eine Geschwindigkeit von(1 − 1/e) 100 %. Das sind 63,2 % der Endgeschwindigkeit.

Der Reibungskoeffizient f_0 lässt sich mithilfe geeigneter Theorien berechnen. Wir betrachten als Beispiel eine Kugel vom Radius R, die wir mit der Geschwindigkeit v durch eine Flüssigkeit ziehen. Die unmittelbar benachbarten Flüssigkeitsschichten haften an der Kugel und bewegen sich mit der gleichen Geschwindigkeit wie die Kugel. Im Abstand R von der Kugeloberfläche ist die Strömungsgeschwindigkeit null. Für das Geschwindigkeitsgefälle gilt $dv/dz \approx v/R$. Auf der Oberfläche $4\,\pi\,R^2$ der Kugel greift deshalb die bremsende Kraft

$$F_R \approx 4\,\pi\,R^2\,\eta_0\,(dv/dz) \approx 4\,\pi\,\eta_0\,R\,v \tag{4.546}$$

an. Mit dieser Kraft muss gezogen werden, um die Geschwindigkeit v zu erzeugen. Der Vergleich von Gl. (4.546) mit Gl. (4.542) zeigt, dass $f_0 \approx 4\,\pi\,\eta_0\,R$ ist. Stokes führte 1856 eine genauere (sehr aufwendige) Rechnung durch. Sein Ergebnis für f_0 ist aber ebenfalls sehr einfach. Es lautet:

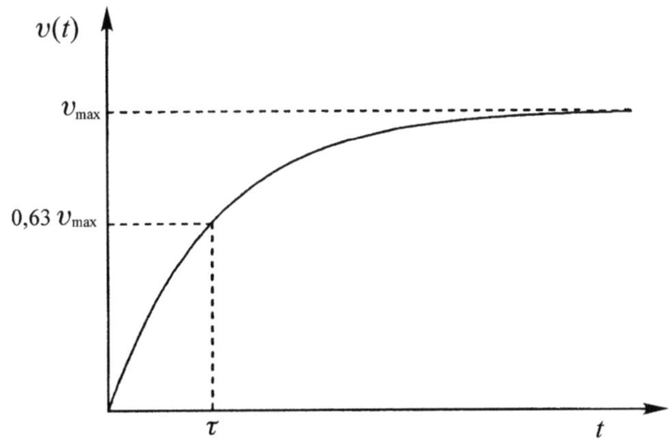

Abb. 4.76 Die Geschwindigkeit v eines Teilchens in einer reibenden Flüssigkeit als Funktion der Zeit t

$$\boxed{f_0 = 6\,\pi\,\eta_0\,R} \tag{4.547}$$

Gl. (4.547) ist in der Literatur unter dem Namen **Stokes'sches Gesetz**" bekannt. Wir wollen es zur Abschätzung der Relaxationszeit τ verwenden. Gegeben sei ein Proteinmolekül der Molmasse $2{,}5 \cdot 10^5$g mol^{-1} und der Dichte $\rho = 1$ g cm^{-3}. Es besitze eine kugelartige Gestalt und bewege sich in einer wässrigen Pufferlösung ($\eta_0 = 0{,}01$ g cm^{-1} s^{-1}) unter dem Einfluss eines elektrischen Felds. Es gilt dann:

$$m = M/N_\mathrm{A} \approx 4{,}2 \cdot 10^{-19}\ \mathrm{g}$$

$$R = [(3\,m)/(4\,\pi\,\rho)]^{1/3} \approx 4{,}6 \cdot 10^{-7}\ \mathrm{cm}$$

$$\tau = m/(6\,\pi\,\eta_0\,R) \approx 4{,}8 \cdot 10^{-12}\ \mathrm{s}$$

Makromoleküle in wässriger Lösung erreichen also nach Einschalten einer äußeren Kraft überaus schnell ihre konstante Endgeschwindigkeit.

Die Bewegung, die wir gerade betrachtet haben, ist eine Translationsbewegung. Der Koeffizient f wird deshalb **Translations-Reibungskoeffizient** genannt. Gelöste Teilchen führen in der Regel aber auch Rotationsbewegungen aus. Die Drehung wird dabei durch die tangentialen Reibungskräfte in Fließrichtung gefördert und durch gleichzeitig auftretende Reibungskräfte senkrecht zur Fließrichtung gebremst (Abb. 4.77).

Die Winkelgeschwindigkeit ω, mit der sich ein Teilchen um seine eigene Achse dreht, ist dem Drehmoment M_R proportional. Es gilt:

$$M_\mathrm{R} = f_\mathrm{R}\,\omega \tag{4.548}$$

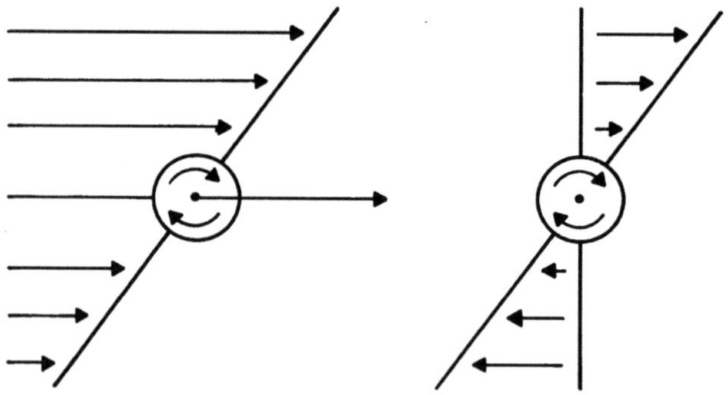

Abb. 4.77 Rotation einer Kugel im Scherfeld. Links: Strömung vom Beobachter aus betrachtet, rechts: Strömung von der bewegten Kugel aus betrachtet

$$\text{und} \quad f_{\mathrm{R}} = f_{0,\mathrm{R}} \left(1 + k_{f,\mathrm{R}}\, c + \ldots\right) \tag{4.549}$$

Der Koeffizient f_{R} heißt **Rotations-Reibungskoeffizient**. Er besitzt die Einheit N m s = kg m^2 s^{-1}. Für eine harte Kugel vom Radius R gilt nach Stokes:

$$\boxed{f_{0,\mathrm{R}} = 8\,\pi\,\eta_0\,R^3} \tag{4.550}$$

Sind die Teilchen asymmetrisch, so werden auf sie verschieden große Drehmomente ausgeübt, je nachdem, ob sie gerade in Strömungsrichtung liegen oder quer zur Strömung orientiert sind. Die Rotation wird ungleichförmig. Schwimmen die Teilchen quer zur Strömung, so klappen sie in die Strömungsrichtung um und drehen sich dann langsam aus dieser Lage wieder heraus. Dieser Effekt heißt **Rotationsorientierung**.

Reibungskoeffizienten für verschiedene Teilchengestalten Die Reibungskoeffizienten f und f_{R} sind nicht direkt messbar. Wir werden jedoch in Abschn. 4.3.5.3 sehen, dass f und f_{R} mit den Diffusionskoeffizienten der Translation und Rotation, D und D_{R}, über einfache Beziehungen verknüpft sind. D und D_{R} sind experimentell bestimmbar. Dies bedeutet, dass f und f_{R} indirekt messbar sind. Durch Extrapolation auf $c = 0$ erhalten wir f_0 und $f_{0,\mathrm{R}}$. Sie hängen von der Viskosität des Lösemittels und der Gestalt des Teilchens ab. Einige Berechnungsformeln für f_0 und $f_{0,\mathrm{R}}$ sind in Tab. 4.20 zusammengestellt.

Interessant ist die von Kirkwood und Riseman hergeleitete Berechnungsformel für den Reibungskoeffizienten f_0 eines Knäuelmoleküls im *non-free draining*-Theta-Zustand. Diese stimmt formal mit Gl. (4.547) für eine harte Kugel überein, wenn wir den Parameter

$$\zeta \equiv \left(3\,\pi^{1/2}/8\right) / \left[1 + 9\,\pi^{3/2}\,\eta_0 < R^2 >_\theta^{1/2} / (4\,N^*\,\xi)\right] \tag{4.551}$$

einführen. Es gilt:

$$f_{0,\text{Knäuel}} = 6\,\pi\,\eta_0\,\zeta < R^2 >_\theta^{1/2} \tag{4.552}$$

Im Fall der harten Kugel ist $\zeta = 1$ und $< R^2 >_\theta^{1/2} = R$. Für den Trägheitsradius $< R^2 >_\theta^{1/2}$ eines Knäuels gilt dagegen $< R^2 >_\theta^{1/2} = \sqrt{N^*}\, l_{\mathrm{K}}/6^{1/2}$. Die Segmente des Knäuels können wir in erster Näherung als Kugeln auffassen. Der Radius r eines Segments ist gleich $l_{\mathrm{K}}/2$. Für den Reibungskoeffizienten ζ eines Segments gilt deshalb $\zeta = 3\,\pi\,\eta_0\,l_{\mathrm{K}}$. Es folgt:

$$\frac{9\,\pi^{3/2}\,\eta_0 < R^2 >_\theta^{1/2}}{4\,N^*\,\zeta} = \frac{3\,\pi^{1/2}}{4\quad 6^{1/2}\,\sqrt{N^*}} = (3/4)\,(\pi/6)^{1/2}\left(1/\sqrt{N^*}\right)$$

Tab. 4.20 Translations- und Rotations-Reibungskoeffizienten

Teilchengestalt	Berechnungsformel	Bezeichnungen
Harte Kugel	$f_0 = 6\,\pi\,\eta_0 R$; $f_{0,\,\mathrm{R}} = 8\,\pi\,\eta_0 R^3$	η_0 = Viskosität des Lösemittels
Zylinder	$f_0 = 3\,\pi\,\eta_0\,L/\left[6 - 1/2\left(\gamma_\parallel + \gamma_\perp\right)\right]$ $f_{0,\mathrm{R}} = \pi\,\eta_0\,L^3/(\delta - \mu)$ mit : $\delta = \ln(2\,L/d)$ $\gamma_\parallel = 1{,}27 - 7{,}4\,(1/\delta - 0{,}34)^2$ $\gamma_\perp = 0{,}19 - 4{,}2\,(1/\delta - 0{,}39)^2$ $\mu = 1{,}45 - 7{,}5\,(1/\delta - 0{,}27)^2$	L = Länge d = Durchmesser Nebenbedingung: $L/d \geq 4$
Ellipsoid	$f_0 = 6\,\pi\,\eta_0\,a/G(p)$ $f_{0,R} = 8\,\pi\,\eta_0\,a^3\,(2/3)\,[(2 - p^2)G(p) - 1]/(1 - p^4)$ Prolates Ellipsoid: $p < 1$ $G(p) = (1 - p^2)^{-1/2}\ln\{[1 + (1 - p^2)^{1/2}]/p\}$ Oblates Ellipsoid: $p > 1$ $G(p) = (p^2 - 1)^{-1/2}\arctan\,[(p^2 - 1)^{1/2}]$	a = größere Halbachse b = kleinere Halbachse $p \equiv b/a$
Knäuel Theta-Zustand *free-draining case* Knäuel Theta-Zustand *non-free-draining case*	$f_0 = N^{*2}\,\zeta$ $f_{0,\mathrm{R}} = (1/9)\,\zeta\,N^{*2}\,l_\mathrm{K}^2$ $f_0 = \dfrac{(3\,\pi^{1/2}/8)\left(6\,\pi\,\eta_0 <R^2>_\theta^{1/2}\right)}{1 + \left[9\,\pi^{3/2}\,\eta_0\,<R^2>_\theta^{1/2}/(4\,N^*\zeta)\right]}$ $f_{0,\mathrm{R}} = 1{,}91\,\eta_0\,N^{*3/2}\,l_\mathrm{K}^3$	N^* = Anzahl der Segmente ζ = Translations-Reibungskoeffizient eines Segments l_K = Kuhn'sche Länge $<R^2>_\theta^{1/2}$ = Trägheitsradius des Knäuels im Theta-Zustand
Knäuel Nicht-Theta-Zustand	$f_0 = 6\,\pi\,\eta_0\,\alpha_\mathrm{h}\,R_{\mathrm{h},\theta}$ $f_{0,\mathrm{R}} = \left(4\cdot 6^{3/2}/N_\mathrm{A}\right)\eta_0\,\Phi_\theta <R^2>_\theta^{3/2}\,\alpha_\eta^3$	α_h = hydrodynamischer Expansionskoeffizient $R_{\mathrm{h},\theta}$ = hydrodynamischer Radius im Theta- Zustand α_h = viskosimetrischer Expansionskoeffizient ($\alpha_h \approx \alpha_h$)
Wurmartige Kette Theta-Zustand	$L/(2l_\mathrm{p}) << 1$ $f_0 = 3\,\pi\,\eta_0 L/\{\ln(L/a) + 0{,}166\,[L/(2\,l_\mathrm{p})] - 1 + (a/d)\}$ $f_{0,\,\mathrm{R}} = \pi\,\eta_0 L^3/\{3\,\ln\,(L/a) - 7 + 4(a/d) + [L/(2\,l_\mathrm{p})][2{,}25\,\ln\,(L/a) - 6{,}66 + 2(a/d)]\}$ $L/(2\,l_\mathrm{p}) >> 1$ $f_0 = 3\,\pi\,\eta_0 L/\{1{,}84\,[L/(2\,l_\mathrm{p})]^{1/2} - \ln\,[a/(2\,l_\mathrm{p})] - 2{,}43 - (a/d)\}$ $f_{0,\,\mathrm{R}} = 2\,\eta_0\,l_\mathrm{p}\,L^2/\{0{,}72\,[L/(2\,l_\mathrm{p})]^{1/2} - 0{,}64\,\ln\,[a/(2\,l_\mathrm{p})] - 1{,}55 + 0{,}64\,(a/d)\}$	L = Konturlänge a = Länge des Monomers d = Durchmesser eines Monomers l_p = Persistenzlänge

Dieser Faktor ist für große Werte von N^* ($N^* > 1000$) sehr viel kleiner als eins. Das ist in der Praxis fast immer der Fall. Wir können deshalb schreiben:

$$f_{0,\text{Knäuel}} = 6\,\pi\,\eta_0\,R_\text{h} \qquad (4.553)$$

$$\text{mit} \quad R_\text{h} \equiv \left(3\,\pi^{1/2}/8\right) < R^2 >_\theta^{1/2} = 0{,}665 < R^2 >_\theta^{1/2} \qquad (4.554)$$

Gl. (4.553) besagt, dass sich ein Knäuelmolekül im *non-free draining*-Theta-Zustand reibungsmäßig wie eine harte Kugel verhält. Der Radius dieser Kugel ist R_h. Der Index h steht dabei für „hydrodynamisch". Ein ähnliches Resultat haben wir zuvor für die Grenzviskositätszahl $[\eta]_\theta$ gefunden. Dort gilt für hinreichend große Werte von N^*:

$$R_\text{eff} = 0{,}875 < R^2 >_\theta^{1/2} \qquad (4.555)$$

Der hydrodynamische Radius R_h und der aus der Viskosimetrie abgeleitete Radius R_eff stimmen also nicht überein. In der Literatur wird R_h leider oft mit R_eff gleichgesetzt.

4.3.5.3 Diffusion

Ein Materietransport, der durch Konzentrationsunterschiede hervorgerufen wird, heißt Diffusion. Ein Beispiel zeigt Abb. 4.78. Dort ist eine Polymerlösung der Konzentration c_0 zum Zeitpunkt $t = 0$ mit reinem Lösemittel überschichtet. Es herrscht ein Konzentrationsgradient in x-Richtung, der sich im Laufe der Zeit auflöst, bis schließlich in dem gesamten Quader die gleiche Konzentration $c_0/2$ vorliegt.

Wir können diesen Diffusionsvorgang quantitativ beschreiben, indem wir den Diffusionsfluss J_x einführen. Dieser gibt die Stoffmenge (Mole) der Polymermoleküle an, die netto pro Sekunde in positiver x-Richtung durch die Einheitsfläche 1 cm^2 hindurchtreten, die senkrecht zur x-Achse angeordnet ist. J_x besitzt also die Einheit mol $\text{cm}^{-2}\,\text{s}^{-1}$.

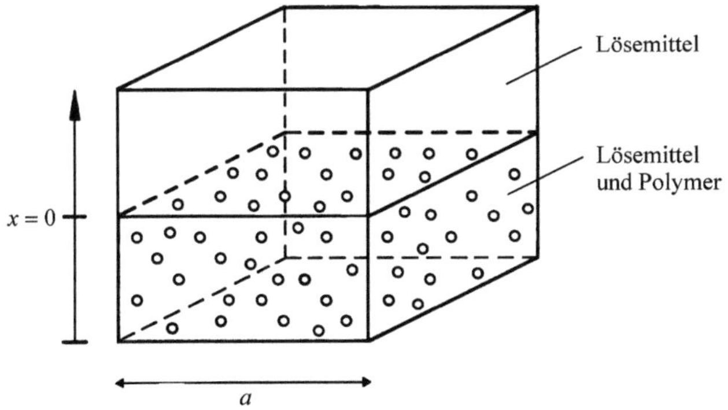

Abb. 4.78 Diffusionszelle mit zwei Flüssigkeitsschichten unterschiedlicher Konzentration

Nach Fick (1855) ist der Fluss J_x proportional zum Konzentrationsgradienten $-\partial c/\partial x$. Es gilt deshalb:

$$J_x = -D\ \partial c/\partial x \tag{4.556}$$

Die Konstante D heißt **Translations-Diffusionskoeffizient**. Ihre Einheit ist $m^2\,s^{-1}$, oft auch angegeben in $cm^2\,s^{-1}$ oder $\mu m^2\ s^{-1}$. Das negative Vorzeichen in Gl. (4.556) weist darauf hin, dass die Polymermoleküle in Richtung abnehmender Konzentration diffundieren. Die Ursache für die Diffusion ist die Brown'sche Molekularbewegung der Polymer- und Lösemittelmoleküle.

Der Diffusionskoeffizient D hängt von der Konzentration c der Lösung ab. Es gilt:

$$D = D_0\ [1 + k_D\ c\ + \ldots] \tag{4.557}$$

Dabei ist D_0 der Diffusionskoeffizient, wenn $c = 0$ ist (unendliche Verdünnung). Die Konstante k_D heißt **zweiter hydrodynamischer Virialkoeffizient**.

Die Thermodynamik für irreversible Prozesse lehrt, dass der Fluss J_x proportional zu der Kraft X ist, die den Fluss erzeugt. Hier ist $X = -\ \partial\mu_2/\partial x$, wobei μ_2 das chemische Potenzial der gelösten Polymermoleküle ist. Es gilt also:

$$J_x = L\,X = -L\ \partial\mu_2/\partial x \tag{4.558}$$

L ist eine Proportionalitätskonstante. Sie wird nach Onsager **Transportkoeffizient** genannt.

Die Geschwindigkeit υ des Diffusionsflusses ist gleich J_x/c. Mit Gl. (4.542) folgt $\upsilon = X/f = J_x/c$. Es gilt also $L = c/f$. Die Gibbs-Duhem-Gleichung liefert:

$$\partial\mu_2/\partial x = (\partial\mu_2/\partial c)\ (\partial c/\partial x) = (M/N_A\ c)\ (1 - \upsilon_2\ c)\ (\partial\pi/\partial c)\ (\partial c/\partial x) \tag{4.559}$$

Dabei ist π der osmotische Druck der Lösung und υ_2 das partielle spezifische Volumen eines Polymermoleküls. Gl. (4.556), (4.558) und (4.559) setzen wir ineinander ein. Es folgt:

$$\boxed{\begin{aligned} D &= (M/N_A\,f)\ (1 - \upsilon_2\ c)\ (\partial\pi/\partial c) \\ D &= (k_B\ T/f)\ (1 - \upsilon_2\ c)\ (1 + 2\,A_2\ M\ c\ + \ldots) \end{aligned}} \tag{4.560}$$

Diese Gleichung vergleichen wir mit Gl. (4.557). Wir finden somit:

$$k_f + k_D = 2\,A_2\ M - \upsilon_2 \tag{4.561}$$

$$\text{und} \quad D_0 = (k_B\ T)/f_0 \tag{4.562}$$

Gl. (4.560) wurde erstmals 1908 von Einstein hergeleitet. Sie ist die gesuchte Beziehung zwischen dem Translations-Diffusionskoeffizienten D und dem Translations-Reibungskoeffizienten f_R. Wir können sie dazu benutzen, um aus gemessenen Werten von D Werte für f_R zu berechnen. Diese werden dann auf $c = 0$ extrapoliert. Das ergibt Werte für f_0, die wir mit den theoretisch berechneten Werten vergleichen. Dadurch erhalten wir schließlich Aussagen über die Teilchengestalt. Ohne Beweis wollen wir die ebenfalls von Einstein sowie gleichsam von Smoluchowski hergeleitete Beziehung

$$D_0 = \overline{\Delta x^2}/(2\,\Delta t) \tag{4.563}$$

angeben. $\overline{\Delta x^2}^{1/2}$ ist die mittlere Wegstrecke, die ein Polymermolekül innerhalb des Zeitintervalls Δt zurücklegt.

Gl. (4.560) bis (4.563) stellen außerordentlich nützliche Beziehungen dar. So können wir z. B. für den Substrattransport in einer Zelle aus der Kenntnis von D_0 die Diffusionszeit Δt abschätzen, die ein Substratteilchen benötigt, um die Wegstrecke $\left(\overline{\Delta x^2}\right)^{1/2}$ zu durchlaufen. Besitzen die Teilchen die Gestalt einer Kugel, so genügt schon die Kenntnis von η_0 und R, um D_0 und damit $\left(\overline{\Delta x^2}\right)^{1/2}$ bzw. Δt zu berechnen. Ein Beispiel soll dies verdeutlichen: Wir stellen uns eine dünne Schicht Zucker auf dem Boden einer Espressotasse mit $x = 7$ cm Höhe vor und fragen uns, wie lange der Zucker benötigen wird, um sich ohne Umrühren homogen im Espresso zu verteilen. Wir schätzen den Diffusionskoeffizienten von Zucker in Wasser (= in Espresso) bei typischer Temperatur als etwa 1000 $\mu m^2\, s^{-1}$ ab; dies ist eine typische Größenordnung. Einsetzen dieser Werte für D und x in Gl. (4.563) ergibt eine Diffusionszeit von etwa 28 Tagen; es lohnt sich also, einen Rührlöffel zu suchen, falls keiner zur Hand ist.

Abschließend wollen wir erwähnen, dass auch ein Rotations-Diffusionskoeffizient $D_{0,R}$ existiert. Es gilt:

$$D_{0,R} \equiv (k_B\, T)/f_{0,R} \tag{4.564}$$

Dabei ist $D_{0,R}$ über die Beziehung $D_{0,R} = N_A\, k_B\, T/(4\, \eta_0\, M\, [\eta])$ mit der Grenzviskositätszahl $[\eta]$ des Polymermoleküls verknüpft. Experimentell lässt sich $D_{0,\,R}$ mit der Methode der Strömungsdoppelbrechung bestimmen.

Experimentelle Bestimmung des Translations-Diffusionskoeffizienten *D* Für die experimentelle Bestimmung des Translations-Diffusionskoeffizienten D einer binären Lösung benötigen wir das zweite Fick'sche Gesetz. Dieses wollen wir kurz herleiten. Dazu betrachten wir die Konzentrationsbilanz für einen Quader der Dicke dx und der Querschnittsfläche $A = 1$ cm^2 (Abb. 4.79).

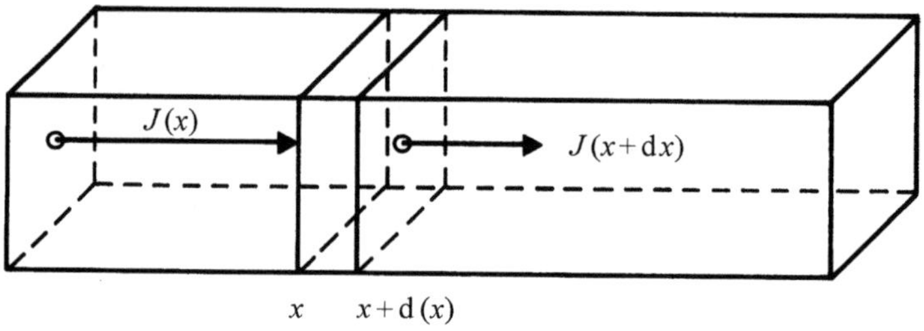

Abb. 4.79 Modell zum zweiten Fick'schen Gesetz

Das Volumen des Quaders ist A dx. An der Stelle x tritt der Fluss $J(x)$ in den Quader hinein, und an der Stelle x + dx tritt der Fluss $J(x + \mathrm{d}x)$ heraus. Die Änderung dn/dt der Stoffmenge (Mole) der diffundierenden Teilchen ist gleich:

$$\mathrm{d}n/\mathrm{d}t = A\ \mathrm{d}x\ (\partial c/\partial t) = [J(x) - J(x + \mathrm{d}x)]\ A \tag{4.565}$$

Diese Gleichung können wir umschreiben zu:

$$\partial c/\partial t = -([J(x + \mathrm{d}x) - J(x)]/\mathrm{d}x) = -(\partial J/\partial x) \tag{4.566}$$

Setzen wir hierin für J das erste Fick'sche Gesetz (Gl. 4.556) ein, so erhalten wir das zweite Fick'sche Gesetz. Es lautet:

$$\partial c/\partial t = D\left(\partial^2 c/\partial x^2\right) \tag{4.567}$$

Gl. (4.567) ist eine partielle Differenzialgleichung. Ihre Lösung $c(x, t)$ gibt an, wie sich die Konzentration c als Funktion von Ort x und Zeit t ändert.

Ternäre Systeme

Das zweite Fick'sche Gesetz gilt nur für binäre Systeme, d. h. für Systeme, die nur aus einem Lösemittel und einem gelösten Stoff bestehen. Die Diffusion wird in diesem Fall durch die Konstante D beschrieben. Sind zwei oder mehr gelöste Stoffe in der Lösung vorhanden, so müssen wir jedem dieser Stoffe einen Fluss zuordnen. Diese Flüsse sind jedoch nicht unabhängig voneinander, sondern gekoppelt.

Wir betrachten als Beispiel ein ternäres System, das aus einem Lösemittel und zwei gelösten Stoffen, 2 und 3, besteht. Es existieren dann zwei Diffusionsflüsse, J_2 und J_3. Diese sind nach Onsager über die vier Diffusionskoeffizienten D_{22}, D_{23}, D_{32} und D_{33} miteinander verknüpft. Es gilt:

$$J_2 = -D_{22}\ \partial c_2/\partial x - D_{23}\ \partial c_3/\partial x \tag{4.568}$$

$$J_3 = -D_{32}\ \partial c_2/\partial x - D_{33}\ \partial c_3/\partial x \tag{4.569}$$

Die Diffusionskoeffizienten D_{22} und D_{33} liegen sehr nahe bei jenen, die wir erhalten, wenn jeder der beiden gelösten Stoffe alleine diffundiert. Die Diffusionskoeffizienten D_{23} und D_{32} sind nach Onsager gleich groß: ($D_{23} = D_{32}$). Sie sind in der Regel sehr klein.

In der Praxis wird die Translations-Diffusionskonstante D mithilfe der Diffusionszelle aus Abb. 4.78 bestimmt Dabei wird der untere Halbraum der Zelle mit Lösung und der obere Halbraum mit Lösemittel gefüllt. Beide Halbräume sind zunächst durch eine Wand getrennt. Diese wird zum Zeitpunkt $t = 0$ entfernt, und zwar so, dass keine Turbulenz entsteht. Wir messen dann den Konzentrationsgradienten $\partial c/\partial x$ als Funktion der Zeit. Dabei gilt zum Zeitpunkt $t = 0$:

$$c = 0 \text{ im oberen Halbraum}$$
$$c = c_0 \text{ im unteren Halbraum}$$

Für die eindeutige Bestimmung von $c(x, t)$ benötigen wir noch eine zweite Bedingung. Wir wählen deshalb die Abmessungen der Diffusionszelle (Küvette) so groß, dass zu jedem Zeitpunkt am oberen Rand der Zelle $c = 0$ und am unteren Rand $c = c_0$ ist. Diese Bedingung ist bereits für Zellen mit einer Länge von wenigen Zentimetern erfüllt.

Die Differenzialgleichung (4.567) besitzt bei Berücksichtigung dieser Randbedingungen eine eindeutige Lösung. Sie lautet:

$$\boxed{c(x,t) = (c_0/2)\left[1 - \left(2/\sqrt{\pi}\right)\int_0^{y'} \exp(-y^2)\, \mathrm{d}y\right]} \tag{4.570}$$

Dabei ist $y' = x/\left(2\sqrt{D\,t}\right)$.

Das Integral in Gl. (4.570) lässt sich nur numerisch berechnen. Durch Differenziation von Gl. (4.570) nach x ergibt sich:

$$\boxed{(\partial c/\partial x)_t = -\left[c_0/\left(\sqrt{4\pi\, D\, t}\right)\right] \exp\left[-x^2/(4\, D\, t)\right]} \tag{4.571}$$

Das ist der gesuchte Ausdruck für den Konzentrationsgradienten $\partial c/\partial x$. Wenn wir $\partial c/\partial x$ für ein festes t gegen x auftragen, erhalten wir eine Gauß'sche Glockenkurve. Diese besitzt an der Stelle $x = 0$ ein absolutes Maximum. Mit zunehmender Zeit t wird die Glockenkurve breiter und ihre Amplitude kleiner (Abb. 4.80).

$\partial c/\partial x$ kann mit der Methode der „Schlierenoptik" experimentell bestimmt werden. Dazu wird der Gradient $\partial n/\partial x$ des Brechungsindex der Lösung gemessen. Für verdünnte Lösungen ist n proportional zur Konzentration c. Es gilt $n = k\, c$, wobei k eine Proportionalitätskonstante ist.

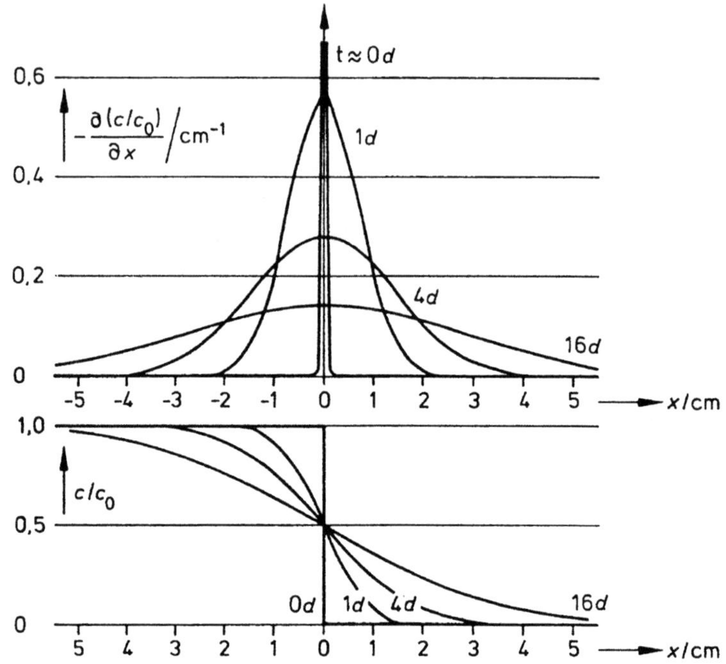

Abb. 4.80 Diffusionskurven von Adenosintriphosphat (ATP) ($D = 2{,}9 \cdot 10^{-6} \text{cm}^2\ \text{s}^{-1}$). (Adam et al. 1995)

Praktisch wird wie folgt vorgegangen: Die Gauß-Kurve für ($\partial n/\partial x$) wird gemessen. In einem zweiten Schritt wird die Höhe h_{max} des Maximums von ($\partial n/\partial x$) bestimmt. Für diese gilt nach Gl. (4.571):

$$h_{\text{max}} = (\partial n/\partial x)_{(x=0)} = (k\, c_0)/\sqrt{4\,\pi\, D\, t} \tag{4.572}$$

In einem dritten Schritt wird die Fläche A_{G} unter der Glockenkurve ($\partial n/\partial x$) ermittelt. Das liefert folgende Gleichung:

$$A_{\text{G}} = \int_{-\infty}^{\infty} (\partial n/\partial x)\,\text{d}x = k \int_{c(-\infty)}^{c(\infty)} (\partial c/\partial x)\,\text{d}x = k\, c_0 \tag{4.573}$$

Abschließend wird der Diffusionskoeffizient D berechnet. Es gilt:

$$\boxed{D = (A_{\text{G}}/h_{\text{max}})^2/(4\,\pi\, t)} \tag{4.574}$$

Tab. 4.21 Translations-Diffusionskoeffizienten

System	M_w(g mol^{-1})	T (C)	$D_0 \cdot 10^7$(cm^2 s^{-1})
Harnstoff/H_2O	60	25	138,30
Glucose/H_2O	180	25	67,80
Saccharose/H_2O	342	20	45,90
Ovalbumin/H_2O	$4{,}5 \cdot 10^4$	20	7,76
Hämoglobin/H_2O	$6{,}8 \cdot 10^4$	20	6,90
Polystyrol/Toluol	$1{,}2 \cdot 10^5$	20	4,69
	$3{,}9 \cdot 10^5$	20	2,06
	$6{,}7 \cdot 10^5$	20	1,50
	$2{,}2 \cdot 10^6$	20	0,73
Dextran/H_2O	$7{,}4 \cdot 10^6$	15	0,37
		25	0,51
		40	0,73
		50	0,89
		60	1,06

Der so bestimmte Diffusionskoeffizient ist allerdings nur ein scheinbarer Diffusionskoeffizient, da D von der Substratkonzentration c_0 abhängt. Wir müssen deshalb D für verschiedene c_0 messen und anschließend D auf $c_0 = 0$ extrapolieren. Tab. 4.21 zeigt einige Zahlenwerte für $D_0 \equiv D\ (c_0 = 0)$, die auf diese Weise ermittelt wurden.

Die Methoden der DLS, FCS und FRAP

Wenn wir den Konzentrationsgradienten $\partial(c/c_0)/\partial x$ des Systems Adenosintriphosphat/H_2O aus Abb. 4.80 betrachten, erkennen wir, dass die Diffusion ein sehr langsamer Prozess ist. Ein Experiment mit der Methode der Schlierenoptik kann Stunden bzw. Tage dauern. Die Messzeit ist dabei umso größer, je größer die Molmasse des Polymers ist. Die Experimentatoren waren deshalb sehr froh, als zu Beginn der 1970er-Jahre die Methode der **dynamischen Lichtstreuung** (DLS) ihren Einzug in die Laboratorien hielt. Mithilfe dieser Methode ist es möglich, Translations- und Rotations-Diffusionskoeffizienten innerhalb von Minuten zu bestimmen. Dazu wird kein Konzentrationsgradient benötigt. Die DLS beruht auf den Brown'schen Konzentrationsschwankungen in einer Lösung (Abschn. 4.3.4), die in einem kleinen Detektionsvolumen gemessen wird. Grundlage ist die Variation der Intensität der von den Probenteilchen verursachten Lichtstreuung, die sich dadurch ergibt, dass die Probenteilchen aufgrund ihrer ungeordneten Diffusionsbewegung ständig ihren Abstand zueinander ändern und dadurch die Interferenz der von ihnen ausgehenden Streuwellen zeitlich fluktuiert. Wird diese Fluktuation des Messsignals mithilfe der mathematischen Methode der Autokorrelation analysiert, so kann ein charakteristischer Zeitparameter für die Intensitätsfluktuation bestimmt werden. Je nach Lichtwellenlänge und Detektionswinkel, unter dem die Lichtstreuung gemessen wird, ist das Ausmaß dieser Interferenzen überdies unterschiedlich, sodass der besagte Fluktuations-Zeitparameter an einen weiteren Parameter, den Streuvektor, gekoppelt ist. Damit haben wir aus einem Experiment eine längen- und zeitskalenabhängige Messinformation gewonnen, aus der ein Diffusionskoeffizient berechnet werden kann (Abschn. 4.3.4).

Eine der DLS verwandte Methode ist die FCS, die **Fluoreszenzkorrelationsspektroskopie**. Diese basiert wiederum darauf, ein zeitlich fluktuierendes Messsignal via Autokorrelation zu analysieren. Hier sind es nun aber nicht Fluktuationen einer Lichtstreuintensität, sondern Fluktuationen der Intensität von Fluoreszenzlicht. In der FCS wird die Fluoreszenzintensität in einem sehr kleinen Probenvolumen analysiert, typischerweise einer ellipsoidalen Geometrie von etwa 300 nm Taillenweite und 1000 nm Höhe. Solch ein Volumen wird mithilfe eines konfokalen Fluoreszenzmikroskops realisiert. In dem Volumen befinden sich Probenteilchen, die geeignet fluoreszenzmarkiert oder autofluoreszent sind. Schlüsselidee der Messtechnik ist es nun, nur so wenige Fluoreszenzmarker im Probenvolumen zu haben, dass es einen merklichen Unterschied in der Fluoreszenzintensität macht, wenn weitere hineindiffundieren oder andere hinausdiffundieren. Aufgrund des stetigen diffusiven Ein- und Ausstroms von fluoreszierenden Teilchen im Probenvolumen fluktuiert die Fluoreszenzintensität. Autokorrelationsanalyse dieser Fluktuation liefert wiederum einen charakteristischen Zeitparameter dafür. Wenn wir ferner die Größe des Probenvolumens kennen, so können wir aus diesen längen- und zeitskalenabhängigen Messinformation wiederum einen Diffusionskoeffizienten berechnen.

Eine weitere Messmethode, die auf Fluoreszenzintensitäten und Fluoreszenzmikroskopie beruht, ist die Fluoreszenzrückkehr nach dem Photobleichen (Fluorescence Recovery after Photobleaching, kurz FRAP. Bei dieser Methode machen wir uns die in Gl. (4.571) gefundene Lösung des zweiten Fick'schen Gesetzes und den Umstand, dass bei kleinen Konzentrationen die Fluoreszenzintensität direkt proportional zur Konzentration der Fluorophore ist, zunutze. Wir gehen von einer Probe mit geeignet fluoreszenzmarkierten oder autofluoreszenten Probenteilchen aus und bilden diese auf Skalen von etwa $100 \times 100\ \mu m^2$ mithilfe eines konfokalen Laserfluoreszenzmikroskops ab. Im Idealfall liegt keinerlei Struktur in diesem Probenausschnitt vor, und wir sehen nur ein örtlich und zeitlich homogenes Leuchten. Dann setzen wir einen bestimmten Probenbereich, z. B. eine Linie quer durch unser 2-D-Aufsichtsbild des Probenausschnitts, einer kurzen (typischerweise 0,5–5 s), aber intensiven Laserbestrahlung aus. Hierdurch werden viele Fluorophore im bestrahlten Bereich photochemisch irreversibel gebleicht, d. h. so umgewandelt, dass sie nicht mehr wie vorher fluoreszieren (oft geschieht dies durch Photooxidation). Wir haben also in unserem Probenausschnitt eine dunkle gebleichte Linie erzeugt. Da der Laser, mit dem dies geschah, ein Gauß-förmiges radiales Intensitätsprofil hat, hat auch unsere Bleichlinie ein Gauß-förmiges Fluoreszenzintensitätsprofil senkrecht zur Linienachse, nur eben dass jetzt nicht die Helligkeit, sondern die Dunkelheit in der Mitte maximal ist und dann Gauß-förmig nach außen hin abnimmt.

Wenn wir dieses Experiment mit einer Objektivlinse mit geringer numerischer Apertur realisiert haben, so liegt dasselbe Muster auch in den Ebenen oberhalb und unterhalb unseres betrachteten 2-D-Aufsichtsschnitts vor, sodass das Bleichmuster in dreidimensionaler Betrachtung das einer Ebene mit senkrechtem Gauß-förmigem Intensitätsprofil ist. Nun kommt es zum diffusiven Austausch von gebleichten und ungebleichten Teilchen in der Probe, sodass das Bleichmuster mit der Zeit in der Probe in Normalrichtung verschmiert. Wenn wir Fluoreszenzintensitäts-Ortsprofile senkrecht zur gebleichten Linie in unserem 2-D-Aufsichtsbildauschnitt ermitteln, so weisen diese mit der Zeit Verläufe wie in Abb. 4.80 auf. Durch Anpassung einer geeigneten Variante von Gl. (4.571) können wir dann den Diffusionskoeffizienten bestimmen.

Die drei letztgenannten Ansätze liefern mit modernen Messmethoden Diffusionskoeffizienten. Sie alle beruhen auf Ermittlung dieses Koeffizienten auf mikroskopischen Skalen, was den Vorteil bringt, dass damit trotz der Langsamkeit von Diffusionsvorgängen nur kurze Messzeiträume benötigt werden. Wir müssen dabei allerdings Folgendes beachten: Die Messwerte, die z. B. die DLS für D liefert, stimmen nicht immer mit den Messwerten für D überein, die die Methode der Schlierenoptik liefert. Das liegt daran, dass die Polymerproben in Bezug auf die Molmasse polydispers sind. Jede Polymerkomponente besitzt ihren „eigenen Diffusionskoeffizienten" und damit ihren „eigenen Diffusionsfluss". Der Wert des gemessenen mittleren Diffusionskoeffizienten hängt davon ab, wie stark diese Flüsse miteinander gekoppelt sind. Wenn die Flüsse unabhängig voneinander sind, liefert die Methode der Schlierenoptik für D den Massenmittelwert D_w. Das ist aber sehr selten der Fall. Die Schlierenoptik liefert in der Regel für D einen Mittelwert, der zwischen dem Zahlen- und dem z-Mittelwert von D liegt. Die Flüsse, die der Experimentator bei der DLS beobachtet, unterliegen dagegen dem Zufallsprinzip. Sie sind vollständig unabhängig voneinander. Dort wird stets der z-Mittelwert D_z gemessen.

Es sei abschließend erwähnt, dass auch ein isoliertes Teilchen, d. h. ein Teilchen, das sich allein in einem Lösemittel befindet, Wärmebewegungen ausführt. Dieser Vorgang heißt **Selbstdiffusion**. Der Selbst-Diffusionskoeffizient D_s lässt sich ermitteln. Das Teilchen wird dazu radioaktiv markiert und der Weg $\overline{\Delta x}$ gemessen, den das Teilchen in der Messzeit t zurücklegt. D_s ergibt sich dann aus Gl. (4.563).

Die experimentelle Bestimmung des Rotations-Diffusionskoeffizienten D_R Anisotrope Moleküle brechen das Licht doppelt. Ein Beispiel ist Kalkspat. Eine ruhende Lösung ist dagegen isotrop. Die gelösten Teilchen sind dort nicht orientiert. Das gilt auch dann, wenn die Teilchen selbst anisotrop sind.

Anders sieht es im Fall einer strömenden Lösung anisotroper Teilchen aus. Diese ist insgesamt anisotrop, weil die Teilchen durch das äußere Scherfeld orientiert werden. Die Orientierung selbst ist dynamisch. Das heißt: Zunächst führen die gelösten Teilchen eine Rotation aus, deren Geschwindigkeit ungleichförmig ist. Bei Anwesenheit eines Scherfelds wirkt auf die Teilchen eine Kraft in Richtung des Geschwindigkeitsgefälles. Diese versucht, die Teilchen zu orientieren. Die Brown'sche Molekularbewegung wirkt dagegen. Als Folge kommt es zu einer Teilorientierung in dem Sinn, dass sich die Teilchen in dem Zeitintervall Δt am häufigsten so orientieren und dass sie mit der Strömungsrichtung einen spitzen Winkel ϕ einschließen. Durch diese Teilorientierung wird die Lösung optisch doppelbrechend. Der beschriebene Effekt heißt Strömungsdoppelbrechung. Er wird dazu benutzt, um den Rotations-Diffusionskoeffizienten D_R zu ermitteln.

Zur Messung von D_R wird häufig ein **Rotationsviskosimeter** verwendet. Dieses besteht aus zwei ineinandergestellten Zylindern. Der innere Zylinder ruht, und der äußere Zylinder dreht sich mit der konstanten Winkelgeschwindigkeit ω. Die zu untersuchende Lösung befindet sich in dem Raum zwischen den beiden Zylindern. Parallel zur Rotationsachse wird ein Lichtstrahl durch die Lösung geschickt. Das Licht passiert dabei zuvor einen Polarisator. Wenn der Lichtstrahl die Lösung wieder verlässt, wird mit einem gegen den Polarisator gekreuzten Analysator der Winkel ϕ bestimmt, bei dem Lichtauslöschung stattfindet. Dieser Aufbau heißt **Couette-Anordnung** (Abb. 4.81).

Liegen die gelösten Teilchen infolge der Teilorientierung schräg zur Ebene des Polarisators bzw. Analysators, so wird das einfallende polarisierte Licht depolarisiert. Es passiert den Analysator. An den Stellen, wo die Teilchen parallel oder senkrecht zum Polarisator orientiert sind, wird das Licht nicht depolarisiert. Dort kann es den Analysator nicht passieren, und bei einem bestimmten Winkel ist ein dunkles Kreuz sichtbar. Dieser Auslöschungswinkel entspricht dem Orientierungswinkel ϕ der Teilchen. Er ist umso

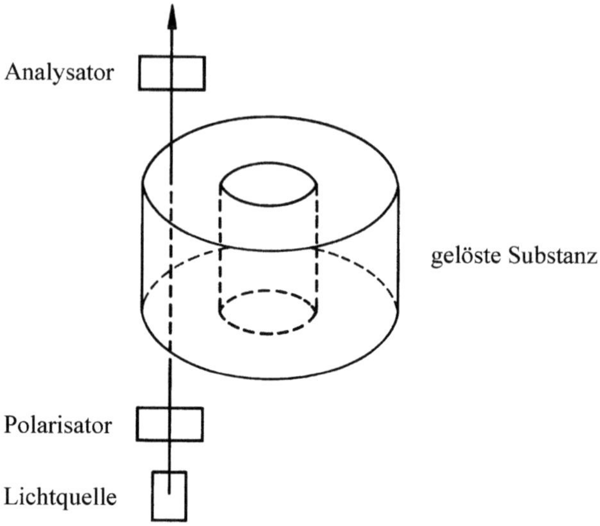

Abb. 4.81 Couette-Anordnung

kleiner, je größer die angelegte Scherrate dv/dx und je kleiner der Rotations-Diffusionskoeffizient D_R ist.

Peterlin und Stuart haben 1943 für starre Ellipsoide eine Beziehung zwischen dem Orientierungswinkel ϕ, dem Rotations-Diffusionskoeffizienten D_R und der Scherrate dv/dx hergeleitet. Es gilt:

$$\phi = 45\,° - 1/12\,[(\mathrm{d}v/\mathrm{d}x)/D_R] + \left[(1/1296) + (1/1890)\,((p-1)/(p+1))^2\right]\,[(\mathrm{d}v/\mathrm{d}x)/D_R]^3 + \ldots \quad (4.575)$$

Darin ist $\theta = 45\,°$, wenn die Scherrate dv/dx = 0 ist. Für kleine dv/dx-Werte ist ϕ proportional zu dv/dx. Wenn wir also ϕ gegen dv/dx auftragen, erhalten wir eine Gerade mit der Steigung $-1/(12\,D_R)$. Aus dieser können wir D_R berechnen. Das Achsenverhältnis $p = a/b$ der gelösten Ellipsoide erhalten wir, indem wir eine Ausgleichskurve durch die Messdaten legen.

In Tab. 4.22 sind einige Messwerte für D_R zusammengestellt, die mithilfe von Gl. (4.575) bestimmt wurden. Für Fibrinogen ist $D_R = 3{,}94 \cdot 10^5\ \mathrm{s}^{-1}$, und für eine DNA mit 300 Basenpaaren ist $D_R = 9{,}83 \cdot 10^3\ \mathrm{s}^{-1}$. Makromoleküle drehen sich also recht oft pro Sekunde um ihre eigene Achse.

4.3.5.4 Das Makromolekül als hydrodynamisches Teilchen

Gelöste Makromoleküle sind von einer Solvathülle aus Lösemittelmolekülen umgeben. Ein Teil dieser Lösemittelmoleküle ist über elektrostatische und Van-der-Waals-Wechselwirkungskräfte an das Makromolekül gebunden. Wir sprechen von der **inhärenten Solvatation**. Der andere Teil der Lösemittelmoleküle der Solvathülle ist nicht gebunden. Er

Tab. 4.22 Rotations-Diffusionskoeffizienten für einige Polymere in wässriger Pufferlösung

System	$M_w/(\text{g mol}^{-1})$	$D_R(\text{s}^{-1})$
Serumalbumin/H_2O; $T = 21$ °C	$6{,}7 \cdot 10^4$	840.000
Poly-γ-benzyl-L-glutamat; $T = 25$ °C	$2{,}1 \cdot 10^5$	
Wasser		9000
m-Kresol		500
Fibrinogen/H_2O; $T = 20$ °C	$3{,}3 \cdot 10^5$	39.400
Kalbsthymus DNA/H_2O; $T = 20$ °C	300 Basenpaare 500 Basenpaare	9830 2730
Tabakmosaikvirus/H_2O; $T = 25$ °C	$3{,}9 \cdot 10^7$	370

befindet sich in Hohlräumen innerhalb des Makromoleküls und in den Zerklüftungen an dessen Oberfläche und ist dort beweglich. Wir sprechen von *trapped* (gefangenen) Lösemittelmolekülen. Beide Arten von Lösemittelmolekülen haben folgende Eigenschaften gemeinsam:

- Sie sind Teil des Makromoleküls.
- Sie bewegen sich mit der gleichen mittleren Geschwindigkeit wie das Makromolekül.

Diese Solvatation ist zu berücksichtigen, wenn die Masse und das Volumen eines hydrodynamischen Teilchens berechnet werden soll. Der Begriff „hydrodynamisches Teilchen" steht dabei für die Einheit aus Makromolekül und Solvathülle.

Wir führen zu diesem Zweck den Parameter δ_i ein, der angibt, wie viel Gramm der Lösemittelkomponente i mit 1 g der unsolvatisierten (trockenen) makromolekularen Substanz „verbunden" sind. Für ein Zweikomponentensystem gilt:

$$M_h = [M\ (1 + \delta_1)]/N_A \tag{4.576}$$

$$\text{und } V_h = (M/N_A)\ (v_2 + \delta_1\ v_1) \tag{4.577}$$

Hier bedeuten M_h = hydrodynamische Masse des Makromoleküls, M = Masse des unsolvatisierten Makromoleküls und V_h = hydrodynamisches Volumen des Makromoleküls. v_1 und v_2 bezeichnen die spezifischen Volumina von Lösemittel und Makromolekül im Volumen V_h. Das Volumen v_1 stimmt dabei nicht mit dem spezifischen Volumen v_1° des reinen Lösemittels überein. Für die „gefangenen" Lösemittelmoleküle ist $v_1 = v_1^\circ$, und für die Lösemittelmoleküle, die an der inhärenten Solvatation beteiligt sind, ist $v_1 \neq v_1^\circ$. v_1 ist deshalb der Mittelwert der Volumina dieser beiden Solvatationsarten. Analoges gilt für v_2.

Das totale Volumen V der Lösung enthält m_1 Gramm Lösemittel und m_2 Gramm getrocknete makromolekulare Substanz. $\delta_1\ m_2$ Gramm des Lösemittels sind mit den Makromolekülen verbunden und besitzen das spezifische Volumen v_1. Die verbleibenden

$(m_1 - \delta_1 m_2)$ Gramm des Lösemittels sind frei. Ihr spezifisches Volumen ist gleich v_1°. Insgesamt gilt deshalb:

$$V = m_2 v_2 + m_2 \delta_1 v_1 + (m_1 - m_2 \delta_1) v_1^\circ \qquad (4.578)$$

Für verdünnte Lösungen ist δ_1 eine Konstante. In diesem Fall können wir das mittlere partielle spezifische Volumen $\overline{v}_2$ des Makromoleküls berechnen. Es gilt:

$$\overline{v}_2 = (\partial V / \partial m_2)_{T,p,m_1} = v_2 + \delta_1 v_1 - \delta_1 v_1^\circ \qquad (4.579)$$

Diese Gleichung setzen wir in Gl. (4.577) ein und erhalten:

$$V_\mathrm{h} = (M/N_\mathrm{A}) \left(\overline{v}_2 + \delta_1 v_1^\circ\right) \qquad (4.580)$$

Wenn das hydrodynamische Teilchen die Gestalt einer Kugel besitzt, ist $V_\mathrm{h} = 4\,\pi\,R_\mathrm{h}^3/3$. Der Radius dieser Kugel ist

$$R_\mathrm{h} = \left[(3\,M/4\,\pi\,N_\mathrm{A}) \left(\overline{v}_2 + \delta_1 v_1^\circ\right)\right]^{1/3} \qquad (4.581)$$

und für den Reibungskoeffizienten gilt:

$$f_{0,\mathrm{K}} = 6\,\pi\,\eta_0\,R_\mathrm{h} \qquad (4.582)$$

Ein hydrodynamisches Teilchen ist nur sehr selten eine exakte Kugel. Es ist trotzdem zweckmäßig, den aktuellen Reibungskoeffizienten f_0 des Teilchens als Funktion von $f_{0,\mathrm{K}}$ auszudrücken. Wir können schreiben:

$$f_0 = \left(f_0/f_{0,\mathrm{K}}\right) 6\,\pi\,\eta_0\,R_\mathrm{h} \qquad (4.583)$$

Für eine Kugel gilt $f_0/f_{0,\mathrm{K}} = 1$. Für alle anderen Teilchengestalten ist das Verhältnis $f_0/f_{0,\mathrm{K}} > 1$. $f_0/f_{0,\mathrm{K}}$ ist somit ein Maß für die Stärke der Abweichung von der Kugelgestalt. Mit Gl. (4.562) können wir Gl. (4.583) umschreiben zu:

$$f_0 = (k_\mathrm{B}\,T)/D_0 = 6\,\pi\,\eta_0 \left(f_0/f_{0,\mathrm{K}}\right) \left(\left[3\,M\left(\overline{v}_2 + \delta_1 v_1^\circ\right)\right]/(4\,\pi\,N_\mathrm{A})\right)^{1/3} \qquad (4.584)$$

Diese Gleichung enthält zwei Unbekannte, das Verhältnis $f_0/f_{0,\mathrm{K}}$ und den Solvatationsgrad δ_1. Alle anderen Größen sind entweder bekannt oder experimentell bestimmbar.

Es ist klar, dass wir mit Gl. (4.584) nicht gleichzeitig $f_0/f_{0,\mathrm{K}}$ und δ_1 bestimmen können. Dennoch ist die folgende Diskussion hilfreich.

Wir können den kleinstmöglichen Reibungskoeffizienten $f_{0,\,\min}$ bzw. den größtmöglichen Diffusionskoeffizienten $D_{0,\,\max}$, der mit der Molmasse M und dem partiellen spezifischen Volumen v_2 verträglich ist, berechnen. $f_0/f_{0,\,K}$ ist in diesem Grenzfall eins und δ_1 gleich null, sodass Gl. (4.584) in

$$f_{0,\min} = (k_B\,T)/D_{0,\max} = 6\,\pi\,\eta_0\,\left[(3\,M\,\bar{v}_2)/(4\,\pi\,N_A)\right]^{1/3} \qquad (4.585)$$

übergeht. Es ist außerdem zweckmäßig, das Verhältnis

$$f_0/f_{0,\min} = D_{0,\max}/D_0 = \left(f_0/f_{0,K}\right)\,\left[\left(\bar{v}_2 + \delta_1\,v_1^\circ\right)/\bar{v}_2\right]^{1/3} \qquad (4.586)$$

einzuführen. $f_0/f_{0,\,\min}$ ist dabei ein Maß dafür, wie stark sich ein Teilchen in seiner hydrodynamischen Gestalt von der einer starren unsolvatisierten Kugel unterscheidet. Je näher $f_0/f_{0,\,\min}$ bei eins liegt, desto kugelartiger ist das betrachtete Teilchen.

$f_0/f_{0,\,\min}$ ist experimentell zugänglich. D_0 wird gemessen und $D_{0,\,\max}$ berechnet. Hierbei müssen $D_{0,\,\max}$ und D_0 natürlich auf die gleiche Temperatur und das gleiche Lösemittel bezogen werden. Üblicherweise wird als „Standardlösemittel" Wasser ($\eta_s = 0{,}01002$ Poise) und als „Standardtemperatur" $T_s = 20$ °C gewählt.

Typische Messwerte für $f_0/f_{0,\,\min}$ zeigt Tab. 4.23. Es fällt auf, dass wir die untersuchten Makromoleküle in zwei Klassen aufteilen können:

1. Die erste Klasse enthält Makromoleküle, für die $f_0/f_{0,\,\min}$ nahe bei eins liegt. Diese Moleküle besitzen eine hydrodynamische Gestalt, die sich nicht allzu stark von der einer Kugel unterscheidet. Es handelt sich ausschließlich um globuläre Proteine.
2. In die zweite Klasse fallen alle die Makromoleküle, für die $f_0/f_{0,\,\min}$ deutlich größer als eins ist. Sie besitzen mit großer Wahrscheinlichkeit die Gestalt eines Knäuels oder eines Ellipsoids von großer Exzentrizität.

Gl. (4.586) zeigt, dass $f_0/f_{0,\min}$ von zwei Parametern, $f_0/f_{0,K}$ und δ_1, abhängt. Diese können wir vorerst nicht bestimmen. Es ist aber möglich, den Bereich für die Werte abzuschätzen, die $f_0/f_{0,K}$ und δ_1 annehmen können. Dazu betrachten wir die beiden Extremsituationen $f_0/f_{0,\min} = 1$ und $\delta_1 = 0$. Im Fall $f_0/f_{0,\min} = 1$ können wir mithilfe von Gl. (4.586) den maximal möglichen Wert von δ_1 berechnen. Wir wollen ihn mit $\delta_{1,\,\max}$ bezeichnen. $\delta_{1,\max}$ ist der Solvatationsgrad, der notwendig ist, damit sich das Makromolekül mit dem gemessenen Diffusionskoeffizienten D_0 wie eine starre Kugel verhält. Für den Radius R_h dieser Kugel gilt: $R_h = k_B\,T/(6\,\pi\,\eta_0\,D_0)$. Der andere Extremfall ist $\delta_1 = 0$. Das Makromolekül ist in diesem Fall unsolvatisiert (trocken), und wir können $f_0/f_{0,K}$ berechnen. Sein Wert ist ein Maß für die maximal mögliche Asymmetrie der Teilchengestalt. Wir nehmen der Einfachheit halber an, dass unsere Teilchen die Gestalt eines prolaten Ellipsoids besitzen. Das Achsenverhältnis a/b dieses Ellipsoids lässt sich berechnen. Es gilt:

Tab. 4.23 Diffusionskoeffizienten, partielle spezifische Volumina und $f_0/f_{0,\,\min}$-Verhältnisse bezogen auf Wasser und die Standardtemperatur $T_s = 20$ °C

Polymer	M_w(g mol^{-1})	$D_{0,20}^{*} \times 10^7$(cm^{2}s^{-1})	v_2(cm^{3}g^{-1})	$f_0/f_{0,\min}$
Ribonuklease	$1{,}4 \cdot 10^4$	11,90	0,728	1,14
Lysozym	$1{,}4 \cdot 10^4$	10,40	0,688	1,32
Ovalbumin	$4{,}5 \cdot 10^4$	7,76	0,748	1,17
Hämoglobin	$6{,}5 \cdot 10^4$	6,90	0,749	1,14
Catalase	$2{,}5 \cdot 10^5$	4,10	0,730	1,25
Urease	$4{,}8 \cdot 10^5$	3,46	0,730	1,20
Bushy-Stunt-Virus	$1{,}1 \cdot 10^7$	1,15	0,740	1,30
Polyvinylalkohol	$3{,}4 \cdot 10^4$ $7{,}4 \cdot 10^4$ $9{,}0 \cdot 10^4$	3,77 2,68 2,16	0,765	2,62 2,85 3,31
Celluloseglykolat	$5{,}5 \cdot 10^4$	3,08	0,530	3,09
Myosin	$4{,}9 \cdot 10^5$	1,16	0,728	3,53
Collagen	$3{,}5 \cdot 10^5$	0,69	0,695	6,80
Dextran	$8{,}0 \cdot 10^4$ $4{,}0 \cdot 10^5$ $7{,}4 \cdot 10^6$	3,34 1,67 0,44	0,600	2,41 2,82 4,05
Polyacrylamid	$2{,}5 \cdot 10^5$	1,70	0,700	3,08
Polyvinylpyrrolidon	$7{,}5 \cdot 10^5$	1,20	0,780	2,92
Polyacrylsäure	$1{,}1 \cdot 10^6$	0,65	0,730	4,85
Polymethacrylsäure	$1{,}1 \cdot 10^6$	0,60	0,712	5,29
Kalbsthymus-DNA	$6{,}0 \cdot 10^6$	0,13	0,530	15,31
Tabakmosaikvirus	$1{,}1 \cdot 10^7$	0,30	0,730	2,90

* $D_{0,20} = D_0\,(T)\,[T_s\,\eta_0(T)/(T\,\eta_s)]$

$$\frac{f_{0,\mathrm{PE}}}{f_{0,\mathrm{K}}} = \frac{f_{0,\mathrm{PE}}}{6\,\pi\,\eta_0\,R_\mathrm{h}} = \frac{\left(1 - b^2/a^2\right)^{1/2}}{(b/a)^{2/3}\,\ln\left(\left[1 + \left(1 - b^2/a^2\right)^{1/2}\right]/(b/a)\right)} \tag{4.587}$$

Darin ist R_h der Radius der Kugel, die das gleiche Volumen besitzt wie das Ellipsoid$\left(R_\mathrm{h}^3 = a\,b^2\right)$. Der Index PE steht für prolates Ellipsoid.

Die Daten, die wir auf diese Weise für $\delta_{1,\max}$ und a/b erhalten, sind in Tab. 4.24 zusammengestellt. Wir erkennen: Die Makromoleküle der ersten Klasse können weder stark solvatisiert sein noch eine hohe Asymmetrie aufweisen. Der maximale Solvatationsgrad $\delta_{1,\max}$ liegt bei 1 g Lösemittel pro 1 g Protein, und das größte Achsenverhältnis a/b ist 6. Die richtigen Werte für δ_1 und a/b sind kleiner als diese Grenzwerte. In der Literatur wird für δ_1 der Kompromisswert $\delta_1 = 0{,}2$ diskutiert. Das ergibt einen mittleren a/b-Wert von 3.

Die Makromoleküle der zweiten Klasse besitzen deutlich größere $\delta_{1,\max}$- und a/b-Werte als die der ersten Klasse. Hier gibt es zwei Möglichkeiten:

Tab. 4.24 Solvatation und Asymmetrie

Polymer	Maximale Solvatation ($f_0/f_{0,\min} = 1$) $\delta_{1,\max}$	R_h(nm)	Maximale Asymmetrie ($\delta_1 = 0; f_0/f_{0,\min} = f_{0,PE}/f_{0,K}$) a/b
Ribonuklease	0,35	1,80	3,4
Lysozym	0,89	2,06	6,1
Ovalbumin	0,45	2,76	3,8
Hämoglobin	0,36	3,10	3,4
Catalase	0,70	5,22	4,9
Urease	0,53	6,19	4,2
Polyvinylalkohol			
$M_w = 3{,}4 \cdot 10^4 \text{g mol}^{-1}$	12,90	5,70	38,4
	16,90	8,00	46,4
$7{,}4 \cdot 10^4 \text{g mol}^{-1}$	27,00	9,90	64,5
$9{,}0 \cdot 10^4 \text{g mol}^{-1}$			
Celluloseglykolat	15,10	6,90	55,5
Myosin	31,30	18,40	74,1
Collagen	217,80	31,00	282,9
Kalbsthymus-DNA			
$M_w = 6{,}0 \cdot 10^6 \text{g mol}^{-1}$	1901,00	164,50	1352,8

1. Die Makromoleküle besitzen eine kugelartige Gestalt. Der Anteil der gebundenen Lösemittelmoleküle ist dann sehr groß. Das ist bei Knäuelmolekülen näherungsweise der Fall.
2. Das Achsenverhältnis *a*/*b* ist sehr groß. Die Makromoleküle besitzen dann die hydrodynamische Gestalt eines langen Stäbchens, und $\delta_{1,\max}$ ist klein.

Die Kenntnis des Translations-Diffusionskoeffizienten D_0 allein reicht nicht aus, um sich für eine der beiden Möglichkeiten zu entscheiden. Wir müssen dazu die hydrodynamischen Daten mit den Daten einer nichthydrodynamischen Messmethode vergleichen. Dazu bietet sich in erster Linie die Methode der statischen Lichtstreuung an. Diese liefert den mittleren Trägheitsradius $<R^2>_\theta^{1/2}$ des Makromoleküls im Theta-Zustand. $<R^2>_\theta^{1/2}$ lässt sich aber auch aus dem Diffusionskoeffizienten berechnen. Für das Modell eines unendlich dünnen Stäbchens gilt z. B.:

$$<R^2>_\theta^{1/2} \approx (k_B\, T)/\left(\sqrt{3}\,\pi\,\eta_0\, D_0\right)$$

Es liegt deshalb nahe, die hydrodynamisch bestimmten Trägheitsradien mit den Radien zu vergleichen, welche die Lichtstreuung liefert. Einige Beispiele für eine solche Vorgehensweise zeigt Tab. 4.25. Wir erkennen: Die Proteine Myosin und Collagen haben sehr wahrscheinlich die Gestalt eines starren Zylinders. δ_1 muss jedenfalls sehr klein und *a*/*b*

Tab. 4.25 Berechnete und experimentell bestimmte Trägheitsradien bezogen auf den θ-Zustand. $<R>^*_{z,\theta} = <R^2>^{1/2}_{z,\theta}$

Polymer	Theoretische Werte für $<R>^*_{z,\theta}/\text{nm}$ Zufallsknäuel	Starres Stäbchen	Experimentelle Werte für $<R>^*_{z,\theta}/\text{nm}$	Gestalt
Myosin	28	63	47	Stäbchen
Collagen	47	106	87	Stäbchen
Dextran (verzweigt)				Knäuel
$8{,}0 \cdot 10^4 \text{g mol}^{-1}$ $4{,}0 \cdot 10^5 \text{g mol}^{-1}$ $7{,}4 \cdot 10^6 \text{g mol}^{-1}$	10 19 73	22 44 165	8 15 56	
PVP	27	61	26–34	Knäuel
PMA				wurmartige
$5{,}5 \cdot 10^5 \text{g mol}^{-1}$	22	56	27	Kette
Kalbsthymus-DNA	92	208	120	wurmartige Kette

recht groß sein. PVP und Dextran besitzen die Gestalt eines Knäuels, DNA und PMA lassen sich nicht einordnen. Bei Letzteren handelt es sich um Polyelektrolyte, für die noch elektrostatische Effekte zu berücksichtigen sind. Die wahrscheinlichste Gestalt ist die eines Knäuels mit hoher Persistenz, d. h. eine wurmartige Kette (Abschn. 2.4).

4.3.6 Chromatografische Verfahren

4.3.6.1 Größenausschlusschromatografie (SEC), Gelpermeationschromatografie (GPC)

Die Größenausschlusschromatografie (Size Exclusion Chromatography, SEC) hat seit ihrer Entwicklung in den 1950er- und 1960er-Jahren einen bedeutenden Aufschwung genommen und ist die zurzeit wichtigste und am häufigsten verwendete Methode zur Bestimmung der Molmassenverteilung von Polymeren. In der Literatur wird auch von Gelpermeationschromatografie (GPC) oder bei Biopolymeren von Gelfiltration (GFT) gesprochen. Bei der SEC werden die zu trennenden Makromoleküle unterschiedlicher Molmasse in einer verdünnten Lösung durch eine Säule mit einer Füllung aus makroporösen Gelen gepumpt. Die Füllung besteht aus vernetztem Polystyrol, vernetztem Dextran, vernetztem Polyacrylamid, Cellulose oder Silicapartikeln. Die meisten dieser makroporösen Gele quellen im verwendeten Lösemittel.

Für niedrige Durchflussgeschwindigkeiten ist ein chromatografischer Vorgang zu erwarten. Das Gesamtvolumen des Gelbetts in der Säule setzt sich zusammen aus dem

Volumen des Gelgerüsts, dem inneren Volumen des Gels V_i und dem äußeren Volumen zwischen den Gelpartikeln V_0. Das äußere Volumen V_0 ist identisch mit dem Elutionsvolumen V_e einer Substanz mit einer Molmasse, die oberhalb der Ausschlussgrenze liegt; Makromoleküle dieser Größe können nicht in die Poren des Netzwerks eindringen. Sie durchströmen die Säule ohne Verzögerung:

$$V_e = V_0 \quad \text{für große Moleküle} \tag{4.588}$$

Moleküle, die so klein sind, dass ihnen nicht nur das äußere Volumen V_0, sondern auch das innere Volumen V_i zur Verfügung steht, verlassen die Säule mit einem Elutionsvolumen

$$V_e = V_0 + V_i \quad \text{für kleine Moleküle.} \tag{4.589}$$

Ist den Molekülen aufgrund ihrer Größe jedoch nur ein Bruchteil K_d des Gelinneren zugänglich, ($0 < K_d < 1$), so ergibt sich für V_e die SEC-Gleichung:

$$V_e = V_0 + K_d V_i \tag{4.590}$$

Die Stoffkonstante K_d ist der scheinbare Verteilungskoeffizient für die Verteilung einer Substanz zwischen dem Lösemittel innerhalb und außerhalb der Gelkörper. K_d hängt vor allem von der Molekülgröße ab, ist aber auch eine Funktion der Porengröße und der Art des Gels, des Lösemittels, der Temperatur und des Verzweigungsgrads der gelösten Moleküle. Abb. 4.82 stellt die Verhältnisse in einer SEC-Säule dar und demonstriert, dass bei der Elution zuerst die größeren und dann die kleineren Moleküle erscheinen.

Die SEC-Gleichung (4.590) ist für Knäuelmoleküle zur Bestimmung der Molmassenverteilung nicht anwendbar, da K_d aufgrund der komplizierten Verhältnisse in der Säule nicht als Funktion der Molmasse berechenbar ist. Die Säule oder Säulenkombination muss daher mit Testsubstanzen mit sehr enger Molmassenverteilung kalibriert werden; dabei gilt oft der folgende empirische Zusammenhang:

$$\log M = A - B V_e \tag{4.591}$$

Abb. 4.83 zeigt, dass alle Moleküle mit einer Molmasse $M > M_u$ und dem zugehörigen Ausschlussvolumen $V_e = V_0$ gleichzeitig eluiert werden; d. h., es erfolgt bei diesen Molekülen keine Trennung. Auf der anderen Seite werden alle Moleküle mit einer Molmasse $M < M_l$ und dem zugehörigen Ausschlussvolumen $V_e = V_0 + V_i$ gleichzeitig eluiert. Die Ausschlussgrenzen dieser Kolonne liegen daher bei $M = M_l$ und $M = M_u$. Moleküle mit Molmassen $M_l < M < M_u$ werden unterschiedlich lange in der Kolonne festgehalten. Aus dem Elutionsvolumen ist nach vorheriger Kalibrierung die Molmassenverteilung bestimmbar. Aus Abb. 4.83 ist ersichtlich, dass die reale Kalibrierkurve oft von Gl. (4.591)

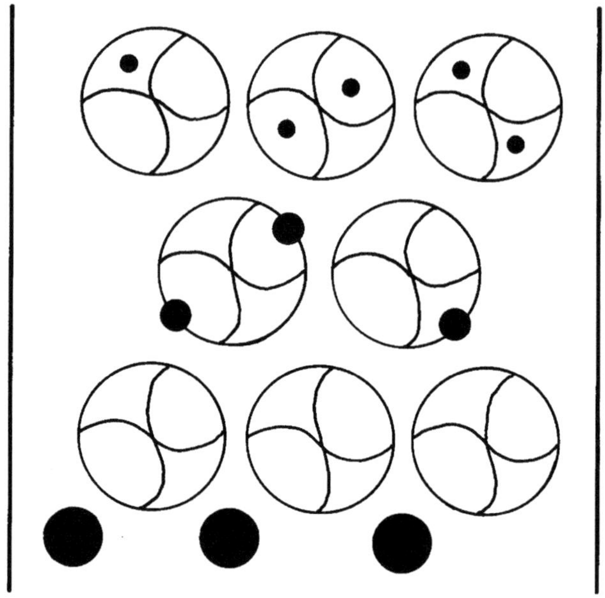

Abb. 4.82 Schematische Darstellung der Size Exclusion Chromatography (SEC). Die vollen Kreise symbolisieren verschieden große Makromoleküle. Die großen Kreise mit den Schlangenlinien symbolisieren die gequollenen Gele

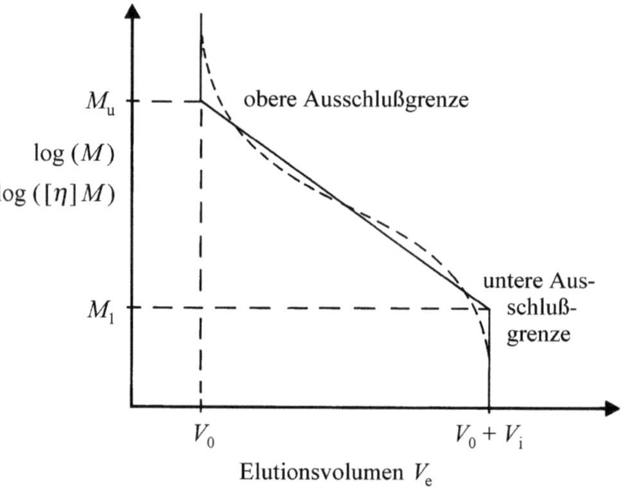

Abb. 4.83 SEC-Kalibrierkurve. Aufgetragen ist das Elutionsvolumen V_e gegen log M und log ([η] M). Die durchgezogene Kurve stellt den idealen Verlauf dar und die gestrichelte Kurve den experimentell ermittelten Verlauf.

abweicht. Zur Anpassung der Messwerte und Berechnung der Molmassenverteilung werden daher Spline- oder Polynomfunktionen verwendet.

Für die Bestimmung der Anteile mit der Molmasse M muss die Konzentration der Makromoleküle im Eluat bestimmt werden. Dies kann im Durchfluss aufgrund der Brechungsindexunterschiede von Lösemittel und Gelöstem mit einem Differenzialrefraktometer oder aufgrund der unterschiedlichen Absorption mit einem UV-VIS-Spektrometer erfolgen. Damit liegen alle Größen zur Konstruktion einer Molmassenverteilung vor. Besonderes Augenmerk ist aber darauf zu legen, dass bei der Bestimmung der Massenanteile $w_i = m_i / \sum m_i$ zum Zeitpunkt t in der Durchflusszelle die gelösten Moleküle eine, wenn auch enge, Molmassenverteilung haben. Die differenzielle Molmassenverteilung $w(M)$ ergibt sich daher nur exakt, wenn jede einzelne gemessene Fraktion um den gleichen Betrag von der mittleren Molmasse der betreffenden Fraktion abweicht. Um diese Schwierigkeiten zu umgehen, wird daher oft die integrale Molmassenverteilung $W(M)$ berechnet (Abschn. 2.1.4):

$$W(M) = \int_0^M w(M)\,\mathrm{d}M \qquad \text{mit} \qquad \int_0^\infty w(M)\,\mathrm{d}M = 1 \tag{4.592}$$

Durch Differenziation erhalten wir hieraus die differenzielle Molmassenverteilung $w(M) = \mathrm{d}W(M)/\mathrm{d}M$, und mithilfe von Gl. (2.3), (2.5) und (2.8) die mittleren Molmassen M_n, M_w, M_z usw.

Unter der Annahme, dass die Molmassenverteilung innerhalb einer Fraktion symmetrisch ist, kann gefolgert werden, dass bezüglich der i-ten Fraktion mit der mittleren Molmasse M_i die Hälfte der Fraktion kleinere, die andere Hälfte größere Molmassen als der Mittelwert M_i enthält. Wir erhalten also die Massenanteile aller Molmassen von M_0 (der kleinsten Molmasse) bis M_i, indem wir die Massenanteile aller Fraktionen von 1 bis $i - 1$ summieren und die Hälfte des Massenanteils der i-ten Fraktion dazuzählen. Zu beachten ist hierbei, dass die letzte Fraktion die Nummer 1 erhält, da die kleinen Moleküle am Ende der Fraktionierung erscheinen.

Eine weitere Schwierigkeit bei der SEC ist, dass molekulareinheitliche Substanzen kein scharfes, sondern ein verbreitertes Signal liefern; dieser Effekt ist auf unterschiedliche Verweilzeiten der Makromoleküle gleicher Molmasse in den Poren zurückzuführen und wird als **axiale Dispersion** bezeichnet. Näherungsweise gilt Additivität der Quadrate der Standardabweichungen σ oder des Polymolekularitätsindex M_w/M_n für die beiden Effekte der Molmassenverteilung und der axialen Dispersion auf die Signalbreite:

$$\sigma^2_{\mathrm{exp}} = \sigma^2 + \sigma^2_{\mathrm{dis}}\,; \qquad (M_w/M_n)_{\mathrm{exp}} = M_w/M_n + (M_w/M_n)_{\mathrm{dis}} \tag{4.593}$$

wobei σ und M_w/M_n die wahre Standardabweichung und der wahre Polymolekularitätsindex sind. Die Größen σ_{dis} und $(M_w/M_n)_{\mathrm{dis}}$ erhalten wir mithilfe von Kalibrierpolymeren mit bekannter Molmassenverteilung.

Bei der SEC ist das Elutionsvolumen V_e für lineare Polymere stets kleiner als dasjenige für verzweigte Polymere gleicher Molmasse:

$$V_{e,l} < V_{e,b}; \quad (M = \text{const.}; \ M_l = M_b) \tag{4.594}$$

Der Grund hierfür ist, dass das hydrodynamische Volumen V_h von verzweigten Polymeren kleiner als dasjenige von linearen Polymeren gleicher Molmasse ist und die Moleküle mit größerem hydrodynamischem Volumen die SEC-Säule zuerst verlassen. Dieses Verhalten wird zur Bestimmung des Verzweigungsgrads von Polymeren ausgenutzt (Abschn. 4.3.9).

Genauere theoretische Überlegungen bezüglich des Durchflussverhaltens in der SEC ergeben, dass die Makromoleküle nicht nach ihrer Molmasse, sondern nach ihrem hydrodynamischen Volumen $V_h = (4\,\pi/3)R_h^3$ aufgetrennt werden. Der Zusammenhang zwischen R_h und der Molmasse M ist durch die Flory-Fox-Beziehung (Gl. 4.534)

$$R_h^3 = \Phi' \, [\eta] \, M \tag{4.595}$$

gegeben, wobei $[\eta]$ die Grenzviskositätszahl und Φ' eine Konstante ist. Falls die SMHS-Beziehung für ein beliebiges Standard-Polymer-Lösemittel-System (z. B. Polystyrol/Toluol) und für das zu messende Polymer-Lösemittel-System bekannt sind, kann die Bestimmung der Molmassenverteilung mit einer universellen Kalibrierung erfolgen. Hierzu wird in Abb. 4.83 statt $\log(M) = f(V_e)$ die Beziehung $\log([\eta]\,M) = \tilde{f}\,(V_e)$ aufgetragen. Dadurch sollten die Kurven für alle geknäuelten Makromoleküle in eine Kurve zusammenrutschen.

Da Gl. (4.595) nur unter bestimmten Bedingungen streng gültig ist (Abschn. 4.3.5) und außerdem die $[\eta]$–M-Beziehung für das zu messende Polymer-Lösemittel-System oft unbekannt oder experimentell schwer zugänglich ist, treten häufig Probleme mit der universellen Kalibrierung auf. Die einfache Kalibrierung mit der Kalibrierfunktion log $(M) = f(V_e)$ setzt voraus, dass mehrere Kalibrierpolymere mit möglichst enger Molmassenverteilung zur Verfügung stehen müssen. Diese Schwierigkeiten können umgangen werden, indem Viskositäts- oder Lichtstreu-Durchflussdetektoren eingesetzt werden. Die Messung der Viskosität erlaubt mithilfe einer $[\eta]$–M-Beziehung die Bestimmung der Molmasse für jede Fraktion; mit Lichtstreudetektoren kann die Molmasse jeder Fraktion absolut bestimmt werden. Hierdurch ist die Aufstellung von Kalibrierfunktionen entbehrlich. Bei der Auswertung ist jedoch zu beachten, dass das Messsignal beim Brechungsindex und beim UV-VIS-Detektor direkt proportional der Konzentration c, beim Viskositätsdetektor proportional zu $c\,M^{a_\eta}$ und beim Lichtstreudetektor proportional zu $c\,M$ ist. Das bedeutet, dass der Brechungsindex- und der UV-VIS-Detektor alle Molmassen mit gleicher Auflösung detektieren, während der Viskositäts- und der Lichtstreudetektor die großen Molmassen stark bevorzugen; die kleinen Molmassen verschwinden im Rauschen. Diese Überlegungen sind besonders wichtig bei der Diskussion von Molmassenverteilungen, die mit verschiedenen Methoden bestimmt werden. Abb. 4.84 zeigt den prinzipiellen Aufbau einer SEC-Anlage.

Abb. 4.85a zeigt das Elutionsdiagramm von fünf eng verteilten Polystyrolen. Die Maxima der Elutionskurven werden zur Aufstellung der SEC-Kalibrierkurve (Abb. 4.85b)

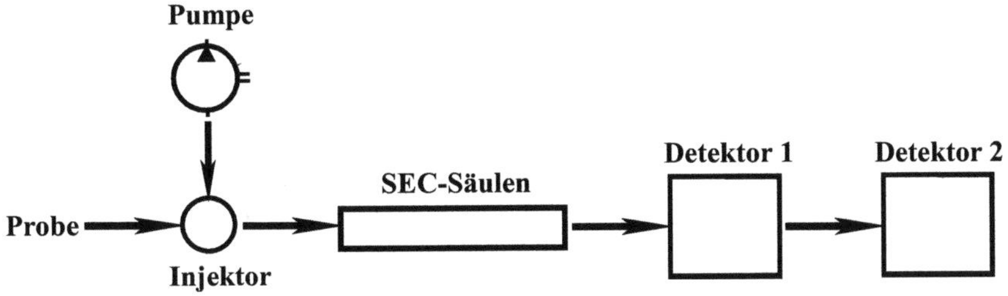

Abb. 4.84 Prinzipieller Aufbau einer SEC-Anlage

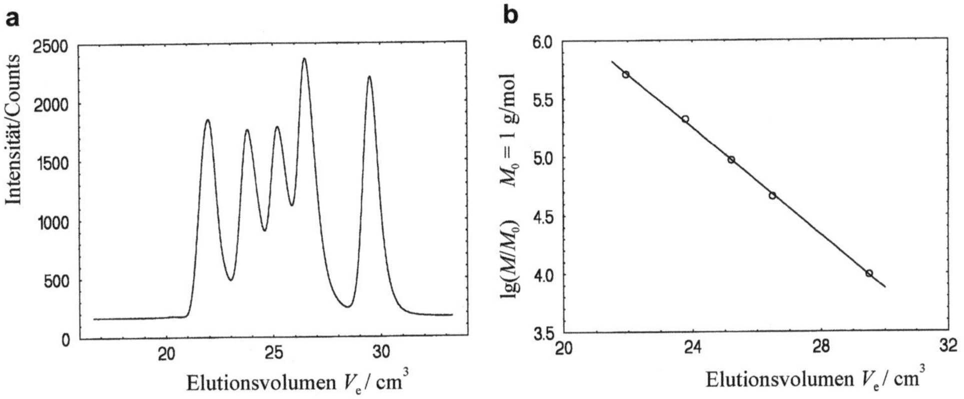

Abb. 4.85 SEC-Diagramm (**a**) und SEC-Kalibrierung (**b**) von fünf Kalibrierpolystyrolen in Tetrahydrofuran (M_w = 9770, 46.000, 92.300, 208.000 und 512.000 g mol^{-1}; $M_w/M_n \leq 1{,}05$)

benutzt. Die Kalibrierkurve kann als spezielle Kalibrierkurve $\log(M) = f(V_e)$ oder als universelle Kalibrierkurve $\log([\eta]\ M) = \tilde{f}\,(V_e)$ dargestellt werden. Bei der Kalibrierkurve $\log([\eta]\ M) = \tilde{f}\,(V_e)$ müssen die Viskositäten aller Kalibrierpolymere im verwendeten Lösemittel bei der verwendeten Temperatur bekannt sein. Bei der Bestimmung der Molmassenverteilung, der Molmassenmittelwerte und der Uneinheitlichkeit eines unbekannten Polymers nach Gl. (2.3), (2.5), (2.8), (2.10) und (4.592) ist eine Umrechnung der Signalhöhen oder -flächen der SEC-Detektoren in Massenanteile nicht notwendig, da die Molmassenverteilung auf 1 normiert ist ($\int_0^\infty w(M)\ \mathrm{d}M = 1$). Es werden daher direkt die Signalhöhen oder -flächen in die angegebenen Gleichungen eingesetzt und diese auf 1 normiert.

Bei Polymeren, für die keine Kalibrierpolymere zugänglich sind, muss die Bestimmung der Molmassenverteilung mithilfe der universellen Kalibrierung $\log([\eta]\ M) = f(V_e)$ vorgenommen werden. Hierbei ist zu beachten, dass die Grenzviskosität $[\eta]$ des unbekannten Polymers im gleichen Lösemittel und bei der gleichen Temperatur wie die Kalibrierpolymere für jede Fraktion bekannt sein muss. Hierfür gibt es zwei Möglichkeiten:

1. Experimentelle Bestimmung von $[\eta]$ für jede Fraktion (Viskositätsdetektor): $M_i = ([\eta]M)_i/\eta_i$
2. Verwendung einer $[\eta]$ –M-Beziehung für das unbekannte Polymer (z. B. Brandrup et al. 1999):

$$([\eta]\, M)_i = \left(K_\eta M^{a_\eta} M\right)_i; \qquad M_i = \left\{([\eta]\, M)_i / K_\eta\right\}^{1+1/a_\eta} \tag{4.596}$$

Der Index i bezieht sich jeweils auf eine Fraktion. Aus den gemessenen Elutionsvolumina V_e ist aus der SEC-Eichkurve der Wert $\log([\eta]\ M)$ und mit den gemessenen oder berechneten $[\eta]$-Werten die Molmasse für jede Fraktion bestimmbar.

4.3.6.2 Elektrophorese

Theoretische Grundlagen Die Wanderung eines geladenen Teilchens in einem elektrischen Feld heißt Elektrophorese. Wir nehmen an, dass unser Teilchen $z^{\bullet}\, e$ Ladungen trägt. Es erfährt dann im elektrischen Feld E folgende Kraft:

$$F = z\, e\, E \tag{4.597}$$

Dieser Kraft wirkt die Reibungskraft $f\, v$ entgegen. Darin ist v die Wanderungsgeschwindigkeit und f der Reibungskoeffizient. Im Gleichgewichtszustand sind beide Kräfte gleich groß. Es gilt:

$$v\, f = z\, e\, E \tag{4.598}$$

Besitzt das Teilchen die Gestalt einer Kugel, so ist $f = 6\, \pi\, \eta_0\, r$, und wir erhalten:

$$\boxed{v = z\, e\, E/(6\, \pi\, \eta_0\, r)} \tag{4.599}$$

Dabei ist η_0 die Viskosität des Lösemittels und r der Radius des Teilchens.

Gl. (4.599) ist aber nicht exakt. Ein Polyion in Lösung ist immer von einer Wolke niedermolekularer Ionen umgeben. Diese kleinen Ionen (Gegenionen) besitzen das entgegengesetzte Ladungsvorzeichen wie das Polyion. Das hat zur Folge, dass das Teilchen und die Ionenwolke in entgegengesetzte Richtungen wandern. Die Ionenwolke wird dabei verzerrt; sie besitzt an der Vorderseite des Teilchens eine geringere Ausdehnung als an der Hinterseite (Abb. 4.86).

Das Teilchen erfährt durch die Ionenwolke eine zusätzliche Bremsung. Das effektiv wirksame elektrische Feld ist kleiner als das von außen angelegte Feld E. Es existieren zahlreiche Versuche, diesen Effekt theoretisch zu beschreiben. Leider sind alle bisher

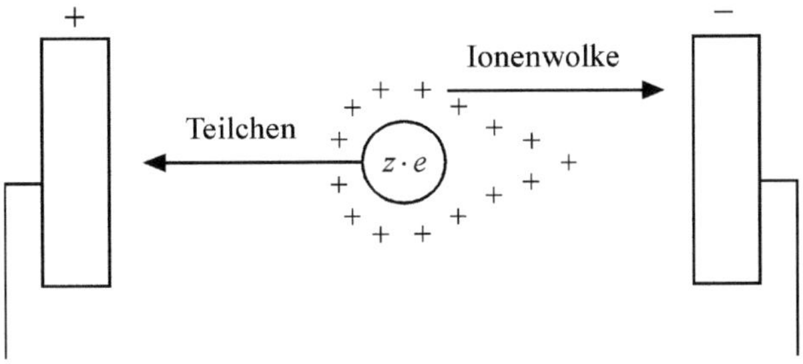

Abb. 4.86 Elektrophorese: Das negativ geladene Teilchen wandert zum Pluspol, die entgegengesetzt geladene Ionenwolke zum Minuspol

abgeleiteten Ausdrücke für v mehr oder weniger unbefriedigend. Wir geben deshalb nur ein Beispiel an. Das ist die Debye-Hückel-Näherung. Danach gilt:

$$v = [z\,e/(6\,\pi\eta_0\,r)]\;[X(\kappa\,r)/(1+\kappa\,r)] \tag{4.600}$$

$X(\kappa\,r)$ ist die Henry-Funktion, und κ ist der Debye-Hückel-Parameter. Es gilt:

$$\kappa^{-1} = (1/F)\;\sqrt{\varepsilon_0\,\varepsilon\,R\,T/(2\,I)} \tag{4.601}$$

Darin ist F die Faraday-Konstante, R die Gaskonstante und I die Ionenstärke.

Gl. (4.601) wurde für Kugelteilchen abgeleitet. Für andere Teilchenformen gilt in erster Näherung:

$$v = \sigma_e\,\kappa^{-1}\,E/\eta_0 \tag{4.602}$$

Darin ist σ_e die elektrophoretisch wirksame Flächenladungsdichte des Teilchens. Sie ist in der Regel deutlich kleiner als die wirkliche Ladungsdichte σ. Für eine Kugel ist $\sigma = z\,e/(4\,\pi\,r^2)$. Die Teilchen besitzen aber eine gewisse Oberflächenrauigkeit und schleppen bei der Wanderung im E-Feld einen bestimmten Teil der Gegenionen mit sich. Der Absolutbetrag der Ladungsdichte wird dadurch verkleinert. Elektrophoreseexperimente liefern somit fast nie die wahre Ladung eines Polyions.

In der Praxis wird nur selten mit σ_e gearbeitet. Meistens wird das sog. Zeta-Potenzial ζ gemessen. Es ist wie folgt definiert: Jedes geladene Teilchen besitzt ein elektrostatisches Potenzial $\varphi(x)$. Es ist an der Oberfläche groß und wird mit steigendem Abstand x vom Teilchen kleiner. Das Teilchen führt eine bestimmte Lösemittelschicht der Dicke r_h mit. Das elektrostatische Potenzial an der Oberfläche dieser Schicht ist das Zeta-Potenzial (Abb. 4.87). Es ist mit der effektiven Ladungsdichte σ_e über die Beziehung

$$\zeta = \sigma_e\,\kappa^{-1}/(\varepsilon_0\,\varepsilon) \tag{4.603}$$

verknüpft. Setzen wir diese Gleichung in Gl. (4.602) ein, so folgt:

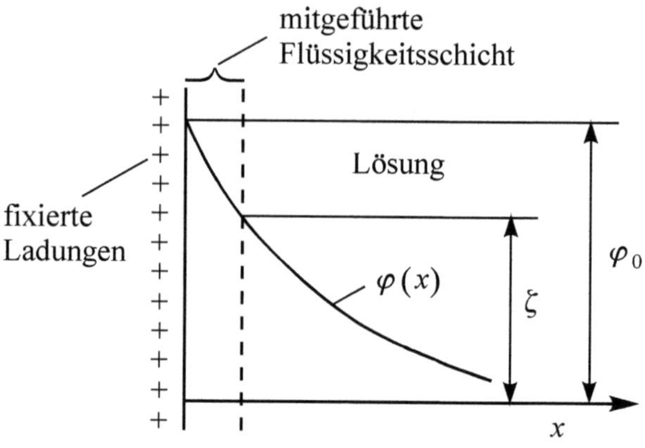

Abb. 4.87 Skizze zur Definition des ζ-Potenzials. (Adam et al. 1995)

$$v = \varepsilon_0\, \varepsilon\, \zeta\, E/\eta_0 \tag{4.604}$$

Das Verhältnis $U \equiv v/E$ heißt Beweglichkeit. Gl. (4.604) vereinfacht sich damit zu:

$$U = \varepsilon_0\, \varepsilon\, \zeta/\eta_0 \tag{4.605}$$

U wird gemessen; ζ kann somit bestimmt werden.

Trägerfreie Elektrophorese Ein Gerät zur Bestimmung der elektrophoretischen Beweglichkeit U ist der **Tiselius-Elektrophorese-Apparat**. Es besteht aus einem U-Rohr, in das parallel zum Hauptrohr die Elektroden eingebaut sind. Die Schenkel des U-Rohrs sind zu Beginn des Versuchs in gleicher Höhe mit Lösung gefüllt. Oberhalb der Lösung befindet sich das Lösemittel. Der Lösung/Lösemittel-Rand wandert, sobald das elektrische Feld eingeschaltet wird. Diese Wanderung lässt sich ähnlich wie bei der Ultrazentrifuge unter Zuhilfenahme einer Schlieren- oder Interferenzoptik vermessen. Heute wird allerdings nur noch selten mit einem Tiselius-Apparat gearbeitet, sondern meist mit einem modernen Zeta-Sizer.

Gelelektrophorese Die Gelelektrophorese ist eine zonale Technik. Die geladenen Makromoleküle wandern in einer Zone, der sog. Matrix. Sie sorgt für Stabilität und verhindert Konvektion. Die Matrix hat zusätzlich die Funktion eines molekularen Siebs, mit dessen Hilfe die Makromoleküle nach ihrer Größe getrennt werden. Die chemische Zusammensetzung der Matrix hängt von der Art der zu trennenden Moleküle ab. In der Regel ist die Matrix ein Polyacrylamid- oder ein Agarosegel, daher auch der Name „Gelelektrophorese“. Eine Übersicht gibt Tab. 4.26.

Tab. 4.26 Häufig verwendete Materialien bei der Gelelektrophorese

Matrix	Anwendungsgebiet
Papier	Kleine Moleküle wie Aminosäuren und Nukleotide
Stärkegel	Proteine
Polyacrylamidgele unterschiedlicher Vernetzungsdichte	Proteine und Nukleinsäuren
Agarosegel	Sehr große Proteine, Nukleinsäuren, Nukleoproteine

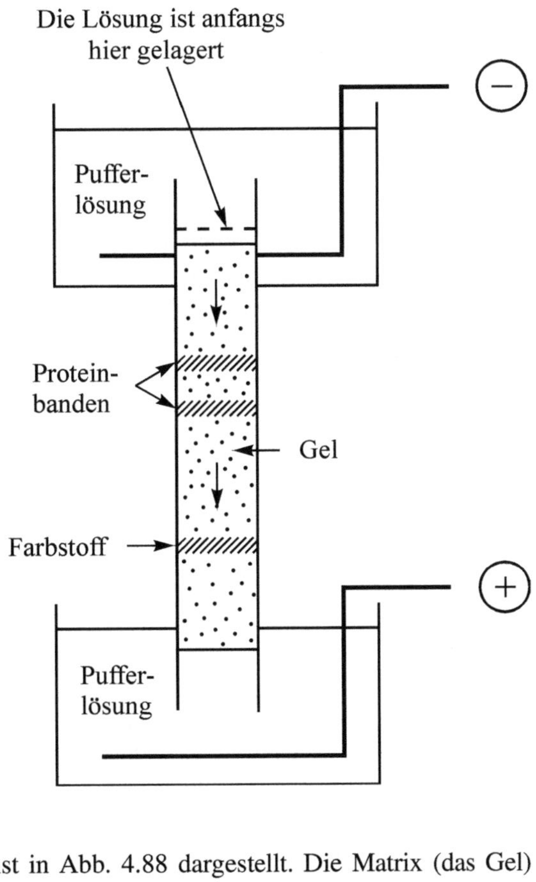

Abb. 4.88 Schema einer Gelelektrophorese-Apparatur. Zwei negativ geladene Proteine werden getrennt. (Van Holde et al. 2004)

Das Prinzip der Gelelektrophorese ist in Abb. 4.88 dargestellt. Die Matrix (das Gel) befindet sich in einem Glasrohr, es ist mit dem Lösemittel (einem Puffer) gequollen. Die Polyionlösung befindet sich am oberen Ende des Rohrs. Wenn die Spannung angelegt wird, wandern die Makroionen durch die Matrix. Makroionen mit einer hohen Beweglichkeit legen innerhalb einer vorgegebenen Zeit t eine große Wegstrecke zurück, weniger bewegliche Makroionen dringen weniger weit in die Matrix ein. Gewöhnlich wird der

Lösung ein Farbstoff hoher Beweglichkeit zugesetzt; es lässt sich so verfolgen, wie weit die Wanderung fortgeschritten ist. Der Farbstoff dient gleichzeitig als Referenzsubstanz. Die relative Beweglichkeit $U_{\text{rel},\,i}$ der Makroionenkomponente i ist dabei definiert als:

$$U_{\text{rel},i} \equiv U_i/U_F = d_i/d_F \tag{4.606}$$

Darin sind U_i und U_F die Beweglichkeiten und d_i und d_F die in der Zeit t zurückgelegten Wegstrecken der Komponente i und des Farbstoffs F. Die mit der Gelelektrophorese bestimmte Beweglichkeit U_i ist deutlich kleiner ist als die mit der trägerfreien Elektrophorese ermittelte Beweglichkeit. Die Gelelektrophorese dient allein der Trennung von Makroionen.

Wir betrachten zwei Fälle:

1. Die Makroionen besitzen alle die gleiche Masse und die gleiche Größe, sie unterscheiden sich aber in ihrer Ladung. Sie werden dann durch Elektrophorese nach dem Betrag ihrer Ladung getrennt.
2. Die Makroionen haben unterschiedliche Molmassen, ihre elektrophoretischen Beweglichkeiten sind aber gleich groß. Diese Moleküle werden bei der trägerfreien Elektrophorese nicht getrennt, wohl aber bei der Gelelektrophorese.

Wir wollen versuchen, dies zu erklären. Der Reibungskoeffizient langer stäbchenartiger Moleküle der Länge L und der Dicke b genügt folgender Formel:

$$f \approx 3\,\pi\,\eta_0\,L/\ln(L/b) \tag{4.607}$$

Die Ladung soll gleichmäßig über die Polyionkette verteilt sein. z ist somit proportional zu L. Für die Beweglichkeit bedeutet dies:

$$U \sim \ln\,(L/b)/(3\,\pi\,\eta_0) \tag{4.608}$$

Der Logarithmus ändert sich bei großen Werten von L nur sehr langsam mit L. Im Grenzfall $L \to \infty$ ist $\mathrm{d}U/\mathrm{d}L = 0$. Die elektrophoretische Beweglichkeit ist somit im Wesentlichen unabhängig von der Molmasse (der Länge) der Polyionen. Ein typisches Beispiel ist DNA. Die Knäuelketten sind sehr steif, und die Ladung ist proportional zur Kettenlänge. Die Beweglichkeit ist deshalb bei der trägerfreien Elektrophorese für alle Moleküle gleich; die Trennung erfolgt im Gel ausschließlich aufgrund der verschiedenen Molekülgrößen. Ein typisches **Elektropherogramm** zeigt Abb. 4.89. Jede Bande entspricht einer bestimmten DNA-Fragment-Molmasse. Die Molmassen sind durch DNA-Sequenzierung bekannt. Dieses Elektropherogramm ist deshalb ein exzellentes Kalibrierset für die Bestimmung der Molmasse unbekannter DNA-Fragmente. Die zu untersuchende

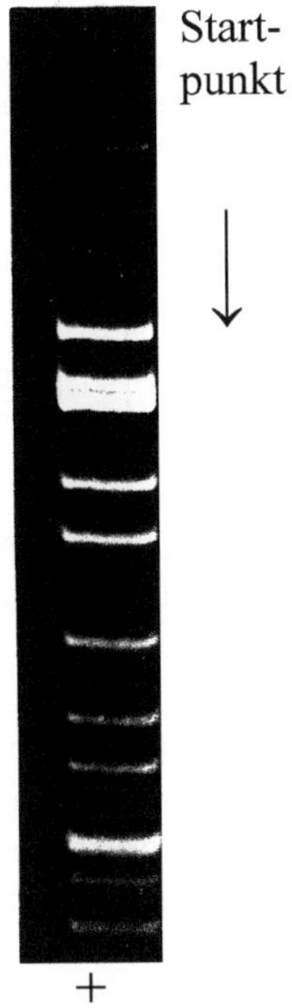

Abb. 4.89 Elektropherogramm von DNA-Fragmenten

DNA muss natürlich die gleiche Konformation wie die „Kalibrier-DNA“ besitzen. Eine Ring-DNA besitzt eine andere relative Beweglichkeit als eine lineare DNA.

SDS-Gel-Elektrophorese Diese Methode wird häufig bei Proteinen eingesetzt. Das Protein wird zunächst durch Erhitzen mit einem Detergens wie Natriumdodecylsulfat (SDS) denaturiert und dann unter Zusatz von weiterem SDS elektrophoriert. Das SDS umhüllt dabei das Protein; es entstehen stäbchenartige SDS-Protein-Micellen. Die Länge dieser Micellen ist proportional zur Länge des Proteins und damit proportional zu dessen Molmasse. Die Ladung des Proteins wird durch die viel höhere negative Ladung der SDS-Moleküle abgeschirmt. Das bedeutet: Gl. (4.608) ist erfüllt; die SDS-Protein-Micellen werden aufgrund ihrer Molmasse getrennt. Die Molmasse eines unbekannten Proteins wird dabei durch Kalibrierung mit Proteinketten bekannter Molmassen bestimmt.

Isoelektrische Fokussierung In Sedimentationsgleichgewichtsmessungen können verschiedene Lösemittel so übereinander geschichtet werden, dass ein Dichtegradient entsteht. Die zu untersuchenden Teilchen kommen genau an der Stelle zur Ruhe, wo $(1 - \upsilon_2\,\rho) = 0$ ist. Darin ist υ_2 das spezifische Volumen der Teilchen und ρ die Dichte des Lösemittels. Ähnliches gilt für die Elektrophorese von Polyionen in einem pH-Gradienten. Die effektive

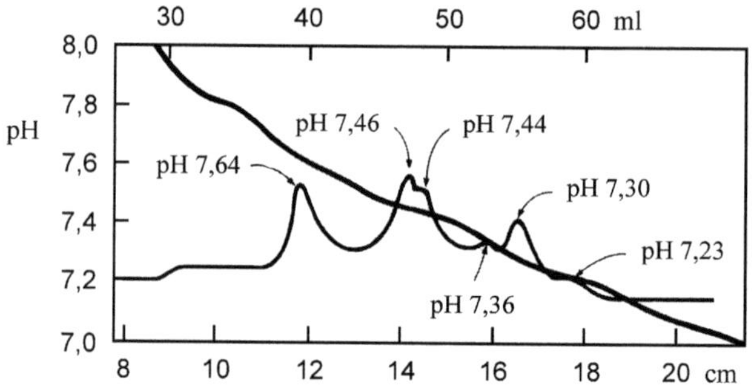

Abb. 4.90 Trennung verschiedener Hämoglobine mittels isoelektrischer Fokussierung. (Haglund 1967)

Ladung eines Polyions wird durch den pH-Wert des Lösemittels bestimmt. Am isoelektrischen Punkt ist die Nettoladung des Polyions null. Das Polyion hört bei diesem pH-Wert auf zu wandern.

Die experimentelle Ausführung eines solchen Experiments ist aber nicht einfach. Die sich einstellenden Polyionbanden müssen gegen Konvektion geschützt werden. Dazu dient ein Sucrosegradient. Der pH-Gradient wird stabil gehalten, indem der Säule eine Mischung niedermolekularer Polyampholyte zugesetzt wird. Sie wandern zu ihrem isoelektrischen Punkt, verbleiben dort und stabilisieren an diesem Punkt aufgrund ihrer Pufferfunktion den pH-Wert. Die Säule wird nach Einstellung des Elektrophoresegleichgewichts entleert und das Eluent UV-VIS-spektrometrisch untersucht. Die Auflösung dieser Methode ist bemerkenswert scharf. Ein Beispiel zeigt Abb. 4.90. Die Kurve mit den Peaks zeigt die Absorption der verschiedenen Hämoglobinkomponenten einer Mischung bei $\lambda_0 = 250$ nm als Funktion des Elutionsvolumens bzw. der Säulenposition. Die andere Kurve präsentiert den pH-Gradienten.

4.3.7 Endgruppenanalyse

Bei der Synthese von Makromolekülen verbleiben an den Enden der Molekülketten Atomgruppen, die sonst in der Kette nicht vorkommen. Dies können Radikalreste, Katalysatorreste oder funktionelle Gruppen sein. Außerdem ist es möglich, eine bestimmte Anzahl von leicht nachweisbaren Molekülgruppen in eine Kette einzubauen. Unter der Voraussetzung, dass das Makromolekül unabhängig von der Größe eine konstante Anzahl nachweisbarer Gruppen enthält, kann die Molmasse des Makromoleküls bestimmt werden:

$$M_\mathrm{n} = \nu\, m_\mathrm{p} / \sum_{i=1}^{k} n_i \qquad (4.609)$$

Dabei ist ν die Anzahl der detektierbaren Gruppen je Makromolekül, m_p die Gesamtmasse des Polymers und n_i die Molzahl der detektierbaren Gruppe i. Da die Moleküle gezählt werden, ergibt sich für polydisperse Polymere das Zahlenmittel M_n der Molmasse. Prinzipiell erlaubt Gl. (4.609) die Bestimmung der Molmasse M_n für alle Makromoleküle, die detektierbare Gruppen enthalten und deren Struktur bekannt ist. Bei der Anwendung der Methode sind jedoch die folgenden Beschränkungen zu beachten:

- Im Fall von Endgruppen als detektierbare Gruppen nimmt der Anteil der Endgruppen und damit die Genauigkeit der Endgruppenbestimmung mit zunehmender Molmasse in einer polymerhomologen Reihe ab.
- Bei nichtlinearen Makromolekülen (verzweigten, Sternpolymeren, Kammpolymeren usw.) muss die Art und Zahl der Verzweigungen genau bekannt sein. Auf der anderen Seite erlauben die Bestimmung der Molmasse mit einer anderen Methode und die Endgruppenanalyse die Bestimmung der Zahl und Art der Verzweigungen.

Als Detektoren für die Endgruppenanalyse können alle geeigneten chemischen und physikalischen Methoden eingesetzt werden. Als chemische Methoden kommen die Titration (z. B. bei Polyestern) und die mikroanalytische Bestimmung von Atomen, die nur in den detektierbaren Gruppen (elementspezifische detektierbare Gruppen) enthalten sind, infrage. Bei der radiochemischen Methode werden einzelne Gruppen radioaktiv markiert, und die Anzahl der radioaktiven Gruppen wird mit Radioaktivitätsmessgeräten bestimmt.

Als physikalische Methoden kommen die Kernresonanzspektroskopie (NMR), die UV-Spektroskopie und die IR-Spektroskopie infrage. Die Genauigkeit derartiger Messungen und damit die bei einem vorgegebenen Fehler bestimmbare obere Molmasse hängen sehr stark von der Art der detektierbaren Gruppe und der verwendeten Methode ab. Bei der Titration von funktionellen Endgruppen gelingt die Bestimmung von M_n bis etwa 40.000 g mol^{-1}; mikroanalytische Bestimmungen und radiochemische Methoden reichen bis zu einem M_n von etwa 200.000 g mol^{-1}. UV- und IR-spektroskopische Methoden können in bestimmten Fällen bei besonders gut detektierbaren Gruppen bis zu Molmassen von 10^6 g mol^{-1} angewandt werden.

4.3.8 Spektroskopische Methoden

4.3.8.1 Ultraviolettspektroskopie (UV/VIS)

Da Makromoleküle im Allgemeinen eine Molmassenverteilung aufweisen, ist es günstig, beim Lambert-Beer'schen Gesetz

$$\boxed{A = \log(I_0/I) = \varepsilon c d} \tag{4.610}$$

statt der molaren Konzentration $c = n/V$ die Massenkonzentration $c = m/V zu$ verwenden. ε ist dann der spezifische dekadische oder natürliche Extinktionskoeffizient. Die Dimension von ε ist m^2kg^{-1}, wenn die Konzentration in kg m^{-3} = g dm^{-3} und die Schichtdicke d in Metern angegeben werden.

UV/VIS-spektroskopische Messungen können immer dann durchgeführt werden, wenn die Extinktionsmaxima von Lösemittel und Makromolekül genügend scharf getrennt werden. Bei synthetischen Polymeren liegen die Extinktionen häufig im kurzwelligen UV-Bereich; mit modernen UV-Geräten ist dieser Bereich jedoch gut erreichbar. Besonderes Augenmerk ist darauf zu richten, dass das Lambert-Beer'sche Gesetz nur für relativ niedrige Konzentrationen streng gültig ist und die Konstante mit der Taktizität und der Sequenzlänge variiert. Wichtige Anwendungen der UV-VIS-Spektroskopie in der Makromolekularen Chemie sind die Bestimmung der Polymerkonzentration bei der analytischen Ultrazentrifuge (Abschn. 4.3.2), die Bestimmung der Menge der detektierbaren Gruppen bei der Endgruppenanalyse (Abschn. 4.3.7), die Bestimmung der Copolymerzusammensetzung bei Copolymeren und die Analyse von Verunreinigungen in Polymeren.

4.3.8.2 Infrarotspektroskopie (IR)

IR-spektroskopische Untersuchungen an Polymerlösungen sind auf wenige Anwendungen beschränkt, da die Rotations- und Schwingungsbanden des Makromoleküls oft von denen des Lösemittels überdeckt werden. IR-Spektren erlauben die Bestimmung von chemischen Gruppierungen im Makromolekül wie NH, CO und CN; besonders eindrucksvoll ist der Nachweis von Wasserstoffbrückenbindungen durch Verschiebung zu kürzeren Wellenlängen. Weiterhin kann die IR-Spektroskopie zur Bestimmung der Diadenanteile zu einer Konformationsanalyse herangezogen werden.

4.3.8.3 Optische Rotationsdispersion (ORD) und Circulardichroismus (CD)

Die ORD und der CD sind besonders für Biopolymere wichtige Methoden zur Strukturaufklärung. Beide Methoden beruhen auf der Tatsache, dass polarisiertes Licht durch Wechselwirkung mit optisch aktiven Molekülen seine Eigenschaften ändert. Diese Änderungen können mit Spektropolarimetern gemessen werden.

Eine elektromagnetische Welle ist durch die Amplitude und die Orientierung ihrer elektrischen und magnetischen Feldvektoren charakterisiert. Bei monochromatischem, linear polarisiertem Licht, das sich in x-Richtung ausbreitet, schwingt der elektrische Feldvektor $\boldsymbol{E}$ entsprechend der Sinusfunktion in der x-z-Ebene und der magnetische Feldvektor $\boldsymbol{H}$ senkrecht dazu in der x-z-Ebene. Bei circular polarisiertem Licht beschreiben die Spitzen der elektrischen und magnetischen Feldvektoren eine Schraubenlinie. Erfolgt die Änderung der Schwingungsrichtung im Uhrzeigersinn, ist das Licht rechts circular polarisiert, erfolgt sie entgegen dem Uhrzeigersinn, ist es links circular polarisiert.

Wir betrachten nun zwei links und rechts circular polarisierte Lichtstrahlen, die sich in der gleichen Richtung fortpflanzen. Sind sie von gleicher Wellenlänge und Intensität und zudem noch in Phase, so resultiert in der Überlagerung linear polarisiertes Licht. Pflanzen sich die beiden Lichtstrahlen jedoch mit unterschiedlichen Geschwindigkeiten durch das Medium fort, so bilden die resultierenden $\boldsymbol{E}$- und $\boldsymbol{H}$-Summenvektoren einen veränderten Winkel zur Ausgangslage. Die Polarisationsebene wird dann um einen bestimmten Winkel α gedreht. Das ist der Fall in optisch aktiven Medien. Die Brechungsindizes n_R und n_L für rechts und links circular polarisiertes Licht sind dort verschieden groß. Das Medium ist circular doppelbrechend. Nach Fresnel gilt:

$$\alpha = (\pi \ l/\lambda_0)(n_L - n_R) \tag{4.611}$$

Darin ist λ_0 die Wellenlänge des Lichts im Vakuum und l die Länge des durchstrahlten Mediums (der Küvette).

Der Drehwinkel α hängt von der Konzentration c der optisch aktiven Substanz ab. In der Praxis wird deshalb meistens mit der spezifischen Rotation $[\alpha]_{\lambda_0,T}$ oder der molaren Rotation $[\phi]_{\lambda 0,\ T}$ gearbeitet. Es gilt:

$$[\alpha]_{\lambda_0,T} \equiv \alpha/(l \ c) \tag{4.612}$$

$$[\phi]_{\lambda_0,T} \equiv \alpha/(l \ c/M) \tag{4.613}$$

Dabei ist $c = m/V$ die Massenkonzentration und $c/M = n/V$ die molare Konzentration. Oft wird bei Raumtemperatur (T = 20 °C) gearbeitet und für λ_0 die gelbe Linie des Natriumlichts, die sog. D-Linie, benutzt.

Optische Rotationsdispersion (ORD) Die spezifische Rotation $[\alpha]$ hängt von der Wellenlänge des benutzten Lichts ab. Im Normalfall wird der Betrag von $[\alpha]$ größer, wenn λ_0 kleiner wird. Die zugehörige Dispersionskurve heißt normale ORD-Kurve. Sie besitzt innerhalb des untersuchten Spektralbereichs weder ein Maximum noch ein Minimum, und die durchstrahlte Substanz zeigt keine Absorption. Die Form der normalen ORD-Kurve lässt sich durch die Drude-Gleichung beschreiben. Es gilt:

$$[\alpha] = A/\left[\lambda_0^2 - \lambda_A^2\right] \tag{4.614}$$

Darin ist A eine Konstante und λ_A die Wellenlänge des nächsten Absorptionsmaximums. Beispiele für normale ORD-Kurven zeigt Abb. 4.91. Dort sind ORD-Messergebnisse für Kalbsthymus-DNA in verschiedenen Lösemitteln dargestellt. Für wässrige Pufferlösungen ist $[\alpha]$ positiv und für Dimethylsulfoxid (DMSO) negativ. Die Polarisationsebene des Lichts wird also einmal nach rechts und einmal nach links gedreht.

Die Dispersionskurve einer Substanz kann auch innerhalb ihres Absorptionsbereichs liegen. Sie heißt dann anormale ORD-Kurve und besitzt ein Maximum, ein Minimum oder beides (Abb. 4.92). Dieser Effekt heißt **Cotton-Effekt**.

Circulardichroismus Links und rechts circular polarisiertes Licht wird von einer optisch aktiven Substanz in der Regel unterschiedlich stark absorbiert. Einige Absorptionsbanden absorbieren links circular polarisiertes Licht stärker und andere rechts circular polarisiertes.

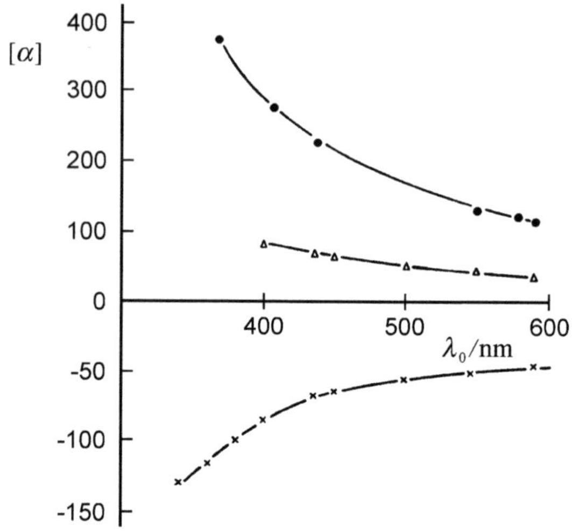

Abb. 4.91 ORD-Spektrum von Kalbsthymus-DNA in verschiedenen Lösemitteln. ● = Puffer 35 °C, Δ = Puffer 90 °C, × = DMSO

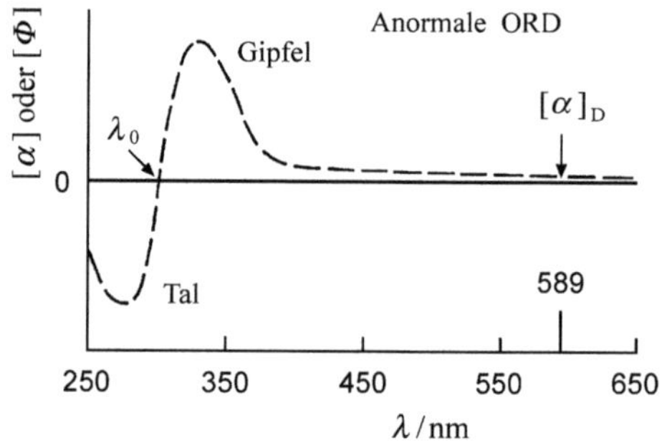

Abb. 4.92 Anormales ORD-Spektrum mit Cotton-Effekt. (Nach Fritzsche et al. 1976).

Diese Erscheinung heißt Circulardichroismus (CD). Ein Maß für die Stärke des Circulardichroismus bei einer gegebenen Wellenlänge λ_0 ist die Differenz $\Delta\varepsilon = \varepsilon_L - \varepsilon_R$ der Absorptionskoeffizienten. Der Wendepunkt λ_w einer anormalen ORD-Kurve (Abb. 4.93a) fällt mit dem Maximum $\Delta\varepsilon_{max}$ der CD-Kurve (Abb. 4.93b) zusammen.

Die Amplituden der elektrischen Vektoren von links und rechts circular polarisiertem Licht, $\boldsymbol{E}_L$ und $\boldsymbol{E}_R$, sind nach dem Durchgang durch ein Medium, das den Cotton-Effekt zeigt, infolge unterschiedlicher Absorption unterschiedlich groß. Der Summenvektor $\boldsymbol{E} = \boldsymbol{E}_L + \boldsymbol{E}_R$ beschreibt jetzt eine Ellipse. Der Winkel ψ zwischen $\boldsymbol{E}$ und $\boldsymbol{E}_L$ heißt **Elliptizität**. Daraus leiten sich die spezifische Elliptizität $[\psi]_{\lambda_0,T}$ und die molare Elliptizität $[\theta]_{\lambda_0,T}$ ab. Es gilt:

$$[\psi]_{\lambda_0,T} = \psi\, l/c \tag{4.615}$$

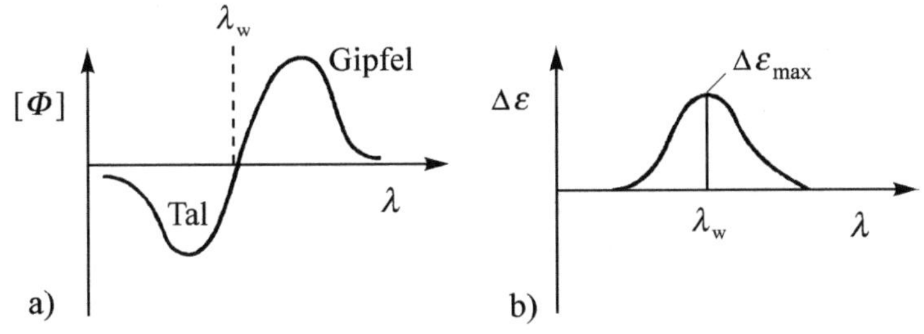

Abb. 4.93 Anormale ORD-Kurve (**a**) mit positiver CD-Kurve (**b**). (Fritzsche et al. 1976)

$$[\theta]_{\lambda_0,T} = \psi\, l/(c/M) \tag{4.616}$$

Es gilt außerdem:

$$[\theta] \approx 3300\ \Delta\varepsilon \tag{4.617}$$

Ist $\Delta\varepsilon$ bekannt, so lässt sich die Rotationsstärke R berechnen. Wir finden:

$$R = \left[3000\, h\ \ c_0\ \ln 10/\left(32\pi^2\, N_A\right)\right] \int (\Delta\varepsilon/\lambda_0)\, \mathrm{d}\lambda_0, \tag{4.618}$$

wobei h die Planck'sche Konstante und c_0 die Lichtgeschwindigkeit ist. R steht mit dem elektrischen Übergangsdipolmoment $\boldsymbol{p}_e$ und dem magnetischen Übergangsdipolmoment $\boldsymbol{p}_m$ in Beziehung:

$$R = |\boldsymbol{p}_e|\ |\boldsymbol{p}_m|\ \cos\varphi \tag{4.619}$$

wobei φ der Winkel zwischen $\boldsymbol{p}_e$ und $\boldsymbol{p}_m$ ist.

Chiralität Alle Moleküle, die weder Spiegelachsen noch Inversionszentren besitzen, sind optisch aktiv. Die Eigenschaft der Nichtidentität eines Moleküls mit seinem Spiegelbild heißt Chiralität. So sind alle asymmetrischen Moleküle chiral, d. h. optisch aktiv. Sie können nicht durch Drehung in ihre Spiegelbilder umgewandelt werden. Wir wollen als Beispiel die rechtshändige Helix in Abb. 4.94 betrachten. Sie werde mit circular polarisiertem Licht bestrahlt. Die elektrischen Felder $\boldsymbol{E}_1$ und $\boldsymbol{E}_2$ des Lichts induzieren in der Helix oszillierende Dipole. Die Elektronen der Helix bewegen sich entlang der Helixwindung in Richtung der gekrümmten Pfeile. Circular polarisiertes Licht enthält aber auch magnetische Felder. Das magnetische Feld $\boldsymbol{H}_2$ oszilliert parallel zur Helixachse und induziert somit ebenfalls einen elektrischen Strom. Die Felder $\boldsymbol{E}_1$ und $\boldsymbol{H}_2$ sind parallel. Sie sind um 90° phasenverschoben, ihre Ableitungen nach der Zeit sind aber in Phase. Das bedeutet: Sowohl die elektrischen als auch die magnetischen Felder des Lichts tragen zur

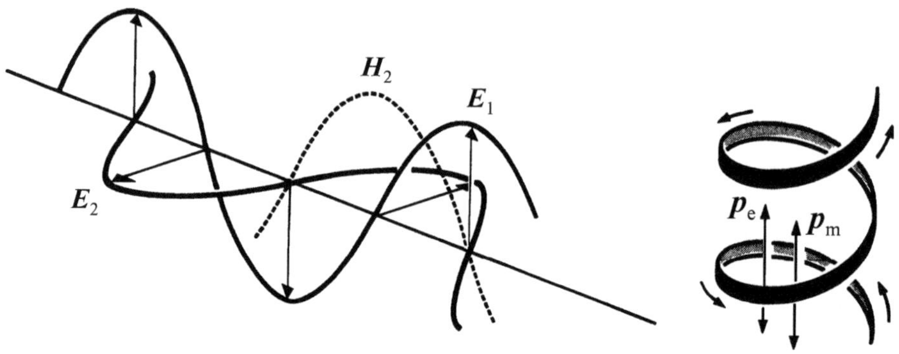

Abb. 4.94 Die Wechselwirkung von circular polarisiertem Licht mit einer Helix. (Van Holde et al. 2004)

Elektronenbewegung in der Helix bei. Die von Helixwindung zu Helixwindung kreisenden und schwingenden Elektronen erzeugen ihrerseits magnetische und elektrische Dipolmomente parallel zur Helixachse. Ihre Phasen (und das ist der ausschlaggebende Punkt) unterscheiden sich um 180° für links und rechts circular polarisiertes Licht. Für die Elektronen bedeutet dies: Sie werden bei der einen Polarisationsrichtung durch die elektrischen und magnetischen Felder gleichsinnig und bei der anderen Polarisationsrichtung ungleichsinnig bewegt. Rechts und links circular polarisiertes Licht wird deshalb von Molekülen, die eine Helixstruktur besitzen, unterschiedlich stark absorbiert. Ist die Helix linkshändig, so finden wir den gleichen Effekt; die ORD-Kurve kehrt sich nur um.

Circulardichroismus bei Makromolekülen Es existieren bei Makromolekülen im Wesentlichen drei Arten von Asymmetrien, die zu einer optischen Aktivität führen:

1. Die Primärstruktur ist asymmetrisch. Die α-Kohlenstoffatome der meisten Aminosäuren besitzen vier verschiedene Substituenten. Polypeptide und Proteine sind deshalb oft optisch aktiv.
2. Die Sekundärstruktur vieler Biopolymere ist helikal. Dies führt zu optischer Aktivität in der Hauptkette oder in den helikal angeordneten Seitengruppen.
3. Die Tertiärstruktur eines Makromoleküls kann so strukturiert sein, dass eine symmetrische Gruppe in eine asymmetrische Umgebung eingegliedert ist. Die elektronischen Übergänge der Ringelektronen von Tyrosin sind normalerweise nur schwach optisch aktiv. In einigen globulären Proteinen sind die Tyrosinringe von asymmetrischen elektrischen Feldern umgeben. Diese stören die elektronischen Übergänge und sorgen so für eine strake optische Aktivität.

Wir kommen jetzt zu einigen Beispielen. Polypeptide können verschiedene Konformationen annehmen. Das sind im Wesentlichen die α-helikale Konformation, die β-Faltblattstruktur und das statistische Knäuel. Die CD-Kurven dieser Konformationen unterscheiden

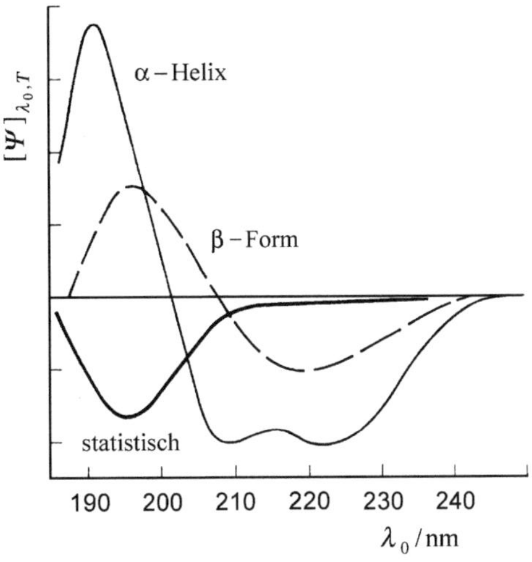

Abb. 4.95 CD-Kurven von verschiedenen Konformationen des Poly-L-lysins. (Nach Greenfield et al. 1969)

sich erheblich. Ein sehr schönes Beispiel sind die CD-Kurven des Poly-L-lysins (Abb. 4.95).

Die α-helikale Polypeptidstruktur lässt sich mithilfe der Exzitonentheorie von Moffit beschreiben. Es gilt:

$$[m]_{\lambda_0} = \frac{a\,k^2}{\lambda_0^2 - k^2} + \frac{b\,k^4}{\left(\lambda_0^2 - k^2\right)^2} \tag{4.620}$$

Darin ist $[m]_{\lambda_0}$ die mittlere Drehung pro Aminosäurerest bei der Wellenlänge λ_0; b und k sind charakteristische Konstanten der Helix, und a ist ein Parameter, der sowohl Beiträge der Helix als auch der Aminosäurereste enthält. Moffit nimmt an, dass das Polypeptid nur α-helikal und als statistisches Knäuel vorkommt. Der b-Wert ist dann ein Maß für den α-Helix-Gehalt, vorausgesetzt dass eine Kalibration für k erfolgt.

Es existieren andere Versuche, die CD-Kurven von Proteinen durch gewichtete Überlagerungen, sog. *basis spectra*, zu beschreiben. Darin erfasst ein Basisspektrum eine ganz bestimmte Konformation. Die CD-Kurven werden mithilfe dieser Curve-Fitting-Methode oft recht gut wiedergegeben. Es lassen sich Aussagen über die Helixgehalte machen, ihre Genauigkeit ist aber selten größer als 20 %. Eine exakte Bestimmung ist nicht möglich, da bis heute klare Definitionen für die Referenzkurven 100 % α-helikal, 100 % β-Faltblatt und 100 % statistische Konformation fehlen. Die einzige zweifelsfreie Methode zur Helixgehaltermittlung eines Proteins ist nach wie vor die Röntgenkleinwinkelstreuung.

Die Konformation eines Makromoleküls hängt von den Randbedingungen wie z. B. Temperatur, pH-Wert und Lösemittel ab. CD-Messungen sind deshalb hervorragend geeignet, um Konformationsänderungen festzustellen. Ein etwas ausgefallenes Beispiel ist das Polynukleotid Poly(dG · dc) · poly(dG · dc). In verdünnter Salzlösung besitzt es die

Abb. 4.96 CD-Spektren von Poly(dG · dc) · poly(dG · dc) in der B- und der Z-Form. (Van Holde et al. 2004)

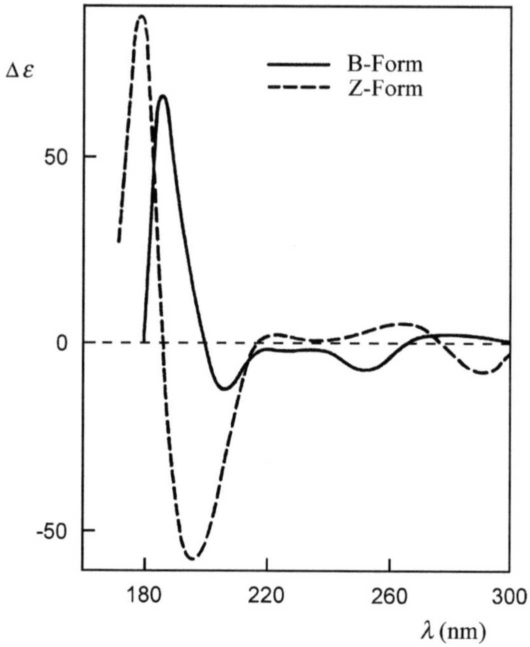

Konformation einer B-DNA, d. h., es stellt eine rechtshändige Doppelhelix dar. Ist die Salzlösung konzentriert, so findet ein Übergang zur linkshändigen Helix statt. Es wird von der Z-Form gesprochen. Das CD-Spektrum wird dadurch invertiert (Abb. 4.96). Die Inversion ist allerdings nicht exakt, die Z-DNA ist keine reine linkshändige B-DNA. Die phosphatierte Grundkette ist etwas anders angeordnet.

4.3.8.4 Massenspektrometrie (MS)

Leistungsfähige Massenspektrometer erlauben in Verbindung mit verbesserten Ionisierungstechniken die Bestimmung der Molmasse von Polymeren und Biopolymeren mit Molmassen bis zu $M = 5 \text{ x } 10^5 \text{g mol}^{-1}$. Das schwierigste Problem hierbei ist die Erzeugung von isolierten, ionisierten Molekülen in der Gasphase. Für Polymere und Biopolymere hat sich als Ionisierungstechnik die Matrix-Assisted Laser Desorption and Ionisation (MALDI) und als Detektor ein Flugzeitspektrometer (Time of Flight Spectrometer, TOF) bewährt. Bei der MALDI wird das gelöste Makromolekül mit einer Matrixsubstanz gemischt, das Lösemittel verdampft und dann mit einem gepulsten UV-Laserstrahl beaufschlagt. Als Matrix werden vorzugsweise organische Säuren (Nicotinsäure, 2,5-Dihydroxybenzoesäure, *p*-Nitroanilin) verwendet. Die Energieabsorption durch den gepulsten UV-Laserstrahl bewirkt eine Anregung der Matrixmoleküle mit anschließendem Phasenübergang fest → gasförmig und Desorption und Ionisation der Matrix- und Polymermoleküle. Die erzeugten Ionen liegen normalerweise als Anionen vor und werden im anliegenden elektrischen Feld (Beschleunigungsspannung $U \approx 3000$ V) beschleunigt. Am Ende des elektrischen Felds haben die Ionen eine elektrische Energie $z \cdot e \cdot U$ (z = Ladungszahl, e = Elementarladung) aufgenommen und fliegen massenabhängig mit konstanter Geschwindigkeit v und einer mechanischen kinetischen Energie (1/2) $m \cdot U^2$ zum Detektor. Aus der Energieerhaltung folgt:

$$(1/2) \cdot m \cdot v^2 = z \cdot e \cdot U \tag{4.621}$$

Mit $U = L/t$ (L = Länge des Flugkanals ab dem Ende des elektrischen Felds zum Detektor, t = Flugzeit) ergibt sich für das Verhältnis von Masse/Ladung des Makromoleküls m/z:

$$m/z = 2 \cdot e \cdot U \cdot (t/L)^2 \tag{4.622}$$

Die Flugzeit der Makromoleküle, die als Ionen vorliegen, wird mit einem Flugzeitspektrometer (TOF) als Detektor gemessen; damit liegen alle Größen vor, um m/z eines Makromoleküls zu bestimmen. Das Massenverhältnis von Makromolekül und Matrix liegt zwischen 0,1 und 0,01 und muss bei der Berechnung der Molmassen der Makromoleküle berücksichtigt werden.

Zur Berechnung der Molmasse und der Molmassenverteilung müssen zusätzliche Überlegungen oder Messungen zur Bestimmung der Ladungszahl z angestellt werden. Dies ist oft auf einfache Weise möglich, weil z ganzzahlig ist und üblicherweise die Zahlenwerte 1, 2 oder 3 hat. Durch Änderung der experimentellen Bedingungen (Energie der Laserpulse, Massenverhältnis von Polymer und Matrix) ändert sich z im Allgemeinen, wodurch eine Extrapolation nach $z \to 1$ möglich ist.

Die folgende Abbildung zeigt ein typisches MALDI-TOF-Spektrum eines aliphatischen hyperverzweigten Polyesters. Aufgetragen ist das Verhältnis Masse/Ladung m/z gegen die Intensität in willkürlichen Einheiten. Hieraus kann die Molmassenverteilung des Polyesters berechnet werden.

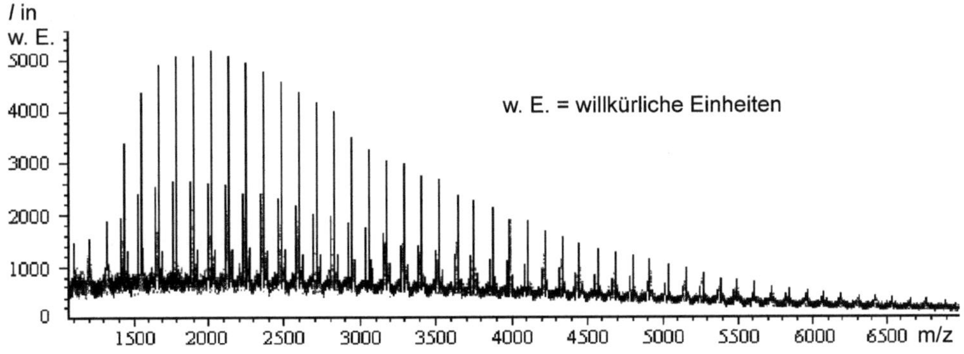

Die Massenspektrometrie hat sich zu einer anerkannten, leistungsfähigen Methode zur absoluten Bestimmung der Molmassen und der Molmassenverteilungen von Makromolekülen, der Polymer- und der Copolymerzusammensetzung und der Endgruppenanalyse entwickelt. Besonders leicht zu vermessen sind Polyelektrolyte, die mit anderen Methoden (z. B. SEC, CLS) nur mit größeren Schwierigkeiten zu analysieren sind. Der Grund dafür ist, dass Polyelektrolyte bereits die für die Massenspektroskopie notwendigen Ladungen besitzen.

4.3.9 Kernresonanzspektroskopie (NMR)

Ausgehend von der Organischen Chemie ist die Kernresonanzspektroskopie (Nuclear Magnetic Resonance, NMR) zu einer wichtigen und häufig verwendeten Methode zur Bestimmung der Struktur und der Eigenschaften von Makromolekülen geworden.

4.3.9.1 Theoretische Grundlagen

Mechanische, elektrische und magnetische Eigenschaften der Atomkerne Die Atomkerne sind aus Protonen und Neutronen aufgebaut, die jeweils beide einen Kerndrehimpuls (Kernspin) haben. Alle Atomkerne besitzen eine elektrische Ladung und einen resultierenden Kerndrehimpuls (resultierender Kernspin, im allgemeinen Kernspin genannt) $\boldsymbol{p}$. Die vektorielle Addition der Einzelkerndrehimpulse der im Atomkern enthaltenen Protonen und Neutronen ergibt den resultierenden Kernspin $\boldsymbol{p}$, wobei dieser auch 0 sein kann. Durch den resultierenden Kerndrehimpuls des geladenen Atomkerns wird ein magnetisches Feld entlang der Drehachse induziert; die Atomkerne benehmen sich wie kleine Stabmagnete. Das magnetische Moment μ des Atomkerns ist proportional dem resultierenden Kernspin $\boldsymbol{p}$:

$$\boldsymbol{\mu} = \gamma \cdot \boldsymbol{p} \tag{4.623}$$

wobei das magnetogyrische Verhältnis γ eine charakteristische Konstante für alle Kernarten ist (Tab. 4.27).

Die quantenmechanische Behandlung des Kernspins $\boldsymbol{p}$ zeigt, dass dieser gequantelt und durch die Kernspinquantenzahl I charakterisiert ist:

$$|\boldsymbol{p}| = [I(I+1)]^{1/2}\hbar \tag{4.624}$$

Hierbei ist $I = 0, 1/2, 1, 3/2, 2, 5/2, 3, \ldots$ und $\hbar = h/(2\,\pi)$. Damit ergibt sich für das magnetische Moment μ des Atomkerns:

$$\boldsymbol{\mu} = \gamma[I(I+1)]^{1/2}\hbar \tag{4.625}$$

Tab. 4.27 Magnetische Eigenschaften von NMR-Kernen (Spin I = Kernspinquantenzahl I)

Isotop	Spin I	Magnetisches Moment μ/μ_N	Magnetogyrisches Verhältnis $\gamma \cdot 10^{-7}$ (rad $T^{-1}s^{-1}$)	Natürliche Häufigkeit (%)	Relative Empfindlichkeit		Präzessionsfrequenz bei $\|B_0\| = 2{,}35$ T ν (MHz)	Quadrupolmoment Q (fm^2)
					D_p	D_c		
^{1}H	1/2	4,837353570	26,7522128	99,9885	1,000	$5{,}87 \cdot 10^{3}$	100,000000	
^{2}H	1	1,21260077	4,10662791	0,0115	$1{,}11 \cdot 10^{-6}$	$6{,}52 \cdot 10^{-3}$	15,350609	0,2860
^{13}C	1/2	1,216613	6,728284	1,07	$1{,}70 \cdot 10^{-4}$	1,00	25,145020	
^{14}N	1	0,57100428	1,9337792	99,632	$1{,}00 \cdot 10^{-3}$	5,90	7,226317	2,044
^{15}N	½	– 0,490	– 2,71261804	0,368	$3{,}84 \cdot 10^{-6}$	$2{,}25 \cdot 10^{-2}$	10,136767	
^{17}O	5/2	– 2,24077	– 3,62808	0,038	$1{,}11 \cdot 10^{-5}$	$6{,}50 \cdot 10^{-2}$	13,556457	– 2,558
^{19}F	1/2	4,553333	25,18148	100,00	0,834	$4{,}90 \cdot 10^{3}$	94,094011	
^{31}P	1/2	1,959	10,8394	100,00	$6{,}65 \cdot 10^{-2}$	$3{,}91 \cdot 10^{2}$	40,480742	

Das magnetische Moment $\boldsymbol{\mu}$ kann auch in Einheiten des Kernmagnetons $\mu_N = e\hbar/(2m_p) = 5{,}0507866 \cdot 10^{-27}\,\mathrm{J\,T^{-1}}$ (e = elektrische Ladung, m_p = Masse des Protons) ausgedrückt werden:

$$\boldsymbol{\mu} = g_N \mu_N \boldsymbol{p} \tag{4.626}$$

wobei g_N der Kern-g-Faktor ist. Da $\gamma = g_N \mu_N$ ist, kann g_N leicht aus γ berechnet werden.

Für die verschiedenen Atomkerne lässt sich die Kernspinquantenzahl I nicht allgemein voraussagen; es gibt jedoch drei Regeln:

1. Ist sowohl die Zahl der Protonen als auch die Zahl der Neutronen im Atomkern gerade, so ist $I = 0$ (kein resultierender Kernspin und damit kein magnetisches Moment); z. B. ist für ^{12}C und ^{16}O die Kernspinquantenzahl $I = 0$.
2. Ist die Summe der Protonen und Neutronen im Atomkern ungerade, so ist $I = 1/2, 3/2, 5/2, \ldots$ (z. B. ^{13}C, ^{15}N, ^{17}O, ^{19}F, ^{31}P, ^{33}S).
3. Ist sowohl die Zahl der Protonen als auch die Zahl der Neutronen im Atomkern ungerade, so ist $I = 1, 2, 3, 4, \ldots$ (z. B. ^{10}B, ^{14}N).

Die magnetischen und elektrischen Eigenschaften von einigen Atomkernen, die für die NMR von Polymeren wichtig sind, sind in Tab. 4.27 aufgeführt. Kerne mit $I > 0$ werden als magnetisch bezeichnet, da sie Magnetfelder entlang der Rotationsachse erzeugen und zum Phänomen der kernmagnetischen Resonanz führen. Kerne mit $I > 1/2$ sind nicht nur magnetische Dipole, sondern auch elektrische Quadrupole; diese haben nichtsphärische elektrische Ladungsverteilungen mit nichtsphärischer Symmetrie und wechselwirken sowohl mit magnetischen als auch mit elektrischen Gradienten. Die Größen der beiden beschriebenen Effekte sind abhängig vom magnetischen Moment μ und vom elektrischen Quadrupolmoment $\boldsymbol{Q}$. Die in Tab. 4.27 aufgeführten relativen Empfindlichkeiten D_P und D_C sind proportional der natürlichen Häufigkeit des Atomkerns, dem Quadrat der Flussdichte $\boldsymbol{B}$ und der dritten Potenz aus dem magnetogyrischen Verhältnis γ^3 und repräsentieren die Verfügbarkeit der verschiedenen Atomkerne für die NMR. Die Empfindlichkeiten werden relativ zu den häufig benutzten Kernen ^1H (D_P) und ^{13}C (D_C) angegeben.

Atomkerne im Magnetfeld Atomkerne mit einer Kernspinquantenzahl $I > 0$ haben ein magnetisches Moment und richten sich daher in einem homogenen statischen Magnetfeld mit der magnetischen Flussdichte $\boldsymbol{B}$ in der Weise aus, dass der Kerndrehimpulsvektor $\boldsymbol{p}$ ausgewählte Winkel zum $\boldsymbol{B}$-Vektor einnimmt. Dieses Verhalten des Kerns im Magnetfeld wird **Richtungsquantelung** oder **Zeeman-Effekt** genannt. Die Drehimpulskomponente des Kernspins $\boldsymbol{p}$ in Richtung des Felds wird mit $\boldsymbol{p}_B$ bezeichnet und beträgt

$$p_B = m \cdot \hbar \tag{4.627}$$

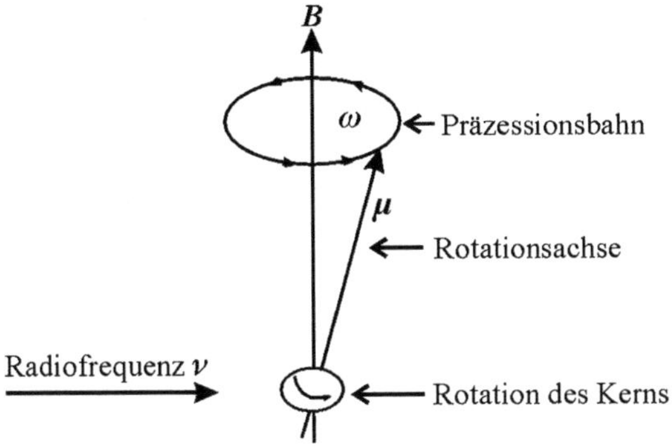

Dabei ist m die Orientierungs- oder magnetische Quantenzahl. Die quantenmechanische Behandlung des Kernspins im Magnetfeld ergibt, dass die magnetische Quantenzahl in insgesamt $(2I + 1)$ Eigenzustände aufgespalten wird; diese werden auch als **Kern-Zeeman-Niveaus** bezeichnet:

$$m = I, I - 1, I - 2, \ldots, -I + 1, -I \quad (4.628)$$

Für den Wasserstoff- und den Kohlenstoffkern ist $I = 1/2$ und daher $m = 1/2$ und $-1/2$. Für den ^{14}N - Kern ist $I = 1$ und daher $m = 1{,}0$ und -1. Anschaulich vorstellen können wir uns die Richtungsquantelung des Kerns durch eine Kreisbewegung der Rotationsachse des Kerns um die Achse des statischen Magnetfelds; diese Bewegung wird **Präzession** genannt. Die Winkelgeschwindigkeit der Präzessionsbewegung ist die **Larmorfrequenz** ω. Diese ist proportional der magnetischen Flussdichte $\boldsymbol{B}$:

$$\omega = \gamma |\boldsymbol{B}| \quad (4.629)$$

Mit $\omega = 2\,\pi\nu$ ergibt sich daraus ein Ausdruck für die Präzessionsfrequenz ν:

$$\nu = \gamma |\boldsymbol{B}| / (2\,\pi) \quad (4.630)$$

Die Kern-Zeeman-Niveaus haben die Energie:

$$E = -\boldsymbol{\mu} \cdot \boldsymbol{B} \text{ oder } E = -\gamma \hbar |\boldsymbol{B}| m \text{ oder } E = -\hbar \omega m \quad (4.631)$$

Diese Energieaufspaltung in verschiedene Niveaus bei Anwesenheit von magnetischen Feldern für Kerne mit $I > 0$ wird **Kern-Zeeman-Aufspaltung** genannt.

Kernmagnetische Resonanz Die Basis der kernmagnetischen Resonanz ist die Induzierung von Übergängen zwischen den Zeeman-Energieniveaus der Kerne. Dies wird erreicht durch Einstrahlung von elektromagnetischer Strahlung senkrecht zum homogenen, statischen Magnetfeld. Die quantenmechanisch begründeten Auswahlregeln erlauben solche

Übergänge zwischen den Energieniveaus 2 und 1, wenn $m_2 - m_1 = \Delta m = \pm 1$; dabei ist $\Delta m = + 1$, wenn Energie absorbiert wird (Übergang vom niedrigeren zum höheren Energieniveau), und $\Delta m = - 1$, wenn Energie emittiert wird (Übergang vom höheren zum niedrigeren Energieniveau). Die Übergänge zwischen den Energieniveaus E_2 und E_1 ergeben sich mithilfe von Gl. (4.631) zu:

$$\Delta E = E_2 - E_1 = \gamma\, \hbar |\boldsymbol{B}| m_2 - \gamma\, \hbar |\boldsymbol{B}| m_1 = \gamma\, \hbar |\boldsymbol{B}|\, (m_2 - m_1) \tag{4.632}$$

Da die Auswahlregeln lediglich $m_2 - m_1 = \Delta m = \pm 1$ für Absorption und Emission zulassen, ergibt sich:

$$\Delta E = \pm \gamma\, \hbar |\boldsymbol{B}| \tag{4.633}$$

Kernmagnetische Resonanz tritt auf, wenn die Frequenz der eingestrahlten elektromagnetischen Strahlung exakt gleich der Präzessionsfrequenz des rotierenden Atomkerns ist; bei dieser Frequenz der eingestrahlten Welle tritt ein Übergang von einem Kernspinniveau zu einem anderen auf, der durch die magnetische Quantenzahl m charakterisiert ist. Auf diese Weise tritt kernmagnetische Resonanz auf, wenn ein Atomkern mit $I > 0$ in ein homogenes, statisches Magnetfeld platziert und mit elektromagnetischer Strahlung mit der entsprechenden Frequenz beaufschlagt wird, sodass die Präzessionsfrequenz des rotierenden Kerns festgestellt werden kann. Unter diesen Bedingungen ergibt sich die Frequenz der elektromagnetischen Strahlung (Radiofrequenz), die die Resonanz hervorruft zu:

$$\Delta E = h\, \nu = \gamma\, \hbar\ \mid \boldsymbol{B} \mid \qquad oder\ \nu = \gamma\ \mid \boldsymbol{B} \mid /(2\,\pi) \tag{4.634}$$

Aus Gl. (4.634) und dem vorher Gesagten ergibt sich, dass ν auch die Präzessionsfrequenz des Atomkerns ist. Gl. (4.634) ist die Resonanzbedingung und die Basis der NMR Spektroskopie. Sie gibt den Zusammenhang zwischen der elektromagnetischen Frequenz, die die Kernresonanz hervorruft und der magnetischen Flussdichte $\boldsymbol{B}$. Mit dieser Gleichung kann die Radiofrequenz ν, die die Resonanz hervorruft, für verschiedene Flussdichten berechnet werden. In Tab. 4.27 sind die Präzessionsfrequenzen (die unter Resonanzbedingungen gleich den Radiofrequenzen sind) ν für einige Kerne für eine magnetische Flussdichte von $|\boldsymbol{B}_0| = 2{,}35$ T, bezogen auf die Frequenz $\nu = 100{,}0$ MHz für den ^{1}H - Kern, aufgeführt. Für höhere magnetische Flussdichten $|\boldsymbol{B}|$ kann die Präzessionsfrequenz ν nach

$$\nu = \nu_0 \cdot |\boldsymbol{B}|/|\boldsymbol{B}_0| \tag{4.635}$$

mit $|\boldsymbol{B}_0| = 2{,}35$ T und $\nu_0 =$ Präzessionsfrequenz bei $|\boldsymbol{B}_0| = 2{,}35$ T berechnet werden.

Chemische Verschiebung δ Die Fundamentalgleichung der NMR (Gl. 4.634) ergibt für jeden Atomkern einen einzelnen Peak aus der Wechselwirkung zwischen der Energie der

Radiofrequenz der elektromagnetischen Welle und der magnetischen Flussdichte des Magnetfelds, weil das magnetogyrische Verhältnis γ für jeden Atomkern eine charakteristische Konstante ist. Allerdings wird die Resonanzfrequenz von der Kernumgebung beeinflusst, z. B. wird der Kern von der Elektronenwolke abgeschirmt. Unter dem Einfluss des Magnetfelds erzeugen die Elektronen ein eigenes Magnetfeld, das dem ursprünglichen Magnetfeld entgegengerichtet ist und so einen Abschirmeffekt verursacht. Die Größe dieses induzierten Magnetfelds ist proportional dem angelegten Magnetfeld. Die auf den Atomkern wirkende effektive magnetische Flussdichte $\boldsymbol{B}_{\mathrm{eff}}$ setzt sich also zusammen aus der magnetischen Flussdichte $\boldsymbol{B}$ und dem durch die Elektronen erzeugten Beitrag $\sigma \cdot \boldsymbol{B}$, wobei σ die Abschirmkonstante ist:

$$\boldsymbol{B}_{\mathrm{eff}} = \boldsymbol{B} - \sigma \cdot \boldsymbol{B} \tag{4.636}$$

Damit ergibt sich für die Resonanzbedingung:

$$\nu = [\gamma\,|\boldsymbol{B}|/(2\,\pi)](1 - \sigma) \tag{4.637}$$

Aus dem Gesagten ergibt sich, dass ein Atomkern durch die Zahl und den Zustand der umgebenden Elektronen verschieden stark abgeschirmt werden kann. Die Stärke der Abschirmung ist proportional der magnetischen Flussdichte und wird durch die Abschirmkonstante σ ausgedrückt.

Da die effektive magnetische Flussdichte $\boldsymbol{B}_{\mathrm{eff}}$ und damit die Abschirmkonstante σ nicht mit der notwendigen Genauigkeit bestimmt werden können, lassen sich die Kernresonanzabsorptionen nicht auf einer absoluten Skala von ν oder $|\boldsymbol{B}|$ angeben. Die Resonanzsignale werden daher auf eine Referenzverbindung bezogen, und als neue Messgröße wird die chemische Verschiebung δ definiert:

$$\delta(\text{in ppm}) = [(\nu_{\mathrm{s}} - \nu_{\mathrm{r}})/\nu_{\mathrm{r}}] \cdot 10^6 \tag{4.638}$$

wobei ν_{s} und ν_{t} die Resonanzfrequenzen der Probe und der Referenzsubstanz bei konstanter magnetischer Flussdichte $\boldsymbol{B} = \boldsymbol{B}_r = \boldsymbol{B}_s$ sind. Das bedeutet, dass die Resonanzfrequenzen für die Probe und die Referenzsubstanz bei gleicher magnetischer Flussdichte $\boldsymbol{B}$ gemessen werden müssen. Die chemische Verschiebung δ ist eine dimensionslose physikalische Größe, die aus praktischen Gründen mit dem Faktor 10^6 multipliziert wird, um zu handhabbaren Zahlenwerten im Bereich 0–350 ppm zu kommen (daher δ [in ppm]).

Eine häufig gebrauchte Referenzsubstanz für die ^{1}H- und ^{13}C-NMR-Spektroskopie ist Tetramethylsilan (TMS). Die Größenordnung der δ-Skala beträgt für ^{1}H etwa 10 ppm und für ^{13}C etwa 200 ppm. Nach Gl. (4.637) und (4.638) verschieben sich die chemischen Verschiebungen δ mit höherer magnetischer Flussdichte zu höheren Werten, was bei gleichbleibenden natürlichen Linienbreiten und Kopplungskonstanten (s. unten) zu höherer Signaldispersion führt. Das ist einer der Gründe für die Entwicklung von NMR-Geräten mit immer höherer magnetischer Flussdichte.

Die Kernresonanzspektroskopie ist für die Strukturaufklärung organischer Verbindungen deshalb von herausragender Bedeutung, weil die chemische Verschiebung δ gegenüber Veränderungen in der Umgebung der gemessenen Kerne sehr empfindlich ist. Die für die Resonanzfrequenz ν bedeutsame Abschirmkonstante σ setzt sich im Wesentlichen aus drei Anteilen zusammen:

$$\sigma = \sigma_{\text{dia}} + \sigma_{\text{para}} + \sigma' \tag{4.639}$$

wobei σ_{dia} der diamagnetische Anteil der Abschirmkonstante ist; er bezieht sich auf das in der Elektronenhülle des Atomkerns durch das äußere Magnetfeld induzierte Gegenfeld. Dabei schirmen kernnahe Elektronen stärker ab als kernferne. Der paramagnetische Term σ_{para} bezieht sich auf die Anregung von p-Elektronen im Magnetfeld und ist der diamagnetischen Abschirmung entgegen gerichtet. Der Anteil σ' bezieht sich auf den Einfluss von Nachbargruppen und kann das magnetische Feld am Atomkern verstärken oder schwächen.

Internukleare Wechselwirkung Die Lage des Resonanzsignals eines Atomkerns A hängt von seiner elektronischen und magnetischen Umgebung ab. Zusätzlich kann seine Form durch benachbarte Atomkerne B beeinflusst werden, wenn diese selbst magnetisch sind. Für diese internukleare Wechselwirkung gibt es zwei voneinander unabhängige Mechanismen:

1. die durch den Raum wirkende dipolare Kopplung und
2. die durch die zwischen den Kopplungspartnern liegenden Bindungselektronen vermittelte skalare Kopplung.

Die Stärke der dipolaren Kopplung hängt von der räumlichen Entfernung $\boldsymbol{r}$ der Kopplungspartner und von der Orientierung dieses Richtungsvektors von $\boldsymbol{r}$ relativ zum äußeren Magnetfeld ab. In niederviskoser Lösung kompensieren sich die Einflüsse der dipolaren Kopplung auf die NMR-Signale durch die Brown'sche Bewegung zu null, sodass ihre Existenz im Allgemeinen nicht beobachtet wird. Dies ist jedoch in hochviskoser Lösung oder im Festzustand nicht mehr der Fall. Hier führt die dipolare Kopplung im Allgemeinen zu stark verbreiterten NMR-Signalen, bei denen Linienbreiten von mehreren Kilohertz beobachtet werden können.

Skalare Kopplung (Kopplungskonstante J) Das magnetische Moment des koppelnden Kerns B kann parallel oder antiparallel zum magnetischen Moment des beobachteten Kerns A sein und damit die Resonanzfrequenz von A verstärken oder abschwächen. Im einfachsten Fall – beide Kopplungspartner haben die Spinquantenzahl 1/2 – ergeben die beiden Kernspinorientierungen des Kerns B zwei Resonanzlinien des Kerns A. Der Abstand dieser beiden Resonanzlinien ist die Kopplungskonstante J und wird üblicherweise als Frequenz in Hz angegeben. Es versteht sich von selbst, dass Kern A den gleichen

Effekt auf Kern B hat mit der Folge, dass beide Kopplungskonstanten ${}^1J(\mathrm{B},\mathrm{A})$ und ${}^1J(\mathrm{A},\mathrm{B})$ den gleichen Zahlenwert haben. Ist die antiparallele Anordnung der beiden Spins A und B die stabilere, hat die Kopplungskonstante J definitionsgemäß ein positives Vorzeichen; umgekehrt sind Kopplungskonstanten negativ bei stabilerer paralleler Spinorientierung. Diese Vorzeichen sind normalerweise nicht aus den Spektren ablesbar und werden für Spektreninterpretationen meist auch nicht benötigt.

Kopplungskonstanten sind unabhängig vom externen magnetischen Feld, weil sie intramolekulare Wechselwirkungsenergien der Kerne repräsentieren. Sie sind jedoch stark abhängig von der Zahl der Bindungen zwischen den Kopplungspartnern. Im Allgemeinen nimmt die Größe der Kopplungskonstanten mit der Zunahme der Bindungszahl ab. Bei n dazwischenliegenden Bindungen wird eine Kopplungskonstante zwischen A und B mit ${}^nJ(\mathrm{A},\mathrm{B})$ bezeichnet, wobei ${}^1J(\mathrm{A},\mathrm{B})$ als direkte Kopplung, ${}^2J(\mathrm{A},\mathrm{B})$ als geminale Kopplung, ${}^3J(\mathrm{A},\mathrm{B})$ als vicinale Kopplung und ${}^{\mathrm{n}}J(\mathrm{A},\mathrm{B})$ ($n > 3$) als *long range*-Kopplung bezeichnet werden. Neben dem Einfluss der Zahl und der Art der Bindungen zwischen den beteiligten Atomen wird die Kopplungskonstante zusätzlich noch durch die Elektronegativitäten der benachbarten Atome und Atomgruppen sowie durch die Stereochemie des zu untersuchenden Moleküls beeinflusst. Falls ein Kern A mehr als einen Kopplungspartner hat, ändern sich die Resonanzsignale derart, dass jeder Partner eine neue Aufspaltung des Signals hervorruft (Verdopplung der Einzelsignale).

Allerdings repräsentieren diese Signalaufspaltungen die zugrunde liegenden Kopplungen jedoch nur dann, wenn ein Spinsystem erster Ordnung vorliegt, d. h., wenn der Abstand der Signale zweier Kopplungspartner A und B (in Hz) mindestens zehnmal so groß ist wie die Kopplungskonstante ${}^{\mathrm{n}}J(\mathrm{A},\mathrm{B})$. Ist dieses Verhältnis kleiner, werden die Positionen und relativen Intensitäten der Einzelsignale von quantenmechanischen Effekten beeinflusst (Spinsystem höherer Ordnung) und sind nicht mehr ohne Weiteres nach den für Spinsysteme erster Ordnung geltenden Regeln interpretierbar.

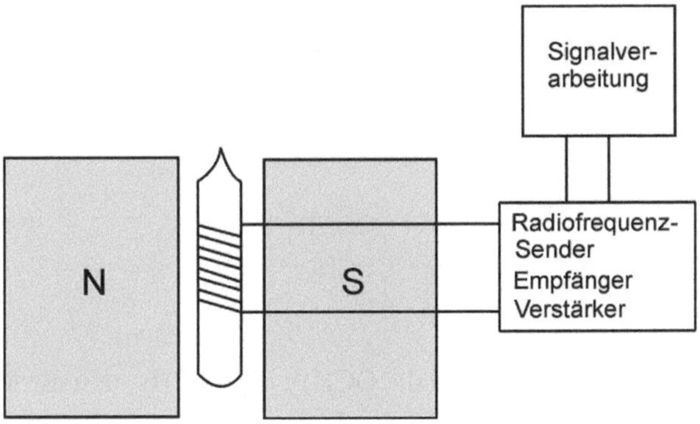

Experimentelles Die oben stehende Abbildung zeigt den prinzipiellen Aufbau eines Kernresonanzspektrometers. Das statische, homogene Magnetfeld wird bei modernen

Geräten mit supraleitenden Magneten erzeugt, die Flussdichten bis zu 21,1 Tesla erzeugen können. Die heute (2025) am weitesten verbreiteten Kernresonanzspektrometer haben magnetische Flussdichten von etwa 9 bis etwa 20 T, die nach Gl. (4.635) Protonenresonanzen von $\nu = 400$ bis etwa 900 MHz entsprechen. Das eingestrahlte elektromagnetische Senderfeld liegt im Bereich der Radiofrequenzen (MHz) und wird in Form von Impulsen mit einer Länge im Mikrosekundenbereich senkrecht zum Magnetfeld eingestrahlt. Im Resonanzfall führt die Absorption der elektromagnetischen Strahlung zu einer Anregung der Kernspins; dies wiederum führt zur Erzeugung von Magnetisierung senkrecht zu B, deren zeitlicher Zerfall (Free Induction Decay, FID) durch den Empfänger registriert und im Spektrometerrechner zum Frequenzdomänenspektrum umgerechnet wird (Fourier-Transformation).

4.3.9.2 Anwendungen

Die wichtigsten Anwendungen der NMR-Spektroskopie von Makromolekülen in Lösung sind:

- Bestimmung von Taktizität bei stereospezifischen Makromolekülen
- Sequenzanalyse (z. B. *cis-trans*-Isomerie, chirale Makromoleküle)
- Bestimmung der Endgruppen (Endgruppenanalyse)
- Bestimmung der Kurzkettenverzweigungen
- Bestimmung der Kristallinität und Orientierung
- Bestimmung der Copolymerzusammensetzung
- Kinetik und Mechanismus der Polymerisation

Im Folgenden können hier nur einige Aspekte und Beispiele aufgezeigt werden. Für vollständige Abhandlungen wird auf die am Ende des Buchs genannte Literatur verwiesen.

Taktizität von Polymeren Der Begriff der Taktizität wird in Abschn. 2.3 abgehandelt. Abb. 4.97 zeigt das Protonenresonanzspektrum von Polymethylmethacrylat (PMMA). Beim *iso*taktischen PMMA sind alle C – CH$_3$-Gruppen äquivalent und ergeben daher jeweils das gleiche Signal. Die Methylenprotonen sind diastereotyp, d. h. nicht äquivalent und ergeben zwei aufgespaltene Signale.

$$\left[\begin{array}{c} \text{COOCH}_3 \\ | \\ \text{C}-\text{CH}_2 \\ | \\ \text{CH}_3 \end{array} \right]_n$$

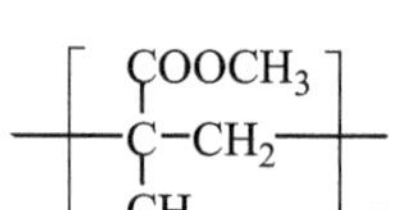

Beim *syndio*taktischen PMMA sind die OCH$_3$-, die C–CH$_3$- und die Methylenprotonen jeweils äquivalent. Hierdurch ist eine leichte Unterscheidung in *iso*- und *syndio*taktisches PMMA möglich; beim *a*taktischen PMMA können darüber hinaus die *iso*- und *syndio*taktischen Anteile über die C–CH$_3$-Resonanzen bestimmt werden. Bei den Resonanzen der

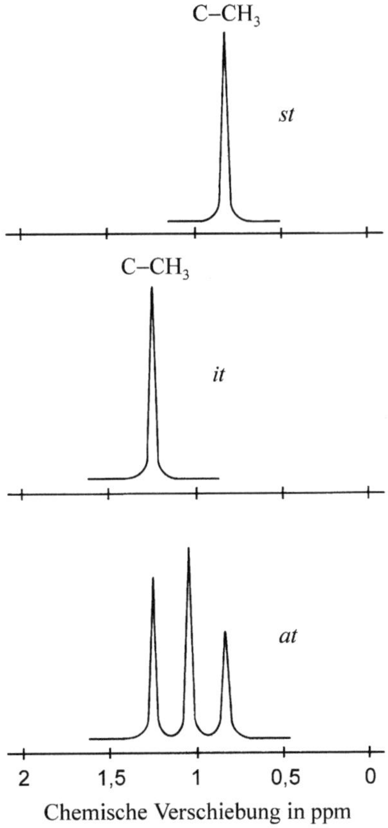

Abb. 4.97 Protonenresonanzspektrum von *syndio*taktischem (*st*), *iso*taktischem (*it*) und *a*taktischem (*at*) Polymethylmethacrylat

Methylenprotonen (CH_2) treten bei *a* taktischem PMMA kompliziertere Verhältnisse auf, da hier nicht nur die nächsten, sondern auch die übernächsten Nachbarn berücksichtigt werden.

Sequenzanalyse Sequenzanalysen lassen sich in vielen Fällen gut mit der NMR-Spektroskopie durchführen. Als Beispiel betrachten wir Polybutadien. Bei der Polymerisation von Butadien (Abschn. 3.1.3) können 1,2-, *cis*-1,4- und *trans*-1,4-Verknüpfungen auftreten.

Diese drei unterschiedlichen Sequenzen lassen sich mit der ^{13}C-NMR-Spektroskopie sehr gut unterscheiden. Abb. 4.98 zeigt ^{13}C-NMR-Spektren von verschiedenen Polybutadienen. Wir sehen, dass die ^{13}C-Resonanzen der allylischen C-Atome (Ⓒ) ziemlich weit auseinanderliegen und deshalb gut zuzuordnen sind. Die Flächen der Resonanzkurven sind unter geeigneten Messbedingungen direkt proportional zu den 1,2-, *cis*- und *trans*-Anteilen. Die zusätzlichen Signale (in Abb. 4.98 nicht dargestellt) rühren von den C-Atomen der unterschiedlichen Vinylgruppen (*cis*-und *trans*-Verknüpfungen) her.

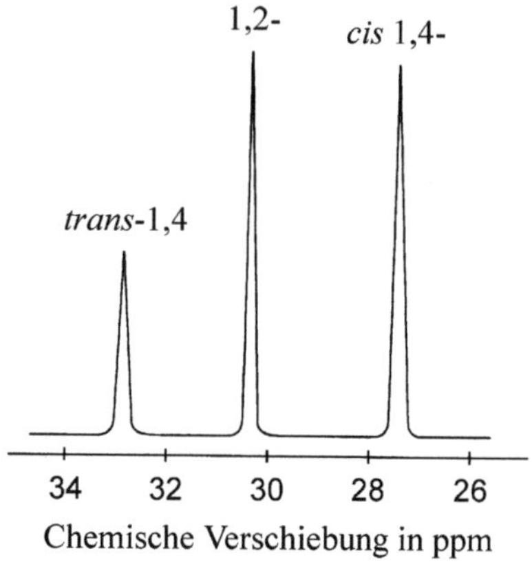

Abb. 4.98 ^{13}C-NMR Spektrum von Polybutadien. 1,2-Polybutadien: $\delta(^{13}C) = 30{,}33$ ppm; *cis*-1,4-Polybutadien: $\delta(^{13}C) = 27{,}42$ ppm; *trans*-1,4-Polybutadien: $\delta(^{13}C) = 32{,}8$ ppm

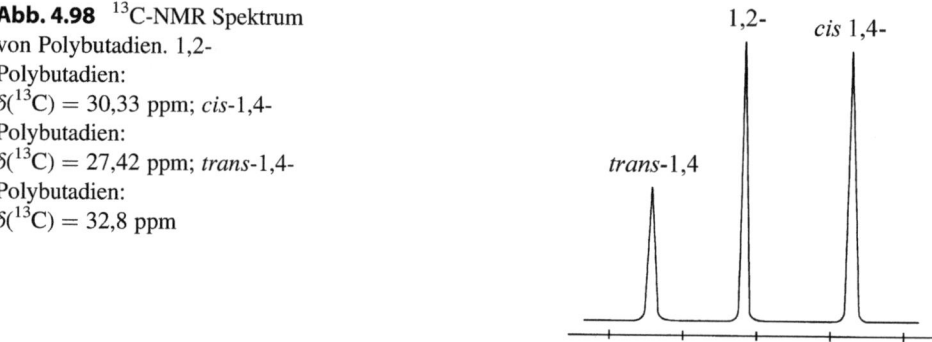

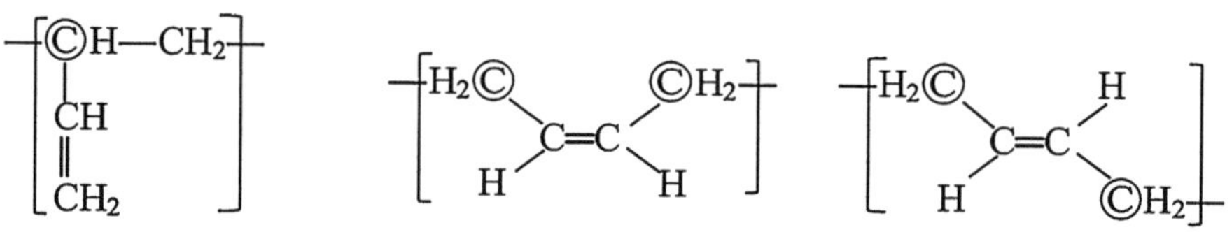

1,2-Polybutadien *cis*-1,4-Polybutadien *trans*-1,4-Polybutadien

Copolymere Bei Copolymeren kann sowohl die Taktizität als auch die chemische Zusammensetzung mit der NMR-Spektroskopie bestimmt werden. Besonders einfach ist die Analyse von Copolymeren, die aus aliphatischen und aromatischen Monomeren hergestellt werden (z. B. Poly(Butadien-co-α-Methylstyrol)). Aus den Signalflächen der aromatischen und aliphatischen Protonen ist direkt die chemische Zusammensetzung erhältlich.

Kurzkettenverzweigungen Verzweigungen mit Kettenlängen von eins (Methyl) bis fünf (Amyl) lassen sich mit der hochauflösenden Kernresonanz bestimmen, da die ^{1}H-Resonanzen der Methylen- und Methylprotonen und die ^{3}C-Resonanzen der Kohlenstoffatome in der Seitenkette gegenüber denjenigen in der Hauptkette verschoben sind. Die Integration der entsprechenden Flächen liefert direkt den Verzweigungsgrad.

4.3.10 Elektrische Doppelbrechung und der Rotations-Diffusionskoeffizient

Die elektrische Doppelbrechung ist eine Methode zur Bestimmung des Rotations-Diffusionskoeffizienten von Makromolekülen. Diese müssen dazu allerdings ein Dipolmoment $\boldsymbol{p}$ besitzen, das entweder permanent oder induziert sein kann. In einem elektrischen Feld $\boldsymbol{E}$

translatieren diese Moleküle nicht, sie orientieren sich aber so, dass ihr Dipolmoment einen möglichst kleinen Winkel θ mit dem elektrischen Feldvektor bildet. Es gilt:

$$V = -|\boldsymbol{p}|\,|\boldsymbol{E}|\,\cos\theta \tag{4.640}$$

wobei V die potenzielle Energie ist. Sie ist minimal, wenn $\theta = 0$ ist.

Ein Makromolekül setzt sich aus sehr vielen Struktureinheiten zusammen. Jede Struktureinheit besitzt ihr eigenes Dipolmoment. Alle diese Dipolmomente addieren sich vektoriell zu dem Gesamtdipolmoment $\boldsymbol{p}$. Polypeptide in der α-Helix-Konformation besitzen ein sehr großes permanentes Dipolmoment. Das Dipolmoment von Pferde-Carboxyhämoglobin beträgt z. B. 480 Debye (zum Vergleich: $|\boldsymbol{p}|_{\text{Wasser}} = 1{,}9$ D). Die antiparallele Doppelhelix einer DNA besitzt hingegen kein permanentes Dipolmoment. Bei ihr lässt sich aber ein Dipolmoment induzieren.

In einem elektrischen Feld sind die Dipolmomente der Moleküle einer Probe nicht alle gleich ausgerichtet. Aufgrund der Brown'schen Molekularbewegung kommt es zu einer Zufallsorientierung. Wir nehmen an, dass die Dipole der Boltzmann-Statistik gehorchen. Die Wahrscheinlichkeit $w(\theta)$, dass ein Dipol im thermodynamischen Gleichgewicht den Winkel θ mit dem E-Feld bildet, ist dann:

$$w(\theta) = k\,\exp[|\boldsymbol{p}|\,|\boldsymbol{E}|\,\cos\theta/(k_B\,T)] \tag{4.641}$$

Das Dipolmoment $\boldsymbol{p}$ muss irgendeinen Winkel zwischen 0 und 180° mit dem E-Feld bilden. Die Normierungskonstante k ergibt sich somit aus der Normierungsbedingung:

$$\int_0^{2\pi} \mathrm{d}\phi \int_0^{\pi} w(\theta)\,\sin\theta\,\mathrm{d}\theta = 1 \tag{4.642}$$

Es folgt:

$$k = \{[4\pi\,k_B\,T/(|\boldsymbol{p}|\,|\boldsymbol{E}|)]\,\sinh\,[|\boldsymbol{p}|\,|\boldsymbol{E}|/(k_B\,T)]\}^{-1} \tag{4.643}$$

Für kleine $|\boldsymbol{p}|\,|\boldsymbol{E}|/(k_B\,T)$, d. h. für kleine elektrische Felder, vereinfacht sich k zu $k = \pi/4$.

Wir bestrahlen unsere Lösung mit polarisiertem Licht. Die Folge ist, dass Absorption stattfindet. Der Extinktionskoeffizient ε einer chromophoren Gruppe, dessen Dipolmoment den Winkel θ mit der Polarisationsebene des Lichts bildet, ist $\varepsilon = \varepsilon_0 \cos^2\theta$. Darin ist ε_0 der Extinktionskoeffizient, wenn $\theta = 0$ ist. Die Lösung enthält aber nicht nur ein Molekül, sondern viele. Die Winkel θ sind dabei nach Gl. (4.641) verteilt. Wir nehmen zudem an, dass der elektrische Feldvektor des eingestrahlten polarisierten Lichts parallel zum äußeren elektrischen Feld $\boldsymbol{E}$ liegt. Der mittlere Extinktionskoeffizient berechnet sich dann zu:

$$\varepsilon_{\|} = \int_0^{\pi} k\,\varepsilon_0 \cos^2\theta \exp[|\boldsymbol{p}|\,|\boldsymbol{E}|\,\cos\theta/(k_B\,T)]\,\sin\theta\,\mathrm{d}\theta \tag{4.644}$$

Diese Gleichung vereinfacht sich für kleine elektrische Felder $\boldsymbol{E}$ zu:

$$\varepsilon_{\|} = (\varepsilon_0/3)\left\{1 + (2/15)\,[|\boldsymbol{p}|\,|\boldsymbol{E}|/(k_B\,T)]^2\right\} \tag{4.645}$$

Die Absorption wird also durch das äußere Feld $\boldsymbol{E}$ verstärkt. Steht der elektrische Feldvektor des polarisierten Lichts dagegen senkrecht auf $\boldsymbol{E}$, so wird die Absorption ($\varepsilon_{\perp}$) erniedrigt. Die Differenz beider Extinktionskoeffizienten, dividiert durch den Extinktionskoeffizienten ε von unpolarisiertem Licht, heißt **elektrischer Dichroismus**. Für kleine $|\boldsymbol{E}|$ gilt:

$$\Delta\varepsilon/\varepsilon \equiv \left(\varepsilon_{||} - \varepsilon_{\perp}\right)/\varepsilon = (1/10)\,[|\boldsymbol{p}|\,|\boldsymbol{E}|/(k_B\,T)]^2. \tag{4.646}$$

Wir haben bis jetzt angenommen, dass ein Dipolmoment bei der Absorption von Licht seinen Winkel θ nicht ändert. Das ist aber nur selten der Fall. Das Dipolmoment nach der Absorption bildet fast immer einen Winkel α mit dem Dipolmoment vor der Absorption. In diesem Fall gilt:

$$\Delta\varepsilon/\varepsilon = (1/10)\,[|\boldsymbol{p}|\,|\boldsymbol{E}|/(k_B\,T)]^2\left(3\cos^2\alpha - 1\right) \tag{4.647}$$

$\Delta\varepsilon$ und ε kann gemessen werden. $|\boldsymbol{p}|$ lässt sich für eine bestimmte chromophore Gruppe aus ihrer chemischen Struktur berechnen. Messungen zum elektrischen Dichroismus lassen somit eine Bestimmung der Orientierung einer chromophoren Gruppe im Makromolekül zu ihrer Dipolachse zu.

Moleküle, die einen elektrischen Dichroismus zeigen, sind auch elektrisch doppelbrechend. Dieser Effekt wird **Kerr-Effekt** genannt. In Analogie zu Gl. (4.647) gilt:

$$\Delta n/c \equiv \left(n_{||} - n_{\perp}\right)/c = (2\pi/M)\,[|\boldsymbol{p}|\,|\boldsymbol{E}|/(k_B\,T)]^2\left(\alpha_{||} - \alpha_{\perp}\right) \tag{4.648}$$

n_{II} und $n_{\perp}$ sind die Brechungsindizes parallel und senkrecht zur Molekülachse, α_{II} und $\alpha_{\perp}$ die zugehörigen Polarisierbarkeiten, M ist die Molmasse, c die Konzentration, und $\alpha_{II} - \alpha_{\perp}$ ist ein Maß für die Anisotropie der Teilchen. Für isotrope Teilchen ist $\Delta n = 0$.

Wir betrachten abschließend die **elektrische Relaxation**. Gegeben sei eine Lösung stäbchenartiger Moleküle gleicher Länge. Die Schwerpunkte aller Stäbchen mögen sich im Koordinatenursprung befinden. Die Endpunkte der Stäbchen liegen dann auf der Oberfläche einer Kugel und bilden ein bestimmtes Punktmuster, dessen Struktur von der Verteilung der Winkel θ abhängt, den die Stäbchen mit dem äußeren Feld E bilden. $f(\theta, t)$

$d\theta$ gibt den Anteil der Endpunkte an, die zum Zeitpunkt t in einem Kugelring zwischen θ und $\theta + d\theta$ liegen. Die Verteilung der Stäbchenendpunkte auf der Kugeloberfläche ändert sich aufgrund der Brown'schen Bewegung mit der Zeit. In Analogie zu den Fick'schen Gesetzen der Translationsdiffusion gilt:

$$J(\theta, t) = -D_\theta \frac{\partial f(\theta, t)}{\partial \theta} \tag{4.649}$$

$$\partial f(\theta, t)/\partial t = D_q \quad \partial^2 f(\theta, t)/\partial \theta^2 \tag{4.650}$$

Darin sind J(θ, t) der Fluss der Stäbchenendpunkte und D_θ der Rotations-Diffusionskoeffizient.

Wir gestalten den Versuch wie folgt: Wir lassen das elektrische Feld E eine bestimmte Zeit Δt auf die Lösung einwirken. Die Moleküle orientieren sich in dieser Zeit; das erkennen wir daran, dass $\varepsilon_{II} - \varepsilon_\perp$ im Laufe der Zeit anwächst und schließlich seinen Sättigungswert annimmt. Wir schalten dann das elektrische Feld ab. Die Ordnung bricht zusammen, die Stäbchenendpunkte der Moleküle verteilen sich gleichmäßig. Diese Relaxation lässt sich über die Absorption verfolgen. Es gilt:

$$\Delta\varepsilon(t) = (\Delta\varepsilon)_{E=\text{konstant}} \quad \exp(-6 D_q t) \tag{4.651}$$

Wir tragen dann ln[$\Delta\varepsilon(t)$] gegen t auf und erhalten aus der Steigung der Geraden den Rotations-Diffusionskoeffizienten D_θ. Anschließend kombinieren wir ihn mit dem Translations-Diffusionskoeffizienten und erhalten so Informationen über die molekulare Dimension unseres Teilchens (vgl. dazu Abschn. 4.3.5.3).

4.3.11 Feldflussfraktionierung (FFF)

Bei der Feldflussfraktionierung werden in einem Trägermittel gelöste Makromoleküle oder suspendierte Teilchen mit einer bestimmten Geschwindigkeit durch eine Säule mit nur einer einzigen Phase, der mobilen Phase, gepumpt. Senkrecht zur Flussrichtung wird ein Feld angelegt, das die Fraktionierung der gelösten Polymere bewirkt und sie damit nach ihren Eigenschaften (z. B. Molmasse, Größe, Gestalt, Massendichte, Ladungsdichte) geordnet zu verschiedenen Zeiten die Säule verlassen. Voraussetzung hierbei ist, dass die zu untersuchenden Makromoleküle auf das angelegte Feld ansprechen. Zur Beförderung der mobilen Phase und als Detektoren (z. B. UV/Vis, IR, Fluoreszenz, ICP-MS [Inductively Coupled Plasma Mass Spectrometry], Brechungsindex, Viskosität, Dichte, osmotischer Druck, Lichtstreuung) können dieselben Geräte wie bei der SEC (Abschn. 4.3.6.1) verwendet werden. Die Elutionskurven sehen ähnlich wie diejenigen bei der SEC Abb. 4.82 aus.

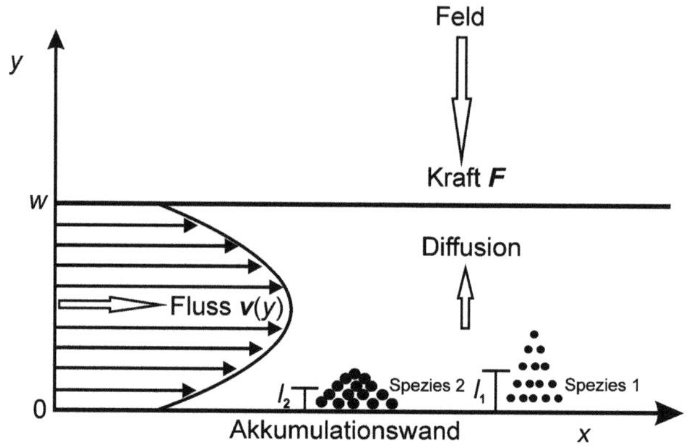

Die obige Abbildung zeigt das generelle Prinzip der Feldflussfraktionierung. Die Lösung mit den aufzutrennenden Makromolekülen wird durch einen Strömungskanal mit einer Dicke $w = 0{,}05 - 0{,}5$ mm, einer Breite $b = 10 - 30$ mm und einer Länge $L = 0{,}25 - 1{,}0$ m mit einer Pumpe (wie bei der SEC) gepumpt. Die Lösung bildet dabei ein laminares, parabolisches Geschwindigkeitsprofil aus, wobei die gelösten Teilchen, abhängig von der Entfernung zu den Wänden des Strömungskanals, mit unterschiedlicher Geschwindigkeit transportiert werden. In Höhe eines senkrecht zur Fließrichtung angelegten Felds werden zusätzliche Kräfte auf die gelösten Makromoleküle ausgeübt, die diese an eine Wand des Strömungskanals (Akkumulationswand) konzentrieren. Diese Aufkonzentration wird überlagert von der Diffusion, die dem angelegten Feld entgegengerichtet ist. Nach kurzer Zeit bildet sich ein stationärer Zustand der Konzentrationsverteilung

$$C = C_0 \exp(-F\, y/(k\, T) \tag{4.652}$$

aus, wobei C die Konzentration beim Abstand y, C_0 die Konzentration an der Akkumulationswand, F die auf ein gelöstes Teilchen wirkende Kraft und $k\,T$ die thermische Energie ist. Die Trennung von verschiedenen Spezies wird daher durch zwei Prozesse bestimmt:

1. durch das auf die gelösten Moleküle wirkende Feld mit der Kraft $\boldsymbol{F}$ und
2. durch das Geschwindigkeitsprofil der mobilen Phase $\boldsymbol{U}(y)$.

Gl. (4.652) kann auch als

$$C_i = C_0 \exp(-y/l) \tag{4.653}$$

geschrieben werden, wobei die Konstante l die Dimension einer Länge hat und den mittleren Abstand der Spezies i (mittlere Schichtdicke) von der Akkumulationswand des Strömungskanals repräsentiert:

$$l = k\,T/F \tag{4.654}$$

Die Ansammlung der gelösten Teilchen an die Akkumulationswand durch ein äußeres Feld wird vorzugsweise durch den dimensionslosen Retentionsparameter λ beschrieben:

$$\lambda = l/w = k\,T/(F\,w) \tag{4.655}$$

Gl. (4.655) zeigt, dass λ und l_i umgekehrt proportional der Kraft F des angelegten Felds sind. Für das Retentionsverhältnis $R = t_0/t_r = V_0/V_r$ mit t_r = Retentionszeit (Elutionszeit), V_r = Retentionsvolumen der gelösten Makromoleküle und t_0 = Retentionszeit und V_0 = Retentionsvolumen des Lösemittels haben Giddings et al. (1974) die Gleichung

$$R = 6\lambda[\coth\,(0,5/\lambda) - 2\lambda) \tag{4.656}$$

abgeleitet. Die unten stehende Abbildung zeigt, dass für kleine Werte von λ die beiden Größen R und λ näherungsweise proportional sind.

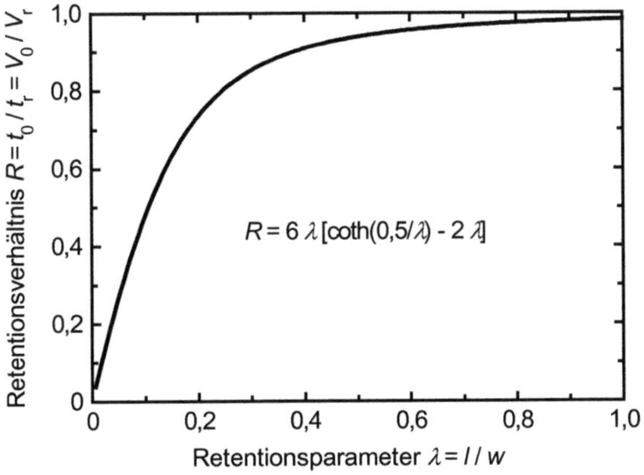

Als Felder können bei der Feldflussfraktionierung eingesetzt werden:

- Fließfeld (Fluss-FFF)
- Zentrifugalfeld (Sedimentations-FFF)
- Thermisches Feld (thermische FFF)
- Elektrisches Feld (elektrische FFF)
- Magnetisches Feld (magnetische FFF)

Zum apparativen Aufbau und zur Theorie der verschiedenen Feldflussfraktionierungen liegt einschlägige Literatur vor (z. B. Cooper 1990).

Fluss-FFF Die auf die Makromoleküle wirkende Kraft F des Felds ist durch das Stokes'-sche Gesetz bestimmt:

$$F = f\,u = 3\,\pi\eta d u \tag{4.657}$$

wobei f der Reibungskoeffizient, η die Viskosität des Lösemittels, d der (scheinbare) Durchmesser der gelösten Makromoleküle und u die Geschwindigkeit der gelösten Makromoleküle quer zur Fließrichtung (an die Akkumulationswand) ist. Der Fluss durch die Wände des Strömungskanals wird durch semipermeables Material der Kanalwände erreicht; diese sind für die gelösten Makromoleküle nicht durchlässig. Für den Retentionsparameter λ_F ergibt sich damit aus Gl. (4.655) und (4.657):

$$\lambda_F = k\,T/(F\,w) = k\,T/(f\,u\,w) \tag{4.658}$$

Daraus ergibt sich mit der Einstein'schen Gleichung für den Diffusionskoeffizienten D und den Reibungskoeffizienten f, $D = k\,T/f = k\,T/(3\,\pi\,\eta\,d)$:

$$\lambda_F = D/(uw) \tag{4.659}$$

Für den Fall, dass R und λ proportional sind, ergibt sich aus Gl. (4.659), dass die Retentionszeit t_r umgekehrt proportional dem Diffusionskoeffizienten der gelösten Makromoleküle D und damit nach der Einstein'schen Gleichung proportional dem (scheinbaren) Durchmesser d der gelösten Makromoleküle ist.

Sedimentations-FFF Die auf die Makromoleküle wirkende Kraft ist (Abschn. 4.3.2):

$$F = m_{\text{eff}}\,a = m_{\text{eff}}\,\omega^2\,r = m(1 - \bar{v}\,\rho)\omega^2\,r \tag{4.660}$$

mit a = Beschleunigung des Rotors, ω = Winkelgeschwindigkeit, r = Radius der Rotorzelle, $\bar{v}$ = partielles spezifisches Volumen des Makromoleküls und ρ = Dichte des Lösemittels. Für den Retentionsparameter λ_S ergibt sich daraus:

$$\lambda_S = k\,T/[m(1 - \bar{v}\rho)a\,w] \tag{4.661}$$

Unter den Bedingungen, wie sie bei der Fluss-FFF bereits diskutiert wurden, ergibt sich daraus, dass die Retentionszeit t_r proportional der Molmasse und dem Auftriebsfaktor $1 - \bar{v}\,\rho$ ist.

Thermische FFF Beim thermischen Feld migrieren die Makromoleküle in Richtung der Wand mit der niedrigeren Temperatur. Die Kraft F des Felds ist:

$$F = k\,T(D_T/D)\,dT/dx \tag{4.662}$$

mit D_T = thermischer Diffusionskoeffizient und $D = k M^{-a}$ = Diffusionskoeffizient der gelösten Makromoleküle. Für den Retentionsparameter λ_T ergibt sich daraus:

$$\lambda_T = D/[D_\mathrm{T}(dT/dx)w] \approx D/(D_\mathrm{T}\,\Delta T) \tag{4.663}$$

Damit ist auch hier, wie bei der Fluss-FFF, die Retentionszeit t_r umgekehrt proportional dem Diffusionskoeffizienten der gelösten Makromoleküle D und damit nach der Einstein'-schen Gleichung proportional dem (scheinbaren) Durchmesser d der gelösten Makromoleküle. Außerdem ist die Retentionszeit proportional der Temperaturdifferenz ΔT des angelegten thermischen Felds.

4.3.12 Bestimmung der Kettenverzweigung von Polymeren

Wegen ihrer verschiedenen Eigenschaften wird bei Polymeren zwischen Kurz- und Langkettenverzweigungen unterschieden. Die Gesamtzahl der Verzweigungen kann mittels Endgruppenanalyse (Abschn. 4.3.7) oder IR-Spektroskopie (Abschn. 5.4.2) bestimmt werden. Zur Bestimmung der Kurzkettenverzweigungen wird oft die Kernresonanzspektroskopie (Abschn. 4.3.9) verwendet.

Die wesentlichen Methoden zur Bestimmung der Langkettenverzweigung von Polymeren beruhen auf der Tatsache, dass verzweigte Polymere einen kleineren Trägheitsradius $< R^2 >^{1/2}$ und einen kleineren hydrodynamischen Radius R_h als die entsprechenden linearen Moleküle mit gleicher Molmasse haben. Für konstante Molmasse gilt daher:

$$[\eta]_1 > [\eta]_\mathrm{b}, \quad S_{0,1} < S_{0,\mathrm{b}} \quad \text{und} \quad V_{\mathrm{e},1} < V_{\mathrm{e,b}} \qquad (M = \text{const.}; \quad M_1 = M_\mathrm{b}) \tag{4.664}$$

(Abschn. 4.3.5.1, 4.3.2.1 und 4.3.6). Die Verzweigungsgrade g, g' und$''$ sind definiert als:

$$g = < R^2 >_\mathrm{b} / < R^2 >_1; \quad g_\theta = < R^2 >_{\theta,\mathrm{b}} / < R^2 >_{\theta,1} \quad (M_1 = M_\mathrm{b}) \tag{4.665}$$

$$g' = < \eta >_\mathrm{b} / < \eta >_1; \quad g'_\theta = < \eta >_{\theta,\mathrm{b}} / < \eta >_{\theta,1} \quad (M_1 = M_\mathrm{b}) \tag{4.666}$$

$$g'' = S_{0,1}/S_{0,\mathrm{b}}; \quad g''_\theta = S_{0,\theta,1}/S_{0,\theta,\mathrm{b}} \quad (M_1 = M_\mathrm{b}) \tag{4.667}$$

Dabei bezieht sich der Index θ auf den ungestörten Zustand (θ – Zustand, $A_2 = 0$). Eine Umrechnung von g, g' und$''$ ist aufwendig; der Zusammenhang von g und g' ist durch die Gleichung

$$g' = g^b$$

gegeben, wobei b Werte zwischen 0,5 und 1,5 annimmt.

Liegen gut definierte Polymere vor, so ist mithilfe einer Absolutmethode (z. B. klassische Streumethoden, Ultrazentrifugation) oder einer Absolut- und einer Relativmethode (z. B. klassische Streumethoden oder Ultrazentrifugation oder Osmose oder Massenspektroskopie und Viskosität) nach Gl. (4.665), (4.666) und (4.667) der Verzweigungsgrad bestimmbar. Falls das entsprechende lineare Polymere gleicher Molmasse nicht zur Verfügung steht (was im Allgemeinen der Fall ist), lassen sich die Größen $< R^2 >_\mathrm{l}$, $[\eta]_\mathrm{l}$ und $S_{0,\mathrm{l}}$ mithilfe der Beziehungen $< R^2 > \; = K_R M^{a_R}$, $[\eta]_\mathrm{b} = K_\eta M^{a_\eta}$ und $S_0 = K_s M^{a_s}$ berechnen. Für eine Vielzahl von linearen Polymeren liegen diese Beziehungen vor (z. B. Brandrup et al. 1999). Es wird dabei so vorgegangen, dass

1. mit einer Absolutmethode die Molmasse M des verzweigten Polymers bestimmt wird,
2. mit einer Absolut- oder Relativmethode die Größen $< R^2 >_\mathrm{b}$, $[\eta]_\mathrm{b}$ oder $S_{0,\mathrm{b}}$ bestimmt werden und
3. mit einer $< R^2 >$–M-, $[\eta]$–M- oder S_0–M-Beziehungfür das entsprechende lineare Polymer die Größen $< R^2 >_\mathrm{l}$, $[\eta]_\mathrm{l}$ oder $S_{0,\mathrm{l}}$berechnet werden.

Ein weiteres elegantes, häufig verwendetes Verfahren zur Bestimmung der Langkettenverzweigung beruht auf der Überlegung, dass die Größenausschlusschromatografie (SEC) Polymere nach ihrem hydrodynamischen Volumen (Gl. 4.595) auftrennt und das Elutionsvolumen V_e damit allein eine Funktion des hydrodynamischen Volumens V_h ist. Hiernach werden unabhängig vom Typ und von der Art der Verzweigung des Polymers in der SEC die gleichen Konstanten A und B bei der Auftragung von $\log([\eta]\ M)$ als Funktion von V_e (universelle Kalibrierung; Abschn. 4.3.6.1) erhalten:

$$\log\left([\eta]_\mathrm{l} M_\mathrm{l}\right) = A - B\, V_\mathrm{e} \tag{4.668}$$

$$\log\left([\eta]_\mathrm{b} M_\mathrm{b}\right) = A - B\, V_\mathrm{e} \tag{4.669}$$

Für konstantes Elutionsvolumen V_e folgt aus Gl. (4.668) und (4.669):

$$[\eta]_\mathrm{l} M_\mathrm{l} = [\eta]_\mathrm{b} M_\mathrm{b} \qquad (V_\mathrm{e} = \mathrm{const.}; \quad V_\mathrm{e,l} = V_\mathrm{e,b}) \tag{4.670}$$

wobei der Zusammenhang zwischen $[\eta]$ und M durch eine $[\eta] - M-$ Beziehung gegeben ist.

Die weitere Vorgehensweise zur Bestimmung der Langkettenverzweigung richtet sich danach, ob die SEC mit einer Absolutmethode zur Bestimmung der Molmasse oder einer weiteren Relativmethode gekoppelt ist. Bei der Kopplung mit einer Absolutmethode (klassische Streumethoden, Ultrazentrifugation, Osmose, Massenspektroskopie) wird die Molmasse des verzweigten Polymers M_b bestimmt. Daraus ist für das entsprechende lineare Polymer mit einer $[\eta]$–M-Beziehung für $M_I = M_b$ die Größe $[\eta]_l$ für das lineare Molekül erhältlich. Anschließend wird aus der SEC-Kurve für das verzweigte Polymer das mittlere Elutionsvolumen (Peak-Maximum) bestimmt und daraus mithilfe der universellen Kalibrierkurve die Größe $[\eta]_b\, M_b$ des verzweigten Polymers. Die Größe $[\eta]_b$ ergibt sich dann mithilfe der Beziehung $[\eta]_b = ([\eta]_b\, M_b)/M_b$. Für polydisperse Polymere ist darauf zu achten, dass die Molmassenmittelwerte der Absolutmethode und der $[\eta]$-M-Beziehung übereinstimmen müssen. Mit den auf diese Weise berechneten Werten ergibt sich der Verzweigungsgrad g' oder g'_θ nach Gl. (4.666).

Für breit verteilte Polymere bietet es sich an, die Molmasse M_b von mehreren Fraktionen des verzweigten Polymers zu bestimmen oder die SEC mit der Absolutmethode zu koppeln. Auf diese Weise ist der Verzweigungsgrad in Abhängigkeit von der Molmasse erhältlich.

Bei der Kopplung der SEC mit der Viskosität wird die Grenzviskositätszahl des verzweigten Polymers $[\eta]_b$ durch Viskositätsmessungen bestimmt. Hierbei ist darauf zu achten, dass die Viskositätsmessungen im gleichen Lösemittel und bei der gleichen Temperatur wie die SEC-Messungen durchgeführt werden. Anschließend wird aus der SEC-Kurve für das verzweigte Polymer das mittlere Elutionsvolumen (Peak-Maximum) bestimmt und daraus mithilfe der universellen Kalibrierkurve die Größe $[\eta]_b\, M_b$ des verzweigten Polymers berechnet. Die Größe M_b ergibt sich dann mithilfe der Beziehung $M_b = ([\eta]_b\, M_b)/[\eta]_b$. Eine $[\eta]$-M-Beziehung für das lineare Polymere liefert dann für den Fall $M_b = M_l$ die Größe $[\eta]_l$. Hieraus ist der Verzweigungsgrad g' oder g'_θ nach Gl. (4.666) erhältlich.

Für breit verteilte, verzweigte Polymere bietet es sich an, $[\eta]_b$ von mehreren Fraktionen des verzweigten Polymers zu bestimmen oder die SEC mit der Viskosität zu koppeln. Das oben beschriebene Verfahren wird dann für jede Fraktion angewendet. Es ist aber auch möglich, den Verzweigungsgrad des ganzen, unfraktionierten, verzweigten Polymers zu bestimmen. Hierzu wird zunächst wieder $[\eta]_b$ des ganzen Polymers bestimmt und die SEC-Elutionskurve zusammen mit der universellen Kalibrierung aufgenommen. Anschließend werden eine scheinbare Molmassenverteilung und die scheinbaren Molmassenmittelwerte $M_{n,app}$, $M_{w,\,app}$ und $M_{z,app}$ berechnet, indem für die $[\eta]$-M-Beziehung für das verzweigte Polymer die Konstanten für das entsprechende lineare Polymer verwendet werden. Aus den Mittelwerten $M_{\beta,app}(\beta = n,\, w,\, z)$ und der $[\eta]$-M-Beziehung ergeben sich hieraus $[\eta]_{app}$ und der Verzweigungsgrad g':

$$g' = \left([\eta]_b/[\eta]_{app}\right)^{a+1} \tag{4.671}$$

Bezüglich der Mittelwerte $M_{\beta,\text{app}}$ ist derjenige Mittelwert zu wählen, für den die $[\eta]$-M-Beziehung gilt. Weiterhin ist darauf zu achten, dass die Viskositätsmessungen und die SEC-Messungen im gleichen Lösemittel und bei der gleichen Temperatur ausgeführt werden.

Anhang

S. Seiffert

Verdünnte Polymerlösungen, Skalengesetze

Wir betrachten ein einzelnes isoliertes Polymermolekül (Abb. A4.1) in Lösung. Seine Domäne besitze die Gestalt einer Kugel vom Radius R. Im Theta-Zustand sollen die Segmente Gauß-artig um den Schwerpunkt des Polymermoleküls verteilt sein. Der Radius ist dann R_θ, und für den mittleren quadratischen Kettenendenabstand gilt nach Gl. (2.62):

$$< h^2 >_\theta \; = \; N^* \, l_K^2$$

Dabei ist N^* die Anzahl der Segmente und l_K die Kuhn'sche Länge sind. Nach Abschn. 4.1.3.2 können wir die Gauß'sche Segmentverteilung durch eine Verteilung approximieren, bei der die Segmente gleichmäßig innerhalb der Kugel vom Radius R_θ verteilt sind. Wir erhalten dadurch eine Beziehung zwischen R_θ und N^*. Nach Gl. 4.42 aus gilt:

$$R_\theta^2 = 0{,}518 \quad < h^2 >_\theta \; = \quad 0{,}518 \quad N^* \, l_K^2 \qquad \text{(A4.1)}$$

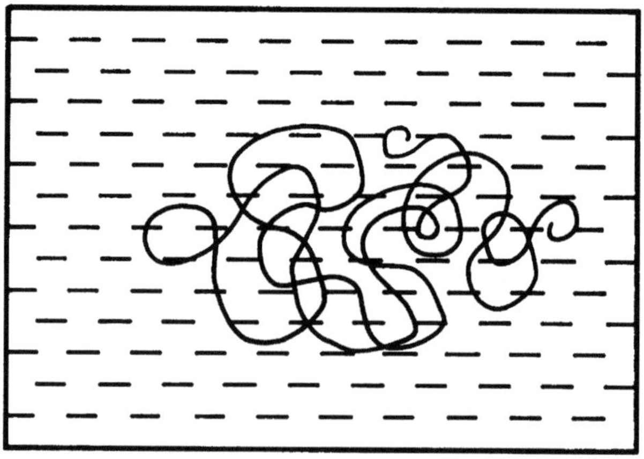

Abb. A4.1 Isoliertes Polymermolekül in Lösung

In guten Lösemitteln ist das Polymermolekül aufgeweitet. Der Radius R der Polymerkugel wird dadurch um einen Expansionsfaktor α größer. Es gilt $R(\alpha) = \alpha\ R_{\theta}$. (Abschn. 4.1.3.1).

Das Volumen der expandierten Kugel ist gleich

$$V(\alpha) = (4\,\pi/3)\ (R_\theta\ \alpha)^3 = 0{,}582\ (N^*)^{3/2}\ l_K^3\ \alpha^3 = k\ \alpha^3 \tag{A4.2}$$

wobei $k = 0{,}582\ (N^*)^{3/2}\ l_K^3 = (4\,\pi/3)\ R_\theta^3$ ist.

Wir erweitern unser Modell, indem wir das Polymermolekül in P gleich große Zellen (Segmente) unterteilen, die so groß gewählt sind, dass das Volumen V_z eines Segments mit dem Volumen eines Lösemittelmoleküls übereinstimmt. Es gilt dann:

$$V(\alpha) = V_z\ (N_1(\alpha) + P)$$

Dabei ist $N(\alpha)$ die Anzahl der Lösemittelmoleküle in der Kugel. Freie Zellen soll es innerhalb der Kugel nicht geben. Deshalb wird $N(\alpha)$ größer, wenn α größer wird.

Die Gibbs'sche Energie unserer expandierten Lösemittelpolymerkugel sei gleich G_{LPK}. G°_{L+PK} bezeichne die Summe der Gibbs'schen Energien von Lösemittel und Polymerkugel in deren reinen Zuständen, wobei die Polymerkugel im reinen Zustand keine Lösemittelmoleküle enthält und $\alpha = 1$ ist. Es gilt deshalb:

$$\Delta G = G_{LPK} - G^\circ_{L+PK} = \Delta G_m - T\ \Delta S_D \tag{A4.3}$$

Dabei ist G_m die Gibbs'sche Mischungsenergie und ΔS_D die Deformationsentropie. Für ΔG_m gilt in unserem Fall (Gl. 4.101):

$$\frac{\Delta G_m}{k_B\,T} = \frac{V(\alpha) - V_0}{V_z}\ \ln\left(\frac{V(\alpha) - V_0}{V(\alpha)}\right) + \frac{\chi\ V_0\ (V(\alpha) - V_0)}{V_z\ V(\alpha)} \tag{A4.4}$$

Die Deformationsentropie ΔS_D ist durch Gl. 4.230 gegeben. Unser Molekül ist aber nicht vernetzt. Die Korrektur in Gl. 4.231 ist deshalb in diesem Fall nicht erlaubt. Mit $N = 1$ folgt:

$$\Delta S_D/k_B = \ln \alpha^3 - (3/2)\ (\alpha^2 - 1) = \ln\,[V(\alpha)/k] - (3/2)\ \left\{[V(\alpha)/k]^{2/3} - 1\right\} \tag{A4.5}$$

Im Quellgleichgewicht ist $[\partial \Delta G/\partial V(\alpha)]_T = 0$. Es gilt also:

$$[\partial(\Delta G/k_B\,T)/\partial V(\alpha)]_T = \frac{1}{V_z}\ \ln\left(\frac{V(\alpha)-V_0}{V(\alpha)}\right) + \frac{V(\alpha)}{V_z}\left(\frac{1}{V(\alpha)} - \frac{(V(\alpha)-V_0)}{V(\alpha)^2}\right)$$
$$+\frac{\chi\,V_0^2}{V_z\,V(\alpha)^2} - \frac{1}{V(\alpha)} + \left(\frac{V(\alpha)}{k}\right)^{-1/3}\frac{1}{k} = 0$$

Mit $V_0 = P\,V_z$ und $\varphi_2 = V_0/V(\alpha)$ folgt:

$$\ln(1-\varphi_2) + \varphi_2 + \chi\,\varphi_2^2 + (V_z/k)\,\left(1/\alpha - 1/\alpha^3\right) = 0 \qquad \text{(A4.6)}$$

Diese Gleichung verknüpft den Quellungsgrad $1/\varphi_2$ des isolierten Polymermoleküls mit dessen Expansionskoeffizienten α. Sie stellt also eine Verallgemeinerung von Gl. 4.274 dar. Dort fehlt lediglich der Deformationsterm.

In der Polymerkugel befinden sich in erster Linie Lösemittelmoleküle. Der Volumenbruch φ_2 des Polymers ist deshalb sehr klein. Er liegt in der Größenordnung von lediglich etwa 0,0001 (Abschn. 4.1.3.1). Das bedeutet: Wir können den Logarithmus in Gl. A4.6 in eine Reihe entwickeln und diese nach dem zweiten Glied abbrechen. Es folgt:

$$\varphi_2^2\,((1/2)-\chi) = (V_z/k)\,\left(1/\alpha - 1/\alpha^3\right) \qquad \text{(A4.7)}$$

φ_2 ist über die Beziehung $\varphi_2 = P\,V_z/V(\alpha) = P\,V_z/(k\,\alpha^3)$ mit α verknüpft, sodass sich Gl. A4.7 zu

$$\alpha^5 - \alpha^3 = ((1/2)-\chi)\,(P\,V_z)^2/(V_z\,k) \qquad \text{(A4.8)}$$

vereinfacht. Der Faktor $(P\,V_z)^2/(V_z\,k)$ lässt sich auf zwei verschiedene Weisen berechnen:

1. Es gilt $V_1 = N_A\,V_z$, $V_2 = N_A\,P\,V_z$ und $V_{LPK} = N_A\,((4\,\pi/3)\,\alpha\,R)^3 = N_A\,k\,\alpha^3$. Wir haben außerdem in Abschn. 4.2.8 den Parameter $\bar{z} = \left((2/3)^{3/2}\right)\,((1/2)-\chi)\ \ V_2^2/\left(V_1^\circ\,V_{LPK}\right)$ eingeführt. Gl. A4.8 lässt sich deshalb umschreiben zu:

$$\alpha^2 - 1 = 2{,}6\quad \bar{z} \qquad \text{(A4.9)}$$

2. Wir nehmen an, die Gitterzellen der Polymerkugel seien kleine Würfel der Kantenlänge l. Es gilt dann $V_z = l^3$, $P\,l = N^*\,l_K$ und$k = 0{,}582\,(P\,l\,l_K)^{3/2}$. Werden diese Ausdrücke in Gl. A4.8 eingesetzt, so folgt:

$$\alpha^5 - \alpha^3 = 1{,}72\,[(1/2)-\chi]\,(l/l_K)^{3/2}\,P^{1/2} \qquad \text{(A4.10)}$$

Wir wollen zuerst Gl. A4.10 diskutieren. Der Flory-Huggins-Parameter χ und das Verhältnis l/l_K hängen nicht vom Polymerisationsgrad P des Polymers ab. P ist seinerseits proportional zur Molmasse M des Polymers. Es gilt also $\alpha^5 - \alpha^3 \sim M^{1/2}$. Für ein athermisches Lösemittel ($\chi \approx 0$) ist $l_K \approx 3\ l$. Das bedeutet:

$$P = 500 \rightarrow \alpha = 1{,}64; \quad P = 5.000 \rightarrow \alpha = 1{,}99; \quad P = 50.000 \rightarrow \alpha = 2{,}45$$

Für große α-Werte ist α^3 sehr viel kleiner als α^5. Es gilt somit $\alpha \sim M^{0,1}$. Für den mittleren Trägheitsradius $< R^2 >^{1/2}$ des isolierten Polymermoleküls bedeutet dies:

$$< R^2 >^{1/2} = \alpha < R_\theta^2 >^{1/2} = \alpha \quad < h^2 >^{1/2} / \sqrt{6} = \left(\alpha/\sqrt{6}\right) \sqrt{N^*}\ l_K$$

$$\text{bzw.} \quad < R^2 >^{1/2} \sim M^{0.6} \qquad \text{(A4.11)}$$

Diese Gleichung ist eine Variante von Gl. 4.210 mit einem Flory-Exponenten von $\nu = 3/5$, wie wir ihn in Abschn. 4.2.5 für ein Polymer im guten oder athermischen Lösemittel auch gefunden haben. Ähnlich gilt für den zweiten Virialkoeffizienten (Gl. 4.108):

$$A_2 \sim V_{\text{LPK}}/M^2 \sim < R^2 >^{3/2}/M^2 \sim M^{1,8}/M^2 = M^{-0,2} \qquad \text{(A4.12)}$$

Zum Vergleich betrachten wir ein Theta-Lösemittel. Dort ist $\chi = 0{,}5$, sodass

$$\alpha = 1, \quad A_2 \approx 0 \quad \text{und} \quad < R^2 >^{1/2} \sim M^{0,5}$$

ist. Wiederum ist dies eine Variante von Gl. 4.210 mit einem Flory-Exponenten von $\nu = 1/2$, wie wir ihn für ein Polymer im Theta-Lösemittel bereits aus vielerlei Blickwinkeln diskutiert haben.

Gleichungen der Gestalt

$$< R^2 >^{1/2} = K\ M^{a_R} \quad \text{und} \quad A_2 = \widetilde{K}\ M^{a_A}$$

heißen **Skalengesetze**. Dabei sind a_R und a_A die Skalierungsparameter und K und $\widetilde{K}$ Konstanten, die nicht von der Molmasse M, wohl aber von der Art des Lösemittels abhängen.

Die Skalengesetz-Gleichungen Gl. A4.11 und A4.12 können experimentell leicht überprüft werden. Hierzu wird $< R^2 >^{1/2}$ und A_2 für verschiedene Molmassen M gemessen, und anschließend wird $\ln[< R^2 >^{1/2}]$ bzw. $\ln A_2$ gegen $\ln M$ aufgetragen. Das ergibt zwei Geraden, deren Steigungen gleich 0,6 oder gleich $-$ 0,2 sein sollten. Diese theoretische Voraussage stimmt mit den experimentellen Ergebnissen recht gut überein (Tab. A4.1).

Tab. A4.1 Skalengesetze

System	Lösungsmittel	T/° C	a_R	a_A	Quelle
Polystyrol	Toluol	25	0,57	– 0,22	Nordmeier (1989)
Poly(vinylpyrrolidon)	Wasser	20	0,98		Burchard (1966)
	Ethanol	20	1,23		
Polyethylen, LDPE	1,2,4-Trichlorbenzol	135		– 0,15	Kokle et al. (1962)
Polyethylen, HDPE	*p*-Xylol	105		– 0,24	Trementozzi (1957)
Polyisobutylen	*n*-Heptan	25		– 0,28	Cervenka et al. (1968)
Polypropylen, ataktisch	Benzol	25		– 0,20	Kinsinger et al. (1959)
	Cyclohexan	25		– 0,26	
Pullulan	Wasser	25	0,56	– 0,17	Nordmeier (1993)
		60	0,56	– 0,18	

Tab. A4.2 Wichtige Skalengesetze der Form $<R> \sim M^{a_R}$

Modell	Kugel	Hohlkugel	Ellipsoid	Stäbchen	Scheibe	Zylinder
a_R	1/3	[1/3, 1/2]	[1/3, 1]	1	1/2	[1/2, 1]

Die Abhängigkeit des Trägheitsradius von der Molmasse Hilfreich für die Bestimmung der Molekularstruktur eines Makromoleküls ist die Abhängigkeit des Trägheitsradius von der Molmasse. Für ein lineares Knäuel gilt $<R> \sim M^{a_R}$ mit$a_R \in [0{,}5, 0{,}6]$. Der Exponent 0,5 beschreibt dabei den Theta-Zustand, und 0,6 steht für ein stark expandiertes Knäuel. Für eine Kugel mit konstanter Dichte ρ ist $\rho = M/[(4\pi/3)\ R^3] = M/[(4\pi/3)\ (5/3)^{3/2} <R^3>]$. Bei angenommener Molekularstruktur „Kugel" ist $<R>$ somit proportional zu $M^{1/3}$. Wiederum ist dies eine Variante von Gl. 4.210 mit einem Flory-Exponenten von $\nu = 1/3$, wie er sich für ein vollständig zu einer kompakten Kugel kollabiertes Polymerknäuel in einem Nichtlösemittel ergibt. In ähnlicher Weise lassen sich Skalengesetze ($<R> \sim M^{a_R}$) für andere Teilchengestalten herleiten. Ausgewählte Beispiele zeigt Tab. A4.2.

Die Anwendung dieser Gesetze illustriert Tab. A4.3. Das Verhältnis $<R^2>_z^{0{,}5}/M_w^{0{,}5}$ sollte nicht von M_w abhängen, wenn es sich bei dem Teilchen um ein Knäuel im Theta-Zustand handelt, wohingegen $<R^2>_z^{0{,}5}/M_w^{0{,}58}$ und $<R^2>_z^{0{,}5}/M_w$ jeweils konstant sein sollten, wenn das Teilchen ein expandiertes Knäuel oder ein Stäbchen ist. Poly-γ-benzyl-L-glutamat-Molekül (PBLG) weist in der festen Phase die Konformation eines helikalen Stäbchens auf. Die Länge einer Monomereinheit beträgt 0,15 nm. Tab. A4.3 zeigt, dass dies auch im gelösten Zustand der Fall ist. Das Verhältnis $<R^2>_z^{0{,}5}/M_w$ ist für alle M_w konstant. Polystyrol liegt in der gelösten Phase als Knäuel vor. Wenn wir das Lösemittel Toluol benutzen, ist $<R^2>_z^{0{,}5}/M^{0{,}58}$ konstant. Für Cyclohexan gilt dagegen: $<R^2>_z^{0{,}5}/M^{0{,}5} =$ konstant. Die mittlere Konformation eines Polystyrolmoleküls hängt

Tab. A4.3 Das Verhältnis $< R^2 >_z^{0,5}/M_w^{a_R}$ als Funktion von M_w

M_w (g mol^{-1})	$< R^2 >_z^{0,5}$ (nm)	Knäuel im Theta-Zustand $< R^2 >_z^{0,5}/M_w^{0,5}$	Expandiertes Knäuel $< R^2 >_z^{0,5}/M_w^{0,58}$	Stäbchen $< R^2 >_z^{0,5}/M_w$
	Poly-γ-benzyl-L-glutamat* gelöst in Chloroform-Formamid bei $T = 25$ °C			
$1,3 \cdot 10^5$	26,3	0,072	0,028	$2,02 \cdot 10^{-4}$
$2,1 \cdot 10^5$	40,8	0,089	0,033	$1,96 \cdot 10^{-4}$
$2,6 \cdot 10^5$	52,8	0,104	0,038	$2,02 \cdot 10^{-4}$
	Polystyrol** gelöst in Cyclohexan bei $T = 35$ °C			
$7,2 \cdot 10^5$	23,8	0,028	0,0095	$3,31 \cdot 10^{-5}$
$1,2 \cdot 10^6$	30,7	0,028	0,0091	$2,56 \cdot 10^{-5}$
$3,2 \cdot 10^6$	51,8	0,029	0,0087	$1,62 \cdot 10^{-5}$
	Polystyrol** gelöst in Toluol bei $T = 20$ °C			
$1,2 \cdot 10^5$	12,8	0,037	0,015	$1,06 \cdot 10^{-4}$
$4,4 \cdot 10^5$	29,0	0,044	0,015	$6,59 \cdot 10^{-5}$
$7,2 \cdot 10^5$	39,8	0,047	0,016	$5,53 \cdot 10^{-5}$
$1,2 \cdot 10^6$	50,6	0,046	0,015	$4,22 \cdot 10^{-5}$
$2,6 \cdot 10^6$	80,7	0,050	0,015	$3,10 \cdot 10^{-5}$

* P. Doty et al. (1956); ** Nordmeier (1989)

also von der Art des benutzten Lösemittels ab. Toluol ist ein gutes Lösemittel und Cyclohexan ein Theta-Lösemittel.

Phasenübergänge Der Trägheitsradius ist auch geeignet, um den Übergang eines Makromoleküls von einer Phase in eine andere nachzuweisen. Ein schönes Beispiel ist der temperaturinduzierte Knäuel-Helix-Übergang von Poly-γ-benzyl-L-glutamat (PBLG) in dem Lösemittelgemisch Dichloressigsäure/Heptan (Abb. A4.2).

Ein PBLG-Molekül liegt bei tiefer Temperatur in der Knäuel- und bei hoher Temperatur in der Helixphase vor. Der Knäuel-Helix-Übergang findet zwischen 20 und 35 °C statt. Er wurde erstmals 1968 von Marchal und Strazielle beobachtet.

Der Konformationswechsel von PBLG wird interessanterweise von einer Änderung in der scheinbaren Molmasse begleitet. M_{app} ist in der Helixphase etwa halb so groß wie in der Knäuelphase. (Die wahre Molmasse von PBLG hängt natürlich nicht von der Phase ab.) Die Erklärung ist einfach: Es kommt aufgrund des Konformationswechsels zu einer Änderung in der bevorzugten Solvatation (Adsorption). Ein PBLG-Molekül adsorbiert in der Knäuelphase bevorzugt Dichloressigsäuremoleküle, in der Helixphase bevorzugt Heptanmoleküle. Die Molmasse von Dichloressigsäure ist größer als die von Heptan. Folglich kommt es zu einer Abnahme in M_{app}.

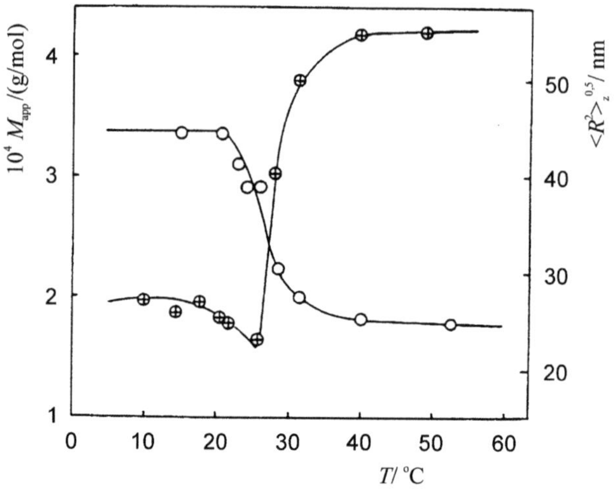

Abb. A4.2 Knäuel-Helix-Übergang von Poly-γ-benzyl-L-glutamat (PBLG). ○ = M_{app}, ⊕ = $<R^2>_z^{0,5}$. (Nach Marchal und Strazielle 1968)

Hydrogele

Elektrisch neutrale Hydrogele

Die freie Enthalpie ΔG eines elektrisch neutralen Hydrogels setzt sich aus zwei Beiträgen zusammen. Das sind die freie Mischungsenthalpie ΔG_{mix} und die freie elastische Enthalpie ΔG_{el}. Es gilt:

$$\Delta G = \Delta G_{mix} + \Delta G_{el} \tag{A4.13}$$

Differenzieren wir ΔG bei konstant gehaltenem Druck p und konstant gehaltener Temperatur T nach der Anzahl N_1 der Lösemittelmoleküle, so erhalten wir die Differenz der zugehörigen chemischen Potenziale:

$$\left.\frac{\partial\, \Delta G}{\partial N_1}\right|_{p,T} = \Delta\mu_1 = \mu_1 - \mu_1^0 = \Delta\mu_{1,mix} + \Delta\mu_{1,el} \tag{A4.14}$$

Hier ist μ_1 das chemische Potenzial des Lösemittels im Gel und μ_1^0 das chemische Potenzial des Lösemittels außerhalb des Gels. Im Quellungsgleichgewicht ist $\Delta\mu_1 = 0$. Um einen Ausdruck für $\Delta\mu_{1,mix}$ zu erhalten, müssen wir Gl. 4.101 (in einer Variante mit großgeschriebenen N_1 und N_2 anstelle von n_1 und n_2) nach N_1 differenzieren. Das Ergebnis ist:

$$\Delta\mu_{1,mix} = k_B T\left[\ln[1 - \varphi_2] + \varphi_2 + \chi_{FH}\varphi_2^2\right] \tag{A4.15}$$

Der Volumenbruch φ_2 des Polymers im Gel berechnet sich zu $\varphi_2 \equiv V_P/[V_L + V_P]$. Dabei ist V_P das Volumen des trockenen, lösemittelfreien Polymergels und V_L das Volumen des

Lösemittels im Gel. Der Quellungsgrad ist definiert als $q \equiv 1/\varphi_2$. Gl. A4.15 lässt sich damit umformen zu:

$$\Delta\mu_{1,\mathrm{mix}} = k_\mathrm{B}\,T\left[\ln\left(1-\frac{1}{q}\right)+\frac{1}{q}+\frac{\chi_\mathrm{FH}}{q^2}\right] \tag{A4.16}$$

Dabei ist χ_FH der Flory-Huggins-Parameter.

Der Ausdruck für die freie elastische Enthalpie ergibt sich aus der Theorie der Kautschukelastizität. Es gilt:

$$\Delta G_\mathrm{el} = \frac{k_\mathrm{B}\,T N_\mathrm{K}}{2}\left[\ln\varphi_2+\alpha^2+(2/(\alpha\varphi_2))-3\right] \tag{A4.17}$$

Hier bezeichnetN_K die Anzahl der Polymerketten im Gel und α den Deformationsfaktor. Wir nehmen an, dass sich das Gel ideal verhält. Das bedeutet: Das Gel dehnt sich während des Quellungsvorgangs in die drei Raumrichtungen gleich stark aus. Es gilt dann zu jedem Zeitpunkt $\alpha = \alpha_x = \alpha_y = \alpha_z$. Für den Quellungsgrad bedeutet das:

$q = \frac{V_\mathrm{P}+V_\mathrm{L}}{V_\mathrm{P}} = \alpha_x\alpha_y\alpha_z = \alpha^3 \;\; \alpha = q^{1/3}$

Da außerdem $\varphi_2 = q^{-1}$ist, folgt:

$$\Delta G_\mathrm{el} = \frac{k_\mathrm{B}\,T N_\mathrm{K}}{2}\left[3q^{2/3}-\ln q-3\right] \tag{A4.18}$$

Der Deformationsfaktor α hängt von der Anzahl N_1 der Lösemittelmoleküle im Gel ab. Es gilt:

$$\alpha^3 = \frac{V_\mathrm{P}+V_\mathrm{L}}{V_\mathrm{P}} = \frac{V_\mathrm{P}+n_1V_1}{V_\mathrm{P}} = \frac{V_\mathrm{P}+N_1\,V_1/N_\mathrm{A}}{V_\mathrm{P}} \tag{A4.19}$$

Dabei ist V_1 das Molvolumen des Lösemittels und n_1 die Anzahl der Mole der Lösemittelmoleküle im Gel. Wir differenzieren und erhalten:

$$\left.\frac{\partial\alpha}{\partial N_1}\right|_{p,T} = \frac{V_1}{3\alpha^2 V_\mathrm{P} N_\mathrm{A}} = \frac{V_1}{3q^{2/3}V_\mathrm{P}N_\mathrm{A}} \tag{A4.20}$$

bzw. $$\Delta\mu_{1,\mathrm{el}} = \left.\frac{\partial\,\Delta G_\mathrm{el}}{\partial N_1}\right|_{p,T} = \left.\frac{\partial\,\Delta G_\mathrm{el}}{\partial\alpha}\right|_{p,T}\cdot\left.\frac{\partial\alpha}{\partial N_1}\right|_{p,T} = \frac{k_\mathrm{B}T\,V_1\,N_\mathrm{K}}{N_\mathrm{A}\,V_\mathrm{P}}\left[\frac{1}{q^{1/3}}-\frac{1}{2q}\right] \tag{A4.21}$$

Das Verhältnis $\nu \equiv N_\mathrm{K}/(N_\mathrm{A}\cdot V_\mathrm{P})$ gibt die Anzahl der Mole an Netzwerkketten pro Volumeneinheit an. Es wird **Netzwerkdichte** genannt.

Wir müssen dabei beachten, dass nicht alle Netzwerkketten zur Elastizität (Stabilität) des Netzwerks beitragen. Das Modellnetzwerk in Abb. A4.3 enthält z. B. sechs gleich

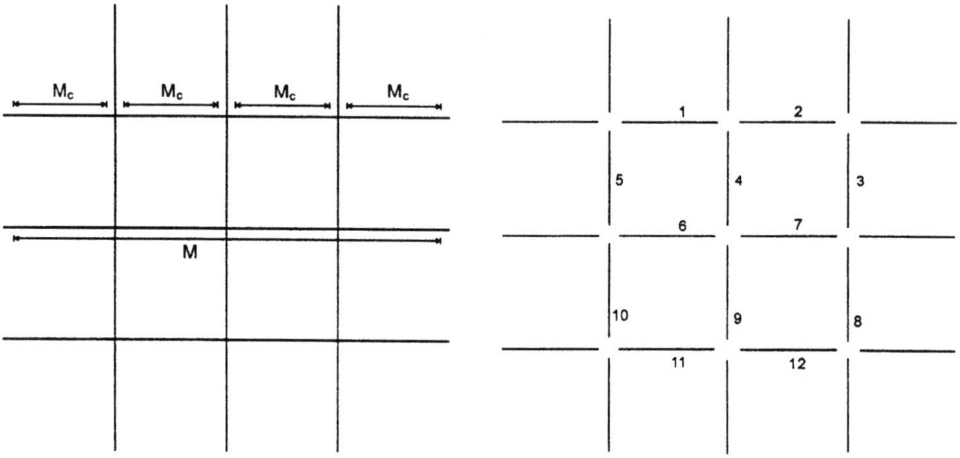

Abb. A4.3 Modell eines zweidimensionalen Netzwerks. M ist die zahlengemittelte Molmasse M_n einer unvernetzten Polymerkette und M_C die Netzbogenmolmasse

lange Polymerketten der Masse M_n. Diese sind über neun Vernetzungspunkte miteinander verknüpft. Wir haben also 24 Teilketten, die alle gleich lang sind. Die Molmasse dieser Teilketten sei M_C. Sie wird als **Netzbogenmolmasse** bezeichnet und ist ein Maß für die **Maschenweite** des Netzwerks. Von den 24 Polymerketten tragen aber nur 12 Ketten zur Stabilität des Netzwerks bei. Die anderen 12 Ketten besitzen jeweils ein freies nicht verknüpftes Ende. Das wirkliche chemische Potenzial ist deshalb kleiner als nach Gl. A4.21 berechnet. Anstelle von ν müssen wir mit der **effektiv wirksamen Vernetzungsdichte** ν_{eff} rechnen. Es gilt:

$$\nu_{eff} = \nu \left[1 - \frac{2M_C}{M_n}\right] \tag{A4.22}$$

Darin gibt 2 M_C/M_n den Bruchteil der Ketten an, der nicht zur Stabilität des Netzwerks beiträgt. Im Beispiel ist $M_n = 4\ M_C$. Das führt zu:

$$\nu_{eff} = \frac{n_C}{V_P} = \frac{n_K}{V_P}\left[1 - \frac{2M_C}{M_n}\right] = \frac{n_K}{V_P}\left[1 - \frac{2M_C}{4M_C}\right]$$

Damit folgt $n_C = n_K/2 = 24/2 = 12$.

Wir erkennen: Gl. A4.21 muss modifiziert werden. Korrekt muss es heißen:

$$\Delta\mu_{el} = k_B\, T\, \nu_{eff}\, V_1 \left[\frac{1}{q^{1/3}} - \frac{1}{2q}\right] \tag{A4.23}$$

Diese Gleichung setzen wir zusammen mit Gl. A4.16 in Gl. A4.14 ein. Im Quellungsgleichgewicht ist dann $\Delta\mu_{1,\mathrm{mix}} + \Delta\mu_{1,\mathrm{el}} = 0$. Das liefert uns die Berechnungsformel für ν_{eff}. Wir erhalten:

$$\nu_{\mathrm{eff}} = \frac{-\ln\left[1 - \frac{1}{q}\right] + \frac{1}{q} + \frac{\chi_{\mathrm{FH}}}{q^2}}{V_1\left[\frac{1}{q^{1/3}} - \frac{1}{2\,q}\right]} \tag{A4.24}$$

Da außerdem$\nu_{\mathrm{eff}} = \frac{n_{\mathrm{K}}}{V_{\mathrm{P}}} = \frac{M_{\mathrm{P}}}{M_{\mathrm{C}}\,V_{\mathrm{P}}} = \frac{1}{M_{\mathrm{C}}\,v_{\mathrm{sp}}}$ ist, folgt:

$$\frac{1}{M_{\mathrm{C}}} = \frac{2}{M_{\mathrm{n}}} - \frac{\left(v_{\mathrm{sp}}/V_1\right)\left[\ln\left[1 - \frac{1}{q}\right] + \frac{1}{q} + \frac{\chi_{\mathrm{FH}}}{q^2}\right]}{\left[\frac{1}{q^{1/3}} - \frac{1}{2\,q}\right]} \tag{A4.25}$$

Hier ist M_{n} die zahlengemittelte Molmasse eines Polymermoleküls vor der Vernetzung, v_{sp} das spezifische Volumen des Polymers, V_1 das Molvolumen des Lösemittels (Wasser), q der Quellungsgrad und χ_{FH} der Flory-Huggins-Parameter für die Wechselwirkung zwischen Polymer und Lösemittel. Alle diese Größen sind bekannt oder lassen sich experimentell ermitteln. Gl. A4.25 stellt deshalb die Bestimmungsgleichung für die **Netzbogenmolmasse** M_{C} dar.

Anmerkung Gl. A4.25 kann nur dann für die Auswertung von Messdaten herangezogen werden, wenn die folgenden zwei Bedingungen erfüllt sind:

1. Die Vernetzung muss im trockenen Zustand, d. h. in Abwesenheit eines Lösemittels stattfinden.
2. Die Längen der Netzwerkketten sind normal verteilt: Sie folgen einer Gauß-Verteilung.

Findet die Darstellung des Netzwerks in Anwesenheit eines Lösemittels statt und sind die Längen der Netzwerkketten nicht Gauß-verteilt, so muss eine weitere Korrektur vorgenommen werden. Es gilt dann:

$$\frac{1}{M_{\mathrm{C}}} = \frac{2}{M_{\mathrm{n}}} - \frac{\left(v_{\mathrm{sp}}/V_1\right)\left[\ln\left(1 - \frac{1}{q}\right) + \frac{1}{q} + \frac{\chi_{\mathrm{FH}}}{q^2}\right]\left[1 - \frac{M_0}{2\,M_{\mathrm{C}}}\left(\frac{1}{\varphi_{\mathrm{S}}\,q}\right)^{2/3}\right]^3}{\left[\frac{1}{\varphi_{\mathrm{S}}\,q^{1/3}} - \frac{1}{2\,\varphi_{\mathrm{S}}\,q}\right]\left[1 + \frac{M_0}{2\,M_{\mathrm{C}}}\left(\frac{1}{\varphi_{\mathrm{S}}\,q}\right)^{1/3}\right]^2 \varphi_{\mathrm{S}}} \tag{A4.26}$$

Hier ist $\varphi_{\mathrm{S}} \equiv V_{\mathrm{P}}/(V_{\mathrm{S}} + V_{\mathrm{P}})$ der Volumenbruch des Polymers im Gel bei der Netzwerkdarstellung, V_{S} das Volumen des eingesetzten Lösemittels bei der Darstellung des Gels und M_0 die Molmasse einer Monomereinheit.

Gl. A4.26 ist immer dann anzuwenden, wenn das Gel sehr stark vernetzt ist. Die mittlere Anzahl $N_{\mathrm{K,S}}$ der Segmente einer Netzwerkkette sollte kleiner als 50 sein. Ist dagegen $N_{\mathrm{K,S}} > 50$, so können die Terme $\left[1 - \frac{M_0}{2M_\mathrm{C}}\left(\frac{1}{\varphi_\mathrm{S}\, q}\right)^{2/3}\right]^3$ und $\left[1 + \frac{M_0}{2M_\mathrm{C}}\left(\frac{1}{\varphi_\mathrm{S}\, q}\right)^{1/3}\right]^2$ in guter Näherung gleich 1 gesetzt werden, und Gl. A4.26 reduziert sich auf Gl. A4.25.

Ionische Hydrogele

Der ionische Anteil zum chemischen Potenzial

Das chemische Potenzial eines Stoffs i ist definiert als $\mu_i \equiv \mu_{i,0} + k_\mathrm{B}\, T \ln\,(\gamma_i\, x_i)$. Dabei bezeichnet $\mu_{i,0}$ das chemische Potenzial im Referenzzustand, γ_i den Aktivitätskoeffizienten und x_i den Molenbruch des Stoffs i. Wir wählen als Stoff das Lösemittel ($i = 1$). Dieses ist innerhalb wie auch außerhalb des Gels gegenüber den anderen Komponenten in starkem Überschuss vorhanden. Der Aktivitätskoeffizient des Lösemittels ist deshalb in guter Näherung gleich 1. Das bedeutet:

$$\mu_1 = \mu_{1,0} + k_\mathrm{B}\, T \ln x_1 = \mu_{1,0} + k_\mathrm{B}\, T \ln\left[1 - \sum_{i \neq 1} x_i\right]$$
$$\cong \mu_{1,0} - k_\mathrm{B}\, T \sum_{i \neq 1} x_i = \mu_{1,0} - k_\mathrm{B}\, T\, V_1 \sum_{i \neq 1} c_i \tag{A4.27}$$

Hier ist V_1 das Molvolumen des Lösemittels, und x_i c_i sind die Molenbrüche der anderen im Lösemittel gelösten Stoffe (Ionen) i und deren Konzentrationen.

Zwei Regionen sind zu unterscheiden: das Gel und die Region außerhalb des Gels. Wir wollen die Größen, die das Gel beschreiben, mit dem Index g und die Größen, welche die Region außerhalb des Gels beschreiben, mit dem Index a versehen. Als Beispiel betrachten wir die Differenz der chemischen Potenziale $\mu_{1,\mathrm{g}}$ und $\mu_{1,\mathrm{a}}$. Wir finden:

$$\Delta\mu_{1,\mathrm{Ion}} = \mu_{1,\mathrm{g}} - \mu_{1,\mathrm{a}} = -V_1\, k_\mathrm{B}\, T\left[\sum_{i \neq 1}\left(c_{i,\mathrm{g}} - c_{i,\mathrm{a}}\right)\right] \tag{A4.28}$$

Dabei gibt der Index „Ion“ an, dass es sich um den Anteil am chemischen Potenzial handelt, der von den Ionen herrührt. Dieser Anteil ist zu Gl. A4.14 zu addieren.

Systeme mit nur einer Sorte eines niedermolekularen Salzes

Das System bestehe aus dem Gel und dem polymerfreien Außenraum. Diesem System werde ein bestimmtes niedermolekulares Salz zugesetzt. Dieses Salz habe die Stöchiometrie $\mathrm{A}_{\nu^+}\mathrm{B}_{\nu^-}$.

Im Quellungsgleichgewicht besteht zwischen dem Gel und dem polymerfreien Außenraum ein **Donnan-Gleichgewicht**. Es gilt:

$$a_{+,\mathrm{g}}^{\nu^+} \cdot a_{-,\mathrm{g}}^{\nu^-} = a_{+,\mathrm{a}}^{\nu^+} \cdot a_{-,\mathrm{a}}^{\nu^-} \quad \text{bzw.} \quad \left[a_{+,\mathrm{g}}/a_{+,\mathrm{a}}\right]^{\nu^+} = \left[a_{-,\mathrm{a}}/a_{-,\mathrm{g}}\right]^{\nu^-} \tag{A4.29}$$

Darin sind a_i^j die Aktivitäten der positiv und negativ geladenen Ionen und ν^i die zugehörigen stöchiometrischen Koeffizienten.

Wir nehmen an, dass die Salzlösung stark verdünnt ist. Andernfalls würde keine nennenswerte Quellung eintreten. Die Aktivitäten lassen sich in diesem Fall in guter Näherung durch die zugehörigen Konzentrationen ersetzen. Es folgt:

$$c_{+,\mathrm{g}} = \nu^+ c_{\mathrm{S,g}};\, c_{-,\mathrm{g}} = \nu^- c_{\mathrm{S,g}} + i c_2/z_2;\, c_{+,\mathrm{a}} = \nu^+ c_{\mathrm{S,a}};\, c_{-,\mathrm{a}} = \nu^- c_{\mathrm{S,a}} \tag{A4.30}$$

Darin sind $c_{\mathrm{S,g}}$ und $c_{\mathrm{S,a}}$ die Konzentrationen des Salzes innerhalb und außerhalb des Gels. Zusätzlich sollen die Polymerketten des Netzwerks dissoziierbare Seitengruppen besitzen. Die Konzentration dieser ionischen Polymergruppen sei c_2, und ihre Valenz sei z_2. Der Index 2 bezeichnet dabei das Polymer.

Der Ionisationsgrad i der ionischen Polymergruppen hängt von der Art des Lösemittels ab. Sein Wert ist eine Zahl zwischen 0 und 1. Unser Gel soll im dissoziierten Zustand ausschließlich positiv geladene Seitengruppen enthalten. Die Anzahl der bei der Dissoziation frei gesetzten negativ geladenen Gegenionen ist dann gleich $i\, c_2/z_2$. Zusätzlich sind im Gel $\nu^-\ c_{\mathrm{S,g}}$ negativ geladene Ionen vorhanden, die das zugesetzte niedermolekulare Salz liefert. Es gilt deshalb:

$$\left(\frac{c_{\mathrm{S,g}}}{c_{\mathrm{S,a}}}\right)^{\nu^+} = \left(\frac{c_{\mathrm{S,a}}}{c_{\mathrm{S,g}} + (i c_2/(z_2 \nu^-))}\right)^{\nu^-} \tag{A4.31}$$

Diese Gleichung enthält bis auf $c_{\mathrm{S,g}}$ nur Größen, die durch die Experimentführung vorgegeben sind. Gl. A4.31 ist deshalb die Bestimmungsgleichung für die Konzentration $c_{\mathrm{S,g}}$ des Salzes im Inneren des Gels.

Beispiel Das zugesetzte Salz sei NaCl; die Valenz der ionischen Gruppen des Gels sei 1. Es gilt also $\nu^+ = \nu^- = z_2 = 1$. Gl. A4.31 vereinfacht sich damit zu:

$$\frac{c_{\mathrm{S,g}}}{c_{\mathrm{S,a}}} = \frac{c_{\mathrm{S,a}}}{c_{\mathrm{S,g}} + i c_2}$$

Die Auflösung nach $c_{\mathrm{S,g}}$ führt zu $c_{\mathrm{S,g}} = -\frac{i c_2}{2} + \sqrt{\left(\frac{i c_2}{2}\right)^2 + c_{\mathrm{S,a}}^2}$

Weiter gilt:

$c_{+,\mathrm{g}} = c_{\mathrm{Na^+,g}} = c_{\mathrm{S,g}} = -\frac{i c_2}{2} + \sqrt{\left(\frac{i c_2}{2}\right)^2 + c_{\mathrm{S,a}}^2}$; $c_{-,\mathrm{g}} = i c_2 - \frac{i c_2}{2} + \sqrt{\left(\frac{i c_2}{2}\right)^2 + c_{\mathrm{S,a}}^2}$;

$c_{+,\mathrm{a}} = c_{\mathrm{Na^+,a}} = c_{\mathrm{S,a}}$; $c_{-,\mathrm{a}} = c_{\mathrm{Cl^-,a}} = c_{\mathrm{S,a}}$

Diese Gleichungen setzen wir in Gl. A4.28 ein. Unser Zwischenergebnis für den ionischen Anteil des chemischen Potenzials lautet damit:

$$\Delta\mu_{1,\text{ion}} = 2\,V_1\,k_\text{B}\,T\left[c_{\text{S,a}} + \sqrt{\left(\frac{i\,c_2}{2}\right)^2 + c_{\text{S,a}}^2}\right] \tag{A4.32}$$

Hier hängt die Konzentration c_2 der ionischen Gruppen des Gels vom Quellungsgrad q ab. Es gilt nämlich:

$$c_2 = \frac{n_\text{P}\cdot DS}{V} = \frac{m_\text{P}\cdot DS}{V\cdot M_0} = \frac{\left(V_\text{P}/v_\text{sp}\right)\cdot DS}{V\cdot M_0} = \frac{DS}{q\cdot v_\text{sp}\cdot M_0} \tag{A4.33}$$

Darin ist V das Volumen des Gels im Quellungsgleichgewicht, v_sp das spezifische Volumen des Polymers, m_P die Masse des Polymers im Gel und M_0 die Molmasse einer Monomereinheit. n_P bezeichnet die Anzahl der Monomereinheiten im Gel, und *DS* (*degree of substitution*) gibt die Anzahl der ionisierbaren Gruppen pro Monomereinheit an. Wir setzen diese Gleichung in Gl. A4.32 ein. Unser Endergebnis ist dann:

$$\Delta\mu_{1,\text{ion}} = 2\,V_1\,k_\text{B}\,T\left[c_{\text{S,a}} + \sqrt{\left(\frac{i\cdot DS}{2\,q\,v_\text{sp}\,M_\text{P}}\right)^2 + c_{\text{S,a}}^2}\right] \tag{A4.34}$$

Der Ionisationsgrad *i*

Fall 1

Polyelektrolytnetzwerke, die bei ihrer Dissoziation Gegenionen freisetzen, die von der gleichen Art sind wie die Gegenionen, die das zugesetzte niedermolekulare Salz liefert.

In diesem Fall lassen sich die Gesetze der Theorie der **Gegenionenbindung** von Oosawa und Manning anwenden. Wir nehmen dazu an, dass die Netzwerkketten des Gels sehr stark gestreckt sind. Sie stellen dann in erster Näherung lineare Ketten dar. Der mittlere Abstand zwischen zwei benachbarten Ladungsgruppen auf diesen Netzwerkketten sei b, und die Valenz einer ionischen Netzwerkgruppe sei z_P. Der **Ladungsdichteparameter** einer Netzwerkkette berechnet sich damit zu:

$$\xi \equiv \frac{L_\text{B}}{b} \text{ mit } L_\text{B} = \frac{e^2}{4\pi\cdot\varepsilon\cdot\varepsilon_0\cdot k_\text{B}\cdot T} \tag{A4.35}$$

Darin sind e die Elementarladung, ε_0 die Influenzkonstante und ε die Dielektrizitätskonstante des Lösemittels. Die Größe L_B heißt **Bjerrum-Länge**.

Der Wert von ξ ist eine charakteristische Größe des Netzwerks. Er bestimmt den Wert des Dissoziationsgrads φ der ionischen Gruppen des Gels. Ist $\xi \leq 1/[z_i\, z_P]$, wobei z_i die Valenz der Gegenionen ist, so sind die ionischen Gruppen des Netzwerks vollständig dissoziiert, und φ ist 1. Wenn ξ größer als $1/[z_i\, z_P]$ ist, werden so lange Gegenionen gebunden, bis ein bestimmter Grenzwert für den Dissoziationsgrad erreicht ist. Für $z_i = z_P = 1$ liegt dieser Grenzwert bei $\phi = 1/\xi$.

Der mittlere Abstand b zwischen zwei benachbarten Ladungsgruppen auf einer Netzwerkkette hängt vom Substitutionsgrad DS ab. Es gilt:

$$b = b_0/DS$$

Darin bezeichnet b_0 die Länge einer Monomereinheit. Das Produkt $i \equiv \phi \cdot DS$ ist der effektive Substitutionsgrad. Er wird auch **Ionisationsgrad** genannt und gibt die tatsächliche Anzahl der Ladungen pro Monomereinheit an. Wir nehmen an, dass $\xi > 1$ ist. Mit $z_I = z_P = 1$ und $\phi = 1/\xi$ folgt dann:

$$i = \frac{DS}{\xi} = \frac{DS \cdot b}{L_B} = \frac{b_0}{L_B} = \frac{b_0 \cdot 4\pi \cdot \varepsilon \cdot \varepsilon_0 \cdot k_B \cdot T}{e^2} \tag{A4.36}$$

Wir erkennen: Der Ionisationsgrad i ist für ein gegebenes System eine Konstante. Er hängt nicht vom Substitutionsgrad DS ab. i kann nur verändert werden, indem wir das System verändern, d. h., indem wir das Netzwerk durch ein anderes Netzwerk mit einem anderen b_0 ersetzen. Die Temperatur T bewirkt dagegen wenig. Eine Erhöhung von T führt für die meisten Lösemittel zu einer gleichzeitigen Erniedrigung der Dielektrizitätskonstante, sodass das Produkt $\varepsilon\, T$ konstant bleibt.

Wir wollen diese Ergebnisse zusammenfassen:

- Ist $z_i = z_P = 1$ und gilt $0 \leq DS \leq b_0/L_B$, so ist $\varphi = 1$ und $i = DS$.
- Ist $z_i = z_P = 1$ und gilt $DS > b_0/L_B$, so ist $\varphi = b_0/(DS \cdot L_B)$ und $i = b_0/L_B$.

Dies führt uns zu zwei sehr wichtigen Schlussfolgerungen:

1. Der Quellungsgrad eines Gels nimmt mit steigendem Ionisationsgrad i zu.
2. Für die meisten Gele ist $DS > b_0/L_B$.

Der Ionisationsgrad ist damit eine Konstante. Das bedeutet: Der Quellungsgrad hängt in der Regel nicht von Substitutionsgrad DS ab. Er kann nur durch eine Änderung von b_0 oder L_B verändert werden. Experimentelle Untersuchungen bestätigen diese Vorhersagen der Theorie.

Fall 2 Das Ausgangspolymer wird in der Säureform vernetzt. Zusätzlich enthalte das System nur eine Sorte eines niedermolekularen Salzes.

Wir wollen die nichtdissoziierten Säuregruppen des Gels durch das Symbol RH und die dissoziierten Säuregruppen des Gels durch das Symbol R^- kennzeichnen. Die Gesamtkonzentration der Säuregruppen sei $c^0_{RH} = c_{RH} + c_{R^-}$. Der Dissoziationsgrad ϕ berechnet sich damit zu:

$$\phi \equiv c_{H^+}/c^0_{RH} \tag{A4.37}$$

Für die Dissoziationskonstante gilt:

$$K_D = [c_{H^+} \cdot c_{R^-}]/\left[c^0_{RH} - c_{H^+}\right] \tag{A4.38}$$

Ferner ist $c_{H^+} = c_{R^-}$. Damit folgt:

$$K_D = \frac{[c_{H^+}]^2}{[c^0_{RH} - c_{H^+}]} = \frac{c_{H^+}}{(1/\alpha) - 1} \text{ und } \phi = K_D/[c_{H^+} + K_D] \tag{A4.39}$$

Die Konzentration der H^+-Ionen im Gel ist $c_{H^+,g}$ und die Konzentration der H^+-Ionen außerhalb des Gels $c_{H^+,a}$. Das zugesetzte niedermolekulare Salz sei NaCl.

Im Quellungsgleichgewicht liegt wieder ein Donnan-Gleichgewicht vor. Der Verteilungskoeffizient λ dieses Gleichgewichts ist konstant. Es gilt:

$$\lambda = \frac{c_{H^+,g}}{c_{H^+,a}} = \frac{c_{OH^-,a}}{c_{OH^-,g}} = \frac{c_{Na^+,g}}{c_{Na^+,a}} = \frac{c_{Cl^-,a}}{c_{Cl^-,g}} = \text{konstant} \tag{A4.40}$$

Hier ist $c_{i,g}$ die Konzentration der Ionensorte i innerhalb und $c_{i,a}$ die Konzentration der Ionensorte i außerhalb des Gels. Für die Dissoziation von Wasser gilt $K_W = c_{H^+} \cdot c_{OH^-}$. Es ist außerdem zu berücksichtigen, dass das Gesamtsystem elektrisch neutral ist. Es folgt deshalb:

$$c_{R^-} + c_{OH^-,g} + c_{Cl^-,g} = c_{Na^+,g} + c_{H^+,g} \quad \text{und} \quad c_{OH^-,a} + c_{Cl^-,a} = c_{Na^+,a} + c_{H^+,a}$$

Mithilfe dieser Gleichungen lassen sich alle Konzentrationen berechnen. Einen Überblick gibt Tab. A4.4.

Wir setzen diese Konzentrationen in Gl. A4.30 ein. Das führt zu:

$$\lambda = \frac{c_{H^+,g}}{c_{H^+,a}} = \frac{\left[\frac{K_W}{c_{H^+,g}}\right] + \left(\phi \cdot c^0_{RH}\right) + c_{Cl^-,g} - c_{H^+,g}}{\left[\frac{K_W}{c_{H^+,a}}\right] + c_{Cl^-,a} - c_{H^+,a}} = \frac{c_{Cl^-,a}}{c_{Cl^-,g}}$$

Mit $c_{H^+,g} = \lambda \cdot c_{H^+,a}$ und $c_{Cl^-,a} = \lambda \cdot c_{Cl^-,g}$ folgt:

Tab. A4.4 Teilchenkonzentrationen innerhalb und außerhalb eines Gels in seiner Säureform

Teilchenart	Konzentrationen innerhalb des Gels	Konzentrationen außerhalb des Gels
RH	$c^0_{RH}[1-\phi]$ $\phi \cdot c^0_{RH}$	–
R^-	$c_{H^+,g}$	–
H^+	$c_{OH^-,g} = K_W/c_{H^+,g}$	$c_{H^+,a}$
OH^-	$c_{Cl^-,g} + (K_W/c_{H^+,g}) + (\phi \cdot c^0_{RH}) - c_{H^+,g}$	$c_{OH^-,g} = K_W/c_{H^+,a}$
Na^+	$c_{Cl^-,g}$	$c_{Cl^-,a} + (K_W/c_{H^+,a}) - c_{H^+,a} c_{Cl^-,a}$
Cl^-		

$$\lambda = \frac{\left[\frac{K_W}{\lambda \cdot c_{H^+,a}}\right] + (\phi \cdot c^0_{RH}) + \frac{c_{Cl^-,a}}{\lambda} - (\lambda \cdot c_{H^+,a})}{\left[\frac{K_W}{c_{H^+,a}}\right] + c_{Cl^-,a} - c_{H^+,a}} \tag{A4.41}$$

Für ϕ setzen wir Gl. A4.39 ein, wobei wir c_{H^+} durch $c_{H^+,g} = \lambda \cdot c_{H^+,a}$ ersetzen. Das Endergebnis ist dann:

$$\left[\frac{K_W}{\lambda^2 \cdot c_{H^+,a}}\right] + \frac{K_D \cdot c^0_{RH}}{\left[\lambda^2 \cdot c_{H^+,a} + \lambda \cdot K_D\right]} + \frac{c_{Cl^-,a}}{\lambda^2} = \frac{K_W}{c_{H^+,a}} + c_{Cl^-,a} \tag{A4.42}$$

In Gl. A4.42 sind alle Parameter bis auf den Verteilungskoeffizienten λ bekannt. $c_{Cl^-,a}$ ist die Konzentration der Chloridionen im Außenraum des Gels. Sie wird durch die Experimentführung vorgegeben und kann ionometrisch überprüft werden. Die Konzentration $c_{H^+,a}$ der Wasserstoffionen im Außenraum muss sich durch Messung des pH-Werts ermitteln. Werte für die Konstanten $K_W$und K_D sind in Tabellenwerken zu finden. Wir nehmen dazu an, dass sich die Monomere des Netzwerks so verhalten, als seien sie freie Moleküle. Für die Konzentration c^0_{Rh} der ionisierbaren Gruppen gilt $c^0_{RH} = (\rho \cdot x_{Rh})/(q \cdot M_0)$. Darin ist ρ die Dichte des trockenen, nichtvernetzten Polymers, M_0 die Molmasse einer Monomereinheit, q der Quellungsgrad und x_{RH} der Molenbruch der ionisierbaren Gruppen. Gl. A4.42 kann also dazu benutzt werden, um den Verteilungskoeffizienten λ zu berechnen. Das erfolgt zweckmäßigerweise durch Iteration.

Ist λ bekannt, so kann als Nächstes der pH-Wert innerhalb des Gels ermittelt werden. Die Berechnungsformel dazu lautet:

$$c_{H^+,g} = \lambda \cdot c_{H^+,a}, \quad \text{womit folgt}: \; pH_g \equiv -\lg c_{H^+,g} = pH_a - \lg\lambda \tag{A4.43}$$

Dies bedeutet: Der pH-Wert innerhalb eines Gels, pH_g, stimmt nicht mit dem pH-Wert außerhalb des Gels, pH_s, überein. Die beiden pH-Werte unterscheiden sich um den Faktor lg λ.

Anmerkung Gl. A4.42 und A4.43 gelten nur für anionische Gele. Der aufgezeigte Rechenweg ist aber auf andere Gele übertragbar. Der Leser kann sich so leicht die entsprechenden Beziehungen für kationische Gele oder für Gele mit mehr als einer Sorte eines zugesetzten niedermolekularen Salzes herleiten.

Vorgehensweisen bei der Charakterisierung ionischer Hydrogele

Der Quellungsgrad

Der Quellungsgrad gibt an, wie viel Lösemittel (z. B. Wasser) das Polymernetzwerk (Gel) zu einem bestimmten Zeitpunkt t absorbiert hat. q kann dazu auf verschiedene Weisen experimentell bestimmt werden. Die am häufigsten angewendeten Bestimmungsformeln sind:

$$q_{\mathrm{w,1}} \equiv \frac{\text{Masse des gequollenen Gels} - \text{Masse des trockenen Gels}}{\text{Masse des gequollenen Gels}} \tag{A4.44}$$

$$q_{\mathrm{w,2}} \equiv \frac{\text{Masse des gequollenen Gels} - \text{Masse des trockenen Gels}}{\text{Masse des trockenen Gels}} \tag{A4.45}$$

$$q_{\mathrm{w,3}} \equiv \frac{\text{Masse des gequollenen Gels}}{\text{Masse des trockenen Gels}} \tag{A4.46}$$

$$q_{\mathrm{V}} \equiv \frac{\text{Volumen des gequollenen Gels}}{\text{Volumen des trockenen Gels}} \tag{A4.47}$$

$q_{\mathrm{w,1}}$ kann nur Werte zwischen 0 und 1 annehmen. $q_{\mathrm{w,2}}$ ist in der Regel größer als 1, während $q_{\mathrm{w,3}}$ und q_{V} immer deutlich größer als 1 sind. Der in den mathematischen Modellrechnungen auftretende Quellungsgrad ist q_{V}. Er kann wie folgt in vier Schritten ermittelt werden:

1. Wir wiegen das trockene Gel an Luft. Die sich ergebende Masse sei $m_{\mathrm{Gel,trocken,Luft}}$. Wir wiegen dann die gleiche Probe in einem Lösemittel, das kein Quellungsmittel ist (z. B. in Heptan). Die dabei gemessene Masse sei $m_{\mathrm{Gel,trocken,Heptan}}$.
2. Wir lassen das Gel im Quellungsmittel (z. B. Wasser) bei konstanter Temperatur quellen.
3. Wir entnehmen das gequollene Gel zum Zeitpunkt t dem Quellungsmittel und lassen es abtropfen. Danach wiegen wir es erneut an Luft und im Nichtquellungsmittel. Als Messergebnisse erhalten wir die Massen $m_{\mathrm{Gel,gequollen,Luft}}$ und $m_{\mathrm{Gel,gequollen,Heptan}}$.
4. $\rho_{\mathrm{Non\text{-}solvent}}$ sei die Dichte des Nichtquellungsmittels. Das Volumen V_P des trockenen Gels berechnet sich zu:

$$V_{\mathrm{P}} = \frac{m_{\mathrm{Gel,trocken,Luft}} - m_{\mathrm{Gel,trocken,Heptan}}}{\rho_{\mathrm{Heptan}}} \tag{A4.48}$$

und das Volumen V_{g} des gequollenen Gels ist:

$$V_{\mathrm{g}} = \frac{m_{\mathrm{Gel,gequollen,Luft}} - m_{\mathrm{Gel,gequollen,Heptan}}}{\rho_{\mathrm{Heptan}}} \tag{A4.49}$$

Der Quellungsgrad berechnet sich dann wie folgt:

$$q \equiv q_{\mathrm{V}} = \frac{V_{\mathrm{g}}}{V_{\mathrm{P}}} = \frac{m_{\mathrm{Gel,gequollen,Luft}} - m_{\mathrm{Gel,gequollen,Heptan}}}{m_{\mathrm{Gel,trocken,Luft}} - m_{\mathrm{Gel,trocken,Heptan}}} \tag{A4.50}$$

Oft wird das Gel allerdings nicht trocken, sondern in Lösung vernetzt. Es muss dann zunächst der Volumenbruch $\varphi_{2,\mathrm{r}}$ des vernetzten Polymers vor der Quellung bestimmt werden. Es gilt:

$$\varphi_{2,\mathrm{r}} = \frac{V_{\mathrm{P,vernetzt}}}{V_{\mathrm{Gel,direkt\ nach\ der\ Vernetzung}}}$$

Dabei ist

$$V_{\mathrm{Gel,direkt\ nach\ der\ Vernetzung}} = \frac{m_{\mathrm{Gel,direkt\ nach\ der\ Vernetzung,Luft}} - m_{\mathrm{Gel,direkt\ nach\ der\ Vernetzung,Heptan}}}{\delta_{\mathrm{Heptan}}}$$

Anmerkung Die dargestellten Arbeitsverfahren sind weniger aufwendig, wenn der Quellungsgrad groß ist. Das Gel besteht für $q > 10$ fast nur aus Lösemittel. Die Dichte des Gels ist dann in guter Näherung genauso groß wie die Dichte des Lösemittels. Es folgt$\rho_{\mathrm{Gel}} \cong \rho_{\mathrm{Lösemittel}}$, womit sich die Rechnung auf

$$q \equiv q_{\mathrm{V}} = \frac{V_{\mathrm{Gel}}}{V_{\mathrm{P}}} = \frac{\frac{m_{\mathrm{Gel,gequollen}}}{\rho_{\mathrm{Gel}}}}{\frac{m_{\mathrm{Gel,trocken}}}{\rho_{\mathrm{Polymer}}}} = \frac{m_{\mathrm{Gel,gequollen}}}{m_{\mathrm{Gel,trocken}}} \cdot \frac{\rho_{\mathrm{Polymer}}}{\rho_{\mathrm{Gel}}} = q_{\mathrm{w,3}} \cdot \frac{\rho_{\mathrm{Polymer}}}{\rho_{\mathrm{Gel}}} \tag{A4.51}$$

und damit auf

$$q_{\mathrm{V}} = q_{\mathrm{w,3}} \cdot \frac{\rho_{\mathrm{Polymer}}}{\rho_{\mathrm{Lösemittel}}} \tag{A4.52}$$

vereinfacht. In einem solchen Fall reicht es aus, die Proben nur an Luft zu vermessen.

Beispiel Ein Beispiel für die experimentelle Bestimmung des Quellungsgrads zeigt Abb. A4.4. Der Quellungsgrad q_{V} wurde dort mithilfe von Gl. A4.52 bestimmt, wobei

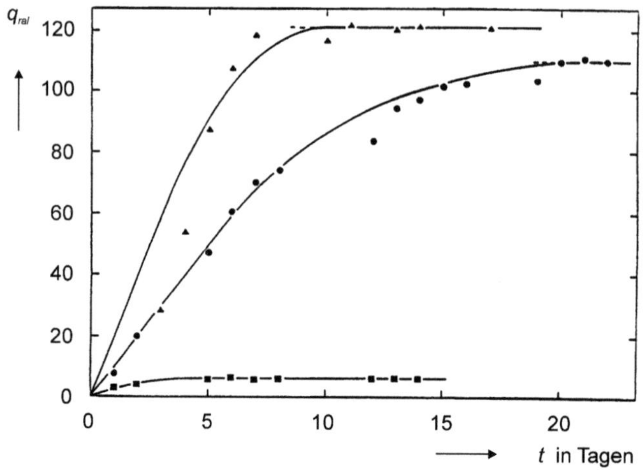

Abb. A4.4 Bestimmung des Quellungsgrads q

auf der x-Achse die Quellungszeit t aufgetragen wurde. Das Gel ist ein Polyacrylsäuregel. Die Quellungsmittel waren zweifach destilliertes Wasser und physiologische Kochsalzlösung.

Wir erkennen dreierlei:

1. Der Quellungsgrad wird mit steigender Quellungszeit t zunächst größer, um dann bei sehr großen Quellungszeiten konstant zu bleiben.
2. Der Quellungssättigungsgrad hängt von der Art des Quellungsmittels ab. In bidestiliertem Wasser ist er deutlich größer als in 0,9 %iger NaCl-Lösung. Dieses Verhalten ist verständlich: Die COO^--Gruppen des Polyacrylsäuregels sind gleichnamig geladen. Sie stoßen sich gegenseitig ab, was zu einer Expansion des Gels führt. In der Kochsalzlösung ist diese Abstoßung deutlich schwächer ausgeprägt. Einige der Na^+-Ionen der Salzlösung gehen dort mit den COO^--Bindungen des Gels eine elektrolytische Bindung ein. Die dabei entstehenden COONa-Gruppen sind elektrisch neutral, wodurch die Anzahl der freien COO^--Gruppen reduziert wird.
3. Bei den Quellungsgradkurven mit den Symbolen ▲ und ● handelt es sich um zwei Proben der gleichen Gelgrundsubstanz. Das Quellungsmittel ist in beiden Fällen das gleiche (Wasser). Die beiden Proben verhalten sich dennoch signifikant verschieden. Der Sättigungsquellungsgrad von Probe ▲ ist um 10 % größer als der Sättigungsquellungsgrad der Probe ●. Auch quillt Probe ▲ schneller auf als Probe ●. Das ist nicht ungewöhnlich. Gele besitzen bestimmte Strukturfehler. Dazu zählen u. a. Netzwerkfehler wie freie Kettenenden, Verschlaufungen, Loops und räumliche Inhomogenitäten der Vernetzungsdichte (Abb. A4.5). Kein Gebiet eines Gels gleicht in seiner Struktur exakt der Struktur eines anderen Gebiets des gleichen Gels. Der Quellungsgrad ist deshalb für jedes Gebiet ein anderer. Die Folge ist, dass für verschiedene Proben der

Abb. A4.5 Netzwerkfehler

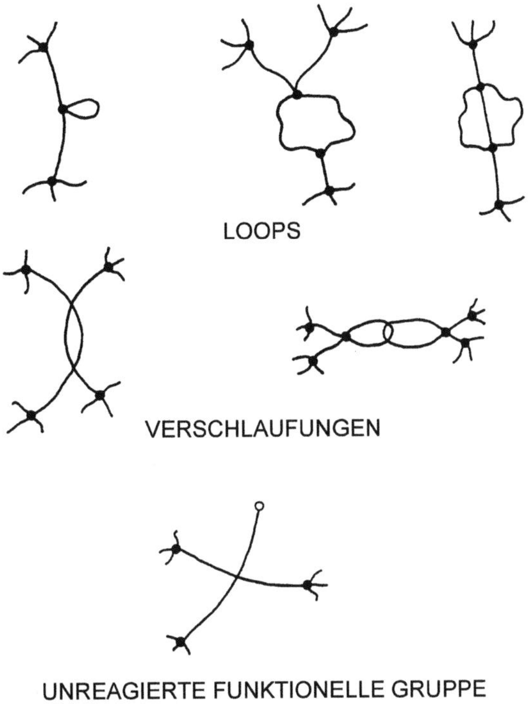

gleichen Gelgrundsubstanz unterschiedliche Messergebnisse erhalten werden können. Ziel der Präparation sollte es allerdings sein, diese Unterschiede möglichst klein zu halten.

Absorptionsgeschwindigkeiten

Die Geschwindigkeit dm/dt, mit der ein Gel eine bestimmte Menge dm eines Lösemittels pro Zeiteinheit dt in sich aufsaugt, heißt Absorptionsgeschwindigkeit. Sie ist von großer Bedeutung, denn es ist häufig wünschenswert, dass der Absorber (das Gel) nach möglichst kurzer Zeit (z. B. bei Babywindeln) seinen Sättigungsquellungsgrad erreicht.

Die theoretische Beschreibung des Absorptionsvorgangs ist noch nicht zufriedenstellend gelöst. Der Grund ist, dass dm/dt von verschiedenen Stoffeigenschaften abhängt. Das sind u. a. die Vernetzungsdichte, die Oberflächenbeschaffenheit und die Korngröße des Gels. Wir beschränken uns deshalb auf eine sehr vereinfachte Berechnung von dm/dt.

Theoretische Überlegungen

Das Gel enthalte zum Zeitpunkt $t = 0$ noch keine Lösemittelmoleküle. Es sei trocken. Seine Oberfläche sei A_g und sein Volumen sei V_g. Die Oberfläche kann als Membran aufgefasst werden, durch welche die Lösemittelmoleküle bei der Absorption (der Quellung) in das Gel permeieren. Die Permeationsflussdichte sei J_p. Es gilt:

$$J_{\mathrm{p}} \equiv K_{\mathrm{p}}(m_0 - m(t)) \tag{A4.53}$$

Darin ist K_{p} der Permeationskoeffizient, $m(t)$ die Masse der zum Zeitpunkt t vom Gel absorbierten Lösemittelmenge und m_0 die Masse der vom Gel absorbierten Lösemittelmenge zum Zeitpunkt $t = \infty$, d. h. im Quellungsgleichgewicht bei Beendigung des Absorptionsvorgangs. Wir nehmen weiter an, dass das erste Fick'sche Gesetz angewendet werden darf. Es gilt dann:

$$J_{\mathrm{p}} = \frac{D}{d}(m_0 - m(t)) \tag{A4.54}$$

Hier ist D der Diffusionskoeffizient der Lösemittelmoleküle und d die Wanddicke der Membran.

Die Masse $\mathrm{d}m$ der absorbierten Lösemittelmenge pro Zeiteinheit $\mathrm{d}t$ ist umso größer, je größer die Permeationsflussdichte J_{p} und desto größer die Oberfläche A_{g} des Gels sind. Sie ist auf der anderen Seite umso kleiner, je größer das Volumen V_{g} des Gels ist. Das bedeutet:

$$\frac{\mathrm{d}m}{\mathrm{d}t} = \frac{J_{\mathrm{p}} \cdot A_{\mathrm{g}}}{V_{\mathrm{g}}} = \frac{K_{\mathrm{p}} \cdot A_{\mathrm{g}}}{V_{\mathrm{g}}}(m_\infty - m(t)) \tag{A4.55}$$

Die Masse m_∞ hängt nicht von der Zeit t ab. Es folgt deshalb:

$$\frac{\mathrm{d}m}{\mathrm{d}t} = -\frac{\mathrm{d}(m_\infty - m(t))}{\mathrm{d}t} = \frac{K_{\mathrm{p}} \cdot A_{\mathrm{g}}}{V_{\mathrm{g}}}(m_\infty - m(t)) \text{ bzw.zu } \frac{\mathrm{d}(m_\infty - m(t))}{m_\infty - m(t)} = -\frac{K_{\mathrm{p}} \cdot A_{\mathrm{g}}}{V_{\mathrm{g}}}\mathrm{d}t \tag{A4.56}$$

Die Lösung dieser Differenzialgleichung ist:

$$\ln\left(\frac{m_\infty}{m_\infty - m(t)}\right) = \frac{K_{\mathrm{p}} \cdot A_{\mathrm{g}}}{V_{\mathrm{g}}} t$$

Dabei haben wir angenommen, dass $m(t = 0) = 0$ ist und dass A_{g} und V_{g} nicht von t abhängen. Für den Quellungsgrad zum Zeitpunkt t gilt $q = m(t)/m_{\mathrm{p}}$. Der Quellungsgrad zum Zeitpunkt $t = \infty$ berechnet sich zu $q_\infty = m_\infty/m_p$. Darin bezeichnet m_p die Masse des trockenen, ungequollenen Gels und m_∞ die Gelmasse im Quellungsgleichgewicht. Wir nehmen an, dass die Gelkörner die Gestalt von Kugeln besitzen. Ihr Radius sei r. Es folgt dann $A_{\mathrm{g}} = 4\pi \cdot r^2$ und $V_{\mathrm{g}} = (4\pi/3)r^3$.

Wir setzen diese Beziehungen in Gl. A4.56 ein. Das ergibt:

$$\ln\left(\frac{m_\infty}{m_\infty - m(t)}\right) = \ln\left(\frac{\frac{m_\infty}{m_\mathrm{P}}}{\frac{m_\infty}{m_\mathrm{P}} - \frac{m(t)}{m_\mathrm{P}}}\right) = \ln\left(\frac{q_\infty}{q_\infty - q}\right) = \frac{3 \cdot K_\mathrm{P}}{r} t \qquad \text{(A4.57)}$$

Die Auflösung nach q führt zu dem Endergebnis:

$$q(t) = q_\infty \left[1 - \exp\left(-\frac{3 \cdot K_\mathrm{P}}{r} t\right)\right] \qquad \text{(A4.58)}$$

Wir erkennen: $q(t)$ wird mit zunehmender Zeit t größer und erreicht für $t = \infty$ seinen Sättigungswert q_∞. Diese Voraussage wird von vielen Gelen qualitativ hinreichend genau befolgt. Der Quellungsgrad selbst hängt von der Netzwerkdichte ab. Mit zunehmender Netzwerkdichte, d. h. mit kleiner werdendem r, wird q kleiner. Auch dies sagt Gl. A4.58 richtig voraus. Dies ist allerdings nur korrekt, solange die Gele stark vernetzt sind.

Für weniger stark vernetzte Gele hängt der Radius r der Gelkörner von der Zeit ab. Die Gele quellen auf, und der Kornradius wird mit zunehmender Zeit größer. Gleiches gilt für das Gelvolumen und die Geloberfläche. Beide nehmen mit der Zeit deutlich zu.

Ein Beispiel für die Anwendung von Gl. A4.58 zeigt Abb. A4.6. Dort ist der Term $\ln[m_\infty/(m_\infty - m(t))]$ gegen die Zeit t aufgetragen. Das Gel besteht aus Carboxymethylstärke und hat einen Vernetzungsgrad von $F = 0{,}022$. Es sind zwei Quellungsphasen zu unterscheiden. Diese lassen sich getrennt voneinander durch Gl. A4.58 erfassen. In Phase 1

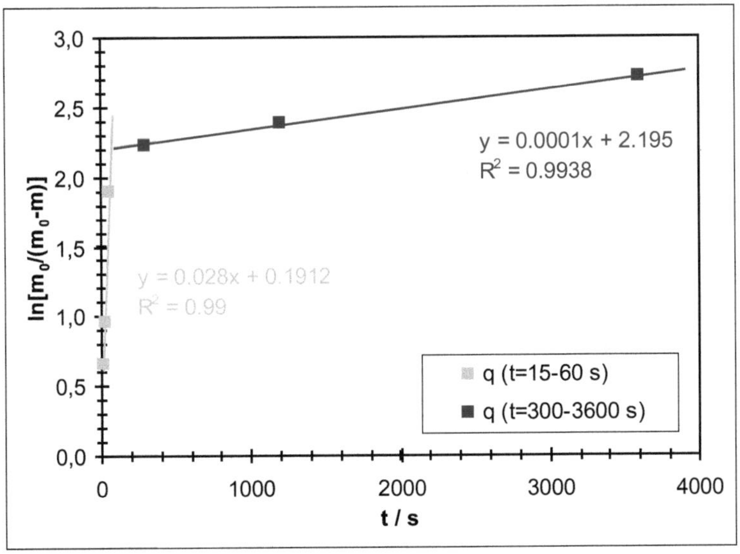

Abb. A4.6 Quellungsphasen von vernetzter Carboxymethylstärke

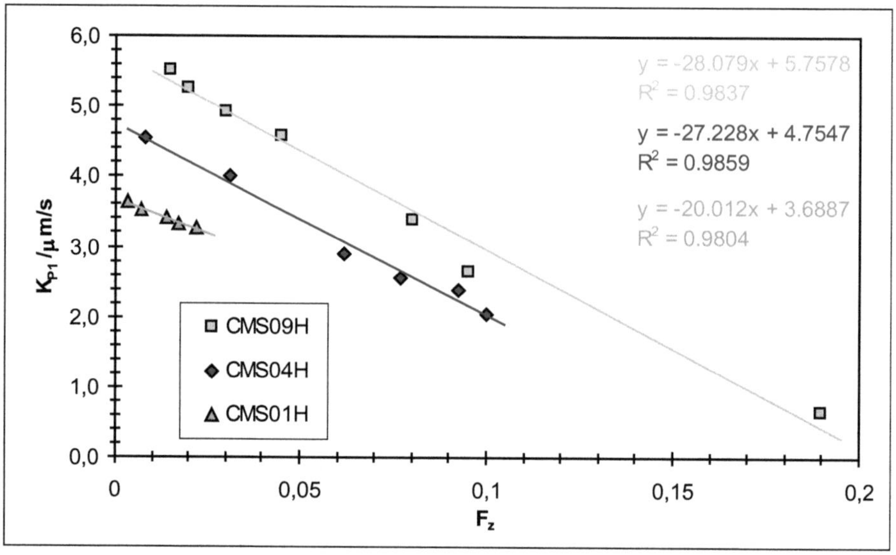

Abb. A4.7 Abhängigkeit des Permeationskoeffizienten K_p vom Vernetzungsgrad F_z

($0 < t < 60$ s) verläuft der Quellungsvorgang sehr schnell. Der Permeationskoeffizient K_p und der Permeationsfluss J_p sind groß. In Phase 2, der Sättigungsphase ($300 < t < 3600$ s), quillt das Gel deutlich langsamer. Der Permeationskoeffizient und der Permeationsfluss sind jetzt verschwindend klein.

In Abb. A4.7 ist K_p gegen das Verhältnis von Vernetzer zu Monomer F_z aufgetragen. Wir erkennen, dass K_p mit steigendem F_z kleiner wird. Das bedeutet: Die Quellungsgeschwindigkeit wird mit steigendem Vernetzungsgrad kleiner. Für $F_z = 0{,}18$ ist $K_p = 0$. In diesem Fall findet überhaupt keine Quellung mehr statt.

Die Netzwerkdichte – ein Vergleich zwischen Theorie und Experiment

Wir haben in den vorangegangen Abschnitten die Teilbeträge des chemischen Potenzials für ein ionisches Hydrogel berechnet. Das Ergebnis lautet:

$$\Delta\mu = \Delta\mu_{\text{mix}} + \Delta\mu_{\text{el}} + \Delta\mu_{\text{ion}}$$

Dabei hängt jeder Teilbetrag vom Quellungsgrad q ab. Im Quellungsgleichgewicht ist $\Delta\mu = 0$. Es gilt dann:

$$\Delta\mu_{\text{mix}}(q) + \Delta\mu_{\text{el}}(q) + \Delta\mu_{\text{ion}}(q) = 0 \qquad \text{(A4.59)}$$

Das ist die Bestimmungsgleichung für den Quellungsgrad q. Es ist allerdings nicht möglich, diese Gleichung explizit nach q aufzulösen. Gl. A4.59 kann nur numerisch gelöst werden. Im Folgenden wollen wir zwei Beispiele diskutieren.

Beispiel 1: Die Abhängigkeit des Quellungsgrads von der Netzwerkdichte In Abb. A4.8 wurde der Quellungsgrad q für zwei vorgegebene Vernetzungsdichten, $\nu_e = 70\ \text{mol/m}^3$ und $\nu_e = 90\ \text{mol/m}^3$, berechnet und gegen den Substitutionsgrad DS aufgetragen. Wir erkennen:

- q wird mit steigender Vernetzungsdichte kleiner.
- Für niedrige Substitutionsgrade wird q zunächst mit zunehmendem DS größer und dann wieder kleiner.

Die Ursache für dieses Verhalten liegt im Dissoziationsgrad ϕ. Er wurde mithilfe von Gl. A4.36 berechnet und ist ebenfalls in Abb. A4.8 dargestellt.

Die Symbole □, ◇ und ○ beschreiben experimentell ermittelte Messergebnisse von Carboxymethlystärkegelen mit den Netwerkdichten zwischen $\nu_q = 71{,}9$ und $78{,}5\ \text{mol m}^{-3}$. Wir erkennen: Die Messdaten stimmen recht gut mit den mithilfe von Gl. A4.59 berechneten Daten überein. Das lässt folgende Schlüsse zu:

- Das Gauß-Modell und die vorgestellte Polyelektrolyttheorie von Oosawa und Manning finden ihre Berechtigung und Bestätigung in der Auswertung.
- Für Carboxymethylstärken hat eine Steigerung des Substitutionsgrads DS über den Wert von $DS = 0{,}6$ hinaus eine Erniedrigung des Quellungsgrads zur Folge.

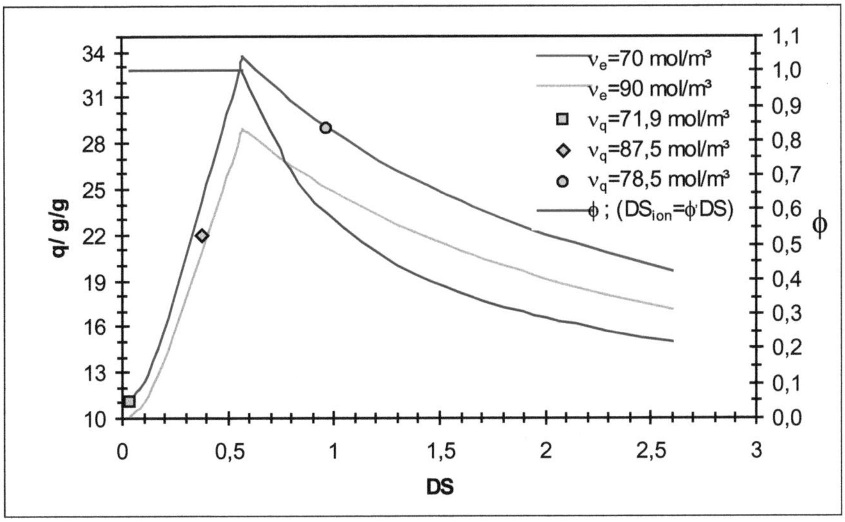

Abb. A4.8 Quellungsgrad q in Abhängigkeit vom DS-Wert bei verschiedenen Vernetzungsdichten

Verschiedene Netzwerke lassen sich über die spezifische Ladungsdichte $\beta = DS/M_n$ miteinander vergleichen. So erreicht der Quellungsgrad vernetzter Carboxymethylstärke (CMS) für $DS = 0{,}573$ seinen Maximalwert. Das entspricht einer Ladungsdichte von $\beta = 2{,}76$ mmol g^{-1}. Es ist gleichzeitig die maximal mögliche Ladungsdichte von CMS. Für vernetzte Polyacrylate mit einem Neutralisationsgrad von $NG = 70\ \%$ ist $\beta = 4$ mmol g^{-1}. Dieser Wert ist deutlich größer als der von CMS. Das bedeutet: Der maximal möglich zu erreichende Quellungsgrad eines CMS-Gels liegt bei nur 60 . . . 70 % des maximal möglichen Quellungsgrads von Polyacrylsäure- bzw. Polyacrylat-Gelen. Das ist einer der Hauptgründe dafür, dass auch heutzutage noch Babywindeln in erster Linie daraus dargestellt werden. Die Zukunft gehört aber den nachwachsenden Rohstoffen. Nur sie sind biologisch abbaubar und unbegrenzt verfügbar.

Beispiel 2: Die Abhängigkeit des Quellungsgrads von der eingesetzten Salzkonzentration In Abb. A4.9 ist der Quellungsgrad vernetzter CMS gegen die zugesetzte Menge an Salz aufgetragen. Das Gel ist ein Carboxymethylstärkegel in der Säureform. Das Symbol *w* gibt den Anteil der COOH-Gruppen an. Das zugesetzte niedermolekulare Salz ist NaCl.

Es ist Folgendes zu beachten: Carboxylsäuren sind schwache Säuren. Der Dissoziationsgrad der COOH-Gruppen ist klein. Die Anzahl der s.o., evtl. die Ladungen angeben . . .-Gruppen machen einen Anteil von $1 - w$ an der Gesamtzahl der ionischen Gruppen des Gels aus. Der Substitutionsgrad des Gels ist *DS*. Der auf die COONa-Gruppen bezogene Substitutionsgrad berechnet sich damit zu $DS_{Na} = DS(1 - w)$. Der Dissoziationsgrad der

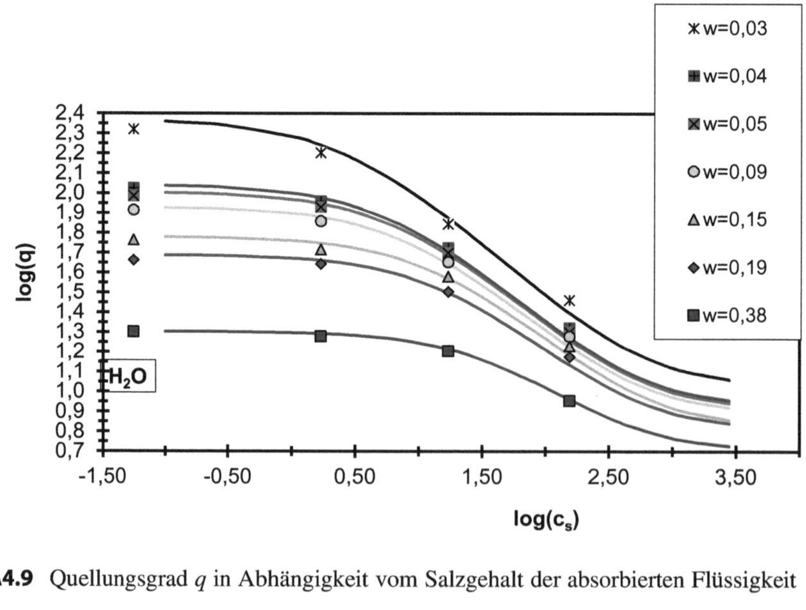

Abb. A4.9 Quellungsgrad *q* in Abhängigkeit vom Salzgehalt der absorbierten Flüssigkeit

s.o., evtl. die Ladungen angeben . . .-Gruppen sei ϕ. Der effektiv wirksame Substitutionsgrad ist somit $DS_{\text{eff}} = \phi \cdot DS \cdot (1 - w)$. Dieser Ausdruck ist in Gl. A4.59 einzusetzen. Bis auf die Netzwerkdichte ν_q enthält Gl. A4.59 dann nur Parameter, die aufgrund der Experimentführung bekannt sind.

ν_q ist ein Fitparameter. Wir variierenν_q so lange, bis die mittlere quadratische Abweichung zwischen den experimentell und den mithilfe von Gl. A4.59 berechneten q-Werten minimal wird. Das Ergebnis dieser Rechnung ist ν_q= 71,9 mol m^{-3}. Alle durchgezogenen Kurven in Abb. A4.9 wurden mit diesem Wert berechnet.

Wir erkennen:

- Die Übereinstimmung zwischen Theorie und Experiment ist für alle w und c_s optimal.
- q wird bei einer Erhöhung der Säuregruppenanteils w und bei einer Erhöhung der Salzkonzentration deutlich kleiner.

Das ist verständlich: Bei einer Zunahme von w oder von c_S nimmt die Anzahl der geladenen Gruppen im Gel ab. Als Folge wird die elektrostatische Abstoßung zwischen benachbarten Monomeren kleiner, und das Gel quillt weniger stark auf.

Die Vernetzungsdichte

Die Vernetzungsdichte ν lässt sich auf verschiedene Weisen bestimmen:

1. Wir nehmen an: Alle Vernetzermoleküle haben reagiert und das Netzwerk besitze keine Netzwerkfehler. In diesem Idealfall gilt:

$$\nu_0 = \frac{m_p}{V_p \cdot M_c}\left[1 - \frac{2M_c}{M}\right]$$

Dabei ist $M_c = M_{\text{Monomer}}/(2\ F)$, wobei der Parameter F das Verhältnis aus der Anzahl der Mole an eingesetztem Vernetzeragens zu der Anzahl der Mole an eingesetztem Monomer angibt. Die Größe F wird auch **nominales Netzwerkverhältnis** genannt. ν_0 ist die theoretisch maximal zu erreichende Netzwerkdichte.

2. Wir bestimmen den Quellungsgrad q experimentell und betrachten die Netzwerkdichte ν_q in Gl. A4.59 als Fitparameter. Wir variieren ν_q so lange, bis die Übereinstimmung zwischen den gemessenen q-Werten und den mithilfe von Gl. A4.59 berechneten q-Werten hinreichend gut ist.
3. Wir messen den Schermodul G des Gels. Gemäß der Theorie der Kautschukelastizität (Abschn. 4.2.7) gilt:

$$G_{\text{trockenes Gel}} = \nu_r RT = \frac{n_K}{V_p} RT \tag{A4.60}$$

Darin ist n_K die Anzahl der Mole an Netzwerkketten im Gel und V_p das Volumen des Gels in seinem trockenen Zustand. Für das mit Lösemittel gequollene Gel im Quellungsgleichgewicht gilt $\nu_r = n_K/(\alpha \cdot V_p)$, wobei $\alpha = q^{1/3}$ ist. Der Schermodul des gequollenen Gels berechnet sich damit zu:

$$G_{\text{gequollenes Gel}} = \nu_r \cdot R \cdot T \cdot q^{-1/3} \quad \text{(A4.61)}$$

G und q werden gemessen, und die Netzwerkdichte ν_r wird anschließend berechnet. Der Index r beinhaltet die Abkürzung „rheologisch bestimmt".

Scher- und Speichermodul

Zur Ermittlung des Schermoduls wird das Gel einer sinusförmigen mechanischen Spannung ausgesetzt. Die Messgröße ist der dynamische Schermodul G_{dyn}. Er ist eine komplexe Größe. Imaginärteil und der Realteil sind um den Phasenwinkel δgegeneinander verschoben sind. Es gilt:

$$G_{\text{dyn}} = G' + i\,G'' \quad \text{(A4.62)}$$

G' ist der Speichermodul. Er ist ein Maß für die Energie, die aufgrund der Scherung des Gels als elastische Energie im Gel gespeichert wird. G'' ist der Verlustmodul. Er erfasst den Anteil der dem Gel zugefügten Energie, die an die Umgebung als Wärme abgegeben wird und damit für das Gel verloren ist. Der Phasenwinkel δstellt ein Maß für das Verhältnis dieser beiden Energieformen dar. Es gilt:

$$\tan\delta = G''/G' \quad \text{(A4.63)}$$

Für ideal elastische Gele ist $\delta = 0°$, für rein viskose Fluide ist $\delta = 90°$, und für viskoelastische Gele gilt $0° < \delta < 90°$.

Die Größe G in Gl. A4.61 ist der Speichermodul. Er hängt von der Frequenz ω der angelegten mechanischen Spannung ab. In der Regel wird G' mit zunehmender Frequenz zunächst größer, um danach gegen einen Plateauwert zu konvergieren. Dieser Plateauwert von G' ist unser Referenzwert. Er wird für die Bestimmung von ν_r in Gl. A4.61 eingesetzt.

Ein Beispiel zeigt Abb. A4.10. Der Plateauwert von G' ist dort gegen $q^{-1/3}$ aufgetragen. Das Gel besteht aus Carboxymethylstärke. Der Vernetzungsgrad (das Vernetzerverhältnis F_z) variiert zwischen 0,022 und 0,003. Wir erkennen: Die Messkurven sind Geraden. Mithilfe von Gl. A4.61 lässt sich aus der Steigung dieser Geraden die Netzwerkdichte ν_r bestimmen. Die Verhältnisse ν_q/ν_0 und ν_r/ν_0 sind Maße für die **Vernetzungseffizienz**. Oft weichen experimentell gefundene Netzwerkdichten ν_r und ν_q stark voneinander ab. Sie sind deutlich kleiner als die maximal möglichen Netzwerkdichten ν_0. Das ist typisch für Hydrogele. Jedes Gel weist Netzwerkfehler auf. Es reagieren niemals alle Vernetzermoleküle. ν_r und ν_q sind deshalb immer kleiner als ν_0. Zudem basieren die Berechnungsformeln für ν_r und ν_q auf Idealisierungen. Reale Gele weisen nicht die Strukturen auf, die von den Modellen gefordert werden. Es ist nicht möglich, dass ν_r und ν_q gleich groß sind. In die Berechnung von ν_q geht nur eine Messgröße ein. Das ist der Quellungsgrad q. Um ν_r zu bestimmen, sind dagegen zwei Messgrößen notwendig: G' und q. Diese werden mit zwei verschiedenen Messmethoden ermittelt. In der Praxis wird für G' nicht immer ein Plateauwert gefunden. Es wird auch nicht immer so lange gewartet, bis das Quellungsgleichgewicht erreicht ist. Oft wurden die Gele nicht hinreichend gesäubert. Sie enthalten dann noch Fremdstoffe, die den Quellungsgrad erniedrigen.

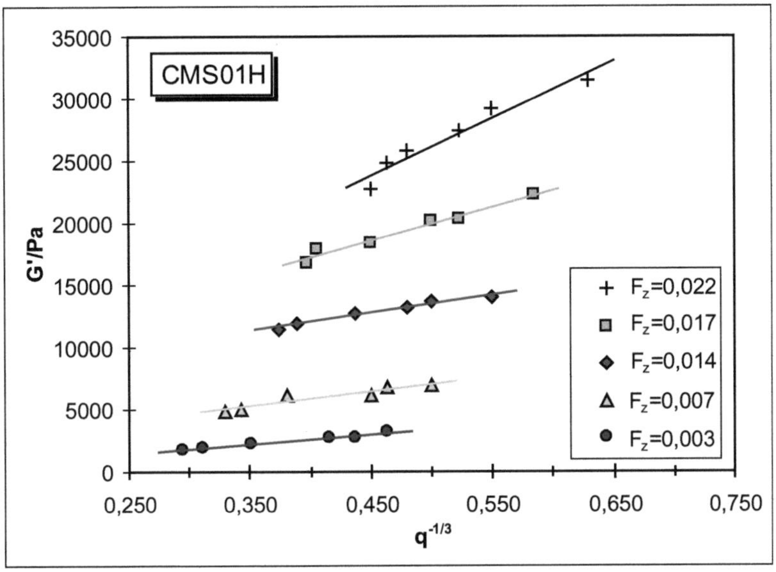

Abb. A4.10 Quellungsgrad q in Abhängigkeit vom Salzgehalt der absorbierten Flüssigkeit

Messwerte, die in der Literatur für ν_r und ν_q zu finden sind, sind folglich nur ein Maß für die wirkliche Netzwerkdichte. Die Messfehler sind oft größer als 30 %. Es existiert keine Messmethode, die zuverlässige Werte für die Netzwerkdichte liefert. Von daher bringt es wenig, die bestehenden Modelle wirklichkeitsnäher zu gestalten. Ihre Korrektheit lässt sich nur schwer überprüfen. Eine exaktere Übereinstimmung zwischen Theorie und Experiment ist kein Beweis dafür, dass das angenommene Modell korrekt ist. Die Übereinstimmung zwischen Theorie und Experiment kann zufällig und die Struktur des Gels in Wirklichkeit ganz anders sein.

Volumen-Phasenübergänge

Geringfügige Änderungen in der Temperatur, dem *p*H-Wert, der Lösemittelzusammensetzung oder in der Lichteinstrahlung können dazu führen, dass ein Hydrogel plötzlich aufquillt oder plötzlich kollabiert. Bei diesem Phasenübergang ändert sich das Volumen des Gels um mehrere Einheiten. Wir sprechen deshalb von Volumen-Phasenübergängen.

Ein Beispiel für einen temperaturinduzierten Phasenübergang zeigt Abb. A4.11. Das benutzte Gel wird durch Copolymerisation von Acrylamid (1 g) mit Trimethyl(*N*-acryloxyl-3-aminopropyl)ammoniumiodid (50,7 mg) und N,N′-methylenbisacrylamid (26,6 g) dargestellt. Das Lösemittel besteht zu 40 Vol.-% aus Aceton und zu 60 Vol.-% aus Wasser.

Wir erkennen: Für $T = 10$ °C ist das Gel kollabiert. Der Quellungsgrad V/V_0 ist kleiner als 1. Bei $T = 12$ °C findet ein Volumen-Phasenübergang statt. Das Gel quillt um einen Faktor von ca. 10 auf. Im Temperaturintervall $12 < T < 40$ °C ist der Quellungsgrad konstant, und bei $T > 40$ °C kollabiert das Gel erneut. Die Form der Quellungskurve ist

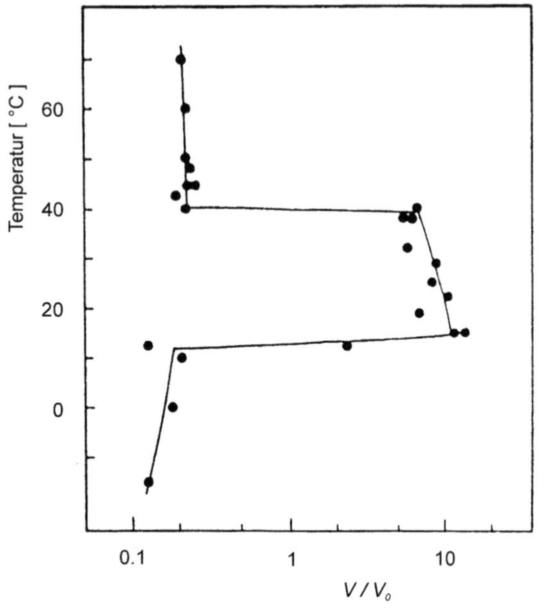

Abb. A4.11 Volumen-Phasen-Übergang eines vernetzten Acrylamids

konvex. Sie ist gekennzeichnet durch die Phasenfolge: kollabiert → gequollen → kollabiert. Die Phasenfolge heißt konkav, wenn gilt: gequollen → kollabiert → gequollen.

Ein zweites Beispiel für einen Volumen-Phasenübergang zeigt Abb. A4.12. Dort wurde die Temperatur konstant gehalten; stattdessen wurden die Lösemittelzusammensetzung und der Vernetzungsgrad des Gels variiert. Das Gel ist ein Acrylamidgel, das mit Natriummethacrylat dotiert und mit MBAA vernetzt wurde. Der Natriummethacrylat-Molenbruch war 0,012, und für MBAA wurden die Konzentration 0,02 g (A), 0,10 g (B), 0,115 g (C), 0,13 g (D), 0,20 g (E) und 0,70 g (F) eingesetzt. Das Quellungsmittel war eine Mischung aus Aceton und Wasser. Der Volumenanteil des Acetons ist auf der y-Achse der Diagramme dargestellt. Auf der oberen x-Achse ist der dekadische Logarithmus des Speichermoduls G aufgetragen. Die untere x-Achse enthält den Logarithmus des inversen Quellungsgrads $X = V_0/V$. Kleine Werte für log X bedeuten große Quellungsgrade und große für log X bedeuten kleine Quellungsgrade. Die Symbole • kennzeichnen die Messwerte für log$G$, und die Symbole ○ geben die Messwerte für log X an.

Wir erkennen:

1. Der Quellungsgrad des Gels ist im Quellungsmittel Wasser am größten. Mit steigendem Acetongehalt wird der Quellungsgrad kontinuierlich kleiner. Bei einer bestimmten kritischen Acetonkonzentration kollabiert das Gel. Der Wert von log X macht dort einen Sprung, um bei weiterer Zugabe von Aceton kontinuierlich abzusinken. Der Wert des Schermoduls verhält sich analog. Ist der Quellungsgrad groß, so ist log$G$ klein. Das Gel ist weich. Am Volumen-Phasenübergang-Punkt macht log$G$ genau wie

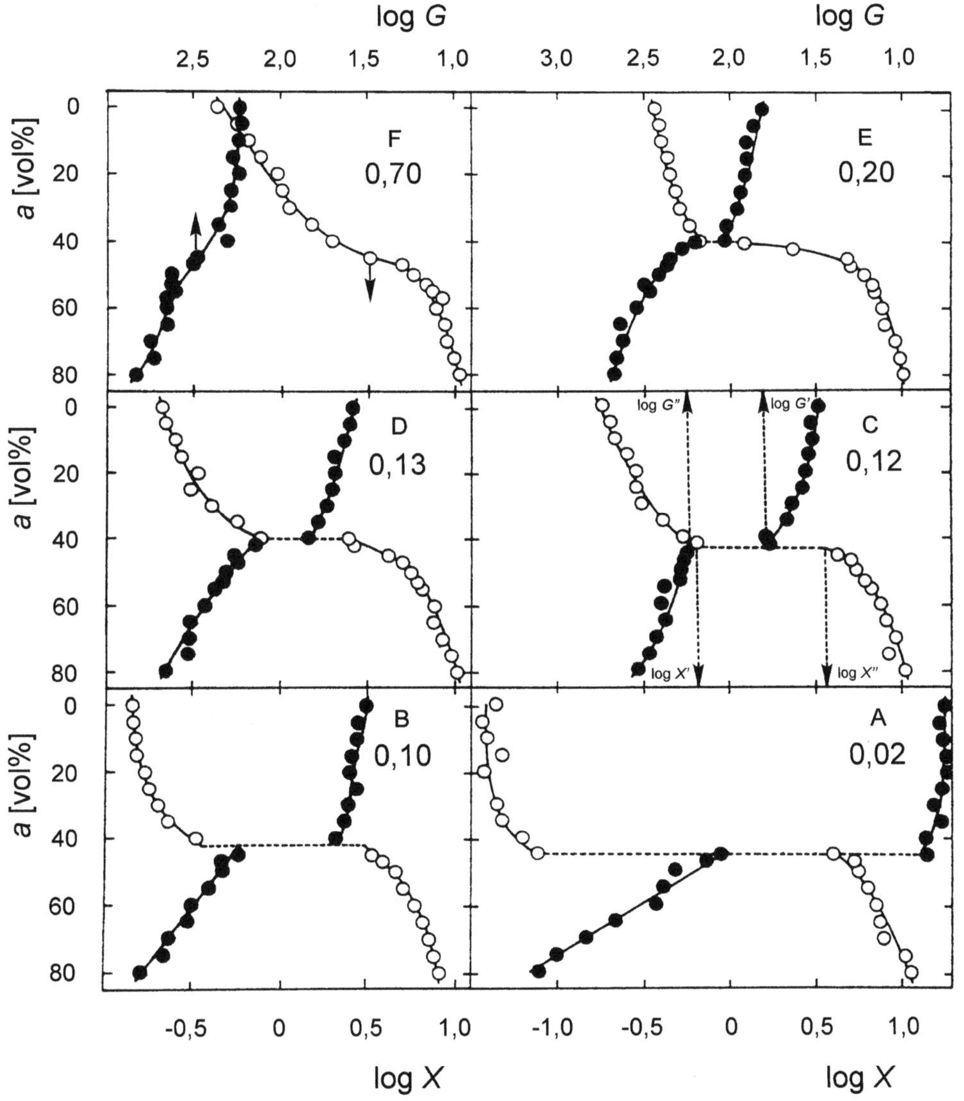

Abb. A4.12 Volumen-Phasenübergang eines Acrylamidgels

log *X* einen Sprung. Danach nimmt log *G* große Werte an. Das Gel befindet sich im kollabierten Zustand. Es ist dann steif und relativ hart.

2. Das Ausmaß des Phasenübergangs hängt vom Vernetzungsgrad des Gels ab. Bei kleinen Vernetzerkonzentrationen ist der Volumen-Phasenübergang diskontinuierlich, bei hohen Vernetzungsdichten erfolgt er kontinuierlich.

3. Der kritische Volumenbruch, bei dem der diskontinuierliche Phasenübergang stattfindet, liegt bei etwa 40 Vol.-% Aceton. Sein Wert hängt nicht von der Vernetzungsdichte ab.

Ähnliche Volumen-Phasenübergänge werden auch für andere ionische Gele beobachtet. Ausgewählte Arbeiten zu diesem Phänomen sind in Tab. A4.5 zusammengestellt. Für Anwendungen sind besonders lichtinduzierte Phasenübergänge interessant. Der Übergang erfolgt dort fast ohne Zeitverlust und ist lokal begrenzt.

Wir wollen abschließend kurz auf die mögliche theoretische Beschreibung eines Volumen-Phasenübergangs eingehen. Sie konzentriert sich auf den Flory-Huggins-Parameter χ_{FH}. Es gilt $\chi_{FH} = z\,\Delta E\,N_S/k_B\,T$, wobei z die Koordinationszahl des Gelgitters, ΔE die Wechselwirkungsenergie zwischen Quellungsmittel und Gelsubstanz und N_S die Anzahl der Segmente des Quellungsmittels im Gel ist. In erster Näherung hängt ΔE nicht von T ab. Das bedeutet, χ_{FH} wird kleiner, wenn die Temperatur größer wird. Wir können den Quellungsgrad berechnen, indem wir ausgewählte Werte für χ_{FH} in Gl. A4.59 einsetzen Beispiele für solche Rechnungen zeigen Abb. A4.13 und A4.14. In Abb. A4.14 ist der Substitutionsgrad *DS* für den Anteil der ionischen Gruppen pro Monomereinheit 0,05. Wir erkennen: Der Quellungsgrad q wird mit abnehmenden χ_{FH} (mit steigendem T) kontinuierlich größer. Es findet kein Phasenübergang statt.

In Abb. A4.14 wurde der Substitutionsgrad auf $DS = 1{,}13$ erhöht. Dieses Mal durchläuft der Quellungsgrad eine Van-der-Waals-Schleife. Es existieren verschiedene Werte von q, die für einen gegebenen Wert von χ_{FH} Gl. A4.59 lösen. Das heißt, es findet für bestimmte Werte des Flory-Huggins-Parameters ein diskontinuierlicher Phasenübergang statt. Für $\chi_{FH} = 0{,}9$ werden gemäß unseres Modells 3 g Quellungsmittel von 1 g Gelsub-

Tab. A4.5 Beispiele für Forschungsarbeiten zu Volumen-Phasenübergängen

Parameter	Polymer	Entdeckung
pH-Wert	Dextran Polymethacrylsäure Polyacrylamid Polyacrylamid	Flodin (1960) Hasa (1975) Tanaka (1981) Cussler (1984)
Lösemittel	Polyacrylamid/Aceton/Wasser Poly(acrylamid-co-natriummethacrylat)/Ethanol/ Wasser	Tanaka (1978) Khokhlov (1994)
Salzkonzentration	Polyacrylamid	Tanaka (1981)
Temperatur	Poly(*N*,*N*-diethylacrylamid) Poly(isopropylacrylamid)	Ilavski (1982) Marchetti (1990)
elektrisches Potenzial	Polyacrylamid 5V	Tanaka (1982)
Druck	Poly(*N*-isopropylacrylamid)	Marchetti (1990)
Licht	*N*-Isopropylacrylamid-co-chlorophyllin	Suzuki (1990)

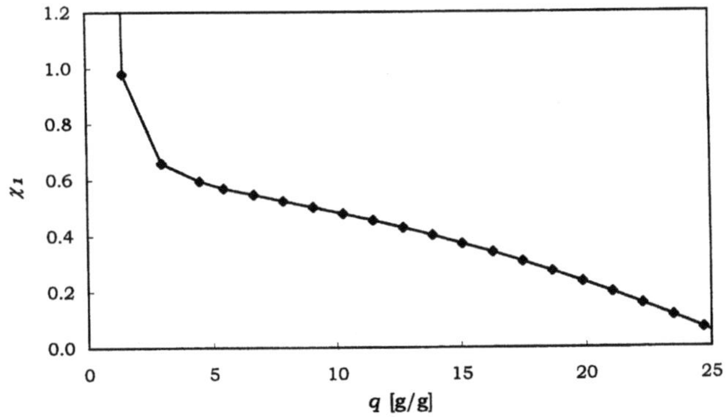

Abb. A4.13 Flory-Huggins-Parameter χ_{FH} als Funktion des Quellungsgrads q. $DS = 0{,}05$

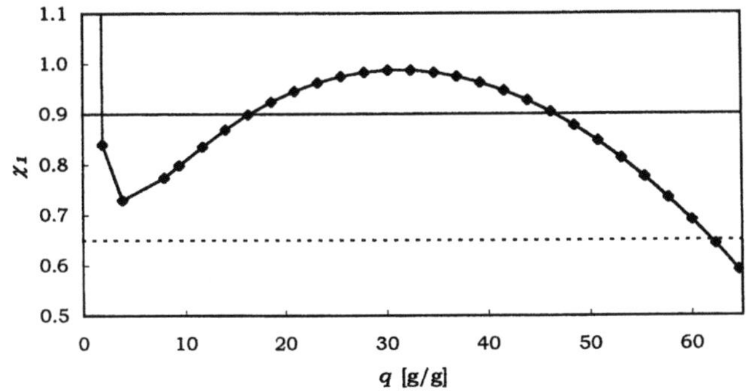

Abb. A4.14 Flory-Huggins-Parameter χ_{FH} als Funktion des Quellungsgrads q. $DS = 1{,}13$

stanz absorbiert. Eine minimale Erniedrigung von χ_{FH} (eine geringfügige Erhöhung der Temperatur) führt zu einem sprunghaften Anstieg des Quellungsgrads auf 45 g Quellungsmittel pro 1 g Gelsubstanz. Bei $\chi_{\mathrm{FH}} = 0{,}65$ ist dagegen ein Phasenübergang nicht mehr möglich.

Ähnliche Modellrechnungen lassen sich für Variationen des pH-Werts und der Salzkonzentration durchführen. Qualitativ sind die Übereinstimmungen zwischen solchen Berechnungen und den Messdaten recht gut. Quantitative Übereinstimmungen zwischen Theorie und Experiment sind aber eher zufällig. Um hier zu zufriedenstellenden Ergebnissen zu kommen, müsste die exakte Struktur des Gels bekannt sein.

Exakte mathematische Form des Streufaktors $P(q)$

Wir haben in Abschn. 4.3.3.3 den Begriff des Streufaktors $P(q)$ eingeführt. Für eine monodisperse Polymerprobe gilt:

$$P(q) = (1/N^2) \sum_{i=1}^{N} \sum_{j=1}^{N} \overline{\left(\sin(q|h_{ij}|)/(q|h_{ij}|)\right)} \tag{A4.64}$$

Der Querstrich in dieser Gleichung gibt an, dass $P(q)$ über alle Konformationen des Makromoleküls zu mitteln ist. Wir nehmen an, dass die Verteilung der Segmentverbindungsvektoren $\boldsymbol{h}_{ij}$ der Gauß'schen Verteilung

$$f(|h_{ij}|) = \left(\frac{2}{3\pi < h_{ij}^2 >}\right)^{3/2} \exp\left(\frac{-3\,h_{ij}^2}{2 < h_{ij}^2 >}\right) \tag{A4.65}$$

genügt. Unter dieser Annahme lässt sich Gl. A4.64 weiter umformen. Es gilt:

$$\begin{aligned} &< \sin(q|h_{ij}|)/(q|h_{ij}|) > \\ &= 4\pi \int_0^\infty |h_{ij}|^2 f(|h_{ij}|)\,[\sin(q|h_{ij}|)/(q|h_{ij}|)]\,\mathrm{d}(|h_{ij}|) \\ &= \exp\left(-\left(q^2 < h_{ij}^2 >\right)/6\right)_{1)} \end{aligned} \tag{A4.66}$$

Den Vektoren $\boldsymbol{h}_{i\,i+1}$ mit $i = 1, 2, 3, ..., N-1$ können wir statistisch unabhängige Zufallsvariablen $H_{i\,i+1}$ zuordnen. Diese besitzen alle die gleiche Verteilungsfunktion $f(|\boldsymbol{h}_{i\,i+1}|)$, den gleichen Mittelwert $<\boldsymbol{h}_{i\,i+1}>$ und die gleiche Varianz $<h_{i\,i+1}^2> = l_K^2$. Die Zufallsvariable

$$H_{ij} = H_{i\,i+1} + H_{i+1\,i+2} + \ldots + H_{j-1\,j}$$

die den Vektor

$$\boldsymbol{h}_{ij} = \boldsymbol{h}_{i\,i+1} + \boldsymbol{h}_{i+1\,i+2} + \ldots + \boldsymbol{h}_{j-1\,j}$$

beschreibt, ist deshalb nach dem zentralen Grenzwertsatz der Wahrscheinlichkeitstheorie „asymptotisch normalverteilt". Es gilt:

$$< h_{ij}^2 > = (j-i)\,l_K^2 = x_{ij}\,l_K^2, \tag{A4.67}$$

wobei $x_{ij} = j - i$ ist. Damit folgt die sehr wichtige Gleichung:

$$P(q) = \left(1/N^2\right) \sum_{i=1}^{N} \sum_{j=1}^{N} \exp\left(-\left(q^2\, x_{ij}\, l_K^2\right)/6\right) \tag{A4.68}$$

Gl. A4.68 stellt eine Zweifachsumme über alle Kombinationen von Segmentpaaren dar. Sie lässt sich mithilfe verschiedener Methoden berechnen. Eine sehr wichtige Methode ist das Debye-Verfahren.

Das Debye-Verfahren Wir betrachten eine lineare Kette, die insgesamt N Segmente enthält. Es gelte außerdem $n \equiv x_{ij} = j - i$. Gl. A4.68 lässt sich dann umformen zu:

$$N^2\, P(q) = N + 2 \sum_{n=1}^{N-1} (N - n)\, \exp\left(-\left(n\, q^2 l_K^2\right)/6\right) \tag{A4.69}$$

Mit $\phi \equiv \exp\left(-\frac{q^2\, l_K^2}{6}\right)$, $\quad y \equiv \left(q^2\, l_K^2\right)/6 \quad$ und $\quad$ N> >1 folgt:

$$\begin{aligned} N^2\, P(q) &= N + \left(2\, N\phi \left[\frac{1-\phi^N}{1-\phi}\right]\right) - \left(2\, \mathrm{d}\left(\phi \sum_{n=1}^{N-1} \phi^{n-1}\right)/\mathrm{d}y\right) \\ &= N + (2\phi/(1-\phi))\, \left(N - \left((1-\phi^N)/(1-\phi)\right)\right) \end{aligned} \tag{A4.70}$$

$q^2\, l_K^2/6$ ist in der Regel sehr viel kleiner als eins. Es ist deshalb erlaubt, ϕ in eine Taylor-Reihe nach $u^2 = N\, q^2\, l_K^2/6$ zu entwickeln und diese nach dem linearen Glied abzubrechen ($\phi \approx 1 - (u^2/N)$). Gl. A4.70 vereinfacht sich damit zu:

$$P(q) = \frac{1}{N} + \frac{2}{N^2} \left(\frac{1 - u^2/N}{u^2/N}\right) \left(\frac{N\, (u^2/N) + \exp((-u^2) - 1)}{u^2/N}\right)$$

$$\text{bzw.}\quad P(q) = \left(2/u^4\right)\, \left[u^2 - 1 + \exp\left(-u^2\right)\right] \tag{A4.71}$$

Gl. A4.71 ist in der Literatur unter dem Namen „Debye-Funktion“ bekannt. Sie beschreibt den Streufaktor für ein lineares Knäuel, das sich im Theta-Zustand befindet. Für andere Teilchenstrukturen wurden ebenfalls Streufaktoren abgeleitet. Einige der Formeln für $P(q)$ sind in Tab. A4.6 zusammengestellt. Sie beschreiben fast alle monodispersen Systeme. Der Streufaktor $P_z(q)$ für eine polydisperse Polymerprobe berechnet sich zu:

$$P_z(q) = \left(1/M_w\right) \int_0^\infty w(M)\, M\, P(q)\, \mathrm{d}M \tag{A4.72}$$

wobei $w(M)$ die normierte Molmassenverteilung und $P(q)$ der Streufaktor des monodispersen Systems ist.

Die Integration in Gl. A4.72 ist in den meisten Fällen nur numerisch durchführbar. Für $P_z(q)$ lassen sich daher nur sehr selten geschlossene analytische Ausdrücke angeben. Eine Ausnahme ist die von Gordon begründete Kaskadentheorie für verzweigte Makromoleküle. Sie ist auf polydisperse Systeme abgestimmt und liefert für $P(q)$ z-Mittelwerte.

Die Streufaktoren in Tab. A4.6 können dazu dienen, um die mittlere Molekularstruktur eines Moleküls oder die Molmassenverteilung $w(M)$ der Polymerprobe zu bestimmen. Beides gleichzeitig ist nicht möglich. Ist die Molmassenverteilung der Polymerprobe bekannt, so lässt sich $P_z(q)$ mithilfe von Gl. A4.72 für die verschiedenen infrage kommenden Modellstrukturen berechnen. Anschließend wird $1/P_z(q)$ gegen $q^2 < R^2 >_z$ aufgetragen. Das ergibt eine Schar verschieden geformter Kurven. Alle diese Kurven schneiden sich im Punkt (0,1) und besitzen die gleiche Anfangssteigung 1/3 (Abb. A4.15).

Experimentelle Werte für $1/P_z(q)$ sind erhältlich, indem $K\, c/R(q)$ nach Gl. 4.450 auf $c = 0$ extrapoliert und das Resultat mit M_w multipliziert wird. Diese werden mit den theoretischen Werten verglichen. Die Modell-Molekularstruktur, für welche die Abweichung zwischen $(1/P_z(q))_{\text{Theorie}}$ und $(1/P_z(q))_{\text{Exp}}$ am geringsten ist, stellt dann die wahrscheinlichste Struktur für das betreffende Polymer dar.

Die Molekularstruktur eines Makromoleküls ist aber auch oft bekannt. Bei linearen Polymeren handelt es sich zumeist um expandierte Knäuel. Ihr Expansionskoeffizient α lässt sich aus Messungen der Trägheitsradien im Nicht-Theta- und im Theta-Zustand ermitteln. In einem solchen Fall ist es möglich, mithilfe von $1/P_z(q)$ die Molmassenverteilung $w(M)$ der Probe zu bestimmen. Es werden dazu zwei verschiedene Methoden angewandt:

1. Bei der **direkten Methode** wird die Integralgleichung Gl. A4.72 invertiert. Die Inversion ist allerdings nur dann sinnvoll, wenn es als gesichert gilt, dass die Lösung w(M) der Integralgleichung eindeutig ist. Das ist z. B. bei der Laplace-Transformation der Fall.
2. Bei der **indirekten Methode** gibt die Experimentatorin für w(M) einen bestimmten Funktionstyp (z. B. die Gammaverteilung) vor. Sie setzt dann den zugehörigen Funktionsterm von w(M) in Gl. A4.72 ein und variiert die charakteristischen Parameter der ausgewählten Verteilung so lange, bis sie die bestmögliche Übereinstimmung zwischen der experimentell ermittelten und der rechnerisch bestimmten $1/P_z(q)$-Kurve erhält. Diese Prozedur wiederholt die Experimentatorin mehrfach, wobei sie so lange für w(M) verschiedene Verteilungen einsetzt, bis sie eine Verteilung findet, welche die experimentell ermittelten Werte für $1/P_z(q)$ optimal wiedergibt.

Der Kratky-Plot Nach einem Vorschlag von Kratky wird $u^2\, P_z(q)$ gegen $u = (< R^2 >_z q^2)^{0,5}$ aufgetragen. Für verzweigte Makromoleküle besitzt $u^2\, P_z(q)$ ein Maximum. Dieses ist umso stärker ausgeprägt, je größer die Verzweigungsdichte ist. Für lineare Knäuel

Tab. A4.6 Streufaktoren $P(q)$ wichtiger Modellstrukturen

Starre geometrische Moleküle	
Kugel (Rayleigh 1914)	$P(q) = [(3/X^3)(\sin X - X \cos X)]^2$ $X = R\, q$; R = Radius
Hohlkugel (Kerker 1962)	$P(q) = \frac{9\pi}{2}\left[\frac{J_{3/2}(X_a)}{X_a^{3/2}} - \left(\frac{n_a - n_i}{n_a - n_m}\right)\left(\frac{R_i}{R_a}\right)^3 \frac{J_{3/2}(X_i)}{X_i^{3/2}}\right]^2$ $J_{3/2}(X) = [2/(\pi X^3)]^{1/2}(\sin X - X \cos X)$; $X_a = R_a\, q$; $X_i = R_i\, q$ R_a = äußerer Radius, R_i = innerer Radius, n_i, n_a, n_m = Brechungsindizes von Hohlraum, Hülle und äußerem Medium
Ellipsoid (Mittelbach und Porod 1948)	$P(q) = (9\pi/2) \int_0^{\pi/2} \left(J^2_{3/2}(V(X))/(V(X))^3\right) \cos X \, dX$ $V(X) = q(a^2 \cos^2 X + b^2 \sin^2 X)^{0,5}$ a = größere Halbachse, b = kleinere Halbachse
Zylinder (van de Hulst 1957)	$P(q) = \int_0^{\pi/2} \frac{\pi}{X_L \cos\alpha}\left[J_{1/2}\left(\frac{X_L \cos\alpha}{2}\right) \frac{2 J_1 (X_a \sin\alpha)}{X_a \sin\alpha}\right]^2 \sin\alpha \, d\alpha$ $J_{1/2}(X)$, $J_1(X)$ = Besselfunktionen der Ordnung 1/2 und 1 $X_L = L\, q$, $X_a = a\, q$, L = Länge, a = Radius
Lineare Knäuel	
Theta-Zustand (Debye 1947)	$P(q) = (2/u^4)[u^2 - 1 + \exp(-u^2)]$ $u^2 = N\, q^2\, l_K^2/6$ N = Anzahl der Segmente, l_K = Kuhn'sche Länge
Wurm'sche Kette (Sharp und Bloomfield 1968)	$P(q) = (2/u^2)[\exp(-u) - 1 + u] + 4/(15 L_r) + 7/(15 L_r u) - [11/(15 L_r) + 7/(15 L_r u)] \exp(-u)$ $u = (16\pi^2/3\lambda^2)\, L\, l_p \sin^2(\theta/2)$; $L_r = L/(2\, l_p)$ λ = Wellenlänge des Lichts in der Lösung, L = Konturlänge, l_p = Persistenzlänge, θ = Streuwinkel, $L_r > 10$
Expandiertes Knäuel (Ptitsyn 1957)	$P(q) = \frac{2}{1+\varepsilon}\left[\frac{[-\varepsilon/(1+\varepsilon), H]!}{H^{1/(1+\varepsilon)}} - \frac{[(1-\varepsilon)/(1+\varepsilon), H]!}{H^{2/(1+\varepsilon)}}\right]$ $[x, H]! = \int_0^H t^x \exp(-t)\, dt$; $\alpha = (6/[(2+\varepsilon)(3+\varepsilon)])^{0,5}$ $H = q(1 + 5\varepsilon/6 + \varepsilon^2/6)$ α = Expansionskoeffizient

(Fortsetzung)

Tab. A4.6 (Fortsetzung)

Verzweigte Makromoleküle	
Sterne mit gleich langen Armen (Benoit 1953)	$P(q)=\frac{2}{f\ X^2}\ \left[X-(1-\exp(-X))+\left(\frac{f-1}{2}\right)\ (1-\exp(-X))^2\right]$ $X=(f<R^2>q^2)/(3f-2)$ $f=$ Anzahl der Arme; $<R>=$ Trägheitsradius ($\alpha=1$)
Kämme (Nordmeier 1990)	$P(q)=\frac{2}{N^2\ X^2}\ (N_0\ X+\exp(-X\ N_0)-1)\ \left[1+2\ \exp(-X)\ \sum_{i=1}^{m}\frac{f}{N_0}\left[\frac{\exp(-X\ n_i)-1}{\exp(-X)-1}+\right.\right.$ $\exp(-2X)\ \sum_{i=1}^{m}\sum_{p=1}^{m}\frac{f_i\ f_p}{N_0^2}\ \left(\frac{\exp(-X\ n_i)-1}{\exp(-X)-1}\right)\ \left(\frac{\exp(-X\ n_p)-1}{\exp(-X)-1}\right)]]$ $X=\left(q^2\ l_K^2\right)/6$, $N=$ totale Anzahl der Segmente, $N_0=$ Anzahl der Segmente auf der Hauptkette, $n_i=$ Anzahl der Segmente der i-ten Seitenkette, $f_i=$ Anzahl der Seitenketten vom Typ i, $m=$ Gesamtzahl der Seitenketten, $f=\sum_{i=1}^{m}f_i$
Polykondensate vom Typ 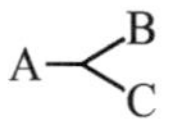 (Burchard 1977)	$P_z(q)=\left[1+\left(\widetilde{K}<R^2>_z\ q^2/3\right)\right]/\left[1+\left((1+\widetilde{K})<R^2>_z\ q^2/6\right)\right]^2$ $\widetilde{K}=(\beta^2+\gamma^2)\ \left[(\beta+\gamma)+(2\beta\ \gamma/(1-\beta-\gamma))\right]^{-1}$ $\beta, \gamma=$ Reaktionswahrscheinlichkeiten der funktionellen Gruppen B und C

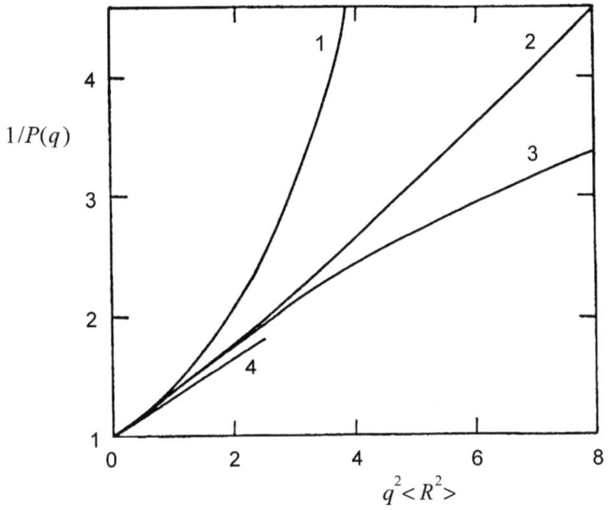

Abb. A4.15 $1/P(q)$-Funktionen für einige Partikelgestalten. $q = (4\pi/\lambda_0)\sin(\theta/2)$, 1 = Kugel, 2 = Knäuel, 3 = Stäbchen, 4 = Tangente mit der Steigung 1/3

konvergiert $u^2\ P_z(q)$ in eine Asymptote, die parallel zur u-Achse verläuft. Der Kratky-Plot ist deshalb hervorragend dazu geeignet, um festzustellen, ob ein Makromolekül verzweigt ist oder nicht.

Ein Beispiel für einen Kratky-Plot zeigt Abb. A4.16. Die durchgezogenen Kurven beschreiben das Modell der „weichen Kugel“ (Abb. A4.17). Die Zahlen in den Kreisen geben die Anzahl der Schalen an, die mit Segmenten gefüllt sind. Die experimentellen Werte beschreiben das System Dextran/Wasser/Methanol im Theta-Zustand. Die Übereinstimmung zwischen Theorie und Experiment ist recht gut. Dextranmoleküle besitzen also möglicherweise die Struktur einer „weichen Kugel“.

Lichtstreuung an Polymeren in gemischten Lösemitteln

Das System bestehe aus einem Polymer und zwei Lösemitteln, A und B. Das Polymer sei ein Homopolymer und besitze die Molmasse M_w. Je nach der Art der Wechselwirkung der Lösemittelmoleküle mit dem Polymer können wir drei Fälle unterscheiden:

1. Das Polymermolekül adsorbiert die Lösemittelmoleküle der Sorte A genauso stark wie die Moleküle der Sorte B. Das Verhältnis der Anzahl der adsorbierten Moleküle der Sorte A zur Anzahl der adsorbierten Moleküle der Sorte B ergibt sich nach dem Boltzmann'schen Verteilungssatz aus dem Mischungsverhältnis der beiden Lösemittel (Abb. A4.18).

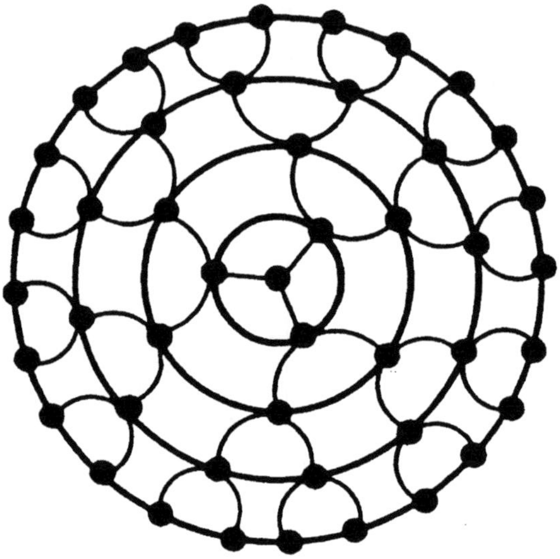

Abb. A4.16 Kratky-Plot für Dextran. ▲ $M_w = 17{,}4 \cdot 10^6$ g mol^{-1}, ■ $M_w = 33{,}0 \cdot 10^6$ g mol^{-1}, ● $M_w = 10{,}0 \cdot 10^7$ g mol^{-1}. Die durchgezogenen Kurven beschreiben das Modell der weichen Kugel. Die Zahlen 1 bis 10 geben die Anzahl der Schalen an

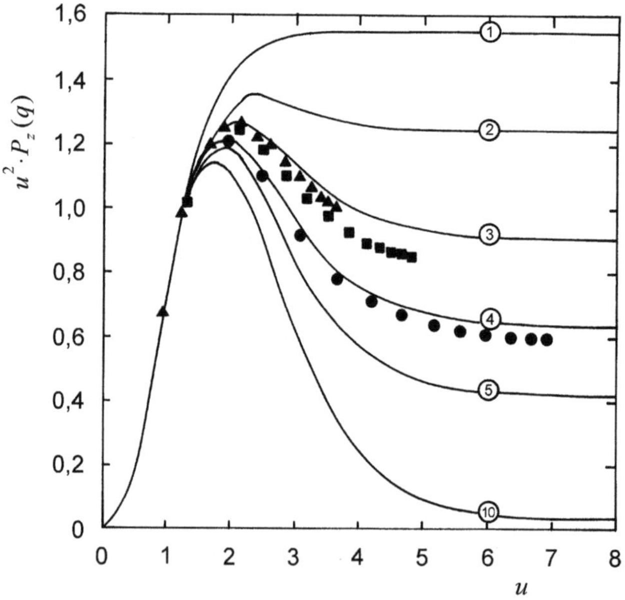

Abb. A4.17 Querschnitt einer weichen Kugel. Diese besitzt vier Schalen, sie sind als Kreise angedeutet

Abb. A4.18 Normale Adsorption

Abb. A4.19 Selektive Adsorption

Abb. A4.20 Coadsorption

2. Das Polymermolekül adsorbiert die Moleküle des Lösemittels A stärker als die Moleküle des Lösemittels B. Das ist auch dann der Fall, wenn die Lösung sehr viel mehr Moleküle der Sorte B als von der Sorte A enthält (Abb. A4.19).
3. Die Lösemittel A und B sind schlecht mischbar. Das Polymer wirkt als Vermittler zwischen A und B. Es kommt zur Coadsorption. Das Polymer wird dadurch besser gelöst als durch die Einzelkomponenten (Abb. A4.20).

In der Praxis tritt am häufigsten die selektive Adsorption auf. Die normale Adsorption ist ein Spezialfall der selektiven Adsorption. Die Coadsorption soll uns nicht weiter interessieren. Wir vereinbaren deshalb folgende Notation:

Komponente 1 = bevorzugt adsorbiertes Lösemittel
Komponente 2 = Polymer
Komponente 3 = schlechtes Lösemittel

Ein Lichtstreuexperiment an Polymeren in gemischten Lösemitteln kann auf zwei verschiedene Weisen erfolgen. Es ist möglich, bei konstantem chemischem Potenzial der Lösemittel und bei konstanter Zusammensetzung der Lösemittelmischung zu arbeiten:

1. **Konstantes chemisches Potenzial:** Die Polymerlösung wird gegen das Lösemittelgemisch dialysiert. Das Dialysegleichgewicht ist erreicht, wenn die chemischen Poten-

ziale, $\mu 1$ und $\mu 3$, der Lösemittel 1 und 3 im Dialysat und im Dialysemedium gleich groß sind. Unter diesen Bedingungen gilt:

$$K\, c/R(q)_\mu = (1/M_w) + 2A_2\, c_\mu + \ \dots$$

$$\text{und} \qquad K = 2\pi^2\, n_\mu^2\, (\partial n/\partial c)_\mu^2 / \left(N_A\, \lambda_0^4\right) \qquad \text{(A4.73)}$$

Der Index μ gibt an, dass sich die Größen c, $R(q)$, n und dn/dc auf das Dialysegleichgewicht, d. h. auf das konstante chemische Potenzial μ der Lösemittelmischung beziehen. $(\mathrm{d}n/\mathrm{d}c)_\mu$ ist z. B. das Brechungsindexinkrement der Lösung im Dialysegleichgewicht.

2. **Konstante Lösemittelzusammensetzung:** Die interessantere Methode besteht darin, auf die Dialyse zu verzichten und das Polymer/Lösemittelgemisch so zu vermessen, wie es hergestellt wurde. Die Lösemittelzusammensetzung der Lösung ist dann konstant. Sie stimmt mit der Zusammensetzung der Lösemittelmischung überein, die für die Herstellung der Lösung angesetzt wurde. In diesem Fall gilt:

$$K\, c/R(q) = \left(1/Y^2\, M_w\right) + \left(2A_2/Y^2\right) c + \left(3A_3/Y^2\right) c^2 + \ \dots$$

$$K = 2\pi^2\, n^2\, \varphi_1\, (\partial n/\partial c)_{\varphi_1}^2 / \left(N_A\, \lambda_0^4\right)$$

$$\text{und} \quad Y = \left[1 + \alpha_a \left(\left(\mathrm{d}n_{\varphi_1}/\mathrm{d}\varphi_1\right)/(\partial n/\partial c)_{\varphi_1}\right)\right] \qquad \text{(A4.74)}$$

φ_1 ist der Volumenbruch der Lösemittelkomponente 1. n_{φ_1} und $(\mathrm{d}n/\mathrm{d}c)_{\varphi_1}$ sind der Brechungsindex und das Brechungsindexinkrement der Lösung bei der Zusammensetzung φ_1. Der Faktor $\mathrm{d}n_{\varphi_1}/\mathrm{d}\varphi_1$ gibt an, wie sich der Brechungsindex der Lösemittelmischung mit dessen Zusammensetzung verändert. α_a ist der selektive Adsorptionskoeffizient. Ist α_a größer als null, so adsorbiert das Polymermolekül bevorzugt Lösemittelmoleküle der Sorte 1. Das Polymermolekül adsorbiert dagegen bevorzugt Lösemittelmoleküle der Sorte 3, wenn α_a kleiner als null ist. Normale Adsorption findet statt, wenn $\alpha_a = 0$ ist.

Gl. A4.74 lässt sich umschreiben zu:

$$K\, c/R(q) = \left(1/M_{app}\right) + 2A_{2,app}\, c + \ \dots \qquad \text{(A4.75)}$$

mit $M_{app} = Y^2\, M_w$ und $A_{2,app} = A_2/Y^2$

3. Der Index „app“ steht dabei für scheinbar. M_{app} ist also die scheinbare mittlere Molmasse des Polymers, und $A_{2,app}$ ist der scheinbare zweite Virialkoeffizient. Beide Größen hängen von der Zusammensetzung der Lösemittelmischung ab. Lichtstreu-

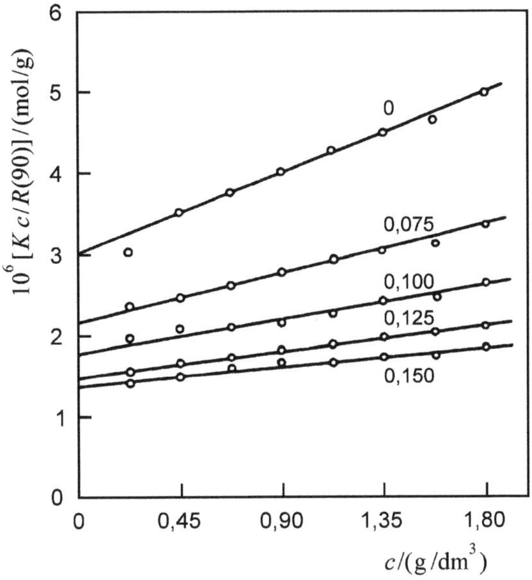

Abb. A4.21 Konzentrationsabhängigkeit des Verhältnisses $K\,c/R(90)$ für das System Polystyrol/(Benzol/Methanol). Die Zahlen 0 bis 0,150 geben den Volumenbruch φ_1 von Methanol in der Mischung an. (In Anlehnung an Ewart et al. 1946)

messungen liefern deshalb für verschiedene Werte von $\varphi 1$ unterschiedliche Werte für M_{app} und $A_{2,\text{app}}$. Ein schönes Beispiel ist das System Polystyrol/(Benzol/Methanol) (Abb. A4.21).

Um die wahre Molmasse M_{w} bzw. den wahren zweiten Virialkoeffizienten A_2 zu erhalten, muss der Parameter Y in Gl. A4.74 gleich eins sein. Das ist genau dann der Fall, wenn (a) $\alpha_{\text{a}} = 0$ oder (b) $\text{d}n_{\varphi_1}/\text{d}\varphi_1 = 0$ ist. Letzteres gilt näherungsweise für die Lösemittelgemische Methylethylketon/*Iso*propanol und Benzol/Dichlor*iso*propanol. Die Bedingungen (a) und (b) sind jedoch in der Regel nicht erfüllt. Es werden deshalb meistens nur M_{app} und $A_{2,\text{app}}$ bestimmt. Sie hängen über Gl. A4.75 und A4.74 mit dem selektiven Adsorptionskoeffizienten α_{a} zusammen. Dieser lässt sich dadurch bestimmen.

Der selektive Adsorptionskoeffizient $\boldsymbol{\alpha_a}$ Es gibt zwei verschiedene Möglichkeiten, α_{a} experimentell zu ermitteln:

1. Gl. A4.74 wird mit Y^2 multipliziert, und das Resultat wird mit Gl. A4.73 gleichgesetzt. Da $c_\mu \approx c$ ist, folgt:

$$(\text{d}n/\text{d}c)_{\mu} = (\text{d}n/\text{d}c)_{\varphi_1} + \alpha_{\text{a}}\left(\text{d}n_{\varphi_1}/\text{d}\varphi_1\right) \qquad \text{(A4.76)}$$

Die Brechungsindexinkremente $(\text{d}n/\text{d}c)_\mu$, $(\text{d}n/\text{d}c)_{\varphi_1}$ und $\text{d}n_{\varphi_1}/\text{d}\varphi_1$ werden refraktometrisch bestimmt. α_{a} lässt sich somit berechnen.

2. Da $M_{\mathrm{app}} = Y^2\, M_{\mathrm{w}}$ ist, gilt nach Gl. A4.74:

$$M_{\mathrm{app}} = M_{\mathrm{w}} \left[1 + \alpha_{\mathrm{a}} \left(\mathrm{d}n_{\varphi_1} / \mathrm{d}\varphi_1 \right) / \left(\mathrm{d}n / \mathrm{d}c \right)_{\varphi_1} \right]^2 \qquad \text{(A4.77)}$$

Hier sind ebenfalls alle Größen bis auf α_{a} experimentell ermittelbar, sodass α_{a} berechnet werden kann. Zwei Beispiele für die Anwendung von Gl. A4.77 zeigt Tab. A4.7.

Die Daten in Tab. A4.7 lassen folgende Interpretation zu:

1. α_{a} ist null, wenn $\varphi_1 = 1$ ist. Das erklärt sich wie folgt: α_{a} ist proportional zu der Differenz zwischen der Konzentration der Lösemittelmoleküle der Sorte 1 an der Oberfläche eines Polymermoleküls und der Konzentration im polymerfreien Raum. Enthält die Lösung nur das Lösemittel 1, so ist die Konzentration von Sorte 1 überall im Lösungsraum gleich groß und α_{a} mithin gleich null.
2. α_{a} hängt von der Lösemittelzusammensetzung φ_1 ab. In diesem Zusammenhang ist besonders das System Polyethylenglycolmonomethacrylat/(Propanol/Wasser) interessant. α_{a} ist im Intervall $\varphi_1 \in (0{,}6,\ 1{,}0)$ negativ. Ein PEMA-Molekül adsorbiert dort bevorzugt Wassermoleküle (negative Adsorption). Im Intervall $\varphi_1 \in (0{,}2,\ 1{,}0)$ ist α_{a} dagegen positiv. Das bevorzugte Lösemittel ist jetzt Propanol.

Tab. A4.7 Lichtstreudaten für verschiedene Polymer/Lösemittel (1)/Lösemittel (3)-Systeme. α_{a} bezieht sich auf das Lösemittel (1). (Nach Huglin 1972)

Polymer	Gemischtes Lösemittel (1) (3) φ_1	M_{app} (g mol^{-1})	$\left(\frac{\mathrm{d}n/\mathrm{d}c}{\mathrm{d}n_{\varphi_1}/\mathrm{d}\varphi_1}\right)$ (cm^3/g)	α_{a}
Polyethylenglycolmonomethacrylat	Propanol/ Wasser			
$M_{\mathrm{w}} = 225.000$ g mol^{-1}	1,00	225.000	–	0,00
	0,95	210.000	2,79	– 0,15
	0,80	170.000	3,30	– 0,26
	0,60	185.000	2,60	– 0,26
	0,40	260.000	2,28	+ 0,16
	0,20	280.000	2,08	+ 0,23
Polystyrol	Benzol/ Cyclohexan			
$M_{\mathrm{w}} = 413.000$ g mol^{-1}	1,00	413.000	–	0,00
	0,75	446.000	1,47	+ 0,06
	0,50	478.000	1,81	+ 0,14
	0,35	477.000	2,01	+ 0,15
	0,25	449.000	2,28	+ 0,11

Der selektive Adsorptionskoeffizient α_a ist noch in einer anderen Hinsicht interessant. Er ist mit dem relativen Adsorptionsgrad $\widetilde{x}_1 = (\widetilde{c}_1 - c_1)/c_M$ eines Polymermonomers über die Beziehung

$$\alpha_a = \left(\widetilde{x}_1 \, \overline{V}_1\right)/M_0 \tag{A4.78}$$

verknüpft. Darin ist $\overline{V}_1$ das partielle Molvolumen von Lösemittel 1, M_0 die Molmasse einer Monomereinheit und c_M die Konzentration der Polymermonomere. $\widetilde{c}_1$ gibt die Konzentration der Lösemittelmoleküle der Sorte 1 an, die sich im Mittel an der Oberfläche einer Polymerkette aufhalten. Die Konzentration der Lösemittelmoleküle der Sorte 1 im polymerfreien Raum der Lösung ist c_1.

Wenn das Lösemittel 1 das bevorzugte Lösemittel ist, gilt: $\widetilde{c}_1 > c_1$, und $\widetilde{x}_1$ ist positiv. Im umgekehrten Fall ist $\widetilde{x}_1$ negativ. Die Werte, die wir für $\widetilde{x}_1$ finden, liegen im Intervall $\widetilde{x}_1 \in (0, 0{,}5)$. Für das System Polystyrol/(Benzol/Cyclohexan/$\varphi_1 = 0{,}35$) ist $\widetilde{x}_1 = 0{,}175$. Das bedeutet: Auf (1/0,175) $\approx$ 5,1 Monomereinheiten kommt ein Benzolmolekül.

Andere Untersuchungen zeigen, dass $\widetilde{x}_1$ nicht von der Molmasse des Polymermoleküls abhängt. Die adsorbierten Lösemittelmoleküle sind also sehr wahrscheinlich gleichmäßig entlang einer Polymerkette verteilt. Der Einfluss der Temperatur auf $\widetilde{x}_1$ ist noch nicht richtig erforscht. Für die meisten Systeme ist $\widetilde{x}_1$ temperaturunabhängig. $\widetilde{x}_1$ kann aber auch mit steigender Temperatur größer oder kleiner werden.

Lichtstreuung an Copolymerlösungen

Die Theorie der Lichtstreuung für Copolymere ist viel komplizierter als die für Homopolymere. Wir haben dort zwei verschiedene Verteilungsfunktionen zu berücksichtigen:

1. die Molmassenverteilung der gelösten Copolymere und
2. die mittlere Verteilung der Monomerzusammensetzung pro Copolymermolekül.

Für eine verdünnte Copolymerlösung, die nur eine einzige Sorte von Lösemittelmolekülen enthält, gilt:

$$K\,c/R(q) = 1/M_{\text{app}} + 2A_{2,\text{app}}\,c + 3A_{3,\text{app}}\,c + \ldots \tag{A4.79}$$

wobei

$$K = \left[2\,\pi^2\,n^2/\left(N_A\,\lambda_0^4\right)\right]\,(1+\cos\theta)^2\,\sum_{i=1}^{s} w_i\,(\partial n/\partial c_i)_{T,p,c_{j\neq i}}; \qquad c = \sum_{i=1}^{s} w_i\,c_i \tag{A4.80}$$

$$M_{\text{app}} = \left(\sum_{i=1}^{s} (\partial n/\partial c_i)^2_{T,p,c_{j\neq i}}\, w_i\, M_i\right) \Big/ \left(\sum_{i=1}^{s} w_i\, (\partial n/\partial c_i)_{T,p,c_{j\neq i}}\right)^2 \tag{A4.81}$$

und $$A_{2,\text{app}} = \sum_{i=1}^{s}\sum_{j=1}^{s} \left((\partial n/\partial c_i)_{T,p,c_{j\neq i}}\, w_i\, M_i\right)\left((\partial n/\partial c_j)_{T,p,c_{j\neq i}}\, w_i\, M_i\right) A_{2,ij} \tag{A4.82}$$

ist. w_i ist der Massenbruch der Copolymerkomponente i mit der Molmasse M_i. Insgesamt enthält die Copolymerprobe s Komponenten, wobei jede eine Mischung verschiedener Copolymermoleküle darstellt, die sich in ihrer Monomerzusammensetzung unterscheiden.

Die scheinbare Molmasse M_{app} stimmt nach Gl. A4.81 mit der wahren Molmasse M_{w} der gelösten Copolymere überein, wenn alle Copolymerkomponenten die gleiche Monomerzusammensetzung besitzen. Es gilt dann:

$$(\partial n/\partial c_i)_{T,p,c_{j\neq i}} = (\partial n/\partial c_j)_{T,p,c_{j\neq i}} \qquad \forall\, i,j \in \{1, 2, 3, \ldots, s\} \tag{A4.83}$$

Das ist in der Praxis aber fast nie der Fall. Es stellt sich somit die Frage, wie M_{w} mittels M_{app} bestimmt werden kann. Wir betrachten dazu als Beispiel ein binäres Copolymer, das aus den Monomeren A und B besteht. Die Massenbrüche von A und B in der i-ten Copolymer-Komponente seien $f_{\text{A}i}$ und $f_{\text{B}i} = 1 - f_{\text{A}i}$. Der Gesamtmassenbruch aller Monomere vom Typ A in der Probe sei f_{A}. Es gilt also:

$$f_{\text{A}} = \sum_{i=1}^{s} w_i f_{\text{A}i} \tag{A4.84}$$

Entsprechend gilt für die wahre mittlere Molmasse M_{w} eines Copolymermoleküls:

$$M_{\text{w}} = \sum_{i=1}^{s} w_i\, M_i \tag{A4.85}$$

Die Brechungsindexinkremente der Homopolymere, die nur aus A- bzw. nur aus B-Monomeren bestehen, bezeichnen wir mit $(\text{d}n/\text{d}c)_{\text{A}}$ und $(\text{d}n/\text{d}c)_{\text{B}}$. Wir wollen annehmen, dass sie nicht von der Kettenlänge eines Polymermoleküls abhängen. Das Experiment zeigt, dass diese Forderung für fast alle Homopolymere in sehr guter Näherung erfüllt ist. Wir nehmen ferner an, dass das Brechungsindexinkrement eines Copolymermoleküls nicht von der Anordnung der A- und B-Monomere in der Molekülkette abhängt. Für das Brechungsindexinkrement der i-ten Copolymerkomponente gilt dann:

$$(\partial n/\partial c_i)_{T,p,c_{j\neq i}} = f_{\text{A}i}\, (\text{d}n/\text{d}c)_{\text{A}} + f_{\text{B}i} (\text{d}n/\text{d}c)_{\text{B}} \tag{A4.86}$$

Es folgt:

$$(\mathrm{d}n/\mathrm{d}c)_{\mathrm{Cop}} = \sum_{i=1}^{s} w_i \, (\partial n/\partial c_i)_{T,p,c_{j \neq i}} = f_{\mathrm{A}} \, (\mathrm{d}n/\mathrm{d}c)_{\mathrm{A}} + f_{\mathrm{B}} \, (\mathrm{d}n/\mathrm{d}c)_{\mathrm{B}} \tag{A4.87}$$

wobei $(\mathrm{d}n/\mathrm{d}c)_{\mathrm{Cop}}$ das Brechungsindexinkrement der Copolymerprobe ist.

Die Abweichung in der Monomerzusammensetzung der Copolymerkomponente i von der mittleren Monomerzusammensetzung der Gesamtprobe wollen wir mit Δf_i bezeichnen. Es gilt:

$$\Delta f_i \equiv f_{\mathrm{A}i} - f_{\mathrm{A}} = f_{\mathrm{B}} - f_{\mathrm{B}i} \tag{A4.88}$$

Wir führen außerdem die Parameter σ und δ ein. Es gilt:

$$\sigma \equiv (1/M_{\mathrm{w}}) \sum_{i=1}^{s} w_i \, M_i \, \Delta f_i \, ; \qquad \delta \equiv \left((1/M_{\mathrm{w}}) \sum_{i=1}^{s} w_i \, M_i \, (\Delta f_i)^2 \right)^{0,5} \tag{A4.89}$$

Der Parameter σ ist ein Maß für die Korrelation zwischen der Molmassenverteilung und der mittleren Verteilung der Monomerzusammensetzung pro Copolymer. σ ist positiv, wenn die Copolymerkomponenten der hohen Molmassen mehr A-Monomere enthalten als die Copolymerkomponenten der kleineren Molmassen. Der Parameter δ ist ein Maß für die Breite der mittleren Verteilung der Monomerzusammensetzung pro Copolymer. δ ist null, wenn Δf_i für alle i gleich null ist. Wir erhalten:

$$\sum_{i=1}^{s} (\partial n/\partial c_i)_{T,p,c_{j\neq i}} \, w_i \, M_i = \left[(\mathrm{d}n/\mathrm{d}c)_{\mathrm{Cop}} + \left((\mathrm{d}n/\mathrm{d}c)_{\mathrm{A}} - (\mathrm{d}n/\mathrm{d}c)_{\mathrm{B}} \right) \sigma \right] M_{\mathrm{w}} \tag{A4.90}$$

$$\sum_{i=1}^{s} (\partial n/\partial c_i)^2_{T,p,c_{j\neq i}} \, w_i \, M_{\mathrm{w}} = \Big[(\mathrm{d}n/\mathrm{d}c)^2_{\mathrm{Cop}} + 2\,(\mathrm{d}n/\mathrm{d}c)_{\mathrm{Cop}} \left((\mathrm{d}n/\mathrm{d}c)_{\mathrm{A}} - (\mathrm{d}n/\mathrm{d}c)_{\mathrm{B}} \right) \sigma + \left((\mathrm{d}n/\mathrm{d}c)_{\mathrm{A}} - (\mathrm{d}n/\mathrm{d}c)_{\mathrm{B}} \right)^2 \delta^2 \Big] \, M_{\mathrm{w}} \tag{A4.91}$$

Gl. A4.91 setzen wir in Gl. A4.81 ein. Das ergibt:

$$M_{\mathrm{app}} = M_{\mathrm{w}} \left[1 + (2\,\sigma\,\mu) + \left(\delta^2 \, \mu^2 \right) \right] \tag{A4.92}$$

$$\text{mit} \quad \mu \equiv \left[(\mathrm{d}n/\mathrm{d}c)_{\mathrm{A}} - (\mathrm{d}n/\mathrm{d}c)_{\mathrm{B}} \right] / (\mathrm{d}n/\mathrm{d}c)_{\mathrm{Cop}}$$

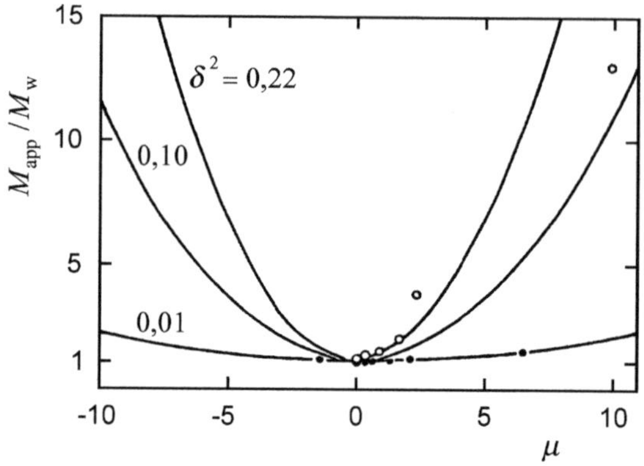

Abb. A4.22 Verhältnis M_{app}/M_w für zwei Copolymere aus Styrol und Methylmethacrylat als Funktion von μ. ○ = Probe 1, • = Probe 2. (Bushuk und Benoit 1958)

Die Brechungsindexinkremente $(dn/dc)_A$, $(dn/dc)_B$ und $(dn/dc)_{Cop}$ ermitteln wir refraktometrisch. Der Parameter μ ist somit bekannt. Sein Wert hängt von der Art des benutzten Lösemittels ab. μ kann sowohl positiv als auch negativ sein. M_{app} bestimmen wir mit der Methode der Lichtstreuung für verschiedene Lösemittel, d. h. als Funktion von μ. Gl. A4.92 enthält dann drei Fitparameter: M_w, σ und δ. Diese bestimmen wir mit der Methode der kleinsten Fehlerquadrate.

Ein Anwendungsbeispiel zeigt Abb. A4.22. Dort ist das Verhältnis M_{app}/M_w für zwei Copolymere mit den Monomeren Styrol und Methylmethacrylat gegen μ aufgetragen. Die durchgezogenen Kurven wurden mithilfe von Gl. A4.92 berechnet. σ wurde gleich null gesetzt und δ^2 von 0,01 bis 0,22 variiert. Wir erkennen, dass die Breite der Verteilung der Monomerzusammensetzung pro Copolymer, d. h. der δ-Wert von Probe 1 (○), größer ist als von Probe 2 (•).

$f_{Ai}\, M_i$ gibt die Masse der A-Monomere pro Mol in der Komponente i an. $(f_{Ai}\, w_i)/f_A$ ist der Massenbruch der Monomere A in der Komponente i bezogen auf die Gesamtmasse von A. Die Masse

$$M_{w,A} = \sum_{i=1}^{s} (f_{Ai}\, w_i/f_A)\, (f_{Ai}\, M_i) = (1/f_A) \sum_{i=1}^{s} w_i f_{Ai}^2\, M_i \qquad \text{(A4.93)}$$

stellt deshalb den Massenmittelwert der Molmasse der A-Monomersequenzen in der Copolymerprobe dar. Der Massenmittelwert der B-Monomersequenzen ist analog definiert. Wir müssen dazu in Gl. A4.93 lediglich den Index A durch den Index B ersetzen.

Die mathematischen Ausdrücke für σ und δ können wir entsprechend umschreiben zu:

$$2M_w\, \sigma = -f_A\, (M_w - M_{w,A}) + f_B (M_w - M_{w,B}) \qquad \text{(A4.94)}$$

$$\text{und} \quad M_w\, \delta^2 = +f_A f_B\, (M_{w,A} + M_{w,B} - M_w) \qquad \text{(A4.95)}$$

Diese Gleichungen werden dazu benutzt, um bei bekannten M_w, σ und δ^2 die Molmassen $M_{w,A}$ und $M_{w,B}$ zu bestimmen. Es sei allerdings betont, dass $M_{w,A}$ nicht mit $f_A\, M_w$ übereinstimmt. Eine Ausnahme bildet der Fall, dass alle Komponenten der Copolymerprobe die gleiche Monomerzusammensetzung besitzen. Es gilt dann $f_{Ai} = f_A\ \forall\, i \in \{1, 2, 3, \ldots, s\}$, woraus folgt, dass $\sigma = \delta^2 = 0$, $M_{app} = M_w$, $M_{w,A} = f_A\, M_w$ und $M_{w,B} = (1 - f_A)\, M_w$ ist. Es gilt außerdem:

$$M_w = [f_A\, M_{w,A} + (1 - f_A)\, M_{w,B}]/[1 - 2f_A(1 - f_A)] \qquad \text{(A4.96)}$$

Die wahre Molmasse M_w solcher Copolymere ist also größer als $f_A\, M_{w,A} + (1 - f_A)\, M_{w,B}$.

Wir erwähnen abschließend, dass die obigen Ausführungen auch auf die Virialkoeffizienten $A_{2,app}$, $A_{3,app}$ und den Trägheitsradius $< R^2 >^{0,5}_{z,app}$ ausgedehnt werden können. So liefert eine Analyse von $< R^2 >^{0,5}_{z,app}$ Informationen darüber, wie groß der mittlere Abstand zwischen den Schwerpunkten der A- und der B-Monomersequenzen innerhalb eines Copolymermoleküls ist. Es ist außerdem interessant, mit Lösemitteln zu arbeiten, bei denen der Brechungsindex des Lösemittels mit dem eines der Monomere, z. B. mit dem von B, übereinstimmt. $(dn/dc)_B$ ist dann null, sodass das gestreute Licht nur Informationen über die A-Monomersequenzen enthält. Diese Arbeitsweise heißt **Kontrastvariation**.

Literatur

G. Adam, P. Läuger, G. Stark, Physikalische Chemie und Biophysik, Springer, Berlin 1995.
Boyd R.H. et al., The Science of Polymer Molecules, Cambridge University Press, Cambridge, 1993.
J. Brandrup, E.H. Immergut, E.A. Grulke (Eds.), Polymer Handbook, 4th Ed., Wiley, New York 1999
A.R. Cooper, Determination of Molecular Weight, Wiley, New York 1990
de Gennes P.G., Scaling Concepts in Polymer Physics, Cornell University Press, Ithaca 1979.
Eichinger B.E., J.Chem.Phys. 53(1970)561.
A. Fick, Ann. Phys. **170**(1855)59
H. Fritzsche et al., Strukturuntersuchungen an Biopolymeren mit spektroskopischen und hydrodynamischen Methoden, Akademie Verlag, Berlin 1976.
J.C. Giddings et al., Anal.Chem. 46(1974)1917.
N. Greenfield et al., Biochemistry **8**(1969)4108.
Gruber E., Polymerchemie, Steinkopff, Darmstadt 1980.
E. Hamori et al. J.Phys.Chem. **69** (1965) 1101
A. Haglund, Sci. Tools **14**(1967)17
J.H. Hildebrand, R.L. Scott, The Solubility of Nonelectrolytes, 3rd ed., Reinhold Publ. Co., New York 1950.
J.H. Hildebrand, Chem. Rev. 44(1949)37–45.
Hoy K.L., J.Paint Tech. 42(1970)76
M.B. Huglin (Hg.), Light Scattering from Polymer Solutions, Academic Press, London 1972
A. Isihara, J.Chem.Phys., 18(1950)1446.
King J.S. et al., Macromolecules 18(1985)709.
O. Kratky, G. Porod, Acta Phys.Austr. 2(2)(1948),133
W.R. Krigbaum, J.Am.Chem.Soc. 76(1954)3758

W.R. Krigbaum, P.J. Flory, J.Polym.Sci. 11(1953)37.
W. Kuhn, F. Grün, J. Polym. Sci. 1(1946)183.
W.M. Kulicke, R. Kniewske, Rheol.Acta **23**(1984)75
M. Kurata, Thermodynamics of Polymer Solutions, Harwood Academic Publishers, New York 1982
P. Mittelbach, G. Porod, Kolloid Z.Z.Polym. 202(1965)40
Noda I. et al., Macromolecules 14(1981)668.
J. L. M. Poiseuille, C. R. Acad. Sci. 11(1840a)961
J. L. M. Poiseuille, C. R. Acad. Sci. 11(1840b)1041
G. Porod: O. Glatter, O. Kratky, Small Angle X-Ray Scattering in Polymer Science, Academic Press, London 1982
Saeki S. et al., Macromolecules 6(1975)246.
Schurz J., Physikalische Chemie der Hochpolymeren, Springer, Berlin 1974.
Shultz A.R. and Flory P.J., J.Am.Chem.Soc. 74(1952)4760.
L.R.G. Treloar, The Physics of Rubber Elasticity, 3rd ed., Clarendon Press, Oxford 1975.
L.R. Treloar, The Physics of Rubber Elasticity, OUP, Oxford 2005
L. R. G. Treloar, Trans. Farad. Soc. 42(1946)77.
K.E. van Holde, W.C. Johnson, P.S. Ho, Physical Biochemistry, Prentice Hall, New Jersey, 2004
A. Yamakawa, Modern Theory of Polymer Solutions, Harper and Row, New York 1971
Yamakawa H., Modern Theory of Polymer Solutions, Harper & Row, New York 1971.
Ying Q. and Chu B., Macromolecules 20(1987)362
H. Benoit, J.Polym.Sci. **11**(1953)507
W. Burchard, Habilitationsschrift, Freiburg 1966
W. Burchard, Macromolecules **10**(1977)919
W. Bushuk, H. Benoit, Can.J.Chem. **36**(1958)1616.
C.H. Cervenka et al., Collect.Czech.Chem.Commun. **33**(1968)4248
E.L. Cussler et al., AIChE Journal 30(1984)578
P. Debye, J.Phys.Coll.Chem. **51**(1947)18
P. Doty et al., J.Am.Chem.Soc. **78**(1956)947
R.H. Ewart et al., J.Chem.Phys. **14**(1946)687.
P. Flodin et al., Nature**188**(1960)493
J. Hasa et al., J.Polym.Sci. **13**(1975)253, 263
Huglin M.B. (Hrsg.), Light Scattering from Polymer Solutions, Academic Press, London 1972
M. Ilavski et al., Polym. Bulletin **7**(1982)107
M. Kerker, J.Opt.Soc.Am. **52**(1962)551
A.R. Khokhlov, Macromol.Symp. **87**(1994)69
J.B. Kinsinger et al. J.Phys.Chem. 63(1959)2002
V. Kokle et al., J.Polym.Sci. 62(1962)251
K.K. Lee, E.L. Cussler, M. Marchetti, Chemical Engineering **45**(1990)766
E. Marchal, C. Strazielle, Compt.Rend. **C267**(1968)13.
M. Marchetti et al., Macromolecules **23**(1990)3445
P. Mittelbach, G. Porod, Acta Phys.Austr. 15(1962)122
E. Nordmeier, Polym.J. 21(1989)623
E. Nordmeier et al. Macromolecules **23**(1990)1077
E. Nordmeier, J.Phys.Chem. 97(1993)5770.
O.B. Ptitsyn, Zh.Fiz.Khim. **31**(1957)1091
Lord Rayleigh, Proc.Roy.Soc. **A90**(1914)219
P. Sharp, V.A. Bloomfield, Biopolymers **6**(1968)1201
A. Suzuki et al., Nature **346**(1990)345

T. Tanaka, Phys.Rev.Letters **40**(1978)820
T. Tanaka, Scientific Amer. **244**(1981)124
T. Tanaka et al., Science **218**(1982)467
Q.A. Trementozzi, J.Polym.Sci. 23(1957)887
H.C. van de Hulst, Light Scattering by Small Particles, Wiley, New York 1957

Weiterführende Literatur

B.J. Berne, R. Pecora, Dynamic Light Scattering, Wiley, New York 2000
E.Breitmaier, W.Voelter, Carbon-13 NMR Spectroscopy, VCH, Weinheim 1987
B. Chu, Laser Light Scattering, Academic Press, New York 1991
P.J. Flory, Statistical Mechanics of Chain Molecules, Interscience, New York 1969
H. Fujita, Foundations of Ultracentrifugal Analysis, Wiley, New York 1975
H. Fujita, Polymer Solutions, Elsevier, Amsterdam 1990
G.S. Greschner, Maxwellgleichungen, Band 2, Hüthig und Wepf, Basel 1981
S.E. Harding, A.J. Rowe, J.C. Horton (Eds.), Analytical Ultracentrifugation in Biochemistry and Polymer Science, Royal Society of Chemistry, Cambridge 1992
K. Hatada, T. Kitayama, NMR Spectroscopy of Polymers, Springer, Berlin 2004
M. Kerker, The Scattering of Light and other Electromagnetic Radiation, Academic Press, London 1969
P. Kratochvil, Classical Light Scattering from Polymer Solutions, Elsevier, Amsterdam 1987
W.M. Kulicke, C. Clasen, Viscosimetry of Polymers and Polyelectrolytes, Springer, Berlin 2004
W. Mächtle, L. Börger, Analytical Ultracentrifugation, Springer, Berlin 2006
G. Montaudo, R.P. Lattimer, Mass Spectrometry of Polymers, CRC Press, Boca Raton 2002
H. Pasch, B. Thrathnigg, HPLC of Polymers, Springer, Berlin 1999
H. Pasch, W. Schrepp, MALDI-TOF Mass Spectrometry of Synthetic Polymers, Springer, Berlin 2003
I. Prigogine, The Molecular Theory of Solutions, North Holland, Amsterdam 1957
M. Rubinstein, R. Colby, Polymer Physics, Oxford University Press, New York 2003.
K.S. Schmitz, An Introduction to Dynamic Light Scattering by Macromolecules, Academic Press, New York 1990
T.M. Schuster, Th.M. Laue, Modern Analytical Ultracentrifugation, Birkhäuser, Boston, 1994
C. Wohlfarth, Thermodynamic Data of Copolymer Solutions, CRC Press, Boca Raton, 2001

Makromolekulare Festkörper und Schmelzen 5

M. Susoff, N. Vennemann, C. Kummerlöwe und R. Bourdon

5.1 Strukturen

N. Vennemann

5.1.1 Klassifizierung

Polymere Festkörper lassen sich in drei Klassen einteilen:

1. **Thermoplaste:** Dazu gehören amorphe und teilkristalline unvernetzte Polymere. Sie sind schmelzbar (erweichbar) und können durch Extrusion, Spritzguss oder im Spinnverfahren verarbeitet werden. In organischen Lösemitteln sind sie oft löslich. Sie sind entweder vollständig amorph oder enthalten sowohl kristalline als auch amorphe Bereiche. Die Makromolekülketten gehen dabei durch mehrere Bereiche und stellen so den Zusammenhalt des Polymers her (Abb. 5.1).
2. **Elastomere:** Hierbei handelt es sich um amorphe, leicht vernetzte Kautschuke. Kautschuke sind amorphe Polymere mit einer Glasübergangstemperatur $T_g < 0$ °C. Elastomere verfügen über eine hohe reversible Dehnbarkeit, können aber nicht in den geschmolzenen Zustand überführt werden. In Lösemitteln quellen sie, sie sind aber nicht löslich.

M. Susoff (✉) · N. Vennemann · C. Kummerlöwe · R. Bourdon
Fakultät für Ingenieurwissenschaften und Informatik, Hochschule Osnabrück, Osnabrück, Deutschland

S. Seiffert et al. (Hrsg.), *Lechner, Gehrke, Nordmeier – Makromolekulare Chemie*,
https://doi.org/10.1007/978-3-662-69248-6_5

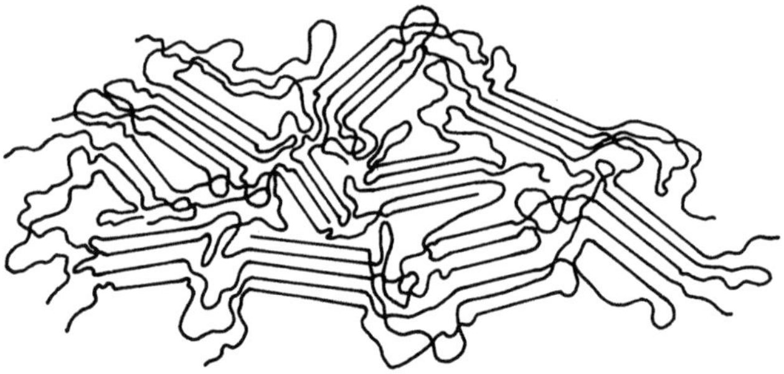

Abb. 5.1 Zweiphasenmodell eines teilkristallinen polymeren Festkörpers. (Tobolsky und Mark 1980)

Tab. 5.1 Ausgewählte Thermoplaste, Elastomere und Duromere

Thermoplaste		Elastomere*	Duromere**
Polyethylen	teilkristallin	*cis1,4*-Polyisopren	Phenolformaldehydharz
Polyoxymethylen	teilkristallin	Polybutadien	Harnstoffformaldehydharz
Polypropylen	teilkristallin	Poly(styrol-co-butadien)	Epoxydharz
Polyamide	teilkristallin	Poly(isobutylen-co-isopren)	Ungesättigtes
Polyvinylchlorid	amorph	Polydimethylsiloxan	Polyesterharz
Polystyrol	amorph	Polyurethankautschuk	
Polymethylacrylat	amorph		

*Polymerbasis
**Oligomere

3. **Duromere:** Sie besitzen die Struktur engmaschiger Netzwerke. Die Kettenwachstumsreaktion erfolgt gleichzeitig mit der Vernetzung bei hohen Temperaturen und Drücken im sog. Härtungsprozess. Duromere sind im ausgehärteten Zustand unschmelzbar, unlöslich und zeigen keine oder nur geringe Quellung.

In Tab. 5.1 sind einige Beispiele für Thermoplaste, Elastomere und Duromere aufgezählt. Die unter „Elastomere“ und „Duromere“ genannten Beispiele stellen die unvernetzten Rohstoffe dar, aus denen die Endprodukte (Elastomere und Duromere) durch Vernetzung gewonnen werden.

5.1.2 Kristalline Polymere

5.1.2.1 Kristallinität

Viele Polymere kristallisieren zu einem bestimmten Anteil, wenn die Polymerschmelze unter den Schmelzpunkt der kristallinen Phase abkühlt. Das Röntgendiagramm zeigt dann einige mehr oder weniger scharfe Röntgeninterferenzen. Polymere kristallisieren aber sehr viel schwieriger als niedermolekulare Stoffe und nur sehr selten vollständig. Der **Kristallisationsgrad** hängt von verschiedenen Faktoren ab:

- der Abkühlgeschwindigkeit,
- der Schmelztemperatur,
- der chemischen Zusammensetzung,
- der Taktizität,
- der Molmasse des Polymers,
- dem Grad der Kettenverzweigung und den
- Zusätzen wie Nukleationsagenzien.

Die Schmelzen industriell hergestellter Polymere werden vielfach sehr schnell abgekühlt. Der Kristallisationsgrad hängt dabei von der Kristallisationskinetik und der Abkühlrate ab. Es ist möglich, die Schmelze so schnell abzukühlen, dass die Kristallisation gar nicht erst stattfindet. Die Kristallisation kann aber nachträglich durch Tempern induziert werden.

5.1.2.2 Struktur der Kristalle

Ein Kristall besitzt verschiedene physikalische Eigenschaften. Diese ergeben sich aus seiner chemischen Zusammensetzung, der Symmetrie seines Aufbaus und der Art der Bindungen zwischen seinen Bausteinen. Für die Behandlung festkörperphysikalischer Probleme ist es deshalb notwendig, bestimmte kristallografische Grundlagen zu kennen, die hier kurz zusammengestellt werden.

Ideal- und Realkristalle Kristalline Festkörper können aus einer Vielzahl von Kristallen unterschiedlicher Größe und Orientierung oder aus einem einzigen Kristall bestehen. Es wird zwischen Poly- und Einkristallen unterschieden. Die Wärmeschwingung der Kristallbausteine sorgt allerdings dafür, dass eine echte räumliche Ordnung (Periodizität) nur im Zeitmittel vorliegt. Das gilt auch für den absoluten Nullpunkt der Temperatur, denn nach der Quantenmechanik ist die Nullpunktsenergie des harmonischen Oszillators ungleich null.

In der Kristallografie wird zwischen Ideal- und Realkristallen unterschieden. Ein Kristall heißt Idealkristall, wenn die periodische Anordnung der Bausteine zeitlich konstant und mathematisch exakt ist, sonst heißt er Realkristall.

Die aus der Schmelze gezogenen Polymerkristalle weisen in der Regel viele Defekte auf. Ein höherer Grad an Perfektion wird bei Polymerkristallen gefunden, die in verdünnten Polymerlösungen entstehen. Die Polymere treten dort als isolierte Knäuel auf, und die Kristallisation wird nicht durch Verhakungen behindert.

Es existieren in der Natur viele Einkristalle (z. B. Diamant). Für andere Materialien, wie bei Metallen und Halbleitern, ist die Herstellung von Einkristallen aus der Schmelze

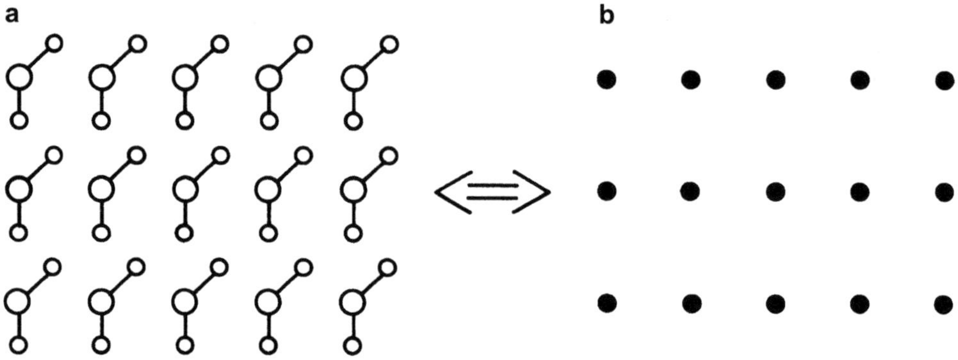

Abb. 5.2 Kristallstruktur. **a** Basisgitter, **b** Punktgitter

mittlerweile Routine. Es ist dagegen nicht möglich, polymere Einkristalle herzustellen. Am perfektesten sind noch die Diacetylenkristalle. Der Kristallisationsgrad dieser Polymere kann fast 100 % betragen.

Basisgitter und Punktgitter Die periodisch angeordneten Bausteine eines Idealkristalls sind identisch. Sie können aus einem einzelnen Atom, aber auch aus sehr vielen verschiedenen Atomen (Segmenten) bestehen. Die Identität der Bausteine beinhaltet dabei die Gleichheit in der Atomzusammensetzung, der Atomanordnung und in der Orientierung im Raum. Die Lage jedes Bausteins wird durch einen für alle Bausteine gleichartigen Punkt im Koordinatensystem, z. B. durch den Schwerpunkt, festgelegt. Dadurch ergibt sich ein Punktgitter (Abb. 5.2).

Das Punktgitter ist aber nur eine Abstraktion. Um die wahre Struktur des Kristalls zu beschreiben, muss außerdem bekannt sein, welcher als Basis bezeichneter Baustein jeden der Gitterpunkte besetzt (Abb. 5.2). Wir können also sagen: Das Punktgitter und eine die Gitterpunkte besetzende Basis bestimmen die Struktur eines Kristalls.

Gittergeraden und Netzebenen Eine durch mindestens zwei Gitterpunkte gehende Gerade heißt Gittergerade. Zueinander parallele Geraden bilden eine Geradenschar. Eine Netzebene ist ein zweidimensionales Punktgitter. Sie enthält mindestens drei nichtkolineare Gitterpunkte und wird durch kongruente Vielecke bedeckt, deren Eckpunkte die Gitterpunkte sind. Zueinander parallele Netzebenen bilden eine Netzebenenschar.

Elementarvektoren und Elementarzelle Die von einem Gitterpunkt zu drei benachbarten, nicht komplanaren Gitterpunkten weisenden Vektoren $\boldsymbol{a}$, $\boldsymbol{b}$ und $\boldsymbol{c}$ eines dreidimensionalen Punktgitters heißen Elementarvektoren. Das von $\boldsymbol{a}$, $\boldsymbol{b}$ und $\boldsymbol{c}$ aufgespannte Parallelepiped ist die Elementarzelle. Durch die fortgesetzte Translation der Elementarzelle ergibt sich das gesamte Gitter. Das Punktgitter kann dabei durch verschiedene Elementarzellen

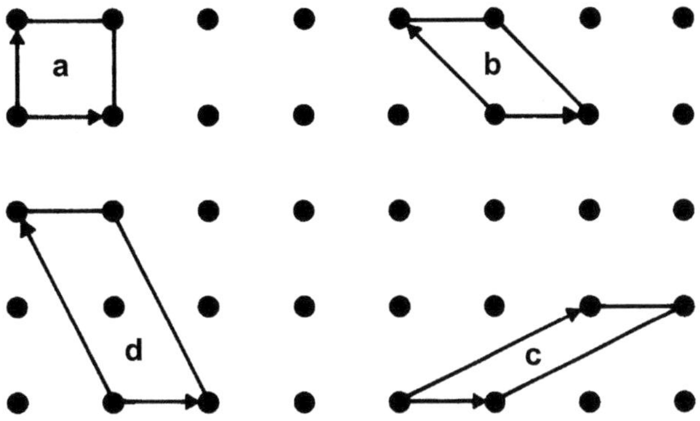

Abb. 5.3 Verschiedene Elementarzellen eines zweidimensionalen Punktgitters. Die Zellen a, b und c sind primitiv, Zelle d ist zentriert

aufgebaut werden. Einige Typen von Elementarzellen für ein zweidimensionales Punktgitter zeigt Abb. 5.3.

Eine Elementarzelle heißt **primitiv**, wenn ausschließlich die Eckpunkte der Zelle durch Gitterpunkte besetzt sind. Es ist aber auch möglich, dass im Inneren der Elementarzelle Gitterpunkte vorhanden sind. Die Zelle heißt dann **zentriert**. Im dreidimensionalen Punktgitter existieren zwei Arten der Zentrierung: **Innenzentrierte** Elementarzellen besitzen einen Gitterpunkt im Schnittpunkt der Raumdiagonalen, **flächenzentrierte** einen Gitterpunkt im Schnittpunkt der Diagonalen der betreffenden Fläche.

Symmetrieoperationen und Bravais-Gitter Jede Transformation, die ein gegebenes Gitter in sich selbst überführt, ist eine Symmetrieoperation. Die einfachste Symmetrieoperation ist die Translation. Weitere Symmetrieoperationen sind Drehungen an Achsen, Spiegelungen an Ebenen und deren Zusammensetzungen. Eine sehr wichtige Zusammensetzung ist die Inversion. Es handelt sich dabei um eine Halbdrehung ($\phi = 180°$) und die nachfolgende Spiegelung an einer Ebene senkrecht zur Drehachse. Operationen, bei denen mindestens ein Punkt des Gitters in sich selbst abgebildet wird, heißen Punktsymmetrieoperationen. Beispiele sind die Drehung, Spiegelung und Inversion. Bei der Inversion bleibt der Schnittpunkt zwischen der Drehachse und der Spiegelebene raumfest. Er heißt Symmetriezentrum. Symmetrieelemente sind Drehachsen, Spiegelebenen und Symmetriezentren.

Ein Punktgitter kann natürlich nicht durch jede Drehung mit sich selbst zur Deckung gebracht werden. Es sind nur die Drehungen erlaubt, bei denen die Drehachse parallel zu einer Gittergeraden und senkrecht zu einer Netzebene liegt. Die Drehachse heißt n–zählig, wenn die Gittersymmetrie bei der Drehung um den Winkel $360°/n$ erhalten bleibt. Es existieren nur ein-, zwei-, drei-, vier- und sechszählige Drehachsen, wobei $n = 1$ die Identität mit der Ausgangslage bedeutet.

Die Kristalle, bei denen die gleichen Punktsymmetrieoperationen möglich sind, bilden eine **Kristallklasse**. Es existieren 32 solcher Kristallklassen. Nehmen wir noch die

Tab. 5.2 Kristallsysteme und Bravais-Gitter des dreidimensionalen Punktgitters

Kristallsystem	Geometrie der Elementarzelle	Bravais-Gitter
Triklin	$a \neq b \neq c \neq a;\ \alpha \neq \beta \neq \gamma;\ \alpha,\ \beta,\ \gamma \neq 90°$	Triklin
Monoklin	$a \neq b \neq c \neq a;\ \alpha = \gamma = 90\ °\ \neq \beta$	Primitiv monoklin Basisflächenzentriert Monoklin
Rhombisch	$a \neq b \neq c \neq a;\ \alpha = \beta = \gamma = 90°$	Primitiv rhombisch Basisflächenzentriert rhombisch Innenzentriert rhombisch Allseitig flächenzentriert rhombisch
Hexagonal	$a = b \neq c;\ \alpha = \beta = 90\ °;\ \gamma = 120°$	Hexagonal
Rhomboedrisch	$a = b = c;\ \alpha = \beta = \gamma \neq 90\ °, < 120°$	Rhomboedrisch
Tetragonal	$a = b \neq c;\ \alpha = \beta = \gamma = 90°$	Primitiv tetragonal Innenzentriert tetragonal
Kubisch	$a = b = c;\ \alpha = \beta = \gamma = 90°$	Primitiv kubisch Innenzentriert kubisch Allseitig flächenzentriert kubisch

Translation dazu, treten zwei zusätzliche Symmetrieoperationen auf. Das sind die Schraubung (Drehung verknüpft mit Translation) und die Gleitspiegelung (Spiegelung verknüpft mit Translation). Die Kristalle lassen sich dadurch in 230 verschiedene Raumgruppen unterteilen.

Die 32 Kristallklassen lassen sich in sieben Kristallsysteme einordnen (Tab. 5.2). Jedes System ist durch bestimmte Lagen und Längenverhältnisse der Elementarvektoren charakterisiert. Die Elementarzellen können dabei primitiv oder zentriert sein. Es gibt insgesamt 14 wesentlich verschiedene Gittertypen. Sie unterscheiden sich durch ihre Symmetrie und durch die Zentrierung der Elementarzellen. Diese 14 Gittertypen heißen Bravais-Gitter. Eine Übersicht gibt Tab. 5.2 a, b und c sind die Längen der Elementarvektoren. α ist der Winkel zwischen den Vektoren $\boldsymbol{b}$ und $\boldsymbol{c}$, β der zwischen $\boldsymbol{a}$ und $\boldsymbol{c}$ und γ der zwischen $\boldsymbol{a}$ und $\boldsymbol{b}$.

Weiß'sche und Miller'sche Indizes Translationen werden durch den Gittervektor

$$\boldsymbol{r}_{\mathrm{m,n,p}} = m\,\boldsymbol{a} + n\,\boldsymbol{b} + p\,\boldsymbol{c} \qquad (m, n, p \in Z) \tag{5.1}$$

beschrieben. Sind die ganzen Zahlen m, n und p teilerfremd, so weist der Gittervektor $\boldsymbol{r}_{\mathrm{m,n,p}}$ von irgendeinem Gitterpunkt zum in der Richtung von $\boldsymbol{r}_{\mathrm{m,n,p}}$ gelegenen nächstbenachbarten Gitterpunkt. Alle zu ihm parallelen Gittergeraden werden durch das in eckige Klammern gesetzte Zahlentripel $[m\ n\ p]$ gekennzeichnet.

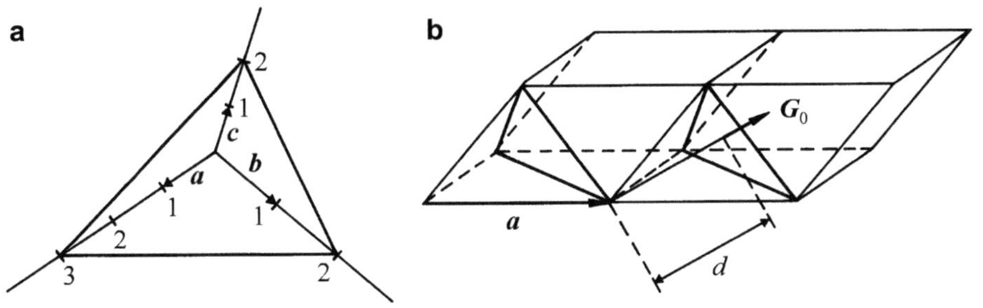

Abb. 5.4 **a** Zur Bezeichnung der Netzebenen; $m = 3$, $n = 2$ und $p = 2$, **b** zwei Netzebenen im Abstand d. $\boldsymbol{G}_0$ = Einheitsvektor

Die Lage der Netzebenen eines Gitterpunkts wird ähnlich beschrieben. Wir betrachten dazu die Netzebene in Abb. 5.4a. Diese schneidet die durch $\boldsymbol{a}$, $\boldsymbol{b}$ und $\boldsymbol{c}$ gegebenen Achsen bei $m\,a$, $n\,b$ und $p\,c$. Alle Ebenen, die parallel zu dieser Ebene sind, lassen sich durch eine einzige Netzebene charakterisieren. Diese besitzt nach Weiß den kleinsten Abstand vom Koordinatenursprung. Für sie sind die Zahlen m, n und p (Weiß'sche Indizes) teilerfremd. Bei der Röntgenstrukturanalyse ist es allerdings praktischer, eine Netzebenenschar durch die Miller'schen Indizes h, k und l zu beschreiben. Sie sind das Tripel der kleinsten ganzen Zahlen, für welche die folgende Beziehung erfüllt ist:

$$1/m\ :\ 1/n\ :\ 1/p = h\ :\ k\ :\ l \tag{5.2}$$

Das reziproke Gitter Für die Auswertung von Röntgenbeugungsdiagrammen ist es zweckmäßig, das reziproke Gitter einzuführen. Es wird durch die Elementarvektoren

$$\boldsymbol{A} = 2\pi\,\frac{\boldsymbol{a}\times\boldsymbol{c}}{\boldsymbol{a}\,(\boldsymbol{b}\times\boldsymbol{c})},\quad \boldsymbol{B} = 2\pi\,\frac{\boldsymbol{c}\times\boldsymbol{a}}{\boldsymbol{b}\,(\boldsymbol{c}\times\boldsymbol{a})},\quad \boldsymbol{C} = 2\pi\,\frac{\boldsymbol{a}\times\boldsymbol{b}}{c\,(\boldsymbol{a}\times\boldsymbol{b})} \tag{5.3}$$

aufgespannt. Die Vektoren $\boldsymbol{a}$, $\boldsymbol{b}$ und $\boldsymbol{c}$ sind die Elementarvektoren des ursprünglichen Punktgitters. Ein Gittervektor des reziproken Gitters besitzt folgende Form:

$$\boldsymbol{G}_{\mathrm{h,k,l}} = h\,\boldsymbol{A} + k\,\boldsymbol{B} + l\,\boldsymbol{C} \qquad (h, k, l \in Z) \tag{5.4}$$

Er steht senkrecht zu der Netzebenenschar $(h\ k\ l)$. Da $\boldsymbol{a}\ (\boldsymbol{c}\times\boldsymbol{a}) = \boldsymbol{a}\ (\boldsymbol{a}\times\boldsymbol{b}) = 0$ ist, gilt außerdem:

$$\boldsymbol{G}\,\boldsymbol{a} = 2\pi \tag{5.5}$$

Der Abstand d (Abb. 5.4b) zweier benachbarter Netzebenen in der Schar ($h\ k\ l$) ist somit gleich:

$$\boldsymbol{G}_0\, \boldsymbol{a} = (\boldsymbol{G}/|\boldsymbol{G}|)\, \boldsymbol{a} = d \tag{5.6}$$

Mit Gl. (5.5) folgt schließlich:

$$|\boldsymbol{G}| = 2\pi/d \tag{5.7}$$

5.1.2.3 Röntgenstrukturanalyse

Die Röntgenstrukturanalyse ist ein Untersuchungsverfahren zur Bestimmung der Kristallsymmetrie, der Größe der Elementarzelle sowie der Lage der Atomkerne und der Elektronendichteverteilung in der Elementarzelle. Das Verfahren basiert auf der 1912 von Max von Laue entdeckten Erscheinung, dass Röntgenstrahlen an Kristallgittern gebeugt werden, wenn die Strahlung unter einem festen Winkel auf den Kristall trifft. Die anschauliche Erklärung dieses Sachverhalts gelang 1914 W. H. Bragg (Vater) und W. L. Bragg (Sohn).

Die Braggs nahmen an, dass die Partikel eines Kristalls ein Raumgitter bilden. Fällt Röntgenstrahlung auf das Gitter, so treten Interferenzen auf. Die einfallenden Wellen werden an den Partikeln kohärent gestreut. Wir betrachten dazu Abb. 5.5a. Der Kristall besteht aus den Netzebenen mit dem Abstand d. Die Röntgenstrahlen fallen unter dem Winkel φ ein. Sie werden an den Netzebenen (den Kristallpartikeln) reflektiert. Für den Gangunterschied der reflektierten Strahlen gilt:

$$\overline{AB} + \overline{BC} = 2\, d\, \sin\varphi \tag{5.8}$$

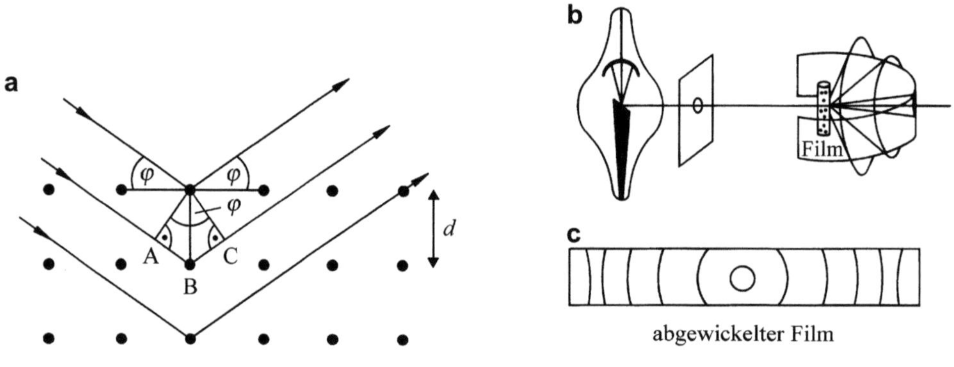

Abb. 5.5 **a** Röntgenstreuung an einem Kristallgitter, **b** schematische Darstellung der Versuchsanordnung von Debye und Scherrer, **c** Debye-Scherrer-Diagramm

Um ein Intensitätsmaximum (konstruktive Interferenz) zu erhalten, muss die Bedingung

$$2\,d\ \sin\varphi = z\,\lambda \qquad (z = 1,\ 2,\ 3,\ \ldots) \tag{5.9}$$

erfüllt sein. Sie heißt **Bragg-Bedingung**, der Winkel φ ist der Glanzwinkel.

Die wohl wichtigste Methode zur Strukturuntersuchung von Kristallen ist das **Debye-Scherrer-Verfahren**. Das zu untersuchende Material wird dabei pulverisiert und in die Form eines Stäbchens gepresst. Das Stäbchen wird in die Mitte eines kreiszylindrisch gebogenen Films gebracht (Abb. 5.5b) und senkrecht bestrahlt. Die Kristalle sind regellos innerhalb des Stäbchens verteilt. Es sind deshalb stets Kristalle vorhanden, welche die Bragg'sche Reflexionsbedingung bzgl. dieser oder jener Netzebene erfüllen. Die an gleichen Netzebenen gebeugten Strahlen liegen auf einem Kegelmantel, dessen Achse mit der Richtung des einfallenden Strahls zusammenfällt. Verschiedene Netzebenen erzeugen Beugungskegel mit verschiedenen Öffnungswinkeln. Die Schnittlinien der Kegelmäntel mit dem Film ergeben die Debye-Scherrer-Diagramme (Abb. 5.5c und Abb. 5.6a).

Bei dem von Debye und Scherrer entwickelten Verfahren ist λ bekannt, und φ wird gemessen. Der Netzebenenabstand d wird mithilfe von Gl. (5.9) berechnet. Mit den Abständen d der verschiedenen Netzebenenscharen und den zugehörigen Miller'schen Indizes wird dann mit Gl. (5.4) bis (5.7) das reziproke Gitter aufgebaut. Dieses liefert unter Berücksichtigung von Gl. (5.2) und (5.3) die Elementarzelle des ursprünglichen Gitters.

Polymere erfordern eine spezielle Untersuchungstechnik. Sie werden nicht pulverisiert, wohl aber zu Stäbchen geformt. Die Stäbchen werden zu langen Fasern gedehnt. Die Verhakungen der Polymerketten in der Probe werden dadurch zum Teil aufgehoben. Die Ketten werden parallel zur Streckrichtung ausgerichtet. Es entstehen kristalline Regionen gebündelter Polymerketten. Jeweils eine Achse der Elementarzellen der kristallinen Regionen ist parallel zur Faserachse ausgerichtet. Die beiden anderen Achsen sind zufällig zur Faserachse orientiert. Das Röntgenbeugungsdiagramm ähnelt deshalb dem Rotationsdia-

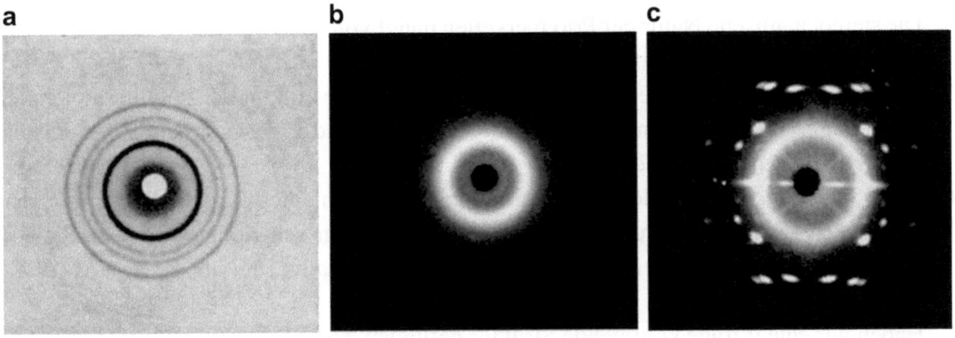

Abb. 5.6 Röntgenbeugungsdiagramme. **a** α-Crystobalit, **b** ungestrecktes und **c** gestrecktes Polyisobutylen. (Nach Randall 1934 und Fuller et al. 1940)

gramm eines Einkristalls, wenn wir eine Achse des Einkristalls fixieren und den Einkristall um diese Achse drehen. Einige Beispiele für Röntgenbeugungsdiagramme zeigt Abb. 5.6. Das Polyisobutylen in Abb. 5.6b ist nicht gestreckt, das Polyisobutylen in Abb. 5.6c ist gestreckt. Abb. 5.6a zeigt das Pulverdiagramm von α-Crystobalit.

Röntgenbilder vom Typ wie in Abb. 5.6c heißen Faserdiagramme. Sie unterscheiden sich in bestimmten Punkten von den Rotationsdiagrammen echter Einkristalle:

1. Die Röntgenreflexe sind sehr viel diffuser als bei echten Einkristallen. Erklärung: Die kristalline Ordnung erstreckt sich jeweils nur über kleine Bereiche des Polymers.
2. Die Reflexe sind kurze Bögen und keine Spots. Dies ist auf die nicht perfekte Anordnung der kristallinen Regionen zurückzuführen. Nicht alle Regionen sind genau parallel zur Faserachse ausgerichtet.
3. Es werden weniger Reflexe als beim Einkristall beobachtet. Die kristallinen Zonen des Polymers sind relativ klein. Reflexe, die von größeren interplanaren Distanzen herrühren, fehlen deshalb.
4. Die Faser besitzt viele nichtkristalline Regionen. Es wird deshalb eine starke Hintergrundstrahlung beobachtet.

Die Interpretation eines Faserdiagrammes ähnelt der eines Röntgendiagramms von Einkristallen. Die Strukturanalyse ist bei Polymeren aber schwieriger. Auch wenn der Kristallchemiker alle $(h\ k\ l)$-Reflexe sehr genau vermessen hat, besitzt er in den meisten Fällen nicht genügend Informationen, um die Kristallstruktur eindeutig zu bestimmen. Er ist auf Vermutungen und Erfahrungswerte angewiesen:

1. Polymerketten nehmen innerhalb eines Kristalls die Konformation mit der niedrigsten Energie an.
2. Die Ketten sind meistens so angeordnet, dass sie den zur Verfügung stehenden Raum möglichst effizient ausfüllen.
3. Die Kristallstrukturen chemisch verwandter Polymere sind oft bekannt. Sie können als Startpunkt für die Strukturbestimmung des zu untersuchenden Polymers dienen.
4. Die stereochemische Natur der Polymerketten hängt von der Synthesemethode ab. Es ist somit wichtig, diese zu kennen,
5. Spektroskopische Methoden liefern die detaillierte Mikrostruktur der Polymermoleküle. Diese kann Informationen über die Konformation und die Anordnung der Ketten innerhalb des Kristalls liefern.
6. Es ist auch für verschiedene Strukturmodelle möglich, die Kristallstruktur mit der niedrigsten Energie zu berechnen. Das ist allerdings sehr schwierig, weil dazu die Art der Wechselwirkungen zwischen den Gitterpunkten bekannt sein muss.

Haben wir eine infrage kommende Struktur gefunden, so ist es auf alle Fälle notwendig, die gemessenen Positionen und Intensitäten der $(h\ k\ l)$-Reflexe mit den theoretisch berechneten zu vergleichen. Die Übereinstimmung zwischen Theorie und Experiment ist aber niemals perfekt. Die vorgeschlagene Struktur muss so lange verfeinert werden, bis ein bester Fit für die gemessenen Daten gefunden ist. Auch die dann gefundene Kristallstruktur stellt nur eine Idealisierung dar. In vielen Fällen ist es möglich, bessere Fits (Modelle) zu finden. Die in den Lehrbüchern diskutierten Kristallstrukturen besitzen deshalb eine statistische Sicherheit von nur höchstens 90 %.

5.1.2.4 Polymerkristallstrukturen (ausgewählte Beispiele)

Zurzeit sind die Kristallstrukturen von einigen Hundert Polymeren bekannt. Ausgewählte Beispiele sind in Tab. 5.3 zusammengestellt.

Ausgewählte Beispiele Eines der einfachsten Polymere ist Polyethylen $(-CH_2 - CH_2-)_n$. Es ist hochkristallin. Die Kettenkonformation mit der niedrigsten Energie ist die *alltrans*-Konformation, d. h. die ebene Zickzackkette. Die Elementarzelle ist entweder orthorhombisch oder monoklin.

Abb. 5.7 zeigt das Modell der Elementarzelle eines orthorhombischen Polyethylenkristalls. Die Achsen der gestreckten Molekülketten sind parallel zur *c*-Achse ausgerichtet. Sie werden durch Van-der-Waals-Bindungen in ihrer Position gehalten. Die Wechselwirkungen zwischen den H-Atomen bestimmen den Platzwinkel in der Zelle. Das ist der Winkel, den die „molekularen Zickzacks" mit der *a*- bzw. *b*-Achse bilden. Die orthorhombische Kristallstruktur (Polyethylen I) ist die stabilere Struktur. Die monokline Modifikation (Polyethylen II) wird erhalten, wenn Polyethylen I mechanisch deformiert wird. Die Kettenmoleküle von Polyethylen II besitzen ebenfalls die Gestalt einer ebenen Zickzackkette. Ihre Segmente sind aber in der Elementarzelle anders angeordnet als die von Polyethylen I (Tab. 5.3).

Polytetrafluorethylene kommen in zwei Modifikationen vor. Bei tiefen Temperaturen ($T \leq 19$ °C) ist die Modifikation I stabil. Modifikation II wird bei Temperaturen oberhalb von $T = 19$ °C beobachtet. F-Atome sind deutlich größer als H-Atome. Eine Anordnung der Grundbausteine $-CF_2-$ in der Form einer ebenen Zickzackkette ist deshalb aus rein sterischen Gründen nicht möglich. Polytetrafluorethylen-Moleküle besitzen die Konformation einer Helix. Unterhalb von $T = 19$ °C treten die Moleküle als 13/6-Helix und oberhalb dieser Temperatur als 15/7-Helix auf.

Ataktische Vinylpolymere $(-CH_2 - CHX-)_n$ kristallisieren nur dann, wenn der Substituent X genügend klein ist. OH-Gruppen sind relativ klein. Polyvinylalkohol kristallisiert deshalb in der Form der ebenen Zickzackkette zu monoklinen Strukturen ähnlich wie Polyethylen. Vinylpolymere müssen aber entweder *iso*- oder *syndio*taktisch sein, damit sie überhaupt kristallisieren. *Iso*taktische Vinylpolymere kristallisieren in Form einer Helix. So besitzt *iso*taktisches Polypropylen die Form einer 3/1-Helix. Die Grundbausteine nehmen dabei abwechselnd *trans*- und *gauche*-Positionen ein. In *syndio*taktischen Vinylpolymeren hängt die Konformation der Moleküle von der Größe des Substituenten ab.

Tab. 5.3 Kristallstrukturen einiger Polymere. (Wunderlich 1973–1980)

Polymer-Grundbaustein	Kristallsystem Raumgruppe	Achsen der Elementarzelle in Å (*a*, *b* und *c*)	α β γ	Grundbausteine pro Elementarzelle	ρ (g cm^{-3})
Polyethylen I $-CH_2-CH_2-$	Orthorhombisch P_{nam}	7,42 4,95 2,55	90° 90° 90°	4	0,997
Polyethylen II $-CH_2-CH_2-$	Monoklin $C_{2/m}$	8,09 2,53 4,79	90° 107,9° 90°	4	0,998
Polytetrafluorethylen I $-CF_2-CF_2-$	Triklin P_1	5,59 5,59 16,88	90° 90° 119,3°	13	2,347
Polytetrafluorethylen II $-CF_2-CF_2-$	Trigonal $P3_1$ oder $P3_2$	5,66 5,66 19,50	90° 90° 120°	15	2,302
Polypropylen (*iso*taktisch) $-CH_2-CHCH_3-$	Monoklin $P2_1/c$	6,66 20,78 6,49	90° 99,6° 90°	12	0,946
Polypropylen (*syndio*taktisch) $-CH_2-CHCH_3-$	Orthorhombisch $C222_1$	14,50 5,60 7,40	90° 90° 90°	8	0,930
Polyvinylchlorid (*syndio*taktisch) $-CH_2-CHCl-$	Orthorhombisch P_{bcm}	10,40 5,30 5,10	90° 90° 90°	4	1,477
Polyvinylalkohol (*a*taktisch) $-CH_2-CHOH-$	Monoklin $P_{2/m}$	7,81 2,51 5,51	90° 97,7° 90°	2	1,350
Polyvinylfluorid (*a*taktisch) $-CH_2-CHF-$	Orthorhombisch C_{m2m}	8,57 4,95 2,52	90° 90° 90°	2	1,430
1,4-Polyisopren (*cis*) $-CH_2-$ $CCH_3=CH-CH_2-$	Orthorhombisch P_{bac}	12,46 8,86 8,10	90° 90° 90°	8	1,009
1,4-Polyisopren (*trans*) $-CH_2-$ $CCH_3=CH-CH_2-$	Orthorhombisch $P2_12_12_1$	7,83 11,87 4,75	90° 90° 90°	4	1,025
Nylon66, α $-(CH_2)_6-NH-CO-$ $-(CH_2)_6-NH-CO-$	Triklin $P_{\bar{1}}$	4,9 5,4 17,2	48,5° 77° 63,5°	1	1,240
Nylon66, β $-(CH_2)_6-NH-CO-$ $-(CH_2)_4-CO-NH-$	Triklin $P\bar{1}$	4,9 8,0 17,2	90° 77° 67°	2	1,250

Abb. 5.7 Elementarzelle des orthorhombischen Polyethylenkristalls. (Nach Bunn 1939)

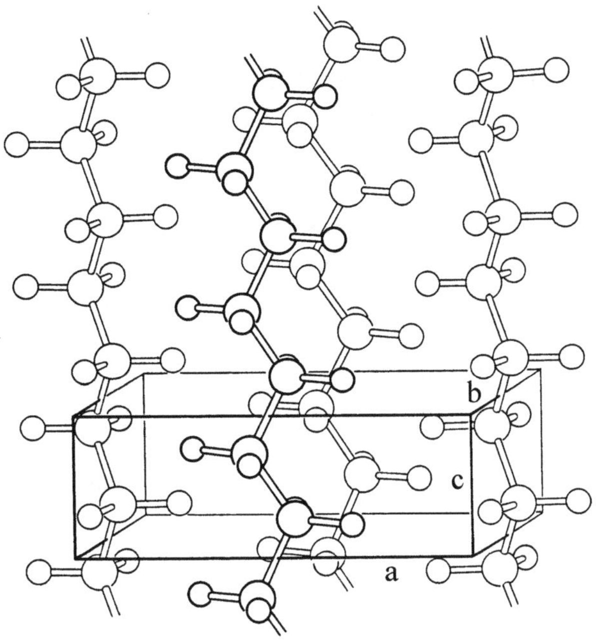

Für größere X finden wir die Helix und für genügend kleine X die ebene Zickzackkonformation.

Bei Polyamiden (PA) sind die Kettenmoleküle durch Wasserstoffbrückenbindungen zwischen den CO- und NH-Gruppen verknüpft. Sowohl PA6 als auch PA6.6 kristallisieren in der ebenen Zickzackkonformation. Die verschiedenen Modelle für die Kristallmodifikationen von Polyamid werden bei Wunderlich (1973–1980) diskutiert.

5.1.2.5 Morphologie und Textur

Die kristallinen Zonen (Kristallite) eines Polymers besitzen verschiedene Gestalten. Es wird zwischen den Extremgestalten **Fransenkristallit** und **Faltungskristallit** unterschieden (Abb. 5.8).

Der Fransenkristallit besteht aus mehreren Polymerketten, die parallel zueinander angeordnet sind. Die Enden der Ketten hängen wie Fransen aus dem Kristallit heraus und bilden eine amorphe Phase. Jede einzelne Polymerkette durchläuft mehrere Kristallite und mehrere amorphe Zonen.

Die Polymerketten eines Faltungskristallits bilden regelmäßige Falten. Sehr enge Falten sind aber aus Spannungsgründen nicht möglich. Die Oberflächen der Faltungsbögen können regelmäßig oder unregelmäßig aufgebaut sein. In der Regel ist die Oberfläche

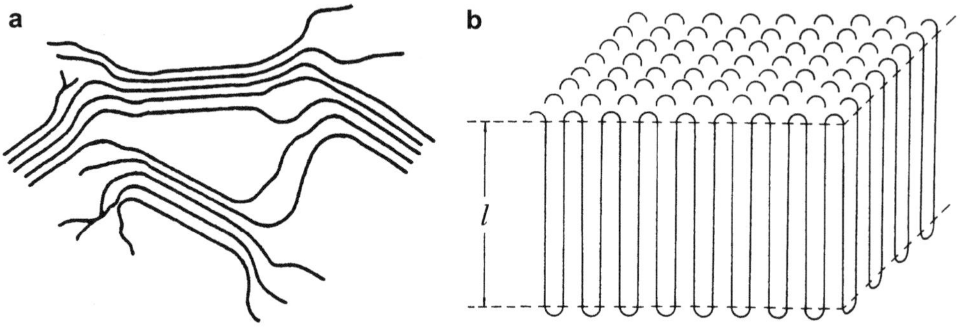

Abb. 5.8 **a** Fransenkristallit, **b** Faltungskristallit

„unscharf". Sie enthält neben „scharfen Falten" auch längere Schlaufen und heraushängende Kettenenden. Sie ist amorph.

Ungestreckte synthetische Polymere, wie Polyamide, Polyester und Polyolefine, bilden Faltungskristallite. Native Faserpolymere, wie Cellulose und Proteine, sind Fransenkristallite. Bei den meisten Polymeren ist die Kristallitgestalt noch unbekannt. Die Struktur der Kristallite lässt sich überdies durch äußere Einflüsse verändern. Werden z. B. verstreckte, gut kristallisierende Polymere wie HDPE temperiert, so finden tiefgreifende Strukturveränderungen statt. Aus der fibrillären Struktur wird eine „Querstruktur". Diese ist durch relativ große, senkrecht zur Streckrichtung orientierte Lamellen gekennzeichnet. Mit steigender Temperatur wird die Struktur geordneter. Die Dicken- und Abstandsschwankungen der Lamellen werden kleiner. Ihre seitliche Ausdehnung nimmt zu. Amorphe und kristalline Regionen werden durch die Temperaturerhöhung zum Teil entmischt. Die Perfektion und die Dichte der Kristalllamellen werden dadurch größer, und die Dichte der amorphen Regionen wird kleiner (Abb. 5.9).

Die Gesamtheit der Orientierungen der in einem Werkstoff vorhandenen Kristallite heißt **Textur** (Gefüge). Sie beeinflusst die Werkstoffeigenschaften ganz entscheidend. So ändert sich bei gewalzten und in rekristallisierten Polymeren die Dehnbarkeit bezüglich der verschiedenen Raumrichtungen. Die Art der Textur hängt von den Kristallisationsbedingungen ab. Enthält das Material viele heterogene Keime, so bilden sich feinkristalline Strukturen aus. Diese haben eine hohe Transparenz und häufig verbesserte mechanische Eigenschaften. Bei relativ kleiner Keimkonzentration entstehen wenige, aber relativ große, annähernd radialsymmetrische **Sphärolithe** (Abb. 5.10). Die Sphärolithe sind im Anfangsstadium der Kristallisation (bevor sie sich berühren) kugelartig und wachsen dann zu einer polygonalen Struktur mit ebenen oder schwach gekrümmten Grenzflächen zusammen. Ihr Durchmesser liegt im Mittel bei etwa 0,01–0,1 mm. Für die Feinstruktur der Sphärolithe gilt: Sphärolithe sind aus Lamellen aufgebaut. Diese stellen ihrerseits Faltungskristallite dar. Die Lamellen sind verästelt und in sich verdrillt. Das Zentrum eines Sphärolithen ist

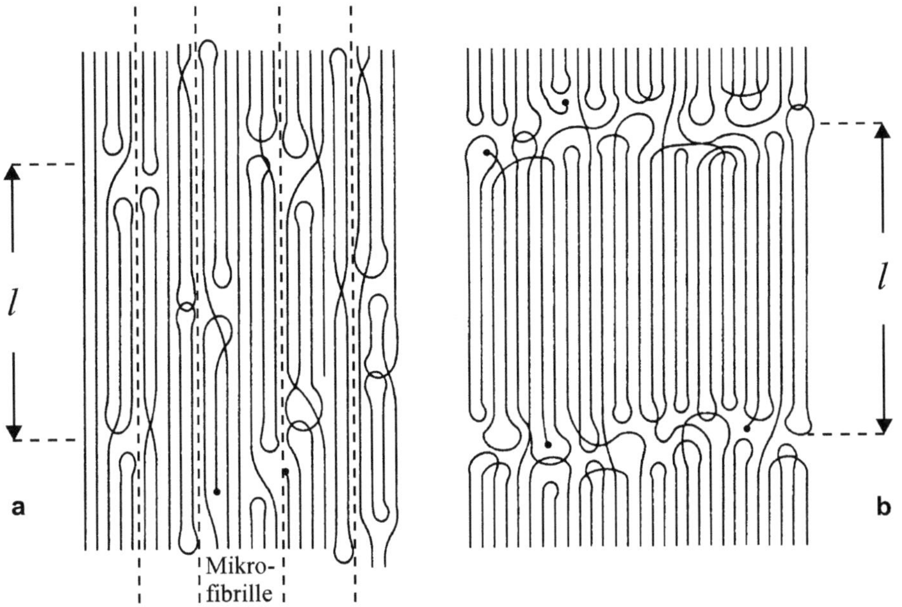

Abb. 5.9 Strukturmodell von HDPE. **a** kalt verstreckt, nicht getempert, **b** nach Verstreckung getempert. l = seitliche Ausdehnung einer kristallinen Zone

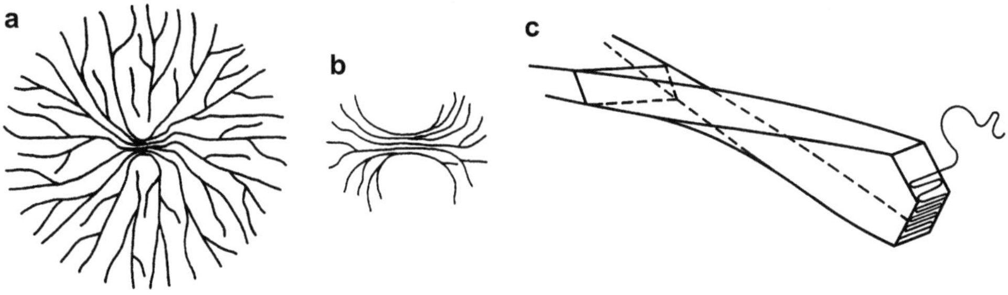

Abb. 5.10 Modell eines Sphärolithen. **a** Gesamtstruktur, **b** vergrößerter Zentralbereich, **c** vergrößerter Radialbereich. (Nach Hoffmann et al. 1977)

ein an den Enden auseinandergespreiztes garbenförmiges Büschel von Einkristalllamellen. Zwischen den Lamellen befinden sich die heterogenen Keime.

5.1.2.6 Kristallisationsgrad

Der Kristallisationsgrad eines Polymers ist von großer praktischer Bedeutung. Es gibt verschiedene Methoden, ihn zu bestimmen. Sie liefern aber nur bedingt die gleichen Resultate. Die wichtigste Methode zur Bestimmung des Kristallisationsgrads ist die **Dich-**

temethode. Die Dichte eines Polymerkristalls ist größer als die Dichte des geschmolzenen Polymers.

V_k sei das Gesamtvolumen aller Kristallite und V_a das Gesamtvolumen aller amorphen Regionen in einem Polymer. Das Gesamtvolumen des Polymers sei V. Es gilt also:

$$V = V_k + V_a \tag{5.10}$$

m sei die Gesamtmasse des Polymers. Das bedeutet:

$$m = m_k + m_a \tag{5.11}$$

Dabei sind m_k und m_a die Massen der kristallinen und amorphen Regionen in der Probe. Die Dichte ρ ist als Masse pro Volumen definiert. Es folgt:

$$\rho \equiv m/V = \quad (m_k + m_a)/V = \quad (\rho_k\, V_k + \rho_a\, V_a)/V \tag{5.12}$$

mit $\rho_k \equiv m_k/V_k$ und $\rho_a \equiv m_a/V_a$

Das Verhältnis $\phi_k = V_k/V$ gibt den Volumenbruch der Kristallite an. Für die amorphen Regionen gilt $\phi_a = 1 - \phi_k$. Gl. (5.12) lässt sich damit umformen zu:

$$\phi_k = \frac{(\rho - \rho_a)}{(\rho_k - \rho_a)} \tag{5.13}$$

Der Massenbruch w_k der Kristallite ist ähnlich definiert. Es gilt:

$$w_k \equiv \frac{m_k}{m} = \frac{\rho_k V_k}{\rho V} = \phi_k \left(\frac{\rho_k}{\rho}\right) \tag{5.14}$$

Daraus folgt:

$$w_k = (\rho_k/\rho)\,(\rho - \rho_a)/(\rho_k - \rho_a) \tag{5.15}$$

w_k wird in der Makromolekularen Chemie **Kristallisationsgrad** genannt. Er ist nach Gl. (5.15) mit der Probendichte ρ und den Dichten der kristallinen und amorphen Phasen, ρ_k und ρ_a, verknüpft.

Die Dichte einer Polymerprobe wird oft durch Flotation in einer **Dichtegradientensäule** bestimmt. Das ist ein langes vertikal aufgestelltes Rohr, welches eine Mischung von Flüssigkeiten verschiedener Dichten enthält. Die Säule ist so belegt, dass die Dichte der Flüssigkeitsmischung kontinuierlich vom oberen Ende bis zum unteren Ende des Rohrs zunimmt. Sie wird mit einer Reihe von Floatern, deren Dichte bekannt ist, geeicht. Die

Dichte der zu untersuchenden Polymerprobe ergibt sich aus der Eintauchposition, den sie in der Säule einnimmt.

Die Dichte ρ_k der Kristallite ist im Allgemeinen bekannt. Sie lässt sich aus der Kristallstruktur berechnen (Tab. 5.3). Die Dichte ρ_a der amorphen Phasen lässt sich bestimmen, indem das Polymer in die amorphe Form überführt wird. Wir müssen dazu das Polymer nur genügend schnell aus der Schmelze abkühlen. ρ_a kann aber auch bestimmt werden, indem die Dichte der Schmelze für verschiedene Temperaturen ermittelt und diese auf die Kristallisationstemperatur T_k extrapoliert wird.

Eine weitere wichtige Methode zur Bestimmung des Kristallisationsgrads ist die Weitwinkel-Röntgenstreuung (WWR: engl. WAXS: wide angle X-ray scattering). Abb. 5.11 zeigt eine typische WWR-Kurve für das teilkristalline Polymer Polyethylen. Die gestreute Intensität I ist gegen den Streuwinkel 2θ aufgetragen. Die scharfen Peaks rühren von der Streuung der Kristallite her. Der darunterliegende schattierte Untergrund ist auf die Streuung der amorphen Regionen zurückzuführen. Wenn sich die Streuung in beiden Regionen additiv verhält, gilt:

$$I = \phi_k I_k + (1 - \phi_k) I_a, \tag{5.16}$$

wobei die Indizes k und a für kristallin und amorph stehen. Die Schärfe der Kristallitinterferenzen wird durch verschiedene Faktoren beeinflusst. Diese möchten wir möglichst kompensieren. Es wird deshalb nicht die Intensität bei einem festen Winkel gemessen, sondern über den gesamten Winkelbereich integriert. Der Kristallisationsgrad ergibt sich dann aus den Flächen A_k und A_a der „kristallinen und amorphen Streuung“. Es gilt:

$$w_k = A_k/(A_k + A_a) \tag{5.17}$$

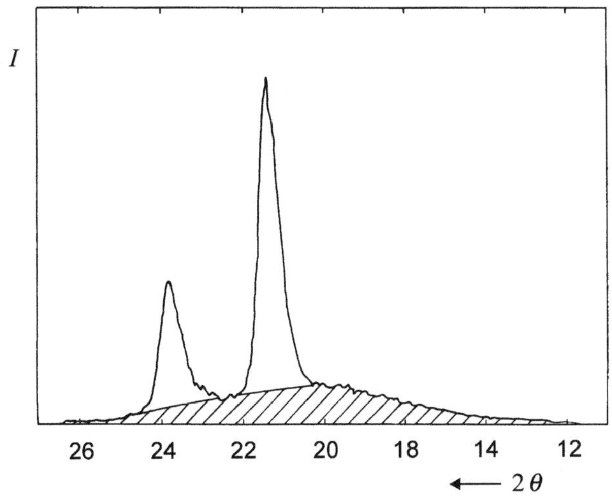

Abb. 5.11 WWR-Kurve für Polyethylen. Der amorphe Untergrund ist schattiert. (Nach Young und Lovell 1991)

Tab. 5.4 Kristallisationsgrade einiger Polymere. Messmethode: Röntgenografie

Polymer	Kristallisationsgrad (%)
Polyethylen, linear	80–95
Polyethylen, verzweigt	60
Polyvinylchlorid	10
Polyacrylnitril	40
Polyamid	60–80
Baumwolle	70
Kunstseide	40

Die Abtrennung des diffusen Untergrunds erfolgt dabei rein subjektiv. Die röntgenografisch ermittelten Kristallisationsgrade stimmen deshalb nur näherungsweise mit den Werten überein, die mit der Dichtemethode erhältlich sind.

Die Kristallisationsgrade einiger Polymere sind in Tab. 5.4 zusammengestellt. Sie liegen zwischen 0,1 und 0,95. Es sei aber betont, dass die Werte aus Tab. 5.4 nur Näherungswerte darstellen. Gl. (5.15) und (5.17) sind nämlich nur dann exakt, wenn eine Polymerprobe keine Löcher oder Lücken aufweist. ρ_a muss zudem für alle amorphen Bereiche der Probe den gleichen Wert besitzen. Das ist in der Praxis fast nie der Fall. Die Polymere besitzen Gitterfehler, und ρ_a hängt von der thermischen Vorbehandlung der Probe ab.

5.1.2.7 Kristallitdicke

Kristallite besitzen eine bestimmte Dicke. Sie lässt sich mit den Methoden der Elektronenmikroskopie und der Röntgenkleinwinkelstreuung bestimmen. Die Dicke d_k eines Kristallits hängt von verschiedenen Faktoren wie Molmasse, Zeit und Druck ab. Der wichtigste Einflussfaktor ist die **Kristallisationstemperatur** $\boldsymbol{T_k}$. Die Kristallitdicke ist in der Regel umso größer, je größer T_k ist. Das gilt sowohl für Polymerkristalle in Lösung als auch für Polymerkristalle, die aus der Schmelze entstanden sind. Ein Beispiel zeigt Abb. 5.12a. Die Dicke von Polyoxyethylenkristallen ist dort für verschiedene Lösemittel gegen die Kristallisationstemperatur T_k aufgetragen. Wir erhalten für jedes Lösemittel eine Kurve. Alle diese Kurven können wir zu einer Masterkurve vereinigen, indem wir d_k gegen $1/\Delta T = 1/(T_l - T_k)$ auftragen (Abb. 5.12b). T_l ist dabei die Lösungstemperatur. Der Kristallisationsprozess ist also in erster Linie durch die Differenz $\Delta T = T_l - T_k$ bestimmt. Die Kristallisationstemperatur T_k selbst spielt eine untergeordnete Rolle. Diese Tatsache ist von großer Wichtigkeit für die Theorie der Kristallisationskinetik.

5.1.2.8 Kristallitfehler

Die Kristalle der meisten Materialien besitzen Fehler wie Punktdefekte oder Versetzungen. Das gilt auch für die kristallinen Zonen der Polymere. Beispiele für Kristallitfehler zeigt Abb. 5.13.

Der Reneker-Defekt ist ein Punktfehler. Die mittlere Polymerkette in Abb. 5.13a ist so tordiert, dass sie um die auf die Kettenachse projizierte Länge von 1–10 C-C-Bindungen verkürzt wird. Die Ausbuchtung kann dabei entlang der Kette diffundieren und Kristalli-

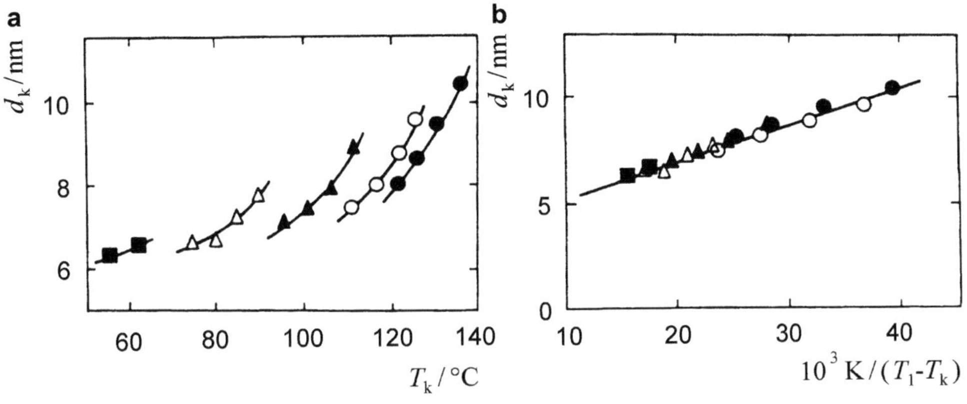

Abb. 5.12 Die Abhängigkeit der Kristallitdicke d_k von der Kristallisationstemperatur T_k (**a**) und der reziproken Unterkühlung $1/\Delta T = 1/(T_1 - T_k)$ (**b**). Lösemittel: ■ = Phenol, Δ = *m*-Cresol, ▲ = Furfurylalkohol, O = Benzylalkohol, • = Acetophenon. (Magill 1977)

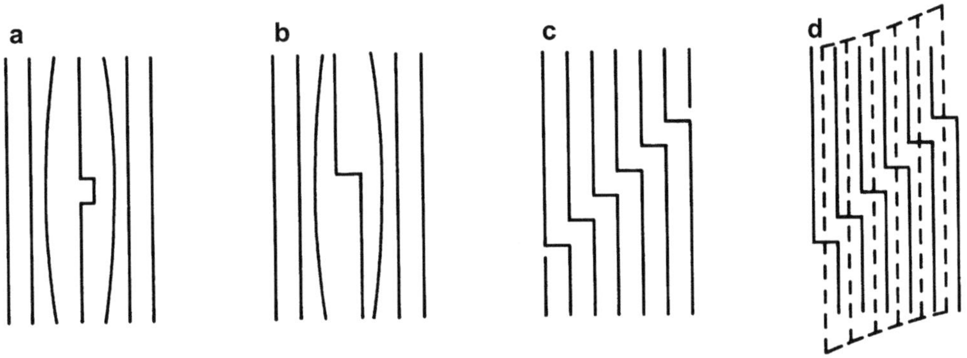

Abb. 5.13 Kristallitfehler. **a** Reneker-Defekt, **b** Kinke, **c** Jog-Block, **d** Schraubenversetzung mit Jog-Block

sationskeime transportieren. Das Dickenwachstum von Polymerkristalliten bei der Temperaturerhöhung lässt sich auf diese Weise erklären.

Abb. 5.13b zeigt eine isolierte Kinke (planare Stufe). Die seitliche Kettenversetzung ist kleiner als der Achsenabstand zweier benachbarter Ketten. Die Kinke ist eine relativ kleine lokale Störung. Ist sie größer als der Kettenabstand im Kristallit, so sprechen wir von einem Jog. Mehrere zueinander versetzte Jogs stellen einen Jog-Block dar. Dieser wird meist durch das freie Ende einer Kette induziert.

Eine dreidimensionale Versetzung wird durch die Versetzungsstufe $\overline{AB}$ und den Burgers-Vektor $\boldsymbol{b}$ charakterisiert. Wir sprechen von einer Schraubenversetzung, wenn der Vektor $\boldsymbol{b}$ parallel zu der Strecke $\overline{AB}$ steht (Abb. 5.14a). Der Vektor $\boldsymbol{b}$ kann auch senkrecht zu $\overline{AB}$ stehen. Die Versetzung heißt dann **Eckenversetzung** (Abb. 5.14b).

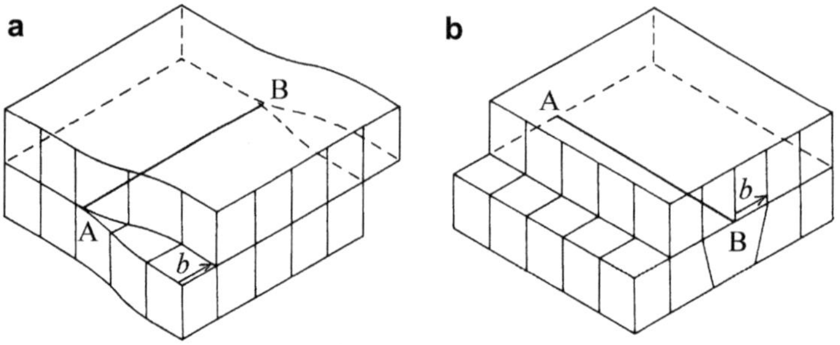

Abb. 5.14 **a** Schraubenversetzung, **b** Eckenversetzung. (Young und Lovell 1991)

5.1.2.9 Kristallisationskinetik

Grundlagen Die Kristallisation ist ein Prozess, bei dem eine anfänglich ungeordnete Phase in eine geordnete Phase übergeht. Es werden zwei Vorgänge unterschieden: die **Keimbildung** (*nucleation*) und das **Kristallwachstum** (*growth*). Die Keimbildung wird durch Schwankungen in der Schmelze oder der Lösung hervorgerufen. Infolge der Molekularbewegung lagern sich einzelne Ketten zu kurzlebigen, sehr kleinen kristallähnlichen Gebilden, den Embryonen, zusammen. Oberhalb der Schmelztemperatur sind die Embryonen instabil. Sie zerfallen wieder. Unterhalb der Schmelztemperatur existiert eine kritische Embryogröße. Die Embryonen, die größer als die „kritischen Embryonen" sind, besitzen eine freie Enthalpie, die kleiner als die der Schmelze ist. Sie wachsen weiter und werden Keime genannt. Die anderen Embryonen lösen sich wieder auf.

Es existieren zwei Arten der Keimbildung. Bei der **homogenen Keimbildung** lagern sich mehrere Polymerketten zufällig zu einem Cluster zusammen. Es sind keine weiteren Stoffe beteiligt. Sehr viel häufiger ist aber die **heterogene Keimbildung**. Hierbei lagern sich die Polymerketten an Fremdstoffen, wie Staubpartikeln oder sonstigen niedermolekularen Verunreinigungen, an. Die Anzahl der gebildeten Keime hängt, wenn alle anderen Faktoren konstant gehalten werden, von der Kristallisationstemperatur T_k ab. Liegt T_k nur leicht unterhalb der Schmelztemperatur, so bilden sich nur sporadisch Keime. Es entstehen wenige, aber große Kristallite. Ist T_k dagegen sehr viel kleiner als T_m, so bilden sich viele Keime. Die Kristallite sind dann relativ klein.

Das Wachstum der Kristallkeime kann in einer, zwei oder drei Dimensionen erfolgen. Es entstehen stäbchen-, scheiben- oder kugelartige Gebilde. Noch freie Polymerketten werden von den Kristallkeimen inkorporiert. Experimentell zugänglich sind die Veränderungen in den linearen Dimensionen der Kristallite. Größen wie Länge und Radius werden gewöhnlich linear mit der Zeit t größer, wenn T_k konstant ist. Für den Radius r eines kugelartigen Kristallits bedeutet dies:

$$r = k_w\, t \tag{5.18}$$

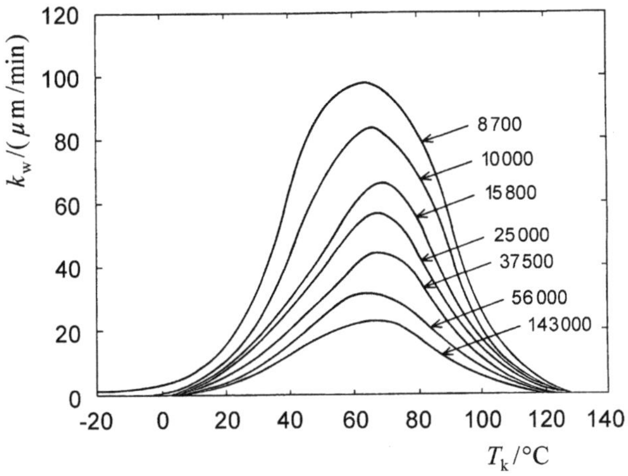

Abb. 5.15 Die Wachstumsrate k_w als Funktion von T_k für Poly (tetramethyl-*p*-phenylen) siloxane verschiedener Molmassen (M_w in g mol^{-1}). (Magill 1977)

Die Konstante k_w heißt **Wachstumsrate**. Gl. (5.18) gilt, solange die Kristallite noch klein sind und nicht zusammenwachsen – also nur in der Anfangsphase des Kristallitwachstums. Die Wachstumsrate k_w ist aber keine Universalkonstante. Sie hängt von der Kristallisationstemperatur T_k ab (Abb. 5.15).

Für $T_k > T_m$ gilt $k_w = 0$. Unterhalb von T_m wird k_w zunächst schnell größer. Bei weiterer Abkühlung durchläuft k_w ein Maximum und wird dann wieder kleiner. Das Vorhandensein des Maximums ist auf zwei miteinander konkurrierende Prozesse zurückzuführen. Die thermodynamisch treibende Kraft der Kristallisation wird mit abnehmender Temperatur stärker. Gleichzeitig nimmt die Viskosität der Schmelze (Lösung) zu. Der Transport der Polymerketten zu den Wachstumspunkten wird dadurch erschwert. An der Stelle des Maximums sind beide „Kräfte" im Gleichgewicht. Bei weiterer Abnahme der Temperatur überwiegt die hemmende Wirkung der Viskosität. Die Kristallite hören auf zu wachsen.

Allgemeine Kristallisationskinetik Gegeben sei eine Polymerschmelze der Masse m_0. Diese werde auf eine Temperatur T_k unterhalb der Schmelztemperatur T_m abgekühlt. Es entstehen Kristallite. Diese seien kugelartig. Die Anzahl der Keime n_k, die pro Zeiteinheit und pro Volumeneinheit gebildet werden, sei konstant. Die Anzahl der Keime, die in dem Zeitintervall dt entstehen, ist dann gleich $n_k\, m_0\, dt/\rho_m$, wobei ρ_m die Dichte der Schmelze ist. Die Keime wachsen zu Kristalliten heran. Der Radius der Kristallite zum Zeitpunkt t sei r. Die Masse eines Kristallits ist gleich $\left(4\,\pi\, k_w^3\, t^3\, \rho_k\right)/3$. Die Gesamtmasse d$m$ aller Kristallite, die sich innerhalb des Zeitintervalls dt bilden, ist zum Zeitpunkt t gleich:

$$dm = (4\,\pi/3)\, k_w^3\, t^3\, \rho_k\, n_k\, m_0\, dt/\rho_m \tag{5.19}$$

Die Kristallitmasse m_k, die insgesamt bis zum Zeitpunkt t gebildet wird, ist:

$$m_k = \int_0^t dt \left(4\,\pi\, k_w^3\, \rho_k\, n_k\, m_0\, t^3\right)/(3\,\rho_m) \tag{5.20}$$

Es folgt:

$$m_k/m_0 = \left(\pi\, n_k\, k_w^3\, \rho_k\, t^4\right)/(3\,\rho_m) \tag{5.21}$$

m_0 ist gleich $m_k + m_m$, wobei m_m die Masse der noch flüssigen Schmelze zum Zeitpunkt t ist. Gl. (5.21) lässt sich damit umformen zu:

$$m_m/m_0 = 1 - \pi\, n_k\, k_w^3\, \rho_k\, t^4/(3\,\rho_m)(m_k/m_0) = 1 - \exp\left(-\,k_A\, t^{n_A}\right) \tag{5.22}$$

Wir erkennen Folgendes: Der Massenbruch m_k/m_0 der Kristallite wächst anfangs mit t^4. Das gilt allerdings nur, solange die Keimbildungsgeschwindigkeit n_k konstant ist. Werden alle Keime gleichzeitig, z. B. zum Zeitpunkt $t = 0$, gebildet, so ist $n_k = 0$, und m_k/m_0 ist proportional zu t^3.

Gl. (5.21) und (5.22) gelten nur im Anfangsstadium der Kristallisation. Für große t wachsen die Kristallite zusammen. Eine Theorie, die dieses Zusammenwachsen berücksichtigt, wurde 1939 von Avrami entwickelt. Es gilt:

$$(m_k/m_0) = 1 - \exp(-\,k_A t^{n_A}) \tag{5.23}$$

k_A ist die **Avrami-Konstante**, und n_A ist der **Avrami-Exponent**. Die Bedeutung dieser Parameter geht aus Tab. 5.5 hervor.

In der Schmelze entstehen normalerweise kugelförmige kristalline Gebilde. Diese wachsen mit konstanter Geschwindigkeit, d. h., k_w ist konstant. Der zu erwartende Avra-

Tab. 5.5 Avrami-Konstanten und Avrami-Exponenten

Art des Kristallwachstums	Konstante Keimkonzentration	Konstante Keimbildungsgeschwindigkeit
k_A^*	$(4\,\pi/3)\, k_w^3\, N_k^{**}$	$(\pi/3)\, k_w^3\, n_k$
$n_A = 1$	Eindimensional (Stäbchen)	–
$n_A = 2$	Zweidimensional (Scheibe)	Stäbchen
$n_A = 3$	Dreidimensional (Kugel)	Scheibe
$n_A = 4$	–	Kugel

*k_A = Avrami-Konstante für kugelförmige Kristallite
**N_k = Keimkonzentration zum Zeitpunkt $t = 0$, z. B. in cm^{-3}

mi-Exponent n_A ist also je nach der Art der Keimbildung drei oder vier. Für $n_A = 4$ gilt z. B.:

$$(m_k/m_0) = 1 - \exp\left(-(\pi/3)\, k_w^3\, n_k\, t^4\right) \tag{5.24}$$

Die Exponentialfunktion können wir für kleine t in eine Reihe entwickeln und diese nach dem zweiten Glied abbrechen. Wir erhalten:

$$(m_k/m_0) = (\pi/3)\, k_w^3\, n_k\, t^4 \tag{5.25}$$

Diese Gleichung stimmt mit Gl. (5.21) überein, wenn $\rho_k = \rho_m$ ist. Es sei deshalb betont, dass Gl. (5.24) nur dann benutzt werden darf, wenn die folgenden Voraussetzungen erfüllt sind:

1. Die Anzahl der Keime ist entweder konstant, oder sie ist zu Beginn der Kristallisation gleich null und nimmt mit konstanter Geschwindigkeit zu.
2. Die Keime sind statistisch in der Polymerprobe verteilt.
3. Kristallite und Schmelze besitzen die gleiche Dichte.
4. Die Kristallitform (z. B. Kugel) bleibt während der Kristallisation die gleiche.
5. Die Dichte der Kristallite ist zu allen Zeiten die gleiche.

Vom experimentellen Standpunkt aus betrachtet ist es leichter, Änderungen im spezifischen Volumen als Änderungen in der Masse der Kristallite zu bestimmen. v_0, v_t und v_∞ seien die spezifischen Volumina der Probe zu den Zeitpunkten $t = 0$, t und $t = \infty$. Es gilt:

$$v_t = (m_m/\rho_m) + (m_k/\rho_k) = (m_0/\rho_k) + m_m\,(1/\rho_m - 1/\rho_k) \tag{5.26}$$

Da $v_0 = m_0/\rho_m$ und $v_\infty = m_0/\rho_k$ ist, folgt:

$$v_t = v_\infty + m_m\,(v_0/m_0 - v_\infty/m_0) \tag{5.27}$$

Gl. (5.27) lösen wir nach m_m/m_0 auf. Das Ergebnis setzen wir in Gl. (5.23) ein. Wir erhalten dann:

$$(m_m/m_0) = (v_t - v_\infty)/(v_0 - v_\infty) = \exp\left(-k_A\, t^{n_A}\right) \tag{5.28}$$

Die Volumendifferenzen $v_t - v_\infty$ und $v_0 - v_\infty$ lassen sich mit einem Dilatometer messen. Gl. (5.28) enthält somit nur zwei Unbekannte: k_A und n_A. Diese ermitteln wir, indem wir Gl. (5.28) zweimal logarithmieren. Wir erhalten dadurch die Geradengleichung:

$$\ln\left(\ln\left[(v_0 - v_\infty)/(v_t - v_\infty)\right]\right) = \ln(k_A) + n_A \ln(t) \tag{5.29}$$

Der Achsenabschnitt ist ln (k_A), und die Steigung ist n_A.

Für n_A finden sich Werte, die zwischen zwei und sechs liegen, meistens aber zwischen drei und vier. Da n_A nicht ganzzahlig ist, sprechen wir von **fraktalen Dimensionen**. Die Ursache für die Abweichungen zwischen den experimentellen Ergebnissen und der Avrami-Theorie sind:

1. v_∞ ist experimentell nicht genügend genau bestimmbar. Es ist oft unklar, ob die Kristallisation schon beendet ist oder ob sie noch weiterläuft.
2. Die Voraussetzungen der Avrami-Theorie sind in der Praxis nur bedingt erfüllt.
3. Es kommt oft zu einer Nachkristallisation oder „sekundären Kristallisation". Der Kristallinitätsgrad der bereits gebildeten kristallinen Zonen wird dadurch stark erhöht, häufig um 10–20 %.
4. Heterogene Verunreinigungen können als zusätzliche Keime wirken.
5. Nicht kristallisationsfähige Anteile, die sich in der Restschmelze anreichern, führen zu einer dauernden Verringerung der Wachstumsgeschwindigkeit während der Kristallisation.

Es existieren Versuche, die Avrami-Gleichung durch realistischere theoretische Ansätze zu ersetzen. Eine Anwendung dieser erweiterten Gleichungen ist nur bedingt sinnvoll. Die Ursachen für die Abweichungen zwischen Theorie und Experiment sind nämlich meistens nicht bekannt.

Keimbildung Wir unterscheiden zwei Arten der Keimbildung bei Polymeren: die **Primär**- und die **Sekundärkeimbildung**. Bei der Primärkeimbildung lagern sich die Kettenmoleküle zu einem zylindrischen Keim vom Radius r und der Höhe h zusammen. Die Zylinderachse zeigt in Kettenrichtung, und h ist sehr viel kleiner als die Länge l des gestreckten Moleküls. Bei einem Faltenkeim sind die Ketten an den Deckflächen des Zylinders regelmäßig zurückgefaltet, bei einem Fransenkeim verlaufen sie fransenartig in die Umgebung. Für die Bildung der Oberflächen des Zylinders ist eine bestimmte Energie erforderlich. Die Flächenbildungsenergie der Deckflächen sei σ_D und die der Mantelfläche σ_M. Gleichzeitig wird die Kristallisations- oder Kettenfusionsenergie frei. Diese wollen wir mit ΔG_F bezeichnen und auf eine Masseneinheit beziehen. ΔG_F ist eine spezifische Freie Enthalpie. Es gilt:

$$\Delta G_F = \Delta H_F - T\,\Delta S_F \tag{5.30}$$

ΔH_F ist die spezifische Fusionsenthalpie, ΔS_F die spezifische Fusionsentropie und T die Temperatur, bei der die Kristallisation stattfindet. Im Schmelzgleichgewicht ist $\Delta G_F = 0$ und $T = T_m$. Dort gilt:

$$\Delta S_\mathrm{F} = \Delta H_\mathrm{F}/T_\mathrm{m} \tag{5.31}$$

Die Kristallisation findet in der Regel bei einer Temperatur $T = T_\mathrm{k}$ statt, die kleiner als T_m ist. ΔG_F ist deshalb endlich (negativ). Wir nehmen an, dass ΔS_F temperaturunabhängig ist. Gl. (5.30) lässt sich dann umformen zu:

$$\Delta G_\mathrm{F} = \Delta H_\mathrm{F} - T_\mathrm{k}\,\Delta H_\mathrm{F}/T_\mathrm{m} = \Delta H_\mathrm{F}(T_\mathrm{m} - T_\mathrm{k})/T_\mathrm{m} \tag{5.32}$$

Die Temperaturdifferenz $T_\mathrm{m} - T_\mathrm{k}$ heißt **Unterkühlung**. Wir wollen sie mit ΔT bezeichnen.

Die freie Schmelzenthalpie ΔG_P lässt sich jetzt berechnen. Es gilt:

$$\Delta G_\mathrm{P} = \pi\, r^2\, h\, \rho_\mathrm{k}\, \Delta G_\mathrm{F} + 2\pi\, r^2\, \sigma_\mathrm{D} + 2\pi\, r\, h\, \sigma_\mathrm{M} \tag{5.33}$$

Dabei steht der Index P für Primärkeim.

Ein Keim (Embryo) besitzt bestimmte kritische Abmessungen r_c und h_c. Der Keim ist stabil, wenn $r > r_\mathrm{c}$ und zugleich $h > h_\mathrm{c}$ ist. Im anderen Fall ist er instabil. Die kritischen Werte von r_c und h_c können wir berechnen. Wir müssen dazu ΔG_P partiell nach r und h differenzieren und die Resultate gleich null setzen. Es gilt:

$$(\partial \Delta G_\mathrm{P}/\partial r)_{r_\mathrm{c},h_\mathrm{c}} = 2\,\pi\, r_\mathrm{c}\, h_\mathrm{c}\, \rho_\mathrm{k}\, \Delta G_\mathrm{F} + 4\,\pi\, r_\mathrm{c}\, \sigma_\mathrm{D} + 2\,\pi\, h_\mathrm{c}\, \sigma_\mathrm{m} = 0 \tag{5.34}$$

und

$$(\partial \Delta G_\mathrm{P}/\partial h)_{r_\mathrm{c},h_\mathrm{c}} = \pi\, r_\mathrm{c}^2\, \rho_\mathrm{k}\, \Delta G_\mathrm{F} + 2\,\pi\, r_\mathrm{c}\, \sigma_\mathrm{M} = 0 \tag{5.35}$$

Diese Gleichungen lösen wir nach r_c und h_c auf. Es folgt:

$$r_\mathrm{c} = -2\,\sigma_\mathrm{M}/(\Delta G_\mathrm{F}\,\rho_\mathrm{k}) = -(2\,\sigma_\mathrm{M}\,T_\mathrm{m})/(\rho_\mathrm{k}\,\Delta H_\mathrm{F}\,\Delta T) \tag{5.36}$$

$$h_\mathrm{c} = -4\,\sigma_\mathrm{D}/(\Delta G_\mathrm{F}\,\rho_\mathrm{k}) = -(4\,\sigma_\mathrm{D}\,T_\mathrm{m})/(\rho_\mathrm{k}\,\Delta H_\mathrm{F}\,\Delta T) \tag{5.37}$$

und

$$\Delta G_\mathrm{P,c} = 8\,\pi\,\sigma_\mathrm{M}^2\,\sigma_\mathrm{D}/\left(\rho_\mathrm{k}^2\,\Delta G_\mathrm{F}^2\right) = 8\,\pi\,\sigma_\mathrm{M}^2\,\sigma_\mathrm{D}\,T_\mathrm{m}^2/\left(\rho_\mathrm{k}^2\,(\Delta H_\mathrm{F})^2\,(\Delta T)^2\right) \tag{5.38}$$

r_c und h_c sind umso kleiner, je größer die Unterkühlung ΔT ist. Die Temperatur T_k darf natürlich nicht beliebig tief gewählt werden. h_c kann nicht kleiner als die Kuhn'sche Segmentlänge l_K sein. Die Bildung der Sekundärkeime kann in vollkommen analoger Weise erklärt werden. Es handelt sich hierbei um die Bildung von Kristallitkeimen auf

Abb. 5.16 Sekundärkeim auf der Oberfläche eines Kristalliten

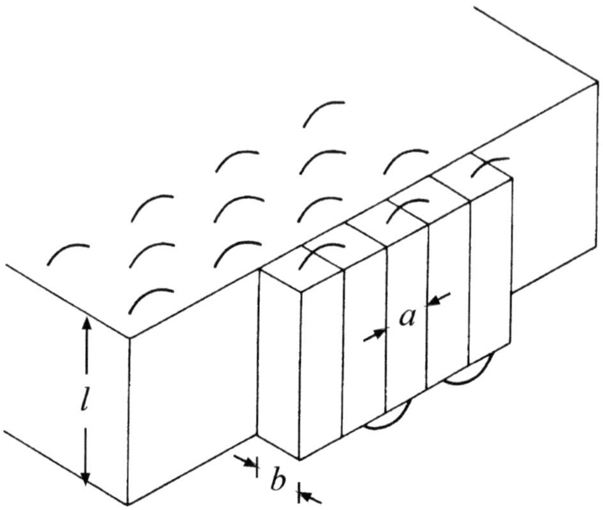

der Oberfläche schon fertiger Kristallite. Diese bilden in der Regel monomolekulare Schichten der Länge l, der Breite b und der Höhe a (Abb. 5.16).

Für die kritischen Abmessungen des Sekundärkeims gilt:

$$a_c = -2\,\sigma_M/(\Delta G_F\,\rho_k); \quad b_c = 2\,\sigma_D/(\Delta G_F\,\rho_k); \quad \Delta G_{S,c} = 4\,l\,\sigma_M\,\sigma_D/(\Delta G_F\,\rho_k) \tag{5.39}$$

l_K ist gleich l, weil die Länge des Sekundärkeims durch die Kristallfläche vorgegeben ist.

$\Delta G_{S,c}$ ist deutlich kleiner als $\Delta G_{P,c}$. Die Sekundärkeimbildung setzt deshalb schon bei viel geringerer Unterkühlung ΔT ein als die Primärkeimbildung. Ein schönes Beispiel ist lineares Polyethylen. Die notwendige Unterkühlung für eine gut messbare Keimbildungsgeschwindigkeit liegt für Sekundärkeime bei 10–15 K, bei Primärkeimen beträgt sie 50–70 K. Auch die freie Enthalpie der heterogenen Keimbildung an einer Fremdoberfläche ist viel kleiner als $\Delta G_{P,c}$. Kleine Mengen an Verunreinigungen können deshalb bereits bei geringen Unterkühlungen eine so starke Kristallisation durch Sekundärkeimbildung hervorrufen, dass die Primärkeimbildung bedeutungslos wird. Dies ist in der Praxis oft der Fall. Es ist deshalb sehr wichtig, die heterogene Sekundärkeimbildung genauer zu erforschen.

5.1.3 Amorphe Polymere

5.1.3.1 Morphologie

Die Moleküle eines amorphen Polymers sind nicht zu Kristallgittern angeordnet. In ihnen gibt es keine physikalisch ausgezeichnete Richtung. Ihre physikalischen Eigenschaften

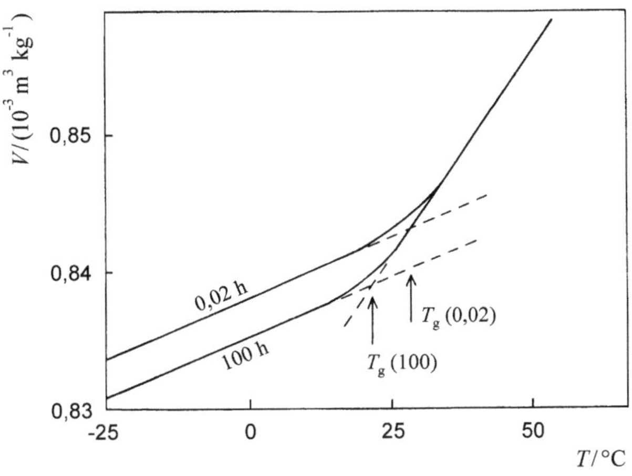

Abb. 5.17 $V(T)$ und die Glastemperatur T_g zu verschiedenen Zeiten t für Polyvinylacetat. (Kovacs 1958)

sind richtungsunabhängig. Beispiele für amorphe Polymere sind anorganische Silicatgläser, Harze und ataktisches Polystyrol. Auch vernetzte Polymere, die oberhalb der Schmelztemperatur gummielastisch bis zähelastisch sind (wie z. B. SBR, PF und UF), können sich bei der Abkühlung in feste amorphe Gläser umwandeln.

Wird die Schmelze eines amorphen Polymers abgekühlt, ohne dass es zu einer geometrischen Ordnung kommt, so bleibt die amorphe Struktur im Festkörper erhalten. Das Volumen V eines solchen Polymers weist einen ganz charakteristischen Temperaturverlauf auf. Er ist in Abb. 5.17 dargestellt.

Die Übergangstemperatur T_g heißt **Glastemperatur**. Sie ergibt sich als der Schnittpunkt der Tangenten an die beiden linearen Äste von $V(T)$. Einen ähnlichen Kurvenverlauf wie $V(T)$ besitzt die Enthalpie $H(T)$. Wir können T_g deshalb auch kalorimetrisch durch Messung der spezifischen Wärmekapazität $C_p(T)$ermitteln (Abschn. 5.2).

Der Nachweis, dass ein Polymer amorph oder kristallin ist, erfolgt meist über Messungen zur Neutronen-, Röntgen- oder Lichtkleinwinkelstreuung. Das Ergebnis ist: Die Molekülketten in einem amorphen Polymer besitzen ähnliche Konformationen wie in der konzentrierten Lösung. Sie bilden statistische Knäuel, die sich gegenseitig durchdringen. Viele Eigenschaften der amorphen Polymere können auf diese Weise befriedigend erklärt werden. Es existieren aber auch Hinweise, dass amorphe Schmelzen und Gläser eine Nahordnung besitzen. So sind die kurzkettigen Moleküle des Paraffins in der Schmelze annähernd parallel angeordnet. Diese Nahordnung reicht allerdings nicht über die erste Koordinationssphäre der Moleküle hinaus.

5.1.3.2 Mesomorphe Phasen

Die mesomorphen Phasen stellen ein Mittelding zwischen der amorphen und der kristallinen Phase dar. Es gibt die smektische, die nematische und die cholesterische Phase (Abb. 5.18). In der **smektischen Phase** sind die durchweg länglichen Moleküle parallel zueinander orientiert. Sie bilden Schichten, die aneinander abgleiten können. Die Moleküle

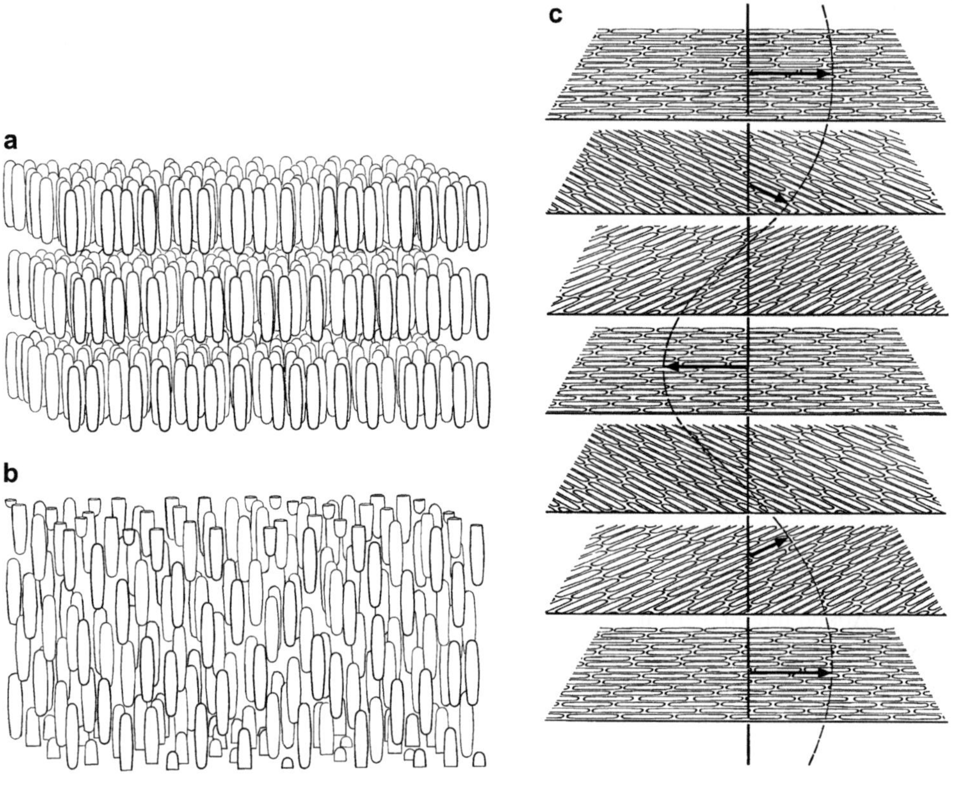

Abb. 5.18 Mesomorphe Phasen. **a** Smektische Phase, **b** nematische Phase, **c** cholesterische Phase. (Ferguson 1964)

der **nematischen Phase** sind ebenfalls parallel angeordnet. Sie liegen aber nicht mehr in Schichten. Bei der **cholesterischen Phase** liegen die Moleküle wieder in Schichten. Die Richtung der Längsachsen der Moleküle ist jedoch in aufeinanderfolgenden Schichten jeweils gegen die vorhergehende Schicht verdreht.

Die Viskosität smektischer und cholesterischer Systeme ist relativ hoch; nematische Flüssigkeiten haben Viskositäten wie gewöhnliche Flüssigkeiten.

Eine Reihe von Polymeren bildet mesomorphe Phasen. So geht das *iso*taktische Polypropylen durch schnelles Abkühlen aus der Schmelze in eine smektische Modifikation über. Die Molekülketten liegen dabei als 3/1-Helices vor (drei Monomere kommen auf eine Windung). Sie sind parallel zueinander angeordnet. Ein nematisch/smektischer Phasenübergang tritt bei HDPE auf. Am häufigsten finden sich mesomorphe Phasen aber bei Biopolymeren. Offenbar sind Biopolymere in der Lage, auf kleinstem Raum spezielle Umgebungen zu schaffen und diese (für eine bestimmte chemische Reaktion) gegen die übrige Umgebung abzuschirmen.

5.2 Thermische Eigenschaften und thermische Umwandlungen

M. Susoff

5.2.1 Wärmekapazität

Die molare isobare Wärmekapazität C_p Verlässliche Werte für die isobare molare Wärmekapazität im festen und flüssigen Aggregatzustand existieren nur für eine begrenzte Anzahl von Polymeren. Es ist allerdings möglich, die Wärmekapazität aus der Molekularstruktur der Polymere zu berechnen. Die Polymerbausteine lassen sich in Molekulargruppen zerlegen, und jeder Molekulargruppe lässt sich eine bestimmte Wärmekapazität zuordnen. Die Gruppenbeiträge für die molare isobare Wärmekapazität $C_p^s(298)$ im festen Zustand (s) bei $T = 300$ K wurden u. a. von Satoh (1948) abgeleitet. Die Werte für die Wärmekapazität $C_p^l(298)$ im flüssigen Zustand (l) gehen auf Shaw (1969) zurück. Einige Werte für $C_p^s(298)$ und $C_p^l(298)$ sind in Tab. 5.6 zusammengestellt. Sie lassen sich nicht theoretisch begründen; sie wurden rein empirisch abgeleitet.

Für die Anwendung der Werte in Tab. 5.6 betrachten wir folgendes Beispiel: Es soll die Wärmekapazität von Poly(propylen) berechnet werden, das bei 25 °C einen Kristallisationsgrad von 30 % besitzt. Wir suchen dazu die $C_p^s(298)$- und $C_p^l(298)$-Werte der Molekulargruppen heraus und addieren sie (Tab. 5.7).

Wir nehmen an, dass der kristalline Bereich des Polypropylens die Wärmekapazität C_p^s und der amorphe Bereich die Wärmekapazität C_p^l besitzen. Insgesamt folgt somit C_p (298 K) $= 0{,}3 \cdot 72{,}0 + 0{,}7 \cdot 88{,}3 = 83{,}3$ J mol^{-1} K^{-1}. Die Werte, die wir auf diese

Tab. 5.6 Gruppenbeiträge zur molaren Wärmekapazität C_p in J mol^{-1} K^{-1} bei $T = 25$ °C

Gruppe	C_p^s (*Satoh*, 1948)	C_p^l (*Shaw*, 1969)
$—CH_3$	30,9	36,9
$—CH_2—$	25,4	30,4
$—CH<$	15,6	20,9
$>C<$	6,2	7,4
$=CH_2$	22,6	21,8
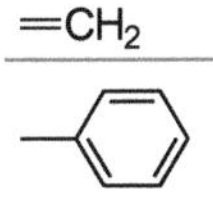	85,6	123,2
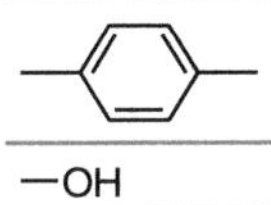	78,8	113,1
—OH	17,0	44,8

Tab. 5.7 Berechnung der Wärmekapazität von Poly(propylen)

Gruppe	C_p^s(298 K)in J mol^{-1} K^{-1}	C_p^l(298 K)in J mol^{-1} K^{-1}
$-\overset{H_2}{C}-$	25,4	30,4
$-\overset{H}{\underset{\vert}{C}}-$	15,6	20,9
$-CH_3$	30,9	36,9
	Σ 72,0	Σ 88,3

Tab. 5.8 Experimentelle und berechnete molare Wärmekapazitäten ausgewählter Polymere

Polymer	C_p^s(298 K) exp. (J mol^{-1} K^{-1})	C_p^s(298 K) Satoh (1948) (J mol^{-1} K^{-1})	C_p^l(298 K) exp. (J mol^{-1} K^{-1})	C_p^l(298 K) Shaw (1969) (J mol^{-1} K^{-1})
Polyethylen	44–49	51	63	61
Polypropylen	69	72	91	88
Polyisobutylen	> 87	97	120	119
Polystyrol	128	127	178	175
Poly(vinylalkohol)	57	58	–	96
Poly(methylmethacrylat)	138	139	182	177
Polyisopren	108	111	131	135

Weise für C_p erhalten, stimmen in der Regel recht gut mit den experimentell ermittelten Werten für C_p überein. Die Abweichungen sind für C_p^s(298 K) meist nicht größer als 2 %, und für C_p^l(298 K) sind sie kleiner als 4 %. Die Beispiele in Tab. 5.8 belegen dies.

Die Wärmekapazität C_p ist eine Funktion der Temperatur. Bei sehr tiefen Temperaturen ($T < 100$ K) fällt C_p proportional zu T^3 mit sinkender Temperatur ab. Dies lässt sich im Rahmen der Debye'schen Theorie der spezifischen Wärme verstehen. Mit zunehmender Temperatur werden zunächst Schwingungen der Molekülteile im Van-der-Waals-Potenzial der Zwischenkettenwechselwirkung angeregt, bei höheren Temperaturen Schwingungen der Molekülteile im kovalenten Bindungspotential der intramolekularen Wechselwirkung. C_p wächst in diesem Bereich nahezu linear mit der Temperatur an. Ist das Polymer amorph, so weist C_p bei der Glastemperatur T_g einen Sprung auf. Die molekulare Bedeutung dieses zusätzlichen Beitrags zu C_p ergibt sich aus der Lochtheorie. Für Temperaturen $T < T_g$ ist die Anzahl der Löcher in der Polymermatrix konstant, während für $T > T_g$ die Anzahl der Löcher mit T zunimmt. Jedes neue Loch erfordert eine zusätzliche Oberflächenenergie, was einen zusätzlichen Beitrag zu C_p ergibt. Es tauen außerdem bei $T = T_g$ die Rotationsfreiheitsgrade um die C–C-Bindungen der Hauptkette auf, wodurch C_p noch zusätzlich erhöht wird.

Für $T > T_g$ wird C_p mit steigender Temperatur linear größer. Bei sehr hohen Temperaturen sollten alle Freiheitsgrade einen gleichen, temperaturunabhängigen Beitrag zur isochoren Wärmekapazität C_υ liefern (Gesetz von Dulong-Petit). Auch C_p sollte dann gegen einen temperaturunabhängigen oberen Grenzwert konvergieren. Dieser Wert wird aber bei Polymeren auch bei Temperaturen, bei denen thermische Zersetzung droht, nicht erreicht.

Die molare Wärmekapazität kristalliner Polymere besitzt qualitativ den gleichen Kurvenverlauf wie die molare Wärmekapazität eines amorphen Polymers. Der Sprung in C_p findet dort allerdings bei der Schmelztemperatur T_m und nicht bei T_g statt. In der Regel ist eine Polymerprobe weder vollständig kristallin noch vollständig amorph. Der Kurvenverlauf von C_p zwischen T_g und T_m liegt dann zwischen dem der rein kristallinen und der rein amorphen Probe. Beispiele für die Temperaturabhängigkeit einiger amorpher Polymere zeigt Abb. 5.19. Die Stufen in C_p bei der Glastemperatur sind deutlich zu erkennen. Für die linearen Bereiche unterhalb und oberhalb von T_g wurden empirische Gleichungen abgeleitet. Die molare Wärmekapazität im festen Zustand lässt sich für viele Polymere in guter Näherung (5 % Fehler) wie folgt berechnen:

$$C_\text{p}^\text{s}(T) = C_\text{p}^\text{s}(298\text{ K})\left(0,106 + 3 \cdot 10^{-3}\,T\right) \quad (T \text{ in K}) \tag{5.40}$$

Die entsprechende Formel für den flüssigen Zustand (die Schmelze) lautet:

$$C_\text{p}^\text{l}(T) = C_\text{p}^\text{l}(298\text{ K})\left(0,64 + 1,2 \cdot 10^{-3}\,T\right) \quad (T \text{ in K}) \tag{5.41}$$

Sie ist aber weniger genau. Die mittlere Abweichung zwischen den nach diesen Gleichungen berechneten C_p^l-Werten und den gemessenen C_p^l-Werten beträgt 30 %.

Es sei darauf hingewiesen, dass das Verhalten von C_p in der Umgebung der Glastemperatur von der thermischen Behandlung der Probe abhängt. Wird C_p kühlend gemes-

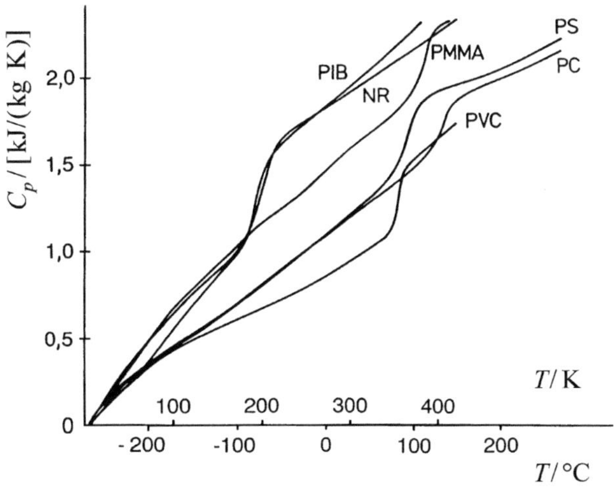

Abb. 5.19 Die spezifische Wärmekapazität als Funktion der Temperatur für Polyisobutylen (PIB), Naturkautschuk (NR), Polymethylmethacrylat (PMMA), Polyvinylchlorid (PVC), Polystyrol (PS), Polycarbonat (PC). (Wunderlich et al. 1970)

sen, so findet sich eine einfache Stufe, deren Position von der Kühlgeschwindigkeit abhängt. Wird dagegen während der Heizphase gemessen, so wird anstelle der Stufe ein Überschwingen beobachtet, das sich als Maximum in C_p darstellt. Die Temperaturposition dieses Maximums und seine Höhe werden mit steigender Heizgeschwindigkeit größer.

5.2.2 Thermische Ausdehnung

Der Ausdehnungskoeffizient α Isotrope Körper dehnen sich beim Erwärmen gleichmäßig in alle drei Raumrichtungen aus. Ein Maß für die Ausdehnung ist der kubische Ausdehnungskoeffizient $\alpha = (1/V)(\partial V/\partial T)_p$. Er ist mit dem linearen Ausdehnungskoeffizienten $\alpha_l = (1/L)(\partial L/\partial T)_p$ über die Beziehung $\alpha = 3\ \alpha_l$ verknüpft.

Bei anisotropen Körpern erfolgt die Ausdehnung in die drei Raumrichtungen ungleichmäßig($\alpha \neq 3\ \alpha_l$). Das ist z. B. bei Polymerkristallen der Fall. Die seitlichen Schwingungen einer Polymerkette führen zu einer Expansion des Kettenquerschnitts und zu einer Kontraktion der Kettenachse. Der Wert von α_l ist deshalb positiv senkrecht zur Kettenachse und negativ entlang der Kettenachse.

Der Wert des Ausdehnungskoeffizienten α hängt von der Art der zwischen den Atomen wirkenden Kräfte ab. Die Kräfte sind groß bei kovalenten Bindungen (z. B. bei Metallen). Die thermische Ausdehnung ist folglich gering. Die Kräfte sind klein bei Van-der-Waals-Bindungen (z. B. bei Flüssigkeiten). Ihr α-Wert ist groß.

Die Monomere eines Polymers sind in einer Raumrichtung kovalent gebunden. In die beiden anderen Richtungen des Raums wirken Van-der-Waals-Kräfte. Der Wert des Ausdehnungskoeffizienten eines Polymers liegt deshalb zwischen dem eines Metalls und dem einer organischen Flüssigkeit. Ausgewählte Werte für α zeigt Tab. 5.9.

5.2.3 Wärmeleitfähigkeit

Die Wärmeleitfähigkeit λ Abb. 5.20 zeigt einen Quader, dessen Seitenflächen A und A' auf den Temperaturen T und $T + \Delta T$ gehalten werden. Die anderen vier Seitenflächen sind

Tab. 5.9 Der lineare Ausdehnungskoeffizient α_l für verschiedene isotrope Materialien bei $T = 25$ °C

Material	$\alpha_l \cdot 10^6\,(K^{-1})$	Material	$\alpha_l \cdot 10^6\,(K^{-1})$	Material	$\alpha_l \cdot 10^6\,(K^{-1})$
Eisen	12	Polyamid 6	60	Polyethylen, amorph	287
Kupfer	17	Polystyrol, ataktisch	70	Schwefelkohlenstoff	380
Aluminium	23	PVC, ataktisch	80		

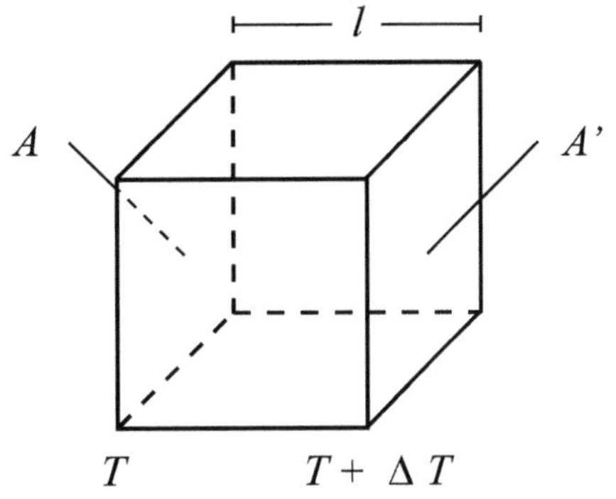

Abb. 5.20 Zur Definition der Wärmeleitfähigkeit λ

Tab. 5.10 Wärmeleitfähigkeit einiger Werkstoffe bei 20 °C

Werkstoff	λ (W m^{-1} K^{-1})	Werkstoff	λ (W m^{-1} K^{-1})
Kupfer, Cu	350	HDPE	0,55
Stahl	52	PMMA	0,19
V2A-Stahl	15	Polystyrol	0,14
Glas	0,72	Glaswolle-Luft-Gemisch	0,04
EPS-Schaum	0,035	PU-Hartschaum	0,025

wärmeisoliert. Es fließt dann pro Zeiteinheit eine Wärmemenge Q von A' nach A. Sie ist der Temperaturdifferenz ΔT und der Querschnittsfläche ($A = A'$) proportional und dem Abstand l zwischen beiden Flächen umgekehrt proportional. Es gilt:

$$Q = \lambda\,(A/l)\,\Delta T \tag{5.42}$$

Die Konstante λ heißt Wärmeleitfähigkeit. Ihre Einheit ist W m^{-1} K^{-1}.

Die Wärmeleitfähigkeit hängt u. a. von den Materialeigenschaften des Werkstoffs ab. Einige λ-Werte sind für Raumtemperatur in Tab. 5.10 zusammengestellt.

Metalle wie Kupfer und Stahl leiten Wärme sehr gut. Die Wärmeleitfähigkeit von Kunststoffen ist deutlich niedriger. Die teilkristallinen Kunststoffe sind die besseren Wärmeleiter, da die Wärmeleitung vorzugsweise über die Kristallite erfolgt. Die Wärmeleitfähigkeit von amorphen Kunststoffen und Kunststoffschmelzen liegt zwischen 0,10 und 0,20 W m^{-1} K^{-1}. Wollen wir eine noch bessere Wärmeisolation erreichen, so bietet sich ein Gemisch von Glaswolle und Luft an. Die Glaswolle hat dabei die Aufgabe, Zirkulationsströmungen in der Luft zu unterdrücken. Mit geschäumten Polymeren, wie z. B. expandiertem Polystyrol (Styropor) oder Polyurethan-Hartschaum, sind noch niedrigere Wärmeleitfähigkeiten erreichbar.

Die Wärmeleitfähigkeit hängt auch von der Temperatur T ab. Für amorphe Polymere ist λ als Funktion von T in Abb. 5.21 schematisch dargestellt. Bei sehr tiefen Temperaturen nimmt λ mit steigender Temperatur mit T^2 zu. Dieses Verhalten lässt sich aus der Gitter-

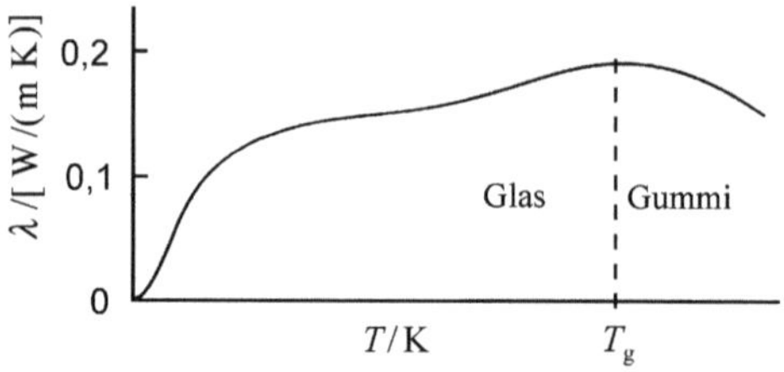

Abb. 5.21 Schematischer Verlauf der Wärmeleitfähigkeit amorpher Polymere

theorie der Festkörper begründen. Bei mittleren Temperaturen steigt λ linear mit T an, ein Maximum wird in der Nähe der Glastemperatur erreicht, in der Schmelze wird λ mit zunehmender Temperatur kleiner.

Die Temperaturkurve der Wärmeleitfähigkeit teilkristalliner Polymere ähnelt der der amorphen Polymere. Bei tiefen Temperaturen ist λ ebenfalls proportional zu T^2. Die Grenzflächen zwischen den Kristalliten und den amorphen Gebieten bilden jedoch einen Wärmewiderstand. Die Wärmeleitfähigkeit teilkristalliner Polymere ist deshalb bei kleinem T niedriger als bei amorphen Polymeren. Bei höheren Temperaturen ist es allerdings umgekehrt. λ ist bei teilkristallinen Polymeren zudem zwischen T_g und T_m nahezu konstant und fällt erst oberhalb der Schmelztemperatur ab.

Im Fall von Polymerschäumen kann die Wärmeleitfähigkeit in die Beiträge Wärmeleitung des Polymers, Wärmestrahlung sowie Wärmeleitfähigkeit des Gases unterteilt werden. Je nach verwendetem Treibgas, Dichte und Morphologie des Schaums ergeben sich die unterschiedlichsten Beiträge zur Gesamtwärmeleitfähigkeit.

5.2.4 Phasenübergänge

5.2.4.1 Phasenübergänge erster und zweiter Art

Jede Substanz kann verschiedene Zustände (Phasen) annehmen. Es gibt die kristalline Phase, die amorphe Phase, die flüssigkristalline Phase, die Flüssigkeit und das Gas, um nur einige Zustände zu nennen. Die Art der Phase hängt von der Temperatur T und dem Druck p des Systems ab. Die Umwandlung einer Phase in eine andere erfolgt bei der Umwandlungstemperatur T_u und dem Umwandlungsdruck p_u. Die freie Enthalpie G und die von ihr abgeleiteten Größen H, S, V, C_p, α und κ zeigen bei einem Phasenübergang ein ganz charakteristisches Verhalten.

Die Enthalpie H, die Entropie S und das Volumen V enthalten erste Ableitungen von G nach T oder p. Es gilt:

$$H = G - T(\partial G/\partial T)_p; \quad S = -(\partial G/\partial T)_p; \quad V = (\partial G/\partial p)_T \tag{5.43}$$

Die isobare Wärmekapazität C_p, der thermische Ausdehnungskoeffizient α und die isotherme Kompressibilität κ beschreiben zweite Ableitungen von G nach T bzw. p. Hierfür gilt:

$$C_p = -T\left(\partial^2 G/\partial T^2\right)_p ; \alpha = (1/V)\left[\partial^2 G/(\partial T\,\partial p)\right]_p ; \kappa = -(1/V)\left(\partial^2 G/\partial p^2\right)_T \quad (5.44)$$

Phasenübergänge, bei denen eine zweite Ableitung von G unendlich wird, werden Übergänge erster Art genannt. Dazu gehören Schmelz- und Verdampfungsvorgänge. Die freie Enthalpie G weist am Umwandlungspunkt einen Knick auf. Ihre Tangenten besitzen eine Unstetigkeitsstelle. Die Größen H, S und V ändern sich deshalb am Umwandlungspunkt sprunghaft (Abb. 5.22).

Bei einem Phasenübergang zweiter Art besitzen die Größen H, S und V einen Knickpunkt, während sich bei G die zweite Ableitung nach T bzw. p sprunghaft ändert. Das bedeutet: C_p, α und κ sind endlich (Abb. 5.22b). Ein typischer Übergang zweiter Art ist der Übergang vom ferromagnetischen in den paramagnetischen Zustand.

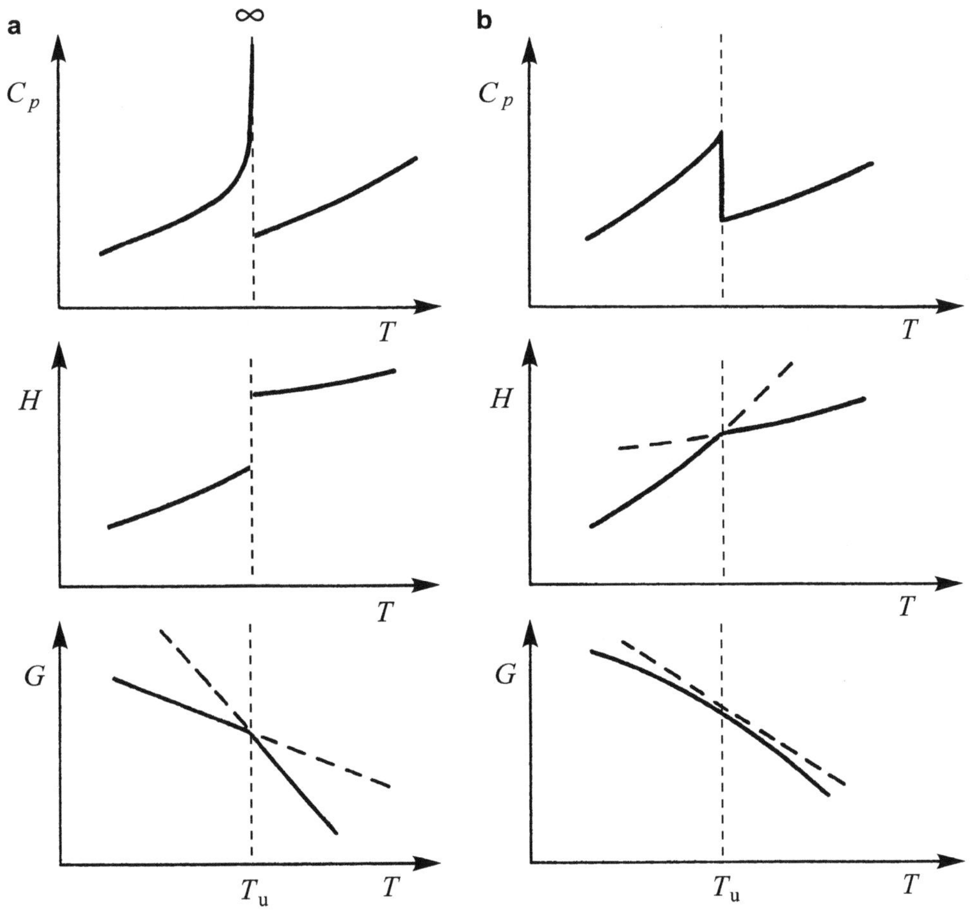

Abb. 5.22 Der Verlauf von G, H und C_p bei Phasenübergängen erster (**a**) und zweiter Art (**b**)

Die experimentelle Festlegung der Art der Umwandlung ist oft schwierig. Die Glastemperatur T_g weist z. B. viele Züge eines Phasenübergangs zweiter Art auf. C_p, α und κ besitzen bei T_g Sprungstellen. Der Glasübergang ist jedoch keine echte thermodynamische Umwandlung. Es besteht kein Gleichgewicht zu beiden Seiten von T_g. Die Glastemperatur hängt von der Abkühlrate des Polymers ab; es existieren also kinetische Einflüsse. Erfolgt die Abkühlung sehr langsam, so wird keine Glastemperatur beobachtet. Das ist bei echten Umwandlungen zweiter Art nicht der Fall.

5.2.4.2 Glasübergänge

Flüssigkeiten frieren zu einem glasartigen Zustand ein, wenn sie genügend schnell abgekühlt werden. Die Abkühlrate muss größer sein als die Zeit, die erforderlich ist, damit sich Kristallkeime bilden. Die Verglasung ist besonders leicht zu erreichen, wenn die Moleküle eine niedrige Symmetrie aufweisen oder die Viskosität der Flüssigkeit hoch ist. Letzteres ist bei Polymerschmelzen der Fall. Die Umwandlungstemperatur von der flüssigen in die glasartige Phase heißt **Glastemperatur** T_g.

Das Volumen und die Enthalpie der Probe ändern sich bei T_g merklich. Der Wert der Glastemperatur hängt sehr stark von der Abkühlrate ab. Eine schnell abgekühlte Flüssigkeit (Schmelze) wird bei einer höheren Temperatur schneller glasartig als eine langsam abgekühlte Flüssigkeit. Verläuft die Abkühlung unendlich langsam, so gibt es überhaupt keine Glastemperatur. So wie T_g hängen auch die Dichte und alle anderen physikalischen Eigenschaften des Glases von der Abkühlrate ab. Die Dichte ist klein, wenn die Flüssigkeit schnell abgekühlt wird. Andernfalls ist sie groß.

Die physikalischen Eigenschaften verschiedener Gläser lassen sich nur dann miteinander vergleichen, wenn die jeweilige „thermische Geschichte“ bekannt ist. Für die Polymere wurde sich darauf geeinigt, die Temperatur als Glastemperatur zu betrachten, bei der die Abkühlrate unabhängig von der Substanz 10^{-5} °C s^{-1} beträgt. Diese ausgewählte Glastemperatur heißt **Standardglastemperatur** und wird mit T_g° abgekürzt. Die Glastemperatur wird erreicht, wenn eine Viskosität von mehr als 10^{12} Pa s erreicht wird. Ein „isoviskoses Verhalten“ wurde daher lange Zeit als charakteristisch für den Glasübergang angesehen. Heute wurde dazu übergegangen, die Glastemperatur als die Temperatur anzusehen, bei der alle Substanzen (Flüssigkeiten und Schmelzen) den gleichen Anteil an freiem Volumen aufweisen.

Die Theorie des freien Volumens Das freie Volumen V_f ist der Raum in einem Festkörper oder einer Flüssigkeit, der nicht mit Molekülen (Polymersegmenten) besetzt ist. Das von den Molekülen besetzte Volumen bezeichnen wir mit V_o. Der Index o steht dabei für *occupied* („besetzt“). Das Gesamtvolumen der Probe sei V. Es gilt somit:

$$V = V_o + V_f \tag{5.45}$$

Das freie Volumen ist eine Funktion der Temperatur. V_f ist für eine Flüssigkeit (Schmelze) groß und für einen Festkörper klein. Für V_o gilt $\partial V_0 / \partial T \approx 0$. Die durch die

Temperatur induzierte Änderung in V ist also allein auf eine Änderung im freien Volumen V_f zurückzuführen.

Gegeben sei eine Polymerschmelze der Temperatur T. Wir erniedrigen die Temperatur kontinuierlich. Das freie Volumen wird kleiner. Die Polymermoleküle werden in ihrer Bewegungsfreiheit eingeschränkt. Bei einer bestimmten Temperatur ist V_f so klein, dass die Moleküle weder frei translatieren noch frei rotieren können: Die Schmelze friert ein. Die Temperatur, bei der das passiert, ist die **Glastemperatur** T_g.

Für $T < T_g$ ist V_f konstant. Dieses Grenzvolumen bezeichnen wir mit V_f°. Oberhalb von T_g wird V_f mit steigender Temperatur größer. Wir können deshalb schreiben:

$$V_f = V_f^\circ + (T - T_g)\,(\partial V/\partial T) \tag{5.46}$$

Diese Gleichung dividieren wir durch V. Das ergibt:

$$f = f_g + (T - T_g)\,\alpha_f \tag{5.47}$$

f ist der Anteil des freien Volumens am Gesamtvolumen ($f = V_f/V$). Für $T = T_g$ ist $f = f_g = V_f^\circ/V$. Der Parameter α_f ist der thermische Ausdehnungskoeffizient des freien Volumens. Er ist null für $T < T_g$.

f und T_g lassen sich experimentell bestimmen. Die Auftragung von f gegen $(T - T_g)$ sollte eine Gerade ergeben. Der Achsenabschnitt dieser Geraden ist f_g. Ihre Steigung ist α_f. Solche Geraden werden auch gefunden. Der Gültigkeitsbereich von Gl. (5.47) liegt für die meisten Polymere im Intervall $[T_g, T_g + 100\text{ K}]$. Für $T > T_g + 100$ K wird f temperaturabhängig. Der praktische Nutzen von Gl. (5.47) ist aber gering. f_g und α_f sind Materialkonstanten. Eine theoretische Voraussage von T_g ist deshalb mit Gl. (5.47) nicht möglich.

T_g und die chemische Struktur Die physikalischen Eigenschaften eines Polymers ändern sich oberhalb der Glastemperatur signifikant. Das Polymer verliert seine Steifigkeit und verhält sich **gummielastisch** und beginnt zu fließen (im Fall von nichtvernetzten Polymeren). Für praktische Anwendungen ist es deshalb wichtig zu wissen, von welchen Faktoren T_g abhängt.

Der wichtigste Faktor ist die Flexibilität der Polymerhauptkette. Polyethylen und Polyoxyethylen besitzen flexible Ketten. Die Strukturelemente $-CH_2-CH_2-$ und $-CH_2-CH_2-O-$ sind unter geringem Energieaufwand um die Achse der Hauptkette verdrehbar. Die T_g-Werte sind klein.

Der Einbau von Strukturelementen, welche die freie Rotation behindern, erhöht den Wert von T_g. Werden z. B. *p*-Phenyl-Ringe in die Polyethylenkette eingebaut, so erhalten wir Poly(*p*-xylylen). Dieses Polymer besitzt einen T_g-Wert, der um 213 °C größer ist als derjenige von Polyethylen (Tab. 5.11).

Tab. 5.11 Glastemperaturen für einige Polymere

Polymer	T_g(°C)
Polyacrylsäure	106
Polymethylmethacrylat	105
Poly(*p*-xylylen)	80
Polyamid 6	50
Polyamid 6.6	50
Polypropylenoxid	− 60
cis-1,4-Polyisobutylen	− 70
Naturkautschuk	− 72
Polybutadien	− 85
Polydimethylsiloxan	− 123
Polyethylen	− 133
$-\overset{H_2}{C}-\overset{H}{\underset{X}{C}}-$ mit X =	
$-CH_3$	− 23
$-\overset{H_2}{C}-CH_3$	− 24
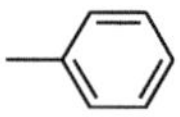	100
$-Cl$	87
$-OH$	85
$-O-\overset{O}{\overset{\Vert}{C}}-CH_3$	29

Der T_g-Wert von Vinylpolymeren vom Typ $(-CH_2-CHX-)_n$ hängt von der Art der Seitengruppe X ab. Große und sperrige Seitengruppen führen zu einer Versteifung der Hauptkette. T_g wird größer. Polare Seitengruppen wie −Cl, −OH oder −CN erhöhen T_g stärker als nichtpolare Gruppen gleicher Größe. Der Wert von T_g ist z. B. für Polyvinylchlorid deutlich größer als für Polypropylen.

Wir erkennen: Die gleichen Faktoren, welche die Schmelztemperatur T_m kontrollieren, beeinflussen auch die Glastemperatur. T_g wird auf die gleiche Weise erhöht oder erniedrigt wie T_m. Es ist deshalb nicht verwunderlich, dass es eine Korrelation zwischen T_g und T_m für die Polymere gibt, welche sowohl Schmelz- wie auch Glasübergänge zeigen. Es gilt die empirische Beaman-Bayer-Regel:

$$\boxed{T_g \approx (2/3)\ T_m} \tag{5.48}$$

Die Werte von T_g und T_m lassen sich bei Homopolymeren nicht unabhängig voneinander variieren. Das ist bei Copolymeren anders. Die statistischen Copolymere Polyamid 6.6 (Nylon 66) und Polyamid 6.10 (Nylon 610) lassen sich z. B. so herstellen, dass der T_g-Wert nicht nennenswert von dem T_g-Wert der Homopolymere abweicht. Die Steifheit der

Copolymerhauptketten stimmt dann mit der Steifheit der Homopolymerketten überein. Die Irregularität führt aber dazu, dass die Copolymere weniger leicht kristallisieren. T_m wird deshalb kleiner.

T_g und die Molmasse Die Glastemperatur hängt nicht nur von der chemischen Struktur eines Polymers ab, sondern auch von dessen Molmasse, dem Verzweigungsgrad und dem Vernetzungsgrad. Der Wert von T_g wird größer, wenn die Molmasse zunimmt. Es gilt:

$$T_g = T_{g,\infty} - K/M \tag{5.49}$$

K ist eine Konstante ($K > 0$), und $T_{g,\infty}$ ist der Wert von T_g für $M = \infty$.

Gl. (5.49) lässt sich herleiten. Wir benutzen dazu das Konzept des freien Volumens. Gegeben sei eine Polymerprobe der Dichte ρ und der Molmasse M_n. Die Anzahl der Polymerketten pro Einheitsvolumen ist $\rho N_A/M_n$. Die Polymerketten seien linear. Es gibt also $2\rho N_A/M_n$ Kettenenden pro Volumeneinheit. Das freie Volumen, welches von den Kettenenden herrührt, sei $V_{f,e}$. Der Beitrag der Segmente, die sich im mittleren Teil der Polymerketten befinden, sei $V_{f,m}$. Es gilt also:

$$V_f = V_{f,m} + V_{f,e} \quad \text{bzw.} \quad f = f_m + f_e \tag{5.50}$$

f_e ist der Anteil des Freien Volumens $V_{f,e}$ am Gesamtvolumen $V (f_e = V_{f,e}/V)$. Der Anteil eines Kettenendes an $V_{f,e}$ sei v_e. Es gilt also:

$$f_e = (2\,\rho\, N_A/M_n)\, v_e \tag{5.51}$$

Gl. (5.50) setzen wir in Gl. (5.47) ein. Es folgt:

$$f_m + f_e = f_g + \alpha_f (T - T_g) \tag{5.52}$$

Ist $M = \infty$, so ist $T_g = T_{g,\infty}$ und $f_e = 0$. Gl. (5.52) geht dann über in:

$$f_m = f_g + \alpha_f \left(T - T_{g,\infty}\right) \tag{5.53}$$

Diese Gleichung setzen wir in Gl. (5.52) ein. Mit Gl. (5.51) folgt:

$$\boxed{T_g = T_{g,\infty} - (2\,\rho\, N_A\, v_e/\alpha_f)/M_n} \tag{5.54}$$

v_e ist der Anteil eines Kettenendes an $V_{f,e}$ bei der Temperatur T. Das Produkt $\rho\, v_e$ ist deshalb temperaturunabhängig. Es stellt die Masse eines Kettenendes dar. Der Ausdruck $(2\ \rho\ N_A\ v_e/\alpha_f)$ ist folglich eine Konstante. Wir nennen sie K und erhalten somit Gl. (5.49).

Wir betonen: Gl. (5.49) gilt nur für lineare und nicht für ringförmige Polymere. Geschlossene (ringförmige) Polymere besitzen keine Endgruppen. Es gibt bei ihnen kein freies Volumen $V_{f,e}$. Die Flexibilität eines Rings ist umso größer, je größer der Polymerisationsgrad ist. Die Glastemperatur nimmt deshalb für Ringpolymere mit steigender Molmasse ab.

Verzweigte Polymere besitzen fast immer eine höhere Glastemperatur als lineare Polymere gleicher Molmasse. Das ist verständlich. Ein verzweigtes Polymer besitzt viele Zweige (*branches*). Diese wirken wie Seitenketten und behindern die Beweglichkeit der Hauptkette. T_g wird deshalb mit wachsendem Verzweigungsgrad größer. Ähnliches gilt für vernetzte Polymere. Die Vernetzungen reduzieren das freie Volumen, wodurch die Beweglichkeit der Segmente erschwert und T_g größer wird. Bei sehr stark vernetzten Polymeren findet sich überhaupt keine Glastemperatur.

Eine Berechnungsformel für T_g Die Glastemperatur T_g hängt von der chemischen Struktur des Polymers ab. Es wird angenommen, dass jede Struktureinheit einen bestimmten Beitrag zu T_g leistet. Im Idealfall verhalten sich diese Beiträge additiv, d. h., der Beitrag einer gegebenen Struktureinheit hängt nicht von der Art der benachbarten Struktureinheiten ab. Diese theoretisch abgeleiteten Additivitätsfunktionen für T_g beschreiben die Messergebnisse aber nur unzureichend. Es ist deshalb zweckmäßiger, empirische Näherungsformeln zu benutzen. Die vielleicht interessanteste empirische Funktion ist die **molare Grenzübergangsfunktion** Y_g. Es gilt:

$$Y_g \equiv T_g M = \sum_i Y_{gi} \tag{5.55}$$

Hier ist M die Molmasse einer Monomereinheit, und Y_{gi} sind die Glasübergangsfunktionen der Struktureinheit i. In der Literatur finden sich T_g-Werte von mehr als 600 Polymeren. Diese lassen sich mithilfe von Gl. (5.55) analysieren, und so können die Y_{gi}-Werte für verschiedene Struktureinheiten ermittelt werden. Eine kleine Übersicht gibt Tab. 5.12.

Als Beispiel wollen wir die Glasübergangstemperatur von Poly(etheretherketon) PEEK berechnen. Die sich wiederholende Einheit ist:

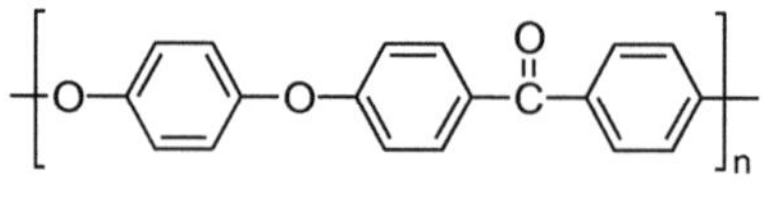

Wir können sie in die Struktureinheiten

 mit $Y_{g1} = 37{,}4$ und $M_1 = 108{,}1\,\text{g}\,\text{mol}^{-1}$

und

Tab. 5.12 Molmassen und Y_{gi}-Werte einiger Struktureinheiten

	Struktureinheit	Y_{gi} (kg K mol^{-1})	M_i (g mol^{-1})
$-CH_2-$	in der Hauptkette	2,7	14,0
	in der Seitenkette	6,6	14,0
$-CH(X)-$	X= methyl	8,0	28,0
	i-propyl	19,9	56,1
	*cyclo*hexyl	41,3	96,2
	phenyl	36,1	90,1
C–Halogen	–CHF–	12,4	32,0
	–CHCl–	19,4	48,5
	$-CCl_2-$	22,0	82,9
C–hetero	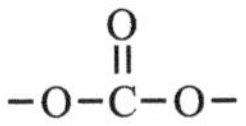	20,0	60,0
	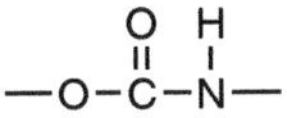	20,0	59,0
	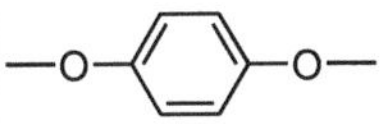	37,4	108,1
	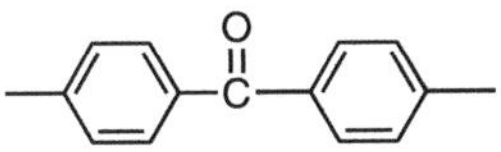	84,0	180,2
	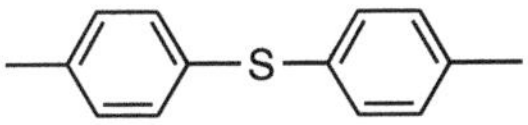	72,0	184,2

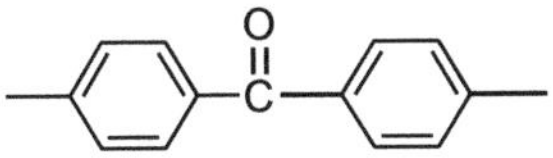 mit $Y_{g2} = 84{,}0$ und $M_2 = 180{,}2$ g mol^{-1}

zerlegen. Damit folgt:

$$T_g = \left(\sum_{i=1}^{2} Y_{gi}\right) / (M_1 + M_2) = 10^3\ (37{,}4 + 84{,}0)/(108{,}1 + 180{,}2) = 420\ \text{K} \quad (5.56)$$

Der Faktor 10^3 ergibt sich aus der Umrechnung von g in kg. Der Messwert von T_g liegt zwischen 414 und 433 K. Die Übereinstimmung zwischen Gl. (5.55) und dem Experiment ist somit gut.

Gl. (5.55) ist nur auf lineare Polymere anwendbar. Für kammartig verzweigte Polymere gilt:

$$\left.\begin{aligned} Y_g &= Y_{g9} \\ Y_g &= Y_{g0} + (N/9)\left(Y_{g9} - Y_{g0}\right) \\ Y_g &= Y_{g9} + 7{,}5\ (N - 9) \end{aligned}\right\} \begin{aligned} &N = 9 \\ &N < 9 \\ &N > 9 \end{aligned} \quad (5.57)$$

Tab. 5.13 Y_{g0} und Y_{g9}-Werte von Vinylpolymeren

Polymer	Trivalente Gruppe	Y_{g0} (K kg mol^{-1})	Y_{g9} (K kg mol^{-1})
Polypropylen	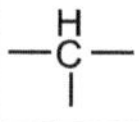	10,7	33,6
Poly(*p*-methylstyrol)	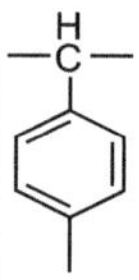	44,7	48,8
Poly(vinylmethylether)	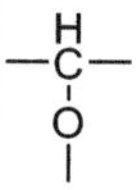	14,6	36,8
Poly(vinylacetat)	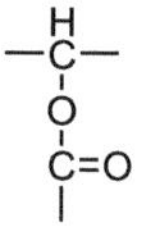	26,0	42,4
Poly(methylmethacrylat)	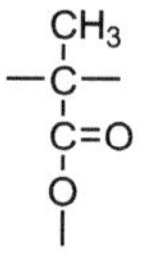	37,8	45,2

N bezeichnet die Länge der Seitenketten; einige Werte für Y_{g0} und Y_{g9} enthält Tab. 5.13.

Wir betrachten auch hier ein Beispiel: Gesucht sei die Glastemperatur von Poly(hexadecyl-methacrylat). Die Strukturformel lautet:

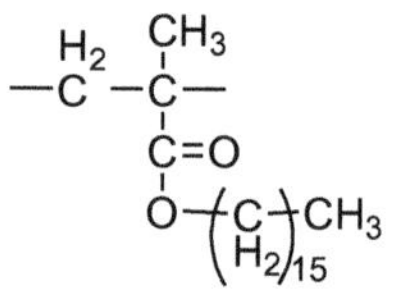

Die Molmasse einer Monomereinheit ist 311 g mol^{-1}. Die Seitenkette enthält 15 –CH_2–-Gruppen; *N* ist also 15. Für die Methylmethacrylatgruppe gilt nach Yg0 und Yg9-Werten von Vinylpolymeren $Y_{g9} = 45{,}2$ K kg mol^{-1}. Wir finden somit:

$$T_g = Y_g/M = \left[Y_{g9} + 7,5\,(N-9)\right]/M = 10^3\,[45,2 + 7,5\,(15-9)]/311 = 290\text{ K} \quad (5.58)$$

Der experimentell bestimmte Wert für T_g beträgt 288 K. Ähnlich gute Übereinstimmungen werden für andere Polymere gefunden. Eine Übersicht gibt Tab. 5.14.

Tab. 5.14 Experimentelle und berechnete T_g-Werte für eine Reihe von Polymeren

Polymer	T_g (K) experimentell	T_g (K) berechnet
Poly(1-octen)	208–228	210
Poly(*p*-ethylstyrol)	300–351	342
Poly(*p*-hexylstyrol)	246	250
Poly(vinylethylether)	231–254	237
Poly(methylacrylat)	249–252	260
Poly(vinylfluorid)	253–314	338
Poly(vinylchlorid)	247–354	354
Poly(ethylenoxid)	206–246	213

5.2.4.3 Schmelzen

Schmelzen ist die thermische Umwandlung eines festen (kristallinen oder teilkristallinen) Aggregatzustands in den weniger geordneten flüssigen Aggregatzustand. Die dazu benötigte Wärmemenge heißt **Schmelzwärme**. Die Festkörperbausteine (Ionen, Atome oder Moleküle) werden durch die zugeführte Wärme zu Schwingungen angeregt. Diese sind so stark, dass das Kristallgitter plötzlich zerfällt. Bei kristallinen Stoffen, die keine Verunreinigungen enthalten, tritt dieser Gitterzerfall bei einer ganz bestimmten Temperatur ein. Das ist die verunreinigungsfreie Schmelztemperatur T_m^*.

Im Moment des Schmelzens sind die flüssige und die feste Phase im thermodynamischen Gleichgewicht. ΔG ist null. Es gilt $T_m^* = \Delta H_m / \Delta S_m$, wobei ΔH_m die molare Schmelzenthalpie und ΔS_m die molare Schmelzentropie ist.

Polymere sind keine morphologisch einheitlichen Stoffe. Freie Kettenenden, niedermolekulare Salze und Lösemittelreste wirken als „Verunreinigungen“. Es kommt zu einer Schmelzpunkterniedrigung. Sind T_m der erniedrigte Schmelzpunkt und x_v der Molenbruch der Verunreinigungen, so gilt:

$$(1/T_m) - \left(1/T_m^*\right) = (R/\Delta H_m)\ \ln\left(1 - x_V\right) \approx (R/\Delta H_m)\ x_v \qquad (5.59)$$

Polymere enthalten zudem amorphe sowie endliche kristalline Bereiche. Dies bedeutet: Polymere besitzen nicht einen „Schmelzpunkt“, sondern einen Schmelzbereich ΔT_m. Dieser ist umso kleiner, je kleiner der Anteil der Verunreinigungen, je schmaler die Molmassenverteilung, je höher die Kristallinität und je größer und perfekter die Kristallite sind.

Der Schmelzbereich ΔT_m wird kalorimetrisch ermittelt. Wir messen dazu die isobare Wärmekapazität C_p und tragen sie gegen T auf. Die Wärmekapazität durchläuft für kristalline Polymere ein Maximum. Die größten und perfektesten Kristallite schmelzen rechts von diesem Maximum. Die Schmelztemperatur ist deshalb als das rechte Ende des Schmelzbereichs definiert (Abb. 5.23).

Am linken Ende des Schmelzbereichs beginnen die Polymermoleküle zu kristallisieren. Dort liegt die Kristallisationstemperatur T_K. Amorphe Polymere besitzen keine Schmelz-

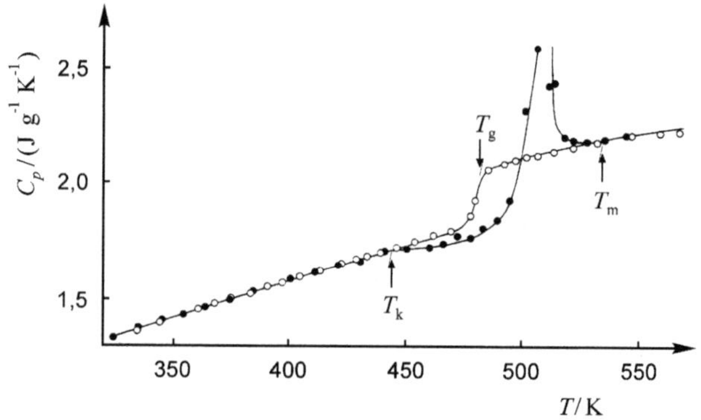

Abb. 5.23 Die isobare Wärmekapazität C_p von teilkristallinem (•) und von amorphem (○) Poly(oxy-2,6-dimethyl-1,4-phenylen) als Funktion der Temperatur T. (O'Reilly 1981)

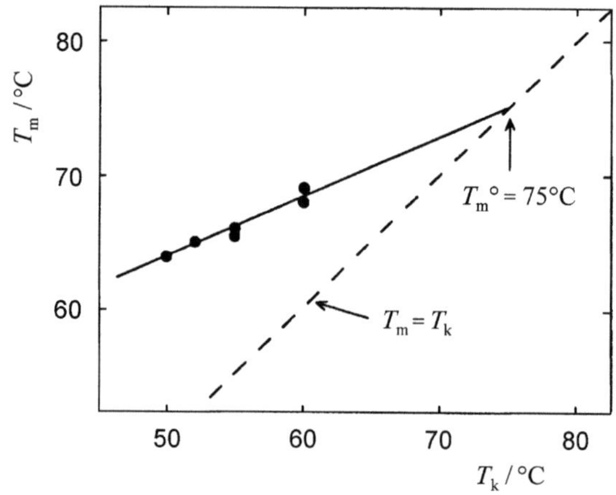

Abb. 5.24 Die Schmelztemperatur T_m als Funktion der Kristallisationstemperatur T_k von Poly(di-propylenoxid). (Magill 1977)

und keine Kristallisationstemperatur. Es gibt aber eine Glastemperatur T_g. Die Wärmekapazität C_p nimmt bei T_g sprunghaft zu.

T_m und die Kristallitdicke Die Schmelztemperatur T_m eines Polymers ist mit der Kristallisationstemperatur T_k verknüpft. Eine Auftragung von T_m gegen T_k liefert in der Regel eine Gerade (Abb. 5.24). T_m kann nicht kleiner als T_k sein. Die Gerade $T_m = T_k$ stellt deshalb die untere Grenzkurve für die Schmelzpunkte dar. Sie schneidet die experimentell ermittelte $T_m(T_k)$-Kurve in einem bestimmten Punkt. Die Kristallisation und das Schmelzen finden dort bei der gleichen Temperatur statt. Wir bezeichnen diese Temperatur mit T_m°.

Die Schmelztemperatur T_m hängt von der Kristallitdicke d_m ab. T_m ist umgekehrt proportional zu d_k, (Abb. 5.25). Diese Beobachtung lässt sich thermodynamisch erklären.

Der betrachtete Kristallit sei ein Zylinder mit dem Radius r und der Höhe h. Die Oberflächenenergie der Deckflächen des Zylinders sei σ_D, und die Oberflächenenergie des Mantels sei σ_M. Die Energie zur Bildung der Zylinderfläche ist:

Abb. 5.25 Die Abhängigkeit der Schmelztemperatur T_m von der reziproken Kristallitdicke d_k für Poly(chlorid-trifluorethylen). (Auftragung von J. D. Hoffman, nach Daten von P. H. Geil und J. J. Weeks)

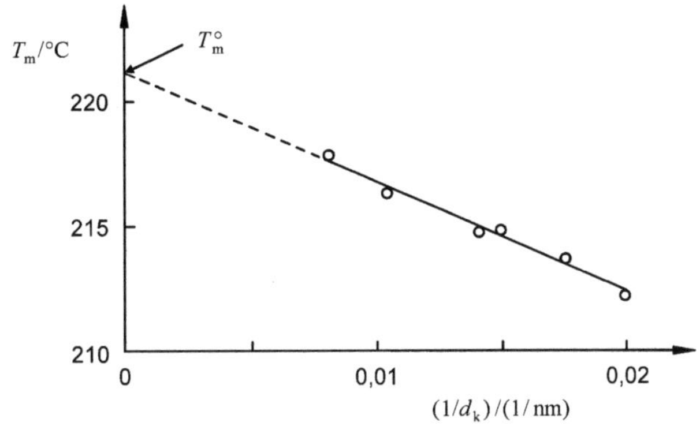

$$G_0 = 2\,\pi\,r^2\,\sigma_D + 2\,\pi\,r\,h\,\sigma_M \tag{5.60}$$

Sie wird beim Schmelzen freigesetzt. Gleichzeitig müssen wir dem Kristallit die Fusionsenergie ΔG_F zufügen. Für die freie Schmelzenthalpie ΔG_m gilt deshalb:

$$\Delta G_m = \pi\,r^2\,h\,\rho_k\,\Delta G_F - 2\,\pi\,r\,[r\,\sigma_D + h\,\sigma_M] \tag{5.61}$$

Dabei ist ΔG_F durch Gl. (5.32) gegeben. Im Schmelzpunkt ist $\Delta G_m = 0$. Es folgt somit:

$$(T_m - T_k)/T_m = [2/(r\,h\,\rho_k\,\Delta H_F)]\,(r\,\sigma_D + h\,\sigma_M) \tag{5.62}$$

Wir sehen: T_m ist gleich T_k, wenn r und h gegen unendlich konvergieren. Die Temperatur $T_m = T_m^\circ$ beschreibt somit den Fall, dass der Kristallit unendlich groß ist. Das ist in der Praxis natürlich nie der Fall. r und h sind endlich, und r ist in der Regel deutlich kleiner als h. Es gilt $\sigma_D/h << \sigma_M/r$. Gl. (5.62) vereinfacht sich deshalb zu:

$$(T_m - T_k)/T_m = (4\,\sigma_M)/(\rho_k\,\Delta H_F\,d_k) \qquad \text{mit } d_k = 2\,r \tag{5.63}$$

Diese Gleichung können wir nach T_m auflösen. Es folgt:

$$T_m \approx T_k + (4\,\sigma_M\,T_k)/(\rho_k\,\Delta H_F\,d_k) \tag{5.64}$$

T_m ist also größer als T_k und umgekehrt proportional zu d_k (Abb. 5.25). Für $(1/d_k) = 0$ gilt:

$$T_m = T_k = T_m^\circ \tag{5.65}$$

T

T_m und der Polymerisationsgrad P Unser Kristallit bestehe aus n Polymerketten. Jede Polymerkette besitzt zwei Endgruppen. Der Molenbruch der Endgruppen im Kristallit ist:

$$x_E = [(2\,n)/(2\,n + P\,n)] \approx 2/P \tag{5.66}$$

P ist der mittlere Polymerisationsgrad einer Polymerkette. Die Endgruppen wirken wie Verunreinigungen ($x_E = x_v$). Sie führen zu einer Schmelzpunkterniedrigung. Nach Gl. (5.59) gilt:

$$(1/T_m) = \left(1/T_m^*\right) + (R/\Delta H_m)\,x_E = \left(1/T_m^*\right) + (2\,R/\Delta H_m)\,(1/P) \tag{5.67}$$

T_m ist die experimentell ermittelte Schmelztemperatur. Sie ist kleiner als die Temperatur T_m^*, die wir erhalten, wenn unser Kristallit keine Endgruppen besitzt. Letzteres ist der Fall, wenn P gegen unendlich konvergiert. T_m^* und T_m° sind somit identisch. Es folgt:

$$(1/T_m) = \left(1/T_m^\circ\right) + (2\,R/\Delta H_m)\,(1/P) \tag{5.68}$$

Wir sehen: Der Kehrwert der Schmelztemperatur wächst proportional mit dem Kehrwert des Polymerisationsgrads P. Diese Voraussage der Theorie wird durch das Experiment bestätigt (Abb. 5.26). Gl. (5.68) gilt allerdings nur dann, wenn die Anordnung der Polymere im Kristallit nicht vom Polymerisationsgrad abhängt. Diese Unabhängigkeit ist für Polyethylene und Cycloalkane nur bedingt gegeben. Bei Polymerisationsgraden von $P < 20$ weist $1/T_m$ eine stufenförmige Abhängigkeit von $1/P$ auf (Abb. 5.26). Erst bei Polymerisationsgraden $P > 20$ nimmt $1/T_m$ linear mit $1/P$ zu.

T_m und die Konstitution Die Schmelztemperatur T_m einer Polymerprobe hängt von verschiedenen Faktoren ab. Ein Faktor ist die Anzahl der freien Kettenenden n_e. Sie ist groß für verzweigte Polymere und klein für lineare Polymere mit großer Molmasse. Die

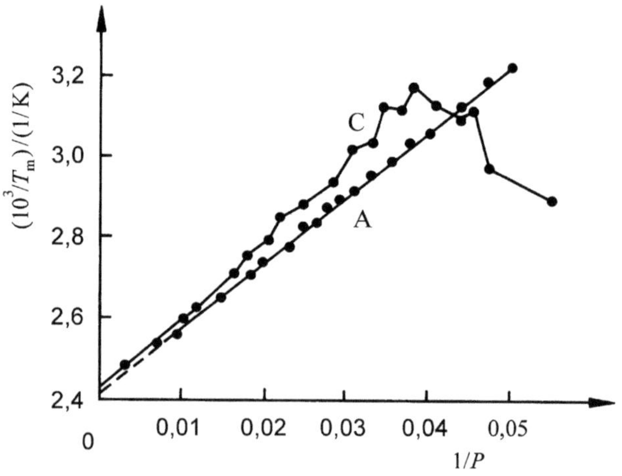

Abb. 5.26 Die reziproke Schmelztemperatur $1/T_m$ als Funktion des Kehrwerts des Polymerisationsgrads P. A = Polyethylen, C = *Cyclo*-$(CH_2)_n$. (Elias 2005/2008)

Schmelztemperatur wird deshalb mit steigendem Verzweigungsgrad kleiner und mit zunehmender Molmasse größer.

Der wichtigste Faktor, der die Schmelztemperatur eines Polymers bestimmt, ist dessen chemische Struktur. Wir betrachten als Beispiel die Schmelztemperaturen der Polymere aus Tab. 5.15. Polyethylen ($-CH_2 - CH_2-)_n$ sei unser Referenzpolymer. Der erste wichtige Faktor, der T_m beeinflusst, ist die Steifheit der Polymerhauptkette. Sie hängt davon ab, wie leicht es ist, Rotationen um die chemischen Bindungen der Hauptkette durchzuführen. Die Drehbarkeit wird durch die Einführung von Gruppen wie $-O-$, $-O-O-$ oder $-CO-O-$ erleichtert. T_m wird kleiner. Phenylgruppen erhöhen dagegen die Steifheit der Hauptkette. T_m wird größer.

Der zweite wichtige Faktor ist die Präsenz polarer Gruppen, wie $-CONH-$. Sie ermöglichen die Bildung intermolekularer Wasserstoffbrückenbindungen. Diese stabilisieren den Kristall. T_m wird erhöht. Für die Polyamide hängt T_m von der Stärke der intermolekularen H-Bindungen ab. T_m wird kleiner, wenn die Anzahl der $-CH_2-$-Gruppen zwischen den Amidgruppen zunimmt (Tab. 5.15).

Der dritte Faktor, der T_m beeinflusst, ist die Art der Seitengruppen auf der Hauptkette. Wir betrachten dazu als Beispiel die Vinylpolymere. Sie besitzen die Struktur ($-CH_2 - CHX-)_n$, wobei X die Seitengruppe ist. Für Polypropylen ist $X = CH_3$. Die CH_3-Gruppe erhöht die Steifheit der Hauptkette. Die Schmelztemperatur von Polypropylen ist deshalb größer als die von Polyethylen. Dieses Prinzip lässt sich aber nicht verallgemeinern. Ist die Seitengruppe X lang und flexibel, so wird T_m mit steigender Länge kleiner. Steife Seiten-

Tab. 5.15 Die Schmelztemperatur T_m für einige Polymere

Polymertyp	T_m(°C)	Polymertyp	T_m(°C)
$+C(H_2)-C(H_2)+_n$	142	$+C(H_2)-C(H)(X)+_n$ mit X =	
$+C(H_2)-C(H_2)-C(=O)-O+_n$	122	$-CH_3$	186
$+C(H_2)-C(H_2)-O+_n$	68	$-C(H_2)-CH_3$	125
$+C(H_2)-C_6H_4-C(H_2)+_n$	398	$-C(H_2)-CH(CH_3)-CH_3$	235
$+C(H_2)-C(H_2)-C(=O)-N(H)+_n$	330	$-C_6H_5$	177
$+C(H_2)-C(H_2)-C(H_2)-C(=O)-N(H)+_n$	260		

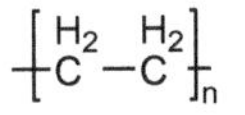

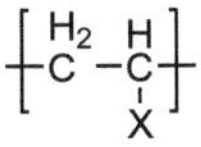

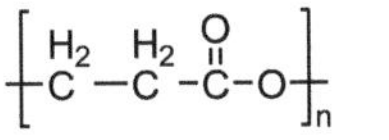

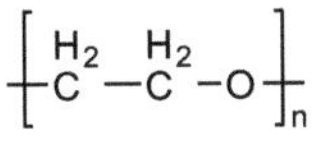

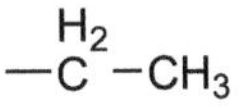

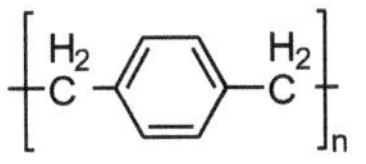

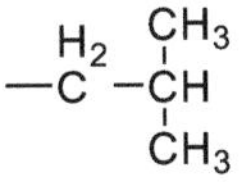

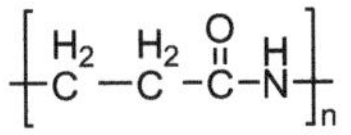

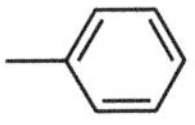

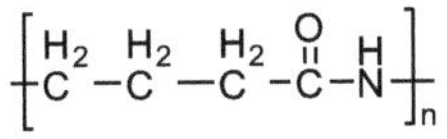

gruppen wie Phenyl- oder $-CH_2 - CH(CH_3)_2-$-Gruppen beeinträchtigen die freie Rotation um die Hauptkette. T_m wird dann größer.

Eine Berechnungsformel für T_m In Analogie zur molaren Glasübergangsfunktion Y_g können wir die molare Schmelzübergangsfunktion Y_m einführen. Es gilt:

$$Y_m \equiv \quad T_m M = \sum_i Y_{mi} \tag{5.69}$$

M ist wieder die Molmasse einer Monomereinheit, und Y_{mi} sind die Beiträge der Struktureinheiten zu Y_m. Einige Y_{mi}-Werte sind in Tab. 5.16 zusammengestellt. Zu ihrer Bestimmung wurden die T_m-Werte von nahezu 800 Polymeren herangezogen.

Wir wollen als Anwendungsbeispiel die Schmelztemperatur von PEEK berechnen. Die Strukturformel lautet:

Tab. 5.16 Beiträge der Struktureinheiten zu Y_m

Gruppe	$Y_{mi.}$ (kg K **mol^{-1}**)	M_i (g **mol^{-1}**)
$-CH(CH_3)-$	13,0	28,0
$-CH(i\text{-propyl})-$	35,3	56,1
$-CH(C_6H_5)-$	48,0	90,1
$-CH(OH)-$	18,0	30,0
$-CH(OCOCH_3)-$	38,0	72,1
$-CH(CN)-$	26,9	39,0
$-CHF-$	17,4	32,0
$-CHCl-$	27,5	48,5
$-O-$	13,5	16,0
$-NH-$	18,0	15,0
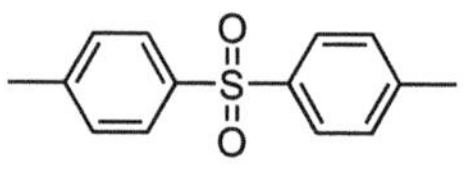	133	216,3
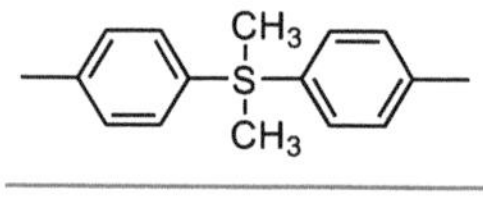	125	194,3
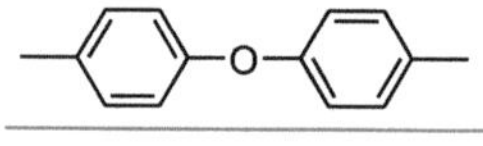	91	168,2
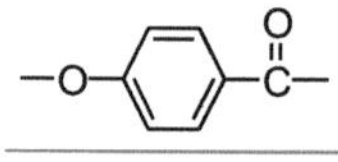	81	120,1

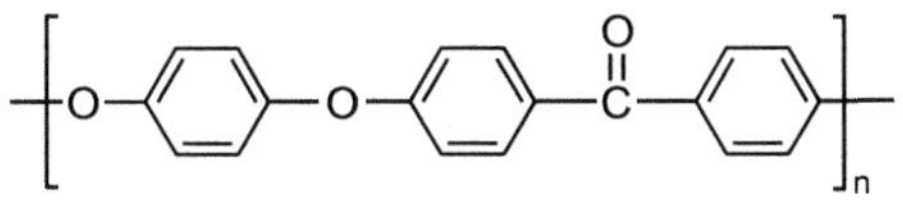

Nach Tab. 5.16 gilt für die Struktureinheiten:

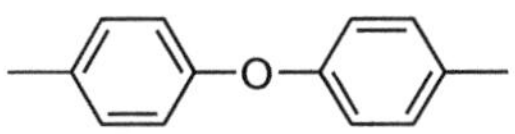

$Y_{mi} = 91$ $M_i = 168{,}2$

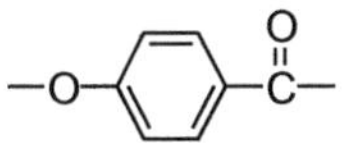

$Y_{mi} = 81$ $M_i = 120{,}1$

Es gilt somit $T_m = \sum Y_{mi} / \sum M_i = 10^3(91 + 81)/(168{,}2 + 120{,}1) = 596{,}6$ K.

Dies entspricht einer Schmelztemperatur von 323 °C. Der experimentell ermittelte Wert liegt im Bereich von 340 °C; die Übereinstimmung ist also gut.

Gl. (5.69) gilt nur für lineare Polymere. Für kammartig verzweigte Polymere mit Seitenketten der Länge N gilt:

$$\left.\begin{aligned} Y_m &= Y_{m0} + \frac{N}{5}\,(Y_{m5} - Y_{m0}) \\ Y_m &= Y_5 \\ Y_m &= Y_{m5} + 5{,}7\,(N - 5) \end{aligned}\right\} \quad \begin{aligned} N &< 5 \\ N &= 5 \\ N &> 5 \end{aligned} \tag{5.70}$$

Einige Werte für Y_{m0} und Y_{m5} sind in Tab. 5.17 zusammengestellt.

Als Anwendung von Gl. (5.70) wollen wir die Schmelztemperatur von Poly(vinyl-1-decyl-ether) bestimmen. Die Strukturformel lautet:

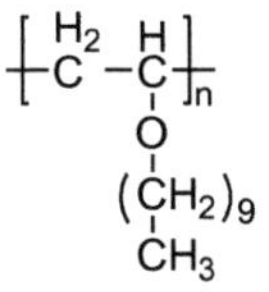

Das bedeutet: N ist 9; für die Struktureinheit

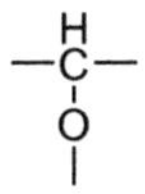

Tab. 5.17 Y_{m0}- und Y_{m5}-Werte einiger Vinylpolymere mit Methylgruppen als Endgruppen

Polymer	Trivalente Struktureinheit	Y_{m0} (kg K mol^{-1})	Y_{m5} (kg K mol^{-1})
Polypropylen	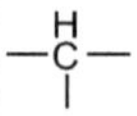	18,7	26,3
Poly(vinylmethylether)	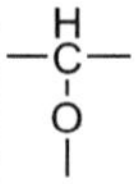	24,4	30,1
Poly(vinylacetat)	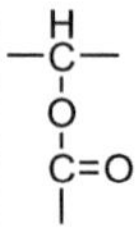	44,0	36,7
Poly(methylacrylat)	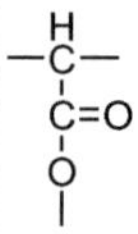	44,0	36,7
Poly(methylmethacrylat)	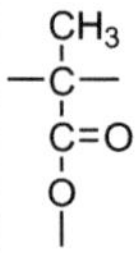	47,3	40,0

ist $Y_{m5} = 30{,}1$. Ihr zugeordnet ist die Basiseinheit

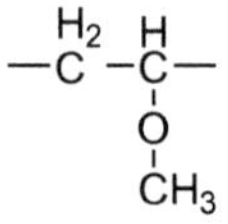

mit der Molmasse $M = 58{,}1$ g mol^{-1}. Es folgt somit:

$$Y_m = 30{,}1 + 5{,}7(9 - 5) = 52{,}9 \text{ kg K mol}^{-1}$$

$$M = 58{,}1 + 9{,}14 = 184 \text{ g mol}^{-1}$$

$$T_m = 52{,}9 \cdot 10^3 / 184 = 288 \text{ K}^{-1}$$

Der experimentell bestimmte Wert von T_m ist 280 K, die Übereinstimmung ist also gut. Van Krevelen (1990) sowie Van Krevelen und te Nijenhuis (2009) haben das dargestellte Berechnungsverfahren auf 800 Polymere angewandt. Bei 75 % der Polymere ist die Abweichung zwischen den berechneten und experimentell ermittelten T_m-Werten kleiner als 20 K; die Übereinstimmung liegt damit im Rahmen der Messgenauigkeit. Die berechneten T_m-Werte der anderen 25 % sind weniger zuverlässig.

5.2.4.4 Andere Umwandlungstemperaturen

Die Glas- und die Schmelztemperatur sind die Hauptübergangstemperaturen von Polymeren. Es existieren aber noch andere Übergänge. Wir wollen sie im Überblick kurz zusammenstellen:

1. **Die lokale Relaxation:** Sie beinhaltet die Relaxation eines sehr kurzen Abschnitts einer Polymerkette und wird β-Relaxation genannt. Es gilt:
   $T_\beta < T_g$; $T_\beta \approx 0{,}75\ T_g$
2. **Die Flüssig-flüssig-Relaxation:** Diese Relaxation tritt in unvulkanisierten, amorphen Polymeren und Copolymeren auf. Die Übergangstemperatur T_l liegt bei etwa 1,2 T_g. Sie beschreibt den Übergang vom viskoelastischen in den normalviskosen Zustand.
3. **Der zweite Glasübergang in semikristallinen Polymeren:** In einigen semikristallinen Polymeren treten zwei Glasübergänge auf: ein unterer Glasübergang bei $T_{g,u}$ und ein oberer bei $T_{g,o}$. Die Temperatur $T_{g,u}$ erfasst die rein amorphen Gebiete und $T_{g,o}$ die amorphen Gebiete, in deren Nachbarschaft sich Kristallite befinden. $T_{g,o}$ nimmt deshalb mit dem Grad der Kristallisation zu. In den meisten Fällen gilt:
   $T_{g,o} \approx (1,2 \pm 0,1)\ T_{g,u}$; $\quad T_{g,u} \approx (0,575 \pm 0,075)\ T_m$; $\quad T_{g,o} \approx (0,7 \pm 0,1)\ T_m$
4. **Die Präschmelztemperatur $T_{m\alpha}$:** Einige semikristalline Polymere zeigen einen mechanischen Verlustpeak unterhalb der Schmelztemperatur. $T_{m\alpha}$ ist die Temperatur, bei der behinderte Rotationen von Polymerketten innerhalb der gefalteten Kristallite stattfinden. Oft gilt:
   $T_{m\alpha} \approx 0{,}9\ T_m$

Abschließend wollen wir noch erklären, was eine **Relaxation** ist. Es ist das zeitliche Zurückbleiben einer Wirkung hinter ihrer Ursache. Das zu untersuchende System wird dazu kurzzeitig einem äußeren Kraftfeld ausgesetzt und die Zeitspanne gemessen, die das System benötigt, um in seine neue Gleichgewichtslage zu gelangen. Die Kraftfelder können dabei von mechanischer, elektrischer oder magnetischer Natur sein. Die Messgrößen sind dementsprechend mechanische Module oder elektrische und magnetische Dipolmomente. Die äußere Kraft wird meist periodisch auf die Probe einwirken gelassen. Die benutzten Frequenzen liegen zwischen $\nu = 10^{-6}\ s^{-1}$ und $\nu = 10^{12}\ s^{-1}$. Die zur Relaxation zur Verfügung stehenden Zeiten liegen also zwischen 10^{-12} und 10^6 s (11,5 Tage). Die Messgrößen werden für verschiedene Frequenzen bei verschiedenen Temperaturen bestimmt. Bei einer gegebenen Frequenz werden für einige Temperaturen Resonanzsignale (Peaks) beobachtet. Diese lassen sich bestimmten molekularen Vorgängen zuordnen. Die zugehörigen Temperaturen heißen **Relaxationstemperaturen**. Die meisten Relaxationsprozesse (Temperaturen) besitzen keine anschauliche Erklärung. Es handelt sich in der Regel um eine Überlagerung verschiedener Prozesse (Abschn. 5.3). Ausnahmen sind die Schmelz-, die Glas- und die Flüssig-Flüssig-Relaxationstemperaturen.

5.2.5 Methoden zur Bestimmung thermischer Eigenschaften, Phasenübergängen und anderer Umwandlungen

Der Nachweis thermisch induzierter Umwandlungen erfolgt über die Temperaturabhängigkeit von Größen wie Ausdehnungskoeffizient α, Enthalpie H oder Wärmekapazität C_p. Gewöhnlich werden drei Messmethoden verwendet: Dilatometrie, Thermoanalyse und mechanische Deformation.

Dilatometrie Dilation heißt Ausdehnung. Ein **Dilatometer** misst die Dehnung oder Stauchung eines Probekörpers als Funktion der Temperatur. Das geschieht heutzutage vollautomatisch mit einem Differenzial-Dilatometer. Die Dilatometrie wird nur sehr selten zur Ermittlung eines Phasenübergangs erster Art benutzt. Die Volumenänderungen sind dort sehr groß und abrupt, sodass ihre präzise Bestimmung nicht möglich ist. Die Dilatometrie ist dagegen die bevorzugte Methode zur Ermittlung der Glastemperatur T_g. Die Diskontinuität liegt dort im Ausdehnungskoeffizienten α; dieser lässt sich sehr genau bestimmen.

Thermoanalyse Die Thermoanalyse ist eine kalorimetrische Methode. Sie erfasst Umwandlungswärmen. Besonders wichtig sind die **Differenzthermoanalyse** (DTA), die Differential Scanning Calorimetry (**Differenzielle Wärmeflusskalorimetrie**, DSC) und die **Thermogravimetrie**.

Die DTA arbeitet adiabatisch ($\Delta Q = 0$). Wärmemengen, die bei Umwandlungen auftreten, kühlen oder erwärmen die Probe. Die Messprobe und eine Referenzsubstanz, die im zu untersuchenden Temperaturintervall keine Umwandlungspunkte aufweist, werden mit konstanter Geschwindigkeit erwärmt. Erreicht die Temperatur für die Probe einen Umwandlungspunkt erster Art, so wird so lange Wärme aufgenommen, bis die Probe geschmolzen ist. Die Temperatur der Probe bleibt dabei konstant, während sich die Temperatur der Referenzsubstanz ständig erhöht. Die Temperaturdifferenz ΔT zwischen der Probe und der Referenzsubstanz wird gemessen und gegen die Temperatur T oder gegen die Zeit t aufgetragen (T ist proportional zu t, da die Erwärmungsgeschwindigkeit $d(\Delta Q)/dt$ konstant ist). Bei der Schmelztemperatur T_m ist ΔT negativ. Wir erhalten einen nach unten gerichteten Peak. Dieser bleibt so lange bestehen, bis der Schmelzvorgang abgeschlossen ist. Umwandlungspunkte zweiter Art, „wie die Glastemperatur", äußern sich in einer Höhenverschiebung der Basislinie. Die Auftragung von ΔT gegen T heißt **Thermogramm**. Ein Beispiel zeigt Abb. 5.27.

Die DSC-Methode arbeitet isotherm ($\Delta T = 0$). Die Messprobe und die Referenzsubstanz werden gemeinsam erwärmt. Die Erwärmung erfolgt hierbei aber so, dass Probe und Referenz stets die gleiche Temperatur besitzen. Es tritt also kein ΔT auf. Um das zu

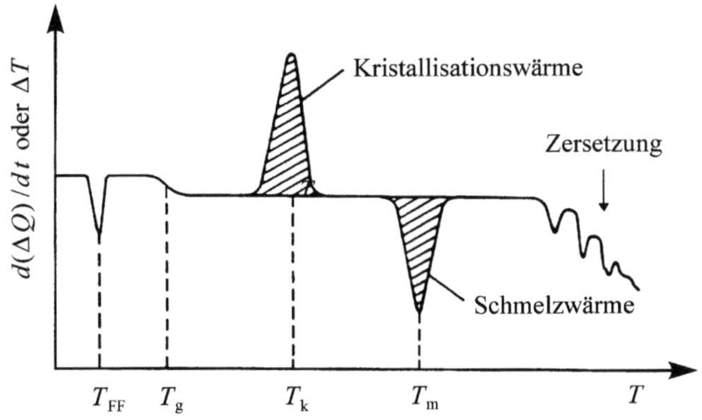

Abb. 5.27 Beispiel für ein DSC- und DTA-Thermogramm. FF = Festkörper-Festkörper-Übergang

erreichen, muss der Messprobe bei den Umwandlungspunkten eine andere Wärmemenge ΔQ pro Zeiteinheit dt zugefügt werden als der Referenzsubstanz. Die Messgröße ist jetzt die zeitliche Änderung d(ΔQ)/dt der Messprobe, also der Wärmefluss. Sie wird gegen die Temperatur bzw. die Zeit aufgetragen. Dadurch wird ein Thermogramm erhalten, das dem der DTA-Methode ähnelt. Die exotherme Kristallisation äußert sich als Peak nach oben und der endotherme Schmelzpunkt als Peak nach unten. Neben den Umwandlungspunkten liefert die DSC aber auch die zugehörigen Umwandlungswärmen, z. B. die Schmelzenthalpie. Ihre Werte ergeben sich aus den Flächen der Peaks (Abb. 5.27).

Die Differenzialthermogravimetrie (DTG) oder allgemein Thermogravimetrie arbeitet so ähnlich wie die DTA. Anstelle von T wird die Änderung der Probenmasse beobachtet. Bei der thermischen Zersetzung der Probe werden gasförmige Produkte frei; die Probenmasse nimmt ab. Die Zersetzungsprodukte werden mithilfe eines nachgeschalteten Gaschromatografen, der heutzutage typischerweise gekoppelt ist mit einem Massenspektrometer (GC-MS), analysiert. Dies erlaubt Aussagen über die Zersetzungsvorgänge. Die DTG sagt aber nur wenig über die Art der thermischen Umwandlungen aus.

5.3 Mechanische Eigenschaften, Rheologie

M. Susoff und N. Vennemann

Ein polymerer Festkörper ändert seine Gestalt, wenn eine Kraft auf ihn einwirkt. Der Festkörper wird durch eine Scherkraft geschert, durch eine Zugkraft gedehnt und durch eine Druckkraft komprimiert. Das Maß der Deformierbarkeit hängt von folgenden Faktoren ab:

- der inneren Struktur des Festkörpers,
- der Deformationsgeschwindigkeit (Rate) und
- der Temperatur.

Elastische Festkörper, wie Metalle und keramische Materialien, gehorchen bei kleinen Dehnungen dem **Hooke'schen Gesetz**. Die Dehnung ist der Zugkraft proportional und unabhängig von der Deformationsgeschwindigkeit. Die mechanischen Eigenschaften von Flüssigkeiten sind dagegen zeitabhängig. Für kleine Dehnungsraten gilt das **Newton'sche Gesetz**. Die Scherspannung ist proportional zur Dehnungsrate und unabhängig von der Dehnung.

Die mechanischen Eigenschaften der meisten Polymere liegen zwischen denen von elastischen Festkörpern und Flüssigkeiten. Bei niedrigen Temperaturen und hohen Dehnungsraten verhalten sich Polymere wie elastische Festkörper. Sie benehmen sich dagegen wie viskose Flüssigkeiten, wenn die Temperatur hoch und die Dehnungsrate klein ist. Polymere besitzen also sowohl elastische wie auch viskose Eigenschaften. Wir bezeichnen sie daher als viskoelastisch.

5.3.1 Elastisches Verhalten

5.3.1.1 Grundlegende Beanspruchungsgrößen und einfache Materialgesetze

Dehnung und Dehnungsmodul

Gegeben sei ein Draht mit dem Querschnitt A und der Länge l. Ziehen wir mit der Kraft $\boldsymbol{F}$ an dem Draht, so wird er um die Strecke Δl verlängert bzw. gedehnt. Diese Dehnung ist bei nicht allzu großer Belastung proportional zu F und l, aber umgekehrt proportional zu A. Es gilt:

$$\Delta l = (1/E)\,(l\,F/A) \qquad \text{bzw.} \qquad \Delta l/l = (1/E)\,(F/A) \tag{5.71}$$

Die Proportionalitätskonstante E heißt Dehnungs- oder **Elastizitätsmodul**. Es erfasst das unterschiedliche Verhalten der Materialien. Je größer E ist, desto weniger elastisch ist das Material.

Das Verhältnis $\varepsilon = \Delta l/l$ heißt Dehnung (*strain*). Es gibt die Verlängerung oder Verkürzung pro Längeneinheit an. Das Verhältnis $\sigma = F/A$ ist die Spannung (*stress*). Gl. (5.71) lässt sich damit umschreiben zu:

$$\sigma = E\,\varepsilon \tag{5.72}$$

Das ist das Hooke'sche Gesetz. Dehnung und Spannung sind einander proportional.

Festkörper, die dem Hooke'schen Gesetz folgen, heißen elastisch. Da ε dimensionslos ist, hat E die Dimension einer Spannung. In der Technik wird E meist in Pascal (Pa) oder Megapascal (MPa) angegeben (1 Pa = 1 N m^{-2}). Veraltete Angaben sind deka-Newton mm^{-2} (daN mm^{-2}), Kilopond mm^{-2} (kp mm^{-2}) oder dyn cm^{-2} (1 kp = 9,80665 N = 0,980665 daN). Einige Werte für E zeigt Tab. 5.18.

Tab. 5.18 Elastizitäts-, Schub- und Kompressionsmodule und Poisson'sche Zahlen bei $T = 20$ °C

Material	E (GPa)	G (GPa)	K (GPa)	μ
Aluminium	72	27	75	0,34
α-Eisen	218	84	172	0,28
V2A-Stahl (Cr, Ni)	195	80	170	0,28
Gold	81	28	180	0,42
Cu, weich	120	40	140	0,35
α-Messing	100	36	125	0,38
Quarzglas	76	33	38	0,17
Marmor	73	28	62	0,30
Eis (−4 °C)	9,9	3,7	10	0,33
Naturkautschuk	0,001	0,0004	2	0,5
Polyethylen (LD)	0,2	0,07	3,3	0,49
Polyamid	1,9	0,7	5	0,44
Polystyrol	3,4	1,2	5	0,38
Poly(methylmethacrylat)	3,2	1,1	5,1	0,40

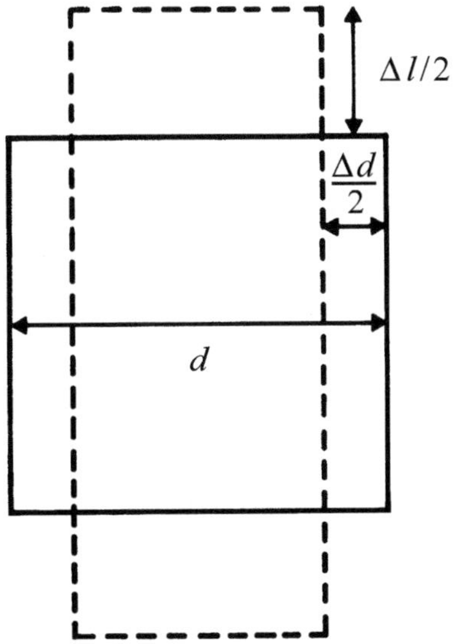

Abb. 5.28 Querkontraktion eines elastischen Drahts

Poisson'sche Zahl

Ein Draht, auf den die Spannung σ wirkt, wird nicht nur in die Richtung des Kraftvektors um die Strecke Δl verlängert bzw. verkürzt. Er wird gleichzeitig in der dazu senkrechten Richtung um die Strecke Δd „verdünnt" bzw. „verdickt". Wir sprechen von der Querkontraktion bei elastischer Dehnung (Abb. 5.28).

Wir betrachten als Beispiel einen Quader mit dem quadratischen Querschnitt $A = d^2$ und der Länge l. Das Volumen dieses Quaders wird durch eine Dehnung verändert. Es gilt:

$$\Delta V = \left[(d - \Delta d)^2\ (l + \Delta l)\right] - d^2\, l \approx d^2\ \Delta l - 2\Delta d\ l\ d \tag{5.73}$$

Die relative Volumenänderung ist:

$$\Delta V/V = \Delta V/\left(d^2\ l\right) \approx (\Delta l/l) - (2\ \Delta d/d) = (\Delta l/l)\ [1 - (2\ \Delta d/d)/(\Delta l/l)] \tag{5.74}$$

Das Verhältnis

$$\mu \equiv (\Delta d/d)/(\Delta l/l) \tag{5.75}$$

heißt **Poisson'sche Zahl**. Bei Berücksichtigung des Hooke'schen Gesetzes lässt sich Gl. (5.74) damit umschreiben zu:

$$\Delta V/V = (1/E)\ (1 - 2\,\mu)\ \sigma \tag{5.76}$$

ΔV ist größer oder mindestens gleich null. μ kann deshalb nicht größer als 0,5 sein. Für $\mu = 0{,}5$ ist $\Delta V = 0$. Experimentell findet man, dass μ zwischen 0 und 0,5 liegt (Tab. 5.18).

Kompression und Kompressionsmodul

Ein Festkörper, auf den von allen Seiten des Raums ein gleich großer Druck p wirkt, wird komprimiert. Die Volumenänderung ist dabei dreimal so groß wie bei der eindimensionalen Druckspannung $p = -\sigma$. Aufgrund von Gl. (5.76) gilt:

$$\Delta V/V = -(3/E)\ (1 - 2\,\mu)\ p \qquad \text{bzw.} \qquad p = -K\ (\Delta V/V) \tag{5.77}$$

Das Minuszeichen vor der Konstante K weist darauf hin, dass bei einer Druckzunahme das Volumen abnimmt. Die Konstante K heißt Kompressionsmodul. Sie besitzt genau wie E die Einheit einer Spannung. Es gilt:

$$K = E/[3\ (1 - 2\,\mu)] \tag{5.78}$$

K, E und μ sind also miteinander verknüpft. Die Größe $\kappa = 1/K$ heißt Kompressibilität. Sie wird vorzugsweise bei der Beschreibung von Gasen und Flüssigkeiten benutzt.

Scherung und Schubmodul

Die Scher- oder Schubkraft wirkt senkrecht zu der Ebene, an der sie angreift. Sie bewirkt eine Scherung, d. h. eine Kippung der Kanten der Ebene, die senkrecht zur angreifenden

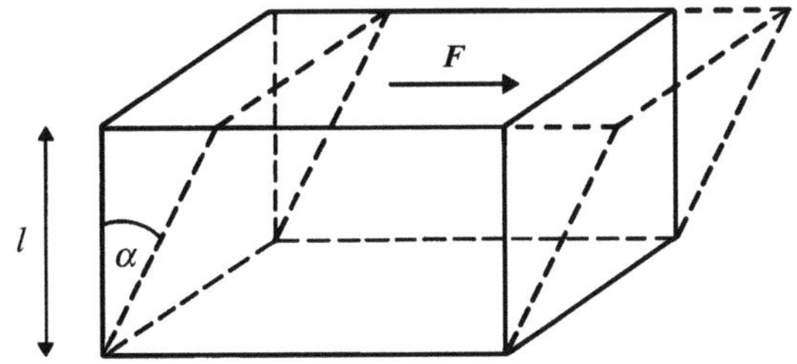

Abb. 5.29 Scherung eines Quaders

Tab. 5.19 Die Elastizitätsparameter und ihre Berechnungsformeln

$K =$	$\frac{E}{3\,(1-2\,\mu)} =$	$\frac{2}{3}\,G\,\frac{1+\mu}{1-2\,\mu} =$	$\frac{1}{3}\,\frac{E}{3-E/G}$
$G =$	$\frac{E}{2\,(1+\mu)} =$	$\frac{3}{2}\,K\,\frac{1-2\,\mu}{1+\mu} =$	$\frac{E}{3-(1/3)\,(E/G)}$
$E =$	$2\,G\,(1+\mu) =$	$3\,K\,(1-2\,\mu) =$	$\frac{3\,G}{1+(1/3)(G/K)}$
$\mu =$	$1/2 - E/(6\,K) =$	$E/(2\,G) - 1 =$	$\frac{1-(1/2)(G/K)}{2\,(1+(1/3)(G/K))}$

Kraft stehen (Abb. 5.29). Der Kippwinkel α ist der Schubspannung $\tau = F/l^2$ proportional. Es gilt:

$$\tau = G\,\alpha \tag{5.79}$$

Die Proportionalitätskonstante G heißt Torsions- oder Schubmodul. Sie ist ein Maß für die Gestaltelastizität.

Die vier Parameter E, G, K und μ sind miteinander verknüpft. Sind zwei der Parameter bekannt, so lassen sich die anderen zwei berechnen. Die Berechnungsformeln sind in Tab. 5.19 zusammengestellt.

Die Konstanten *E*, *G*, *K* und die Schallgeschwindigkeit

In Festkörpern können sich longitudinale und transversale Schallwellen ausbreiten. **Longitudinale Wellen** erzeugen im Festkörper lokale Kompressionen und Expansionen. Die Molekülteile des Festkörpers schwingen dabei in Richtung der Fortpflanzung der Welle. Bei einer **transversalen Welle** erfolgt die Bewegung der Molekülteile dagegen senkrecht zur Fortpflanzungsrichtung der Welle, der Festkörper wird lokal geschert. Transversale Schallwellen werden deshalb **Scherwellen** genannt.

Flüssige Medien wie Gase, Flüssigkeiten oder Schmelzen besitzen keine innere Steifheit; in ihnen können sich nur longitudinale Wellen ausbreiten. In steifen Medien, die nicht komprimierbar sind, können sich dagegen nur Scherwellen ausbreiten.

Die Schallgeschwindigkeit U_l einer longitudinalen Welle und die Schallgeschwindigkeit U_t einer transversalen Welle hängen von den Modulen K und G ab. Findet keine Schallabsorption statt, so gilt:

$$U_l = [(K + 4\,G/3)/\rho]^{1/2} \tag{5.80}$$

$$U_t = [G/\rho]^{1/2} \tag{5.81}$$

Dabei ist ρ die Dichte des Materials.

Bei dünnen Fasern ist die laterale Ausdehnung kleiner als die Wellenlänge des Schalls. Die longitudinale Welle ist dann rein extensional. Es gilt:

$$U_{ext} = (E/\rho)^{1/2} = [3\,G/(1 + G/3\,K)\,\rho]^{1/2} \tag{5.82}$$

In Schmelzen ist $G = 0$; die longitudinale Welle ist dann rein kompressional: $U_k = (K/\rho)^{1/2}$.

Die molare Schallgeschwindigkeitsfunktion U_R Rama Rao konnte 1940 zeigen, dass das Verhältnis $U_l^{1/3}/\rho$ für organische Flüssigkeiten nicht von der Temperatur abhängt. Die Funktion

$$U_R \equiv M\,U_l^{1/3}/\rho = V\,U_l^{1/3} \tag{5.83}$$

heißt **Rao-Funktion** oder molare Schallgeschwindigkeitsfunktion. Darin sind M die Molmasse und V das Molvolumen. Für Festkörper muss Gl. (5.83) modifiziert werden. Dort gilt:

$$U_R = V\,U_l^{1/3}\left[\frac{1 + \mu}{3\,(1 - \mu)}\right]^{1/6} \tag{5.84}$$

Dabei ist μ die Poisson'sche Zahl. Für Flüssigkeiten ist $\mu = 0{,}5$, sodass Gl. (5.84) in Gl. (5.83) übergeht.

Jede Struktureinheit eines Polymers liefert einen bestimmten Beitrag zu U_R, und diese Beiträge verhalten sich additiv. Das bedeutet: Wir können U_R berechnen, wenn wir die Molekularstruktur und die Gruppenbeiträge kennen. Letztere sind in Tabellenwerken nachschlagbar. Einige Beispiele zeigt Tab. 5.20.

Anstelle von Gl. (5.80) können wir auch $U_l^2 = (K/\rho)\,(3\,(1 - \mu)/(1 + \mu))$ schreiben (Tab. 5.19). Kombinieren wir diese Gleichung mit Gl. (5.84), so folgt:

$$K = (U_R/V)^6 \rho \tag{5.85}$$

Der Kompressionsmodul kann somit berechnet werden, wenn U_R bekannt ist.
Hartmann hat 1984 einen analogen Ausdruck für den Schermodul G abgeleitet. Es gilt:

$$G = (U_H/V)^6 \rho \tag{5.86}$$

Darin ist U_H die Hartmann-Funktion. Die Gruppenbeiträge für U_H finden sich in Tab. 5.20.

Gl. (5.80) bis (5.86) lassen interessante Anwendungsmöglichkeiten zu. Wir betrachten als Beispiel Poly(methylmethacrylat). Die Struktureinheit lautet:

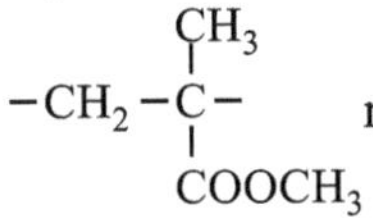

$$-CH_2-\underset{\underset{COOCH_3}{|}}{\overset{\overset{CH_3}{|}}{C}}- \quad \text{mit } M = 100{,}1 \text{ g}, \rho = 1{,}19 \text{ g cm}^{-3} \text{ und } V = 84{,}5 \text{ cm}^3 \text{ mol}^{-1}$$

Nach Tab. 5.20 ergeben sich damit folgende Gruppenbeiträge:

	U_R	U_H
$-CH_2-$	880	675
$-CH(CH_3)(COOCH_3)-$	4220	3650
	Σ 5100	Σ 4325

Somit ist $K = \rho (U_R/V)^6 = 1{,}19 \, (5100/84{,}5)^6 = 5{,}76$ GPa und $G = \rho (U_H/V)^6 = 2{,}18$ GPa.

Für E und μ finden wir: $E = 3 G/(1 + G/3 K) = 5{,}8$ GPa; $\mu = (1/2 - G/3 K)/(1 + G/3 K) = 0{,}335$.

Tab. 5.20 Gruppenbeiträge zu U_R und U_H

Gruppe	$U_R (\text{cm}^3 \text{mol}^{-1}) (\text{cm s}^{-1})^{1/3}$	$U_H (\text{cm}^3 \text{mol}^{-1}) (\text{cm s}^{-1})^{1/3}$
$-CH_2-$	880	675
$-CH(CH_3)-$	1875	1650
$-CH(C_6H_5)-$	4900	4050
$-CH(CH_3)(COOCH_3)-$	4220	3650
$-C_6H_4-$	4100	3300
$-O-$	400	300
$-N<$	65	50
$-OH$	630	500

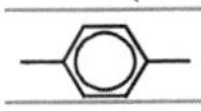

Diese Werte vergleichen wir mit den experimentell ermittelten Werten:

	Experiment	Theorie
K/(GPa)	6,49	5,76
G/(GPa)	2,33	2,18
E/(GPa)	6,24	5,80
μ	0,34	0,335

Wir erkennen: Die Übereinstimmung zwischen Theorie und Experiment ist hinreichend gut.

Wir wollen zusätzlich die Schallgeschwindigkeiten berechnen. Nach Gl. (5.80) und Gl. (5.81) gilt $U_l = 2700$ m/s und $U_t = 1360$ m/s. Beide Werte stimmen mit den gemessenen Werten $U_l = 2690$ m/s und $U_t = 1340$ m/s gut überein.

Einen Vergleich der gemessenen und berechneten Schallgeschwindigkeiten für andere Polymere zeigt Tab. 5.21. Die Übereinstimmung ist in allen Fällen zufriedenstellend. Wir schließen daraus: Gl. (5.80) bis (5.86) sind vorzüglich dazu geeignet, um K, G, E, μ, U_l und U_t zu berechnen. Das gilt allerdings nur, solange keine Schallabsorption stattfindet.

Schallabsorption Die Schallabsorption ist weniger systematisch untersucht als die Schallgeschwindigkeit in Polymeren. Das vorhandene Datenmaterial lässt folgende Schlüsse zu:

1. Die Schallabsorption α ist in Phasenübergangsgebieten und im Gelzustand sehr hoch.
2. Die Schallabsorption ist vernachlässigbar klein, wenn die Poisson-Zahl μ kleiner als 0,3 ist.
3. Gering vernetzte Kautschuke absorbieren Schallwellen relativ stark.
4. Die Schallabsorption von Kautschuken hoher Vernetzungsdichte (Elastomeren) ist gering.
5. Das Verhältnis α_t/α_l ist für alle Polymere nahezu konstant und liegt bei 5. Darin sind α_t und α_l die transversalen und longitudinalen Beiträge zu α.

Tab. 5.21 Berechnete und gemessene Schallgeschwindigkeiten ausgewählter Polymere

	Experiment		Theorie	
Polymer	**U_l (m s^{-1})**	**U_t (m s^{-1})**	**U_l (m s^{-1})**	**U_t (m s^{-1})**
PE (HD)	2430	950	2410	960
PP	2650	1300	2586	1280
PS	2400	1150	2270	1080
PVC	2376	1140	2425	1140
PMMA	2690	1340	2700	1360
PEO	2250	406	2400	926
PA 6	2700	1120	2785	1120
PA 6.6	2710	1120	2785	1120
PF	2840	1320	3015	1270

6. Finden in einem gegebenen Temperaturbereich keine Phasenübergänge statt, so gilt in guter Näherung:

$$\alpha_l \approx 40\ (\mu - 0,30)\ \text{dB/cm} \tag{5.87}$$

Wir betrachten als Beispiel PMMA. Dort ist $\mu = 0{,}335$. Setzen wir diesen Wert in Gl. (5.87) ein, so folgt $\alpha_l = 1{,}4$ dB cm^{-1}. Da $\alpha_t \approx 5\alpha_l$ ist, gilt ferner: $\alpha_t = 7{,}0$ dB cm^{-1}. Diese Werte stimmen relativ gut mit den gemessenen Werten $\alpha_l = 1{,}4$ dB cm^{-1} und $\alpha_t = 4{,}3$ dB cm^{-1} überein.

5.3.1.2 Elastizität (Energie- und Entropieelastizität)

Elastizität beschreibt ganz allgemein die Fähigkeit eines Körpers, unter einer bestimmten Krafteinwirkung seine Form zu verändern und nach Wegfall dieser Kraft in den Ausgangszustand zurückzukehren.

Liegt die Elastizität eines Körpers begründet in der Änderung seiner inneren Energie, so wird dies als **Energieelastizität** bezeichnet. Strukturelle Ursache dafür ist die Änderung der mittleren Atomabstände bei äußerer mechanischer Einwirkung. Im Gegensatz dazu beschreibt die **Entropieelastizität** das elastische Verhalten von polymeren Substanzen. Diese haben nach einer Verformung das Bestreben, in den entropisch günstigsten Zustand zurückzukehren. Strukturell handelt es sich dabei um den günstigsten Knäuelzustand. Die Entropieelastizität wird auch als Kautschukelastizität beschrieben.

Hooke'sches und Neo-Hooke'sches Gesetz Festkörper, die dem **Hooke'schen Gesetz** folgen, heißen energieelastisch. Dieses Verhalten ist typisch für Metalle sowie für harte, spröde Stoffe (z. B. Glas, Keramik). Das Hooke'sche Gesetz ist nur gültig bis zu einigen Prozent Dehnung; somit bleibt die Beschreibung von nichtlinearem Materialverhalten wie jenes bei großen Verformungen von Gummi oder Elastomerschäumen außen vor. Solch hochelastische Kunststoffe können durch sog. hyperelastische Modelle beschrieben werden, wie z. B. das **Neo-Hooke'sche Modell**. Im Gegensatz zu linearelastischen Materialien verläuft die Spannungs-Dehnungs-Kurve von Neo-Hooke'schen Materialien von Beginn an nichtlinear. Das Neo-Hooke'sche Gesetz findet Anwendung für das Deformationsverhalten von Gummi im Dehnungsbereich von teilweise bis zu 100 %. Darüber hinaus müssen zur Beschreibung hyperelastischer Materialien Erweiterungen, wie z. B. das Mooney-Rivlin-Modell, herangezogen werden.

5.3.1.3 Molekulare Interpretation des E-Moduls

Energieelastisches Verhalten von Polymeren Der Elastizitätsmodul E ist eine wichtige Polymerkenngröße. Es ist im Prinzip möglich, E aus der Molekularstruktur oder umgekehrt die Molekularstruktur aus E zu bestimmen.

Die theoretischen Berechnungen von E sind aber sehr kompliziert und nur bedingt erfolgreich. E hängt nicht nur von der Art des Polymers, sondern auch von der Messzeit t und der Temperatur T ab. Für genügend kleine Messzeiten ist E zeitunabhängig. Dieser Fall lässt sich relativ einfach behandeln.

Elastische Dehnungen der Einphasenpolymere Es ist zweckmäßig, zwischen Ein- und Multiphasenpolymeren zu unterscheiden. Ungefüllte Kautschuke, Polymergläser und Einkristallpolymere sind Einphasenmaterialien. Wir können sie in Untereinheiten zerlegen, die alle die gleiche Molekularstruktur (Phase) besitzen. Die Multiphasensysteme bestehen dagegen aus Mischungen verschiedener Phasen, d. h. aus amorphen und kristallinen Bereichen. Zu ihnen gehören die teilkristallinen Polymere.

Die E-Module der Kautschuke sind sehr klein. Sie liegen in der Größenordnung von $10^6\,\mathrm{N\,m^{-2}}$. Das hat seinen Grund: Die Kettenmoleküle eines Kautschuknetzwerks werden bei der Dehnung im Wesentlichen nur entknäuelt. Die dazu benötigte Energie ist relativ gering. Die Kraft-Dehnungs-Relationen von idealen und realen Polymerketten wurden bereits in Abschn. 4.1.3.3 behandelt und sind entropieelastische Deformationsarten.

Die E-Module der Glaspolymere liegen in der Größenordnung von $10^9\,\mathrm{N\,m^{-2}}$. Die Kettenmoleküle eines Glaspolymers sind zufällig über den Festkörper verteilt. Bei der Dehnung werden die kovalenten Bindungen der Ketten „gebogen und gestretcht". Die Kettenmoleküle werden zusätzlich gegeneinander verschoben. Es müssen Van-der-Waals-Bindungen zwischen benachbarten Ketten aufgebrochen und wieder neu geknüpft werden. All dies zusammen erfordert viel Energie und beinhaltet energieelastische Deformationsarten.

Polymerkristalle sind anisotrop. Die E-Module, die die Dehnung parallel (längs) zur Kettenrichtung beschreiben, sind sehr groß. Sie liegen in der Größenordnung von $10^{11}\,\mathrm{N\ m^{-2}}$. Sie stimmen mit den Werten überein, die sich für Metalle finden (α-Eisen $E = 2{,}2 \cdot 10^{11}\,\mathrm{N\,m^{-2}}$). Die E-Module der Polymerkristalle, die die Dehnung senkrecht zur Kettenachse beschreiben, sind dagegen deutlich kleiner ($E_\perp \approx 10^9\mathrm{N\ m^{-2}}$). Bei der Dehnung parallel zur Kettenachse werden die Bindungslängen der starken kovalenten Bindungen gestretcht und die Bindungswinkel vergrößert. Wenn die Ketten die Konformation einer Helix besitzen, wird diese zerstört. Das alles kostet viel Energie. Bei der Dehnung senkrecht zur Kettenachse müssen lediglich Wasserstoffbrückenbindungen oder schwache Van-der-Waals-Bindungen aufgebrochen werden. Die dazu benötigten Energien sind viel kleiner.

Auf die exakte Berechnung der E-Module eines Polymerkristalls wollen wir nicht eingehen. Sie erfordert ein detailliertes Wissen der inter- und intramolekularen Wechselwirkungen im Kristall. Einfacher ist es, die E-Module abzuschätzen. Eine geeignete Methode stammt von Treloar (2005). Er benutzt für seine Berechnungen das Modell der ebenen Zickzackkette (Abb. 5.30).

Die Kette besteht aus N Stäbchen (Segmenten) der Länge l. Der Bindungswinkel zwischen zwei benachbarten Segmenten ist θ. Längs der Achse der Zickzackkette wirkt

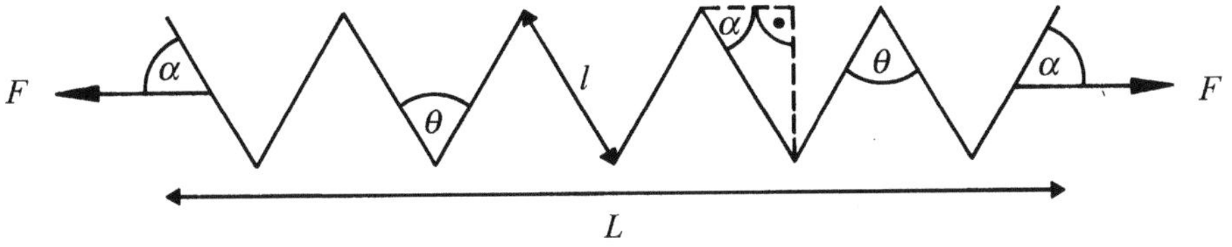

Abb. 5.30 Modell einer ebenen Polymer-Zickzackkette, die unter dem Einfluss der Kraft F gedehnt wird

die Kraft F. Diese bildet mit dem ersten und letzten Segment der Kette den Winkel α. Die Gesamtlänge L der Kette ist $L = N\ l\ \cos\alpha$, wenn $F = 0$ ist. Durch die Dehnung $(F > 0)$ werden die Segmentlänge l um den Betrag δl und der Bindungswinkel θ um den Betrag $\delta\theta$ vergrößert. Für L bedeutet dies:

$$\delta L = N\ \delta(l\ \cos\alpha) = N(\delta l\ \cos\alpha - l\ \sin\alpha\ \delta\alpha) \tag{5.88}$$

Die Kraft F können wir in zwei Komponenten zerlegen. Die eine Komponente wirkt parallel zu einem Segment und die andere senkrecht dazu. Für die Parallelkomponente gilt $F_{\|} = F\ \cos\alpha$. Sie ist für die Dehnung des Segments verantwortlich. Das Segment ersetzen wir durch eine Feder mit der Federkonstante k. Wir nehmen an, dass die Feder dem Hooke'schen Gesetz gehorcht. Es gilt dann:

$$F_{\|} = F\ \cos\alpha = k\ \delta l \tag{5.89}$$

Die Konstante k lässt sich mittels der Infrarot- oder Raman-Spektroskopie experimentell bestimmen. δl kann somit aus Gl. (5.89) berechnet werden.

Die Kraft $F_{\perp} = F\ \sin\alpha$, die senkrecht zu einem Segment wirkt, ist für die Winkeldeformation $\delta\theta$ verantwortlich. Zwei direkt benachbarte Segmente werden dabei jeweils um den Winkel $\delta\theta/2$ aus ihrer Ursprungslage $(F = 0)$ nach rechts oder links gedreht. Das dafür benötigte Drehmoment D ist:

$$D = (1/2)\ l\,F\ \sin\alpha \tag{5.90}$$

D ist proportional zu $\delta\theta$. Es gilt $D = k_\theta\ \delta\theta$. Daraus folgt:

$$\delta\theta = (F\ l\ \sin\alpha)/(2\ k_\theta) \tag{5.91}$$

Hier ist k_θ die Kraftkonstante für die Winkeldeformation. Die Winkel α und θ sind miteinander verknüpft. Es gilt $\alpha = 90^\circ - \theta/2$. Es folgt somit:

$$\delta\alpha = -\delta\theta/2 \tag{5.92}$$

Damit geht Gl. (5.91) in

$$\delta\alpha = -(F\, l\, \sin\, \alpha)/(4\, k_\theta) \tag{5.93}$$

über. Gl. (5.89) und (5.93) setzen wir in Gl. (5.88) ein. Das ergibt:

$$\delta L = N\, F\, \left[\left(\cos^2\alpha\right)/k + \left(l^2\, \sin^2\alpha\right)/(4\, k_\theta)\right] \tag{5.94}$$

Der Elastizitätsmodul E ist definiert als:

$$E \equiv \sigma/\varepsilon = (F/A)/(\delta L/L) \tag{5.95}$$

Dabei ist $A = (\sin\alpha)\ (d\ \ l)$ die Querschnittsfläche der Kette und d der Durchmesser eines Segments. Unser Endresultat lautet somit:

$$E_{\|} = \frac{l\, \cos\, \alpha}{d\, l\, \sin\, \alpha} / \left[\frac{(\cos\, \alpha)^2}{k} + \frac{l^2\, (\sin\, \alpha)^2}{4\, k_\theta}\right] \tag{5.96}$$

Oder, wenn wir α durch $(90^\circ - \theta/2)$ ersetzen:

$$E_{\|} = \frac{\tan\, (\theta/2)}{d} / \left[\frac{(\sin(\theta/2))^2}{k} + \frac{l^2\, (\cos(\theta/2))^2}{4\, k_\theta}\right] \tag{5.97}$$

Die Parameter θ, d, l, k und k_θ sind experimentell (spektroskopisch) bestimmbar. $E_{\|}$ lässt sich deshalb berechnen.

Tab. 5.22 zeigt einige Werte für $E_{\|}$. Wir erkennen dreierlei:

Tab. 5.22 Berechnete und gemessene Werte des Längsmoduls $E_{\|}$ für einige Polymerkristalle

Polymerkristall	Berechneter Wert $E_{\|}/(10^9\,\mathrm{N\ m^{-2}})$	Gemessener Wert $E_{\|}/(10^9\,\mathrm{N\ m^{-2}})$	Messmethode
Polyethylen	182	240–360	Röntgen- und Raman-Spektroskopie
Polyoxymethylen	150	154	Röntgenspektroskopie
Polytetrafluorethylen	160	156–222	Röntgen- und Neutronenspektroskopie
Polydiacetylen a) Phenylurethanderivat b) Ethylurethanderivat	49 65	45 61	Mechanisch Mechanisch

1. Die Übereinstimmung zwischen Theorie und Experiment ist recht gut, besonders bei den Polydiacetylenen. Sie sind als Einkristalle erhältlich. Die anderen Polymere sind teilkristallin.
2. $E_{\|}$ ist für eine ebene Zickzackkette größer als für eine Helix. Der $E_{\|}$-Wert von Polyethylen ist z. B. größer als der von Polyoxymethylen oder Polytetrafluorethylen. Diese beiden Polymere besitzen die Konformation einer Helix. Polyethylen ist dagegen eine Zickzackkette.
3. $E_{\|}$ wird kleiner, wenn die Größe der Seitengruppe einer Kette zunimmt. Das ist verständlich, weil die Querschnittsfläche A der Kette durch eine große Seitengruppe vergrößert wird und $E_{\|}$ umgekehrt proportional zu A ist.

Elastische Dehnungen der Multiphasenpolymere Die meisten Polymere sind teilkristallin, d. h. Zweiphasenmaterialien. Ihr Elastizitätsmodul hängt von dem Kristallisationsgrad w_k ab. E ist umso größer, je größer w_k ist. Eine einfache Erklärung ist, dass sich die kristallinen Zonen wie Vernetzungspunkte verhalten. Von Kautschuk wissen wir, dass Vernetzungspunkte ein Polymer versteifen. Der E-Modul ist deshalb umso größer, je größer die Vernetzungsdichte, d. h. je größer w_k ist.

Für kleine Werte des Kristallisationsgrads ist diese Beschreibung hilfreich, für große aber nicht. Der E-Modul ist eine Funktion der Module E_a und E_k, der amorphen und kristallinen Zonen. Die exakte mathematische Kombination von E_a und E_k ist ein schwieriges Problem. E hängt neben dem Kristallisationsgrad w_k auch noch von der Größe, der Gestalt und der Verteilung der Kristallite innerhalb der Polymerprobe ab. Verlässliche Berechnungen von E sind deshalb nur dann möglich, wenn die Morphologie des Polymers genau bekannt ist.

Wir betrachten als Beispiel Polydiacetylen. Hier ist es möglich, Einkristallfasern herzustellen, die sowohl Polymer- als auch Monomermoleküle enthalten. Das Monomer (Diacetylen) hat einen Modul von $E_{\|} = 9 \cdot 10^9\,\mathrm{N\,m^{-2}}$ entlang der Faserachse. Der Modul des Polymers ist $E_{\|} = 61 \cdot 10^9\,\mathrm{N\,m^{-2}}$. Der Polymergehalt der Fasern kann zwischen 0 und 100 % variiert werden. Die zugehörigen $E_{\|}$-Module liegen folglich zwischen $9 \cdot 10^9$ und $61 \cdot 10^9\,\mathrm{N\,m^{-2}}$ (Abb. 5.31).

Für die theoretische Beschreibung des $E_{\|}$-Moduls existieren zwei Modelle. Das erste Modell geht auf **Reuss** zurück. Er nimmt an, dass die Monomere und Polymermoleküle der Faser in Reihe „geschaltet" sind. Sie erfahren dann die gleiche Spannung σ, sodass gilt:

$$1/E_{\|} = (\varphi_P/E_P) + [(1-\varphi_P)/E_M] \tag{5.98}$$

Darin ist φ_P der Volumenbruch des Polymers in der Faser. E_P und E_M sind die $E_{\|}$-Module von Polymer und Monomer.

Das zweite Modell stammt von **Voigt**. Er nimmt an, dass die Monomer- und Polymermoleküle parallel „geschaltet" sind. Sie erfahren dann die gleiche Dehnung, und es gilt:

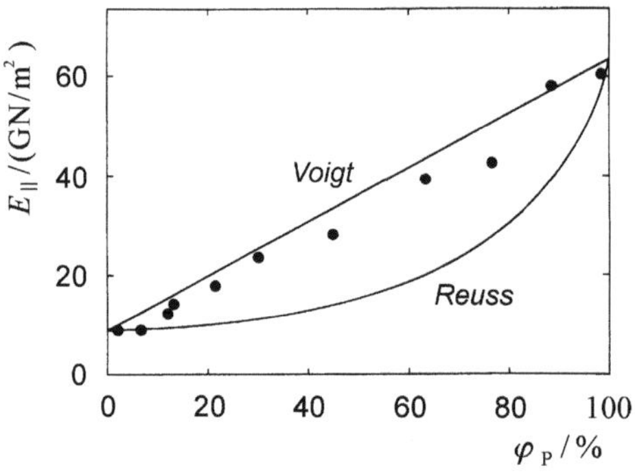

Abb. 5.31 Der $E_{||}$-Modul von Polydiacetylen-Einkristallfasern als Funktion des Polymergehalts

$$E_{||} = E_P \quad \varphi_P + (1 - \varphi_P)\, E_M \tag{5.99}$$

Die $E_{||}$-Module, die wir auf diese Weise erhalten, sind in Abb. 5.31 dargestellt. Wir erkennen, dass die Messpunkte in der Nähe der Voigt-Kurve liegen. Die Monomer- und die Polymermoleküle der Polydiacetylenfaser sind also mit großer Wahrscheinlichkeit parallel geschaltet.

Entropieelastisches Verhalten von Polymeren Das Deformationsverhalten von Elastomeren und Kautschuken (oberhalb der Glasübergangstemperatur) wird durch die Entropieelastizität beschrieben, deren statistische Theorie bereits in Abschn. 4.2.7 behandelt wurde. Die Herleitung des entropieelastischen Deformationsverhaltens idealer Polymerketten ist in Abschn. 4.1.3.3 beschrieben. Die mechanischen Eigenschaften von viskoelastischen Materialen und deren Zeitabhängigkeit werden im Folgenden behandelt.

5.3.2 Viskoelastisches Verhalten

5.3.2.1 Phänomenologische Begriffe

Das Verhalten von Polymeren kann als viskoelastisches Verhalten beschrieben werden. Dies bedeutet, dass Polymere teilweise ein elastisches, teilweise ein viskoses Verhalten zeigen. Dieses Verhalten ist temperatur- und zeitabhängig und tritt bei polymeren Schmelzen und Festkörpern auf.

Zu den wichtigsten viskoelastischen Eigenschaften zählen die **Spannungsrelaxation** und die **Retardation** (Kriechen). Das Kriechen führt zu einer plastischen Verformung unter einer gegebenen Last, während die Spannungsrelaxation dann auftritt, wenn ein Polymer bei einer konstanten Dehnung über eine gewisse Zeit gehalten wird. Beides muss bei der Auslegung von Kunststoffbauteilen sowohl bei der Herstellung als auch für die Anwendungen mitberücksichtigt werden.

Viskoelastische Materialien zeigen je nach Temperatur und Frequenz ausgeprägte Dämpfungseigenschaften. Diese beruhen ebenso auf den teilweisen viskosen Eigenschaften von Polymeren, die in der Lage sind, beispielsweise Deformationsenergie zu dissipieren. Dämpfende Eigenschaften werden vor allem im Bereich des Glasübergangs von Polymeren beobachtet.

5.3.2.2 Viskoelastizität und Zeitabhängigkeit

Polymere sind keine elastischen Festkörper. Die einmal erzeugten Spannungen geben mit der Zeit nach; sie relaxieren.

Die Änderungen von Spannung σ und Dehnung ε mit der Zeit t sind in Abb. 5.32 skizziert. Die durchgezogenen Kurven beschreiben das mechanische Verhalten eines Polymers und die gestrichelten Kurven das Verhalten eines elastischen Festkörpers. Drei Fälle können unterschieden werden:

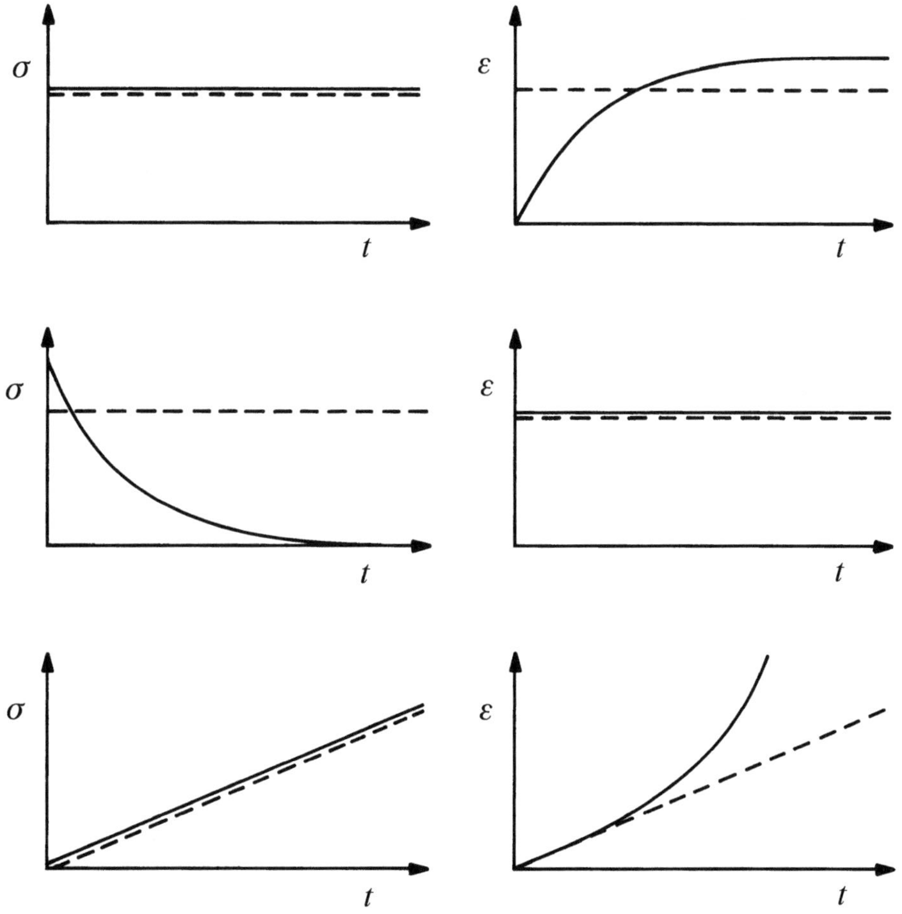

Abb. 5.32 Spannungs- und Dehnungskurven für einen elastischen Festkörper (—) und ein Polymer (—). Oben: konstante Spannung, Mitte: Spannungsrelaxation, unten: konstante Spannungsrate

1. **Konstante Spannung:** Die Spannung σ wird zum Zeitpunkt $t = 0$ angelegt und danach konstant gehalten. Es stellt sich eine Dehnung ε ein. Für Polymere wird ε mit steigendem t zunächst schnell größer. Die Dehnungsrate ($\mathrm{d}\varepsilon/\mathrm{d}t$) wird danach kleiner und konvergiert schließlich gegen null; das Polymer kriecht. Im Unterschied dazu bleibt in einem elastischen Festkörper die Dehnung über den gesamten Beobachtungszeitraum konstant.
2. **Spannungsrelaxation (konstante Dehnung):** Die Dehnung ε des Materials wird jetzt konstant gehalten und der Verlauf der Spannung als Funktion der Zeit verfolgt. Für elastische Festkörper ist ($\mathrm{d}\sigma/\mathrm{d}t$) $= 0$, für Polymere nimmt σ mit wachsendem t kontinuierlich ab; die Spannung relaxiert.
3. **Konstante Spannungsrate:** Die zeitliche Änderung der angelegten Spannung ist konstant. Für elastische Festkörper bedeutet dies: Die Dehnungsrate ist konstant, und ε wächst linear mit der Zeit. Polymere verhalten sich aber nicht so. $\varepsilon(t)$ ist nicht linear. Die ε-Kurve liegt für große t oberhalb der Kurve für elastische Festkörper.

5.3.2.3 Mechanische Analogiemodelle

Wir wollen jetzt die oben dargestellten Eigenschaften erklären. Der Einfachheit halber nehmen wir an, dass wir die Deformation eines Polymers in einen elastischen und einen viskosen Anteil zerlegen können. Die Elastizität beschreiben wir durch das Modell einer Feder, die dem Hooke'schen Gesetz gehorcht. Es gilt:

$$\sigma = E\,\varepsilon \qquad \text{und} \qquad \mathrm{d}\sigma/\mathrm{d}t = E\,\mathrm{d}\varepsilon/\mathrm{d}t \tag{5.100}$$

Als Modell für die Viskosität benutzen wir einen Dashpot. Das ist ein beweglicher Kolben, der sich in einer Flüssigkeit der Viskosität η befindet. Er soll in seinem Verhalten dem Newton'schen Gesetz folgen:

$$\sigma = \eta\,(\mathrm{d}\varepsilon/\mathrm{d}t) \tag{5.101}$$

Um die Viskoelastizität zu beschreiben, müssen wir die beiden Grundelemente, Feder und Dashpot, geeignet miteinander kombinieren. Es gibt dafür verschiedene Möglichkeiten. Die drei einfachsten Modelle wollen wir kurz vorstellen.

Maxwell-Modell Das Maxwell-Modell für einen polymeren Festkörper besteht aus einer Feder und einem Dashpot. Diese sind in Reihe geschaltet (Abb. 5.33).

Abb. 5.33 Das Maxwell-Modell

Die Spannung σ erzeugt die Gesamtdehnung ε. Wir können sie in zwei Anteile, ε_d und ε_f, zerlegen. Es gilt:

$$\varepsilon = \varepsilon_\mathrm{f} + \varepsilon_\mathrm{d} \tag{5.102}$$

Dabei ist ε_d die Dehnung des Dashpots und ε_f die Dehnung der Feder. Der Dashpot und die Feder sind in Reihe geschaltet. Die beiden Grundelemente stehen deshalb unter der gleichen Spannung. Es gilt:

$$\sigma = \sigma_\mathrm{d} = \sigma_\mathrm{f} \tag{5.103}$$

Gl. (5.100) und (5.101) können wir umschreiben zu:

$$(\mathrm{d}\sigma/\mathrm{d}t) = E\ (\mathrm{d}\varepsilon_\mathrm{f}/\mathrm{d}t) \qquad \text{und} \qquad \sigma = \eta\ (\mathrm{d}\varepsilon_\mathrm{d}/\mathrm{d}t) \tag{5.104}$$

Die Ableitung von Gl. (5.102) nach t liefert:

$$(\mathrm{d}\varepsilon/\mathrm{d}t) = (\mathrm{d}\varepsilon_\mathrm{f}/\mathrm{d}t) + (\mathrm{d}\varepsilon_\mathrm{d}/\mathrm{d}t) = (1/E)\ (\mathrm{d}\sigma/\mathrm{d}t) + (\sigma/\eta) \tag{5.105}$$

Das ist die gesuchte Bewegungsgleichung für das Maxwell-Modell.

Im „Kriechexperiment“ wird das System einer konstanten Spannung ausgesetzt. $\mathrm{d}\sigma/\mathrm{d}t$ ist dann gleich null, und Gl. (5.105) vereinfacht sich zu $(\mathrm{d}\varepsilon/\mathrm{d}t) = (\sigma/\eta) =$ konstant. Die Lösung dieser Differenzialgleichung lautet:

$$\boxed{\varepsilon(t) = \varepsilon(0) + (\sigma/\eta)\ t} \tag{5.106}$$

Die Dehnung ε wächst also im Maxwell-Modell linear mit der Zeit t (Abb. 5.34). Leider steht diese Voraussage im klaren Widerspruch zu den Ergebnissen des Experiments.

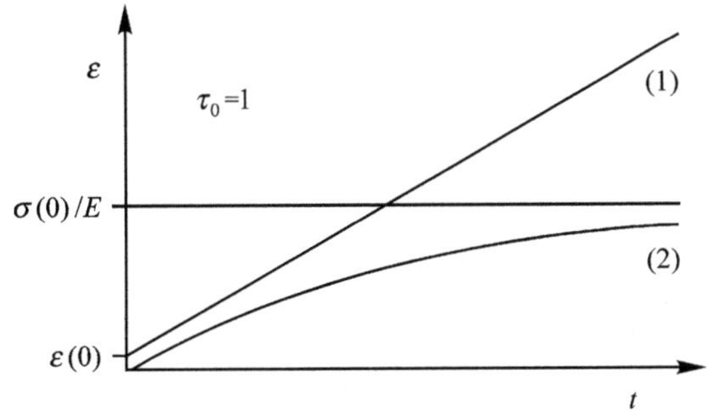

Abb. 5.34 Dehnungs-Zeit-Diagramme für das Maxwell- und das Voigt-Modell. (1) = Gl. (5.106), (2) = Gl. (5.113)

Im Fall der konstanten Dehnung ist $d\varepsilon/dt = 0$. Gl. (5.105)geht dann über in:

$$(d\sigma/\sigma) = -(E/\eta)\,dt \tag{5.107}$$

Diese Differenzialgleichung lässt sich mit der Methode „Trennung der Variablen“ lösen. Es folgt:

$$\sigma = \sigma(0)\ \exp\left[-(E\,t/\eta)\right] \tag{5.108}$$

Darin ist σ (0) die Spannung zum Zeitpunkt $t = 0$. Das Verhältnis $\tau_0 = (\eta/E)$ ist eine Konstante. Sie besitzt die Dimension einer Zeit und wird Relaxationszeit genannt. Gl. (5.108) vereinfacht sich damit zu:

$$\sigma = \sigma(0)\ \exp\left(-t/\tau_0\right) \tag{5.109}$$

Dabei ist $\sigma(\tau_0) = \sigma(0)/e$. Das bedeutet: Die Spannung σ wird mit zunehmender Zeit exponentiell kleiner. Diese Voraussage stimmt qualitativ mit den experimentellen Ergebnissen überein.

Das Voigt-Modell Das Voigt-Modell wird auch Kelvin-Modell genannt. Es besteht aus den gleichen Grundelementen wie das Maxwell-Modell. Die Feder und der Dashpot sind jetzt aber parallel geschaltet (Abb. 5.35).

Die Dehnung ε_f der Feder ist jetzt genauso groß wie die Dehnung ε_d des Dashpots. Es gilt:

$$\varepsilon = \varepsilon_f = \varepsilon_d \tag{5.110}$$

Die Gesamtspannung σ verhält sich dagegen additiv. Es gilt:

$$\sigma = \sigma_f + \sigma_d \tag{5.111}$$

Darin sind σ_f und σ_d durch $\sigma_f = E\ \varepsilon_f$ und $\sigma_d = \eta\ (d\varepsilon/dt)$ gegeben. Die Bewegungsgleichung lautet somit:

Abb. 5.35 Das Voigt-Modell

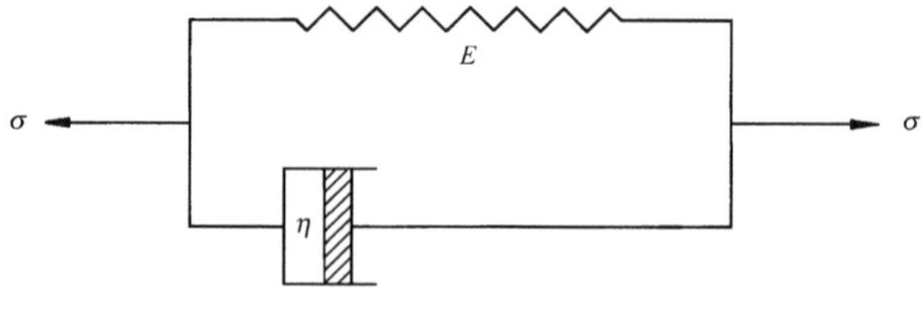

$$d\varepsilon/dt = (\sigma/\eta) - (E\,\varepsilon/\eta) \tag{5.112}$$

Im „Kriechfall“ ist σ konstant. Gl. (5.112) vereinfacht sich dann zu $d\varepsilon/dt + E\ \varepsilon/\eta = \sigma(0)/\eta$. Die Lösung dieser Differenzialgleichung lautet:

$$\boxed{\varepsilon(t) = (\sigma(0)/E)\,[1 - \exp\,(-t/\tau_0)] \qquad \text{mit} \qquad \tau_0 = \eta/E} \tag{5.113}$$

$\varepsilon(t)$ ist in Abb. 5.34 grafisch dargestellt. Wir erkennen: Der Kriechvorgang wird richtig vorausgesagt. Die Dehnungsrate $d\varepsilon/dt$ nimmt mit der Zeit kontinuierlich ab. Im Grenzfall $t \to \infty$ konvergiert ε gegen $\sigma\ (0)/E$. Es findet aber keine Spannungsrelaxation statt. Ist die Dehnung konstant ($d\varepsilon/dt = 0$), so gilt $\sigma = E\ \ \varepsilon(0) \cdot \sigma$ hängt also nicht von der Zeit ab. Das steht im Widerspruch mit den experimentellen Ergebnissen.

Der lineare Standardfestkörper Wir haben gesehen, dass das Maxwell-Modell die Spannungsrelaxation und das Voigt-Modell den Kriechvorgang eines Polymers qualitativ richtig voraussagen. Es liegt deshalb nahe, beide Modelle miteinander zu kombinieren. Dafür gibt es verschiedene Möglichkeiten. Ein Beispiel ist der lineare Standardfestkörper.

Er besteht aus einem Maxwell-Element und einer Feder, die parallel geschaltet sind (Abb. 5.36). Die Feder stellt sicher, dass der Kriechvorgang richtig erfasst wird. Das Maxwell-Element sorgt dafür, dass die Spannungsrelaxation auftritt. Diese Kombination der Elemente ist also in erster Näherung ideal.

In einem zweiten, dritten und vierten Schritt lässt sich das System um weitere Grundelemente ergänzen und dadurch das reale Verhalten des Polymers beliebig gut simulieren. Diese phänomenologische Beschreibung ist aber wenig befriedigend. Sie liefert keinerlei Einblick in den Zusammenhang zwischen der Viskoelastizität und der inneren Molekularstruktur eines Polymers. Es kommt hinzu, dass sich Polymere in der Regel nicht nach Newton verhalten. Die lineare Viskoelastizität (σ~$d\varepsilon/dt$) bleibt daher eine Näherung, die nur für kleine Dehnungen ganz gut erfüllt ist.

5.3.2.4 Das Boltzmann'sche Superpositionsprinzip

Ein polymerer Festkörper besitzt eine Deformationsgeschichte. Diese gibt an, wie sich die Spannung σ und die Dehnung ε seit der Entstehung des Polymers verändert haben. Ein Beispiel zeigt Abb. 5.37. Die Spannung σ ist in bestimmten Zeitintervallen konstant und

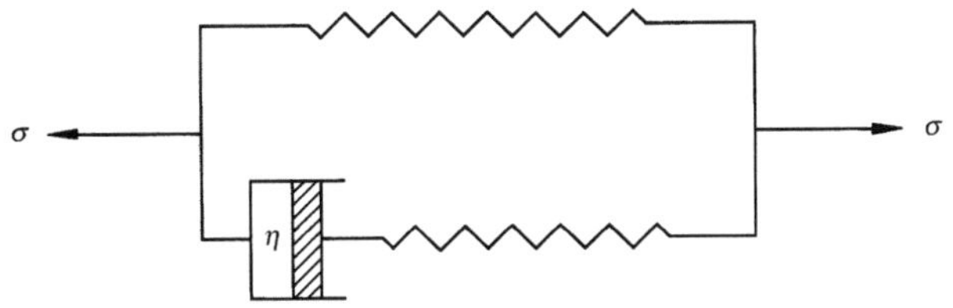

Abb. 5.36 Modell des linearen Standardfestkörpers

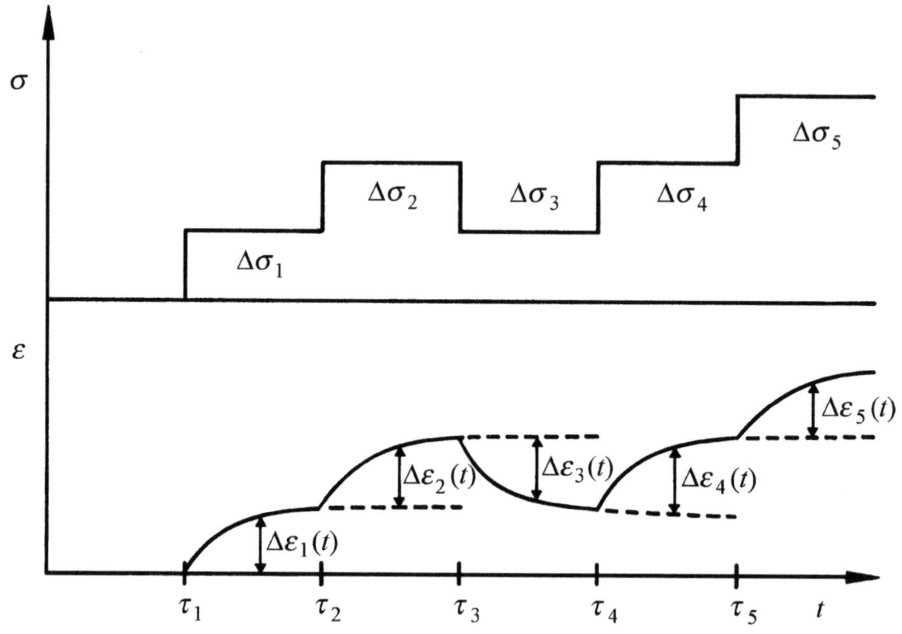

Abb. 5.37 Beispiel für die Spannungs-Dehnungs-Geschichte eines viskoelastischen Materials

wird zu bestimmten Zeitpunkten τ_i um den Betrag $\Delta\sigma_i$ erhöht oder erniedrigt. Das hat zur Folge, dass die Dehnung zum Zeitpunkt $t > \tau_i$ einen Wert besitzt, der um das Inkrement $\Delta\varepsilon_i(t)$ höher bzw. niedriger liegt, als es der Fall wäre, wenn zum Zeitpunkt $\tau_i < t$ keine Spannungsänderung stattgefunden hätte. $\Delta\varepsilon_i(t)$ ist also die Differenz zwischen der Dehnung $\varepsilon_i(t)$ zum Zeitpunkt t und der Dehnung $\varepsilon_{i-1}(t)$, die zum Zeitpunkt t vorliegen würde, wenn $\Delta\varepsilon_i = 0$ wäre.

Das Boltzmann'sche Superpositionsprinzip besagt nun, dass die Gesamtdehnung $\varepsilon(t)$ eines viskoelastischen Materials gleich der Summe der Dehnungsinkremente zum Zeitpunkt $\tau_{j-1} < t < \tau_j$ ist, d. h., dass gilt:

$$\varepsilon(t) = \Delta\varepsilon_1(t) + \Delta\varepsilon_2(t) + \ \dots \ + \Delta\varepsilon_{j-1}(t) \tag{5.114}$$

Die Dehnung selbst ist über die Beziehung

$$\varepsilon(t) = J(t)\ \sigma \tag{5.115}$$

mit der Spannung verknüpft. Die Größe $J(t)$ heißt **Kriech-Compliance** (Nachgiebigkeit). Sie ist eine Funktion der Zeit und kann in Versuchen mit konstanter Spannung experimentell bestimmt werden. Für das i-te Dehnungsinkrement gilt z. B.:

$$\Delta\varepsilon_i(t) = \Delta\sigma_i\, J\,(t - \tau_i)$$

Gl. (5.114) lässt sich somit umschreiben zu:

$$\varepsilon(t) = \sum_{i=0}^{j-1} \Delta\sigma_i\, J\,(t - \tau_i)$$

Wird die Spannung σ stetig geändert, so kann die Summe durch ein Integral ersetzt werden. Es gilt dann:

$$\varepsilon(t) = \int_{-\infty}^{t} J\,(t - \tau)\,(\mathrm{d}\sigma/\mathrm{d}\tau)\,\mathrm{d}\tau \tag{5.116}$$

Mithilfe dieser Gleichung können wir die Dehnung zum Zeitpunkt t berechnen. Sie ergibt sich aus der „Zeitgeschichte der Spannung". Es ist natürlich auch umgekehrt möglich, die Spannung als Funktion der Zeit zu berechnen, wenn die „Zeitgeschichte der Dehnung" bekannt ist. Es gilt dann:

$$\sigma(t) = \int_{-\infty}^{t} K\,(t - \tau)\,(\mathrm{d}\varepsilon/\mathrm{d}\tau)\,\mathrm{d}\tau \tag{5.117}$$

Die Funktion $K(t)$ heißt **Spannungs-Relaxations-Compliance**. Sie ist mit der Dehnung ε über die Beziehung

$$\sigma(t) = K(t)\,\varepsilon \tag{5.118}$$

verknüpft. Werte für $K(t)$ lassen sich erhalten, indem $\sigma(t)$ bei konstanter Dehnung ε gemessen wird. Es sei aber ausdrücklich betont, dass in der Regel $K(t) \neq 1/J(t)$ gilt.

5.3.2.5 Mechanisch-dynamische Prozesse

Wir setzen jetzt unser Polymer einer sich periodisch (sinusartig) ändernden Spannung aus. Es gilt dann:

$$\sigma(t) = \sigma_{\mathrm{m}} \quad \sin\,(\omega\, t) \tag{5.119}$$

Dabei ist σ_{m} der Maximalwert der Spannung und ω die Kreisfrequenz. Die Dehnung verändert sich mit der Zeit t ebenfalls sinusartig. Ist das Material elastisch, so gilt:

$$\varepsilon(t) = \varepsilon_{\mathrm{m}} \quad \sin\,(\omega\, t). \tag{5.120}$$

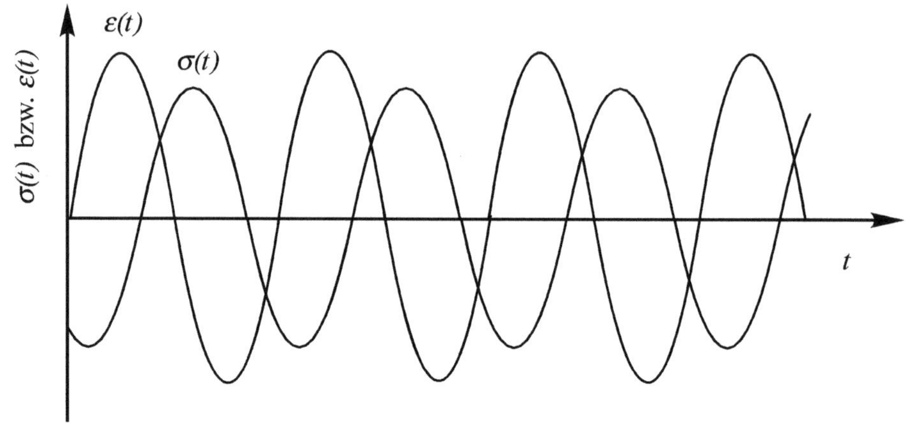

Abb. 5.38 σ und ε als Funktion von t für ein viskoelastisches Material bei dynamischer Beanspruchung

Spannung und Dehnung sind also zeitlich in Phase. Die Dehnung erreicht zum gleichen Zeitpunkt ihr Maximum oder Minimum wie die Spannung.

Dies ist bei einem viskoelastischen Material anders. Die Dehnung hinkt um eine bestimmte Phase hinter der Spannung her. Sie verhält sich aber weiterhin sinusartig. Es gilt:

$$\sigma(t) = \sigma_m \sin(\omega t + \delta) \quad \text{und} \quad \varepsilon(t) = \varepsilon_m \sin(\omega t) \tag{5.121}$$

δ ist der Phasenwinkel. δ/ω gibt an, wie weit die Dehnung ε hinter der Spannung σ hinterherhinkt (Abb. 5.38).

Die Spannung $\sigma(t)$ lässt sich in zwei Komponenten zerlegen. Es gilt:

$$\sigma(t) = \sigma_m [\sin(\omega t) \cos(\delta) + \cos(\omega t) \sin(\delta)] \tag{5.122}$$

Die Komponente $\sigma_m \cos(\delta) \sin(\omega t)$ ist mit der Dehnung in Phase, und die Komponente $\sigma_m \sin(\delta) \cos(\omega t)$ eilt der Dehnung um den Winkel $\pi/2$ voraus. Nach dem Hooke'schen Gesetz ist die Spannung mit der Dehnung über die Beziehung $\sigma = E\,\varepsilon$ verknüpft. Wir können deshalb zwei Elastizitätsmodule, E_R und E_I, einführen. Für diese gilt:

$$E_R \equiv (\sigma_m/\varepsilon_m) \cos\delta \qquad \text{und} \qquad E_I \equiv (\sigma_m/\varepsilon_m) \sin\delta \tag{5.123}$$

Der Phasenwinkel δ berechnet sich damit zu $\delta = \arctan(E_I/E_R)$. Es ist üblich, dieses Ergebnis in die Notation der komplexen Zahlen zu übertragen. Es gilt:

$$\sigma(t) = \sigma_m \quad \exp[i\,(\omega\, t + \delta)] \quad \text{und} \quad \varepsilon(t) = \varepsilon_m \quad \exp(i\,\omega\, t) \tag{5.124}$$

Dabei ist $i \equiv \sqrt{-1}$. Der Elastizitätsmodul $E^* = \sigma/\varepsilon$ ist jetzt eine komplexe Zahl. Es gilt:

$$E^* = (\sigma_m/\varepsilon_m)\ \exp(i\,\delta) = (\sigma_m/\varepsilon_m)\ [\cos(\delta) + i\ \sin(\delta)] \tag{5.125}$$

E_R und E_I sind somit die Real- und Imaginärteile von E^*. Der Vorteil dieser Notation liegt darin, dass Rechnungen mit Exponentialfunktionen sehr viel leichter durchzuführen sind als Rechnungen mit Sinus- und Kosinusfunktionen.

5.3.2.6 Das Torsionspendel

Wir fragen uns jetzt, wie die mechanisch dynamischen Eigenschaften eines Polymers experimentell bestimmt werden. Als Beispiel betrachten wir das Torsionspendel (Abb. 5.39).

Das Torsionspendel besteht aus einem Polymerzylinder und einer Scheibe, die Scheibe selbst besteht aus einem nichtpolymeren Material. Sie ist drehbar. Der Zylinder ist an seinem oberen Ende fixiert und an seinem unteren Ende mit der Scheibe verbunden. Seine Drehachse stimmt mit der Drehachse der Scheibe überein. Das System kann in Schwingung versetzt werden, indem wir die Scheibe um den Winkel φ aus ihrer Ruhelage herausdrehen und sie anschließend loslassen. Die Frequenz ω der Drehschwingung hängt von der Länge des Polymerzylinders, dem Durchmesser der Scheibe und der Art des benutzten Polymers ab. Wenn der Polymerzylinder „perfekt elastisch" und das System vollkommen reibungslos ist, oszilliert das System unendlich lange. Das ist natürlich in der Praxis nicht der Fall. Ein Polymer ist viskoelastisch. Die Schwingungen sind gedämpft,

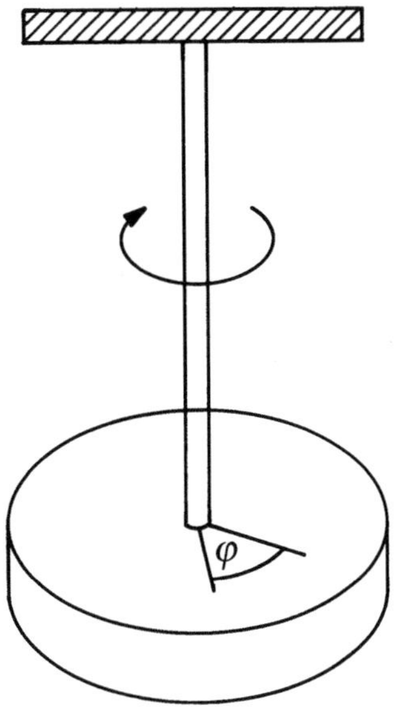

Abb. 5.39 Schematische Darstellung eines Torsionspendels

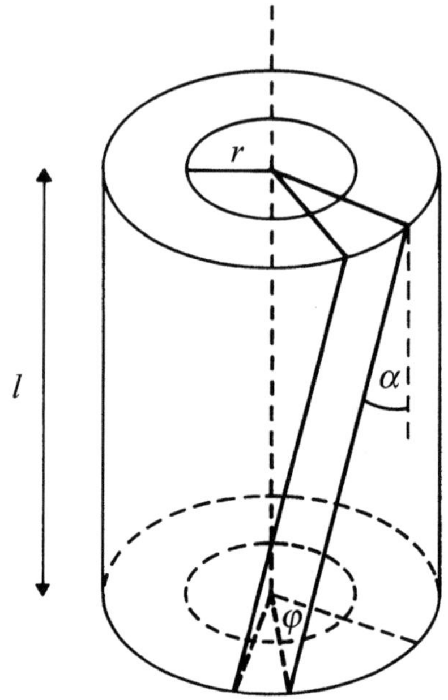

Abb. 5.40 Drillung eines Polymerzylinders ($R = r + dr$)

d. h., die Amplitude wird mit der Zeit kleiner. Der Polymerzylinder wird bei diesem Vorgang periodisch gedrillt. Seine Volumenelemente sind bestimmten Schubkräften ausgesetzt. Wir denken uns dazu den Zylinder durch koaxiale Zylinderschnitte und ebene Radialschnitte in Bündel von prismatischer Form aufgeteilt (Abb. 5.40). Bei einer Drehung der Scheibe um den Winkel φ erfährt jedes der prismatischen Bündel eine Scherung um den Winkel $\alpha \approx r\ \varphi/l$. Für die Schubspannung τ gilt (vgl. Gl. 5.79):

$$\boxed{\tau = G\,(r\,\varphi/l)} \tag{5.126}$$

G ist der Schermodul des Polymers, r der Radius des Schnittkreises, und l die Länge des Zylinders.

Die Deformation (Drillung) des prismatischen Bündels erfordert eine bestimmte Kraft $\mathrm{d}F$ bzw. ein bestimmtes Drehmoment $\mathrm{d}D$. Es gilt:

$$\mathrm{d}F = \tau\ \text{Querschnitt} = \tau\, r\, \mathrm{d}\varphi\, \mathrm{d}r \qquad \text{und} \qquad \mathrm{d}D = 2\pi\, r^2\, \tau\, \mathrm{d}r \tag{5.127}$$

Das Drehmoment D, das wir zur Drillung des gesamten Zylinders vom Radius R benötigen, berechnet sich zu:

$$D = \int_0^R 2\pi\, r^2\, \tau\, \mathrm{d}r = (\pi/2)\, G\, \left(R^4/l\right)\, \varphi \tag{5.128}$$

Die Größe $D_R \equiv (\pi/2)\ G\ (R^4/l)$ heißt Richtgröße. Wir können zwei Fälle unterscheiden:

1. Das Material verhält sich perfekt elastisch. Die Bewegungsgleichung des Torsionspendels lautet dann:

$$\theta\, \ddot{\varphi} + D = 0 \tag{5.129}$$

Dabei ist θ das Trägheitsmoment der Scheibe. Mit Gl. (5.128) folgt:

$$\theta\, \ddot{\varphi} + \left[\left(G\, \pi\, R^2\right)/2\, l\right]\, \varphi = 0 \tag{5.130}$$

Die Lösung dieser Differenzialgleichung ist:

$$\varphi(t) = \varphi_m \quad \cos\,(\omega\, t) \qquad \text{mit} \qquad \omega = \sqrt{\left(G\, \pi\, R^4\right)/(2\, l\, \theta)} \tag{5.131}$$

Darin ist φ_m der Auslenkungswinkel der Scheibe zum Zeitpunkt $t = 0$.

2. Das Material des Zylinders verhält sich viskoelastisch. In diesem Fall führen wir in Analogie zu Gl. (5.125) den komplexen Schermodul G^* ein. Es gilt:

$$G^* \equiv G_R + i\, G_I \tag{5.132}$$

Die Bewegungsgleichung des Systems ist jetzt:

$$\theta\, \ddot{\varphi} + \left(\pi\, R^4/2\, l\right)\, (G_R + i\, G_I)\, \varphi = 0 \tag{5.133}$$

Ihre Lösung lautet:

$$\varphi(t) = \varphi_m \quad \exp\,(-\nu\, t)\ \exp\,(i\, \omega\, t) \tag{5.134}$$

ω ist die Kreisfrequenz und ν die Dämpfungskonstante. Wir erhalten G_R und G_I, indem wir Gl. (5.134) in Gl. (5.133) einsetzen und das Ergebnis in Real- und Imaginärteil zerlegen. Es folgt:

$$G_R = \left[(2\, l\, \theta)/\left(\pi\, R^4\right)\right]\, \left(\omega^2 - \nu^2\right) \tag{5.135}$$

und

$$G_I = \left[(4\, l\, \theta)/\left(\pi\, R^4\right)\right]\, (\omega\, \nu) \tag{5.136}$$

Somit ist:

$$\tan\, \delta = G_I/G_R = 2\, \omega\, \nu/\left(\omega^2 - \nu^2\right) \tag{5.137}$$

G_R, G_I und δ sind also Funktionen der Frequenz ω.

Experimentell zugänglich ist das Verhältnis der Auslenkungswinkel φ_i/φ_{i+1} zweier aufeinanderfolgender Schwingungszyklen (Abb. 5.41).

Die Zeitdifferenz zwischen zwei Zyklen ist gleich 2 π/ω. Es gilt deshalb:

$$\begin{aligned} \frac{\varphi_i}{\varphi_{i+1}} = \frac{\exp\, [(\mathrm{i}\, \omega - \nu)\, t]}{\exp\, [(\mathrm{i}\, \omega - \nu)\, (t + 2\pi/\omega)]} &= \exp\, (2\pi\, \nu/\omega) \qquad \text{und} \\ \Lambda \equiv \ln\, \left(\varphi_i/\varphi_{i+1}\right) &= 2\pi\, \nu/\omega \end{aligned} \tag{5.138}$$

Die Größe Λ ist das logarithmische Dekrement des Torsionspendels. Gl. (5.135) bis (5.137) lassen sich damit umformen zu:

$$G_R = \left[\left(2\, l\, \theta\, \omega^2\right)/\left(\pi\, R^2\right)\right]\, \left[1 - \left(\Lambda^2/\left(4\, \pi^2\right)\right)\right] \tag{5.139}$$

$$G_I = \left[\left(2\, l\, \theta\, \omega^2\right)/\left(\pi\, R^2\right)\right]\, \Lambda \tag{5.140}$$

und

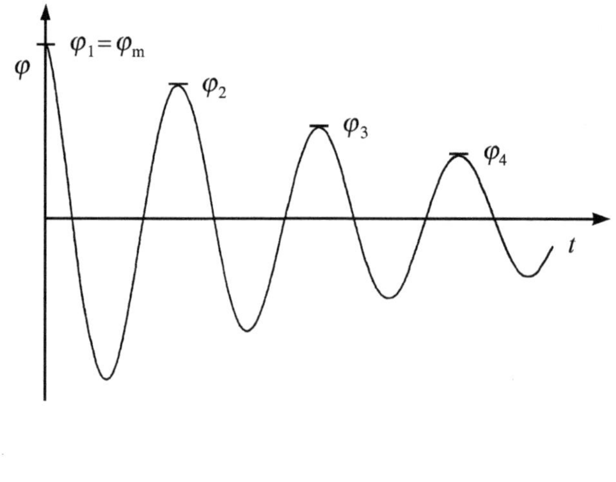

Abb. 5.41 Der Auslenkwinkel φ als Funktion der Zeit t

$$\tan \alpha = (\Lambda/\pi)/\left[1 - \left(\Lambda^2/\left(4\,\pi^2\right)\right)\right] \tag{5.141}$$

Λ ist im Allgemeinen sehr viel kleiner als eins. In guter Näherung gilt deshalb:

$$G_R \approx \left(2\,l\,\theta\,\omega^2\right)/\left(\pi\,R^2\right) = G \qquad \text{und} \qquad \tan \delta \approx \Lambda/\pi \tag{5.142}$$

θ, l und R sind bekannt. ω und Λ werden gemessen. G_R, G_I und tan δ lassen sich somit berechnen.

Elastische Materialien speichern bei einer Deformation (Scherung) Energie und geben diese wieder ab, wenn sie sich entspannen. Nach Gl. (5.142) ist $G_R \approx G$. Der Realteil G_R des **komplexen Moduls G^*** wird deshalb **Speichermodul** genannt. G_I ist der **Verlustmodul**. Er ist ein Maß für die Energie, die der polymere Festkörper pro Schwingungszyklus aufgrund seiner viskosen Eigenschaften an die Umgebung abgibt (Stichwort: Dämpfung). In der Praxis werden die Experimente mit dem Torsionspendel bei verschiedenen Temperaturen durchgeführt. Das Trägheitsmoment θ der Drehscheibe wählen wir dabei so, dass die Eigenfrequenz ω des Systems für alle Temperaturen genau 1 Hz beträgt.

Wir können tan δ sowohl für kristalline wie auch für amorphe Polymere bestimmen. Bei den kristallinen Polymeren werden sehr viele tan δ-Peaks erhalten, wenn tan δ gegen T aufgetragen wird. Jeder dieser Peaks stellt einen Konformationsübergang oder eine innermolekulare Molekülbewegung dar. Die exakte Natur dieser Bewegungen lässt sich aber nur in wenigen Fällen anschaulich erklären. Ein Beispiel für eine Auftragung von tan δ gegen T zeigt Abb. 5.42. Es handelt sich um Polystyrol.

Der α-Peak stimmt mit der Glastemperatur T_g überein. Er liegt bei etwa 390 K und beschreibt die über große Bereiche wirkenden kooperativen Kettenbewegungen. Der β-Peak liegt bei 325 K. Er erfasst die Torsionsschwingungen der Phenylgruppen. Der δ-Peak beschreibt die „Wagging-Schwingungen" der Phenylgruppen. Diese sind schon bei 38 K angeregt. Der γ-Peak erfasst die Bewegungen der CH_2-Gruppen.

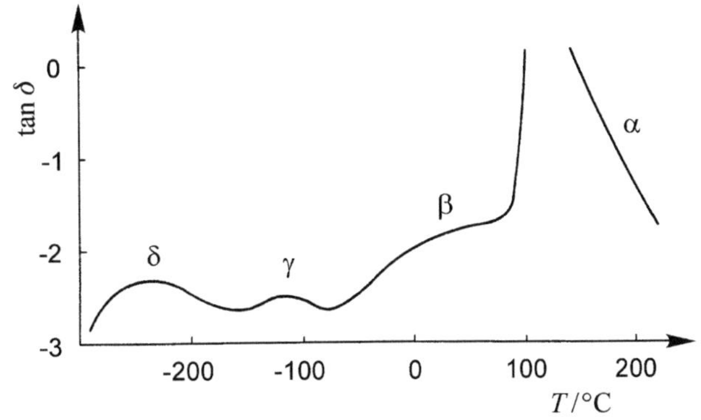

Abb. 5.42 Die Temperaturabhängigkeit von tan δ für Polystyrol bei $\omega = 1$ Hz. (Arridge 1975)

5.3.2.7 Die Frequenzabhängigkeit der Konstanten E_R, E_I und tan δ

Es ist auch möglich, einer Polymerprobe Schwingungen (periodische Schwingungen) aufzuzwingen. Eines der ersten kommerziellen Instrumente für diese Art der dynamischen Beanspruchung war das Rheovibron. Dabei wird eine periodische Zugspannung vorgegeben und der Elastizitätsmodul des Polymers als Funktion von ω und T gemessen (s. z. B. Zachariades und Porter 1987).

Bei konstanter Temperatur verhalten sich der Speichermodul E_R, der Verlustmodul E_I und tan $\delta = E_I/E_R$ wie folgt: E_I und tan δ sind für sehr kleine und sehr große Frequenzen klein, bei einer bestimmten mittleren Frequenz durchlaufen sie ein Maximum. Es gilt außerdem: E_R ist klein bei kleinen Frequenzen und groß bei großen Frequenzen.

Diese experimentell beobachteten Frequenzabhängigkeiten von E_R, E_I und tan δ lassen sich theoretisch bestätigen. Ein geeignetes Modell ist das Maxwell-Modell. Nach Abschn. 5.3.2.3 gilt:

$$E\,\tau_0\,\mathrm{d}\varepsilon/\mathrm{d}t = \tau_0\,\mathrm{d}\sigma/\mathrm{d}t + \sigma \qquad \text{mit} \qquad \tau_0 = \eta/E \tag{5.143}$$

Die angelegte Spannung σ möge sich sinusartig mit der Frequenz ω ändern. Nach Abschn. 5.3.2.5 gilt dann:

$$\sigma(t) = \sigma_0\,\exp\left[\mathrm{i}\,(\omega\,t + \delta)\right] \qquad \text{bzw.} \qquad \varepsilon(t) = \varepsilon_0\,\exp\,(\mathrm{i}\,\omega\,t) \tag{5.144}$$

Gl. (5.144) setzen wir in Gl. (5.143) ein. Das ergibt:

$$\mathrm{i}\,\omega\,E\,\tau_0 = \frac{\sigma_0\,\exp\left[\mathrm{i}\,(\omega\,t + \delta)\right]}{\varepsilon_0\,\exp\,(\mathrm{i}\,\omega\,t)}\,(\mathrm{i}\,\omega\,\tau_0 + 1) \tag{5.145}$$

und

$$\sigma(t)/\varepsilon(t) \equiv E^* = E_R + \mathrm{i}\,E_I = \mathrm{i}\,\omega\,E\,\tau_0/(\mathrm{i}\,\omega\,\tau_0 + 1) \tag{5.146}$$

E^* ist der komplexe Elastizitätsmodul. Wir können ihn in Real- und Imaginärteil aufspalten. Es folgt:

$$E_R = \frac{E\,\omega^2\,\tau_0^2}{\omega^2\,\tau_0^2 + 1}\,; \qquad E_I = \frac{E\,\omega\,\tau_0}{\omega^2\,\tau_0^2 + 1} \qquad \text{und} \qquad \tan\delta = 1/(\omega\,\tau_0) \tag{5.147}$$

In Abb. 5.43 sind die Parameter E_R, E_I und tan δ grafisch dargestellt. E wurde gleich 1 kp mm^{-2} (= 9,8 N mm^{-2}) und T_0 = 1 s gesetzt. Der Verlauf von E_R und E_I stimmt qualitativ mit der experimentell beobachteten Frequenzabhängigkeit überein. Das Maximum von E_I liegt an der Stelle $\omega = 1/\tau_0$. Für tan δ gilt das leider nicht; tan δ wird mit wachsendem ω kleiner und besitzt kein Maximum. Um zu einer besseren Übereinstim-

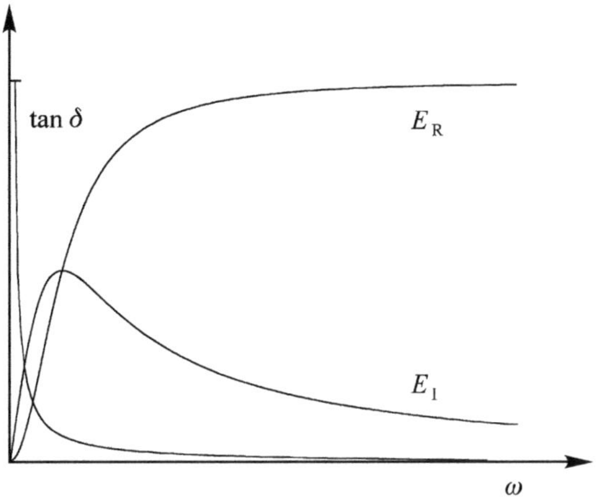

Abb. 5.43 Die Module E_R und E_I und tan δ als Funktion der Frequenz ω

mung zwischen Theorie und Experiment zu gelangen, müssen wir das Modell des linearen Standardfestkörpers benutzen.

Messung der Frequenzabhängigkeit der mechanischen Eigenschaften eines Polymers
Diese Messung ist aufschlussreich, weil es möglich ist, den Maxima (Peaks) von E_I und tan δ bestimmte Typen von Molekularbewegungen im Polymer zuzuordnen. Die Peaks treten genau dort auf, wo die Erregerfrequenz mit der Eigenfrequenz der molekularen Bewegung übereinstimmt. Die Maxima des Frequenzspektrums heißen deshalb **Resonanz-Peaks**. Der Peak mit der größten Amplitude findet sich für den Glasübergang. Die Erregerfrequenz stimmt dort mit der Eigenfrequenz ω_R der Rotationsbewegung der Polymerketten überein. Ist ω größer als ω_R, so besitzen die Polymerketten nicht genügend Zeit, um der äußeren Spannung zu folgen. Das Material erscheint steif. Ist ω kleiner als ω_R, so haben die Polymerketten reichlich Zeit für Eigenbewegungen. Das Material erscheint weich und kautschukartig. Peaks mit deutlich kleinerer Amplitude finden sich für die Rotationsbewegungen der Seitengruppen der Polymerketten. Wir sprechen hierbei von **sekundären Übergängen**.

Die Frequenz, bei der der Glas- oder ein anderer Übergang stattfindet, hängt von der Temperatur ab. Die Resonanzfrequenz wird in der Regel größer, wenn die Temperatur ansteigt. Es ist deshalb möglich, einen Übergang zu induzieren, indem die Frequenz konstant gehalten und die Temperatur variiert wird. Diese Vorgehensweise ist experimentell oft leichter durchzuführen als der umgekehrte Weg.

5.3.2.8 Die Temperaturabhängigkeit von *E* für $\omega = 0$ (Kriech- und Relaxationsexperiment)

Der Elastizitätsmodul E kann natürlich auch für $\omega = 0$ als Funktion der Temperatur T bestimmt werden. Da Polymere viskoelastisch sind, hängt E jedoch von der Zeit und der Messmethode ab. Die Messzeit lässt sich festlegen. Sie beträgt im Allgemeinen 10 s. Bei der Messmethode handelt es sich entweder um Kriech- oder Relaxationsexperimente. Zur Unterscheidung wird der Elastizitätsmodul im ersten Fall mit einem K und im zweiten Fall

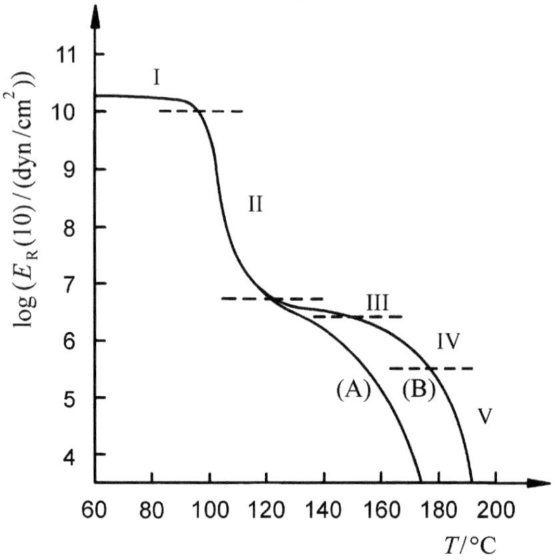

Abb. 5.44 Der Relaxationsmodul $E_R(10)$ als Funktion der Temperatur T für Polystyrol. Probe A: $M_n = 1{,}40 \cdot 10^5\,\text{g mol}^{-1}$, $M_w = 2{,}10 \cdot 10^5\,\text{g mol}^{-1}$, Probe B: $M_n = 2{,}17 \cdot 10^5\,\text{g mol}^{-1}$, $M_w = 3{,}25 \cdot 10^5\,\text{g mol}^{-1}$. (Tobolsky et al. 1980)

mit einem R als Index versehen. $E_R(10)$ gibt z. B. an, dass die Messdauer 10 s betrug und E ein Relaxationsmodul ist. $E_R(10)$ und $E_k(10)$ weichen jedoch in der Regel nur geringfügig voneinander ab. Sie lassen sich zudem ineinander umrechnen.

Der Kurvenverlauf von $E_R(10)$ als Funktion von T ist für alle Polymere ähnlich. Ein typisches Beispiel zeigt Abb. 5.44. Es handelt sich um *a*taktisches Polystyrol. Probe A besitzt die Molmassen $M_w = 2{,}1 \cdot 10^5\,\text{g mol}^{-1}$ und $M_n = 1{,}4 \cdot 10^5\,\text{g mol}^{-1}$. Für Probe B gilt $M_w = 3{,}25 \cdot 10^5\,\text{g mol}^{-1}$ und $M_n = 2{,}17 \cdot 10^5\,\text{g mol}^{-1}$. Die Uneinheitlichkeit $U = M_w/M_n - 1$ ist also für beide Proben gleich groß ($U = 0{,}5$).

Wir betrachten zuerst die Polystyrolprobe B (Abb. 5.44). Die Kurve des Relaxations-Elastizitätsmoduls $E_R(10)$ zeigt fünf verschiedene Regionen viskoelastischen Verhaltens. Das Polymer ist in Region I glasartig, hart und spröde. $E_R(10)$ hängt dort in erster Näherung nicht von der Temperatur ab. Region II ist die Übergangsregion. $E_R(10)$ fällt stark von 10^{10} auf $10^{6{,}7}$ dyn cm^{-2} ab (1dyn cm^{-2} = 0,1 Pa). Der Abfall von $E_R(10)$ setzt in der Nähe der Glastemperatur ein. Diese liegt für *a*taktisches Polystyrol bei ca. 100 °C. Das Polymer verhält sich dort lederartig. Region III stellt ein Plateau dar. Es heißt Kautschukplateau und reicht von $10^{6{,}7}$–$10^{6{,}4}$ dyn cm^{-2}. Das Polymer verhält sich in diesem Bereich kautschukartig. Es ist reversibel elastisch, wenn es für kurze Zeit (10 s) deformiert wird. Die Breite dieses Temperaturintervalls hängt von der Molmasse des Polymers ab. Für Probe B liegt T zwischen 120 und 150 °C. In Region IV sinkt $E_R(10)$ weiter ab. Das Polymer verhält sich jetzt wie eine zähe, gummiartige Flüssigkeit. Es ist aber noch elastisch. In Region V werden schließlich E_R-Module erreicht, die kleiner als 10^5 dyn cm^{-2} sind. Die Relaxationszeit ist jetzt kleiner als die Messzeit von t = 10 s. Das Polymer erscheint als viskose Flüssigkeit ohne Elastizität.

Der Elastizitätsmodul $E_R(10)$ hängt in den Regionen I und II nicht von der Molmasse des Polymers ab. Das lässt sich wie folgt erklären: Im Glaszustand (Region I) sind die Segmente der Polymerketten in bestimmten Positionen des Polymergitters „eingefroren". Die Segmente führen Schwingungen um diese Positionen aus. Sie können aber nicht innerhalb von 10 s von einer Gitterzelle in eine andere diffundieren. $E_R(10)$ hängt deshalb nicht von M ab.

Die Diffusionsbewegung setzt erst oberhalb der Glastemperatur T_g, d. h. in Region II, ein. Die Zeit, die ein Segment im Mittel benötigt, um von einer Gitterzelle in eine benachbarte zu diffundieren, liegt dort in der Größenordnung von 10 s. Diese Zeitspanne ist aber so klein, dass die Schwerpunkte der Polymerketten in Ruhe verbleiben. $E_R(10)$ hängt deshalb auch in Region II nicht von der Molmasse ab.

In der Kautschukregion sind die Diffusionsbewegungen der Polymersegmente sehr schnell. Die Bewegung der Polymerketten im Polymer ist aber behindert, weil die Ketten miteinander „verhakt" bzw. physikalisch „vernetzt" sind. Ein Maß für die Maschenweite der Vernetzung ist die Netzbogenmasse M_e. Das ist die mittlere Molmasse einer Polymerkette, die zwei Verhakungspunkte miteinander verbindet. Der Index e steht dabei für *entanglement* („Verhakung"). M_e lässt sich berechnen. Es gilt:

$$M_e = (3\,\rho\,R\,T)/E_R(10)_{\text{Kautschukplateau}} \tag{5.148}$$

Dabei ist ρ die Dichte des Polymers.

Verhakungen bilden sich allerdings nur dann, wenn die Molmasse größer als die kritische Masse $M_k = 2M_e$ ist. Das Kautschukplateau ist deshalb umso breiter, je größer M ist. Für $M < M_k$ geht Region II direkt in Region V über. Das ist für Probe A der Fall.

In Region IV sind die Verhakungen zeitlich instabil. Sie werden durch starke Wärmebewegungen der Polymerketten ständig gelöst und wieder neu gebildet. Die mittlere Lebensdauer einer Verhakung beträgt dort etwa 10 s.

Die fünf diskutierten Regionen werden bei allen linearen amorphen Polymeren gefunden. Bei den chemisch vernetzten Polymeren ist das anders. Die Regionen IV und V fehlen, weil die Verhakungen (Vernetzungen) jetzt echte chemische Bindungen darstellen. Sie können durch eine Wärmebewegung nicht gelöst werden.

Der Elastizitätsmodul $E_R(10)$ eines teilkristallinen Polymers ist im Temperaturintervall zwischen T_g und T_m deutlich größer als der Elastizitätsmodul des entsprechenden amorphen Polymers. Hier folgt nach dem Glasübergang ein hornartiger Zustand. Die kristallinen Zonen (Kristallite) sind noch nicht vollständig „aufgetaut". Die Beweglichkeit der Segmente ist dadurch behindert. Erst bei der Schmelztemperatur T_m sind die Segmente frei beweglich. Die Art der Verstärkung von $E_R(10)$ zwischen T_g und T_m hängt vom Grad der Kristallinität und der Größe der Kristallite ab. Ist der Grad der Kristallinität klein, so wirken die Kristallite wie Füllpartikel oder starke Vernetzungen. Die Modulverstärkung, die sich aus einer Auffüllung der Kautschukmatrix mit harten Kugeln ergibt, lässt sich berechnen. Es gilt:

$$E_{\mathrm{R}}(10) = E_{\mathrm{R},0}(10)\left[1 + 2,5\,\phi + 14,1\,\phi^2\ \ldots\right] \tag{5.149}$$

$E_{\mathrm{R}}(10)$ ist der Modul des gefüllten Polymers, $E_{\mathrm{R},0}(10)$ der Modul des ungefüllten Polymers und ϕ der Volumenbruch des Füllmaterials. Bei Polymeren mit einem hohen Grad an Kristallinität ($w_{\mathrm{k}} > 0{,}5$) ist diese Beschreibung aber nicht mehr angebracht. Es ist dann besser, die kristalline Phase als Kontinuum aufzufassen, das von amorphen Defekten durchsetzt ist.

5.3.2.9 Das Zeit-Temperatur-Superpositionsprinzip (TTS)

Der Scher- und der Elastizitätsmodul hängen sowohl von der Messzeit als auch von der Temperatur ab. Es ist deshalb denkbar, dass eine Änderung in der Messdauer den gleichen Effekt hat wie eine Änderung in der Messtemperatur. Wir betrachten dazu als Beispiel die Spannungsrelaxation von Polyisobutylen. Abb. 5.45 zeigt, dass sich Polyisobutylen kautschukartig verhält, wenn entweder die Temperatur hoch oder die Messdauer groß ist. $E_{\mathrm{R}}(t)$ ist dann gleich E_{K}, wobei der Index K für Kautschuk steht. Wenn T oder t dagegen klein sind, ist $E_{\mathrm{R}}(t) \approx E_{\mathrm{G}}$. Polyisobutylen verhält sich dann glasartig, wobei E_{G} der Glasmodul ist.

Die Kurven in Abb. 5.45 gehen ineinander über, wenn sie parallel zur log(t)-Achse verschoben werden. Dazu wird eine Bezugstemperatur T_{B} festgelegt, und die E_{R}-Module der zu verschiebenden Kurven werden in den reduzierten Modul $E_{\mathrm{R}}(t)_{\mathrm{red}} = (T_{\mathrm{B}}/T)\ [\rho(T_{\mathrm{B}})/\rho(T)]\ E_{\mathrm{R}}(t)$ umgerechnet. Dabei ist ρ die Dichte. Es werden dann die $E_{\mathrm{R}}(t)_{\mathrm{red}}$-Kurven gezeichnet. Diese sind um den Shiftfaktor

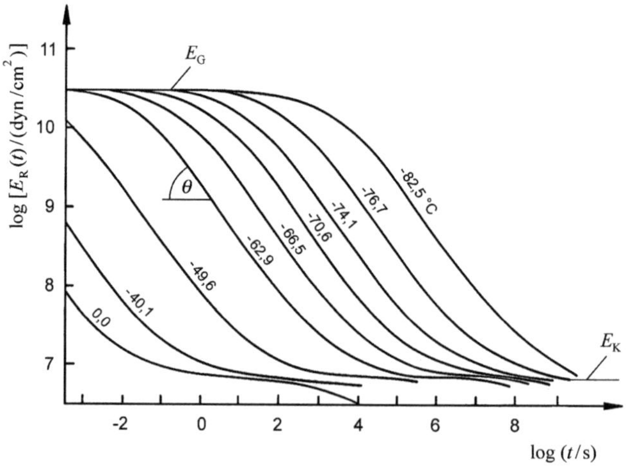

Abb. 5.45 Spannungs-Relaxationskurven für Polyisobutylen bei verschiedenen Temperaturen

$$\log(a_T) = \log(t_B) - \log(t) = \log(t_B/t) \qquad (5.150)$$

verschoben, wobei t_B ein willkürlich ausgewählter Zeitpunkt auf der Bezugskurve ($T = T_B$) und t der Zeitpunkt ist, für den $\log\left(E_R(t)_{red}\right)_{T \neq T_B} = \log\left(E_R(t_B)_{red}\right)_{T = T_B}$ ist. Das Ergebnis all dieser Verschiebungen ist die **Masterkurve**. Sie ist für Polyisobutylen in Abb. 5.46 dargestellt.

Williams, Landel und Ferry haben als erste die beschriebene Zeit-Temperatur-Superposition (Time-Temperature Superposition, TTS), der G- und E-Module genauer untersucht. Sie fanden 1955, dass für den Shiftfaktor gilt:

$$\boxed{\log(a_T) = -k_1\,(T - T_B)/[k_2 + (T - T_B)]} \qquad (5.151)$$

Darin sind k_1 und k_2 zwei Konstanten. Gl. (5.151) heißt nach ihren Entdeckern **WLF-Gleichung**. Sie wurde empirisch hergeleitet, sie lässt sich aber auch theoretisch begründen.

Für die Bezugstemperatur T_B wird häufig die Glastemperatur T_g gewählt. k_1 und k_2 sind dann zwei Universalkonstanten, die für alle linearen amorphen Polymere die gleichen Werte besitzen. Es gilt:

$$\log(a_T) = -17{,}44\,\left(T - T_g\right)/\left[51{,}6\,\mathrm{K} + \left(T - T_g\right)\right] \qquad (5.152)$$

Sind die Polymere kristallin, so gilt anstelle von Gl. (5.151):

$$\log(a_T) = [E_A/(2{,}3\,R)]\,(1/T - 1/T_B) \qquad (5.153)$$

Darin ist E_A die Aktivierungsenergie.

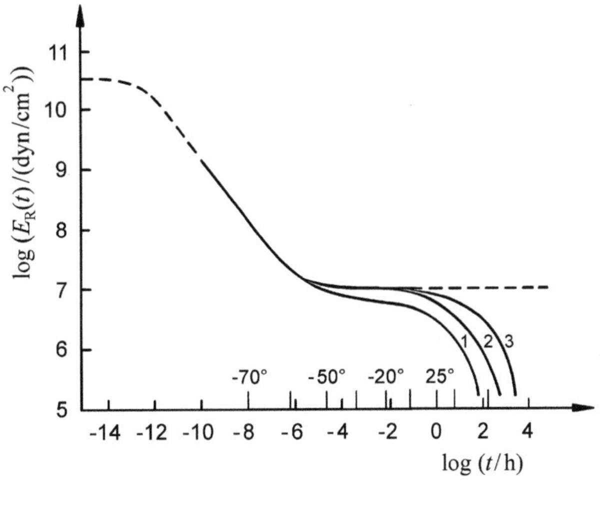

Abb. 5.46 Idealisierte Masterkurven für Polyisobutylen. 1 = $M_w = 1{,}36 \cdot 10^6$ g mol^{-1}, 2 = $M_w = 2{,}80 \cdot 10^6$ g mol^{-1}, 3 = $M_w = 6{,}60 \cdot 10^6$ g mol^{-1}. (Tobolsky et al. 1980)

Wir wollen Gl. (5.151) herleiten. Dazu gehen wir wie folgt vor: Ein polymerer Festkörper besitzt ein bestimmtes freies Volumen, in dem sich kein Polymersegment befindet. Der Anteil f des freien Volumens am Gesamtvolumen des Polymers ändert sich mit der Temperatur. Es gilt:

$$f = f_g + \alpha_f \left(T - T_g\right) \tag{5.154}$$

Dabei ist f_g der freie Volumenanteil bei T_g und α_f der thermische Expansionskoeffizient des freien Volumens. Das Polymer sei amorph und verhalte sich viskoelastisch. Es besitzt deshalb eine Relaxationszeit τ_0. Gemäß dem Maxwell-Modell ist $\tau_0 = \eta/E$, wobei η die Viskosität des Dashpots und E der Elastizitätsmodul der Feder sind. Die Feder sei so gewählt, dass $\partial E/\partial T \approx 0$ ist. η hängt von der Temperatur ab. Es gilt somit:

$$a_T = \tau_0(T)/\tau_0\left(T_g\right) = \eta(T)/\eta\left(T_g\right) \tag{5.155}$$

Doolittle (1957) konnte zeigen, dass für Flüssigkeiten gilt:

$$\log \eta = \ln A + B\left[(1/f) - 1\right] \tag{5.156}$$

Dabei sind A und B zwei Konstanten. Wir nehmen an, dass Gl. (5.156) auch für Polymere gilt. Es folgt dann:

$$\begin{aligned} \log\left[\eta(T)/\eta\left(T_g\right)\right] &= B\left(\frac{1}{f_g + \alpha_f\left(T - T_g\right)} - \frac{1}{f_g}\right) \quad \text{bzw.} \\ \log\left[a_T\right] &= \frac{-\left(B/f_g\right)\left(T - T_g\right)}{f_g/\alpha_f + \left(T - T_g\right)} \end{aligned} \tag{5.157}$$

Gl. (5.157) stimmt mit Gl. (5.151) überein, wenn k_1 gleich B/f_g und k_2 gleich f_g/α_f ist. Da k_1 und k_2 für $T_B = T_g$ Universalkonstanten sind, sollte dies auch für f_g und α_f gelten. Das ist in der Tat der Fall. f_g liegt für die meisten amorphen Polymere in der Größenordnung von 0,025, und α_f ist ungefähr $4{,}8 \cdot 10^{-4}\,\mathrm{K}^{-1}$.

Wir weisen abschließend auf drei Dinge hin:

1. Der Nutzen der WLF-Gleichung besteht darin, dass wir mit ihrer Hilfe $E_R(t, T)$-Werte berechnen können, die außerhalb der experimentell zugänglichen Temperatur- und Zeitintervalle liegen.
2. Wir können die Temperaturkurven in Abb. 5.45 auch beschreiben, ohne die WLF-Gleichung zu benutzen. In guter Näherung gilt:

$$E_R(t) = \{E_G/[1 + (t/\tau_0)]^n\} + E_K \quad \text{mit} \quad n = \tan\theta \tag{5.158}$$

3. Befindet sich das Polymer in der Kautschuk-Fluss-Region (Bereich IV in Abb. 5.44), so gilt folgende halbempirische Formel:

$$E_R(t) = E_K \exp\left[-(t/\tau_0)^\nu\right] \tag{5.159}$$

Für lineares, monodisperses Polystyrol der Molmasse M gilt z. B. bei der Temperatur $T = 115$ °C:

$$\nu = 0{,}74\,; \quad \tau_0 = 2{,}5 \cdot 10^{-14}\, M^{3{,}4} \quad \text{und} \quad E_K = 4{,}4 \cdot 10^6\ \text{dyn/cm}^2$$

Der Exponent ν ist ein Maß für die Breite der Molmassenverteilung der Polymerprobe. ν wird kleiner, wenn $w(M)$ breiter wird.

5.3.2.10 Weitere Methoden zur Charakterisierung viskoelastischer Eigenschaften

Dynamisch-mechanische Analyse (DMA) Die **dynamisch-mechanische Analyse**, auch als dynamisch-mechanische Thermoanalyse (DMTA) bezeichnet, charakterisiert Kunststoffe hinsichtlich ihrer viskoelastischen Eigenschaften in Abhängigkeit von Temperatur und Frequenz und findet heutzutage vielfachen Einsatz in der industriellen Praxis. Als Grundlage dienen die theoretischen Betrachtungen ab Abschn. 5.3.2.5. Im Gegensatz zum schon beschriebenen Torsionspendel (Verfahren mit frei gedämpften Schwingungen) arbeiten moderne DMA-Gerätschaften nach dem Verfahren der erzwungenen Schwingung. Als Ergebnis wird im Fall der Torsionsbeanspruchung der dynamische Speichermodul G' und der Verlustmodul G'' erhalten. Während der Speichermodul die elastischen Anteile des untersuchten Materials widerspiegelt, ist der Verlustmodul G'' ein Maß für die dissipierte Energie und repräsentiert somit die viskosen Anteile. Das Verhältnis von Verlust- zu Speichermodul ist als Verlustfaktor tan δ definiert. Durch Kenntnis dieser Größen kann das mechanische Verhalten von Kunststoffen in Abhängigkeit von der Temperatur gut beschrieben werden. Abb. 5.47 zeigt einen typischen Verlauf von thermoplastischen Elastomeren.

Die Messung erfolgt derart, dass eine Probe einer oszillierenden Deformation unterworfen wird und die entsprechenden Kräfte gemessen werden. Dies geschieht typischerweise bei einer konstanten Frequenz in Abhängigkeit der Temperatur (von z. B. –120 °C bis zur Erweichungstemperatur der Materialien). Alternativ kann aber auch bei einer konstanten Messtemperatur das Verhalten in Abhängigkeit der Messfrequenz untersucht werden. Diese Messungen sind oft Basis für die Erstellung von sog. Masterkurven durch das TTS-Prinzip. Als Ergebnis erhalten wir das frequenzabhängige Verhalten von Polymeren über mehrere Dekaden, die messtechnisch nicht ohne Weiteres realisierbar sind.

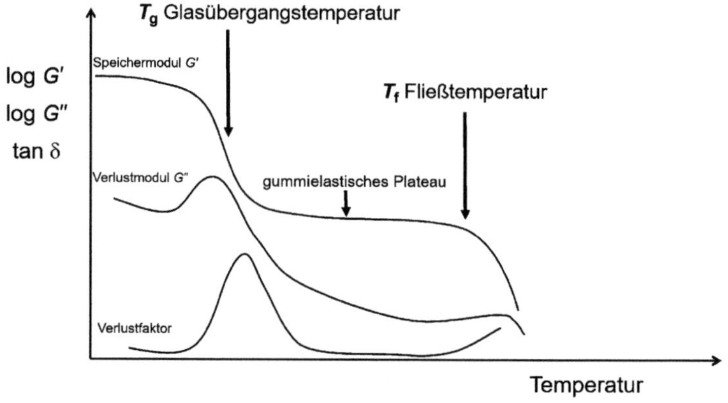

Abb. 5.47 Typischer Kurvenverlauf des Speichermoduls G', des Verlustmoduls G'' und des Verlustfaktors tan δ einer Polymerprobe mit thermoplastischen Eigenschaften

In der Kunststoffprüfung erfolgt die Messung entweder kraft- oder dehnungsgeregelt. Die Deformation kann in Zug, Torsion, Biegung, Kompression und weiteren Deformationsarten erfolgen.

Anisotherme Spannungsrelaxation (TSSR) Mittels der Prüfung der anisothermen Spannungsrelaxation (Temperature Scanning Stress Relaxation, TSSR) können die thermischen Einsatzgrenzen von thermoplastischen Elastomeren (TPE) und anderen herkömmlichen Elastomermaterialien charakterisiert werden. Gegenüber den typischen Relaxationsprüfungen wird bei diesem Verfahren die Temperatur nicht konstant gehalten, sondern kontinuierlich erhöht. Dadurch verringern sich Relaxationszeiten während der Prüfung, sodass auch Langzeitrelaxationsprozesse innerhalb eines kurzen Zeitbereichs erfasst werden können. Gleichzeitig wird die Probe bei einer Dehnung von mehr als 50 % gehalten, um zu verhindern, dass die Dehnungsänderungen durch die thermische Ausdehnung zu sehr ins Gewicht fallen. Eine Spannungsrelaxation tritt immer dann auf, wenn die Netzwerkstruktur (chemische wie physikalische Netzwerke) durch thermische Übergänge oder thermisch-oxidativen Abbau geschädigt wird. Im Fall der TPE geschieht dies beispielsweise beim Erweichen der Hartphasen, wohingegen bei Elastomeren die Wechselwirkung mit Füllstoffen und der thermische Abbau von kovalenten Bindungen vorherrschen. Als Ergebnis erhalten wir die relative Spannung aufgetragen gegen die Temperatur. In Abb. 5.48 sind zwei typische Kraft-Temperatur-Kurven, normiert auf die jeweilige Anfangskraft F_0, dargestellt, die mit dem TSSR-Prüfgerät an einer Elastomer- und einer TPE-Probe ermittelt wurden.

Daraus lassen sich wichtige Informationen bezüglich der thermischen Stabilität der Netzwerkstrukturen von Elastomeren ziehen, um damit thermische Einsatzgrenzen von Materialien abschätzen zu können. Darüber hinaus lassen sich aus den Messungen auch Relaxationsspektren ermitteln. Die Charakterisierung dieser Relaxationen erlaubt weiter-

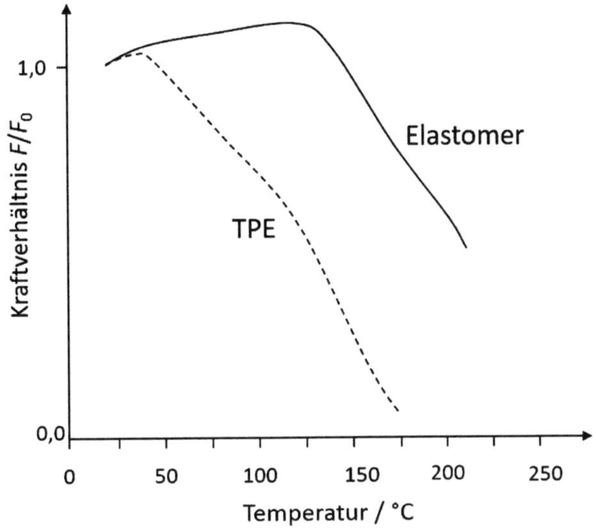

Abb. 5.48 Typische TSSR-Kraft-Temperatur-Kurve eines Elastomers und eines thermoplastischen Elastomers (TPE)

führende Aussagen in Bezug auf die Morphologie der untersuchten Materialien und deren Wechselwirkungen beispielsweise mit Füllstoffen.

Die TSSR-Prüfung kann somit auf schnelle und einfache Weise Informationen über den Vernetzungszustand von Elastomeren, physikalische und chemische Relaxationsprozesse sowie die thermischen Einsatzgrenzen von TPE liefern.

Durckverformungsrest (DVR) Der Druckverformungsrest ist ein Maß dafür, wie sich elastomere Materialien bei einer dauerhaften Druckverformung nach Entspannung verhalten. Besonders interessant ist dieser Test für die Bewertung der Anwendungseigenschaften, wie z. B. bei Dichtungen. Dabei wird je nach Einsatzzweck die Druckverformung bei erhöhter Temperatur und in verschiedenen Medien (z. B. Ölen) durchgeführt. Nach einer bestimmten Zeit nach der Entspannung und Abkühlung wird der Prüfkörper vermessen. Ein DVR von 0 % bedeutet, dass der Körper seine ursprünglichen Ausmaße wieder voll erreicht hat. Ein DVR von 100 % würde bedeuten, dass der Prüfkörper während des Versuchs vollständig verformt wurde. Der DVR gibt somit den Anteil an plastisch-viskoser Verformung eines Elastomers an und gilt als einer der wichtigsten Kenngrößen in der Dichtungstechnik.

5.3.3 Bruchverhalten

5.3.3.1 Phänomenologische Beschreibung

Das Deformations- und Bruchverhalten von Werkstoffen wird häufig unter uniaxialer Zugbeanspruchung im Zugversuch untersucht. Der Zugversuch wird unter definierten

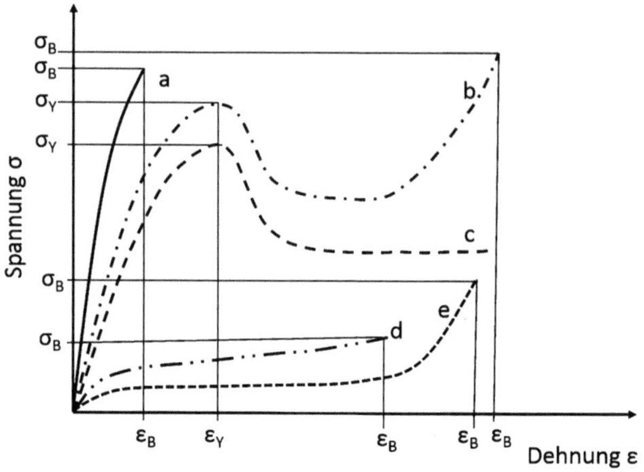

Abb. 5.49 Typische Spannungs-Dehnungs-Kurven von Polymeren

Belastungsbedingungen an genormten Probekörpern durchgeführt und ermöglicht somit eine quantitative Beschreibung mechanischer Eigenschaften, die sowohl für die Werkstoffentwicklung, Werkstoffauswahl, Bauteilauslegung sowie für die Qualitätssicherung und Schadensanalyse von Bedeutung sind. In Abb. 5.49 sind typische Spannungs-Dehnungs-Kurven von Polymerwerkstoffen dargestellt. Das Deformations- und Bruchverhalten kann dabei auf fünf Grundtypen zurückgeführt werden.

Bei spröden Werkstoffen (a in Abb. 5.49) ist das Deformationsverhalten durch einen steilen Spannungsanstieg gekennzeichnet, wobei der Bruch bei einer geringen Dehnung und ohne nennenswerte plastische Verformung erfolgt. Die zugehörige Spannung wird als Bruchspannung σ_B oder auch als Reißfestigkeit σ_R bezeichnet. Zähe Werkstoffe mit Streckgrenze (b und c) weisen ein Maximum im Spannungsverlauf (Streckspannung) auf und brechen bei großen Dehnungen und unter starker plastischer Verformung. Das erste Maximum im Verlauf der Spannungs-Dehnungs-Kurve wird als Streckspannung σ_Y (*yield-stress*) bezeichnet. Gemäß DIN EN ISO 527-1 (DIN EN ISO 527-1:2012-06: Kunststoffe – Bestimmung der Zugeigenschaften) ist dies gleichzeitig die Zugfestigkeit σ_M. Vor dem Bruch existiert ein stark ausgeprägtes Spannungsplateau (Fließbereich), in dem der Werkstoff unter Ausbildung von Fließzonen verstreckt wird und einschnürt (Schulter-Hals-Bildung). Die Ausbildung von Fließzonen ist dabei stark von der Prüfgeschwindigkeit und der Prüftemperatur abhängig. Bei entsprechend geringer Prüfgeschwindigkeit kann die Verstreckung durch den gesamten parallelen Bereich des Probekörpers wandern. Anschließend kann es zu einem erneuten Spannungsanstieg (b) kommen, der auf eine dehnungsinduzierte Verfestigung zurückzuführen ist. Zähe Werkstoffe ohne Streckspannung können unter starker plastischer Verformung (d) oder ohne nennenswerte plastische Verformung (e) bei hohen Dehnungen brechen. Letzteres Verhalten wird auch als gummielastisch bezeichnet. Auch hier kann es vor dem Bruch zu einer Verfestigung kommen, die in einigen Fällen (insbesondere bei NR) auf eine dehnungsinduzierte Kristallisation des Polymers zurückzuführen ist. Die Spannung im Moment des Bruchs wird als Bruchspannung σ_B und die zugehörige Dehnung als Bruchdehnung ε_B bezeichnet.

Die Schulter-Hals-Bildung eines Probekörpers während eines Zugversuchs wird auch als Teleskopeffekt bezeichnet und ist in Abb. 5.50 schematisch dargestellt.

Die starke Temperaturabhängigkeit des Teleskopeffekts ist am Beispiel von Polyvinylchlorid (PVC) in Abb. 5.51 veranschaulicht. Bei $T = -40$ °C ist PVC spröde. Es bricht schon bei kleinen Dehnungen. Mit steigender Temperatur wird PVC immer weicher und zäher. Der Yield-Punkt ist im Intervall von −20 bis 60 °C stark ausgeprägt. Die Zugspannung wird für $\varepsilon > \varepsilon_Y$ mit steigender Dehnung deutlich kleiner. Das Polymer fließt. Da

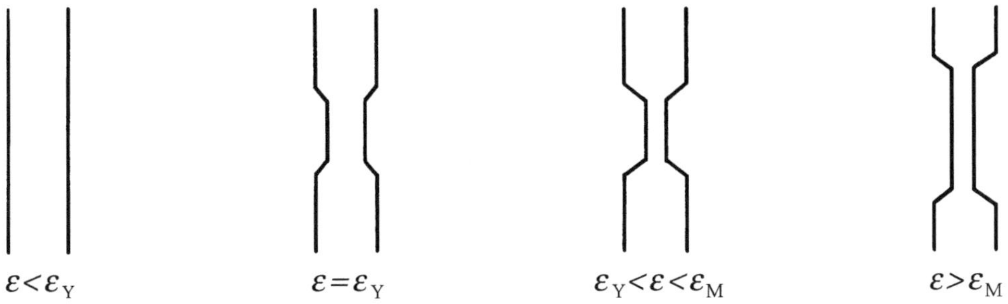

Abb. 5.50 Schulter-Hals-Bildung einer Polymerprobe (Teleskopeffekt)

Abb. 5.51 Spannungs-Dehnungs-Kurven von Polyvinylchlorid bei verschiedenen Temperaturen. (Daten nach R. Nitsche 1939 und E. Salewski 1941)

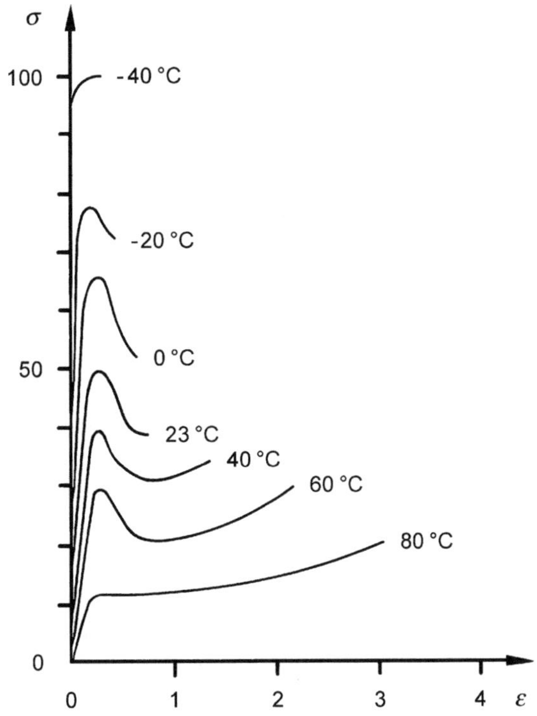

T relativ klein ist, wird dieser Fluss **kalter Fluss** genannt. Oberhalb von $T = 80$ °C gibt es keinen Yield-Punkt mehr. PVC ist dann weich und verhält sich gummiartig.

Das Bruchverhalten von Polymerwerkstoffen hängt von der Molekularstruktur, der Umgebung und den Beanspruchungsbedingungen ab. Temperatur und Prüfgeschwindigkeit sind dabei wichtige Parameter. So verhalten sich Polymere bei tiefen Temperaturen und/oder hohen Prüfgeschwindigkeiten meistens spröde, während bei höheren Temperaturen und/oder geringen Prüfgeschwindigkeiten oft zähes Verhalten zu beobachten ist. Bei der Auslegung von Bauteilen ist deshalb grundsätzlich zu berücksichtigen, dass das mechanische Verhalten von Kunststoffen sehr stark temperatur- und zeitabhängig ist.

In Bezug auf das Bruchverhalten unterscheiden wir zwischen sprödem und duktilem Verhalten. Beim **spröden Bruch** reißt das Polymer ohne plastische Verformung senkrecht zur Richtung der angelegten Spannung, wobei die Bruchdehnung ε_B kleiner als die Streckdehnung ε_Y ist. Der **duktile Bruch** erfolgt dagegen unter starker plastischer Verformung, wobei es oberhalb der Streckdehnung zu einer Einschnürung kommt. Die Bruchdehnung ε_B ist dann größer als ε_Y.

Der spröde Bruch besteht in der abrupten Zerstörung von Haupt- und Nebenvalenzbindungen unter der Bildung zweier neuer Oberflächen. Die dazu nötige Kraft lässt sich im Prinzip aus der Energie der zu trennenden Bindungen berechnen. Für eine kovalente Bindung ist theoretisch eine Kraft von $3{,}3 \cdot 10^{-9}$ N, für eine Wasserstoffbrückenbindung eine Kraft von $0{,}1 \cdot 10^{-9}$ N und für eine Van-der-Waals-Bindung eine Kraft von $0{,}03 \cdot 10^{-9}$ N pro Bindung nötig. Die gemessenen „Bruchkräfte" sind aber deutlich kleiner als die theoretisch zu erwartenden Bruchkräfte. Daraus hat sich die Vorstellung entwickelt, dass beim spröden Bruch zunächst Bindungen zwischen benachbarten Ketten (sog. Nebenvalenzen) zerstört werden. Die Zugkraft wirkt dadurch auf Kettenverbände mit kleiner Querschnittsfläche, sodass die Spannung lokal stark ansteigt. Beim Bruch ist die Spannung dann so groß, dass auch Hauptvalenzen zerrissen werden.

Duktile Polymere (b, c und d in Abb. 5.49) zerfließen dagegen beim Bruch. Hier gleiten ganze Ketten voneinander ab, bei teilkristallinen Polymeren ganze Kristallbereiche. Es ist sogar möglich, dass sich bei kleinen Spannungen und langen Beanspruchungszeiten Kettenverhakungen entschlaufen. Im Fall gummielastischer Werkstoffe (e) können die Polymerketten nicht aneinander abgleiten, sondern werden nur in Richtung der äußeren Spannung gestreckt. Bei großen Dehnungen werden die kovalenten Bindungen im Bereich der Bruchfläche getrennt, und die beiden Hälften des gebrochenen bzw. gerissenen Probekörpers schnellen fast vollständig, ohne nennenswerte plastische Verformung, in ihre ursprüngliche Form zurück. Die Bruchfläche ist dabei meistens glatt sowie senkrecht zur Zugrichtung orientiert und weist somit die Merkmale eines Sprödbruchs auf.

5.3.3.2 Die Theorie von Griffith

Mit seiner Arbeit über das Bruchverhalten von spröden Werkstoffen hat Alan Arnold Griffith im Jahr 1920 eine wichtige Grundlage der Bruchmechanik entwickelt. Obwohl diese Theorie ideal-elastisches Verhalten, beschrieben durch das Hooke'sche Gesetz, voraussetzt und somit nicht unmittelbar auf Polymerwerkstoffe anwendbar ist, sollen die

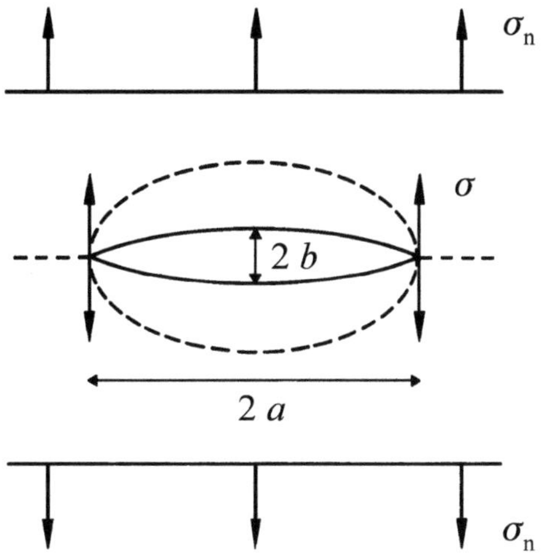

Abb. 5.52 Modell einer elliptischen Kerbe der Länge 2 a und der Dicke 2 b in einer dünnen Platte, auf der die nominelle Spannung σ_n lastet

grundlegenden Beziehungen und Ergebnisse dieser Theorie im Folgenden erläutert werden. Weiterführende Betrachtungen, bei denen u. a. die plastischen Deformationen zusätzlich berücksichtigt werden, bauen auf dieser Theorie und den Denkansätzen von Griffith auf (s. z. B. Grellmann und Seidler 1998).

Die **Bruchfestigkeit** σ_b eines spröden Polymers lässt sich auf der Grundlage der Theorie von Griffith wie folgt berechnen. Es wird dabei angenommen, dass ein Polymer im unbelasteten Zustand stets eine bestimmte Anzahl an Mikrorissen enthält. Diese Risse können Kratzer oder Kerben sein. Eine äußere Spannung, die auf das Polymer einwirkt, verteilt sich ungleichmäßig. An den Spitzen der Kerben und Risse ist die Spannung σ sehr viel größer als die nominelle Spannung σ_n im übrigen Volumen des Probekörpers.

Eine Kerbe besitzt in der Regel eine elliptische Gestalt. Die große Halbachse dieser Ellipse sei a und die kleine b (Abb. 5.52). Die wahre Spannung σ an den Kerbspitzen ist nach Gl. (5.160) gegeben:

$$\sigma = \sigma_n\,(1 + 2\,a/b) \tag{5.160}$$

Das Verhältnis σ/σ_n für eine kreisförmige Kerbe ($a = b$) ist drei. Es ist größer als drei für $a > b$.

Griffith hatte nun folgende Idee: Gegeben sei eine dünne Platte der Einheitsdicke d, die frei von Kerben ist. Auf ihr laste die Spannung σ_n. Wir schlitzen dann eine Kerbe in die Platte, die so groß ist, dass die Spannung auf null zurückgeht. Das führt zu einer Umverteilung der Energie. Die Dehnungsenergie der Platte wird frei und in die Oberflächenenergie der Kerbe überführt. Unsere Kerbe sei kreisförmig, ihr Radius sei a und das Volumen $\pi\,a^2\,d$. Das Material der Platte sei perfekt elastisch. Die Dehnungsenergie pro Einheitsvolumen ist somit $(1/2)\,\sigma_n^2/E$, wobei E der Elastizitätsmodul ist. Das bedeutet:

Insgesamt wird die Energie $(1/2)\ \pi\ a^2\ d\ \sigma_n^2/E$ freigesetzt. Die Energie, die wir zur Bildung einer Einheitsoberfläche benötigen, sei γ. Die Oberfläche einer Kreiskerbe ist $2\ \pi\ a\ d$. Die benötigte Energie ist also $2\ \pi\ a\ d\ \gamma$.

Griffith stellt jetzt folgendes Postulat auf: Die Kerbe wächst, wenn die freigesetzte Dehnungsenergie größer als die Energie ist, die zur Bildung der Oberfläche der Kerbe nötig ist. Mathematisch ausgedrückt bedeutet dies:

$$\frac{\partial}{\partial a}\left(-\frac{\pi\, a^2\, d\, \sigma_n^2}{2\,E}+2\pi\, a\, d\, \gamma\right)\quad \left.\begin{array}{l} >0 \Rightarrow \text{Kerbe wächst} \\ =0 \Rightarrow \text{Platte beginnt zu brechen;} \\ \qquad\ \text{Kerbe bildet sich} \\ <0 \Rightarrow \text{Kerbenbildung nicht möglich} \end{array}\right\}$$

Wir interessieren uns für den Fall $\partial/\partial a = 0$, dass die Platte zerbricht. Dort gilt:

$$\sigma_b = \sigma_n = [(2\,E\,\gamma)/a]^{1/2} \tag{5.161}$$

Dabei ist σ_b die Reißfestigkeit. Diese Gleichung stimmt formal mit der von Griffith hergeleiteten Gleichung überein. Unsere Gleichung ist aber eine Näherungslösung. Sie gilt nur für kreisförmige Kerben. Die exakte Berechnung von σ_b erfordert eine Integration über das gesamte Spannungsfeld der Kerbe. Griffith hat diese Rechnung für elliptische Kerben durchgeführt, für die $a >> b$ ist. Sein Resultat lautet:

$$\sigma_b = [(2\,E\,\gamma)/(\pi\,a)]^{1/2} \tag{5.162}$$

Gl. (5.162) gilt nur, wenn die Folien dünn sind und keine Querkontraktion auftritt. Mit Querkontraktion gilt:

$$\sigma_b = \left[(2\,E\,\gamma)/\left(\pi\,\left(1-\mu^2\right)\,a\right)\right]^{1/2} \tag{5.163}$$

Dabei ist μ die Poisson'sche Zahl.

Die Hauptaussage von Gl. (5.162) ist: σ_b ist umgekehrt proportional zur Wurzel aus der Länge $L = 2\ a$ der Kerbe (des Risses). Diese Aussage lässt sich experimentell prüfen. Wir führen der zu untersuchenden Polymerprobe dazu künstlich Risse zu und messen σ_b als Funktion von L. Ein Beispiel zeigt Abb. 5.53. Es handelt sich um Messungen an sprödem Polystyrol. Die durchgezogene Linie beschreibt die Griffith-Theorie. Wir erkennen: σ_b ist umgekehrt proportional zu$\sqrt{L}$. Die detaillierte Untersuchung zeigt jedoch signifikante Abweichungen zwischen Theorie und Experiment. Setzen wir in Gl. (5.162) den gemessenen Wert von E ein, so erhalten wir mithilfe der Methode der kleinsten Fehlerquadrate für γ den Wert 1700 J m^{-2}. Der experimentell bestimmte Wert von γ liegt aber bei 0,03 J m^{-2} (Tab. 5.23). Diese Diskrepanz zwischen Theorie und Experiment entsteht, weil Griffith

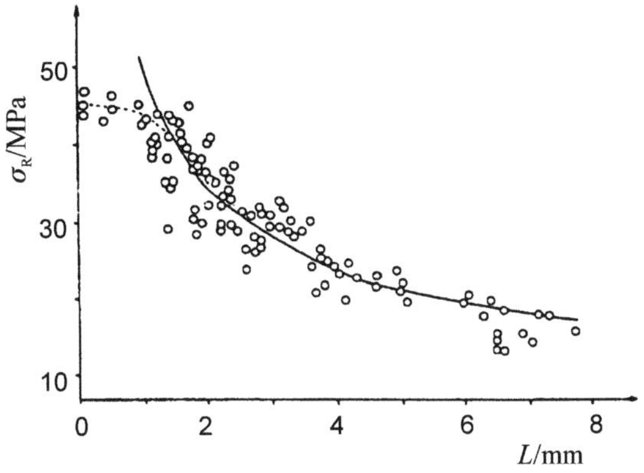

Abb. 5.53 Die Abhängigkeit der Reißfestigkeit $\sigma_R(=\sigma_b)$ von der Länge L der künstlich hergestellten Risse. Bei der Probe handelt es sich um Polystyrolstäbchen mit Querschnitten zwischen 0,15 und 1,4 cm^2. Die durchgezogene Linie wurde nach Gl. (5.162) berechnet. (Berry 1972)

Tab. 5.23 Berechnete und gemessene Werte der Oberflächenenergie

Material	Griffith-Theorie γ ($\mathbf{J\ m^{-2}}$)	Experiment γ ($\mathbf{J\ m^{-2}}$)
Polymethylmethacrylat	200–400	0,04
Polystyrol	1000–2000	0,03
Zinn(II)oxid	8–10	0,11
Aluminium	≈ 8000	0,05
Stahl	≈ 25.000	0,05

annimmt, das Material sei perfekt elastisch. Das ist aber fast nie der Fall. Polymere werden beim Bruch plastisch deformiert. Die zur plastischen Deformation benötigte Energie ist sehr viel größer als die Oberflächenenergie. Der nach der Griffith-Theorie an das Experiment angepasste Wert von γ berücksichtigt dies. Er beinhaltet beide Energiearten und ist deshalb deutlich größer als der gemessene Wert der Oberflächenenergie.

Nach Griffith ist es möglich, die Reißfestigkeit eines Materials zu kontrollieren, indem die Größe der Kratzer (Risse) in der Struktur verändert wird. Dies lässt sich leicht an Gläsern demonstrieren. Wird Glas künstlich mit kleinen Kratzern versehen, so bricht es normalerweise schon bei kleinen Spannungen. Es ist aber auch möglich, die Reißfestigkeit (Bruchfestigkeit) eines Glases zu erhöhen. Dazu muss es nur mit Flusssäure behandelt werden. Sie entfernt die meisten Kratzer.

5.3.3.3 Bruchvorgänge bei Polymeren

Das Deformations- und Bruchverhalten von Polymeren wird nicht nur durch deren chemische Struktur, sondern auch sehr stark durch supramolekulare Strukturen und spannungsinduzierte Vorgänge beeinflusst. So verhält sich *a*taktisches (amorphes) Polystyrol, wie viele andere amorphe Polymere, im Glaszustand spröde. Durch eine bestimmte Modifikation kann das spröde Polystyrol in ein schlagzähes Polystyrol umgewandelt werden, das dann duktiles Bruchverhalten aufweist. Im Zugversuch zeigt das schlagzäh modifizierte Polystyrol im Gegensatz zum normalen Polystyrol eine ausgeprägte Streckgrenze. Anders verhält es sich mit Polycarbonat. Obwohl ebenfalls amorph, zeigt Polycarbonat bereits ohne jegliche Modifikation im Zugversuch eine ausgeprägte Streckgrenze und duktiles Bruchverhalten. Das Deformations- und Bruchverhalten von teilkristallinen Polymeren ist darüber hinaus stark abhängig vom Kristallisationsgrad, der Kristallitstruktur, der Größe der Kristalllamellen sowie von kristallinen Überstrukturen (z. B. Sphärolithe). Grundsätzlich sind bei Bruchvorgängen von Polymeren zwei Mechanismen von besonderer Bedeutung: das sog. Crazing und die Bildung von Scherbändern.

Crazes (Normalspannungsfließzonen) in amorphen Polymerwerkstoffen Der englischsprachige Begriff **Crazes** wird auch in der deutschsprachigen Fachliteratur für den Mechanismus verwendet, der die Entstehung von Mikrohohlräumen bei gleichzeitiger lokaler Verstreckung von Polymerketten im frühen Stadium eines Bruchvorgangs beschreibt. Manchmal wird dafür auch der Begriff „Pseudorisse" benutzt. Ausgehend von mikroskopischen Materialinhomogenitäten, Fehlstellen oder Kratzern an der Oberfläche kommt es aufgrund der damit verbundenen lokalen Spannungsüberhöhung zur Bildung von schmalen länglichen Zonen, die senkrecht zur Zugrichtung orientiert sind und in denen die Polymerketten stark orientiert bzw. hochverstreckt sind. Zwischen den hochverstreckten Polymerfibrillen befinden sich Mikrohohlräume, sodass diese Normalspannungsfließzonen (Abb. 5.54) Orientierungs- und Dichteinhomogenitäten innerhalb der mehr oder weniger unverformten Matrix darstellen. Die Crazes stellen somit keine Risse im eigentlichen Sinn dar, weil die gegenüberliegenden Ufer dieser länglichen Zonen nicht vollständig voneinander getrennt, sondern noch durch die hochverstreckten Polymerfibrillen miteinander verbunden sind. Wir unterscheiden hier extrinsische und intrinsische Crazes. Die **extrinsischen Crazes** entstehen an der Oberfläche (z. B. an Kratzern oder Kerben), während die **intrinsischen Crazes** an Fehlstellen oder Inhomogenitäten im Inneren des Materials gebildet werden. Die Länge der Crazes kann sehr unterschiedlich sein und von einigen zehn Nanometern bis zu einigen hundert Mikrometern betragen.

Interessanterweise kann die Craze-Bildung bei Polymeren sowohl zum Sprödbruch als auch zur Zähigkeitssteigerung führen. Bei normalem (*a*taktischem) technischem Polystyrol stellt die Bildung von Crazes die Vorstufe zum Sprödbruch dar. Bei einer mechanischen Beanspruchung bilden sich hier schon bei geringer Dehnung an verschiedenen Stellen

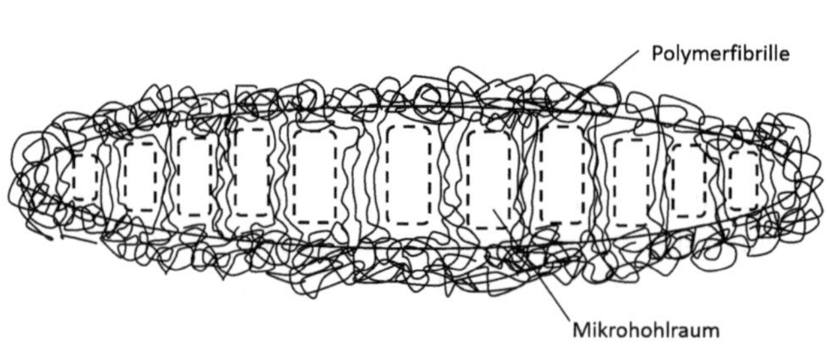

Abb. 5.54 Schematische Darstellung einer Normalspannungsfließzone (Craze)

relativ große Crazes, die schnell zu makroskopischen Rissen weiterwachsen und schließlich zum Bruch des Probekörpers führen.

Bei schlagzäh modifizierten Polymerwerkstoffen lässt sich der Mechanismus der Craze-Bildung zunutze machen, um die Zähigkeit des Werkstoffs zu erhöhen. Dies sei am Beispiel von Polystyrol erläutert. Schlagzäh modifiziertes Polystyrol enthält einen geringen Anteil (≈ 5 %) Polybutadien, wobei die Polybutadienketten durch eine Pfropfreaktion kovalent mit den Polystyrolketten verknüpft sind. Aufgrund der Unverträglichkeit von Polybutadien und Polystyrol sind die beiden Polymere phasensepariert, wobei Polystyrol die Matrix bildet und Polybutadien als feinverteilte disperse Phase existiert. Das System besteht somit aus einer hartelastischen Matrix (Polystyrol), in die weichelastische Kautschukpartikel (Polybutadien) eingebettet sind. Die feinverteilten Kautschukpartikel wirken innerhalb der spröden Polystyrolmatrix als Inhomogenitäten, an denen bei einer bestimmten mechanischen Beanspruchung Crazes initiiert werden. Aufgrund der gleichmäßigen Verteilung der Kautschukpartikel entstehen gleichzeitig sehr viele kleine, über das gesamte Volumen gleichmäßig verteilte Crazes, von denen jeder Einzelne einen Beitrag zur Energieabsorption und plastischen Deformation leistet. Insgesamt kommt es dadurch zu einer erheblichen Zähigkeitssteigerung und zu duktilem Bruchverhalten. Die Zugfestigkeit und der Elastizitätsmodul werden, bedingt durch den Kautschukanteil, etwas verringert. Bei technischen Anwendungen überwiegen jedoch die Vorteile der Zähigkeitssteigerung gegenüber dem spröden Verhalten von normalem Polystyrol.

Aufgrund der starken lokalen plastischen Deformationen (Polymerfibrillen) und der Mikrohohlräume innerhalb eines Craze wird dieser Deformationsmechanismus von lokalen Änderungen der optischen Eigenschaften begleitet. Makroskopisch ist dies an einer charakteristischen Weißfärbung zu erkennen, die technologisch auch als **Weißbruch** bezeichnet wird. Die Weißfärbung des geschädigten Bereichs ist dadurch zu erklären, dass sichtbares Licht, das von der Probe transmittiert oder reflektiert wird, an den Grenzflächen der Crazes gestreut wird. Aufgrund der Bildung von Mikrohohlräumen kommt es außerdem bei der Bildung von Crazes zu einer Dichteabnahme in diesem Bereich. Die Dichteabnahme bzw. Zunahme des spezifischen Volumens ist auch daran zu erkennen, dass während des Zugversuchs keine Querkontraktion der Probe stattfindet, solange die Craze-Bildung den alleinigen Deformationsmechanismus darstellt.

Scherbandbildung (Schubspannungsfließzonen) in amorphen Polymerwerkstoffen Unter bestimmten Bedingungen, abhängig von Temperatur und Prüfgeschwindigkeit, kann es beim Zugversuch zur Bildung von **Scherbändern** kommen, die unter einem Winkel von ca. 45–60° zur Belastungsrichtung orientiert sind und durch Schubspannungen initiiert werden. Die Tatsache, dass die Scherbänder nicht genau unter 45° auftreten, deutet darauf hin, dass neben der reinen Schubfestigkeit auch noch die Normalspannungen einen Einfluss haben. Die Scherbänder stellen lokale Bereiche großer plastischer Deformationen dar, in denen die Polymerketten hochverstreckt vorliegen (Abb. 5.55). Im Gegensatz zum Mechanismus der Craze-Bildung wird die Bildung von Scherbändern nicht von einer Volumenänderung begleitet, sodass es sich hier um reine Orientierungsinhomogenitäten

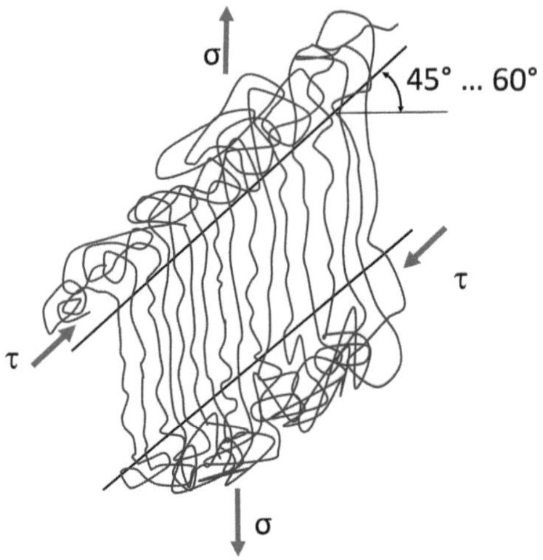

Abb. 5.55 Schematische Darstellung einer Schubspannungsfließzone (Scherband)

handelt. Die Orientierung der Polymerketten ist außerdem mit einer lokalen Änderung der optischen Eigenschaften verbunden, die es ermöglicht, die Scherbänder im Polarisationsmikroskop sichtbar zu machen.

Bei der Bildung von Scherbändern wird mehr Energie verbraucht als bei der Erzeugung von Crazes. Dies hat zur Folge, dass die Zähigkeit und Schlagzähigkeit von Polymerwerkstoffen, die sich unter Bildung von Scherbändern deformieren, größer sind als bei Werkstoffen, die bei der Deformation Crazes bilden. Unter bestimmten Bedingungen können bei der Deformation eines Polymerwerkstoffs auch beide Mechanismen, d. h. Scherbänder und Crazes, in Kombination auftreten. Dies zeigt, dass das Deformations- und Bruchverhalten von Polymeren sehr komplex sein kann.

Deformationsmechanismen und Bruchverhalten teilkristalliner Polymere Teilkristalline Polymere weisen eine zweiphasige Struktur, bestehend aus kristallinen und amorphen Bereichen, auf (Abb. 5.1). Die kristallinen Bereiche setzen sich aus Kristalllamellen zusammen, aus denen größere Überstrukturen (z. B. Sphärolithe) gebildet werden. Die einzelnen Kristalllamellen sind dabei durch **Tie-Molekülketten** miteinander verbunden und werden auf diese Weise zusammengehalten. Da bei längeren Polymerketten, mehr Tie-Moleküle existieren können, hat die Molmasse einen positiven Einfluss auf die mechanischen Eigenschaften von teilkristallinen Polymeren. Je höher die Molmasse ist, desto höher sind die Festigkeit und Zähigkeit des Polymers.

5.3.3.4 Schlag- und Kerbschlagzähigkeit

Wir haben gesehen, dass die Griffith-Theorie den Bruchvorgang bei spröden Werkstoffen qualitativ gut beschreibt. Der Wert von γ ist aber deutlich größer als die wahre Oberflächenenergie. Es ist deshalb zweckmäßig, in Gl. (5.162) a durch $L/2$ und $4\,\gamma$ durch W zu ersetzen. W ist dabei ein Maß für die Arbeit, die insgesamt notwendig ist, damit es zum „echten Bruch“ kommt. Es folgt:

$$\sigma_b = [(E\,W)/(\pi\,L)]^{1/2} \tag{5.164}$$

Ein echter Bruch liegt vor, sobald $L = L_k$ ist. Es gilt dann:

$$K_k \equiv \sigma_k \sqrt{\pi\,L_k} = \sqrt{E\,W_k} \tag{5.165}$$

σ_k ist die kritische Spannung, W_k ist die kritische Arbeit pro Oberflächeneinheit; der Koeffizient K_k heißt kritischer Spannungsintensitätsfaktor.

Der Zusatz „kritisch“ bedarf einer Erläuterung. Im kritischen Zustand, d. h., wenn einmal der kritische Wert von K_k erreicht ist, bedarf es nur einer kleinen Störung von außen, und der Bruch (die Kerbe) wächst lawinenartig, bis das Material völlig zerstört ist. Die Störung kann dabei eine Spannungs- oder Temperaturfluktuation sein. Risse können sich aber auch bei plötzlichem Kontakt mit einem Gas oder einem Detergenz bilden.

Für die experimentelle Bestimmung von K_k und W_k existieren verschiedene Möglichkeiten. Bei den meisten Methoden wird die zum Brechen erforderliche Arbeit pro Flächeneinheit W_k gemessen. Wird das Material dabei durch einen Schlag zerbrochen, so wird W_k Schlagzähigkeit genannt.

Eine sehr häufig benutzte technologische Methode zur Bestimmung der Schlagzähigkeit von Polymerwerkstoffen ist die Charpy-Schlagzähigkeitsprüfung nach DIN EN ISO 179-1. Hierbei wird eine genormte Probe, deren Enden auf Widerlagern aufliegen, mit einem Pendelhammer, dessen Schneide in der Mitte des Probekörpers auftrifft, mit einem Schlag zerbrochen. Wir unterscheiden dabei zwei Arten: die Prüfung an ungekerbten (*unnotched*) und gekerbten (*notched*) Proben. Gemessen wird die zum Zerschlagen des Probekörpers benötigte korrigierte Schlagarbeit E_C. Wir vergleichen dabei die maximale potenzielle Energie des Pendelhammers E_{pot} vor und nach dem Zerbrechen des Probekörpers und gehen dabei davon aus, dass die Differenz $E_{pot,vor} - E_{pot,nach}$ der verbrauchten Schlagarbeit W_K entspricht, wenn zusätzlich noch der Reibungsverlust des Pendelhammers korrigiert wird. Das Verhältnis der korrigierten Schlagarbeit E_C und des Probenquerschnitts A ergibt dann die Schlagzähigkeit a_{CU} bzw. Kerbschlagzähigkeit a_{CN}. Es gilt $a_{CU} = E_C/A$ bzw. $a_{CN} = E_C/A$.

Der Wert von a_{CU} bzw. a_{CN} hängt stark von der Probenform und der Schlagrichtung (flachkant oder hochkant) ab. Bei der Kerbschlagzähigkeit sind außerdem die Form der Kerbe und insbesondere der Kerbradius von großer Bedeutung. Die Kerbschlagzähigkeit ist umso kleiner, je kleiner der Kerbradius ist, d. h. je spitzer die Kerbe ist. Es sind nur solche Werte vergleichbar, die an Proben mit gleicher Form und gleicher Kerbe ermittelt wurden. In Abb. 5.56 ist eine gekerbte Probe schematisch dargestellt. Bei metallischen Proben wird eine etwas andere Probengeometrie und Kerbform verwendet. Die Prüfung

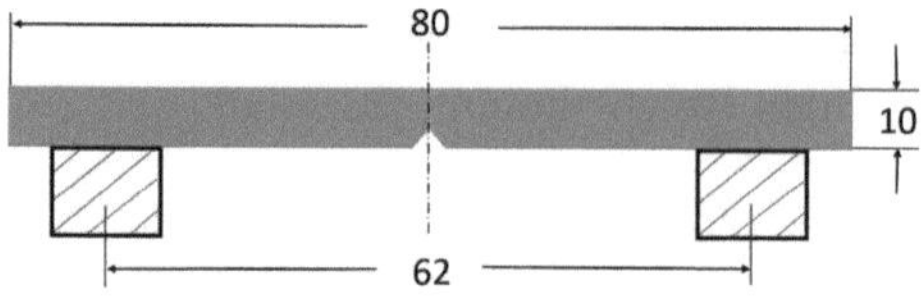

Abb. 5.56 Charpy-Schlagzähigkeitsprüfung an einem gekerbten Probekörper (Maße in mm)

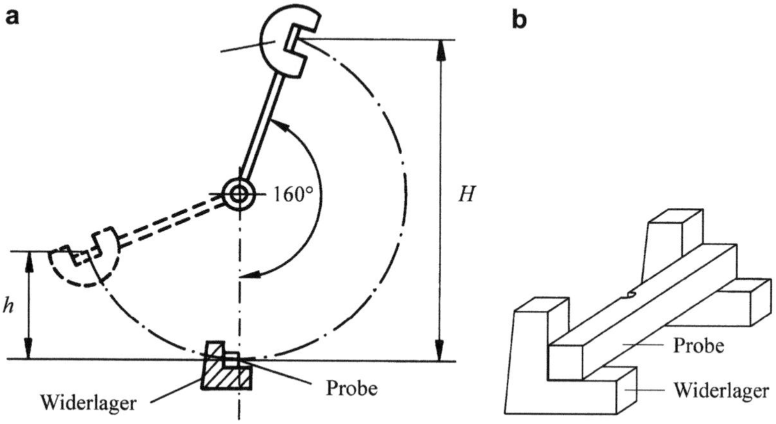

Abb. 5.57 Skizze eines Pendelschlagwerks

erfolgt hier an Probekörpern, die vom Deutschen Verband für Materialforschung (DVM) festgelegt wird.

Der Schlagbiegeversuch bzw. **Kerbschlagbiegeversuch** wird mit einem Pendelschlagwerk durchgeführt (Abb. 5.57). Ein mit einer Schneide versehenes Pendel wird aus der Höhe H fallen gelassen. Die Schneide schlägt gegen die der Kerbe gegenüberliegende Kante der Vierkantprobe, zerschlägt diese und steigt dann bis zur Höhe $h < H$ auf. Diese wurde früher durch einen Schleppzeiger markiert. Bei modernen Pendelschlagwerken wird der Winkelausschlag mithilfe von optischen Drehgebern gemessen und unter Berücksichtigung der geometrischen Abmessungen des Pendels die Höhe h berechnet. Die Höhendifferenz $\Delta h = H - h$ ist ein Maß für die verbrauchte Schlagarbeit. Es gilt $E_C = m \cdot g \cdot \Delta h$, wobei m die Masse des Pendels und g die Erdbeschleunigung sind.

Die Schlagzähigkeiten hängen von verschiedenen Parametern ab. Bei tiefen Temperaturen sind alle Materialien (auch Stahl) spröde. Sie brechen leicht, a_C ist klein. Mit steigender Temperatur wird die Beweglichkeit der Polymersegmente größer. Spannungen können durch Bildung von Schubspannungsfließzonen und Normalspannungsfließzonen (Crazes) ausgeglichen werden. Die Charpy-Schlagzähigkeit a_C wird deshalb mit steigender Temperatur deutlich größer.

5.3.3.5 Umgebungsbedingte Spannungsrissbildung

Bei vielen Polymeren kommt es bereits bei geringen Spannungen unter dem gleichzeitigen Einfluss von gasförmigen oder flüssigen Medien aus der Umgebung weit unterhalb der normalen Zugfestigkeit zur Rissbildung und zum Versagen. Dieser Vorgang wird als Spannungsrissbildung oder Spannungskorrosion bezeichnet. Die Palette für die Schädigung von Polymeren durch Umgebungseinflüsse ist groß:

- Kautschukpolymere werden durch Ozon geschädigt. Ozon greift die ungesättigten Kohlenwasserstoffe des Kautschuks an. Es bilden sich Mikrorisse senkrecht zur Spannungsrichtung, die zum vorzeitigen Versagen von Elastomerbauteilen führen können.
- Polycarbonat bricht unter einer Zugspannung von 10 MPa auch nach Stunden noch nicht. Wird aber die gleiche Polycarbonatprobe in eine Toluol-*i*-Octan-Mischung getaucht, so zerfällt die Probe innerhalb von Minuten.
- Neu hergestellte Flaschen aus Poly(methylmethacrylat) können ohne Schädigung mit Alkohol gefüllt oder in Geschirrspülmaschinen gewaschen werden. Wird jedoch Alkohol in frisch gespülte PMMA-Flaschen gegossen, so treten augenblicklich Risse auf.

Zwei Mechanismen wurden vorgeschlagen, um diese Beobachtungen zu erklären. Ein Vorschlag ist, dass Flüssigkeiten die Oberflächenenergie von Polymeren erniedrigen. Die Rissbildung, d. h. die Bildung neuer Oberflächen, wird dadurch erleichtert. Die andere Möglichkeit besteht darin, dass das Polymer die Flüssigkeit aufsaugt und quillt. Die Glastemperatur T_g wird dadurch erniedrigt und die Rissbildung erleichtert.

Es kommt nur dann zur Riss- oder Pseudorissbildung, wenn die Dehnung ε des Polymers einen bestimmten kritischen Wert überschreitet. Dieser hängt von dem Löslichkeitsparameter δ der Flüssigkeit ab (Abb. 5.58). Brüche treten nur oberhalb der gestrichelten Linie auf. Die kleinste kritische Dehnung, bei der gerade noch kein Bruch stattfindet, wird für die Lösemittel beobachtet, die den gleichen Löslichkeitsparameter wie das Polymer besitzen. Der Quellungsgrad des Polymers ist dort maximal. Die Bruchbildung wird demzufolge durch eine Erniedrigung der Glastemperatur verursacht. Das ist aber nur ein Grund. Das Polymer ist in allen Flüssigkeiten mit kleinen und großen δ-Werten ungequollen. Die kritische Dehnung ε_k sollte deshalb dort mit dem Wert für Luft übereinstimmen. Das ist aber nicht der Fall; ε_k ist kleiner als ε_{Luft}. Das bedeutet: Flüssigkeiten mit kleinen und großen δ-Werten erniedrigen die Oberflächenenergie des Polymers.

Die umgebungsbedingte Spannungsrissbildung ist ein Phänomen, das bei der Werkstoffauswahl berücksichtigt werden muss, weil dadurch der praktische Einsatz von Poly-

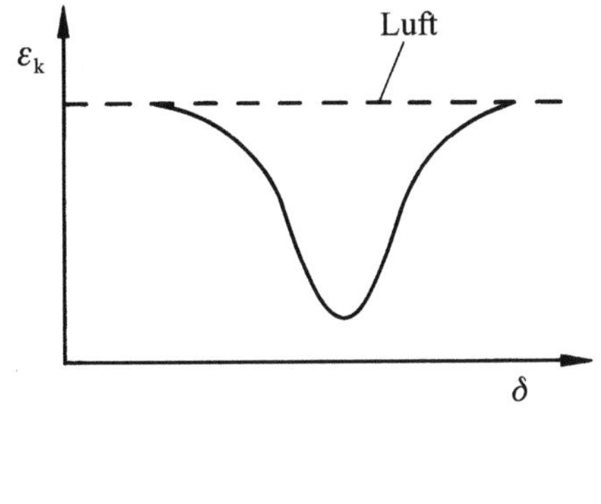

Abb. 5.58 Die kritische Dehnung ε_k als Funktion des Löslichkeitsparameters δ. ——— = Bruchdehnung bei Abwesenheit von Lösemitteln

merwerkstoffen unter Umständen stark beeinträchtigt wird. Die zulässigen Belastungsgrenzen können durch dieses Phänomen stark herabgesetzt werden. In der DIN EN ISO 22088-1 werden verschiedene Prüfmethoden beschrieben, mit denen die umgebungsbedingte Spannungsrissbildung (Environmental Stress Cracking, ESC) von Polymeren beurteilt werden kann.

5.3.3.6 Langzeitverhalten bei statischer und dynamischer Beanspruchung

Das mechanische Verhalten von Polymerwerkstoffen ist stark abhängig von der Belastungsdauer und der Frequenz. Die Zeit- und Frequenzabhängigkeit der mechanischen Eigenschaften steht in engem Zusammenhang mit dem viskoelastischen Verhalten und kann auf molekulare Relaxationsprozesse zurückgeführt werden.

Wird ein Polymerwerkstoff einer konstanten (statischen) Spannung ausgesetzt, so wird sich das Material unmittelbar nach dem Aufbringen der Spannung zunächst um einen bestimmten Betrag dehnen. Diese momentane Dehnung setzt sich aus einem elastischen (reversibel) und plastischen (irreversibel) Anteil zusammen. Danach kommt es allmählich zu einer weiteren Zunahme der Dehnung, die umso größer ist, je länger die Belastung andauert. Die zeitabhängige Zunahme der Dehnung unter Einwirkung einer konstanten Spannung wird als **Kriechen** (Kriechdehnung) bezeichnet. Dabei unterscheiden wir zwischen dem stationären und dem tertiären Kriechen. Nachdem die Spannung aufgebracht wurde und sich die momentane Dehnung eingestellt hat, folgt nach einem Übergangsbereich der Bereich des stationären Kriechens, in dem die Kriechgeschwindigkeit konstant ist. Nach längerer Zeit kommt es dann zum tertiären Kriechen. Dieser Bereich ist durch eine Zunahme der Kriechgeschwindigkeit gekennzeichnet, der letztlich mit dem Bruch des Probekörpers endet.

Das Versagen durch Kriechen ist sowohl von der Spannung als auch von der Zeit abhängig, wobei eine höhere Spannung schneller zum Versagen führt als eine geringere Spannung. Die Tatsache, dass die Belastungsdauer einen starken Einfluss auf die maximale Spannung hat, die ein Werkstoff ertragen kann hat, muss bei der Auslegung von Bauteilen berücksichtigt werden. Aus diesem Grund wurde der Begriff der **Zeitstandfestigkeit** eingeführt. Die Zeitstandfestigkeit $\sigma_{\mathrm{B,t}}$ ist die Spannung, die nach einer bestimmten Belastungszeit t zum Bruch führt. Das Zeitstandverhalten kann unter verschiedenen Belastungsarten (Druck, Zug, Biegung) geprüft werden. Im Fall der Zugbelastung werden die Zeitstandzugfestigkeit $\sigma_{\mathrm{B,t}}$ und der Zug-Kriechmodul E_{t} bestimmt.

Bei den **Zeitstandprüfungen** nach DIN EN ISO 899-1 werden mehrere Proben des gleichen Materials von gleicher Gestalt mit jeweils dem gleichen Gewicht (Spannung) belastet und die Kriechkurven als Funktion der Zeit bestimmt. Diese Prozedur wird für verschiedene andere Gewichte wiederholt. Aus den ermittelten Kriechkurven lassen sich durch senkrechte Schnitte bei unterschiedlichen Zeiten (t = konst) isochrone Spannungs-Dehnungs-Kurven gewinnen. Werden die jeweiligen Bruchspannungen als Funktion der Zeit aufgetragen, so ergeben sich die Bruchkennlinien. Diese erlauben eine Vorhersage der Bruchzeiten bei beliebigen Spannungen. Ein Beispiel für eine solche Auftragung zeigt Abb. 5.59. Wir erkennen: Die Zeitstandzugfestigkeit wird mit steigender Belastungszeit t

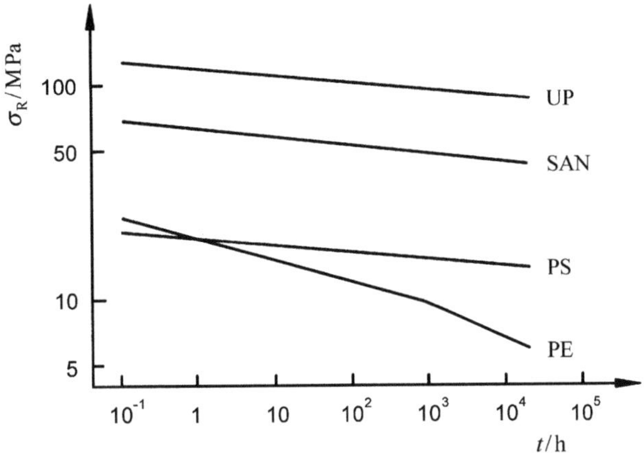

Abb. 5.59 Die Zeitabhängigkeit der Zeitstandzugfestigkeit (Reißfestigkeit) für verschiedene Polymere. UP = glasfaserverstärkter, ungesättigter Polyester, SAN = schlagfestes Polystyrol, PS = Polystyrol, PE = Polyethylen

kleiner. Bei doppelt logarithmischer Auftragung verlaufen die Kurven häufig annähernd linear. In einigen Fällen, wie hier z. B. beim Polyethylen, weist der Verlauf einen Knick auf. Das ist für teilkristalline Polymere typisch. Bei kleinen Belastungszeiten tritt hier ein zäher Bruch und bei großen ein spröder Bruch auf. Allgemein ist festzustellen, dass die genauen Ursachen für das Kriechen von Polymeren sehr komplex sind und stark durch die molekulare sowie kristalline Struktur, Morphologie und Additive, wie z. B. Füllstoffe, Verstärkungsfasern und Weichmacher, beeinflusst werden.

Bei einer periodischen Beanspruchung unterliegt der Werkstoff einer wechselnden Spannung, die innerhalb eines Belastungszyklus zwischen einem Minimalwert σ_{min} und einem Maximalwert σ_{max} variiert. Die Frequenz ergibt sich dabei aus dem Kehrwert der Periodendauer, d. h. der Zeit, die ein Belastungszyklus dauert. In der Praxis unterscheiden wir verschiedene Belastungsarten, je nachdem, ob die Spannung ausschließlich im Druck- oder Zugbereich variiert oder sogar ein Vorzeichenwechsel innerhalb eines Belastungszyklus stattfindet. Bei periodischen Beanspruchungen im Druckschwellbereich treten ausschließlich Druckspannungen ($\sigma \leq 0$) auf, und bei periodischen Beanspruchungen im Zugschwellbereich ist die Spannung stets positiv. Im Wechselbereich ändert sich die Spannung während eines Belastungszyklus von Druck nach Zug und umgekehrt. Das Versagen eines Werkstoffs unter dynamischer Beanspruchung wird als Ermüdung bezeichnet.

Zur Beurteilung des **Ermüdungsverhaltens** werden Prüfungen an Probekörpern (oder Bauteilen) durchgeführt und die Anzahl N der Belastungszyklen bis zum Bruch ermittelt. Diese Prozedur wird für unterschiedliche Belastungen wiederholt, und die Ergebnisse werden in einem Diagramm σ gegen *log N* aufgetragen. Die aufgetragene Spannung σ entspricht dabei meistens der Spannungsamplitude $\sigma_a = (\sigma_{\text{max}} - \sigma_{\text{min}})/2$, während die Mittelspannung $\sigma_m = (\sigma_{\text{max}} + \sigma_{\text{min}})/2$ konstant gehalten wird. Die $\sigma(N)$-*Kurve* wird auch als **Wöhler-Kurve** bezeichnet.

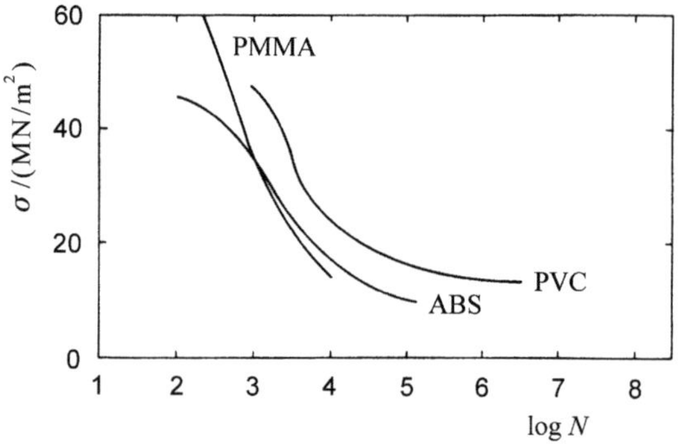

Abb. 5.60 Die Abhängigkeit der Spannung σ von der Anzahl N der Zyklen bei $T = 20$ °C. PMMA = Polymethylmethacrylat, PVC = Polyvinylchlorid, ABS = Acrylnitril-Butadien-Styrol-Copolymer (Bucknall et al. 1972)

August Wöhler war ein deutscher Ingenieur, der sich in der Mitte des 19. Jahrhunderts mit der dynamischen Belastbarkeit von Stahl befasst hat. Die Untersuchungen standen damals im Zusammenhang mit dem Versagen von Eisenbahnwaggons, haben jedoch grundlegende Bedeutung für alle Maschinen und Werkstoffe, die dynamischen Belastungen ausgesetzt sind. Die sog. Wöhler-Versuche lassen sich auch zur Beurteilung von Polymerwerkstoffen anwenden. In Abb. 5.60 sind einige Beispiele dargestellt. Die $\sigma(N)$-Kurven besitzen häufig einen sigmoiden Verlauf. Für kleine N-Werte ist σ sehr groß, und für große N-Werte wird σ oft konstant. Dabei lassen sich drei Bereiche unterscheiden: der Kurzzeitfestigkeitsbereich, der Zeitfestigkeitsbereich und der Dauerfestigkeitsbereich. Im Grenzfall $N \to 1$ strebt die Spannung gegen den Wert der statischen Zug- bzw. Druckfestigkeit. Im Bereich der Zeitfestigkeit nimmt die Spannung (bis zum Bruch) stark mit zunehmendem N ab. Im Grenzfall $N \to \infty$ strebt die Spannung gegen einen konstanten Wert, der als Dauerfestigkeit σ_D bezeichnet wird. Die Dauerfestigkeit ist somit die höchste Spannung, die selbst nach unendlich vielen Belastungszyklen N (Lastspielzahlen) nicht zum Bruch des Probekörpers bzw. Bauteils führt. Um ein Bauteil sicher gegen Versagen durch Ermüdung auszulegen, muss die maximale Spannung kleiner als die Spannung σ_D sein. Die Dauerfestigkeit σ_D ist sehr viel geringer als die unter quasistatischen Bedingungen ermittelte Zugfestigkeit. Im Gegensatz zu metallischen Werkstoffen weisen Polymerwerkstoffe oft die Besonderheit auf, dass der Übergang vom Zeitfestigkeits- in den Dauerfestigkeitsbereich erst bei sehr hohen Lastspielzahlen stattfindet oder innerhalb üblicher Prüfzeiten nicht zu detektieren ist. Erschwerend kommt hinzu, dass die Prüffrequenz bei Polymeren nicht zu hoch gewählt werden darf, weil es sonst zu einer starken Eigenerwärmung durch die bei der dynamischen Belastung dissipierten Energie kommt. Üblicherweise wird bei der dynamischen Prüfung von Polymeren eine Frequenz von $f < 10$ Hz gewählt, um den Einfluss der Eigenerwärmung gering zu halten. Es lässt sich leicht nachvollziehen, dass solche Ermüdungsprüfungen sehr zeitaufwendig sind. Bei einer

Bruchlastspielzahl von z. B. 10^6 ergibt sich für $f = 10$ Hz eine Prüfdauer von ca. 2800 h. Das entspricht etwa 115 Tagen.

Es kann somit festgehalten werden, dass die Belastbarkeit von Polymeren bei lang anhaltender statischer oder dynamischer Belastung deutlich geringer ist als die unter quasistatischen Bedingungen ermittelten Festigkeitswerte. Bei der konstruktiven Auslegung von Bauteilen aus Polymerwerkstoffen muss deshalb das Langzeitverhalten des verwendeten Polymerwerkstoffs unter anwendungsbezogenen Belastungs- und Umgebungsbedingungen Berücksichtigung finden.

5.3.4 Viskoses Verhalten

Reale Stoffe werden in Festkörper, Flüssigkeiten und Gase eingeteilt. Ideale Festkörper verhalten sich elastisch und ideale Flüssigkeiten verhalten sich viskos. In der Rheologie werden Flüssigkeiten und Gase gleich behandelt. Unter rheologischen Gesichtspunkten verhält sich ein Gas wie eine Flüssigkeit. Die einzige Besonderheit von Gasen ist dabei die im Vergleich zu Flüssigkeiten hohe Kompressibilität.

Die mathematische Erfassung des Stoffverhaltens erfolgte zunächst auf der Grundlage idealisierter Modellvorstellungen. Die Geometrie von Euklid basiert auf der Existenz starrer Körper, während Pascal eine ideale Flüssigkeit betrachtet, die einer Verschiebung keinen Widerstand entgegensetzt.

Newton erkannte, dass Flüssigkeiten der Deformation einen Widerstand entgegensetzen, der proportional zur Deformationsgeschwindigkeit ist. In der Rheologie wird dies als **linear-reinviskose** oder auch als **Newton'sche Flüssigkeit** bezeichnet. Später erkannte man, dass dieses Verhalten eher die Ausnahme und das Fließverhalten realer Stoffe weitaus komplizierter ist.

5.3.4.1 Grundlegende Begriffe

Rein viskoses Verhalten ist dadurch gekennzeichnet, dass jede an eine Flüssigkeit angreifende äußere Spannung zu einer vollständig irreversiblen Deformation führt. Die Spannung ist außerdem proportional zur Deformationsgeschwindigkeit. Da rein viskose Flüssigkeiten nicht uniaxial gedehnt, sondern nur geschert werden können, ist es zweckmäßig, den Fall der einfachen Scherung zu betrachten. Wir gehen dabei davon aus, dass sich die zu untersuchende Substanz zwischen zwei parallelen Platten befindet. Es wird außerdem angenommen, dass die Substanz an den beiden Platten ideal haftet (Abb. 5.61). Die Berührungsfläche zwischen dem Volumenelement und den Platten betrage oben und unten jeweils A. Durch die Kraft F wird dann in dem Volumenelement eine konstante Schubspannung $\tau = F/A$ erzeugt. Diese Schubspannung bewirkt eine Deformation des Volumenelements, die als Scherung γ bezeichnet wird. Es gilt:

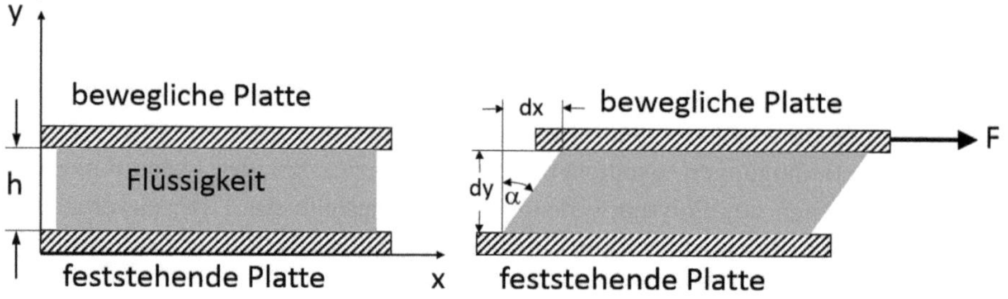

Abb. 5.61 Scherversuch

$$\gamma = \frac{dx}{dy} = \tan \alpha \tag{5.166}$$

Wenn es sich bei dem Volumenelement um einen ideal-elastischen Festkörper handelt, besteht zwischen der Schubspannung τ und der Scherung γ ein linearer Zusammenhang:

$$\tau = G \cdot \gamma \tag{5.167}$$

Gl. (5.167) stellt das bekannte Hooke'sche Gesetz dar, hier formuliert für den Fall der Scherdeformation. Dabei wird die Größe G als **Gleitmodul** oder auch als **Schubmodul** bezeichnet. Da die Scherung einer reinviskosen Flüssigkeit, anders als beim ideal-elastischen Festkörper, vollständig irreversibel ist, kann dieses Gesetz nicht bei Flüssigkeiten Anwendung finden.

Wenn das Volumenelement zwischen den beiden Platten aus einer rein viskosen Flüssigkeit besteht, die an den Platten ideal haftet, so führt die Kraft F dazu, dass sich die obere Platte im stationären Zustand mit konstanter Geschwindigkeit v_{P} in x-Richtung bewegt, während die Geschwindigkeit der feststehenden Platte definitionsgemäß gleich null ist. Da die Flüssigkeit sowohl an der beweglichen als auch an der feststehenden Platte ideal haften soll, muss für die angrenzenden Flüssigkeitsschichten an den Stellen $y = 0$ und $y = \mathrm{h}$ gelten:

$$v_{\mathrm{y}=0} = 0 \text{ und } v_{\mathrm{y}=\mathrm{h}} = v_{\mathrm{P}} \tag{5.168}$$

Wir stellen uns vor, dass die Flüssigkeit aus Schichten aufgebaut ist, die aneinander abgleiten können, und betrachten den Fall der laminaren Strömung. Bei einer **laminaren Strömung** gleiten die Flüssigkeitsschichten gleichmäßig in einer Richtung (hier in x-Richtung) aneinander ab, ohne dass der Geschwindigkeitsvektor seine Richtung ändert. Dieser Fall ist bei geringen Strömungsgeschwindigkeiten erfüllt. Bei höheren Strömungsgeschwindigkeiten können turbulente Strömungen auftreten, bei denen diese Bedingung nicht mehr erfüllt ist. In der Fluidmechanik wurde dazu eine dimensionslose Kenngröße, die **Reynolds-Zahl**, entwickelt, mit der sich der Übergang von einer laminaren zu einer turbulenten Strömung abschätzen lässt. Neben der Strömungsgeschwindigkeit gehen darin die Viskosität und die Dichte der Flüssigkeit sowie eine charakteristische Länge des Strömungsprofils ein. Im Fall der laminaren Strömung zwischen den hier betrachteten parallel angeordneten Platten ändert sich die Strömungsgeschwindigkeit der Flüssigkeitsschichten im Bereich $0 \leq y \leq h$ linear, sodass der Gradient der Strömungsgeschwindigkeit dv/dy konstant ist. Der Gradient der Strömungsgeschwindigkeit wird üblicherweise als Schergeschwindigkeit $\dot{\gamma}$ bezeichnet. Es gilt für diesen einfachen Fall:

$$\dot{\gamma} = \frac{dv}{dx} = \frac{d}{dt}\left(\frac{dy}{dx}\right) = \frac{d}{dx}\left(\frac{dy}{dt}\right) \tag{5.169}$$

Das Deformationsverhalten von Flüssigkeiten wird durch Stoffgesetze beschrieben, in denen der Zusammenhang zwischen Schubspannung und Schergeschwindigkeit mathematisch formuliert ist. Im Folgenden werden einige grundlegende Stoffgesetze behandelt, die für die Beschreibung des Fließverhaltens von Polymeren von Bedeutung sind.

5.3.4.2 Newton'sches Fließverhalten

Im einfachsten Fall besteht zwischen der äußeren Schubspannung τ und dem Gradienten der Strömungsgeschwindigkeit, der sich im Inneren einer Flüssigkeit zwischen den Flüssigkeitsschichten einstellt, ein linearer Zusammenhang. Diese bereits von Isaac Newton um 1687 erkannte Gesetzmäßigkeit lässt sich wie folgt beschreiben:

$$\tau = \eta \cdot \frac{dv}{dx} = \eta \cdot \dot{\gamma} \tag{5.170}$$

Die Größe η wird als Viskosität der Flüssigkeit bezeichnet und ist eine stoffspezifische Konstante, die den Widerstand beschreibt, den der Stoff dem Abgleiten entgegensetzt. Dadurch kommt die innere Reibung zum Ausdruck, die zwischen den Flüssigkeitsschichten beim Abgleiten wirkt. Je größer die Viskosität, desto größer ist die innere Reibung bzw. die Zähigkeit der Flüssigkeit. Flüssigkeiten, die sich durch dieses einfache Stoffgesetz beschreiben lassen, werden als **Newton'sche Flüssigkeiten** bezeichnet. Ein wesentliches Merkmal Newton'scher Flüssigkeiten ist es, dass die Viskosität unabhängig von der Schergeschwindigkeit ist. Experimentelle Untersuchungen haben gezeigt, dass dieses einfache Verhalten leider nicht immer erfüllt ist.

5.3.4.3 Strukturviskoses Fließverhalten

Die meisten realen Stoffe und insbesondere Polymerschmelzen und Polymerlösungen zeigen ein Fließverhalten, das stark von dem Verhalten Newton'scher Flüssigkeiten abweicht. Dies zeigt sich sofort, wenn die Schubspannung als Funktion der Schergeschwindigkeit (Fließkurve) bzw. die Viskosität als Funktion der Schergeschwindigkeit (Viskositätskurve) dargestellt wird. Bei **strukturviskosen Flüssigkeiten** steigt die Schubspannung

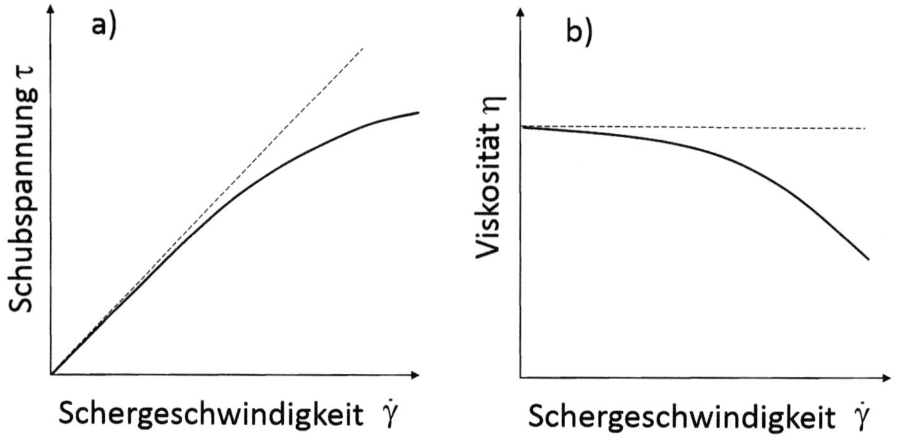

Abb. 5.62 Schematische Darstellung der Fließkurve (**a**) und Viskositätskurve (**b**) von strukturviskosen Flüssigkeiten

nicht linear, sondern degressiv mit der Schergeschwindigkeit an und die Viskosität ist nicht konstant, sondern nimmt mit steigender Schergeschwindigkeit ab (Abb. 5.62). Bei Polymeren wird oft beobachtet, dass sich die Viskosität bei sehr kleinen Schergeschwindigkeiten einem Grenzwert, der sog. Nullviskosität η_0, annähert. Im Bereich hoher Schergeschwindigkeiten ergibt sich bei doppelt logarithmischer Auftragung der Werte eine annähernd lineare Abnahme der Viskosität mit steigender Schergeschwindigkeit.

Zur mathematischen Beschreibung des Verlaufs der Viskositätskurve strukturviskoser Flüssigkeiten existieren verschiedene empirische Stoffgesetze. Ein sehr einfaches Gesetz ist das Potenzgesetz nach Ostwald und de Waele:

$$\tau = \eta_1 \cdot \dot{\gamma}^n \tag{5.171}$$

bzw.

$$\eta = \frac{\tau}{\dot{\gamma}} = \eta_1 \cdot \dot{\gamma}^{n-1} \tag{5.172}$$

Bei Darstellung der Funktion nach Gl. (5.172) in einem doppelt logarithmischen Diagramm ergibt sich eine Gerade, welche die Ordinate bei $\log \dot{\gamma} = 0$ (entsprechend $\dot{\gamma} = 1\,s^{-1}$) im Punkt $\log \eta_1$schneidet. Der Parameter η_1 wird deshalb als Einsviskosität bezeichnet. Die Steigung b der Geraden ist in diesem Fall negativ und entspricht $b = n - 1$, wobei n der Viskositätsexponent ist. Ein Nachteil der Ostwald-de-Waele-Gleichung besteht darin, dass damit nur ein Teil der Viskositätskurve im Bereich höherer Schergeschwindigkeiten angenähert werden kann.

Eine bessere Annäherung der Viskositätskurve von Polymerschmelzen und -lösungen ist mithilfe der Carreau-Gleichung möglich:

$$\eta = \frac{\eta_0}{\left(1 + (K \cdot \dot{\gamma})^2\right)^{\frac{m}{2}}} \tag{5.173}$$

Der Parameter η_0 stellt die Nullviskosität dar, d. h. den Grenzwert der Viskositätskurve für $\lim_{\dot{\gamma}\to 0} \eta$. Der Kehrwert von K ergibt die Übergangsschergeschwindigkeit, d. h. die Schergeschwindigkeit, bei der die Carreau-Funktion vom anfänglichen Plateaubereich (Newton'scher Bereich) in den strukturviskosen Bereich übergeht. Der Exponent m ist gleich der Steigung der Viskositätskurve im strukturviskosen Bereich. Ein Beispiel der Carreau-Funktion ist in Abb. 5.63 dargestellt.

Die Nullviskosität η_0 ist sehr stark von dem Massenmittel der Molmasse M_w abhängig. Experimentelle Untersuchungen an einer Vielzahl von Polymeren haben gezeigt, dass folgender empirischer Zusammenhang besteht:

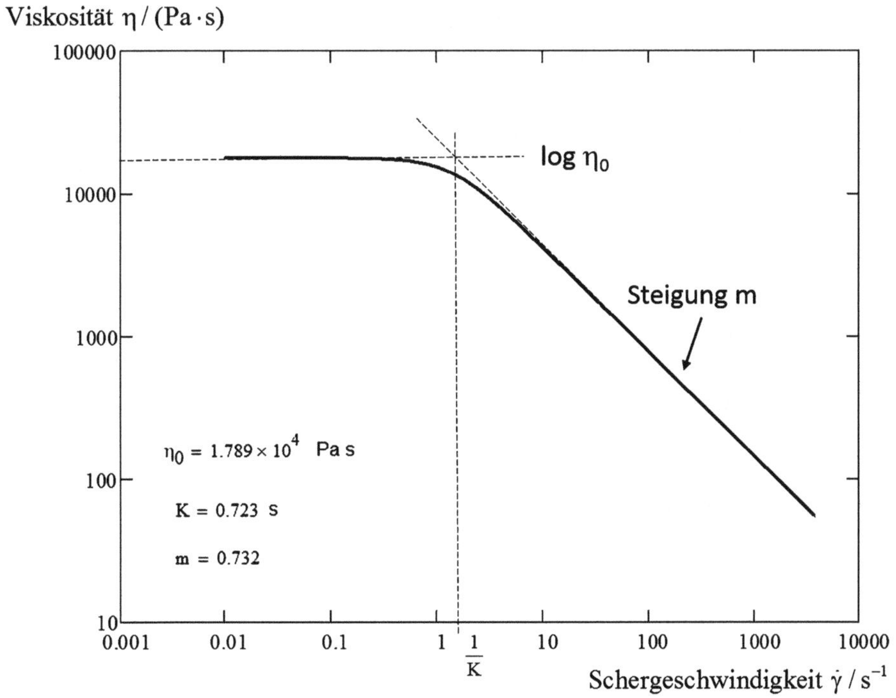

Abb. 5.63 Beispiel einer Carreau-Funktion

$$\eta_0 = K \cdot M_{\mathrm{w}}^{\mathrm{a}} \tag{5.174}$$

Dabei sind K und a empirische Parameter. Während K stoffabhängig ist, weist der Parameter a oberhalb eines Grenzwerts $M_{\mathrm{w}} \geq M_{\mathrm{c}}$ einen universellen Wert von ca. 3,4 auf. Die Nullviskosität einer Polymerschmelze kann somit, ähnlich wie die Grenzviskosität von Polymerlösungen (Abschn. 4.3), bei geeigneter Kalibrierung zur Bestimmung der Molmasse dienen. Im Vergleich zur Grenzviskosität von Polymerlösungen ist die Nullviskosität von Polymerschmelzen weitaus stärker von der Molmasse abhängig. Während der Exponent der SMHS-Gleichung (Tab. 4.17) zwischen 0,5 und 1 liegt, ist der Exponent in Gl. (5.174) um mehr als den Faktor 3 größer.

5.3.4.4 Methoden zur Bestimmung des Fließverhaltens von Polymerschmelzen

Es gibt unterschiedliche Methoden zur Bestimmung des Fließverhaltens von Polymerschmelzen. Dazu gehören insbesondere **Rotationsrheometer** mit Platte-Platte- oder Kegel-Platte-Messsystemen sowie **Hochdruck-Kapillarviskosimeter**. Bei modernen Rotationsrheometern können sowohl Messungen mit stationärer Scherströmung als auch mit oszillierender Scherung (Schwingungsrheometer) durchgeführt werden. Die Schwingungsrheometrie bietet einerseits den Vorteil, dass neben den viskosen Eigenschaften zusätzlich Informationen über elastische Eigenschaften der Schmelze erhalten werden können. Andererseits sind die Messungen auch bei sehr hochviskoser Schmelze unproblematisch durchführbar. Bei stationären Messungen können sich Schwierigkeiten ergeben, wenn die Viskosität und die Elastizität der Probe zu hoch sind. Aus diesem Grund sind die Messungen mit Kegel-Platte und Platte-Platte-Rheometer auf den Bereich geringer Schergeschwindigkeiten begrenzt. Hochdruck-Kapillarviskosimeter sind im Gegensatz dazu für den Einsatz bei hohen Schergeschwindigkeiten prädestiniert.

Rotationsrheometer mit Platte-Platte-Messsystem Bei einem Rotationsrheometer mit Platte-Platte-System wird die Probe zwischen zwei zueinander parallel angeordneten Platten geschert. Bei stationären Messungen ist eine Platte feststehend, und die andere Platte wird entweder mit konstanter Drehzahl (Winkelgeschwindigkeit Ω) oder konstanter Schubspannung τ angetrieben (Abb. 5.64). Unter der Voraussetzung laminaren Fließens ergibt sich für die Schergeschwindigkeit $\dot{\gamma}$ innerhalb des Messspalts folgender Ausdruck:

$$\dot{\gamma} = r \cdot \frac{\Omega}{h} \tag{5.175}$$

Die Schergeschwindigkeit ist somit innerhalb des Messspalts nicht konstant, sondern nimmt mit steigendem Abstand r vom Mittelpunkt der Messplatte zu. Die Bestimmung der Viskosität η ist deshalb erschwert und nur im einfachen Fall einer Newton'schen Flüssigkeit nach Gl. (5.176) möglich:

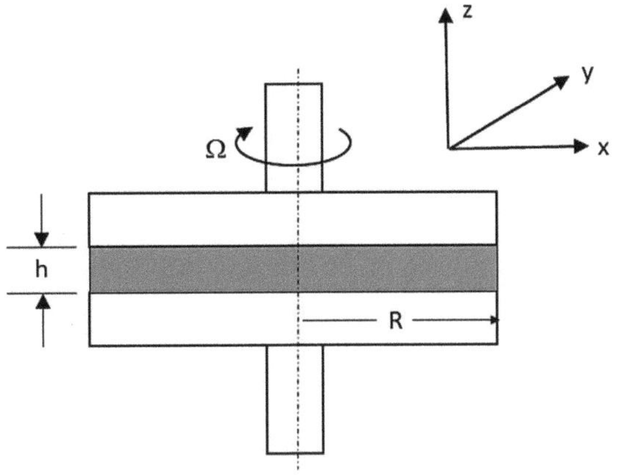

Abb. 5.64 Platte-Platte-Rheometer

$$\eta = \frac{2 \cdot M_d \cdot h}{\pi \cdot \Omega \cdot R^4} \tag{5.176}$$

Dabei ist M_d das bei konstanter Winkelgeschwindigkeit Ω gemessene Drehmoment. Polymerschmelzen verhalten sich strukturviskos, sodass die Anwendung von Gl. (5.176) nicht ohne Weiteres möglich ist. In einigen Fällen werden mithilfe von Gl. (5.176) zunächst sog. scheinbare Viskositätswerte berechnet und danach durch Anwendung eines Korrekturverfahrens nach Rabinowitsch und Weissenberg die wahre Viskosität der Probe bestimmt. Besser geeignet zur Bestimmung der wahren Viskosität von Polymerschmelzen ist allerdings das Kegel-Platte-Rheometer.

Rotationsrheometer mit Kegel-Platte-Messsystem Das Messsystem eines Kegel-Platte-Rheometers (Abb. 5.65) besteht aus einer Platte und einem Kegel, die gegenüberliegend angeordnet sind und die im Fall stationärer Messungen gegeneinander rotieren, wobei entweder der Kegel oder die Platte feststehend ist.

Aus der Geometrie des Messspalts ergibt sich, dass die Spalthöhe mit zunehmendem Abstand r vom Mittelpunkt größer wird. Für kleine Winkel α ist:

$$h(r) \approx r \cdot \tan \alpha \approx r \cdot \alpha \tag{5.177}$$

Durch die Zunahme der Spalthöhe h mit steigendem r und die zum Plattenrand ansteigende Tangentialgeschwindigkeit bleibt die Schergeschwindigkeit im gesamten Messspalt konstant. Es gilt die einfache Beziehung:

$$\dot{\gamma} = \frac{\Omega}{\alpha} \tag{5.178}$$

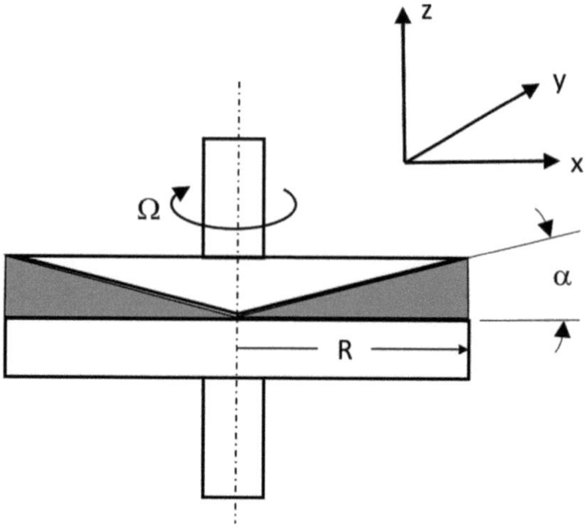

Abb. 5.65 Kegel-Platte-Rheometer

Die Viskosität der Probe ist damit leicht aus der Winkelgeschwindigkeit Ω und dem gemessenen Drehmoment M_{d} zu berechnen:

$$\eta = \frac{3 \cdot M_{\mathrm{d}} \cdot \alpha}{2\pi \cdot R^3 \cdot \Omega} \tag{5.179}$$

Der entscheidende Vorteil des Kegel-Platte-Messsystems gegenüber einem Platte-Platte-Messsystem besteht darin, dass die Schergeschwindigkeit im Messspalt konstant und unabhängig vom Fließverhalten der Probe ist, sodass immer die wahre Viskosität bestimmt wird.

Schwingungsrheometrie Bei der Schwingungsrheometrie werden die Proben einer oszillierenden Scherbeanspruchung unterworfen und die dabei auftretenden Deformationen und Kräfte zeitabhängig erfasst und aufgezeichnet. In den meisten Fällen wird dabei eine sinusförmige Scherung γ mit kleiner Amplitude γ_0 und konstanter Kreisfrequenz ω zur Anregung gewählt:

$$\gamma(t) = \gamma_0 \cdot e^{\mathrm{i}\omega t} \tag{5.180}$$

Dabei ist es zweckmäßig, den zeitlichen Verlauf der Scherung (Gl. 5.180) in komplexer Form zu beschreiben. Für den zeitlichen Verlauf der Schergeschwindigkeit $\dot{\gamma}$ ergibt sich durch Differenziation aus Gl. (5.180):

$$\dot{\gamma}(t) = i\omega \cdot \gamma_0 \cdot e^{i\omega t} = i\omega \cdot \gamma(t) \qquad (5.181)$$

Für den zeitlichen Verlauf der Schubspannung τ gilt im linear-viskoelastischen Bereich entsprechend:

$$\tau(t) = \tau_0 \cdot e^{i(\omega t + \delta)} \qquad (5.182)$$

Die Schubspannung muss bei sinusförmiger Anregung ebenfalls einer Sinusfunktion folgen, wobei eine Phasenverschiebung um den Winkel δ möglich ist. In Analogie zum Newton'schen Fließgesetz kann damit die komplexe Schwingungsviskosität η^* definiert werden:

$$\eta^* = \frac{\tau(t)}{\dot{\gamma}(t)} = \frac{\tau(t)}{i\omega \cdot \gamma(t)} = \frac{G^*}{i\omega} \qquad (5.183)$$

Unter Berücksichtigung von Gl. (5.181) kann damit ein Zusammenhang mit dem komplexen Schubmodul $G^* = \tau/\gamma$ hergestellt werden (s. auch Abschn. 5.3.2.4). Die komplexe Schwingungsviskosität η^* setzt sich aus dem Realteil η' und dem Imaginärteil$''$ zusammen:

$$\eta^* = \frac{G^*}{i\,\omega} = \frac{G''}{\omega} - i\frac{G'}{\omega} = \eta' - i\,\eta'' \qquad (5.184)$$

Über die empirische Cox-Merz-Relation (Gl. 5.185) lässt sich ein Zusammenhang mit der Viskosität der stationären Scherströmung herstellen:

$$|\eta^*(\omega)| = \eta(\dot{\gamma}) \quad \mathit{für} \quad \omega = \dot{\gamma} \qquad (5.185)$$

Nach der **Cox-Merz-Relation** ist der Betrag der komplexen Schwingungsviskosität η^* bei der Kreisfrequenz ω gleich dem Wert der stationären Scherviskosität η bei der Schergeschwindigkeit $\dot{\gamma}$, für den Fall, dass $\omega = \dot{\gamma}$ gegeben ist. Auf die Weise lassen sich die Werte aus stationären und oszillierenden Messungen miteinander vergleichen.

Hochdruck-Kapillarviskosimeter Bei einem Kapillarrheometer durchströmt die zu untersuchende Flüssigkeit eine Kapillare mit kreis- oder schlitzförmigem Querschnitt. Für niedrigviskose Flüssigkeiten werden dünne, lange Kapillaren verwendet, während bei hochviskosen Substanzen kürzere Kapillaren eingesetzt werden. Der für das Fließen erforderliche Druck wird durch die Schwerkraft (Niederdruck-Kapillarrheometer) oder mithilfe von Kolben (Hochdruck-Kapillarrheometer) aufgebracht. Wir betrachten im Folgenden das Hochdruck-Kapillarviskosimeter (Abb. 5.66), das für die Untersuchung von Polymerschmelzen geeignet ist. Der Druckverlauf entlang der Kapillare ist in Abb. 5.67

Abb. 5.66 Hochdruck-Kapillarviskosimeter (schematisch)

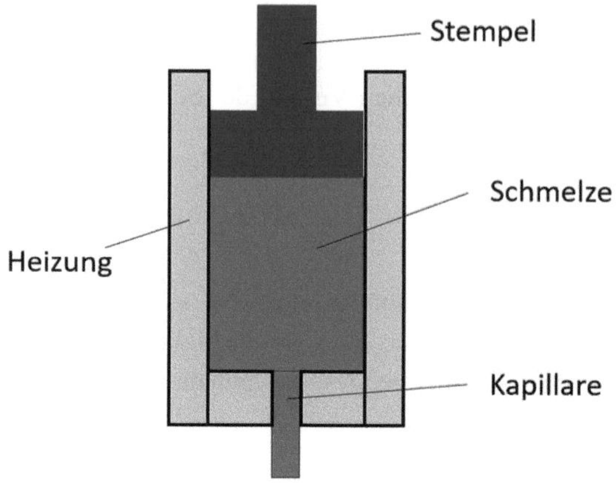

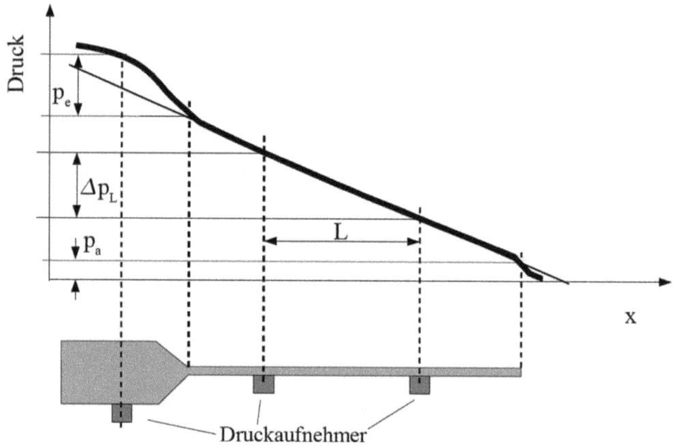

Abb. 5.67 Druckverlauf entlang der Kapillare

schematisch dargestellt. Im Ein- und Auslaufbereich der Kapillare ist der Druckgradient nicht konstant. Es kommt dabei infolge viskoelastischer Effekte, veränderter Strömungsgeschwindigkeiten und veränderter Reibungsbedingungen zu einer Drucküberhöhung, die entweder mithilfe der Bagley-Korrektur berücksichtigt oder durch eine direkte Messung des Druckgradienten im mittleren Bereich der Kapillaren eliminiert werden. Für die Auswertung sollte nur der Druckverlust Δp_L über der Strecke L verwendet werden, weil nur in diesem Bereich rheologisch einfache Strömungsverhältnisse gegeben sind.

Bei Newton'schen Flüssigkeiten ergibt sich innerhalb der Kapillaren ein parabolisches Profil der Strömungsgeschwindigkeit v in Abhängigkeit des Abstands r von der Mittelachse der Kapillaren:

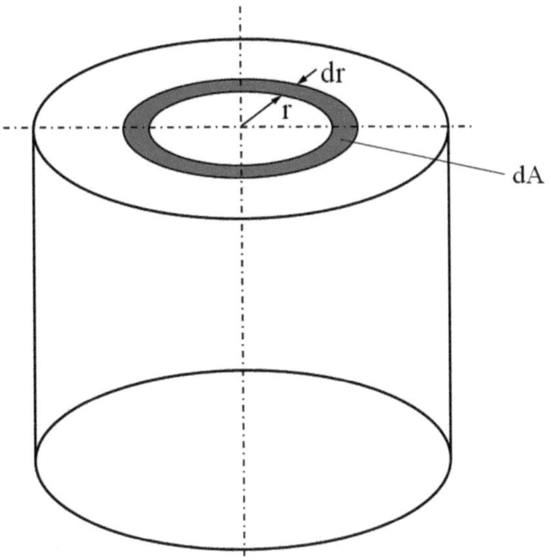

Abb. 5.68 Definition des Flächenelements dA

$$v(r) = \frac{\Delta p\left(R^2 - r^2\right)}{4 \cdot \eta \cdot L} \tag{5.186}$$

Zur Bestimmung des Volumenstroms muss die unterschiedliche Geschwindigkeit der einzelnen Flüssigkeitsschichten berücksichtigt werden, die beim Fließen durch die Kapillare teleskopartig geschert werden. Durch ein Flächenelement dA (Abb. 5.68) im Abstand r fließt pro Zeiteinheit das Flüssigkeitsvolumen dV:

$$dV = v(r) \cdot dA = v(r) \cdot t \cdot 2\pi \cdot r \cdot dr \tag{5.187}$$

Durch Integration über den gesamten Querschnitt der Kapillaren ergibt sich der Volumenstrom $\dot{V}$ der Flüssigkeit, die unter dem konstanten Druckgradienten Δp durch die Kapillare strömt:

$$\dot{V} = \frac{\pi \cdot R^4 \cdot \Delta p}{8 \cdot \eta \cdot L} \tag{5.188}$$

Gl. (5.188) ist als Hagen-Poiseuille'sches Gesetz bekannt, gilt jedoch nur für Newton'sche Flüssigkeiten und unter der Voraussetzung, dass die Flüssigkeit an der Kapillarwand haftet. Polymerschmelzen verhalten sich im Allgemeinen strukturviskos, sodass die Anwendung von Gl. (5.188) in diesem Fall nur scheinbare Viskositätswerte ergibt. Zur Bestimmung der wahren Viskosität wird üblicherweise das Korrekturverfahren nach **Rabinowitsch und Weissenberg** angewandt. Dabei wird zunächst eine scheinbare Schergeschwindigkeit $\dot{\gamma}_S$ berechnet, die auf der (falschen) Annahme basiert, dass die Flüssigkeit Newton'sches Fließverhalten aufweist:

$$\dot{\gamma}_S = \frac{4 \cdot \dot{V}}{\pi \cdot R^3} \quad (5.189)$$

Die Werte der scheinbaren Schergeschwindigkeit $\dot{\gamma}_S$ werden dann in einem doppelt logarithmischen Diagramm als Funktion der Schubspannung τ aufgetragen und stellen die sog. scheinbare Fließkurve dar. Die wahre Schergeschwindigkeit $\dot{\gamma}_W$ an der Kapillarwand ergibt sich durch Multiplikation mit einem Korrekturfaktor, der aus der Steigung der scheinbaren Fließkurve an der Stelle τ_W bestimmt wird. Die allgemeine Form der Korrekturgleichung nach Rabinowitsch und Weissenberg lautet:

$$\dot{\gamma}_W = \frac{\dot{\gamma}_S}{4} \cdot \left(3 + \frac{\mathrm{d}\log \dot{\gamma}_W}{\mathrm{d}\log \tau_W}\right) \quad (5.190)$$

Damit lässt sich die wahre Viskosität η der (strukturviskosen) Schmelze aus Gl. (5.191) berechnen:

$$\eta = \frac{\dot{\gamma}_W}{\tau_W} \quad (5.191)$$

Schmelzindexprüfung Die Bestimmung der wahren Viskosität von Polymerschmelzen ist mit erheblichem Prüfaufwand verbunden. In der industriellen Praxis wird deshalb aus Kostengründen für bestimmte Zwecke, z. B. in der Eingangskontrolle und zur Qualitätsprüfung, die relativ einfache Schmelzindexprüfung nach DIN EN ISO 1133 durchgeführt. Diese Norm beschreibt die Bestimmung der **Schmelze-Massefließrate** (Melt Flow Rate, MFR) und der **Schmelze-Volumenfließrate** (Melt Volume Rate, MVR). Das Schmelzindexprüfgerät stellt eine vereinfachte Form eines Hochdruck-Kapillarviskosimeters dar, dessen Prüfkanal und Kapillare aus Gründen der Vergleichbarkeit festgelegt sind. Der MFR-Wert gibt an, welche Masse (in Gramm) einer Schmelze bei einer bestimmten Prüftemperatur innerhalb einer Zeit von 10 min unter definierter Prüflast (z. B. 5 kg) durch eine Kapillare mit genormten Abmessungen (Durchmesser 2,095 mm und Länge 8 mm) fließt. Für den MVR-Wert gilt Entsprechendes für das Volumen der Schmelze (in Kubikzentimetern).

5.3.5 Technologische Eigenschaften

5.3.5.1 Härte

Unter der Härte eines Werkstoffs verstehen wir den mechanischen Widerstand, den der Werkstoff dem Eindringen eines anderen härteren Körpers entgegensetzt. Eine allgemein-

Tab. 5.24 Die Härteskala nach Mohs

Mineral	Talk	Gips	Kalkspat	Flussspat	Apatit	Orthoklas	Quarz	Topas	Korund	Diamant
Härte	1	2	3	4	5	6	7	8	9	10

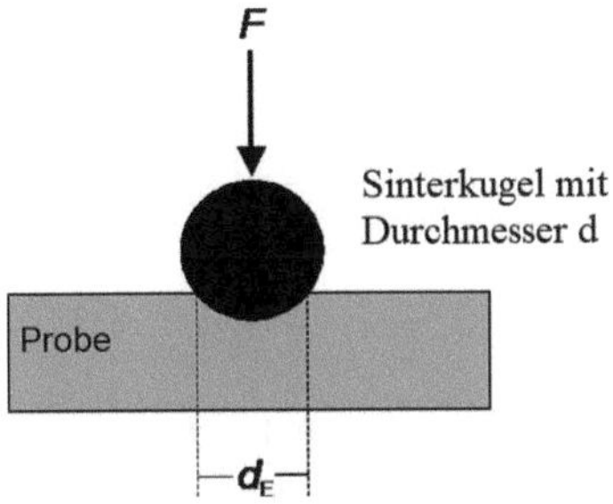

Abb. 5.69 Härteprüfverfahren nach Brinell

gültige Definition der Härte, die für alle Stoffe gilt, gibt es nicht. Es gibt daher auch kein allgemein anwendbares Härteprüfverfahren. Die experimentell ermittelte Härtezahl hängt von der Prüfmethode ab; diese muss deshalb bei Datenangaben stets vermerkt werden.

Das älteste Härteprüfverfahren ist das Ritzverfahren von F. Mohs. Es wird heute nur noch in der Mineralogie angewandt. Hierbei sind zehn Mineralien derart in einer Härteskala von 1 bis 10 eingeordnet, dass jedes Mineral vom Folgenden geritzt wird, welches es selbst aber nicht zu ritzen vermag (Tab. 5.24).

Die Härte des Prüfmaterials liegt zwischen der Härte des Skalenmaterials, von dem es geritzt wird, und derjenigen des Minerals, das es selbst ritzt. Der Härteunterschied zwischen Stufe 9 und 10 ist dabei fünfmal so groß wie der zwischen Stufe 1 und 9.

Härte nach Brinell Bei dem Verfahren von J. A. Brinell wird eine Sinterhartmetallkugel vom Durchmesser d mit der Kraft F in die Prüfprobe eingedrückt (Abb. 5.69). Die Kugel wird dann entfernt und der Durchmesser d_E des Abdrucks gemessen. Daraus lässt sich die Brinell-Härte H_B berechnen:

$$H_B \equiv \frac{F}{\text{Eindruckoberfläche}} = \frac{F}{0{,}5\pi\, d\left(d - \sqrt{d^2 - d_E^2}\right)} \tag{5.192}$$

Die Eindruckoberfläche berechnet sich aus der entsprechenden Kugelkalotte. Die Durchmesser der Sinterhartmetallkugeln sind genormt; es werden Kugeln mit den Durchmessern 1, 2, 2,5, 5 und 10 mm benutzt. Die Kraft F richtet sich nach dem Durchmesser der Sinterhartmetallkugel. Kraft F und Kugeldurchmesser d werden bei Angabe der Härtezahl beigefügt, z. B. $H_B(10/3000) = 345$ daN mm^{-2} bedeutet Brinellhärte H_B beim Kugel-

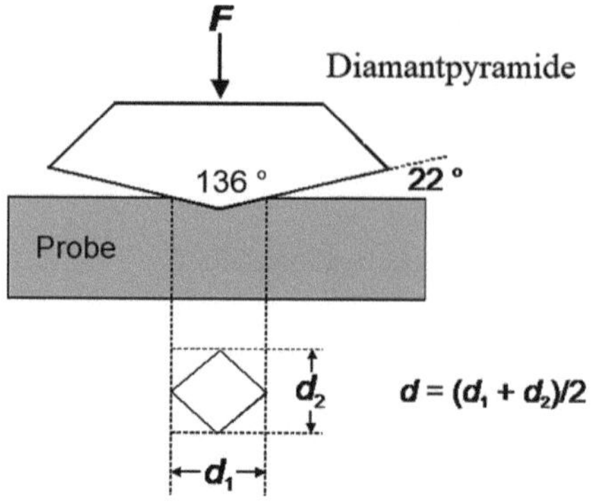

Abb. 5.70 Härteprüfverfahren nach Vickers

durchmesser $d = 10$ mm und der Kraft $F = 3000$ daN (1 daN = 10 N). Die Belastungsdauer hängt vom Material ab. Sie beträgt 10 s für Stahl und mindestens 30 s bei Polymeren.

Für Polymere wird die Brinellhärte in ihrer ursprünglichen Form nur noch selten verwendet. Bei den neueren Verfahren zu Kugeldruckhärtemessungen an Polymeren werden gehärtete Stahlkugeln mit Durchmessern von 0,395, 1, 2,5 und 5 mm mit festgelegten Prüfkräften, Eindringtiefen und Eindringdauern verwendet (s. Grellmann und Seidler 1998).

Härte nach Vickers Eine weitere wichtige Methode ist das Vickers-Prüfverfahren. Hierbei wird eine quadratische Diamantpyramide mit der Kraft F senkrecht in die Probe gedrückt (Abb. 5.70). Die Eindruckdiagonalen lassen sich unter dem Mikroskop auf 0,002 mm genau vermessen. Es wird dann der Mittelwert $d = (d_1 + d_2)/2$ gebildet und die Vickershärte H_V berechnet. Es gilt:

$$H_V \equiv F/\text{Eindruckoberfläche} = 2\,F\cos(22\,°)/d^2 \qquad (5.193)$$

Die Vickershärte hängt in bestimmten Grenzen nicht von F ab; sie sollte innerhalb dieser Grenzen konstant sein. Normale Vickers-Prüfgeräte arbeiten in Kraftstufen von 50–1500 N, Kleinkraftprüfgeräte in einem Bereich von 2–50 N und Mikroprüfgeräte von 0,1–2 N. Letztere gestatten die Bestimmung der Härte von Folien bis hin zu 10 µm Dicke. Bei der Angabe der Härtezahl wird die Kraft F beigefügt, z. B. $H_V(10) = 610$ daN mm^{-2} bedeutet Vickershärte H_V bei der Kraft $F = 10$ daN.

Die Vickershärte stimmt bis 300 daN mm^{-2} mit der Brinellhärte nahezu überein ($H_B \approx 0{,}95\ H_V$). Darüber hinaus bleibt die Brinellhärte hinter der Vickershärte zurück.

Härte nach Shore Bei dem Verfahren von Shore wird ein Kegelstumpf (Shore A) oder ein Kegel mit abgerundeter Spitze (Shore D) mittels einer Feder für 3 oder 15 s (bei Kunststoffen mit überwiegend plastischem Verhalten) in den Prüfkörper gedrückt und anschließend die Eindringtiefe h in Millimetern gemessen (Abb. 5.71). Die Shorehärte ergibt sich dann als dimensionslose Zahl zu:

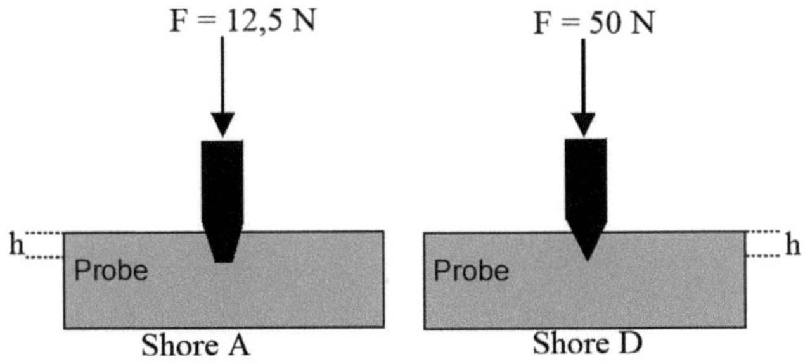

Abb. 5.71 Härteprüfverfahren nach Shore

$$H_S = 100 - h/0{,}025 \ (h = \text{Eindringtiefe unter Last in mm}) \quad (5.194)$$

Weiche Elastomere und Thermoplaste werden nach Shore A gemessen und harte Elastomere und Thermoplaste nach Shore D. Shore-Härtemessungen können mit handlichen Geräten am Einsatzort gemessen werden. Tab. 5.25 zeigt Härtewerte für eine Reihe von Kunststoffen. Die Härtewerte für Shore A, H_{SA} und Shore D, H_{SD}, stehen in folgendem Zusammenhang (s. Grellmann und Seidler 1998):

$$H_{SA} = 116{,}1 - 1409/(H_{SD} + 12,2) \quad (5.195)$$

5.3.5.2 Reibung

Wir betrachten Abb. 5.72. Dort liegt ein Probenkörper auf einer ebenen Platte. Er ist über eine Rolle mit einem Seil verbunden, an dem ein Gewicht hängt. Um den Körper zu bewegen, muss die an ihm angreifende Gewichtskraft F einen bestimmten Schwellenwert F_H überschreiten. F_H ist der sog. **Haftreibungswiderstand**. Er hängt nicht von der Größe der Berührungsfläche der Probe mit der Platte ab. F_H ist proportional zur Normalkraft F_N, mit der die Probe auf die Ebene gedrückt wird. Es gilt:

$$F_H = \mu_H \, F_N \quad (5.196)$$

Die Proportionalitätskonstante μ_H heißt **Haftreibungskoeffizient**. Er hängt von der Art der Probe und der Oberflächenbeschaffenheit (Rauigkeit) der aufeinanderliegenden Körper ab.

Tab. 5.25 Shore-Härtewerte von Kunststoffen

Polymer	Shore A, H_{SA}	Shore D, H_{SD}
Kautschuk/Elastomere	20–90	
Thermoplastische Elastomere (TPE)	10–90	30–70
HDPE		58–63
LDPE		40–55
EVA		39–44
PP		69–77
PS		78
PVC		74–94
PTFE		50–60
PMMA		85
POM		80
PA66		75
Phenol Formaldehyd (PF)		82

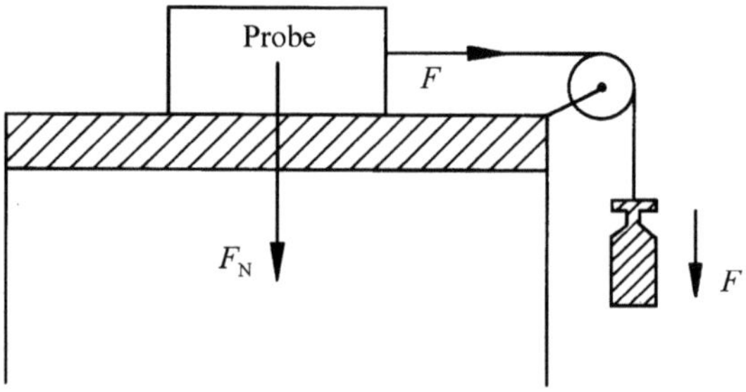

Abb. 5.72 Messung des Haftreibungskoeffizienten μ_H

Ist F größer als F_H, so gleitet der Probenkörper über die Ebene. Seine Geschwindigkeit ist konstant, wenn F genauso groß ist wie die ihr entgegenwirkende Gleitreibungskraft. Es gilt dann das **Coulomb'sche Reibungsgesetz**:

$$F = \mu_G\, F_N \tag{5.197}$$

μ_G ist der Koeffizient der gleitenden Reibung. Er hängt vom Material, der Beschaffenheit der Oberflächen und von der Gleitgeschwindigkeit der Probe ab. μ_G ist immer kleiner als μ_H.

Der Probenkörper kann auch über die Ebene rollen. In diesem Fall gilt:

$$F = (f/R)\, F_N \tag{5.198}$$

Dabei ist f der Hebelarm der Rollreibung und R der Radius des rollenden Körpers. Es existieren keine theoretisch abgeleiteten Ausdrücke für μ_H, μ_G und f/R. Im Fall der Gleitreibung ist jedoch folgende Vorstellung hilfreich: Wenn wir zwei Körper aufeinander-

Tab. 5.26 Gleitreibungskoeffizienten verschiedener Polymere bei gleitender Bewegung

Polymer	μ_G Polymer auf Polymer	Polymer auf Stahl	Stahl* auf Polymer
Polymethylmethacrylat	0,8	0,5	0,45
Polyethylen (hohe Dichte)	0,1	0,15	0,20
Polytetrafluorethylen	0,004	0,04	0,10

*Stahl auf Stahl: $\mu_G = 0{,}005$

legen, berühren sich nur die Spitzen ihrer mikroskopischen Oberflächen. Die wahre Kontaktfläche ist also viel kleiner als die geometrische. Zwischen den chemischen Gruppierungen der Mikrooberfläche der beiden Körper existieren bestimmte Bindungskräfte, die Adhäsionskräfte. Diese müssen überwunden werden, damit die Probe gleitet. Die Adhäsionsreibungskraft $F_A = A_w \sigma_w$ wirkt der angreifenden Kraft F entgegen, wobei A_w die wahre Oberfläche und σ_w die wahre Scherspannung ist. Weiche Materialien lassen sich leicht scheren. Die Kontaktflächen werden dabei eingeebnet. A_w ist deshalb groß und σ_w klein. Bei harten Materialien ist das umgekehrt. Sie lassen sich nur schwer scheren. σ_w ist groß und A_w klein. Da verwundert es nicht, dass so verschiedene Stoffe wie Kunststoffe, Metalle und keramische Materialien ähnliche Reibungskoeffizienten besitzen (Tab. 5.26).

5.3.5.3 Abrieb

Wenn sich zwei Körper über einen längeren Zeitraum miteinander reiben, kommt es zu einem Verlust von Material. Dieser Verlust heißt Abrieb. Die Wissenschaft, die sich mit dem Abrieb beschäftigt, ist die **Tribologie**.

Das Abrieb-Verlust-Volumen ΔV_A lässt sich experimentell ermitteln. Es ist proportional zu der angelegten Kraft F, zu der Relativgeschwindigkeit v und zu der Reibungszeit t_R. Es gilt:

$$\Delta V_A = k_A \, v \, t_R \, F \tag{5.199}$$

Der Koeffizient k_A heißt Abriebkoeffizient. Er ist für verschiedene Polymere unterschiedlich groß und hängt davon ab, ob das Probepolymer der ruhende oder der gleitende Körper ist (Tab. 5.27).

Ein Rechenbeispiel ist aufschlussreich: Der Abriebkoeffizient von ruhendem Polycarbonat gegen bewegtes Polyamid 66 beträgt $2 \cdot 10^{-5}\,\mathrm{MPa}^{-1}$. Bei einer Kraft von 9,8 N, einer Relativgeschwindigkeit von 1 m s^{-1} und einer Reibungszeit von 24 h ergibt sich damit ein Abriebvolumen von $\Delta V_A = 16{,}93\ \mathrm{cm}^3$. Für Polyamid 66 ist $\Delta V_A = 0{,}93\ \mathrm{cm}^3$. Beide Werte sind für viele Anwendungen viel zu hoch. Die Materialien sind nach kurzer Zeit zerstört (abgerieben).

Wir versetzen deshalb Polyamid 66 mit Glasfasern. Bei einem Glasfasergehalt von 30 % ist $k_A = 1{,}3 \cdot 10^{-9}\,\mathrm{MPa}^{-1}$ und $\Delta V_A = 0{,}001\ \mathrm{cm}^3$. Wir müssen jetzt also 930 Tage (2,6

Tab. 5.27 Abriebkoeffizienten einiger Polymere

		$k_A \cdot 10^{10}(\mathrm{MPa}^{-1})$	
Ruhendes Material	Bewegtes Material	für das ruhende Material	für das bewegte Material
Polycarbonat	Polyamid 66	200.000	11.000
Polyethylenterephthalat	Polyethylenterephthalat	500	600
Polyamid 66	Polycarbonat	250	9800
Polyamid 66	Polyamid 66	220	510
Polyamid 66	Polyacetol	10	12
Polyacetol	Polyamid 66	11	15
Stahl	Polyamid 66 mit 30 % Glasfaser	–	13

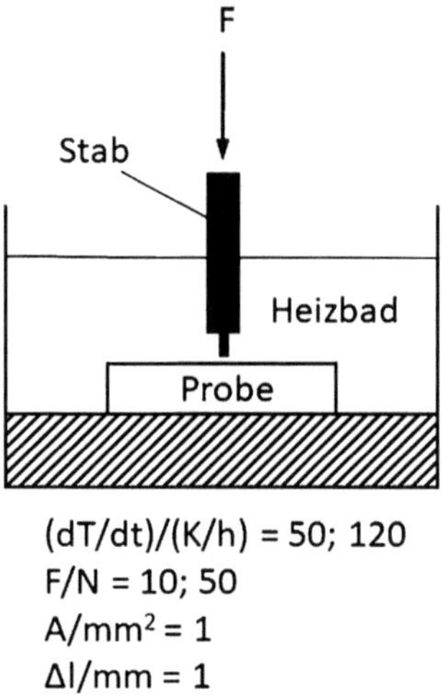

Abb. 5.73 Vicat-Prüfung (schematisch)

Jahre) reiben, um für ΔV_A den gleichen Wert zu erhalten wie für das glasfaserfreie Polyamid 66. Ein Abrieb-Verlust-Volumen von 0,001 cm^3 ist somit akzeptabel.

Wärmeformbeständigkeit und Vicat-Temperatur T_V Die Wärmeformbeständigkeit eines Polymerwerkstoffs ist die Fähigkeit, seine Form bis zu einer bestimmten Temperatur unter Belastung beizubehalten. Anwendungstechnisch ist die Wärmeformbeständigkeit von besonderer Bedeutung; sie wird begrenzt durch die Glastemperatur T_g (bei amorphen Polymeren) und die Schmelztemperatur T_m (bei teilkristallinen Polymeren). Ein oft verwendetes Maß für die Wärmeformbeständigkeit ist die **Vicat-Temperatur T_V**. Bei dem in der DIN EN ISO 306 beschriebenen Verfahren (Abb. 5.73) wird die Probe mit konstanter Aufheizgeschwindigkeit $v = \mathrm{d}T/\mathrm{d}t$ (50 K h^{-1} oder 120 K h^{-1}) in einem Heizbad erwärmt, und gleichzeitig wirkt ein Stahlstab mit einem Querschnitt von $A = 1\ \mathrm{mm}^2$ und einer Kraft

Tab. 5.28 T_V-Werte einiger Polymere

Polymer	PE	PP	POM	PA6	PBT	PC	PMMA	PVC	PS	SAN	ABS
T_V(°C) 50 K h^{-1}, 50 N	75	90	150	200	190	145	103	77	84	106	87

F (10 N oder 50 N) senkrecht zur Probe ein. Die Vicat-Temperatur ist dann diejenige Temperatur, bei der der Stahlstab 1 mm in die Oberfläche der Polymerprobe eingedrungen ist ($\Delta l = 1$ mm). In Tab. 5.28 sind T_V-Werte einiger Polymerer bei dT/dt = 50 K h^{-1} und $F = 50$ N zusammengefasst.

5.4 Optische und elektrische Eigenschaften

N. Vennemann

5.4.1 Optische Eigenschaften

Technische Artikel und Gebrauchsgegenstände aus Kunststoffen werden oft ganz wesentlich von den optischen Eigenschaften geprägt. Bei den im Folgenden näher erklärten optischen Eigenschaften handelt es sich einmal um physikalische Phänomene wie Lichtbrechung, Doppelbrechung, Reflexion, Absorption, Streuung und nichtlineare optische Eigenschaften und zum anderen um mehr technische Eigenschaften wie Glanz, Trübung, Irideszenz, Opazität und Farbe.

5.4.1.1 Brechung, Reflexion, Absorption, Transparenz und Streuung

Abb. 5.74 stellt den Weg eines Lichtstrahls von einem optisch dünneren in ein optisch dichteres und wieder in ein optisch dünneres Medium dar. Der **Brechungsindex** eines Materials ist durch das **Snellius'sche Brechungsgesetz** definiert:

$$n_2/n_1 = \sin\beta_1/\sin\beta_2, \tag{5.200}$$

wobei β_1 der Einfallswinkel und β_2 der Brechungswinkel beim Übergang vom Vakuum in das Material ist. Für den Übergang eines Lichtstrahls vom Vakuum (Brechungsindex $n_0 = 1$) in ein Medium mit dem Brechungsindex n ergibt sich die folgende vereinfachte Formel:

$$n = \sin\beta_1/\sin\beta_2 \tag{5.201}$$

Der Brechungsindex eines Materials hängt von der **Polarisierbarkeit** α der Moleküle ab (Abschn. 4.3.3.1). Lorentz (1880) und Lorenz (1880) formulierten mithilfe der Maxwell-Gleichungen die folgende theoretisch begründete Beziehung:

$$\left[\left(n^2-1\right)/\left(n^2+2\right)\right]\ (M/\rho)=(4\pi/3)\ N_{\mathrm{A}}\ \alpha\equiv R_{\mathrm{LL}} \tag{5.202}$$

Dabei ist M die Molmasse, ρ die Dichte, α die Polarisierbarkeit und R_{LL} die Molrefraktion nach Lorentz und Lorenz. Eine ebenfalls häufig verwendete, aber theoretisch nicht begründete Beziehung zwischen Brechungsindex und Dichte eines Materials ist die **Gleichung von Gladstone und Dale**:

$$(n-1)\ (M/\rho)=R_{\mathrm{GD}} \tag{5.203}$$

Beim Auftreffen eines Lichtstrahls mit der Intensität I_0 auf ein Material mit der Dicke d wird ein Teil des einfallenden Lichts an der Vorderseite des Materials reflektiert; die Intensität des reflektierten Strahls wird mit I_{R} bezeichnet (Abb. 5.74). Beim Durchgang des Lichts durch das Material wird ein Teil des Lichts von den anwesenden Molekülen absorbiert (I_{A}) und ein anderer Teil gestreut (I_{S}). Der verbleibende transparente Anteil des Lichts verlässt dann das Material mit der Intensität I_{T}. Die soeben erwähnten Größen hängen miteinander zusammen. Es gilt:

$$I_0=I_{\mathrm{R}}+I_{\mathrm{A}}+I_{\mathrm{S}}+I_{\mathrm{T}} \tag{5.204}$$

Die Größe $I_{\mathrm{R}}/I_0=R$ wird als Reflexion, $I_{\mathrm{A}}/I_0=A$ als Absorption, $I_{\mathrm{S}}/I_0=S$ als Streuung und $I_{\mathrm{T}}/I_0=T$ als Transparenz bezeichnet. Gl. (5.204) geht damit über in:

$$R+A+S+T=1 \tag{5.205}$$

Abb. 5.74 Zur Definition von Brechungsindex, Reflexion, Absorption, Streuung und Transparenz

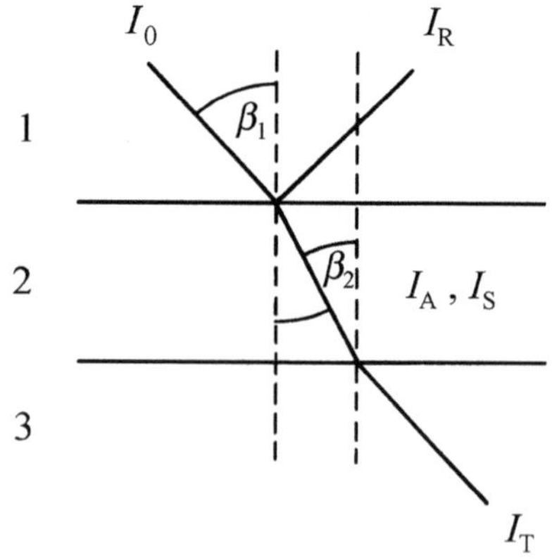

Brechung, Reflexion und Absorption werden im Wesentlichen von den durchschnittlichen optischen Eigenschaften des Materials beeinflusst, während die Lichtstreuung auf lokalen Schwankungen der optischen Eigenschaften des Mediums basiert. In einer Reihe von Fällen lässt sich die Reflexion und die Streuung gegenüber der Absorption vernachlässigen. Gl. (5.204) und (5.205) gehen dann über in:

$$I_0 = I_A + I_T; \qquad A = 1 - T \tag{5.206}$$

Der Intensitätsverlauf eines Lichtstrahls durch ein Medium wird bezüglich der Absorption und der Streuung durch das **Lambert'sche Gesetz** beschrieben:

$$E = \lg(I_0/I) = \tau\, d \tag{5.207}$$

Dabei ist τ der Schwächungsmodul oder Trübungsmodul und d die Dicke des Materials. Der Schwächungsmodul setzt sich dabei additiv aus dem Streumodul τ_S und dem Absorptionsmodul τ_K zusammen:

$$\tau = \tau_S + \tau_K \tag{5.208}$$

Die Größe E wird auch als **Extinktion** bezeichnet. Sie setzt sich zusammen aus Streuung S und Absorption A.

Bisher wurden nur optisch isotrope homogene Materialien behandelt. Optisch anisotrope Makromoleküle haben richtungsabhängige Polarisierbarkeiten und damit auch Brechungsindizes. Diese Erscheinung kann durch Kristallbildung, Orientierung und Deformation der Kettenmoleküle hervorgerufen werden. Bezeichnen wir die Brechungsindizes entlang der drei Hauptachsen mit n_x, n_y und n_z, so sind bei isotropen Stoffen alle drei Größen gleich groß und bei anisotropen Materialien mindestens zwei Brechungsindizes verschieden groß. Bei anisotropen Materialien wird die Differenz von je zwei der Brechungsindizes n_x, n_y und n_z als Doppelbrechung Δn bezeichnet.

5.4.1.2 Totalreflexion, Wellenleitung, optische Speicher

Trifft ein Lichtstrahl in einem optisch dichteren Medium 2 auf die Grenzfläche zu einem optisch dünneren Medium 1 unter einem Winkel β', dessen Sinus größer als das Verhältnis der Brechungsindizes der Medien n_2/n_1 ist, so wird das Licht in das optisch dichtere Medium zurückgespiegelt (Abb. 5.75):

$$\sin\beta' > n_2/n_1 \tag{5.209}$$

Dieser Vorgang nennt sich Totalreflexion; er wird ausgenutzt bei der Konstruktion von Lichtleitern und Wellenleitern zur optischen Nachrichtenübermittlung und zur nichtgerad-

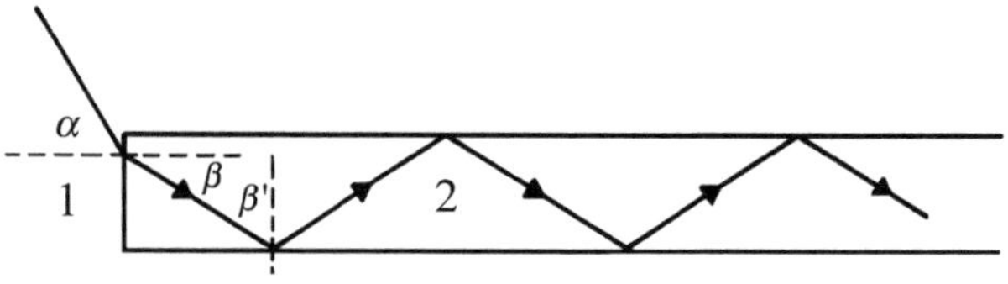

Abb. 5.75 Totalreflexion in einem Lichtleiter

linigen Weiterleitung von Licht für technische und medizinische Anwendungen. Für kurze Strecken und starke Krümmungen werden vorzugsweise Makromoleküle (z. B. Polymethylmethacrylat) verwendet, da diese nicht so spröde wie Glasfasern sind.

Bei der Herstellung von Komponenten für die integrierte Optik (Entwicklung von optischen Computern) lässt sich die Tatsache zunutze machen, dass die Dichten und nach Gl. (5.202) damit auch die Brechungsindizes der Polymere größer als diejenigen der entsprechenden Monomere sind. Durch Bestrahlung von Polymeren, die einen gewissen Anteil Monomere (10–20 %) enthalten, mit einem Lichtmuster wird durch Polymerisation an den belichteten Stellen ein dreidimensionales Brechungsindexmuster erzeugt. Dieser Vorgang lässt sich z. B. bei der Entwicklung von optischen Speichern und Gitterkopplern als Prismenersatz zum Einkoppeln von Licht in Wellenleiter ausnutzen.

5.4.1.3 Glanz, Trübung, Farbe

Bei diesen Begriffen handelt es sich um technische Eigenschaften. Als **Glanz** wird das Verhältnis der Reflexion R der Probe zur Reflexion R_{st} eines Standards definiert. Der Glanz ist abhängig vom Einfallswinkel des Lichts, von den Brechungsindizes der Probe und des Standards und von den Inhomogenitäten der Probenoberfläche.

Die **Trübung** als Folge der Lichtstreuung wurde bereits in Abschn. 5.4.1.1 behandelt. Die exakte Behandlung der Trübung in einem Polymermaterial ist ziemlich kompliziert, da sich Streuung, Reflexion und Absorption überlagern. Hierzu wird auf weiterführende Literatur verwiesen.

Die **Farbe** eines Materials ist eine physiologische Größe, die nur in Gegenwart von Licht auftritt. Zur Quantifizierung werden zwei verschiedene Verfahren angewendet. Beim ersten Verfahren wird die zu prüfende Farbe mit einer genormten Sammlung von Farbproben verglichen. Zusätzlich zum Farbton werden noch die Helligkeit und die Sättigung angegeben.

Das zweite Verfahren, das ohne Vergleichsproben auskommt, basiert auf der Annahme, dass sich eine Farbe F additiv aus Einzelfarben X_1, X_2, X_3, ... zusammensetzt:

$$F = a_1\, x_1 + a_2\, x_2 + a_3\, x_3 + \ldots, \tag{5.210}$$

Dabei sind a_1, a_2, a_3, ... die zugehörigen Farbwertanteile. Es hat sich gezeigt, dass zur vollständigen Beschreibung einer Farbe drei monochromatische Einzelfarben ausreichen. In der Praxis werden hierzu die Einzelfarben Rot (700 nm), Grün (546 nm) und Blau (436 nm) verwendet. Durch Mischen dieser drei Grundfarben ist die zu untersuchende

Farbe nachstellbar. Dies geschieht in der Weise, dass die Farbe mit einem Spektralphotometer im sichtbaren Wellenlängenbereich gemessen und anschließend mithilfe von Gl. (5.210) mathematisch und experimentell nachgestellt wird; auf diese Weise erhalten wir das Mischungsverhältnis der drei Einzelfarben. Mit den oben angeführten Problemen befasst sich die **Farbmetrik**.

5.4.1.4 Nichtlineare optische Eigenschaften

Wird ein Polymermaterial elektromagnetischer Strahlung ausgesetzt, so sind für niedrige Strahlungsintensitäten das induzierte Dipolmoment $\boldsymbol{p}$ und die induzierte Polarisation $\boldsymbol{P}$ proportional der elektrischen Feldstärke $\boldsymbol{E}$:

$$\boldsymbol{p} = \alpha \boldsymbol{E}; \quad \boldsymbol{P} = \chi \boldsymbol{E} \tag{5.211}$$

Dabei ist α die Polarisierbarkeit des Moleküls und χ die elektrische Suszeptibilität. Bei größeren Strahlungsintensitäten, wie sie z. B. bei Lasern auftreten, ergeben sich zusätzlich zur linearen Abhängigkeit quadratische und kubische Abhängigkeiten:

$$\boldsymbol{p} = \alpha^{(1)}\boldsymbol{E} + \alpha^{(2)}\boldsymbol{E}\,\boldsymbol{E} + \alpha^{(3)}\boldsymbol{E}\,\boldsymbol{E}\,\boldsymbol{E} + \ldots \tag{5.212}$$

$$\boldsymbol{P} = \chi^{(1)}\boldsymbol{E} + \chi^{(2)}\boldsymbol{E}\,\boldsymbol{E} + \chi^{(3)}\boldsymbol{E}\,\boldsymbol{E}\,\boldsymbol{E} + \ldots \tag{5.213}$$

Dabei sind $\alpha^{(2)}$ und $\alpha^{(3)}$ die erste und zweite Hyperpolarisierbarkeit und $X^{(1)}$, $X^{(2)}$ und $X^{(3)}$ die elektrischen Suszeptibilitäten erster, zweiter und dritter Ordnung.

Die möglichen Anwendungen dieses Effekts für die Elektrooptik sind bedeutend und in ihrer Tragweite noch nicht abzuschätzen. Beispiele hierfür sind Flüssigkristallanzeigen, Frequenzverdoppler, Frequenz-Mixing, elektrooptische Modulatoren, optische Schalter und optische Speicher.

5.4.2 Elektrische Eigenschaften

Da Polymere in nahezu allen Fällen aus nichtmetallischen Molekülgruppen aufgebaut sind, besitzen sie dielektrische Eigenschaften und sind elektrische Isolatoren. Zunächst sollen daher die dielektrischen Eigenschaften der Polymere besprochen werden. Unter bestimmten Voraussetzungen ist es allerdings möglich, Makromoleküle so zu modifizieren, dass sie zu elektrischen Leitern oder Halbleitern werden; in Abschn. 5.4.2.2 wollen wir uns deshalb mit der elektrischen Leitfähigkeit beschäftigen.

5.4.2.1 Dielektrische Eigenschaften

Polarisierbarkeit und Polarisation Wie in den Abschn. 4.3.3 und Abschn. 5.4.1 bereits ausgeführt, erzeugt ein elektrisches Feld $\boldsymbol{E}$ in einem Nichtleiter (Dielektrikum) ein elektrisches Dipolmoment $\boldsymbol{p}$:

$$\boldsymbol{p} = \alpha\, \boldsymbol{E}_{\mathrm{eff}} \tag{5.214}$$

Dabei ist α die **Polarisierbarkeit** ist. Es werden durch das elektrische Feld molekulare Dipole induziert oder vorhandene permanente Dipole orientiert. Im ersten Fall handelt es sich um eine Verschiebungspolarisierbarkeit α_{V} und im zweiten Fall um eine Orientierungspolarisierbarkeit α_{O}. Bei der Verschiebungspolarisierbarkeit lässt sich unterscheiden in eine Verschiebung der Elektronen (Elektronenpolarisierbarkeit α_{Ve}) und in eine Deformation des Moleküls (Atompolarisierbarkeit α_{Va}). In Abschn. 4.3.3 wurde gezeigt, dass der Zusammenhang zwischen der Orientierungspolarisierbarkeit und dem permanenten elektrischen Dipolmoment durch die Gleichung $\alpha_{\mathrm{O}} = |\boldsymbol{p}|^2/(3\ k_{\mathrm{B}}\ T)$ gegeben ist.

Die **Polarisation** eines Dielektrikums $\boldsymbol{P}$ ist das elektrische Gesamtdipolmoment pro Volumeneinheit:

$$\boldsymbol{P} = (1/V) \sum_{i=1}^{N} q_i\, \boldsymbol{r}_i$$

$$\boldsymbol{P}_{\mathrm{total}} = \boldsymbol{P}_{\mathrm{Ve}} + \boldsymbol{P}_{\mathrm{Va}} + \boldsymbol{P}_{\mathrm{O}} = \alpha_{\mathrm{total}}\ (N/V)\ \boldsymbol{E}_{\mathrm{eff}} = \left[\alpha_{\mathrm{Ve}} + \alpha_{\mathrm{Va}} + |\boldsymbol{p}|^2/(3\ k_{\mathrm{B}}\ T)\right]\ (N/V)\ \boldsymbol{E}_{\mathrm{eff}} \tag{5.215}$$

Dabei ist $\boldsymbol{r}_i$ der Ortsvektor der Ladung q_i, die Indizes Ve, Va und O beziehen sich auf die Elektronenpolarisation, die Atompolarisation und die Orientierungspolarisation, und N/V bedeutet die Ladungsdichte.

Während für die optischen Eigenschaften eines Polymers im Wesentlichen die Elektronenpolarisation verantwortlich ist, werden die elektrischen Eigenschaften von den permanenten Dipolmomenten und damit von der Orientierungspolarisation beeinflusst. Abb. 5.76 stellt die elektrischen Verhältnisse in einem Kondensator ohne Materie und in einem solchen mit Dielektrikum dar.

Es gilt allgemein:

$$|\boldsymbol{E}| = U/d\ ; \quad \varphi = |\boldsymbol{E}|\ A\ ; \quad Q = \varepsilon_0\ \varphi = \varepsilon_0\ |\boldsymbol{E}|\ A\ ; \quad |\boldsymbol{D}| = Q/A = \varepsilon_0\ |\boldsymbol{E}|\ ; \quad C = Q/U \tag{5.216}$$

Dabei ist U die elektrische Spannung, d und A sind der Plattenabstand und die Fläche des Kondensators, φ der ist der elektrische Fluss, Q die Ladung auf dem Kondensator, ε_0 die

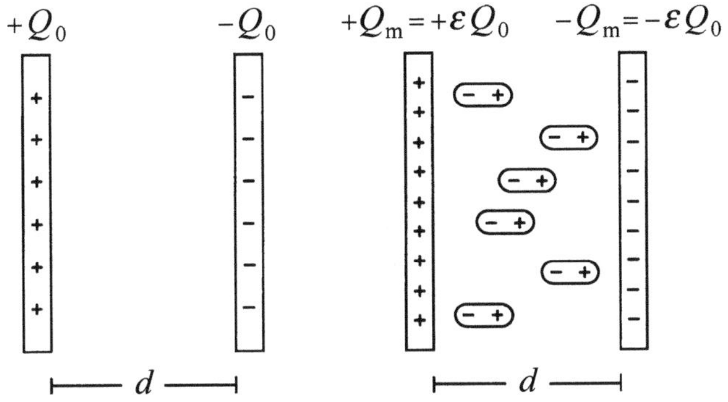

Abb. 5.76 Kondensator ohne und mit Dielektrikum

elektrische Feldkonstante, $\boldsymbol{D}$ die Verschiebungsdichte (Flächenladungsdichte) und C die Kapazität.

Befindet sich zwischen den Kondensatorplatten ein Dielektrikum, so erzeugt eine Spannung U zwischen den Platten eine höhere Feldstärke als beim leeren Kondensator:

$$\boldsymbol{E} = \boldsymbol{E}_0 + \boldsymbol{P}, \tag{5.217}$$

wobei $\boldsymbol{E}_0$ die Feldstärke beim leeren Kondensator und $\boldsymbol{P}$ die eben besprochene dielektrische Polarisation der Materie zwischen den Kondensatorplatten ist. Mit der Erhöhung der Feldstärke werden auch der elektrische Fluss, die Ladung, die Verschiebungsdichte und die Kapazität des Kondensators erhöht. Für den Kondensator mit Dielektrikum gilt deshalb:

$$\varphi_m = (|\boldsymbol{E}_0| + |\boldsymbol{P}|)\,A\,; \quad Q_m = \varepsilon_0\,\varphi_m = \varepsilon_0(|\boldsymbol{E}_0| + |\boldsymbol{P}|)\,A \tag{5.218}$$

$$\boldsymbol{D}_m = Q_m/A = \varepsilon_0\,(|\boldsymbol{E}_0| + |\boldsymbol{P}|) = \boldsymbol{D}_0 + \varepsilon_0\,\boldsymbol{P}\,; \quad C_m = Q_m/U = \varepsilon_0\,(|\boldsymbol{E}_0| + |\boldsymbol{P}|)\,A/U \tag{5.219}$$

Dabei beziehen sich die Indizes 0 und m auf die Größen beim leeren Kondensator und beim Kondensator mit Dielektrikum.

Die relative Permittivität ε und dielektrische Verluste Die **relative Permittivität** ε (früher **Dielektrizitätskonstante** genannt) ist definiert als Verhältnis der Kapazitäten, der Ladungen, der elektrischen Flüsse und der Verschiebungsdichten des leeren Kondensators und des Kondensators mit Dielektrikum:

$$\varepsilon = C_m/C_0 = Q_m/Q_0 = \varphi_m/\varphi_0 = |\boldsymbol{D}_m|/|\boldsymbol{D}_0| = (|\boldsymbol{E}_0| + |\boldsymbol{P}|)/|\boldsymbol{E}_0| \quad (5.220)$$

Aus praktischen Gründen wird häufig noch die dielektrische Suszeptibilität χ mit $\boldsymbol{P} = \chi\,\boldsymbol{E}_0$ definiert. Gl. (5.220) liefert den Zusammenhang von χ und ε: $\varepsilon = 1 + \chi$.

Der Zusammenhang zwischen der Polarisierbarkeit oder der Polarisation und der relativen Permittivität wird durch verschiedene theoretisch begründete und empirische Beziehungen beschrieben. Neben der Onsager-Kirkwood-Gleichung (Gl. 4.381) wird häufig die Clausius-Mosotti-Gleichung (Gl. 4.380) verwendet:

$$(M/\rho)\,(\varepsilon - 1)/(\varepsilon + 2) = (4\pi/3)\,(N/V)\,\alpha_{\text{total}}, \quad (5.221)$$

wobei M die Molmasse und ρ die Dichte des dielektrischen Materials ist.

Für Polymere kann die relative Permittivität Werte von 1 bis etwa 200 erreichen; in einzelnen Fällen werden auch sehr viel höhere Werte erzielt. Tab. 5.29 gibt einen Überblick über die relativen Permittivitäten von ausgewählten Polymeren; sie zeigt, dass die höchsten Permittivitäten bei Thermoplasten und Elastomeren erhalten werden, die mit Mineralstoffen oder Metallpulvern gefüllt sind.

Polarisationsvorgänge laufen innerhalb relativ kurzer Zeiträume ab. Die Grenzfrequenzen für die einzelnen Polarisationen betragen für die Elektronenpolarisation 10^{16} Hz, für die Atompolarisation 10^{12} Hz und für die Orientierungspolarisation 10^{10} Hz. Wegen dieser hohen Frequenzen kann die Polarisation schnellen elektrischen Wechselfeldern folgen, was zu Phasenverschiebungen zwischen Spannung und Strom führt. Die Polarisation setzt sich daher aus den folgenden Anteilen zusammen:

- Die Polarisation folgt dem elektrischen Wechselfeld in Phase und ist proportional der elektrischen Suszeptibilität $\chi' = \varepsilon' - 1$.
- Die Polarisation hinkt dem elektrischen Wechselfeld mit einer Phasenverschiebung nach und ist proportional zu $\chi'' = \varepsilon'' - 1$. Dieser Anteil führt zu dielektrischen Energieverlusten. χ und ε können daher als komplexe Größen aufgefasst werden:

Tab. 5.29 Relative Permittivitäten ε von einigen Kunststoffen

Material	ε
Luft	1,0006
Wasser	81
Polytetrafluorethylen	2,0
Polyethylen	2,25
Polycaprolactam	4,3
Polyisopren	2,7
Gefüllte Thermoplaste	3–170
Gefüllte Elastomere	3–18000

$$\chi(\omega) = \chi'(\omega) - \mathrm{i}\,\chi''(\omega)\,; \qquad \varepsilon(\omega) = \varepsilon'(\omega) - \mathrm{i}\,\varepsilon''(\omega) \tag{5.222}$$

Die Realteile X' und ε' werden als eigentliche Suszeptibilität und Permittivität bezeichnet, und der Imaginärteil ε'' wird als dielektrische Verlustzahl bezeichnet. Die Größen X', X'', ε' und ε'' sind abhängig von der Kreisfrequenz $\omega = 2\ \pi/T$ des elektrischen Felds und von der Temperatur.

Je mehr die Polarisation dem elektrischen Wechselfeld nachhinkt, desto größer ist die verbrauchte elektrische Energie; diese ist für eine elektrische Arbeit nicht mehr verfügbar, da sie in Wärme umgesetzt wird. Damit kann Gl. (5.222) anschaulich gedeutet werden: Die Realteile X' und ε' bestimmen die im Dielektrikum gespeicherte Energie, und die Imaginärteile X'' und ε'' geben an, wie viel Energie pro Zeiteinheit in Wärme umgewandelt wird. Für die dielektrische Verlustleistungsdichte W gilt:

$$W = \boldsymbol{E}^2\ \omega\ \varepsilon_0\ \varepsilon'' \tag{5.223}$$

Die **dielektrischen Verluste** können bei Polymeren beträchtliche Werte erreichen; dies muss z. B. bei der Auswahl von Kunststoffen für die Isolierung von Hochfrequenzkabeln berücksichtigt werden. Von technischer Bedeutung ist hierbei der dielektrische Verlustfaktor $\tan\,\delta = \varepsilon''/\varepsilon'$.

Elektrischer Durchschlag, Kriechstrom, Aufladung Für technische Anwendungen gibt es eine Reihe von Kenngrößen, die mehr von technischem als von wissenschaftlichem Interesse sind. Als **Durchschlagfestigkeit** E_d wurde der Quotient aus der Durchschlagspannung U_d und der Dicke d des Materials festgelegt, wobei die Durchschlagspannung der Effektivwert der Wechselspannung einer bestimmten Frequenz (meist 50 Hz) ist, die den Durchschlag verursacht, d. h. bei der das dielektrische Material elektrisch versagt und die Spannung zwischen den Elektroden unter Zerstörung des Dielektrikums zusammenbricht:

$$E_\mathrm{d} = U_\mathrm{d}/d \tag{5.224}$$

Als Gründe für den Durchschlag kommen infrage:

1. Dielektrische Verluste führen bei Polymeren beim Anlegen eines Felds zur Erwärmung. Falls die Wärme nicht schnell genug abgeführt werden kann, kommt es zu Temperaturerhöhungen und damit zu irreversiblen Zerstörungen des Materials. Dieser Effekt wird Wärmedurchschlag genannt.
2. Durch ein elektrisches Feld können die Ladungsträger aus dem Festkörper herausgelöst und beschleunigt werden. Die Folge ist eine Zunahme des Stroms und bei Überschreiten

einer kritischen Spannung der Durchschlag. Wir bezeichnen diesen Effekt als elektrischen Durchschlag.

3. Beim Durchschlag durch Entladung führen durch das Feld verursachte lokale Entladungen zur Zerstörung des Dielektrikums; dabei bilden sich unter Gasentwicklung Entladungskanäle (Treeing), die schließlich zum Durchschlag führen.

Die beschriebenen Effekte überlagern sich weitgehend. Es ist auch ohne Weiteres einleuchtend, dass die Durchschlagfestigkeit von der Temperatur, der Morphologie, den mechanischen Spannungen und der Feuchtigkeit des Materials abhängt.

Der **Kriechstrom** ist der Oberflächenstrom eines Dielektrikums, der sich aufgrund von Normalverunreinigungen auf der Oberfläche bildet. Zur Bestimmung des Kriechstroms werden häufig wässrige Salzlösungen verwendet, die tropfenweise so lange auf die Oberfläche des Materials gegeben werden, bis ein Kurzschluss entsteht. Die Zahl der zugeführten Tropfen bis zum Kurzschluss ist dann ein Maß für die Kriechstromfestigkeit. Außer faserverstärkten Polymeren, Polystyrol und Polystyrol-Copolymerisaten besitzen die meisten Polymere eine gute Kriechstromfestigkeit.

Da die meisten Kunststoffe gute Isolatoren sind, neigen sie zu **elektrostatischer Aufladung**. Diese entsteht durch Über- oder Unterschuss von Elektronen auf der Oberfläche des Materials und kann durch Kontakt der Oberfläche mit Ionen oder durch Reiben zweier Oberflächen gegeneinander erzeugt werden. Die elektrostatische Aufladung läuft umso einfacher ab, je niedriger die elektrische Leitfähigkeit des Materials und die relative Luftfeuchtigkeit sind. Die elektrostatische Aufladung von Polymeren macht sich oft sehr störend bemerkbar und bringt eine Reihe ungünstiger und gefährlicher Effekte mit sich. Zur Verhinderung dieses Effekts werden Substanzen eingesetzt, die die Leitfähigkeit auf der Oberfläche des Polymers (Antistatika) oder des gesamten Polymers (Ruß- oder Metallpulvergefüllte Polymere) erhöhen.

Elektrete, Pyroelektrika und Piezoelektrika **Elektrete** sind dielektrische Materialien, bei denen die durch ein elektrisches Feld induzierten oder orientierten Dipole über einen längeren Zeitraum erhalten bleiben. Zur Herstellung von polymeren Elektreten werden die Polymere auf Temperaturen oberhalb der Glastemperatur gebracht, es wird ein starkes elektrisches Feld angelegt und anschließend das Polymer unter der Wirkung des elektrischen Felds abgekühlt. Damit werden die induzierten und orientierten Dipole eingefroren. Die Abklingkonstante (d. h. die Zeit, in der die Ladung auf den $1/e$-ten Teil abgeklungen ist) beträgt bis zu 50 Jahre. Beispiele für polymere Elektrete sind Poly(ethylen-co-propylen), Polycarbonat, Polytetrafluorethylen und Polypropylen. Sie werden in steigendem Maß für Luftfilter, Strahlungsmessgeräte und elektroakustische Wandler verwendet.

Pyroelektrika und **Piezoelektrika** sind dielektrische Materialien, bei denen eine Ladungserzeugung durch Temperaturerhöhung und durch mechanischen Druck erzeugt wird. Die Ladungserzeugung erfolgt dabei durch Ladungsverschiebung oder -orientierung. Bei piezoelektrischen Polymeren ist die erzeugte Ladung häufig proportional dem angelegten Druck. Ein pyro- und piezoelektrisches Polymer ist z. B. Poly(vinylidenfluorid). Der entgegengesetzte Effekt zum piezoelektrischen Effekt, nämlich die Kontraktion eines Materials durch Anlegen eines elektrischen Felds, heißt **Elektrostriktion**.

Für pyro- und piezoelektrische Polymere bieten sich zahlreiche Anwendungsmöglichkeiten an, z. B. Wärmedetektoren, Schallwellensender und -empfänger, elektroakustische und elektromechanische Wandler und Elemente, elektronische Bauelemente.

5.4.2.2 Elektrische Leitfähigkeit

Befinden sich in einem Material bewegliche Ladungsträger, so werden diese bei Anlegen eines elektrischen Felds verschoben. Für den Strom $I = Q/t$ ergibt sich:

$$I = (N/V)\, w\, e\, A \tag{5.225}$$

Dabei ist N/V die Zahl der Ladungsträger pro Volumeneinheit (Ladungsdichte), w die Wanderungsgeschwindigkeit der Ladungsträger, e die Elementarladung und A die stromdurchflossene Fläche. Definieren wir als Beweglichkeit μ die Wanderungsgeschwindigkeit bei der Feldstärke 1 und als Stromdichte $\boldsymbol{J}$ den Strom pro Flächeneinheit

$$\mu = w/|\boldsymbol{E}|; \quad \boldsymbol{J} = \boldsymbol{I}/A. \tag{5.226}$$

so ergibt sich

$$\boldsymbol{J} = (N/V)\, \mu\, e\, \boldsymbol{E} = \sigma\, \boldsymbol{E}, \tag{5.227}$$

wobei $\sigma = (N/V)\ \mu\ e = |\boldsymbol{J}|/|\boldsymbol{E}|$ als spezifische elektrische Leitfähigkeit bezeichnet wird.

Als Ladungsträger können Elektronen und bewegliche Ionen auftreten. Während für Metalle und viele Halbleiter die Leitfähigkeit mithilfe des Bändermodells der Elektronen- und Löcherleitfähigkeit erklärt werden kann (s. Lehrbücher der Physik oder der Physikalischen Chemie), sind die Verhältnisse bei Polymeren komplizierter.

Fast alle reinen Polymere weisen bei nicht zu hohen Temperaturen eine geringe elektrische Leitfähigkeit auf und sind daher Isolatoren. Sie werden für zahlreiche Anwendungen in der Elektrotechnik und in der Elektronik eingesetzt. Tab. 5.30 zeigt die spezifischen Leitfähigkeiten einiger Polymere.

Trotz der prinzipiellen Isolatoreigenschaften der Polymere wurden große Anstrengungen unternommen, um elektrisch leitfähige Polymere zu entwickeln, mit dem Ziel, metallische Eigenschaften mit den verarbeitungstechnischen Merkmalen und den mechanischen Eigenschaften von Polymeren zu koppeln. Prinzipiell lassen sich elektrisch leitfähige Polymere nach der Art der für den Ladungstransport verantwortlichen Ladungsträger in ionisch und elektronisch leitende Polymere unterscheiden. Elektronisch leitende Polymere können weiter in gefüllte leitfähige Polymere und intrinsisch leitfähige Polymere (Intrinsically Conducting Polymers, ICPs) unterteilt werden.

Tab. 5.30 Spezifische elektrische Leitfähigkeiten σ (in Ω^{-1} cm^{-1}) von reinen, gefüllten [...] und dotierten {...} Polymeren bei $T = 25$ °C. Konzentrationsangaben in Massen-%

Polymer	Spezifische Leitfähigkeit σ in $\mathbf{\Omega^{-1}cm^{-1}}$	
Polyethylen	$\mathbf{10^{-18}}$	$\mathbf{10^{-18}}$ [70 % Ni]; $\mathbf{10^{4}}$ [85 % Ag]
Polycarbonat	10^{-17}	–
Polymethylmethacrylat	$10^{-15} - 10^{-17}$	–
Polyoximethylen	$10^{-15} - 10^{-16}$	–
Polypropylen	10^{-18}	$10^{-8} - 10^{-1}$ [5–20 % Ruß]
Polyvinylchlorid, weich	$10^{-12} - 10^{-13}$	10^{-2} [15 % Ruß]
Polyvinylchlorid, hart	10^{-16}	–
Polystyrol	$10^{-14} - 10^{-17}$	10^{-2} [25 % Ruß]
Polyurethan	$10^{-9} - 10^{-12}$	–
cis-Polyacetylen	10^{-9}	$6 \cdot 10^{2}$ {AsF_5}; 10^{2} { J_2}
Poly(*p*-phenylen)	10^{-15}	$5 \cdot 10^{2}$ {AsF_5}; 10^{3} {Na}
Polypyrrol	10^{-8}	10^{2} { J_2}; $2 \cdot 10^{2}$ {ClO_4-}
Polyanilin	10^{-14}	10 {H_2SO_4}
Polythiophen	10^{-11}	20 {$(C_6H_5)_4 N^+$}
Polyazasulfen	$4 \cdot 10^{3}$	$4 \cdot 10^{4}$ { J_2}
Graphit	10^{-4}	
Quecksilber	$1{,}04 \cdot 10^{4}$	
Kupfer	$6{,}45 \cdot 10^{5}$	
Silber	$6{,}71 \cdot 10^{5}$	

Ionisch leitende Polymere Ionisch leitende Polymere können alle Polyelektrolyte oder salzhaltige Polymere sein. Als Ladungsträger wirken bewegliche Ionen, wobei der elektrische Strom mit einer Diffusion der Ionen verbunden ist. Als Beispiel für einen ionisch leitenden Festelektrolyten sei $LiClO_4$-haltiges Polyethylenoxid erwähnt, das in Batterien Verwendung findet.

Gefüllte leitfähige Polymere Eine prinzipiell einfache Möglichkeit zur Erhöhung der elektrischen Leitfähigkeit von Polymeren ist das Einarbeiten von leitfähigen Materialien in Form feinverteilter Partikel in die Polymermatrix. Als leitfähige Materialien werden eingesetzt (Abb. 5.77):

- Metalle (Gold, Silber, Aluminium, Eisen, Kupfer, Nickel)
- Kohlenstoff in Form von Ruß oder Graphit
- Organische Leiter und Charge-Transfer-Komplexe (Tetrathiafulvalen, Tetracyanochinondimethan, Hexamethylentetraselenfulvalen, Tetraselenotetracenchlorid)

Abb. 5.77 Leitfähigkeiten anorganischer und organischer Stoffe

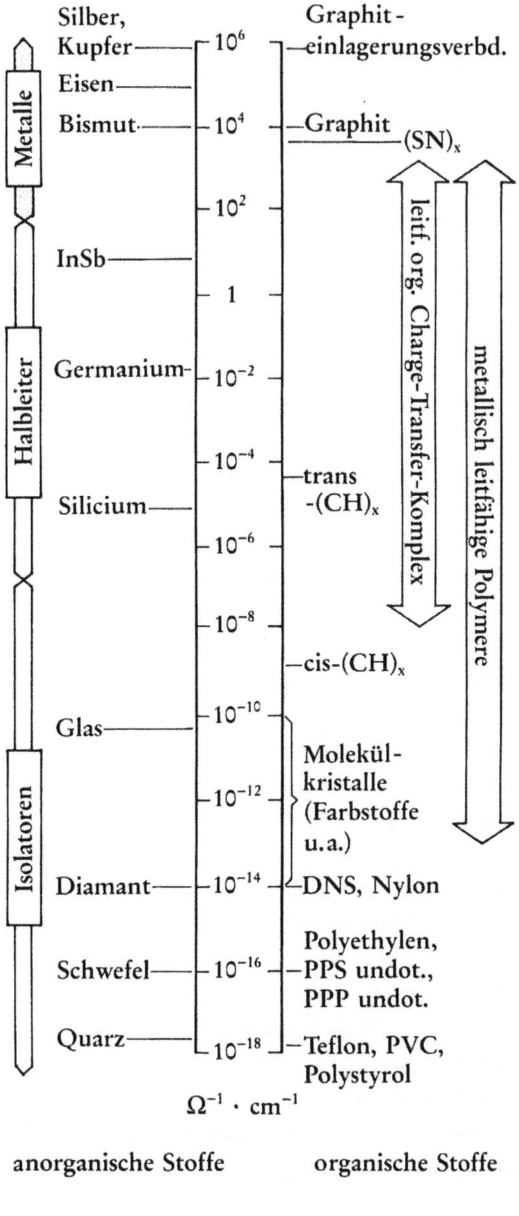

Tab. 5.30 zeigt die Leitfähigkeiten einiger mit Metallpulver und mit Ruß gefüllter Polymere im Vergleich zu den reinen Polymeren. In Abb. 5.78 ist der typische Verlauf der elektrischen Leitfähigkeit σ eines gefüllten Polymers als Funktion der Leitpartikelkonzentration dargestellt. Bei niedriger Konzentration sind die einzelnen Leitpartikel noch voneinander getrennt und berühren sich noch nicht, sodass das Produkt das Isolationsverhalten der Polymermatrix besitzt. Innerhalb eines engen Konzentrationsbereichs bilden

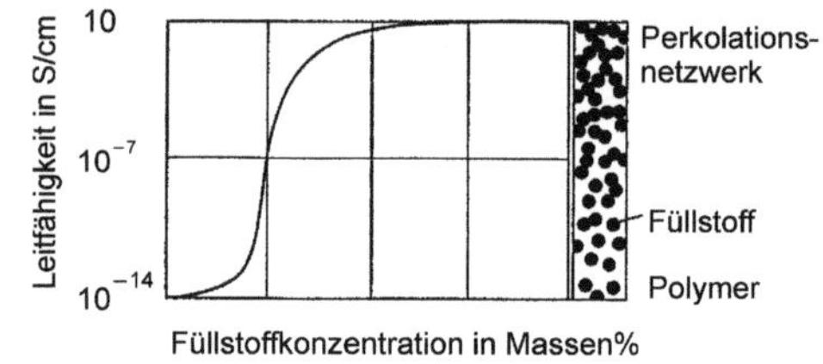

Abb. 5.78 Typischer Verlauf der Leitfähigkeit eines Polymers, das mit Leitpartikeln (z. B. mit Ruß) gefüllt ist

sich durchgehende „Leitpartikelpfade" in Form eines Perkolationsnetzwerks aus. Die Leitfähigkeit steigt sehr rasch um viele Größenordnungen an. Eine weitere Zugabe von Leitpartikeln jenseits dieser **Perkolationsschwelle** erhöht die Leitfähigkeit nur noch geringfügig; es wird ein Plateau erreicht.

Durch den Tunneleffekt kann ein Strom zwischen zwei Teilchen fließen, wenn sich diese nicht berühren und noch einige Nanometer voneinander entfernt sind. Trotzdem wurde experimentell festgestellt, dass die höchste Leitfähigkeit, die bei gefüllten leitfähigen Polymeren gemessen wurde (Plateauleitfähigkeit), immer um ein bis zwei Größenordnungen unter der Leitfähigkeit des reinen Füllmaterials liegt.

Die Leitpartikel lassen sich in Form von Kugeln, Plättchen, Nadeln, Fäden oder Gewebe in das Polymer einarbeiten. Die Perkolationsschwelle folgt aus rein geometrischen Betrachtungen. Für eine Zufallsverteilung von kugelförmigen Leitpartikeln liegt sie bei 15 Vol.-% und von nadel- oder fadenförmigen Leitpartikeln sogar unter 1 Vol.-%. Weit unter 15 Vol.-% liegt die Perkolationsschwelle, wenn die Leitpartikel in der Polymermatrix nicht zufallsverteilt sind, sondern sich kettenartig anordnen. Wird die gleiche Menge, z. B. des Rußes, nach demselben Verfahren in verschiedene Thermoplaste eingearbeitet, so zeigen diese Mischungen erhebliche Unterschiede in der Leitfähigkeit. Die Leitfähigkeitsdifferenzen sind durch unterschiedliches rheologisches Verhalten bei der Verarbeitung, unterschiedliche Benetzbarkeit des Polymers für die Leitpartikel, unterschiedliche Kristallinität und die Leitfähigkeit des Polymers selbst verursacht.

Bei teilkristallinen Polymeren wird der Ruß im Zuge der Kristallisation aus den sphärolithisch kristallisierenden Bereichen verdrängt und reichert sich zwischen den Sphärolithen an. Um die gleiche Leitfähigkeit zu erreichen, reicht es deswegen bei teilkristallinen Polymeren, geringere Mengen an Ruß einzuarbeiten, als es bei amorphen Polymeren nötig ist.

Die wichtigsten Anwendungen gefüllter elektrisch leitfähiger Polymere sind antistatische Verpackungen, elektromagnetische Abschirmung von elektronischen Baugruppen und elektrischen Geräten, selbstregelnde Heizungen, Klebstoffe für die Elektronikfertigung, Energiekabelummantelung sowie die Herstellung von Kontaktelementen und Kontaktmatten für Rechner und elektronische Geräte.

Intrinsisch leitfähige Polymere (ICPs) Zu den intrinsisch leitenden Polymeren gehören die Polymere, deren elektronische Leitfähigkeit nicht aus dem Zusatz leitfähiger Additive, sondern aus der Molekülstruktur resultiert. Gemeinsames und für die Leitfähigkeit verant-

Tab. 5.31 Polymere mit konjugierten Doppelbindungen

trans-Polyacetylen	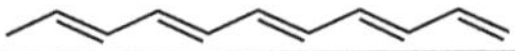
Poly(*p*-phenylen)	
Polyanilin	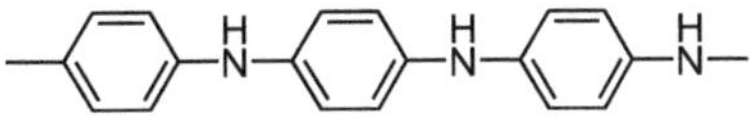
Polypyrrol	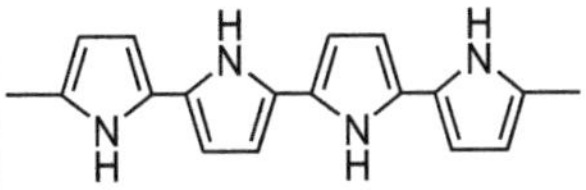
Polythiophen	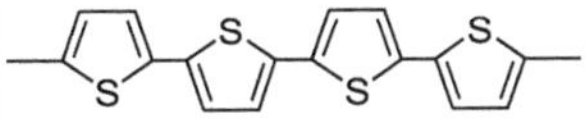

wortliches Strukturmerkmal der ICPs sind ausgedehnte konjugierte Doppelbindungen. Chemische Strukturen der wichtigsten Polymere mit konjugierten Doppelbindungen sind in Tab. 5.31 gezeigt. Im Gegensatz zu früheren Vorstellungen sind Polymere mit konjugierten Doppelbindungen in reinem Zustand elektrische Isolatoren (Tab. 5.30).

Dies liegt daran, dass bei den genannten Polymeren die π-Orbitale nicht überlappen, sondern aus energetischen Gründen instabil sind; erst bei Temperaturen oberhalb $T = 10^4$ K überlappen die π-Orbitale. Unterhalb dieser Temperatur überlappen die π-Orbitale nicht, sodass diese Polymere im reinen Zustand keine Leiter, sondern Isolatoren sind. Polymere mit konjugierten Doppelbindungen werden Peierls-Isolatoren genannt. Die beschriebene Behauptung heißt **Peierls-Theorem**.

	$T > 10^4\,\mathrm{K}$
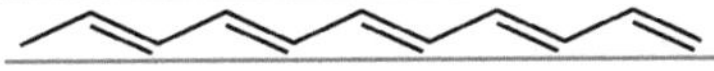	$T < 10^4\,\mathrm{K}$

Polymer mit konjugierten Doppelbindungen Intrinsisch leitfähige Polymere (Halbleiter und Leiter) werden durch die Behandlung von Polymeren mit konjugierten Doppelbindungen mit Oxidations- oder Reduktionsmitteln erreicht. Diese Behandlung wird in Anlehnung an die Halbleiterphysik **Dotierung** genannt. Als Dotierungsmittel wurden bisher Jod (J_2), Arsenpentafluorid (AsF_5), Bortrifluorid (BF_3), Brom (Br_2), Natrium (Na) u. a. verwendet. Tab. 5.30 zeigt, dass die Leitfähigkeit von mit geeigneten Fremdmolekülen dotierten Polymeren mit konjugierten Doppelbindungen sprunghaft um viele Zehnerpotenzen ansteigt und damit echte halbleitende oder leitende Polymere entstehen.

Bei der Oxidation von Polymeren mit konjugierten Doppelbindungen mit einem Dotierungsmittel werden Elektronen aus dem vollen Valenzband des Polymers entfernt und bei der Reduktion in ein leeres Leitungsband eingeführt. Aus Gründen der Ladungsneutralität erfolgt die Einlagerung des dabei entstehenden Anions oder Kations in das Polymer; es lässt sich sagen, dass durch die Dotierung polymere Salze entstehen. Bei den oxidierenden Dotierungsmitteln ($AsF_5, J_2 . BF_3$) werden Carbokationen entlang der Polymerkette gebildet; diese ermöglichen eine Ladungsverschiebung längs der Kette. Der Ladungstransport zwischen den Polymerketten und über die nichtleitenden Polymerkettenstücke erfolgt durch Tunneln oder Hüpfen (*variable range hopping*).

Die Herstellung der ICPs verläuft in zwei Stufen:

1. Synthese von Polymeren mit konjugierten Doppelbindungssystemen
2. Dotierung

Die Syntheseprinzipien sind vielfältig. Die konjugierten polymeren Doppelbindungssysteme lassen sich durch oxidative Polymerisation, Eliminierungsreaktionen, Wittig-Reaktionen, Grignard-Kupplung von dihalogenierten Monomeren und Ziegler-Natta-Katalysatoren herstellen.

Die oxidative Polymerisation hat besondere Bedeutung. Sie wird bevorzugt bei fünfgliedrigen heterozyklischen Monomeren, wie Pyrrol, Thiophen oder Furan, angewandt, aber auch bei Aromaten, wie Benzol, Phenylensulfid oder Anilin. Die Oxidation kann chemisch oder elektrochemisch durchgeführt werden. Für die oxidative Polymerisation des Pyrrols, das stellvertretend für die Vielzahl von polymerisierbaren 5-Ring-Heterocyclen ist, wurde unabhängig davon, ob die Oxidation chemisch oder elektrochemisch abläuft, das in Abb. 5.79 vorgestellte Reaktionsschema vorgeschlagen.

Die Polymerisation des Pyrrols wird, wie bei anderen heterocyclischen oder aromatischen Monomeren, durch primär gebildete Radikalkationen ausgelöst. Die entstehenden Radikalkationen werden im Idealfall ausschließlich über die α-C-Atome des Pyrrols zu Polymeren verknüpft.

Um einen Anstieg der elektrischen Leitfähigkeit zu realisieren, müssen wir im Anschluss an die Ausbildung des konjugierten polymeren Doppelbindungssystems die positiven oder negativen Überschussladungen durch chemische oder elektrochemische Oxidation bzw. Reduktion synthetisierter Polymere erzeugen (Dotierung). Beim Dotieren entstehen positive oder negative Ladungen in der Polymerkette, die innerhalb eines bestimmten Bereichs der π-Konjugation delokalisieren. Zum Ladungsausgleich werden Gegenionen, die sich aus dem Dotierungsmittel bilden, in das Polymer eingelagert. Als Oxidationsmittel werden J_2, AsF_5, SbF_5, Br_2, $FeCl_3$, $AgClO_4$, $S_2O_8^-$, $NOPF_6$ und als

Abb. 5.79 Mechanismus der oxidativen Polymerisation des Pyrrols

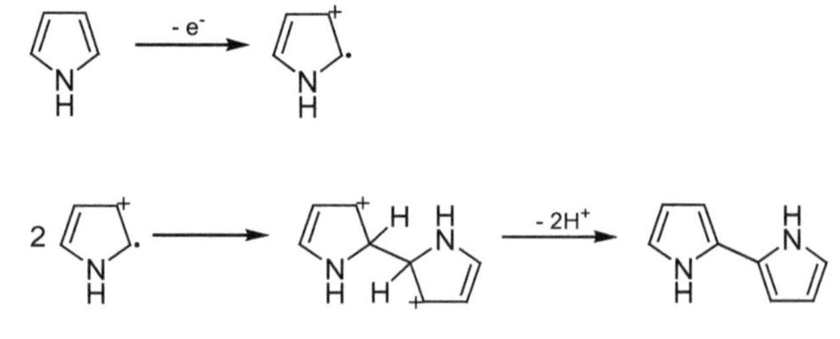

Reduktionsmittel Na-K-Legierungen, Na in flüssigem Ammoniak, $Li_2OC(C_6H_5)_2$, benutzt. Das Dotieren gelingt auch mit nichtoxidierenden Protonensäuren (HF, HCl), z. B. bei Polyanilin.

Im Idealfall lassen sich die chemisch oxidative Polymerisation des Pyrrols (Py) und die gleichzeitige chemische Dotierung des Polypyrrols mit $K_3Fe(CN)_6$ als Oxidationsmittel durch folgende Brutto-Reaktionsgleichung darstellen:

$$n\,\mathrm{Py} + n(2+y)\,\mathrm{K_3Fe(CN)_6} \rightarrow \left\{\mathrm{Py}^{y+}\left[\mathrm{Fe(CN)_6}^{3-}\right]_{y/3}\right\}_n + 2\,n\mathrm{H}^+$$
$$+\,2\,n(1+y/3)\mathrm{Fe(CN)_6}^{4-} + 3\,n(2+y)\mathrm{K}^+ \qquad (5.228)$$

Dabei ist y der Dotierungsgrad. Der Gehalt an eingebauten Anionen hängt von den Reaktionsbedingungen ab. Im Allgemeinen kommen auf ein Anion drei bis vier Pyrroleinheiten ($y = 0{,}0$ bis $0{,}3$).

Bei der elektrochemischen Dotierung wird statt durch einen chemischen Reaktionspartner das Polymer durch das Anlegen eines elektrochemischen Potenzials oxidiert oder reduziert. Während des Stromflusses wird das Polypyrrol, z. B. als Anode, oxidativ unter Einlagerung der Ionen des Leitsalzes ($LiClO_4$) dotiert:

$$(\mathrm{C_4H_3N})_y - yx\mathrm{e}^- + yx\mathrm{ClO_4}^- \underset{\text{Oxidation}}{\overset{\text{Reduktion}}{\rightleftharpoons}} \left[(\mathrm{C_4H_3\,N})^{x+y}(\mathrm{ClO_4}^-)_x\right] \qquad (5.229)$$

Wird als Gegenelektrode (Kathode) Lithium gewählt, scheidet sich aus dem Leitsalz metallisches Lithium aus:

$$yx\mathrm{Li}^+ + yx\mathrm{e}^- \underset{\text{Oxidation}}{\overset{\text{Reduktion}}{\rightleftharpoons}} yx\mathrm{Li} \qquad (5.230)$$

Beide Reaktionen (Gl. 5.229 und 5.230) sind reversibel, d. h., Polypyrrol besitzt das Potenzial eines Elektrodenmaterials und kann, wie auch andere ICPs, für wiederaufladbare elektrochemische Zellen verwendet werden.

Zur Erklärung des Leitfähigkeitsverhaltens des Ladungstransports entlang einer Polyenkette wurde ein Solitonenmodell vorgeschlagen. **Solitonen** sind freie Radikale, die sich eindimensional über das konjugierte π-Bindungssystem einer Kette bewegen können.

Die schrittweise Dotierung von z. B. Polypyrrol, Polyphenylenvinylen und Polyanilin durch die Oxidation bzw. Abspaltung eines Elektrons aus dem Valenzband führt anfangs zur Bildung von **Polaronen** (radikalkationische Zustände, die stark an den Gitterverzerrungen lokalisiert sind) und dann durch die Abspaltung eines zweiten Elektrons vorwiegend zu spinlosen Bipolaronen in der Bandlücke. Abb. 5.80 zeigt Polaron und Bipolaron am Beispiel des Polypyrrols. Die gebildeten Polaronen und **Bipolaronen** sind für den Anstieg der Leitfähigkeit während der Dotierung verantwortlich. Die Leitfähigkeit des

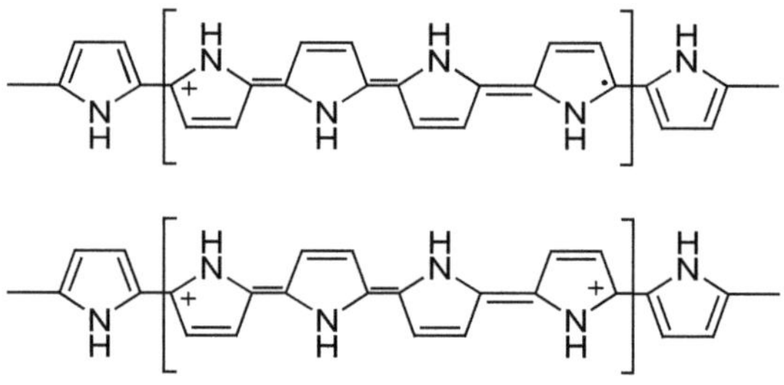

Abb. 5.80 Dotierung von Polypyrrol

Polypyrrols steigt mit der Zahl der gebildeten Polaronen und Bipolaronen so lange an, bis ein Plateau erreicht ist. Eine weitere Dotierung des Polypyrrols erhöht die Leitfähigkeit nur noch geringfügig.

Solitonen, Polaronen und Bipolaronen können sich nur innerhalb einer Kette bewegen. Quer zur Kette gibt es zumindest im undotierten Zustand kaum bindende Wechselwirkungen, und es bilden sich damit auch keine Energiebänder. Zwischen den Ketten müssen „konventionelle" Ladungsträger fließen, hüpfen oder tunneln. Obwohl die Leitfähigkeit quer zu den Ketten gestört ist, wurde gezeigt, dass im hochdotierten Zustand die Leitfähigkeit immer noch metallisch ist. Das bedeutet, dass sich die Polymerketten im dotierten Zustand zu einer Struktur ordnen, bei der auch quer zu den Ketten eine metallische Leitfähigkeit möglich ist. Anisotrope Leitfähigkeit wurde an gestreckten (orientierten) Polymeren beobachtet. Obwohl die leitfähigen Polymere nur in beschränktem Umfang orientierbar sind, weil sie hauptsächlich nicht löslich und nicht schmelzbar sind, wurden mittels Messungen an gestrecktem Polyacetylen (Streckungsgrad 3) gezeigt, dass das Verhältnis der Leitfähigkeiten parallel ($\sigma_{||}$) und senkrecht ($\sigma_{\perp}$) zur Verstreckungsrichtung ungefähr 20 beträgt. Obwohl die Zusammenhänge zwischen Dotierung und übermolekularer Struktur noch nicht vollständig geklärt sind, lässt sich schließen, dass die hohe Kristallinität der Ausgangspolymere die Dotierungsreaktion begünstigt und damit die makroskopische Leitfähigkeit erhöht.

Die Grundidee bei der Entwicklung der ICPs, nämlich die Vereinigung von metallischer Leitfähigkeit mit verarbeitungstechnischen Merkmalen der Kunststoffe, wurde noch nicht realisiert. ICPs sind als Reinsubstanzen in dotierter Form fast ausnahmslos spröde, unlöslich, unschmelzbar und nicht thermoplastisch verarbeitbar (Ausnahme: Poly(*p*-phenylensulfid) und Polythiophen im undotierten Zustand). Die mangelnde Stabilität der ICPs unter Umgebungsbedingungen stellt ein besonderes Problem für die Anwendung dar, insbesondere bei erhöhten Temperaturen. Dies bedeutet im Allgemeinen eine Abnahme der Leitfähigkeit und eine Verschlechterung der mechanischen Eigenschaften bei zunehmender Lager- oder Nutzungsdauer. Lagert z. B. Polyacetylen bei Zimmertemperatur an Luft, nimmt die Leitfähigkeit so schnell ab, dass die Anwendung des Polyacetylens praktisch unmöglich wird, obwohl es für die Grundlagenforschung hochinteressant ist. Eine höhere Stabilität zeigen Polypyrrol, Polyanilin, Polyphenylenvinylen und Polythiophen. Unter gleichen Bedingungen nimmt z. B. die Leitfähigkeit des Polypyrrols in 200 Tagen um nur 10 % ab.

Durch die Wahl der Herstellungsbedingungen (Reagenzien, Lösemittel, Leitsalz, Konzentrationen, Temperatur, Stromdichte usw.), aber auch durch Mischen mit nicht leitfähigen Polymeren, lässt sich die Stabilität der elektrischen und mechanischen Eigenschaften wesentlich beeinflussen. Durch geeignete Wahl des Leitsalzes, z. B. *n*-Dodecylsulfat, aromatischer Sulfonsäuren oder Camphersulfonsäure statt $LiClO_4$, lässt sich bei elektrochemischer Polymerisation des Pyrrols flexible, elastische und glatte Polypyrrolfilme herstellen.

ICPs lassen sich dort einsetzen, wo auch gefüllte, elektrisch leitfähige Polymere benutzt werden, aber auch für die Herstellung von Elektrolytkondensatoren, Polymerbatterien und -akkumulatoren hoher Energiedichte, Bauteilen für integrierte Schaltungen und Solarzellen, Leuchtdioden auf Polymerbasis, elektrochromen Verglasungen, analytischen Sensoren, Elektroden, flexiblen elektrischen Leitern, Leiterplatten, transparenten leitfähigen Schichten, Elektrolysemembranen, Korrosionsschutz usw.

5.5 Polymerblends

C. Kummerlöwe

Das Mischen von unterschiedlichen Polymeren mit dem Ziel, Werkstoffe mit neuen Eigenschaften zu erzeugen, bietet eine Reihe von Vorteilen gegenüber der Entwicklung neuer Monomere oder der technischen Realisierung einer neuen Polymersynthese. Die Kosten für Forschung und Entwicklung sind deutlich geringer. Durch das Mischen von Polymeren zur Modifizierung der Eigenschaften kann zeitnah auf neue und schnell wechselnde Anforderungen bei der Materialentwicklung reagiert werden. Kundenspezifische Anforderungen können erfüllt werden, und es besteht die Chance zur Entwicklung sog. Eigenschaftsprofile. In diesem Abschnitt sollen deshalb die grundlegenden Zusammenhänge zu diesem Thema behandelt werden.

In diesem Buch werden wir den englischen Begriff **Polymerblends** anstelle der deutschen Übersetzung „Polymermischungen" verwenden. Der Grund dafür ist, dass wir aus thermodynamischer Sicht die Polymerblends in mischbare, partiell mischbare und unmischbare unterteilen werden und dies auch sprachlich deutlich abgrenzen wollen.

Unter einem Polymerblend verstehen wir, entsprechend der IUPAC-Empfehlung, eine makroskopisch homogene Mischung zweier oder mehrerer unterschiedlicher Polymere. Die Komponenten sollten grundsätzlich durch physikalische Methoden voneinander separierbar sein. Diese Definition sagt erst einmal nichts darüber aus, ob die Polymere im Blend miteinander mischbar oder unmischbar sind. Über die Anzahl der im Blend vorhandenen Phasen wird also vorerst keine Aussage gemacht.

Mischbarkeit zweier Polymere bedeutet, dass die Mischung die Eigenschaften eines einphasigen Systems hat. Das heißt, die beiden Polymere sind auf Segmentebene miteinander gemischt, und es werden keine Strukturen, die größer als 1–2 nm sind, beobachtet. Mischbarkeit wird durch die thermodynamischen Gesetze beschrieben. Die thermodynamische Größe zur Beurteilung der Mischbarkeit ist die freie Mischungsenthalpie ΔG_{m}:

$$\Delta G_{\mathrm{m}} = \Delta H_{\mathrm{m}} - T \cdot \Delta S_{\mathrm{m}} \tag{5.231}$$

In Gl. (5.231) ist ΔH_{m} die Mischungsenthalpie und ΔS_{m} die Mischungsentropie. Die Bedingung für Mischbarkeit ist, dass die freie Mischungsenthalpie negativ ist:

$$\Delta G_{\mathrm{m}} < 0 \tag{5.232}$$

Außerdem muss gelten, dass die zweite Ableitung der freien Mischungsenthalpie bezüglich der Zusammensetzung der Mischung positiv sein muss. Die Zusammensetzung ist hier gegeben als Volumenbruch der Komponente *i*:

$$\left(\frac{\partial^2 \Delta G_m}{\partial \varphi_i^2}\right)_{T,p} > 0 \tag{5.233}$$

- **Partielle Mischbarkeit:** Werden nach Gl. (5.233) negative Werte ermittelt, obwohl ΔG_{m} selbst negativ ist, so bedeutet das, dass die Mischung aus den Komponenten *A* und *B* phasensepariert in eine Phase, die reich an der Komponente *A* ist, und eine *B*-reiche Phase. Solche Mischungen nennen wir partiell mischbar. Zwei Phasen werden beobachtet, aber jede Phase selbst stellt eine Mischung der Komponenten dar.
- **Unmischbarkeit:** Ein Polymerblend wird als nicht mischbar bezeichnet, wenn es in zwei Phasen separiert, welche sich dadurch auszeichnen, dass hier die reinen Komponenten *A* und *B* vorliegen. Mischbarkeit und Phasenseparation werden mithilfe thermodynamischer Beziehungen beschrieben.
- **Verträglichkeit (Compatibility):** Dies ist ein weiterer Begriff, der häufig in Zusammenhang mit Polymerblends benutzt wird. **Verträglichkeit** ist hier ein allgemeiner technischer Begriff, der deutlich machen soll, dass das Polymerblend sinnvolle Anwendungseigenschaften hat. In der Regel werden hier die mechanischen Eigenschaften als Kriterium benutzt. Der Begriff „Verträglichkeit" wird benutzt, wenn die Adhäsion an den Phasengrenzen ausreichend ist, um mechanische Spannungen an der Grenzfläche zu übertragen. Methoden der Verträglichkeitsvermittlung oder „Compatibilization" werden eingesetzt, um die Grenzflächeneigenschaften zu verbessern, und sind somit ein wichtiges Thema bei der Materialentwicklung.

In Abb. 5.81 werden unterschiedliche **Phasenmorphologien** schematisch dargestellt. Werden die beiden Polymere *A* und *B* miteinander vermischt, dann kann sich, wie wir später zeigen werden, eine homogene einphasige Mischung nur ausbilden, wenn der Wechselwirkungsparameter χ kleiner als ein kritischer Wert ist. Wird der kritische Wechselwirkungsparameter überschritten, separiert die Mischung in zwei Phasen. Wenn partielle Mischbarkeit vorliegt, entstehen je nach Zusammensetzung des Blends z. B. eine disperse Phase, die reich an der Komponente *B* ist, und eine Matrix, die reich an der Komponente *A* ist. Die Grenzflächenspannung γ_{AB} zwischen beiden Polymeren ist ein wichtiger Parameter, der die Phasenmorphologie bestimmt. Mit zunehmendem Wechselwirkungsparameter nimmt die Mischbarkeit der beiden Polymere ab, die Grenzflächenspannung erhöht sich, damit wächst die Domänengröße der dispersen Phase, und die Adhäsion zwischen beiden Phasen nimmt ab.

Bei der Betrachtung der Thermodynamik der Mischungen von zwei Polymeren werden wir sehen, dass die meisten Polymere nicht miteinander mischbar sind, d. h. Mischbarkeit eher die Ausnahme bildet. Auch partielle Mischbarkeit findet sich selten.

Die in Abb. 5.81 skizzierte Tropfen- (*B*)/Matrix- (*A*) Morphologie des Polymerblends kann bei Änderung der Zusammensetzung des Blends in eine cokontinuierliche Phasenmorphologie übergehen oder es kann sich eine Matrix (*B*) mit einer dispersen Phase (*A*) ausbilden. Die Phasenmorphologie eines nichtmischbaren Blends hängt von der Zusammensetzung, der Grenzflächenspannung, welche durch die Wechselwirkungen an der Phasengrenze bestimmt wird, dem Verhältnis der Schmelzviskositäten der Komponenten und von der Schergeschwindigkeit bei der Verarbeitung ab.

Historische Entwicklung Die ersten Polymerblends beruhten auf natürlich vorkommenden Polymeren. So wurden Naturkautschuk, Guttapercha, Cellulose und verschiedene Harze gemischt, um Beschichtungen oder Adhäsive zu erhalten. Nach der Patentierung von Phenol-Formaldehyd-Harzen als erstes vollsynthetisches Kunststoffmaterial im Jahr 1909 wurden auch Blends aus diesem Harz und vulkanisiertem Naturkautschuk mit dem Ziel untersucht, die Sprödigkeit des Phenolharzes zu reduzieren, um so Schallplatten mit verbesserten Schlagzähigkeiten herstellen zu können. Die Phenolharz/Naturkautschuk-Blends sind das historisch erste interpenetrierende Polymernetzwerk. Das erste thermo-

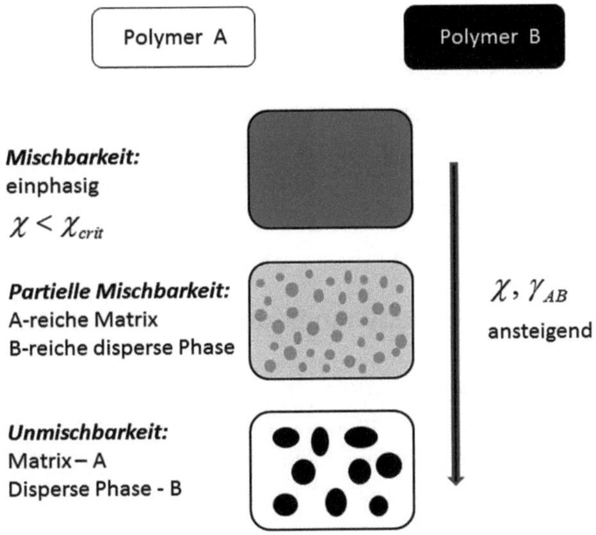

Abb. 5.81 Schematische Darstellung von möglichen Phasenmorphologien eines Polymerblends

plastische Polymerblend aus PVC und NBR wurde 1942 patentiert und wird noch heute kommerziell angeboten. Unvulkanisiertes NBR wirkt im PVC als permanenter Weichmacher, sodass eine Weichmachermigration nicht auftritt. Es stellte sich heraus, dass PVC und NBR mischbar sind und die Mischungen nur eine zusammensetzungsabhängige Glasumwandlungstemperatur zeigen. In den 1950er-Jahren wurden Blends mit der Zielstellung entwickelt, die Schlagzähigkeit von Thermoplasten durch Zugabe von Elastomerpartikeln zu verbessern. Die heute verfügbaren kommerziellen Materialien wie z. B. HIPS und ABS werden durch Polymerisation von Styrol oder Styrol/Acrylnitril in Anwesenheit von PB erhalten und sind somit Polymerblends aus den Thermoplasten PS bzw. SAN, vulkanisiertem PB und in situ gebildeten Pfropfcopolymeren, die als Verträglichkeitsvermittler fungieren. ABS selbst ist heutzutage Bestandteil einer Vielzahl von Polymerblends.

Die Entwicklung von Polymerblends erhielt in den 1960er-Jahren weiteren Auftrieb, als die Mischbarkeit von PS mit Poly(*p*-phenylenether) (PPE) entdeckt wurde. In dieser Periode stand die Suche nach Materialien mit höheren Wärmeformbeständigkeiten und Anwendungstemperaturen im Fokus. Die Entdeckung, dass PS und PPE mischbar sind, führte auch zu einer verstärkten wissenschaftlichen Auseinandersetzung mit dem Thema Polymerblends. Wichtige theoretische Ansätze zum Verständnis des Phasenverhaltens von Polymerblends und Methoden zur Charakterisierung von Blends wurden etabliert.

Heutzutage werden Polymerblends im großen Maßstab in allen möglichen Industriezweigen eingesetzt. Beispiele sind PP-basierte Blends in der Automobilindustrie für Stoßstangen und Instrumententafeln, Polyolefinblends für Verpackungsfolien, Elastomerblends für die Reifenproduktion, Blends aus technischen Kunststoffen wie z. B. ABS/PC, PET/PC für Gerätegehäuse verschiedener Anwendungen oder Blends aus Hochleistungspolymeren wie z. B. PEEK/PBI für Anwendungen bei hohen Temperaturen. Zunehmende Bedeutung haben Blends aus Biopolymeren, z. B. für bioabbaubare Verpackungen. Ein weiterer wichtiger Aspekt ist das Recycling von Kunststoffabfällen, die in der Regel als Polymerblends anfallen.

Die Eigenschaften von Polymerblends können weiterhin durch Füllstoffe optimiert werden. Wir sprechen dann von Polymerblendkompositen. Die Füllstoffe können anorganischer oder organischer Natur sein. Beispiele moderner Werkstoffe aus dieser Gruppe sind naturfaserverstärkte Polymerblends aus Biopolymeren, Polymerblendkomposite mit Nanofüllstoffen, wie z. B. Carbon-Nanotubes oder Silica-Nanopartikel, sowie faserverstärkte Polymerblends.

5.5.1 Thermodynamik und Phasenverhalten

5.5.1.1 Flory-Huggins-Theorie

In Abschn. 4.2.2 wurde die **Flory-Huggins-Gleichung** für Polymerlösungen auf Basis eines dreidimensionalen Gittermodels hergeleitet. Die freie Mischungsenthalpie für Polymerlösungen setzt sich aus dem Entropieterm

$$\Delta S = -R\left(\varphi_1 \ln \varphi_1 + \frac{\varphi_2}{P_2} \ln \varphi_2\right) \tag{5.234}$$

und dem Enthalpieterm

$$\Delta H_\mathrm{m} = BV\varphi_1\varphi_2 \tag{5.235}$$

zusammen:

$$\Delta G_\mathrm{m} = \Delta H_\mathrm{m} - T\Delta S_\mathrm{m} = BV\varphi_1\varphi_2 + RT\left(\varphi_1 \ln \varphi_1 + \frac{\varphi_2}{P_2} \ln \varphi_2\right) \tag{5.236}$$

In Gl. (5.236) ist B das Produkt aus der Wechselwirkungsenergie $\Delta\varepsilon = \varepsilon_{11} + \varepsilon_{22} - 2\varepsilon_{12}$ und der Dichte der 1–2-Kontakte, die durch die Koordinationszahl des Gitters z pro Volumen gegeben ist. B wird deshalb auch **Wechselwirkungsenergiedichte** genannt:

$$B = \frac{z\Delta\varepsilon}{V} \tag{5.237}$$

Die Stärke der Wechselwirkungen wird in der Flory-Huggins-Gleichung oft mithilfe des Wechselwirkungsparameters χ durch Gl. (5.238) angegeben:

$$\chi = \frac{BV}{RT} \tag{5.238}$$

Wie wir in Abschn. 4.2.2 schon gesehen haben, ergibt sich für Polymerlösungen Gl. (5.239) für die molare freie Mischungsenthalpie:

$$\Delta G_\mathrm{m} = R\,T\left[\underbrace{\varphi_2\,\varphi_1\chi}_{\text{Enthalpieterm}} + \underbrace{\varphi_1 \ln \varphi_1 + \frac{\varphi_2}{P_2} \ln \varphi_2}_{\text{Entropieterm}}\right] \tag{5.239}$$

P_2 stellt hier den Polymerisationsgrad des gelösten Polymers dar, φ_i sind die Volumenbrüche von Polymer und Lösungsmittel, und χ ist der **Flory-Huggins-Wechselwirkungsparameter**.

Gl. (5.239) kann sofort für den Fall einer Mischung aus zwei Polymeren erweitert werden, wenn wir von der Überlegung ausgehen, dass anstelle des Lösungsmittels die Segmente des zweiten Polymers im dreidimensionalen Gitter platziert werden. In den Entropieterm müssen wir dann den Polymerisationsgrad dieses zweiten Polymers einfügen und kommen so zu Gl. (5.240):

$$\Delta G_{\rm m} = R\,T\left[\underbrace{\varphi_2\,\varphi_1\chi}_{\text{Enthalpieterm}} + \underbrace{\frac{\varphi_1}{P_1}\,\ln\varphi_1 + \frac{\varphi_2}{P_2}\,\ln\varphi_2}_{\text{Entropieterm}}\right] \tag{5.240}$$

Wir sehen, dass Gl. (5.240) im Fall $P_1 = P_2 = 1$ eine reguläre Lösung niedermolekularer Stoffe beschreibt und mit $P_1 = 1$ die Lösung des Polymers (2) in einem Lösungsmittel (1).

Der Entropieterm in Gl. (5.240) ist immer negativ (weil $\ln\varphi_i < 0$, da $\varphi_i < 1$). Da die Polymerisationsgrade aber hoch sind, ergibt sich im Vergleich zu niedermolekularen ($P_1 = P_2 = 1$), regulären Lösungen nur ein sehr geringer Entropiegewinn beim Mischen. Mischbarkeit hängt also vom Vorzeichen des Enthalpieterms, d. h. vom Wechselwirkungsparameter χ, ab. Wenn χ einen kritischen Wert $\chi_{\rm k}$ überschreitet, kommt es zur Phasenseparation. Abb. 5.82 zeigt freie Mischungsenthalpien in Abhängigkeit vom Volumenbruch, berechnet mit Gl. (5.240) für den Fall, dass die Polymerisationsgrade beider Polymere gleich groß sind. Für den Fall, dass $\chi < \chi_{\rm k}$ ist, ergibt sich, dass $\Delta G_{\rm m}$ immer negativ ist und ein Minimum bei $\varphi = 0{,}5$ hat. Ist der kritische Wechselwirkungsparameter überschritten, ändert sich der Kurvenverlauf, und es entsteht ein Maximum bei $\varphi = 0{,}5$. Um dieses Maximum herum wird die zweite Ableitung der Funktion negativ, d. h., es entsteht eine Mischungslücke, weil die Bedingung aus Gl. (5.233) nicht mehr erfüllt ist.

In Abschn. 4.2.2 wurde gezeigt, dass für reguläre Lösungen aus zwei niedermolekularen Stoffen $\chi_{\rm k} = 2$ ist. Das bedeutet, dass bei $\chi > 2$ Mischungslücken auftreten. Für die Lösung eines Polymers in einem Lösungsmittel hat der kritische Wechselwirkungsparameter nur noch den Wert $\chi_{\rm k} = 0{,}5$. Die Mischbarkeit ist also drastisch eingeschränkt.

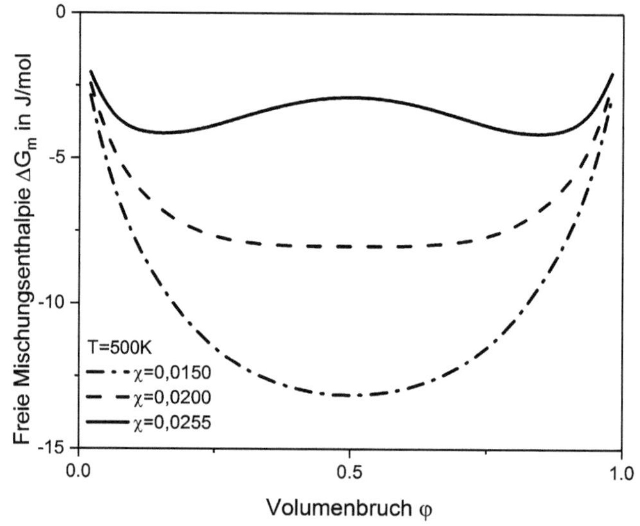

Abb. 5.82 Freie Mischungsenthalpie, berechnet mit Gl. (5.240) für $P_1 = P_2 = 100$ und den im Diagramm angegebenen Parameter

Phasentrennung beginnt, wenn die beiden Minima und die Wendepunkte der ΔG_{m} versus φ Kurve zusammentreffen. Das heißt, die zweite und die dritte Ableitung der Funktion müssen null sein:

$$\frac{\partial^2 \Delta G_{\mathrm{m}}}{\partial \varphi^2} = \frac{\partial^3 \Delta G_{\mathrm{m}}}{\partial \varphi^3} = 0 \tag{5.241}$$

Mithilfe von Gl. (5.241) und (5.240) können χ_{k} und φ_{k} erhalten werden:

$$\chi_{\mathrm{k}} = \frac{1}{2}\left(\frac{1}{\sqrt{P_1}} + \frac{1}{\sqrt{P_2}}\right)^2 \tag{5.242}$$

$$\varphi_{\mathrm{k}} = \frac{\sqrt{P_1}}{\sqrt{P_1} + \sqrt{P_2}} \tag{5.243}$$

Analog zu Gl. (5.242) kann auch für B ein kritischer Wert angegeben werden:

$$(BV)_{\mathrm{k}} = \frac{RT}{2}\left(\frac{1}{\sqrt{P_1}} + \frac{1}{\sqrt{P_2}}\right)^2 \tag{5.244}$$

Für den symmetrischen Fall, dass beide Polymere den gleichen Polymerisationsgrad P haben, ergibt sich $\chi_{\mathrm{k}} = 2/P$ und $\varphi_{\mathrm{k}} = 0{,}5$. Für $P_1 = P_2 = 100$ erhalten wir $\chi_{\mathrm{k}} = 0{,}02$ (Abb. 5.82).

Das Phasendiagramm einer binären Mischung wird aus den Minima und den Wendepunkten der ΔG_{m}-versus-φ-Kurve für verschiedene Temperaturen erhalten. Das ist schematisch in Abb. 5.83 dargestellt. Wir sehen, dass die Mischbarkeit sich mit zunehmender Temperatur verbessert. Wir erhalten ein Phasendiagramm mit einer **oberen kritischen Entmischungstemperatur** (Upper Critical Solution Temperature, UCST) bezeichnet wird.

Die Flory-Huggins-Theorie geht von einem Mean-Field-Ansatz (Abschn. 4.2.2) aus. Das heißt, es wird angenommen, dass die Polymersegmente zufällig im Gitter verteilt sind und damit eine mittlere Wechselwirkungsenergie für jedes Segment betrachtet werden kann. Das bedeutet, dass der Wechselwirkungsparameter ein rein enthalpischer Parameter ist. Das trifft aber nicht zu, wenn die Polymere funktionelle Gruppen haben, die starke Wechselwirkungen miteinander eingehen können. Solche starken Wechselwirkungen sind Wasserstoffbrücken oder Dipolwechselwirkungen. Diese spezifischen Wechselwirkungen haben Einfluss auf die räumliche Anordnung der Kettensegmente im Gitter und demzufolge auf die Entropie der Mischung. Für den Wechselwirkungsparameter bedeutet das, dass er neben enthalpischen auch entropische Anteile enthalten muss.

Die Wirkung der spezifischen Wechselwirkungen nimmt mit steigender Temperatur ab. Deshalb zeigen mischbare Polymerblends eine **untere kritische Entmischungstempera-**

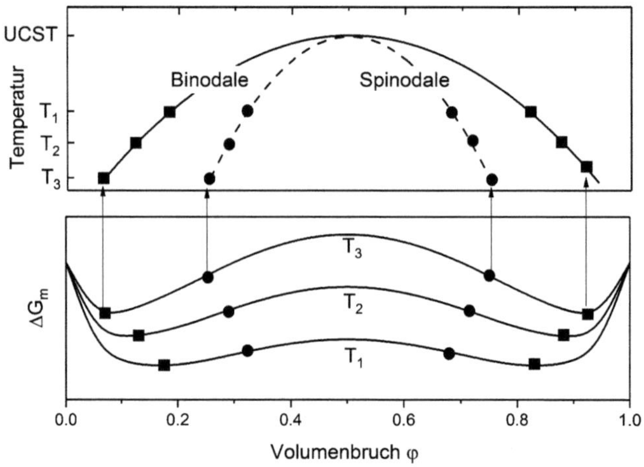

Abb. 5.83 Freie Mischungsenthalpie in Abhängigkeit von der Temperatur und Phasendiagramm mit UCST (schematisch)

tur (Lower Critical Solution Temperature, LCST) (Abschn. 5.5.1.6). Das heißt, die Mischbarkeit nimmt mit zunehmender Temperatur ab, und das kann durch die Flory-Huggins-Theorie nicht beschrieben werden.

Die Annahme, dass der Wechselwirkungsparameter χ ein charakteristischer Wert für eine gegebene Mischung ist, stellt ebenfalls eine grobe Vereinfachung dar. In einer ersten Näherung wurde eine einfache Temperaturabhängigkeit der Form

$$\chi = a + \frac{b}{T} \quad \text{oder} \quad \chi = a + \frac{b}{T} + \frac{c}{T^2} \tag{5.245}$$

eingeführt. Diese Näherung ergibt mit experimentellen Daten für Polymerlösungen in der Regel eine gute Übereinstimmung. Für Polymerblends wurde aber beobachtet, dass auch eine Abhängigkeit von der Zusammensetzung zu beachten ist, wie in Gl. (5.246) zu sehen ist:

$$\chi(T, \varphi) = a + \frac{b}{T} + c \cdot \varphi_2 \tag{5.246}$$

Die Flory-Huggins-Theorie geht außerdem davon aus, dass die Mischungskomponenten generell inkompressibel sind. Das freie Volumen wird in der Flory-Huggins-Theorie nicht berücksichtigt. Auch das ist aufgrund der unterschiedlichen thermischen Ausdehnungskoeffizienten und Kompressibilitäten der Polymere eine starke Vereinfachung.

Insgesamt ist die Flory-Huggins-Theorie, trotz ihrer vereinfachenden Annahmen, ein gutes Werkzeug, um grundlegende Eigenschaften von Polymerlösungen und Polymerblends zu verstehen. Sie ist ebenfalls Ausgangspunkt für eine Reihe weiterführender Ansätze, die dann aber deutlich schwieriger zu handhaben sind.

5.5.1.2 Konzept der Löslichkeitsparameter

In Abschn. 4.2.3 wurde der Zusammenhang zwischen dem Löslichkeitsparameter δ nach Hildebrand und der Mischungsenthalpie ΔH_{m} für Polymerlösungen erklärt. Dieses Konzept wird nun auf Polymerblends übertragen. Der Löslichkeitsparameter ist definiert als Wurzel aus der Kohäsionsenergie pro Volumeneinheit:

$$\delta^2 = \frac{E_{\mathrm{coh}}}{V} \tag{5.247}$$

Unter der Annahme, dass die Wechselwirkungsenergie zwischen den Komponenten als geometrischer Mittelwert der Wechselwirkungsenergien der Einzelkomponenten berechnet werden kann, gilt:

$$B = \frac{z \cdot \Delta \varepsilon}{V} = \frac{E_{\mathrm{coh},1}}{V} + \frac{E_{\mathrm{coh},2}}{V} - 2\sqrt{\frac{E_{\mathrm{coh},1}}{V} \cdot \frac{E_{\mathrm{coh},2}}{V}} = (\delta_1 - \delta_2)^2 \tag{5.248}$$

Für die Mischungsenthalpie erhalten wir dann mithilfe von Gl. (5.235):

$$\frac{\Delta H_{\mathrm{m}}}{V} = \varphi_1 \cdot \varphi_2 \cdot (\delta_1 - \delta_2)^2 \tag{5.249}$$

Für den Wechselwirkungsparameter ergibt sich:

$$\chi = \frac{V}{RT}(\delta_1 - \delta_2)^2 \tag{5.250}$$

Da $(\delta_1 - \delta_2)^2$ und somit die Mischungsenthalpie immer positiv ist, kann Mischbarkeit nur durch den Beitrag der kombinatorischen Mischungsentropie erreicht werden. Das heißt, nur für kleine Molmassen und fast identische Löslichkeitsparameter beider Komponenten kann Mischbarkeit vorhergesagt werden.

Die Bestimmung der Löslichkeitsparameter von Polymeren erfolgt durch Löslichkeitstests, Quellmessungen leicht vernetzter Polymere oder inverse Gaschromatografie. Die experimentellen Fehler der unterschiedlichen Methoden führen dazu, dass die in der Literatur angegebenen Werte nicht einheitlich sind. Die Löslichkeitsparameter können auch auf Basis von Gruppenparametern berechnet werden:

$$\delta = \rho \frac{\sum F_i}{M} = \frac{\sum F_i}{v}$$
$$v = \sum v_g \quad \text{oder} \quad v = \sum v_r \tag{5.251}$$

F_i sind hier die Anziehungskonstanten der Strukturelemente, ρ und M sind Dichte und Molmasse der sich wiederholenden Einheit. Das molare Volumen v kann auch durch Gruppenbeiträge für den Glaszustand bzw. gummielastischen Zustand berechnet werden. Beispiele und Gruppenparameter sind in Abschn. 4.2.3 gegeben.

Das ursprüngliche Konzept der Löslichkeitsparameter von Hildebrand wurde für Mischungssysteme mit schwachen Wechselwirkungen zwischen den Komponenten abgeleitet. Das Konzept wurde deshalb erweitert, indem polare und disperse Beiträge oder Wasserstoffbrückenbindungen als starke Wechselwirkungen in die Löslichkeitsparameter einbezogen werden.

5.5.1.3 Spezifische Wechselwirkungen und Assoziationsmodel

Die Mischbarkeit zweier Polymere kann erreicht werden durch Erhöhung der Wechselwirkungsenergie zwischen den Komponenten, z. B. durch funktionelle Gruppen, die zu spezifischen Wechselwirkungen wie Wasserstoffbrückenbindungen, Dipolwechselwirkungen, ionischen Wechselwirkungen, Charge-Transfer-Komplexen etc. befähigt sind. Durch spezifische Wechselwirkungen wird eine negative Mischungsenthalpie erreicht. Die Bildung von starken Wechselwirkungen führt zu Einschränkungen in der Rotationsfreiheit der Moleküle oder Segmente. Das heißt, dass sich sowohl die entropischen als auch die enthalpischen Beiträge für die freie Mischungsenthalpie ändern. Die in der Flory-Huggins-Theorie angenommene zufällige Verteilung der Segmente im Gitter ist nicht mehr gegeben, und Gl. (5.240) verliert damit ihre Gültigkeit. Es ist auch völlig klar, dass wir schwache und starke Wechselwirkungen nicht mit nur einem Wechselwirkungsparameter beschreiben können.

Für den Fall, dass starke Wechselwirkungen, insbesondere Wasserstoffbrückenbindungen existieren, entwickelten Painter und Colemann ein Assoziationsmodel (Painter-Colemann-Assoziationsmodell). Zur Berücksichtigung der starken Wechselwirkungen wird in Gl. (5.240) ein zusätzlicher Term ΔG_H eingeführt:

$$\frac{\Delta G_{\mathrm{m}}}{RT} = \frac{\varphi_1}{P_1} \ln \varphi_1 + \frac{\varphi_2}{P_2} \ln \varphi_2 + \varphi_2 \, \varphi_1 \chi + \frac{\Delta G_{\mathrm{H}}}{RT} \tag{5.252}$$

Die ersten beiden Terme in Gl. (5.252) stehen für die Mischungsentropie. Da diese für Polymere sehr klein sind, wird die freie Mischungsenthalpie durch die letzten beiden Terme bestimmt. Der dritte Term repräsentiert die schwachen Wechselwirkungen und kann durch die Löslichkeitsparameter nach Hildebrand errechnet werden. Der vierte Term berücksichtigt nun die Beiträge der starken Wechselwirkungen. In die Berechnung dieser Wechselwirkungen gehen die Gleichgewichtskonstante für die Bildung von Donator-Akzeptor-Assoziaten zwischen den beiden Blendkomponenten (**intermolekulare**

Wechselwirkungen) und die Gleichgewichtskonstante der Bildung von Eigenassoziaten der Einzelkomponenten (**intramolekulare Wechselwirkungen**) ein. Wenn die Gleichgewichtskonstante der Bildung intermolekularer Wechselwirkungen größer als die der intramolekularen Wechselwirkungen ist, dann sollten die Blendkomponenten mischbar sein. Bei Überwiegen der intramolekularen Wechselwirkungen ergibt sich Unmischbarkeit. Die Assoziationskonstanten können mittels FTIR-Messung bestimmt werden. Mithilfe einer Arrhenius-Gleichung kann die Temperaturabhängigkeit der Gleichgewichtskonstanten erfasst werden. Die freie Mischungsenthalpie für unterschiedliche Temperaturen kann dann errechnet und daraus das Phasendiagramm abgeleitet werden.

5.5.1.4 Intramolekulare Abstoßungen

Es gibt eine Reihe von mischbaren Polymerblends, in denen keine spezifischen Wechselwirkungen auftreten, aber mindestens eine Komponente ein statistisches Copolymer ist. Für diese Mischungen wurde das Modell der intramolekularen Abstoßung (*intramolecular repulsion*) entwickelt. Dabei wird der Wechselwirkungsparameter χ der Flory-Huggins-Gleichung durch einen effektiven Wechselwirkungsparameter χ_{eff} ersetzt. Der effektive Wechselwirkungsparameter setzt sich aus segmentellen Wechselwirkungsparametern zusammen. Für ein Blend aus dem Homopolymer A und einem Copolymer mit den Segmenten B und C gilt:

$$\chi_{\text{eff}} = \chi_{\text{AB}} \cdot \varphi'_{\text{B}} + \chi_{\text{AC}} \cdot \varphi'_{\text{C}} - \chi_{\text{BC}} \cdot \varphi'_{\text{B}} \cdot \varphi'_{\text{C}} \tag{5.253}$$

φ'_{B} und φ'_{C} sind die Volumenanteile der B- und C-Segmente im Copolymer, und es gilt $\varphi'_{\text{B}} + \varphi'_{\text{C}} = 1$. Gl. (5.253) zeigt, dass ein Polymerblend mit negativen effektiven Wechselwirkungsparameter erhalten wird, wenn $\chi_{\text{BC}} > \left(\sqrt{\chi_{\text{AB}}} + \sqrt{\chi_{\text{AC}}}\right)^2$ ist. Das bedeutet, wenn die Segmente des Copolymers miteinander sehr viel mehr unmischbar sind in Relation zu ihren Wechselwirkungen zu dem Homopolymer, dann kann Mischbarkeit für die beiden Polymere erreicht werden. In anderen Worten, die internen Abstoßungskräfte zwischen den Copolymersegmenten führen zur verbesserten Mischbarkeit mit einem weiteren Polymer. Für Blends aus zwei Copolymeren kann Gl. (5.253) adäquat erweitert werden.

Die Mischbarkeit hängt von der Zusammensetzung der Copolymere ab. Für Homopolymer/Copolymer-Blends ergeben sich so Phasendiagramme mit „Mischbarkeitstüren“ oder „Mischbarkeitsfenstern“. Werden zwei Copolymere miteinander gemischt, lassen sich die Mischbarkeitsfenster wie in Abb. 5.84 systematisieren. Je nach Zusammensetzung der Copolymere ergeben sich Gebiete für Mischbarkeit oder Nichtmischbarkeit.

5.5.1.5 Zustandsgleichungen

Ein Nachteil der Flory-Huggins-Gleichung ist, dass sie das freie Volumen und Volumenänderungen beim Mischen nicht berücksichtigt und generell von Inkompressibilität der Komponenten ausgeht. Mithilfe von **Zustandsgleichungen** kann dieses Problem gelöst werden. Zustandsgleichungen sind funktionale Zusammenhänge zwischen den Zustands-

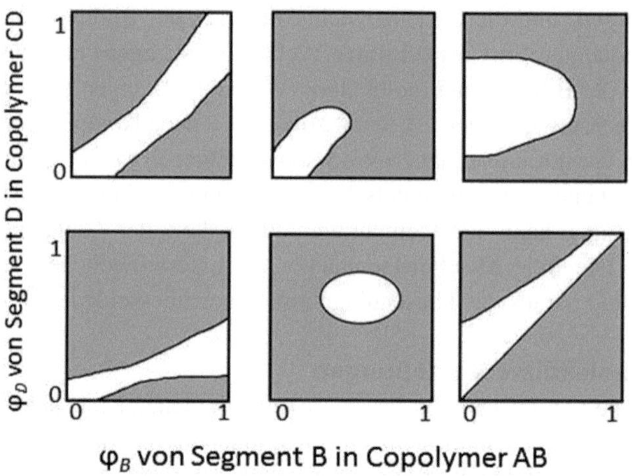

Abb. 5.84 Mischbarkeitsdiagramme für Blends aus Copolymer AB und Copolymer CD in Anhängigkeit von der jeweiligen Copolymerzusammensetzung. Graue Flächen stellen Zweiphasengebiete dar. (Nach Robeson 2007)

größen Druck, Temperatur und Volumen. Die Zustandsgleichungen für Mischungen von Flüssigkeiten wurden zuerst von Prigogine entwickelt und dann von Flory auf Polymerlösungen erweitert. Dazu werden reduzierte Variablen für Volumen, Druck und Temperatur $(\tilde{v}, \tilde{P}, \tilde{T})$ eingeführt, die wie folgt definiert sind:

$$\tilde{v} = v/v^* \quad \tilde{P} = P/P^* \quad \tilde{T} = T/T^* \tag{5.254}$$

Die Größen v^*, P^*, T^* werden als **charakteristische Parameter** bezeichnet. v^* ist das Hartkugelvolumen des Polymersegments, v das aktuelle Volumen, und aus dem Quotienten ergibt sich das reduzierte Volumen. Die von Flory-Orwoll-Vrij abgeleitete Zustandsgleichung ist folgende:

$$\frac{\tilde{P}_i \tilde{v}_i}{\tilde{T}_i} = \frac{\tilde{v}^{1/3}}{\tilde{v}^{1/3} - 1} - \frac{1}{\tilde{T}_i \tilde{v}_i} \tag{5.255}$$

Die wichtigen Parameter sind durch *PVT*-Messungen zugänglich und lassen sich auf die thermischen Ausdehnungskoeffizienten und den thermischen Druckkoeffizienten zurückführen. Mithilfe der Zustandsgleichungen werden dann die freie Mischungsenthalpie, die Binodalen, die Spinodalen und die kritischen Punkte des Phasendiagramms berechnet.

Zustandsgleichungen sind, je nach verwendetem Ansatz, sehr komplex. Sie erlauben aber eine wesentlich detailliertere Aussage über das Phasenverhalten der Polymerblends.

Eine Reihe von Zustandsgleichungen wurden erfolgreich für unterschiedliche Polymerblends entwickelt. Wir können diese in mehrere Gruppen unterteilen.

- **Zellentheorien:** Beispiele sind die von Prigogine entwickelte Theorie für Flüssigkeiten oder die Flory-Orwoll-Vrij-Theorie (Gl. 5.255). Der Ausgangspunkt ist, wie bei der Flory-Huggins-Theorie, die Verteilung der Polymersegmente auf Gitterplätze in ein dreidimensionales Gitter. Im Unterschied zur Flory-Huggins-Theorie ist das Gitter aber nicht starr. Die Kompressibilität des Gitters wird eingeführt, indem für die Segmente im Gitter thermische Fluktuationen zugelassen werden. Diese thermischen Fluktuationen nehmen mit steigender Temperatur zu. Dadurch steigt das Volumen der Gitterzellen, und es wird freies Volumen zugefügt.
- **Gitter-Flüssigkeitstheorien:** *Die* bekannteste Theorie dieses Typs ist die von Sanchez und Lacombe. Bei diesem Modell wird von einem starren Gitter mit konstantem Zellvolumen ausgegangen. Das Zellvolumen entspricht dem Hartkugelvolumen der Polymersegmente. Das freie Volumen wird durch Leerstellen im Gitter berücksichtigt. Dadurch wird der Kompressibilität Rechnung getragen.
- **Lochtheorien:** Zu den Lochtheorien zählt die Zustandsgleichung von Simha und Somcynsky. Hier werden eine Kombination von Leerstellen und ein variables Zellvolumen angenommen.
- **Kontinuumsmodelle:** Letztendlich existieren Ansätze, die nicht mehr auf dem Gittermodell beruhen. Dazu zählt z. B. die SAFT-Theorie (SAFT = Statistical Associating Fluid Theory).

Mit den Zustandsgleichungen sind sehr vielseitig einsetzbare Modelle für die Berechnung des Phasenverhaltens von Polymerblends vorhanden.

5.5.1.6 Phasendiagramm und Phasenseparation

Abb. 5.85 zeigt schematisch ein **Phasendiagramm**. Eine stabile Mischung beider Polymere liegt im Bereich zwischen den beiden Binodalen vor. Grundsätzlich können zwei kritische Punkte beobachtet werden. Das sind die obere und untere kritische Entmischungstemperatur (UCST bzw. LCST).

Die Binodalen sind die Trennlinien zwischen dem Einphasengebiet und den Gebieten mit metastabilem Zustand. Zwischen **Binodale** und **Spinodale** entmischt sich das System, wenn Keime einer kritischen Größe existieren und wachsen können. Der Mechanismus wird als **Keimbildung und Wachstum** bezeichnet. Die Zweiphasengebiete werden durch die Spinodalen begrenzt. Innerhalb der Spinodalen tritt spontane Entmischung der beiden Polymere ein, das bedeutet, dass jede thermische Fluktuation sofort zur Phasenseparation führt. Bei mischbaren Polymerblends wird in der Regel eine untere kritische Entmischungstemperatur (LCST) beobachtet. Es gibt aber auch Blends mit UCST-Verhalten. Oft befindet sich die theoretisch vorausgesagte UCST unterhalb der Glasumwandlungstemperatur und kann so experimentell nicht erfasst werden. Die thermische Zersetzung der Polymere kann die experimentelle Bestimmung der LCST verhindern.

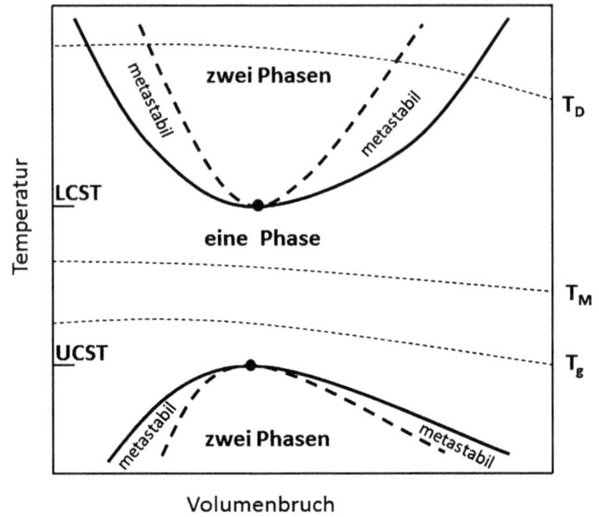

Abb. 5.85 Schematische Darstellung eines Phasendiagramms. ——— Binodale, ------ Spinodale, T_D Zersetzungstemperatur, T_g Glasumwandlungstemperatur, T_M Schmelztemperatur

Für das Phasenverhalten sind unterschiedliche Einflüsse auf den Wechselwirkungsparameter verantwortlich. Liegen disperse Wechselwirkungen im Blend vor, ändert sich χ indirekt proportional zur Temperatur. Das heißt, χ nimmt mit steigender Temperatur ab, wodurch Mischbarkeit bei höheren Temperaturen favorisiert wird (UCST-Verhalten). Sind allerdings starke spezifische Wechselwirkungen vorhanden, tritt ein gegenteiliger Effekt ein. χ nimmt mit der Temperatur zu, wodurch es zu einem LCST-Verhalten kommen kann. Als dritten Effekt muss der Einfluss des freien Volumens betrachtet werden. Die Beiträge des freien Volumens steigen mit der Temperatur an, und somit steigt auch χ. Die Überlagerungen dieser unterschiedlichen Einflüsse bestimmen das Vorhandensein von LCST und UCST.

Um das Phasendiagramm zu berechnen, ist zuerst die Auswahl eines geeigneten Modells für die Berechnung der freien Mischungsenthalpie erforderlich. Dabei ist eine Abwägung zwischen der Komplexität des Modells und der Zuverlässigkeit der Ergebnisse notwendig. Die für das ausgewählte Modell erforderlichen Parameter, wie Löslichkeits- und Wechselwirkungsparameter, PVT-Daten etc., sind zu ermitteln. Dann können die Binodale, die Spinodale und die kritischen Punkte berechnet werden:

$$\begin{aligned} &\text{Binodale} \quad \frac{\partial \Delta G_\mathrm{m}}{\partial \varphi} = 0 \qquad \text{Spinodale} \quad \frac{\partial^2 \Delta G_\mathrm{m}}{\partial \varphi^2} = 0 \\ &\text{kritischerPunkt} \quad \frac{\partial^3 \Delta G_\mathrm{m}}{\partial \varphi^3} = 0 \end{aligned} \tag{5.256}$$

Tab. 5.32 zeigt einige Beispiele für Polymerblends, in deren Phasendiagrammen obere und untere kritische Entmischungstemperaturen beobachtet wurden.

Tab. 5.32 Beispiele für Polymerblends mit LCST- und UCST-Phasenverhalten

Polymer (1)	Polymer (2)	Phasenverhalten
Polystyrol	Polyvinymethylether	LCST
Poly(ε-caprolacton)	Polyvinymethylether	LCST
Poly(ε-caprolacton)	Poly(styrol-co-acrylnitril) (28 Gew.-% AN)	LCST
Poly(ε-caprolacton)	Polymilchsäure	LCST
Polymethylmethacrylat	Poly(styrol-co-acrylnitril) (28 Gew.-% AN)	LCST
Polymethylmethacrylat	Polycarbonat	LCST
Poly(styrol-co-acrylnitril)	Polybutadien-co-acrylnitril)	LCST, UCST
Polystyrol	Poly(*o*-chlorstyrol)	LCST, UCST
Polystyrol	Poly(styrene-co-*p*-bromstyrol)	UCST
Polybutadien	Poly(butadien-co-styrol)	UCST
Polyethylenoxid	Polyethersulfon	LCST
Poly(*p*-phenylenether)	Poly(α-methylstyrol)	LCST

5.5.2 Grenzflächeneffekte

Wie wir bei der Diskussion der Flory-Huggins-Theorie gesehen haben, ist die Mehrheit der Polymere aus thermodynamischen Gründen nicht miteinander mischbar. Die mechanischen Eigenschaften von heterogenen Polymerblends werden von den Eigenschaften der Grenzflächen bestimmt. Die **Grenzflächenspannung** γ_{12} zwischen den Polymeren 1 und 2 spielt eine große Rolle bei der Ausbildung der Phasenmorphologie. Die Grenzflächenspannung hängt mit der Verträglichkeit der Polymere zusammen. Hohe Werte sind ein Indiz für Unverträglichkeit und unzureichende mechanische Eigenschaften.

Die Oberflächenspannung von Polymeren ist im Vergleich zu der von anorganischen Oberflächen sehr gering. Unpolare Polymere wie z. B. Polydimethylsiloxan haben Oberflächenspannungen im Bereich von 20 mN m^{-1}, für mehr polare Polymere wie Polyamide finden wir Werte von ca. 40–50 mN m^{-1}. Die Oberflächenspannung setzt sich aus dispersen und polaren Anteilen zusammen:

$$\gamma = \gamma_d + \gamma_p \tag{5.257}$$

Die Grenzflächenspannung kann dann z. B. über Gl. (5.258) aus den Oberflächenspannungen erhalten werden:

$$\gamma_{12} = \gamma_1^d + \gamma_2^d + \gamma_1^p + \gamma_2^p - \frac{4 \cdot \gamma_1^d \cdot \gamma_2^d}{\gamma_1^d + \gamma_2^d} - \frac{4 \cdot \gamma_1^p \cdot \gamma_2^p}{\gamma_1^p + \gamma_2^p} \tag{5.258}$$

Die Adhäsion zwischen den Polymeren kann durch die Adhäsionsarbeit w_{ad} (reversible Arbeit zur Separierung der Grenzflächen) beschrieben werden:

$$w_{ad} = \gamma_1 + \gamma_2 - \gamma_{12} \tag{5.259}$$

Den Übergang von Phase 1 zu Phase 2 in einem heterogenen Polymerblend bildet eine Grenzschicht mit variierender Zusammensetzung. Die Dicke der Grenzschicht Δl hängt mit dem Wechselwirkungsparameter χ zusammen. Wenn $\chi < \chi_K$, sind die Polymere mischbar, und es existiert keine Grenzschicht. Steigende Werte von χ führen zu abnehmender Grenzschichtdicke. Mittels eines Mean-Field-Ansatzes berechneten Helfand und Tagami (1972) die Grenzflächendicke (Gl. 5.260) und die Grenzflächenspannung (Gl. 5.261):

$$\Delta l = \frac{2b}{\sqrt{6\chi}} \tag{5.260}$$

In Gl. (5.260) ist b die Segmentlänge. Für unmischbare Polymerblends wurden Grenzschichtdicken von 2–4 nm ermittelt. Durch die Methode der reaktiven Verträglichkeitsvermittlung (Abschn. 5.5.3) kann die Grenzschichtdicke auf Werte von 30–60 nm ansteigen. In partiell mischbaren Polymerblends können Werte bis zu 300 nm vorkommen.

Für die Grenzflächenspannung ergibt sich folgender Zusammenhang mit dem Wechselwirkungsparameter:

$$\gamma_{12} = b \cdot \rho \cdot k_B \cdot T \cdot \sqrt{\chi/6} \tag{5.261}$$

k_B ist die Boltzmann-Konstante.

Die Partikelgröße d der dispersen Phase in einem Polymerblend unter Scherdeformation hängt direkt mit der Grenzflächenspannung zusammen:

$$\frac{\dot{\gamma} \cdot \eta_M \cdot d}{\gamma_{12}} = \psi(p) \quad \text{mit} \quad p = \frac{\eta_D}{\eta_M} \tag{5.262}$$

In Gl. (5.262) ist p das Verhältnis der Schmelzviskositäten der dispersen Phase und der Matrixphase, $\dot{\gamma}$ die Schergeschwindigkeit und $\psi(p)$ eine universelle Funktion von p. Diese Gleichung zeigt uns, dass die Partikelgröße ihr Minimum bei $p = 1$ hat und dass wir eine Verbesserung der Dispersion, d. h. kleinere Partikel, durch Reduzierung der Grenzflächenspannung erreichen können. Diese Erkenntnis wird genutzt, wenn es darum geht, die Verträglichkeit zwischen den Polymeren zu verbessern. In Tab. 5.33 sind einige Beispiele für Oberflächenspannungen und Grenzflächenspannungen von Polymeren zusammengestellt.

5.5.3 Morphologie und Verarbeitung

Die Herstellung von Polymerblends erfolgt in der Regel durch Doppelschneckenextruder aus den Granulaten der Polymerkomponenten und unter Zugabe von Additiven, von denen

Tab. 5.33 Beispiele für Oberflächenspannungen und Grenzflächenspannungen von Polymeren

	Oberflächenspannung (in mN m^{-1})		Grenzflächenspannung (in mN m^{-1})
PE	26,5 (180 °C)	PE/PS	5,1 (180 °C)
PP	20,8 (180 °C)	PMMA/PS	(199 °C)
PS	29,2 (180 °C)	PP/PET	11,3 (288 °C)
PMMA	28,2 (180 °C)	PA/PS	8,4 (230 °C)
PA	29,0 (290 °C)	PDMS/PEO	9,6 (180 °C)

hier insbesondere Füllstoffe erwähnt werden sollen. Die Extruderschnecken sind mit speziellen Elementen ausgerüstet, die ein intensives dispersives und distributives Mischen der Komponenten ermöglichen. Die Endeigenschaften der mehrphasigen Materialien werden durch die sich einstellende Phasenmorphologie bestimmt. Die nach der Verarbeitung vorliegende Morphologie ist das Ergebnis des komplexen Zusammenspiels verschiedener innerer und äußerer Parameter. Dazu zählen als **äußere Parameter** Temperatur, Druck und die vorliegenden Scher- und Dehnströmungen im Extruder. **Innere Parameter** sind die chemische Struktur der Polymerkomponenten und die sich daraus ergebenden Wechselwirkungen an den Phasengrenzen, die Oberflächenspannungen der Schmelzen und die Schmelzviskositäten. Die Phasenmorphologie kann sich in Form von dispersen Tropfen verteilt in einer Matrix oder auch als cokontinuierliche Morphologie einstellen. Die dispersen Tropfen können sphärisch sein, sich aber auch zu Ellipsen oder Fibrillen deformieren.

Zu Beginn des Mischprozesses ist die Tröpfchengröße der dispersen Phase groß. Bei der Verarbeitung wirken auf die Tröpfchen zwei entgegengesetzte Spannungen. Die Scherspannung $\tau = \dot{\gamma} \cdot \eta_M$ führt zur Deformation der Tropfen der dispersen Phase, und die Grenzflächenspannung γ_{12} stabilisiert die Geometrie des Tropfens. Das Verhältnis von Scherspannung und Grenzflächenspannung wird als Kapillarzahl C_a bezeichnet (s. auch Gl. (5.262)):

$$C_a = \frac{\tau \cdot d}{\gamma_{12}} = \frac{\eta_M \cdot \dot{\gamma} \cdot d}{\gamma_{12}} \tag{5.263}$$

Wenn die Kapillarzahl einen kritischen Wert überschreitet, werden die Tropfen deformiert und brechen letztendlich auseinander. Es konnte gezeigt werden, dass für diesen Prozess Dehnströmungen effektiver sind als Scherströmungen.

Ein weiteres Phänomen, das bei Verarbeitungsprozessen beobachtet wird, ist die Koaleszenz von Tropfen, die letztendlich zur Vergrößerung der Teilchen der dispersen Phase führt. Koaleszenz wird beobachtet, wenn Tropfen im Strömungsfeld zusammenstoßen. Abb. 5.86 veranschaulicht diese unterschiedlichen Prozesse.

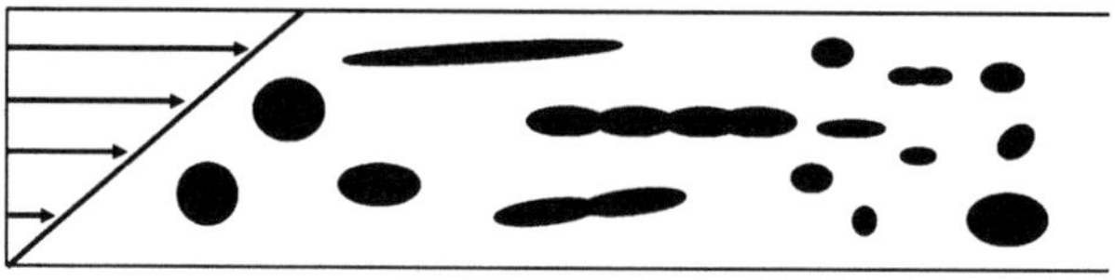

Abb. 5.86 Schematische Darstellung von Möglichkeiten der Morphologieentwicklung eines heterogenen Polymerblends in Scherströmung

Gl. (5.263) verdeutlicht uns nochmals die Bedeutung der Grenzflächenspannung für den Erhalt einer guten und stabilen Dispersion. Wenn die Dimension der dispersen Phase kleiner als 1 µm sein soll, sind Grenzflächenspannungen kleiner als ca. 5 mN m^{-1} erforderlich. Mit den Methoden der Verträglichkeitsvermittlung können wir die Grenzflächenspannungen reduzieren.

5.5.4 Methoden der Verträglichkeitsvermittlung

Wie bereits mehrfach erwähnt, sind die meisten Polymere nicht mischbar. In der Regel sind sie auch nicht gut miteinander verträglich, sodass es notwendig ist, Methoden der Verträglichkeitsvermittlung einzusetzen. Die Ziele dabei sind es, die Adhäsion an der Grenzfläche zu erhöhen, die Partikelgröße der dispersen Phase zu reduzieren und die Phasenmorphologie bei der Verarbeitung zu stabilisieren.

Verträglichkeitsvermittlung kann durch Zugabe von Additiven, sog. Compatibilizern, erfolgen. Diese Substanzen konzentrieren sich an der Grenzfläche und setzen die Grenzflächenspannung herab. Die zweite Variante ist die reaktive Verträglichkeitsvermittlung durch chemische Reaktionen zwischen den Blendkomponenten oder zwischen Verträglichkeitsvermittlern und Blendkomponenten. Die wichtigsten Methoden sollen hier zusammengefasst werden:

In-situ-Polymerisation Darunter verstehen wir die Polymerisation von Monomeren zum Aufbau von Polymer 1 in Gegenwart von Polymer 2. Dabei kommt es zur Bildung von kovalenten Bindungen zwischen beiden Komponenten und zu Pfropfcopolymeren. Wichtige Beispiele sind die Herstellung von schlagzähmodifiziertem PS und von ABS (Abschn. 3.1.4.5), von Reaktorblends aus Polyolefinen (Abschn. 3.1.3.1) und von Core-Shell-Partikeln mittels Emulsionspolymerisation. Bei der Emulsionspolymerisation wird zuerst das Polymer für den Kern polymerisiert, und dann werden die Shell-Monomere zudosiert. Core-Shell-Partikel werden u. a. als Schlagzähigkeitsmodifikatoren verwendet. Ein wichtiges Beispiel sind MBS-Partikel, welche u. a. als Modifikatoren für PVC-, PMMA- und PMMA/SAN-Blends eingesetzt werden. MBS-Partikel bestehen im Kern aus einem Styrol-Butadien-Copolymer und in der Hülle aus Styrol-Methylmethacrylat-Copolymer. Andere Core-Shell-Kombinationen sind z. B. Poly(*n*-butylacrylat)/PMMA oder PB/MMA-Butylacrylat-Copolymer.

Reaktive Verträglichkeitsvermittlung Diese Methode beruht auf der Reaktion von funktionellen Gruppen mit einem Polymer des Polymerblends unter der Bildung von Pfropfcopolymeren. In der Regel sind die funktionellen Gruppen kovalent an ein Polymer gebunden, welches als Verträglichkeitsvermittler dem Polymerblend bei der Verarbeitung zugegeben wird. Der Verträglichkeitsvermittler sollte neben der Möglichkeit der chemischen Reaktion mit einer Polymerkomponente des Blends auch noch eine sehr gute Verträglichkeit oder sogar Mischbarkeit mit der zweiten Blendkomponente aufweisen.

Die wichtigsten funktionellen Gruppen, die dafür genutzt werden, und die entsprechenden Reaktionspartner und Produkte sind in Tab. 5.34 zusammengefasst.

Tab. 5.34 Reaktive Gruppen für Verträglichkeitsvermittlung. *R′* steht für die Polymerkette des Verträglichkeitsvermittlers und *R″* für die der Blendkomponente

Funktionelle Gruppe		Reaktionspartner	
Maleinsäure-anhydrid	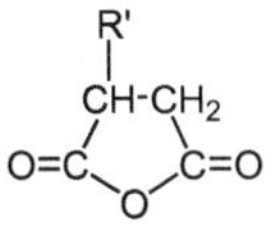	Aminoendgruppen von Polyamiden	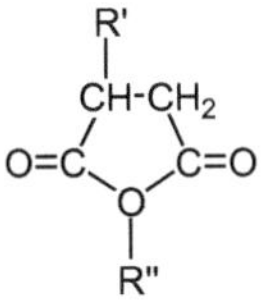
		Hydroxylendgruppen von Polyestern	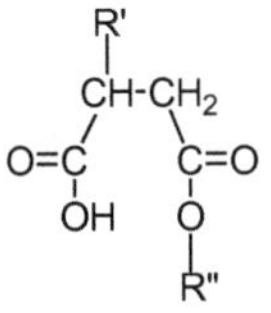
Oxiran	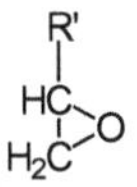	Carbonsäureendgruppen von Polyestern und Polyamiden	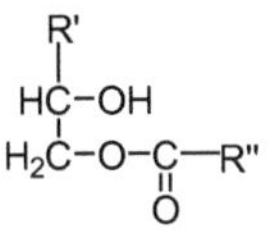
		Aminoendgruppen von Polyamiden	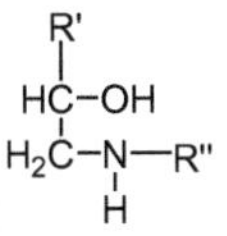
Isocyanat	R'—N=C=O	Hydroxylendgruppen von Polyestern	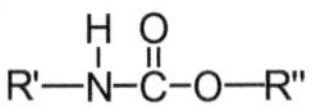
		Aminoendgruppen von Polyamiden	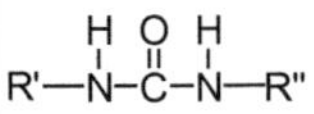
		Carbonsäureendgruppen von Polyestern und Polyamiden	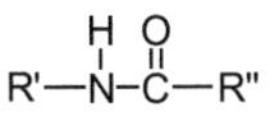

Maleinsäureanhydrid (MA) kann mit Aminoendgruppen von Polyamiden oder mit Hydroxylendgruppen von Polyestern reagieren. Deshalb werden PP/Polyamid- bzw. PP/Polyester-Blends mit PP-g-MA modifiziert. MA-gepfropfte Styrolblockcopolymere wie SBS oder SEBS werden genutzt, um die Verträglichkeit von PE/Poly(ethylen-co-vinylalkohol-)(EVOH-)Blends oder Polyolefin/PA- bzw. PET-Blends zu verbessern. Bei PA/Poly(*p*-phenylenether-)(PPE-)Blends wird neben der chemischen Reaktion auch noch die Mischbarkeit der Styrolblöcke mit PPE zur Erhöhung der Verträglichkeit ausgenutzt. Für die Optimierung von ABS/PA6-Blends wird ein Copolymer aus Methylmethacrylat (MMA) und MA verwendet. Hier ist das MMA-MA-Copolymer mit der SAN-Matrix des ABS mischbar, außerdem kann MA mit den PA6-Endgruppen reagieren. Zur Herstellung dieser Verträglichkeitsvermittler wird entweder MA über eine radikalische Reaktion direkt an die Polymerkette gepfropft, oder MA wird mit Styrol oder Methylmethacrylat copolymerisiert.

Epoxidgruppen werden als reaktive Gruppe für die Verträglichkeitsvermittlung von Polyamiden und Polyestern eingesetzt. Ihre Effizienz ist teilweise größer als die des MA. Für die Herstellung der Verträglichkeitsvermittler wird das Monomer Glycidylmethacrylat genutzt. Es kann radikalisch auf Polyolefinketten gepfropft werden, ist aber auch vielseitig copolymerisierbar.

Isocyanatgruppen sind sehr reaktiv mit Hydroxyl-, Amino- oder Carbonsäuregruppen. Ein Monomer mit Isocyanatgruppe (HI) wird durch Reaktion von Isophorondiisocyanat mit Hydroxyethylmethacrylat erhalten.

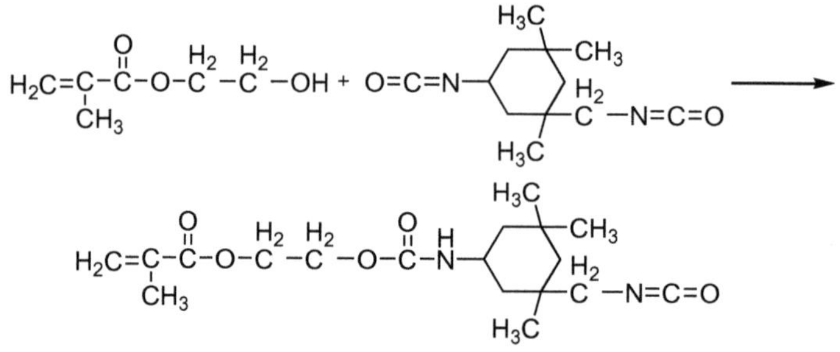

HI kann copolymerisiert oder radikalisch gepfropft werden. Verträglichkeitsvermittler mit HI werden z. B. für Polymere mit Vinylalkoholeinheiten genutzt.

In Tab. 5.35 werden Beispiele für die Anwendung von reaktiven Verträglichkeitsvermittlern in Polymerblends genannt.

Reaktive Extrusion Unter reaktiver Extrusion verstehen wir ein Verfahren, bei dem die Pfropfung der funktionellen Gruppe für die Verträglichkeitsvermittlung und die Bildung der Pfropfcopolymere im Polymerblend in einem Extrusionsprozess vereinigt werden. Reaktive Extrusion wird z. B. zur Herstellung von Super-Tough-Polyamid eingesetzt. Die Verarbeitung erfolgt in der Regel in Doppelschneckenextrudern mit mehreren Schne-

Tab. 5.35 Beispiele für Polymerblends und reaktive Verträglichkeitsvermittler

Polymer (1)	Polymer (2)	Verträglichkeitsvermittler
PP	PA6	PP-g-MA
PE	EVOH	SEBS-g-MA
PE	PET oder PA	PE-g-MA oder SEBS-g-MA
ABS	PBT	Terpolymer aus Styrol, Acrylnitril, Glycidylmethacrylat (SAN-GMA)
ABS	PA6	Copolymer aus Methylmethacrylat und MA
PA6	PPE	SEBS-g-MA oder SEBS-g-GMA
EVOH	PE	PE-g-HI
PA6 oder PET	EPM	EPM-g-MA oder EPM-g-GMA

ckensegmenten, die zuerst das Aufschmelzen eines Polymers, dann die Dosierung und Reaktion des funktionellen Monomers und des radikalischen Initiators, anschließend die Dosierung des zweiten Polymers und letztendlich die Bildung der Pfropfcopolymere erlauben. Für die Herstellung von Polyolefin/PA- oder Polyolefin/Polyvinylalkohol-(PVAL-)Blends wird zuerst das Polyolefin dosiert und nach dem Aufschmelzen mit MA gemischt. Nach Zugabe des Peroxids entsteht Polyolefin-g-MA. Dann wird PA bzw. PVAL dosiert und die Reaktion zu Polyolefin-PA bzw. PVAL-Pfropfcopolymere erreicht. Grundsätzlich sind alle oben erwähnten funktionellen Gruppen für die reaktive Extrusion einsetzbar.

Eine andere Variante der reaktiven Extrusion ist die dynamische Vulkanisation, die genutzt wird, um eine spezielle Gruppe von thermoplastischen Elastomeren, die sog. thermoplastischen Vulkanisate, herzustellen (Abschn. 5.5.5).

Kettenaustauschreaktionen Zu den Austauschreaktionen zählen die Umesterung und die Umamidierung (Abschn. 3.2.1). Kettenaustauschreaktionen können die Verträglichkeit der Blendkomponenten erhöhen, aber sie können auch zur Mischbarkeit führen. Bei Polykondensaten laufen diese Kettenaustauschreaktionen bei der Verarbeitung der Schmelzen ab, wenn entsprechende Katalysatoren vorhanden sind. Katalysatorreste aus der vorhergehenden Synthese sind oft ausreichend. Diese Austauschreaktionen können im Sinne der Verträglichkeitsvermittlung erwünscht sein, sie können aber auch unerwünscht sein.

Die Umesterung in der Schmelze kann z. B. zwischen Polyestern und Polycarbonaten beobachtet werden. So sind Blends aus PET bzw. PBT und PC phasensepariert. Diese Blends zeichnen sich aber auch durch eine gute Verträglichkeit aus. Wenn in diesen Blends die Kristallisation der Polyester erhalten bleiben soll, muss die Umesterung bei der Verarbeitung vermieden werden. Triphenylphosphit wird genutzt, um Umesterung zu verhindern. Wenn durch Zugabe von Umesterungskatalysatoren die Austauschreaktionen geførdert werden, verschwindet die Kristallisation des Polyesters. Es entstehen zuerst zwei separierte amorphe Phasen, und mit Fortschreiten der Austauschreaktion entsteht ein einphasiges System. Die Blocklänge, ab der Einphasigkeit beobachtet wird, liegt bei ca. 15 Monomereinheiten. Umamidierungen zwischen Polyamiden sind ebenfalls möglich. Auch hier wird durch Blockcopolymerbildung die Kristallisationsfähigkeit beeinflusst. Bei Blends aus Polyestern und Polyamiden können auch Ester-Amid-Austauschreaktionen beobachtet werden, wenn geeignete Katalysatoren vorhanden sind.

Vernetzung über Phasengrenzen Eine kommerziell bedeutsame Gruppe von Polymerblends sind die Elastomerblends, die für die Herstellung von Reifen verwendet werden. Zu diesen zählen z. B. Blends aus Naturkautschuk und Polybutadien (NR/PB) oder Naturkautschuk und Styrol-Butadien-Copolymeren (NR/SBR). Unpolare Kautschuke sind in der Regel nicht mischbar, weil es keine spezifischen Wechselwirkungen gibt. Bei der Vulkanisation (Abschn. 3.3.3) mit Schwefel oder anderen Vulkanisationsmitteln kommt es zur Bildung von kovalenten Bindungen zwischen den Phasen, die letztendlich zur Optimierung der Endeigenschaften beitragen. Diese **Covulkanisation** kann als eine wichtige Methode der Verträglichkeitsvermittlung betrachtet werden. Es ist auch möglich, einen der Kautschuke mit zusätzlichen funktionellen Gruppen, z. B. Mercaptogruppen, auszurüsten, die bei Schwefelvulkanisation zusätzliche Bindungen über die Phasengrenze hinweg ermöglichen.

Interpenetrierende Netzwerke Zwei unterschiedliche Polymernetzwerke, die sich gegenseitig durchdringen, werden als interpenetrierende Netzwerke (IPN) bezeichnet. Dabei ist es nicht zwingend notwendig, dass kovalente Bindungen zwischen den beiden Netzwerken entstehen. Bezüglich der Herstellung dieser Netzwerke unterscheiden wir zwischen sequenziellen und simultanen IPN. **Sequenzielle IPN** erhalten wir, indem zuerst das Netzwerk der ersten Polymerkomponente synthetisiert wird. Das Monomer und der Initiator für die Bildung des zweiten Netzwerks werden in dem ersten Netzwerk gelöst, und das führt zur Quellung des Netzwerks. Die Polymerisation und Vernetzung des Monomers führen mit steigender Molmasse zur Phasenseparation, die aber dadurch eingeschränkt ist, dass sich die beiden Netzwerke durchdringen. Bei der Bildung von **simultanen IPN** werden Monomere und Vernetzer ausgewählt, deren chemische Vernetzungsreaktionen unabhängig voneinander ablaufen können. Die beiden Polymernetzwerke werden dann simultan aufgebaut. Wenn diese Unabhängigkeit des Reaktionsverlaufs nicht gegeben ist, dann entstehen anstelle von IPN Copolymere oder Pfropfcopolymere.

Eine weitere Gruppe von IPN umfasst Systeme, in denen nur eine Komponente vernetzt ist und die zweite als unvernetztes Polymer in diesem Netzwerk vorliegt. Diese werden **semi-IPN** genannt. Ausgewählte Beispiele für IPN sind in Tab. 5.36 zusammengefasst.

Tab. 5.36 Beispiele für interpenetrierende Netzwerke

Komponente 1	Komponente 2	
Polydimethylsiloxan (PDMS)	Methacrylsäure (MAA)	Sequenzielles IPN, vernetztes PDMS mit MAA und Vernetzer gequollen, UV-Vernetzung von MAA
Vinylester (VE)	Epoxidharz (EP)	Simultanes IPN, VE-Vernetzung radikalisch mit Styrol, EP-Vernetzung mit Diaminen
Polyethersulfon (PES) oder Polyetherimid (PEI)	Epoxidharz (EP)	Semi-IPN, EP-Vernetzung mit Diaminen

Nichtreaktive Verträglichkeitsvermittler Die Zugabe eines dritten Polymers zu einem unverträglichen Polymerblend kann ebenfalls zur Verbesserung der Verträglichkeit beitragen. Dieses Polymer muss so ausgewählt werden, dass es gute Adhäsion zu beiden Komponenten des Blends hat und sich an den Phasengrenzen anreichert. Zur Beschreibung dieses Effekts wird der Spreitungskoeffizient λ_{ij} herangezogen:

$$\lambda_{31} = \gamma_{12} - \gamma_{32} - \gamma_{13} \tag{5.264}$$

In Gl. (5.264) ist λ_{31} der Spreitungskoeffizient des dritten Polymers auf Polymer 1, welches die disperse Phase in der Matrix von Polymer 2 bildet, und γ_{ij} sind die entsprechenden Grenzflächenspannungen. Wenn λ_{31} positiv ist, dann spreitet Polymer 3 auf den Tröpfchen der dispersen Phase und wird sich demzufolge an den Grenzflächen anreichern. Negative Werte des Spreitungskoeffizienten bedeuten, dass das Polymer 3 eine separierte dritte Phase in dem Blend bildet. Die Polymere, die als dritte Komponente in dieser Weise eingesetzt werden, können Homopolymere, statistische Copolymere, Pfropfcopolymere oder auch Blockcopolymere sein. Eines der zuerst untersuchten Beispiele ist die Wirkung von Poly(styrol-b-ethylen/butylen-b-styrol-)(SEBS-)Triblockcopolymeren in PS/Polyolefin-Blends. Als sehr effektiv wirkende dritte Polymerkomponente hat sich Polyhydroxyesterether (PHEE; Abschn. 3.2.3.2) erwiesen, der z. B. in Blends aus PMMA und PBT oder aus Polysulfon und ABS verwendet wird. Es soll hier auch noch erwähnt werden, dass die Grenzflächenspannung zwischen Matrix 2 und Verträglichkeitsvermittler 3 auch durch die In-situ-Bildung von Pfropfcopolymeren verringert werden kann, wodurch positive λ_{31}-Werte ermöglicht werden.

Ein spezieller Fall ist die Verwendung von Blockcopolymeren, bei denen die Blöcke die gleiche oder eine ähnliche chemische Zusammensetzung wie die Blendkomponenten haben. Beispiele sind Blends aus PS und Polyolefinen mit SEBS oder SBS, PA und PS mit PS-b-POE, PC und SAN mit PC-b-PMMA oder Poly(p-phenylenether) (PPE) und SAN mit PS-b-PMMA. Im letzten Fall beruht die Wirkung des PS-b-PMMA-Blockcopolymeren nicht nur auf der Anreicherung an der Grenzfläche, sondern darauf, dass jeweils ein Block mit einer Blendkomponente thermodynamisch mischbar ist.

5.5.5 Beispiele und Anwendungen

Die bisher erwähnten Beispiele zeigen uns bereits, dass es mit Blick auf die Anwendung sehr unterschiedliche Typen von Polymerblends gibt. Dazu zählen z. B. Elastomerblends einschließlich vieler thermoplastischer Elastomere, Blends aus technischen Kunststoffen, Duromerblends, Polyolefinblends, schlagzähmodifizierte Thermoplaste, Polymerblendkomposite, Blends aus Biopolymeren oder Blends aus dem Recycling von Kunststoffen. Eine umfassende Darstellung dieser Gruppen würde den Umfang dieses Buchs sprengen. Deshalb werden hier ausgewählte Beispiele genannt und in Tab. 5.37 aufgelistet.

Elastomerblends Das weitaus größte Anwendungsgebiet von Elastomeren ist die Herstellung von Reifen für Kraftfahrzeuge. Hier werden sowohl Naturkautschuk (NR) als auch synthetische Kautschuke wie Polybutadien (PB), Styrol-Butadien-Kautschuk (SBR) oder Polyisobutylen (PIB) eingesetzt. Die Kautschuke sind nicht mischbar und werden bei der Vulkanisation über die Phasengrenze vernetzt. Elastomerblends für die Reifenherstellung enthalten als Füllstoffe Ruß und Silica. Sie gehören deshalb auch in die Gruppe der Polymerblendkomposite.

Eine spezielle Gruppe der Elastomerblends ist der Materialgruppe der **thermoplastischen Elastomere** (TPE) zuzuordnen. TPE sind Polymerwerkstoffe, die auf der einen Seite wie Thermoplaste verarbeitbar sind, aber sich unter Anwendungseigenschaften wie Elastomere verhalten. TPE zeichnen sich durch eine Zweiphasenstruktur aus. Sie sind aufgebaut aus einer elastomeren Weichphase mit Glasumwandlungstemperaturen unterhalb von 0 °C und einer thermoplastischen Hartphase mit einer thermischen Umwandlungstemperatur oberhalb der Anwendungstemperatur. Nicht alle TPE sind Polymerblends. Zur Gruppe der TPE zählen u. a. auch thermoplastische Polyurethane (Abschn. 3.2.3.1), Polyesteramide und Polyesterester, die keine Blends sind. In die Gruppe der Elastomerblends sind die thermoplastischen Vulkanisate (TPV) und die Blends aus Styrolblockcopolymeren mit Polyolefinen (TPS) einzuordnen. Zu den wichtigsten TPV zählen Polypropylen (PP)/Ethylen-Propylen-Dien-Terpolymer-(EPDM-)Blends. Nach dem Mischen von PP und EPDM bildet sich zuerst eine cokontinuierliche Phasenmorphologie aus. Die EPDM-Phase wird dynamisch, d. h. während des Mischens im Innenmischer oder Extruder, vulkanisiert. Dabei wandelt sich die Morphologie, und es bilden sich fein dispergierte, vernetzte EPDM-Partikel in der PP-Matrix aus. Bei kommerziellen TPS handelt es sich um Blends aus Polyolefinen, in der Regel PP, und Styrol-Butadien-Blockcopolymeren, z. B. Styrol-Ethylenbutylen-Styrol-(SEBS-)Triblockcopolymeren.

Blends aus technischen Kunststoffen (Engineering Polymer Blends) Fast alle verfügbaren technischen Polymere und Hochleistungspolymere werden als Blendkomponenten eingesetzt. Zu den ersten kommerziell produzierten Blends dieser Gruppe gehören die Poly (*p*-phenylenether)-Blends mit schlagzähmodifiziertem PS (HIPS). PPE und PS sind thermodynamisch mischbar. PPE/HIPS-Blends zeichnen sich durch eine Kombination von

Tab. 5.37 Ausgewählte Beispiele für kommerzielle Polymerblends

Elastomerblends		
NR/PB, NR/SBR, NR/PB/SBR, NR/PIB	Vulkanisierte Elastomerblends, nicht mischbare Kautschuke, Verträglichkeitsvermittlung durch Covulkanisation an den Phasengrenzen	Laufflächen, Seitenwände, Karkassen, Innenschichten von Reifen
PP/EPDM	Thermoplastisches Elastomer, PP-Hartphase, vulkanisierte EPDM-Weichphase	Dichtungen, Schläuche, Ummantelungen, 2K-Spritzgießanwendungen
PP/SEBS	Thermoplastisches Elastomer, PP-Matrix und Styrol-Block-Hartphase, EB-Block-Weichphase	
Blends technischer Kunststoffe (Engineering Polymer Blends)		
PPE/HIPS und PPE/PA	Mischbarkeit von PPE mit PS, Unverträglichkeit und reaktive Verträglichkeitsvermittlung bei PPE/PA	Gehäuse für elektronische Geräte, Schalter, Automobilzubehör, Kotflügel, Radkappen
Polycarbonatblends mit ABS, ASA, PBT, PEI	Phasenseparierte Blends, in der Regel gut verträglich	Gehäuse für technische Geräte, Radkappen, Instrumententafeln
PC/PCTG	Mischbarkeit, transparent	Gehäuse für technische Geräte, transparente Teile
Polyamidblends mit ABS, PP, EPDM	Unverträgliche Blends, reaktive Verträglichkeitsvermittler mit MA oder GMA	Automobilzubehör, Sportartikel, Gerätegehäuse, Verpackungen
PEEK/PBI	Deutlich verbesserte Verarbeitbarkeit, Komposite mit Glasfasern	Maschinenkomponenten, Anwendungen bei hohen Temperaturen, hohe Verschleißfestigkeit
PPS-Blends mit PEI, Ethylen-Acrylat-GMA-Terpolymer, LCP	Phasenseparierte Blends, reaktive Anbindung von GMA an der PPS-Grenzfläche, glasfaserverstärkte PPS-Blendkomposite	Bauteile für Elektronik, Industriefasern, Beschichtungen
Biopolymerblends		
Stärkeblends mit PCL, PBS, Copolyestern	Phasenseparierte Blends, in der Regel gut verträglich, verbesserte Folienverarbeitung	Biologisch abbaubare Folien für Landwirtschaft und Verpackung
PLA-Blends mit Copolyestern		
Stärkeblends mit PP, PE	Unverträgliche Blends, reaktive Verträglichkeitsvermittler mit MA	Konsumgüter, Verpackungen
PLA-Blends mit ABS, PC, PMMA	Phasenseparierte Blends, in der Regel gut verträglich, verbesserte Spritzgießverarbeitung	

höherer Wärmeformbeständigkeit und sehr guten mechanischen Eigenschaften im Vergleich zu PS aus. PPE/PA-Blends sind nicht mischbar und benötigen reaktive Verträglichkeitsvermittler. Sie zeichnen sich durch sehr hohe Dimensionsstabilität und hohe Oberflächengüte aus und können so für Automobilaußenanwendungen, z. B. als Kotflügel, eingesetzt werden.

Polycarbonat (PC) wird in sehr vielen Polymerblends eingesetzt. Durch Zugabe von ABS zu PC kann die Schlagzähigkeit erhöht werden. Acrylnitril-Styrol-Acrylat-(ASA-) Terpolymere als Blendkomponente erhöhen die Witterungs- und UV-Beständigkeit, und teilkristallines Polybutylenterephthalat (PBT) vermindert die Spannungsrissbildung von PC. PC/Polyetherimid-(PEI-)Blends zeichnen sich durch eine sehr gute Kombination von hoher Schlagzähigkeit, hoher Temperatur- und chemischer Beständigkeit aus. Die bisher genannten PC-Blends sind phasensepariert. Mit einem Copolyester aus Cyclohexandimethanol, Terephthalsäure und Ethylenglycol (PCTG) ist PC mischbar, und die Blends sind für transparente Anwendungen geeignet.

Die Motivationen zur Entwicklung von Polyamidblends sind die Erhöhung der Schlagzähigkeit insbesondere bei tiefen Temperaturen und die Reduzierung der Feuchtigkeitsaufnahme und damit verbunden eine Erhöhung der Dimensionsstabilität. Polyamide eignen sich sehr gut für reaktive Verträglichkeitsvermittlung. Zu den kommerziellen Blends gehören PA/ABS-Blends mit SANMA-Copolymeren als Verträglichkeitsvermittler und PA/Polyolefin-Blends, die durch reaktive Extrusion oder mit Polyolefin-g-MA oder Polyolefin-g-GMA Verträglichkeitsvermittlern verarbeitet werden.

Polybenzimidazol (PBI) (Abschn. 3.2.1.4) gehört zu den Polymeren mit Anwendungstemperaturen bis zu 500 °C, ist jedoch als Pulver nur durch Formpressen oder aus der Lösung verarbeitbar. Durch Mischen mit Poly(etheretherketon) (PEEK) wird eine bessere Verarbeitbarkeit erreicht, sodass Extrusion und Spritzgießverarbeitung möglich sind. Die thermoplastische Verarbeitbarkeit ermöglicht die Herstellung von glasfaserverstärkten Polymerblendcompositen.

Poly(phenylensulfid) (PPS) ist ein teilkristallines Polymer mit ausgezeichneter Chemikalienbeständigkeit, hoher Temperaturbeständigkeit und inhärenter Flammwidrigkeit. Das Defizit von PPS ist seine zu geringe Zähigkeit. Durch Mischen mit PEI wird eine Eigenschaftskombination aus Chemikalienbeständigkeit von PPS und Zähigkeit von PEI insbesondere bei Temperaturen oberhalb der Glasumwandlungstemperatur des PPS erreicht. Die Schlagzähigkeit von PPS wird auch durch Schlagzähigkeitsmodifikatoren wie Ethylen-Acrylat-Glycidylmethacrylat-Copolymere verbessert. PPS-Blends mit flüssigkristallinem Polyester zeigen ein verbessertes Verarbeitungsverhalten aufgrund der Orientierung der LCP-Phase. Es können sich LCP-Fibrillen bilden, die eine verstärkende Wirkung haben. PPS/LCP-Blends sind auch als glasfaserverstärkte Komposite verfügbar.

Polymerblends aus Biopolymeren Die Anwendungen von Biopolymeren sind oft dadurch eingeschränkt, dass sie eine schlechte Verarbeitbarkeit, geringe Schlagzähigkeit und hohe Empfindlichkeit gegenüber Wasser haben. Insbesondere für Folienanwendungen in der Landwirtschaft und für Verpackungen wurden aus diesen Gründen zahlreiche Polymerblends entwickelt. Stärke (Abschn. 3.4.1.2) spielt dabei eine herausragende Rolle. So können Stärkeblends mit aliphatischen Polyestern wie Polycaprolacton (PCL), Polybutylensuccinat (PBS) und aliphatisch-aromatischen Copolyestern wie Polybutylenadipatterephthalat (PBAT) oder Polybutylensuccinatterephthalat (PBST) mit den üblichen Technologien zu Folien verarbeitet werden. Die Polymerblends sind in der Regel phasensepariert, aber aufgrund der Ausbildung von H-Brücken sehr gut verträglich. Ein weiteres wichtiges Polymer für die Folienherstellung ist Polymilchsäure (PLA), die ebenfalls mit den oben genannten synthetischen Polyestern verarbeitet wird. Stärke ist auch Komponente in Blends mit Polymeren, die nicht biologisch abbaubar sind, wie z. B. PE, PP. Diese Blends sind unverträglich, aber über die Hydroxylgruppen der Stärke kann eine reaktive Verträglichkeitsvermittlung mit MA-Pfropfcopolymeren erfolgen. PLA wird für Spritzgießanwendungen auch in Blends mit ABS, PC, PMMA verarbeitet. Diese Materialien haben verbesserte Schlagzähigkeiten und Wärmeformbeständigkeiten.

5.6 Verarbeitung von Makromolekülen

R. Bourdon

5.6.1 Allgemeine Aspekte

Die bewusste Abwandlung von Naturprodukten und insbesondere die gezielte Synthese organischer Makromoleküle führten im 20. Jahrhundert zu neuartigen Produkten, deren Eigenschaften sich im weitesten Sinn zunehmend bedarfsgerecht gestalten ließen. Organische Hochpolymere in Konkurrenz zu den traditionellen Werkstoffen Keramik, Glas, Holz und Metall oder als Faserstoff neben Wolle, Baumwolle und Seide oder als Elastomer, Lackharz und Klebemittel gegenüber Naturkautschuk, Öllacken oder Leimen belegen die wirtschaftliche Bedeutung dieser Stoffklasse. Aber nicht nur einsatzcharakteristische Eigenschaften, sondern auch die Entwicklung von Verarbeitungstechnologien, die eine Herstellung maßhaltiger Massenartikel erlaubten, verhalfen den organischen makromolekularen Verbindungen, als Kunststoff (allgemein „Plaste“, *plastics*) im weitesten Sinn, zu hervorragender wirtschaftlicher Bedeutung, einem modernen Werkstoff, der sich außerdem durch relativ niedrige Material- und Fertigungskosten auszeichnet. Per Definition werden als **Kunststoff** technische Werkstoffe bezeichnet, die aus Makromolekülen (Molmasse zwischen 8000 und 6.000.000 g mol^{-1}) mit organischen Gruppen bestehen und durch chemische Umsetzungen gewonnen werden. Synthetische Fasern, Klebstoffe, Leime und Anstrichstoffe werden im heutigen Sprachgebrauch nicht den Kunststoffen zugerechnet, obwohl es definitionsgemäß gegeben ist (Abb. 5.87).

Eine ganz oder teilweise synthetisch hergestellte organische hochpolymere Verbindung ist für den Anwendungstechniker noch kein Kunststoff, sondern nur bestimmte Klassen der Hochpolymeren werden durch ihre Modifizierung und ihren verbreiteten Einsatz zum

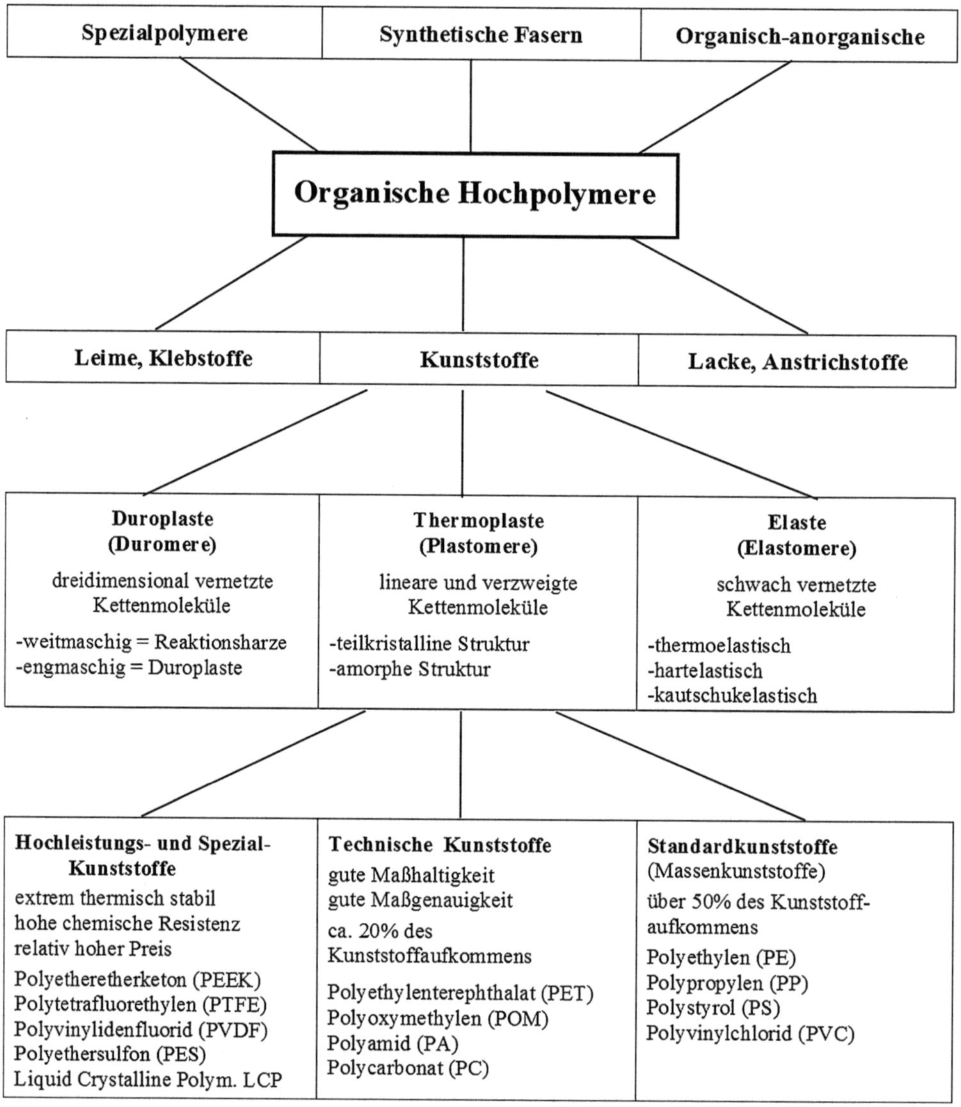

Abb. 5.87 Allgemeine Anwendung organischer Hochpolymere

Polymerwerkstoff und Konstruktionsmaterial, dem Kunststoff im engeren Sinn (Abb. 5.89). Dieses Charakteristikum wird durch die Wortgleichung **Polymer-Rohstoff (e) + Zusatzstoff(e) → Kunststoff** treffend formuliert.

Derzeit charakteristische **Einsatzgebiete der Kunststoffe** in Europa liegen im Bausektor (21 %), in der Verpackungsbranche (40 %), der Elektroindustrie (7 %), in Haushalt, Freizeit und Sport (4 %), in der Landwirtschaft (3 %) sowie dem Fahrzeugbau (9 %; Plastics Europe 2022). Der Rest (ca. 16 %) entfällt u. a. auf die Möbelindustrie, Medizin-

Kosten
- Rohstoff
- Fertigung

Recycling
- chemisch, thermisch
- Zweitnutzung

physiolog. ökolog. Unbedenklichkeit
- flüchtige organische Verbindungen (VOC)
- biologische Abbaubarkeit

Einsatzspezifika
- **mechanische, rheologische, Anforderungen:**
  Gewicht, Schrumpfung, Schwindung, Elastizität, Schlag- und Kerbschlagzähigkeit, Zugfestigkeit, Ausdehnungskoeffizient
- **elektronische, elektrische Anforderungen:**
  Isolation, Leitfähigkeit (metallisch, elektromagnetische Abschirmung) dielektrisch Zahl, Durchschlags- und Oberfächenwiderstand
- **thermische Anforderungen:**
  Wärmeleitfähigkeit, Flammenstabilität, Temperaturstabilität der Eigenschaften (Dauergebrauchstemperatrur)
- **optische Anforderungen**:
  Färbbarkeit, Transparenz, UV-Beständigkeit, optoelektronische Eigenschaften
- **chemische Anforderungen:**
  Chemikalien- und Mikroorganismenresistenz, Mediendurchlässigkeit
- **akustische Anforderungen:**
  Isolation, Resonanz

Abb. 5.88 Auswahlkriterien für die Produktion und den Einsatz von Hochpolymeren

technik sowie sonstige technische Produkte. Die Weltproduktion synthetischer Polymere unterliegt einem schwankenden Wachstum und wird von einer Vielzahl von Faktoren (Rohstoffpreis, Ökonomie, Ökologie, Bevölkerungswachstum, Anwendungsmöglichkeiten usw.) beeinflusst, sodass prognostizierte Wachstumsraten (von 5–10 %) entsprechend den aktuellen Bedingungen zu korrigieren sind (gegenwärtige Jahresproduktion ca. 390 Mio. t). Der Beginn dieser Entwicklung ist u. a. mit den Namen Goodyear (1839 Vulkanisation von Naturkautschuk), Taylor (1859 Herstellung von Vulkanfieber – Ebonit – durch Einwirken von Zinkchlorid und Druck auf Papierlagen), Hyatt (1869 Herstellung von Celluloid durch Vermischen von 25–30 % Campher mit 70–75 % Cellulosenitrat), Spilker und Krämer (1890 Herstellung von Inden-Cumaronharzen), Baekeland (1906 Herstellung von Bakelit aus Phenol und Formaldehyd unter Druck und erhöhter Tem-

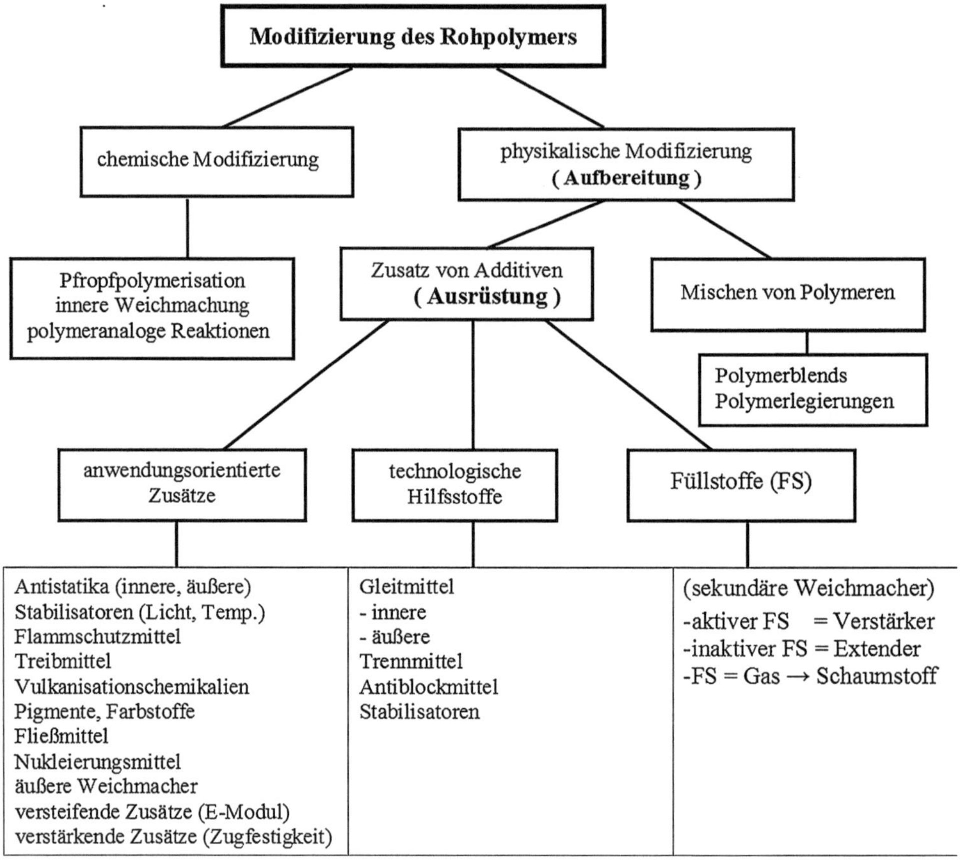

Abb. 5.89 Modifizierung des Rohpolymers

peratur), Klatte und Ostromuislensky (1912 Polymerisation von Vinylchlorid, industriell IG Farben 1931), Staudinger (1930 Polymerisation von Styrol, IG Farben) Carothers (1939 Produktion von Nylonfasern durch Du Pont), die industrielle Produktion von Polyethylen 1939 durch die ICI sowie die stereospezifische Polymerisation von Olefinen (Ziegler und Natta 1955) verbunden. Zunehmende Bedeutung gewinnt in jüngster Zeit aber auch die Herstellung von Spezial- wie abbaubaren oder recycelbaren Produkten, z. B. modifizierten Biopolymeren, biobasierenden Polymeren, elektrisch leitenden Polymeren und Polymeren mit extremen mechanischen wie chemischen Eigenschaften.

Für die Produktion und Auswahl eines Werkstoffs als „Werkstoff nach Maß" im allgemeinsten Sinn gilt es, eine Vielzahl von Kriterien – ganzheitliche Bilanzierung – zu berücksichtigen (Abb. 5.88). Fakten,- oder **Referenzdatenbanken**, wie z. B. Campus®, Fundus®, Polymat, Medex, DETHERM, STN- International oder DIALOG, stellen dafür die **Stoffdatenangaben** laut Hersteller zur Verfügung. Insbesondere bedingt durch rezepturspezifische Materialoptimierungen an unterschiedlichste Produktanforderungen sind inzwischen allein im Thermoplastbereich weltweit mehr als 60.000 verschiedene Kunststofftypen erhältlich.

Dieser Abschnitt über die Verarbeitung von organischen Hochpolymeren zu Kunststoffen, Gummi (Elastomeren) und Synthesefasern berücksichtigt im Wesentlichen die Großtonnage-Produktion. Da außerdem mehr als zwei Drittel der weltweit hergestellten Kunststoffe Thermoplaste sind, kommt deren Weiterverarbeitung und Entsorgung naturgemäß auch die größte Bedeutung zu. Spezialprodukte der Raumfahrt, Medizin, Kosmetik und anderer Anwender bedürfen allerdings einer gesonderten Abhandlung.

5.6.2 Modifizierung des Rohpolymers

Der „Werkstoff nach Maß", der einem geforderten Qualitätsprofil genügt, lässt sich nur in wenigen Fällen direkt durch Variationen des Syntheseverfahrens, z. B. Polyethylen (PE-LD, PE-HD, PE-LLD, PE-UHMW), oder Copolymerisation herstellen. Zum überwiegenden Teil werden die gewünschten Werkstoff-, Gebrauchs- und Verarbeitungseigenschaften des Kunststoffs durch eine **physikalische** oder **chemische Modifizierung** des Rohpolymers erreicht (Abb. 5.89). Die physikalische Modifizierung nimmt dabei nur Einfluss auf die Konformation des Polymers, die chemische dagegen auch auf Konfiguration und Konstitution (Abschn. 2.3 und 2.4). Da das Rohpolymer bei seiner Herstellung in Form von Schmelzen, Lösungen, Dispersionen, Pulvern bzw. Grieß oder nach einer ersten Formgebung als Ballen, Schnitzel oder Fell anfällt, muss es durch materialspezifische Aufbereitungsverfahren der Modifizierung – „Veredlung im weitesten Sinn" – zugänglich gemacht werden (Abb. 5.89).

Die im Aufbereitungsprozess eingesetzten Zerkleinerungs-, Dosierungs-, Mischungs-, Knet- und Homogenisierungsaggregate sollen eine gleichmäßige und materialschonende Verteilung der verschiedenen Zusatzstoffe gewährleisten. Diese Mischprozesse, auch als **Compoundieren** bezeichnet, dienen vorrangig der physikalischen Modifizierung des Rohpolymers (Abb. 5.89). Für die Zugabe der Zusatzstoffe, die sich unterscheiden lassen in technologische Hilfsstoffe (Verarbeitungsadditive), anwendungsorientierte Zusätze (Gebrauchsadditive) und Füllstoffe (mit unterschiedlichsten Funktionen und Anteilen bis zu 50 %), benutzt die Technik allgemein den Begriff **Ausrüstung**. In der Farbstoff-, Klebstoff- und Kautschukindustrie wird dieser Verarbeitungsschritt **Formulieren** genannt. In der Faserindustrie ist dafür der Ausdruck **Veredeln** gebräuchlich. In der Literatur erfolgt allerdings keine strenge Trennung, da die Übergänge fließend sind.

Sofern nach dieser Aufbereitung als Zwischenprodukt nicht Harze oder Pasten anfallen, schließt sich ein Konfektionieren durch **Granulation** zu Linsen, Perlen, Zylindern usw. an. Nass-, Trocken-, Unterwasser-, Strang- und Bandgranulierung sind dafür gängige Verfahren, wobei noch je nach Prozesstemperaturen und deren Abfolge zwischen Heiß- (Extrudieren, Schneiden, Kühlen) und Kaltgranulation (Extrudieren, Kühlen, Schneiden) zu unterscheiden ist.

Eine weitere Möglichkeit der Veredlung – Tendenz steigend – ist das Mischen von Polymeren. Unter Polymerblends im engeren Sinn sind jedoch nur Mischungen von zwei und mehr Thermoplasten zu verstehen (zurzeit ca. 10 % der eingesetzten Thermoplaste). Homogene wie heterogene Strukturen bzw. Ein- und Mehrphasigkeit sind dabei möglich. Polymerlegierungen enthalten jedoch nur zwei Thermoplaste.

Durch den Zusatz von Compatibilizern (Phasenvermittlern) wird versucht, die Wechselwirkung an den Grenzflächen der Komponenten in gewünschter Weise zu beeinflussen.

Die für eine hochwertige Aufbereitung erforderlichen Technologien sowie die Vielzahl der Rezepturen haben dazu geführt, dass für diesen Produktionsschritt vielfach spezielle Firmen („Compounder") verantwortlich sind. Entsprechend technologischen wie ökonomischen Anforderungen sind dort kontinuierlich oder diskontinuierlich betriebene Aggregate im Einsatz. Der Aggregatzustand wie auch die Fließeigenschaften des Additivs entscheiden maßgeblich über die anzuwendende volumetrische oder gravimetrische Dosierungsmethode. **Flüssige Additive**, beispielsweise Weichmacher bei PVC oder flüssige Farbstoffe, werden in der Regel volumetrisch mittels Verdrängerpumpen dosiert, während **Feststoffadditive** die Anwendung volumetrischer oder gravimetrischer Verfahren erfordern. Nach dem volumetrischen Prinzip arbeiten u. a. Zellrad-, Tellerspeiser-, Förderband-, Schnecken-, Vibrations- und Lochscheibendosierer. Auf dem gravimetrischen Prinzip beruhen Dosierband und Chargenwaage.

In welchem rheologischen Zustand des Polymers die Einarbeitung der Additive geschieht, hängt davon ab, in welcher Form es bei der Herstellung oder Aufarbeitung anfällt und welche Homogenität erreicht werden muss. Für Lösungen und Dispersionen können Rührtechniken und Rührerformen unterschiedlichster Ausführungen zum Einsatz kommen. Für feste Polymere ist in der Regel ein plastischer Zustand notwendig, da ein Auftrommeln der Additive nur selten ausreicht. Das **Auftrommeln der Additive** erfolgt durch Vermischen von festem Polymer und Additiv in Schwerkraftmischern, z. B. Taumel-, Trog- und Betonmischern (Kaltmischen, äußere Mischung). Der Mischungsprozess im plastischen Zustand, ausgeführt in speziellen Mischern, wie z. B. Turbo-, Schaufel-, Planet- und Fluidmischern, genügt höheren Anforderungen. Der plastische Zustand kann je nach Maschinenausführung durch direkte Wärmeübertragung wie auch Dissipation der Antriebsleistung erreicht werden. Für eine hohe Qualität ist ein intensives Durchmischen, z. B. Heißmischen ($T_{\mathrm{Misch}} = 50–140\ °\mathrm{C}$) mit Knetern, (Stempel-, Ko- und Trogknetern) oder Mischwalzwerken (z. B. Keilspaltwalzwerken), notwendig. Beste Ergebnisse bei der Homogenisierung der Mischung werden allerdings in der Schmelze mittels **Plastifizierextrudern** (Ein- oder Zweiwellenextrudern) erreicht. Des Weiteren können Reifungsprozesse zur Homogenitätsverbesserung beitragen. Der theoretische Homogenisierungsgrad, die ideale Mischung, gekennzeichnet durch eine regelmäßige Verteilung, lässt sich in der Regel nicht erreichen, da die Diffusionskoeffizienten relativ klein sind und insbesondere bei Polymer-Polymer-Mischungen (Blends) nur $10^{-13}\mathrm{cm}^2\ \mathrm{s}^{-1}$ betragen. Eine Verlängerung der Mischzeit verbessert nicht unbedingt die Homogenität, sondern kann sogar eine Entmischung zur Folge haben. Ein Überschreiten der Löslichkeit des Additivs im Kunststoff führt in der Regel zu Ausblühungen (Blooming), die insbesondere seine Oberflächeneigenschaften verschlechtern. Weiterhin nimmt die freie Mischungsenthalpie oft positive Werte an. In den Polymerlegierungen liegen daher sehr häufig unverträgliche heterogene Zwei- oder Mehrphasensysteme vor, die mechanisch miteinander verankert sind (Abschn. 5.6.3.1). Sie bestehen aus einer durchgehenden Phase (Matrix) und einer dispersen Phase (Abschn. 5.6.5). Harte und elastische Phasen, in geeigneter Weise kombiniert, führen zu gezielten Werkstoffeigenschaften (z. B. schlagzähes Polystyrol, Craze-Bildung, Mikroverstreckung).

5.6.3 Verarbeitung der Thermoplaste und Duroplaste

Da die Formteileigenschaften des Kunststoffprodukts gleichermaßen durch seine chemische Zusammensetzung wie das Verarbeitungsverfahren selbst (Maschinen, Formgestalt, Werkzeug, Prozess) beeinflusst werden, kommt auch der Verarbeitungstechnologie entscheidende Bedeutung zu. Unter Berücksichtigung der mechanisch-thermischen Eigenschaften des jeweiligen Kunststoffs erfolgt die Herstellung von Formteilen, Halbzeugen oder Finalprodukten. Diese mechanisch-thermischen Eigenschaften sind auch das Kriterium für die gebräuchlichste Einteilung der Kunststoffe in Thermoplaste, Duroplaste, thermoplastische Elastomere (TPE) und Elastomere (Abb. 5.90). Andere Einteilungskriterien wie z. B. Bildungsmechanismus (Polykondensation, Polyaddition, Polymerisation) oder Art der Polymerreaktion (Kettenreaktion, Stufenreaktion) sind für die Verarbeitung von untergeordneter Bedeutung.

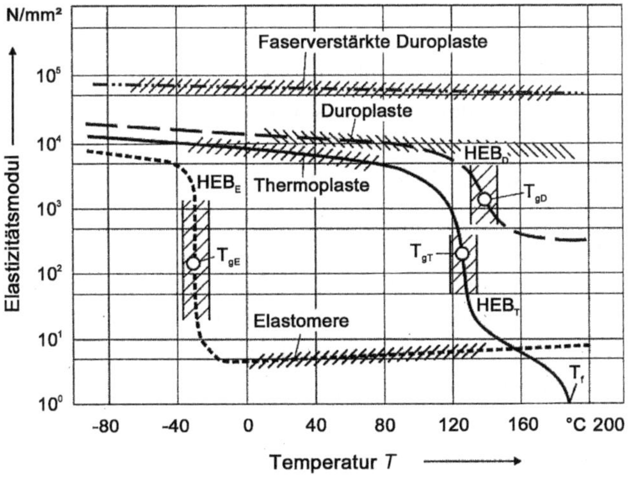

Abb. 5.90 Schematische Darstellung der Temperaturabhängigkeit des Elastizitätsmoduls (E-Moduls) von Kunststoffen (Schema). Statt des E-Moduls kann auch die Spannung σ bei konstanter Dehnung ε oder die Viskosität η oder andere Eigenschaften aufgetragen werden. HEB = Haupterweichungsbereich, T = Thermoplast, E = Elastomer, D = Duroplast, T_f = Fließtemperatur, T_g = Glastemperatur. (Domininghaus et al. 2012)

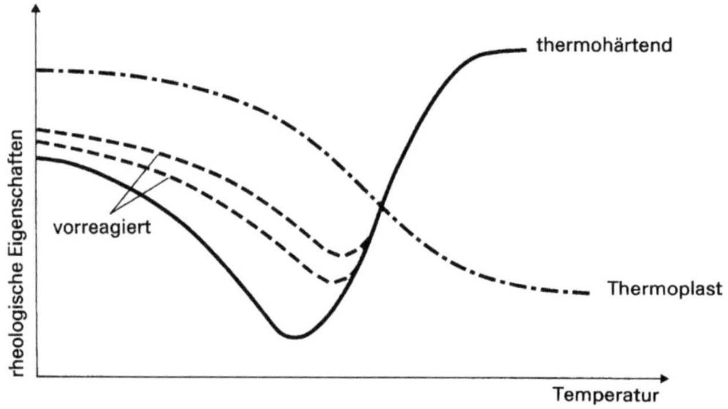

Abb. 5.91 Schematische Darstellung der Abhängigkeit zwischen rheologischen Eigenschaften und der Temperatur für thermohärtende und thermoplastische Kunststoffe. (Batzer und Lohse 1976)

Die Verarbeitungsverfahren der Kunststoffe, die sich an die Aufbereitung anschließen, sind denen der metallischen Werkstoffe sehr ähnlich, sodass sie in ähnlicher Weise systematisiert werden. Die Herstellung von Formteilen, Halbzeugen oder Finalprodukten kann demgemäß durch **Urformen**, **Umformen**, **Fügen** und **Spanen** sowie **Oberflächenveredlung** erfolgen. Je nach angewandtem Formgebungsverfahren und Kunststoff (Thermoplast, Duroplast, TPE oder Elastomer) werden dabei in Abhängigkeit von Temperatur und Zeit unterschiedliche Übergangsbereiche (z. B. Orientierungseffekte) und rheologische Zustände (Strukturviskosität) durchlaufen. Im Allgemeinen steht deshalb für die Verarbeitung nur ein enger Parameterbereich (Verarbeitungsfenster), bedingt durch Schmelz- und Zersetzungstemperatur sowie Glasübergangstemperaturbereich oder Härtungsverlauf, zur Verfügung (Abb. 5.91 und 5.92). Das geforderte Qualitätsprofil (Abb. 5.88) des finalen Kunststoffprodukts ist daher einerseits durch die chemischen und physikalischen Eigenschaften des Polymers sowie andererseits durch die sich während des Verarbeitungsprozesses (z. B. Verweilzeit in der Maschine) möglicherweise vollziehenden Materialveränderungen (Abb. 5.92) zu erreichen.

5.6.3.1 Urformen

Das Urformen (*moulding*) umfasst die wichtigsten kunststofftechnischen Verarbeitungsprozesse zur Erzeugung von Form und Gestalt. Der gestaltlose fluide, plastische oder pulverförmige Werkstoff wird in diesem Formgebungsprozess drucklos oder unter Druck, und zur Vermeidung von Lunkerbildung frei von Gaseinschlüssen, zum Halbzeug bzw. Finalprodukt geformt. Zu den weitestgehend drucklosen Verfahren zählen vor allem das Gießen, Tauchen, Schäumen, Sintern und Beschichten und zu den Formgebungsprozessen unter Druck das Pressen, Walzen, Kalandern, Extrudieren, Spritzgießen und Blasformen. Prinzipiell sind für die Verarbeitung thermoplastischer Kunststoffe alle unten genannten Techniken mit ihren speziell dazu entwickelten Technologien einsetzbar. Die Gestalt des geformten thermoplastischen Werkstoffs ist in der Regel durch Kühlung fixierbar.

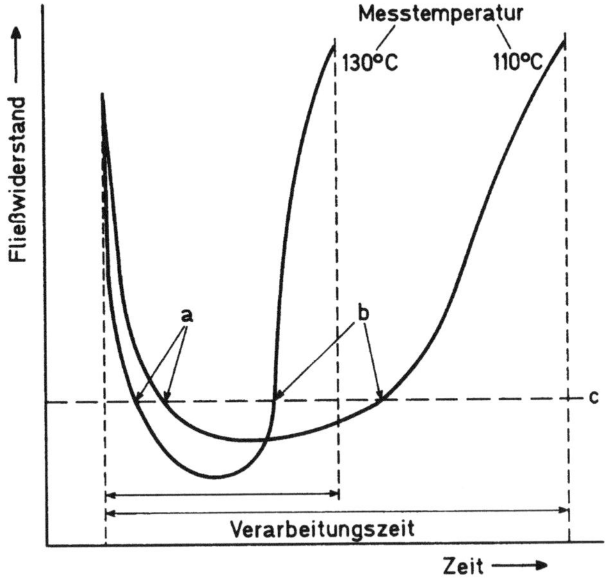

Abb. 5.92 Fließ-Härtungsverhalten von zwei verschieden härtbaren Formmassen in Abhängigkeit von der Zeit. a = Beginn der Verformbarkeit, b = Ende der Verformbarkeit, c = werkzeugbedingter Fließwiderstand. (Batzer 1984–1985)

Auch Duromere und Elastomere sind mit diesen Techniken zu verarbeiten, wenn die geformten Monomeren oder Präpolymeren bereits als Duromere oder Elastomere angesehen werden. Die Fixierung der Formgestalt erfolgt hier durch chemische Vernetzung (Aushärtung, Vulkanisation).

Die Besonderheit, dass die Verarbeitungstechnik die Eigenschaften zahlreicher Kunststoffe beeinflusst, führte zur Entwicklung effektiver Technologien in stofflicher wie ökonomischer Hinsicht. In der modernen Kunststoffverarbeitung sind sowohl kontinuierlich wie diskontinuierlich betriebene Formgebungsverfahren in Anwendung. Geforderte Qualität und Produktivität schlagen sich in den Produktgesamtkosten nieder, die sich aus Rohstoff-, Verarbeitungs- und Werkzeugkosten zusammensetzen. Die Kostenermittlung ist über Kennzahlen, die wirtschaftliche, thermodynamische und mechanische Werkstoffdaten enthalten, möglich. Verarbeitungskosten bestimmende Größen, wie z. B. Kühlzeit, Zykluszeit, Wanddicke und thermische Leitfähigkeit, werden durch die Kühlkennzahl charakterisiert. Rohstoffbestimmende Parameter werden durch die Preiskennzahl und Werkzeugspezifitäten (*rapid tooling*, *rapid prototyping*) mittels Formnestzahl erfasst. Stand der Technik ist heute die enge Verknüpfung von *rapid* und *simultaneous engineering*, z. B. CAD (Computer-aided Design), CAE (Computer-aided Engineering), EFQM (European Foundation for Quality Management).

Die Qualität eines Produkts wird durch seine Materialeigenschaften wie Maßhaltigkeit bestimmt. Während gewünschte Materialeigenschaften durch Modifizierung (Abb. 5.89) erreichbar sind, unterliegt die Maßhaltigkeit bei der Herstellung dem Gesamtschwindungsverhalten des zu verarbeitenden Materials. Diese Gesamtschwindung hat ihre Ursache in der Verarbeitungs- und Nachschwindung des Kunststoffs (Abb. 5.93). Dabei wird die

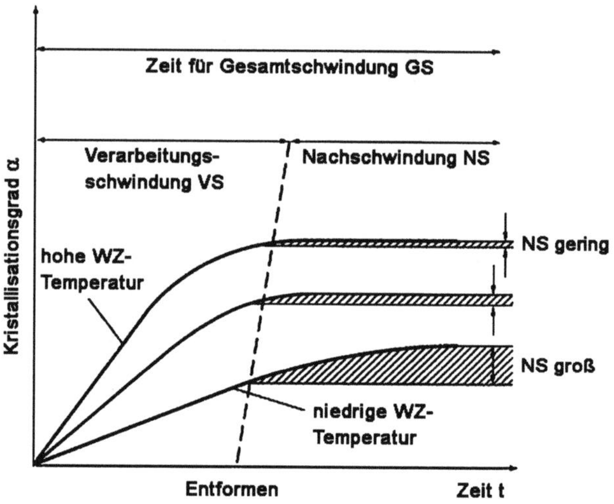

Abb. 5.93 Schematischer Verlauf von Verarbeitungs- und Nachschwindung bei hoher und niedriger Werkzeugtemperatur. (Domininghaus et al. 2012)

Nachschwindung insbesondere bei teilkristallinen Kunststoffen infolge Nachkristallisation beobachtet.

Drucklose Formgebung Die drucklose Formgebung setzt im Allgemeinen den flüssigen Zustand des Werkstoffs, der als Lösung, Dispersion oder Schmelze vorliegen kann, voraus und erfordert nur einen geringen Druck zur Überwindung von Reibungswiderständen. Die Verarbeitung von Pulvern, plastischen Materialien, Reaktionsharzen und Monomeren ist dabei teilweise mit inbegriffen.

In **kontinuierlichen** wie auch **diskontinuierlichen Gießverfahren** werden massive und hohle Formteile (Formgießen, Ausgießen) hergestellt. Unter Berücksichtigung des Schwindungsverhaltens und der Verarbeitungstemperatur entstehen in den ein- oder zweiteiligen Formwerkzeugen die gewünschten Formstücke. Für die Herstellung von Artikeln, die keine inneren Spannungen aufweisen, frei von Molekülorientierungen sind und eine gleichmäßige Wanddicke besitzen, ist das **Rotationsgießen** trotz längerer Zykluszeiten bei beschränkter Seriengröße vorteilhaft. In einem relativ langsam um eine oder mehrere Achsen taumelnd rotierenden Werkzeug, das in der Regel auch beheiz- und kühlbar ist, wird hier auf schonende Weise das fluide Material gleichmäßig über die Werkzeuginnenkontur verteilt, verdichtet, bei Abkühlung gesintert und somit verfestigt (Abb. 5.94). Dieses Verfahren wird insbesondere zur Herstellung großvolumiger thermoplastischer Kunststoffteile mit relativ geringen Jahresstückzahlen eingesetzt (z. B. Regenzisternen aus PE).

Das **Schleudergießverfahren** erlaubt die Fertigung von Rohren mit eingelegten Verstärkungen (Durchmesser 0,2–2 m, Länge bis zu 10 m). Dabei werden in einem horizontalachsig gelagerten Rohr aus Stahl (beidseitig offen, hochglanzpoliert, hartverchromt, trennmittelbehandelt) der flüssige Werkstoff und das eingelegte Verstärkungsmaterial durch Rotation mit Zentrifugalkräften bis zu 1000-facher Erdbeschleunigung an die Wand des

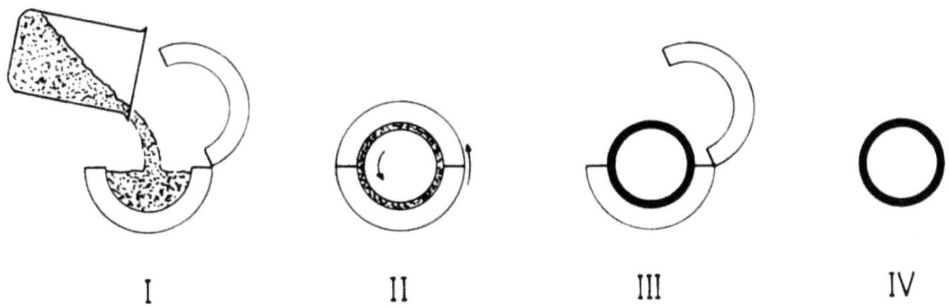

Abb. 5.94 Rotationsgießen: I = abgemessene Menge Kunststoff wird in die Form gebracht, II = Schließen der Form, Rotation unter Verarbeitungsbedingungen um zwei oder mehr Achsen, III = Öffnen der Form, IV = Formteil nach Abkühlung und Entnahme. (Elias 2002)

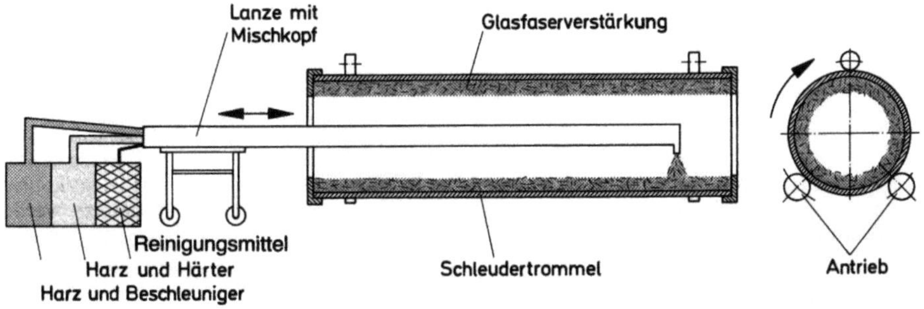

Abb. 5.95 Prinzip des Schleudergießverfahrens. (Schwarz et al. 2002)

Schleuderrohrs gepresst. Der Werkstoffeintrag erfolgt über eine horizontal bewegliche Zuleitung (Abb. 5.95). Das Verfahren wird beispielsweise zur Herstellung hochfester glasfaserverstärkter Rohre aus Epoxidharzsystemen verwendet.

Spezielle Gießmaschinen, wie z. B. Band- und Trommelgießmaschinen (Abb. 5.96) oder Zylindergießmaschinen, sind für die kontinuierliche Produktion hochwertiger Folien im Einsatz. Als eine Sonderform des Gießens lässt sich auch das Verbinden von Schichten durch Reaktionsharze auffassen (Laminieren).

Das **Tauchen** stellt ein Auftrageverfahren dar, bei dem die Gegenstände, Gewebebahnen oder auch Fäden in das fluide Medium getaucht werden. Je nach Verarbeitungsbedingungen kommen Warm- (120–220 °C) oder Kalttauchverfahren zur Anwendung (Abb. 5.99). Das fluide Medium kann aber auch in Pulverform vorliegen, in welches die vorgewärmten Formteile eintauchen. Anschließendes Sintern oder Schmelzen erzeugt eine geschlossene Oberfläche (Pulvertauchen). Wirbelsinteranlagen gestatten bei guter Wirtschaftlichkeit das Beschichten unregelmäßiger Formen (Abb. 5.97). Die Metallgegenstände müssen dabei ebenfalls vorgewärmt in das Wirbelbett eingebracht werden. Um einen geschlossenen und gut haftenden Überzug zu erreichen, liegen die Vorwärmtemperaturen ca. 100–200 °C über dem Schmelzbereich des Kunststoffs. Die Korndurch-

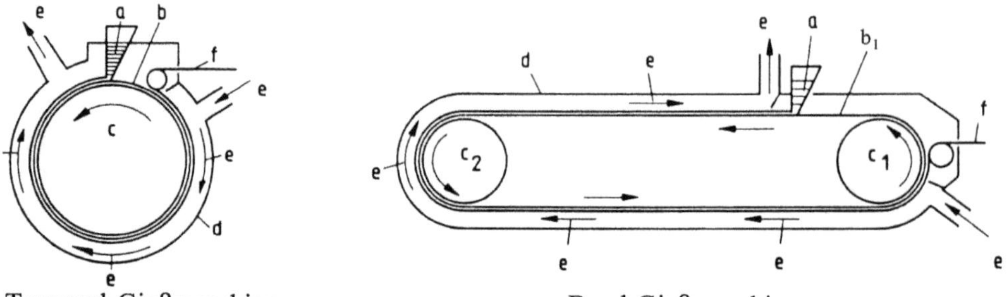

Abb. 5.96 Foliengießen: a = Gießer, b = Gießunterlage, b_1 = Metallbandgießunterlage, c = Gießtrommel, c_1, c_2 = Umlenkantriebstrommel, d = Gehäuse, luftdicht, e = Trockenluft, f = Folie. (Michaeli 2010)

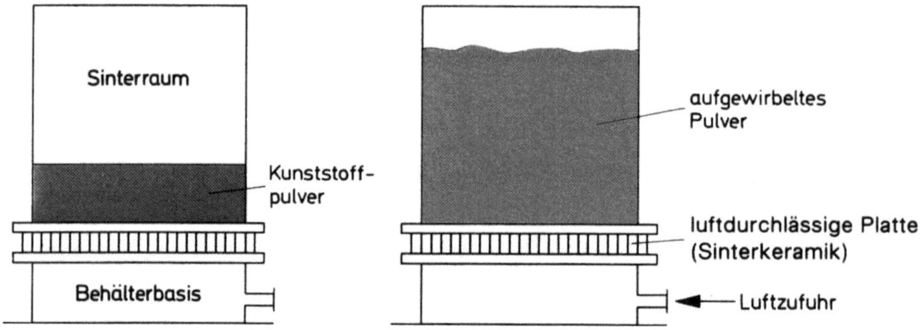

Abb. 5.97 Wirbelsintergerät (schematisch). (Schwarz et al. 2002)

messer der Sinterpulver betragen 50–300 µm. Beim Flammspritzen dagegen erfolgt der Pulverauftrag durch die mit Brenngas und Druckluft betriebene Spritzpistole unter gleichzeitigem Aufschmelzen des Werkstoffs.

Die **elektrostatische Pulverlackierung** verwendet ein Hochspannungswechselfeld für die Aufladung der Kunststoffpartikel, die sich auf dem geerdeten Formstück in gleichmäßiger Schichtdicke abscheiden und danach aufgeschmolzen oder aufgesintert werden. Im Fall der Verarbeitung von Duroplasten beginnt dabei das Aushärten.

Sintern (*sintering*) beinhaltet das Verfestigen von pulverförmigem Feststoff unterhalb des Schmelz- bzw. Zersetzungspunkts unter Anwendung von Druck und Wärme. Es charakterisiert einen Anschmelz- und Zusammenbackvorgang, der besonders bei der Formgebung solcher Polymere von anwendungstechnischer Bedeutung ist, die auch oberhalb der Erweichungstemperatur nur eine geringe Fließfähigkeit aufweisen, z. B. PTFE, PE-UHMW (Abschn. 5.6.3.1).

Zum **Verschäumen** eignen sich prinzipiell fast alle Kunststoffe, vorausgesetzt, ein genügend flüssiger Verarbeitungszustand ist realisierbar. Die wirtschaftliche Herstellung geschäumter Formteile, Halbzeuge oder Granulate bleibt zurzeit jedoch nur auf einige wenige Kunststoffe (Polyurethane, Polystyrole, Mehrkomponentenkunststoffe) mit breitester Einsatzcharakteristik beschränkt. Geschäumte Produkte zeichnen sich durch ein gutes akustisches und mechanisches Dämpfungsverhalten bei niedrigem Gewicht sowie hohe mechanische Festigkeit, geringe Wärmeleitfähigkeit und leichte Bearbeitbarkeit aus.

Schaumstoffe werden heute hinsichtlich Verformbarkeit, Zellstruktur und Dichteverteilung unterschieden. In Bezug auf die Verformbarkeit weisen Hartschaumstoffe einen hohen Verformungswiderstand bei geringer Elastizität auf, während Weichschäume über einen geringen Verformungswiderstand und gute elastische Verformbarkeit verfügen.

Da beim Schäumungsvorgang verschiedene Zellstrukturen entstehen können, ist auch eine Differenzierung in **geschlossen-**, **offen-**, oder **gemischtzellige Schaumstoffe** möglich. Bei einer offenzelligen Struktur stehen die Hohlräume der Zellen untereinander in Verbindung, und es findet innerhalb des Verbunds eine Gaszirkulation statt, die im geschlossenzelligen Schaumstoff (Zellendurchmesser von 0,5–2 mm) jedoch nicht möglich ist. Eine weitere Charakterisierungsmöglichkeit ergibt sich aus der Dichteverteilung. Schaumstoffe mit gleichmäßiger Dichteverteilung können über den gesamten Querschnitt eine gleichmäßige geschlossen-, offen- oder gemischtzellige Struktur besitzen. **Integralschaumstoffe** (Strukturschaumstoffe) dagegen weisen eine ungleichmäßige Dichteverteilung auf. Der zellige Kern wird hier von einer geschlossenen, kompakten, weitgehend ungeschäumten Außenhaut umgeben, sodass eine sandwichähnliche Struktur entsteht (Abb. 5.98)

Für die Ausbildung der genannten Zellstrukturen werden chemische, physikalische und mechanische Treibverfahren eingesetzt. Neben dem Treibmittel (Treibgas) machen sich schaumstabilisierende und oberflächenaktive sowie nukleierende Zusätze (keimbildend, „Siedesteinchen“) erforderlich. Die Schaumbildung verläuft in drei Phasen: Blasenbildung (Nukleierung), Blasenwachstum und Blasenfixierung.

Bei **chemischen Treibverfahren** wird Treibgas entweder durch Zusatz reaktiver Komponenten während der Polymerbildungsreaktion entwickelt (z. B. PUR, CO_2 aus Isocya-

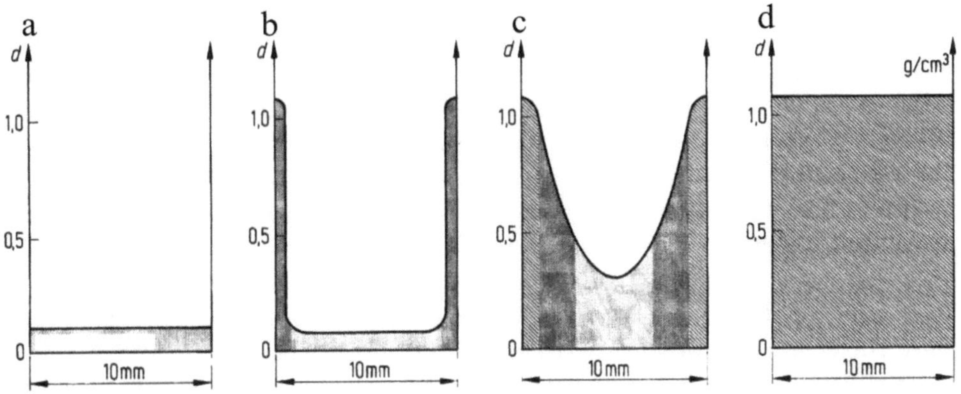

Abb. 5.98 Strukturschaumstoffe. Dichteverlauf über den Querschnitt. **A** Schaumstoff ohne Haut, Rohdichte $\rho = 0{,}1$ g cm^{-3}, **B** Strukturschaumstoff, Rohdichte $\rho = 0{,}2$ g cm^{-3}, **C** Strukturschaumstoff, Rohdichte $\rho = 0{,}6$ g cm^{-3}, **D** kompakter Werkstoff, Rohdichte $\rho = 1{,}1$ g cm^{-3}. (Saechtling 2013)

naten und Wasser), oder es entsteht beim Zerfall instabiler Zwischenprodukte (z. B. Carboxygruppen), oder es wird durch thermischen Zerfall erzeugt: Thermoplast-Schaum-Spritzgießen (TSG), Thermoplast-Schaum-Blasformen (TSB).

Bei **physikalischen Treibverfahren** werden niedrigsiedende Flüssigkeiten infolge exothermer Reaktionen oder durch Erhitzen verdampft. Zum Beispiel besitzt mit FCKW geschäumtes PUR ausgezeichnete Wärmeisolationseigenschaften. Der Einsatz von FCKW ist aber aufgrund seiner ozonschädigenden Wirkung nur noch begrenzt möglich.

Mechanische Verfahren bedienen sich entweder der Entspannung hochverdichteter, im Kunststoff dispergierter Gase, wie CO_2 oder N_2 (Frothing-Verfahren, MuCell-Verfahren) bzw. des Einschlagens von Luft (Schlagsahneverfahren). Beim MuCell-Verfahren wird aus Polymerschmelze und superkritischem CO_2 (oder N_2) eine homogene Mischung erzeugt, bei deren Entspannung ein Produkt mit homogener geschlossenzelliger Struktur entsteht. Die Zellgrößenverteilung dieser Mikroschaumstrukturen über die Wanddicke kann in Grenzen z. B. durch die Druck- und Temperaturführung bei der Produktherstellung beeinflusst werden.

Die kugelförmigen Mikrozellen weisen Durchmesser zwischen 5 und 50 µm auf, was auch die Herstellung sehr dünnwandiger Leichtbauprodukte ermöglicht. Die Zelldichte liegt bei 10^7 – 10^9 Zellen pro Kubikzentimeter. Beim Schlagsahneverfahren wiederum kann die Blasenstabilisierung durch die Polymerbildungsreaktion selbst oder die Einhaltung eines definierten Abkühlverlaufs bei Produktherstellung erfolgen.

RIM (Reaction Injection Moulding, RSG = Reaktionsspritzguss) und **RRIM** (Reinforced Reaction Injection Moulding) sind Hochdruckverfahren, nach denen unverstärkte (RIM) und verstärkte (mit Glasfasern) Schaumstoffe höchster Festigkeit für die Kfz- und Bauindustrie produziert werden (Abschn. 5.6.5.2).

Das Beschichten ist ein Urformungsprozess, dessen unterschiedliche Auftragetechniken neben den drucklosen Verfahren auch eine Druckanwendung erfordern können.

Zum **Beschichten** von Bahnware kommt in der Regel das Streichen als Auftrageverfahren zum Einsatz (Abschn. 5.6.3.1). Die Schichtqualität lässt sich durch einen Grundstrich (Haftvermittlung), Füllstrich (Mittelstrich), Deckstrich (verschleißfeste Oberfläche) und Schlussstrich (Versiegelung) anforderungsgemäß gestalten. Am gebräuchlichsten sind die in Abb. 5.99 skizzierten **Rakel-** und **Walzenauftragsverfahren**. Aber auch Materialauftrag durch Sprühen, Gießen oder Extrudieren ist in Anwendung. Der Rakel ist ein Messerbalken, dessen hintere Kante (Streichkante) angeschrägt bzw. hinterschnitten ist. Im Gegensatz zum Gummirakel, bei dem das Material auf einem endlosen Gummiband aufliegt, wird beim Luftrakel die Bahn freitragend gezogen.

Formgebung unter Druck Weit über 50 % aller derzeitig betriebenen Urformungsprozesse erfordern die Anwendung von Druck. Dabei bestimmen die deformationsmechanischen Eigenschaften des Kunststoffs (Abb. 5.118) maßgeblich seine Verarbeitungstechnologie. Liegt bei der (weitgehend) drucklosen Formgebung der Werkstoff in der Regel bereits in verarbeitbarer Form vor, so wird er für die Verarbeitung unter Druck häufig erst mittels eines Extruders in den verformbaren Zustand überführt.

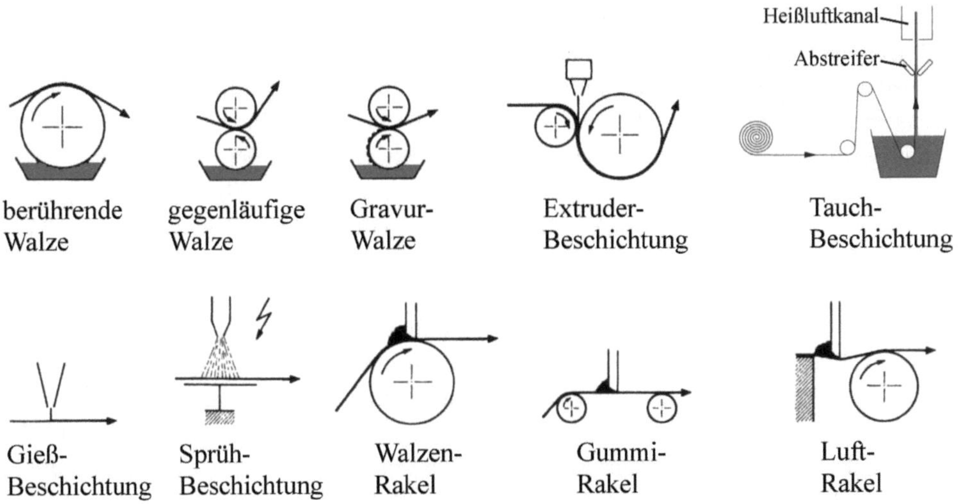

Abb. 5.99 Verfahren zur Herstellung von Kunststoffbeschichtungen. (Batzer 1984–1985; Schwarz et al. 2002)

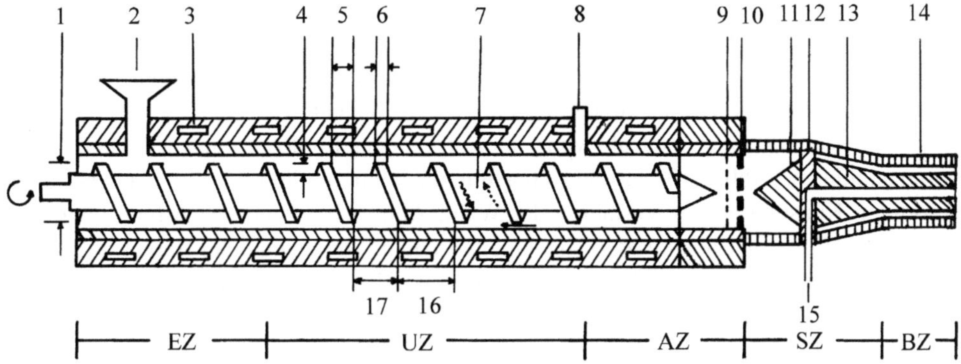

Abb. 5.100 Schematische Darstellung eines Einschneckenextruders mit Längsspritzkopf. 1 = Schneckendurchmesser, 2 = Einfüllöffnung, 3 = Kühl- bzw. Heizelemente, 4 = Gangtiefe, 5 = Steigungswinkel, 6 = Stegbreite, 7 = Druck-, ~~> = Schleppströmung, —> = Leckströmung, 8 = Entgasungsöffnung, 9 = Sieb, 10 = Lochscheibe (Brecher), 11 = Verdränger, 12 = Dornhalter, 13 = Dorn, 14 = Hülse (Mundstück), 15 = Stützluftzufuhr, 16 = Steigung, 17 = Gangbreite, EZ = Einzugszone, UZ = Umwandlungszone (Kompressionszone), AZ = Ausstoßzone (Meteringzone), SZ = Schmelzzone, BZ = Bügelzone (Profilierungszone)

Extruder (vom lat. *extrude* für „herauspressen", „austreiben") sind Schneckenmaschinen (einem Fleischwolf vergleichbar), die sich, je nach Einsatzgebiet, in ihren Konstruktionsparametern unterscheiden. Ihre Leistungsfähigkeit ergibt sich aus dem Verhältnis von Schneckenlänge zu Schneckendurchmesser, aus der Gangtiefe der Schnecke am Anfang und Ende, ihrer Gangsteigung und Stegbreite sowie dem Steigungswinkel (Abb. 5.100).

Unterschiedliche Steigungen und Mehrgängigkeit sowie spezielle Formgebungen der Zylinderwand und Ganggeometrie sind auf die werkstoffspezifischen Verarbeitungszustände, wie etwa plastisch oder geschmolzen, zugeschnitten. So ist geringe Gangtiefe für den Transport der Schmelze und große Gangtiefe für das Aufschmelzen des Kunststoffs verantwortlich. Neben dem gebräuchlichsten **Einschneckenextruder** mit einer Dreizonenschnecke (Einzugs-, Kompressions- und Meteringzone; Abb. 5.100) finden auch gleich- oder gegenläufige **Doppelschneckenextruder** Anwendung. Sonderbauarten wie Kolben- (RAM-), Planetwalzen-, Kaskaden- oder Zahnradpumpenextruder kommen nur in Sonderfällen, wie etwa bei der Verarbeitung von PTFE u. Ä. (Abschn. 5.6.3.1), zum Einsatz.

Um Überhitzungen zu vermeiden, sind Kühlmöglichkeiten vorgesehen. Scherung, Schlepp-, Druckrück- und Leckströmung sowie Strömungsumlagerungen auf der Schneckenwelle bzw. zwischen Steg und Zylinderwand sind für das intensive Durchmischen des Kunststoffs verantwortlich. Diese Homogenisierung der Schmelze stellt eine wesentliche Aufgabe des Extruders dar. Daher sind vielfach spezielle **Misch-** bzw. **Schersegmente** in die Schnecke integriert. Anhand des dargestellten Arbeitsdiagramms eines Extruders in Abb. 5.101 wird erkennbar, dass der Arbeitspunkt eines Extruders zwischen den Arbeitsgrenzpunkten der Schneckenmaschine, d. h. maximaler Förderleistung bzw. maximalem Druck, liegt und dass andererseits Schneckenmaschinen auch nur zur Druckerzeugung oder Gutförderung einsetzbar sind. Verschiebungen der Schnecke in axialer Richtung erlauben außerdem das Einspritzen definierter Stoffmengen in ein Formwerkzeug (Abschn. 5.6.3.1). In der modernen Verarbeitungstechnologie besitzt der Plastifizierextruder gegenüber dem Schmelzextruder (mit Vorplastifizierung) die größere Bedeutung.

Zur Herstellung einer Vielzahl von Halbzeugen oder Endlosprofilen wie auch Drahtummantelungen (Abb. 5.102) ist die **Extrusion**, die kontinuierliche Fertigung eines endlos geformten Kunststoffs, das Verfahren der Wahl. Abb. 5.103 zeigt das Arbeitsdiagramm eines realen Einschneckenextruders mit angeflanschtem Werkzeug unter Berücksichtigung von Qualität und Ökonomie. Optimale Arbeitspunkte liegen im schraffierten Bereich, der durch Variation einzelner Parameter (z. B. Düsenkennlinie und Schneckendrehzahl) erreichbar ist. Dabei besitzen die verschiedenen Arbeitspunkte aufgrund der Variationsmöglichkeit des Arbeitsdrucks unterschiedliche Wertigkeiten. Der notwendige Arbeitsdruck wird maßgeblich von dem an den Extruder angeflanschten Extrusionswerkzeug, das

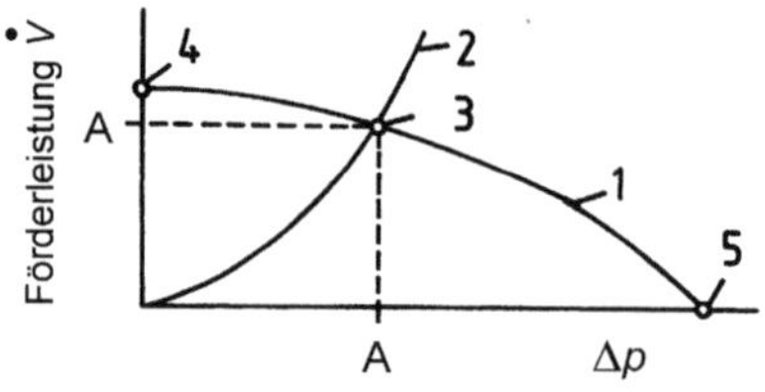

Abb. 5.101 Arbeitsdiagramm eines Extruders. 1 = Durchsatzkennlinie, 2 = Werkzeugkennlinie, 3 = Arbeitspunkt (A), Förderleistung und Druck am Arbeitspunkt, 4 = maximaler Durchsatz, Druck ist null; Arbeitsweise als Förderschnecke, 5 = maximaler Druck, Förderleistung ist null; Arbeitsweise als diskontinuierlicher Schneckenmischer. (Gruhn et al. 1979)

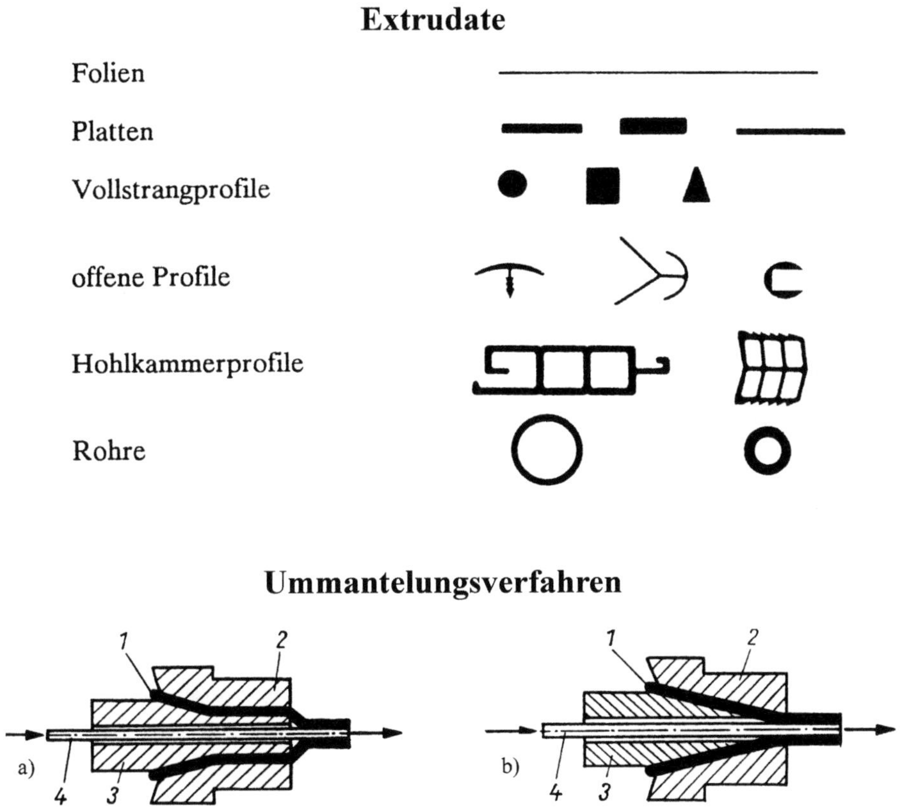

Abb. 5.102 Formen von Extrudaten und Drahtummantelungsverfahren. **a** Schlauchverfahren, Aufbringen der Umhüllung außerhalb des Werkzeugs, **b** Druckverfahren, Aufbringen der Umhüllung innerhalb des Werkzeugs. 1 = Schmelze, 2 = Mundstück, 3 = Dorn, 4 = Draht. (Michaeli et al. 2008; Broy et al. 1979)

die gewünschte Querschnittsform ausbildet, bestimmt. Neben dem einfachen Verdrängertorpedo (Abb. 5.100) befinden sich in Abhängigkeit vom herzustellenden Profil (Abb. 5.102) spezielle Breitschlitz- und Wendelverteiler oder sog. Pinole (axial fixierte Verdrängerelemente mit seitlicher Einspeisung) in Anwendung. Generell ist der bei der Formgebung möglicherweise auftretende **Memory-Effekt** („Erinnern" der verstreckten Makromoleküle an ihren Ausgangszustand vor der Verstreckung, spontane elastische Erholung, Einfluss der Beanspruchungsgeschichte) zu berücksichtigen.

Bei der Produktion von Schläuchen und Rohren ist meistens eine pneumatische Stützung der Formteile erforderlich. An die Extrusion schließen sich Kalibrierung (Innen- oder Außenkalibrierung), Kühlung und Ablängung an (Abb. 5.104).

Bei der Herstellung von Folien in Blasfolienanlagen erfolgt eine Schlauchaufweitung bis zur Folienstärke und nach dem Erkalten das Flachlegen mit Quetschwalzen (Abb. 5.105).

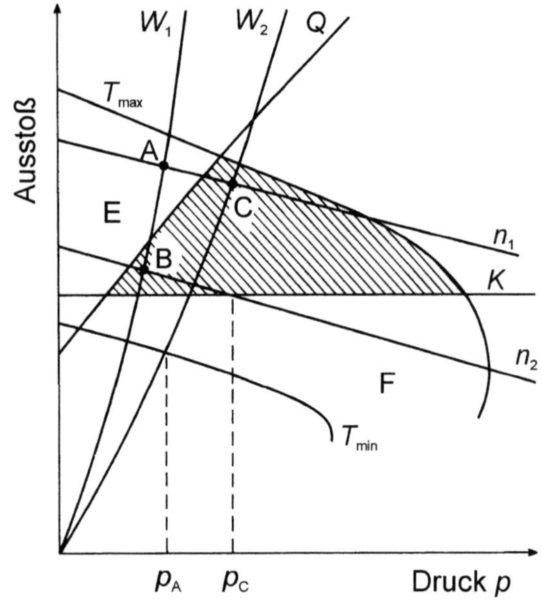

Abb. 5.103 Arbeitsdiagramm eines realen Extruders. T_{min} = minimale Schmelztemperatur, T_{max} = maximale Schmelztemperatur, W_1, W_2 = Widerstandskennlinien (Werkzeug, Düse), n_1, n_2 = Schneckendrehzahlen, Q = Homogenitäts-(Qualitäts-) grenze, A, B, C = Arbeitspunkte bei verschiedenen, Einstellungen des Extruders, E = Produkt inhomogen, F = Ausstoß unwirtschaftlich. (Batzer 1984–1985)

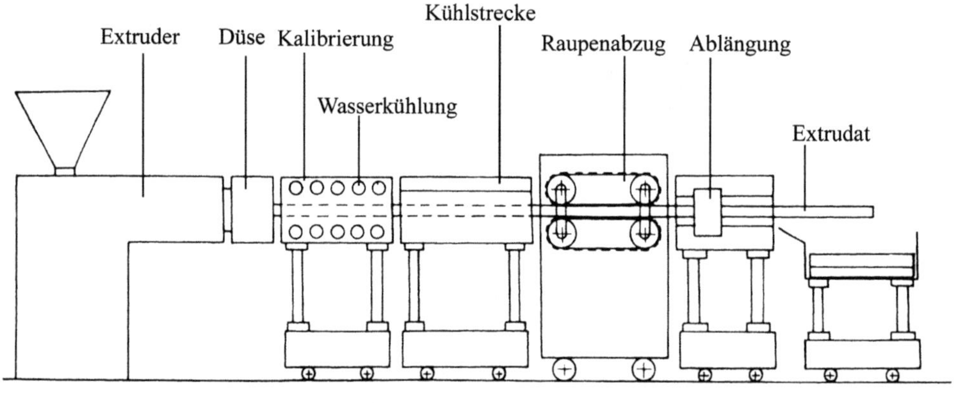

Abb. 5.104 Prinzip einer Rohrextrusionsanlage. (Michaeli 2010)

Der „Werkstoff nach Maß" lässt sich einerseits durch Modifizierung erreichen (Abschn. 5.6.2), andererseits werden aber auch Werkstoffe mit Schichtenaufbau diesen Anforderungen gerecht. Mittels **Coextrusion** gelingt die Herstellung mehrschichtiger wie auch mehrfarbiger Halbzeuge, Kabelummantelungen und Formteile. Das Werkzeug wird dabei über getrennte Kanäle von verschiedenen Extrudern beschickt, und die einzelnen Stoffströme werden kurz vor dem Düsenaustritt zusammengeführt. Derzeit lassen sich mittels Coextrusion beispielsweise Verbundfolien mit bis zu elf Schichten herstellen (es existieren jedoch auch Anlagen für 33 Schichten und mehr). Neben dem Einsatz von Frischpolymerisaten werden auch regenerierte Materialien erfolgreich wiederverwendet

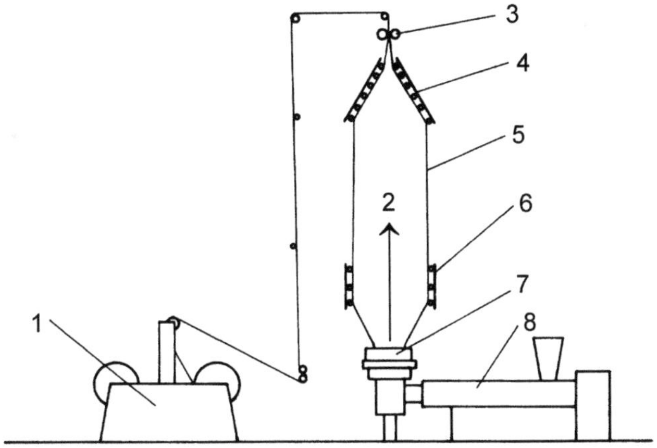

Abb. 5.105 Prinzip einer Blasfolienanlage. 1 = Wickler, 2 = Luft, 3 = Quetschwalzen, 4 = Flachlegeeinheit, 5 = Blasfolie, 6 = Kalibrierkorb und Kühlring, 7 = Folienblaskopf, 8 = Extruder. (Michaeli 2010)

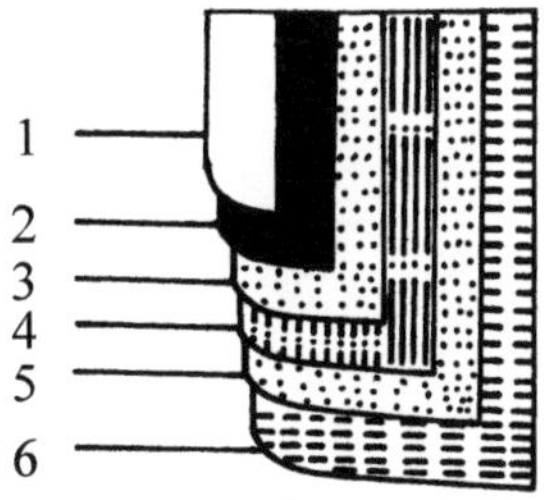

Abb. 5.106 Mehrschichtiger Werkstoff durch Coextrusion. 1 = Dekorationsschicht, 2 = CoEx-Recycle-Schicht, Regenerat, 3, 5 = Bindungsschicht, 4 = Grenzschicht, 6 = Trägerschicht. (Allen und Bevington 1992)

(Abb. 5.106 und 5.107). Eventuell auftretende Haftungsprobleme zwischen den verschiedenen Werkstoffen erfordern allerdings den Einsatz haftvermittelnder Bindungsschichten (z. B. Compatibilizer).

Werkstoffe wie PTFE oder PE-UHMW, die unter Verarbeitungsbedingungen nicht plastifizierbar sind, werden mittels Sintertechnologie geformt (Abschn. 5.6.3.1). Für die Fertigung derartiger Halbzeuge wird der **RAM-Extruder** (Kolbenextruder) eingesetzt. Hier verdichtet ein Stempel diskontinuierlich das Material. Temperatur, Wandreibung und Gegendruck des Werkzeugs bewirken die Sinterung des kontinuierlich extrudierten Halbzeuges.

Beim sog. formfreien Sintern werden Vorformlinge unter einem Druck von 20–100 MPa verpresst und in einem weiteren Schritt gesintert. Drucksintern beinhaltet das Sintern des Formstücks im Werkzeug unter Druck, aber auch druckloses Sintern und nachträgliche Materialverdichtung sind in Anwendung.

Für die Herstellung von Formteilen mit Wandstärken unter 8 mm in großen Stückzahlen nimmt das **Spritzgießen** (*injection moulding*) eine marktbeherrschende Stellung ein. Nahezu 60 % der Kunststoffverarbeitungsmaschinen zur Produktion von Formteilen beru-

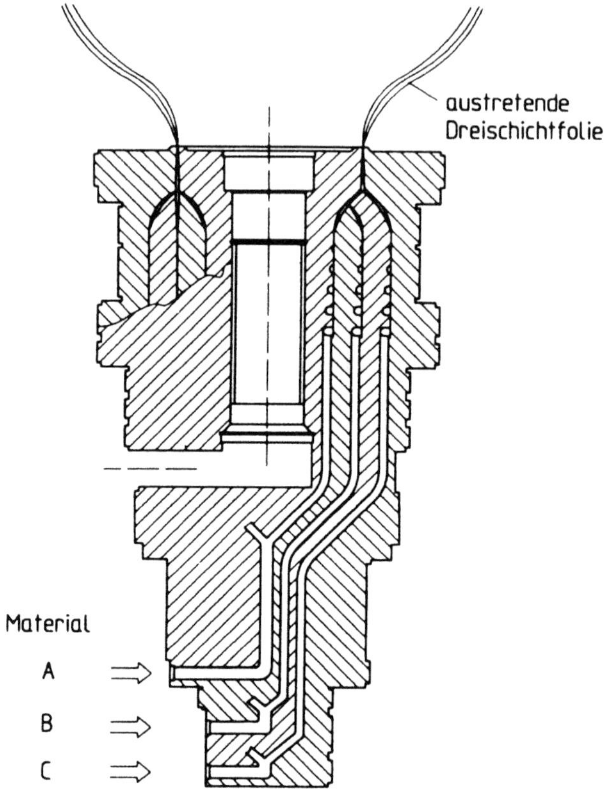

Abb. 5.107 Dreischichten-Coextrusions-Blasfolienwerkzeug, reversierend und mit Innenkühlvorrichtung nach Wittmann und Battenfeld. (Michaeli 2010)

hen auf dem Spritzgießverfahren, das in der Regel kaum eine Nachbearbeitung der Spritzgießteile erfordert und außerdem eine hohe Reproduzierbarkeit besitzt. Bei Gewährleistung eines kurzen Kühlzyklus resultiert ein hoher Produktausstoß und damit eine gute Wirtschaftlichkeit. Ähnlich dem Gießen wird das Werkzeug mit dem zu formenden Werkstoff ausgegossen. Das Gießen geschieht hier allerdings durch Einpressen (Spritzen) einer bestimmten Materialmenge (Schussgewicht) in die Negativform mittels Schnecken- oder Kolbenpresse. Ein Nachdrücken in der ersten Erstarrungsphase (Versiegelung) kompensiert den Materialschwund (Abb. 5.93 und 5.108). Plastifizier- und Schießeinheit stellen die wesentlichen Bauteile der Spritzgießmaschine dar. Ein **Spritzzyklus** besteht aus folgenden Arbeitsgängen: Einspritzen, Nachdrücken, Dosieren, Abheben der Düse, Öffnen des Werkzeugs, Entformen des Spritzteils, Schließen des Werkzeugs und Anfahren der Düse. Die Kühlzeit umfasst die Zeitdauer vom Einspritzen bis zum Öffnen des Werkzeugs. Sie wird maßgeblich durch die Abkühldauer des Werkstoffs im Formteil bestimmt und steigt in erster Näherung mit dem Quadrat der Wandstärke. Erzeugnisse mit Wandstärken von über 8 mm sind daher mit dieser Technologie nicht rentabel zu produzieren. Zur Erreichung möglichst geringer Zykluszeiten weisen technische Spritzgießteile vielmehr oft geringere

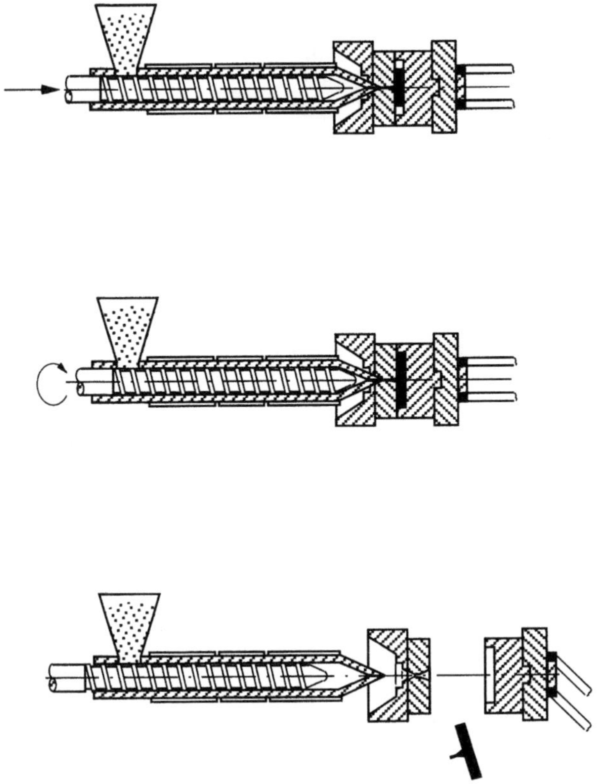

Abb. 5.108 Taktfolgen beim Spritzgießen mittels Schnecken-Spritzgießmaschine. **A** Einspritzen: Schnecke läuft vor, Werkzeug füllt sich. **B** Standzeit mit Nachdruck: Teil kühlt ab, Schnecke dreht nach, Masse wird plastifiziert. **C** Auswerfen: Düse hebt ab, Werkzeug öffnet. (Echte 1993)

Wandstärken von unter 3 mm auf, wobei die erforderliche Festigkeit und Steifigkeit des Teils durch Verrippungen erreicht wird.

Das Spritzgießverfahren ist in seiner Effektivität aber nicht nur durch die Wandstärke, sondern auch die Größe des Schussgewichts, das normalerweise zwischen einigen Gramm und 25 kg liegt, begrenzt. Schwerere Formteile sind nach dieser Technologie nur mittels Spezialmaschinen oder nach der **Intrusionstechnologie** zu fertigen. Dabei wird z. B. durch die rotierende Schnecke eines Extruders das Formwerkzeug gefüllt, und die restliche Formmasse und der erforderliche Verdichtungsdruck werden durch einen sich anschließenden Spritzvorgang aufgebracht. Im Bereich **Mikrospritzguss** sind Teilegewichte von einigen Zehntel Gramm realisierbar, z. B. Miniaturzahnräder für Messgeräte. Andererseits erlauben große teilweise parallel arbeitende Plastifizieraggregate das Spritzgießen von Teilegewichten bis ca. 150 kg, z. B. Regenzisternen.

Eine weitere Möglichkeit zur effektiven Herstellung von Produkten mit größeren Wandstärken und hoher Biegefestigkeit bietet die **Gasinjektionstechnik** (GIT), auch **Gasinnen-**

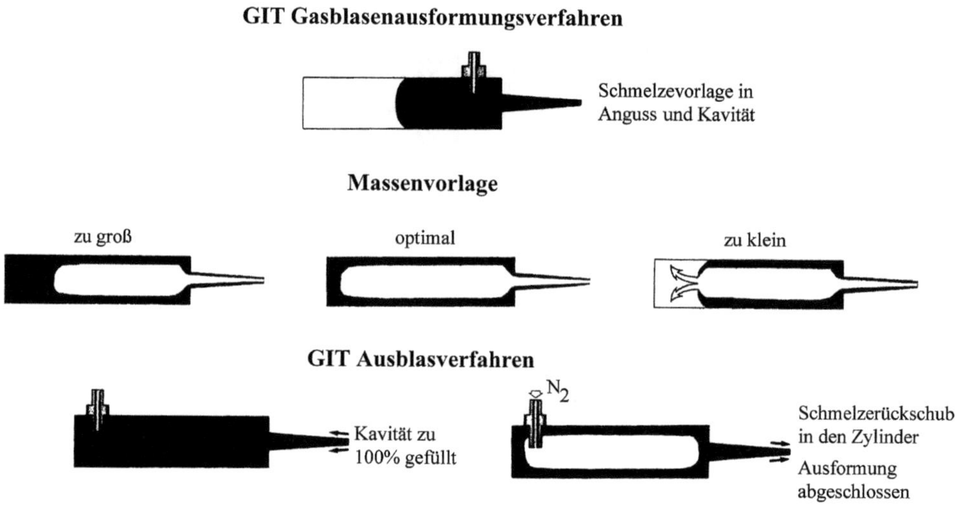

Abb. 5.109 GIT-Verfahrensvarianten. (Saechtling 2013)

drucktechnik (GID) genannt. Bei diesem Zweikomponentenspritzguss wird als zweite Komponente in der Regel das Inertgas Stickstoff eingesetzt. In Abb. 5.109 sind Varianten und Fehlerquellen der GIT-Technik skizziert. Insbesondere hohe Wirtschaftlichkeit durch geringe Zykluszeiten wird durch Verwendung von Wasser statt Gas erreicht. Dieses Verfahren wird als **Wasserinjektionstechnik** (WIT) bezeichnet.

Der **Mehrkomponentenspritzguss** stellt neben der Coextrusion ein weiteres Verfahren zur Herstellung von Formteilen mit Schichtenaufbau dar. Häufig angewandte Technologien sind das **Additionsverfahren** (Aneinanderspritzgießen, Overmoulding) und das **Sequenzverfahren** (Ineinanderspritzgießen). Beim Additionsverfahren wird zunächst die „edle Außenhautkomponente" in das Werkzeug gespritzt und die äußere Form des Formteils ausgebildet. In einem zweiten Schritt erfolgt das Einspritzen des zweiten Kunststoffes. Die beiden Komponenten können miteinander an der Grenzfläche eine stoffschlüssige Verbindung eingehen (Verbundspritzgießen) oder miteinander verschweißt werden. Liegen ihre Schmelzpunkte sehr weit auseinander, kann daraus eine Beweglichkeit der Schichten gegeneinander resultieren (Kugelgelenk). Das Additionsverfahren erlaubt ein Mehrfarben-, Mehrrohstoff- und Montagespritzgießen. Zu den Sequenzverfahren zählen das **Sandwichspritzgießen** und die Injektionstechnik. Beim Sandwichgießen – Polymer in Polymer – wird nach dem Einbringen des Polymers A in das Werkzeug ein weiteres Polymer B in die Komponente A injiziert. B breitet sich in der Schmelze von A aus, und es entsteht ein Produkt mit einer Haut- und Kernschicht.

Eine weitere Möglichkeit, Kunststoffformteile mit Dekormaterialien aus Folien oder Textilien herzustellen, bietet die **Hinterspritztechnik** (HST). Dabei wird zwischen den beiden Hälften des Spritzgießwerkzeugs das Dekormaterial positioniert. Nach dem Schließen des Werkzeugs erfolgt das Einspritzen des Kunststoffs und damit das Ausfüllen der

Werkzeugform sowie das Verbinden von Kunststoff und Dekormaterial. Werden zwei Dekormaterialien aufgespannt und die Kunststoffschmelze wird dazwischengespritzt, entsteht ein beidseitig beschichtetes Formteil (**Zwischenschicht-Spritztechnik**, ZST).

Komplizierte Kunststoffteile mit besonderen Hohlräumen sind mittels **Schmelzkerntechnik** herstellbar. Dabei werden niedrigschmelzende metallische oder wasserlösliche Kerne in das Werkzeug eingelegt und mit der Formmasse umspritzt. Nach dem Abkühlen und Entformen wird der metallische Kern (Zinn-Wismut-Legierung) ausgeschmolzen bzw. der wasserlösliche Kern herausgelöst (Schmelz- bzw. Lösetechnik).

Dem Spritzgießen verwandt ist das **Spritzprägen**, eine Technologie, die Spritzgieß- und Formpresselemente enthält. Sie eignet sich besonders zur Herstellung verzugsfreier, dickwandiger Formteile aus Werkstoffen mit geringer Fließfähigkeit und thermischer Instabilität wie auch zur Duroplast- und Elastomerverarbeitung. In eine nicht vollständig geschlossene Form wird die gesamte Formmasse eingespritzt. Durch das Schließen des Werkzeugs erfolgt ein Druckaufbau, der für die endgültige Ausformung verantwortlich ist. Auch die reproduzierbare Herstellung von Spritzgießteilen mit mikrostrukturierter Oberfläche ist mit diesem Verfahren möglich.

Durch **Pressen**, einem weiteren Urformprozess, lassen sich ebenfalls Fertigteile und Halbzeuge produzieren. Zur Anwendung kommen das Form-, Spritz- und Schichtpressen. Beim **Formpressen** wird die Pressmasse zwischen Stempel und Gesenk in der Form durch Wärmezufuhr plastifiziert. Damit ein ausreichender Druck entsteht, muss die Form mit ca. 10–20 % Pressmassenüberschuss gefüllt werden. Danach erfolgen das Schließen der Form und das Pressen des Materials in das Formnest. Dabei strömt das überschüssige Material unter Druckerzeugung gegen den Fließwiderstand der Abquetschkante aus der Form heraus (Austrieb). Derartig verarbeitete Thermoplaste weisen in der Molekülstruktur kaum Orientierungen auf. An die Fixierung des Werkstoffs durch Erhärten oder Aushärten bzw. Vulkanisieren schließt sich das Auswerfen an (Abb. 5.110).

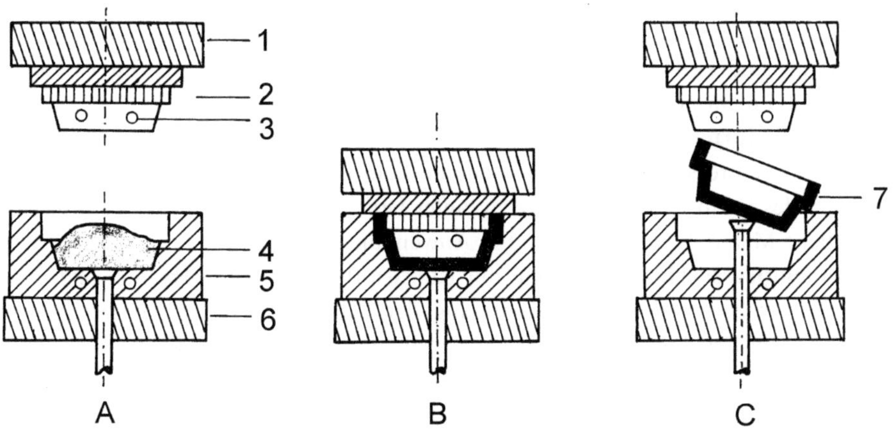

Abb. 5.110 Formpressen. **A** Füllen, **B** Pressen, **C** Auswerfen. 1 = Obertisch, 2 = Patrize, 3 = Heizung, 4 = Pressmasse, 5 = Matrize, 6 = Untertisch, 7 = Formteil (Ullmanns Encyclopädie 2014)

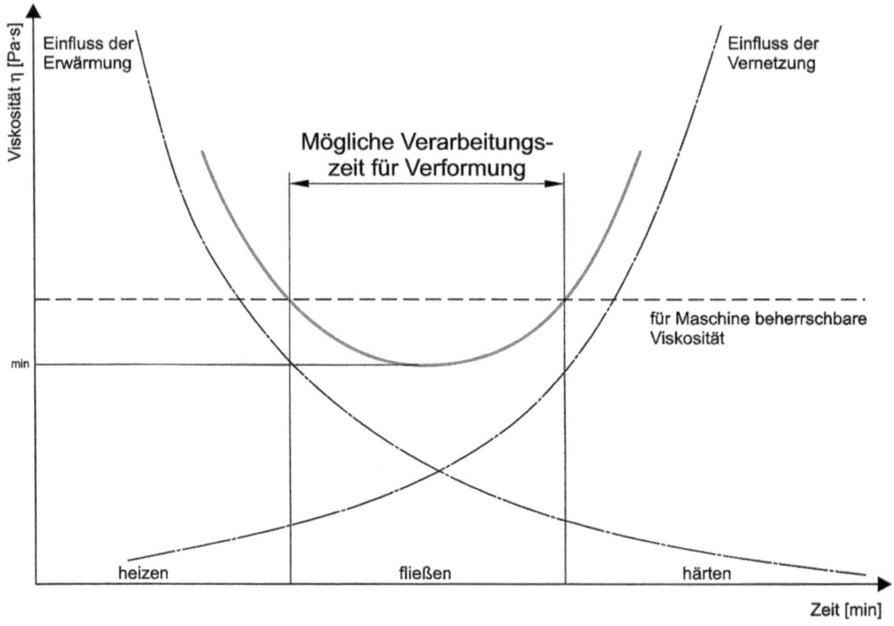

Abb. 5.111 Schematische Darstellung einer reagierenden Pressmasse im Werkzeug unter Einfluss von Erwärmung, Vernetzung und dem daraus resultierenden Viskositätsverlauf. (Kaiser 2011)

Für die Verarbeitung häufig vorkondensierter duroplastischer Pressmassen (ungesättigter Polyester-, Epoxid-, Melamin- und Phenolharze) steht in Abhängigkeit von der Temperatur und fortschreitender Vernetzung (zeitabhängige Viskositätserhöhung) nur eine begrenzte Verformungszeit zur Verfügung (Abb. 5.111).

Im Gegensatz zum Formpressen erfolgt beim **Spritzpressen** (*transfer moulding*) das Plastifizieren des dosierten Materials in einem Druckzylinder, aus dem es dann, ähnlich dem Spritzgießen, in das geschlossene Formnest gepresst wird (Abb. 5.112). Je nach Pressmaterial sind beim Pressformen Temperaturen um 150–250 °C und Drücke von 3–10 MPa und mehr notwendig.

Beim sog. **formfreien Sintern** werden Vorformlinge unter einem Druck von 20–100 MPa verpresst und in einem weiteren Schritt gesintert. Drucksintern beinhaltet das Sintern des Formstücks im Werkzeug unter Druck, aber auch druckloses Sintern und nachträgliche Materialverdichtung sind in Anwendung.

Im **Schichtpressverfahren** werden mit Kunststoff imprägnierte Bahnen und plattenförmige Träger hergestellt. Die Verpressung der Pakete erfolgt bei Temperaturen um 130–180 °C und Drücken zwischen 7 und 20 MPa in Etagenpressen mit hochglanzpolierten Pressblechen. Die Presszeit hängt in erster Näherung von der Schichtdicke der zu verpressenden Pakete ab, da auch hier ein definierter Abkühlungsverlauf einzuhalten ist.

Eine Vielzahl hohler Formteile und Fertigerzeugnisse wird heute durch **Blasformverfahren**, eine Kombination von Ur- und Umformungsprozessen, hergestellt. Der Unter-

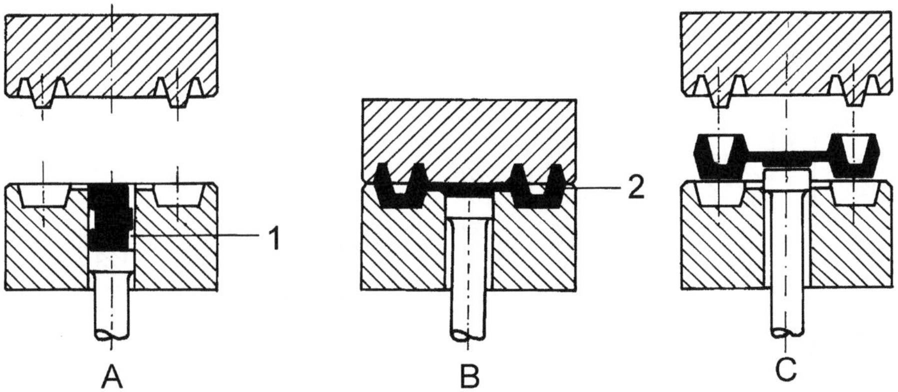

Abb. 5.112 Spritzpressen. **A** Füllen, **B** Spritzpressen, **C** Auswerfen. 1 = Spritzzylinder, 2 = Formnest. (Ullmanns Encyclopädie 2014)

schied zwischen Blasformverfahren und GIT besteht vor allem in der Notwendigkeit der Ausbildung eines Vorformlings, der technisch differenzierter ausformbar ist. Zu den verbreitetsten Technologien gehören das Extrusionsblasformen, das Spritzblasformen und Streckblasformen. Dabei erfolgt in den ersten Verfahrensschritten die Urformung, d. h. die Fertigung des Vorformlings, und im Anschluss daran in verschiedenen Schritten die Umformung zum gewünschten Finalprodukt.

So besteht beispielsweise das **Extrusionsblasformen** aus fünf Teilschritten (Abb. 5.113). Im ersten Schritt wird ein Schlauchprofil extrudiert, im zweiten das Werkzeug positioniert und im dritten wird durch Schließen der Abtrennvorrichtung und des Werkzeuges abgelängt. Im vierten Schritt erfolgt die Formgebung durch Einblasen von Druckluft über den Blasdorn. Nach Ablauf der Kühlzeit werden in einem fünften Schritt die Entformung und das Abtrennen der Butzen (Materialränder an den Quetschkanten des Werkzeuges) vorgenommen.

Das Extrusionsblasformen erfordert Blasdrücke zwischen 0,4 und 0,8 MPa und verstreckt den Vorformling in seinem Umfang. Um nach dem Blasformprozess ein Fertigerzeugnis mit einheitlicher Wandstärke oder gewünschten Verstärkungen zu erhalten, muss der Vorformling (Pressform) eine unterschiedliche Massenverteilung besitzen (Abb. 5.114). Die Anwendung dieser Technologie führt in der Regel auch zu einer ökonomisch vorteilhaften Kühlzeitverkürzung. Die Wanddickenregulierung des Vorformlings wird durch spezielle Werkzeuge, auch in Verbindung mit speziellen Hohlräumen (Speicher- oder Akkukopf), realisiert.

Das **Spritzblasformverfahren** ist dem Extrusionsblasformen sehr ähnlich. Statt des extrudierten schlauchförmigen Vorformlings wird hier ein spritzgegossener einseitig geschlossener Vorformling für die weitere Umformung hergestellt. Der Vorteil des Verfahrens besteht, falls gefordert, in einer sehr gleichmäßigen Massenverteilung des Vorformlings und dem Fehlen von Quetschnähten.

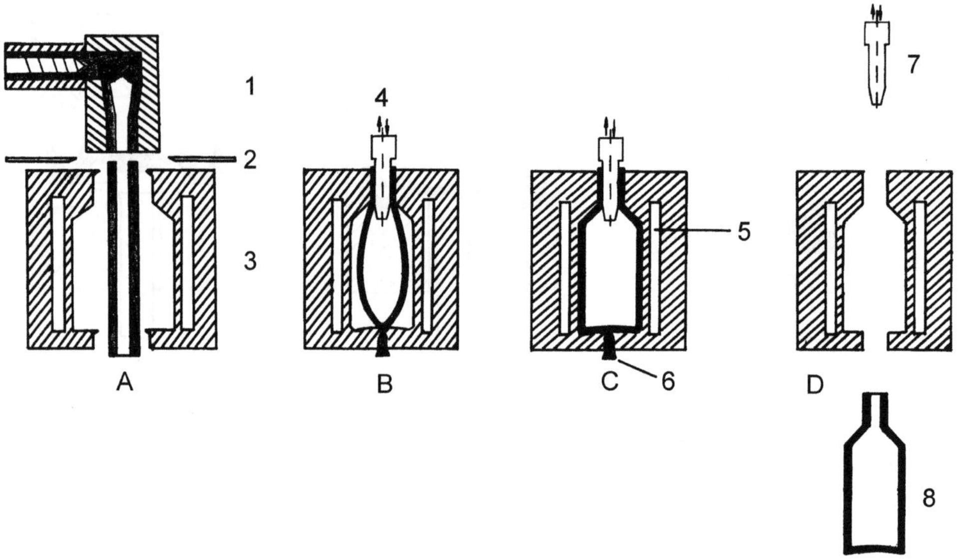

Abb. 5.113 Schematischer Verfahrensablauf beim Extrusionsblasformen. **A** Herstellung des Vorformlings mit angefahrenem Werkzeug, **B** Formgebung, **C** Fertigstellung des Formteils und Kühlung, **D** Entformung. 1 = Extruder mit Winkeldüse, 2 = Abtrennvorrichtung, 3 = geöffnetes Werkzeug mit Vorformling, 4 = Blasluftzu- und abfuhr, 5 = Kühlkanal, 6 = Bodenbutzen, 7 = Blasdorn, 8 = Formteil

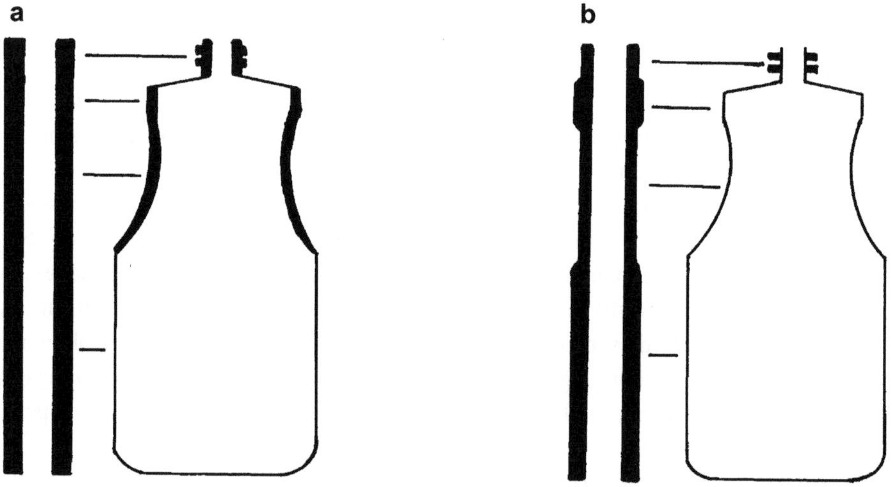

Abb. 5.114 Wandstärke des Finalprodukts in Abhängigkeit von der Formmassenverteilung im Vorformling. **a** Vorformling gleichmäßige Wandstärke – Finalprodukt ungleichmäßige Wandstärke, **b** Formmassenverteilung im Vorformling – Finalprodukt gleichmäßige Wandstärke. (Allen und Bevington 1989)

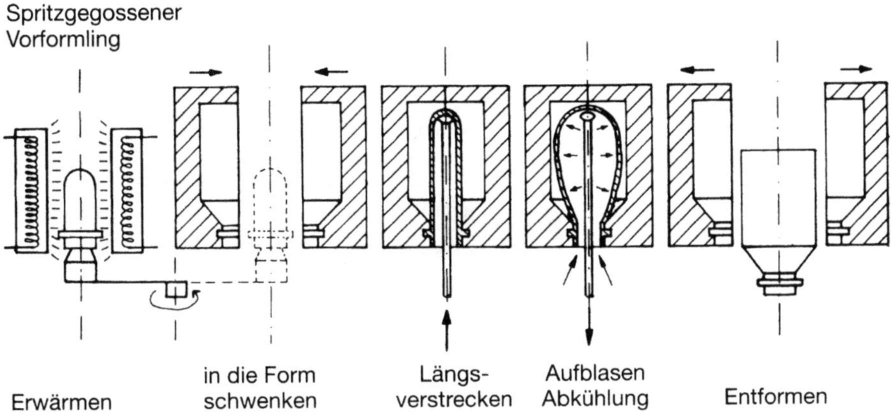

Abb. 5.115 Prinzip des Streckblasformens. (Michaeli 2010)

Eine dem Spritzblasformen nahestehende Technologie ist das **Streckblasformen.** Dabei wird der gespritzte Vorformling auf die optimale Verstreckungstemperatur abgekühlt (Abschn. 5.6.3.2) und nach Positionierung des entsprechenden Werkzeugs durch Längsverstreckung mittels mechanischen Stempels sowie durch Aufblasen – biaxiale Verstreckung – in ein Formteil mit hoher Molekülorientierung umgeformt (Abb. 5.115). Die **biaxiale Verstreckung** erfordert eine gleichmäßige Temperatur des Vorformlings und Drücke bis zu 4 MPa. Streckgeblasene Formteile zeichnen sich durch Druckfestigkeit und Schlagzähigkeit bei geringer Wandstärke sowie einen hohen Oberflächenglanz und eine hohe Transparenz aus. In der Praxis sind zwei Verfahren in Anwendung. Beim Verfahren aus erster Wärme wird der Vorformling direkt weiterverarbeitet (Spritzstreckblasformen), während beim Verfahren aus zweiter Wärme ein Wiederaufheizen des in der Regel spritzgegossenen Vorformlings auf die Verstreckungstemperatur notwendig ist. Dies ermöglicht andererseits aber auch eine zeitlich und örtlich versetzte Weiterverarbeitung. Das Streckblasformen findet insbesondere bei der Herstellung von Getränkeflaschen Anwendung.

Zur kontinuierlichen Herstellung von Folien kommt außer dem bereits erwähnten **Folienblasen** (Abb. 5.105) auch das **Kalandern** (*calendering*) zur Anwendung (Hochtemperaturverfahren 180–220 °C, Niedertemperaturverfahren 160–190 °C). Dabei pressen mehrere rotierende Walzen das zu verarbeitende Gut durch Walzenspalte. Die Ausbildung der einzelnen Knete sowie die Anzahl der Spalte bestimmen die Qualität der Folie. Mindestens drei Walzenspalte sind für eine ansprechende Qualität notwendig, denn der erste Spalt übernimmt das Formen der Urfolie, der zweite und dritte jeweils die Veredelung der beiden Oberflächen. Hohe Festigkeiten lassen sich, wie bereits erwähnt, durch eine weitgehende Molekülorientierung erreichen. Während Abzugswalzen für den Längszug verantwortlich sind, übernehmen Kluppenketten den Querzug. Kalanderfolien mit einer Dicke um 0,03 mm sind zurzeit herstellbar. Die Herstellung dickerer Folien erfolgt in der

Abb. 5.116 Aufbau einer Prägefolie. (Saechtling 2013)

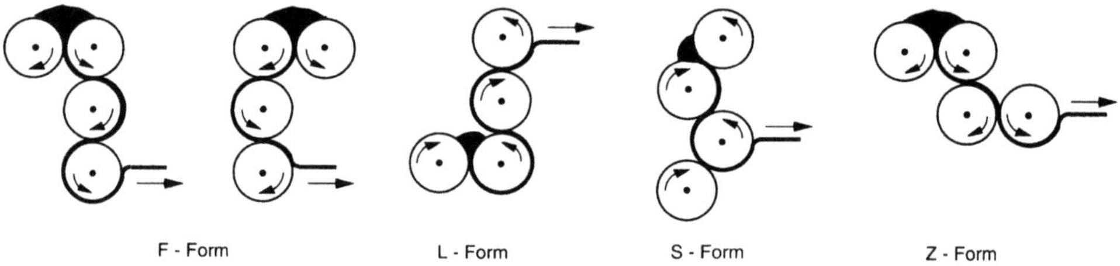

Abb. 5.117 Walzenkalandertypen. (Echte 1993)

Regel durch **Dublieren**, d. h. das Zusammenfügen von zwei oder mehreren gleichartigen Folien. Das Zusammenfügen verschiedenartiger Folien wird dagegen als **Kaschieren** bezeichnet. Die Folienkombination hängt vom vorgesehenen Verwendungszweck wie auch den spezifischen Materialeigenschaften der Folien ab (Abb. 5.116).

Monofile (Abschn. 5.6.7.1) lassen sich ebenfalls durch Kalandrieren produzieren. Die Verstreckung erfolgt unter Einhaltung der geforderten Prozesstemperaturen über Galetten, einem speziellen Rollensystem. Abb. 5.117 zeigt einige der verschiedenen Möglichkeiten der Walzenführung. Selbst Laminierungsarbeiten sind im begrenzten Umfang am Kalander ausführbar. Da der Kalander aber eine sehr kostenintensive Verarbeitungsmaschine ist, wird er nur zur Formgebung, jedoch nicht zur Plastifizierung des zu formenden Werkstoffs genutzt. In der Reifenproduktion werden ebenfalls Kalander eingesetzt, z. B. bei der Kautschukummantelung des Stahlgewebes.

Spanlose Umformung bedeutet das Ändern (Umbilden) von Fertigteilen oder Halbzeugen ohne wesentliche Masseänderungen. Für diesen Formungsprozess ist das temperatur- und zeitabhängige Dehnungsverhalten des Werkstoffs von entscheidender Bedeutung (Abb. 5.118). Das Dehnungs-Zeit-Verhalten (chronomechanisches Verhalten) der gebräuchlichsten Kunststoffe ist durch das so. **Burgers-Modell** (Vierparametermodell) gut beschreibbar.

Das Umformungsverhältnis ($\varphi = H/D$, Längenverhältnis nach und vor der Umformung) und der Umformungsgrad ($\gamma = A_1/A_0$, Verhältnis der Oberflächen nach und vor der Umformung) geben in guter Näherung Auskunft über die erfolgte Formänderung. Die Form- und Festigkeitsänderung (Umformung) wird durch Wärme und äußere Krafteinwirkung im Bereich maximaler Dehnung erreicht. Da die Halbzeuge in der Regel erst auf

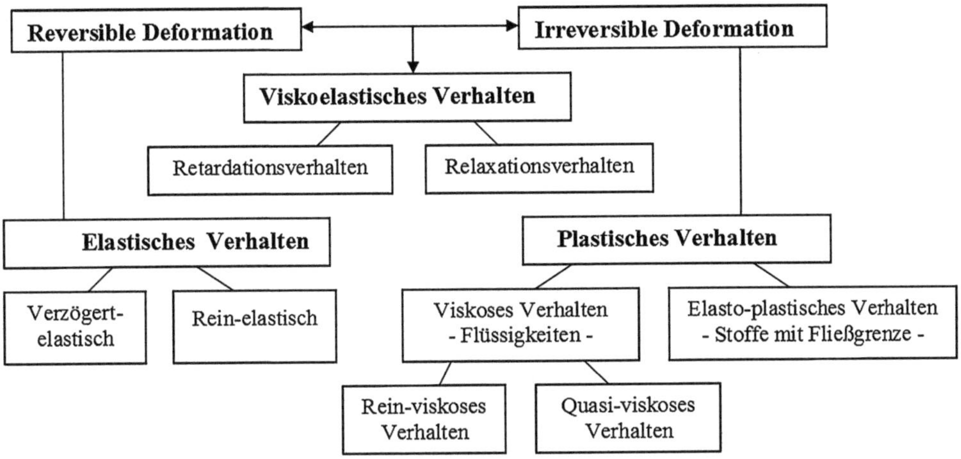

Abb. 5.118 Deformationsmechanisches Verhalten von Kunststoffen

die Umformtemperatur erwärmt werden müssen, sind die Begriffe **Thermoformen** oder **Warmformen** gebräuchlich. Dies setzt einen Werkstoff mit solchen thermoelastischen Eigenschaften, wie sie die amorphen oder teilkristallinen Thermoplaste aufweisen, voraus. Das Thermoformen verläuft in den drei Prozessschritten: Aufheizen, Formvorgang und Abkühlung. Duromere und Elastomere lassen sich aufgrund ihrer nach dem Aushärten vernetzten Molekülketten nicht mehr thermoformen, da sie vernetzt und somit nicht fließfähig sind.

Die Verfestigung des Materials in Kraftrichtung hat ihre Ursache in der zunehmenden Orientierung der Molekülketten. Amorphe Kunststoffe sind im Bereich zwischen Einfrier- und Fließtemperatur, teilkristalline Kunststoffe kurz unterhalb des Kristallitschmelzpunkts zu verstrecken und unter Fortbestehen der Zugkräfte abzukühlen (Abb. 5.119).

Die Wahl des Temperaturbereichs und Verstreckungsgrads werden aber auch durch das Maß der gewünschten Relaxation mitbestimmt. Eingefrorene und echte innere Spannungen sind ebenfalls zu berücksichtigende Phänomene (eingefrorene innere Spannungen, als Folge molekularer Orientierung eines Bereichs; echte innere Spannungen, als Folge ungleichmäßiger Abkühlung).

Zu den Grundverfahren des Umformens thermoplastischer Kunststoffe zählen das Biege-, Druck-, Zug- und Zugdruckumformen sowie kombinierte Verfahren. **Biegeumformen** beinhaltet das Abkanten, Biegen und Bördeln von Material um gerade oder gekrümmte Achsen unter annähernd gleichbleibender Wanddicke. **Druckumformen** bedeutet dagegen das Prägen, Rändeln und Stauchen des Materials unter Werkstoffverdrängung und Stauchung. **Zugumformen** wiederum hat die Vergrößerung der Oberfläche durch Streckziehen auf Kosten der Materialdicke (Wanddickenänderung) zum Ziel. Die Kombination verschiedener Kräfte in sog. kombinierten Verfahren, wie z. B. mechanischer Stempel in Verbindung mit Druckluft oder Vakuum, ermöglichen die Herstellung von Erzeugnissen mit gleichmäßiger Wandstärke und besonderen Festigkeitsmerkmalen. So

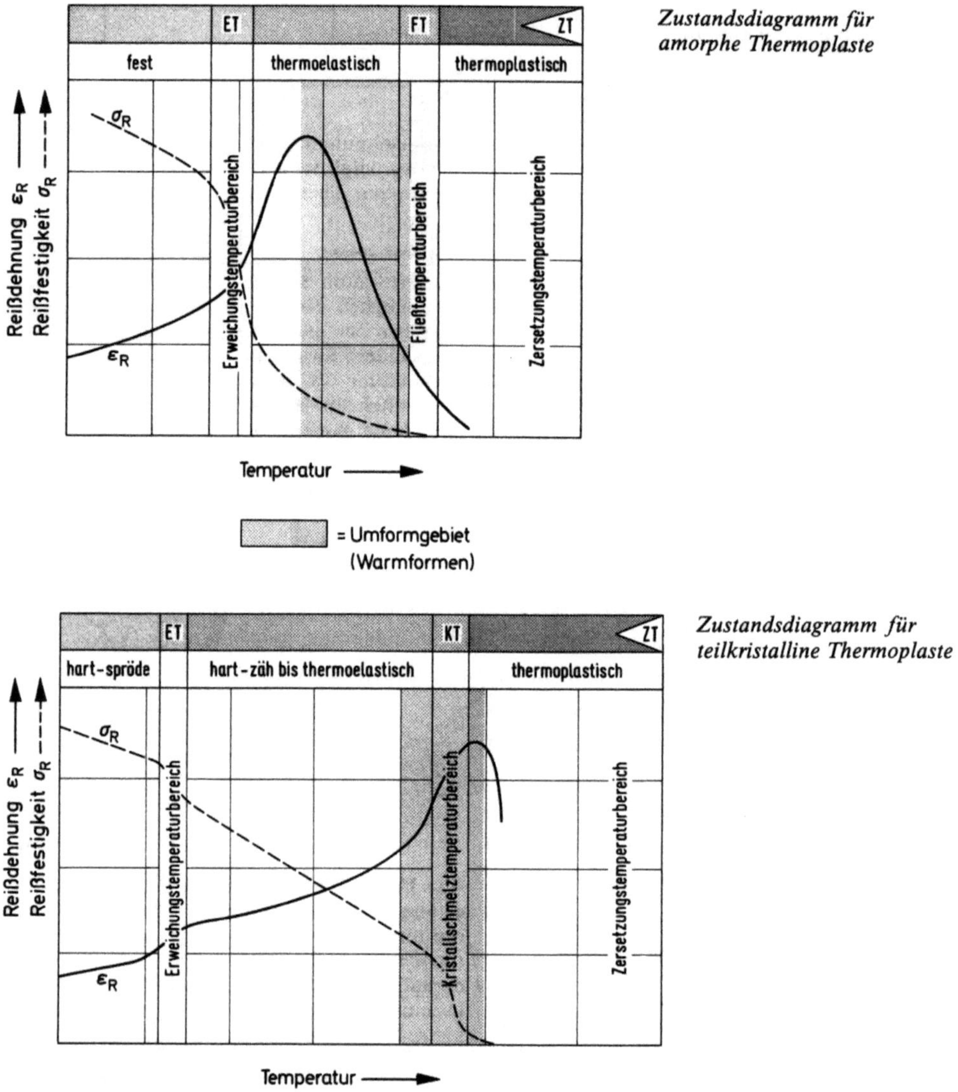

Abb. 5.119 Umformtemperaturbereiche thermoplastischer Werkstoffe. (Schwarz et al. 2002)

führt z. B. biaxiales Recken zur Festigkeitserhöhung in Längs- wie Querrichtung. Die Umformung des Kunststoffs kann entweder in oder auf die Form oder auch ohne Form erfolgen (Negativ-, Positivverfahren, Streckziehen; Abb. 5.120).

Beim **Positivformen** erhält die Innenseite eine scharfe Ausformung und Passgenauigkeit, die Außenseite dagegen die bessere Oberflächenqualität. Umgekehrte Verhältnisse entstehen durch das **Negativverfahren**. Die Oberflächenqualität ist für die Veredelung der Formteile (Bedrucken, Metallisieren, Lackieren usw.) von Wichtigkeit.

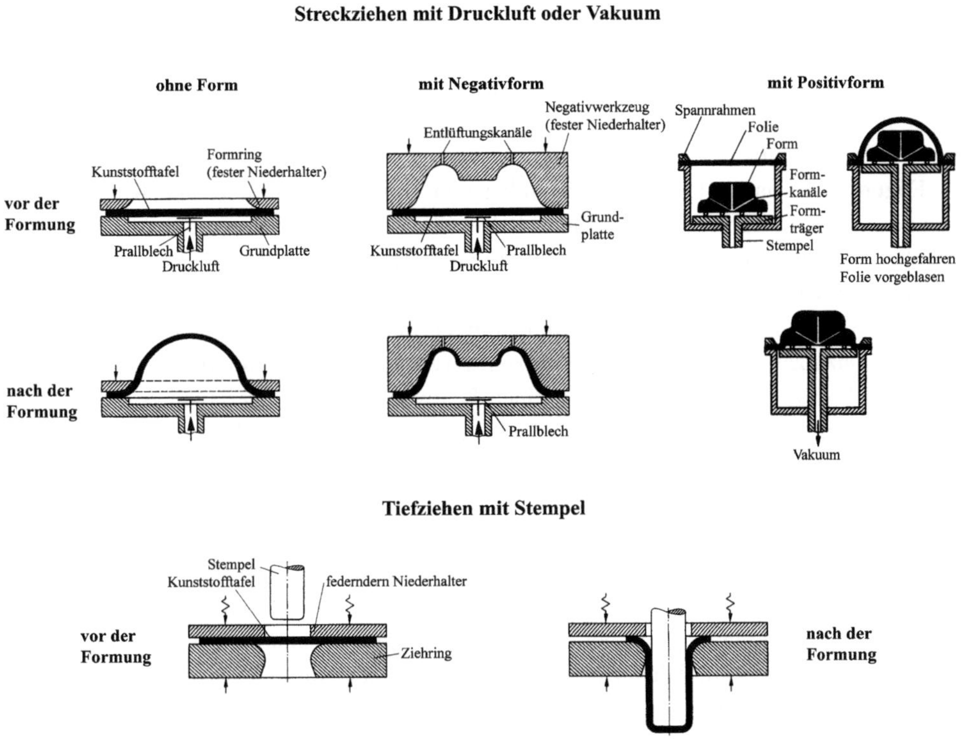

Abb. 5.120 Verfahren zur Umformung von Thermoplasten. (Schwarz et al. 2002; Franck 2011)

Zugdruckumformen, besser als **Tiefziehen** bezeichnet, verformt das Material grundsätzlich mechanisch mittels Stempel bei fehlender Gegenform. Federnde Niederhalter gewährleisten ein Nachgleiten des Materials durch den Ziehring (Schlupf) und garantieren eine annähernd gleichbleibende Wandstärke (Abb. 5.120).

Für die Verpackungsindustrie wurden spezielle Verfahren, wie etwa das Bubble-, Skinpack- oder Airslip-Verfahren, entwickelt. Neben dem zurzeit vorherrschenden Warmformen gewinnt aber auch das Kaltformen, in Analogie zum Metallformen, wegen seiner hohen Produktivität zunehmendes industrielles Interesse.

Obwohl das Umformen allgemein eine Reihe von Vorteilen (kurze Fertigungszeit, gute Materialausnutzung, günstige Beeinflussung der Werkstoffeigenschaften) besitzt, steht ihm der Nachteil des notwendigen Spezialwerkzeugs gegenüber. Nur größere Fertigungsstückzahlen garantieren die Wirtschaftlichkeit dieser Verarbeitungstechnik. Einschränkungen ergeben sich ferner beim Produktdesign (z. B. einfache Teilegeometrien ohne Hinterschnitte) sowie bei der maßlichen Präzision der Teile.

5.6.3.2 Fügen und Spanen

Die Bedeutung dieser beiden Formgebungsverfahren ist, in Relation zu den bisher beschriebenen Verfahren zur Produktion von Massenartikeln, gering. Ihre Vorzüge liegen vor allem in der Herstellung kompliziertester Bauteile, die gegebenenfalls auch vor Ort gefertigt werden können.

Fügen, d. h. das miteinander Verbinden von geometrisch bestimmten Körpern oder formlosem Stoff, ist bevorzugt durch Schweißen, Kleben, Nieten und Verschrauben möglich. **Spanen** hingegen ist ein Trennvorgang, bei dem von einem Werkstück Werkstoffteilchen zum Ändern der Werkstückform und (oder) der Werkstückoberfläche mechanisch, durch Werkzeuge mit (bestimmten oder unbestimmten) Schneiden, abgetrennt werden. Dazu zählen u. a. **Bohren, Stanzen, Drehen, Fräsen, Schleifen und Schaben.**

Da auch das **Kunststoffschweißen** einen Schmelzfluss der Materialien erfordert (Verknäulung der Makromoleküle), lassen sich nur thermoplastische Kunststoffe unter Anwendung von Druck und Temperatur über eine bestimmte Zeit (Schweißzeit) verschweißen. Das heißt, PTFE, PE-UHMW sowie spezielle Polyaromaten (Polyimide, Polybenzimadazole) sind nicht verschweißbar, da ihre Erweichungs- und Schmelztemperaturen oberhalb der Zersetzungstemperaturen liegen. Dauerhafte Verbindungen sind im Allgemeinen nur mit gleichartigen Thermoplasten zu erhalten. Die Verschweißbarkeit unterschiedlicher Thermoplaste gelingt nur bei ähnlichen Materialeigenschaften der zu verbindenden Fügepartner, d. h. bei ähnlichen Bereichen in Schmelztemperatur, Viskosität, Oberflächenspannung, Wärmeausdehnung und Schwindung. Das Verschweißen kann mit und ohne Schweißzusatz sowohl manuell wie maschinell erfolgen. Das Kriterium für die Einteilung der Schweißverfahren ist die Zufuhr der Schweißwärme entweder durch Leitung, Konvektion, Strahlung, Reibung oder Induktion. Von der Vielzahl der Schweißverfahren seien einige genannt: Heizelement-, Wärmeimpuls-, Induktions-, Strahlungs- und Reibschweißen sowie Hochfrequenz-, Ultraschall- und Lichtstrahlschweißen und Varianten des Laserdurchstrahlschweißens, die alle keinen Zusatzwerkstoff im Gegensatz zum Heißgas- oder Extrusionsschweißen benötigen (Abb. 5.121).

Das **Kleben**, ein modernes Fügeverfahren, gewinnt zunehmend an Bedeutung. Es erlaubt sowohl das Verbinden von schlecht bzw. nicht schweißbaren Kunststoffen wie auch das feste Zusammenfügen von Werkstoffen, für das es keine andere Alternative gibt.

Hinsichtlich ihres Klebeverhaltens lassen sich die Kunststoffe in **leicht klebbare** (PC, PMMA, PS, UP, EP, PVC, MF), **bedingt klebbare** (POM, PUR, PA, PB) und **schwer klebbare** (PE, PP, PTFE) Kunststoffe unterteilen. Dies lässt sich einerseits auf den chemischen Aufbau der Kunststoffe wie Klebstoffe und andererseits auf die deformationsmechanischen Eigenschaften der Fügeteile und des abgebundenen Klebstoffs zurückführen. Gute Klebbarkeit kann z. B. bei Polarität und Löslichkeit erwartet werden. Grundsätzlich ist eine gute Benetzbarkeit wichtig. Dafür muss die Oberflächenspannung der Fügepartner höher sein als die des Klebstoffs. Bei Kunststoffen mit geringer Oberflächenspannung (PE, PP) kann eine temporäre Erhöhung beispielsweise durch Beflammung oder Plasmabehandlung erreicht werden, was z. B. auch die Farbhaftung bei der Bedruckung verbessert. Die Haltbarkeit einer Klebung wird sowohl durch die Deformierbarkeit von

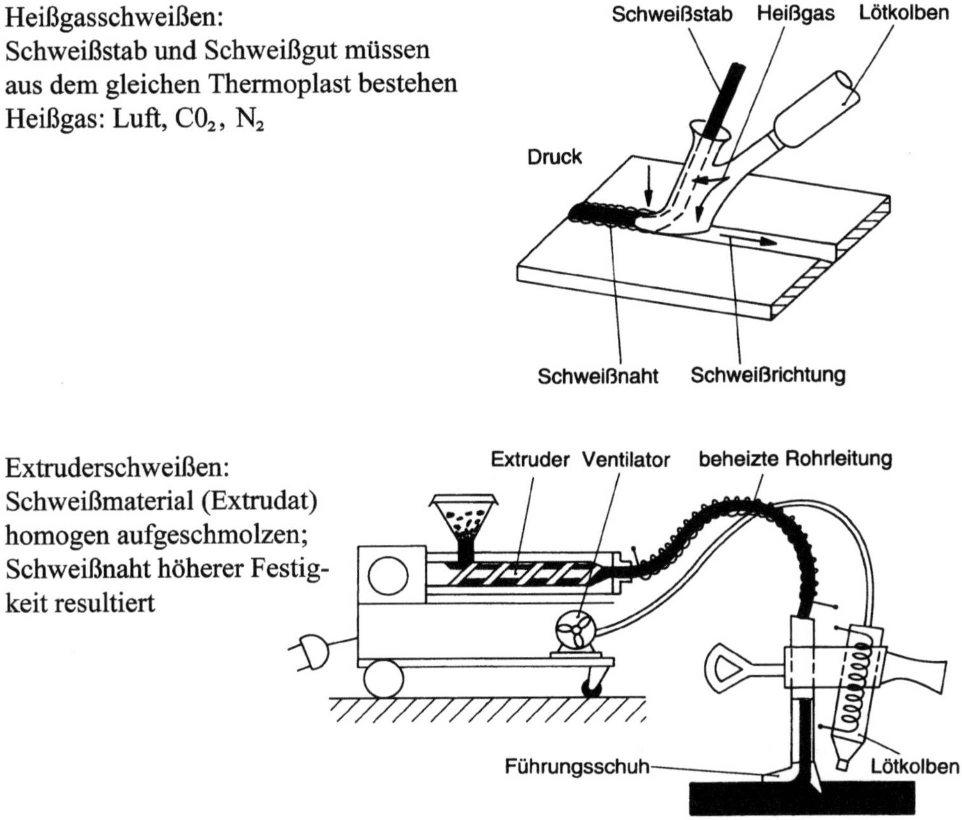

Abb. 5.121 Schweißen mit Zusatzwerkstoffen. (Franck 2011)

Klebeschicht und Klebstoff wie auch die Form der Klebeverbindung selbst bestimmt (z. B. stumpfer Stoß, Rohrsteckverbindung, überlappte Verbindung). Im Allgemeinen sollen die Adhärenden (Substrate) wenig, die Klebstoffschicht (Adhärens) stärker deformierbar sein, um Spannungsspitzen zu vermeiden (Problem des Folienklebens).

Die Klebewirkung entsteht durch **Adhäsion** (Verankerung des Klebstoffs in der Mikrostruktur, Ausbildung von Nebenvalenzbindungen in der Klebefläche) und **Kohäsion** (innere Bindungskräfte der Klebstoffmoleküle; Abb. 5.122). Eine feste und dauerhafte Klebung setzt eine saubere, mechanisch und falls erforderlich auch chemisch (Primer) vorbehandelte, benetzbare Oberfläche voraus; die Bestimmung der Benetzbarkeit erfolgt in der Praxis mittels spezieller Tinten und Kontaktwinkelmessung. Bei den Klebstoffen wird zwischen physikalisch und chemisch abbindenden Klebstoffsystemen unterschieden.

Zu den **physikalisch abbindenden Klebstoffen** zählen Lösungsmittel-, Dispersions-, Schmelz- und Kontaktkleber. Ihr Abbinden erfolgt durch Verdunstung des Lösungs- bzw. Dispersionsmittels und darauffolgendes Aneinanderdrücken der zu klebenden Flächen oder das Erstarren der Klebstoffschmelze zwischen den Kontaktflächen. **Chemisch ab-**

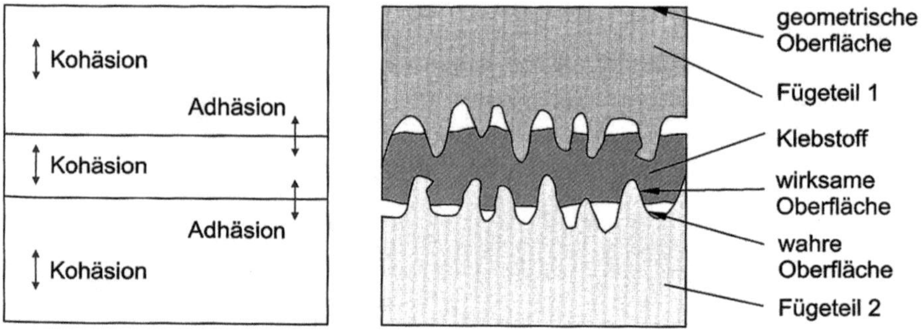

Abb. 5.122 Kräfte und Oberflächenbezeichnungen beim Kleben. (Kaiser 2011)

bindende Klebstoffe sind Reaktionssysteme, die durch Polymerisation, Polyaddition oder Polykondensation die Verbindung der Materialien bewirken. Die Reaktionen werden in Abhängigkeit vom Reaktionssystem durch Härter, Beschleuniger, UV-Strahlung oder Wärme ausgelöst.

Für die **spanende Bearbeitung** (Trennen) sind, wie in der Metallzerspanung, die wirksamen Zerspanungskräfte und -temperaturen, Oberflächengüte, Spanbildung und der Spanwerkzeugverschleiß die wichtigsten Bearbeitungskriterien dieses Fertigungsprozesses. So werden z. B. Oberflächenstrukturen wesentlich durch Schnittgeschwindigkeit, Spanwinkel, Vorschub und Wassergehalt des Materials bestimmt. Die zulässigen Bearbeitungstemperaturen liegen für Thermoplaste bei ca. 60 °C und bei Duromeren um 150 °C. Die schlechte Wärmeleitung und hohe Wärmeausdehnung der Kunststoffe erfordern beim Bearbeiten eine ausreichende Kühlung und die eventuelle Berücksichtigung der Schrumpfung nach dem Abkühlen (z. B. Bohrloch kleiner als gewählter Bohrer).

Der Werkzeugverschleiß ist gegenüber der Metallverarbeitung geringer. In der modernen Schneidetechnik kommen in zunehmendem Maße Laser- und Hochdruckwasserschneider zum Einsatz, weil sie das Erstellen beliebiger Konturen ohne Nacharbeiten ermöglichen. Die spanende Herstellung von Kunststoffteilen ist durch die relativ langen Bearbeitungszeiten unwirtschaftlich und beschränkt sich daher auf Einzelteilfertigung bzw. Kleinmengen, z. B. im Rahmen des Prototyping.

5.6.4 Verarbeitung der Elastomere

5.6.4.1 Allgemeine Aspekte

Die in der Wirtschaftsstatistik praktizierte Vorgehensweise, Kautschuke und Chemiefasern gegenüber den Kunststoffen gesondert auszuweisen, ist auch fertigungstechnisch aufgrund markanter Eigenschaftsunterschiede gerechtfertigt. Als **Kautschuk** werden unvernetzte Polymere bezeichnet, die aber zu Stoffen mit gummielastischen Eigenschaften vernetzbar sind. Der Klassifizierung der wichtigsten Kautschuktypen liegt der Aufbau der Hauptkette zugrunde. C=C-Doppelbindungen und Art der Heteroatome wie Methylengruppen bestimmen die verschiedenen Klassifikationstypentypen: T-, U-, R-, O-, M- und Q-Kautschuke. Ein Körper zeigt elastisches Verhalten, wenn er nach seiner Verformung durch eine einwirkende Kraft in den Ausgangszustand zurückkehrt, sobald die Einwirkung ausbleibt. Der Elastizitätsmodul (in N mm^{-2}) als Quotient aus Spannung (Kraft/Anfangsquerschnitt) und Längenänderung (Längenänderung pro Längeneinheit) gibt den Widerstand eines Stoffs gegen elastische Verformung an (Hooke'sches Gesetz; Verformung ist im Idealfall der einwirkenden Kraft proportional). Gummielastisches Verhalten bedeutet Abweichung von dieser Proportionalität. Die verformende Kraft verändert die freie Energie des Systems, die auch über Spannungskomponenten ausgedrückt werden kann. Diese Spannungskomponenten bestehen aus einem energieelastischen (Änderung der inneren Energie infolge Deformation) und einem entropieelastischen Anteil (Änderung der Entropie infolge Deformation). Stoffe mit überwiegender Entropieelastizität erwärmen sich beim Verstrecken im Gegensatz zu den energieelastischen und werden als kautschuk- oder gummielastisch bezeichnet. Ihre Dehnbarkeit liegt zwischen 100 und 1000 %.

Die Dehnbarkeit beruht auf der relativ großen Beweglichkeit der Polymerketten, die untereinander irreversibel (kovalent) oder reversibel (ionogen, nebenvalenzartig) vernetzt (vulkanisiert) sein können. Über die Relaxation ist dieser temperatur- und zeitabhängige Vorgang beschreibbar. Für die praktische Anwendung wird ein gummielastisches Verhalten bis zu Temperaturen unter 0 °C gefordert. Definitionsgemäß weisen **Elastomere** deshalb eine Glasübergangstemperatur (Einfriertemperatur) von $T_g < 0$ °C auf. In vielen Fällen ist der T_g von Elastomeren im Bereich von −50 °C und darunter. Die obere Temperaturgrenze von Elastomeren wird durch die Zersetzungstemperatur der Polymerbasis bestimmt. Da die Polymerketten weitmaschig miteinander vernetzt sind, gibt es keinen Fließbereich und nahezu keine plastische Deformation. Die Formbeständigkeit bleibt deshalb bis zur Zersetzung des Polymers erhalten. Der fehlende Fließbereich macht eine erneute Formgebung bzw. Umformung unmöglich. Die Dauergebrauchstemperatur in Luft wird dabei insbesondere durch thermooxidative Kettenspaltungsreaktionen und thermisch induzierten Abbau von Vernetzungsstellen bestimmt. Die mechanischen Eigenschaften sowie viele weitere Gebrauchseigenschaften von Elastomeren hängen stark von der Vernetzungsdichte bzw. Netzwerkdichte ab. Dabei gibt die Netzwerkdichte die mittlere Zahl von Vernetzungspunkten pro Volumeneinheit an. Typischerweise beträgt die Anzahl von Monomereinheiten zwischen zwei Netzstellen ca. 100 bis 150.

Von großer technischer Relevanz sind Werkstoffe mit irreversiblen Vernetzungen, obwohl für den „Werkstoff nach Maß" auch reversible Vernetzungen, in Abhängigkeit von ihrer Temperaturbeständigkeit und Härte, zunehmende Bedeutung erlangen. Werkstoffe mit reversiblen Vernetzungen werden als **thermoplastische Elastomere** (TPE) bezeichnet, da die elastischen Eigenschaften in Abhängigkeit von der Temperatur verschwinden oder hervortreten. Die thermoelastischen Eigenschaften werden durch das temperaturabhängige Verhalten von glasartig erstarrten, harten Domänen in weichen Matrizes, Kristallisation, Wasserstoffbrückenbindung sowie Ionenassoziation bewirkt. Bei Zunahme des kovalenten (chemischen) Vernetzungsgrads nähert sich das Elastomer morphologisch dem Duromer. Fertigungstechnisch sind die Elastomere aufgrund der beschriebenen Eigenschaften zwischen Duromeren und Thermoplasten einzuordnen. TPE stellen eine neuartige Gruppe von Polymerwerkstoffen dar, die entweder durch Copolymerisation oder Mischen (Polymerblends) unterschiedlicher Polymere hergestellt werden und sich durch ein Eigenschaftsprofil auszeichnen, das zwischen den Thermoplasten und Elastomeren angesiedelt ist. TPE weisen im Gebrauchsbereich gummiartige Eigenschaften auf, lassen sich jedoch wie Thermoplaste verarbeiten und sind in der Regel schweißbar sowie in geeigneten Lösungsmitteln löslich.

5.6.4.2 Aufbereitung

Die Herstellung elastischer Fertigteile und Halbzeuge erfolgt heute auf der Grundlage natürlicher wie synthetischer Ausgangsmaterialien. Die Bedeutung der thermoplastischen Elastomere (TPE) ist gegenüber den Kautschuken noch vergleichsweise gering, gewinnt jedoch zunehmend an Bedeutung. Ihre Verarbeitungstechniken entsprechen denen der Thermoplaste, wobei stoffspezifische Eigenschaften zu berücksichtigen sind.

Für die Herstellung von Elastomeren werden heute Kautschuke unterschiedlichster Provenienz verwandt. Davon entfällt etwa ein Drittel der Weltproduktion auf Naturkautschuk. Aber auch niedermolekulare Verbindungen (Präpolymere, Zweikomponentensysteme) lassen sich durch Polymerbildungs- und Vernetzungsreaktionen (Telechele) in hochmolekulare, elastische Polymere mit kautschukelastischen Eigenschaften überführen (Polyurethane, Silikone, Polysulfide). Ihre zunehmende Bedeutung resultiert aus der Möglichkeit, sie bedarfsspezifisch und vor Ort für den Einsatz bereitzustellen.

Aufgrund der enorm vielseitigen Verwendung des Naturkautschuks sowie der Ursachen der elastischen Eigenschaften haben Aufarbeitung und Modifizierung für dieses Rohpolymer eine besondere Bedeutung. Die Aufarbeitung des kompakten Rohmaterials beinhaltet als ersten Schritt die **Mastikation** (vom lat. *masticare* für „kauen"). Dabei werden die Polymerketten bei ca. 60–80 °C mechanisch zerrissen, und die Rekombination der Radikalenden wird durch Luftsauerstoff unterbunden (in inerter Atmosphäre keine Mastikation). Mastiziermittel (Thiole, Sulfide) mit einem Anteil von 0,1–3 % beschleunigen diesen oxidativen Abbau. In der Regel werden dafür diskontinuierlich arbeitende Kneter oder gekühlte Walzwerke benutzt. Durch die Mastikation wird der „Nerv" des Naturkautschuks (Rückverformungsneigung) teilweise gebrochen, sodass Misch- und plastische Formbarkeit resultieren. Bei **synthetischen Kautschuken** ist in der Regel keine Mastikation erforderlich, da sie sich bedarfsgerecht herstellen lassen. Der **Formulierung**, der Zugabe von Additiven als nächstem Schritt in der Aufarbeitung, kommt besondere Bedeutung zu, da Anzahl und Art (bis zu 20 verschiedene Komponenten) sowie die Menge der Zusätze (Kautschuk-Additiv-Verhältnis bis 1:3) die technisch interessanten und geforderten Eigenschaften des Finalprodukts entscheidend mitbestimmen. Der energetische Aufwand für das Formulieren, das überwiegend diskontinuierlich durchgeführt wird, ist analog dem Compoundieren, abhängig vom rheologischen Zustand des Kautschuks. Wie bei den Kunststoffen steht dem relativ energiearmen Einrühren in Fluide, die auch nicht mehr mastiziert werden müssen, ein energieaufwendiges Einkneten in plastische Massen gegenüber. Die **Zusätze** dienen im Wesentlichen als Legierungsbestandteil, Füllstoff, Weichmacher, Vulkanisations-, Treib-, Färbungs- und Haftmittel sowie Alterungsschutz und vieles andere mehr. Von der Vielzahl der Zusätze kommt den Füllstoffen und Vulkanisationschemikalien sowie Legierungskomponenten besondere Relevanz zu. Die breite Palette der Vulkanisationschemikalien besteht aus den eigentlichen Vulkanisationsmitteln, den Vulkanisationsbeschleunigern und Vulkanisationsverzögerern sowie den Beschleunigungsaktivatoren. Unter den Vulkanisationsmitteln selbst ist nochmals zu differenzieren in reinen Schwefel und schwefelhaltige Substanzen für Kautschuk mit Doppelbindungen und schwefelfreie Substanzen für Kautschuke ohne Doppelbindungen. Aus der Vielzahl der Beschleuniger seien nur die Thiazole (z. B. 2-Mercaptobenzothiazol) und Dithiocarbamate (z. B. Zink-*N*-dimethyldithiocarbamat) genannt.

Analog den Kunststoffen werden durch Vermischen verschiedener Kautschuke in steigendem Maße Legierungen (Verschnitte) mit thermodynamisch verträglichen, aber auch thermodynamisch unverträglichen Bestandteilen hergestellt, die teilweise synergistische Effekte aufweisen.

Voraussetzung für eine gute Wirksamkeit der Zusätze ist ihre homogene Verteilung, die sich für plastische Massen in höchster Qualität durch temperiertes Walzen erreichen lässt. Großtechnisch kommen dabei insbesondere Kneter und in Einzelfällen Extruder zum Einsatz. Ein Mastizier- und sich anschließender Mischungsvorgang nehmen, abhängig vom angewandten Verfahren, ca. 1–5 min und eine Antriebsleistung von 8 bis $12 \cdot 10^3$ kW m^{-3} in Anspruch.

Die Verarbeitung von Festkautschuk ist technisch die Bedeutungsvollste. Die Fertigung der überwiegenden Anzahl von Gummierzeugnissen (Autoreifen, Transportbänder, elastische Formteile, Dichtungen usw.) ist an den Einsatz dieses Rohstoffs gebunden. Der Anteil der Verschnitte am gegenwärtigen Kautschukverbrauch liegt bei über 70 % und begründet sich neben der kostengünstigen Herstellung in der Erzielung bedarfsgerechter Werkstoffeigenschaften. Etwa 90 % des Verbrauchs werden, wie bei den Kunststoffen, von wenigen Grundtypen bestimmt. Dies sind Naturkautschuk (NR, ca. 35 %), Butadien-Styrol-Kautschuk (SBR, ca. 40 %), Butadienkautschuk (BR, ca. 10 %) und Isoprenkautschuk (IR, ca. 6 %). Daneben existiert eine Vielzahl von Spezialprodukten, die mittels einer gesonderten Nomenklatur gekennzeichnet werden.

Bei der Reifenproduktion spielt Ruß als Füllstoff eine dominierende Rolle. Ausgewählte Rußtypen, insbesondere sog. Furnace-Ruße, bestehen zu 97–99 % aus feinverteiltem Kohlenstoff verschiedener Strukturen (gestörte Graphitgitter, Cluster, Fullerene) und enthalten oberflächlich noch reaktive Gruppierungen, z. B. mit Sauerstoff, Schwefel, Wasserstoff, Eisen oder anderen Elementen. Der Anteil von Furnace-Rußen am Gesamtverbrauch der in Gummi als Füllstoff eingesetzten Ruße beträgt ca. 94 %. Der Ruß fungiert dabei in den meisten Fällen als aktiver, verstärkender Füllstoff, mit dem erhebliche Eigenschaftsverbesserungen der Elastomerprodukte erzielt werden. Durch gezielte Beeinflussung der Teilchengröße (spezifische Oberfläche) und der Oberflächenstruktur kann die Verstärkungswirkung in großem Maße beeinflusst werden. Nur in wenigen Fällen fungiert Ruß als inaktiver Füllstoff. Das Kautschuk-Ruß-Verhältnis schwankt zwischen 1:1 bis 5:1.

Neben Ruß werden in größerem Umfang auch Kieselsäure- und Silicatmodifikationen als Füllstoffe verwendet. Bei modernen PKW-Reifen enthält die Reifenlauffläche einen hohen Anteil an gefällter Kieselsäure als Füllstoff, wobei die Füllstoffpartikel über eine Kopplungsreaktion mit speziellen Organosilanen an die Polymermatrix gebunden sind. Auf diese Weise konnte eine erhebliche Reduzierung des Rollwiderstands der Autoreifen erzielt und somit ein signifikanter Beitrag zu einer Verringerung des Kraftstoffverbrauchs geleistet werden.

5.6.4.3 Formgebung

Die Fertigungstechnologien und -verfahren für elastische Produkte aus Kautschuk entsprechen zwar prinzipiell denen der Kunststoffe (Aufbereitung, Formulierung, Formung), erfordern zur Formfixierung jedoch eine Vulkanisation (intermolekulare Vernetzung der Polymerketten). Halbzeuge oder Fertigprodukte lassen sich aus Lösungen, Dispersionen, Pulvern oder kompakten Massen herstellen.

Formulierte fluide Mischungen werden im Allgemeinen durch **drucklose Urformungsverfahren**, den nächsten Fertigungsschritt, zu Finalerzeugnissen oder Halbzeugen verarbeitet. In Anwendung sind **Tauchverfahren**, die mit Koagulationsmitteln oder porösen Formen durch mehrmaliges Tauchen oder Aufsaugen des „Serums" das gewünschte Finalprodukt erzeugen. An dieses Formen schließt sich stets die **Vulkanisation** an, deren Technologie und Bedingungen auch von der Schichtdicke und dem Vulkanisationsmittel bestimmt werden. Weiterhin befinden sich modifizierte Gießverfahren (poröse Werkzeuge) sowie Streich- und Beschichtungstechnologien mit anschließender Vulkanisation im Einsatz (Abschn. 5.6.3.1).

Die Herstellung von **Schaumgummi** erfolgt formal in gleicher Weise wie die der Schaumstoffe. Beim Talalay-Verfahren findet z. B. Sauerstoff als Treibmittel Verwendung, der durch katalytische Zersetzung von zugegebenem Wasserstoffperoxid entsteht. Weitverbreitet ist auch das Verfahren, eine mit Schaummitteln versetzte Latexmischung mittels Schaumschlägern auf das acht- bis zwölffache Volumen aufzuschlagen (Abschn. 5.6.3.1). Der eine gewisse Zeit beständige Schaum wird nach dem Formvergießen durch Vulkanisation stabilisiert (*Dunlop*). Eine verbesserte Porenöffnung lässt sich durch nachträgliches Walzen erreichen.

Entsprechend weichgemachte Mischungen sind auch mit und ohne Treibmittel schäumbar. Ohne Treibmittel hergestellte, geschlossenzellige Produkte werden als Schaumgummi bezeichnet, die unter Einsatz von Treibmitteln gewonnenen als Moosgummi. Schwammgummi ist dagegen ein offenzelliges Schaumerzeugnis.

Auch ein Verspinnen im Koagulationsbad (z. B. in 20–40 %iger Ameisen- oder Essigsäure, wässrigen Lösungen von Calcium- oder Aluminiumchlorid bzw. -nitrat) oder elektrophoretisches Auftragen bzw. Aufsprühen mit der Spritzpistole ist möglich. Flüssige Kautschuklösungen dienen nicht nur der Herstellung von Formartikeln (Handschuhen, Schwämmen, Isolierungen usw.), sondern auch von Dispersionsklebstoffen und Verschlussmassen bis hin zur Produktion von elastischem Beton.

Nach dem letzten Fertigungsschritt, der Vulkanisation, ist im Allgemeinen eine spanlose Umformung kaum noch möglich. In Abhängigkeit von der angewandten Technologie kann aber bei der Vulkanisation der plastischen Masse noch eine gewisse nachträgliche Formung vorgenommen werden. Wir unterscheiden gewöhnlich zwischen ein-, zwei- und mehrstufigen Formgebungsverfahren. Bei **einstufigen Verfahren** erfährt die geformte Kautschukmasse während der nachfolgenden Vulkanisation keine Formveränderung mehr. Diese Technologie findet insbesondere Anwendung für Erzeugnisse, die durch Kalandern, Extrudieren oder Spritzgießen hergestellt werden. Beim Kalandern (Abschn. 5.6.3.1) herrschen Walzendrucke bis zu 150 MPa. Aufgrund des Memory-Effekts, hier als Kalandereffekt bezeichnet, sollte besonders bei einstufigen Prozessen die Mischungsnervigkeit (Elastizität) möglichst gering sein.

Das **Extrudieren**, als kontinuierliches Verfahren zur Herstellung von Profilen, Drahtummantelungen, Schläuchen usw., kann mit Kalt- oder Warmfütterextrudern (Zugabe kalter bzw. warmer Mischungen) erfolgen. Die Extruder haben Schneckendurchmesser bis zu 300 mm, ihre Länge beträgt bei Warmfüttermaschinen das 4- bis 6-Fache und bei Kaltfüttermaschinen das 12- bis 20-Fache des Durchmessers. Die Drehzahlen liegen zwischen fünf und 55 Umdrehungen pro Minute. Eine Mastikation findet dabei allerdings kaum statt. Um eine Anvulkanisation zu vermeiden, sind die vorgegebenen Prozesstemperaturen einzuhalten.

Zweistufige Formgebungsverfahren erzeugen im ersten Schritt einen Formling, der im zweiten Schritt einer endgültigen Formgebung bei gleichzeitiger Vulkanisation unterzogen wird. Dazu gehören das Etagenpressen, ein modifiziertes Spritzpressen mit einer dreiteiligen Form sowie das Spritzgießen.

Zu den **mehrstufigen Verfahren** zählt z. B. die Keilriemen- und Reifenherstellung. Bei der Herstellung von Autoreifen wird eine Reihe von Teilformlingen mit Verstärkungseinlagen produziert und bei der Reifenbombierung zusammengefügt. Im anschließenden Vulkanisationsprozess erhält dieser Formling dann sein endgültiges Aussehen.

Für die Vulkanisation, als letzte Verarbeitungsstufe, existiert eine Vielzahl technologischer Möglichkeiten. Sie ist unter Druck oder drucklos, kontinuierlich oder diskontinuierlich, kalt oder warm durchführbar. Die Kaltvulkanisation, z. B. mit Dithiodichlorid bei Raumtemperatur, hat industriell keine solche Bedeutung wie die Heißvulkanisation. Die erforderlichen Temperaturen für die Heißvulkanisation lassen sich beispielsweise mittels Heißluft, Wasser, Dampf, Inertgas, Salzschmelzen (Liquid Curing Medium, LCM-Verfahren), Fließbett sowie Mikrowellenvorheizung erreichen. Die Vulkanisation ohne Verformung (Freiheizung) ist in relativ einfachen Apparaten (Autoklav, Heizschrank, Kessel, Kammer) durchführbar. Deshalb muss im Fall der Freiheizungsvulkanisation der Vernetzungsprozess durch Vulkanisationschemikalien so gesteuert werden, dass eine Verfestigung einsetzt, bevor die Deformation beginnt.

Für die Vulkanisation unter Formgebung sind allerdings schwere Presswerkzeuge notwendig, um das Material unter Vermeidung von Blasenbildung in das Formnest zu pressen. Das unvulkanisierte geformte Material wird beim Erwärmen plastisch und beginnt zu fließen. Die Vulkanisationsbedingungen gestalten sich naturgemäß recht unterschiedlich. Die Temperaturen können zwischen 60 und 250 °C liegen, die Arbeitsdrücke vom Normaldruck bis zu 2 MPa reichen und die Vulkanisationszeiten bis zu 48 h betragen. Für die **Reifenvulkanisation** muss auch das Reifeninnere unter Druck und erhöhter Temperatur stehen, damit einerseits der Reifen bei der Profil- und Formgebung nicht zusammenfällt und andererseits eine durchdringende Vulkanisation erfolgt. Bei der Reifenvulkanisation herrschen etwa folgende Bedingungen: Reifeninnentemperatur bis 200 °C, Reifenaußentemperatur bis ca. 180 °C, Reifeninnendruck mehr als 1 MPa, Außendruck 2–3 MPa, Heizzeiten für PKW-Reifen um 20 min, LKW-Reifen um 60 min.

Die Vulkanisation, im engeren Sinn die kovalente Verknüpfung der Polymerketten, stellt eine chemische Reaktion dar, deren Geschwindigkeit und Umsatz durch die Reaktivität der Reaktanden sowie Temperatur und Zeit bestimmt wird. Beim **Ablauf der Vulkanisation** sind vier Phasen zu unterscheiden, die sich auch anhand eines charakteristischen Intervalls des Spannungswerts (Kraft zur Erzielung einer bestimmten Deformation) verfolgen lassen:

1. Anvulkanisation oder Vulkanisationsbeginn,
2. Untervulkanisation
3. Vulkanisationsoptimum
4. (Übervulkanisation)

5.6.5 Verarbeitung zu polymeren Verbundstoffen

5.6.5.1 Allgemeine Aspekte

Polymersysteme aus mindestens zwei festen unabhängigen Komponenten werden im engeren Sinn als polymere Verbundstoffe oder auch Komposite bezeichnet. Sie bestehen aus einer (kontinuierlichen) polymeren Matrix und den darin eingebetteten Materialien, den Füllstoffen. Ingenieurtechnisch werden nur diese „zweiphasigen" heterogenen Systeme als Verbundstoffe angesehen. Im umfassenderen Sinn kann aber ein Polymersystem auch aus anderen unabhängigen oder gekoppelten Komponenten als Verbundstoff betrachtet werden, z. B. Polymer-Gas-System (Schaumstoff), Polymer-Polymer-System (Blends), Polymer-Weichmacher-System.

Auf der Grundlage der äußeren Erscheinungsform erfolgt eine Differenzierung der Füllstoffe in Partikel (sphäroide Teilchen), Fasern, Gewebe, Geflecht, Gewirk und Platten, die mit dem Kunststoff zum Teilchenverbund, Faserverbund, Gewebeverbund oder Schichtverbund verarbeitet werden. Aus stofflicher Sicht ist zwischen anorganischen und organischen Füllstoffen zu unterscheiden.

Die Eigenschaften der Verbundstoffe werden sowohl durch Matrix wie Füllstoff bestimmt (Abb. 5.123). Der chemisch inaktive Füllstoff (Extender) dient der Streckung und damit der Verbilligung des teureren Polymers. Der aktive Füllstoff (Verstärker) verbessert die Gebrauchseigenschaften, z. B. Zugfestigkeit, Abrieb, Wärmeausdehnung und Flamm-

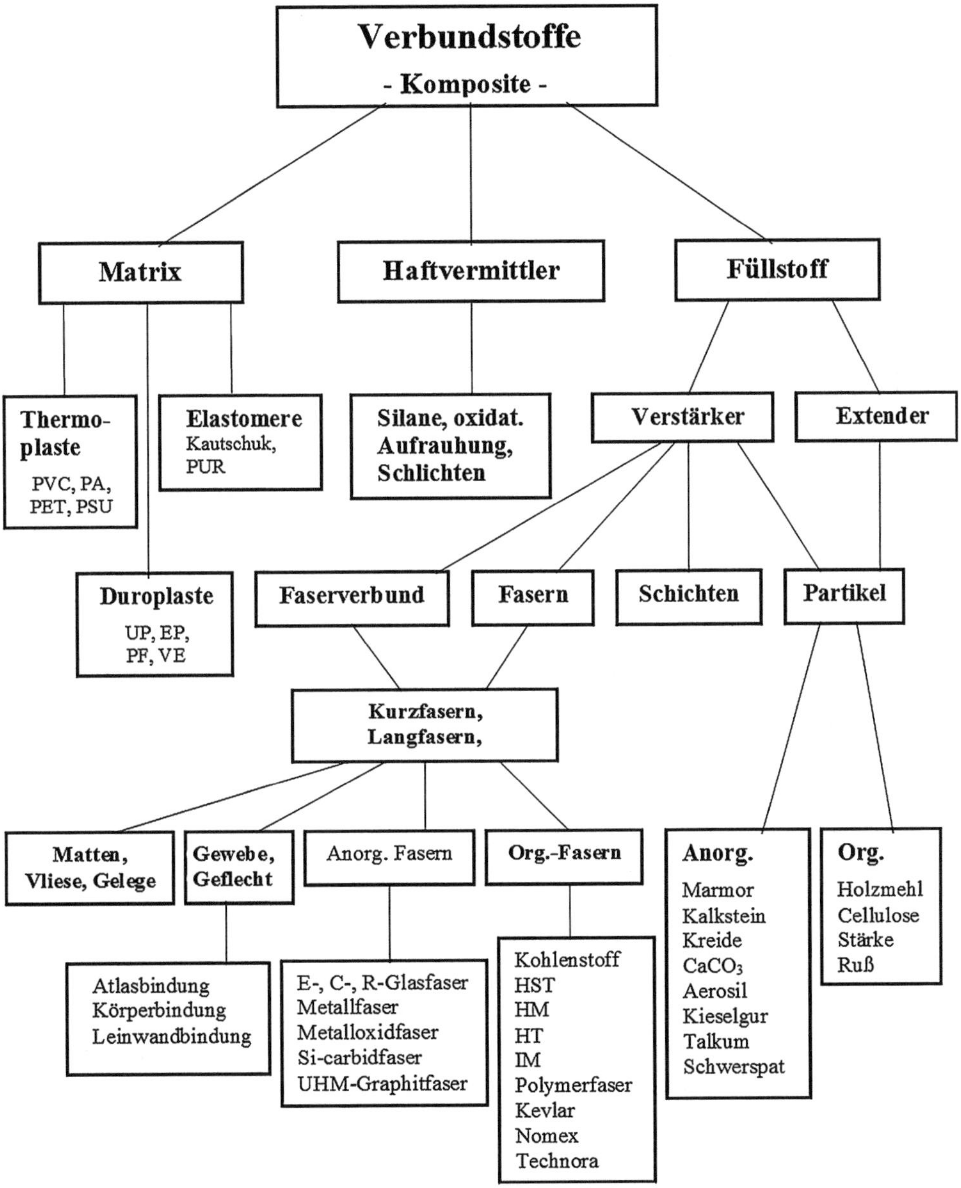

Abb. 5.123 Bestandteile von Polymerverbundstoffen

festigkeit. Die gewichtsprozentualen Anteile der Füllstoffe am Gesamtverbundsystem sind sehr unterschiedlich und können 10–80 % betragen.

Generell sind als **Matrix** Thermoplaste, Duroplaste und Elastomere geeignet und mit einer Vielzahl von Füllstoffen kombinierbar. In der Praxis sind allerdings nur solche

Kombinationen von Relevanz, deren Eigenschaften den gewünschten Parametern am besten gerecht werden, so etwa bei den Thermoplasten PVC, PP, PA, PSU und PEEK, bei den duroplastischen Gießharzen ungesättigte Polyesterharze (UP), Epoxidharze (EP), Vinylesterharze (VE) und Imidharze und bei den Elastomeren Polyurethane (PUR) und Kautschuke.

Neben den Hauptbestandteilen eines Verbundstoffs kommt aber auch den **Haftvermittlern** eine bedeutsame Aufgabe zu. Sie sind dafür verantwortlich, dass der Füllstoff fest mit der Matrix verankert wird. Dies gelingt häufig nur durch Anwendung spezieller Techniken, wie z. B. Silanisierung, oxidative Aufrauung oder imprägnierende Behandlung mit sog. Schlichten.

5.6.5.2 Faserverbundkunststoff (FVK)

Unter Faserverbundkunststoff, gelegentlich auch als Faserkunststoffverbund (FKV) bezeichnet, wird im erweiterten Sinn sowohl der Faser- wie Faserschichtverbund verstanden. Füllstoff und Matrix tragen in ihrer Kombination dazu bei, dass ein hochleistungsfähiger Werkstoff als „Werkstoff nach Maß" zur Verfügung steht. Die Matrix hat dabei folgende Funktionen:

- die aufzunehmenden Kräfte in die Faser einzuleiten,
- die Kräfte von Faser zu Faser zu übertragen,
- die Positionen der Faser und die Form des Produkts zu fixieren und
- die Faser vor äußeren Zerstörungen zu schützen.

Die **Fasern als Verstärkungselemente** sind maßgeblich für die mechanischen Eigenschaften der FVK verantwortlich. Ihr gewichtsprozentualer Anteil kann bis zu 80 % betragen. Die Wirksamkeit der Fasern im Verbund wird sowohl durch ihre Art (Typ) wie auch Aufmachung (Form) bestimmt. Eine breite Palette von Fasertypen steht für die Herstellung von Hochleistungskunststoffen zur Verfügung.

Die verbreitetste Faserart ist die **Glasfaser (GF)**, die als E-Glasfaser im elektrischen, als C-Glasfaser im chemischen und als R-Glasfaser (R steht für *resistance*) im Festigkeitsbereich zur Anwendung kommt. Die **Carbonfaser** (CF) zeichnet sich durch besondere Steifigkeit, Festigkeit und Temperaturbeständigkeit aus. Derzeit kommen HT-(*high tenacity-*), HM-(*high modulus-*), HST-(*high strain and tenacity-*) und IM-(*intermediate modulus-*)Kohlenstofffasern u. a. in der Luft- und Raumfahrt, im Fahrzeugbau wie auch Hochleistungssport zur Anwendung. Für Bauteile mit hohem Energieabsorptionsvermögen und relativ geringem Gewicht haben sich hochfeste polymere **Aramidfasern** (Kevlar, Technora, Nomex) am geeignetsten erwiesen. **Hybridfasern** erhalten ihre hervorragenden Eigenschaften sowohl durch die Kombination von Fasern unterschiedlicher synthetischer Polymere wie durch ihre textile Verarbeitung. Sie sind durch Vermischen der Fasern (*commingling*) oder gemeinsames Verspinnen (*cospinning*) sowie Umwinden (*cowrapping*) der Verstärkungsfaser, z. B. mit Thermoplasten, herstellbar. Extreme Elastizitätsmodule besitzen Whisker (Einkristallfasern), u. a. auf der Basis von Siliciumcarbid,

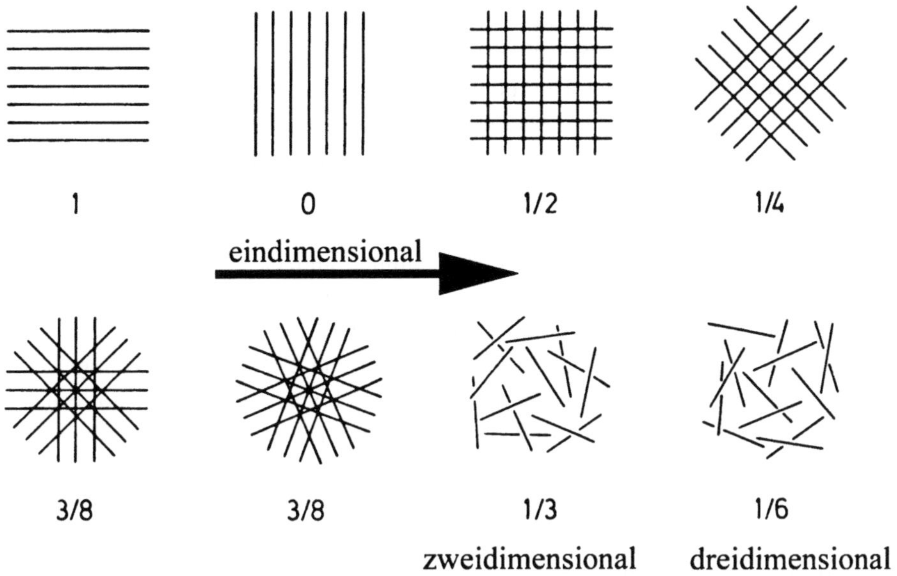

Abb. 5.124 Orientierungsfaktoren von langen Fasern in unterschiedlichen Gewebearten in Relation zur Spannungsrichtung. (Elias 2002)

Kohlenstoff, Eisen oder Metalloxiden. Neben den synthetischen Fasern gewinnt in jüngster Zeit aber auch der Einsatz von Naturfasern – Gewichtsreduzierung und Umweltaspekte – an Bedeutung.

Unabhängig von der Faserart sind verschiedene Faseraufmachungen in Gebrauch. Ihre verstärkende Wirkung ist auf das Engste mit der Zugrichtung der einwirkenden Kräfte verbunden (Abb. 5.124).

Die zurzeit am meisten verarbeitete Faserform ist die **Kurzfaser** (über 90 % aller Verstärker), deren technologischer Vorteil in der leichten Verarbeitbarkeit wie großen Anwendungsbreite liegt. **Langfasern** finden insbesondere Anwendung bei der Herstellung großflächiger Bauteile. **Rovings** Endlosfasern (Rovings), die im erhöhten Maße die Zugfestigkeit in Faserrichtung verbessern, sind Filamentstränge, die aus einer Vielzahl von Einzelfilamenten hergestellt werden und durch eine aufgebrachte Schlichte aneinanderhaften. **Matten** und **Vliese** sind Flächengebilde von ungeordnet übereinanderliegenden Fasern. Matten tragen zur mechanischen Verbesserung der Bauteileigenschaften bei, während Vliese die Oberflächenqualität verbessern. **Gelege** sind textile Halbzeuge, deren Fasern parallel angeordnet und miteinander nur vernäht oder andersartig leicht verbunden sind. Sie bewirken eine unidirektionale Verstärkung. Gewebe, Geflecht, und Gewirk stellen textile Halbzeuge dar, deren Fäden überkreuz verschiedenartig verknüpft sein können (Atlasbindung, Körperbindung, Leinwandbindung usw.) und sich besonders für großflächige Bauteile eignen. Gewebe aus verschiedenen Fasertypen werden als Misch- oder Hybridgewebe bezeichnet.

Von den genannten Matrizes finden im Duroplastbereich überwiegend **UP-** und **EP-Harzsysteme** Anwendung, wobei mit EP u. a. höhere mechanische Verbundfestigkeiten erreicht werden. Der Anteil der Thermoplaste beschränkt sich gegenwärtig auf die Herstellung von glasmattenverstärkten Thermoplasten (GMT), z. B. mit PP, PUR und PET als Matrix. Das Elastomer-Füllstoff-System hat besondere Bedeutung für die Reifenherstellung (Abschn. 5.6.4.2).

Obwohl die Verfahren zur Herstellung von Halbzeugen und Formteilen den Formgebungsprozessen der Thermo- und Duroplaste ähnlich sind, bestehen doch technologische Unterschiede. Die prinzipiellen Verfahrensschritte bestehen im Aufbringen und Ausrichten der Fasern, dem Durchtränken mit der Matrix, dem Formen des Bauteils und dem Aushärten des Kunststoffs. Die Reihenfolge der Schritte 1 und 2 ist variabel. Im Gegensatz zur fast ausschließlich maschinellen Verarbeitung der nichtverstärkten Kunststoffe hat aber auch die manuelle Verarbeitung zum FVK eine gewisse Bedeutung (Handlaminierungen). Da dem glasfaserverstärkten Kunststoff (GFK) gegenwärtig die größte Bedeutung zukommt, beziehen sich die folgenden Ausführungen vorrangig auf dieses System.

Im industriellen Bereich liegt nach den ersten beiden Verarbeitungsschritten ein sog. **Sheet Moulding Compound** (SMC) vor, das aufgrund seines hohen GF-Anteils nicht durch Spritzgießmaschinen zu verarbeiten ist. In der Regel wird das SMC durch Pressen geformt und dadurch gleichzeitig das Aushärten in Gang gesetzt. Dabei muss ein Aufschwimmen äußerer Fasern vermieden werden. Das SMC wird als Prepreg oder Premix dem Formungsprozess zugeführt. **Prepregs** (*pre-impregnated fibres*) sind harzgetränkte textile Halbzeuge (Matten, Rovings usw.) aus Glasfasern, während **Premix-Bulk Moulding Compounds** (BMCs) rieselfähige (sauerkrautähnliche) Pressmassen darstellen, aus denen sich Vorformlinge produzieren lassen. **Dough Moulding Compounds** (DMCs) sind teigige und leichter verarbeitbare Massen.

Weitere gängige Verfahren sind das Faser-Harzspritzen und Wickeln. Beim **Faser-Harzspritzen** wird Roving geschnitzelt und mit Harz aus jeweils getrennten Vorrichtungen in die Form eingedüst und danach zum Aushärten gebracht (Abb. 5.111). Beim **Wickeln** werden harzgetränkte Fasern, geführt durch ein Ringfadenauge, auf einen Kern gewickelt und nach Formfertigstellung ausgehärtet. Computergesteuerte Polarwickelmaschinen ermöglichen die Herstellung komplizierter Teile (Tragflächen, Propeller) mit Durchmessern bis zu 10 m und Längen bis zu 50 m. Die RIM-Techniken fanden bereits bei der Schaumherstellung Erwähnung (Abschn. 5.6.3.1).

Das RTM-Verfahren (**Resin-Transfer Moulding**, Harzinjektionsverfahren) dient zur Herstellung flächiger Bauteile in kleiner bis mittlerer Serie. Dabei werden ungetränkte Verstärkungsfasern in ein zweiteiliges Werkzeug eingepasst und nach dessen Verschließen mit dem reaktiven Harzsystem durchtränkt. Nach dem Aushärten erfolgt die Entnahme des Formteiles. Sondertechniken sind das VA-RTM (Vacuum-Assisted RTM), DP-RTM (Differential Pressure RTM), sowie das Kompressions- und Schlauchblas-RTM. Das **Harzinfusionsverfahren** (Resin Infusion, RI) unterscheidet sich vom RTM dadurch, dass es nur eine Werkzeughälfte benötigt. Dies hat allerdings auch zur Folge, dass das Formteil nur eine Seite mit guter Oberflächenqualität besitzt. Beim Vakuumfolien- oder Vakuumsack-

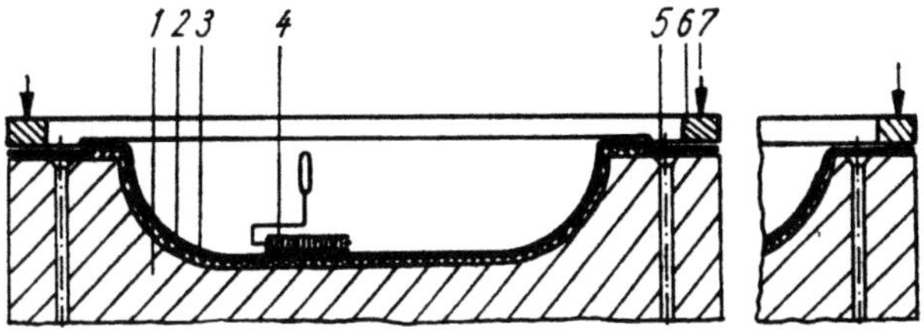

Abb. 5.125 Vakuumsackverfahren. 1 = Werkzeug, 2 = Laminat, 3 = Vakuumsack, Folie, Gummisack, 4 = Walze, 5 = Vakuumanschluss, 6 = Spannrahmen, 7 = Zuhaltung. (Broy und Basov 1985)

verfahren wird die Glasfaser in der Negativform ausgebracht und mit Harz durchtränkt. Die darauf aufzubringende Folie (Vakuumsack) wird durch Anlegen eines Vakuums zwischen Folie und Laminat und unter zu Hilfenahme einer Andrückwalze fest mit dem Harz verbunden (Abb. 5.125).

Pultrusion ist ein Ziehverfahren zur Herstellung von Endlosprofilen, bei dem sich an das Durchtränken der Faser Formgebung und Aushärtung sofort anschließen.

Zur Herstellung von GMT-Halbzeugen werden Glasfasermatten auf ein Transportband gelegt und mit dem aus einem Extruder ausgestoßenen Thermoplast (meist PP) mittels Doppelgurtpressen imprägniert und danach abgekühlt. Für Fertigteile sind vorrangig Presstechnologien gebräuchlich.

5.6.6 Oberflächenveredlung

Obwohl das Kunststofferzeugnis nach Möglichkeit aus dem „Werkstoff nach Maß" bestehen soll, ist eine oberflächliche Veredelung häufig unumgänglich. In diesem Fertigungsschritt sind optisch dekorative (Farbe, Glanz) und technisch funktionelle Effekte (Griffigkeit, elektrische Eigenschaften) sowie die Verbesserung der Resistenz gegen Licht, Chemikalien und mechanische Beanspruchung das Ziel der Bearbeitung. So sollen z. B. durch Beflocken, Bedrucken und Prägen des Kunststoffs Imitationen, Griffigkeit und Kennzeichnungen erreicht und durch Metallisieren, Glasieren und Lackieren anforderungsgerechte Schutzüberzüge hergestellt werden. Schleifen, Polieren und Mattieren verändern die Oberflächenreibung oder sind notwendige Voraussetzungen für weiteres Bearbeiten. Im Allgemeinen haben aber alle Bearbeitungen auch einen optischen Effekt zur Folge.

Das **Beflocken** kann dekorativen (z. B. Oberflächen aus Samt, Velour, Plüsch) wie technischen Zwecken (z. B. Friktionselemente, Schalldämpfung, Gleitleisten) dienen. Auf die mit Klebstoff beschichtete Gutoberfläche werden Fasern (Natur-, Synthese- oder Chemiefasern) von etwa 0,3–5 mm Länge (Flock), Textilstaub oder andere Materialien aufgesiebt, aufgeblasen oder elektrostatisch abgeschieden. Qualitativ hochwertige Beflockungen lassen sich durch die Kombination von pneumatischen und elektrostatischen Technologien erreichen.

Das **Bedrucken** einer Kunststoffoberfläche gelingt prinzipiell mit allen bekannten Druckverfahren (Hoch-, Tief-, Flach-, Siebdruck usw.). Für den Einsatz von Druckfarben gelten die dem Lackieren analogen Kriterien. Spezielle Verfahren sind u. a. das Therimage- bzw. Ornamin-Verfahren. Beim Therimage-Verfahren wird eine Trägerbahn im Tiefdruck spiegelbildlich bedruckt und das Bild durch thermische Ablösung auf den zu bedruckenden Körper übertragen. Das Ornamin-Verfahren nimmt dagegen ein Einbetten des Druckträgers während des Formprozesses vor.

Das **Prägen** (Strukutrieren der Oberfläche) ist technologisch und kunststoffspezifisch auf verschiedene Weise möglich. Beim Heißprägen wird z. B. der heiße Prägestempel auf eine mehrschichtige Prägefolie (Abb. 5.116) aufgeprägt. Auch Mikrostrukturen können mittels Heißprägen in die Oberfläche von Kunststoffteilen eingebracht werden. Aber auch das Prägen des erwärmten Materials mit kaltem Prägestempel ist möglich. Weiterhin lassen sich Prägungen auf chemischem Wege über inhibierte oder akzelerierte Schäumungsprozesse erreichen.

Die **Metallisierung** der Kunststoffe (Aufbringen feinster Metallschichten) erlangt zunehmende Bedeutung, da Oberflächenschutz und optische Attraktivität gleichermaßen verbessert werden. Die Metallschicht lässt sich dabei sowohl direkt auf die Kunststoffoberfläche wie auch auf eine haftvermittelnde, glättende und den Kunststoff bedeckende Schicht (Primer) aufbringen. Die aufgebrachte Metallschicht (ca. 0,1 μm) wird in jedem Fall mit einem Schutzlack überzogen. Bei transparenten Kunststoffen ist eine vorderseitige oder rückseitige Metallisierung möglich.

Für die Metallabscheidung sind trockene und nasse Verfahren in Anwendung. Zu den **trockenen Verfahren** gehören Hochvakuumbedampfung, Kathodenzerstäubung und Gasplattierung sowie das Metall- und Leitlackspritzen. Sie eignen sich für fast alle Kunststoffe. Voraussetzung für die Anwendung der Hochvakuumtechnik ist, dass der Kunststoff nicht gast. Die Gasplattierung unterscheidet sich von den anderen Verfahren dadurch, dass das Metall nicht über Verdampfung oder aus feinsten Suspensionen zur Abscheidung gebracht wird, sondern flüchtige, thermisch leicht zersetzbare Verbindungen (z. B. Nickeltetracarbonyl) den Metallspiegel (gegebenenfalls auch auf einer gebeizten Oberfläche, z. B. von Acrylnitril-Butadien-Styrol-Pfropfcopolymer) erzeugen.

Die **nassen Verfahren** bestehen aus mehreren Schritten. Im ersten Schritt erfolgt das oxydative Beizen der Oberfläche mit Chromschwefelsäure bis zu einer Tiefe von 1 μm und im darauffolgenden die Entgiftung mit Eisen(II)-sulfat. Im nächsten Schritt wird die Aktivierung (Bekeimung) des Kunststoffs durch chemische Reduktion einer Edelmetalllösung (z. B. Silber- oder Palladiumlösung) erreicht. Die Flächendichte der abgeschiedenen Metallkeime beträgt 10 bis 20 $\mu g\ cm^{-2}$. In einem weiteren Schritt wird aus Metallisierungsbädern (komplexen Kupfer-, Nickel- oder Chromsalzlösungen), wiederum durch chemische Reduktion, ein Metallspiegel mit einer Schichtdicke von ca. 0,3 μm erzeugt. Diese Metallschicht lässt sich auch elektrolytisch noch verstärken. In einigen Fällen (z. B. ABS, ausgewählte PS und PP) gelingt es sogar, eine so feste mechanische Verankerung der Metallatome herzustellen, dass ein Verbund von Metall und Kunststoff entsteht. Auf diese verankerten Atome werden dann weitere Glanzmetallschichten (Kupfer, Chrom, Nickel) galvanisch aufgebracht (Druckknopfhaftung). Mit der **3D-MID-Technologie** (MID =

Molded Interconnected Device) werden Spritzgießteile aus PA oder LCP galvanisch und selektiv mit dreidimensionalen metallischen Leiterbahnen versehen, auf die wiederum im Reflow-Prozess bei kurzzeitig 240–250° elektronische Bauteile aufgelötet werden können.

Ferner können Kunststoffoberflächen durch Aufdampfen von Borsilicatgläsern im Hochvakuum (**Glasieren**) weitestgehend kratzfest gestaltet werden (Schichtdicke ca. 3 μm). Daneben sind aber auch kratzfeste Beschichtungen mit Siliciumdioxid oder Polykieselsäure und Polymeren möglich. Die **PICVD-Technologie** (PICVD = Plasma Impulse Chemical Vapour Deposition) ermöglicht sogar Schichten von nur 0,01–0,1 μm.

Bei einer Reihe von Polymeren (z. B. PE, PP, PVC, PET) führt die Bestrahlung mit beschleunigten Elektronen zur Bildung oberflächiger dreidimensionaler Strukturen mit anwendungsspezifischen Eigenschaften (medizinische Implantate, Raumfahrt, Isolierungen usw.).

Beim **Lackieren** ist eine Abstimmung zwischen Kunststoff und Lack erforderlich, da sich die Lacklösungsmittel und die Art des Kunststoffs gegenseitig beeinflussen (Oberflächenspannung, Kantenflucht des Lacks). Wegen thermischer Verwerfungen und höherer Lösungsmittelempfindlichkeit sind Thermoplaste gegenüber Duroplasten schwieriger zu handhaben. In der Regel genügt eine saubere Oberfläche noch nicht, sondern erst die spezielle **oxidative Aktivierung** (Niederdruck-Glimmentladung, oxidierendes Beflammen, Tauchen in Beizbäder) gewährleistet in Verbindung mit der Polarität von Lack und Kunststoff die ausreichende Haftung. In Anwendung befinden sich physikalisch und oxidativ trocknende sowie chemisch vernetzende Lacksysteme. Für das Aufbringen bietet sich eine Vielzahl von Verfahren an (z. B. Spritzen, Tauchen, Trommeln, Streichen). Die Schichtdicken liegen im Bereich von 5–100 μm und darüber. Eine bewährte Technologie stellt das **IMC-Verfahren** (IMC = In-Mould Coating) dar. Nach einem Pressvorgang wird das Werkzeug geöffnet und Lack eingespritzt oder Pulverlack elektrostatisch abgeschieden. Ein erneuter Pressvorgang lässt eine ausgehärtete kompakte Schicht aus Lack und Harz entstehen.

Zur direkten **Beschriftung** thermoplastischer Formteile verwendet die Industrie heute spezielle neodymdotierte Yttrium-Aluminium-Laser oder durch Schriftmasken wirkende CO_2-Laser. Voraussetzung für die Anwendung dieser Technologie ist die Absorption der Laserstrahlen an der Materialoberfläche, d. h. Umwandlung der Strahlungsenergie in Wärme zum Gravieren, Verfärben, Verschäumen, Verkohlen usw. Fehlende Absorption lässt sich durch Zugabe von Pigmenten beseitigen und kann gleichzeitig zu Kontrasteffekten wie auch mehrfarbigen Schriften führen.

5.6.7 Verarbeitung zu Synthesefasern

5.6.7.1 Allgemeine Aspekte

Die Gewinnung pflanzlicher Fasern durch den Menschen und ihre textile Verarbeitung lässt sich bis in das 3. und 5. Jahrtausend v. Chr. zurückverfolgen (Flachs und Baumwolle in Mesopotamien und Ägypten, Seide in China). Der Gebrauch tierischer Fasern ist, wie

Felsmalereien belegen, noch weit früher zu datieren. Gegenwärtig beträgt die weltweite Textilfaserproduktion etwa $110 \cdot 10^6$ Jahrestonnen. Davon entfallen ca. 80 % auf die synthetischen Materialien, unter denen wiederum PET mit etwa 75 % den größten Anteil darstellt. Die restlichen Faseranteile beziehen sich auf Baumwolle, Wolle, Cellulose und andere Fasern.

Fasern sind eindimensionale Gebilde mit einem großen Länge-Durchmesser-Verhältnis (10–1000 und darüber). Da Textilfasern einen Durchmesser zwischen 3 und 50 µm besitzen, wird praktischerweise eine Charakterisierung durch das Verhältnis Masse/Länge = Dichte · Querschnittsfläche (Titer, mittlere Feinheit in tex = g km^{-1}; Decitex, dtex = g $(10\ km)^{-1}$) vorgenommen. Fasern besitzen eine endliche Länge (z. B. kurze Stapelfasern zwischen 12,5–38 mm und lange Stapelfasern über 76 mm), während Fäden de facto unendlich sind (Filamente).

Die chemische Faserherstellung verwendet für Stapelfasern und Fäden zunehmend die Bezeichnung **Spinnfaser** bzw. **Filament**. Auch traditionelle Begriffe wie Verspinnen (Fasern zu Garnen verdrillen) oder Spinnen (Wollflocken zu Fäden verarbeiten) haben eine andere Bedeutung erhalten. Filamentgarn besteht aus einem Filament oder mehreren Filamenten, Monofilgarn dagegen aus einem Filament bis zu 0,1 mm Dicke. Liegt die Stärke darüber, ist die Bezeichnung **Monofil** gebräuchlich. Multifilgarn bezeichnet ein Filamentgarn aus mehreren Filamenten unter 30.000 dtex, Kabel dagegen ein derartiges Gebilde mit über 30.000 dtex. Vlies, ein Flächengebilde aufgrund der Eigenhaftung von Spinnfasern oder Filamenten, steht dem Gewebe (gekreuzte Fäden als Kette und Schuss) gegenüber.

Die Vielzahl der Fasermaterialien wird heute üblicherweise in Natur-, Chemie-, Synthese- und anorganische Fasern unterteilt. **Naturfasern** können wiederum nach Herkunft und Art in Tier- und Pflanzenfasern unterschieden werden. Zu den tierischen Fasern gehören Wolle und Haare (Merino, Kaschmir, Mohair) sowie die Seidenfäden des Seiden- und Tussahspinners. Pflanzenfasern sind entsprechend ihrem äußeren Erscheinungsbild und Vorkommen in Stängelfasern (Hanf, Kenaf), Blattfasern (Sisalhanf, Manila), Bastfasern (Jute, Flachs) und Fruchtfasern (Kokos, Baumwolle) einteilbar. Für **Chemiefasern** ist charakteristisch, dass natürliche Polymere durch chemische Umsetzungen in Verbindungen überführt werden, die sich zu Fäden verspinnen lassen, z. B. Hydratcellulose, Celluloseacetat, Casein und Metallalginate. **Synthetische Fasern** werden nach ihren Polymerbildungsreaktionen in Polymerisat-, Polykondensat- und Polyadditionsfasern eingeteilt, z. B. PAN, PA 66, PUR. Die Einteilung der **anorganischen** und **mineralischen Fasern** (z. B. Asbest) erfolgt auf der Grundlage der Kristallinität. Glas- und Mineralfasern besitzen amorphe Strukturen. Metall-, Kohlenstoff- und Korundfasern können poly- oder monokristalline (Whisker-)Strukturen aufweisen.

Eine notwendige Voraussetzung für die Bildung synthetischer Fasern ist das Vorhandensein linearer Polymerketten (Staudinger). Die Fadenbildung selbst ist aber erst ab einer bestimmten Höhe der relativen Molmasse möglich und von Polymer zu Polymer unterschiedlich (z. B. PE $1 \cdot 10^6$g mol^{-1}, aromatische Polyamide $6 \cdot 10^4$g mol^{-1}). Weiterhin nehmen die spezifischen Wechselwirkungen der Bausteine untereinander (polare Gruppen,

Van-der-Waals- und Dipolkräfte) wie auch die Symmetrie und Konformationsmöglichkeiten des Makromoleküls Einfluss auf diesen Prozess. Aus technischer Sicht ist die Spinnbarkeit (Abhängigkeit der Fadenlänge von der Viskosität und Fließgeschwindigkeit) eine weitere Voraussetzung für die Faserbildung. Kapillarbruch, verursacht durch zu geringe Viskosität, und Tropfenbildung infolge zu kleiner Geschwindigkeiten sowie Kohäsionsbruch, bedingt durch zu hohe Zugspannungen, wirken ihr entgegen.

Das Erspinnen des Fadens aus der Schmelze oder Spinnlösung stellt eine Urformung dar. Während des Spinnprozesses selbst kommt es infolge der anomalen Fließeigenschaften der Hochpolymere (Strukturviskosität, elastische Flüssigkeit, temporäre Vernetzungen) zum Ablauf komplizierter Strömungsvorgänge. Da jede Faserart nach spezifisch unterschiedlichen Herstellungsverfahren produziert wird, kann in diesem Rahmen nur eine prinzipielle Beschreibung der Verfahren erfolgen, die für das Gros der Textilfasern in Anwendung sind. Erwähnt sei aber, dass in die Synthesefaserproduktion auch modifizierte Verfahren der ersten großtechnisch produzierten Chemiefaser, der Viskosefaser, Eingang gefunden haben. Ihre Anfänge reichen bis in das vorletzte Jahrhundert zurück (Chardonnet 1894).

Die **synthetische Faser** wird generell als Faden ersponnen, der erst in einem späteren Schritt zur Faser geschnitten wird. Für das Erspinnen des Fadens sind derzeit folgende Technologien möglich: Schmelzspinnen, Lösungsspinnen (Nass-, Trockenspinnen) und Spezialspinnverfahren wie Polymerisations-, Dispersions- und Gelspinnen. Die erforderliche weitere Behandlung der Faser (Verstreckung, Texturierung, Thermofixierung, Präparation usw.) ist technologisch der Umformung vergleichbar und dient der Verbesserung der textilen Eigenschaften – infolge zunehmender Molekülorientierung und Kristallitgröße – wie Färbbarkeit, Zugfestigkeit, Reißdehnung und Temperaturbeständigkeit.

5.6.7.2 Spinnverfahren

Spinnen aus der Schmelze Das Verspinnen aus der Schmelze lässt sich auf alle Polymere anwenden, die sich wenigstens über den Verarbeitungszeitraum nahezu unzersetzt und unverändert aufschmelzen lassen. Dem heutigen Stand der Technik entsprechend werden Polyester-, Polyamid- und Polyolefinfilamente aus der Schmelze ersponnen. Der technologische Vorteil des Schmelzspinnens gegenüber dem Lösungsspinnen besteht im Fortfall aller aufwendigen Arbeitsgänge (z. B. Lösen des Polymers, Filtration und Entlüften der Lösung, Rückgewinnung des Lösungsmittels bzw. Fällbadregenerierung).

Folgende Verfahrensschritte sind beim Schmelzspinnen, das sich als Verspinnen einer 100 %igen Lösung auffassen lässt, erforderlich: Herstellung einer homogenen Schmelze, Erspinnen des Fadens sowie dessen Nachbehandlung. Das Polymer kann sowohl direkt als Reaktionsprodukt aus dem Reaktor wie auch nach Zwischenlagerung und eventueller Modifizierung, z. B. durch Zugabe von Antistatika, Pigmenten und Nukleierungsmitteln, zum Erspinnen von Fasern eingesetzt werden. Die notwendigen Misch- und Plastifiziereinrichtungen entsprechen, je nach rheologischem Zustand, denen der thermoplastischen

Kunststoffverarbeitung (Aufschmelzen über Rosten – Rostspinnen; Aufschmelzen mittels Extruder – **Extruderspinnen**).

Beim Erspinnen des Fadens ist zwischen einem inneren und einem äußeren Spinnvorgang zu unterscheiden. Der **innere Vorgang** beschreibt die Verhältnisse in der Düse (Molekülorientierung durch Strömung und elastische Deformation, Einfluss des Düsendurchmessers), während der **äußere Spinnvorgang** die Entstehung des Fadens unterhalb der Düse erfasst (Einfluss von Austrittsmenge, Verstreckung, Abkühlung, Abzugsgeschwindigkeit, Düsendurchmesser und Memory-Effekt, der zuweilen auch als Barus-Effekt bezeichnet wird). Spinnkopf (Pumpenblock) und Spinndüse sind die Präzisionsaggregate der Spinneinheit. Im Spinnkopf erfolgt über eine Druck- und eine Messpumpe (Zahnradpumpen) die konstante Dosierung des Spinnguts in die Spinndüsen (je nach Verfahren Drucke bis 12 MPa, Temperaturen bis 300 °C, zulässige Fördermengenschwankung maximal 1 %). Auf einer Spinnplatte können bis zu 10.000 Spinndüsen mit der entsprechenden Anzahl von Einheiten montiert sein. Auch das Erspinnen von Bikomponentenfasern analog einer Coextrusion ist möglich.

Für das Schmelzspinnen haben aber auch die Abkühlungsvorgänge im Spinnschacht eine entscheidende Bedeutung, da sie die Vororientierung und Primärkristallisation beeinflussen. Abkühlungszeiten von 0,1–0,5 s entsprechen Abkühlgeschwindigkeiten von ca. 70.000 °C pro Minute. Bei dieser Kristallisation entstehen zwischen den Molekülketten Haftpunkte, deren Anzahl und Festigkeit beispielsweise den Kochschrumpf bestimmen (niedrige Anzahl von Haftpunkten – hoher Kochschrumpf bis zu 50 %). Ein hoher Orientierungsgrad lässt sich durch eine vergrößerte Aufwickelgeschwindigkeit gegenüber der Spinngeschwindigkeit erreichen (4000 – 6000 m min^{-1} gegenüber 1000 – 1400 m min^{-1}).

Auch der Strömungsverlauf der in den Spinnschacht eingeblasenen feuchten Luft nimmt Einfluss auf die Fadenbildung. Der völlig wasserfrei aus der Düse austretende Faden muss einer gewissen Feuchtigkeitssättigung unterzogen werden (z. B. im Dampfschacht), um Längsquellungen, die den späteren Spinnspulenaufbau lockern würden, zu verhindern. Daran schließt sich in der Regel direkt die Präparierung (Glättung) an. Kombinationen von Emulgatoren, Gleit-, Netz- und Fadenschlussmitteln, Antistatika, Ölen usw. werden über Scheiben auf die Faseroberfläche aufgebracht und verbessern das Verhalten für die nachfolgenden Behandlungen.

Spinnen aus Lösung Das Lösungsspinnen kommt zur Anwendung, wenn sich das faserbildende Polymer beim Schmelzen zersetzt. Neben dem Lösungsmittel machen sich in besonderen Fällen auch noch Lösungsvermittler erforderlich (z. B. Calciumchlorid für Polymetaphenylenisophthalamid in Dimethylacetamid). Färbemittel, Stabilisierungssubstanzen, Antistatika usw. werden entweder der Lösung zugesetzt oder kurz vor der Spinneinheit zu dosiert. Die Polymerkonzentrationen in den Spinnlösungen schwanken stoff- und verfahrensspezifisch zwischen 5 und 40 %. Dadurch werden die Viskositäten realisiert, die eine gute Fadenbildung gewährleisten und bei der vorgesehenen Spinntemperatur auch den notwendigen Spinnpumpendruck von 0,5–1,5 MPa zulassen. Nur eine durch Druckfiltration quell- und fremdkörperfrei gemachte Lösung, die nach der Entgasung gegebenenfalls unter Schutzgas steht, garantiert einen reibungslosen Spinnverlauf.

Das Erspinnen der Faser aus der Lösung kann im Nass- oder Trockenspinnverfahren erfolgen. Beim **Nassspinnen** werden die ausgepressten flüssigen Fäden in einem Fällbad koaguliert und durch Verstreckung sofort verfestigt. Mit dem Nassspinnverfahren lassen sich im Allgemeinen die höchsten Kristallinitäten erreichen. Im Gegensatz zum Schmelzspinnen nehmen nicht Abkühlungsvorgänge Einfluss auf die Faserbildung, sondern Oberflächenspannung und Diffusions- wie auch Osmosevorgänge (z. B. wurden für Polyacrylnitril Fadenwege von 56 cm bis zur Vollendung der oberflächlichen Diffusion gemessen). Um konstante Konzentrationsverhältnisse im Fällbad aufrechtzuerhalten (Verdünnung durch Zufuhr von Lösungsmittel aus der Spinnlösung), ist eine laufende Kontrolle der Temperatur und Fällbadzusammensetzung erforderlich (Regenerierung der Zusammensetzung, kontinuierliche Badbewegung). Im Nassspinnverfahren sind nur Abzugsgeschwindigkeiten von 50–100 m min^{-1} möglich.

Beim **Trockenspinnverfahren** entstehen die Fäden aus der Spinnlösung durch Verdampfen des Lösungsmittels in einem beheizten Spinnschacht (Durchmesser 150–300 mm, Länge 2000–8000 mm). Es ist anwendbar, wenn das Lösungsmittel neben guten Löseeigenschaften für das Hochpolymer auch einen niedrigen Siedepunkt, geringe Verdampfungswärme sowie geringe Toxizität und Explosionsneigung aufweist. Das Entstehen der Fadenstruktur wird durch das Polymer und das Lösungsmittel, das nach dem Austritt aus der Düse kontinuierlich verdampft, beeinflusst. Mit der Verdampfung steigt die Viskosität, und über den Gelzustand bildet sich der feste Faden. Im Gegensatz zum Nassspinnen entsteht ein Faden von geringerer Textilqualität. Abzugsgeschwindigkeiten von 300–400 m min^{-1} sind üblich, doch erlauben Verfahren mit Schnellverdampfung im Vakuum und schneller Fadenerstarrung Geschwindigkeiten bis zu 5000 m min^{-1}. Vor der weiteren Verstreckung erfolgt ein weitgehendes Auswaschen der anhaftenden Substanzen. Die Rückgewinnung des Lösungsmittels versteht sich aus ökonomischen wie ökologischen Gründen von selbst. Den schematischen Ablauf dieser drei Spinnverfahren zeigt Abb. 5.126.

Spezielle Spinnverfahren Zu den speziellen Spinnverfahren zählen das Gel- und Dispersionsspinnen, das Polymerisationsspinnen und das Spinnen während der Grenzflächenkondensation. Das **Gelspinnen** stellt einen Spezialfall des Lösungsspinnens dar, bei dem gelartige Polymerlösungen (25–80 %ig) versponnen werden. Das **Dispersionsspinnen** (Emulsions- und Suspensionsspinnen) ermöglicht das Verspinnen unlöslicher faserbildender Polymere. Dabei werden der Dispersion des unlöslichen Polymers lösliche Polymere (Spinnvermittler) und Stabilisatoren zugegeben. Der Faden wird nach einem der oben beschriebenen Verfahren ersponnen. Der Zusammenhalt der Teilchen kommt durch den Spinnvermittler zustande. Sein Herausschmelzen, Verdampfen oder Zersetzen lässt die reine Substanz in Fadenform entstehen (z. B. PTFE und wässriger Polyvinylalkohol).

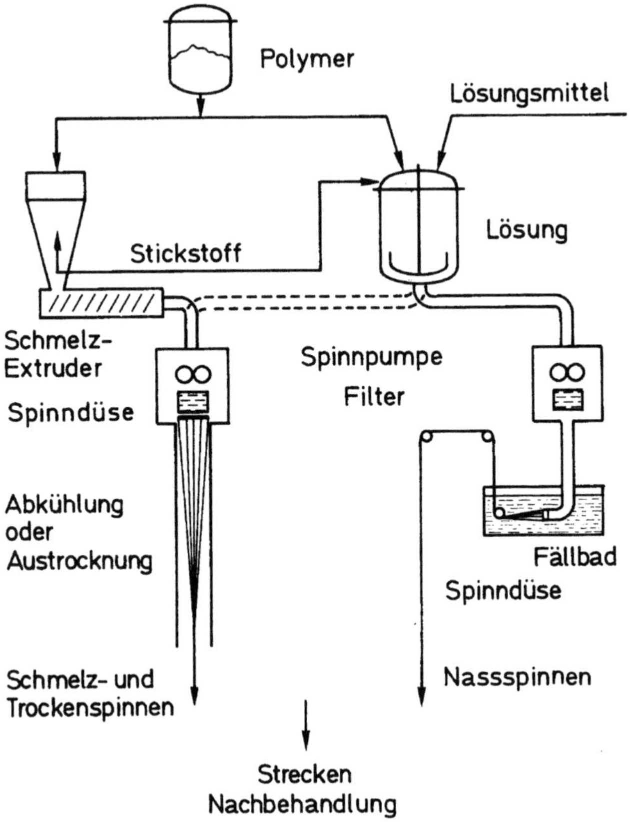

Abb. 5.126 Schematische Darstellung der wichtigsten Spinnverfahren. (Batzer 1984–1985)

Das **Polymerisations-** oder **Reaktionsspinnen** beinhaltet das direkte Verspinnen von Monomeren oder Präpolymeren zu Fäden aus einer Lösung, die alle erforderlichen Additive bereits enthält (Abzugsgeschwindigkeiten um 400 $m\,min^{-1}$). Das Verfahren eignet sich allerdings nur für schnell reagierende Monomere (z. B. Spezialfasern aus PUR). Beim **Grenzflächenkondensationsspinnen** werden nicht schmelzbare Polymere direkt während ihres Entstehens (Vorkondensation) versponnen. Die beiden Polykondensationspartner sind jeweils in miteinander wenig mischbaren Lösungsmitteln gelöst. Beim Einspritzen der Lösung des einen Reaktionspartners in die Lösung des anderen kann bei entsprechender Technologie ein Faden abgezogen werden.

Spezielle Viskosefasern sind auch heute durch neue Verfahren zu gewinnen, wie die Herstellung einer hoch saugfähigen Hohlraumfaser zeigt. Durch Zugabe von Soda zur Spinnlösung erfolgt beim Eintritt des Spinnfadens in das saure Fällbad eine Kohlendioxidentwicklung, die zur Aufblähung der Faser führt.

Wie speziell die Faserherstellung sein kann, beweist die Technologie der **Carbonfaserherstellung**. Die Faser besteht zu 90 % aus anorganischem Kohlenstoff und wird z. B. aus Regeneratcellulose oder Polyacrylnitrilfasern durch Fasertransformation in einem Dreistufenprozess gefertigt. In der ersten Stufe (Stabilisierungsstufe) erfolgen bei 300 °C eine Formstabilisierung der Ausgangsfaser durch Cyclisierungs- und Dehydratationsreaktionen sowie eine Streckung. In der zweiten Phase (Carbonisierungsstufe) erfolgt eine Carbonisierung bei 1200–1600 °C ohne Schmelzen und Zersetzen. Im letzten Schritt (Graphitierungsstufe) kommt es bei Temperaturen bis zu 2800 °C zur Graphitierung und rekristallisierungsähnlichen Umordnung.

Eine Einteilung der Spinnverfahren nach Fadenabzugsgeschwindigkeiten ist ebenfalls möglich. Danach verstehen wir unter konventionellem Spinnen das Arbeiten mit Aufspulgeschwindigkeiten bis zu 1800 $m\,min^{-1}$ ohne besondere Verstreckungseinrichtungen. Verfahren, die bereits eine weitgehende Verstreckung vornehmen, sind das Mittelgeschwindigkeits- (Abzugsgeschwindigkeiten zwischen 1800 und 3000 $m\,min^{-1}$), das Schnell- (Geschwindigkeiten zwischen 3000 und 4000 $m\,min^{-1}$) und das Superschnellspinnen mit darüberliegenden Geschwindigkeiten. Filter für Asbest, Feinstaub oder auch Viren bestehen aus Vlies, das wiederum aus vielen sehr dünnen hochverstreckten Spinnfäden aufgebaut ist. Aus Runddüsen (Durchmesser ca. 500 µm) werden z. B. PP-Fäden extrudiert. Direkt nach Verlassen der Düse erfahren die noch heißen Fäden mit turbulent strömender Heißluft (Luftgeschwindigkeit ca. 300 m/s) eine starke Verstreckung auf Fadendurchmesser von ca. 50 µm und werden im warmen klebrigen Zustand auf einem Trägerband zu einem Vlies aufgebaut. Dieses sog. **Meltblown-Verfahren** findet beispielsweise zur Herstellung von FFP-2-Atemschutzmasken Anwendung.

5.6.7.3 Faserbehandlung

Die nachträgliche Behandlung der Faser dient der Erzeugung der gewünschten Eigenschaften und wird durch Verstreckung sowie faserspezifische Techniken erreicht. Die textile Verarbeitung der Synthesefaser erfolgt in Faserform wie auch als Filament allein oder in einem Gemisch verschiedenartiger Fasern.

Die **Verstreckung** dient der endgültigen Verfestigung des Fadens, die durch die weitere Orientierung der Makromoleküle in Faserrichtung bewirkt wird und die Beweglichkeit der Segmente voraussetzt, d. h. oberhalb der Einfriertemperatur erfolgen muss (Abschn. 5.6.3.2). Die Verstreckung geschieht für hochverstreckte Materialien in mehreren Schritten (erster Schritt vier- bis sechsfache Verstreckung, zweiter Schritt 20- bis 25-fache Totalverstreckung). Unterschiedliche Technologien sind dafür in Anwendung. Es entstehen dabei parallel liegende Mikrofibrillen aus Lamellen gefalteter Kettenmoleküle. Gestreckte Kettenmoleküle können die Lamellen miteinander verbinden.

Die Nachbehandlung soll den verfestigten Faden für die Textilindustrie verwendbar machen. Dies geschieht mittels Texturierung (Verfahren zur Volumenerzeugung), Thermofixierung, Präparierung und Schneiden des Fadens.

Für die **Texturierung** sind zurzeit mechanische, mechanisch-thermische, chemische und physikalisch-chemische Verfahren in Anwendung. Sie verleihen der Faser in der Regel eine zweidimensionale Kräuselung (Wolle dreidimensional), die eine Verarbeitung auf herkömmlichen Textilmaschinen ermöglicht, denn die glatte Chemiefaser besitzt nicht das notwendige Haftvermögen. Zu den mechanischen Verfahren zählen z. B. Torsions-, Stauch-, Präge-, Blas- und Kantenziehverfahren, und zu den chemischen werden Schrumpf- und Kräuselverfahren durch Bikomponentenstrukturen gerechnet. Durch die verschiedenen Strukturmöglichkeiten (Kern – Mantel, Seite an Seite – fibrillare Strukturen) entstehen auch naturfaserähnliche Fasern mit hervorragenden Spezialeigenschaften.

Die **Thermofixierung** soll zu einem thermodynamischen Gleichgewichtszustand führen, um damit der Faser Formstabilität (Schrumpf- und Knitterbeständigkeit) zu verleihen. Je nach Technologie wird mit oder ohne Quellmittel bei Temperaturen in der Nähe des Erweichungsbereichs oder darunter gearbeitet. Die dabei ablaufenden Platzwechselvorgänge sind im Spannungs- oder spannungslosen Zustand möglich.

Die **Präparation** nimmt Einfluss auf die Verarbeitungseigenschaften der Chemiefaser durch Zugabe von Gleitmitteln, Emulgatoren, Antistatika, Bakteriziden usw. Technologisch wäre sie als Nachveredelung anzusehen, denn der noch nicht verstreckte Faden (Spinnpräparation) wie auch der fertige Faden (Nachpräparation, Avivage, Glättung) werden ihr unterzogen. Die klassische Faserverarbeitungstechnologie erfordert das **Schneiden der Fäden** in die je nach Verwendung benötigten Stapellängen (Flock = Schnittfaser bis 0,1 mm Länge). Für das Schneiden existiert eine Reihe von Schneidmaschinen, die unterschiedliche Techniken verwenden (Maschinen mit feststehenden bzw. bewegten Messern oder mit Schneidrädern).

Literatur

G. Allen, J.C. Bevington (Hrsg.), Comprehensive Polymer Science, 7 Bände, Pergamon Press, Oxford, 1989

G. Allen, J.C. Bevington (Hrsg.), Comprehensive Polymer Science, 8 Bände, Pergamon Press, Oxford 1992

R.G. Arridge, Mechanics of Polymers, Clarendon Press, Oxford 1975

H. Batzer, F. Lohse, Einführung in die Makromolekulare Chemie, Hüthig und Wepf, Basel 1976

H. Batzer, Polymere Werkstoffe, Band I bis III, Thieme, Stuttgart 1984–1985

Berry 1972: Fracture: An Advanced Treatise Vol. VII Fracture of Nonmetals and Composites; Published by Academic Press Inc (1972)

W. Broy et al. ABC der Verfahrenstechnik, DVG Leipzig 1979

W. Broy, N. I. Basov, Handbuch der Plasttechnik, VEB, Leipzig 1985

Bucknall et al., Chapter 10 in Polymer Science, Ed. Jenkins, North-Holland, 1972

Bunn, Trans. Farad. Soc. 35 (1939) 482

H. de Chardonnet, US Patent No. 531,158, 1894

H. Domininghaus et al., Kunststoffe, Eigenschaften und Anwendungen, Springer, Heidelberg 2012

A.K. Doolittle et al., J.Appl.Phys. **28**(1957)901

A. Echte, Handbuch der technischen Polymerchemie, VCH, Weinheim 1993

H.G. Elias, Makromoleküle, Bd. 4, Wiley-VCH, Weinheim 2002

H.-G. Elias, Macromolecules, 4 Volumes, Wiley-VCH, Weinheim 2005–2008

J.L. Ferguson, Scientific American 211(1964)77

J.M. O'Reilly, Ann. N.Y. Acad. Sci. **371**(1981)
A. Franck, Kunststoffkompendium, Vogel, Würzburg 2011
Fuller et al., J. Am. Chem. Soc. 62 (1940) 1905
W. Grellmann, S. Seidler (Hrsg.), Deformation und Bruchverhalten von Kunststoffen, Springer, Berlin 1998
A.A. Griffith, The Phenomena of Rupture and Flow in Solids. Phil. Trans. Roy. Soc. London, Series A, Vol. 221 (1920) 163–198
G. Gruhn, W. Fratzscher, E. Heidenreich, ABC der Verfahrenstechnik, VEB. Leipzig 1979
B. Hartmann, Acoustic Properties, in H.F. Mark et al. Encyclopedia of Polymer Science and Engineering, Wiley, New York 1984
E. Helfand, Y. Tagami, J.Chem.Phys. **56**(1972)3592
M. Hoffmann et al., Polymeranalytik, Thieme, Stuttgart 1977
W. Kaiser Kunststoffchemie für Ingenieure, Hanser, München 2011
Kovacs, J.Polym.Sci. 30(1958)131)
H. A. Lorentz, Ann. Phys. **9** (1880) 641–665
L. Lorenz, Ann. Phys. **11** (1880) 70–103
J.H. Magill, Treatise on Material Science and Technology, Academic Press, New York 1977
W. Michaeli et al., Technologie der Kunststoffe, Hanser, München 2008
W. Michaeli, Einführung in die Kunststoffverarbeitung, Hanser, München 2010
R. Nitsche, Kunststoffe **29**(1939)209
Plastics Europe, Association of Plastics Manufacturers, Plastics – the Facts 2017, https://www.plasticseurope.org, 2022
M.R. Rao, Ind.J.Phys. **14**(1940)109
Randall, The Diffraction of X-Rays and Electrons by Amorphous Solids, Liquids and Gases, Wiley, New York (1934)
L.M. Robeson, Polymer Blends. A Comprehensive Review, Carl Hanser Verlag München, 2007
H.-J. Saechtling, Kunststoff Taschenbuch, Hanser, München 2013
E. Salewski, Kunststoffe **31**(1941)381
S. Satoh, J.Sci.Res.Inst.(Tokyo) **43**(1948)79
O. Schwarz, F.W. Ebeling, B. Furth, Kunststoffverarbeitung, Vogel, Würzburg 2002
R. Shaw, J.Chem.Eng.Data 14(1969)461
A.V. Tobolsky, H.F. Mark, Polymer Science and Materials, Krieger, Huntington 1980
A.V. Tobolsky et al., Polymer Science and Materials, Krieger, Malabar 1980
L.R. Treloar, The Physics of Rubber Elasticity, OUP, Oxford 2005
Ullmanns Encyclopädie der technischen Chemie, 40 Bände, VCH, Weinheim 2014
D.W. van Krevelen, Properties of Polymers, Elsevier, Amsterdam 1990
D.W. van Krevelen, K. te Nijenhuis, Properties of Polymers, Elsevier, Amsterdam 2009
B. Wunderlich et al., Adv. Polym. Sci. 7(1970)151
B. Wunderlich, Macromolecular Physics, Volume 1–3, Academic Press, London 1973–1980
R.J. Young, P.A. Lovell, Introduction to Polymers, Chapman and Hall, London 1991
A.E. Zachariades, R.S. Porter (Eds.), High Modulus Polymers, Marcel Dekker, New York 1987

Weiterführende Literatur

L.E. Alexander, X-Ray Diffraction Methods in Polymer Science, Krieger Publishing Company, Malabar, Florida 1979
G.W. Ehrenstein, Faserverbundkunststoffe, Hanser, München 2006

W. Grellmann, S. Seidler (Hrsg.), Kunststoffprüfung, Hanser, München, 2012
R.N. Haward, R.J. Young, The Physics of Glassy Polymers, Chapman & Hall, London 1997
H.-H. Kausch, Polymer Fracture, Springer, Berlin 1987
C.C. Ku, R. Liepins, Electrical Properties of Polymers, Hanser, München 1987
G. Menges et al., Werkstoffkunde Kunststoffe, Hanser, München 2011
G. Strobl, The Physics of Polymers, Springer, Heidelberg 2007
L.A. Utracki, C.A. Wilkie (Editors), Polymer Blends Handbook, Springer, New York, Heidelberg, Dordrecht, London, 2014
I.M. Ward, Mechanical Properties of Solid Polymers, Wiley, New York 2012
J. Zyss (Ed.) Molecular Nonlinear Optics, Academic Press, Orlando 1993

Polymere und Nachhaltigkeit

6

H.-J. Endres, S. Cieplik, U. Schlotter, S. Meyer, K. Wittstock und M. Susoff

6.1 Einleitung

M. Susoff

Seit mehr als einem halben Jahrhundert begegnen uns Kunststoffe in vielen Bereichen des täglichen Lebens und sind heutzutage nicht mehr wegzudenken. Die Produktion von Kunststoffen verlief in den letzten 50 Jahren exponentiell, sodass im Zeitraum von 1950 bis 2015 insgesamt ca. 8000 Mio. t Kunststoffe produziert wurden. Mit einem Anteil von über 40 % dieser produzierten Menge gilt als größter Industriesektor dabei das Verpackungswesen. Verpackungen aus Kunststoffen sind leicht, günstig und verlängern beispielsweise die Haltbarkeit von Lebensmitteln. Jedoch werden Verpackungen üblicherweise als Einwegprodukte verwendet, was die Nachfrage nach noch mehr Material nach sich zog. Andere Produkte aus Kunststoffen werden nur wenige Monate bis Jahre eingesetzt, bis sie ersetzt werden. Dies führt zu einer enormen Abfallmenge, die vielerorts auf der Welt sichtbar zu Problemen führt. Die niedrige Dichte von Kunststoffprodukten und

H.-J. Endres
Institut für Kunststoff- und Kreislauftechnik, Leibniz Universität Hannover, Garbsen, Deutschland

S. Cieplik · U. Schlotter
BKV GmbH, Frankfurt am Main, Deutschland

S. Meyer · K. Wittstock
BASF SE, Ludwigshafen, Deutschland

M. Susoff (✉)
Fakultät für Ingenieurwissenschaften und Informatik, Hochschule Osnabrück, Osnabrück, Deutschland

S. Seiffert et al. (Hrsg.), *Lechner, Gehrke, Nordmeier – Makromolekulare Chemie*,
https://doi.org/10.1007/978-3-662-69248-6_6

ihre Langlebigkeit – an sich vorteilhafte Eigenschaften dieser Werkstoffklasse – verstärken die zunehmende Land- und Meerverschmutzung. Insbesondere der maritime Raum stand in den letzten Jahren bezüglich der Plastikverschmutzung vermehrt im Fokus vieler Untersuchungen. Eine Studie der MacArthur Foundation prognostizierte, dass sich bei fortlaufendem Trend 2050 die Masse an Kunststoffen in Meeren gleich der Masse an Fischen sein könnte – ein alarmierender Befund (Ellen MacArthur Foundation 2017).

Kunststoffe werden zum größten Teil heutzutage noch aus fossilen Rohstoffen hergestellt. Ca. 5–8 % des produzierten Rohöls werden für die Kunststoffproduktion verwendet. Dieser Anteil wird nach Schätzung auf etwa 20 % im Jahr 2050 steigen. Die Herstellung von neuwertigen Kunststoffen verbraucht Energie – heutzutage oftmals noch aus fossilen Energieträgern kommend. Wird die kurze Lebenszeit von Gebrauchsgegenständen aus Kunststoffen betrachtet, so steht der Verbrauch an Ressourcen und deren Verwendung in keinem Verhältnis.

Die nachhaltige Ressourcenschonung gewinnt somit nachvollziehbar im privaten wie auch im industriellen Umfeld an Bedeutung. Dazu gehört ein Umdenken derart, dass der Werkstoff Kunststoff nach dem Gebrauch als bedeutender Wertstoff angesehen wird, den es zu bewahren und im Kreislauf zu führen gilt – in allen Bereichen des Lebens, wo uns Kunststoffprodukte begegnen. Dem besonderen Aspekt der Verwertung von Kunststoffen aus Abfallströmen widmen wir uns in Abschn. 6.4.

Die Wiederverwendung von erdölbasierten Kunststoffen als sog. Rezyklate wird in zunehmendem Maße industriell durchgeführt und weiter vorangetrieben. Ziel ist es, zukünftig eine Kreislaufwirtschaft zu etablieren, um Abfälle und den Einsatz von neuwertigen Rohstoffen zu vermeiden.

Eine vielversprechende Möglichkeit, um zukünftig auf fossile Rohstoffe vermehrt zu verzichten, stellen biobasierte Kunststoffe dar. Das Potenzial scheint enorm, wenn man bedenkt, dass pro Jahr ca. 180 Mrd. t Cellulose durch die Pflanzenwelt produziert werden, im Vergleich zu einer Produktion von ca. 100 Mio. t Polyethylen. Sind diese Biokunststoffe auch kompostierbar, so könnten sie einen Beitrag zur Reduktion der Einbringung von Kunststoffabfällen in die natürlichen Lebensräume leisten. Allerdings sind diesbezüglich noch etliche Herausforderungen zu überwinden. In Abschn. 6.3 sollen vor allem die „New Economy" Biokunststoffe behandelt werden. Dazu bedarf es zunächst einer umfassenden Definition und Begriffsbestimmung.

Vor dem Hintergrund der anstehenden gesellschaftlichen Herausforderungen in Bezug auf die Energie- und Mobilitätswende hin zu einer klimaneutralen Gesellschaft ist ein „plastikfreies" Leben nicht realistisch. Es geht um einen vernünftigen und nachhaltigen Einsatz unserer Ressourcen. Dabei können gerade die Kunststoffe durch ihre Vielseitigkeit einen signifikanten Beitrag leisten, wenn diese als wertvolle Werkstoffe für die Gestaltung der Zukunft betrachtet werden. Inwieweit der Einsatz von alternativen Rohstoffen oder der Verzicht auf Kunststoffprodukte in bestimmten Bereichen tatsächlich nachhaltig ist, muss bewertet werden. Eine Methode dieser Nachhaltigkeitsbewertung ist die Ökobilanzierung oder auch Lebenszyklusanalyse, die im Folgenden zunächst vorgestellt wird.

6.2 Lebenszyklusanalyse

M. Susoff und H.-J. Endres

Neben dem ressourcenschonenden Einsatz von Rohstoffen geht es bei der Herstellung und Verwendung von Kunststoffen seit einigen Jahren auch um das Ziel, die Treibhausgasemissionen zu reduzieren hin zu einer CO_2-neutralen Gesellschaft, um die zunehmende globale Erwärmung nicht noch weiter anzutreiben. Dabei liegt der Fokus neben der Produktion auf dem gesamten Lebenszyklus von Produkten entlang ihrer Wertschöpfungskette. Es wird heute erwartet, für die unterschiedlichsten Kunststoffprodukte einen sog. **Product Carbon Footprint** berechnet zu haben. Diesen **CO_2-Fußabdruck** eines Produkts gilt es dann, durch geeignete Maßnahmen, wie die Verwendung von erneuerbaren Energien oder den Einsatz von Rezyklaten, zu senken. Jedoch stellt sich die Frage, ob solche Maßnahmen auch zu einer insgesamt nachhaltigeren Lösung führen, wenn nicht allein die Treibhausgasemission, sondern auch andere Umweltwirkungen mitbetrachtet werden. Hier vermischen sich in der öffentlichen Diskussion die Bedeutung und Begrifflichkeiten, sodass nicht immer klar bewertet werden kann, ob eine Maßnahme nachhaltig ist oder nicht.

Eine bereits verwendete Methode, die versucht in diesem Bereich Klarheit und Transparenz zu schaffen, ist die **Lebenszyklusanalyse** (Life Cycle Assessment, LCA) oder auch **Ökobilanzierung**. Der Ablauf einer Erstellung einer Ökobilanz und methodisches Vorgehen sind in den Normen DIN EN ISO 14040/44 beschrieben. Die LCA kann für den Vergleich von ökologischen Wirkungen von Produkten während ihres gesamten Lebenszyklus genutzt werden. Die Bilanzierung basiert dabei auf der Annahme, dass während des kompletten Lebenszyklus, z. B. der Herstellung, des Transports, der Nutzung bis hin zur Entsorgung, Ressourcen aus der Ökosphäre entnommen werden und im weiteren Verlauf Emissionen in Luft und Wasser sowie Abfälle entstehen. Dieser ganzheitliche Ansatz sorgt somit dafür, dass tatsächlich alle relevanten Umweltauswirkungen mit in die Bilanzierung gehen, also auch solche, die vielleicht außerhalb eines Unternehmens liegen und damit weniger offensichtlich sind.

Die Gewinnung von Umweltinformationen nach Erstellung einer Ökobilanz können als Basis dienen für die Identifizierung von Optimierungspotenzialen der ganzheitlichen Umweltauswirkungen. Es wird deutlich, an welchen Stellen entlang des Lebenszyklus ökologische Hotspots und die zugehörigen „Hebel" sind, die bewegt werden müssen, um negative Umweltauswirkungen zu reduzieren. Somit stellt solch eine systematische Analyse der Umweltwirkungen ein wichtiges Element für umweltorientierte Entscheidungen z. B. in Unternehmen oder Politik dar. Ziel dabei ist es immer, Produkte und Prozesse in der Art zu optimieren, dass diese nachhaltiger werden.

Der bereits beschriebene CO_2-Fußabdruck ist ein typischer Bestandteil einer **Ökobilanz**, bei dem die Auswirkungen auf die Klimaerwärmung in Betracht gezogen werden. Eine Ökobilanz bezieht weitere Schadwirkungen auf die Umwelt mit ein, wie beispielsweise das Versauerungspotenzial, die Humantoxizität, den Anfall radioaktiver Abfälle, den

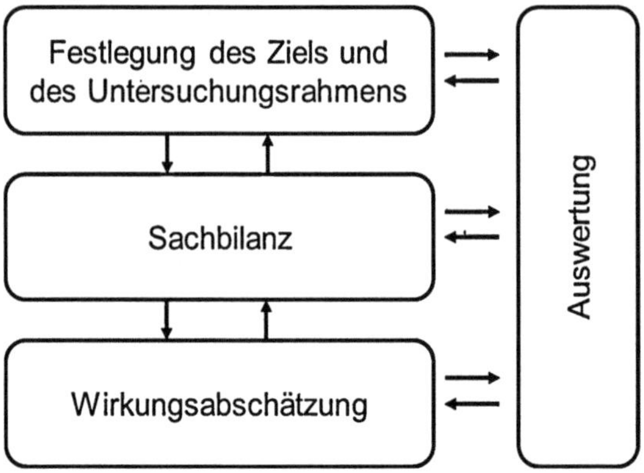

Abb. 6.1 Vier Phasen der Ökobilanz nach DIN EN ISO 14040/44

Ressourcenverbrauch und die Land- oder Wassernutzung. Dies führt dazu, dass eine Ökobilanz nicht in einem einzelnen Wert darstellbar ist.

Die Methodik nach DIN EN ISO 14040/44 wird in vier Phasen unterteilt (Abb. 6.1): 1) Festlegung des Ziels und des Untersuchungsrahmens, 2) Sachbilanz, 3) Wirkungsabschätzung und 4) Auswertung. Zusätzlich wird für die Kommunikation der Ergebnisse und den Vergleich mit anderen (Wettbewerbs-)Produkten nach DIN EN ISO 14040/44 eine kritische Prüfung der Ökobilanzierung durch unabhängige Sachverständige gefordert. Diese Überprüfung durch Externe fördert dabei selbstverständlich auch die Glaubwürdigkeit der Ergebnisse.

In Phase 1 („Festlegung des Ziels und des Untersuchungsrahmens") werden die Rahmenbedingungen definiert. Dazu gehören die Systemgrenzen und die Bestimmung der sog. funktionellen Einheit. Die **funktionelle Einheit** ist die produktspezifische Größe, auf welche die Umweltwirkungen bezogen werden. Sie ist somit eine Referenzgröße und stellt eine faire Basis für Vergleiche dar.

In Phase 2 („Sachbilanz") werden alle erforderlichen Daten der untersuchten Prozesse entsprechend der Ressourcenverbräuche und Emissionen analysiert und in einer Eingangs-Ausgangs-Bilanz für die zuvor definierte funktionelle oder deklarierte Einheit erhoben. Es werden somit zahlreiche Daten bezüglich des Energieverbrauchs und des Materialeinsatzes quantitativ erhoben und in Stoff- und Energieströmen dargestellt. Zu unterscheiden sind hierbei die sog. Primärdaten von den Sekundärdaten. **Primärdaten** sind die tatsächlich gemessenen Werte, z. B. an einer Verarbeitungsmaschine. **Sekundärdaten** sind indirekte Daten, die aus Datenbanken entnommen werden können. Sekundärdaten werden verwendet, wenn keine direkte Messung bestimmter Daten möglich ist.

In Phase 3 („Wirkungsabschätzung") geht es um die Zuordnung der Ergebnisse der Sachbilanz zu verschiedenen Wirkungskategorien wie Klimaerwärmung oder Sommersmog. Verschiedene Datenbanken unterstützen bei der Erstellung der Sachbilanz und Wirkungsabschätzung. Dies erfolgt nach wissenschaftlichen Kriterien, um die gesamten Umweltauswirkungen für ein Themengebiet zu erfassen. Dadurch kann ein besseres Verständnis bezüglich der Umweltrelevanz der in Phase 2 („Sachbilanz") erarbeiteten Daten generiert werden.

In Phase 4 („Auswertung") werden die Ergebnisse aus Sachbilanz und Wirkungsabschätzung im Kontext der Zielsetzung der Studie beurteilt und interpretiert. Dazu gehört auch die Prüfung auf Vollständigkeit der Daten und deren Konsistenz.

Die Erstellung von Ökobilanzen folgt somit zwei Grundsätzen:

1. Medienübergreifende Betrachtung, in der alle potenziellen Schadwirkungen auf die Umwelt miteinbezogen werden
2. Stoffstromintegrierte Betrachtung, bei der alle relevanten Stoff- und Energieströme miteinfließen.

Die Ergebnisse der Ökobilanz sind von enormer Bedeutung für die Etablierung einer Kreislaufwirtschaft, da sie Potenziale für Verbesserungen transparent darlegen. Gegenüber dem Carbon Footprint zeigen Ökobilanzstudien das tatsächlich ökologisch umfassendere Gesamtbild eines Produkts oder Prozesses auf.

Ökobilanzen können auch Vorurteilen begegnen, indem der entsprechenden Methodik gefolgt und ein transparentes Bild über die ökologischen Auswirkungen gezeichnet werden. Als Beispiele seien hier die Verwendung verschiedener Materialien für Getränkebehälter oder der Vergleich der Tragetasche aus Kunststoffen und jener aus Papier oder Stoff genannt, bei denen Kunststoffe als nachhaltige und geeignete Materialien für den jeweiligen Einsatzzweck entsprechend ihrer Umweltwirkungen angesehen werden können (s. Fehringer 2019; Edwards und Meyhoff Fry 2006).

6.3 Biopolymere und Biokunststoffe

H.-J. Endres

6.3.1 Einleitung und Begriffsbestimmung

Um zu klar definierten Begrifflichkeiten und einer einheitlichen Nomenklatur im Bereich der Biokunststoffe zu gelangen, ist zunächst die Unterscheidung zwischen den **Biokunststoffen** als nutzbaren Werkstoffen und den **Biopolymeren** als makromolekularen Substanzen sehr wichtig. Die Biopolymere sind die Grundlage zur Biokunststofferzeugung, jedoch beschreibt der Begriff „Biopolymer" nicht den resultierenden Werkstoff selbst. Ebenso wie bei den konventionellen Polymeren müssen auch die Biopolymere in den allermeisten Fällen noch in unterschiedlichen Maßen aufbereitet, d. h. modifiziert bzw. additiviert (Stabilisatoren, Weichmacher, Farbstoffe, Verarbeitungshilfsmittel, Füllstoffe etc.), verstärkt und geblendet werden, um daraus Werkstoffe mit optimierten Verarbeitungs- und Gebrauchseigenschaften zu machen. Dieser Weg vom Basispolymer zum gebrauchstüchtigen Werkstoff ist in Abb. 6.2 zusammengefasst. Dies führt dazu, dass es

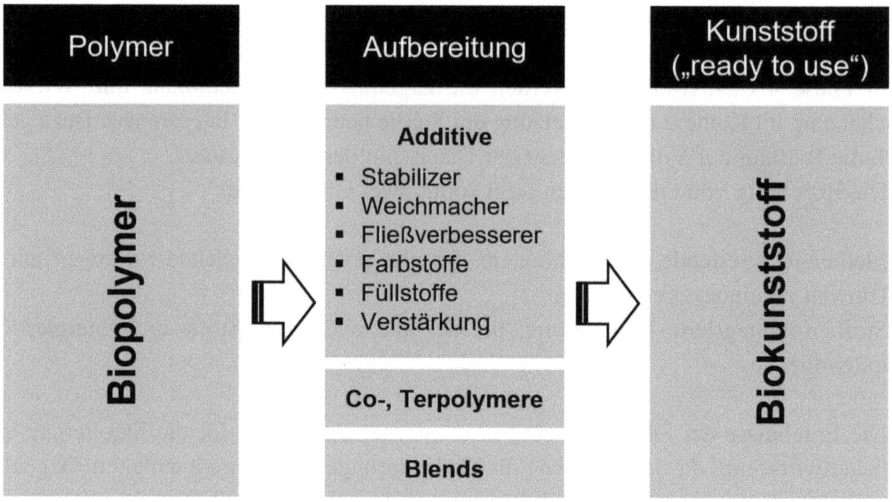

Abb. 6.2 Aufbereitungsprozesse vom Basispolymer zum gebrauchsfähigen Kunststoff

am Ende, in Analogie zu den konventionellen Kunststoffen, eine Vielzahl unterschiedlicher Biokunststoffe auf Basis eines Biopolymertyps gibt.

In diesem Kapitel steht daher der Begriff „Biopolymer“ für das entsprechende Makromolekül oder das Basispolymer, während der Begriff „Biokunststoff“ den ingenieurtechnischen Polymerwerkstoff repräsentiert, der z. B. stabilisiert und eingefärbt ist und thermoplastisch zu einem Endprodukt verarbeitet werden kann. Im Sinne einer einheitlichen Nomenklatur sollte diese Unterscheidung zwischen Ausgangspolymer und „fertigem“ Werkstoff auch im Sprachgebrauch der Biokunststoffe verwendet werden.

Der Begriff „Biopolymer“ wird gegenwärtig sehr häufig mit unterschiedlicher Bedeutung verwendet. Im ursprünglichen Sinn ist ein Biopolymer ein durch Biosynthese in lebenden Zellen synthetisiertes Polymer. Beispiele dafür sind Cellulose, Naturkautschuk, Proteine, Polynukleotide, aber auch Polyhydroxyalkanoate. Einige dieser Biopolymere werden schon seit Jahrhunderten genutzt.

Die ersten von Menschen erzeugten und genutzten Polymerwerkstoffe (z. B. Caseine, Gelatine, Schellack, Celluloid, Cellophan, Linoleum, Gummi), basierten allesamt auf abgewandelten Naturstoffen, d. h., sie waren biobasiert, schlichtweg da zum damaligen Zeitpunkt noch keine petrochemischen Rohstoffe zur Verfügung standen (Abb. 6.3). Die große technische Errungenschaft war dabei, dass es über chemische Umwandlungsprozesse erstmals gelang, aus natürlich vorkommenden Polymeren und anderen Naturprodukten anwendbare, zum Teil dauerbeständige Kunststoffe zu machen. Im weiteren Verlauf erfolgten dann die Neu- und Weiterentwicklung der ursprünglichen, biobasierten Polymerwerkstoffe für eine industrielle Nutzung. Bei den biobasierten Polymerwerkstoffen handelt es sich daher nicht um eine völlig neuartige, sondern eher um eine wiederentdeckte Werkstoffklasse innerhalb der vielfältigen Materialgruppe der Kunststoffe.

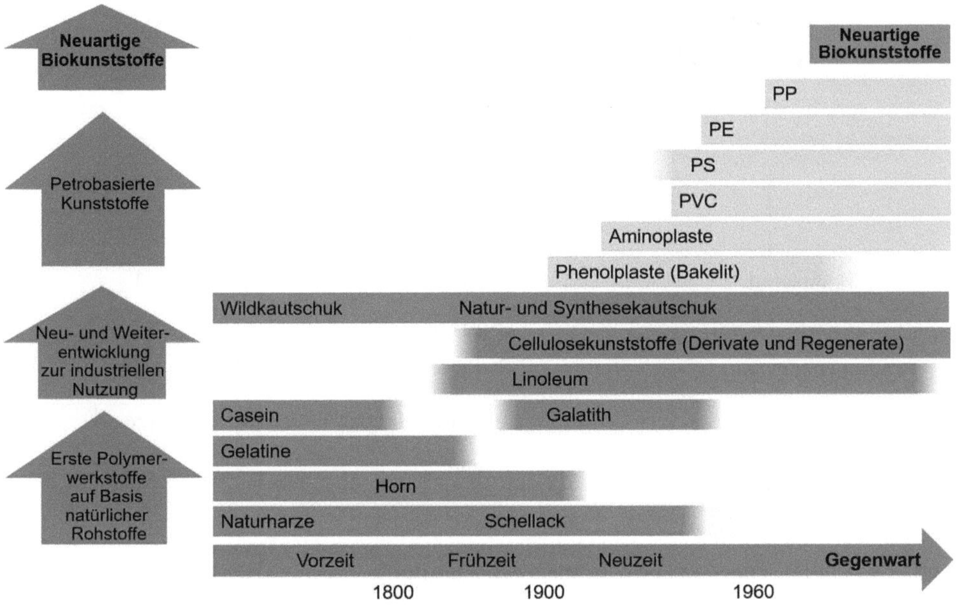

Abb. 6.3 Historische Entwicklung der Kunststoffe

Abgesehen von wenigen Ausnahmen (cellulose- und kautschukbasierte Werkstoffe sowie teilweise noch Linoleum) wurden diese ursprünglichen, auf natürlichen Rohstoffen basierenden Biokunststoffe seit Mitte des letzten Jahrhunderts nahezu vollständig von den petrochemischen Polymerwerkstoffen verdrängt. Inzwischen jedoch erfahren Biokunststoffe insbesondere aus ökologischen Gesichtspunkten und im Hinblick auf die Limitierung petrochemischer Ressourcen sowie zum Teil auch neuartige Eigenschaftsprofile eine Renaissance, verbunden mit einer zunehmenden Wahrnehmung in der Öffentlichkeit, der Politik, der Industrie und insbesondere der Forschung und Entwicklung.

In den letzten 30 Jahren wurde so eine Reihe von neuen, modernen biobasierten Werkstoffen entwickelt, die als **New-Economy-Biokunststoffe** bezeichnet werden, um sie von den traditionellen (Old-Economy-)Biokunststoffen, wie Celluloseacetat oder Viskose, abzugrenzen. Bei den New-Economy-Biokunststoffen kann dann noch weiter zwischen chemisch neuartigen Polymeren und den sog. Drop-ins unterschieden werden (Abb. 6.4). Als **Drop-ins** bezeichnen wir biobasierte Varianten von bekannten Petrochemikalien. Diese werden anstatt der petrochemischen Rohstoffe genutzt, um aus der Petrochemie bekannte Polymere zu synthetisieren. Zur Unterscheidung wird dabei die zusätzliche Vorsilbe „Bio-“ verwendet, z. B. als Bio-PE oder Bio-PET. Da sie die gleichen chemischen Polymerstrukturen aufweisen wie die petrobasierten Polymere, haben die biobasierten Drop-ins am Ende auch gleiche Eigenschaftsprofile, d. h. identische Verarbeitungs-, Gebrauchs- und Entsorgungseigenschaften, wie ihre petrochemischen Pendants. Umge-

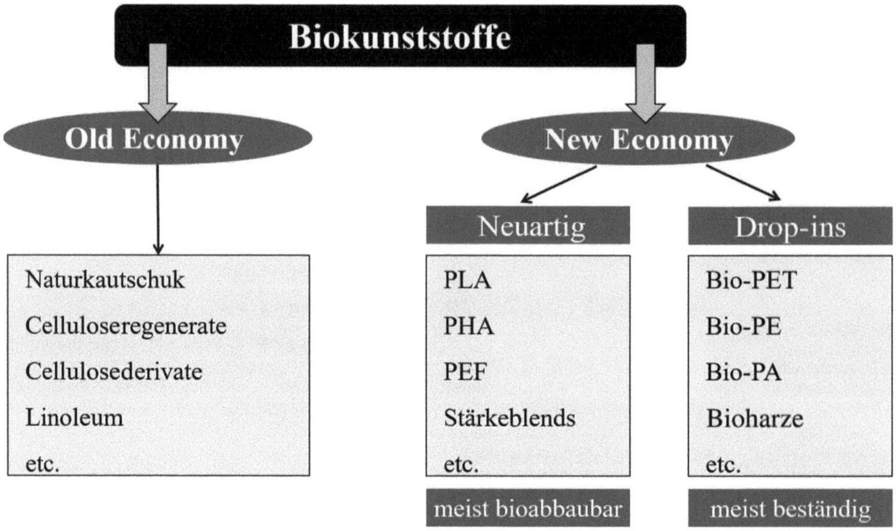

Abb. 6.4 Old-Economy- und New-Economy-Biokunststoffe

kehrt bieten die neuartigen Biokunststoffe oft eine biologische Abbaubarkeit als zusätzliche Eigenschaft.

Zu Beginn der vor mehr als 30 Jahren wieder einsetzenden Entwicklung der Biokunststoffe standen zunächst überwiegend die damalige Abfallproblematik und unbefriedigende Entsorgungssituation konventioneller petrobasierter Kunststoffe im Vordergrund. Ziel dieser Entwicklungen waren daher biologisch abbaubare Biokunststoffe als Lösung der Abfallproblematik. Damit haben sich zwei verschiedene Ansätze für die Entwicklung von Werkstoffen, die heutzutage als Biokunststoffe bezeichnet werden, herausgebildet:

1. **Betrachtung des Beginns des Lebenszyklus, d. h. die Rohstoffseite, des erzeugten Werkstoffs:** Als Biokunststoffe werden dann Werkstoffe verstanden, die aus nachwachsenden Rohstoffen in Form natürlicher Polymere oder anderer Naturprodukte als Ausgangssubstanz erhalten werden.
2. **Betrachtung des Endes eines Werkstoffzyklus:** Unter Biokunststoffen werden dann Werkstoffe verstanden, die sich durch biologische Abbaubarkeit als funktionelle Eigenschaft und Entsorgungsoption auszeichnen.

Die derzeit allgemein beste Definition für den Begriff „Biokunststoff" ist daher ein Polymerwerkstoff, der *mindestens* eine der beiden folgenden Eigenschaften erfüllt:

- Er besteht aus biobasierten, nachwachsenden Rohstoffen *und/oder*
- verfügt über eine biologische Abbaubarkeit.

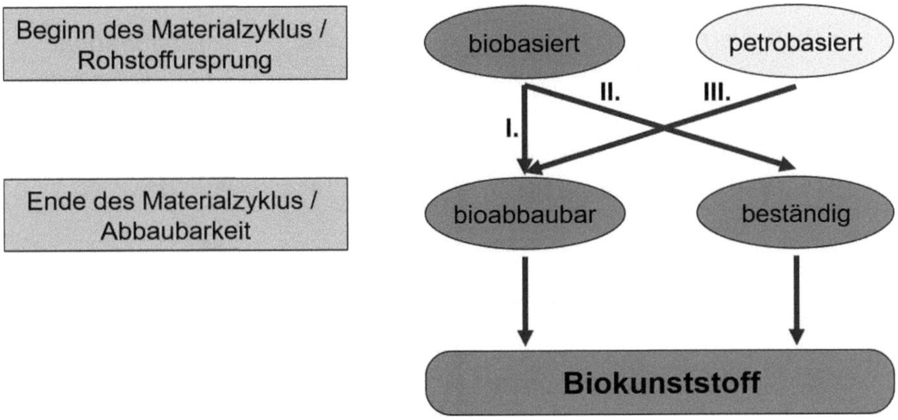

Abb. 6.5 Biokunststoffe sind biobasiert und/oder bioabbaubar

Demnach existieren folgende drei grundsätzliche Biokunststoffgruppen (Abb. 6.5):

1. Abbaubare, petrobasierte Biokunststoffe
2. Abbaubare, (überwiegend) biobasierte Biokunststoffe
3. Nicht abbaubare, biobasierte Biokunststoffe

Das bedeutet, biologisch abbaubare Kunststoffe können sowohl auf petrochemischen Rohstoffen als auch auf nachwachsenden Rohstoffen basieren. Die Abbaubarkeit der Biopolymerwerkstoffe wird durch die chemische und physikalische Mikrostruktur und nicht durch den Ursprung der eingesetzten Rohstoffe bestimmt, während umgekehrt das Wort „biobasiert" sich ausschließlich auf den Ursprung des Polymerrohstoffs bezieht und keine Aussage zur Abbaubarkeit des daraus erzeugten Kunststoffs darstellt. Das bedeutet von der anderen Seite betrachtet, dass biologisch abbaubare Biokunststoffe nicht zwangsweise ausschließlich aus nachwachsenden Rohstoffen bestehen müssen, sondern es können auch bioabbaubare Polymerwerkstoffe auf Basis petrochemischer Rohstoffe hergestellt werden, wie z. B. Polyvinylalkohole, Polycaprolactone, verschiedene Copolyester und Polyesteramide (Abb. 6.6, unten rechts). Umgekehrt sind nicht alle auf nachwachsenden Rohstoffen basierenden Biokunststoffe zwangsweise auch biologisch abbaubar, wie z. B. biobasiertes PET, PE, PUR, PA, oder die Old-Economy-Biokunststoffe, wie hochsubstituierte Celluloseacetate, vulkanisierter Kautschuk, Caseinkunststoffe oder Linoleum (Abb. 6.6, oben links). Typische Vertreter für die letzte Gruppe der sowohl biobasierten als auch biologisch abbaubaren Biokunststoffe (Abb. 6.6, oben rechts) sind z. B. stärkebasierte Kunststoffblends, Polyhydroxyalkanoate (PHA) oder Polylactide (PLA).

Zur Untersuchung der biologischen Abbaubarkeit und auch der Kompostierbarkeit gibt es verschiedene Standards und Prüfmethoden, die den Abbau für verschiedene Bedingungen, wie beispielsweise in einer industriellen Kompostierungsanlage oder im häuslichen Kompost, bewerten. Im Wesentlichen wird dabei der chemisch-molekulare und der mecha-

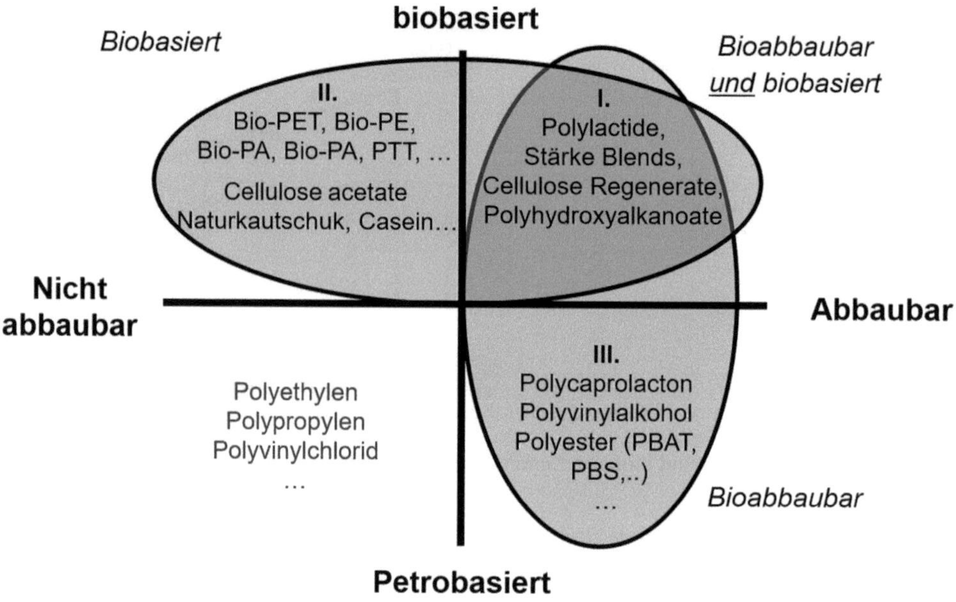

Abb. 6.6 Übersicht zu den verschiedenen Biokunststoffgruppen. (Nach Endres und Siebert-Raths 2011)

nisch-physikalische Materialabbau unter vorgegeben Prüfbedingungen bestimmt. Für den **mechanisch-physikalischen Abbau** wird beispielsweise die Größe der verbleibenden Materialbruchstücke nach einer vorgegebenen Zeit in einem Kompost betrachtet. Zur Bestimmung des **chemisch-molekularen Abbaus** wird meist in einem Laborversuch die Menge an gebildetem Kohlendioxid oder die für diese Abbaureaktion benötigte Sauerstoffmenge im Verhältnis zur Ausgangsmenge des eingebrachten Kohlenstoffs gemessen.

Für den biobasierten Werkstoffanteil in einem Kunststoff gibt es keine Mindestvorgabe, um als Biokunststoff zu gelten. Die derzeit etablierte Messmethode für die Ermittlung des biobasierten Kunststoffanteils ist die Bestimmung des biobasierten Kohlenstoffanteils anhand des ^{14}C-Isotops. Als Ergebnis wird dann der biobasierte Kohlenstoffanteil gegenüber dem petrobasierten oder Gesamtkohlenstoffanteil ausgewiesen.

Um zu den verschiedenen biobasierten und/oder bioabbaubaren Biokunststoffen zu gelangen, können grundsätzlich folgende Herstellmethoden unterschieden werden (Abb. 6.7):

1. Modifizierung natürlicher Polymere
2. Chemische Polymersynthese biobasierter oder biotechnologisch erzeugter Monomere
3. Direkte Biosynthese der Polymere
4. Chemische Polymersynthese petrobasierter Monomere zu abbaubaren Polymeren
5. Mischungen (Blends, Co- und Terpolymere) aus diesen Gruppen

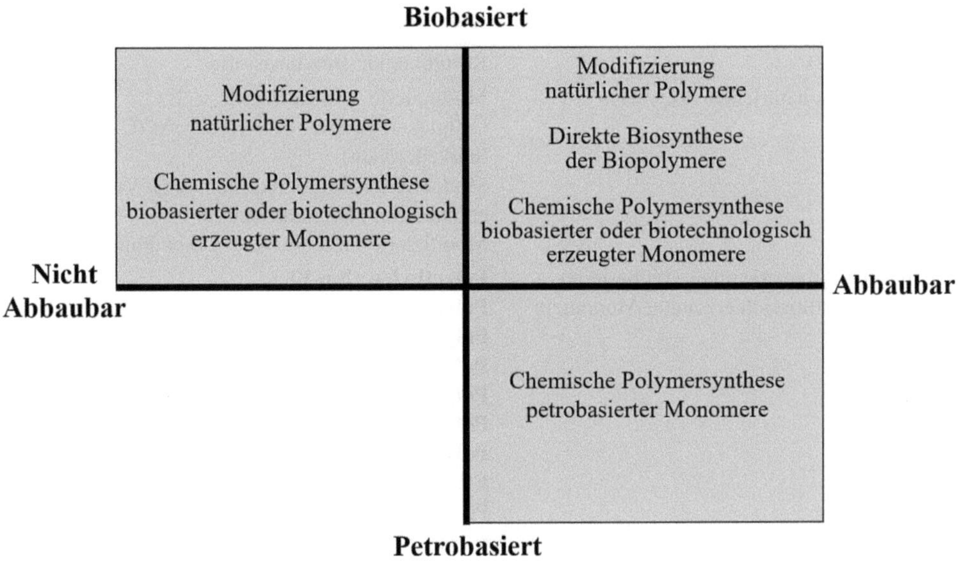

Abb. 6.7 Grundsätzliche Herstellmethoden von Biokunststoffen. (Nach Endres und Siebert-Raths 2011)

In Tab. 6.1 sind wichtige Biokunststofftypen diesen verschiedenen Herstellrouten zugeordnet. Alle diese Biopolymere und die daraus hergestellten Biokunststoffe mit ihren jeweiligen Prozessrouten zu beschreiben, würde den Umfang dieses Kapitels sprengen. Deshalb sind in Abschn. 3.4 zuerst die wichtigsten natürlich vorkommenden Biopolymere hinsichtlich ihrer Strukturen beschrieben. Wichtige chemische Modifizierungen, die von den Biopolymeren zu anwendbaren Biokunststoffen führen, werden erklärt. Die meisten Biokunststoffe dieser Gruppen gehören zu den Old-Economy-Biokunststoffen (Abb. 6.4).

In Abschn. 6.3.2, 6.3.3 und 6.3.4 stehen die neuartigen New-Economy-Biokunststoffe, die in den letzten 30 Jahren entwickelt wurden, im Fokus. Der Schwerpunkt dabei liegt auf der Darstellung thermoplastischer Biokunststoffe. Ähnlich wie bei den konventionellen Kunststoffen lassen sich bei den biobasierten Polymerwerkstoffen jedoch auch Thermoplaste, Duromere und Elastomere unterscheiden. Aufgrund der derzeitig mengenmäßig noch untergeordneten Bedeutung werden biobasierte Duromere, wie pflanzenölbasierte Harze und neuartige, (partiell) biobasierte Elastomere, in diesem Kapitel nur ansatzweise angesprochen.

6.3.2 Chemische Polymersynthese biobasierter oder biotechnologisch erzeugter Monomere

Bei dieser Biokunststoffgruppe handelt es sich auch um biobasierte Polymerwerkstoffe, jedoch werden hier zunächst Zucker oder Stärke als biobasierte Rohstoffe genutzt, um

Tab. 6.1 Wichtige Biopolymere und deren Herstellungsrouten

Herstellprozess	Resultierende Biokunststoffe
Modifizierung natürlicher Polymere	Modifizierte Polysaccharide, z. B. Celluloseregenerat, Celluloseacetat (CA), Stärkederivate) Modifizierter Naturkautschuk, z. B. Vulkanisate, epoxidierter Naturkautschuk Modifizierte Proteine, z. B. Caseinkunststoff
Chemische Polymersynthese biobasierter oder biotechnologisch erzeugter Monomere	**Polyethylen (Bio-PE)** **Polyethylenterephthalat (Bio-PET)** **Polyethylenfuranoat (PEF)** **Polyamid, z. B. Bio-PA, 4.10, 6.10, 10.10, 11** **Polylactid (PLA)** **Polybutylensuccinat (PBS)** **Polytrimethylenterephthalat (PTT)** **Ethylen-Propylen-Dien-Kautschuk (EPDM)** Polyurethan (Bio-PUR)
Direkte Biosynthese der Polymere	Polyhydroxyalkanoat, z. B. Polyhydroxybutyrat (PHB)
Chemische Polymersynthese petrobasierter Monomere	**Polyester** **Polyesteramide** **Polyvinylalkohol (PVOH)** Polycaprolacton (PCL)
Mischungen (Blends, Copolymere)	**Stärkeblend** **Polyesterblend** Copolyester, z. B. Polybutylenadipatterephthalat (PBAT) oder Polybutylensuccinatterephthalat (PBST)

daraus über fermentative Prozesse neuartige Monomere oder Zwischenprodukte herzustellen. Diese Monomere werden dann in einem technischen Prozess polymerisiert. Die am Ende resultierenden Biokunststoffe sind daher partiell oder vollständig biobasiert und je nach synthetisierter Polymerstruktur bioabbaubar oder beständig.

6.3.2.1 Polymilchsäure (Polylactic Acid, PLA)

Bei PLA handelt es sich um einen Homopolyester. Das auf Milchsäure basierende PLA ist derzeit einer der wichtigsten biobasierten Kunststoffe der New-Economy-Generation. Zur Herstellung von PLA werden unterschiedlichste stärkehaltige oder zuckerhaltige Pflanzenrohstoffe verwendet. Dazu gehören in erster Linie Mais und Zuckerrohr, aber auch andere Quellen wie Tapioka oder die Zuckerrübe sind als natürliche Rohstoffe für die fermentative Milchsäureherstellung geeignet. Daraus werden variierende Kohlenhydrate, beispielsweise kurzkettige Saccharide wie Saccharose, Maltose, Lactose oder Stärke (die enzymatisch zu Glucose verzuckert wird), den Bakterien als Nährstoff angeboten und dann während der Fermentation zu Milchsäure metabolisiert. Da die Fermentationsverfahren immer weiterentwickelt wurden und der Bedarf an natürlich produzierter Milchsäure in den letzten Jahrzehnten gestiegen ist, werden heute nur noch in Asien geringe Mengen an Milchsäure auf synthetischem Wege hergestellt. Etwa 80–90 % des Weltproduktionsvolumens an Milchsäure wird auf fermentativem Weg erzeugt. Um 1 t PLA herzustellen, sind etwa 1,5 t Zucker oder 1,7 t Stärke und je nach Rohstoffpflanze bzw. 0,15–0,5 ha Ackerland notwendig.

Die größten PLA-Produktionskapazitäten befinden sich zurzeit in den USA bei Nature Works, wo sowohl Maisstärke als auch der Zucker des Zuckerrohrs zur fermentativen Milchsäureproduktion verwendet werden. Derzeit werden weitere PLA-Kapazitäten aufgebaut, insbesondere in Asien. Total Corbion hat im Jahr 2018 in Thailand eine Anlage mit einer Jahreskapazität von ca. 75.000 Jahrestonnen PLA auf Basis von GMO-freiem Zuckerrohr in Betrieb genommen.

Die Herstellung von PLA ist ein mehrstufiger Prozess. In Abb. 6.8 ist eine Übersicht über die grundlegenden Prozessschritte gegeben.

Zur biotechnologischen Milchsäureherstellung erfolgt zunächst eine Konditionierung und ggf. Vorbehandlung der Substrate, wie z. B. eine (enzymatische) Hydrolyse von Stärke. Parallel zur Substratbereitstellung und -aufbereitung erfolgt im optimalen Fall eine Vorfermentation, die sog. **Inokulation**, in der sich zunächst die später milchsäureerzeugenden Mikroorganismen unter entsprechend optimierten Bedingungen, insbesondere hinsichtlich des Nährstoffangebots, d. h. zusätzlicher Stickstoffquellen wie z. B. Hefe-, Fleisch- oder Malzextrakt, vermehren. Grundsätzlich gibt es eine Vielzahl von Mikroorganismen, die für die biotechnologische Produktion von Milchsäure geeignet sind. Im Rahmen der industriellen Produktion von Milchsäure werden insbesondere grampositive, nicht sporenbildende, fakultativ anaerobe homo- und heterofermentative Milchsäurebakterien eingesetzt.

Nach der Inokulation und einer Aufbereitung der Substrate erfolgt die eigentliche fermentative Milchsäureproduktion unter anaeroben Bedingungen und Zuführung des

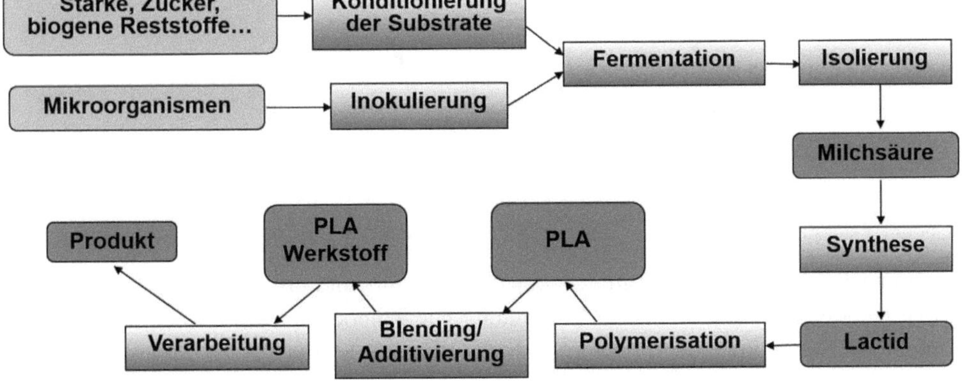

Abb. 6.8 Prozessschritte der PLA-Herstellung. (Endres und Siebert-Raths 2011)

Substrats bei konstantem pH-Wert. Dabei werden spezifische optisch aktive Milchsäureformen gebildet. Während für die im Allgemeinen weniger produktiven homofermentativen Milchsäurebakterien das einzige Fermentationsprodukt D-Milchsäure ist, erzeugen die höherproduktiven heterofermentativen Lactobakterien eine Mischung von D- und L-Milchsäure mit einem dominierenden L-Anteil im Bereich von über 95 %. Das genaue Verhältnis von L- zu D-Milchsäure hängt dabei im Wesentlichen von der Bakterienkultur sowie vom pH-Wert ab.

Die anschließende Isolierung der Milchsäure erfolgt derzeit üblicherweise durch eine Neutralisationsreaktion, bei der zunächst eine Base, wie z. B. $Ca(OH)_2$, zugeführt wird und nach weiteren Filtrationsprozessen im nächsten Schritt mittels Schwefelsäure aus der wässrigen Calciumlactatlösung neben großen Mengen an Calciumsulfat die Milchsäure gewonnen wird. Eine andere, günstigere Methode zur kontinuierlichen Isolierung der Milchsäure aus der wässrigen Phase ist die Mikrofiltration und Elektrodialyse mit spezifischen bipolaren Membranen. Wegen der vergleichsweise hohen Membrankosten wird derzeit jedoch überwiegend eine CO_2-gestützte Trialkylaminextraktion zur Abtrennung der Milchsäure aus der Kulturbrühe eingesetzt.

Aus der gewonnenen Milchsäure entstehen durch eine sog. Oligokondensation niedermolekulare Prepolymere (DP: 30–70, d. h. $M_n < 5000$ g mol^{-1}), die bei hohen Temperaturen und vermindertem Druck zunächst zu Dilactiden depolymerisiert werden. Aufgrund der enantiomeren Konfigurationsisomerie der Milchsäure entsteht dabei, wenn keine besonderen Vorkehrungen getroffen werden, eine stereoisomere Mischung von Meso-(Di-) Lactiden mit einem hohen L-Anteil, der entsprechend dem Verhältnis der zugeführten Anteile größer als 95 % ist:

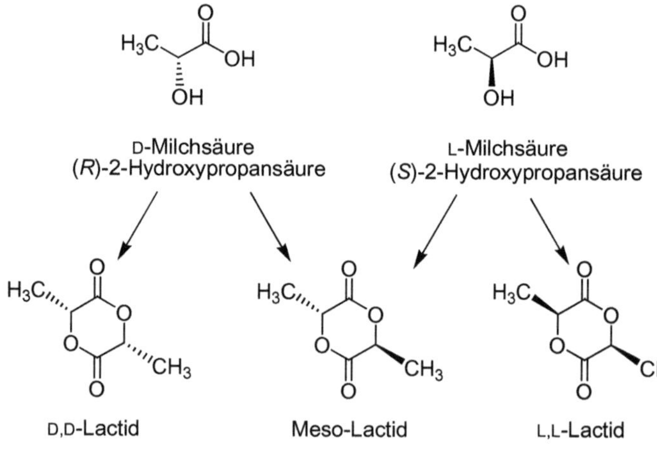

Im nächsten Schritt erfolgt mittels einer temperatur- und druckunterstützten, katalysatorgesteuerten (organometallische Verbindung wie Zinnoctanoat) Ringöffnungspolymerisation die Herstellung des hochmolekularen Polylactids mit hohem Molekulargewicht

(DP: 700–15.000, d. h. $M_n >> 50.000$ g mol^{-1}) bei vakuumtechnischer Entfernung der nichtpolymerisierten Monomere:

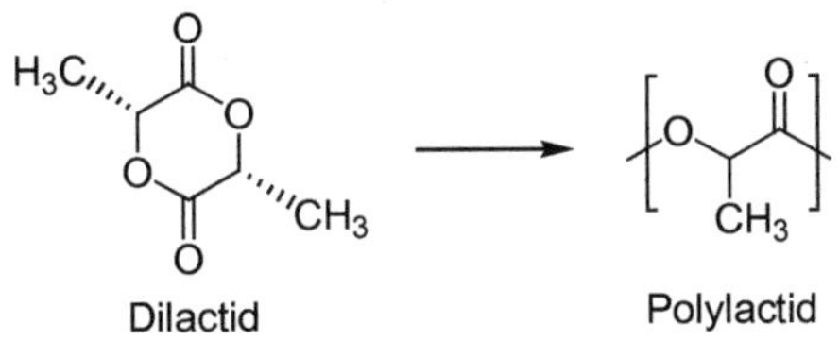

Ein anderer Weg zur Herstellung eines PLA mit hohem Molekulargewicht ist die direkte Polykondensationsreaktion der Milchsäure in einem organischen Lösemittel. Das Lösemittel dient dabei gleichzeitig auch zur Absorption und Entfernung des aus dem Kondensationsprozess resultierenden Wassers.

Die resultierende Mikrostruktur des PLA und die daraus weiter resultierende Produktqualität (Kristallinität, mechanische Eigenschaften, Glasumwandlungstemperatur) können neben der kostspieligen Herstellung reiner Monomere oder Dimere (L,L-Lactid, D,D-Lactid) oder der Reinigung der Enantiomerengemische als Ausgangsmonomere auch durch die kontrollierte Ringöffnungspolymerisation teilweise beeinflusst werden.

Wie bei herkömmlichen Polymeren führt auch beim PLA die Erhöhung der optischen Reinheit zu einheitlicheren Molekülstrukturen mit zunehmender Kristallinität. Infolgedessen nehmen der elastische Verformungswiderstand, die Quellbeständigkeit, die Glasübergangstemperatur und die Schmelztemperatur sowie die Beständigkeit gegen Feuchtigkeit zu, und die biologische Abbaubarkeit nimmt gleichzeitig mit zunehmender Einheitlichkeit der Monomere ab.

Durch anschließendes Compoundieren des PLA und Zusatz weiterer Additive und/oder Blendkomponenten erhält das Polymermaterial PLA dann seine finalen Verarbeitungs- und Gebrauchseigenschaften und kommt als Biokunststoffgranulat in den Handel.

6.3.2.2 Biobasiertes Polyethylenterephthalat (Bio-PET)

Neben aliphatischen Polyestern wie PLA gibt es innerhalb der Gruppe der Biokunststoffe auch Polyester aus aromatischen Dicarbonsäuren, die teilweise oder vollständig aus biotechnologisch hergestellten Verbindungen synthetisiert werden. Beim Bio-PET handelt es sich neben dem biobasierten PE um den derzeit mengenmäßig bedeutendsten New-Economy-Biokunststoff. Wesentliche Gründe für den Erfolg dieses Drop-in-Biokunststoffs sind an erster Stelle das identische Eigenschaftsprofil zum konventionellen PET, die gute Verfügbarkeit des biobasierten Feedstocks und das Interesse verschiedener Markeninhaber an diesem Material.

Die biobasierte Basis bildet Bioethanol, das bisher überwiegend aus Zuckerrohr oder Maisstärke hergestellt wird. In einer Reihe von chemischen Reaktionen wird es als Alkoholkomponente über die Zwischenstufen Ethylen, Ethylenoxid, Ethylencarbonat in biobasiertes Ethylenglykol umgewandelt. Der nächste Schritt ist in Analogie zum konventionellen PET die Veresterung des biobasierten Ethylenglykols mit meist noch petrobasierter Terephthalsäure (Abschn. 3.2.1.2). In diesem Fall beträgt der Prozentsatz der biobasierten Ausgangskomponenten 30 Gew.-% (daher auch Bio-PET 30 genannt). In dem Endprodukt Bio-PET 30 sind jedoch nur etwa 23 % des Kohlenstoffs biobasiert, aufgrund der unterschiedlichen Kohlenstoffanteile in den zwei Ausgangsmonomeren. Derzeit wird auch erfolgreich an der Entwicklung eines 100 % biobasierten PET (Bio-PET 100) gearbeitet. Dies bedeutet, dass sowohl die Alkoholkomponente als auch die aromatische Säurekomponente vollständig biobasiert sein müssen. Ein Ansatz dazu ist die fermentative Herstellung von Isobutandiol mit einer anschließenden Dehydrierung zu Isobutylen, dessen Dimerisierung zu Isooctan, eine weitere Umwandlung zu *p*-Xylol und schließlich die Oxidation zur biobasierten Terephthalsäure.

6.3.2.3 Biobasiertes Polyethylenfuranoat (Bio-PEF)

Ein anderer Ansatz für die Entwicklung eines vollständig biobasierten Polyesters ist die Herstellung von Polyethylenfuranoat (PEF). Hierbei handelt es sich um einen vielversprechenden neuen Polyestertyp, der u. a. von Avantium Chemicals bv in Zusammenarbeit mit Mitsui speziell entwickelt und mit dem Schlagwort „yxy-Technologie" auf den Markt gebracht wurde. Eine der Polymerkomponenten ist biobasiertes Ethylenglykol auf der Basis von Bioethanol. Die andere Komponente ist biobasierte Furandicarbonsäure. Der Rohstoff für die Dicarbonsäure ist Fructose, die über die Zwischenprodukte Methoxymethylfurfural oder Hydroxymethylfurfural zu Furandicarbonsäure umgewandelt wird. Bio-PEF hat somit die folgende chemische Struktur:

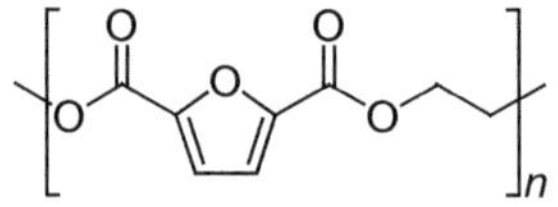

Bio-PEF ist ein neuer Polymertyp, der ein vielversprechendes etwas anderes Eigenschaftsprofil aufweist als Bio-PET. Erste Ergebnisse deuten darauf hin, dass PEF im Vergleich zu PET noch bessere Barriereeigenschaften gegenüber CO_2, O_2 und H_2O, verbesserte mechanische Eigenschaften sowie eine bessere Wärmebeständigkeit aufweist.

Einen ähnlichen Weg verfolgen DuPont Industrial Biosciences in Zusammenarbeit mit Archer Daniels Midland. Sie haben ein Verfahren zur Herstellung von Furandicarbonsäure-Dimethylester aus Fructose entwickelt. Die Diolkomponente entspricht DuPonts Bio-PDO™, einem 1,3-Propandiol. Durch Umesterung kann so Polytrimethylen-Furandicarboxylat (PTF) entstehen.

Ein weiterer beständiger Polyester für technische Anwendungen im Faser- oder Automobilbereich ist das teilweise biobasierte Polytrimethylenterephthalat (PTT). Bei PTT handelt es sich bei der biobasierten Polyesterkomponente wieder um biogenes 1,3-Propandiol, während die Terephthalsäure, ähnlich wie beim Bio-PET, noch petrobasiert ist.

6.3.2.4 Weitere biobasierte und bioabbaubare Polyester

In der Darstellung der umfangreichen Gruppe von partiell oder vollständig biobasierten und abbaubaren Polyestern sind neben PLA derzeit am Biokunststoffmarkt insbesondere noch Polybutylensuccinat (PBS) und die Copolyester Polybutylenadipatterephthalat (PBAT), Polybutylensuccinatadipat (PBSA) und Polybutylensuccinatterephthalat (PBST) relevant. Als Diolkomponenten für diese Polyester können Propandiole wie 2,2-Dimethyl-1,3-propandiol, 1,3-Propandiol oder 1,2-Propandiol sowie verschiedene Butandiole wie 2,3-Butandiol oder 1,4-Butandiol eingesetzt werden. Die aliphatischen Alkoholkomponenten sind inzwischen üblicherweise biobasiert, d. h. fermentativen Ursprungs. Die Dicarbonsäuren, wie Terephthalsäure oder Dimethylterephthalat, Butandisäure (Bernsteinsäure) oder Adipinsäure als zweite Reaktionskomponente sind oft noch petrochemischen Ursprungs. In Zukunft werden jedoch auch insbesondere die nichtaromatischen Säuren biotechnologisch hergestellt. Wenn auf diesem Weg am Ende biobasiertes Butandiol und biobasierte Butandisäure als Monomerkomponenten verwendet werden, führt deren Polykondensation zu einem vollständig biobasierten und bioabbaubaren PBS:

$$\left[\begin{array}{c}O\\\|\\C\end{array}\!\!\left(\!\!\begin{array}{c}H_2\\C\end{array}\!\!\right)_{\!2}\!\!\begin{array}{c}O\\\|\\C\end{array}\!\!-O\!\!\left(\!\!\begin{array}{c}H_2\\C\end{array}\!\!\right)_{\!4}\!\!O\right]_n$$

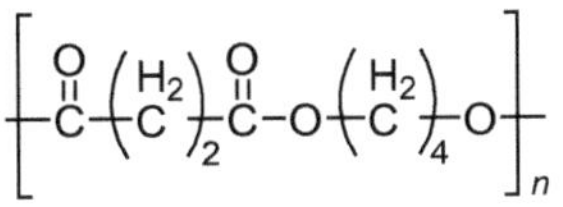

Als Beispiel für einen partiell biobasierten Copolyester soll hier die Struktur von PBAT gezeigt werden. PBAT gehört mengenmäßig zu den wichtigsten bioabbaubaren Polyestern:

$$\left[O\!\!\left(\!\!\begin{array}{c}H_2\\C\end{array}\!\!\right)_{\!4}\!\!O-\!\!\begin{array}{c}O\\\|\\C\end{array}\!\!\left(\!\!\begin{array}{c}H_2\\C\end{array}\!\!\right)_{\!4}\!\!\begin{array}{c}O\\\|\\C\end{array}\!\!\right]\!\!\left[O\!\!\left(\!\!\begin{array}{c}H_2\\C\end{array}\!\!\right)_{\!4}\!\!O-\!\!\begin{array}{c}O\\\|\\C\end{array}\!\!-\!\!\bigcirc\!\!-\!\!\begin{array}{c}O\\\|\\C\end{array}\!\!\right]$$

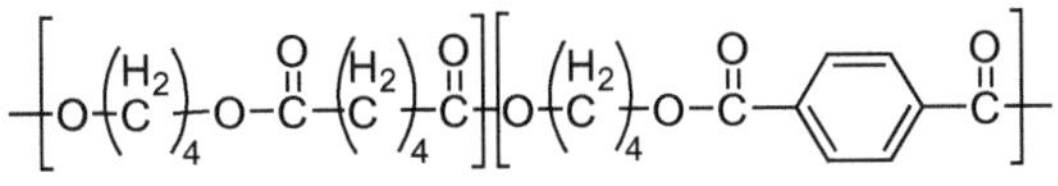

Diese verschiedenen abbaubaren, partiell oder vollständig biobasierten Polyester dienen häufig auch als wichtige Mischungskomponente für viele andere Biokunststoffe, insbesondere in Blends mit anderen Polyestern wie PLA, PCL und Stärke.

6.3.2.5 Biobasiertes Polyethylen (Bio-PE)
Biobasiertes PE ist analog zu Bio-PET ebenfalls ein biobasierter, beständiger Biokunststoff, der aus biobasiertem Ethanol erzeugt wird. Bio-PE ist derzeit mengenmäßig der zweitwichtigste Drop-in-Biokunststoff. Auch hier sind die wesentlichen Gründe für den Markterfolg wieder das gleiche Eigenschaftsprofil wie konventionelles PE, die gute Verfügbarkeit von biobasiertem Ethanol sowie ein zunehmendes ökologisch motiviertes Interesse an biobasierten Kunststoffen. Daher fällt die Umstellung von konventionellem auf biobasiertes PE, z. B. bei der Verarbeitung, leicht. Biobasiertes PE integriert sich auch problemlos in etablierte Polyethylen-Recyclingströme.

Wie bei herkömmlichem PE bestimmen auch die Synthesebedingungen der Polymerbildungsreaktionen für das Bio-PE letztendlich die resultierende Mikrostruktur und damit die makroskopischen Eigenschaften (Abschn. 3.1.3). Wie zu erwarten, können die Eigenschaften des Bio-PE durch weitere Maßnahmen, wie Verwendung von Comonomeren, Additiven, Mischen und Vernetzen, auf die gleiche Weise angepasst werden, wie dies von herkömmlichem PE bekannt ist. Der einzige signifikante Unterschied zwischen konventionellem und biobasiertem Polyethylen besteht im ersten Teil des Prozesswegs. Die

Prozesswege der biobasierten und petrochemischen Variante unterscheiden sich nur bis zur Herstellung des Ethylens, d. h. nur im Ursprung des Feedstocks.

Je nach eingesetztem Rohstoff werden für 1 t Bio-PE zwischen 0,48 und 3,1 ha Land benötigt. Aufgrund der höheren Stärke- und Zuckererträge für Mais und Zuckerrohr stellen diese Rohstoffe auch hier gegenüber anderen Stärke- oder Zuckerpflanzen die höchste Landnutzungseffizienz dar. Grundsätzlich sind die Werte für den Bedarf an nachwachsenden Rohstoffen oder der zugehörige Flächenbedarf für Bio-PE etwas höher als für PLA, da im Gegensatz zum Polyester beim Bio-PE als Polyolefin der Sauerstoff als integraler Bestandteil des Polysaccharidausgangsprodukts am Ende nicht mehr in der Molekülstruktur vorhanden ist.

6.3.2.6 Biobasierte Polyamide

Zu den wichtigsten vollständig biobasierten Homopolyamiden zählen PA 11, das auf Rizinusöl oder Undecansäure basiert, und PA 6, das aus fermentativ hergestelltem ε-Caprolactam erzeugt wird. Ein Ansatz auf Basis von Ricinolsäure ist dabei die katalytische Umwandlung der Ricinolsäure in Undecansäure, welche dann in einer weiteren katalytisch unterstützten Reaktion mit Ammoniak zu 11-Aminoundecansäure umgesetzt wird. Die 11-Aminoundecensäure dient dann am Ende als bifunktionelles Monomer zur Herstellung des Bio-PA 11 (Abb. 6.9).

Aus Ricinolsäure kann ebenfalls Sebacinsäure hergestellt werden. In Kombination mit verschiedenen Diaminen sind auf diese Weise insbesondere die in Abb. 6.9 genannten

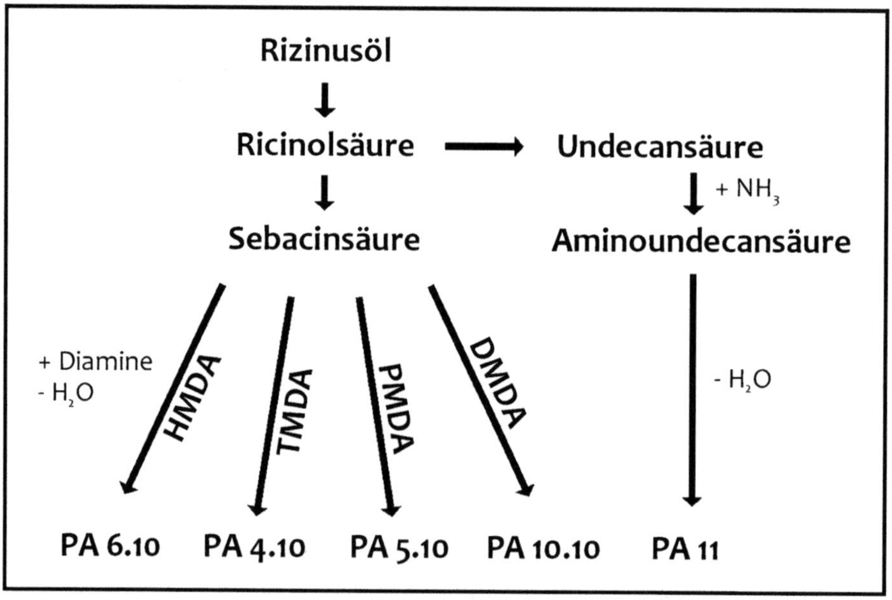

Abb. 6.9 Erzeugung verschiedener Polyamide auf Basis von Rizinusöl

biobasierten Polyamide PA 4.10, PA 5.10, PA 6.10 und PA 10.10 mit den 10 C-Atomen in der Säurereaktionskomponente herstellbar.

Darüber hinaus gibt es noch eine Reihe anderer, teilweise biobasierter Polyamide wie PA 4.4, 6.4, 6.6 oder 6.9. Bei den biobasierten Dicarbonsäuren stehen für diese unterschiedlichen (partiell) biobasierten PAs verschiedene Varianten mit unterschiedlicher Anzahl an C-Atomen zur Verfügung. Die verschiedenen für die Herstellung von Biopolyamiden eingesetzten Diamine sind dagegen derzeit noch weitestgehend petrochemischen Ursprungs, jedoch wird auch hier zunehmend an biobasierten Diaminen für die Werkstoffentwicklung geforscht.

Des Weiteren kann auch Ölsäure durch eine Doppelbindungsmetathese, d. h. Disproportionierung der einfach ungesättigten Ölsäure in Sebacinsäure sowie 10-Aminodecansäure, aufgespalten werden. Die Spaltprodukte dienen im Folgenden dann wieder als Ausgangsrohstoffe zur Polyamidherstellung.

Ebenso gibt es Forschungsarbeiten, um auf Basis von fermentativ erzeugter Bernsteinsäure ein PA 4.4 oder ein PA 6.4 zu erzeugen. Dazu wird neben der biobasierten Bernsteinsäure als zweite Reaktionskomponente Tetramethylendiamin (TMDA) verwendet. Die resultierenden Eigenschaften dieses teilweise biobasierten Bio-PA 4.4 lassen sich am ehesten mit denen des petrochemischen PA 4.6 vergleichen. Aufgrund der hohen Amidgruppendichte kann von einer hohen Kristallinität des Bio-PA 4.4, verbunden mit einer relativ hohen Schmelztemperatur, hochwertigen mechanischen Eigenschaften und einer hohen Wasseraufnahme ausgegangen werden.

Bei der Herstellung eines vollständig biobasierten PA 6 verläuft die Polymerisation des fermentativ erzeugten ε-Caprolactam über eine Ringöffnungspolymerisation, ähnlich wie die Reaktion des ε-Caprolactons zu PCL.

6.3.3 Chemische Polymersynthese petrobasierter Monomere

Werden ausschließlich petrochemische Rohstoffe als polymeres Ausgangsmaterial eingesetzt, müssen die resultierenden Kunststoffe biologisch abbaubar sein, um als Biokunststoffe bezeichnet zu werden. Zu dieser Gruppe von abbaubaren Polymeren, die aus petrochemischen Rohstoffen hergestellt werden, gehören insbesondere Polycaprolacton (PCL) und einige Polyvinylalkohole (PVOH) sowie verschiedene neuartige bioabbaubare Polyester, wie Polybutylensuccinat (PBS), Polybutylenadipatterephthalat (PBAT) oder Polybutylensuccinatterephthalate (PBST). Bei diesen Polyestern geht die aktuelle Entwicklungstendenz aber zunehmend in Richtung des Einsatzes biobasierter Ausgangsstoffe, sodass neben den bioabbaubaren petrobasierten Varianten zunehmend auch partiell biobasierte Copolyester am Markt erhältlich sind. Daher wurden diese Polyester zuvor kurz innerhalb der Gruppe der Biokunststoffe, die durch Synthese biobasierter bzw. biotechnologisch erzeugter Monomere hergestellt werden, mit beschrieben.

6.3.3.1 Polycaprolaton (PCL)

PCL ist ein Polyester, der durch Ringöffnungspolymerisation von ε-Caprolacton hergestellt wird. Die Polymerisation kann anionisch, kationisch oder durch Metallkatalysatoren initiiert werden. Die am häufigsten eingesetzten Katalysatoren sind Zinn(II)-2-ethylhexanoat und Aluminium(III)-isopropoxid. Als Cokatalysatoren werden Alkohole verwendet:

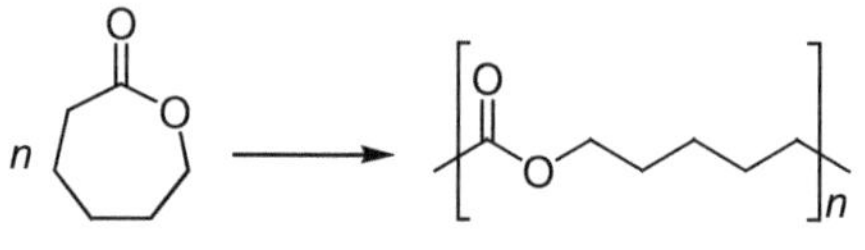

Das Monomer ε-Caprolacton wird industriell durch Umwandlung von Cyclohexanon mit Peroxyessigsäure erhalten. Analog zu Polycaprolactam (PA 6), das aus Caprolactam ebenfalls durch eine Ringöffnungspolymerisation hergestellt wird, enthält Polycaprolacton auch fünf Methylengruppen zwischen den Verknüpfungsstellen. Der wesentliche Unterschied besteht darin, dass beim PCL die Verknüpfung über Ester- und bei PA 6 über Amidgruppen erfolgt.

PCL ist nicht toxisch, und mit einem Molekulargewicht von weniger als 15.000 g mol^{-1} ist das Material recht spröde. Bei höheren Molekulargewichten von etwa 40.000 g mol^{-1} nimmt die Kristallinität ab und die Zähigkeit zu. Eine wichtige Einschränkung in der Anwendbarkeit ergibt sich aus dem recht scharf definierten, sehr niedrigen Schmelzpunkt von 60 °C. Polycaprolacton ist als Polyester zu vielen konventionellen Kunststoffen, Biopolyestern und insbesondere mit Stärke oder Lignin kompatibel.

6.3.3.2 Polyvinylalkohol (PVOH)

Die Synthese von PVOH erfolgt wegen der Unbeständigkeit des Vinylalkohols (Keto-Enol-Tautomerie) durch alkalische Verseifung von Polyvinylacetat und zählt somit zu den polymeranalogen Umsetzungen, die in Abschn. 3.3.2 beschrieben sind.

Der strukturelle Aufbau und die physikalischen Eigenschaften des entstehenden PVOH hängen maßgeblich vom Ausgangspolyvinylacetat und dem Herstellungsprozess sowie insbesondere von dem resultierenden Hydrolysegrad ab.

Polyvinylalkohol wird als Granulat oder (gemahlen) als Pulver hergestellt, ist weiß bis blass elfenbeinfarben und geruchlos. Mit höheren Hydrolysegraden ist PVOH in Wasser löslich. Als getrockneter Gießfilm (aus Wasser) ist Polyvinylalkohol im wasserfreien Zustand spröde. Die Sprödigkeit kann durch verbleibende Acetylgruppen, d. h. partiell verseifte Polyvinylalkohole, oder Wasserabsorption reduziert werden. Durch die Zugabe von Weichmachern (z. B. Glycerin) können Polyvinylalkohole mit thermoplastischen Eigenschaften erzeugt werden.

Weitere besondere Merkmale von PVOH sind eine gute Filmbildungsfähigkeit, hohe Stabilität der Filme, hervorragende Gasbarrieren (gegen Sauerstoff, Kohlendioxid, Stickstoff, Aromen), hohe Haftung und Kohäsion, hohes Pigmentbindevermögen, viskositätsregelnde Funktion bei Suspensionen, Anwendbarkeit als Schutzkolloid, teilweise Zulassung nach Lebensmittelgesetzgebung, Unlöslichkeit in vielen organischen Lösemitteln und ein stark variables Eigenschaftsprofil durch die Möglichkeiten zur Herstellung von Co- und Terpolymeren, steuerbare Hydrolysegrade oder einstellbares Molekulargewicht.

Bei der Untersuchung der biologischen Abbaubarkeit von PVOH muss zwischen einer wässrigen Lösung und einem ungelösten Produkt unterschieden werden. Während für einen **gelösten PVOH** in einer angepassten Behandlungsanlage die Metabolisierung rasch abläuft, ist eine Kompostierung nicht möglich, da PVOH aufgrund seiner Hydroxylgruppen stark an das Erdreich gebunden ist. Bei der Analyse der Abbaubarkeit von **PVOH in wässriger Umgebung** konnten gewöhnlich ein schneller primärer Abbau und eine schnelle Auflösung in wässrigen Systemen beobachtet werden, während der sekundäre oder endgültige Abbau aufgrund der Molekülstabilität u. a. wegen des Fehlens von Heteroatomen in der Molekülkette dagegen langsam abläuft. Die vollständige biologische Abbaubarkeit/Kompostierbarkeit von PVOH ist daher umstritten.

6.3.4 Polyhydroxyalkanoate aus direkter Biosynthese

Polyhydroxyalkanoate (PHA) sind von Bakterien intrazellulär als Speicher- oder Reservestoff gebildete und bei Kohlenstoff- oder Energiemangel wieder abgebaute Polyester. Es handelt sich dabei um Polymere, welche aus Hydroxyalkansäuren aufgebaut sind. Daher kommt auch die Bezeichnung „Polyhydroxyalkanoate". PHA werden auch Polyhydroxyfettsäuren genannt. Der prominenteste und bekannteste Vertreter dieser Biopolymerfamilie ist das Homopolymer Poly[(*R*)-3-hydroxybutyrat] oder vereinfacht **Polyhydroxybutyrat** (PHB) mit R = CH_3:

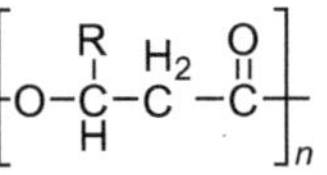

Bei R = C_2H_5 entsteht Poly(3-hydroxyvalerat) (PHV), bei R = C_3H_7 Poly(3-hydroxyhexanoat) und bei R = C_4H_9 entsprechend Poly(3-hydroxyheptanoat) usw. Neben linear aufgebauten 3-Hydroxyalkansäuren können auch solche mit substituierter Seitenkette auftreten. Weitere Monomerbausteine sind 4- oder 5-Hydroxyalkansäuren.

PHA sind wasserunlöslich und dennoch sehr gut biologisch abbaubar sowie biokompatibel. Darüber hinaus haben sie eine sehr gute Sperrwirkung gegen Sauerstoff und im Vergleich zu anderen Biopolymeren eine etwas bessere Sperrwirkung gegen Wasserdampf.

PHB als Homopolymer aus Polyhydroxybuttersäure hat einen absolut linearen isotaktischen Aufbau und ist daher hochkristallin (60–70 %). Die Schmelztemperatur von PHB liegt mit ca. 175 °C recht nahe an der Zersetzungstemperatur (ab ca. 200 °C), und die Glasumwandlungstemperatur beträgt ca. 0 °C. Für viele Anwendungen ist unmodifiziertes PHB daher zu spröde. PHB ist spritzgießtechnisch gut verarbeitbar, erfordert jedoch ein kleines Prozessfenster, d. h., der geringe Abstand zwischen Schmelz- und Zersetzungstemperatur erfordert eine genauere Prozessführung und gute Temperaturkontrolle bei der thermoplastischen Verarbeitung. Ein weiteres Problem von reinem PHB ist eine progressive Verschlechterung der mechanischen Eigenschaften, wie z. B. der Dehnbarkeit, aufgrund einer sekundären (Nach-)Kristallisation und des Verlusts der häufig additivierten äußeren Weichmacher über der Zeit, insbesondere bei wechselnden Feuchtigkeiten, d. h. klimatischen Schwankungen der Umgebungsbedingungen.

Allgemein können diese Nachteile des PHBs in Analogie zu den konventionellen Polymeren durch Verwendung von Copolymeren und inneren Weichmachern optimiert bzw. weitgehend beseitigt werden. Typische Copolymere sind z. B. Poly(3-hydroxypropionat-co-3-hydroxybutyrat), Poly(3-hydroxybutyrat-co-3-hydroxyvalerat) oder Poly(3-hydroxybutyrat-co-4-hydroxybutyrat). Die Copolymere zeichnen sich durch niedrigere Kristallinität und geringere Schmelztemperaturen und somit bessere Verarbeitbarkeit aus. Sie zeigen eine höhere Flexibilität und Zähigkeit. Die Biosynthese von Homo- und Copolymeren wird durch die verwendeten Mikroorganismen und die eingesetzten Kohlenstoffquellen für deren Ernährung bestimmt.

Für die Produktion der PHA können verschiedene Mikroorganismen eingesetzt werden, insgesamt sind mehr als 300 verschiedene Mikroorganismen bekannt, die PHA auf natürliche Weise als Energiespeicher erzeugen. Für die Auswahl der eingesetzten Mikroorganismen sind insbesondere deren Stabilität und biologische Sicherheit, die PHA-Produktionsrate, der gewünschte PHA-Typ sowie die spätere PHA-Extrahierbarkeit und das Molekulargewicht des akkumulierten PHAs sowie das Spektrum der nutzbaren Kohlenstoffquellen ausschlaggebend. Die PHA werden dabei intrazellulär, meist in Einschlusskörperchen der Bakterien, eingelagert und können bis zu 90 % der Zelltrockenmasse ausmachen. Ihr Molekulargewicht liegt in der Regel im Bereich von 100.000–500.000 g mol^{-1}, wobei jedoch unter speziellen Bedingungen auch Molekulargewichte von deutlich über 1.000.000 g mol^{-1} erhalten werden.

Als Nahrungsquelle für die intrazelluläre PHA-Erzeugung dienen Glucose und zuckerhaltige Substrate wie z. B. Melasse oder Molke und Methanol. Daneben sind auch andere Alkohole, Alkane, pflanzliche Öle oder auch organische Säuren als Nährstoffquelle geeignet. Da die am Aufbau beteiligten Enzyme recht unspezifisch sind, ist bei einem entsprechend modifizierten Substratangebot die Erzeugung von Polymeren mit unterschiedlicher C-Anzahl in den sich wiederholenden Einheiten möglich. Diese werden bei 4 bis 5 Kohlenstoffatomen als **kurzkettige** und bei 6 bis 16 Kohlenstoffatomen **mittelkettige** Einheiten bezeichnet. Außerdem werden aus diesen Einheiten PHA-Copolymere oder zukünftig auch PHA-Terpolymere biosynthetisiert. So erfolgt beispielsweise der Einbau von 3-Hydroxyvalerat-Einheiten durch Aufzucht der Zellen auf Glucose bei Zugabe von Propan- oder Pentansäure.

Im Rahmen der Fermentation werden kontinuierliche und diskontinuierliche Prozesse unterschieden.

Prozessschritte der **kontinuierlichen Synthese**:

1. Inokulation, d. h. Vermehrung und Wachstum des Produktionsorganismus und parallele PHA-Synthese durch kontinuierlich synthetisierende Mikroorganismen

2. Isolierung/Gewinnung des Biopolymers, d. h. Abtrennung von der Biomasse und Aufreinigung
3. Compoundierung und Granulierung

Prozessschritte der **diskontinuierlichen Synthese**:

1. Inokulation, d. h. Vermehrung und Wachstum des Produktionsorganismus
2. PHA-Synthese bei veränderten Fermentationsbedingungen
3. Isolierung/Gewinnung des Biopolymers, d. h. Abtrennung von der Biomasse und Aufreinigung
4. Compoundierung und Granulierung

Oft erfolgt die Trennung zwischen den beiden Prozessschritten des Bakterienwachstums/der Bakterienvermehrung und der eigentlichen PHA-Erzeugung nicht räumlich in verschiedenen Fermentern, sondern nur zeitlich durch Veränderung des Nährstoffangebots und der Fermentationsbedingungen in einem Fermenter.

Da sich die optimalen Bedingungen für die jeweiligen Prozessschritte der Wachstums- und Produktionsphase am leichtesten bei Batch-Prozessen realisieren lassen, erfolgt die PHA-Herstellung üblicherweise in Batch- oder Fed-Batch-Prozessen. Damit lassen sich auch höhere intrazelluläre PHA-Gehalte als bei kontinuierlichen Prozessen erzielen. Nachteilig ist jedoch eine mögliche schwankende Produktqualität bei der batchweisen Herstellung.

Im nächsten Schritt erfolgt dann die Isolierung der polymerbeladenen Mikroorganismen aus der Fermentationsbrühe und Aufreinigung des intrazellulär angehäuften PHAs. Der erste Teilschritt der Separation der Zellen aus dem Kulturmedium erfolgt meist mittels klassischer mechanischer Trennverfahren wie Zentrifugation oder Filtration. Im zweiten Teilschritt werden zur PHA-Extraktion die Zellen zerstört, und der Polymerrohstoff wird isoliert. Zur PHA-Gewinnung sind insbesondere verschiedene Lösemittelextraktionsverfahren und lösemittelfreie, sog. LF-Verfahren bekannt. Die Lösemittel werden dabei im geschlossenen Kreislauf wieder in den Prozess zurückgeführt. Die Schritte, Separation und Lyse der Bakterienzellen sowie die anschließende Separation des PHA-Rohstoffs, bestimmen neben dem Bakterien-Feedstock wesentlich die Kosten und Qualität des Endprodukts sowie die Ökologie des Produktionsverfahrens.

Als Lösemittel werden insbesondere größere Mengen an erhitztem Chloroform, Dichlormethan, Dichlorethan sowie Propylencarbonat eingesetzt. Da sich dadurch die Ökobilanz der PHA-Herstellung erheblich verschlechtert, werden alternative Lösemittel gesucht. Dabei muss jedoch ein Kompromiss gemacht werden zwischen Effizienz und Ökologie des Lösemittels sowie einem möglichen Angriff/Abbau des PHAs. Alternativ eingesetzte Lösemittel für PHA mit mittlerer Kettenlänge sind z. B. Aceton oder Hexan.

Alle lösemittelfreien Verfahren basieren auf einer Lyse der Zellen durch hydrolytische Enzyme, meist in Kombination mit einer thermischen Behandlung (z. B. mit Wasserdampf) und dem zusätzlichen Einsatz verschiedener Detergenzien sowie einer anschließenden Mikrofiltration oder Zentrifugation.

Die PHA werden nach der Isolierung anschließend meist noch weiter aufgereinigt und vakuumtechnisch zu einem Pulver getrocknet.

Im letzten Schritt der Erzeugung der PHA-Werkstoffe wird das vorliegende PHA-Polymer für die Weiterverarbeitung auf Kunststoffmaschinen extrusionstechnisch aufbereitet und granuliert. Gleichzeitig können je nach PHA-Typ bei der Aufbereitung des Biopolymers zu einem gebrauchstüchtigen Kunststoff weitere Additive, insbesondere Weichmacher und Nukleierungskeime, dazugegeben werden, um die resultierenden Verarbeitungs- und Gebrauchseigenschaften gezielt zu verbessern.

Aufgrund der Rohstoffkosten (0,5–2 € kg^{-1} PHB), der Anlagen- und Prozesskosten sowie insbesondere der noch relativ geringen Produktionsvolumina haben die PHA derzeit mit 5–15 € kg^{-1} einen relativ hohen Verkaufspreis, auch im Vergleich zu anderen Biokunststoffen.

6.4 Verwertung von Kunststoffen

S. Cieplik, U. Schlotter, S. Meyer, K. Wittstock und H.-J. Endres

▶ Weitere Informationen finden Sie im Anhang dieses Kapitels.

6.4.1 Kunststoffe und Umwelt

Kunststoffe haben seit den 1950er-Jahren ein beispielloses Wachstum erreicht. Aufgrund ihrer vielfältigen Einsatzmöglichkeiten und hervorragenden technischen Eigenschaften haben sie zahlreiche Anwendungsgebiete erobert. Kunststoffe begegnen uns täglich. Im Automobilbau, in Haushaltsgeräten, im Bausektor, in Sport- und Freizeitartikeln, in der Medizin und der Verpackung haben sie sich gegenüber herkömmlichen Werkstoffen erfolgreich durchgesetzt (Abb. 6.10).

Im Jahr 2022 wurden weltweit über 400 Mio. t Kunststoff produziert. Davon kamen weniger als 5 % aus Deutschland (ca. 15 Mio. t) und ca. 15 % aus Europa (ca. 59 Mio. t; Abb. 6.11). Nach aktuellen Prognosen wird der Kunststoffverbrauch weltweit weiter steigen. Wichtige Wachstumsmärkte sind Osteuropa und Südostasien. Ohne Einbußen an unserer hohen Lebensqualität sind sie aus unserem heutigen Leben nicht mehr wegzudenken.

Die ausgezeichneten und sehr vielfältigen Verarbeitungs- und Gebrauchseigenschaften haben zum Siegeszug der Kunststoffe beigetragen. Kunststoffprodukte benötigen verhältnismäßig wenig spezifische Energie für ihre Produktion und Verarbeitung. Nur etwa 5 % des weltweit verbrauchten Mineralöls werden für Kunststoffwerkstoffe verwendet, wäh-

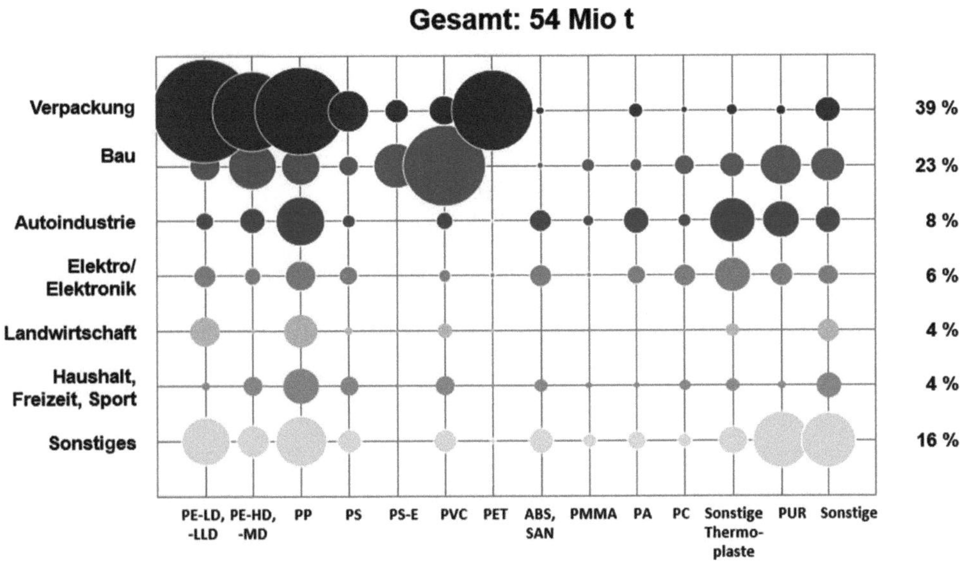

Abb. 6.10 Verbrauch von Kunststoffen 2022 nach Kunststoffarten und Einsatzbereichen in Europa (EU 27, Norwegen, Schweiz). (PlasticsEurope 2023)

rend ca. 50 % als Treibstoffe im Verkehr und ca. 32 % als Heizöl direkt verbrannt werden (Abb. 6.12).

Meist ist es aber die Nutzenphase eines Produkts, die die ökologische Position eines Werkstoffs am stärksten beeinflusst. Gerade hier zeigen Kunststoffe ihre Stärke:

- Im **Transportsektor** erlauben Kunststoffe den Bau leichterer Fahrzeuge mit der Folge, dass der Kraftstoffverbrauch sinkt. So werden erhebliche Mengen an Treibstoff und Kohlendioxid-Emissionen gespart. Zudem erhöhen sie die Sicherheit unserer Automobile: Airbag, Sicherheitsgurte und hinterschäumte Armaturentafeln wurden durch Kunststoffe erst möglich gemacht.
- Im **Bausektor** helfen außerordentlich wirksame Dämmstoffe aus Kunststoff, Wärmeverluste bei Häusern zu verringern und damit Öl- und Gasverbrauch entscheidend zu senken. Die für die Dämmstoffherstellung benötigte Ölmenge ist nach weniger als einer Heizperiode bereits wieder eingespart. So wird auch der Ausstoß von Kohlendioxid, das zum Treibhauseffekt beiträgt, entscheidend reduziert und ein sehr großer Beitrag zum Klimaschutz geleistet.
- Im **Elektro-/Elektronikbereich** haben Kunststoffe viele Innovationen überhaupt erst ermöglicht. Doch sie helfen auch, den Energiebedarf zu verringern. Flachbildschirme haben einen signifikant niedrigeren Strombedarf als herkömmliche Bildschirme. Waschmaschinen mit formoptimierten Laugenbehältern aus Kunststoff benötigen weniger Wasser und Strom, und bei Kühlschränken konnte durch verbesserte Isolierung mit Kunststoffschäumen der Energieverbrauch entscheidend gesenkt werden.

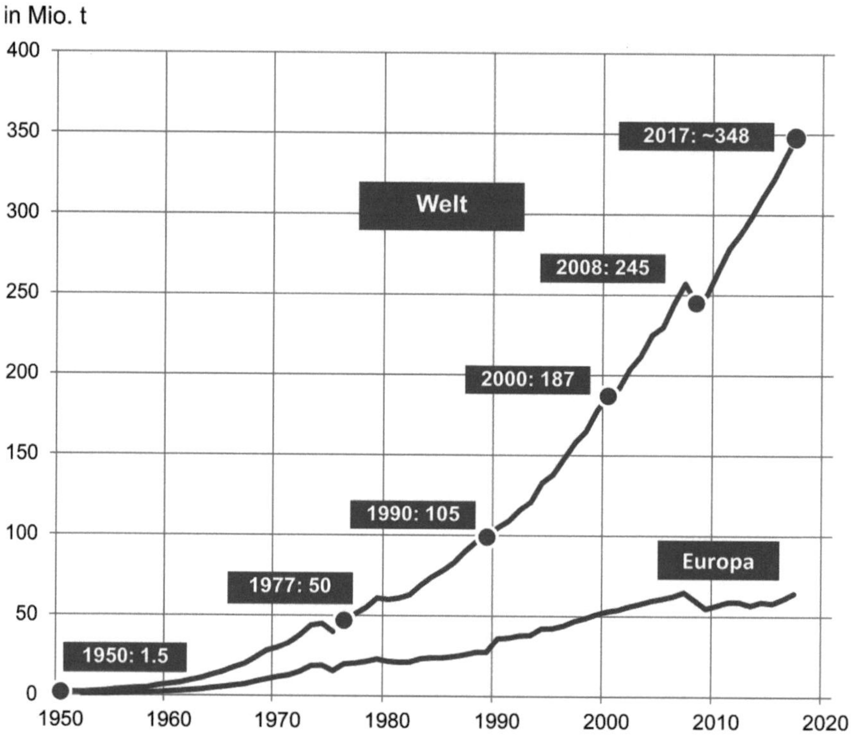

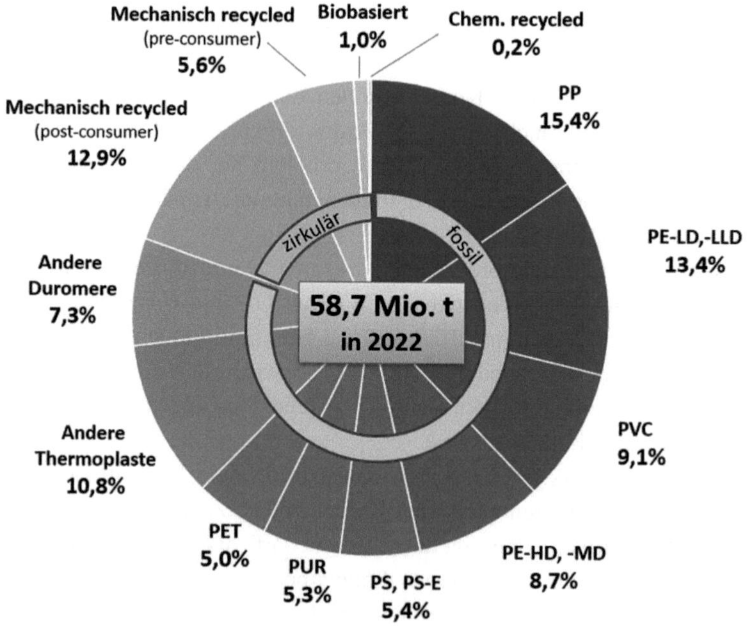

Abb. 6.11 Produktion von Kunststoffen weltweit (oben) und Produktion von Kunststofftypen in Europa 2022 (unten). (PlasticsEurope 2023)

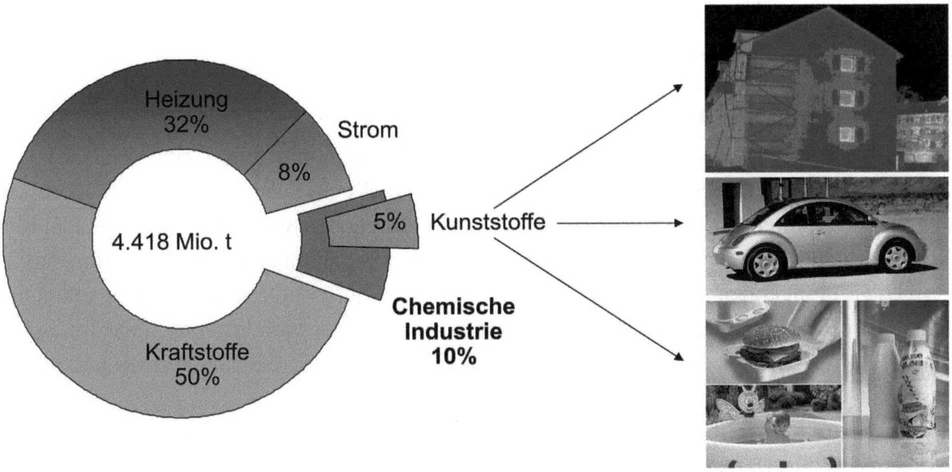

Abb. 6.12 Einsatz von Mineralölprodukten 2018 weltweit (in Prozent). (BP Statistical Review of World Energy, 6/2017. Bild oben: © 4th Life Photography/stock.adobe.com; Bild Mitte: © bildwerk/stock.adobe.com; Bild unten: © rdnzl/stock.adobe.com)

- Nicht nur langlebige Kunststoffgüter schonen Ressourcen. Gerade im **Verpackungsbereich** ist der Gebrauch anderer Materialien oft mit höherem Energieverbrauch und höherer Umweltbelastung verbunden. Ein Ersatz aller Kunststoffverpackungen würde den Energieverbrauch und das Müllvolumen verdoppeln. Kunststoffe wurden deshalb zum Verpackungsmaterial Nummer 1. Die Stückzahl an Verpackungen ist dabei sehr viel stärker gestiegen als die eingesetzte Kunststoffmenge, denn durch die verbesserte Leistungsfähigkeit der eingesetzten Kunststoffe wurden die Verpackungen immer leichter. Der Joghurtbecher wiegt heute nur noch halb so viel wie vor zehn Jahren, und Folien wurden um ein Drittel dünner.

Zum Abfallaufkommen tragen Kunststoffe aufgrund ihrer Langlebigkeit außerhalb des Verpackungsbereichs nur in geringem Maße bei. 60 % aller Kunststoffprodukte haben eine Nutzungszeit von mehr als acht Jahren. Viele Erzeugnisse im Baubereich werden sogar 50 Jahre und länger eingesetzt. 40 % der Kunststoffe, größtenteils aus dem Verpackungsbereich, haben eine Lebensdauer von unter einem Jahr.

6.4.2 Abfallmanagement: Ziele und Rahmen – Strategien und Konzepte

Abfallmanagement hat zunächst die Aufgabe, potenzielle Risiken für Menschen und Umwelt zu minimieren. Dieses auch in Zukunft richtige und wichtige Ziel der Risikominimierung muss ergänzt werden durch eine Optimierung des Nutzens der Abfallbewirtschaftung. Grundsätzlich gilt: Abfälle sind Rohstoffe, die den Märkten als Alternativen für primäre Einsatzstoffe dienen und damit zur Schonung von Primärressourcen beitragen können. Mehrere Untersuchungen haben darüber hinaus gezeigt, dass ein intelligentes

Abfallmanagement signifikant zur Erreichung nationaler und europäischer Klimaschutzziele beitragen kann (Details s. Abschn. 6.4.5).

6.4.2.1 Rechtlicher Rahmen

Der Umgang mit Abfällen ist in Europa und in Deutschland durch eine Vielzahl von Gesetzen und Vorschriften geregelt. Im Rahmen dieses Buchs soll nur ein grober Überblick über den gesamten abfallbezogenen Rechtsrahmen gegeben werden – eine vollständige Beschreibung würde den Umfang und den Zweck dieses Fachbuchs zu Kunststoffen sprengen. Die im Folgenden gewählte Strukturierung und die aufgeführten Regelungen sollen ein allgemeines Verständnis vermitteln. Es wird nicht der Anspruch erhoben, eine im Sinne einer Rechtssystematik korrekte und vollständige Beschreibung der Situation zu geben.

Übergeordnete Rechtsrahmen Von besonderer Bedeutung ist die europäische Abfallrahmenrichtlinie (letzte Fassung 2008), die Grundlage für das deutsche **Kreislaufwirtschaftsgesetz**[1] ist. Dieses Gesetz definiert, was Abfall ist, legt grundsätzliche Ziele für die Abfallbewirtschaftung fest, macht Aussagen zu Verantwortlichkeiten (z. B. Prinzip der Produktverantwortung), bestimmt, wer unter welchen Voraussetzungen mit Abfällen umgehen darf, und kategorisiert prinzipielle Verwertungsoptionen usw.; Konkretisierungen erfolgen durch andere untergesetzliche Regelungen (z. B. Verordnungen).

Für Anlagen, die mit Abfällen umgehen, gilt in Deutschland das Bundesimmissionsschutzgesetz mit seinen jeweiligen Verordnungen. Abfalldeponierung ist in Deutschland gesondert geregelt. Die deutsche Deponieverordnung verbietet weitestgehend die Ablagerung organischer Abfälle und Kunststoffe. In Europa sind Anforderungen an solche Anlagen z. B. in der IPPC-Richtlinie (IPPC = Integrated Pollution Prevention and Control), der WID-Richtlinie (WID = Waste Incineration Directive) und der Landfill Directive festgelegt.

Produktbezogene Regelungen Solche Regelungen sind immer auf der europäischen Ebene codifiziert und in der Folge in nationales, z. B. deutsches Recht, umgesetzt. Derzeit sind die Produktbereiche Verpackungen, Autos und Elektro- und Elektronikgeräte (sowie Batterien – nicht kunststoffrelevant) so geregelt. Alle Regelungen haben eine gleiche Zielstellung und Strategie: Umweltentlastung und Internalisierung der Entsorgungskosten. Zur Erreichung dieser Ziele werden konkret Verantwortliche (Normadressaten) benannt; die Hersteller der Produkte sind immer – zumindest auch – Normenadressaten. Insbesondere für Verpackungen, Autos und Elektro- und Elektronikgeräte sind Verwertungsquoten und zusätzlich Recyclingquoten gefordert. Mit Ausnahme der Verpackung gilt, dass diese

[1] Seit Juli 2018 sind die überarbeiteten Richtlinien des EU-Abfallpakets in Kraft getreten. Das Abfallpaket ist Bestandteil der EU-Aktivitäten zur Förderung einer Circular Economy; es umfasst u. a. eine Überarbeitung der Abfallrahmenrichtlinie, der Verpackungsrichtlinie und der Deponierichtlinie. Diese Richtlinien müssen nun innerhalb der nächsten zwei Jahre von den Mitgliedsstaaten der EU in nationales Recht umgesetzt werden. Vor diesem Hintergrund wird hier noch das geltende Recht vorgestellt.

Quoten die jeweiligen Produkte – nicht einzelne Materialen – betreffen. Kunststoffe müssen aber – je nach mengenmäßigem Anteil – selbstverständlich zur Erreichung dieser Quoten beitragen. Für Verpackungen gelten werkstoffspezifische Quoten.

Zum Teil sind diese Anforderungen sehr detailliert. So werden etwa Elektro- und Elektronikprodukte in zehn Produktgruppen eingeteilt, für die jeweils eigene Verwertungs- und Recyclingquoten vorgeschrieben sind. Der bürokratische Aufwand – aber auch die möglichen Unterschiede in der Umsetzung in den einzelnen EU Staaten – sind gewaltig und bergen zumindest das Risiko für Marktverzerrungen. Die Problematik der geforderten Quoten und Unterquoten als steuernde Ansätze werden in Abschn. 6.4.2.2 behandelt.

Regelungen zur Verbringung von Abfällen Der Transport von Abfällen zwischen Staaten der EU und über die Grenzen der EU ist gesondert geregelt. Auf europäischer Ebene gilt die **Waste Shipment Regulation**, für Deutschland das **Abfallverbringungsgesetz**. Es ist festgelegt, ob bestimmte Abfälle überhaupt über Grenzen verbracht werden dürfen und, falls dies zulässig ist, welche Voraussetzungen erfüllt sein müssen. So muss z. B. für manche Abfälle nachgewiesen sein, dass sie im Zielland ordnungsgemäß verwertet werden. Übergeordnete Ziele dieser Regelungen sind zum einen die Minimierung potenzieller Risiken (kein „Umweltdumping"), zum anderen auch das Verhindern der Überlastung ökonomisch und strukturell weniger starker Länder durch Abfallimporte aus ökonomisch starken Ländern.

6.4.2.2 Strategien und Konzepte

Die in Abschn. 6.4.2.1 beschriebenen heutigen rechtlichen Rahmen für das Abfallmanagement sind das Ergebnis von Strategien und Konzepte der beiden letzten Jahrzehnte. Vereinfacht dargestellt wird Abfallmanagement dabei im Kern als eine Tätigkeit im Sinne der Daseinsvorsorge betrachtet, um sich – möglichst schadlos – von den zwangsläufigen Überresten aus der Herstellung und nach der Nutzung von Produkten zu entledigen.

Heute sind – zumindest die große Masse der – Abfälle aber immer dringender benötigte Ressourcen. Dies zeigt sich in Entwicklungen auf mehreren Ebenen:

- Politik und Gesetzgeber haben begonnen, den Aspekt der Ressourcennutzung und -effizienz in die Rahmensetzungen für das Abfallmanagement zu integrieren.
- Deponierungsrestriktionen können die effiziente Nutzung von Abfällen als Ressourcen befördern. Dies zeigen Länder wie Belgien, Dänemark, Deutschland, Luxemburg, die Niederlande, Norwegen, Schweden und die Schweiz, die solche Deponierestriktionen eingeführt und Verwertungsquoten von über 90 % erreichen.
- Erfassungsstrukturen für Abfälle orientieren sich zunehmend an den Erfordernissen der nachgelagerten Aufbereitungs- und Verwertungsstrukturen. Haushaltsnah werden dafür vermehrt getrennte Erfassungen für Organik, Glas, Papier, Metall, Kunststoffe etc. eingeführt.
- Besonders für heizwertreiche Abfälle werden **Divert from Landfill** und die marktgesteuerte Nutzung aller Verwertungsoptionen immer mehr zum übergreifenden konzeptionellen Ansatz.

Im Folgenden wird dargestellt, welche Abfallströme – besonders Kunststoffabfälle – zur Verfügung stehen und welche Technologien zur Umsetzung eines zukünftigen Managements dieser Sekundärrohstoffe wir heute bereits verfügbar haben.

In Abschn. 6.4.5 wird abschließend ein Ausblick gegeben, welche Potenziale im Sinn von Ressourceneffizienz und Klimaschutz mit einer Weiterentwicklung der Abfallbewirtschaftung erschließbar sind.

6.4.3 Kunststoffabfälle als Rohstoffe

6.4.3.1 Kunststoffe in Abfallströmen

Für das Jahr 2021 wurde eine Kunststoffabfallmenge in Deutschland von insgesamt ca. 6,4 Mio. t. ermittelt. Hiervon entfallen ca. 5,4 Mio. t auf Siedlungsabfälle und ca. 1 Mio. t auf Abfälle sowie Nebenprodukte aus Produktions- und Verarbeitungsprozessen (Conversio Market & Strategy GmbH 2022).

Spezifische Kunststoffarten kommen aber als chemisch eindeutig definiertes Material eigentlich nur bei Herstellung und Verarbeitung isoliert vor. Die relevanten großen Mengen der Kunststoffe in Siedlungsabfällen sind dagegen fast immer verschmutzte Mischungen aus unterschiedlichen Kunststofftypen, eng verbunden, verschraubt und verklebt mit anderen Materialien und dispergiert in einer noch größeren Vielfalt von Materialen.

Etwa knapp 6 Gew.-% des Hausmülls bestehen aus Kunststoff. Sein Anteil am gesamten Müllaufkommen ist kleiner als 1 Gew.-% (Abb. 6.13). Ein typisches „Stück Kunststoffabfall" kann z. B. ein Einwegrasierer als Verbund aus ABS, PP und Metall, ein kaputtes Kinderspielzeugauto aus PE, Gummi, Metall und PMMA oder eine Fleischverpackungsfolie, hergestellt in Coextrusion aus PE und PA, mit Anhaftungen von Fett, Wasser und Blut sein.

6.4.3.2 Verwertung statt Deponierung

Zum Deponieren sind Altkunststoffe zu schade, denn sie lassen sich als Rohstoff für die energetische oder stoffliche Verwertung nutzen. Mit einer Verwertungsquote von fast 100 % liegt Deutschland dabei zusammen mit der Schweiz weltweit an der Spitze (Abb. 6.14).

Drei prinzipiell unterschiedliche Verwertungswege stehen für Altkunststoffe zur Verfügung (Abb. 6.15)

1. **Werkstoffrecycling**, d. h. das Umschmelzen von Altkunststoffen zu neuen Kunststoff-Rohstoffen oder Formteilen.
2. **Rohstoffrecycling**, d. h. das Spalten von Altkunststoffen in chemische oder petrochemische Rohstoffe.
3. **Energetische Verwertung**, d. h. Verbrennung zur Energiegewinnung (nähere Informationen zu Kunststoffen in Ersatzbrennstoffen finden Sie im Anhang dieses Kapitels).

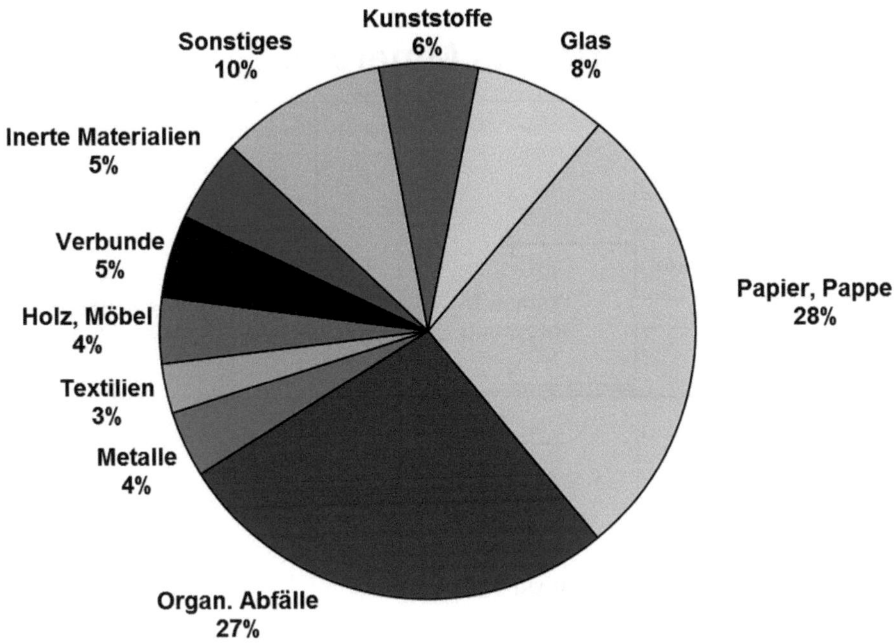

Abb. 6.13 Zusammensetzung des Hausmülls (EU 2010)

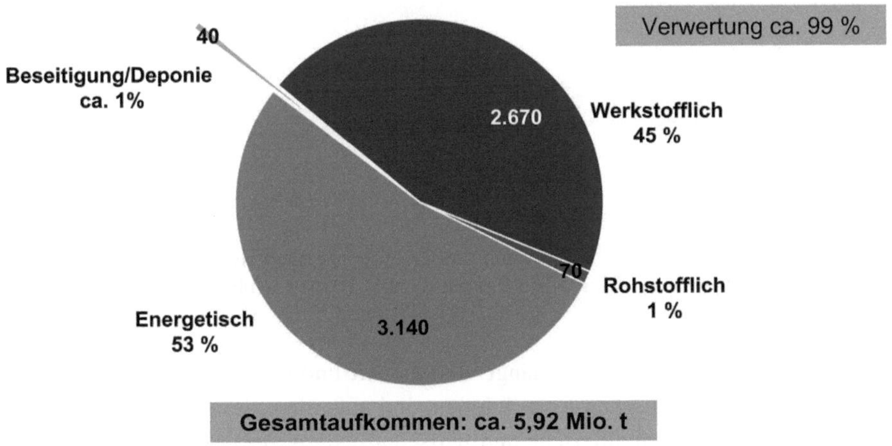

Abb. 6.14 Verwertung von Kunststoffabfällen in Deutschland 2015 (in 1000 t). (Consultic Marketing & Industrieberatung GmbH 2016; s. Abb. A6.1)

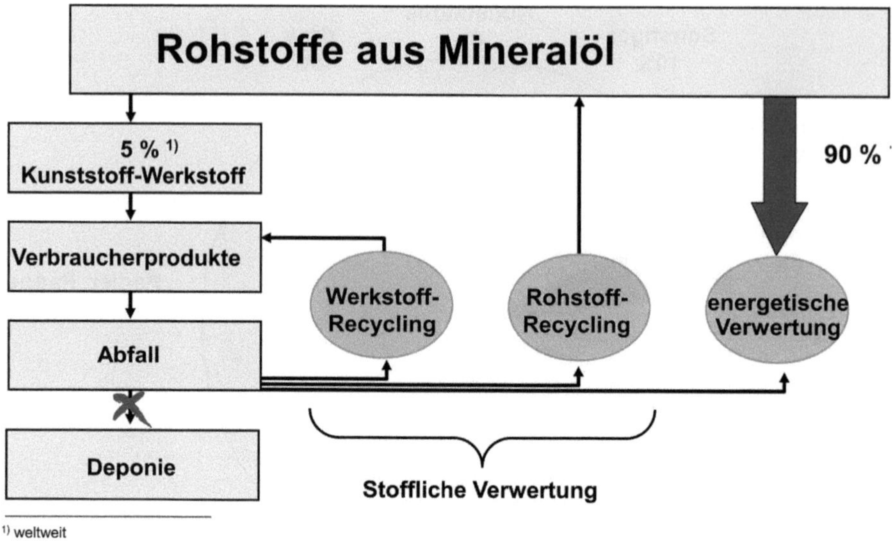

Abb. 6.15 Der Kunststoffkreislauf. (BASF SE)

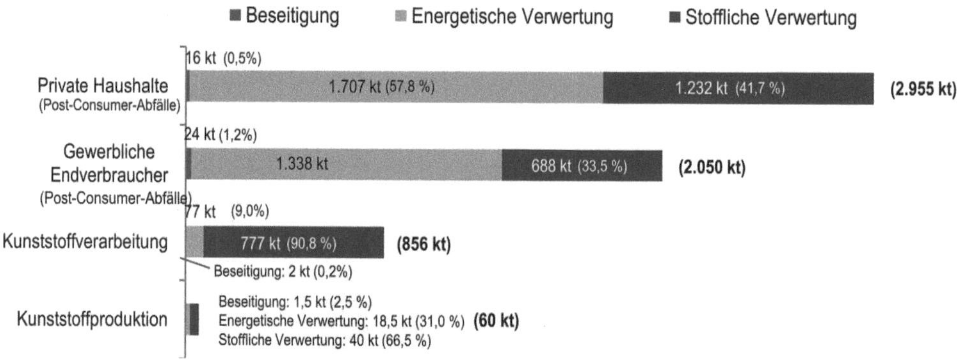

Abb. 6.16 Kunststoffabfälle zur Verwertung und Beseitigung nach Herkunftsarten 2015 (in Kilotonnen). (Consultic Marketing & Industrieberatung GmbH 2016; s. Abb. A6.1)

Welcher Weg beschritten wird, hängt von der Art und Qualität der Altkunststoffe ab (Abb. 6.16). Neben technischen Restriktionen sind außerdem die Aufnahmefähigkeit der Märkte sowie rechtliche, ökologische und wirtschaftliche Aspekte zu berücksichtigen.

Die **werkstoffliche Verwertung** – das Umschmelzen der Altkunststoffe zu neuen Produkten – erfordert deshalb sortenreine, saubere und in größeren Mengen anfallende Altkunststoffe. Dann halten sich die unvermeidlichen technischen Eigenschaftsverluste beim Recyclingprozess in Grenzen, der energetische Aufwand ist niedrig, die Aufarbeitungskosten sind vertretbar, und die Rezyklate finden einen Markt.

Die überwiegende Menge der Altkunststoffe fällt jedoch in Form komplexer Produkte, z. B. Verpackungen, Automobilteile oder Elektrogeräte, an. Mit den Verfahren der rohstofflichen Verwertung lassen sich solche Altkunststoffe ebenfalls stofflich verwerten. **Rohstoffverwertung** gehört nämlich wie das werkstoffliche Recycling zur stofflichen Verwertung (oder kurz: Recycling) und dient damit als Alternative zum Werkstoffrecycling zur Erfüllung von Recyclingquoten.

Als Ergänzung zum Werkstoff- und Rohstoffrecycling ist die saubere **Verbrennung von Altkunststoffen** mit Energierückgewinnung unverzichtbar, denn es wird immer Kunststofffraktionen geben, die werk- und rohstofflich nicht sinnvoll zu verwerten sind. Dazu zählen z. B. Kunststoffe als Bestandteil von Abfallströmen mit umwelt- oder arbeitshygienisch bedenklichen Anhaftungen oder Kunststoffe, die einen engen Verbund mit anderen Materialien bilden, wie beispielsweise im Automobil- oder Elektro-/Elektronikbereich. Auch für vermischte, verschmutzte Altkunststoffe, bei denen die werkstoffliche Verwertung zu kostenaufwendig ist und keinen entsprechenden ökologischen Nutzen erbringt, ist die energetische Nutzung sinnvoll. Sie leistet einen wichtigen Beitrag zur Schonung fossiler Ressourcen.

Im Bereich der Industrieabfälle bei Kunststoffherstellern und Verarbeitern fallen alleine schon aus wirtschaftlichen Überlegungen relativ wenige Abfälle an. Es handelt sich hierbei um saubere, sortenreine und gut definierte Kunststoffe, die in Deutschland ganz überwiegend (> 90 %) werkstofflich verwertet werden. Im Bereich der Endverbraucher (gewerblich bzw. private Haushalte) sieht das Bild anders aus. Die hier vorliegenden vermischten und verschmutzten Kunststoffabfälle werden in Deutschland zwar aufgrund der Gesetzeslage überwiegend verwertet, in Ländern ohne Deponieverbot jedoch aufgrund oft unschlagbar günstiger Deponiepreise häufig noch deponiert. Seit Juni 2005 dürfen in Deutschland keine gebrauchten Kunststoffteile mehr ohne Vorbehandlung auf die Deponie gelangen, d. h. beseitigt werden. Durch Einführung dieser Vorschrift bekam die Verwertung in Deutschland nochmals einen gewaltigen Schub.

Natürlich stellt sich die Frage, ob eine Reduzierung der Kunststoffvielfalt sinnvoll wäre, um die Gewinnung sortenreiner Kunststoffe in großen Mengen aus Abfällen zu erleichtern. Es sei jedoch daran erinnert, dass die Vielfalt der Anwendungsgebiete von Kunststoffen zur optimalen Erfüllung der jeweiligen Anforderungen – auch aus ökologischer Sicht – eine Vielzahl von Kunststoffsorten erforderlich macht. Dabei ist oft auch eine Kombination verschiedener Kunststoffe sinnvoll.

Beispiel: Ein Vakuumbeutel für Wurstverpackungen aus einem Polyethylen-Polyamid-Verbund ist lediglich 0,1 mm dick. Die Verbundfolie vereinigt die Vorzüge von Polyamid (Sauerstoffbarriere, Thermoformbarkeit, Wärmeformbeständigkeit und mechanische Festigkeit) mit denen des Polyethylens (Feuchtigkeitsbarriere und gute Verschweißbarkeit).

Um den gleichen Schutz des Füllguts hinsichtlich Feuchtigkeits- und Sauerstoffabwehr zu erreichen, müsste eine reine Polyamidfolie 0,54 mm also mehr als fünfmal so dick sein, eine reine Polyethylenfolie einen ganzen Zentimeter!

Die Forderung, die Sortenvielfalt bei Kunststoffen einzuschränken, um die werkstoffliche Verwertbarkeit zu verbessern, ist daher nicht ökologisch zielführend. Dies würde oft zu einem erhöhten Ressourcenverbrauch führen und den Anreiz zur Verbesserung im Wettbewerb zwischen den verschiedenen Kunststoffsorten nehmen. Die Abfallphase ist nur ein Ausschnitt aus dem gesamten Lebensweg!

Eine andere, auf den ersten Blick scheinbar sinnvolle Möglichkeit, Kunststoffe aus dem Abfall verschwinden zu lassen, ist, sie erst gar nicht einzusetzen. Tatsächlich schreiben viele nationale Abfallpläne auch die Vermeidung und die Reduktion von Produkten als höher stehende Devise als die Verwertung nach Nutzen der Produkte fest.

Bei ungefähr der Hälfte aller Waren in Deutschland kommen Kunststoffverpackungen zum Einsatz. Diese tragen jedoch mit lediglich 19 Gew.-% zum gesamten Packmittelverbrauch bei.

Sollten alle Verpackungen aus Kunststoff durch Verpackungen aus anderen Materialien ersetzt werden, so würde sich das in Abb. 6.17 gezeigte Bild ergeben.

Der Ersatz von Kunststoffverpackungen durch andere Materialien führt sowohl zu einer Belastung der Umwelt als auch des Geldbeutels. Einer Studie zufolge würde sich das Verpackungsgewicht vervierfachen – mit entsprechender Steigerung des Rohstoffbedarfs. Die Herstellkosten würden nahezu verdoppelt.

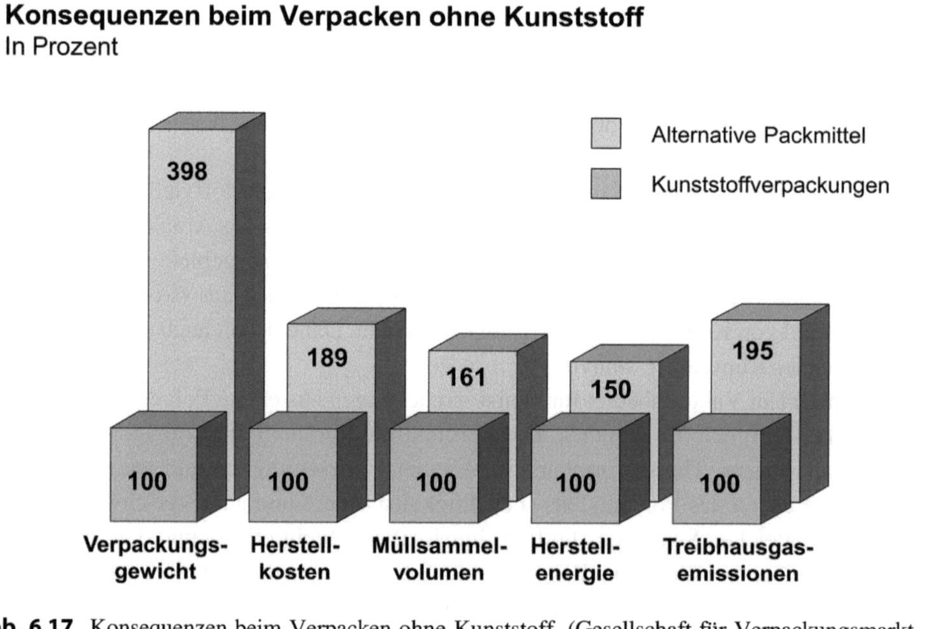

Abb. 6.17 Konsequenzen beim Verpacken ohne Kunststoff. (Gesellschaft für Verpackungsmarktforschung mbH, GVM)

Der geringe Materialaufwand für Kunststoffverpackungen – bedingt durch die hohe Leistungsfähigkeit der Kunststoffe – und ein hoher Verwertungsanteil tragen erheblich zur Reduzierung der Müllmengen bei.

6.4.3.3 Littering

Ein weiteres Problem beim Management von Kunststoffabfällen stellt das sog. Littering dar.

Als Littering wird das Wegwerfen von Abfällen auf Straßen, Plätzen oder in der Natur bezeichnet. Littering betrifft verschiedenste Dinge wie Zeitungen, Flyer, Zigarettenkippen, Verpackungen oder „wild entsorgte" Gegenstände, z. B. Altreifen und Haushaltsgeräte. Vom Littering sind alle Materialien betroffen, seien es Metalle, Glas, Papier oder Kunststoffe.

Die Gründe für die Verschmutzung liegen im achtlosen Verhalten der Mitmenschen, die diese wegwerfen – aus Bequemlichkeit, Gleichgültigkeit, mangelndem Verantwortungsbewusstsein, Provokation oder schlichtem Unwissen. Mancherorts tragen fehlende Abfallbehälter zur Zunahme des Littering bei. In weniger entwickelten Ländern stellen fehlende Abfallentsorgungssysteme und das wilde bzw. unsachgemäße Deponieren des Mülls ein großes Problem dar.

Die Rolle der Kunststoffe beim Littering Obwohl Littering ein materialübergreifendes Problem ist, stehen Kunststoffe überproportional in der Kritik. Dies ist auf folgende Ursachen und Gründe zurückzuführen:

- Kunststoffe haben eine vergleichsweise lange Lebensdauer in der Natur.
- Kunststoffe, insbesondere Tüten und Verpackungen, sind aufgrund ihrer Größe und Optik sehr augenfällig; dies suggeriert eine überproportionale Präsenz.
- Kunststoffe sind „Leichtgewichte". Die Konsequenzen:
  - Insbesondere Tüten werden leicht vom Wind z. B. aus wilden Deponien mitgetragen und weiträumig verteilt.
  - Auf Flüssen, Seen und Meeren schwimmende Kunststoffgegenstände führen zu einer weltweiten Verbreitung. Im marinen Bereich sind Kunststoffe die am häufigsten gefundene Materialklasse.
  - Kunststoffgegenstände verstopfen Abwassersysteme, was insbesondere in weniger entwickelten Ländern zu erheblichen Problemen führt.
- Altkunststoffe werden in vielen Ländern – im Gegensatz zu Papier, Glas und Metall – überwiegend noch deponiert. Verbraucher nehmen insbesondere Verpackungskunststoffe daher eher als wertlos oder als Wegwerfprodukt und nicht als nützlich und hochwertig wahr.

Zur Lösung des Problems ist eine Änderung im Verhalten aller Beteiligten erforderlich. Eine Besteuerung oder gar Verbot von Gebrauchsgegenständen (z. B. Kunststoff-Einwegtüte) wird das Littering-Problem nicht lösen.

Eine wirkungsvolle Bekämpfung des Littering-Problems erfordert vielfältige Aktivitäten:

- Aufklärung und Kommunikation
- Schärfere Strafen für Littering-Vergehen und ein konsequenter Vollzug
- Ausbau/Bereitstellung von adäquaten Entsorgungssystemen sowie Programme/Initiativen zur Reinigung von Straßen, öffentlichen Plätzen etc.

Abbaubare Kunststoffe sind keine Lösung für das Littering-Problem; sie verschärfen eher das Problem, da sie die Wegwerfmentalität des Verbrauchers fördern ganz im Sinne von „Der abbaubare Kunststoff löst sich eh schnell in Luft auf".

6.4.4 Abfallmanagement

6.4.4.1 Abfallerfassung

Entwicklung der Abfallerfassung Die Abfallerfassung spielt im Rahmen einer modernen Abfallwirtschaft eine zentrale Rolle. Erstmalig wurde in der Bundesrepublik die Abfallerfassung im Abfallgesetz von 1972 bundeseinheitlich geregelt, mit dem Ziel, durch eine ordentliche Erfassung aller Abfälle eine geordnete und für Mensch und Umwelt sichere Beseitigung von Abfällen zu gewährleisten.

Abfallsammlung Abfälle werden weitgehend als Gemische erfasst, bestehend aus den unterschiedlichsten Stoffen in Form von – oftmals komplexen – Produkten. Kunststoffe sind dabei integraler Bestandteil dieser Produkte. Mit dem Verständnis, dass Abfallwirtschaft neben der sicheren und umweltverträglichen Beseitigung der Abfälle auch als Ressourcenwirtschaft zu verstehen ist, entwickelte sich zunächst eine zunehmend differenzierte Erfassung von Abfällen, um schon bei der Erfassung eine für die spätere Aufbereitung/Verwertung geeignete Materialmischung zu erzeugen. Beispiele hierfür sind die getrennte Erfassung von Verpackungen, Bioabfällen, Altpapier, Leichtverpackungen etc.

Die Entwicklung in der Praxis wurde dabei von ökonomischen Interessen bestimmt. Wurden Metalle und Altpapierqualitäten genauso wie Textilien durch gewerbliche Altstoffhändler bereits vor Einführung abfallrechtlicher Regelungen getrennt erfasst, haben steigende Rohstoffpreise, technische Entwicklungen bei Sortierverfahren die Erfassung zunehmend auch für andere Werkstoffe wie Glas und Kunststoffe attraktiv gemacht. Letztendlich hat die Abfallablagerungsverordnung, die seit Mitte 2005 die Ablagerung von Abfällen auf Deponien mit mehr als 5 % Kohlenstoffgehalt untersagt, dazu geführt, dass in Deutschland ca. 99 % der Kunststoffe in Abfallströmen verwertet werden

Kunststoffrelevante Anfallorte 2015	Erfasste Kunststoffabfallmengen				
	Menge in kt	Verwertung in kt	Recycling in kt	Energetische Verwertung in kt	Beseitigung in kt
Gewerbeabfälle über private Entsorger	1.162	1.149	311	838	13
Hausmüllähnliche Gewerbeabfälle über öffentlich-rechtliche Entsorger (örE)	207	202	0	202	5
Schredderbetriebe (nur Altkarossen) incl. Autoverwerter & Reparaturwerkstätten	197	191	43	148	6
Sammel- und Verwertungssysteme für gewerbliche Verpackungen (auch Transport- und Umverpackungen)	375	375	242	133	0
Sonstige Sammlungs- und Verwertungssysteme (AgPR, Kunststoffrohrverband, Dachbahnen, Rewindo etc.)	109	109	92	17	0
Verkaufsverpackungen (Duale Systeme, herstellergetragene Rücknahmesysteme)	1.532	1.532	1.128[4)]	404	0
Restmüll Haushalte	967	952	0	952	15
Sperrmüll Haushalte[1)]	210	209	52	157	1
Wertstoffsammlung (örE)[2)]	58	58	29	29	0
E+E Schrott aus Privathaushalten, Gewerbe & Industrie (Rücknahme über örE, Wertstoffhöfe, Handel & private Entsorger)	188	188	23	165	0
Kunststoffproduzenten	60	58	40	18	2
Kunststoffverarbeiter[3)]	856	854	777	77	2
Gesamt	5.921	5.877	2.737	3.140	44

1) z.B. Möbel, Teppiche, „weiße Ware", „braune Ware"
2) Diverse Kunststoffprodukte, z.B. Rohre, Behälter, Folien aus Haushalt und Gewerbe aus Bringsystemen (z.B. Bayern und Baden-Württemberg)
3) Abfälle von Kunststoffverarbeitern (z.B. Extrusion, Spritzgießen) aber auch Weiterverarbeitung (z.B. Fensterbau)
4) inkl. 70 kt rohstoffliches Recycling

Abb. 6.18 Kunststoffabfälle in Deutschland 2015 (in Kilotonnen). (Consultic Marketing & Industrieberatung GmbH, Produktion, Verarbeitung und Verwertung von Kunststoffen in Deutschland 2016)

(Abb. 6.14). In Zahlen stiegen die Verwertungsmengen von Kunststoffen im Zeitraum von 1990 bis 2015 von ca. 500.000 t auf mehr als 5,8 Mio. t a^{-1}.

Die für Kunststoffe relevanten Abfallströme sind in Abb. 6.18 dargestellt.

Die mengenmäßig für Kunststoffe bedeutendsten Abfallströme sind die getrennt gesammelten Verkaufsverpackungen sowie der Restmüll aus Haushalten mit zusammen knapp 2,5 Mio. t. Die höchsten Anteile an Kunststoffen weisen getrennt gesammelte Kunststoffabfallströme aus, die in der Gesamtmenge allerdings nur eine untergeordnete Rolle spielen (Abb. 6.18).

▪ **Ökonomische Aspekte** Die Abfallerfassung stellt mit mehr als 60 % der in der Abfallwirtschaft erwirtschafteten Erlöse einen dominanten Kostenfaktor dar. Hier setzen wesentliche Bestrebungen zur Kostenoptimierung der gesamten Abfallwirtschaft an. Dabei können heute zwei zentrale Entwicklungen beobachtet werden:

1. Einerseits werden – besonders im Bereich der gewerblichen Abfälle – bereits beim Abfallbesitzer Materialien getrennt gehalten, um so Erlöse für solche Ströme zu erzielen oder zumindest Kosten zu reduzieren.
2. Andererseits wurde gleichzeitig die Entwicklung neuer Techniken zur Abfallvorbehandlung ökonomisch immer attraktiver. Hoch leistungsfähige Konzepte wurden entwickelt, und Anlagen mit einer Behandlungskapazität von > 100.000 t a^{-1} sind bereits für bestimmte Abfallströme in Betrieb. Die Wettbewerbsfähigkeit wird dabei wesentlich durch die Anlagengröße bestimmt (Abb. 6.19).

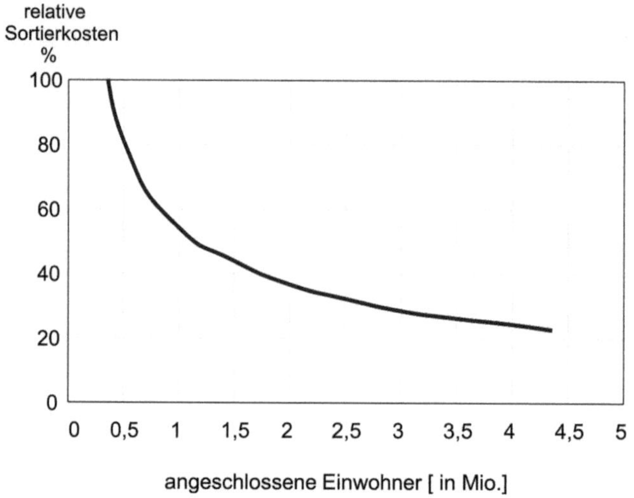

Abb. 6.19 Wirtschaftlichkeit der LVP (LVP = Leichstoffverpackungen)-Sammlung. (Christiani 2009)

In Großversuchen wird heute sogar erprobt, inwieweit es nicht letztlich ökoeffizienter ist, bislang getrennt erfasste Abfallströme aus dem Haushaltsbereich wieder gemeinsam zu sammeln und anschließend durch (Kaskaden von) Sortiertechnologien in optimal verwertbare Stoffströme aufzuteilen.

Interessant ist in diesem Zusammenhang ein Blick über die Grenzen in europäische Nachbarländer. Insgesamt elf Staaten in Europa erreichten 2015 Verwertungsquoten für Kunststoffe von über 80 %.

Alle diese Länder haben eine klare politische Orientierung: Abfälle – insbesondere heizwertreiche Ströme und damit Kunststoffe – werden von der Deponierung weg und in die Verwertung gelenkt (Abb. 6.20). Erhebliche Unterschiede bestehen in den Systemen und in den Kosten. So kennen wir aus Deutschland insbesondere im Bereich der Haushaltsverpackungen eine sehr differenzierte und umfassende Erfassung (gelbe Säcke/Tonnen) und hohe Quoten für eine werkstoffliche Verwertung besonders für Kunststoffe. Andere Länder (z. B. Schweiz, Österreich, Dänemark) haben sehr viel selektivere Erfassungssysteme aufgebaut (z. B. werden besonders gut werkstofflich zu verwertende Kunststoffflaschen gezielt erfasst) und gleichzeitig die Effizienz der energetischen Nutzung von gemischten Abfällen verbessert. Die Bereitstellung von Fernwärme auf Abfallbasis ist dort in vielen Städten heute Standard – die Kunststoffrecyclingquoten liegen auch in diesen Ländern bei ca. 20 %.

6.4.4.2 Abfallvorbehandlung

Nach der Abfallsammlung erfolgt die Aufbereitung verschiedener Abfallströme durch Abfallvorbehandlungen und Abfallsortierungen. Diese Schritte sind Teil der Stoffstromvorbereitung, deren Ziel es ist, Wertstoffe aus Abfallströmen zurückzugewinnen. Eine

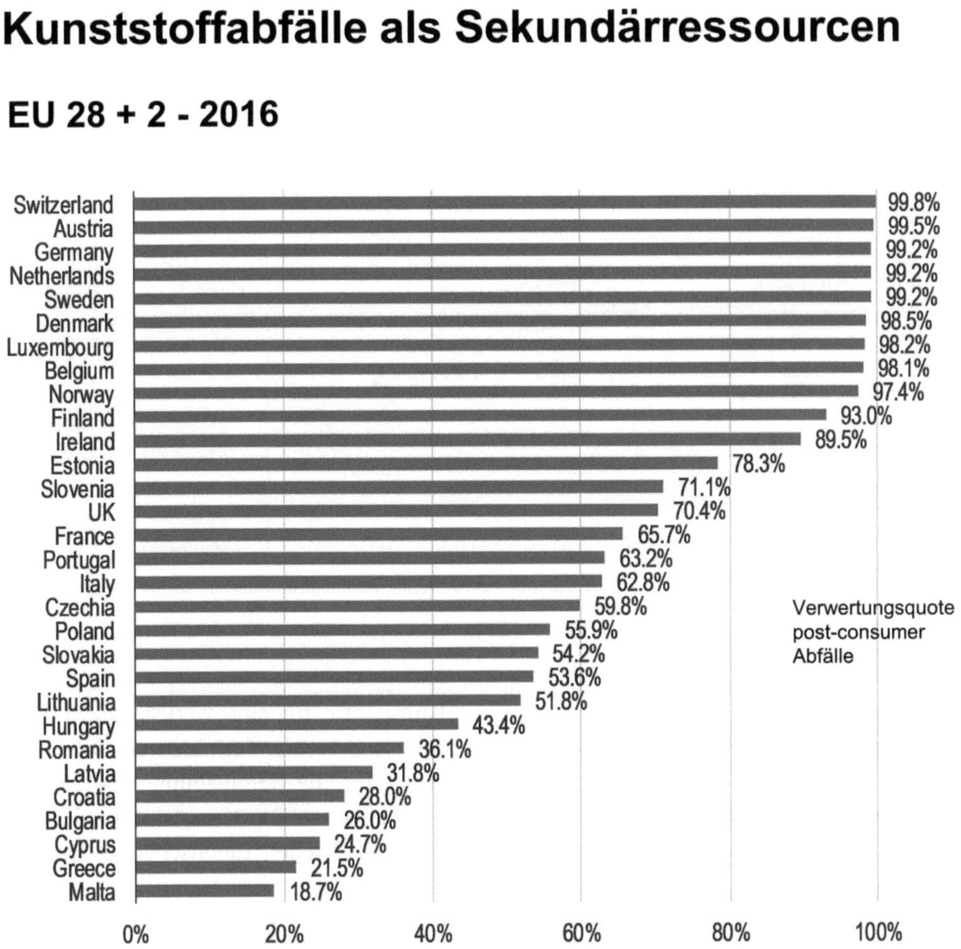

Abb. 6.20 Kunststoffabfälle als Sekundärressourcen. (Conversio Market & Srategy GmbH, Stoffstrombild Kunststoffe in Deutschland 2017, Mainaschaff 2018)

Stoffstromvorbereitung erfolgt dabei für alle Verwertungsoptionen, also für Werkstoffrecycling, Rohstoffrecycling und energetische Verwertung. Lediglich für eine Nutzung von Abfällen in Müllverbrennungsanlagen ist eine Stoffstromvorbereitung nicht erforderlich.

Abb. 6.21 verdeutlicht die Einbettung der Stoffstromvorbereitung in ein Stoffstrommanagement zur Rückgewinnung von Kunststoffen aus Abfallströmen.

Übliche Verfahren zur Aufbereitung der Abfallströme sind das Trennen der Materialien (z. B. Glas, Papier, inerte, kunststoffreiche Fraktion), die Änderung der Stoffeigenschaften der Materialien z. B. durch Zerkleinern sowie die Änderung der Stoffzusammensetzung der Materialien.

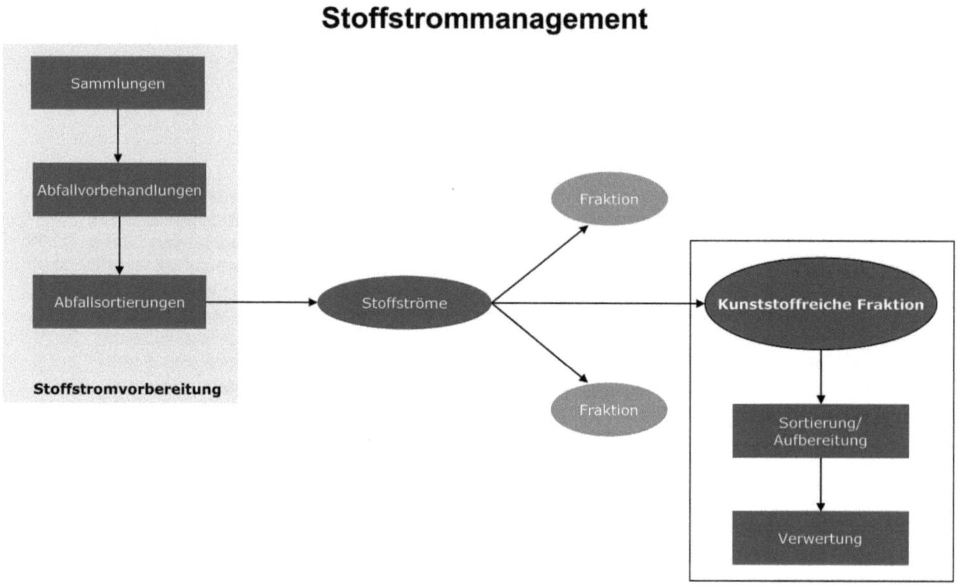

Abb. 6.21 Stoffstrommanagement. (BKV GmbH)

Für kunststoffreiche Fraktionen, aus denen Kunststoffe für eine werkstoffliche Verwertung zurückgewonnen werden sollen, sind insbesondere die Verfahren des Trennens und des Zerkleinerns der Materialien von Bedeutung, um die Bereitstellung sortenreiner Kunststofffraktionen für die weitere Aufarbeitung zu erhalten. Die **Kunststoffsortierverfahren** machen sich dabei die unterschiedlichen physikalischen Eigenschaften der miteinander vermischten Materialien zunutze.

Folgende Kriterien sind für die Kunststoffsortierverfahren von Bedeutung:

- Benetzbarkeit der Oberfläche
- Dichte
- Elektrische Leitfähigkeit
- Elektromagnetische Strahlung
- Löslichkeit
- Magnetischer Zustand
- Partikelgröße
- Partikelträgheit

Mittlerweile wurden zahlreiche Methoden zur automatischen Sortierung von Altkunststoffen unter Nutzung von Produkt- und Materialeigenschaften mit höheren Durchsatzleistungen, besseren Ausbeuten und Qualitäten entwickelt. Dabei spielen insbesondere die sensorgestützten Sortiertechnologien eine immer größere Rolle. Ermöglicht wurde dies

Tab. 6.2 Sortierverfahren und Trennprinzipien

Trennung nach ...	Sortierverfahren
... Benetzbarkeit der Oberfläche	Flotation
... Dichte (*Dichtetrennung*)	Schwimm-Senk-Scheidung Hydrozyklontrennung Trennzentrifuge
... elektrischer Leitfähigkeit (*elektrostatische Trennung*)	Elektroscheidung
... elektromagnetischer Strahlung	Spektroskopische Detektionsverfahren: NIR-Sortierung (Nahinfrarot) Farbsortierung (sichtbares Licht) Röntgentransmissionssortierung Induktionssortierung Fluoreszenzsortierung
... Löslichkeit (*Lösemitteltrennung*)	Selective-Dissolution-Process
... magnetischem Zustand (*Metallabtrennung*)	Magnetscheidung Wirbelstromscheidung
... Partikelgröße (*mechanische Formerkennung*)	Sieben Sichten
... Partikelträgheit	Hydrozyklon

einerseits durch die Entwicklung besserer Sensoren, andererseits durch immer leistungsfähigere Rechner.

► Eine Übersicht über die sensorgestützten Sortiertechnologien sowie eine detaillierte Beschreibung finden sich im Anhang zu diesem Kapitel. Dort werden auch die übrigen Sortierverfahren näher erläutert.

Einen Überblick über die einzelnen Sortierverfahren bietet Tab. 6.2.

Bei den Sortierverfahren wird zwischen Nass- und Trockenverfahren unterschieden. Zu den **Nassverfahren** gehören z. B. die Verfahren der Dichtetrennung sowie die Flotation. Die Trennung der Materialien erfolgt dabei stets unter Einsatz einer Flüssigkeit, sodass die Materialien nach dem Trennvorgang für die weitere Verarbeitung zunächst getrocknet werden müssen. Da dieser Trocknungsvorgang sehr energieintensiv und damit auch kostenintensiv ist, werden die Nassverfahren heute zunehmend von den Trockenverfahren verdrängt. Zu den **Trockenverfahren**, die heute verstärkt zur Anwendung kommen, zählen insbesondere die spektroskopischen Detektionsverfahren.

6.4.5 Kunststoffabfälle und Sekundärressourcen

Als Quintessenz kann festgehalten werden: Die Nutzung von Kunststoffabfällen als sekundäre Rohstoffe hat einen festen Platz in einer zukunftsfähigen – auf Ressourceneffizienz ausgerichteten – Abfallbewirtschaftung (Abb. 6.22). Die Weiterentwicklungen im

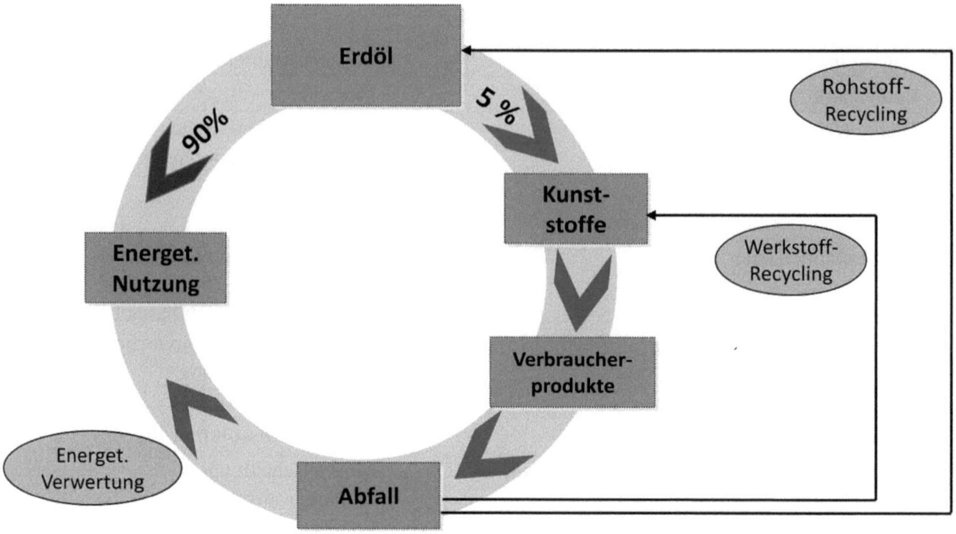

Abb. 6.22 Verwertung und Recycling von Kunststoffen. (BASF SE)

Bereich der Vorbehandlung, integrierte Stoffstrommanagementkonzepte und Marktkräfte zeigen alle in eine Richtung: Kunststoffabfälle werden in immer stärkerem Maße als stoffliche und energetische Ressourcen verfügbar und nachgefragt. Besonders im Sinne einer europäischen Perspektive ist es wichtig zu sehen, dass das nachhaltige Ausschöpfen dieses Potenzials nur gelingt, wenn alle Nutzungsoptionen dazu beitragen (können) und nicht billige Deponien die Investitionsbereitschaft in moderne Abfallbehandlungstechnologien konterkarieren.

Das von Manchen befürchtete „flächendeckende Kannibalisieren" der stofflichen durch die energetische Nutzung wird schon aus ökonomischen Gründen nicht stattfinden. Der Wettbewerb der Verwertungswege um Abfälle in Überlappungsbereichen ist allerdings als marktwirtschaftlicher Innovationsmotor notwendig, wenn es ernst gemeint ist mit der Weiterentwicklung der Abfallbewirtschaftung zu einer Sekundärrohstoffwirtschaft.

Eine Divert-from-Landfill-Strategie („Weg von der Deponie" als einzige ordnungspolitische Vorgabe) – insbesondere für heizwertreiche Abfälle – ist nicht nur besonders effizient im Sinne einer Kosten-Nutzen-Betrachtung mit Blick auf die Nutzbarmachung von Sekundärressourcen, sondern kann auch einen signifikanten Beitrag zum Klimaschutz leisten.

Im Anhang zu diesem Kapitel werden einige Betrachtungen angestellt, die zum Verständnis der aktuellen, hochkomplexen Diskussion um die Neuausrichtung der Abfallwirtschaft hin zu einer Sekundärrohstoffwirtschaft beiträgt.

Anhang

Verwertung statt Deponierung

Energetische Verwertung im Fokus: Ersatzbrennstoffnutzung in Deutschland

Das Inkrafttreten der Abfallablagerungsverordnung zum 01.06.2005 hat bewirkt, dass die energetische Verwertung in den letzten Jahren verstärkt als Option zur Abfallverwertung und somit auch zur Kunststoffverwertung wahrgenommen wurde (Abb. A6.1). Die energetische Verwertung in der Müllverbrennungsanlage (MVA) ist in der Sekundärliteratur hinreichend beschrieben. Aufgrund der Abfallhierarchie gewinnt das Recycling an Bedeutung, was sich auch in der Entwicklung der Kunststoffverwertung zeigt.

Eine besondere Bedeutung hat dabei der Einsatz von Abfällen als Ersatzbrennstoff (EBS) zur energetischen Verwertung in Feuerungsanlagen neben der klassischen Müllverbrennung erlangt. Durch die Verbrennung heizwertreicher Abfälle in EBS-Kraftwerken können Energiekosten eingespart werden, wodurch der CO_2-Ausstoß gesenkt werden kann (einen vertieften Einblick in die Ersatzbrennstoffnutzung in Deutschland bietet die Studie von umwelttechnik & ingenieure GmbH 2009).

Kunststoffabfälle als Bestandteil von EBS werden zur Mitverbrennung mit fossilen Brennstoffen eingesetzt, z. B. in der Zementindustrie oder auch in Kohlekraftwerken. Im Wesentlichen erfolgt die Energieerzeugung jedoch in EBS-Kraftwerken mit ca. 80 % des gesamten EBS-Aufkommens.

Der Kunststoffanteil in EBS beträgt im Durchschnitt rund 20 %. Bei der Energieversorgung mit EBS liegt der Heizwertanteil des Kunststoffanteils jedoch bei ca. 40 %. Dies ist auf den deutlich höheren Heizwert der Kunststoffe im Vergleich zu den anderen Stofffraktionen im EBS zurückzuführen. In EBS-Kraftwerken mit Rostfeuerung können Brenn-

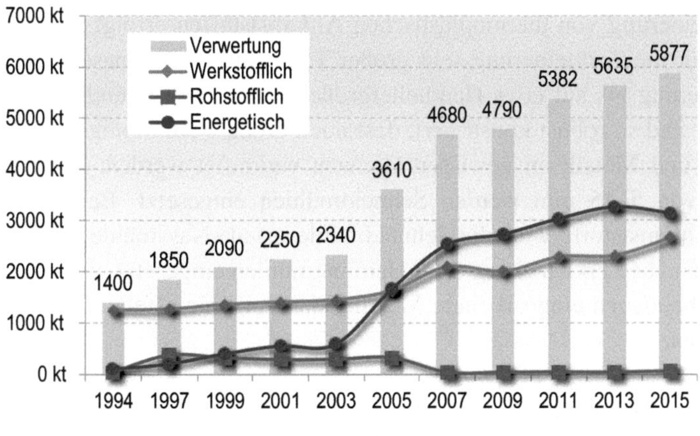

Abb. A6.1 Entwicklung der Kunststoffverwertung von 1994–2015 in Deutschland. (Consultic Marketing & Industrieberatung GmbH, Produktion, Verarbeitung und Verwertung von Kunststoffen in Deutschland 2015, 2016)

stoffe mit einem Heizwertspektrum von 5000–20.000 kJ kg^{-1} problemlos eingesetzt werden, EBS-Kraftwerke mit Wirbelschichtfeuerung ermöglichen auch die Verbrennung von Brennstoffen mit höheren Heizwerten.

Erst der Kunststoffanteil macht den EBS somit zu einem heizwertreichen Abfall. Ohne die Kunststofffraktion könnte der verbleibende EBS zwar als nahezu klimaneutral eingestuft werden. Allerdings müssten dann zur Bereitstellung der gleichen Leistung wesentlich größere Brennstoffmengen durchgesetzt werden. Dadurch würde die Gesamteffizienz eines EBS-Kraftwerks erheblich herabgesetzt. Der Einsatz in eigenen EBS-Kraftwerken wäre damit insgesamt infrage gestellt. Die energetische Verwertung von nicht stofflich verwertbaren Kunststofffraktionen – als Teil des Brennstoffinputs für EBS-Kraftwerke – stellt damit in Zukunft einen wesentlichen Baustein für die nachhaltige Verwertung von Kunststoffabfällen dar.

In Deutschland können nach Fertigstellung aller im Bau befindlichen EBS-Anlagen 4,7 Mio. Jahrestonnen EBS verwertet werden. Geht man davon aus, dass ca. 40 % der derzeit in Planung befindlichen EBS-Anlagen realisiert werden, kommen mittelfristig nochmals Kapazitäten von ca. 2,7 Mio. t a^{-1} hinzu. Somit könnte in Deutschland mittelfristig eine Kapazität von 7,5 Mio. t a^{-1} für Ersatzbrennstoffe verfügbar sein. Unter Annahme eines mittleren Heizwerts von 15 MJ kg^{-1} könnte so Energie von gut 3,75 Mio. t SKE (Steinkohleeinheiten) erzeugt werden. Dies entspricht etwa einem Beitrag von 4,5 % des Energiebedarfs der deutschen Industrie.

Abfallvorbehandlung

Zerkleinerung von Altkunststoffen

Ziel der Zerkleinerung ist die Herstellung eines definierten Schüttguts möglichst einheitlicher Korngröße, welches in den nachfolgenden Aufbereitungsstufen problemloser weiterverarbeitet werden kann.

Die Zerkleinerung von thermoplastischen Altkunststoffen erfolgt üblicherweise durch Schneiden. Für die Zerkleinerung sehr großer Teile sind Guillotinescheren geeignet. Die Grobzerkleinerung bis auf etwa Handtellergröße erfolgt häufig durch Schneidwalzenzerkleinerer. Sie sind so robust konstruiert, dass auch grobe Verunreinigungen wie beispielsweise Steine und Metalle in gewissen Grenzen verkraftet werden. Zur Erreichung von Korngrößen von 5–15 mm werden Schneidmühlen eingesetzt. Bei der Mahlung verschmutzter Altkunststoffe wird die Schneidmühle oft als Nassmühle betrieben. In Spezialfällen können zur Zerkleinerung auch Hammermühlen eingesetzt werden. Dies gilt z. B. für Bauteile, bei denen eingearbeitete Metallbestandteile ein effektives Zerschneiden verhindern würden.

Sortierung von Altkunststoffen

Trennung nach Benetzbarkeit der Oberfläche – Flotation

Als Trennparameter dient hier die Benetzbarkeit der Oberfläche. Die zerkleinerten Kunststoffteilchen werden in einer wassergefüllten und mit Luft begasten Flotationszelle suspendiert. Durch Einsatz spezieller Reagenzien lagern sich an die Kunststoffteilchen selektiv Luftblasen an. Die so gebildeten Gasbläschen-Kunststoffteilchen-Komplexe schwimmen auf und werden durch Abschöpfen gewonnen.

Dichtetrennung

Die Sortierung der zerkleinerten Kunststoffgemische erfolgt mittels einer Trennflüssigkeit. Hier sind im Wesentlichen drei Varianten zu unterscheiden: Schwimm-Sink-Scheidung, Hydrozyklontrennung und Sortierung durch Zentrifugieren.

Bei allen Dichtesortierverfahren erfolgt die Sortierung durch Aufschwemmen einer Leichtfraktion, deren Dichte geringer ist als die der Trennflüssigkeit, und Sedimentation einer Schwerfraktion, deren Dichte oberhalb der Dichte der Trennflüssigkeit liegt.

Die Schwimm-Sink-Scheidung wird in einfachen, kontinuierlich betriebenen „Absetzbecken" durchgeführt.

Beim Hydrozyklonverfahren oder der Trennzentrifuge wird die Zentrifugalkraft genutzt.

Hydrozyklon Die zu sortierenden Kunststoffteilchen werden in der Trennflüssigkeit suspendiert und in den Zyklon aufgegeben. Durch die Zyklongeometrie werden ein aufwärts gerichteter Innenwirbel und ein abwärts gerichteter Außenwirbel erzeugt (Abb. A6.2). Unter dem Einfluss der Zentrifugal- und Strömungskräfte bewegen sich die spezifisch schwereren Teilchen der Suspension zur Außenwand und verlassen den Zyklon über den Unterlauf, während sich die spezifisch leichteren Teilchen zur Mitte orientieren und im Überlauf des Zyklons ausgetragen werden. Um mit dem Hydrozyklon eine gute Sortierqualität zu erreichen, ist es wichtig, dass die aufgegebenen Kunststoffpartikel möglichst einheitliche Abmessungen, d. h. eine sehr enge Korngrößenverteilung, aufweisen.

Trennzentrifuge Zur Dichtesortierung durch Zentrifugieren werden Vollmantelzentrifugen eingesetzt. Bei Betrieb der Zentrifuge bildet sich ein mit dem Zentrifugenmantel umlaufender Flüssigkeitsring. Die vermischten Kunststoffe werden als Suspension axial in die Zentrifuge aufgegeben und treffen auf die Oberfläche der Trennflüssigkeit (Abb. A6.3). Aufgrund des Zentrifugalfelds (Beschleunigung bis 2000 g) sinken Teilchen, deren Dichte größer ist als die der Trennflüssigkeit, sehr schnell und mit hoher Selektivität zum Zentrifugenmantel ab, während die leichteren Teilchen aufschwimmen. Durch die Drehzahldifferenz zwischen Rotorschnecke und Zentrifugenmantel wird das Schwimmgut zum einen und das Sinkgut zum anderen Ende der Zentrifuge gefördert. Mechanisch entwässert verlassen beide Fraktionen die Zentrifuge.

Für alle Dichtesortierverfahren liegt bei Einsatz von Wasser die Trenngrenze bei einer Dichte von $1\ g\ cm^{-3}$. Durch Verwendung von Salzlösungen (z. B. mit Calciumchlorid oder Zinkchlorid) sind auch andere Dichtetrenngrenzen einstellbar. Beim Hydrozyklonverfah-

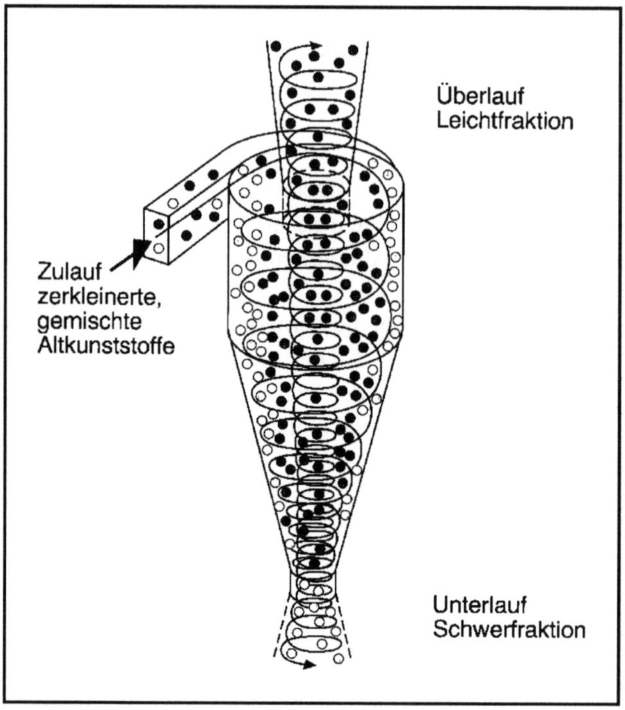

Abb. A6.2 Hydrozyklon

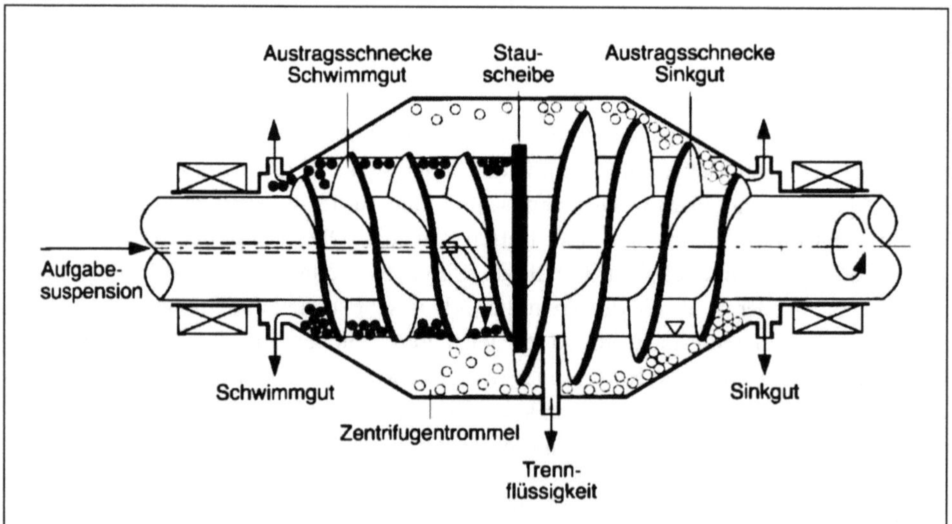

Abb. A6.3 Sortierzentrifuge für vermischte Altkunststoffe (KHD Humboldt Wedag AG, Köln)

ren können hierzu auch Schwertrüben (z. B. Schwerspat-Wasser- oder Kaolin-Wasser-Suspensionen) eingesetzt werden.

Theoretisch lassen sich mit den Dichtesortierverfahren Materialien mit Dichteunterschieden von minimal 0,02 g cm^{-3} trennen. Unter optimalen Voraussetzungen sind bei der Wertfraktion Reinheiten von über 98 % erreichbar.

Trennung nach elektrischer Leitfähigkeit – Elektroscheidung

Bei der Elektroscheidung wird das Kunststoffgemisch aufgrund unterschiedlicher Oberflächenleitfähigkeit sortiert. Hier sei beispielhaft das **ESTA-Verfahren** der Kali+Salz AG, Kassel, beschrieben. Bei diesem Verfahren wird das zerkleinerte Kunststoffgemisch zunächst unter Zugabe geeigneter Konditionierungsmittel einer Vorbehandlung unterzogen und danach durch Reibung gegensinnig aufgeladen. Vorzeichen und Art der Aufladung hängen dabei von der Art des Kunststoffs ab. Die gegensinnig aufgeladenen Partikel werden im freien Fall in einem Hochspannungsscheider zu den Elektroden hin abgelenkt und voneinander getrennt. Wesentlicher Vorteil ist, dass sich damit auch Kunststoffe gleicher Dichte unter Erzielung großer Durchsatzleistungen voneinander trennen lassen.

Trennung nach elektromagnetischer Strahlung

Bei spektroskopischen Detektionsverfahren handelt es sich um indirekte Sortierverfahren (Abb. A6.4). Bei diesen indirekten Systemen wird ein Objekt mittels Sensorik identifiziert, der eigentliche Separierungsschritt erfolgt im Anschluss daran über Druckluft (sensorgestützte Sortiersysteme).

Die Klassifizierung erfolgt anhand charakteristischer physikalischer bzw. elektrischer Unterschiede der Einzelstoffe. Überwiegend erfolgt die Identifikation über die Strahlungsmessung, wobei die sensorische Abtastung der Einzelstücke über den gesamten Spektralbereich erfolgt (Abb. A6.5).

Erfahrungen mit der Sortierung von Abfällen im Nahinfrarotbereich (LVP-Sortierung) bzw. der Farbsortierung (Glassortierung) liegen bereits in großem Umfang vor. In den letzten Jahren wurden verstärkt neue sensorische Systeme, die bislang nur wenig in der Aufbereitung von Abfällen eingesetzt wurden, genau für diesen Einsatzbereich getestet und weiterentwickelt.

Zu den Systemen, die Marktreife erlangt haben und zum Einsatz kommen, zählen:

- **Sensorik im Nahinfrarotbereich (NIR):** Messgröße ist die Reflexion von NIR-Spektralbereich, die von der Molekülstruktur abhängt.
- **Sensorik im sichtbaren Spektralbereich (Licht):** Messgröße ist die Reflexion bzw. Transmission im Lichtspektrum, mittels der eine Trennung nach Farbe, Form bzw. Größe erfolgen kann. Die Sensorik erfolgt mittels hochauflösender Kamerasysteme (u. a. CCD-Kameras).
- **Sensorik im Röntgenstrahlenbereich:** Messgröße ist die Intensität der transmittierten Röntgenstrahlung, die prinzipiell ein Maß für die Stoffdichte ist.

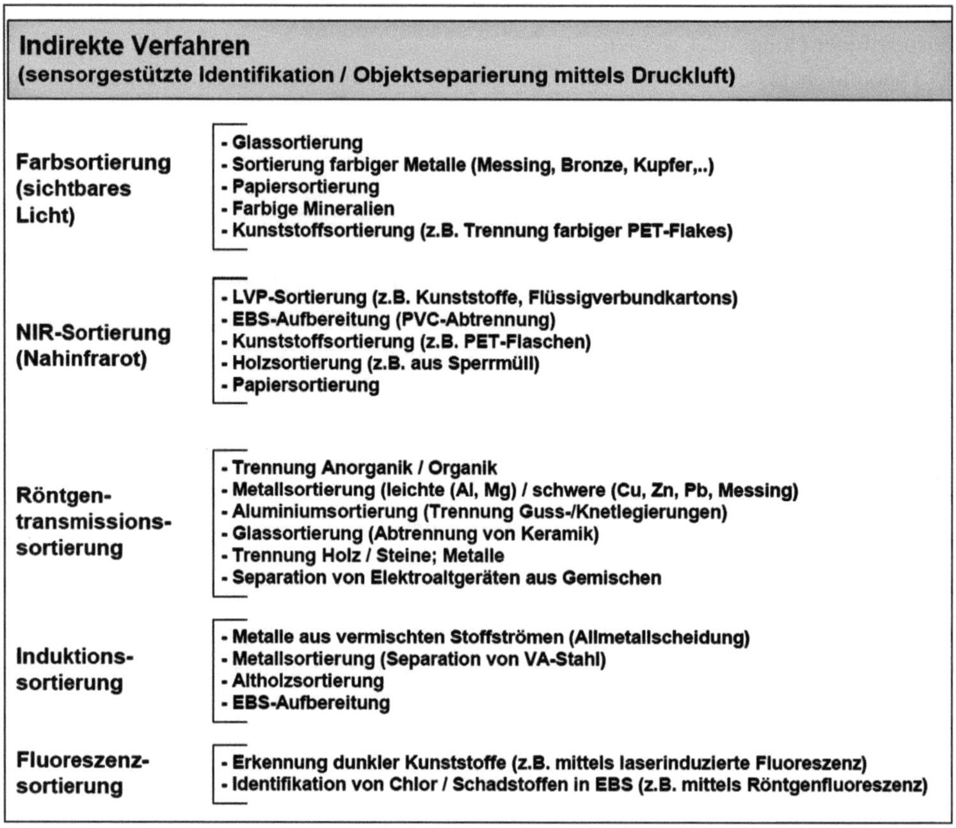

Abb. A6.4 Übersicht über die Sortiertechnologien. (Witzenhausen-Institut 2009)

- **Induktive Sensorik:** Mittels der induktiven Klassifizierung lassen sich auch Metalle, die nur schwach magnetisch oder leitfähig sind, wie z. B. VA-Stahl, sensorisch identifizieren und separieren.

  Neuere sensorische Systeme sind:

- Wärmebildzeilensensoren
- 3-D-Kameras
- Röntgenfluoreszenzanalysatoren (auch mobile Anwendungen)
- Laserinduzierte Fluoreszenzspektroskopie
- Laserinduzierte Plasmaspektroskopie

Es werden immer noch überwiegend monosensorische Sortiersysteme eingesetzt, bei denen mittels einer Sensorik ein Sortiergut in zwei Fraktionen getrennt wird. Die Entwick-

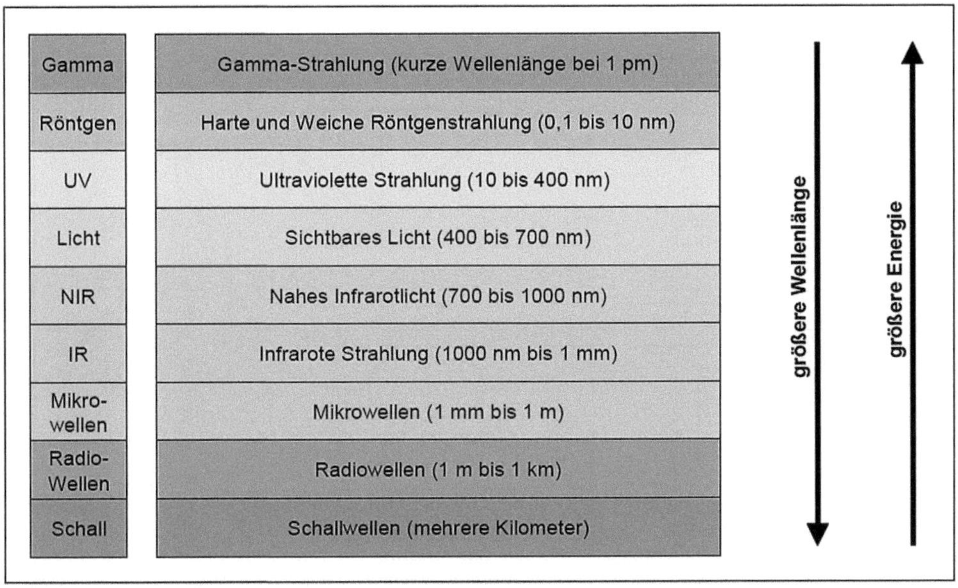

Abb. A6.5 Darstellung des Spektralbereichs. (Aus Pretz 2006)

lung schreitet jedoch voran in Richtung immer komplexerer Systeme, die z. B. verschiedene sensorische Bereiche kombinieren, die erhaltene Informationsdichte erhöhen und somit den Sortiererfolg steigern. Insbesondere die Qualität/Reinheit der erzeugten Wertstoffarten entscheidet über die Vermarktungschancen und damit die Wirtschaftlichkeit des Gesamtsystems.

Nahinfrarotspektroskopie Als relevantes sensorgestütztes Sortierverfahren für Kunststoffe in Abfallströmen ist die Nahinfrarot-(NIR-)Spektroskopie eine etablierte Technologie, die mit über 1000 im Einsatz befindlichen Geräten (Rehrmann 2006) als Standardmodul in Sortierprozessen verschiedenster Aufgabenstellungen angesehen werden kann. In den letzten Jahren hat sich die NIR-Sortierung auch in der Sortierung von Wertstoffen aus vermischten Abfallströmen zur herausragenden Technik entwickelt.

Das zu erkennende Material wird auf dem Sortierband mit infrarotem Licht (700–1400 nm) bestrahlt und der Anteil der reflektierten Strahlung in bestimmten Wellenlängenbereichen gemessen. Die Absorptionsintensität bei bestimmten Wellenlängen ist abhängig von Resonanzfrequenz der bestrahlten Moleküle. Im Ergebnis ergibt sich ein charakteristisches und unverwechselbares Absorptionsspektrum eines jeden Werkstoffs, sodass dieser sicher erkannt und, bei ausreichender Materialvereinzelung, auch separiert werden kann (Abb. A6.6).

Die Nahinfrarotspektroskopie hat sich hauptsächlich in der Sortierung von Kunststoffverpackungen durchgesetzt, weil sie die Aussortierung aller bedeutenden Kunststoffmate-

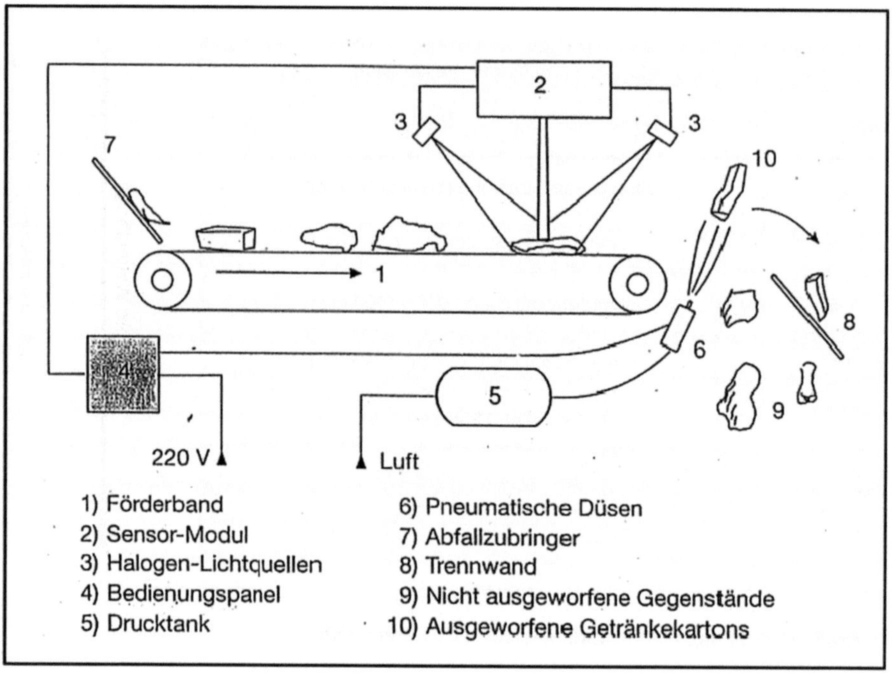

Abb. A6.6 Funktionsschema der NIR-Spektroskopie am Beispiel der Aussortierung von Flüssigkeitskartons (FKN). (Aus Pretz 2006)

rialien (PP, PE, PET, PVC u. a.) ermöglicht, die sich hinsichtlich der chemischen Zusammensetzungen unterscheiden. Neben nahezu allen Kunststoffarten sind PPK, Holz und Zellstoffe problemlos identifizierbar.

Grundsätzlich werden keine chemischen Elemente, wie z. B. Chlor, erkannt, sondern Werkstoffe. Da in Abfallgemischen Chlor überwiegend in PVC vorkommt, kann eine Chlorabreicherung, z. B. in der Aufbereitung von Ersatzbrennstoffen, über die PVC-Detektion und -separation erreicht werden. Das in EBS ebenfalls unerwünschte Antimon kann über eine Ausschleusung von PET/Polyester ausgetragen werden (Hüskens 2006).

Die NIR-Sortierung ist ein oberflächensensitives Verfahren, sodass beschichtete oder lackierte Objekte nicht vollständig materialspezifisch identifiziert werden können. Die NIR-Technologie bedarf wie alle sensorischen Sortiersysteme möglichst konstanter Umfeldbedingungen. Gegenüber den standardisierten Bedingungen im Labor schränken die Praxisbedingungen die Leistungsfähigkeit der Technologie ein.

Um eine saubere und effiziente Sortierung zu gewährleisten, müssen möglichst viele NIR-Spektren pro Objekt und Zeiteinheit erhoben werden, da nur damit eine gesicherte statistische Auswertung und eine optimale Sortierentscheidung ermöglicht werden.

Die NIR-Sortierung ist insbesondere bei hellen und transparenten Kunststoffen zuverlässig einsetzbar.

Lösemitteltrennung
Dieses Verfahren nutzt die unterschiedliche Löslichkeit der Kunststoffe und ihrer Additive oder Begleitmaterialien in Lösemitteln aus. Im Gegensatz zu den bisher aufgeführten Verfahren ist hier auch eine Abtrennung von Kunststoffzuschlagstoffen wie Pigmenten, Glasfasern etc. möglich.

Ein Beispiel ist das SDP-Verfahren (Selectiv Dissolution-Precipitation Technique). Das Prinzip dieses Verfahrens ist die selektive Lösung zerkleinerter Kunststoffe aus Gemischen mit einem Lösungsmittel bei unterschiedlichen Temperaturen. Die Gewinnung der gelösten Kunststofffraktionen und die Rückführung des Lösungsmittels erfolgt durch Entspannungsverdampfung. Zur Trennung von vermischten Altkunststoffen wird hier also eine Fest-Flüssig-Extraktion mit Lösemittelrückgewinnung eingesetzt.

Metallabtrennung
Die Abscheidung von Metallpartikeln kann durch **Magnetscheidung** (ferromagnetische Partikel), **Wirbelstromscheidung** (paramagnetische Metalle) oder mittels induktiv arbeitender Metallerkennungssysteme erfolgen.

Bei der Magnetscheidung bzw. der Wirbelstromscheidung handelt es sich um direkte Sortiersysteme, bei denen ein Objekt unmittelbar durch die Wirkung eines Kraftfelds separiert wird.

Mechanische Formerkennung
Kunststoffgemische mit Bauteilen unterschiedlicher Form und Größe lassen sich über Verfahren wie Sieben und Sichten (z. B. mit Windsichtern oder Luftherden) trennen. Bei definierten Mischungen, wie z. B. den Kunststoffverpackungen, lassen sich so Flaschen- und Folienfraktionen geringer Qualität erhalten.

Kunststoffabfälle und Sekundärressourcen

Aktuelle Studien machen beispielhaft deutlich, welche Potenziale in der Abfallbewirtschaftung liegen, wenn wir Abfälle als Rohstoffe betrachten.

Die von Prognos AG im Jahr 2008 veröffentlichte Studie „Resource savings and CO_2 reduction potential in waste management in Europe and the possible contribution to the CO_2 reduction target in 2020“ weist aus, dass ungefähr 50 % der Abfälle insgesamt in Europa immer noch ungenutzt deponiert werden. Diese Rate findet man ziemlich genau auch für die Kunststofffraktion in Abfällen wieder. Eine von der Kunststoffindustrie veröffentlichte Detailstatistik macht die heute noch bestehenden Unterschiede zwischen den verschiedenen EU-Staaten deutlich (Abb. A6.7).

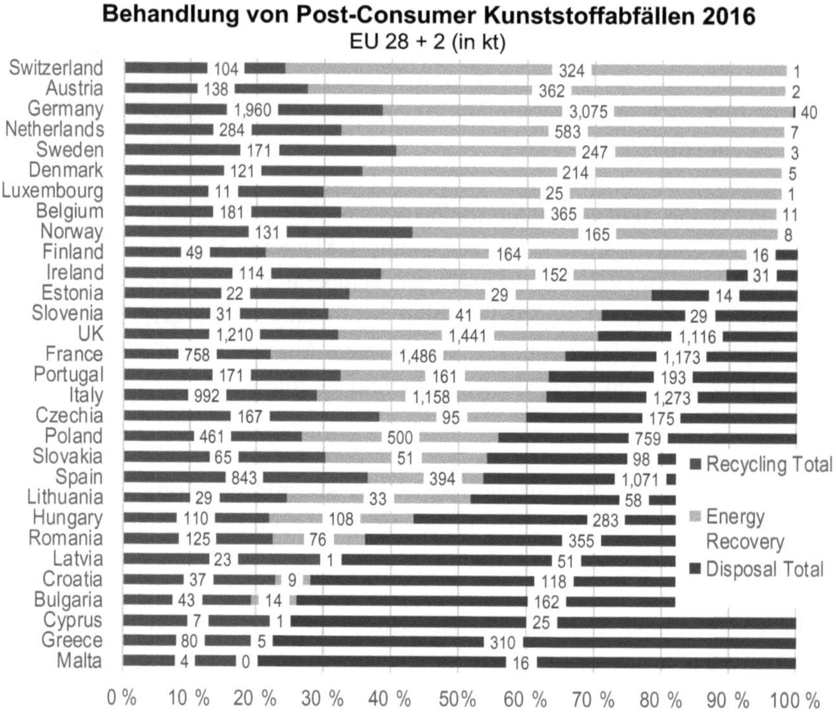

Abb. A6.7 Verwertung von Kunststoffabfällen. (Conversio Market & Strategy GmbH 2018)

Während in neun Ländern bereits über 90 % der Kunststoffabfälle stofflich oder energetisch genutzt werden, werden in zehn Ländern über 90 % dieser Sekundärressourcen ungenutzt abgelagert.

Die zitierte Prognos-Studie (Prognos AG 2008) weist beeindruckende Effizienz- und Klimaschutzpotenziale durch ein optimiertes und intelligentes Abfallmanagement für Europa aus. Bei einer konsequenten Umsetzung einer auf Ressourcennutzung ausgerichteten Abfallpolitik, d. h. unter anderem einer klaren Divert-from-Landfill-Strategie für heizwertreiche Abfälle, könnten klimarelevante Emissionen vermieden werden, die in der Summe etwa einem Drittel der europäischen Kyoto-Ziele entsprechen (für die Ressourcenpotenziale für einzelne Materialien wird auf die Studie verwiesen). Bemerkenswert ist dabei, dass diese positiven Effekte zahlenmäßig sogar etwas höher ausfallen, wenn man von einer flexiblen Anwendung der Verwertungshierarchie ausgeht, d. h., wenn in gewissem Umfang effiziente energetische Nutzung von Abfällen ein weniger effizientes werkstoffliches Verwerten ersetzt.

Kunststoffe repräsentieren einen Masseanteil von nur ungefähr 2 % der gesamten betrachteten Abfälle in der Prognos-Studie (Prognos AG 2008) und tragen entsprechend auch nur im kleinen Prozentbereich zur Reduktion klimarelevanter Emissionen durch eine intelligente Abfallbewirtschaftung bei. In absoluten Zahlen weist die Prognos-Studie für Europa immerhin ein CO_2-Reduktionspotenzial von jeweils etwa 4,5 Mio. t a^{-1} durch stoffliche und energetische Verwertung von Kunststoffabfällen aus – im Vergleich zum

Stand der Verwertung im Jahr 2004 würde das jeweils eine Steigerung von ungefähr 80 % bedeuten.

Deutlicher werden die Potenziale einer optimierten Nutzung von Kunststoffen als Sekundärressource, wenn man entsprechende Untersuchungen länderspezifisch und auf tatsächliche Einsatzbereiche ausrichtet. In einer von tecpol beauftragten aktuellen Studie zu Ersatzbrennstoffen (EBS) wird von den Autoren abgeschätzt, dass in Großbritannien > 7 % des industriellen Energiebedarfs auf diesem Wege bereitgestellt werden könnten – bereits 20 % Kunststoffe in EBS tragen aufgrund ihres hohen Heizwerts ungefähr 40 % zur Inputenergie bei (umwelt & ingenieure GmbH 2009). Die Studie berechnet, dass allein durch einen solchen EBS-Einsatz ungefähr 1,7 Mio. t a^{-1} CO_2 vermieden werden können.

Für eine umfassende Bewertung der Möglichkeiten einer zukünftigen Abfallbewirtschaftung müssen Umweltaspekte und ökonomische Aspekte gleichermaßen berücksichtigt werden. Dies geschieht z. B. in sog. **Ökoeffizienzanalysen** (zu methodischen Details siehe https://www.basf.com/global/de/who-we-are/sustainability/management-and-instruments/quantifying-sustainability/eco-efficiency-analysis.html). Eine solche Untersuchung für Kunststoffabfälle in den fünf größten Volkswirtschaften in Europa (Deutschland, Frankreich, Großbritannien, Italien, Spanien) ergab – in vollem Einklang mit den Ergebnissen der Prognos-Studie 2008 (Abb. A6.8):

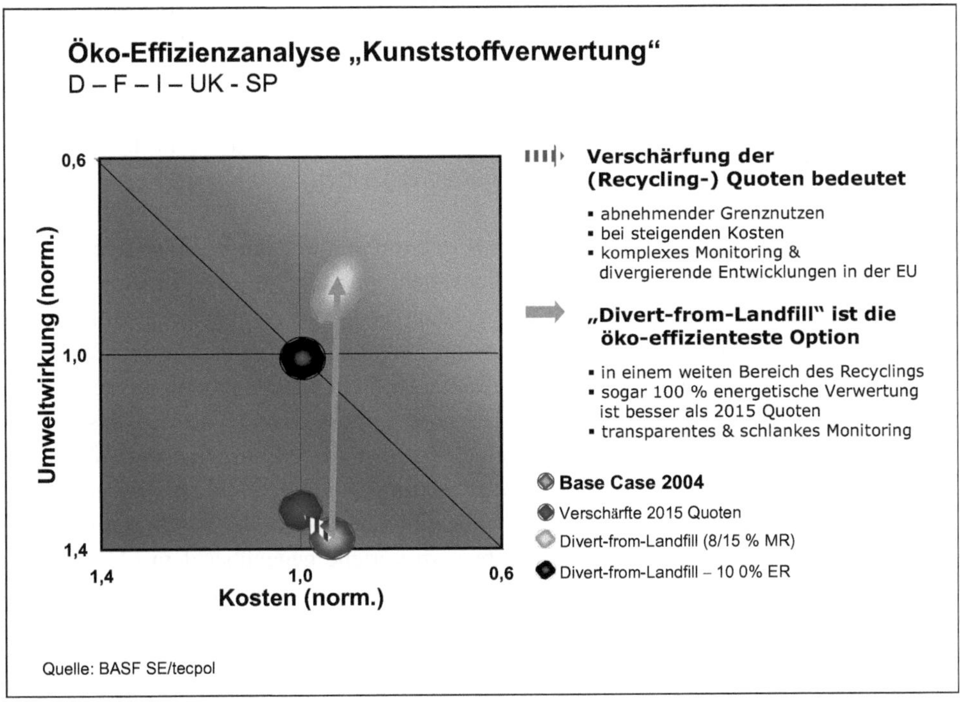

Abb. A6.8 Ökoeffizienzanalyse von Abfallmanagementstrategien für Kunststoffe. (BASF SE/tecpol)

- Eine Divert-from-Landfill-Strategie ist der entscheidende Ansatz für die Optimierung der Abfallbewirtschaftung.
- Die heute noch in der EU favorisierten Regelungsansätze über produktbezogene (Recycling-)Unterquoten sind deutlich weniger ökoeffizient.

Mit dem heutigen Wissen lassen sich damit recht verlässlich Aussagen darüber treffen, welche Randbedingungen notwendig sind, um eine primär auf Daseinsvorsorge ausgerichtete Abfallbewirtschaftung zu einer ökoeffizienten Sekundärrohstoffwirtschaft weiterzuentwickeln:

- Der entscheidende Schritt muss im Denken erfolgen. Abfälle sind Rohstoffe. Sie auf Deponien zu entsorgen, ist nicht mehr zeitgemäß. Es stimmt optimistisch, dass immer mehr relevante Kreise sich hinter dem Konzept Divert from Landfill sammeln und dass die wirtschaftlichen Akteure stoffstromorientierten Geschäftsmodellen folgen.
- Die Politik ist aufgefordert, auf europäischer und nationaler Ebene diesen aus ökologischen wie ökonomischen Gründen richtigen Weg zu befördern. Klare Rahmensetzungen und das Nutzen der Marktkräfte müssen – wie in jedem Wirtschaftsbereich – der primäre Ansatz sein. Detailregulierungen sind dort notwendig, wo sie der Gefahrenabwehr dienen. Die immer noch heftig geführten Diskussionen um die „richtige“ stoffliche Recyclingquote sollte überwunden werden; wir wissen heute, dass sie eine sich zur Sekundärrohstoffwirtschaft weiterentwickelnden Abfallbewirtschaftung mehr behindert als nützt.
- Diese grundsätzliche Orientierung muss angepasst an die jeweiligen Gegebenheiten einzelner Länder umgesetzt werden. Hierzu zählt nicht zuletzt auch die Berücksichtigung der ökonomischen Leistungsfähigkeit im Einzelfall.

Eine Abschätzung von tecpol zeigt, wie Kunststoffabfälle dann in einem Mix von im Markt immer weiter optimierten Möglichkeiten optimal genutzt werden können (Abb. A6.9). Es wird deutlich, dass die stoffliche und die energetische Nutzung der Sekundärressource Kunststoffabfälle bei heutigen Umfeldbedingungen jeweils ungefähr ein Viertel des Gesamtpotenzials erschließen können. In den EU-Ländern, die heute noch weniger als 15–20 % Kunststoffe werkstofflich nutzen, muss vermutet werden, dass grundsätzliche Infrastrukturvoraussetzungen für eine Abfallbewirtschaftung (insbes. Erfassungssysteme) nicht entwickelt sind. Weitere Verbesserungen im Bereich der Aufbereitungstechnologie, aber auch steigende Marktnachfrage können sowohl der stofflichen wie auch der spezifisch energetischen Nutzung Wettbewerbsvorteile gegenüber dem Müllverbrennungsanlagen-Pfad erbringen. Gleichzeitig kann aber eine bessere Einbindung von Müllverbrennungsanlagen in Energieabnehmerstrukturen auch deren Attraktivität erhöhen.

Aber: Ist ein solcher Perspektivenwechsel realistisch und verantwortbar? Werden dabei die erreichten Umwelt- und Sicherheitsstandards gewährleistet?

Beide Fragen können – zumindest was kunststoff- und heizwertreiche Abfälle betrifft – belegbar mit JA beantwortet werden:

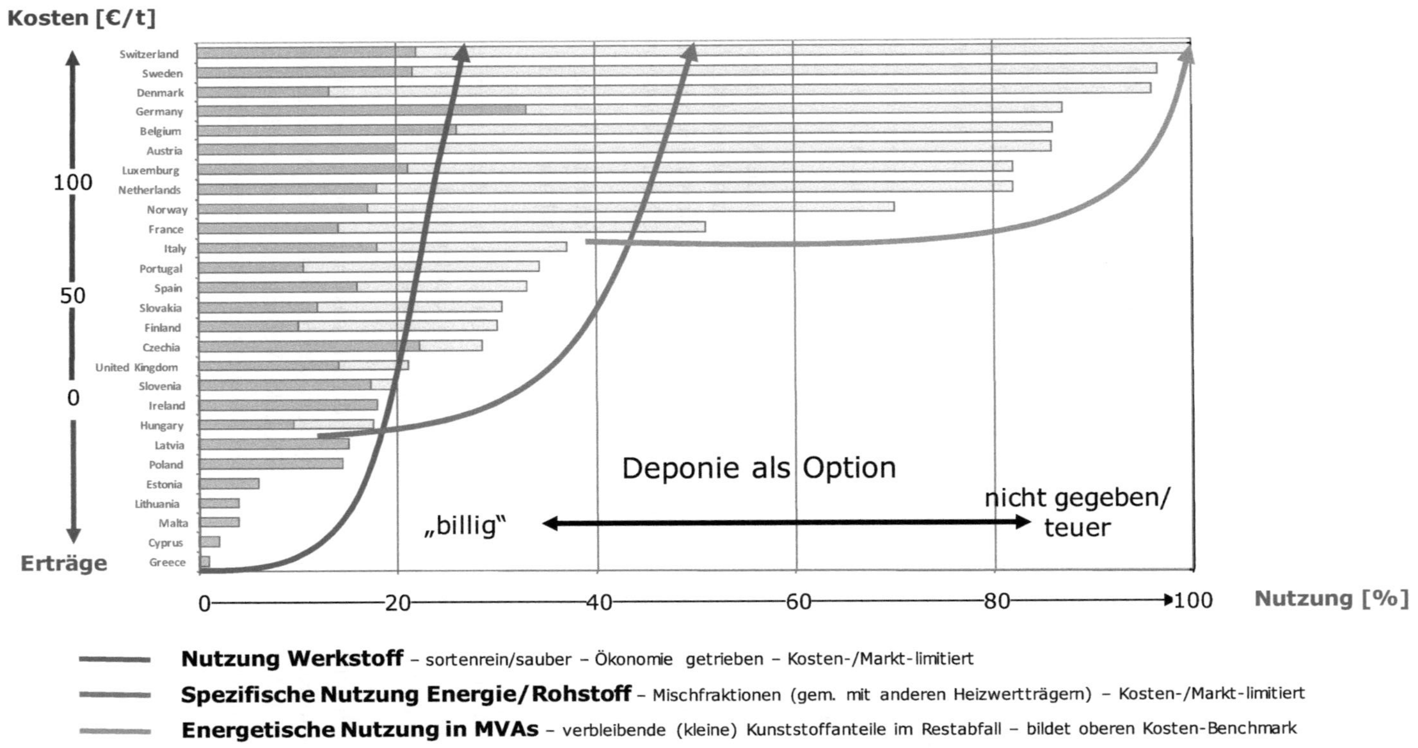

Abb. A6.9 Ökonomie: Kunststoffabfälle als Sekundärressourcen. (BKV GmbH)

- In Deutschland und einigen anderen europäischen Ländern ist – durch im Detail unterschiedliche Regelungen (Verordnungen oder Abgaben) – die Deponierung solcher Abfälle bereits stark eingeschränkt
- In diesen Ländern wurden Kunststoffabfälle im Markt zu über 90 % verwertet – in Deutschland sogar zu über 95 %.
- Entscheidend für diesen Erfolg im Sinne der Ressourcennutzung und -effizienz ist der Einsatz eines Mixes der verfügbaren Verwertungsoptionen (werkstofflich, rohstofflich und energetisch).
- Die heute verfügbaren Technologien zur Abfallvorbehandlung und zur Verwertung ermöglichen nach der einhelligen Bewertung staatlicher Stellen die Aufbereitung und Nutzung dieser Ressourcen, ohne dass dadurch die erreichten Umwelt- und Sicherheitsstandards gefährdet wären. Dies gilt in Bezug auf kunststoffreiche Abfälle für alle prinzipiellen Nutzungspfade, d. h. für werkstoffliche und rohstoffliche Nutzung ebenso wie für die energetische Nutzung in speziellen Anlagen oder in modernen Müllkraftwerken mit Energieauskopplung.
- Aktuelle Studien (z. B. von Prognos 2008) zeigen, dass durch eine Divert-from-Landfill-Strategie der Beitrag der Abfallbewirtschaftung zum Klimaschutz deutlich gesteigert und optimiert wird.

Aber: Brauchen wir nicht weiterhin spezielle Vorschriften für die Nutzung von Abfällen als Sekundärressourcen und sind dann nicht gerade möglichst ambitionierte Verwertungs- und Recyclingquoten besonders wirksam, um eine optimale Umweltleistung zu erreichen?

Diese beiden Fragen können ebenso klar und belegbar mit NEIN beantwortet werden:

- Sekundärressourcen müssen grundsätzlich nicht anders behandelt werden als primäre Rohstoffe – und für diese sind verlässliche Regelwerke etabliert, die eine sichere und umweltverantwortliche Nutzung gewährleisten.
- Eine Vielzahl von unabhängigen Studien belegt, dass ein im Markt optimierter Mix aus Verwertungswegen einer starren Festlegung von Quoten und Unterquoten unter ökologischen und ökonomischen Gesichtspunkten überlegen ist.

Ausdrücklich hingewiesen werden soll darauf, dass auch bei einer solchen Strategie abfallspezifische Regelungen notwendig sein werden, um z. B. Aspekte zu klären wie Abgrenzung von Abfall und Rohstoff/Produkt, Verbringung von Abfällen über Ländergrenzen und Umgang mit Abfällen generell sowie mit besonderem Gefährdungspotenzial.

Literatur

Christiani, Joachim (2009) Möglichkeiten und Randbedingungen einer Wertstoffrückgewinnung aus Abfallgemischen, 2009. In: Urban, A., Halm, G. (Hrsg.) Kasseler Modell – mehr als Abfallentsorgung, S. 143–152. Kassel University, Kassel (2009)

Endres, H.-J., Siebert-Raths, A.: Engineering Biopolymers. Hanser, München (2011)
Edwards, C., Meyhoff Fry, J.: Life Cycle Assessment of supermarket carrier bags: a review of the bags available in 2006, Environment Agency Report: SC030148 (2006).
Ellen MacArthur Foundation: The New Plastics Economy: Rethinking the future of plastics & catalysing action (2017).
Fehringer, R.: Ökobilanz für Gebinde aus PET und anderen Materialien, Bericht von c7-consult (2019).
Conversio Market & Strategy GmbH (2022) Stoffstrombild Kunststoffe in Deutschland 2021: Zahlen und Fakten zum Lebensweg von Kunststoffen
Hüskens, Jürgen (2006) Nahinfrarottechnik und deren Anwendungen bei der Abfallsortierung, 2006. In: Bio- und Sekundärrohstoffverwertung. K. Wiemer, M. Kern (Hrsg.), Witzenhausen, S. 115–119
Plastics Europe (2023) Plastics – the fast Facts 2023
Pretz, Thomas (2006) Neue Techniken zur Aufbereitung von Stoffströmen, 2006. In. Bio- und Sekundärrohstoffverwertung. K. Wiemer, M. Kern (Hrsg.), Witzenhausen, S. 100–114
Prognos AG (2008) Resource savings and CO2 reduction potential in waste management in Europe and the possible contribution to the CO2 reduction target in 2020, Berlin, 2008
Rehrmann, Volker (2006) Hochauflösende NIR-Spektroskopie zur Sortierung von Wertstoffen. In: Sensorgestützte Sortierung 2006. Schriftenreihe GDMB Gesellschaft für Bergbau, Metallurgie, Rohstoff- und Umwelttechnik e.V., Heft 107, Clausthal-Zellerfeld
umwelttechnik & ingenieure GmbH (2009) Studie „Situation der EBS-Nutzung in EBS-Kraftwerken in Deutschland unter besonderer Berücksichtigung der Kunststoffanteile und Reflexion auf andere Länder“ Hannover, 2009
Witzenhausen-Institut, Aufbereitung und Verwertung kunststoffreicher Abfallströme – Dokumentation und Bewertung der Ist-Situation, Band 1, S. 33, Witzenhausen (2009)

Supramolekulare Polymere 7

J. C. Brendel und F. Adams

7.1 Grundlagen

Nichtkovalente Wechselwirkungen zwischen Molekülen, wie z. B. Van-der-Waals- oder Dipol-Dipol-Wechselwirkungen, definieren in vielerlei Hinsicht das physische Erscheinungsbild der entsprechenden Stoffe. Sie können, wie am Beispiel der Wasserstoffbrücken in Wasser gut ersichtlich, einen signifikanten Einfluss auf deren physikalischen Eigenschaften ausüben, besitzen aber im Vergleich zu kovalenten Bindungen nur eine geringere Stabilität und Bindungsenergie. Bei geeignetem Moleküldesign ist es aber mithilfe supramolekularer Interaktionen durchaus möglich, Bindungsstärken zu erreichen, die mit denen kovalenter Bindungen vergleichbar sind. In der Natur lassen sich hierzu u. a. die Bildung von Sekundär- oder Tertiärstrukturen bei der Proteinfaltung, aber auch die Bildung eines DNA-Doppelstrangs als Beispielmotive finden. Inspiriert von solchen Wechselwirkungen wurde innerhalb der letzten Jahrzehnte eine Vielzahl an synthetischen Strukturen entwickelt, die starke und selektive supramolekulare Komplexe ausbilden. Sind mehrere komplementäre Strukturelemente in einem Molekül kombiniert, erlauben geeignete supramolekulare Wechselwirkungen selbst den Aufbau synthetischer makromolekularer Strukturen bzw. Polymeren aus sich wiederholenden Bausteinen (Abb. 7.1).

Um reguläre, sich wiederholende Strukturen aufzubauen, müssen diese Wechselwirkungen **orientierungsspezifisch** sein, d. h., Bindungen entstehen nur bei einer selektiven

J. C. Brendel (✉)
Makromolekulare Chemie I, Universität Bayreuth, Bayreuth, Deutschland
E-Mail: johannes.brendel@uni-bayreuth.de

F. Adams
Institut für Polymerchemie, Universität Stuttgart, Stuttgart, Deutschland

S. Seiffert et al. (Hrsg.), *Lechner, Gehrke, Nordmeier – Makromolekulare Chemie*,
https://doi.org/10.1007/978-3-662-69248-6_7

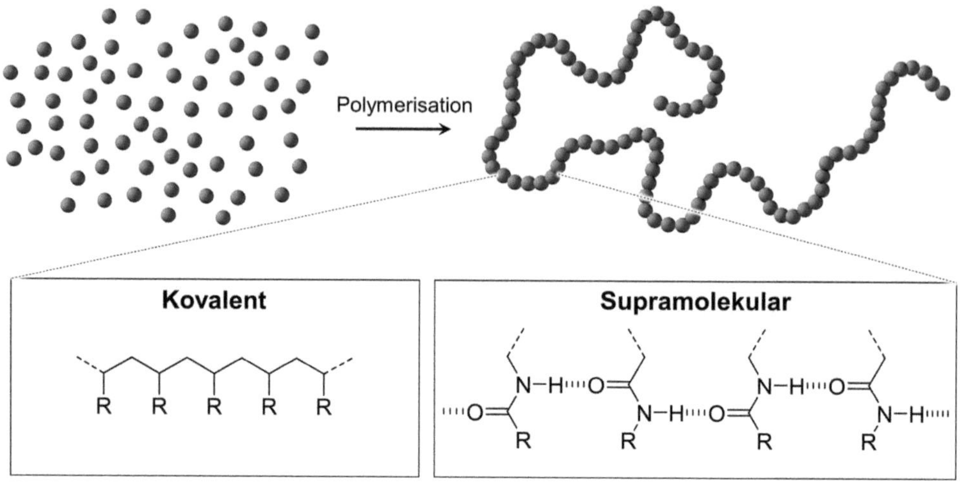

Abb. 7.1 Schematische Darstellung einer Polymerisation aus Monomeren (oben) und Vergleich kovalenter Bindungen mit supramolekularen Wechselwirkungen am Beispiel von Wasserstoffbrückenbindungen (unten)

Ausrichtung der Bindungspartner zueinander. Diese Voraussetzungen beschränken die Auswahl an geeigneten supramolekularen Wechselwirkungen, weshalb vorwiegend Wasserstoffbrückenbindungen, π-π-Wechselwirkungen oder Metall-Ligand-Systeme für den Aufbau polymerer Strukturen genutzt werden. Aufgrund der meist geringeren Bindungsenergien als bei kovalenten Strukturen sind viele supramolekulare Polymere von einem dynamischen Charakter geprägt. Je nach System bilden sich daher Gleichgewichte zwischen Einzelbausteinen oder Unimeren und verschiedenen Aggregationszuständen aus. Die Lage dieser Gleichgewichte lässt sich beispielsweise durch äußere Parameter beeinflussen, wie Temperatur oder Konzentration der Bausteine. Im Vergleich zu kovalenten Polymeren übt diese Dynamik einen starken Einfluss auf die Materialeigenschaften aus.

Betrachten wir das Design der entsprechenden supramolekularen „Monomere" oder Bausteine, ergeben sich durchaus einige Analogien zu konventionellen, kovalenten Polymeren. Supramolekulare Polymere basieren dabei auf Wechselwirkungen komplementärer Bindungselemente, die entweder in einem Baustein integriert sein können oder durch Kombination zweier oder mehrerer Moleküle polymerisieren, was Analogien zu klassischen Stufenwachstumsprozessen aufweist. Allerdings kann unter bestimmten Voraussetzungen auch ein Kettenwachstumsmechanismus initiiert werden. Entscheidend hierfür ist die Thermodynamik der unterschiedlichen Gleichgewichtszustände. Darüber hinaus können Moleküle, in denen komplementäre Bindungsmotive flexibel verknüpft sind und diese daher meist ringförmige Strukturen bilden, ähnlich einer Ringöffnungspolymerisation in die entsprechenden Polymere umgewandelt werden.

In diesem Kapitel werden die wesentlichen Grundlagen der zugrunde liegenden Wechselwirkungen und thermodynamische Aspekte näher beleuchtet und verschiedene Konzepte vorgestellt, die wesentlich für die Ausbildung supramolekularer Polymere sind.

7.1.1 Bindungsenthalpien im Vergleich

Betrachten wir die Bindungsenthalpien kovalenter Bindungen, reicht die Bandbreite von etwa 100 kJ mol^{-1} (z. B. I-I-Bindung: 151 kJ mol^{-1}) bis über 400 kJ mol^{-1} (z. B. C-H-Bindung: 413 kJ mol^{-1}). Eine klassische C-C-Bindung, wie sie beispielsweise durchweg im Rückgrat von Vinylpolymeren zu finden ist, besitzt eine Bindungsenthalpie von ca. 350 kJ mol^{-1} und ist damit eine äußerst stabile Bindung. Im Vergleich sind die Enthalpien nichtkovalenter Bindungen um nahezu eine Größenordnung geringer. Eine einfache Wasserstoffbrückenbindung in Wasser besitzt beispielsweise eine Bindungsenthalpie von ca. 23 kJ mol^{-1}. Ähnlich verhält es sich mit anderen nichtkovalenten Wechselwirkungen. Eine Ausnahme bilden lediglich ionische Wechselwirkungen, die durchaus eine ähnliche Bindungsenergie wie kovalente Bindungen aufweisen können, allerdings nur begrenzt direktional sind, weshalb sie in diesem Kapitel nicht näher betrachtet werden. Ein vergleichender Überblick der wesentlichen nichtkovalenten Wechselwirkungen ist grafisch in Abb. 7.2 gegeben.

Die Stärke der nichtkovalenten Wechselwirkungen wird auch von der chemischen Umgebung der entsprechenden Bindungspartner beeinflusst, und Faktoren wie Polarität oder Polarisierbarkeit der umgebenden Moleküle oder Strukturen üben einen Einfluss auf die Bindungsstärke aus. Nichtsdestotrotz erfordert der Aufbau von ausreichend starken Molekülbindungen, die eine supramolekulare Polymerisation überhaupt ermöglichen, in der Regel eine kooperative Kombination mehrerer Einzelbindungen. Hierbei können auch

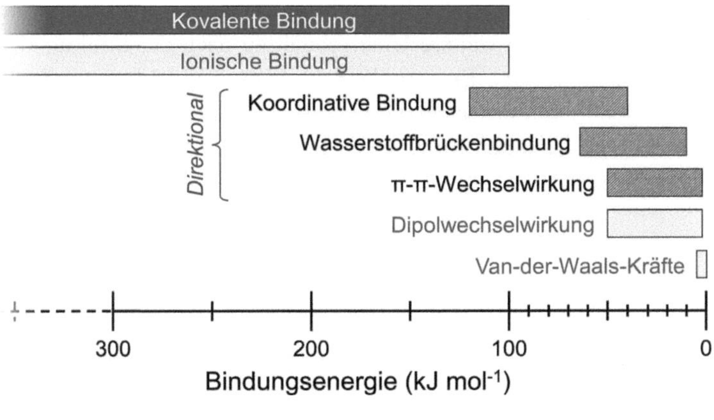

Abb. 7.2 Vergleich der Bindungsenergien verschiedener Bindungsarten bzw. Wechselwirkungen. Direktionale und damit für supramolekulare Polymerisation geeignete nichtkovalente Wechselwirkungen sind schraffiert

verschiedene Wechselwirkungen kombiniert werden, um übergreifende Synergieeffekte zu erreichen. Entscheidend für den Aufbau stabiler supramolekularer Strukturen ist vor allem eine geeignete Orientierung der Einzelbindungen, welche im Fall von linearen Polymeren idealerweise parallel angeordnet sind. Dieser Aspekt wird im folgenden Abschnitt näher erläutert.

7.1.2 Grundlegender Polymeraufbau

Grundsätzlich können supramolekulare Polymere auf vielfältige Weise hergestellt werden. Anhand grundlegender struktureller Merkmale kann allerdings durchaus eine Einteilung nach den Monomerstrukturen und dem Aufbau der Polymere vorgenommen werden. Wie wir bereits wissen, bedarf es mindestens zweier reaktiver Seiten, die eine zielgerichtete supramolekulare Bindung aufbauen können. Anhand ihrer Bindungsarten können beispielsweise Monomere für lineare Polymere wie folgt klassifiziert werden:

- **A_2-Monomere (selbstkomplementäre Bindungsstellen):** Bindungsstellen sind in diesem Fall symmetrisch aufgebaut und können mit sich selbst eine Bindung aufbauen. Das Vorhandensein zweier oder mehrerer Bindungsmotive im Monomer ist ausreichend für eine Polymerisation.
- **AB-Monomere:** Zwei zueinander komplementäre, aber strukturell unterschiedliche Bindungsstellen werden hierbei in einem Molekül vereint (Analogie zu AB-Typ Stufenwachstumspolymerisation).
- **AA- und BB-Monomere:** Komplementäre Bindungsstellen sitzen hierbei an verschiedenen Monomeren, die erst bei stöchiometrischer Kombination zur Polymerisation führen (Analogie zu AA/BB-Typ Stufenwachstumspolymerisation).

Ausgehend vom Aufbau bzw. der Flexibilität der Monomere kann insbesondere bei linearen Polymeren noch eine weitere Unterscheidung nach der Struktur der supramolekularen Kette gemacht werden. Entscheidend ist hierbei die Länge und Flexibilität der kovalenten Monomerstruktur zwischen den supramolekularen Bindungsstellen. In Abb. 7.3 sind verschiedene Möglichkeiten für den Fall linearer Ketten schematisch dargestellt. In

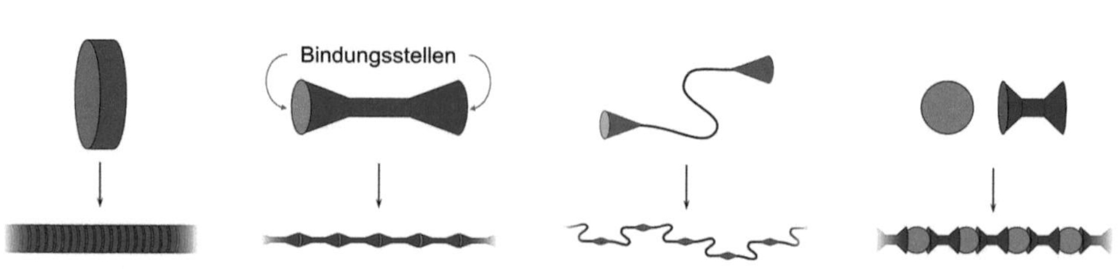

Abb. 7.3 Schematischer Überblick verschiedener Monomerstrukturelemente (oben), die bei ausreichenden Wechselwirkungen entsprechende lineare supramolekulare Polymere ausbilden (unten)

nichtlinearen Systemen müssen entsprechend zusätzliche Bindungsstellen in den Monomeren vorhanden sein, um zweidimensionale bzw. dreidimensionale Strukturen zu erzeugen, wie sie im weiteren Verlauf dieses Kapitels noch näher erläutert werden.

Im einfachsten Fall bilden spezifische Molekülgruppen beidseitige komplementäre Bindungsstellen (z. B. Amidgruppen) aus, die integriert in meist planare Molekülgerüste ein Stapeln der Monomere zu supramolekularen Polymeren (Stapelstrukturen) bewirken. Helikale oder leicht versetzte Anordnungen sind hierbei ebenfalls möglich (Abschn. 7.2 und 7.3). Alternativ können komplementäre Bindungsstellen auch über eine kurze bzw. starre Verbindung in einem Monomer vereint werden. In der Folge entsteht ein vergleichsweises steifes Polymergerüst, in welchem Flexibilität lediglich durch die supramolekulare Bindung induziert werden kann. Alternativ können supramolekulare Monomere aber auch aus flexiblen Strukturen aufgebaut werden. Dies kann auch kovalente Oligomere oder Polymere beinhalten, die sich schlussendlich supramolekular zu größeren Ketten formen. Allerdings tritt im Vergleich zu den anderen Möglichkeiten in diesem Fall in der Regel eine Konkurrenzsituation zwischen cyclischen Strukturen und der eigentlichen Polymerisation auf, die einen entscheidenden Einfluss auf die Strukturbildung hat und daher auch in Abschn. 7.1.3 separat betrachtet wird. Bei Koordinationspolymeren, die im einfachsten Fall ebenfalls der Polymerisation von AA- und BB-Monomere folgen, gibt es zudem die Besonderheit der verschiedenen Koordinationsgeometrien am Metallzentrum. Da diese aufgrund der vielseitigen Metall-Ligand-Wechselwirkungen und der Ausbildung von Knotenpunkten meist mehrdimensionale Strukturen formen und damit oft weitaus komplexer sind, können die hier beschriebenen Betrachtungen linearer Systeme nur bedingt auf Koordinationspolymere übertragen werden. Verschiedene Koordinationsgeometrien bedingt durch verschiedene Metall-Ligand Kombinationen werden für Koordinationspolymere daher ausführlicher und separat in Abschn. 7.1.4 näher betrachtet.

7.1.3 Thermodynamische Aspekte linearer Polymerisationen

Eine Polymerisation im Fall kovalenter Systeme geht zwar in der Regel mit einem Verlust an Entropie einher, thermodynamisch ist der Prozess aber dennoch günstig, da ausreichend Enthalpie beispielsweise durch Umwandlung einer π- in eine σ-Bindungen oder durch Öffnen einer gespannten Ringstruktur frei wird. Eine entsprechende Triebkraft ist auch bei der Bildung supramolekularer Polymere entscheidend. Aufgrund der vergleichsweise geringen Bindungsenthalpien supramolekularer Bindungen und möglicher Konkurrenzsituationen (z. B. zu ringförmigen Strukturen) fallen die Energieunterschiede zwischen supramolekularen Monomeren und Polymeren meist aber geringer aus als bei kovalenten Systemen. In der Folge lassen sich supramolekulare Polymerisationen wesentlich stärker durch äußere Parameter wie Temperatur und Konzentration beeinflussen bzw. auch steuern. Des Weiteren sind im Gegensatz zu kovalenten Bindungen (z. B. bei Bildung von reaktiven Übergangszuständen) oft nur geringe Energiebarrieren bei der Polymerisation als auch einem Abbau (Depolymerisation) supramolekularer Strukturen zu überwinden. Da-

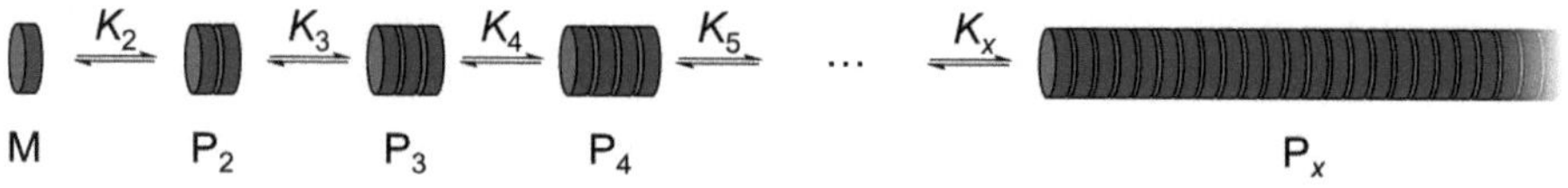

Abb. 7.4 Schematische Darstellung der allgemeinen Gleichgewichte bei einer linearen supramolekularen Polymerisation am Beispiel von Stapelstrukturen

raus resultiert, dass supramolekulare Systeme sich häufig in einem dynamischen Gleichgewicht zwischen monomerer und polymerer Form mit verschiedenen Zwischenstadien befinden können. Schematisch ist dieses Gleichgewicht für eine einfache Stapelstruktur in Abb. 7.4 dargestellt.

Mathematisch können die einzelnen Gleichgewichte mit den zugehörigen Gleichgewichtskonstanten K_i wie folgt dargestellt werden:

$$\mathrm{M}+\mathrm{M} \rightleftharpoons \mathrm{P}_2 \qquad K_2=\frac{[\mathrm{P}_2]}{[\mathrm{M}]^2} \tag{7.1}$$

$$\mathrm{P}_2+\mathrm{M} \rightleftharpoons \mathrm{P}_3 \qquad K_3=\frac{[\mathrm{P}_3]}{[\mathrm{P}_2][\mathrm{M}]} \tag{7.2}$$

$$\mathrm{P}_3+\mathrm{M} \rightleftharpoons \mathrm{P}_4 \qquad K_4=\frac{[\mathrm{P}_4]}{[\mathrm{P}_3][\mathrm{M}]} \tag{7.3}$$

$$\mathrm{P}_{i-1}+\mathrm{M} \rightleftharpoons \mathrm{P}_i \qquad K_i=\frac{[\mathrm{P}_i]}{[\mathrm{P}_{i-1}][\mathrm{M}]} \tag{7.4}$$

[M] stellt dabei die verbleibende Monomerkonzentration dar, und als $[\mathrm{P_i}]$ wird die Konzentration der Polymere mit i Wiederholungseinheiten bezeichnet, wobei der Einfachheit halber bereits ab einem Dimer von einem Polymer gesprochen wird.

Ausgehend von Gl. 7.1 bis Gl. 7.4 ergibt sich für die Konzentration der einzelnen Spezies im Gleichgewicht folgender Zusammenhang:

$$[\mathrm{P}_2]=K_2[\mathrm{M}]^2 \tag{7.5}$$

$$[\mathrm{P}_3]=K_3[\mathrm{P}_2][\mathrm{M}]=K_3K_2[\mathrm{M}]^3 \tag{7.6}$$

$$[\mathrm{P}_4]=K_4[\mathrm{P}_3][\mathrm{M}]=K_4K_3K_2[\mathrm{M}]^4 \tag{7.7}$$

$$[\mathrm{P}_i]=K_i[\mathrm{P}_{i-1}][\mathrm{M}]=K_i\ldots K_3K_2[\mathrm{M}]^i=[\mathrm{M}]^i\prod\nolimits_{i=2}^{i}K_i \tag{7.8}$$

Darüber hinaus kann die Summe der Konzentrationen aller gebildeten Spezies in Zusammenhang mit der Gesamtmonomerkonzentration $[M]_0$ gebracht werden:

$$[M]_0 = \sum\nolimits_{i=2}^{\infty} i[P_i] + [M] \tag{7.9}$$

Um die weiteren Berechnungen zu vereinfachen und eine Auflösung der geometrischen Reihe zu ermöglichen, wird im Folgenden die verbleibende Monomerkonzentration [M] als $[P_1]$ (Polymerisationsgrad = 1) bezeichnet und so die Gleichung zu:

$$[M]_0 = \sum\nolimits_{i=1}^{\infty} i[P_i] \tag{7.10}$$

Die Lage der einzelnen Gleichgewichte entscheidet schlussendlich über die Ausbildung von Polymeren und deren Größe. In Abhängigkeit der verschiedenen Energieniveaus, welche die einzelnen Schritte besitzen, können zwei grundsätzliche Modellsituationen abgeleitet werden: eine **isodesmische Polymerisation** und eine **kooperative Polymerisation**. Beide werden im Folgenden näher erläutert. Der Sonderfall einer **Ring-zu-Kette-Polymerisation** wird aufgrund des zusätzlichen Gleichgewichts mit cyclischen Strukturen individuell betrachtet, um die Besonderheiten dieser Systeme spezifischer zu erläutern.

7.1.3.1 Isodesmische Polymerisation

Betrachten wir eine supramolekulare Polymerisation ohne weitere Konkurrenzreaktionen (z. B. Ringschluss) aus einem (selbst-)komplementären Monomer, unterscheiden sich im einfachsten Fall die einzelnen Schritte der Polymerisation nicht in Bezug auf die freiwerdende Energie, d. h., jeder Schritt bzw. jede Monomeraddition ist thermodynamisch identisch. Hier ergibt sich eine direkte Analogie zu einer idealen Stufenwachstumsreaktion, bei der Bindungsstellen unabhängig vom Grad der Polymerisation eine gleiche Reaktivität aufweisen. Unter diesen Voraussetzungen unterscheiden sich die einzelnen Reaktionsschritte nicht, und mit jeder Bindung wird gleichbleibend Enthalpie (ΔG) frei. Eine schematische Darstellung der Polymerisation mit dem zugehörigen Energiediagramm ist in Abb. 7.5 gegeben.

Analog zu den äquivalenten freiwerdenden Enthalpien sind in diesem Fall auch alle Gleichgewichtskonstanten identisch, und Gl. 7.8 kann vereinfacht werden zu:

$$[P_i] = K^{i-1}[M]^i = \frac{(K[M])^i}{K} \tag{7.11}$$

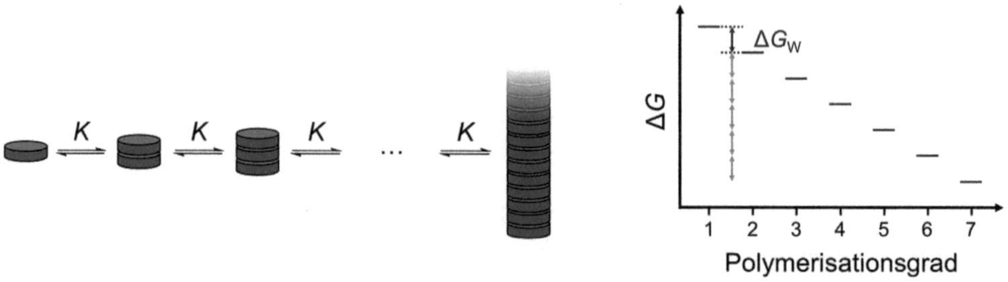

Abb. 7.5 Links: Schematische Darstellung des Gleichgewichts zwischen Monomer, Dimer, Trimer bis hin zum Polymer mit der Gleichgewichtskonstante K einer isodesmischen Polymerisation (Beispiel: Stapelstruktur). Rechts: Vergleichendes schematisches Energiediagramm in Abhängigkeit des Polymerisationsgrads (bis $i = 7$ dargestellt). Die freiwerdende Enthalpie für jeden Wachstumsschritt ist als ΔG_W bezeichnet

Wird dieser Zusammenhang in Gl. 7.10 eingesetzt, konvergiert die Summenformel unter der Vorrausetzung $K[M] < 1$ zu:

$$[M]_0 = \sum_{i=1}^{\infty} i \frac{(K[M])^i}{K} = \frac{[M]}{(1 - K[M])^2} \tag{7.12}$$

Da in der Regel die Gesamtkonzentration des eingesetzten Monomers bekannt ist, kann Gl. 7.12 umgestellt werden zu;

$$K[M] = 1 + \frac{1}{2K[M]_0} - \sqrt{\frac{1}{K[M]_0} + \frac{1}{4(K[M]_0)^2}} = 1 + \frac{1 - \sqrt{4K[M]_0 + 1}}{2K[M]_0} \tag{7.13}$$

Aus dieser Gleichung wird ersichtlich, dass, selbst wenn die Gesamtkonzentration des Monomers $[M]_0$ gegen unendlich tendiert, die Voraussetzung $K[M] < 1$ für die Konvergenz der Reihe (Gl. 7.12) erfüllt bleibt.

Ausgehend von dieser Gleichung kann der Umsatz p, d. h. der Anteil an Monomer in den Polymerspezies, als Funktion des dimensionslosen Produkts aus Gleichgewichtskonstante und Gesamtmonomerkonzentration wie folgt dargestellt werden:

$$p = \frac{[M]_0 - [M]}{[M]_0} = 1 - \frac{1}{K[M]_0} - \frac{1 + \sqrt{K[M]_0 + 1}}{2(K[M]_0)^2} \tag{7.14}$$

Eine grafische Darstellung der Zusammenhänge ist in Abb. 7.6 gegeben.

Ausgehend von diesen Zusammenhängen können u. a. der zu erwartende Umsatz, aber auch mit weiteren mathematischen Schritten die Polymerisationsgrade (Zhao und Moore 2003) bei verschiedenen Monomerkonzentrationen bestimmt werden, wenn die Gleichge-

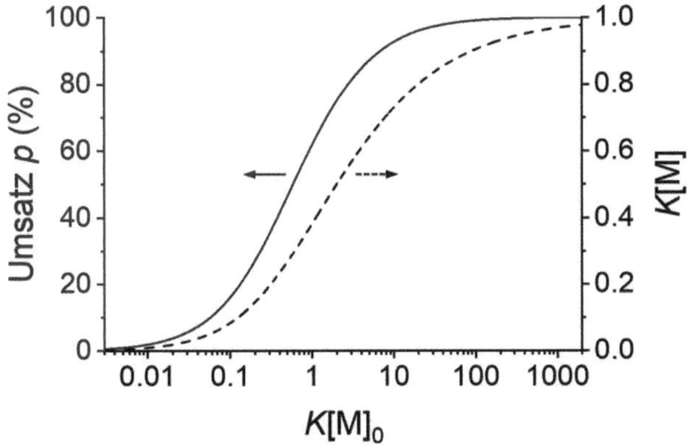

Abb. 7.6 Theoretische Entwicklung des Umsatzes p (blau, durchgehende Linie) und des Produkts aus Gleichgewichtskonstante K und verbleibender Monomerkonzentration [M] (schwarz, gestrichelte Linie) in Abhängigkeit vom dimensionslosen Produkt aus Gleichgewichtskonstante und Gesamtmonomerkonzentration $K[M]_0$

wichtskonstante K bekannt ist. Umgekehrt kann diese aus Konzentrationsreihen abgeleitet werden, wenn der Umsatz methodisch bestimmt werden kann.

7.1.3.2 Kooperative Polymerisation

Vergleichbare Energiedifferenzen bei der Ausbildung immer gleicher Bindungen sind, wie oben beschrieben, in supramolekularen Polymerisationen durchaus erwartbar. Allerdings ist die reine Bindungsbildung selten der einzige Beitrag zur Gesamtenergie der Systeme. Sehr häufig kommt es zu weiteren Änderungen in der Wechselwirkung mit der Umgebung, was vor allem bei wässrigen Systemen zahlreich auftritt, oder vielleicht auch zu einer strukturellen Umorientierung der bindenden Stelle. Insgesamt können diese zusätzlichen Prozesse einen signifikanten Beitrag zur Gesamtenergiebilanz einzelner Polymerisationsschritte haben und damit den thermodynamischen Gesamtprozess beeinflussen. Insbesondere bei der Bildung erster Dimere oder generell kleiner Aggregate stellen sekundäre Wechselwirkungen neben der reinen Bindung einen entscheidenden Faktor dar, weshalb sich gerade in diesen Schritten die Gesamtenergiebilanz deutlich von einem reinen isodesmischen Fall unterscheiden kann. Nicht selten kommt es vor, dass die freiwerdende Energie in diesen ersten Schritten geringer als in den Folgewachstumsschritten ist oder gar Energie aufzuwenden ist, um eine Polymerisation zu induzieren. Damit entsteht eine Hürde im System oder ein sog. **Nukleierungsschritt**, welcher erst überwunden werden muss. Da alle Folgeschritte bzw. weiteres Wachstum energetisch günstiger sind, wird von einem **kooperativen Wachstum** gesprochen, d. h., in diesem Fall ist eine weitere Anlagerung an vorhandene Ketten begünstigt. Entsprechende schematische Energiediagramme für verschiedene Fälle sind in Abb. 7.7 dargestellt.

Wird auch in diesen ersten Stufen Energie frei, läuft die Polymerisation immer noch spontan ab. Besteht aber aufgrund ungünstiger Energieniveaus bei der Bildung erster Dimere oder Oligomere eine Energiebarriere, wird analog zu Kristallisationsprozessen

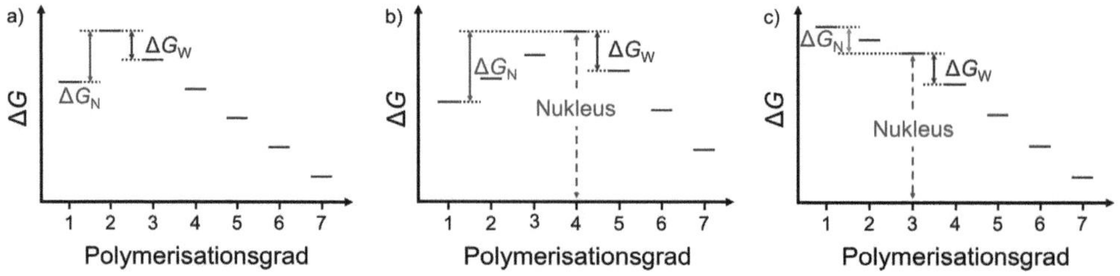

Abb. 7.7 Schematische Energiediagramme in Abhängigkeit des Polymerisationsgrads (bis $i = 7$ dargestellt) für verschiedene kooperative Polymerisationsprozesse. **a** Dimer als kritischer Nukleationskeim (Nukleus), **b** Tetramer als kritischer Nukleationskeim, **c** spontane kooperative Polymerisation (Nukleation bei Trimer). ΔG_{N} stellt die zu überwindende (bei **c** freiwerdende) Energie zur Bildung des Nukleationskeims dar, während ΔG_{W} die freiwerdende Enthalpie bei jedem Wachstumsschritt ist

von einem notwendigen Nukleierungsschritt gesprochen, bevor eine Polymerisation einsetzt. Eine Ähnlichkeit zu Initiierungsschritten bei klassischen Kettenwachstumspolymerisationen ist hierbei gegeben, allerdings müssen bei den meisten supramolekularen Prozessen mögliche dynamische Gleichgewichte berücksichtigt werden. Daher betrachten wir im Folgenden wieder diese Gleichgewichte mit den entsprechenden Gleichgewichtskonstanten.

Obwohl wieder angenommen werden kann, dass Gleichgewichtskonstanten während der Wachstumsschritte vergleichbar sind, ist eine Zusammenfassung der Gleichungen, wie im isodesmischen Fall, nicht ohne Weiteres möglich. Je nach System unterscheidet sich die kritische Anzahl an aggregierten Monomeren bei dem Nukleierungsschritt. Natürliche supramolekulare Polymerisationsprozesse, wie die Bildung von Aktinstrukturen bedingen Nukleationskeime mit drei bis vier Einheiten, bevor ein Wachstum einsetzt. Nur im einfachsten Fall ist die kritische Grenze die Bildung eines Dimers. Dieser Fall lässt sich mathematisch allerdings noch sehr gut darstellen und wird im Folgenden näher betrachtet. Schematisch sind die einzelnen Schritte in Abb. 7.8 für eine Stapelstruktur dargestellt.

K_2 stellt dabei die Gleichgewichtskonstante für die Dimerisierung (Nukleationskeim) dar, während für alle weiteren Schritte wieder eine einheitliche Konstante K angenommen wird (gleichförmiges Wachstum). Mathematisch können die allgemeinen Gleichgewichtsreaktionen (Gl. 7.5 bis Gl. 7.8) damit umgeformt werden zu:

$$[\mathrm{P}_2] = K_2[\mathrm{M}]^2 \tag{7.15}$$

$$[\mathrm{P}_3] = K[\mathrm{P}_2][\mathrm{M}] = KK_2[\mathrm{M}]^3 \tag{7.16}$$

$$[\mathrm{P}_4] = K[\mathrm{P}_3][\mathrm{M}] = K^2K_2[\mathrm{M}]^4 \tag{7.17}$$

$$[\mathrm{P}_i] = K[\mathrm{P}_{i-1}][\mathrm{M}] = K^{i-2}K_2[\mathrm{M}]^i \tag{7.18}$$

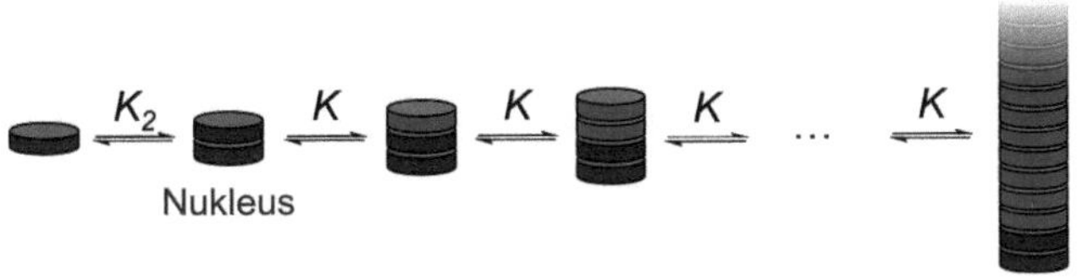

Abb. 7.8 Schematische Darstellung des Gleichgewichts zwischen Monomer, Dimer, Trimer bis hin zum Polymer einer kooperativen Polymerisation (Beispiel: Stapelstruktur) mit einem Dimer als Nukleationskeim. Die Gleichgewichtskonstante K_2 ergibt sich aus der Nukleation (Bildung des Dimers), während K die Gleichgewichtskonstante für das weitere Wachstum ist

Mit dem Verhältnis $\sigma = K_2/K$ kann die Gleichung umgestellt werden zu:

$$[\mathrm{P}_i] = \sigma \frac{(K[\mathrm{M}])^i}{K} \tag{7.19}$$

Ausgehend von dieser Gleichung kann die Summenreihe wieder aufgelöst und ein Zusammenhang mit der Gesamtkonzentration des Monomers analog zu Gl. 7.12 hergestellt werden:

$$[\mathrm{M}]_0 = [\mathrm{M}] + \sum\nolimits_{i=2}^{\infty} \sigma i \frac{(K[\mathrm{M}])^i}{K} = (1-\sigma)[\mathrm{M}] + \frac{\sigma[\mathrm{M}]}{(1-K[\mathrm{M}])^2} \tag{7.20}$$

Stellen wir diese Gleichung wie im isodesmischen Fall (Gl. 7.13 und 7.14) um, kann wieder ein Zusammenhang zwischen K[M] oder dem Umsatz p und dem dimensionslosen Produkt aus Gleichgewichtskonstante und Gesamtmonomerkonzentration hergestellt werden. Aufgrund der Komplexität der Gleichungen (kubisches Gleichungssystem) werden die entsprechenden Gleichungen hier nicht näher beschrieben, allerdings zeigt eine grafische Auftragung dieser Zusammenhänge bei verschiedenen Verhältnissen $\sigma = K_2/K$ (Abb. 7.9) sehr anschaulich den Einfluss des kooperativen Charakters der Polymerisation.

Aus diesen Abbildungen werden unmittelbar die Unterschiede zu einem isodesmischen Prozess sichtbar ($\sigma = 1$). In einem stark kooperativen System (d. h., wenn das Wachstum weitaus stärker begünstigt ist als die Nukleierung und somit $\sigma << 1$) liegen fast alle Moleküle in der monomeren Form vor, sofern $[\mathrm{M}]_0 < K^{-1}$ ist. Wird die Monomerkonzentration größer, kommt es zu einem kritischen Punkt, bei dem eine Polymerisation einsetzt und alle weiteren Monomereinheiten in Polymerketten eingebaut werden. Diese **Grenzkonzentration** $[\mathrm{M}]_\mathrm{c}$ ist invers proportional zur Gleichgewichtskonstante K ($[\mathrm{M}]_\mathrm{c} = K^{-1}$). Eine vergleichbare Situation findet sich auch bei Tensiden, die ab einer molekülspezifischen Konzentration Mizellen bilden (kritische Mizellbildungskonzentration, Critical Micelle Concentration, CMC). Im direkten Vergleich mit dem isodesmischen Fall wird auch deutlich, dass die Konzentration an verbleibendem Monomer vor allem um $K[\mathrm{M}]_0 = 1$ deutlich größer ist und auch bei steigenden Werten höher bleibt als im isodes-

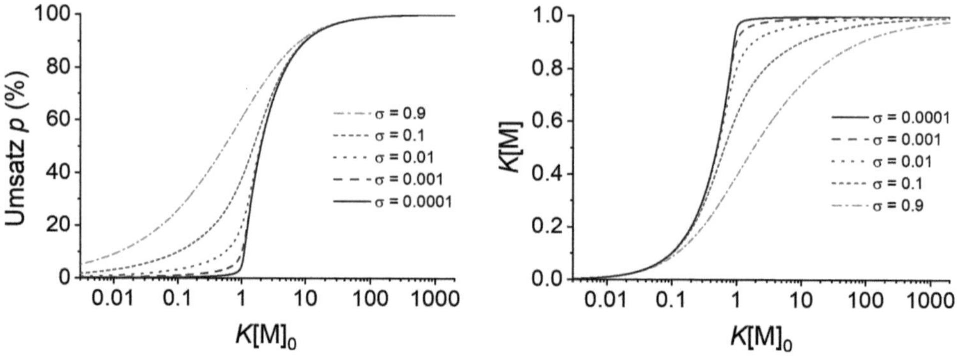

Abb. 7.9 Theoretische Entwicklung des Umsatzes p (links) und des Produkts aus Gleichgewichtskonstante K und verbleibender Monomerkonzentration [M] (rechts) in Abhängigkeit vom dimensionslosen Produkt aus Gleichgewichtskonstante und Gesamtmonomerkonzentration $K[M]_0$ für verschiedene Werte σ

mischen Fall. Umgekehrt ist der Umsatz geringer als in einem vergleichbaren isodesmischen System. Diese Eigenschaft ist beispielsweise auch an natürlichen Proteinaggregaten nachweisbar und konnte u. a. die Anwesenheit einer großen Menge Einzelproteine neben polymerisierten Strukturen in diesen Systemen erklären.

Induzierte Nukleation und lebendes Wachstum

Eine kooperative supramolekulare Polymerisation kann unter Umständen auch kontrolliert und in Analogie zu konventionellen lebenden Polymerisationen als lebender Prozess ablaufen. Allerdings müssen hierfür einige Voraussetzungen erfüllt werden:

1. **Keine spontane unkontrollierte Initiierung:** Eine ausreichende Energiebarriere bei der homogenen Nukleation muss gegeben sein, damit ein spontanes Wachstum unterdrückt wird.
2. **Kein Transfer:** Die Dynamik der entstehenden supramolekularen Polymere muss minimal bzw. nicht vorhanden sein, d. h., es darf kein Austausch von Monomeren und kein Bruch der Aggregate auftreten.
3. **Keine Termination:** Die Endgruppen der supramolekularen Polymere müssen aktiv bleiben, d. h., eine Addition weiterer Monomere muss möglich sein, und eine Fusion (Rekombination) der Polymerenden sollte nicht stattfinden.

Werden diese Voraussetzungen in einem System erfüllt, so kann eine metastabile Monomerlösung (d. h. überkritische Monomerkonzentration $[M]_0 > K^{-1}$, aber ohne ausreichende Energie, um die Nukleationsbarriere zu überwinden) unter Zugabe eines Nukleationskeims („Initiator", z. B. fragmentierte Aggregate) in einem lebenden und kontrollierten Prozess polymerisiert werden. In der Folge ist es möglich, Polymere mit engen Molmassenverteilungen zu erhalten und auch supramolekulare Blockcopolymere zu generieren.

Aufgrund der meist geringen Energiebarriere bei einer konventionellen Nukleation, ausgehend von einer freien Monomerlösung, nutzt die Mehrheit der bisher berichteten Beispiele metastabile Zustände, um solch einen kontrollierten Prozess zu erreichen. Dies beruht darauf, dass viele supramolekulare Systeme eine komplexe thermodynamische Energielandschaft aufweisen und auf ver-

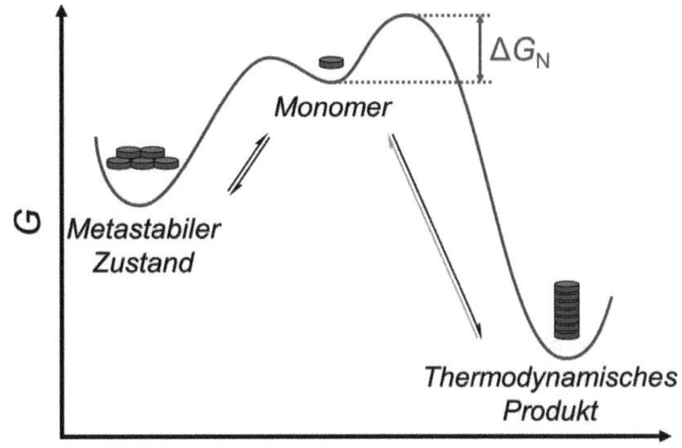

Abb. 7.10 Schematische Energielandschaft eines supramolekularen Polymerisationsprozesses, bei dem ein kinetisch stabilisierter metastabiler Zustand in Konkurrenz zur thermodynamisch bevorzugten Polymerisation steht

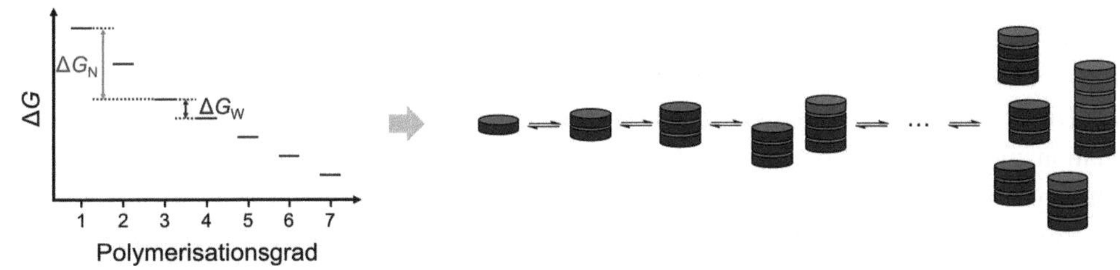

Abb. 7.11 Schematisches Energiediagramm in Abhängigkeit des Polymerisationsgrads (bis $i = 7$ dargestellt) für einen antikooperativen Polymerisationsprozess (links) und die schematische Darstellung der resultierenden Gleichgewichte verschiedener Stufen mit den zu erwartenden Strukturen (Beispiel: Stapelstruktur)

schiedenen Wegen („Pfaden“) aggregieren können. Für die erwähnte lebende Polymerisation steht hierbei ein metastabiler Zustand im dynamischen Gleichgewicht mit der Monomerform, während der thermodynamisch stabile Zustand nur bei Überwindung einer Barriere (Nukleation) erreicht wird. Ein vereinfachter schematischer Vergleich der Energieniveaus einer konventionellen kooperativen Polymerisation mit der hier skizzierten komplexeren Situation ist in Abb. 7.10 dargestellt.

Alternativ zu einer metastabilen Aggregation kann eine lebende supramolekulare Polymerisation auch ausgehend von einer metastabilen Monomerkonformation erreicht werden, die mithilfe eines geeigneten Initiatormoleküls umgewandelt wird (Kang et al. 2015).

Es soll hier auch kurz auf den Sonderfall einer **antikooperativen Polymerisation** eingegangen werden. Wie in Abb. 7.11 schematisch dargestellt, ergibt sich hierbei ein größerer Energiegewinn bei der Bildung der ersten Di- oder Trimere als in der späteren Anlagerung von weiteren Monomerbausteinen an diese Aggregate. In der Folge werden kleinere Aggregate oder oligomere Strukturen bevorzugt gebildet, während supramolekulare Polymere nur in geringem Umfang ausgebildet werden.

7.1.3.3 Ring-Kette-Polymerisationen

Eine besondere Situation ergibt sich, wenn die Monomere selbst oder auch in einer Dimerform geometrisch in der Lage sind, eine ringförmige Struktur über supramolekulare

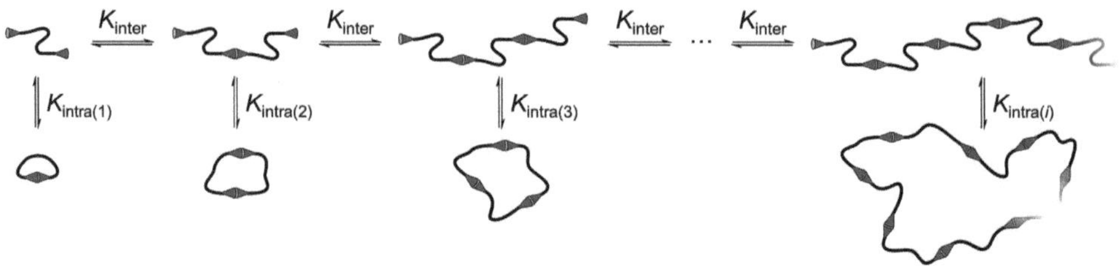

Abb. 7.12 Schematische Darstellung der Gleichgewichte zwischen linearem Monomer, Dimer, Trimer bis hin zum Polymer (oben) neben den entsprechenden Ringstrukturen (unten) für eine Ring-Kette-Polymerisation

Wechselwirkungen zu bilden. Reaktive Endgruppen der Monomerbausteine müssen hierbei über mehr oder weniger flexible Strukturen miteinander verbunden werden und können mit sich selbst interagieren (**Selbstkomplementär**) oder durch orthogonale Kombination als Dimer einen Ringschluss eingehen. Daraus ergibt sich unmittelbar eine Konkurrenzsituation zur Polymerisation, da in den meisten Fällen die Bindungsenthalpien identisch sind und entropisch die Ringbildung sogar begünstigt ist. Eine Triebkraft kann sich analog zu ringöffnenden kovalenten Polymerisationen aus einer Ringspannung der Systeme ergeben. Auch hier spielt die Entropie eine wichtige Rolle, da eine flexiblere Anordnung der verknüpfenden Ketten günstiger ist. Häufig kommt es bei diesen Systemen zur Ausbildung von konzentrationsabhängigen Gleichgewichten zwischen Ringstruktur und Polymeren. In Abb. 7.12 ist der Fall bei Monomeren mit selbstkomplementären Endgruppen schematisch dargestellt, der im Folgenden auch näher betrachtet wird.

Betrachten wir lediglich die oberen Gleichgewichte, entspricht das System aufgrund der zu erwartenden ähnlichen Bindungsenergien in jedem Schritt (Reaktivität unabhängig von der Kettenlänge) einer isodesmischen Polymerisation, wie sie bereits beschrieben wurde. Die zusätzliche Möglichkeit eines Ringschlusses induziert allerdings ein weiteres Gleichgewicht, das in der Gesamtbetrachtung mit einbezogen werden muss.

Ausgehend von Theorien zu Ringbildung in kovalenten Polymerisationen (Jacobson und Stockmayer 1950), kann diese Konkurrenzsituation empirisch über eine sog. **effektive Molarität** ausgedrückt werden, welche sich aus dem Verhältnis der entsprechenden Gleichgewichtskonstanten wie folgt ergibt:

$$EM = \frac{K_{\text{intra}}}{K_{\text{inter}}} \tag{7.21}$$

Gehen wir bei dieser supramolekularen Polymerisation wieder von einem dynamischen Gleichgewicht aus, stellt diese effektive Molarität eine Art Grenzkonzentration dar. Bei einer Gesamtmonomerkonzentration unterhalb dieser Molarität dominiert der Ringschluss die Reaktion, während oberhalb bevorzugt lineare Ketten entstehen.

Eine entsprechende effektive Molarität EM_i ist für jeden Polymerisationsgrad i gegeben und hängt im Fall einer sonst isodesmischen linearen Polymerisation von der entsprechenden Gleichgewichtskonstante $K_{\text{intra}(i)}$ für den Ringschluss ab:

$$K_{\text{intra}(i)} = \frac{[\mathrm{C}_i]}{[\mathrm{P}_i]} \tag{7.22}$$

Unter der Annahme, dass alle Ringstrukturen spannungsfrei sind und die Konformation der Kette einer Gauß'schen Statistik folgt, kann nach der Theorie von Jacobsen und Stockmayer folgender Zusammenhang hergestellt werden:

$$EM_i = \frac{K_{\text{intra(i)}}}{K_{\text{inter}}} = EM_1 i^{-5/2} \tag{7.23}$$

EM_1 entspricht dabei der effektiven Molarität des Monomers bei dem hier vorliegenden selbstkomplementären System. Der Faktor $i^{-5/2}$ leitet sich aus einem Produkt für die Wahrscheinlichkeit, dass die Enden einer Gauß-Kette aus i sich wiederholenden Einheiten zusammenfallen (~ $i^{-3/2}$), und der Anzahl an äquivalenten Bindungen, die für die Ringöffnung eines cyclischen i-mers zur Verfügung stehen (~ i^{-1}), ab.

Betrachten wir die Gleichgewichte zwischen Monomer und Ring als auch Monomer und Polymer in dem System und gehen wieder von einem isodesmischen Fall aus, d. h., die Kettenlänge hat keinen Einfluss auf die Gleichgewichtskonstante, kann ein Gesamtgleichgewicht zwischen den verschiedenen Ringstrukturen hergestellt werden:

$$i\mathrm{C}_1 \rightleftharpoons i\mathrm{M} \tag{7.24}$$

$$i\mathrm{M} \rightleftharpoons \mathrm{P}_i \tag{7.25}$$

$$\mathrm{P}_i \rightleftharpoons \mathrm{C}_i \tag{7.26}$$

$$i\mathrm{C}_1 \rightleftharpoons \mathrm{C}_i \tag{7.27}$$

Die zugehörige Gleichgewichtskonstante K_{C_i} ergibt sich aus dem Produkt der Einzelgleichgewichte zu:

$$K_{C_i} = \frac{[\mathrm{C}_i]}{[\mathrm{C}_1]^i} = \frac{{K_{\text{inter}}}^{i-1} K_{\text{intra}(i)}}{{K_{\text{intra}(1)}}^{i}} = \frac{EM_i}{{EM_1}^{i}} \tag{7.28}$$

Definieren wir x als das Verhältnis der Ringkonzentration zu effektiver Molarität des Monomers ($[C_1]/EM_1$), kann folgender Zusammenhang daraus formuliert werden:

$$[C_i] = EM_i\left(\frac{[C_1]}{EM_1}\right)^i = EM_i x^i \tag{7.29}$$

Auch die Konzentration an linearen Polymeren $[P_i]$ kann ausgehend von der Definition für EM_i (Gl. 7.23) und der Gleichgewichtskonstante $K_{intra(i)}$ für die Cyclisierung (Gl. 7.22) in Zusammenhang mit x gebracht werden:

$$[P_i] = \frac{x^i}{K_{inter}} \tag{7.30}$$

Ausgehend davon kann nachgewiesen werden, dass x auch dem Anteil an reaktiven Endgruppen entspricht, die in lineare Polymerketten eingebaut sind.

Insgesamt kann auch hier wieder ein Zusammenhang zwischen der Gesamtkonzentration des Monomers $[M]_0$ und der Konzentration aller vorhandenen Spezies unter Einbezug der Vereinfachung $[M] = [P_1]$ hergestellt werden:

$$[M]_0 = \sum\nolimits_{i=1}^{\infty} i[C_i] + \sum\nolimits_{i=1}^{\infty} i[P_i] \tag{7.31}$$

Setzen wir nun die entsprechenden Ausdrücke aus Gl. 7.29 und 7.30 für $[C_i]$ und $[P_i]$ ein, ergibt sich folgender Zusammenhang:

$$[M]_0 = \sum\nolimits_{i=1}^{\infty} iEM_i x^i + \sum\nolimits_{i=1}^{\infty} i\frac{x^i}{K_{inter}} \tag{7.32}$$

Mithilfe von Gl. 7.23 und Auflösung der geometrischen Reihe kann der Ausdruck weiter vereinfacht werden zu:

$$[M]_0 = EM_1\sum\nolimits_{i=1}^{\infty} i^{-3/2}x^i + \frac{x}{K_{inter}(1-x)^2} \tag{7.33}$$

Diese Gleichung kann zusammen mit den Gl. 7.29 und 7.30 das System vollständig beschreiben, lässt sich aber nicht wie im Fall eines isodesmischen Systems als Reihe auflösen, sondern kann nur mit iterativen Näherungsverfahren gelöst werden. Der zweite Term der Summe weist in dem Zusammenhang eine Analogie zum isodesmischen Fall auf, allerdings ergeben sich ausgehend von diesen Betrachtungen auch signifikante Unterschiede, wie das Auftreten einer Grenzkonzentration. Liegt die Gesamtkonzentration des Monomers darunter, treten nur Ringstrukturen auf.

Die Unterschiede zum isodesmischen Fall werden auch deutlich bei einer grafischen Auftragung der Monomeranteile in linearen Ketten (aus x abgeleitet) in Abhängigkeit von

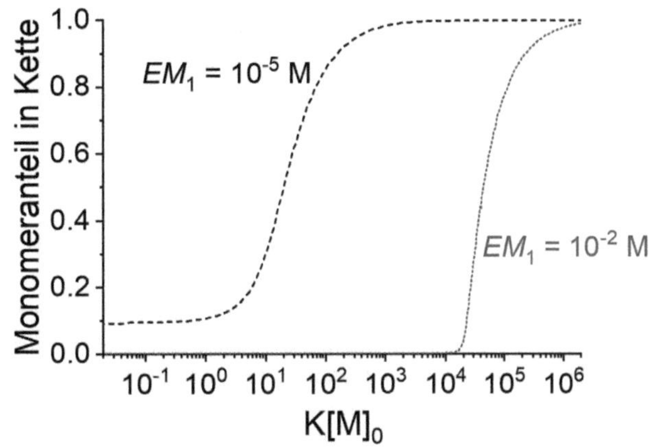

Abb. 7.13 Theoretische Entwicklung des Anteils an Monomer in linearen Ketten x in Abhängigkeit vom dimensionslosen Produkt aus der Gleichgewichtskonstante für das lineare Kettenwachstum K_{inter} und Gesamtmonomerkonzentration $[M]_0$ für die Werte $EM_1 = 10^{-5}$ M und $EM_1 = 10^{-2}$ M. Für K_{inter} wurde ein Wert von $10^6\ M^{-1}$ angenommen

der Gesamtkonzentration an Monomer multipliziert mit der Gleichgewichtskonstante für die Kettenbildung K_{inter} (Analogie zum isodesmischen Fall). Beispielhaft ist dies für $K_{\text{inter}} = 10^6\ M^{-1}$ und verschiedene Werte für EM_1 in Abb. 7.13 dargestellt.

Gerade im Fall steigender Werte für EM_1, d. h. einer höheren Gleichgewichtskonstante $K_{\text{intra(1)}}$ und damit einer zunehmenden Tendenz zur Ringbildung beim Monomer, ergibt sich ein zunehmend scharfer Grenzbereich zwischen ringförmigen und linearen Strukturen. In der Folge kommt es bei einer Erhöhung der Gesamtkonzentration des Monomers zu einer abrupten Umwandlung von häufig einfachen Ringen zu langkettigen supramolekularen Polymeren.

7.1.4 Metall-Ligand-Wechselwirkungen

Aufgrund der Variabilität der Metall-Ligand-Wechselwirkungen und der daraus resultierenden Komplexität der möglichen Koordinationspolymere sind allgemeine thermodynamische Betrachtungen, wie sie oben für lineare supramolekulare Polymerisationen gemacht wurden, nur bedingt möglich. Allerdings werden im Folgenden die wesentlichen Grundlagen der koordinativen Bindung und der möglichen Bindungsgeometrien näher betrachtet. Darüber hinaus können auch sekundäre Wechselwirkungen einen großen Einfluss haben, weshalb auch diese am Ende dieses Teilabschnitts kurz beschrieben werden.

7.1.4.1 Koordinative Bindungen

Der Prozess des Aufbaus eines Koordinationspolymers wird hauptsächlich durch die Koordinationsbindung gesteuert. Koordinationsbindungen sind die Abgabe eines Elektronenpaars des Liganden (**Lewis-Base**) an das Metallion (**Lewis-Säure**). Zusätzlich treten elektrostatische Anziehungen zwischen dem positiv geladenen Metallion und einem negativ polarisierten oder geladenen Donoratom des Liganden auf. Die Energie solcher Wechselwirkungen wird üblicherweise auf etwa durchschnittlich 50 kJ mol^{-1} geschätzt. Auch schwächere Wechselwirkungen können die Bildung von Koordinationspolymeren beeinflussen. Beim Vergleich der Stärken der verschiedenen in Abb. 7.2 zusammengefassten Wechselwirkungen wird deutlich, dass die koordinative Bindung in der Mitte zwischen schwachen nichtkovalenten Wechselwirkungen und den kovalenten Bindungen liegt. Die koordinative Bindung ist jedoch nicht nur die stärkste der nichtkovalenten Wechselwirkungen, sondern ist zudem auch eine stark gerichtete Bindung.

Metallkomplex/Koordinationsverbindung
Ein Metallkomplex oder eine Koordinationsverbindung besteht aus einem zentralen Metallatom oder Metallkation, an die eine definierte Anzahl anionischer oder neutraler Liganden koordiniert sind. Liganden, die im neutralen Zustand ein nur einfach besetztes Orbital haben, benötigen für die Bildung einer Bindung ein Elektron und können daher als anionische Liganden im Metallkomplex betrachtet werden, die formal den Oxidationszustand des Metallzentrums verändern. Zu solchen Liganden gehören -CR_3, -CN, -NR_2, -OR, -SiR_3, -PR_2 (R = H, Alkyl, Aryl etc.), Halogenide sowie weitere organische Verbindungen, die über das Kohlenstoff-, Stickstoff- und Sauerstoffatom koordinieren. Auch gibt es Verbindungen, für die zwei oder drei Elektronen benötigt werden, da nur zwei oder drei einfach besetzte Orbitale vorliegen. Zu solchen Liganden gehören =CR_2, ≡CR, =NR und =O. Nicht geladene Ein-, Zwei- oder Dreielektronenpaar-Donorliganden gelten als neutral und benötigen keine Elektronen für eine koordinative Bindung. Zu diesem Liganden werden -CO, -CNR, -NR_3, NCR,-OR_2, PR_3, SR_2, Bipyridine sowie Alken-, Dien-, Aren- und Alkinverbindungen gezählt, die über die Mehrfachbindung an das Metall koordinieren.

Mehrzähnige Liganden: Mehrzähnige Liganden sind mehrfach bindende Chelatliganden (griechisch *chelat* = „Krebsschere") bei dem die Zähnigkeit die Anzahl der Donoratome in einem Liganden angibt. Hauptzahl der Donoratome in mehrzähnigen Liganden werden durch Stickstoff und Sauerstoff gebildet, und der Donorligand wird so gewählt, dass bevorzugt Koordinationsgeometrien mit günstigen Chelatringgrößen von 5 oder 6 gebildet werden. Komplexe mit Chelatliganden haben in der Regel höhere Stabilitätskonstanten als Komplexe mit vergleichbaren einzähnigen Liganden. Dies bedeutet, wenn ähnliche einzähnige und mehrzähnige Liganden (gleiche Donoratome in ähnlicher chemischer Umgebung) um ein Metallion konkurrieren, werden die mehrzähnigen Liganden bevorzugt komplexiert bzw. einzähnige Liganden, die schon am Metallatom komplexiert sind, verdrängt, solange die Ringspannung nicht zu hoch wird (Chelateffekt). Dieser Chelateffekt ist aufgrund der günstigeren Entropieveränderung durch die bei der Reaktion freigesetzten einzähnigen Liganden zu beobachten. Auch repulsive Wechselwirkung mit Nachbarliganden werden so reduziert. Dabei nimmt die Stabilität des Metallkomplexes mit der Zahl der Chelatliganden zu.

Die formale Oxidationszahl eines Metallatoms in Koordinationsverbindungen ist die Ladung, die das Metallatom hätte, wenn die M-L-Bindungen mit den anionischen Liganden in M^+ und L^- zerlegt werden würden, wobei auch die Gesamtladung des Komplexes betrachtet werden muss. Über diese Oxidationszahl kann dann auch die Valenzelektronenzahl des Metalls berechnet werden, welches die Anzahl der Elektronen im freien Metallion mit der gegebenen Oxidationszahl darstellt (Valenzelektronenzahl = Gruppennummer des 18er-Periodensystems – Oxidationszahl). Oxidationszahl und Valenzelektronenzahl sind zwar formal nur Rechnungen, erlauben aber Vorhersagen und Interpretationen der Koordinationsgeometrien. Ausschlaggebend ist auch die Gesamtvalenzelektronenzahl, die sich aus der Valenzelektronenzahl des Metallatoms/Metallions und den Elektronen ergeben, welche die Liganden beisteuern. Dabei kann ein kovalentes Modell der Elektronenbilanz oder ein ionisches Modell der Elektronenbilanz zurate gezogen werden. Im ionischen Modell wird die Valenzelektronenzahl des Metallions betrachtet, abgeleitet von der Oxidationszahl des Metalls, die durch die Koordination anionischer Liganden errechnet werden kann. Die Gesamtvalenzelektronenzahl ergibt sich dann, wenn zu dieser Valenzelektronenzahl für jeden koordinierenden Liganden (neutral und anionisch) jeweils zwei Elektronen dazu gerechnet werden. Die Gesamtvalenzelektronenzahl wird für die Interpretation der Stabilität und Reaktivität bei Übergangsmetallkomplexen genutzt. Zur Beurteilung der thermodynamischen Stabilität kann mittels der Gesamtvalenzelektronenzahl die sog. **18-Elektronenregel** angewendet werden. Diese besagt, dass Übergangsmetallkomplexe dann thermodynamisch stabil sind, wenn die Summe (= Gesamtvalenzelektronenzahl) aus den d-Elektronen des Metalls und den Elektronen, die über die Liganden beigesteuert werden, 18 beträgt, da das Metall dann formal Edelgaskonfiguration erreicht. Diese Regel lässt sich jedoch nur gut auf starke Liganden und weniger gut auf Komplexe mit schwachen Liganden anwenden. Es ergeben sich zusätzlich folgende Trends in Bezug auf die Stabilität von Metallkomplexen:

1. Die Stabilität des Komplexes mit dem dreiwertigen Metallion (M^{3+}) ist häufig größer als die des zweiwertigen Metallions (M^{2+}) des gleichen Metalls, was durch die kürzere Bindung und die höhere Bindungsenergie für M^{3+} bedingt ist.
2. Die Stabilität von zweiwertigen Komplexionen der ersten Übergangsreihe mit jeweils den gleichen Liganden nimmt von Mn → Ni und Zn → Cu zu. Dieser Effekt kann durch kleinere Metallionenradien und eine größere Bindungs- und Kristallfeldstabilisierungsenergie erklärt werden.
3. Nach dem HSAB-Konzept (HSAB = Hard and Soft Acids and Bases) entstehen stabilere Komplexe aus harten Säuren (Kationen) und harten Basen (Liganden) oder aus weichen Kationen und weichen Liganden.

Es bestehen jedoch zahlreiche Ausnahmen zu den erwarteten Trends. Späte und schwere Übergangsmetalle wie Pd^{2+}, Cu^{+}, Cd^{2+}, Pt^{2+}, Ag^{+}, Au^{+} gelten als weich. Frühe Übergangsmetalle und hochgeladene Kationen wie Sc^{3+}, Cr^{3+}, Fe^{3+}, Co^{3+}, Ti^{4+}, Zr^{4+}, Hf^{4+} und Lanthanoide gelten als hart. Mittlere Übergangsmetalle wie Fe^{2+}, Co^{2+}, Ni^{2+}, Cu^{2+}, Zn^{2+}, Ru^{3+}, Rh^{3+}, Os^{2+} und Ir^{3+} liegen dazwischen. Leichte Halogenide (F^-, Cl^-), Liganden mit Sauerstoff als Donoratom (ROH, RO^- etc.), aliphatische Amine (NH_3, RNH_2) und generell Donoratome aus der ersten Achterperiode, wobei Kohlenstoff ausgeschlossen ist, gelten als harte Liganden. Schwere Halogenide (I^-), Liganden mit Kohlenstoff (CO, CN^-, RNC, R^-), Schwefel (R_2S, RS^-), Phosphor oder Arsen als Donoratome, Hydridionen und Donoratome ab der zweiten Achterperiode sind in der Regel weiche Liganden.

Für die Übergangsmetalle (d-Elemente) ist die Elektronenkonfiguration $ns^2\ (n-1)d^x$. Auch wenn die ns-Orbitale energetisch niedriger als die $(n-1)$d-Orbitale liegen und daher eher von Elektronen besetzt werden, werden diese bei Ionisierung jedoch ebenfalls auch als Erstes wieder entfernt. Grund dafür ist die starke Stabilisierung der d-Orbitale bei einem

Metall-Ligand-Elektronentransfer. Der Grundzustand eines Metalls hat damit eine ns^2-Besetzung. Nur bei Chrom und Kupfer treten andere Elektronenzustände auf: Bei Cr ($4s^1$ $3d^5$) und Cu ($4s^1$ $3d^{10}$) wird durch den Transfer eines Elektrons vom s- in das d-Orbital ein Zustand mit energetisch günstigerer Halb- und Vollbesetzung der d-Schale (d^5 bzw. d^{10}) erreicht. In einem Übergangsmetallion oder einem neutralen Übergangsmetallatom in einem Komplex findet formal die Besetzung mit Valenzelektronen nur in den d-Orbitalen statt (z. B. $Fe^0(CO)_5$; Valenzelektronenkonfiguration: d^8).

Beschreibung von d-Orbitalen

Ein Orbital beschreibt einen Bereich um einen Atomkern, in dem sich ein Elektron mit einer Wahrscheinlichkeit von etwa 90 % befindet. Zu jeder Schale/Periode n gehört ein s-Orbital, welches ein kugelsymmetrisches Orbital ist. Ab der zweiten Periode kommen jeweils hantelförmige p-Orbitale hinzu. Ab der vierten Schale (n = 4) und mit dem Auftreten von Übergangsmetallen kommen mit jeder Periode weitere fünf (n-1)d-Orbitale dazu. Um die Kristallfeldtheorie zu verstehen, müssen die Ausrichtungen der d-Orbitale erklärt werden:

- d_{xy}: Orbital liegt als gekreuzte Doppelhantel zwischen der x- und der y-Achse.
- d_{xz}: Orbital liegt als gekreuzte Doppelhantel zwischen der x- und der z-Achse.
- d_{yz}: Orbital liegt als gekreuzte Doppelhantel zwischen der y- und der z-Achse.
- $d_x2_{-y}2$: Orbital liegt als gekreuzte Doppelhantel auf der x- und der y-Achse.
- d_z2: Es gibt zwei Teile, die als Hantel auf der z-Achse liegen, und es gibt einen donutförmigen Ring, der auf der xy-Ebene um die anderen beiden Teile liegt.

7.1.4.2 Koordinationsgeometrien

Für jedes Metallion und seinen jeweiligen Oxidationszustand sind die möglichen Koordinationsgeometrien in einem Metallkomplex vorhersagbar. Dazu kann auch die Kristallfeldtheorie zurate gezogen werden. In der Einelektronennäherung wird davon ausgegangen, dass in einem freien Metallion in der Gasphase alle fünf d-Orbitale gleichwertig sind (Abb. 7.14). Wenn sich Liganden dem Metallion nähern, erfahren einige d-Orbitale aufgrund der geometrischen Struktur des Metallkomplexes mehr Widerstand durch die d-Orbitalelektronen als andere. Da sich Liganden aus verschiedenen Richtungen nähern, interagieren nicht alle d-Orbitale gleich stark mit den Liganden. Dies führt aufgrund der unterschiedlich starken Wechselwirkungen zu einer Aufspaltung der d-Orbitale. Orbitale, die nicht auf die Liganden gerichtet sind, werden energetisch abgesenkt, Orbitale mit Elektronen, die räumlich auf die Liganden gerichtet sind, werden energetisch angehoben. Dieses Phänomen wird als **Kristallfeldaufspaltung** Δ_o bezeichnet. Die Summe der Orbitalenergien bei Aufspaltung bleibt jedoch gleich der Summe der Orbitalenergien in einem sphärischen Kristallfeld, also wenn die Ladung der Elektronen gleichmäßig über eine umgebende Kugeloberfläche des Metallions verteilt wäre. In einem Metallkomplex mit oktaedrischer Geometrie nähern sich die Liganden dem Metallion entlang der x-, y- und z-Achse an. Daher erfahren die Elektronen in den d_z2- und $d_x2_{-y}2$-Orbitalen (die entlang dieser Achsen liegen) eine stärkere Abstoßung.

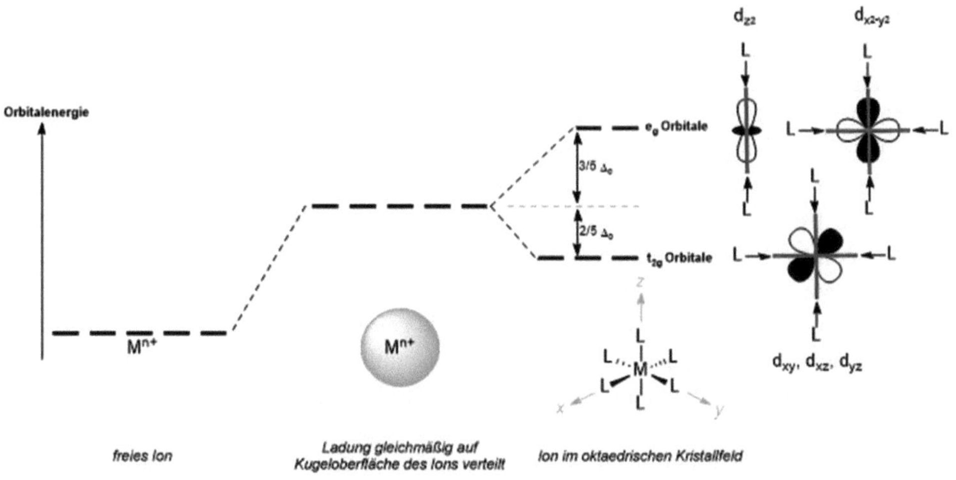

Abb. 7.14 Anhebung der d-Orbitale ausgehend vom freien Ion und Kristallfeldaufspaltung Δ_o der d-Orbitale im oktaedrischen Kristallfeld. Die durchschnittliche Energie der fünf d-Orbitale ist dieselbe wie bei einer sphärischen Verteilung. Die beiden e_g-Orbitale zeigen direkt auf die sechs Liganden, was deren Energie im Vergleich zum sphärischen Kristallfeld erhöht. Im Gegensatz dazu zeigen die drei t_{2g}-Orbitale nicht direkt auf die Liganden, was deren Energie im Vergleich zu einer sphärischen Ladungsverteilung verringert

Ein Elektron in diese Orbitale zu bringen, erfordert mehr Energie, als ein Elektron in eines der anderen d-Orbitale zu bringen, da diese Orbitale energetisch angehoben werden (Abb. 7.14). Energetisch sind d_z2- und $d_x2_{-y}2$- (e_g) sowie die d_{xy}-, d_{xz}- und d_{yz}-Orbitale (t_{2g}) in einem oktaedrischen Kristallfeld untereinander jeweils energetisch identisch. Im tetraedrischen Kristallfeld nähern sich die Liganden eher den d_{xy}-, d_{xz}- und d_{yz}-Orbitalen (t_2) als den d_z2- und $d_x2_{-y}2$-Orbitalen (e). Erstere werden daher energetisch erhöht, letztere energetisch erniedrigt. Es ergibt sich demnach eine umgekehrte Aufspaltung im Vergleich zum oktaedrischen Kristallfeld. Die Orbitalaufspaltung im Kristallfeld ist beim Tetraeder geringer als beim Oktaeder, da die d_{xy}-, d_{xz}- und d_{yz}-Orbitale nicht exakt auf den gleichen Achsen liegen wie die Liganden. Die quadratisch-planare Anordnung ergibt sich aus der Verzerrung des oktaedrischen Kristallfeldes. Das $d_x2_{-y}2$-Orbital hat deswegen das höchste Energieniveau, da die Punktladungen der Liganden genau auf dieses Orbital gerichtet sind; gefolgt vom d_{xy}-Orbital. Quadratisch-planare Komplexe oder d^8-Ionen folgen daher einer 16-Elektronenregel, da eines der Orbitale energetisch deutlich höher liegt als die anderen d-Orbitale. Die energetische Absenkung der Orbitale mit z-Anteil wird größer, wobei die genaue Lage des d_z2-Orbitals vom Charakter des Metallatoms und der Liganden abhängt. Bei Ni^{2+} oder Cu^{2+} liegt das z^2-Niveau im quadratisch-planaren Kristallfeld knapp oberhalb der d_{xz}- und d_{yz}-Orbitale. Bei Pd^{2+}, Pt^{2+} oder Au^{3+} wird das d_z2-Orbital so stark erniedrigt, dass es zum energetisch niedrigsten d-Orbital wird.

Bei der Elektronenbesetzung werden zuerst Orbitale mit niedrigerer Energie und dann Orbitale mit höherer Energie mit Elektronen gefüllt. Für den obigen oktaedrischen Fall entspricht dies den d_{xy}-, d_{xz}- und d_{yz}-Orbitalen; bei der tetraedrischen Aufspaltung werden erst die d_{z^2}- und $d_{x^2-y^2}$-Orbitale besetzt. Dadurch ergibt sich für ein Ion im Kristallfeld bei Besetzung mit Elektronen oft ein Energiegewinn, die sog. Kristallfeldstabilisierungsenergie (CFSE), im Gegensatz zu dem Fall, in dem die Elektronen in einem sphärischen Kristallfeld gleichmäßig um das Ion verteilt wären. Der Energiegewinn durch diese CFSE liegt in der Größenordnung von etwa 100 kJ mol^{-1}. Nach der Hund'schen Regel werden Elektronen so aufgefüllt, dass möglichst viele ungepaarte Elektronen vorhanden sind („maximale Spinmultiplizität"). Wenn alle d-Orbitale mit niedrigstem Energielevel einfach besetzt sind, so kann die Besetzung mit dem nächsten Elektron unterschiedlich sein. Es kann entweder ein Orbital höherer Energie gefüllt werden, oder das Elektron kann sich mit einem Elektron paaren, sodass es sich ebenfalls in den Orbitalen mit niedrigerer Energie befindet. Diese Paarung der Elektronen erfordert Energie (Spinpaarungsenergie).

Wenn die Spinpaarungsenergie **geringer** ist als die Kristallfeldaufspaltungsenergie, dann wird das nächste Elektron aus Stabilitätsgründen in die d-Orbitale niedrigerer Energie gelangen. Dieser Zustand wird als Low-Spin-Zustand bezeichnet, die dazugehörigen Komplexe werden als **Low-Spin-Komplexe** bezeichnet. Wenn die Spinpaarungsenergie **größer** als die Kristallfeldaufspaltungsenergie ist, gelangt das nächste Elektron als ungepaartes Elektron in die d-Orbitale mit höherer Energie. Diese Situation ermöglicht die größte Anzahl ungepaarter Elektronen, und es werden **High-Spin-Komplexe** gebildet. Liganden, die dazu führen, dass ein Übergangsmetall eine kleine Kristallfeldaufspaltung (*weak-field*) aufweist, die zu High-Spin-Komplexen führt, werden als **schwache Liganden** bezeichnet. Liganden, die eine große Kristallfeldaufspaltung (*strong-field*) erzeugen, die zu Low-Spin-Komplexen führt, werden als **starke Liganden** bezeichnet.

In Bezug auf das Donoratom in diesen Liganden gibt es folgende Näherung: Eine zunehmende Aufspaltung und daher eine Tendenz von schwachen zu starken Liganden ist bei der Reihenfolge $I < Br < S < Cl < F < O < N < P < C$ zu erkennen. Starke Liganden bilden stabilere Komplexe als schwächere Liganden. Außerdem nimmt die Orbitalaufspaltung mit der Oxidationsstufe des Metallions zu. Zusätzlich ist bei 4d- und 5d-Metallen diese Aufspaltung größer als bei 3d-Metallen. Dadurch ist die Bildung von oktaedrischen High-Spin-Komplexen nur bei 3d-Übergangsmetallen von Bedeutung. Oktaedrische Komplexe von 4d- und 5d-Metallionen sind ausschließlich Low-Spin-Komplexe. Eine Erklärung dafür ist über die Kristallfeldtheorie nicht eindeutig möglich.

Bei Übergangsmetallkomplexen bestimmt hauptsächlich die Koordinationszahl, und demnach die Anzahl an Liganden, die Geometrie um das zentrale Metallion. Zu den typischen Koordinationsgeometrien, die in Übergangsmetall-Ligand-Komplexen und damit auch in Koordinationspolymeren auftreten, gehören lineare, trigonal- und quadratisch-planare, tetragonale, prismatische und oktaedrische Geometrien sowie Verzerrungen innerhalb jeder dieser Geometrien. Daher können Übergangsmetalle als Bausteine für das Design von zwei- bis sechsfach koordinierten Metallkomplexen eingesetzt werden (Abb. 7.15). Die maximale Koordinationszahl für Übergangsmetallkomplexe beträgt sogar 9. Lanthanoide und Actinoide können Komplexe mit Koordinationszahlen bis 12 durch das zusätzliche Vorhandensein von f-Orbitalen ausbilden.

Abb. 7.15 Darstellung einiger Übergangsmetall-Koordinationsumgebungen mit einer Koordinationszahl von 2 bis 6 und Nennung von typischen Metallkationen, die diese Umgebungen bilden können

Anzahl Liganden	Koordinationsgeometrie
2	Linear L—M—L M = Ag^{+}, Au^{+}, Hg^{+}
3	Trigonal-planar 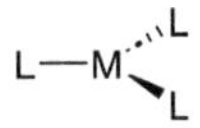 M = Cu^{+}
4	Tetraedrisch 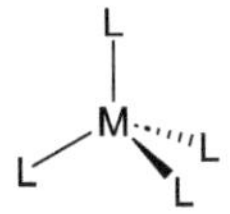 M = Co^{2+}, Cd^{2+}, Zn^{2+} Quadratisch-planar 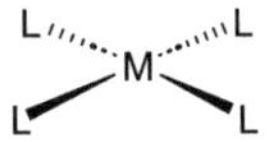 M = Cu^{2+}, Ni^{2+}, Pd^{2+}, Pt^{2+}
5	Trigonal-bipyramidal 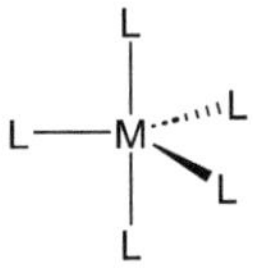 M = Mn^{3+}, Fe^{3+}, Co^{3+}, Ni^{3+} Quadratisch-pyramidal 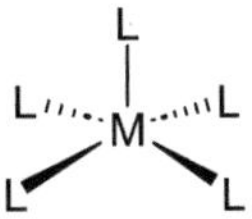 M = $Re^{5+/6+}$, Cr^{5+}, $Tc^{5+/6+}$ als Monooxido- und -nitridokomplexe
6	Oktaedrisch 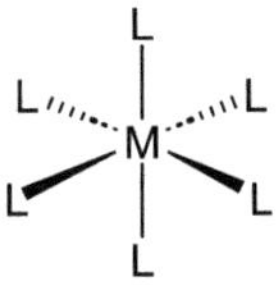 M = $Co^{2+/3+}$, Ni^{2+}, $Fe^{2+/3+}$, $Mn^{2+/3+}$, Zn^{2+}, Cd^{2+}

Komplexe mit der Koordinationszahl 2 und damit mit zwei koordinierenden Liganden werden lineare Geometrien erhalten. Bei einer Koordinationszahl von 3 werden trigonal-planare Komplexe gebildet. Beide Geometrien sind relativ selten und werden hauptsächlich in d^{10}-Systemen wie Kupfer(I), Silber(I), Gold(I) und Quecksilber(II) gefunden. Dies zeigt, dass d-elektronenreiche Metalle eher niedrige Koordinationszahlen aufweisen. Koordinationszahlen kleiner als 4 können auch durch sterisch anspruchsvolle Liganden begünstigt werden, da dort die Koordination weiterer Liganden aufgrund des sterischen Anspruchs und der damit einhergehenden Repulsion verhindert wird. Komplexe mit vier koordinierenden Liganden bzw. einer Koordinationszahl von 4 kommen häufig vor und können in zwei Geometrien auftreten. Quadratisch-planare Komplexe sind typisch für d^8-Ionen wie Palladium(II), Platin(II), Gold(III), Iridium(I) und Rhodium(I), da es bei diesen Metallionen zu einem Energiegewinn durch die Erniedrigung des d_z2-Orbitals kommt.

Tetraedrische Komplexe werden besonders bei kleinen Metallatomen und durch große und/oder stark geladene Liganden wie Halogenidanionen begünstigt und treten meist bei Metallen mit d^0-und d^{10}-Konfiguration auf. Auch werden tetraedrische Komplexe oft bei Co^{2+} mit d^7-Konfiguration beobachtet, da dort ein relatives Maximum der CFSE erreicht wird. Mit einer Koordinationszahl von 5 können sowohl trigonal-bipyramidale als auch quadratisch-pyramidale Komplexe gebildet werden. Diese Geometrien sind fluktuierende Gebilde mit fast gleicher Energie, die dadurch leicht ineinander überführt werden können (Berry-Pseudorotation) und bei denen auch Zwischenformen auftreten können. Am häufigsten tritt die Koordinationszahl 6 auf, bei der die meisten Komplexe eine reguläre oktaedrische Anordnung oder eine tetragonale, trigonale oder rhombisch verzerrte oktaedrische Anordnung besitzen. Diese oktaedrische Anordnung ermöglicht die maximale Metall-Ligand-Bindungsenergie bei gleichzeitig minimaler Ligand-Ligand-Abstoßung. Oktaedrische Komplexe mit Cr^{3+} (d^3, jedes Orbital in t_{2g} jeweils mit einem Elektron besetzt) und mit Co^{3+}, Rh^{3+}, Ir^{3+} und Pt^{4+} (alle Low-Spin-d^6, alle 6 Elektronen in Orbitalen von t_{2g}) sind kinetisch inert, da sie ein Maximum der CFSE besitzen.

Ligandensubstitutionsreaktionen an Komplexen mit diesen Metallatomen sind langsam. Bei einzelnen Konfigurationen wie High-Spin-d^4 (Chrom(II)), Low-Spin-d^7 (Nickel(III)) und insbesondere d^9 (Kupfer(II)) des Übergangsmetallzentrums sind tetragonale Verzerrungen der oktaedrischen Ligandenanordnung in Richtung einer gestreckten oder gestauchten quadratischen Bipyramide durch einen Jahn-Teller Effekt möglich. Geometrien mit trigonal-prismatischer Ligandenanordnung sind eher selten. Metalle mit 3d-Oribtalen neigen zu Komplexen mit zwei- bis sechsfacher Koordination, wohingegen bei Übergangsmetallen der 4d-, 5d-, 4f- und 5f-Reihe häufig höhere Koordinationszahlen von über 6 auftreten. Allgemeine und genaue Voraussagen von Reaktionen und Komplexstrukturen sind wegen der Vielzahl von Zentralatomen, unterschiedlichsten Liganden und der enormen Kombinationsmöglichkeiten aus Metall und Ligand und verschiedenen auftretenden Wechselwirkungen insgesamt sehr schwierig und weitaus komplizierter, als es in rein organischen Verbindungen der Fall ist.

7.1.4.3 Zusätzliche Wechselwirkungen in Metallkomplexen

Zu den schwächeren Kräften, die Metall-Ligand-Komplexe steuern, gehören Van-der-Waals-Kräfte, π-π-Wechselwirkungen, Wasserstoffbrückenbindungen und die Stabilisierung von π-Bindungen durch polarisierte Bindungen zusätzlich zu der zwischen dem Metall und dem Liganden gebildeten Koordinationsbindung. Diese intermolekularen Kräfte sind schwächer als kovalente Bindungen und weisen einen längeren Gleichgewichtsabstand (Bindungslänge) auf. π-π-Wechselwirkungen können bei der Bildung des Koordinationspolymers von entscheidender Bedeutung sein, vor allem bei Metallkomplexen mit aromatischen stickstoffhaltigen Liganden. Aromatisch-aromatische Wechselwirkungen beinhalten eine Ausrichtung von Fläche zu Fläche (mit oder ohne Versatz) und Ausrichtung von Kante zu Fläche (C-H···π-Wechselwirkungen) (s. auch Abschn. 7.3 und Abb. 7.23). Diese Wechselwirkungen basieren auf der Summe mehrerer Beiträge (elektrostatische Wechselwirkungen, Van-der-Waals-Wechselwirkungen, Abstoßung und Ladungsübertragung), und die aromatischen Ringe stapeln sich vorzugsweise optimal, um alle abstoßenden Wechselwirkungskomponenten zu minimieren und die Anziehung zu maximieren.

7.2 Polymerisation über Wasserstoffbrückenbindungen

Während wir uns in diesem Kapitel bisher mit den allgemeinen Grundlagen und theoretischen Aspekten der supramolekularen Polymerisation näher beschäftigt haben, werden in diesem und den folgenden Abschnitten verschiedene Systeme näher vorgestellt, die entsprechende Polymere bilden können. Unterteilt werden diese vorrangig nach den zentralen Wechselwirkungskräften, und der Fokus wird auf den Aufbau der supramolekularen Bindungselemente gelegt. Spezifische Polymersysteme und ihre Eigenschaften werden nur als Anschauungsbeispiele herangezogen. Für einen detaillierteren Einblick in diese Aspekte verweisen wir auf die weiterführende Literatur und die zahlreichen Übersichtsartikel zu dem Thema.

Unter den verschiedenen vorgestellten nichtkovalenten Wechselwirkungen kommen den Wasserstoffbrückenbindungen eine besondere Bedeutung zu, und sie stellen eine der am häufigsten verwendeten Wechselwirkungen für die Bildung supramolekularer Polymere dar. Das Potenzial dieser Wechselwirkungen wurde bereits sehr früh erkannt, nachdem zunehmend natürlich vorkommende supramolekulare Strukturen identifiziert worden waren, wie z. B. die Struktur der DNA-Doppelhelix oder die Faltung von Proteinen, die eben auf kooperativen und gerichteten Wasserstoffbrücken beruhen. Diese hohe Richtungsabhängigkeit und Spezifität ermöglichen einen gezielten Aufbau selektiver supramolekularer Bindungen und durch Kombination komplementärer Gruppen auch die Bildung von supramolekularen Polymeren. Entscheidend hierbei ist die Kombination mehrerer Wasserstoffbrückenbindungen, die einzeln zwar relativ schwach ausfallen, aber in Synergie eine ausreichende Wechselwirkung zwischen den Bindungspartnern für eine Polymerisation erwirken können. Ausgehend von den verschiedenen natürlichen Wasser-

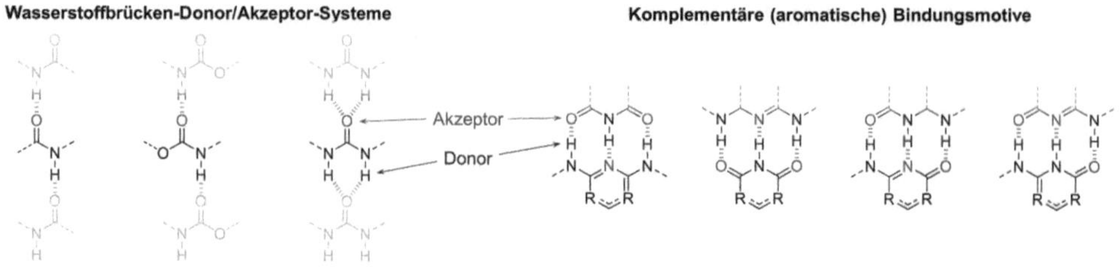

Abb. 7.16 Schematischer Überblick der gängigsten wasserstoffbrückenbildenden Gruppen für supramolekulare Polymerisationen: beidseitig bindende Gruppen (links) und komplementäre Bindungspartner (rechts)

stoffbrückenstrukturen entwickelte sich über die letzten Jahrzehnte eine Vielzahl an funktionellen Molekülen und chemischen Strukturelementen, welche mehrere gerichtete Wasserstoffbrückenbindungen aufbauen und in Monomeren für supramolekulare Polymerisationen kombiniert werden können. Ein Überblick gängiger Gruppen ist in Abb. 7.16 dargestellt.

Strukturell kann bei wasserstoffbrückenbildenden Systemen zwischen beidseitig bindenden chemischen Gruppen (z. B. Amid-, Harnstoff- oder Urethangruppen) und Molekülen, die aufgrund komplementärer Bindungsstellen paarweise Komplexe bilden, unterschieden werden. Auch Erstere sind meist komplementär, was darauf beruht, dass die beiden reaktiven Seiten H-Donor bzw. H-Akzeptor darstellen (AB-Monomere). Eine orientierte Aggregation führt zu den oben bereits eingeführten Stapelstrukturen und so auch final zu supramolekularen Polymeren. Natürliche Beispiele für komplementäre Moleküle stellen die Basenpaare dar. Aufbauend auf diesen Motiven wurde allerdings auch eine Reihe synthetischer Systeme entwickelt, die u. a. bei einem symmetrischen Aufbau auch selbstkomplementär sind, d. h. zwei identische Bausteine eine Bindung aufbauen können (A_2-Monomere). Solche Bindungstypen sind vorrangig in supramolekularen Ring-Kette-Polymerisationen zu finden.

Eine Sonderstellung nehmen Strukturen ein, die gezielt für die Bildung von supramolekularen Polymeren in Wasser entwickelt wurden. Wasser selbst stellt einen äußerst effektiven Bindungspartner sowohl als H-Donor als auch als Akzeptor dar und wird daher in starke Konkurrenz zur gewünschten supramolekularen Bindung treten. In der Folge sind supramolekulare Polymere, die allein auf Wasserstoffbrückenbindungen beruhen, in Wasser kaum zu realisieren. Ähnlich zu natürlichen Systemen können hydrophobe Gruppen eine Aggregation signifikant unterstützen. Entsprechende Strukturelemente bewirken eine Phasenseparation (**hydrophober Effekt**) und schirmen damit die Wasserstoffbrückenbindungen von den umgebenden Wassermolekülen ab. Häufig ergibt sich aus dieser Kombination auch ein **kooperativer Effekt**.

Im Folgenden werden zentrale Strukturmerkmale der beiden unterschiedlichen Systeme jeweils näher betrachtet und gängige Vertreter auch mit Beispielen für wässrige Systeme vorgestellt.

7.2.1 Beidseitig bindende Wasserstoffbrücken-Donor/Akzeptor-Systeme

7.2.1.1 Aminosäurebasierte Strukturen

β-Faltblatt-Strukturen, wie sie in Proteinen und Peptiden auftreten, stellen ein natürliches Motiv für die Bildung supramolekularer Polymere auf Basis von Wasserstoffbrückenbindungen dar. Bekannt sind vor allem die negativen Folgen entsprechender Fehlaggregationen in der Natur, wie sie bei Parkinson, Alzheimer, Prionenkrankheiten oder Typ-II-Diabetes auftreten, welche mit der Bildung von polymerartigen Amyloidfasern einhergehen. Allgemein entstehen β-Faltblatt-Strukturen durch Wasserstoffbrückenbindungen zwischen mehreren gestapelten Peptidsträngen. Grundsätzlich wird zwischen einer **parallelen** und **antiparallelen Anordnung** (Abb. 7.17) dieser Stränge unterschieden.

Die Aminosäuresequenz supramolekular aggregierender Systeme besteht in der Regel aus mehreren Wiederholungen einer Diade mit einer hydrophoben und einer hydrophilen Aminosäure. Die Wasserstoffbrückenbindungen werden zwischen den Amideinheiten im Peptidrückgrat aufgebaut und sind in Faserrichtung ausgerichtet. Das resultierende Faserband ist aufgrund der Chiralität des Peptids verdreht, und die Aminosäurereste stehen senkrecht zur Ebene. Im Fall der beschriebenen alternierend hydrophob-hydrophilen Aminosäuresequenz nimmt das Band eine amphiphile Struktur mit einer hydrophilen und einer hydrophoben Seite an. Die Dimerisierung von zwei Bändern durch hydrophobe Wechselwirkungen in Wasser führt zur Bildung eines verstärkten Bands mit zwei hydrophilen Seiten, welche die Struktur stabilisieren und eine weitere Aggregation verhindern. Die gebildeten Fasern können bei einem Durchmesser von nur wenigen Nanometern bis zu mehreren Mikrometern lang werden und sind sehr widerstandsfähig gegen einen enzymatischen Abbau, was wiederum bei den oben genannten Krankheiten ein großes Problem darstellt.

Abgeleitete synthetische Systeme beruhen ebenfalls sehr häufig auf einem entsprechenden amphiphilen Charakter, da in der Regel wässrige Umgebungen im Fokus der Forscher stehen. Der zusätzliche hydrophobe Effekt begünstigt oder induziert sogar die Aggregation

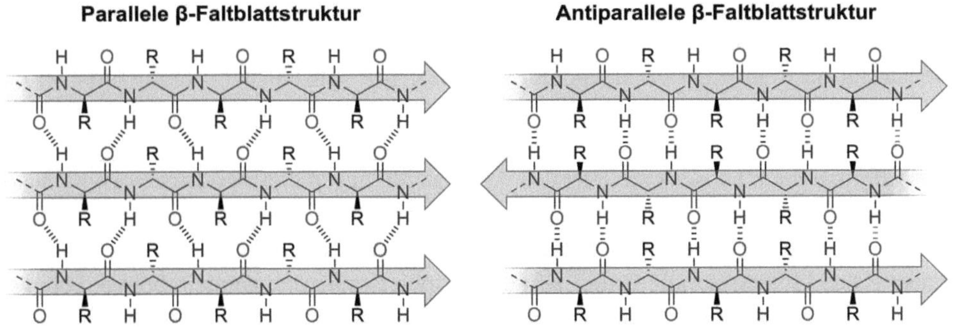

Abb. 7.17 Schematischer Ausschnitt einer parallelen (links) und antiparallelen (rechts) β-Faltblatt-Struktur mit verschiedenen Aminosäureresten R

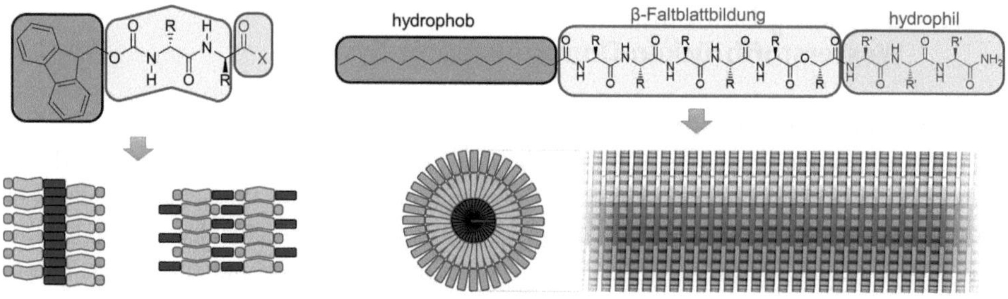

Abb. 7.18 Links: Fluorenbasiertes Peptid mit schematischer Darstellung möglicher Aggregationsarten als Beispiel für aromatische Peptidbausteine. Rechts: Beispiel eines amphiphilen Peptids mit langen aliphatischen Ketten, welche in Fasern aggregieren

in Wasser und ermöglicht damit erst eine supramolekulare Polymerisation. Typische hydrophobe Gruppen sind aromatische Verbindungen wie z. B. Fluorenylmethoxycarbonyl-Schutzgruppen (Fmoc) oder aliphatische Ketten, wie sie z. B. in Fettsäuren gefunden werden. Aber auch die entsprechende blockartige Anordnung von hydrophoben und hydrophilen Aminosäuren kann solche amphiphile Strukturen erzeugen. Allgemeine Beispiele für aliphatische und aromatische Systeme mit einer schematischen Darstellung der entsprechenden Aggregation sind in Abb. 7.18 gegeben.

Bereits in den 1970er-Jahren wurden starke Wechselwirkungen zwischen cyclischen Peptiden vorhergesagt, die analog zu β-Faltblatt-Strukturen mithilfe von Wasserstoffbrückenbindungen lange röhrenförmige Stapel bilden. Entscheidend für eine entsprechende Anordnung ist eine wechselnde Chiralität der enthaltenen Aminosäuren. Daher müssen natürliche L-Aminosäuren alternierend mit nichtnatürlichen D-Aminosäuren kombiniert werden, um die Aminosäurereste orthogonal zu den Wasserstoffbrücken zu orientieren und eine planare Struktur zu erzeugen. Experimentell gelang es erst 1993, entsprechende Cyclopeptide nachzuweisen und zu belegen, dass diese starren, scheibenförmigen Strukturen zu langen säulenförmigen Nanoröhren stapeln (Ghadiri et al. 1993). Eine allgemeine Struktur ist in Abb. 7.19 wiedergegeben.

Die Amidbindungen sind in diesen Cyclopeptiden senkrecht zur Ringebene ausgerichtet, und die Aminosäurereste zeigen aufgrund der alternierenden Chiralität in allen Fällen äquatorial nach außen. Der Innenraum kann über die Anzahl der Aminosäuren in der Ringstruktur im Durchmesser variiert werden. Allerdings muss eine gerade Anzahl von Atomen in der Hauptkette beibehalten werden.

Aufgrund ihrer Tendenz zur lateralen Aggregation liegen diese cyclischen Peptidnanoröhren in Lösung jedoch selten als eindimensionale Strukturen vor, sondern bilden parallel orientierte Überstrukturen. Um lineare supramolekulare Polymere zu schaffen, müssen entsprechend stabilisierende Gruppen in der Peripherie integriert werden. Infrage kommen hierfür geladene Reste der Aminosäuren, aber auch die Anbindung synthetischer Polymere, die aufgrund ihrer elektrostatischen Abstoßung bzw. ihres sterischen Anspruchs diese laterale Aggregation verhindern. Im letzteren Fall wird analog zu kovalenten Polymeren

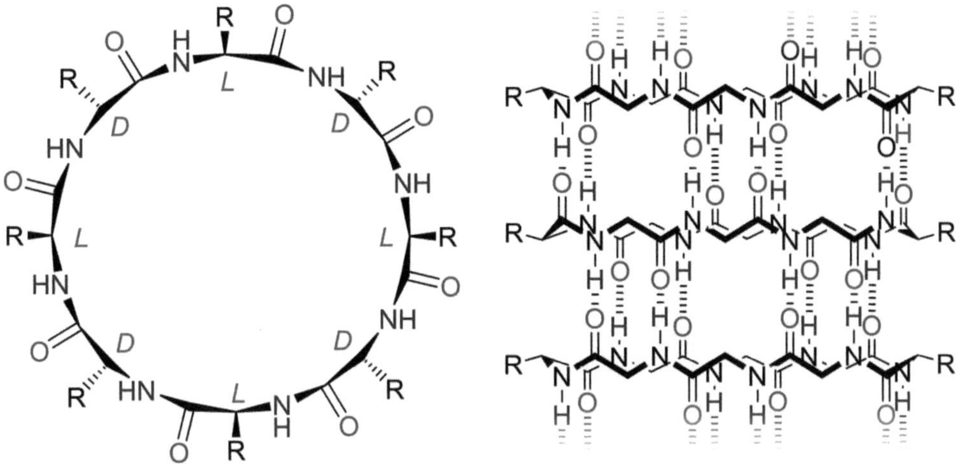

Abb. 7.19 Struktur eines alternierenden L/D-Cyclopeptids mit acht Aminosäuren und entsprechende Nanoröhren bei Aggregation über parallele Wasserstoffbrückenbindungen

auch von supramolekularen Kamm- oder Flaschenbürstenpolymeren gesprochen. Dass eine supramolekulare Polymerisation trotz der selbst makromolekularen Monomere möglich ist, verdeutlicht nochmals die starken Wechselwirkungen, die zwischen den cyclischen Oktapeptiden entstehen.

7.2.1.2 Synthetische Amid- und Harnstoffbausteine

Neben den der Natur nachgeahmten Peptiden gibt es auch synthetische Molekülstrukturen, die in der Lage sind, beidseitig starke Wasserstoffbrückenbindungen aufzubauen. Ein weit verbreiteter Baustein ist das Benzol-1,3,5-tricarboxamid (BTA). Dieser Baustein und entsprechende Derivate bilden supramolekulare Polymere aufgrund der C3-symmetrisch angeordneten Amidbindungen. Diese bilden im Kontrast zu Peptiden parallel angeordnete Wasserstoffbrückenbindungen, die ein Stapeln der Bausteine hervorrufen und so eine lineare supramolekulare Polymerisation bewirken (Abb. 7.20). Der aromatische Charakter des Benzolrings wirkt allerdings einer vollständig senkrechten Orientierung der Amidbindungen entgegen, was zu einer Verkippung der Wasserstoffbrücken und damit zu einer helikalen Anordnung entlang der Polymerkette führt. Die beschriebenen supramolekularen Polymerisationen besitzen meist einen kooperativen Charakter, allerdings ist dies von der Substitution der Amideinheiten sowie dem umgebenden Lösungsmittel abhängig.

Die parallele Anordnung der Wasserstoffbrückenbindungen stellt eine Besonderheit dar und führt allgemein zu einer Polarisierung der einzelnen Fasern. Um diesen energetisch ungünstigen Effekt auszugleichen, kommt es auch in diesen Strukturen zu lateralen Aggregationen (mindestens einer Dimerisierungen von Fasern). Alternativ können auch Peptidbindungsmotive durch Konjugation der Amidgruppen mit mindestens einer Aminosäure integriert werden, die intrinsisch für einen Ausgleich sorgen. Zusätzlich wird hierdurch die Anzahl der möglichen Wasserstoffbrückenbindungen zwischen den Monomer-

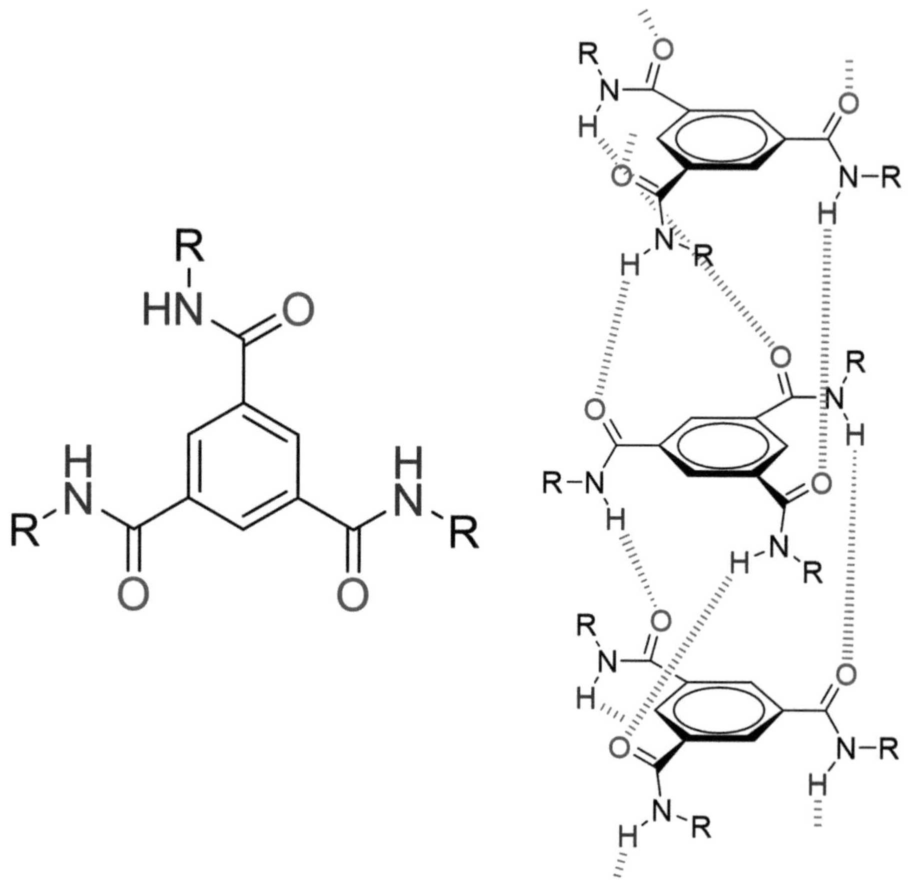

Abb. 7.20 Grundstruktur eines Benzol-1,3,5-tricarboxamids (BTA) und entsprechende schematische Darstellung der Aggregation zu einer Helix mittels Wasserstoffbrückenbindungen

bausteinen verdoppelt bzw. werden im Fall aromatischer Aminosäuren auch π-π-Wechselwirkungen eingeführt. Eine Vielzahl an weiteren Modifikationen sind darüber hinaus realisierbar, und auch asymmetrisch substituierte Materialien wurden beschrieben, was die Vielseitigkeit dieses generellen Motivs beschreibt. Der Einbau hydrophober Substituenten ermöglicht auch in diesem Fall eine supramolekulare Polymerisation in wässriger Umgebung.

Neben Amidbindungen stellen Harnstoffderivate ein verbreitetes Motiv dar, welches aufgrund seines starken Akzeptorcharakters und als doppelter Wasserstoffdonor sehr geeignet für die Ausbildung ausreichender supramolekularer Wechselwirkungen ist. Analog den zentrosymmetrischen Benzoltricarboxamiden können vergleichbare aromatische Systeme aus den entsprechenden Harnstoffderivaten aufgebaut werden. Weiter verbreitet sind allerdings Bis-Harnstoff-Strukturen, die beispielsweise aus technischen Isocyanaten wie dem Toluoldiisocyanat hergestellt werden können. Durch Reaktion mit einfachen aliphatischen Aminen können so symmetrische, aber auch unterschiedlich substituierte Monomerbausteine kreiert werden, die in organischen Lösemitteln über einen kooperativen Prozess stapeln und supramolekulare Polymere bilden. Je nach Struktur der Gruppen an den Harnstoffen, der Art und Position von Substituenten am aromatischen Kern oder auch dem umgebenden Lösemittel ergeben sich unterschiedliche supramolekulare Anordnungen. Entsprechend wurden sowohl faden- als auch röhrenförmige Morphologien beobachtet. Während Erstere aus einzelnen Stapeln mit paralleler Orientierung der Wasserstoffbrückenbindungen bestehen und sehr dynamisch sind, ist die röhrenförmige Struktur robuster, und das Dipolmoment wird aufgrund antiparalleler Anordnung der Harnstoffe ausgeglichen. Die genaue strukturelle Analyse dieser Systeme verdeutlicht die Bedeutung verschiedener Faktoren und die Anordnung der Wasserstoffbrückenbindungen. Die hohe Wechselwirkungsstärke der Harnstoffderivate wird ebenfalls wieder an der Eigenschaft ersichtlich, dass auch makromolekulare Monomerbausteine auf Basis von Bis-Harnstoff-Derivaten zur Aggregation bzw. supramolekularen Polymerisation tendieren. Im Fall von wässrigen Umgebungen ist allerdings auch eine ausreichende Abschirmung des Wassers mittels hydrophober Gruppen notwendig.

7.2.2 (Selbst-)komplementäre Bindungsmotive

Bereits 1990 erschienen in ersten Arbeiten von J.-M. Lehn supramolekulare Polymere aufbauend auf niedermolekularen Monomeren (Fouquey et al. 1990), die mit mindestens zwei komplementären wasserstoffbrückenbildenden Gruppen versehen sind. In diesem Fall wurden abgeleitet von den natürlichen Basenpaaren der DNA Uracileinheiten mit Diaminopyridingruppen analog einer AA/BB-Typ-Stufenwachstumspolymerisation kombiniert. Das Resultat war ein flüssigkristallines supramolekulares Polymer, welches über einen breiten Temperaturbereich stabil war. Die einzelnen Monomere bildeten hingegen keine flüssigkristallinen Phasen aus. Verschiedene komplementäre Bindungsmotive wurden mittlerweile entwickelt, die bis zu sechs parallel koordinierte Wasserstoffbrückenbindungen eingehen. Ein Überblick der gängigsten Motive ist in Abb. 7.21 dargestellt.

In Analogie zu klassischen Stufenwachstumspolymerisationen können durch unterschiedliche Kombination sowohl AB- als auch AA/BB-Monomere aufgebaut werden. Jedoch ist es bei diesen supramolekularen Bindungen auf Basis von Wasserstoffbrücken auch möglich selbstkomplementäre Systeme (A_2-Monomere) zu generieren. Entsprechende Motive besitzen Kaskaden an H-Donor-Gruppen (D) und H-Akzeptor-Gruppen (A), die alternierend (DADA) oder gruppiert (DDAA) auftreten können. Ein effektives Beispiel für solch ein selbstkomplementäres Motiv wurde 1997 von R. P. Sijbesma und E. W. Meijer beschrieben (Sijbesma et al. 1997), welche als Erste demonstrierten, dass solch supramolekulare Polymere auch in Lösung generiert werden können, auch wenn es zu einer Konkurrenz mit Ringstrukturen je nach Flexibilität der Brücken kommen kann. Der entscheidende Baustein ist eine Ureidopyrimidinon-Einheit, die mittels selbstkomplementären vierfachen H-Bindungen starke supramolekulare Bindungen aufbauen kann.

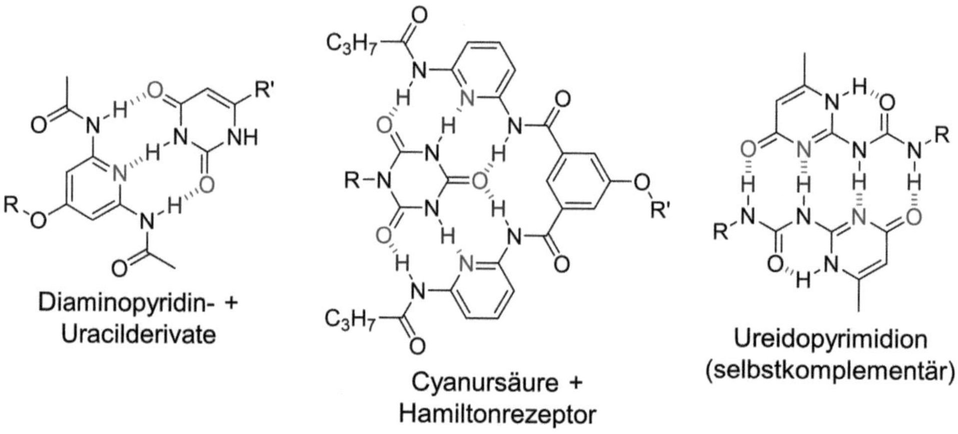

Abb. 7.21 Beispiele für (selbst-)komplementäre Motive und Bindungsstrukturen mit multiplen Wasserstoffbrückenbindungen

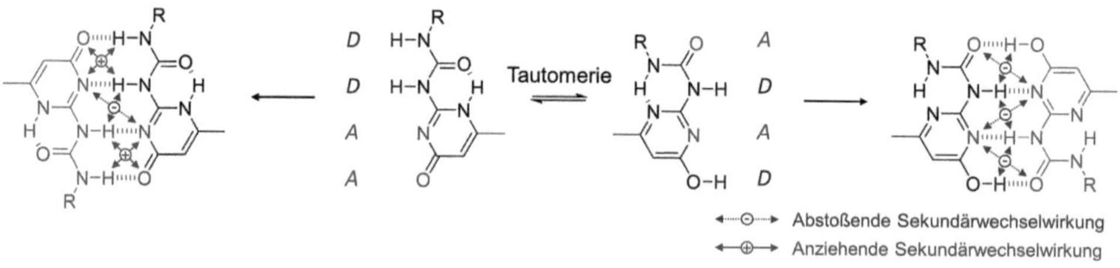

Abb. 7.22 Vergleich der verschiedenen Tautomere des Ureidopyrimidinon mit entsprechenden Bindungsmustern und den zugehörigen abstoßenden bzw. anziehenden Wechselwirkungen. (Nach Beijer et al. 1998)

Beruhend auf einem tautomeren Gleichgewicht bildet sie entweder eine DDAA- oder eine DADA-Struktur aus. Das Gleichgewicht zwischen den beiden Strukturen hängt stark von der Substitution des aromatischen Rings ab, wobei stark elektronenziehende Gruppen das Enol-Tautomer begünstigen. An diesem Beispiel wird sehr gut nachvollziehbar, wie Wechselwirkungen zwischen sehr ähnlichen Verbindungen auch von der Anordnung der parallelen Wasserstoffbrücken abhängen. In Abb. 7.22 sind die Unterschiede schematisch dargestellt. Während eine gleiche Anzahl an direkten Wasserstoffbrückenbindungen in beiden Fällen ausgebildet wird, sind indirekte Interaktionen für zusätzliche **abstoßende** oder auch **anziehende Kräfte** verantwortlich. In der Folge ergeben sich aus der gruppierten Struktur (DDAA) je nach Lösungsmittel Dimerisierungskonstanten $K_{\mathrm{Dim}} > 10^7\ \mathrm{M}^{-1}$, welche mindestens eine Größenordnung höher sind als im Fall der alternierenden DADA-Struktur.

Zahlreiche Derivate und strukturell ähnliche Motive wurden in der Folge entwickelt. Ein interessanter Effekt, der bei diesen planaren Strukturen beobachtet wurde, ist eine zusätzliche Aggregation durch ein Stapeln der Dimere und damit einer Ausbildung von supramolekularen Fasern. Entscheidend für diese zusätzliche supramolekulare Aggregation sind die aromatischen und hydrophoben Wechselwirkungen zwischen den planaren Dimeren, wie sie im Folgenden (Abschn. 7.3) näher betrachtet werden.

7.3 Aggregation planarer aromatischer Systeme

Aromatische Systeme sind in der Lage, Wechselwirkungen einzugehen, die über reine Van-der-Waals-Wechselwirkungen hinausgehen. Nichtsdestotrotz zählen diese Wechselwirkungen zu den vergleichsweise schwachen Interaktionen, und es erfordert ausgedehnte aromatische Systeme, um Wechselwirkungen auszubilden, die überhaupt für supramolekulare Organisationen infrage kommen. Aufgrund der planaren Geometrie der entsprechenden aromatischen Strukturen bilden sich allerdings leicht parallel orientierte, gestapelte Strukturen. Interessanterweise ist mittlerweile gut untersucht, dass solche π-π-Wechselwirkungen zwischen aromatischen Nukleobasen auch in der DNA einen wichtigen Faktor bei die Strukturbildung darstellen. Allerdings gibt es nach wie vor Diskussionen über die tatsächliche Art der Wechselwirkung und der daran beteiligten Kräfte. Allgemein wird von einer Wechselwirkung zwischen der π-Elektronenwolke und dem σ-Gerüst der aromatischen Systeme ausgegangen. Aber auch intermolekulare Dipol-Dipol-Wechselwirkungen zwischen den leicht polarisierbaren Aromaten sind möglich. Berechnungen ergeben beispielsweise eine bevorzugte Konformation von Benzol in einem rechtwinklig angeordneten T- oder Y-förmigen Dimer in der Gasphase. Aber auch eine parallel versetzte Anordnung ist energetisch günstig, während eine flächenzentrierte parallele Stellung eher ungünstig erscheint. Letztere ist nur bei einer Wechselwirkung zwischen elektronenarmen und elektronenreichen Aromaten vorteilhaft. Ein schematischer Überblick der allgemeinen Aggregationsformen am Bespiel des Benzols ist in Abb. 7.23 gegeben.

Ausgedehnte aromatische Systeme nehmen vor allem parallele Anordnungen ein, wobei auch wieder eine flächenzentrierte oder versetzte Geometrie möglich ist. Da bei einer planaren Struktur beidseitig gleiche Bindungen möglich sind, wird auch von einem selbstkomplementären System gesprochen (A_2-Monomere), was allerdings üblicherweise nicht so benannt wird. Aufgrund der sich verändernden spektroskopischen Eigenschaften, wer-

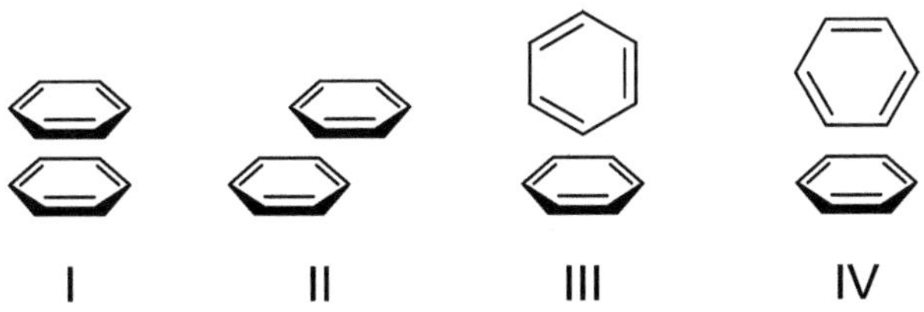

Abb. 7.23 Schematische Darstellung der verschiedenen Anordnungen eines Benzoldimers: I = parallel flächenzentriert, II = parallel versetzt, III = rechtwinklig T-förmig, IV = rechtwinklig Y-förmig

den häufig die Begriffe **H-Aggregat** (deckende parallele Anordnung) oder **J-Aggregat** (versetzte parallele Aggregation) verwendet. Eine Rotation der Struktur ist hierbei ebenfalls möglich. Während in J-Aggregaten eher konstruktive Interferenzen entstehen, was zu einer bathochromen Verschiebung der Absorption führt, sind die Wechselwirkungen in H-Aggregaten eher destruktiv, was zu einer hypsochromen Verschiebung führt. Spektroskopische Untersuchungen an den meist farbigen Aromaten stellen daher eine vergleichsweise einfache Nachweismethode für diese Aggregationen dar.

Im Gegensatz zu Van-der-Waals-Wechselwirkungen, beispielsweise zwischen Alkylketten, gibt es aufgrund der beteiligten π-π-Wechselwirkung und der damit verbundenen fehlenden Konformationsfreiheit eine starke Richtungskomponente. Verhindern konjugierte Reste eine Aggregation nicht, kann es zu einer beidseitigen Interaktion kommen und so zu gerichteten supramolekularen Polymerisation führen. In organischen Lösemitteln liegt in der Regel ein isodesmischer Mechanismus zugrunde, welcher auf die gleichmäßigen π-π-Wechselwirkungen zwischen den aromatischen Molekülen zurückzuführen ist. Allerdings können solvophobe, sterische und Dipoleffekte ausgehend von Heteroatomen durchaus eine signifikante Abweichung bewirken. Insbesondere der hydrophobe Charakter der meisten aromatischen Systeme führt bei Materialien, die mit hydrophilen Resten modifiziert sind, auch zu kooperativen Polymerisationen in wässrigen Umgebungen, wobei der **hydrophobe Effekt** einen auschlaggebenden Anteil an der Triebkraft für diese Aggregation besitzt. In Abb. 7.24 sind verschiedene anellierte aromatische Motive abgebildet, die für supramolekulare Polymerisationen geeignet sind.

Betrachten wir die Reihe an möglichen anellierten Aromaten, sind erste Beispiele für supramolekulare Polymerisationen bereits bei Naphthalenderivaten bekannt, allerdings werden hierbei weitere Wechselwirkungen, wie z. B. Wasserstoffbrückenbindungen, integriert, um eine supramolekulare Polymerisation zu erreichen. Weitreichend untersucht sind allerdings Perylenderivate, insbesondere das erweiterte Perylenbisimid als Grundmotiv. Die Erweiterung des aromatischen Systems mit polarisierenden Imidgruppen begünstigt eine supramolekulare Polymerisation. Perylenbisimide gelten allgemein als eines der am ausführlichsten untersuchten Motive für supramolekulare Polymerisationen. Die

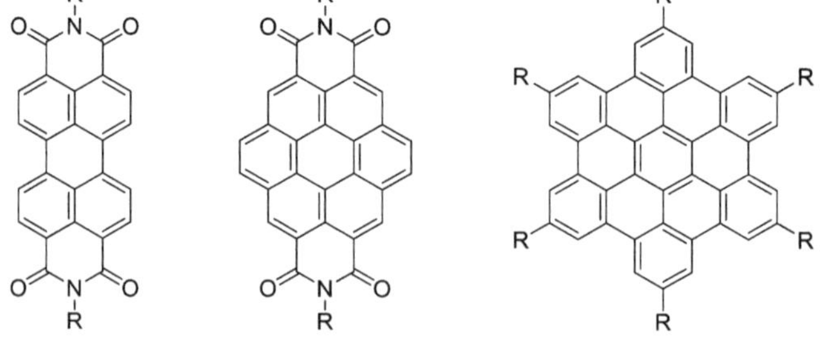

Abb. 7.24 Beispiele für anellierte aromatische Molekülgerüste, die bei geeigneter Substitution in der Lage sind, supramolekulare Polymere aufzubauen. Von links: Perylenbisimide, Coronenbisimide, Hexa-peri-hexabenzocoronene

Moleküle enthalten zwei Carbonsäureimidgruppen, die an gegenüberliegenden Seiten des π-Systems liegen. Verschiedene Substituenten können über diese Imidgruppe eingeführt werden, womit nicht nur weitere reaktive Gruppen eingebracht werden können, sondern auch die Löslichkeit der Systeme variiert werden kann. Alternativ sind auch Modifikationen an aromatischen Positionen entlang des Moleküls, dem sog. Bay-Bereich, möglich. Dies führt allerdings bei Mehrfachsubstitution oder sterisch anspruchsvollen Substituenten zu einer Spannung im aromatischen Ring und einer Verdrillung der sonst planaren Struktur. Klassische **Perylenbisimide**, die keine Substituenten am Aromaten aufweisen, bilden aufgrund einer H-Aggregation meist säulenförmige Stapel, wobei die einzelnen Bausteine innerhalb der Struktur zueinander leicht verdreht sind und eine helikale Anordnung bilden. Substitutionen oder Kombinationen von Perylenbisimidbausteinen führen allerdings auch zu komplexeren Strukturen.

Im Fall der nächstgrößeren Coronene sind ebenfalls nur entsprechende Bisimidstrukturen berichtet, allerdings stellt Hexa-peri-hexabenzocoronen – häufig nur Hexabenzocoronen genannt – ein klassisches Beispiel für einen rein kohlenstoffbasierten anellierten Aromaten dar, welcher in der Lage ist, aufgrund der starken π-π-Wechselwirkungen supramolekulare Polymere zu bilden. Durch Kondensation von 13 Benzolringen in einer C6-symmetrischen Struktur entsteht ein flaches, diskotisches Molekül mit einem Durchmesser > 1 nm. Sie bilden säulenförmige Stapel, die ebenfalls von einer helikalen Anordnung der Einzelbausteine geprägt sind. Um stabile Strukturen in Lösung zu erhalten, sind in der Regel Substituenten an der Peripherie des Hexabenzocoronen erforderlich. Sterisch anspruchsvollere Seitenketten in unmittelbarer Nähe der aromatischen Ebene verringern hierbei die Neigung des Systems, supramolekulare Polymere zu bilden. Während mit hydrophilen Substituenten aufgrund des starken hydrophoben Effekts des Aromaten vergleichbare Strukturen in Wasser erhalten werden, lagern sich amphiphile Derivate mit gegenüberliegenden hydrophilen und hydrophoben Substituenten zu röhrenförmigen Strukturen zusammen.

Neben den bisher aufgeführten kondensierten aromatischen Systemen können auch planare ringförmige Strukturen mit aromatischen Elementen ausreichende π-π-Wechselwirkungen hervorrufen, um eine supramolekulare Polymerisation zu erreichen. Beispiele für solche Motive sind in Abb. 7.25 dargestellt.

Beispielsweise können meta-substituierte Benzolderivate mittels Alkinbrücken in einer planaren Ringstruktur zusammengeführt werden, die in der Lage sind, Nanoröhren mit einer definierten Kavität zu stapeln. Ein im Vergleich kleines Ringsystem stellen natürliche Porphyrinderivate dar, die aber je nach Modifikation und möglichem Metallzentrum durchaus sehr starke Wechselwirkungen eingehen können. Allerdings ist ihr Aggregationsverhalten aufgrund der Geometrie und des nicht immer planaren Charakters, z. B. bei größeren Metallzentren, wesentlich komplexer, und die bisher meistbetrachteten linearen Polymere ausgehend von einem Stapeln der Monomerbausteine stellen nur eine Möglichkeit der Aggregation dar. Um laterale Aggregationen zu minimieren, können stabilisierende Substitutionen an der Peripherie der aromatischen Ebene angebracht werden. Die Triebkraft für eine Dimerisierung zweier unmodifizierter Porphyrine ist vergleichsweise schwach, und häufig bedarf es zusätzlicher Wechselwirkungen für die Bildung stabiler

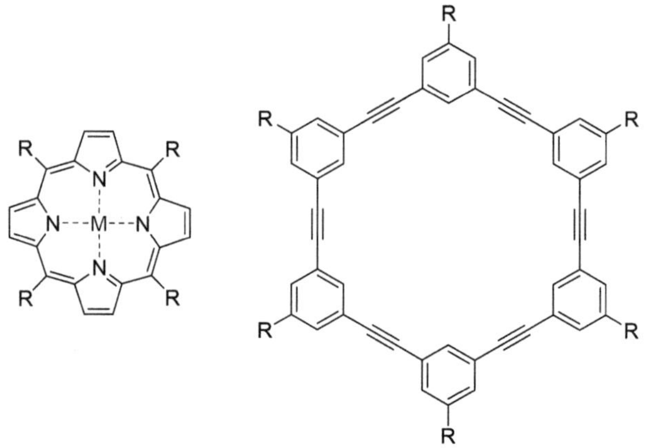

Abb. 7.25 Beispiele für planare aromatische Ringsysteme, die supramolekulare röhrenförmige Strukturen aufbauen können. Links: Porphyrinderivate mit verschiedenen Metallzentren M, rechts: planare alkinverbrückte Benzolringe

Aggregate. Nichtsdestotrotz konnte mit einem Zn-Porphyrin erstmals eine lebende supramolekulare Polymerisation erreicht werden. Hier führt ein komplexes Zusammenspiel von kinetischen und thermodynamischen Effekten zu zwei möglichen Wegen, die zu J-Aggregaten (isodesmische, Nanopartikel) oder H-Aggregaten (lineares Polymer) führen.

Abschließend sollte hier auch darauf verwiesen werden, dass aufgrund der ausgedehnten π-Konjugation in den oben genannten Systemen interessante elektronische und optische Eigenschaften bei diesen Materialien auftreten. Die meisten Monomerbausteine besitzen eine Absorption bzw. Photolumineszenz im sichtbaren Spektrum, die sich mit einer Aggregation in der Regel signifikant verändert. Aus diesem Grund lassen sich die Systeme nicht nur sehr gut mit spektroskopischen Methoden analysieren, sondern sind auch für Anwendungen als Farbstoffe oder Sensormaterialien interessant. Die entsprechenden supramolekularen Polymere sind, sofern sie elektronische gekoppelte Strukturen bilden, auch sehr gut leitfähig, weshalb zunehmend elektronische Anwendungen in den Fokus der Forschung rücken. Näheres zu dieser Thematik ist u. a. in den Übersichtsartikeln von Würthner (Bialas et al. 2021) und Köhler (Brixner et al. 2017) zusammengefasst.

7.4 Polymere aus komplementären Wirt-Gast-Systemen

Auch wenn bereits 1964 der Begriff der Koordinationspolymere (Abschn. 7.5) geprägt wurde, nimmt die Chemie der Wirt-Gast-Systeme eine Pionierrolle in der Entwicklung der modernen supramolekularen Chemie ein. Besonders geprägt wurden diese Systeme durch die Arbeiten der Nobelpreisträger von 1987, D. J. Cram, J.-M. Lehn und C. J. Pedersen, die in den 1960er-Jahren verschiedene (multi-)cyclische Strukturen für selektive Koordination von Metallionen oder anderen organischen Strukturen entwickelten. Allgemein ist zu sagen, dass die damit begründete supramolekulare Chemie auf einer selektiven Einbindung eines Gastmoleküls in eine genau abgestimmte Kavität eines Wirtsmoleküls beruht. Im Vergleich zu den bisher betrachteten Systemen können hierbei nicht einzelne spezifische Wechselwirkungen benannt werden, da in der Regel an der Bindung eines Wirt-Gast-

Komplexes mehrere kooperative Kräfte beteiligt sind, darunter Wasserstoffbrückenbindungen, hydrophobe Effekte, Van-der-Waals-Wechselwirkungen, koordinative Wechselwirkungen oder auch elektrostatische Interaktionen. Die Selektivität für ein bestimmtes Gastmolekül beruht eher auf der Molekülgeometrie des Wirts. Damit entsteht auch eine gewisse Analogie zum, in der Natur häufig anzutreffenden, **Schlüssel-Schloss-Prinzip** bei Bindungen bzw. Reaktionen an Proteinen und Enzymen. Synthetische Systeme beruhen vorwiegend auf makrocyclischen Molekülen, die je nach chemischer Zusammensetzung und Größe unterschiedliche Kavitäten aufweisen. Je nach Art der Kavität kommen als Gastmotive geladene, aromatische oder auch hydrophobe Elemente infrage. Das Prinzip der Wirt-Gast-Systeme kann bei geeigneter Kombination komplementärer Bindungspartner in einem Monomerbaustein auch auf supramolekulare Polymere übertragen werden. Die Spezifität der einzelnen Komplexe ermöglicht dabei auch Kombinationen verschiedener orthogonaler Interaktionen. Darüber hinaus sind auch Systeme möglich, bei denen zwei Gastmoleküle gleichzeitig in die Kavität aufgenommen werden. Daraus resultieren verschiedene Kombinationsmöglichkeiten für supramolekulare Polymerisationen, wie sie in Abb. 7.26 schematisch dargestellt werden.

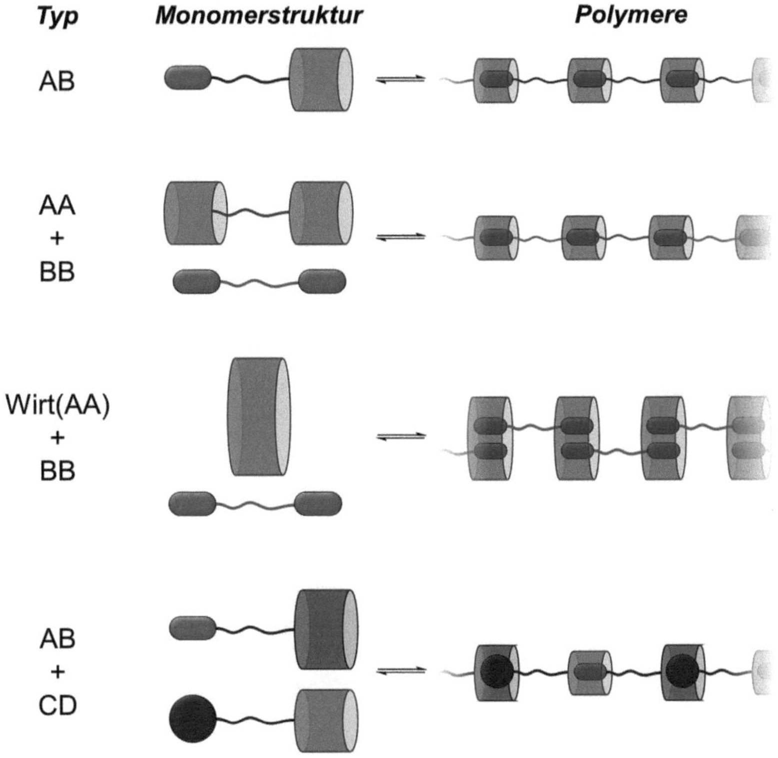

Abb. 7.26 Schematische Darstellung der verschiedenen Monomertypen (links) mit Ausschnitten der resultierenden linearen supramolekularen Polymere (rechts)

Je nach Flexibilität der verknüpfenden Elemente zwischen den Bindungsstellen kommt es zu einer mehr oder weniger ausgeprägten Konkurrenzsituation mit cyclischen Strukturen. Theoretische Betrachtungen hierzu sind in Abschn. 7.1.3.3 näher beschrieben. Während steife Verbindungen den Ringschluss erschweren, ergibt sich bei flexiblen Ketten häufig eine starke Konzentrationsabhängigkeit bei der Bildung von linearen supramolekularen Polymeren.

Im Folgenden werden die gängigsten Strukturmotive für Wirtsmoleküle näher beschrieben und einige repräsentative Beispiele für die Bildung von supramolekularen Polymeren genannt. Ein Überblick weit verbreiteter Wirtsmotive für supramolekulare Polymere ist in Abb. 7.27 gegeben. Näheres zu den verschiedenen Möglichkeiten, die einzelnen Wirt-Gast-Systeme in supramolekularen Polymeren einzusetzen, ist in den Überblicksartikeln von Huang (Dong et al. 2014) und Zhang (Yang et al. 2015) zu finden.

Kronenether und **Kryptanden** bilden klassische Motive, die ursprünglich für die Koordinierung von Metallionen entwickelt wurden. Zunehmend werden aber auch Systeme entworfen, die organische, meist auch geladene Molekülgruppen komplexieren können. Polymerisierende Systeme beruhen meist auf einer AA/BB-Typ-Kombination von symmetrischen Monomeren. Allerdings müssen die entsprechenden Bindungsstellen über sehr steife oder zumindest sehr unterschiedlich große Brücken verbunden werden, um eine reine Dimerisierung zu umgehen. Trotz allem kommt es häufig zu Konkurrenzsituationen mit cyclischen Strukturen, wie oben beschrieben, und viele Systeme bilden nur in höheren Konzentrationen lineare Ketten aus.

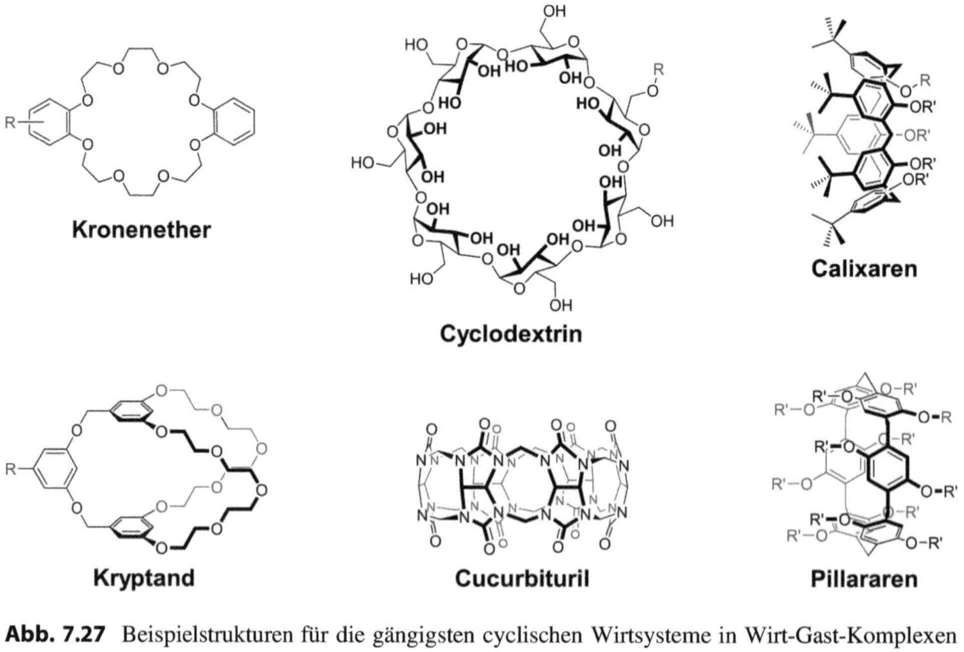

Abb. 7.27 Beispielstrukturen für die gängigsten cyclischen Wirtsysteme in Wirt-Gast-Komplexen mit entsprechenden allgemeinen Bezeichnungen der Motivfamilie

Weit verbreitet in Wirt-Gast-Systemen sind **Cyclodextrinderivate**. Diese cyclischen Oligosaccharide sind aus sechs (α-Form), sieben (β-Form) oder acht (γ-Form) D-Glucose-Einheiten aufgebaut und werden enzymatisch aus Stärke gewonnen, was sie äußerst attraktiv für wässrige und biokompatible Systeme macht. Aufgrund ihrer Konformation zeigen die Hydroxygruppen dieser Ringstrukturen vorwiegend nach außen, was sie hydrophil erscheinen lässt, aber im Inneren eine eher hydrophobe Kavität erzeugt. In der Folge werden in einer wässrigen Umgebung bevorzugt passende hydrophobe Gastmoleküle in diesen Raum eingeschlossen, entsprechend dem hydrophoben Effekt. Beispielsweise können so für β-Cyclodextrine mit Adamantanderivaten Bindungskonstanten im Bereich 10^2 erreicht werden. Entscheidend für die Entwicklung supramolekularer Polymere bzw. der entsprechenden Monomere war eine selektive Modifikation der Cyclodextrine, um so verknüpfte Monomerbausteine mit zwei Bindungsstellen zu erzeugen. Aber ähnlich den Kronenethern und Kryptanden wurde bei entsprechenden AA/BB-Monomersystemen eine starke Abhängigkeit der Polymerisationsgrade von der Steifigkeit dieser Verbindungen beobachtet, was wieder auf eine Konkurrenz mit cyclischen Strukturen zurückgeführt werden kann.

Größere γ-Cyclodextrine sind auch in der Lage, gleichzeitig zwei Wirtsmoleküle in ihrer Kavität aufzunehmen, was diese Motive direkt zu bifunktionellen Monomeren macht. Beispielsweise kann dadurch eine lineare Polymerisation mit verbrückten Cumaringruppen als Gastmoleküle erreicht werden. Die Bevorzugung spezifischer Gastmoleküle je nach Größe der Cyclodextrinringe kann auch genutzt werden, um komplementäre AB-Monomere miteinander zu kombinieren oder orthogonale Systeme aufzubauen.

Cucurbiturile stellen eine weitere Familie von makrocyclischen Wirtssystemen für die Herstellung supramolekularer Polymere dar. Aufgrund ihrer Form wurden diese Strukturen nach Kürbissen (Cucurbita) benannt. Die ringförmigen Moleküle werden durch Kondensation von Formaldehyd und Glycoluril gebildet, wobei letzteres aus einer weiteren Kondensation von Harnstoff und beispielsweise Glyoxal gewonnen wird. Je nach Synthesebedingungen werden vorwiegend Ringstrukturen mit fünf, sechs und sieben Wiederholungseinheiten gebildet, aber auch Ringgrößen mit acht und zehn Einheiten sind isolierbar. Ähnlich den Cyclodextrinen bildet sich eine hydrophobe Kavität, allerdings sind Cucurbiturile trotz der polaren Harnstoffgruppen eher schlecht wasserlöslich. Die starke Polarisierung der Ränder des Rings führt zudem zu einer starken Wechselwirkung mit kationischen Gruppen, weshalb geeignete Gastmoleküle sowohl hydrophobe (aromatische) Bausteine als auch benachbarte positiv geladenen Gruppen enthalten. Während siebengliedrige Derivate eine Vielzahl von Gruppen binden, darunter Adamantan, Ferrocen, Bicyclooctane oder Viologene, sind sie aufgrund der schlechten Modifizierbarkeit nur bedingt als Monomere für supramolekulare Polymerisationen geeignet. Das größere Cucurbituril mit acht Wiederholungseinheiten ist allerdings in der Lage, bis zu zwei Gastmoleküle aufzunehmen, und kann wie γ-Cyclodextrin direkt als bifunktionelles Monomer in einer AA/BB-Polymerisation genutzt werden.

Zwei weitere strukturell verwandte Makrocyclen für supramolekulare Wirt-Gast-Systeme bilden **Calixarene** (vom lateinischen *calix* für „Kelch") und **Pillararene**, die beide zur Familie der Cyclophane gehören. Beide bestehen aus methylenverbrückten Aromaten, die einen Ring verschiedener Größe bilden können. Der Unterschied besteht in einem unterschiedlichen Substitutionsmuster am Aromaten. Während die Methylenbrücken bei Calixarenen in meta-Position zueinander stehen, nehmen sie eine para-Stellung in Pillararenen ein. Entsprechend sind auch die Geometrien unterschiedlich, wobei Calixarene, wie der Name andeutet, häufig eine Kelchform einnehmen und die Aromaten in Pillararenen parallel orientiert sind, ähnlich einer ringförmigen „Säulenstruktur", was die Namensgebung erklärt. Beide Systeme können aus einer aromatischen Kondensation von aktivierten Aromaten mit Formaldehyd erzeugt werden. Die Reaktion verläuft entsprechend der Bildung von Phenolharzen. Ausgehend von para-substituierten Phenolderivaten und einer Anpassung der Synthesebedingungen kann die Ausbeute an ringförmigen Calixarenen gegenüber den linearen Oligomeren und Polymeren erhöht werden. Im Fall der Pillararene werden Hydrochinonderivate als Ausgangsverbindungen genutzt. Durch gezielte Auswahl des Lösemittels, welches als Templat für die Kavität dient, können hier besonders Ringe mit fünf oder sechs Wiederholungseinheiten in hohen Ausbeuten hergestellt werden. Der einfache Einbau einzelner funktionalisierbarer Aromaten in den Ring ermöglicht, variabel verschiedenste supramolekulare Monomere aufzubauen. Beide Systeme bilden vorwiegend mit kationischen, aliphatischen oder aromatischen Gastmolekülen Komplexe aus. Die Wechselwirkung beruht vorwiegend auf einer starken Interaktion der elektronenreichen Aromaten mit den positiven Gruppen, wie z. B. im Fall von Ammoniumionen. Entsprechend können beispielsweise AB-Monomere über die Modifikation mit langkettigen Aminen erreicht werden, wobei es erst mit der Protonierung des Amins zur Ausbildung einer supramolekularen Polymerkette kommt. Aber auch andere Gastmotive, wie **Imidazolium** oder besonders **Viologenderivate**, sind möglich, wobei es wieder zu einem konzentrationsabhängigen Gleichgewicht mit ringförmigen Strukturen kommt. Entsprechend den vorangegangenen Strukturen lassen sich auch in diesen Fällen über die Ringgröße Selektivitäten bzw. bevorzugte Gastmotive einstellen, was eine Vielzahl von Kombinationsmöglichkeiten bietet. Größere Ringe sind ebenfalls in der Lage, mehrere Gastmoleküle aufzunehmen.

Neben synthetischen Bausteinen können auch natürliche Proteine als Monomere für supramolekulare Polymere dienen, die auf einem Wirt-Gast-Prinzip beruhen. Die wohl meistuntersuchten Systeme hierbei stellen die Komplexe aus Biotin und Avidin oder Streptavidin dar. Beide Proteine bilden Tetramere die so bis zu vier Biotingruppen binden können. Werden dann zwei Biotineinheiten verbrückt, bilden sich auch bei geringer Konzentration aufgrund der sehr hohen Affinität ($K_a \sim 10^{14}$–10^{15} M^{-1}) supramolekulare Netzwerke.

Zusammengefasst kann festgehalten werden, dass sich ausgehend von den Molekülen zur selektiven Komplexierung von Metallionen ein breites Feld an organischen Wirt-Gast-Systemen entwickelt hat, die auch in der Lage sind, supramolekulare Polymere zu bilden. Neben diesen Systemen sind aber auch Erfahrungen aus dem ursprünglichen Konzept zur Metallionenbindung in die Entwicklung nichtkovalenter Polymere eingeflossen, wie sie im folgenden Abschnitt näher vorgestellt werden.

7.5 Koordinationspolymere

7.5.1 Allgemeiner Aufbau

Wie bereits in der Einleitung dargestellt, werden klassische Polymere als Moleküle mit hohem Molekulargewicht definiert, die durch die Wiederholung von Monomereinheiten gebildet werden, welche wiederum durch kovalente Bindungen miteinander verbunden sind. Im Vergleich dazu sind Koordinationspolymere unendliche Systeme, die aus Metallionen und organischen Brückenliganden als Hauptelementareinheiten aufgebaut sind, die über Koordinationsbindungen und andere schwache chemische Bindungen verbunden sind. Diese Verbindungen werden bei geordneten Strukturen mit definierten Hohlräumen auch als **metallorganische Koordinationsnetzwerke** oder **metallorganische Gerüstverbindungen** (MOFs) bezeichnet.

Um 1706 stellte der Berliner Farbmacher Diesbach bei dem Versuch, ein rotes Pigment namens Cochineal Red Lake, auch bekannt als roter Florentiner Lack, herzustellen, zufälligerweise das erste künstliche Koordinationspolymer namens Berliner Blau her. Was als Fehler durch verunreinigte Pottasche begann, wurde innerhalb weniger Jahre zu einem wertvollen Pigment, welches nach einem streng gehüteten Rezept kommerziell hergestellt wurde, bis es 1724 in der Zeitschrift *Philosophical Transactions of the Royal Society of London* von John Woodward veröffentlicht wurde (*Praeparatio Caerulei Prussiaci Ex Germania Missa ad Johannem Woodward*, auf Deutsch: Die Herstellung des Preußischblaus. Aus Deutschland geschickt an John Woodward). Neben der Verwendung als Pigment wird oral verabreichtes Berliner Blau in der Medizin auch als Gegenmittel gegen bestimmte Arten von Schwermetallvergiftungen eingesetzt, z. B. für Vergiftungen verursacht durch Thallium(I) oder radioaktive Isotope von Cäsium. Die Therapie nutzt die Ionenaustauscheigenschaften und die hohe Affinität der Verbindung zu bestimmten weichen Metallkationen. Durch diese Eigenschaft steht es auf der Liste der unentbehrlichen Arzneimittel der Weltgesundheitsorganisation, die in einem grundlegenden Gesundheitssystem benötigt werden. Berliner Blau, auch bekannt als Preußischblau, Brandenburgisches Blau und Pariser Blau, ist ein dunkelblaues Pigment, das durch Oxidation von Ferrocyanidsalzen entsteht. Dabei handelt sich um einen Komplex, in dem Eisenionen in den Oxidationsstufen + 2 und + 3 auftreten und über das Cyanidanion ($[C{\equiv}N]-$) verknüpft werden. Daher ist das zentrale Strukturelement die Fe^{2+}-$[C{\equiv}N]$-Fe^{3+}-Sequenz in einem dreidimensionalen, polymeren Gerüst, wie es in Abb. 7.28 dargestellt ist. Der Name „Preußischblau" entstand aus dem Namen für Blausäure (*prussic acid*), wobei auch Blausäure seinen Namen durch die blaue Farbe des Pigments erhalten hat. Der französische Chemiker Joseph Louis Gay-Lussac gab dem Cyanid seinen Namen ebenfalls durch die Farbgebung, da Cyanid vom altgriechischen Wort κύανος (kyanos, „blau"/„cyan") abstammt. Seine tiefblaue Farbe verdankt es Ladungsübertragungsübergängen von Metall zu Metall, die Strahlung im gelb-roten Bereich absorbieren und das blaue Licht als Komplementärfarbe reflektieren.

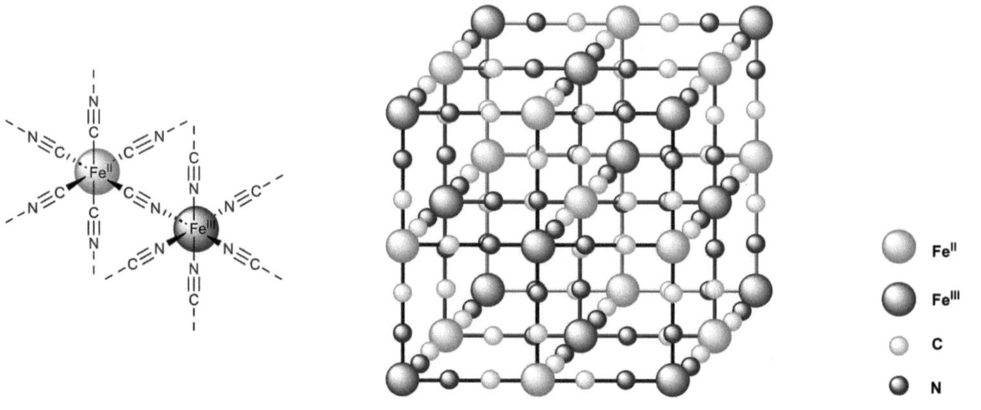

Abb. 7.28 Struktur des Berliner Blaus nach Keggin und Miles ohne Fehlstellen im Kristallgitter und ohne Angaben der Gegenionen, die das Berliner Blau entweder zu einer löslichen (Alkali- oder Ammoniumionen nehmen die Plätze in den Oktaederlücken ein) oder unlöslichen (Eisen(III)-Ionen als Gegenionen) Substanz machen

Der Begriff „Koordinationspolymer“ wurde 1964 von J. C. Bailar definiert, als er organische Polymere mit anorganischen Verbindungen verglich, die als polymere Spezies betrachtet werden können. Im Vergleich dazu stellte er Regeln für den Aufbau und die erforderlichen Eigenschaften neuer Spezies unter Beteiligung von Metallionen und organischen Liganden auf. Die weitere Forschung auf dem Gebiet der Koordinationspolymere wurde durch die Forschung zweier eng verwandter Bereiche verstärkt: Crystal Engineering und (metallo-)supramolekulare Chemie. Das Ziel der Supramolekularen Chemie besteht darin, Molekülanordnungen zu schaffen und Moleküle zu entwerfen, die sich spontan auf vorgegebene Weise zu größeren Architekturen zusammenfügen. Das Gebiet des Crystal Engineering ist ähnlich und versucht zu verstehen, warum sich Moleküle auf diese Weise anordnen, um dann maßgeschneiderte Festkörperstrukturen durch gezielte Steuerung intermolekularer Wechselwirkungen zu designen und zu synthetisieren. Die Kontrolle über diese Anordnungen ermöglicht dann auch die Kontrolle über die Eigenschaften der Substanz. Somit kann Crystal Engineering als „die supramolekulare Chemie des Festkörpers“ betrachtet werden. Viele der Konzepte und Terminologien dieses Forschungsgebiets gelten ebenfalls für Koordinationspolymere. Im Vergleich zu streng kovalent gebundenen 2-D-Polymeren ermöglicht das Einfügen eines Metallions in das organische Gerüst, dass π-d-Orbitalwechselwirkungen einzigartige elektronische, magnetische und optische Eigenschaften schaffen. Alle interessanten optischen, elektrischen und magnetischen Eigenschaften von Koordinationskomplexen können auch in Koordinationspolymere eingebaut werden. Eine einfache Strategie zum Entwurf von Koordinationspolymeren mit spezifischen Eigenschaften besteht daher darin, den entsprechenden monomeren Koordinationskomplex zu untersuchen und ihn durch die Wahl entsprechender Brückenliganden in ein Koordinationspolymer einzubauen, wenn er die gewünschten Eigenschaften aufweist.

Koordinationspolymere bilden ein interdisziplinäres Forschungsfeld, welches ursprünglich aus der anorganischen Koordinationschemie entstanden ist. Die Integration auch anderer Fachbereiche, wie z. B. der Polymerchemie, führt zu einer Vielfalt verschiedenster Verbindungen, jedoch auch zu einer enormen Anzahl an Begrifflichkeiten und Abkürzungen. Diese werden oft nicht einheitlich in den forschenden Arbeitsgruppen verwendet welches einen weiteren Faktor in der Unübersichtlichkeit aller Begrifflichkeiten darstellt.

Koordinationspolymer, Komplexpolymer, Koordinationsnetzwerk und metallorganische Gerüstverbindung

Das **Koordinationspolymer** ist eine Koordinationsverbindung, bei der aus vielen niedermolekularen Liganden/Brückenliganden aufgebaute Hauptketten durch Metallkomplexe und damit durch koordinative Bindungen zusammengehalten werden und sich diese wiederholenden Einheiten in ein, zwei oder drei Dimensionen erstrecken (Abb. 7.29 und 7.31). Diese Art von Polymer muss durch Koordinationsbindungen definiert werden, und daher sind molekulare Spezies, die nur durch Wasserstoffbrückenbindungen verbunden sind, keine Koordinationspolymere. Die Entfernung der Metallzentren würde mit dem Abbau der Polymerketten zu niedermolekularen Produkten einhergehen. Eine weitere Spezifizierung wurde von C. Janiak verfasst: „Im Unterschied zu polymeren Metallcyanid-Netzwerken muss bei Koordinationspolymeren im engeren Sinne in wenigstens einer Dimension ein organischer Brückenligand vorliegen.“ Nach dieser Definition würde Berliner Blau nicht unter den Begriff eines Koordinationspolymers fallen.

Das **Komplexpolymer** ist eine Koordinationsverbindung, die nur an ein bestehendes kovalentverknüpftes Makromolekül oder Polymer komplexiert (Abb. 7.29). Im Gegensatz zum Koordinationspolymer bleibt nach Entfernung der Metallzentren die Integrität der makromolekularen Kette erhalten.

Das **Koordinationsnetzwerk** ist eine Koordinationsverbindung, die sich durch wiederholende Koordinationseinheiten in einer Dimension ausdehnt, wobei Vernetzungen und Netzbildungen zwischen zwei oder mehreren individuellen Einzelketten, Schleifen oder Spirozentren bestehen. Zusätzlich werden auch Koordinationsverbindungen, die sich durch wiederholende Koordinationseinheiten in zwei oder drei Dimensionen ausdehnen, als Koordinationsnetzwerke bezeichnet. Obwohl auch hier oft der Begriff „Koordinationspolymer“ verwendet wird, handelt es sich bei den Koordinationsnetzwerken um eine Untergruppe der Koordinationspolymere. Durch Vernetzung von Einzelketten, die sich weiterhin nur in einer Dimension ausdehnen und daher zugleich 1-D-Koordinationspolymere sind, gilt trotzdem ebenfalls der Begriff „Koordinationsnetzwerk“.

Die **metallorganische Gerüstverbindung** (MOF = Metal-Organic Framework) ist eine Klasse der Koordinationsnetzwerke mit organischen Liganden, die potenziell Hohlräume in ihrer Struktur bildet. Diese Strukturen werden auch als poröse Koordinationspolymere (PCPs) bezeichnet. Einige Koordinationsnetzwerke können dabei sowohl als 2-D/3-D-Koordinationspolymere als auch als MOF betrachtet werden. „Metal-organic“ bezeichnet hier aber nicht das Vorhandensein von Organometallverbindungen mit Metall-Kohlenstoff-Bindungen, sondern explizit die Koordination von Metallatomen und organische Brückenliganden mit verschiedenen Donoratomen (N, O, C, S etc.). Der Begriff „organisch-anorganische Hybridmaterialien“ soll für diese Gerüstverbindungen nach IUPAC nicht verwendet werden.

Die Arbeitsgruppe „Coordination Polymers and Metal Organic Frameworks: Terminology and Nomenclature Guidelines“ der IUPAC (International Union of Pure and Applied Chemistry) widmet sich der Dokumentation, Analyse und Evaluierung der Begrifflichkeiten und des Sprachgebrauchs im Hinblick auf Koordinationspolymere und metallorga-

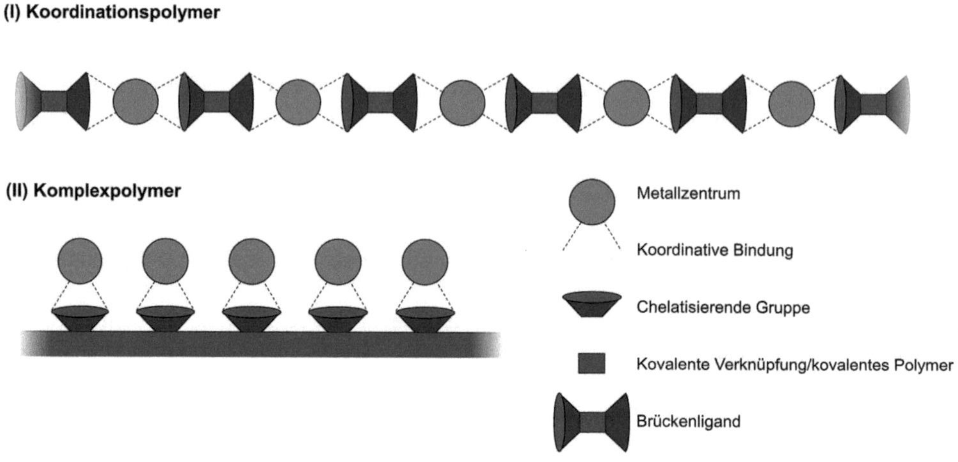

Abb. 7.29 Koordinations- und Komplexpolymere

nische Gerüstverbindungen (MOFs). Trotz der anhaltenden Diskussion darüber, ob metallorganische Gerüste als 3-D-Koordinationspolymere betrachtet werden können, definieren wir hier MOFs als Koordinationsnetzwerke, eine Unterkategorie von Koordinationspolymeren, wie auch von der IUPAC empfohlen. Andere Arbeitsgruppen bevorzugen die Abgrenzung zwischen Koordinationspolymeren und MOFs, da diese auf starken Bindungen basieren, die robuste Gerüste ergeben. Die IUPAC legt folgende Definition für Koordinationsverbindungen fest: „A coordination compound is any compound that contains a coordination entity. A coordination entity is an ion or neutral molecule that is composed of a central atom, usually that of a metal, to which is attached a surrounding array of atoms or groups of atoms, each of which is called ligands."

Mit dem Terminus „usually that of a metal" werden ebenfalls Bor und andere Hauptgruppenelemente miteingeschlossen. Alkali- und Erdalkalimetalle neigen zu stärkeren ionischen Bindungen und Hauptgruppenmetalle, bei denen die Bindung stärker kovalent ist, werden jedoch oft nicht mit die Definition für Koordinationspolymere integriert. Es wird sich vermehrt auf Übergangs- und Lanthanoidionen konzentriert, da ein Merkmal von Koordinationspolymeren die Labilität der Koordinationsbindung darstellt. Ein Großteil der Forschung fokussiert sich zumeist auf Übergangsmetalle der ersten Periode der Nebengruppen im Periodensystem und außerdem auf Cadmium, Quecksilber und Silber und in geringerem Maße auch auf Gold, Palladium und Platin, somit vor allem auf Elemente der zehnten und zwölften Gruppe des Periodensystems. Obwohl die Art des gewählten Metallsalzes wichtig ist, ergibt sich die eigentliche Variation bei Koordinationspolymeren aus der Wahl des Liganden, wobei es dort zu einer unendlichen Variabilität kommt. Der Aufbau von Koordinationspolymeren und Netzwerken findet dabei dann durch die Selbstorganisation mehrzähniger Liganden und Brückenliganden mit Übergangsmetallionen statt. Dabei finden sich viele Brückenliganden mit Stickstoff- und Sauerstoffdonoratomen in der Literatur (Abb. 7.30). Aufgrund der Reversibilität dieser Wechselwirkungen können

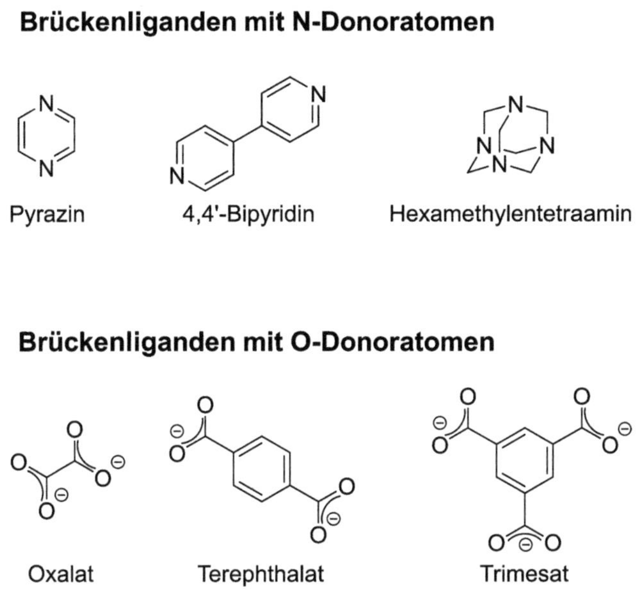

Abb. 7.30 Häufig verwendete Brückenliganden zur Bildung von Koordinationspolymeren mit Stickstoff- und Sauerstoffdonoratomen. Dabei sind hier binodale Liganden (mit zwei Koordinationsstellen) und Liganden mit drei oder mehr Koordinationsstellen gezeigt

geordnete Materialien leicht synthetisiert werden. Andererseits ist die Koordinationsbindung auch stark genug, um robuste Materialien herzustellen. Im Vergleich zu kovalent gebundenen organischen Polymeren, bei denen die Bindungen weitgehend irreversibel sind, können Fehler beim Aufbau eines Koordinationspolymers während des Wachstums leicht korrigiert werden, sodass eine periodische Struktur mit kristallografischer Ordnung erreicht wird. Im Gegensatz dazu können bei einem organischen Polymer Fehler während des Aufbaus der Struktur nicht korrigiert werden, was zu einem Material geringerer periodischer Ordnung führt. Diese Anordnung der Koordinationspolymere ermöglicht präzise Struktur-Eigenschafts-Beziehungen sowie eine vollständige Strukturbestimmung durch Röntgenkristallografie und andere analytische Verfahren (Abschn. 7.5.7). Eine solche genaue Periodizität ist vor allem für eine einheitliche Porengröße wichtig, die für die Anwendungen dieser Materialien eine übergeordnete Rolle spielt.

Die Anordnung der Komponenten in Koordinationspolymeren existiert meist nur im kristallisierten oder festen Zustand: Die Bausteine interagieren durch Koordinationswechselwirkungen und schwächere Kräfte wie Wasserstoffbrückenbindungen, π-π-Stapelung oder Van-der-Waals-Wechselwirkungen in Lösung, wodurch einige kleine Moleküleinheiten entstehen. Durch Selbstorganisationsprozesse wachsen die Koordinationspolymere dann auf der Grundlage dieser genannten Wechselwirkungen (Abb. 7.31). Da es sich um nichtkovalente Bindungen handelt, kann von einer **reversiblen Anordnung** gesprochen werden. Die kristallisierten Produkte sind im Allgemeinen unlöslich oder zerfallen beim

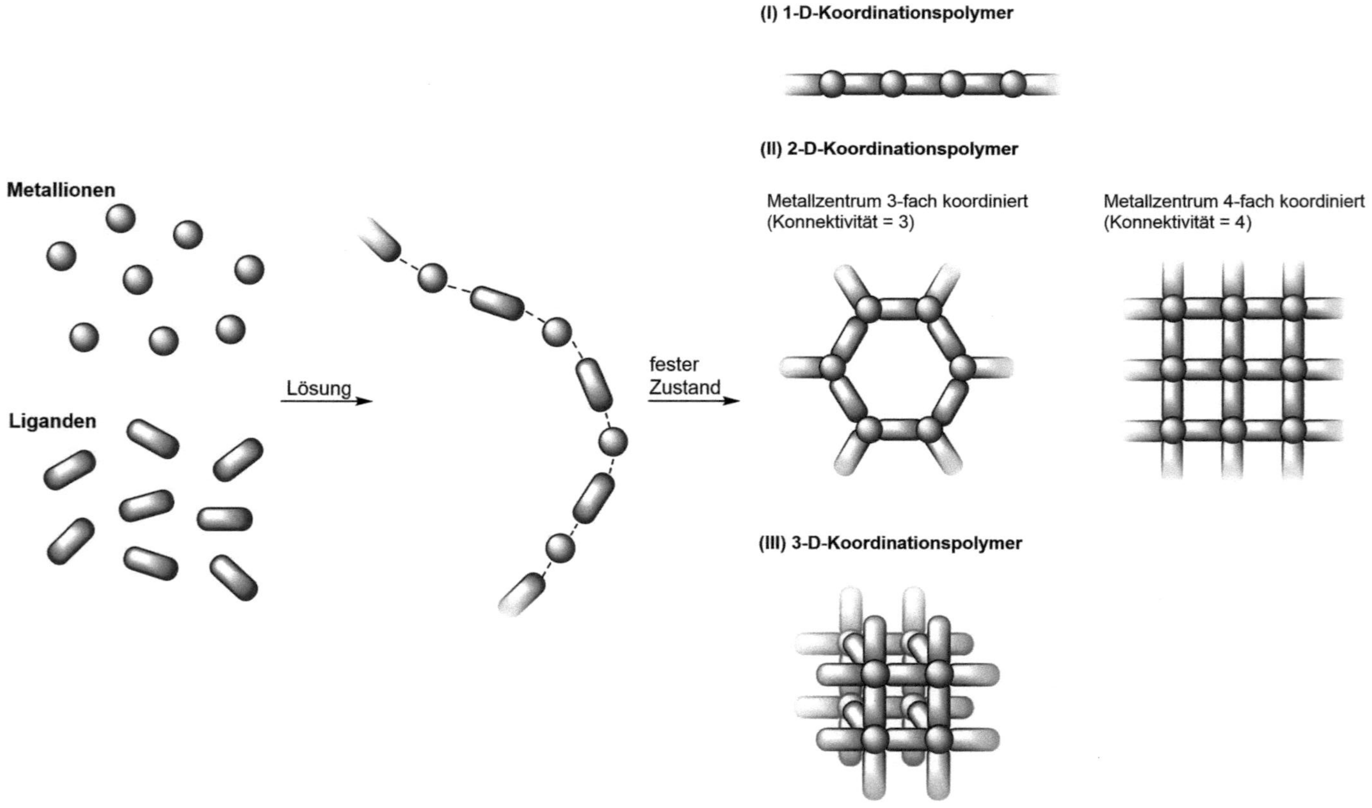

Abb. 7.31 Bildung von 1-D-, 2-D- und 3-D-Koordinationspolymeren. Die 2-D-Koordinationspolymere zeigen planare Geometrien mit einer Koordinationszahl von 3 und 4 am Metallzentrum. Dieses wird auch als Konnektivität bezeichnet (Abschn. 7.5.2)

Auflösen. Strukturen von Koordinationspolymeren können hauptsächlich mit röntgenkristallografischen Methoden bestimmt werden, und Charakterisierungen in Lösung beweisen in der Regel nur die Existenz oligomerer Fragmente.

Die Kristallstruktur und Dimensionalität des Koordinationspolymers werden durch die Funktionalität des Linkers/Brückenliganden und die Koordinationsgeometrie des Metallzentrums bestimmt. Die Dimensionalität wird im Allgemeinen durch das Metallzentrum bestimmt, das die Fähigkeit haben kann, an mehreren Koordinationsstellen mit Liganden zu interagieren. Die höchste bekannte Koordinationszahl eines Koordinationspolymers ist 14, obwohl die Koordinationszahlen meistens zwischen 2 und 10 liegen. Die Ausstreckung in verschiedene Raumebenen wird dabei **Dimensionalität** genannt. Ein eindimensionales (1-D) Koordinationspolymer erstreckt sich in einer geraden Linie entlang der x-Achse. Eine zweidimensionale (2-D) Struktur erstreckt sich in einer Ebene und damit in zwei Richtungen (x- und y-Achse). Ein dreidimensionales (3-D) Koordinationspolymer erstreckt sich in alle drei Richtungen (x-, y- und z-Achse). In Abb. 7.31 ist die 1-D-Struktur zweifach koordiniert, die planaren 2-D-Verbindungen können mehrfach koordiniert sein, z. B. dreifach oder vierfach, und das 3-D-Koordinationspolymer ist sechsfach koordiniert.

Probleme mit der Begrifflichkeit des Koordinationspolymers: Metallorganische Gerüstverbindungen oder Polymer?

Ein grundlegendes Problem beim Vergleich von Koordinationspolymeren mit organischen Polymeren besteht darin, dass organische Polymere per Definition Makromoleküle sind, die aus Monomeren oder Oligomeren bestehen. Diese Monomere sind über kovalente Bindungen mit definierten Molekulargewichten verbunden. Im Gegensatz dazu bestehen Koordinationspolymere aus metallorganischen Einheiten, die mindestens in einer Dimension miteinander verbunden sind. Durch ausgedehnte koordinative Wechselwirkungen von Metallzentren mit Brückenliganden bilden sie eine unendliche Anordnung. In einer Reihe von Veröffentlichungen, die den Begriff „Koordinationspolymer" verwenden, wird jedoch eine Formel analog zu organischen Polymeren verwendet, in denen auch die Anzahl der Wiederholungseinheiten mit *n* angegeben ist, wobei *n* eine ganze Zahl sein sollte. Es gibt auch einige Publikationen, in denen *n* durch unendlich ersetzt wurde.

Neben der Schwierigkeit zur Angabe einer definierten Anzahl an Wiederholungseinheiten unterscheiden sich Koordinationspolymere grundlegend in den Eigenschaften von organischen Polymeren. Sie sind hochkristallin und können nicht wie ihre organischen Pendants verarbeitet werden. Da somit Koordinationspolymere eher zur Klasse der Feststoffe mit nichtmolekularer Natur gehören, liegt die Vermutung nahe, dass der Begriff „metallorganische Gerüstverbindung" passender sein könnte, wenn Kristallinität und Dimensionalität betrachtet werden. Da metallorganische Gerüstverbindungen durch ihre Porosität charakterisiert werden und Koordinationspolymere nicht unbedingt dieses Merkmal aufweisen, ist auch dieser Begriff nicht vollständig zutreffend. Somit sollte der Begriff „metallorganische Gerüstverbindung" verwendet werden, sobald die Verbindung eine Porosität zeigt, ansonsten sollte die Struktur als Koordinationspolymer bezeichnet werden. Es ist daher nicht erstaunlich, dass Yaghi, ein führender Wissenschaftler in diesem Bereich, den Begriff „Koordinationspolymer" als „zweifellos den unklarsten Begriff" bezeichnet, „da er lediglich die ausgedehnte Verbindung von Metall- und Ligandenmonomeren durch Koordinationsbindungen bezeichnet, ohne Rücksicht auf die endgültige Struktur oder Morphologie". Der Begriff „Koordinationspolymer" umfasst im weitesten Sinne alle ausgedehnten Strukturen, die auf Metallionen basieren, die durch Brückenliganden, die normalerweise ein Kohlenstoffatom enthalten, zu einer unendlichen Kette oder einer zwei- oder dreidimensionalen Architektur verbunden sind. Der Begriff „metallorganische Gerüstverbindung“ eignet sich nur für dreidimensionale Netzwerke und ist für ausgedehnte eindimensionale und zweidimensionale Netzwerke ungeeignet.

Ein weiteres Missverständnis kann durch die Ähnlichkeit des Begriffs „Koordinationspolymer“ mit dem der „Koordinationspolymerisation“ aufkommen. Diese Begriffe haben keinerlei Zusammenhang, da es sich bei der Koordinationspolymerisation um eine Polymerisationsart handelt, bei der die Addition eines Monomers an ein wachsendes Makromolekül über ein aktives Metallzentrum verläuft.

7.5.2 Metallionen

Metallionen sind je nach Größe, Härte/Weichheit, Ligandenfeldstabilisierungsenergie und Koordinationsgeometrie an dem Aufbau der Struktur der Koordinationspolymere beteiligt. Metallzentren, oft als Knoten bezeichnet (Abschn. 7.5.4), verbinden sich in genau definierten Winkeln mit einer bestimmten Anzahl von Liganden, die als Linker agieren. Die Anzahl der an einen Knoten gebundenen Verknüpfungen wird als **Koordinationszahl** oder bei der Beschreibung von Netzen auch als **Konnektivität** bezeichnet. Diese Koordinationszahl ergibt im Zusammenspiel mit den Winkeln, mit denen die Liganden an das Metallzentrum koordinieren, die Dimensionalität der Struktur.

Übergangsmetallionen werden oft als vielseitige Verbindungselemente beim Aufbau von Koordinationspolymeren verwendet. Die am häufigsten vorkommenden Übergangsmetallionen in Koordinationspolymeren sind solche, die labile Metall-Ligand-Bindungen ausbilden, wie Mangan-, Eisen-, Kobalt-, Nickel-, Kupfer-, Zink-, Palladium-, Silber-, Cadmium-, Gold- und Quecksilberionen. Da einige Metalle in mehr als einer Oxidationsstufe vorliegen können, entsteht eine noch größere Variation an Koordinationspolymeren. Abhängig vom Metall und seinem Oxidationszustand können die Koordinationszahlen zwischen 2 und 9 liegen, was zu verschiedenen Geometrien führt. Diese können linear, T- oder Y-förmig, tetraedrisch, quadratisch-planar, quadratisch-pyramidal, trigonal-bipyramidal, oktaedrisch, trigonal-prismatisch, fünfeckig-bipyramidal und auch in den entsprechenden verzerrten Formen vorliegen. Für weitere Informationen zu Metall-Ligand-Wechselwirkungen und Koordinationsgeometrien verweisen wir auf Abschn. 7.1.4.

Als d^{10}-Metallion eignet sich z. B. Zn^{2+} zum Aufbau von Koordinationspolymeren und Netzwerken. Die sphärische d^{10}-Konfiguration ist mit einer flexiblen Koordinationsumgebung verbunden, sodass verschiedene Geometrien von Zinkkomplexen entstehen können, die von tetraedrisch über trigonal-bipyramidal, quadratisch-pyramidenförmig bis hin zu oktaedrisch reichen können. Darüber hinaus kommt es aufgrund der allgemeinen Labilität von Zinkkomplexen zu einer Bildung von reversiblen Bindungen, wodurch sich Metallionen und Liganden während des Polymerisationsprozesses neu anordnen können, um ein hohes Maß an struktureller Ordnung zu generieren. Auch Ag^+- und Cu^+-Ionen haben eine d^{10}-Konfiguration.

Lanthanoidionen werden aufgrund ihrer hohen Flexibilität in Bezug auf ihre Koordinationsumgebungen weniger häufig verwendet, da ihr Verhalten in Gegenwart einfacher

Donorliganden nur sehr schwierig vorherzusagen ist. Ihre Koordinationszahlen können zwischen 7 und 10 variieren.

Bei Verwendung von neutralen Liganden sind Gegenionen in der Struktur vorhanden. Diese können die Metallionenumgebung, aber auch die Gesamtstruktur beeinflussen. Sie beteiligen sich an schwachen Wechselwirkungen oder sind als Gastmoleküle in Hohlräumen im Koordinationsnetzwerk vorzufinden.

7.5.3 1-D-Koordinationspolymere

Angesichts der enormen Auswahl möglicher Bausteine ist eine immense Vielfalt neuer synthetisierbarer Materialien denkbar. Um die Mannigfaltigkeit verwandter Koordinationspolymere zu veranschaulichen, werden in diesem Kapitel nur einige Beispiele metallorganischer Gerüste vorgestellt. Diese können anhand ihrer Dimensionalitäten klassifiziert werden. Die hier beschriebenen Motive sind die Typischsten und basieren auf Koordinationswechselwirkungen zwischen Brückenliganden und Metallionen, da diese für die Definition der Dimensionalität verwendet werden. Andere Wechselwirkungen spielen bei der der Bildung der Kristalle ebenfalls eine wichtige Rolle, werden aber bei der Dimensionalität vernachlässigt.

Werden ausschließlich die Metall-Ligand-Wechselwirkungen berücksichtigt, so findet sich eine Vielzahl von Strukturen von eindimensionalen Koordinationspolymeren in der Literatur, wobei diese aus zickzackförmigen, helixartigen oder linearen Ketten aufgebaut sein können (Abb. 7.32). Weitere mögliche Motive von 1-D-Koordinationspolymeren sind außerdem leiterförmige, doppelhelikale, „double chain", oder „railroad" Anordnungen, die in diesem Kapitel jedoch nicht weiter betrachtet werden.

Die Bildung von Zickzackketten kann durch die Form der Ligandenmoleküle induziert werden. Pyrimidinligandenmoleküle können z. B. solche Ketten bilden, wenn Cu $(HCO_2)_2{\cdot}yH_2O$ verwendet wird. Dabei ist bei solchen Liganden die relative Position der beiden N-Donoratome im Ring entscheidend. Pyrazinligandenmoleküle, die sich nur in dieser relativen Position unterscheiden, können ebenfalls lineare Ketten induzieren. Dabei kann nicht nur $Cu(HCO_2)_2{\cdot}yH_2O$ verwendet werden. Eindimensionale lineare Kettenstrukturen bilden sich ebenfalls, wenn sich Pyrazinmoleküle und $Co(H_2O)_4$-Einheiten abwechseln. Die Kobaltionen sind dabei sechsfach koordiniert. Eine lineare Struktur entsteht nur, da die Sauerstoffatome der vier koordinierten Wassermoleküle die äquatorialen Positionen und die Stickstoffatome zweier verschiedener Ligandenmoleküle die axialen Positionen einnehmen. Diese Anordnung ist auf die Besetzung der Koordinationsstellen durch die sechsfach koordinierenden Metallionen zurückzuführen und auf die Tatsache, dass der Ligand linear und symmetrisch ist. Ähnliche lineare Strukturen können mit den starren Terephthalatliganden erhalten werden, wenn die äquatorialen Positionen durch andere Moleküle blockiert sind. Eine ähnliche Abhängigkeit der beiden N-Donoratome im Ring kann bei acetylenverbrückten *N,N*-zweizähnigen Liganden (*N,N*-dpa) und Cadmiumionen beobachtet werden. Das Koordinationspolymer mit 4,4′-dpa bildet ein ein-

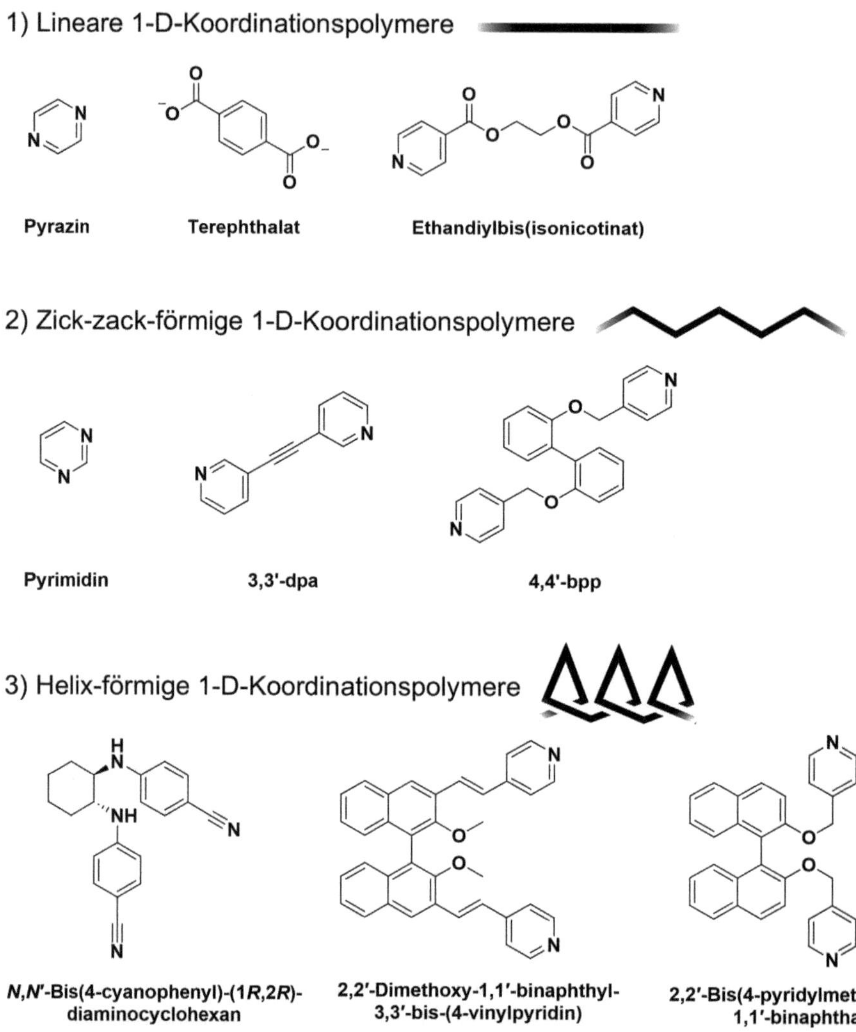

Abb. 7.32 Drei 1-D-Koordinationsmotive (linear, zickzackförmig und helixartig) sowie exemplarische Liganden, die solche Koordinationsmotive ausbilden können

dimensionales, leiterartiges Koordinationspolymer. Die Hepta-koordinierten Ionen sind mit drei verschiedenen 4,4′-dpa Molekülen koordiniert, was zu einer „T-förmigen" Organisation um das Metallzentrum führt. Die anderen Stellen der Koordinationssphäre werden durch die Gegenanionen blockiert, wodurch eine Ausdehnung der Struktur in die weitere Richtung verhindert wird. Mit 3,3′-dpa als Ligand wird eine Zickzackstruktur gebildet. Zickzackförmige 1-D-Koordinationspolymere werden auch bei der Reaktion von 2,2-Bis (4-pyridylmethylenoxy)-1,1-biphenylen (4,4′-bpp) mit Zinkchlorid oder Zinkbromid durch Bildung von $[Zn(4,4'\text{-bpp})Cl_2]_n$ oder $[Zn(4,4'\text{-bpp})Br_2]_n$, erhalten, bei dem die

Zinkionen mit zwei unterschiedlich gebogenen Ligandenmolekülen und mit zwei terminalen Halogenidatomen tetrakoordiniert sind. Vergleichbare Zickzack- oder lineare Ketten können auch mit länger gebogenen Ligandenmolekülen oder mit flexiblen Ligandenmolekülen erhalten werden. Ein solcher flexibler Ligand ist Ethandiylbis(isonicotinat), der in Kombination mit Kupfer(I)chlorid zu einem linearen Koordinationspolymer führen kann. Der Vorteil dieses Liganden ist das Vorhandensein verschiedener Koordinationsstellen in der Brücke (O-Donoren für Metallionen der Gruppen 1 und 2) und den Pyridineinheiten (N-Donoren), wodurch eine unspezifische Koordination des Übergangsmetallions in der Brückeneinheit vermieden wird. Liganden mit N-Donoren in der Brücke können hingegen ihr Differenzierungspotenzial verlieren und damit auf mehr als eine Weise an dasselbe Metallion koordinieren.

Obwohl die Bildung von 1-D Koordinationspolymeren einfach erscheint, kann es unter Berücksichtigung der Wechselwirkungen während der Kristallbildung viele mögliche Permutationen in der Kristallstruktur geben. $\{[M(\mu\text{-}C_{12}H_{30}N_6O_2)(NH_3)_2]\}_n$ (M = Cu^{2+}, Cd^{2+}), zwei eindimensionale Koordinationspolymere, die beide auf Terephthalat-Dianionen basieren, unterscheiden sich jedoch maßgeblich in der Koordinationssphäre der Kationen. In der Kupferverbindung ist Cu^{2+} quadratisch-planar koordiniert (zwei Ammoniak- und zwei Ligandenmoleküle), was zu einer *trans*-Anordnung der Ligandenmoleküle und somit zu linearen Ketten führt. In der Cadmiumverbindung fungiert der Ligand als zweizähnige Zange, und das Metallion ist somit trigonal-prismatisch mit sechs Atomen koordiniert. Die Ammoniakmoleküle befinden sich in *cis*-Position auf der einen Seite des Cadmiumions, und die Ligandenmoleküle besetzen die andere Seite. Aufgrund der unterschiedlichen Koordinationsorientierung werden in diesem Fall Zickzackketten gebildet.

Ein weniger verbreitetes eindimensionales Motiv ist die Helixkette, da die Kontrolle der Helizität auf supramolekularer Ebene eine Herausforderung darstellt. Eine **Helix** ist ein geometrisches Motiv, das in der Natur allgegenwärtig ist, darunter die α-helikale Struktur von Polypeptiden, die doppelhelikale Struktur für DNA. Das wichtigste Merkmal der Helix ist ihre Chiralität, das bedeutet, rechtsdrehende und linksdrehende Helices sind nicht identische Spiegelbilder. Wenn daher eine der beiden Helices selektiv für ein Koordinationspolymer synthetisiert wird, kann das Polymer optisch aktiv sein, selbst wenn es keine chiralen Gruppen trägt. Entweder bestehen die Kristalle aus beiden Helices und ergeben somit ein internes Racemat, oder jeder Kristall ist enantiomerenrein, aber die Kristallmischung ist ein Racemat. Für die Bildung von helikalen Koordinationspolymeren ist das Design flexibler Liganden von Interesse, da diese die Bildung von Helices begünstigen. *N,N′*-Bis(4-cyanophenyl)-(1*R*,2*R*)-diaminocyclohexan kann als C2-symmetrischer Ligand genutzt werden, um helikale Strukturen zu bilden. Die zwei Cyanostickstoffatome erzeugen eine lineare Koordination, und die Cyanophenylgruppen sind endoorientiert, was zu einer einzelsträngigen, helikalen Polymerkette führt, die durch Ag^+-Verbindungen gebildet werden kann.

Eine weitere Möglichkeit ist die Verwendung von Liganden mit axialer Chiralität. Bis zu einem gewissen Grad induzieren diese Art von Liganden, die auf den verdrehten Bindungsstellen basieren, die Bildung helikaler Strukturen, wenn sie durch einen linearen

Metallverbindungspunkt verbunden sind. Dafür können z. B. chirale Brückenliganden verwendet werden, die auf einem 1,1′-Bi-2-naphthyl-Gerüst basieren. Wenn das Binaphtholderivat 2,2′-Dimethoxy-1,1′-binaphthyl-3,3′-bis-(4-vinylpyridin) und $Ni(acac)_2$ (acac = Acetylaceton) kombiniert werden, entsteht ein linksgängiges Helixkoordinationspolymer. Ähnliche Liganden sind 2,2′-Bis(3-pyridylmethylenoxy)-1,1′-binaphthalen und 2,2′-Bis(4-pyridylmethylenoxy)-1,1′-binaphthalen, die sich nur aufgrund der relativen Position der beiden N-Donoratome im Ring unterscheiden. Diese Bausteine weisen aufgrund des Einbaus des axial chiralen 1,1′-Bi-2-naphthol als Abstandhalter für die Pyridindonorgruppe fünf interessante Eigenschaften auf:

1. Die Chiralität der Liganden ermöglicht die Bildung homochiraler Verbindungen.
2. Die chirale Drehung der Binaphthylgruppe kann zur Steuerung der helikalen Chiralität genutzt werden.
3. Die Konformationsstarrheit der Binaphthylgruppe schränkt ihre freie Rotation ein.
4. Die Divergenz der exo-zweizähnigen Pyridylgruppe verhindert die Mononukleierung dieses Liganden.
5. Die flexible Rotation der Methylenpyridineinheit kann die Anforderungen der Koordinationsumgebung von Metallionen erfüllen. Wird das Binaphtyl gegen ein Biphenol Grundgerüst ausgetauscht (wie z. B. in 4,4′-bpp), so können wieder anders strukturierte Koordinationspolymere erhalten werden.

7.5.4 Die Beschreibung von Netzen (2-D-Koordinationspolymere) und Netzwerken/Gittern (3-D-Koordinationspolymere)

Eine der wichtigsten Techniken im Crystal Engineering und damit auch für das Gebiet der Koordinationspolymere besteht darin, Kristallstrukturen auf Netzwerke (3-D-Strukturen) und Netze (2-D-Strukturen) zu reduzieren. Durch solch eine Reduzierung können die Beschreibung, die Analyse, aber auch das Design komplizierter Strukturen vereinfacht werden. Der netzbasierte Ansatz wird als **retikuläre Chemie** bezeichnet. In Anlehnung an Netzwerkstrukturen, die durch schwächere Wechselwirkungen wie Wasserstoffbrückenbindungen definiert sind, können die zur Bildung des Netzwerks verwendeten intermolekularen Wechselwirkungen als supramolekulare **Synthone** und die zur Bildung des Netzwerks verwendeten Bausteine (Metalle und Liganden) als **Tektone** bezeichnet werden.

Netzwerk, kürzester Pfad, einheitliches Netz, platonisch einheitliches Netz, Schläfli-Symbol, Vertex Symbol

Ein **Netzwerk** ist eine polymere Ansammlung miteinander verbundener Knoten. Jede Verknüpfung (*link*) verbindet zwei Knoten (*node*), und jeder Knoten ist mit drei oder mehr anderen Knoten verbunden. Ein Knoten kann nicht nur mit zwei Knoten verbunden sein; in diesem Fall handelt es sich dann nur um eine Verknüpfung und somit um eine lineare Verbindung. Das Netzwerk muss außerdem ein sich wiederholendes Muster und daher eine endliche Anzahl eindeutiger Knoten und

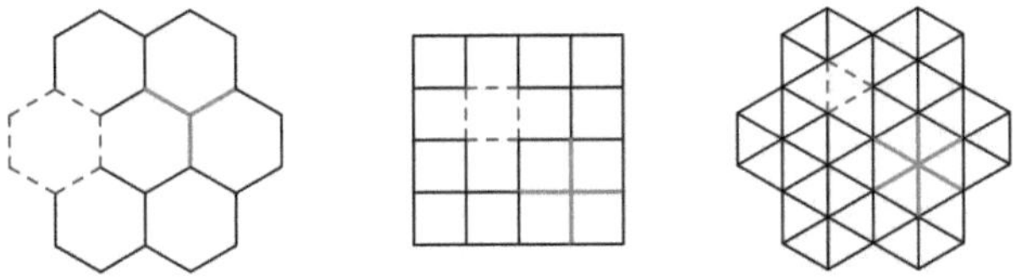

Abb. 7.33 Beispiel für drei platonisch einheitliche 2-D-Netze. Der kürzeste Pfad, bei dem jeder Knoten zwei Verbindungen hat, ist gestrichelt (-----) bzw. rot dargestellt. Die Konnektivität eines Knotens ist fett (—) bzw. grün gezeichnet

Verknüpfungen aufweisen. Sowohl Metalle als auch Liganden können dabei entweder als Knoten oder als Verknüpfung in einem Netz fungieren.

Der **kürzeste Pfad** (*shortest circuit* oder *shortest path*) ist die Anzahl der Knoten in der kleinsten Schleife im Netz, die aufgebaut werden kann, und bei dem jeder Knoten zwei Verknüpfungen hat (Abb. 7.33).

Ein **einheitliches Netz** entsteht, wenn alle möglichen eindeutigen Verbindungen einen Pfad gleicher Größe ergeben.

Ein **platonisch einheitliches Netz** entsteht, wenn außerdem alle Knoten die gleiche Konnektivität haben. Es kann durch das Symbol (n,p) dargestellt werden, wobei n die Größe des kürzesten Pfads und p die Konnektivität der Knoten ist. Ein 2-D-(6,3)-Netz bedeutet daher, dass die Knoten dreifach miteinander verbunden sind und der kürzeste Pfad sechsgliedrig ist (Abb. 7.33).

Nicht alle Netze erfüllen die Bedingungen eines platonisch einheitlichen Netzes. Es kann verschiedene kürzeste Pfade geben, bei denen nicht alle die gleiche Größe haben. Bei der Verwendung des **Schläfli-Symbols** werden nur die unterschiedlich großen Pfade aufgeführt. Wenn mehr als ein Ring die gleiche Größe hat, wird die Zahl durch einen hochgestellten Index angegeben. Die Konnektivität der Knoten wird nicht beschrieben und kann nur abgeleitet werden.

Das **Vertex-Symbol** ist eine längere Version des Schläfli-Symbols, welche die Anzahl der kürzesten Pfade für jedes Verbindungspaar berücksichtigt und Pfade vernachlässigt, für die es eine „Abkürzung" zurück zum Startknoten gibt.

Ein Netzwerk ist eine topologische Beschreibung und keine Geometrische. Zwei Netzwerke können geometrisch verschieden sein, solange sie aber ohne Bindungen zu brechen durch Verzerrung ineinander überführt werden können, gelten sie als topologisch identisch. Zum Beispiel gelten quadratisch-planare Knoten und tetraedrische Knoten als topologisch gleich, da beide eine Konnektivität von 4 besitzen. In der Praxis gibt es jedoch ausschlaggebende Unterschiede zwischen quadratisch-planaren und tetraedrischen Knoten, weshalb trotzdem häufig zwischen verschiedenen Knotengeometrien unterschieden wird. Zusätzlich kann die Anzahl topologischer Knoten im Netzwerk geringer sein als die Anzahl in der tatsächlichen Struktur, bestimmt durch Kristallografie. Die Kristallstruktur ist dabei ein Ergebnis der Konnektivität, der Geometrie sowie der Form und Position von Elementen, die nicht direkt zum Netzwerk gehören (z. B. Gegenionen). Bei der topologischen Betrachtung wird dieses nicht betrachtet. Die Zugabe und Entfernung von Gastmolekülen kann einen großen Einfluss auf die resultierende Struktur eines Koordinationspolymers haben. Die Struktur von Koordinationspolymeren enthält häufig einen leeren Raum in Form von Poren oder Kanälen. Dieser leere Raum ist thermodynamisch ungünstig, und um die Struktur zu stabilisieren, können die Hohlräume von Gastmolekülen besetzt werden. Gastmoleküle bilden keine Bindungen mit dem umgebenden Gitter, sondern interagieren über intermolekulare Kräfte.

Die Zusammensetzung der ausgewählten Knoten sollte klar definiert sein, ebenso wie die Art der Verbindungen zwischen ihnen. Bei den Knoten sollte es sich außerdem um chemisch klar definierte Cluster mit bekannten molekularen Analoga handeln. Die Knoten und Verknüpfungen sollten außerdem die gesamte Konnektivität der zugrunde liegenden Struktur beschreiben. Es gibt verschiedene Arten von Interaktionen, die zur Definition des Netzwerks verwendet werden können. Wenn nur Koordinationsbindungen verwendet werden, können einige wichtige Wechselwirkungen übersehen werden. Daher ist es manchmal sinnvoll, auch schwächere Wechselwirkungen zu untersuchen, wie etwa metallophile Wechselwirkungen, Wasserstoffbrückenbindungen oder π-π-Wechselwirkungen. Dieses kann zum Verständnis der Gesamtstruktur erheblich beitragen.

7.5.5 2-D-Koordinationspolymere

Die Entdeckung von Graphen führte zu einem neuen Forschungsgebiet in der organischen/anorganischen Chemie und Materialwissenschaft, das sich der Synthese und Charakterisierung zweidimensionaler (2-D) Materialien widmet. Es gibt eine Vielzahl organischer Liganden, die zur Synthese von 2-D-Koordinationspolymeren verwendet werden können. Liganden können aufgrund ihrer Ladung (neutral oder anionisch), Länge und Flexibilität, Donoratome (O, N oder S), Konjugationsdichte (π-Bindungen) und Funktionalität (Hydrophilie, Bindungsstellen, Katalyse usw.) ausgewählt werden. Die Liganden und Metallionen werden so ausgewählt, dass planare Geometriekombinationen gefördert werden und dass sie zwei, drei oder vier Koordinationsstellen für den Metalllinker bilden (Abb. 7.34). Die Grundgerüste der Liganden für 2-D-Struturen sind normalerweise auf aromatische Verbindungen gebaut, die durch funktionelle Gruppen Donoratome enthalten, die dann die Koordinationsverbindungen ausbilden können. Ihre eingeschränkte Rotation dient dazu, das Wachstum außerhalb der 2-D-Ebene einzuschränken. Dabei werden oft binodale Liganden verwendet, also Brückenliganden mit zwei Koordinationsstellen (Abb. 7.30). Die häufigste Koordinationsgeometrie für zweidimensionale Koordinationspolymere ist die quadratisch-planare Geometrie (Konnektivität = 4). Auch eine trigonal-planare Geometrie (Konnektivität = 3) kann zu solchen Koordinationspolymeren führen. Diese können z. B. periodische Anordnungen quadratischer oder wabenförmiger (hexagonaler) Gitter erzeugen; es gibt jedoch noch weitere Motive mit einer großen Vielfalt an Knotenpunkten. Es können dabei auch Metalle 2-D-Netzwerke bilden, die normalerweise in oktaedrischen Geometrien vorkommen. Die potenziell verbleibenden Koordinationsstellen der Metallionen sind dann mit anderen (terminalen) Bausteinen (Gegenanionen, Lösungsmittelmole-

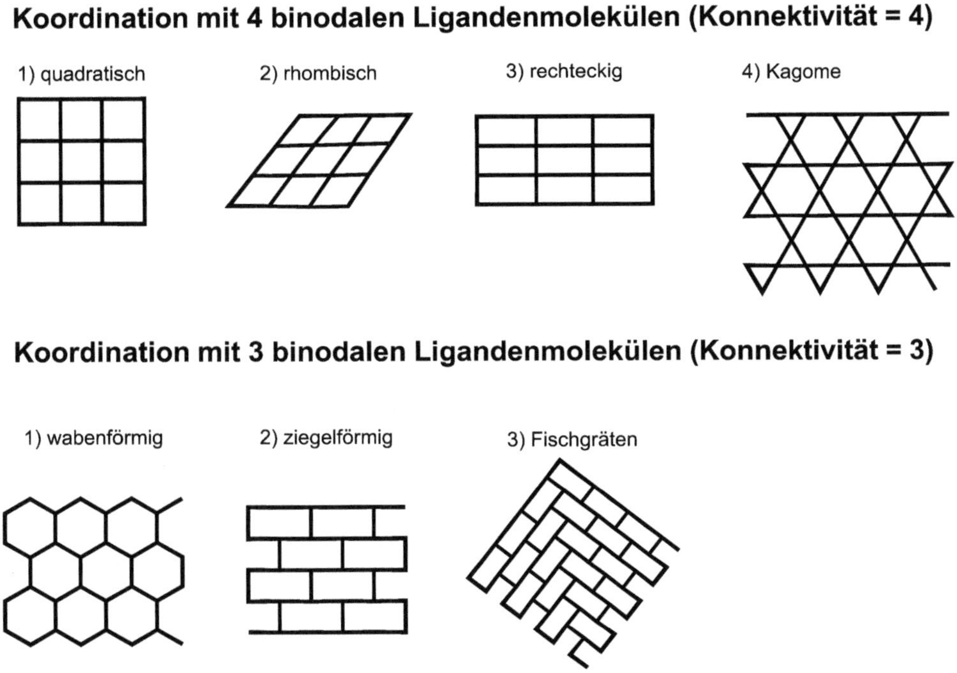

Abb. 7.34 Herkömmliche 2-D-Koordinationsmotive mit einer Konnektivität von 3 und 4

külen oder zusätzlichen organischen Molekülen) besetzt bzw. blockiert, wie auch schon bei den linearen Geometrien beschrieben.

Quadratische Gitternetze sind das einfachste Beispiel für zweidimensionale Motive. In diesen Koordinationspolymeren beträgt das Verhältnis von Metall zu Liganden normalerweise 1:2, wenn die Metallzentren mit vier verschiedenen Ligandenmolekülen koordiniert sind. Die Wiederholung dieser Einheit ermöglicht die Ausbreitung der Struktur in zwei Dimensionen. In der Literatur finden sich viele zweidimensionale Netzwerke, die auf quadratischen Gittermotiven basieren, bei denen auch viele abgeleitete Motive wie rhombische oder rechteckige Gitter publiziert sind. In diesen Fällen sind die Metallzentren ebenfalls mit vier Ligandenmolekülen verknüpft. Wenn die Metallionen nur mit drei statt vier Ligandenmolekülen koordiniert sind und eine „T-Form" um den Knoten herum entsteht, bilden sich andere Schichten, die als wabenförmig/hexagonal, ziegelförmig, Fischgräten oder nach anderen Parkettbodenarchitekturen benannt werden. In diesen Fällen beträgt das Verhältnis von Metall zu Ligand 1:1.5. Um „T-förmige" Verbindungen zu erzeugen, müssen einige Koordinationsstellen des Metallzentrums durch Gegenanionen wie Halogenide oder durch zusätzliche terminale Ligandenmoleküle blockiert werden. Es gibt auch einige Berichte über Materialien mit noch komplexeren 2-D-Geometrien, wie z. B die Kagome-Struktur. Diese besteht aus gleichseitigen Dreiecken und regelmäßigen Sechsecken, die so angeordnet sind, dass jedes Sechseck von Dreiecken umgeben ist und umgekehrt. Der Name leitet sich von der Struktur ab, in der eine regelmäßige sechseckige Kachelung und eine regelmäßige dreieckige Kachelung kombiniert werden.

7.5.6 3-D-Koordinationsnetzwerke und MOFs

Als problematisch stellte sich bei der Beschreibung von komplexen Netzen und Netzwerken heraus, dass es mehrere Möglichkeiten gibt, dasselbe Netz zu benennen. Die (n,p)-Notation für eine Reihe von einheitlichen Netzen ist nicht eindeutig. Auch die Schläfli-Symbole sind nicht exklusiv für ein bestimmtes Netz. Eine einzigartige Möglichkeit, Netzwerke zu benennen, besteht darin, eine einfache, bekannte Struktur mit derselben Topologie zu bezeichnen – häufige Beispiele sind Diamant, Lonsdaleit, Rutil, PtS, $SrAl_2$, Sodalith, NbO, $CdSO_4$ oder $ThSi_2$.

Die detaillierte Beschreibung von MOFs und 3-D-Koordinationspolymeren kann durch diese Topologie durchgeführt werden. Die Erkenntnis, dass insbesondere MOFs auf rationale Weise aus molekularen Bausteinen entworfen und synthetisiert werden können, führte dazu, dass auch hier die retikuläre Chemie Verwendung finden wird. Im Mittelpunkt dieser Disziplin steht die Hypothese, dass es für eine gegebene Geometriewahl molekularer Baueinheiten eine kleine Anzahl von Standardnetzen gibt. Aufgrund des starken Wachstums an neuen Strukturen in diesem Bereich in den letzten Jahren wurde es dringend nötig, ein universelles System zur Nomenklatur, Klassifizierung, Identifizierung und zum Abruf dieser topologischen Strukturen zu entwickeln. Es gab bisher kein allgemein anerkanntes System zur Nomenklatur von Netzen und Netzwerken oder einen systematischen beschreibenden Katalog ihrer Strukturen. Die RCSR (The Reticular Chemistry Structure Resource) hat etwa 1600 solcher Netze und Netzwerke gesammelt (Stand 2008) und in einer Datenbank dargestellt (The RCSR Database of, and Symbols for, Crystal Nets), die nach Symbol, Name, Schlüsselwörtern und Attributen durchsucht werden kann. Sogenannte **RCSR-Symbole** wurden entwickelt, die sich an den Angaben orientieren, die schon für Zeolith-Gerüsttypen bzw. Zeolith-Codes verwendet werden. Topologiedeskriptoren in der Datenbank bestehen in der Regel aus drei Buchstaben und können einen vierten Buchstaben beinhalten, der nach einem Bindestrich angeführt wird. Das Sodalith-Zeolith-Gerüst hat den Zeolithcode SOD und erhält das RCSR-Symbol **sod** (Kleinbuchstaben, fett). Weitere RSCR-Symbole, die sich durch den Namen des Materials ergaben sind: **dia** (Diamant), **ths** ($ThSi_2$), **qtz** (Quartz), **pts** (das Netz der Pt- und S-Atome in PtS), **cds** ($CdSO_4$) und **srs** ($SrSi_2$). Es gibt zwei Fälle, in denen Zeolithcodes und RCSR-Symbole unterschiedliche Buchstaben haben. Das Netz des Zeolithgerüsts BCT hat das RCSR-Symbol **crb** (B-Netz in CrB_4). Das Netz des Zeolithgerüsts ABW hat das RCSR-Symbol **era** (Al-Netz in $SrAl_2$). Dem ursprünglichen 3-Buchstaben-Symbol kann ein vierter Buchstabe hinzugefügt werden, um aus einfachen ursprünglichen Netzen auch abgeleitete Netze zu beschreiben und dieses nur durch eine oder mehrere Erweiterungen des Grundsymbols zu kennzeichnen. Dabei werden die Buchstaben a (*augmented*), b (*binary*), c (*catenated*), d (*dual*), e (*edge*), x (*extended*) etc. genutzt. Erweiterungen können wie in **sod-a-a** oder **dia-a-c** wiederholt oder

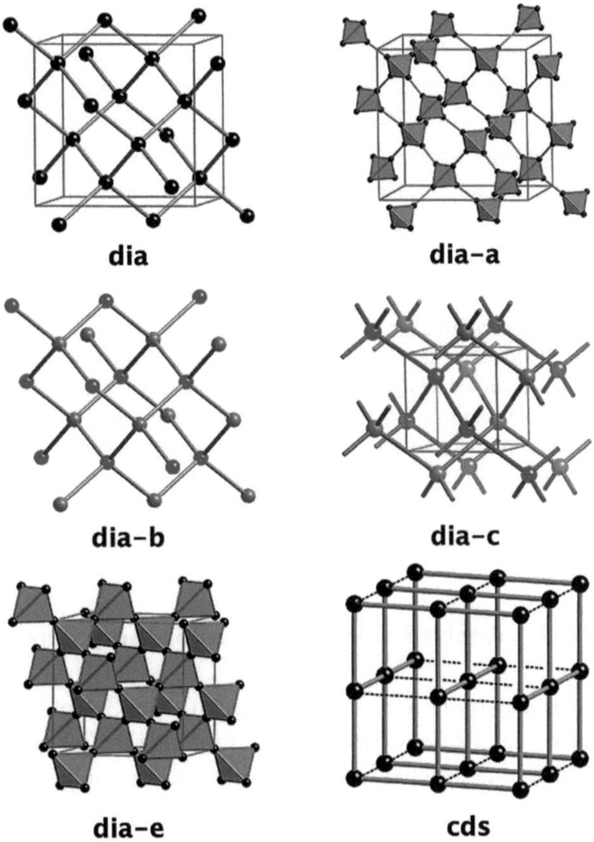

Abb. 7.35 Das Diamantnetz (**dia**) und einige davon abgeleitete Netze **dia-a**, **dia-b**, **dia-c**, **dia-e** und **cds** (zugrunde liegendes Netzwerk in $CdSO_4$). In diesem letzten Fall zeigen die gestrichelten Linien Abstände an, die den Kantenlängen entsprechen. (O'Keeffe et al. 2008; © 2008 American Chemical Society)

kombiniert werden (Abb. 7.35). Symbole mit Erweiterungen können neue Symbole bilden: Ein **dia-e**-Netz hat ein neues RCSR-Symbol names **crs**. Ein weiteres Problem besteht darin, dass nicht alle Netze über einen einfachen, bekannten Prototyp verfügen.

Eines der bekanntesten und häufig vorkommenden dreidimensionalen Motive ist das **Diamantnetzwerk**. Jeder Knoten ist tetraedrisch mit vier Brückenliganden verbunden, was zu einem dreidimensionalen diamantähnlichen Netzwerk führt. In solch einer Struktur befinden sich aufgrund der Anordnung und Größe der Liganden Hohlräume. Wenn die Hohlräume innerhalb des Netzwerks groß sind, ist die gegenseitige Durchdringung eines Netzwerks durch andere unabhängige Netzwerke ein häufiges Phänomen. Der Grad der gegenseitigen Durchdringung hängt vom Ligandenmolekül ab. Oktaedermotive basieren auf der Ausdehnung des Gerüsts in die drei Richtungen ausgehend von den Oktaederknoten. Es ist jedoch sterisch sehr schwierig, sechs Brückenliganden um ein Metallzentrum zu koordinieren. Daher sind im Allgemeinen einige Positionen der oktaedrischen Metallionen durch Wassermoleküle, andere Lösungsmittelmoleküle oder Gegenanionen besetzt, und das resultierende Netzwerk ist von geringerer Dimensionalität.

Tatsächlich handelt es sich bei den apikalen Positionen seltener um koordinierte Bindungsstellen. Eine große Anzahl anderer dreidimensionaler Motive wurde beobachtet: NbO-, $ThSi_2$-, PtS-, $SrSi_2$- und $CdSO_4$-ähnliche Motive oder auch einige einzigartige Architekturen mit faszinierenden Strukturen (z. B. wellenartige oder ziehharmonikaartige Käfige oder andere rohrartige Architekturen). Alle diese Koordinationspolymere weisen eine hohe Stabilität auf. Außerdem weisen sie mehr oder weniger große Hohlräume auf, die durch gegenseitige Durchdringung mit nichtkoordinierenden Lösungsmittelmolekülen und/oder anderen ähnlichen Netzwerken gefüllt sein können.

RCSR-Datenbank

Die RCSR-Datenbank unter http://rcsr.anu.edu.au wird von der Supercomputer Facility der Australian National University in Canberra gehostet und ist teilweise dem Atlas of Zeolite Structure Types nachempfunden. Dabei handelt es sich um eine Ansammlung von Strukturen, die als Netze und Netzwerke kategorisiert wurden. Eine Neuorganisation im Jahr 2020 unterteilt diese in vier Abschnitte: 3-, 2-, 1- oder 0-periodisch. Auf der Seite gibt es nützliche Netzwerkinformationen, wie z. B. Koordinaten, Zellparameter und Raumgruppen für jedes Netz, sowie weitere mathematische Informationen, wie Scheitelpunkte, Eckpunkte und Diagramme vieler Netze.

7.5.7 Analytik von Koordinationspolymeren

Eine analytische Herausforderung auf dem Gebiet der Koordinationspolymere ist deren kristallografische Untersuchung. Es müssen Einkristalle erhalten werden, die für eine detaillierte kristallografische Analyse geeignet sind. Einerseits können Umkristallisationen nicht durchgeführt werden, da im Gegensatz zu molekularen Spezies die meisten Koordinationspolymere nach der Synthese unlöslich sind. Andererseits kommt es bei der Lösung dieser Polymere zur Verwendung stark koordinierender Lösungsmittel, die dann wahrscheinlich Teil der rekristallisierten Spezies werden, welche die originale Kristallstruktur zerstört. Kristalle werden daher meist direkt aus den synthetischen Reaktionsgemischen gewonnen, z. B. durch Überschichtung von Metall- und Ligandenlösungen. Die Ausfällung wird dabei verlangsamt, und dadurch werden oft messbare Kristalle erhalten. Anzumerken ist jedoch, dass die aus Einkristallen erhaltenen Strukturen möglicherweise von Natur aus nicht die repräsentative Struktur für das gesamte Material darstellen, da nur der beste Kristall ausgewählt wird und bei einer Reaktion mehr als ein Produkt entstehen kann. Daher ist es wichtig, die Korrelation zwischen den Einkristallen und dem gesamten Produkt zu überprüfen. Dieses lässt sich durch weitere analytische Methoden wie der Pulverröntgendiffraktometrie oder anderen spektroskopischen Methoden überprüfen.

Die **Röntgenphotoelektronenspektroskopie** (XPS) ist eine Technik, die die chemische Zusammensetzung und Bindungsumgebung untersucht. Diese Methode analysiert die Energie des photoemittierten Elektrons an der Oberfläche und eignet sich daher besonders für Koordinationspolymere mit nanoskaligen Dicken. XPS kann dabei das Vorhandensein beteiligter Elemente sowie die Oxidationszahl des Metalls bestätigen.

Die **Rasterkraftmikroskopie** (Atomic Force Microscopy, AFM) ist nach wie vor die Standardtechnik zur Charakterisierung der Dicke und Quantifizierung der Anzahl der Atomschichten vieler 2-D-Materialien. Diese Methode misst die Höhe des Materials auf einem flachen Substrat anhand der intermolekularen Kraft zwischen der Sondenspitze und der Probenoberfläche.

Die hochauflösende **Transmissionselektronenmikroskopie** (HRTEM) kann Bilder der Gitterkanten der Metalllinkergruppen liefern. Obwohl es nicht komplett unmöglich ist, sind die leichteren Elemente (Kohlenstoff, Stickstoff) mit herkömmlichen HRTEM-Methoden viel schwieriger sichtbar zu machen. Ein weiteres Problem bei der Elektronenmikroskopie ist die Beschädigung der Probe durch Elektronenbestrahlung. Um die Integrität des Materials zu bewahren, sind eine geringe Elektronendosis und/oder Kryotechniken erforderlich.

Die Veränderung der Wellenzahl/Bandenlage von Liganden durch Komplexierung an ein Metallzentrum kann durch **Infrarot**- und **Raman-Schwingungsspektroskopie** untersucht werden. Der Vergleich der Spektren der freien Liganden und des Koordinationspolymers kann Hinweise auf die Koordinationsart geben.

Bei der **thermogravimetrischen Analyse** (TGA) wird die Gewichtsabnahme einer Probe unter Temperaturänderung gemessen. Eine Massenänderung wird aufgezeichnet, wenn bei thermischer Belastung durch erhöhte Temperaturen durch Trocknung und/oder Zersetzung flüchtige Bestandteile (Wasser, Kohlendioxid, Abbauprodukte, freie Liganden usw.) gebildet werden, da sich die Probe während des Temperaturprogramms auf einer Waage befindet. Jede Gewichtsabnahme bei einer bestimmten Temperatur kann in einem Thermogramm einer bestimmten Reaktion oder der Freisetzung eines Stoffs zugeordnet werden. Zur genauen Identifizierung des freigesetzten Stoffs ist es möglich, die TGA mit einem Massenspektrometer zu koppeln (TGA-MS).

Literatur

Batten, S.R., Neville, S.M., Turner, D.R.: Coordination Polymers: Design, Analysis and Application. The Royal Society of Chemistry, Cambridge (2008)
Beijer, F.H. et al.: J. Am. Chem. Soc. **120**, 6761 (1998)
Cantekin, S., de Greef, T.F.A., Palmans, A.R.A.: Chem. Soc. Rev. **41**, 6125 (2012)
Chapman, R. et al.: Chem. Soc. Rev. **41**, 6023 (2012)
Chen, G., Jiang, M.: Chem. Soc. Rev. **40**, 2254 (2011)
De Greef, T.F.A. et al.: Chem. Rev. **109**, 5687 (2009)
De Leon Rodriguez, L.M. et al.: Chem. Soc. Rev. **45**, 4797 (2016)
Delgado-Friedrichs, O., O'Keeffe, M., Yaghi, O.M.: Phys. Chem. Chem. Phys. **9**, 1035 (2007)
Ercolani, G. et al.: J. Am. Chem. Soc. **115**, 3901 (1993)
Fischer, R.A., Schwedler, I.: Angew. Chem. **126**, 7209 (2014)
Fleming, S., Ulijn, R.V.: Chem. Soc. Rev. **43**, 8150 (2014)
Fouquey, C., Lehn, J.-M., Levelut, A.-M.: Adv. Mater. **2**, 254 (1990)
Ghadiri, M.R. et al.: Nature **366**, 324 (1993)
Hartlieb, M., Mansfield, E.D.H., Perrier, S.: Polym. Chem. **11**, 1083 (2020)
Jacobson, H., Stockmayer, W.H.: J. Chem. Phys. **18**, 1600 (1950)

Janiak, C. et al.: Riedel Moderne Anorganische Chemie. De Gruyter, Berlin/Boston (2023)
Kang, J. et al.: Science **347**, 646 (2015)
Keggin, J.F., Miles, F.D.: Nature **137**, 577 (1936)
Kitagawa, S., Kitaura, R., Noro, S.-i.: Angew. Chem. Int. Ed. **43**, 2334 (2004)
Kraft, A.: Chem. Unserer Zeit **56**, 110 (2022)
Lee, J.W. et al.: Acc. Chem. Res. **36**, 621 (2003)
Lehn, J.: Science **260**, 1762 (1993)
Martinez, C.R., Iverson, B.L.: Chem. Sci. **3**, 2191 (2012)
O'Keeffe, M. et al.: Acc. Chem. Res. **41**, 1782 (2008)
Ogi, S. et al.: Nat. Chem. **6**, 188 (2014)
Robin, A.Y., Fromm, K.M.: Coord. Chem. Rev. **250**, 2127 (2006)
Sijbesma, R.P. et al.: Science **278**, 1601 (1997)
Simic, V., Bouteiller, L., Jalabert, M.: J. Am. Chem. Soc. **125**, 13148 (2003)
Smulders, M.M.J. et al.: Chem. Eur. J. **16**, 362 (2010)
Tantakitti, F. et al.: Nat. Mater. **15**, 469 (2016)
Tran, M. et al.: Appl. Phys. Rev. **6** (2019)
Würthner, F. et al.: Chem. Rev. **116**, 962 (2016)
Zhao, D., Moore, J.S.: Org. Biomol. Chem. **1**, 3471 (2003)

Weiterführende Literatur

Aida, T., Meijer, E.W.: Isr. J. Chem. **60**, 33 (2020)
Aida, T., Meijer, E.W., Stupp, S.I.: Science **335**, 813 (2012)
Bentz, K.C., Cohen, S.M.: Angew. Chem. Int. Ed. **57**, 14992 (2018)
Bialas, D. et al.: J. Am. Chem. Soc. **143**, 4500 (2021)
Brixner, T. et al.: Adv. Energy Mater. **7**, 1700236 (2017)
Dong, S. et al.: Acc. Chem. Res. **47**, 1982 (2014)
Erxleben, A.: Coord. Chem. Rev. **246**, 203 (2003)
Fromm, K.M., Sagué, J.L., Mirolo, L.: Macromol. Symp. **291–292**, 75 (2010)
Gruschwitz, F.V. et al.: Chem. Commun. **56**, 5079 (2020)
Hoeben, F.J.M. et al.: Chem. Rev. **105**, 1491 (2005)
Isare, B. et al.: C. R. Chim. **19**, 148 (2016)
Krieg, E. et al.: Chem. Rev. **116**, 2414 (2016)
Manners, I.: Angew. Chem. **108**, 1712 (1996)
Otter, R., Besenius, P.: Org. Biomol. Chem. **17**, 6719 (2019)
Seiffert, S. (Hrsg.): Supramolecular Polymer Networks and Gels. Springer International Publishing, Cham (2015)
Woodward, J.: Philos. Trans. R. Soc. London **33**, 15 (1724)
Yang, L. et al.: Chem. Rev. **115**, 7196 (2015)

Anhang Abkürzungen und Symbole

Abkürzungen von wichtigen Polymeren

AAS	Poly(methacrylat-co-Acryl-co-Styrol)
AB	Poly(acrylnitril-co-Butadien)
ABR	Acrylat-Butadien-Kautschuk
ABS	Poly(acrylnitril-co-Butadien-co-Styrol)
ACM	Acrylester-Kautschuk
AM(M)A	Poly(acrylnitril-co-Methylmethacrylat)
ASA	Poly(acrylnitril-co-Styrol-co-Acrylester)
BR	Butadien-Kautschuk
BS	Poly(butadien-co-Styrol)
CA	Celluloseacetat
CAB	Celluloseacetobutyrat
CFK	Kohlenstoffaserverstärkter Kunststoff
CM	Chloriertes Polyethylen
CMC	Carboxymethylcellulose
CN	Cellulosenitrat
CNT	Carbon-Nanotubes
CO	Epichlorhydrin-Kautschuk
CP	Cellulosepropionat
CR	Chloropren-Kautschuk
CS	Casein
CSM	Chlorsulfoniertes Polyethylen
CTA	Cellulosetriacetat
EBA	Poly(ethylen-co-Butylacrylat)
EC	Ethylcellulose
ECTFE	Poly(ethylen-co-Chlortrifluorethylen)
EP	Epoxidharz

S. Seiffert et al. (Hrsg.), *Lechner, Gehrke, Nordmeier – Makromolekulare Chemie*,
https://doi.org/10.1007/978-3-662-69248-6

EPDM	Ethylen-Propylen-Dien-Kautschuk
EPM	Ethylen-Propylen-Kautschuk
ETFE	Poly(ethylen-co-Tetrafluorethylen)
EVA	Poly(ethylen-co-Vinylacetat)
EVAL	Poly(ethylen-co-Vinylalkohol)
FEP	Poly(tetrafluorethylen-co-Hexafluorpropylen)
GFK	Glasfaserverstärkter Kunststoff
HDPE	Polyethylen hoher Dichte
IIR	Isobutylen-Isopren-Kautschuk
IR	Isopren-Kautschuk
LCP	Flüssigkristalline Polymere
LDPE	Polyethylen niedriger Dichte
LLDPE	lineares Polyethylen niedriger Dichte
MAS	Poly(methacrylat-co-Acryl-co-Styrol)
MABS	Poly(methyl methacrylat-co-Acrylnitril-co-Butadien-co-Styrol)
MC	Methylcellulose
MDPE	Polyethylen mittlerer Dichte
MF	Melamin-Formaldehyd-Harz
MFK	Metallfaserverstärkter Kunststoff
MP	Melamin-Phenol-Harz
MPF	Melamin-Phenol-Formaldehyd-Harz
MQ	Silicon-Kautschuk
MWNT	Multi-Wall-Nanotubes
NBR	Acrylnitril-Butadien-Kautschuk
NC	Nitrocellulose
NR	Natur-Kautschuk
NT	Nanotubes
PA	Polyamid
PAA	Polyacrylsäure
PAAM	Polyacrylamid
PAEK	Polyaryletherketon
PAI	Polyamidimid
PAN	Polyacrylnitril
PAR	Polyacrylat
PARA	Polyacrylamid
PB	Polybuten
PBAN	Poly(butadien-co-Acrylnitril)
PBT(P)	Polybutylenterephthalat
PC	Polycarbonat
PCTFE	Poly(chlortrifluorethylen)
PE	Polyethylen

PEC	Chloriertes Polyethylen
PEI	Polyetherimid
PEEK	Polyetheretherketon
PEN	Polyethylennaphthalat
PEO(X)	Polyethylenoxid
PES(U)	Polyethersulfon
PET	Polyethylenterephthalat
PFA	Perfluoralkoxypolymer
PI	Polyimid
PIB	Polyisobutylen
PF	Phenol-Formaldehyd-Harz
PK	Polyketon
PMAA	Polymethacrylsäure
PMMA	Poly(methylmethacrylat)
PMMI	Poly(methylmethacrylimid)
PMS	Poly(α-methylstyrol)
POM	Poly(oximethylen), Polyformaldehyd
PP	Polypropylen
PPA	Polyphthalamid
PPE	Poly(phenylenether)
PPTA	Poly(*p*-phenylenterephthalamid)
PPC	Chloriertes Polypropylen
PPS	Poly(phenylensulfid)
PPSU	Poly(phenylensulfon)
PS	Polystyrol
PSA	Polysulfonsäure
PSU	Polysulfon
PTFE	Polytetrafluorethylen
PTP	Polyterephthalat
PU(R)	Polyurethan
PVA(C)	Polyvinylacetat
PVA(L)	Polyvinylalkohol
PVC	Polyvinylchlorid
PVCC	Chloriertes Polyvinylchlorid
PVDC	Polyvinylidenchlorid
PVDF	Polyvinylidenfluorid
PVF	Polyvinylfluorid
PVK	Polyvinylcarbazol
PVP	Polyvinylpyrrolidon
RF	Resorcin-Formaldehyd-Harz
SAN	Poly(styrol-co-Acrylnitril)

SBR	Styrol-Butadien-Kautschuk
SEBS	Poly(styrol-co-Ethylen-co-Butylen-co-Styrol)
SFK	Synthesefaserverstärkter Kunststoff
SI	Silicon-Kautschuk
SMHA	Poly(Styrol-co-Maleinanhydrid)
SMS	Poly(styrol-co-α-Methylstyrol)
SWNT	Single-Wall-Nanotubes
TPE	Thermoplastische Elastomere
TPU	Thermoplastische Polyurethane
UF	Harnstoff-Formaldehyd-Harz
UHMW	Ultrahohe Molmasse (z. B. UHMW-PE)
UP	Ungesättigte Polyester
VCE	Poly(vinylchlorid-co-Ethylen)
VCEVA	Poly(vinylchlorid-co-Ethylen-co-Vinylacetat)
VCOA	Poly(vinylchlorid-co-Octylacrylat)
VCVDC	Poly(vinylchlorid-co-Vinylidenchlorid)

Recycling von Polymeren, Nomenklatur

Code	Polymer	Anwendungen
01 PET	Poly(ethylenterephthalat) PET	Polyesterfasern, Garne, Seile, Transportbänder, Sicherheitsgurte, Filme, Wasserflaschen, Trinkflaschen
02 PE-HD	High-density Polyethylen PE-HD	Plastikbehälter, Küchengeräte, Wasserleitungen, Trinkflaschen, Treibstofftanks, Kabelisolierungen
03 PVC	Poly(vinylchlorid) PVC	Fenster- und Türrahmen, Gewächshäuser, Fußböden, Möbel
04 PE-LD	Low-density Polyethylen PE-LD	Plastikbehälter, Verpackungsfilme, Küchengeräte, Tiefkühlbehälter, Spritzflaschen, Klebefilme, Verpackungen
05 PP	Polypropylen PP	Fahrzeugkomponenten, Stoßstangen, Textilien, Teppiche, Mikrowellengeschirr, Küchengeräte, Platten, Laborgeräte

(Fortsetzung)

Code	Polymer	Anwendungen
06 PS	Polystyrol PS	Spielzeug, Elektrogeräte, Haushaltsgeräte, Nahrungsmittelverpackungen, Möbel, Schaumprodukte, Tabletts, Container
07 O	andere Polymere, z. B. PMMA, Nylon, PC, ABS	Trinkflaschen, Babyflaschen, CD, DVD, Elektrogeräte, bruchsichere Gläser, Gehäuse

Physikalische Größen

A	Fläche, Querschnitt, Absorption
A_2, A_3	Virialkoeffizienten
a	Beschleunigung
C	elektrische Kapazität
C_p	isobare Wärmekapazität
C_V	isochore Wärmekapazität
c	Massenkonzentration
D	Diffusionskoeffizient, Drehmoment
d	Durchmesser, Abstand, Dicke, Durchmesser eines Segments
E	Energie, Elastizitätsmodul, elektrische Feldstärke
E_A	Aktivierungsenergie
e	Elementarladung
F	Kraft, freie Energie
f	Reibungskoeffizient
G	Gibbs'sche Energie (freie Enthalpie); Schubmodul
ΔG_F	freie Kettenfusionsenthalpie
ΔG_P	freie Schmelzenthalpie eines Primärkeims
ΔG_m	freie Mischungsenthalpie
g	Erdbeschleunigung, Verzweigungsgrad
h	Kettenendenabstand, Höhe, Planck-Konstante
H	Enthalpie
ΔH_m	molare Schmelzenthalpie, Mischungsenthalpie
I	Intensität, elektrische Stromstärke
J	Stromdichte
$J(t)$	Kriech-Kompilanz
K	Gleichgewichtskonstante, Kompressionsmodul
k	Geschwindigkeitskonstante
k_A	Abriebkoeffizient

k_B	Boltzmann-Konstante
l	Länge, Bindungslänge
l_K	Kuhn'sche Segmentlänge
l_P	Persistenzlänge
$\mathcal{L}$	Langevin-Funktion
M	Molmasse
m	Masse
N	Teilchenzahl
N_A	Avogadro-Zahl
n	Brechungsindex, Molzahl
n_i	Molzahl der Komponente i
P	Polymerisationsgrad, Polarisation
p	Druck, Dipolmoment, Umsetzungsgrad
Q	Wärmemenge, elektrische Ladung
R	Gaskonstante, Trägheitsradius, elektrischer Widerstand
r	Radius
S	Entropie, Sedimentationskoeffizient
ΔS_m	molare Schmelzentropie, Mischungsentropie
T	Temperatur
T_g	Glastemperatur
T_m	Schmelztemperatur
T_u	Umwandlungstemperatur
t	Zeit
U	Uneinheitlichkeit, innere Energie, elektrische Spannung
U_H	Hartman-Funktion
U_R	molare Schallgeschwindigkeitsfunktion
u	Schallgeschwindigkeit
u_e, u_t	Schallgeschwindigkeit einer longitudinalen bzw. transversalen Welle
V	Volumen
V_a	Volumen eines amorphen Bereichs
V_f	freies Volumen
V_k	Volumen eines Kristallits
V_m	Molvolumen
ΔV_m	Mischungsvolumen
V_o	mit Segmenten besetztes Volumen
v_i	partielles spezifisches Volumen der Komponente i
v_t	spezifisches Volumen zum Zeitpunkt t
W	Arbeit, Wahrscheinlichkeit
W_k	Schlagzähigkeit
w	Wanderungsgeschwindigkeit
w_i	Massenbruch der Komponente i

x_i	Molenbruch der Komponente *i*
$_1$	Lösemittel
$_{2,3,...}$	Gelöstes
α	thermischer Ausdehnungskoeffizient, Schallabsorption, Polarisierbarkeit
β	ausgeschlossenes Volumen
χ	Flory-Huggins-Parameter, Suszeptibilität
δ	Phasenwinkel
γ	Oberflächenenergie
ε	Dehnung, Wechselwirkungsenergie, Absorptionskoeffizient, relative Permittivität
ε_R	Reißfestigkeit
η	Viskosität
κ	Kompressibilität
$\kappa(t)$	Spannungs-Relaxations-Kompilanz
λ	Wellenlänge, Wärmeleitfähigkeit
μ	Poisson'sche Zahl, Reibungskoeffizient, Beweglichkeit, Moment
μ_i	chemisches Potenzial der Komponente *i*
ν	Frequenz, Kettenlänge
π	osmotischer Druck
ρ	Dichte
σ	Spannung, Standardabweichung, elektrische Leitfähigkeit
τ	Relaxationszeit
θ	Winkel, Trägheitsmoment, Theta-Temperatur
Φ	Volumenbruch des Füllmaterials
φ	Winkel
φ_i	Volumenbruch der Komponente *i*
ω	Winkelgeschwindigkeit, Kreisfrequenz
Ω	statistisches Gewicht

Weiterführende Literaturhinweise

G. Allen, J.C. Bevington (Ed.), Comprehensive Polymer Science, 8 Bände, Pergamon Press, Oxford 1992

K.F. Arndt, G. Müller, Polymer-Charakterisierung, Hanser, München 1996

H. Batzer, Polymere Werkstoffe, Band I bis III, Thieme, Stuttgart 1984–1985

J. Brandrup, E.H. Immergut, E.A. Grulke (Eds.), Polymer Handbook, 4th Ed., Wiley, New York 1999

P.-G. de Gennes, Introduction to Polymer Dynamics, Cambridge University Press, Cambridge 1990

H. Domininghaus et al., Kunststoffe, Eigenschaften und Anwendungen, Springer, Heidelberg 2012

A. Echte, Handbuch der technischen Polymerchemie, VCH, Weinheim 1993

H.-G. Elias, Makromoleküle, 6. Aufl., 4 Bände, Wiley-VCH, Weinheim 1999–2002

H.-G. Elias, Macromolecules, 4 Volumes, Wiley-VCH, Weinheim 2005–2008

P.J. Flory, Principles of Polymer Chemistry, Cornell University Press, Ithaca 1953

Y. Gnanou, M. Fontanille, Organic and Physical Chemistry of Polymers, Wiley, New York 2008

P.C. Hiemenz, Polymer Chemistry, Marcel Dekker, New York 2007

D.O. Hummel, F. Scholl, Atlas der Polymer- und Kunststoffanalyse, Band 1 bis 3, Hanser, München 1991

W.-M. Kulicke (Hg.), Fließverhalten von Stoffen und Stoffgemischen, Hüthig und Wepf, Basel 1986

Lechner/Arndt, Landolt-Börnstein, New Series, Vol. VIII/6, Polymers, Springer, Berlin 2009–2013

J.E. Mark, Physical Properties of Polymers Handbook, Springer, Berlin 2007

H.F. Mark et al., Encyclopedia of Polymer Science and Engineering, Wiley, New York 2012

Martienssen/Warlimont, Springer Handbook of Condensed Matter and Materials Data, Springer, Berlin 2014

P. Munk, Introduction to Macromolecular Science, Wiley, New York 2002

A.B. Nastasović, S.M. Jovanović (eds.), Polymeric Materials, Transworld Research Network, Kerala, India, 2009

G. Oertel, Polyurethane Handbook, Macmillan Publishers, New York 1993

Q.T. Pham et al., Proton and Carbon NMR Spectra of Polymers, CRC Press, Boca Raton 1991

H.-J. Saechtling, Kunststoff Taschenbuch, Hanser, München 2013

J.C. Salamone, Concise Polymeric Materials Encyclopedia, CRC Press, Boca Raton, 1999

A. Seidel, Characterization and Analysis of Polymers, Wiley, New York 2008

L.H. Sperling, Introduction to Physical Polymer Science, 4th Ed., Wiley, New York 2006

S. F. Sun, Physical Chemistry of Macromolecules, Wiley, New York 2004

C. Tanford, Physical Chemistry of Macromolecules, Wiley, New York 1961

B. Tieke, Makromolekulare Chemie, Wiley-VCH, Weinheim, 2005

S. Seiffert et al. (Hrsg.), *Lechner, Gehrke, Nordmeier – Makromolekulare Chemie*,
https://doi.org/10.1007/978-3-662-69248-6

Ullmanns Encyclopädie der technischen Chemie, 40 Bände, VCH, Weinheim 2014
D.W. van Krevelen, Properties of Polymers, Elsevier, Amsterdam 1990
R. Vieweg, D. Braun (Hg.), Kunststoff-Handbuch, 12 Bände, Hanser, München 1998
R.J. Young, P.A. Lovell, Introduction to Polymers, Chapman and Hall, London 1991
H. G. Zachmann, Mathematik für Chemiker, VCH, Weinheim 2007

Stichwortverzeichnis

S. Seiffert et al. (Hrsg.), *Lechner, Gehrke, Nordmeier – Makromolekulare Chemie*,
https://doi.org/10.1007/978-3-662-69248-6

F

G

L

M

N

Q

T

Z

MIX
Papier aus verantwortungsvollen Quellen
Paper from responsible sources
FSC® C105338

If you have any concerns about our products,
you can contact us on
ProductSafety@springernature.com

In case Publisher is established outside the EU,
the EU authorized representative is:
Springer Nature Customer Service Center GmbH
Europaplatz 3, 69115 Heidelberg, Germany

Printed by Libri Plureos GmbH
in Hamburg, Germany